遥感科学与技术发展现状与态势

龚健雅　黄　昕　巫兆聪　毛庆洲　何　涛　著

科学出版社
北　京

内 容 简 介

本书是在国家自然科学基金项目“遥感科学与技术发展态势与应对策略”的资助下撰写的一本综述性专著。它综述了遥感科学与技术学科的最新进展与发展态势，以遥感传感器、遥感信息处理、定量遥感反演、遥感应用四个部分为主线，通过国内外文献的广泛调研，分析当前国内外遥感科学与技术的现状、问题与发展趋势，提出我国遥感科学与技术的发展对策；同时，为将来我国遥感科技项目立项提供参考。

第一部分是遥感传感器，主要阐述了可见光、高光谱、雷达等多种传感器的性能、参数及研制，并综述和展望了发展趋势。第二部分是遥感信息处理，系统地描述了遥感影像预处理方法，以及遥感影像信息处理和提取的新方法。第三部分从光学、热红外、主动、被动等方面，系统地阐述了定量遥感反演的进展和新趋势。第四部分展示了遥感技术在自然资源、生态环境、城乡建设、交通运输等方面的应用，探讨了当前遥感技术的应用势态。

本书适合于高等院校遥感及相关专业的学生阅读，也可供相关专业技术人员参考。

图书在版编目(CIP)数据

遥感科学与技术发展现状与态势/龚健雅等著. —北京：科学出版社，2023.7

ISBN 978-7-03-075951-1

Ⅰ. ①遥… Ⅱ. ①龚… Ⅲ. ①遥感技术 Ⅳ. ①TP7

中国国家版本馆 CIP 数据核字(2023)第 121225 号

责任编辑：姚庆爽 / 责任校对：崔向琳
责任印制：师艳茹 / 封面设计：蓝正设计

审图号：GS 京(2023)0760 号

科学出版社出版
北京东黄城根北街 16 号
邮政编码：100717
http://www.sciencep.com

北京汇瑞嘉合文化发展有限公司印刷
科学出版社发行 各地新华书店经销

*

2023 年 7 月第 一 版 开本：787×1092 1/16
2023 年 7 月第一次印刷 印张：39 1/4
字数：930 000

定价：350.00 元

(如有印装质量问题，我社负责调换)

前　　言

遥感科学与技术是一门新兴学科，是物理、地理学、航空航天、电子、光学、计算机、人工智能等多学科的交叉。它通过空天地平台，主动或被动地采集电磁波信号数据，实现多谱段、全天候、高重访的对地观测，是对陆表、大气、海洋等各种环境要素与目标进行有效感知与评估的手段。遥感在各领域中的应用，已产生显著的社会经济效益。在土地资源调查、生态环境监测、农业监测与作物估产、灾害预报与灾情评估、海洋环境调查、天气预报、空气质量监测、电子地图制图等领域，遥感都发挥了重大作用。

为了反映遥感科学与技术的最新进展，我们组织申请了国家自然科学基金学科发展研究项目“遥感科学与技术发展态势与应对策略”。本人作为项目负责人组织国内知名学者进行了系统调研与分析，由此构思了本书的内容与结构，邀请了毛庆洲教授、黄昕教授、何涛教授和巫兆聪教授撰写相关的章节。

遥感科学与技术的发展离不开遥感传感器。传感器的发展为遥感信息获取提供了可靠、多样的数据源。从全球第一颗气象卫星(1961 年)、第一颗陆地观测卫星(1972 年)、第一颗海洋卫星(1978 年)至今，遥感对地观测技术已历经半个多世纪的快速发展。随着我国社会经济的进步，国防安全、农业生产、资源环境调查、防灾减灾、测绘勘察、大型基础设施建设和安全运营等，都对高空间分辨率、高光谱分辨率和高时间分辨率的遥感监测技术提出了迫切需求。因此，我国对发展先进遥感器技术给予了极大重视，通过部署国家科技计划与重大专项等，开展了大规模的空间遥感器研制和应用研究，在对地观测数据获取能力、数量和质量上取得了跨越式发展。本书第 2～5 章，分别从可见光、高光谱、雷达、激光雷达等方面论述了遥感传感器的新进展与新趋势。遥感传感器部分主要由毛庆洲主持编写。

遥感影像中富含大量的地表目标及环境信息，需要通过遥感信息处理手段对遥感器接收的信号进行加工处理，提取所需要的专题信息。针对不同的遥感数据源，需采用不同的遥感信息处理方法，实现信息的精确智能提取。在预处理(第 6、7 章)的基础上，本书第 8～10 章依次对高分辨率、高光谱、雷达遥感影像的新处理方法进行介绍，并在第 11 章对近年来以深度学习为代表的遥感影像智能信息提取进行综述与分析。遥感信息处理部分主要由黄昕主持编写。

随着遥感反演技术的不断进步，定量遥感正逐渐成为估算地表、大气和海洋各种物理参量的新方向与新趋势。定量遥感的发展得益于遥感传感器的提升，它的出现使高精度的对地观测成为可能。定量遥感基于地面观测、空天遥感平台与多种载荷探测器协同观测的数据，采用物理模型、统计模型或模型耦合等方法，对观测对象或现象的特征、关系与变化的数量化进行处理与呈现。本书第 12～15 章着重介绍了定量遥感的信息处理技术，以遥感数据类型作为划分依据，包括可见光-近红外、热红外、主动微波的地表特征参量遥感反演，以及被动微波遥感及重力卫星的定量遥感。定量遥感部分主要由何涛主持编写。

遥感科学与技术已广泛应用于我国的资源、环境和灾害监测等各领域。本书的第16～24章分别从自然资源、生态环境、城乡建设、交通运输、文化旅游、应急管理、农业农村、水利、国防和国家安全等方面全面系统介绍了遥感应用的现状与态势，第25章则进一步对视频卫星遥感、夜光遥感、遥感经济，以及遥感深空探测等新型遥感应用领域进行展望。遥感应用部分主要由巫兆聪主持编写。

本书的出版得到了国家自然科学基金项目“遥感科学与技术发展态势与应对策略”的支持，在此，对国家自然科学基金委员会以及本项目的参与人员表示诚挚谢意。

为了全面反映遥感科学与技术的发展现状与态势，书稿探究了国内外同行的研究成果，在此也对有关作者表示衷心感谢。由于本书涵盖的内容广、范围大、作者多，编纂时间紧，书中难免存在不妥之处，恳请读者不吝批评指正。

龚健雅

2021 年 5 月

目　录

第二部分 遥感信息处理

第四部分　遥 感 应 用

第一部分　遥感传感器

第1章 绪　论

空间遥感器是利用目标物反射或其自身辐射出的电磁波特性，记录、分析和判定目标物特性的仪器，通常根据其工作原理分为主动遥感器和被动遥感器。主动遥感器通过自身携带的辐射源发射电磁波，然后接收目标物反射或后向散射的电磁波信息，常见的主动遥感器有合成孔径雷达(synthetic aperture radar，SAR)和激光雷达(light detection and ranging，LiDAR)等。被动遥感器直接接收目标物反射的其他物体辐射电磁波(如太阳辐射光等)或者自身发出的电磁波(如红外辐射光等)信息，如可见光、高光谱和红外相机等光学遥感器以及被动微波雷达。

通常用于遥感观测的电磁波谱涵盖了从紫外、可见光、红外一直到微波的波段，如图 1-1 所示。

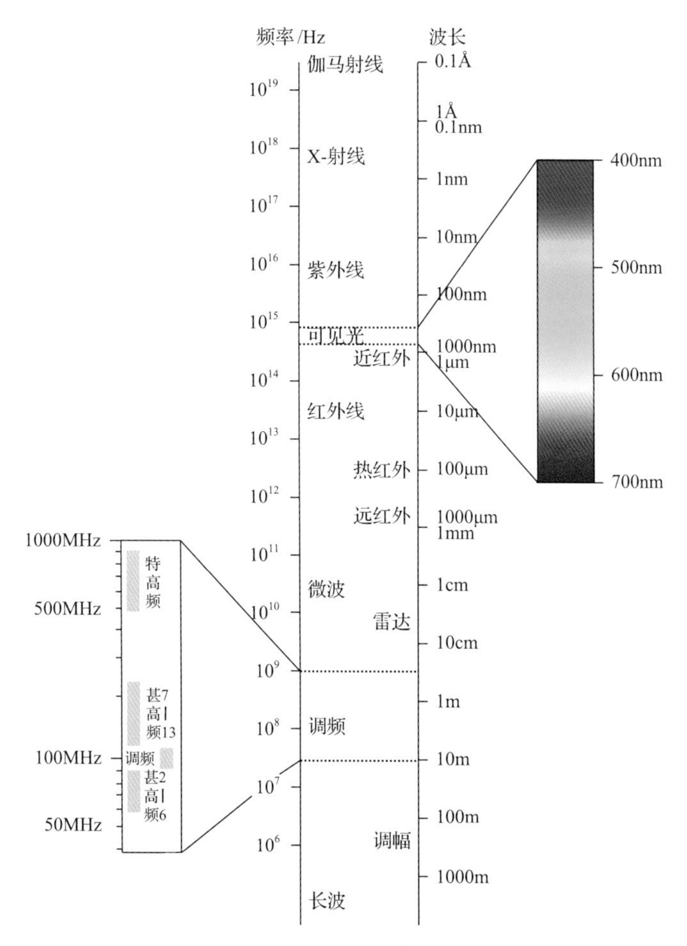

图 1-1　电磁波谱段划分

根据目前空间遥感器技术的发展情况，本书围绕高分辨率光学成像遥感器、高光谱(红外)遥感器、微波遥感器以及激光遥感器等常见空间遥感器，展开对其发展态势和应对策略的分析研究。遥感观测技术具备快速、准确、客观和全覆盖的观测能力优势，当下发展迅猛，是国家社会经济发展和国家安全的重要保障，也是国际空天技术强国重点关注和部署的战略热点技术。

通过近年来各国政府和机构的大力投入，遥感技术得到快速的发展，并呈现出关联技术广、价值链路长和支撑服务行业多的综合发展特征。全球化、体系化、专门化、智能化、大尺度、长周期、定量化和实时化的信息产品需求对遥感技术的发展提出了更高的要求。遥感技术发展重点正从静态信息获取向动态变化监测扩展，从国家地区区域性观测向全球尺度战略性信息获取延伸，从地球资源静态信息获取向公共活动动态信息观测和个性化服务发展。

卫星遥感是遥感技术发展的主流，遥感卫星(天基空间遥感器)能够长时间、大范围和周期性地对地球成像，具备数据获取快、成本低廉且不受区域限制等优势，已经成为地球空间信息获取的重要手段。世界各国已经陆续发射了系列遥感卫星，包括高分辨率光学卫星、高光谱(红外)成像卫星、合成孔径雷达卫星以及激光测高卫星等，为各国经济发展、国防建设、科学研究、民生服务和社会发展等提供了大量的空间数据。另外，航空遥感器是遥感卫星的重要补充，具有机动灵活等特点，特别是近些年快速发展的无人机技术，为航空遥感器提供了更为经济适用的平台，支撑了航空遥感的更广泛应用。国际上遥感器总体发展态势主要体现在以下几个方面。

(1)在空间遥感器技术积累和总体水平上，以美国为首的空间技术强国在天基平台、遥感器性能、数据质量方面均有较大优势。美国遥感卫星光谱分辨率在400～1000nm谱段达到1.3nm[1]、公开分发的卫星影像的可见光分辨率高达0.25m、多光谱分辨率达到1m；德国合成空间雷达成像观测的空间分辨率达到0.25m[2]。相比于我国，欧美在机载激光雷达(airborne LiDAR)、机载微波/高光谱/高分辨率测绘相机等遥感器方面的技术水平、设备工程化和产品商业化以及市场占有率等方面均有巨大优势。

(2)欧美空间技术强国在积极发展传统高分辨率商业遥感卫星技术的同时，积极部署和研发高分辨率微小卫星技术。2013年，美国SkyBox Imaging公司计划构建一个24颗微小卫星组网的高分辨率成像卫星群，实现全球数据的8小时更新；美国Planet Labs公司构建的“Flock”星座截至2022年11月依然是世界上最大的对地观测星座，2014年发射了68颗Flock-1卫星，具有3～5m中分辨率成像能力，并后续发射200颗同类卫星，实现全球近实时覆盖[3,4]；此外，欧洲航天局(European Space Agency，ESA)在2012年启动了1箭50星的QB50计划。微小卫星技术的发展开启了以低成本为核心，面向遥感产业化的空间遥感器发展和应用的新时代。

随着我国社会经济的快速发展，国防安全、农业生产、资源环境调查、防灾减灾、测绘勘察、大型基础设施建设和安全运营等都对高分辨率和高时效性遥感监测技术提出了迫切的需求，我国对发展先进遥感器技术给予了极大重视，通过部署国家重大专项及科技计划等项目，开展了大规模的空间遥感器研制和应用研究，在对地观测数据获取能力、数据获取数量和质量等方面取得了跨越式发展。

在航天遥感器方面，我国已经形成了资源/环境卫星、气象卫星、海洋卫星、科学实验卫星等国家投资管理的四大类对地观测卫星系列，形成了多分辨率、多谱段、规模稳定的卫星对地观测体系；在航空遥感器方面，我国在高精度轻小型航空测绘、无人机遥感、高效能航空合成孔径雷达遥感等方面开展了大量研究，自主研发了可见光、红外、激光雷达、合成孔径雷达等航空遥感器，在测绘、资源环境、国防及重大工程中发挥了重要作用。在天基实时成像观测体系设计、卫星任务规划与控制、同步静止轨道主被动遥感成像、先进星载/机载高光谱成像载荷研制与定标以及空间辐射测量基准卫星载荷研制与标准传递等一系列先进空间遥感器技术方面，与国际先进水平的差距正在逐步缩小。

为应对国民经济发展对高分辨率对地观测、新型遥感探测的迫切需求，我国于2012年部署了“高分辨率对地观测系统”重大专项，截至2019年底，完成了7颗高分辨率卫星的部署：“高分一号”为光学成像遥感卫星；“高分二号”同为光学遥感卫星，但可见光和多光谱分辨率都提高一倍，达到了1m的可见光分辨率和4m的多光谱分辨率；“高分三号”为1～500m分辨率的合成孔径雷达卫星；“高分四号”为地球同步轨道上的光学卫星，可见光分辨率为50m；“高分五号”不仅装有高光谱相机，而且拥有多部大气环境和成分探测设备，如可以间接测定$PM_{2.5}$浓度的气溶胶探测仪；“高分六号”的载荷性能与“高分一号”相似；“高分七号”是高分辨率空间立体测绘卫星。“高分”系列卫星覆盖了从可见光、多光谱到高光谱，从光学到雷达，从太阳同步轨道到地球同步轨道等多种类型，构成了一个具有“高空间、高时间、高光谱”分辨率能力的对地观测系统。2012年，我国发射了集测绘和资源调查于一体的“资源三号”民用对地观测卫星，可以长期、连续、稳定、快速地获取高分辨率立体影像和多光谱影像。

另外，我国商业航天领域也得到了突破性进展。2015年，我国自主研发的商用高分辨率遥感卫星——“吉林一号”发射成功，标志着我国航天遥感应用领域向商业化、产业化应用迈出了重要一步；截至2019年底，“吉林一号”共部署了14颗光学遥感卫星。随后，商用高光谱卫星“珠海一号”于2017年以“一箭双星”首次发射两颗卫星，然后分别在2018年和2019年采用“一箭五星”方式发射10颗卫星，实现12颗卫星组网观测。

虽然我国在空间对地观测规模，卫星/空间遥感器数量、种类与类型，技术先进性，行业应用等方面取得显著提高，但是我国卫星数据的精度和质量仍不及欧美等空间技术强国，对地观测数据与信息产品辐射、几何、光谱精度及质量控制水平与国际相比整体相差15～20年，对比2019年10月1日上午国庆阅兵期间美国WorldView-3卫星拍摄的天安门广场的影像(0.5m分辨率)和我国“高景一号”卫星拍摄的天安门地区的影像数据(图1-2)可以发现，美国卫星更注重分辨率和细节，而我国卫星侧重于整体场效果。

(a) WorldView-3影像

(b) “高景一号”影像

图 1-2 中美卫星遥感图像对比

参考文献

[1] 盖利亚, 刘正军, 张继贤. CHRIS/PROBA 高光谱数据的预处理. 测绘工程, 2008, 17(1): 40-43.

[2] 原民辉. 遥感卫星及其商业模式的发展. 卫星应用, 2015, (3): 15-19.

[3] Eisenberg A. Microsatellites: What Big Eyes They Have. The New York Times, 2013-8-11(5).

[4] 林来兴, 张小琳. 迎接“轨道革命”——微小卫星的飞速发展. 航天器工程, 2016, 25(2): 97-105.

第 2 章 可见光成像遥感器

可见光成像对地观测是对国家安全、经济发展、“一带一路”和军事现代化建设等进行重大宏观决策的有力依据，是保证国家安全的基础性和战略性资源。高分辨率可见光成像遥感技术是国家高分辨率对地观测系统重大专项重点发展对象之一，我国“高分一号”“高分二号”“高分六号”和“高分七号”都部署了高分辨率可见光成像遥感器。在民用对地观测与军事侦察领域，可见光高分辨率成像的谱段范围是 0.45～0.9μm，几何分辨率达到亚米级。通过发展先进的遥感卫星及其有效载荷-可见光成像系统技术，卫星相机空间分辨率优于 0.5m，时间分辨率达到小时级；航空可见光遥感器(航空相机)的空间分辨率达到厘米级。

本章简要回顾可见光成像遥感器的国内外发展现状与趋势，重点分析高空间分辨率的卫星成像遥感器和最新发展的视频卫星和夜光遥感卫星，以及航空高分辨率可见光相机。

2.1 高分辨率可见光遥感器

2.1.1 国外发展现状及趋势

20 世纪 80 年代以来，高分辨率遥感技术的应用范围迅速扩展，世界各国对高分辨率遥感图像的需求与日俱增，国际上掀起了研究高分辨率遥感卫星的热潮[1]。美国除军用光学侦察卫星“锁眼-11”(KH-11)和“锁眼-12”(KH-12)等卫星外，还有 Ikonos-2、QuickBird-2、GeoEye-1、WorldView-1/2/3/4 等商用高分辨率卫星；法国有军事卫星“太阳神-2A”(Helios-2)和昂宿星(Pleiades)为代表[2]。

1. 低轨卫星发展现状

美国的军用和商用高分辨率可见光遥感卫星技术水平处于世界领先地位，具有高分辨率广域探测能力、轨道机动能力和成像指向调整能力[3]。在军事领域，其代表是 KH-11 和 KH-12 卫星。其中，KH-11 可见光分辨率可达 0.15～0.3m；KH-12 采用自适应光学成像技术，可见光分辨率可达 0.1m。

1994 年，美国政府将分辨率不优于 0.5m 的卫星图像应用合法化，促进了商业遥感卫星快速发展。其高分辨率商业卫星可划为三代：第一代以 Ikonos-2 和 QuickBird-2 卫星为代表，安装了时间延时积分电荷耦合器件(time delayed and integration charge-coupled device, TDI-CCD)相机，具有亚米级分辨率；第二代以 WorldView-1、GeoEye-1 和 WorldView-2 三颗可见光遥感卫星为代表，其分辨率优于 0.5m；第三代以 WorldView-3/4 为代表，其星下点分辨率达到 0.31m。

Ikonos-2 卫星由美国太空成像公司研制，于 1999 年成功发射，是世界上第一颗成功发射并运营的高分辨率遥感商业卫星。该卫星光学成像系统焦距 10m，f 数为 14.3，探测器像元尺寸 12μm×12μm，相机重量 171kg，在轨高度 470km，分辨率可达 1m。Ikonos-2 卫星采用如图 2-1 所示的三反射镜消像散结构，其中 M1、M2、M4 是对光焦度有贡献的反射镜。主镜 M1 的口径为 700mm，M3、M5 是平面折转反射镜，光线从 M1 进入系统后，依次经过五块反射镜后成像在焦平面 *P* 上。该全反射光学系统没有色差，避免了长焦距系统二级光谱的问题。Orbview-3 卫星由美国轨道图像公司研制，于 2003 年成功发射。Orbview-3 卫星同样采用三反射消像散结构，焦距 2.8m，f 数为 6.2，口径 450mm，探测器像元尺寸为 6.0μm×5.4μm，相机重量 66kg，在轨高度 470km，分辨率可达 1m。可以看出，Orbview-3 利用小像元探测器技术，在光学系统焦距较小的情况下实现了高分辨率成像。

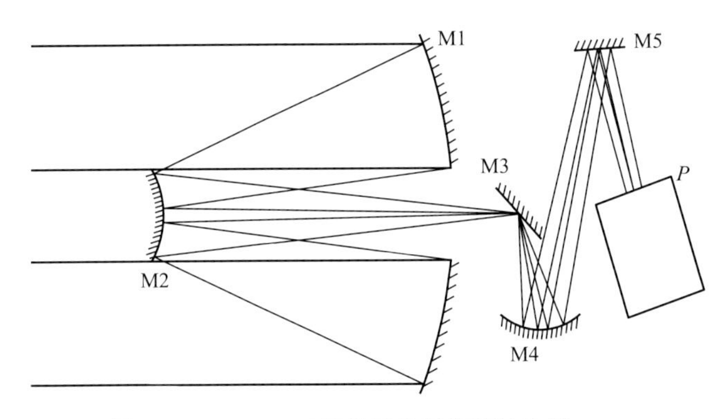

图 2-1 Ikonos-2 三反射镜光学系统结构图

QuickBird-2 卫星是美国 DigitalGlobe 公司的系列商业可见光成像卫星之一，于 2001 年发射，轨道高度 450km，可见光分辨率 0.65m；2007 年发射的 WorldView-1 卫星轨道高度 450km，分辨率 0.5m，成为当时全球分辨率最高、响应最快速的商业成像卫星；2009 年发射的 WorldView-2 卫星，轨道高度 770km，可见光分辨率 0.5m；2014 年发射的 WorldView-3 卫星，轨道高度 617km，可见光分辨率 0.31m；2016 年发射的 WorldView-4 卫星，轨道高度 617km，可见光分辨率 0.31m。另外，2008 年 GeoEye 公司的 GeoEye-1 卫星地面分辨率达到 0.41m；2012 年 GeoEye-2 卫星地面可见光分辨率达到 0.25m。

美国 Skybox Imaging 公司的 SkySat-1 卫星发射，使得美国在低成本高分辨率微小卫星遥感技术领域备受瞩目。Skybox Imaging 通过组网的 24 颗微小卫星提高时间分辨率，其空间组网结构及 Skybox 外观图如图 2-2 所示。该公司以低成本作为研制的重要目标，计划最终发射的 24 颗卫星总预算为 1500 万美元。每个独立卫星体积为 60cm×60cm×90cm，重量小于 120kg，工作于 600km 轨道。相机的望远物镜采用 RC 结构（reinforce concrete construction，记为 RC），口径为 350mm，f 数为 10.4，地面分辨率为 1.3m。

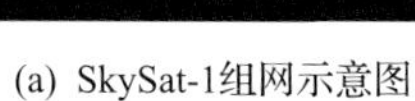

(a) SkySat-1组网示意图

(b) Skybox卫星外观图

图 2-2　Skybox 空间组网结构及外观图

英国 2005 年成功发射了 Topsat 卫星，验证了低成本高分辨率可见光卫星的可行性[4]。如图 2-3 所示，该卫星采用离轴三反式结构，焦距 1680mm，口径 200mm，全视场 2.4°×0.7°，相机体积 800mm×610mm×400mm，重量为 32kg，在轨道高度为 600km 时，分辨率达 2.5m。

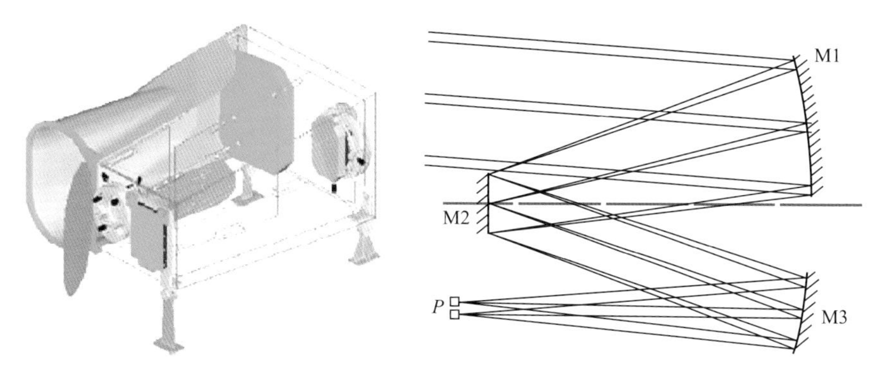

图 2-3　Topsat 外观图及光学系统图

自 1986 年以来，法国空间研究中心持续研制了地球观测系统(Systeme Probatoire d'Observation de la Terre，SPOT)，在对地观测卫星的研制和应用方面一直走在世界前列，阿斯特里姆地理信息服务公司发射了世界上首颗具有立体成像能力的遥感卫星 SPOT-5。目前 SPOT-4/5 在轨运行，其中 SPOT-4 卫星于 1998 年 3 月发射，生产 10m 分辨率影像；SPOT-5 卫星于 2002 年 5 月发射，可提供大幅宽、2.5m 高分辨率影像。另外，该公司还发射了 2 颗 Pleiades 和 SPOT-6/7 卫星。Pleiades 卫星是军民两用光学成像卫星，其中 Pleiades-1 于 2011 年 12 月 17 日发射，外观及光学系统结构如图 2-4 所示，该卫星系统焦距 12.9m，入瞳口径 650mm，全视场角 1.65°，体积为 1594mm×980mm×2235mm，重量约为 228kg，分辨率达 0.7m，幅宽为 20km；与随后发射的 Pleiades-2 卫星组成 Pleiades 双子星座，单颗星每天可接收 450 幅影像，5 个接收计划和 3 个每日定点监测计划，成为实时响应的高分辨率卫星星座。SPOT-6/7 分别于 2012 年和 2014 年发射，卫星分辨率 2m，幅宽 60km。

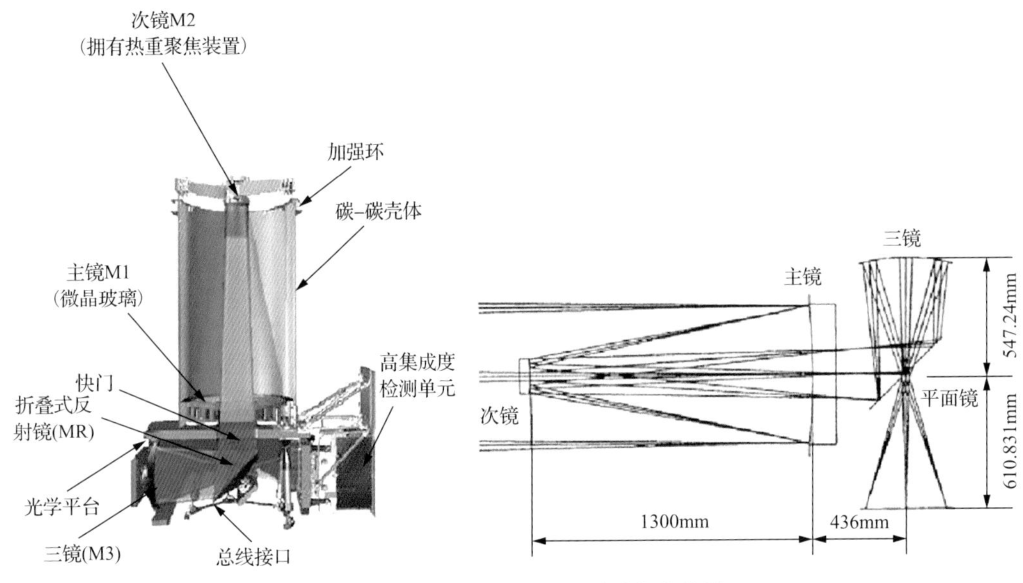

图 2-4 Pleiades 外观图及光学系统结构图

以色列与法国首次合作研制的对地观测小卫星 VENμS 卫星，于 2017 年发射。卫星轨道高度 729km，地面分辨率 5.3m，幅宽 27.5km。接收光学系统如图 2-5 所示，采用同轴两镜折反结构，焦平面前的角锥镜用来分离视场，系统的焦距为 1.75m，主镜的口径为 250mm，全视场角 2.2°×1.5°，体积近似为 Φ40cm×120cm，重量约为 40kg。

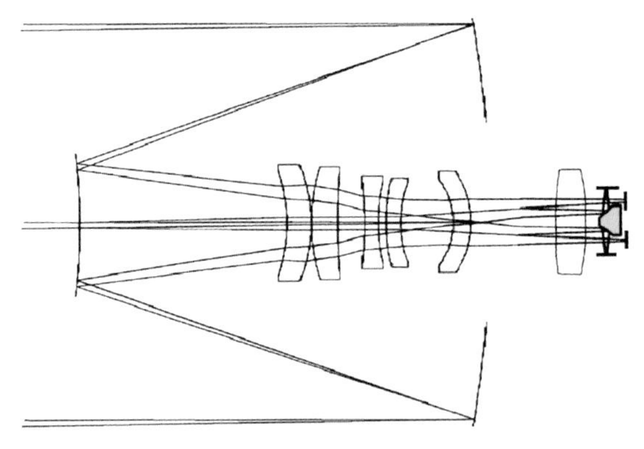

图 2-5 VENμS 卫星光学系统图

俄罗斯 2006 年发射了民用高分辨率遥感卫星“资源-DK1”，并提供商业图像服务。“资源-DK1”是俄罗斯新一代传输型陆地资源卫星，可见光分辨率 1m；2012 年发射“资源-P”卫星，其可见光分辨率可达 0.4～0.6m。2005 年 5 月，印度空间研究组织(Indian Space Research Organization，ISRO)发射了 Cartosat-1 卫星。Cartosat-1 卫星上装有两台相机，成像幅宽为 26.8km，重访周期 5 天，相机分辨率 2.5m；2007 年 1 月，Cartosat-2 发射升空，可见光相机分辨率高达 0.8m。2009 年，阿联酋首颗地球观测小卫星 DubaiSat-1 发射成功，其光学系统采用同轴两镜折返系统，如图 2-6 所示。无穷远光线经过主镜 M1 反射到次镜 M2，通过校正透镜组在像面 P 成像，系统焦距 1400mm，重量为 37.7kg，在轨道高度 685km，分辨率为 2.5m。

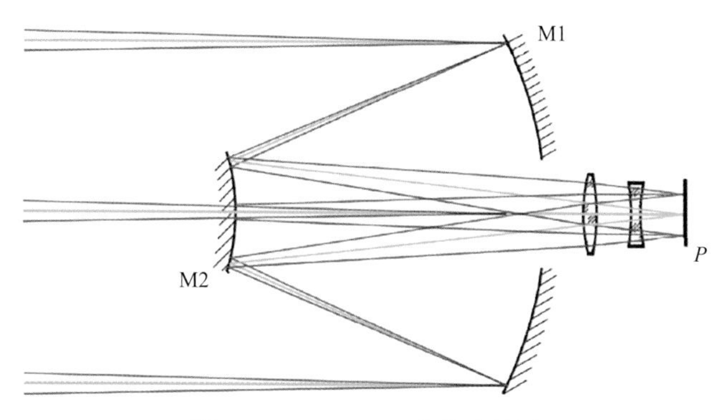

图 2-6 DubaiSat-1 光学系统图

2. 高轨卫星发展现状

高轨是指地球静止轨道(geosynchronous earth orbit，GEO)，其轨道面与赤道平面重合，这种轨道卫星的地面高度约为 36000km。高轨可见光成像卫星具有监视范围广、时间分辨率高的特点，可对特定目标进行长时间连续观测，通过灵活的指向控制，在很短的时间完成对广大区域的成像观测，具备动态目标探测和指示的能力，是高分辨率可见光成像遥感技术未来发展的重点之一[5]。

由于高轨高分辨率光学成像载荷(相机)研制技术难度大，国外尚无成像卫星在轨运行。目前，高轨高分辨率可见光成像遥感技术研发了三种成像体制：大口径单体反射镜成像体制、分块可展开成像体制和衍射成像体制。

在大口径单体反射镜成像体制领域：法国泰雷兹阿莱尼亚宇航公司(Thales Alenia Space)开展了地球同步轨道高分辨率光学对地遥感卫星研制工作，并在 2005 年前后提出了地球同步轨道 20m 分辨率光学对地成像卫星初步方案，该卫星发射总重量约 2900kg，相机重量约 600kg，星下点地面像元分辨率为 20m；法国阿斯特留姆(Astrium)公司研制了 GEO-AFRICA 卫星，相机口径 1.5m，可见光地面像元分辨率 25m，幅宽 300km×300km，采用“步进”与“凝视”模式，每天可对地成像 90 幅，整星质量约 1350kg；欧洲航天局研制 GEO-OCULUS 卫星，实现地球静止轨道高空间、高时间、高光谱分辨率的光学对地观测，该卫星利用口径 1.5m 的 Korsch 光学成像系统，通过图像去卷积技术提高系统调制传递函数(modulation transfer function，MTF)值，进而在全色通道达到 10m 的空间分辨率，瞬时视场 100km×100km。

在分块可展开成像体制领域：美国借用詹姆斯-韦伯空间望远镜(James Webb Space Telescope，JWST)开展对空间分块可展开技术的研究，其光学系统孔径达到 6.5m，发射时处于折叠状态，入轨后展开；美国国家侦察局 2004 年着手研制发射时收拢，进入地球静止轨道后可展开的 ARGOS 稀疏孔径成像系统，展开口径达 30m，分辨率为 1m；欧洲采用可展开光学技术(分割光瞳技术)研制的口径为 6m 的光学系统，在 2020 年实现 4m 的空间分辨率；法国国家航空航天研究院在 2002～2004 年进行了基于多孔径光学望远镜的长期高分辨率地球观测技术可行性的研究，在地球同步轨道实现高空间分辨率为 1m 的光学观测。

在衍射成像体制领域，美国国防预研计划局(Defense Advanced Reasearch Projects Agency，DARPA)于 2010 年正式提出“薄膜光学实时成像仪”计划，旨在突破大口径薄膜衍射光学成像技术。该计划的最终目标是利用衍射透镜制作 20m 口径的光学相机，发射时处于折叠状态，入轨后展开，在地球静止轨道具备 1m 分辨率、幅宽 10km×10km、成像帧频 1 幅/秒的对地观测能力。

2.1.2 国内发展现状及趋势

我国在 2007 年发射了“资源一号 02B”卫星(CBERS-02B)。该星配置了我国第一台民用高分辨率时间延时积分电荷耦合器件相机，分辨率为 2.3m。之后，我国先后成功发射 30 余颗传输型光学成像卫星，主要用于军事侦察、国土资源调查、交通规划设计与调查、环境监测与保护、城市规划与监视、农作物估产、空间科学实验和防灾减灾等领域。

我国低轨高分辨率卫星的轨道一般在 400～800km 的高度，分辨率最高已经达到亚米级。目前，我国低轨分辨率优于 2m 的民用光学成像遥感卫星主要有“高分一号”“高分二号”“高分六号”“高分七号”“吉林一号”“高景一号”等。

在高轨连续监视能力方面，以高分四号卫星为代表，可实现静止轨道 50m 分辨率，目前我国正在研制基于碳化硅反射镜的更高空间分辨率相机。

1. 低轨卫星发展现状

中国科学院长春光学精密机械与物理研究所在对三线阵电荷耦合元件(charge-coupled device，CCD)相机的可行性进行深入分析探讨的基础上，从 1997 年开始进行立体测绘微小卫星演示验证卫星的研制，并于 2004 年成功发射“探索一号”，该卫星重量为 204kg，轨道高度为 600km 的太阳同步轨道。有效载荷由一台三线阵电荷耦合元件测绘相机和两台星敏感器组成，测绘相机交会角为 21°，地面像元分辨率为 12m。该卫星既是我国第一颗传输型立体测绘卫星，也是国际上第一颗实际在轨飞行的以三线阵电荷耦合元件相机为有效载荷的遥感卫星。

2006 年，国务院、中央军委批准传输型立体测绘卫星工程立项，装备命名为“天绘一号”，有效载荷相机工作轨道高度 500km，星下点地面覆盖宽度 60km，其核心载荷三线阵电荷耦合元件立体测绘相机采用线阵-面阵电荷耦合元件(line-matrix charge-coupled device，LMCCD)体制，获取地面目标的可见光影像，用于摄影测量处理；高分辨率相机与测绘相机相结合，可对同一地区进行高分辨率图像摄取，可以同步获取 5m 分辨率立体影像和 2m 分辨率平面影像。“天绘一号”已于 2010 年、2012 年和 2015 年成功发射了三颗卫星，至今全部在轨运行。三星每日摄影能力为 300 万 km^2，已完成全中国 958.2 万 km^2 有效影像覆盖，占全国陆地面积的 99.8%，在无地面控制点条件下，定位精度达到了平面定位精度 10.3m 和高程精度 5.8m。

根据我国的实际需要与现有技术水平，国防科技工业局根据国民经济发展的迫切需求，规划了“资源三号”卫星的研制任务。卫星在满足资源遥感需求的同时，还具备了 1∶50000 比例尺地形图测绘和 1∶25000 比例尺修测功能，集测绘和资源调查功能于一体，是一颗具有测绘功能的资源遥感卫星。该卫星还装载 25m 分辨率正视可见光电荷耦合元件相机、4m 分辨率的前后视相机和分辨率为 8m 的多光谱相机，可以实时或准实时将图像数据传回地面，满足测绘任务和国土资源勘测任务的需要。该卫星采用太阳同步轨道，轨道高度为 506km，可对地球南北纬 84°以内的地区实现无缝影像覆盖，每 59 天实现对我领土和全球范围的一次影像覆盖。卫星于 2012 年 1 月 9 日成功发射，采用 1 月 11 日大连地区三线阵影像，对卫星几何精度进行验证，将前正后视影像利用 4 个控制点平差后，数字表面模型(digital surface model，DSM)的高程误差为 2.07m，最大误差为 3.767m，正射影像的平面中误差为 2.3m，最大误差为 4.38m。从平差结果和生产的数字表面模型和数字正射影像图(digital orthophoto map，DOM)检查精度，资源三号测绘卫星三线阵影像已经完全达到了国外成熟商业卫星同等分辨率情况下的平面高程几何精度，有着广泛的应用前景。

2013 年 4 月 26 日发射的“高分一号”卫星采用成熟的 CAST2000 小卫星平台，有效载荷配置有两台分辨率为 2m 可见光/8m 多光谱的高分辨率相机和 4 台分辨率为 16m 的多光谱宽幅相机，从而在同一颗卫星上实现了高分辨率和宽幅的成像能力，配合整星侧摆可以实现对全球小于 4 天的重访，其整星质量约为 1060kg，“高分一号”卫星如图 2-7(a)所示。2014 年 8 月 19 日发射的“高分二号”卫星如图 2-7(b)所示。该卫星采用的资源卫星平台，运行于高 631km 的太阳同步回归轨道上，装有两台 1m 分辨率可见光/4m 分辨率多光谱、幅宽 26km 的对地成像相机，通过拼接可实现 45km 大幅宽图像，图像平面定位精度优于 50m，卫星具备 180s 内 35°侧摆的能力，设计寿命 5～8 年，具有亚米级空间分辨率、高辐射精度、高定位精度和快速姿态机动能力等特点。

(a) “高分一号”卫星

(b) “高分二号”卫星

图 2-7　我国“高分一号”和“高分二号”卫星

2018 年 6 月 2 日，我国在酒泉卫星发射中心用长征二号丁运载火箭成功发射“高分六号”卫星，如图 2-8(a)所示。该卫星是一颗低轨光学遥感卫星，配置 2m 分辨率全色相机，观测幅宽 90km，也是我国首颗精准农业观测高分卫星，具有高分辨率、宽覆盖、高质量成像、高效能成像、国产化率高等特点，还具有在轨道上 35°摆动的能力，设计寿命 8 年。“高分六号”卫星与“高分一号”卫星组网运行后，将使遥感数据获取的时间分辨率从 4 天缩短到 2 天。2019 年 11 月 3 日，我国发射首颗亚米级高分辨率光学传输型立体测绘卫星“高分七号”，如图 2-8(b) 所示。该卫星是光学立体测绘卫星，分辨率不仅能够达到亚米级，具有较高的自主定位和定姿精度，可为我国乃至全球的地形地貌绘制出一幅误差在 1m 以内的立体地图，还将在高分辨率立体测绘图像数据获取、高分辨率立体测图、城乡建设高精度卫星遥感和遥感统计调查等领域取得突破。

(a) “高分六号”卫星

(b) “高分七号”卫星

图 2-8 我国“高分六号”和“高分七号”卫星

2015 年，由中国科学院长春光学精密机械与物理研究所研制的“吉林一号”卫星，可提供高精度、全覆盖的实时卫星遥感信息。它采用星载一体化的设计思路，兼具高空间、时间分辨率等优点，由一颗主星“吉林一号”光学 A 星、一颗灵巧成像验证星和两颗灵巧成像视频星组成。其中，光学 A 星轨道高度为 650km，地面分辨率 1.13m，质量为 95kg，地面覆盖范围 4.3km×2.4km。相机的光学系统采用卡塞格林式两镜折反结构，系统的通光口径为 320mm，全视场角为 1.2°。

“高景一号 01/02”卫星于 2016 年 12 月 28 日以“一箭双星”的方式成功发射，如图 2-9 所示，该卫星全色分辨率 0.5m，轨道高度 530km，幅宽 12km，是国内首个具备高敏捷、多模式成像能力的商业卫星星座，不仅可以获取多点、多条带拼接等影像数据，还可以进行立体采集，单景最大可拍摄 60km×70km 影像。2017 年中期，又发射两颗 0.5m 分辨率的卫星进入该轨道。该轨道有 4 颗 0.5m 高分辨率卫星以 90°夹角运转。四星组网后，

图 2-9 “高景一号”卫星及影像

对全球任一点可实现 1 天重访。另外，该卫星还具有突出的敏捷性，可以迅速精准实现星下点成像，常规侧摆角最大为 30°，执行重点任务时可达到 45°，同时具备优异的数据采集能力，配置 2TB 星上储存空间，单颗卫星每天可采集 70 万 km^2 数据，可实现全球每天观测一次。

2. 高轨卫星发展现状

2015 年 12 月 29 日，我国成功发射“高分四号”卫星，如图 2-10 所示，该卫星在距地面约 36000km 的地球同步轨道运行，分辨率在 50m 以内，观测面积大并且能长期对某一地区持续观测。高分四号重约 5000kg，设计寿命 8 年，定位于东经 110°的赤道上空，即海南岛的正南方，利用长期驻留固定区域上空的优势，能高时效地实现地球静止轨道 50m 分辨率可见光遥感数据获取，这是国内地球静止轨道遥感卫星最高水平，在国际上也处于先进行列。2016 年 1 月 5 日，“高分四号”卫星发回首幅图像，图像质量优越，达到预期目标。“高分四号”与地面直线距离较远，几乎是近地轨道高度的上百倍。差之毫厘，谬以千里，卫星姿态偏差角秒，地面上就会偏差数公里，拍摄高质量的卫星影像对卫星的姿态稳定性提出了更高的要求，需要尽可能降低自身的振动。静止轨道直面来自太阳和星际空间的高能辐射，是地球轨道上受到太阳活动影响最严重的区域；如果太阳发生磁暴或是其他剧烈的活动，静止轨道可能被范艾伦辐射带(环绕地球的高能粒子辐射带)吞没，航天器将面对更危险的高能粒子，引发工作异常；静止轨道上没有大气阻力的影响，无须像近地轨道那样考虑大气阻力引起的轨道衰减，但太阳光压和日月的引力摄动会影响卫星的轨道稳定性，尤其是南北向需要不小的轨道维持平衡；静止轨道的卫星还面对更苛刻的温控环境，长时间受到太阳光照后照射区域与背光区域的温差可能达到上百摄氏度，这就要求设计更强大的热控系统控制卫星的温度变化，防止出现卫星过热失效等故障。

(a) “高分四号”卫星

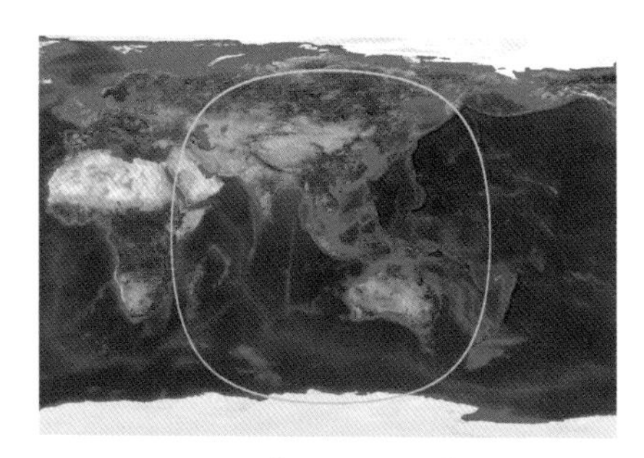

(b) “高分四号”图像

图 2-10 我国“高分四号”卫星及影像

2.2 天基视频遥感器(视频卫星)

随着遥感科学与技术的快速发展，空间对地观测数据获取能力不断提升，对地观测卫星的成像时间不断缩短，目前单行模式高分辨率卫星的重访周期一般为 2～5 天，使用小型卫星组网探测技术可进一步缩短重访周期，但仍无法满足对特定目标进行实时观测的需求。视频卫星可将数据获取的时间分辨率提升到秒级，在大型商业区车辆实时监测、自然灾害应急快速响应、重大工程监控和军事安全等领域有重要应用潜力，是未来遥感商业发展的方向[6]。

卫星视频遥感是使用在轨运行的视频卫星，在一段时间内使用视频遥感器对地球表面目标物的电磁波(辐射)信息进行连续探测，并经信息的传输、处理生成视频，从而获取有用信息的一种现代综合性技术。视频卫星采用滚扫式传感器焦平面成像模式，多应用于低轨敏捷卫星对地观测过程中。如图 2-11 所示，视频卫星在数据采集过程中沿着其运动轨迹，可通过卫星姿态的快速调整，实现侧摆角度范围内的成像，控制光学遥感器在一段时间内对焦于某一目标区域，利用面阵探测器对其进行连续高帧凝视成像观测[7]，可同时实现高空间分辨率和高时间分辨率成像。

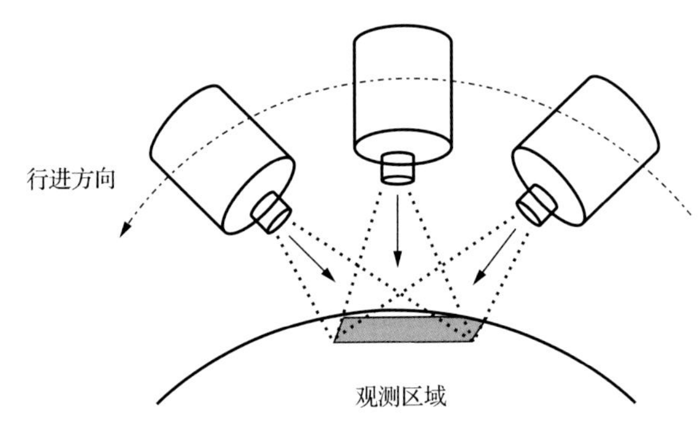

图 2-11　视频卫星成像原理图

具备凝视能力的低轨卫星可分为两类：一类是具备高敏捷能力，采用传统线阵探测器的卫星，以美国的 WorldView 和法国的 Pleiades 为代表；另一类是采用面阵探测器，综合利用平台的高敏捷能力从而实现凝视，典型代表为印度尼西亚与德国合作研制的 LAPAN-Tubsat 卫星和美国的 SkySat-1 卫星。在成像过程中，卫星姿态控制系统需要实时调整卫星的姿态，以保证凝视成像系统的视场对应同一地面目标。理论上，低轨卫星平台的敏捷调整能力需要达到卫星运行速度的 1%以上才可以克服卫星的轨道运动、姿态运动和地球自转带来的目标区域不断偏离光轴的影响[8]。

国内外已经发射数颗视频成像低轨卫星。2007 年，印度尼西亚发射了印度尼西亚国家航空航天研究所-柏林技术大学卫星。该视频卫星位于近地太阳同步轨道，轨道高度为 635km，轨道倾角为 97.9°，卫星重 55kg，其主载荷是一个高分辨率彩色摄像机，地面分辨率为 5m，幅宽为 3.5km。该卫星上还采用了一个低分辨率摄像机作为其高分辨率载荷的补充，地面分辨率为 200m，幅宽为 81km，以降低高分辨率小视野摄像机寻找地面目标的难度。

2010 年，美国国家航空航天局(National Aeronautics and Space Administration，NASA)发射了太阳动态观测卫星(Solar Dynamics Observatory，SDO)，该卫星可 24 小时对太阳观测并拍摄有关太阳的 4K 超高清全彩视频[9]。美国 Skybox 公司于 2013 年和 2014 年分

别发射了 Skybox-1 卫星和 Skybox-2 卫星，其中 Skybox-1 可拍摄黑白视频，是世界首颗亚米级视频卫星。Skybox-2 卫星比 Skybox-1 卫星多增了烃推进系统，用于轨道控制。这两颗卫星可以在俯仰、翻滚和航偏三个方向上进行侧摆机动，实现凝视对地观测。该星上搭载的互补金属氧化物半导体(complementary metal oxide semiconductor，CMOS)探测器本身具有前后左右四个方向的自由度，配合卫星平台的三个自由度实现图像的运动补偿，可以 30 帧/s 的速度连续捕获 90s 的稳定 MP4 格式全高清视频。该星同时具备捕捉高质量的彩色图像和分辨率优于 1m 的可见光和近红外图像的能力。

2014 年，加拿大 UrtheCast 公司将名为 Iris 的高分辨率虹膜相机送往“国际空间站”并成功安装。该相机可获取地球表面分辨率为 1m 的 4K 超高清全彩视频。

在国内，2014 年国防科技大学研制的试验卫星“天拓二号”发射升空，如图 2-12 所示。卫星重量为 67kg，有效载荷为 4 台不同性能的摄像机，可以 25 帧/s 的速度对某一固定区域连续捕获 180s 稳定黑白视频[10]，分辨率为 5m，其主要任务是进行视频成像与实时传输、动态目标连续跟踪观测等科学实验，为发展高分辨率视频成像卫星奠定技术基础。

图 2-12　“天拓二号”卫星

2015 年，中国科学院长春光学精密机械与物理研究所研制的“吉林一号”组星成功发射。该卫星可拍摄米级分辨率的全彩视频。“吉林一号”卫星由 4 颗小卫星组成,该卫星的运行轨道为 650km 的太阳同步轨道，包括一颗光学遥感卫星、两颗地面像元分辨率为 1.12m 的灵巧成像视频卫星和一颗技术验证卫星。其中视频星主要验证高分辨率视频成像技术，可为用户提供遥感视频新体验，是北美以外地区第一个航天全彩色视频卫星。

2.3　天基夜光遥感器(微光卫星)

随着经济社会发展，夜间照明设施逐渐普及，人类已经逐步摆脱了黑暗的夜间生活，如果从太空观测夜间无云时的地球，可以发现人类聚居区和经济带发出的光芒，同时，科学工作者可以对这些影像进行数据挖掘从而发现社会和自然规律。夜光遥感是获取无云条件下地表发射的可见光-近红外电磁波信息，这些信息大部分由地表人类活动发出，其中最主要的是人类夜间灯光照明，同时也包括石油天然气燃烧、海上渔船、森林火灾以及火山爆发等来源。相比于普通的遥感卫星影像，夜光遥感影像更能反映人类活动，因此它在社会科学领域得到了广泛应用[11]。

简单地说，夜光遥感就是利用遥感技术从太空观测夜间地球的光芒。夜光遥感最早起源于 20 世纪 70 年代美国军事气象卫星计划，该计划的初衷是希望捕捉夜间云层反射的微弱月光，从而获取夜间云层分布信息，但意外发现该卫星可以捕捉到无云情况下夜间城市区域发光。科研人员意识到了这一作用，通过对每天卫星采集的影像进行合成处理，得到了无云的夜光遥感数据，这个数据被全球的科学家广泛应用，从而促使夜光遥感逐渐成为遥感领域发展活跃的一个分支。

1992 年，世界上第一颗夜光卫星由美国国防部主导发射，该夜光卫星采用美国国防气象卫星计划(Defense Meteorological Satellite Program，DMSP)搭载可见光成像线性扫描业务系统(Operational Linescan System，OLS)传感器。此后该系列卫星一直延续到 2013 年，提供了迄今最长时间序列(1992～2013 年)的年度夜光遥感数据，该数据由美国国家海洋和大气管理局(National Oceanic and Atmospheric Administration，NOAA)下属国家地球物理数据中心(National Geophysical Data Center，NGDC)发布，包括无云稳定像元和无云平均像元两种产品。

2011 年，美国成功发射国家极轨卫星(National Polar-Orbiting Partnership，NPP)。该卫星搭载新一代夜光传感器——可见光近红外成像辐射(Visible Infrared Imaging Radiometer Suite，VIIRS)传感器，成像幅宽 3000km，空间分辨率约为 500m，对同一地区每天两次成像，对夜间具有更高的灵敏度，与 DMSP/OLS 相比，能够更为丰富精确地反映地表人类经济活动的空间信息[12]。

除了这两组夜光遥感数据，美国、阿根廷、以色列等国的卫星及国际空间站也能获取夜光遥感卫星数据，但这些数据较少，且不易获取。

近年来我国频频发射夜光遥感卫星，打破了夜光遥感数据源依赖国外的局面，其中“吉林一号”是国内首颗能够获取夜光影像的商业卫星，其分辨率可达到亚米级。

2018 年成功发射的“珞珈一号”是我国首颗专业夜光遥感卫星，如图 2-13 所示，卫

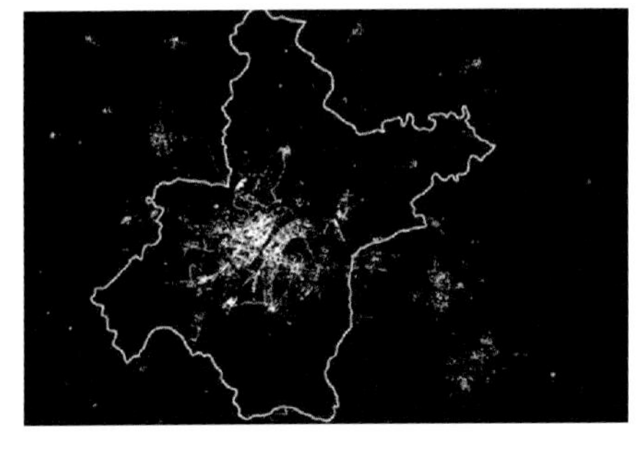

图 2-13 “珞珈一号”卫星和获取的武汉市夜光遥感影像

星总质量 22kg，携带大视场高灵敏夜光遥感相机，具备 130m 分辨率、250km 幅宽的夜光成像能力，将为基于夜光遥感的宏观经济分析等研究提供数据。理想条件下可在 15 天内绘制完成全球夜光影像，提供我国及世界各国国内生产总值(gross domestic product, GDP)指数、碳排放指数、城市住房空置率指数等专题产品[13]。

2.4　高分辨率可见光遥感器发展趋势

2.4.1　轻量化、集成化、卫星平台载荷一体化

遥感卫星载荷采用了轻量化、稳定化、集成化、平台载荷一体化的设计思路[13]。整星以相机为核心，与卫星一体化设计，可以大大减轻卫星的质量和惯量。如 GeoEye-1 卫星以相机结构作为卫星结构的主体，相机镜筒作为卫星系统组件的安装面，实现相机和卫星平台一体化设计，实现整星重量 2t，分辨率 0.41m。

2.4.2　新型成像探测

时间延迟积分型(time delayed and integration，TDI)电荷耦合元件器件的不断发展，促进了相机的更新换代。现阶段可见光探测器均采用小像元尺寸的时间延时积分电荷耦合器件，通过多色时间延时积分电荷耦合器件实现多谱段摄像。随着互补金属氧化物半导体技术的快速发展，时间延时积分型互补金属氧化物半导体器件应用成为重要的发展趋势，相机成像水平得到不断提升，我国最新的时间延时积分型互补金属氧化物半导体器件的分辨率达到 9000×7000。

2.4.3　同轴三反射镜消像散形式光学系统

同轴三反射镜消像散(three-mirror anastigmat，TMA)光学系统形式是高分辨率光学相机发展方向，具有良好的轴对称性，且体积小、惯量小，易于实现相机卫星一体化设计。美国第三代航天相机均采用同轴三反射镜消像散光学系统。

2.4.4　成像系统全链路仿真及调制传递函数补偿方法

采用全链路成像系统仿真技术，优化遥感成像系统参数，降低对相机静态调制传递函数的要求，后期图像通过地面调制传递函数补偿(modulation transfer function compensation，MTFC)提高成像质量，可以减小相机的口径，降低相机研制难度。

2.4.5　遥感器智能化

以“吉林一号”卫星自主搜寻舰船信息并以简讯形式下传为代表，高分辨率对地观测遥感开始向智能化方向发展：可实现无地面控制点的几何定位，具备图像在轨处理能力。还可实现全自动化目标识别与分类、有用信息在轨提取等功能，向用户提供更实时、更便利的服务。

2.4.6 卫星指标增强

高分辨率敏捷机动卫星已经成为卫星遥感系统的重要发展方向，借助整星敏捷、姿态机动的性能，可实现高空间分辨率成像和快速的系统响应性能，如 Ikonos-2、QuickBird-2 及 Pleiades 等卫星。为了实现敏捷成像功能，卫星姿态控制能力也正逐步提高，姿态测量部件正朝着更高的精度、更高的动态范围以及更高的数据更新频率等方向发展，星敏感器的测量精度朝着角秒级方向发展。

2.4.7 空间分辨率提高

国外在轨遥感卫星的发展呈现分辨率指标逐步提高的趋势，例如，从 Ikonos-2 的 0.82m 分辨率到 WorldView-3/4 的 0.31m 分辨率。相应的高分辨率遥感图像数据应用得到极大拓展。

2.4.8 多星组网

鸽群卫星(Flock)由一个个质量为 5kg 的 3U 立方星组成，由于轨道的不同，地面分辨率在 3～5m。鸽群卫星的发射者 Planet 公司设计使用“鸽子卫星”打造一个巨大的地球扫描仪，计划在一个轨道均匀地部署 150 颗卫星，来实现他们宏大的目标——每天扫描一次地球。多星组网探测，可在时间分辨率上获得巨大优势，快速全球覆盖，短期重访目标区域，满足全球应急遥感系统对高时间分辨率、高空间分辨率、高定位精度的迫切需求。

2.5 高分辨率可见光遥感器应对策略

2.5.1 提升核心元器件国产化水平

面对高分辨率可见光遥感器的基础研究方面亟待加强的局面，提升核心元器件国产化水平应紧密围绕有效载荷任务需求，加强技术原理、技术创新、系统体制等方面的基础理论研究，大力推进相关方面的国际合作，建立国际联合实验室，重点项目开展高级国际合作。可采用器件引进及技术引进等方式，不断提高探测器和核心元器件的国产化水平，以满足目前需要。在开展国际合作的同时，应充分重视核心技术的消化吸收，通过项目合作，学习并掌握一批国外先进技术，提升自主研制能力。例如，航空远距离斜视双波段侦察相机设计的关键技术众多，建议在高精度惯性稳定控制及稳像、大气色散补偿及退化图像复原、大尺寸多波段照相窗口、高精度自动环境控制等单项关键技术方面进行攻关。

2.5.2 提高分辨率和图像质量

分辨率和图像质量是评价可见光遥感器的重要指标。截至 2020 年，我国可见光遥感器的相应指标与国外先进水平尚有一定差距，因此需要不断提高图像分辨率和图像质量，以达到国际先进水平，满足各领域的应用需求。可参照高分航天相机的研究技术成果和试验设备进行航空远距离斜视双波段侦察相机的研制，以加快研制进度，节省研究经费。总体上，应加快航空高分辨率光学成像技术发展，加强关键技术攻关，推进重点航空光学相机进程，发挥航空平台特点，促进高分辨率对地观测系统的全面建成。

2.5.3　提高卫星敏捷机动能力、姿态稳定度和卫星载荷一体化设计

在遥感卫星的研制方面，加强高空间分辨率低轨卫星的侧摆能力、敏捷观测能力、姿态稳定度及成像清晰度，提高卫星载荷一体化设计能力、机动能力和全球数据获取能力，在有效降低我国高分辨率遥感卫星规模的同时提升图像质量和系统整体应用效果，达到国外同类载荷和平台能力水平。

2.5.4　高、低轨高分辨率卫星组合探测

提高遥感卫星指标的同时，还要合理利用轨道资源，建立若干卫星星座，采用静止轨道与低轨卫星联合组网的方式进行综合观测。通过协调高轨与低轨载荷类型，提升若干品种数据在中国区全覆盖的时间分辨率。加强静止轨道成像卫星发展研究，制定适合中国国情的卫星部署策略，形成合理完善的高轨、低轨星座体系。

2.5.5　促进商业遥感卫星发展

除了政府对可见光遥感器的重视和投入，还需要发挥市场的作用。商业遥感是在市场驱动下以盈利为目的的活动，目前国产遥感卫星的商业应用尚未形成规模，国际市场几乎被国外遥感卫星企业垄断。针对这一现状，我国应建立自己的卫星数据服务的商业运作模式，通过卫星遥感运营商和数据分发商为用户提供遥感数据和服务，从而扩大市场份额。

参 考 文 献

[1] 张学军, 樊延超, 鲍赫, 等. 超大口径空间光学遥感器的应用和发展. 光学精密工程, 2016, 24(11): 2613-2626.

[2] 王小勇. 空间光学技术发展与展望. 航天返回与遥感, 2018, 39(4): 79-86.

[3] 朱仁璋, 丛云天, 王鸿芳, 等. 全球高分光学星概述(一): 美国和加拿大. 航天器工程, 2015, 24(6): 85-106.

[4] 朱仁璋, 丛云天, 王鸿芳, 等. 全球高分光学星概述(二): 欧洲. 航天器工程, 2016, 25(1): 95-118.

[5] 郭玲华, 邓峥, 陶家生, 等. 国外地球同步轨道遥感卫星发展初步研究. 航天返回与遥感, 2010, 31(6): 23-30.

[6] 袁益琴, 何国金, 江威, 等. 遥感视频卫星应用展望. 国土资源遥感, 2018, 30(3): 1-8.

[7] 付凯林, 杨芳, 黄敏, 等. 低轨道视频卫星任务模式的研究与应用. 北京力学会第 21 届学术年会暨北京振动工程学会第 22 届学术年会, 北京, 2015.

[8] 徐雨果, 刘团结, 尤红建, 等. CBERS-02B 星 HR 相机内方位元素的在轨标定方法. 光学技术, 2011, 37(4): 460-465.

[9] 赵施柳. 热核艺术的震撼: NASA 发布 30 分钟太阳 4K 影像. https://www.thepaper.cn/newsDetail_forward_1391947[2015-11-02].

[10] 王握文. 我国首颗视频成像体制微卫星“天拓二号”发射成功. 光明日报, 2014-09-09(1).

[11] 李德仁, 李熙. 论夜光遥感数据挖掘. 测绘学报, 2015, 44(6): 591-601.

[12] 江威, 何国金, 刘慧婵. NPP/VIIRS 和 DMSP/OLS 夜光数据模拟社会经济参量对比. 遥感信息, 2016, 31(4): 28-34.

[13] 郭晗. 珞珈一号科学试验卫星. 卫星应用, 2018, 7: 70-72.

第3章 高光谱遥感器

高光谱分辨率遥感的发展是过去几十年中人类在对地观测方面所取得的重大技术突破之一，是当前遥感的前沿技术[1]。成像光谱技术是20世纪70年代末发展起来的一项新型航空航天遥感技术，是集光谱探测与成像于一体的光学遥感技术。除了能探测目标场景的空间特征之外，还可同时对各个空间目标像元分光，并形成纳米量级分辨率的光谱信息，从而实现图谱合一的目标光谱曲线影像获取。因此，基于光谱成像数据，人们能够从几何形状和光谱特征两个方面进行分析和识别。

高光谱成像技术是指可在宽谱段范围内获取目标的成百上千连续精细的光谱，同时采集目标的几何、辐射及光谱信息，形成图像立方体，实现地物的“指纹”识别。这类仪器是近年来国际上用于对地观测的高分辨率成像光谱仪，其光谱分辨率大部分为10nm左右，如美国的Hyperion高光谱传感器、近海成像光谱仪（Coastal Ocean Imaging Spectrometer, COIS）及火星专用小型侦察影像频谱仪（Compact Reconnaissance Imaging Spectrometer for Mars, CRISM）等，欧洲的紧凑型高分辨率成像光谱仪（Compact High Resolution Imaging Spectrometer, CHRIS）等。与传统的可见光及多谱段遥感技术相比，高光谱遥感技术主要有如下特点。

(1) 光谱分辨率高、成像波段多。高成像光谱仪的光谱分辨率一般在$\lambda/100$左右，一般具有数十甚至数百个波段。成像光谱仪采样的间隔越小，光谱分辨率越高，获取的光谱信息越精细，可反映出地物光谱的细微特征。

(2)“图谱合一”的成像技术。它同时采集目标的几何、辐射及光谱信息，集相机、辐射计和光谱仪功能于一体，形成“图像立方体”。

(3) 成像数据量巨大。随着波段数的增加，相对传统的可见光与多光谱相机，数据量急剧增加。同时由于相邻波段的相关性高，信息冗余度增加。

高光谱成像技术在地物精确分类、目标识别、地物特征信息的提取等应用方面有巨大的优势。随着各种机载、星载和专用高光谱成像系统的成功研制，其成为在地质勘测、海洋研究、植被研究、大气探测、环境监测、防灾减灾、军事侦察等领域中应用的热点和主要技术手段。

根据成像方式不同，成像光谱仪可以分为摆扫型、推扫型和凝视型三大类。

(1) 摆扫型成像光谱仪由光机左右摆扫（机械扫描）和飞行平台向前运动完成二维空间的成像，通过线列探测器完成每个瞬时视场像元的光谱维获取，适用于中低分辨率和超大幅宽应用。典型的成像光谱仪有机载可见光/红外成像光谱仪（Airborne Visible Infrared Imaging Spectrometer，AVIRIS）、实用型模块化成像光谱仪（Operative Modular Imaging Spectrometer，OPIS）与中分辨率成像光谱仪（Moderate Resolution Imaging Spectroradiometer, MODIS）等。其具有视场大、像元配准好、定标方便及光谱波段范围宽等优点，缺点是后处理难度大、分辨率和信噪比提高困难等。

(2)推扫型(有时也称推帚式)成像光谱仪以焦平面探测器的一维固体自扫描和飞行平台向前运动结合完成二维空间扫描，通过光栅和棱镜分光，面阵探测器另一维的固体自扫描完成光谱维扫描。推扫型成像光谱仪的优点：像元凝视时间大大增加，有利于提高系统的空间分辨率和光谱分辨率；没有光机扫描结构，仪器的体积小。缺点：视场角(field of view，FOV)增大困难；面阵电荷耦合元件标定困难；光学系统复杂；大阵列红外探测器制造困难。推扫型成像光谱仪空间分辨率和光谱分辨率比较高，因此一般用于环境探测和军用侦察等领域。

(3)凝视型成像光谱仪同时对二维视场进行探测，其纵横视场分辨率与二维面阵探测器一致，这种方式完全取消了光机扫描结构，采用像元数足够多的面阵探测器，使探测器单元与系统观察范围内的目标元一一对应。凝视型成像光谱仪最大的特点是，能够在平台静止的条件下，对目标进行画幅式光谱成像，使得成像光谱仪的机构复杂性大大降低，体积、功耗等指标大大减小。凝视型高光谱成像仪通常应用于近场探测，单次成像时间较长，但可以获得很高的探测灵敏度和光谱分辨率。

另外，从分光原理角度划分，高光谱成像光谱仪则可以分为滤光片型、色散型、计算层析型、编码孔径型、双光束干涉型等。

1983年，第一个机载成像光谱仪(airborne imaging spectrometer，AIS)问世。1987年，第二代高光谱成像仪——机载可见光/红外成像光谱仪研制成功。经过数十年的发展，高光谱遥感技术已经形成了多种成熟的产品及方案。国际上已发射的星载高光谱成像载荷一般采用色散型与双光束干涉型等分光技术发展比较成熟的方案，而滤光片型、计算层析型与编码孔径型目前仍处在原理研究与实验验证阶段，典型的分光技术比较如表3-1所示。随着社会发展及国家安全需求的增长，高光谱遥感技术正在向着超高光谱分辨率、超高空间分辨率、高灵敏度及定量化方向快速发展，国际上处在高光谱遥感技术研究前列的国家和地区主要有美国、加拿大、欧洲、日本及印度等[2-5]。

表3-1 典型的分光技术比较

分光技术	优点	缺点
棱镜	光学效率高	光谱分辨率低，色散非线性大，难适用于小f数和大通光口径系统
平面反射光栅	光谱分辨率高，色散线性度较好，效率高，工艺成熟	结构排布紧凑度低，存在光谱弯曲
渐变滤光片	工艺成熟	光谱分辨率低，效率低，对平台的姿态要求高
声光可调谐晶体	面阵凝视成像，图像畸变小，通道可选择	效率低，光谱分辨率低
傅里叶变换	高光通量，高输出，多通道，光谱分辨率高	内部扫描镜运动精度要求高，加工装调困难，对外界振动敏感，对平台稳定性要求高，推扫控制困难

在航空成像光谱仪研制的基础上，世界上各航天大国纷纷开展光谱成像技术的空间应用。先后成功发射的搭载光谱成像仪有：欧洲的紧凑型高分辨率成像光谱仪、澳大利亚的资源环境监测成像光谱仪以及美国的强力星傅里叶变换高光谱成像仪(MightySat II-FTHSI)、LEWIS-HIS、EO1-Hyperion、NEMO-COIS、OrbView4-War Fighter1、MRO-

CRISM 等。我国也成功发射了以“高分五号”为代表的星载成像光谱系统。这些成像光谱系统的光谱范围从可见光到近红外、从短波近红外到热红外波段，波段数量从几十个到几百个。

3.1　高光谱遥感器国外发展态势

21 世纪初，星载高光谱遥感技术得到了迅速发展。1997 年，第一颗装载成像光谱仪(LEISA 和 HIS)的卫星 LEWIS 在美国成功升空，采用了楔形滤光片和光栅分光技术，其中 HIS 由美国 TRW 公司研制，在 0.4～2.5μm 光谱范围分为 384 个通道。

2000 年 11 月，美国发射的 EO-1 卫星平台搭载的 Hyperion 传感器是世界上第一颗成功发射的星载民用成像光谱仪，其在可见光/近红外及短波红外分别采用了不同的色散型光谱仪，使用推扫型的数据获取方式，在 350～600nm 的光谱范围内，拥有 242 个探测波段，光谱分辨率为 10nm，空间分辨率为 30m。Hyperion 的高光谱特性可以实现精确的农作物估产、地质填图、精确制图，在采矿、地质、森林、农业以及环保领域有着广泛的应用前景[6-10]。

2001 年，欧洲航天局搭载于天基自主计划卫星(Project for On-Board Autonomy, PROBA)的紧凑型高分辨率成像光谱仪发射成功，其外形结构及获得的卫星图像数据如图 3-1 所示。其同样采用推扫型数据获取方式，探测光谱范围覆盖 400～1050nm，共有五种探测模式，最多的波段数为 64 个，光谱分辨率 5～12nm，星下点空间分辨率 20m。

(a) CHRIS外形结构

(b) 卫星图像数据

图 3-1　紧凑型高分辨率成像光谱仪

近海成像光谱仪是美国海军地球绘图观测者(Naval Earth Mapping Observer, NEMO)卫星上搭载的一台高性能传感器，主要用于探测海岸带与浅海环境，利用实时自适应光谱识别系统完成光谱维和空间维滤波，实现有关情报信息的直接下传。傅里叶变换高光谱成像仪(Fourier transform hyperspectral imager, FTHSI)是第一台星载的基于傅里叶干涉分光技术的光谱成像仪，由美国空军研制实验室研制成功。其采用 Sagnac 空间调制型成像光谱技术方案，空间分辨率为 30m，光谱范围 400～1050nm，波段数 256 个，光谱分辨率为 2～10nm。

2002 年，欧洲航天局发射的环境卫星一号（ENVISAT-1）上搭载的推扫型中分辨率成像光谱仪（Medium Resolution Imaging Spectrometer，MERIS）的光谱范围是 0.39～1.04μm，光谱位置和分辨率同样可编程，光谱分辨率最高达 1.8nm，光谱位置精度优于 1nm，波段数可达 576 个，主要用于海岸和海洋生物的研究。

高光谱遥感技术在地外行星探测方面同样具有极高的应用价值。美国在 2005 年发射的火星勘测轨道器（Mars Reconnaissance Orbiter，MRO）上搭载了 CRISM，覆盖波段为 383～3960nm，其中可见光探测器（383～1071nm）和短波红外探测器（988～3960nm）的面阵像元数均为 640 像元×480 像元。CRISM 采用 Offner 结构的光栅分光方法，在可见光波段光谱分辨率达到 6.55nm，在红外波段达到 6.63nm，空间分辨率优于 20m，主要用于液态水寻找、火星地表矿物成分、两极冰盖的变化及大气成分季节性变化等的科学研究。

2009 年 5 月，美国发射的“战术卫星-3”搭载的高光谱成像仪（Advanced Responsive Tactically Effective Military Imaging Spectrometer，ARTEMIS）采用光栅分光、碲镉汞焦平面成像，具有 400 多个谱段。ARTEMIS 由口径 35cm 的 R-C 反射式望远镜、成像光谱仪、高分辨率成像仪和“超光谱成像处理器”等组件构成，空间分辨率达到 5m，光谱范围为 0.4～2.5μm，光谱分辨率 5nm。该星用途为战术侦察，采用高光谱星上智能处理技术，有目标特征自动提取功能，具有很高的机动性和准实时战场数据应用能力。

2009 年 9 月，由美国海军研究实验室研制的用于海洋观测的海岸带高光谱成像仪（Hyperspectral Imager for the Coastal Ocean，HICO）成功安装在国际空间站上，该仪器在 0.35～1.08μm 光谱范围内具有 128 个通道，光谱分辨率达到 5.7nm，可以获取海洋表面的高光谱数据。在轨道高度为 345km 时，其空间分辨率为 100m，幅宽为 500km。

欧洲在全球环境与安全监测系统（即哥白尼计划）框架下的“哨兵-2”（Sentinel-2）卫星（包括 Sentinel-2A 和 Sentinel-2B）搭载有一台 13 波段的高分辨率多光谱成像仪（Multispectral Imager，MSI），光学系统采用推扫式成像和三反消像散望远镜设计，接收口径 150mm，幅宽 290km，利用碳化硅材料减少光学系统的热变形。可见光和近红外焦平面采用 CMOS 探测器，短波红外采用碲镉汞焦平面探测器，光谱分辨率为 15～180nm，空间分辨率在可见光波段为 10m、近红外波段为 20m、短波红外波段为 60m。

日本为提出温室气体效应对策，推动《京都协议书》的执行，研制了温室气体观测卫星（Greenhouse Gases Observing Satellite，GOSAT），并于 2009 年 1 月发射成功。GOSAT 上安装了温室气体观测传感器傅里叶变换光谱仪和云气溶胶成像仪，传感器的最大光程差为±2.5cm，对应光谱分辨率为 $0.2cm^{-1}$。其中 0.758～0.775μm 波段观测大气中的氧气浓度以得到精确的地表压参数；1.56～1.72μm 和 1.92～2.08μm 短波红外波段观测 CO_2、CH_4、H_2O 及卷云，前者主要用于反演 CO_2、CH_4 总量，后者包含许多水汽强吸收波段，用于判断传感器视场内是否存在云和高层气溶胶；5.56～14.3μm 热红外波段观测 CO_2、CH_4 和卷云等目标用来反演大气 CO_2、CH_4 廓线。

印度于 2017 年发射的“制图卫星”-2E（Cartosat-2E）卫星搭载了高分辨率光谱辐射度计，用于自然资源普查、灾害管理、地面形态以及农作物、植被等探测，波段范围包括可见光范围 0.4～0.75μm，以及近红外波段 0.75～1.3μm，空间分辨率为 2m，地面幅宽为 10km。Cartosat-3 于 2018 年发射，搭载近红外光谱仪，波段范围在 0.75～1.3μm，空间分辨率可达 1m，地面幅宽为 16km，用于陆地表面多用途探测，为城市规划、农林资源提供更多清晰的图像。

德国航空航天中心（Deutsches Zentrum für Luft-und Raumfahrt，DLR）主导的环境制图与分析计划（Environmental Mapping and Analysis Program，EnMAP）设计了高光谱对地观测卫星，主要任务是提供地球表面实时的精确高光谱图像。环境制图与分析计划卫星的结构如图 3-2 所示。卫星飞行高度为 643km，幅宽为 30km，空间分辨率为 30m×30m，光谱范围为 420～2450nm，光谱谱带数 244 个，采样的光谱宽度随信噪比的变化而变化，在可见光及近红外波段设计信噪比为 400∶1，采样谱宽为 5nm。在短波红外谱段信噪比为 180∶1 时，采样谱宽为 12nm。环境制图与分析计划旨在提高记录全球范围内的“生物—物理”“生物—化学”“地球—化学”的变化，使人类对生物圈有更全面的认识，以确保地球资源的稳定性。

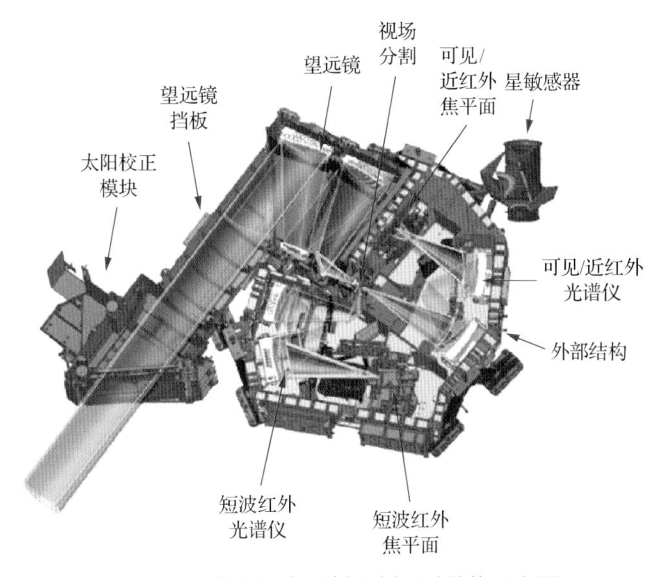

图 3-2 环境制图与分析计划卫星结构示意图

总之，高光谱成像技术在地物精确分类、目标识别、地物特征信息提取等应用方面有巨大的优势，特别是近年来，各种机载、星载和专用高光谱成像系统的成功研制，使其成为在地质勘测、海洋研究、植被研究、大气探测、环境监测、防灾减灾及军事侦察等领域中应用的热点。各个国家在长期的探索中，逐渐形成了各自成熟的高光谱遥感技术体系。可以预见，未来国际上在高光谱遥感领域的发展竞争将会更加激烈。同时，随着星载高光谱遥感技术的成熟，高光谱遥感产品的商业化、民用化也将更加深入。

3.2 高光谱遥感的国内发展态势

我国的高光谱遥感技术起步较晚，但受到我国迫切的社会、经济需求的激励，航空和航天遥感都获得了空前的发展机遇。我国目前已成功建立和发展了自己的航空和卫星遥感对地观测体系，并广泛应用于资源和环境监测领域，在土地、植被和水资源调查管理，地质矿产资源调查以及灾害监测中均发挥着重要作用[11-13]。

20 世纪 90 年代早期研制的新型模块化机载成像光谱仪(Modular Airborne Imaging Spectrometer，MAIS)波段数目达到 71 个，覆盖了可见光和近红外波段(0.44～1.08μm)、短波红外波段(1.5～2.45μm)和热红外波段(8.0～11.6μm)。光谱分辨率在可见光及近红外波段达到 20nm，瞬时视场角为 3.0mrad。

90 年代后期的推扫式高光谱成像仪波段数高达 244 个，光谱范围为可见光及近红外波段(0.4～0.8μm)，光谱分辨率优于 5nm，瞬时视场角为 1.0mrad。

同样是 90 年代后期研制的实用型模块化成像光谱仪(Operational Modular Imaging Spectrometer，OMIS)波段数为 128 个，覆盖了可见光及近红外波段(0.4～1.1μm)、短波红外波段(1.1～2μm)、中红外波段(3～5μm)和热红外波段(8～12.5μm)，光谱分辨率在可见光及近红外波段为 10nm，瞬时视场角为 1.5mrad。

我国在发展以实用性为目标的航空高光谱遥感的同时也十分重视发展航天高光谱遥感，21 世纪以来先后搭载多台成像光谱仪升空，相关技术指标达到国际先进水平。

2002 年 3 月 25 日，“神舟三号”飞船携带我国自主研制的中分辨率成像光谱仪发射成功。该光谱仪成为继美国在地球观测系统中 Terra 卫星上搭载成像光谱仪之后第二个将高光谱载荷送上太空的国家。其波段数为 34 个，覆盖了可见光、近红外、短波红外和热红外波段，在可见光及近红外波段分辨率为 20nm。

2007 年 10 月 24 日发射的“嫦娥一号”探月卫星上，成像光谱仪也作为一种主要载荷进入月球轨道，这是我国的第一台基于傅里叶变换的航天干涉成像光谱仪。其核心部件为 Sagnac 型干涉成像光谱仪，波段数为 32 个，光谱区间为 0.48～0.96μm，光谱分辨率为 15nm，空间分辨率为 200m。

2008 年 9 月 6 日，环境与灾害监测小卫星星座 A/B 卫星由 CZ-2C/SMA 火箭在太原卫星发射中心以一箭双星方式成功发射并顺利进入预定轨道，其上搭载了可见-近红外成像光谱仪，探测谱段数量为 115 个，探测范围为可见近红外波段，光谱范围 0.45～0.95μm，平均光谱分辨率为 5nm，空间分辨率为 100m，地面幅宽为 50km。十多年来，作为我国环境与灾害监测预报首个专用卫星星座，双星一直在为我国环境保护、灾害监测及其他行业提供连续不断的可见光、红外及超光谱遥感数据信息。

2011 年 9 月 29 日，“天宫一号”目标飞行器携带由中国科学院长春精密机械与物理研究所和上海技术物理研究所共同研制的高光谱成像仪成功发射。该飞行器携带的高光谱成像仪是同期我国空间分辨率和光谱综合指标最高的空间光谱成像仪，采用离轴三反非球面光学系统、复合棱镜分光与非球面准直成像光谱仪的总体技术方案，保证了其探测波段范围达 0.4～2.5μm，实现了纳米级光谱分辨率的地物特征和性质的成像探测，在空间分辨率、波段范围、波段数目以及地物分类等方面达到了国际同类遥感器先进水平。

“高分五号”[14]卫星是我国第一颗高光谱综合观测卫星，该卫星运行于地球同步轨道，用于获取从紫外到长波红外谱段的高光谱分辨率遥感数据样品。“高分五号”卫星是我国目前最为先进的高光谱探测卫星，也是国家“高分辨率对地观测系统重大专项”中搭载载荷最多、光谱分辨率最高、研制难度最大的卫星。“高分五号”卫星及其载荷配置如图 3-3 所示，共搭载了大气环境红外甚高光谱分辨率探测仪、大气痕量气体差分吸收光谱仪、全谱段光谱成像仪、大气主要温室气体监测仪、大气气溶胶多角度偏振探测仪及可见短波红外高光谱相机 6 台载荷，具有高光谱分辨率、高精度、高灵敏度的观测能力，多项指标达到国际先进水平。可以预见，“高分五号”卫星将在内陆水体及陆表生态环境综合监测、大气成分及气溶胶监测、资源调查和地质填图等方面发挥重要作用，为我国农业、减灾、国家安全、城市建设、交通、海洋、测绘等部门提供监测服务，推动我国国家建设及国民经济的发展。

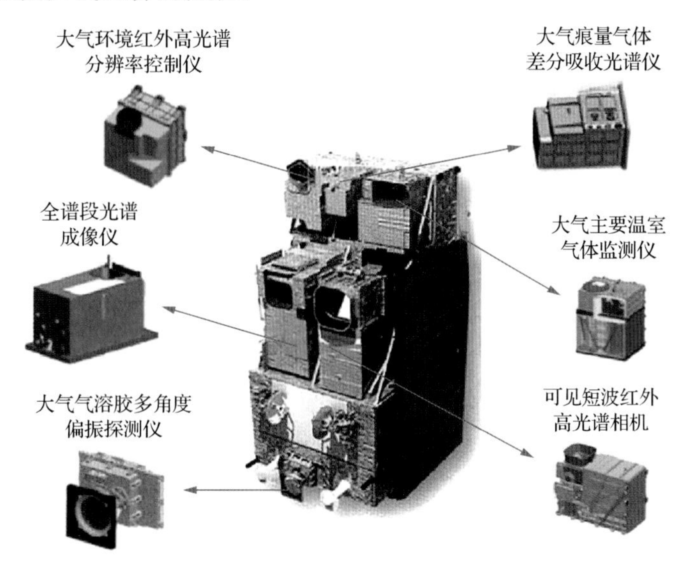

图 3-3 “高分五号”卫星及其载荷配置

3.3 高光谱遥感器的发展趋势

高分辨率多光谱成像技术发展的主要特点是：空间分辨率持续提升、探测灵敏度不断提高、成像系统幅宽不断增大及能够持续动态观测。

3.3.1 设备轻量化

随着小型无人机遥感技术及微纳卫星技术的发展，高光谱遥感也正在向着低成本、灵活机动、集成化及实时性强等方向发展。目前，基于小型无人机的轻小型高光谱遥感技术在农林病虫害观察、大型货物光学分拣、安防监测、目标搜寻及抢险救灾等领域存在巨大的应用需求和价值。而微纳卫星则具有成本低、灵活性高、功耗低、开发周期短等优势，能够开展更为复杂的空间探测任务。以欧比特公司发射的高光谱卫星(Orbita Hyper Spectral，OHS)标志着高光谱遥感与微纳卫星技术的结合，将促进一体化多功能结构、综合集成化空间探测载荷的创新发展，对未来高光谱遥感轻量化、集成化、系统化，实现空间组网、全天候实时探测具有重要的推动作用。

3.3.2 应用多样化

高光谱成像仪已被广泛应用于卫星遥感、地质勘测、海洋研究、植被研究、大气探测、生物医学和军事侦察等领域。随着探测材料、器件工艺、电子科学的发展，成像光谱技术日渐成熟，很多国家研制出具有自己特色的光谱仪，在多个领域发挥着巨大的作用。高光谱探测技术在未来军事上的应用需求将从海上扩展到海岸乃至陆地。在海洋背景下，高光谱探测技术主要用于舰船、飞机等隐身动态目标的检测和识别。在陆地背景下，高光谱探测技术主要用于地面军事伪装目标的揭露和空中动态目标的识别与跟踪等。相对于海洋背景，陆地背景更加复杂，要实现对陆上小型动态目标的观测，需要更高的空间分辨率、更高的探测灵敏度和更有效的光谱提取处理方法，以达到目标检测与识别的目的。高光谱成像技术将在“3S”技术(地理信息系统(geographic information system，GIS)、全球导航卫星系统(global navigation satellite system，GNSS)和遥感(remote sensing，RS)的统称)中发挥巨大潜力，创造更大的价值。

3.3.3 多元信息一体化

高光谱遥感技术能够实现目标的光谱和图像信息的一体化获取，满足我们对地物化学组分和物体形貌特征探测的需求。但是在其他一些应用场景，如对目标的表面特性观测、对隐藏目标的识别和追踪、气溶胶探测，特别是对相同材料制作的遥远目标(如卫星和导弹)，成像光谱技术将失去探测功能，这时偏振信息探测能起到关键作用。偏振信息对目标的边角特征、表面粗糙度等有明显的识别能力，可以更好地描述物质的散射与反射特性。在高光谱遥感技术中引入偏振信息，实现图像、光谱、偏振多元信息的一体化获取，可为目标探测、识别和确认提供更科学、更精确、更全面的探测技术和手段。在对目标的探测和认知过程中，同一目标的图像、光谱和偏振态可以提供互补的多元信息，能够帮助分析目标丰富的物理化学性质，从而实现对目标更加全面、准确、科学的认识，在大气探测、水质监测、目标识别、军事侦察等领域有着重要的应用。开展图像、光谱、偏振多元信息一体化获取和偏振高光谱遥感技术应用研究是目前高光谱遥感技术发展的重要方向。新概念计算成像系统采用自适应编码孔径成像等计算混合成像机制取代常规的透式光学成像，也是综合利用光学系统、采样和图像重构技术实现大视场、高分辨率成像的一个重要途径。

3.3.4 高光谱遥感技术多元化

随着信息技术、成像技术及光学加工工艺的发展与进步，各类高光谱遥感新技术、新方案层出不穷，其核心分光元件开始由成熟的色散型及干涉型向多元化方向发展。目前已经出现了旋转滤光片型、声光调谐滤光片型、液晶调谐滤光片型、计算层析型等多种分光原理方案。

声光可调谐凝视型成像光谱仪利用声光可调谐滤光器(acousto-optic tunable filter，AOTF)晶体的声光效应和电光调制效应实现不同波长的滤波，通过扫描驱动频率，获得探测目标全谱段的图像光谱信息即光谱数据立方体。采用该分光方式设计的光谱仪已经应用于欧洲航天局的火星快车(Mars Express)、金星快车(Venus Express)，日本的小行星探测和比利时的大气临边探测项目上。使用声光可调谐滤光器分光，具有全固态、可靠性高、重量轻、体积小等优点，但同时存在光谱失配、色散漂移等问题。此外，快照式成像光谱技术发展迅速，可在一次曝光时间内获得完整的三维图像光谱数据，在实时探测方面具有巨大的应用前景。编码孔径型成像光谱技术是将压缩感知的理论用在成像光谱仪上发展起来的一种新型快照式成像光谱技术，其利用编码图案对所有波长的空间信息进行调制，在面阵探测器上记录目标空间和光谱信息混合编码的强度图，然后利用多尺度重建算法从强度图中提取空间和光谱信息。三维成像光谱技术则是利用由多个不同倾斜角度的长条反射镜组成的图像分割元件，将目标图像切割成不同角度的图像，然后经色散棱镜传送到透镜阵列上，从而在大面阵探测器上得到不同角度图像的色散光谱图，该技术也是一种快照式成像光谱技术。目前，这类技术仍然处于原理研究及实验室验证阶段，是高光谱遥感未来发展的一种趋势。

3.3.5　分辨率进一步提高

高光谱遥感技术在早期发展阶段，主要发展目标是提高光谱分辨率，以适应高精度、定量化遥感探测的需要。而随着大面阵高分辨率探测器技术的进步，高光谱遥感技术在提高光谱分辨率的同时，开始向着高空间分辨率方向发展。欧洲航天局发射的天基自主计划卫星采用“前向运动补偿”技术，通过卫星姿态的摆动，减少相机相对于地面的移动速度，增加相机对目标区域的积分时间。该技术的应用使得天基自主计划卫星上搭载的高分辨率成像光谱仪的成像性能和信噪比等同于比其孔径面积大五倍的仪器，使其地面分辨率达到了 20m。2017 年欧比特公司发射的 4 颗高光谱卫星也采用了先进的数字域延迟积分技术(time delayed and integration，TDI)，达到了 10m 空间分辨率，使其在城市用地规划、农作物种植面积普查等需要较高空间分辨率的应用领域拥有明显优势。

目前，国际上已经存在多种高光谱遥感观测卫星系统，探测波段范围覆盖了从可见光到热红外，光谱分辨率达到纳米级，波段数增至数百个，大大增强了遥感信息获取能力，可以精确地对地球表面的固体和液体化学组分进行分析。而为了能够进一步对气体组分和大气性质进行研究，更高的光谱分辨率成为高光谱遥感不可阻挡的发展趋势。2020 年发射的哨兵 5 卫星承担了欧洲哥白尼计划中的一项大气监测任务，主要目标是对大气化学和气候应用的痕量气体浓度进行监测。为了提供关键大气成分的准确测量，如 O_3、NO_2、SO_2、CO、CH_4、CH_2O 和气溶胶特性，其光谱分辨率达到了 0.25nm。为了完成地球大气的临边探测，紫外高光谱成像光谱仪的光谱分辨率也需要达到 0.3nm。

另外，更精确和更快速地进行遥感观测，获得具有可靠性与时效性的遥感数据，高光谱遥感技术高空间分辨率、高光谱分辨率、高时间分辨率的“三高”新特征已经越来越明显，以适应未来长期天气预报、精准农业监测、定量化土地与海洋资源调查、实时战场环境分析等新应用领域。

3.4 高光谱遥感器应对策略

3.4.1 数据处理的多样化应对成像方式的多样化

对于分光方式多样化的高光谱遥感，其色散型、干涉型、渐变滤光片型、旋转滤光片型、声光调谐滤光片型、液晶调谐滤光片型、计算层析型等多种分光方式原理各不相同，数据处理方式具有很强的相似性，又有较大的差异。尤其是对于渐变滤光片型、声光调谐滤光片型等分光方式，其不同谱段之间的成像时间不同，获得的数据后续要将不同光谱的图像进行精确匹配，以解决光谱失配的问题。因此，既要研究高光谱图像的一般处理方式，提高数据处理算法的通用性，又要深入研究每种高光谱分光方式的具体原理，根据每种成像方式的具体特点研究处理算法的精确性，提高高光谱遥感器的数据处理技术水平。

随着新型硬件和计算技术的提升，高光谱图形处理技术也不断提高。高光谱成像定标和反演技术、基于亚像元的军事目标探测和识别技术趋于成熟，海量高光谱数据的快速计算能力不断提高，结合长期积累的目标和背景光谱特性数据库，有望实现大范围动目标的准确可靠的探测和识别，构成高光谱影像“成像—处理—应用”的完整链路。

3.4.2 提升卫星技术指标、拓宽应用平台

高光谱遥感载荷应朝着更大幅宽、更高分辨率、更宽谱段甚至是全谱段方向发展。幅宽将由现在的数十公里发展到上百公里；空间分辨率将覆盖百米量级、数十米量级、数米量级；时间分辨率覆盖数天、数小时、数分钟；谱段将覆盖从紫外到长波红外；成像光谱仪的信噪比、稳定性也将进一步提高。

高光谱遥感卫星需要不断突破高时间、高空间、高光谱分辨率等光学遥感技术现有极限，探索以多星多轨道组成卫星系统，满足实时性、广空域、宽时域、宽谱段观测需求。高光谱成像仪器的搭载平台也将不断多样化，由原来的地面、机载、低轨，发展到中轨、高轨等，形成空天一体化观测网络。

3.4.3 布局智能化卫星与大数据分析

高光谱成像传感器的谱段数高达数百个并且动态范围与辐射分辨率不断提高、像元量化位数增加，使得星载遥感器的原始数据率达到每秒几十吉比特。这就与遥感平台上有限的传输、存储资源之间产生了巨大矛盾，使得星上对海量数据进行有效的处理成了遥感技术发展中迫切需要解决的问题。不同应用领域的用户对遥感信息有不同需求，但目前的处理模式提供给用户的数据产品基本上是单纯的遥感影像数据，而不是用户所需的产品。发展星上数据智能处理技术能够根据用户需求在轨实时生产产品，并将产品直接分发给不同用户，可以使用户通过简单的操作获取所需的数据，从而大大拓宽遥感领域的应用市场。

此外，卫星数据出现了“既多又少”的矛盾局面。一是地面系统每天获得海量的对

地观测数据；二是由于信息处理技术落后，大量数据不能及时处理，造成极大的浪费。采用“大数据”的处理方式，有效地实现高光谱遥感有效数据挖掘、信息提取，提高数据压缩及数据传输效率，是未来高光谱遥感需要解决的另一重要问题。未来的遥感卫星需要通过星载软件的智能处理与地面处理相结合，更好地为大众用户提供个性化、多样化的信息服务。

现有的高光谱遥感卫星的运作主要由地面控制，海量高光谱遥感数据在星上进行存储与压缩，然后回传到地面接收站，最后进行地面数据处理获得遥感产品，参数固定，不能灵活调整。伴随着“人工智能”时代的来临，将神经网络、机器学习等技术与高光谱遥感技术结合，构建具有星上高光谱成像载荷参数自动定标优化、星上数据信息实时处理与产品生成能力的“智能”高光谱遥感卫星系统成为了未来发展趋势。“智能”高光谱遥感卫星将具备智能化的信息感知能力，并且具有自适应调节能力，能够根据用户的需要实时产生高质量数据信息。丹麦的 GomX-4 高光谱卫星搭载了专为实时数据处理而设计的板载数据处理系统，可实现板载 2 级数据生成，可大幅减少要在地面下载和处理的数据量。随着高光谱成像遥感仪器的分辨率越来越高，获取信息维度越来越多的同时，获取的遥感数据量也呈爆炸式增长。快速实现高光谱遥感有效信息提取，提高数据压缩及数据传输效率，是未来高光谱遥感需要解决的重要问题。

参 考 文 献

[1] 杨吉龙, 李家存, 杨德明. 高光谱分辨率遥感在植被监测中的应用综述. 世界地质, 2001, 3: 307-312.

[2] 张淳民, 穆廷魁, 颜廷昱, 等. 高光谱遥感技术发展与展望. 航天返回与遥感, 2018, 39(3): 104-114.

[3] 王跃明, 郎均慰, 王建宇. 航天高光谱成像技术研究现状及展望. 激光与光电子学进展, 2013, 50(1): 75-82.

[4] 王跃明, 贾建鑫, 何志平, 等. 若干高光谱成像新技术及其应用研究. 遥感学报, 2016, 20(5): 850-857.

[5] Zhang C, Wu Q, Mu T. Influences of pyramid prism deflection on inversion of wind velocity and temperature in a novel static polarization wind imaging interferometer.Applied Optics, 2011, 50(32): 6134-6139.

[6] Breckinridge J B. Evolution of imaging spectrometry: Past, present and future. Proceedings of SPIE, 1996, 2819: 2-6.

[7] 孙允珠, 蒋光伟, 李云端, 等. 高光谱观测卫星及应用前景. 上海航天, 2017, 34(3): 1-13.

[8] 童庆禧, 张兵, 张立福. 中国高光谱遥感的前沿进展. 遥感学报, 2016, 20(5): 689-707.

[9] 张达, 郑玉权. 高光谱遥感的发展与应用. 光学与光电技术, 2013, 11(3): 67-73.

[10] 娄全胜, 陈蕾, 王平, 等. 高光谱遥感技术在海洋研究的应用及展望. 海洋湖沼通报, 2008, 3: 168-173.

[11] Tong Q, Xue Y, Zhang L. Progress in hyperspectral remote sensing science and technology in China over the past three decades. IEEE Journal of Selected Topics in Applied Earth Observations and Remote Sensing, 2013, 7(1): 70-91.

[12] 岳跃民, 王克林, 张兵, 等. 高光谱遥感在生态系统研究中的应用进展. 遥感技术与应用, 2008, 4: 471-478.

[13] 房华乐, 任润东, 苏飞, 等. 高光谱遥感在农业中的应用. 测绘通报, 2012, S1: 255-257.

[14] 范斌, 陈旭, 李碧岑, 等. “高分五号”卫星光学遥感载荷的技术创新. 红外与激光工程, 2017, 46(1): 16-22.

第 4 章　合成孔径雷达

合成孔径雷达是一种主动微波式高分辨率相干成像雷达，具备全天时、全天候成像能力，可以有效降低传感器受天气等因素的影响，获取对地观测高分辨率雷达图像[1]。合成孔径雷达的分辨率分为距离向分辨率和方位向分辨率。它是利用雷达与目标的相对运动把尺寸较小的真实天线孔径用数据处理的方法近似合成为较大的等效天线，用合成孔径技术来提高雷达的方位向分辨率，而距离向分辨率则是通过发射宽带信号，利用脉冲压缩技术来实现分辨率的提高[2]。

与光学成像比较，合成孔径雷达包括以下特点。

(1) 不受云雨雾等气候及昼夜影响，能够全天时和全天候成像；

(2) 二维成像分辨率高；

(3) 可以穿透成像；

(4) 对电介质和表面粗糙度非常敏感；

(5) 能够实现亚毫米级距离差测量精度；

(6) 对人工目标非常敏感，适用于军事目标判读；

(7) 对目标形态和结构敏感；

(8) 容易实现多极化、多波段和多工作模式。

作为一种主动式对地观测系统，合成孔径雷达具有全天时、全天候对地观测的特点，并具有一定的地表穿透能力，在灾害监测、环境监测、海洋监视、资源勘查、测绘测量以及军事侦察等应用上具有独特的优势，可发挥光学遥感手段难以发挥的作用，受到世界各国的重视。

4.1　合成孔径雷达的国外发展现状

通常合成孔径雷达传感器搭载于航空或航天运行平台上，根据雷达载体的不同，合成孔径雷达可分为星载合成孔径雷达[3-7]、机载合成孔径雷达[8-11]和无人机载合成孔径雷达[12,13]等类型；根据合成孔径雷达视角的不同，可以分为正侧视、斜视和前视等模式；根据合成孔径雷达的工作模式，可以分为主动合成孔径雷达和被动合成孔径雷达；根据合成孔径雷达工作的不同方式，又可以分为条带式(stripmap)、聚束式(spotlight)、扫描式(scan)等，它们在成像技术上各具特点，应用上相辅相成。

4.1.1　机载/无人机载合成孔径雷达

1951 年，美国 Goodyear 宇航公司的 Carl Wiley 首次提出合成孔径概念，并在 1953 年成功获取到第一幅机载合成孔径雷达影像。随后，美国的密歇根大学、密歇根环境研究所和美国宇航局的喷气推进实验室等都积极投入到合成孔径雷达系统研制，并在机载合成孔径雷达系统研制方面取得了重大突破。

合成孔径雷达作为一种全天候、全天时的现代高分辨率微波遥感成像雷达，自 20 世纪 50 年代发明以来，已经获得了飞跃式的发展。以飞机为搭载平台的合成孔径雷达已被广泛应用，在军事侦察、地形测绘、植被分析、海洋及水文观测、环境及灾害监视、资源勘探等领域发挥着越来越重要的作用。机载平台也涵盖了各类航空器，包括大型巡逻机、战斗机、大型无人机、中小型无人机、直升机及无人直升机、浮空器及低轨飞行器等。美国在有人机载和无人机载合成孔径雷达领域的发展最为全面，包含了多个波段、多种功能、多种应用、多种机型的机载合成孔径雷达设备，性能也较先进。世界其他国家也在竞相发展机载合成孔径雷达系统，其中以德国和加拿大的发展较为突出，开发出了多种应用类型的机载合成孔径雷达实用及试验系统。

(1)轻小型雷达。轻小型雷达的典型代表是美国的 NanoSAR。NanoSAR 是世界上最小的合成孔径雷达，载荷重量为 0.9kg，该系统全部采用机上实时成像处理。NanoSAR 工作在 X 波段，发射线性调频连续波，峰值功率为 15W，具有条带工作模式，分辨率 1m，作用距离 1km。NanoSAR 系统的载机包括“扫描鹰”和 E-BUSTER 小型无人机。“扫描鹰”无人机机长 1.2m，翼展 3m，续航时间大于 15h，载机重量 12kg。另外美国的“蓝锆石”(STARLite)、“山猫”(AN/APY-8)、Sandia-miniSAR、TUAVR，德国的 MiSAR，法国的 SWORD，荷兰的 MiniSAR 等也都属于轻小型雷达。

(2)高分辨率雷达。高分辨率雷达的典型代表是美国的“山猫”(AN/APY-8)，它是一部轻型、高性能、多工作模式 SAR。雷达载波频率为 15.2～12GHz，天线类型为抛物面天线；具有条带模式、聚束模式和地面运动目标指示模式(ground moving target indication，GMTI)，条带模式最高分辨率为 0.3m，最远作用距离为 30km；聚束模式最高分辨率为 0.1m，最小可检测速度为 11km/h，美国的 Sandia-miniSAR，德国的 PAMIR，荷兰的 iniSAR 等雷达系统的聚束分辨率均优于 0.1m，都属于高分辨率雷达类型。

(3)广域监视雷达。广域监视雷达的典型代表是美国的 AN/APY-3。美国空军和陆军“联合监视目标攻击雷达系统”(Joint Surveillance and Target Attack Radar System，JSTARS)，是美国军方最主要的战场监视雷达系统。联合监视目标攻击雷达系统装备的雷达为 AN/APY-3，是 X 波段无源相控阵多模式侧视机载对地监视雷达。联合监视目标攻击雷达系统用于全天候对地面静止或运动目标探测与定位，其探测距离可达到 250km。联合监视目标攻击雷达系统具有两种基本的工作模式：运动目标指示(movement target indication，MTI)和合成孔径雷达。美国的 STARLite、AN/APY-6、AN/APY-8，英国的 ASTOR，德国的 PAMIR，北约的 SOSTAR-X，以色列的 ELM-2055 等雷达系统都属于广域监视雷达类型。

(4)干涉测高雷达。干涉测高雷达的典型代表是德国的 DOSAR 系统。1989 年 6 月，DOSAR 系统首次在德国航空航天中心的 DO288 运输机上试飞成功，收集了 C 波段和

Ka 波段的图像，图像分辨率小于 1m。随着时间的推移，DOSAR 系统更新了多次，添加了新的工作模式(如顺轨和交轨单航过干涉测量、扫描动目标显示、聚束模式)、新波段(X 波段和 S 波段)、更高的分辨率(小于 0.5m)和除 a 波段以外所有波段的全极化。美国的 AIRSAR、GeoSAR、IFSARE，德国的 PAMIR、ESAR3、FA，法国的 RAMSES、SETHI，加拿大的 CV-580，丹麦的 EMISAR，荷兰的 MiniSAR 等雷达系统都属于干涉测高雷达类型。

(5)多波段雷达。多波段雷达的典型代表是法国的 RAMSES 系统。RAMSES 系统是一种多波段、全极化、高分辨率(最高 0.11m)的灵活机载合成孔径雷达系统，由法国航空航天研究中心和电磁雷达科学部研制，以 Transall C1160 为搭载平台。美国的 AIRSAR、GeoSAR，德国的 ESAR、FSr、DOSAR，法国的 Set，加拿大的 CV-580，丹麦的 EMISAR，日本的 PI-SA 等雷达系统都属于多波段雷达类型。

(6)多极化雷达。多极化雷达的典型代表是德国的 E-SAR 和 F-SAR。ESAR 是德国航空航天中心的机载多频段、极化干涉合成孔径雷达系统。ESAR 有 X、C、L、P 四个工作波段，在飞行过程中系统的极化方式和工作频段可控。该系统装载于运输机 DO228 上。德国航空航天中心对 E-SAR 进行了进一步改进，由此产生了 F-SAR 系统。F-SAR 工作于 X、C、S、L 和 P 波段且各个波段皆可工作于全极化模式。

(7)揭伪雷达。揭伪雷达的典型代表是瑞典的 CARABAS(Coherent All Radio Band Sensing)。瑞典国防研究局(National Defence Research Establishment，FOA)研制的 CARABAS 是一部高性能的机载合成孔径雷达，用于探测隐藏和伪装的目标。CARABAS 工作在 VHF 频段(20～90MHz)时可用作战术监视，可检测到隐蔽在树丛中和植被中的军队及深达地下 5～10m 的钢筋混凝土掩体、隧道和管道等；还可做民用遥感应用于环境监测，如检测有毒液体倾倒、水文勘测和测定海洋冰层厚度等。

(8)无人机载雷达。无人机载雷达的典型代表是美国的全球鹰 HISAR 系统，该系统采用了美国国防部高级研究计划总署资助研制开发的 X 波段 SAR/MTI 雷达。HISAR 系统可适用于多种空中平台，用于空地监视、军事侦察、海上巡逻、地面测绘成像、边境监视等。HISAR 雷达包含六种工作模式：①广域运动目标指示模式；②广域搜索模式；③组合 SAR/GMTI 模式；④合成孔径雷达聚束模式；⑤海面监视模式；⑥空对空模式。美国的 STARLite、NanoSAR、AN/APY-8、TeSAR、Sundia-miniSAR、Rd-1700B、TUAVR，德国的 MiSAR，法国的 SWORD，以色列的 ELM-2055，荷兰的 MiniSAR 等雷达系统都属于无人机载合成孔径雷达。

(9)战斗机载雷达。战斗机载雷达的典型代表是以色列的 EL/M-2060 雷达。EL/M-2060 系列雷达目前有 EL/M-2060P 和 EL/M-2060T 两个型号。其中 EL/M-2060P 可装备 F6、FA-18、Gripen、Tornado 等飞机，而 EL/M-2060T 可装备中、小型运输机或商务飞机。EL/M-2060P 的改进型提供给了美国海军，被命名为 ELMSAR，2003 年改装在 FA-18E/F 上，以提高它们的侦察能力。EL/M-2060 系列雷达具有条带、束和条带/地面动目标显示模式。其他如美国的 AN/APG-79 等雷达系统属于战斗机载雷达类型。

(10)直升机载雷达。直升机载雷达的典型代表是美国的 RDR-1700B 雷达系统，该系统是由美国 Telephonics 公司研制的海事多功能雷达，可装载于无人驾驶直升机平台上，整个雷达系统总重为 34kg。RDR-1700B 可提供海面探测、气象规避、SaR/SAR 飞行数据显示、信标指引等五种工作模式。

(11)高空侦察机载雷达。高空侦察机载雷达的典型代表是美国的 ASARS-1 和 ASARS-2 雷达系统。其中 ASARS-1 系统是装备于黑鸟侦察机 SR-71 上的实时、高分辨率侦察系统，具有全天时、全天候、远程绘制地图的能力。ASARS-1 可以监测和精确定位固定和运动的地面目标。

4.1.2 星载合成孔径雷达

1978 年 6 月，美国发射了世界上第一颗民用海洋探测合成孔径雷达卫星 Seasat-A，搭载 L 波段合成孔径雷达传感器。虽然 Seasat-A 在轨运行仅 105 天就由于故障结束工作，但其传回的合成孔径雷达影像为国际学者们提供了宝贵的数据源，极大地促进了雷达卫星在对地观测领域中的发展。

随后，美国国家航空航天局于 1981 年 11 月、1984 年 10 月和 1994 年 4 月相继开展了航天飞机成像雷达 SIR-A、AIR-B 和 SIR-C/X-SAR 实验。SIR-A 和 SIR-B 搭载了 L 波段合成孔径雷达传感器，SIR-C/X-SAR 在 SIR-A 和 SIR-B 基础上研发出来，包括 SIR-C 和 X-SAR 两个传感器。其中 SIR-C 是一部双频雷达，工作于 C 波段和 L 波段，由 NASA 设计制造；X-SAR 由德国航空航天中心和意大利航天局共同制造，工作于 X 波段。2000 年 2 月，SIR-C/X-SAR 执行了航天飞机雷达测图任务(Shuttle Radar Topography Mission，SRTM)，在 12 天的时间里获取了覆盖全球 80%陆地的影像并利用雷达干涉测量技术生产了高精度数字高程模型(digital elevation model，DEM)。

进入 20 世纪 90 年代后，欧洲航天局、日本宇宙航空研究开发机构、加拿大空间局、德国航天局和意大利航天局等先后发射了 ENVISAT、ALOS-1/2、Radarsat-1/2、TerraSAR-X/TanDEM-X、Cosmo-SkyMed 等雷达卫星，获取了覆盖全球的大量合成孔径雷达数据，使得雷达遥感研究逐步从理论迈向实际应用。

下面按照时间先后顺序，重点介绍几颗主要的雷达卫星：Seasat-A、ALOS-1/2、TerraSAR-X 和 Sentinel-1A/B 等。

(1)Seasat-A 卫星。Seasat-A 是美国也是世界第一颗合成孔径雷达卫星，如图 4-1 所示，其任务是论证海洋动力学测量的可靠性，具体工作是收集有关海面风、海面温度、波高、海洋内波、气态水、海冰特征和海洋地貌的数据。

(2)ALOS-1/2 卫星。ALOS-1 是日本的对地观测卫星，由日本宇宙航空研究开发机构于 2006 年 1 月发射，载有可见光遥感立体测绘仪、先进可见光与近红外辐射计-2(AVNIR-2)和相控阵型 L 波段合成孔径雷达(PALSAR-1)三个传感器。其中，PALSAR-1 具有高分辨率、扫描式合成孔径雷达、极化三种观测模式，如图 4-2 所示。2011 年 4 月，

ALOS-1 失去电力供应，结束对地观测使命。ALOS-2 是 ALOS-1 的后继星，由 JAXA 于 2014 年 5 月发射，仅搭载了 L 波段 PALSAR-2 传感器。PALSAR-2 增加了高分辨率的聚束成像模式，最高分辨率可达 1m，如图 4-3 所示。在轨运行卫星中，ALOS-2 是唯一一颗 L 波段的星载合成孔径雷达卫星。

图 4-1　Seasat-A 的外观照片

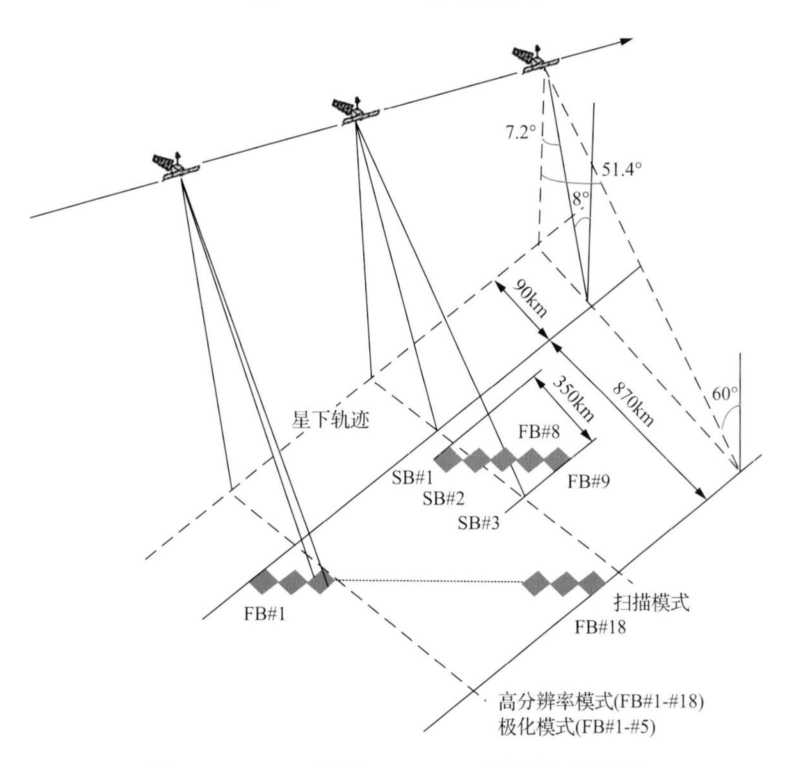

图 4-2　ALOS-1 卫星 PALSAR-1 观测模式示意图

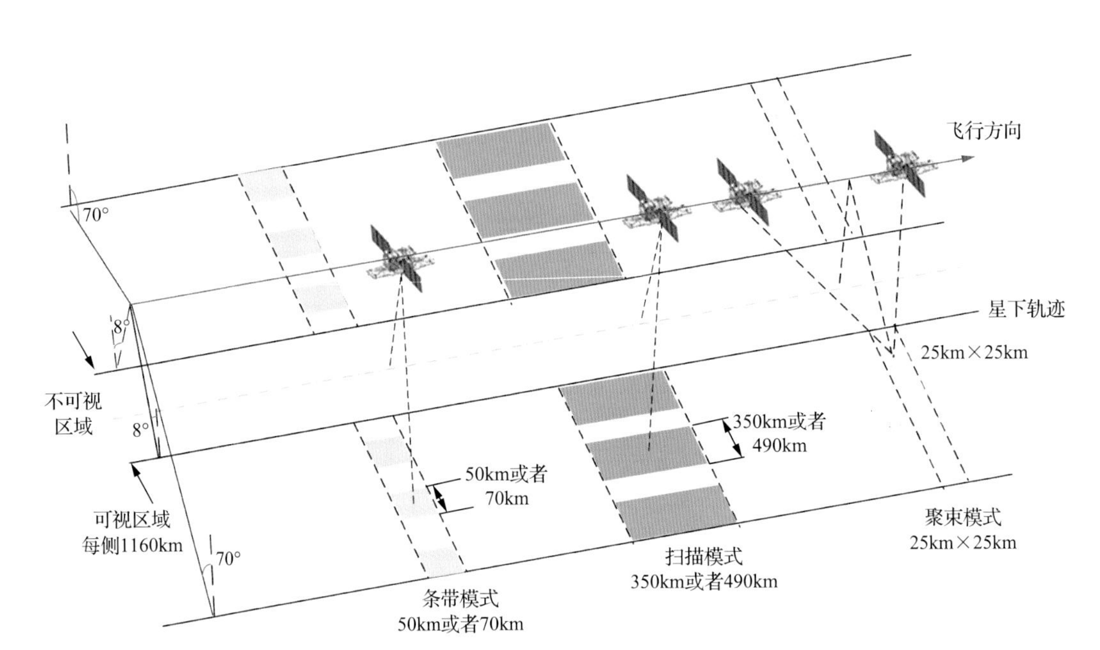

图 4-3 ALOS-2 卫星 PALSAR-2 成像模式示意图

(3) TerraSAR-X/TanDEM-X 卫星。TerraSAR-X 卫星是德国研制的一颗高分辨率雷达卫星，于 2007 年 6 月发射，携带一颗 X 波段 SAR 传感器，有聚束模式、条带模式和扫描模式三种成像模式，并拥有多种极化方式，如图 4-4 所示。聚束模式可细分为聚束 (spotlight，SL)、高分聚束 (highres spotlight，HS) 和凝视聚束 (staring spotlight，ST)，扫描模式细分为扫描式 (scanSAR，SC) 和宽幅扫描式 (wide scanSAR，WS)。TanDEM-X 是 TerraSAR-X 姊妹星，于 2010 年 6 月发射，与 TerraSAR-X 组成串联飞行模式，如图 4-5 所示。这两颗卫星在 3 年内反复扫描整个地球表面，绘制出高精度的全球数字高程模型，格网间隔为 12m，相对垂直精度为 2m，绝对精度为 4m。

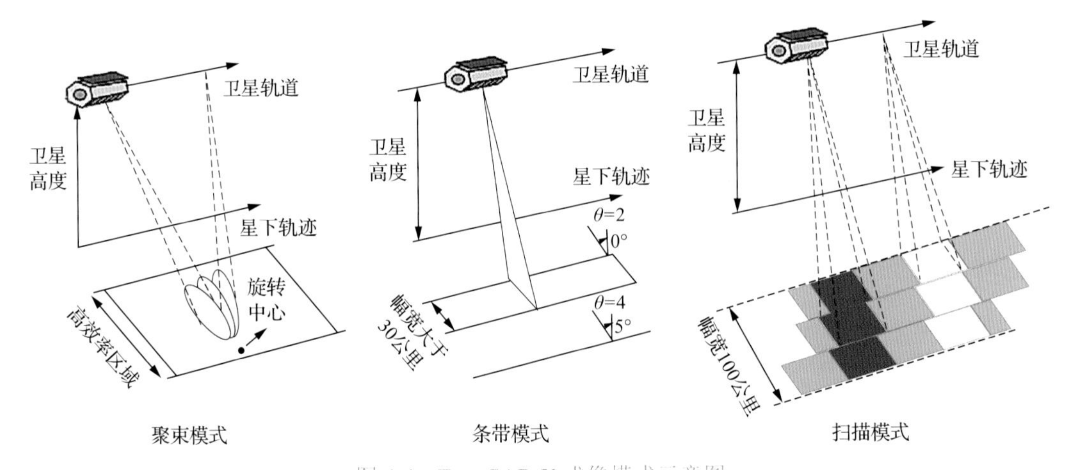

图 4-4 TerraSAR-X 成像模式示意图

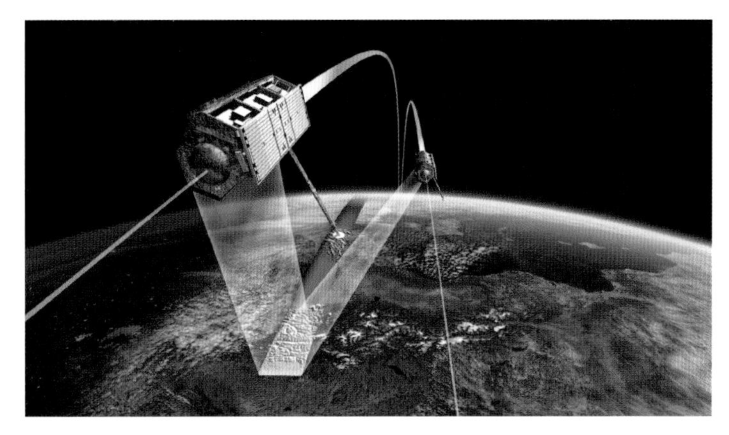

图 4-5　TerraSAR-X 与 TanDEM-X 组成串联飞行模式

值得一提的是，西班牙于 2018 年 2 月发射的 X 波段雷达卫星 PAZ 与 TerraSAR-X 和 TanDEM-X 串联飞行，这三颗卫星将彼此相隔 120°，分布在 514km 高度的低地球轨道上，大大缩短 TerraSAR-X 和 TanDEM-X 双星重访周期。

(4) COSMO-SkyMed 卫星。COSMO-SkyMed 系统是由意大利航天局和意大利国防部共同研发的 4 颗雷达卫星组成的星座，每颗卫星配备一个多模式高分辨率合成孔径雷达，同样工作于 X 波段。COSMO-SkyMed 卫星传感器在三种波束模式下工作，分别为聚束模式(spotlight)、条带模式(stripmap)和扫描模式(scanSAR)。

(5) Sentinel-1A/B 卫星。哨兵 1 号(Sentinel-1)卫星是欧洲航天局哥白尼计划中的地球观测卫星，由两颗卫星组成，载有 C 波段合成孔径雷达传感器，其中 Sentinel-1A 卫星于 2014 年 4 月发射，Sentinel-1B 卫星于 2016 年 4 月发射。Sentinel-1 单颗卫星的最短重访周期为 12 天，双星串联飞行时最短重访周期缩短为 6 天。Sentinel-1 卫星采取全球业务化运行模式，且向全球用户免费开放所有数据。

Sentinel-1 有多种成像模式，包括条带模式、干涉宽幅模式、超宽幅模式和波束模式，亦可实现单双极化方式，成像模式几何示意图如图 4-6 所示。其中，干涉宽幅模式(interferometric wide swath mode，IW)为默认对地观测模式，采用 TOPS(terrain observation by progressive scans)成像技术，扫描幅宽为 250km，方位向和距离向分辨率分别为 20m 和 5m。

未来几年，国外还计划发射的合成孔径雷达卫星包括：NISAR、ALOS-4、TanDEM-L 和 BIOMASS 等。

(1) NISAR。NISAR(NASA-ISRO SAR)是由美国国家航空航天局和印度空间研究组织正在合作研发的“双频(L 和 S 频段)SAR 卫星”，L 波段传感器由 NASA 负责，S 波段传感器由 ISRO 负责，预计于 2023 年发射，NISAR 卫星系统性能相对于现有雷达卫星将有巨大提升，与 Sentinel-1 一样，计划采取免费数据开放政策。

(2) ALOS-4。ALOS-4 是日本 ALOS-1/2 后继星，预计于 2024 年发射，相比于 PALSAR-1/2，ALOS-4 搭载的 L 波段 PALSAR-3 传感器在性能上有所改善，特别是成像幅宽方面大大增加。

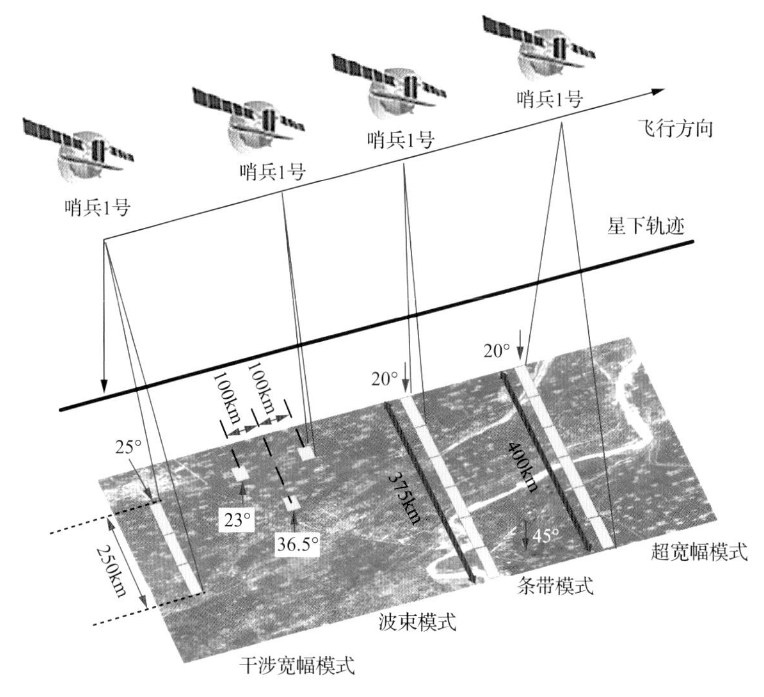

图 4-6　Sentinel-1 卫星成像模式示意图

(3) TanDEM-L。TanDEM-L 属于德国航空航天中心下属亥姆霍茨研究联盟的研究项目“遥感和地球系统的动态变化”(EDA)，属新型串联式雷达卫星系统，由两颗 L 波段的雷达卫星组成，来观测地球每周的变化。

(4) BIOMASS。BIOMASS 为欧洲航天局正在研发的 P 波段雷达卫星，设计有层析和干涉技术，已于 2021 年发射。该卫星的目标为全球森林生物量估计，将服务于碳循环研究。

4.2　合成孔径雷达的国内发展现状

我国星载合成孔径雷达技术近些年来发展迅速，主要有环境一号 C 星、遥感 29 号卫星和高分三号卫星等。

(1) 环境一号 C 星。环境一号 C 星于 2012 年 11 月发射，是我国首颗民用雷达卫星，也是首颗 S 频段合成孔径雷达卫星。卫星质量 890kg，轨道高度 500km，运行在降交点地方时 06:00 的太阳同步轨道，与已经发射的环境一号 A/B 形成第一阶段的卫星星座。环境一号 C 星的合成孔径雷达具有条带和扫描两种工作模式，成像带宽度分别为 40km 和 100km，其单视模式空间分辨率可达 5m，提供的合成孔径雷达图像以多视模式为主。

(2) 遥感 29 号卫星。遥感 29 号卫星于 2015 年 11 月发射，运行在高度为 632km 的太阳同步轨道，工作于 X 波段，采用单极化方式，工作模式包括聚束模式和条带模式。聚束模式下分辨率为 0.5m@8km×6km，条带工作模式下分辨率为 1.5m。

(3) 高分三号卫星 (GF-3)。高分三号卫星是我国高分对地观测系统中部署的一颗雷达卫星，也是我国首颗分辨率达到 1m 的 C 波段多极化民用合成孔径雷达卫星，是高分对地观测系统的重要组成部分，由中国航天科技集团公司研制，于 2016 年 8 月发射。GF-3 是世界上成像模式最多的合成孔径雷达卫星，具有 12 种成像模式，包括聚束、超精细条带、精细条带 1、精细条带 2、标准条带、窄幅扫描、宽幅扫描、全极化条带 1、全极化条带 2、波成像模式、全球观测成像模式、扩展入射角模式，如图 4-7 所示。

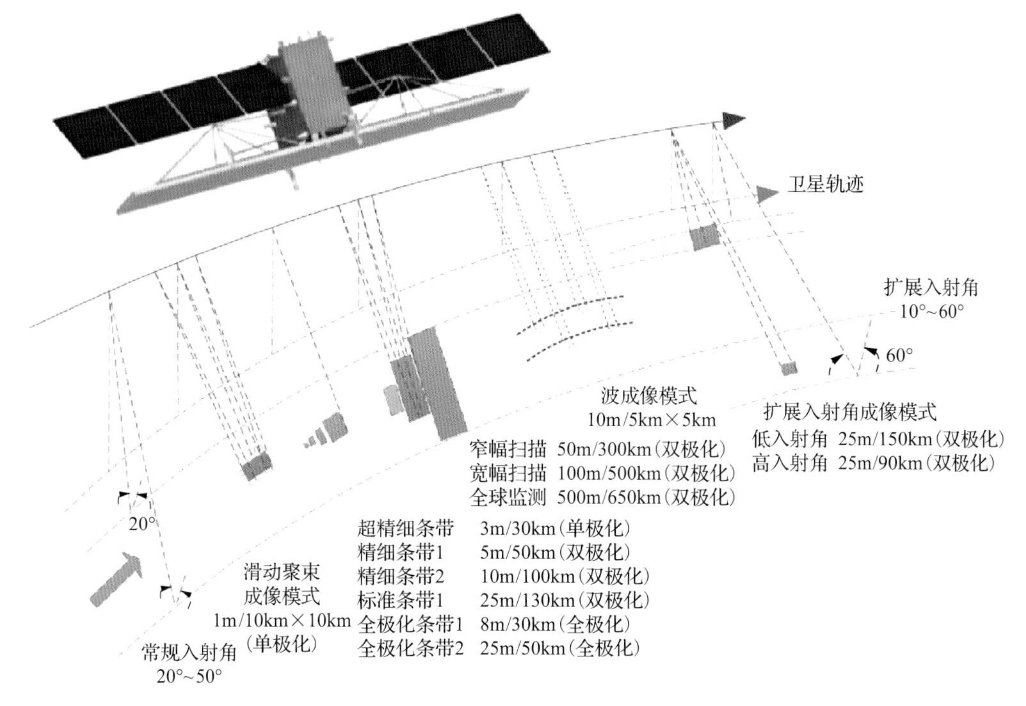

图 4-7　GF-3 成像模式示意图

(4)陆地探测一号卫星(简称 LT-1)。LT-1 是中国《国家民用空间基础设施中长期发展规划(2015—2025 年)》首个卫星型号。LT-1 由两颗先进的 L 波段全极化多通道合成孔径雷达卫星组成，利用双星编队飞行可实现双基宽幅对地成像，结合干涉合成孔径雷达成像技术实现地表形变监测、数字高程模型测量、森林生物量反演、海洋监视、三极冰川监测等遥感应用。

4.3　被动合成孔径雷达的国内外发展现状

4.3.1　被动合成孔径雷达系统的原理

目前正在运行的星载合成孔径雷达，绝大多数采用自发自收体制且工作于中、低轨道，是当前广泛采用的遥感雷达体制，但是随着合成孔径雷达应用领域的研究不断拓展和深入，越来越多的观测任务对合成孔径雷达卫星的性能指标提出了更为苛刻的要求，如对定点区域的连续灾害监控、环境监控等。这些应用不仅要求合成孔径雷达卫星具有较高的分辨率，还需要其对目标区域进行大范围、不间断连续观测，传统的合成孔径雷达则受重返周期和测绘带宽的限制，无法满足这一要求。同时，在战场环境下，主动式合成孔径雷达卫星由于具有雷达发射系统，存在抗干扰能力弱等潜在的不安全因素。

近年来国内外提出了一种采用高轨合成孔径雷达卫星发射，利用地基、机载和星载被动接收体制的被动合成孔径雷达系统。该系统将发射卫星置于高轨上，典型如地球同步轨道，然后将协同接收的被动接收机放置于地面、航空平台或低轨道卫星上，组成双基地雷达系统，如图 4-8 所示。

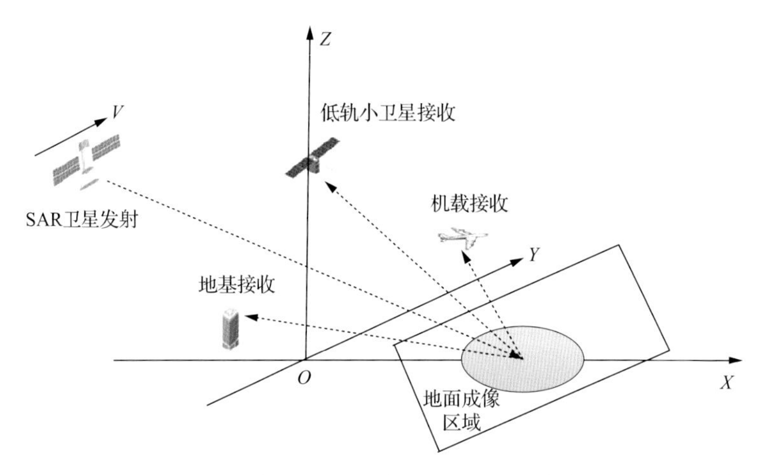

图 4-8 被动 SAR 系统的三种配置形式：地基、机载和低轨小卫星接收

被动合成孔径雷达具有下列优点：①发射卫星采用高轨方式，照射范围更加广阔，即使小角度的天线波束仍然可以满足大面积覆盖的需求，而接收系统配置灵活，可以满足对特定区域的连续不间断观测要求；②接收机采用被动方式接收，不发射能量，因此具有功率小、成本低等特性，而且具有隐蔽性，在战场环境中有一定的抗摧毁能力。

被动合成孔径雷达面临的挑战：①高轨合成孔径雷达卫星和被动接收平台之间几何关系复杂，导致成像算法复杂；②回波信噪比低，对高灵敏接收提出了更高要求。

4.3.2 被动合成孔径雷达系统的国内外现状

国外较早提出了双基地被动合成孔径雷达的概念并进行了相关的实验。德国分别于 2007 年和 2010 年发射的雷达卫星 TerraSAR-X 和 TanDEM-X 组成了一对孪生星，包含高分辨率的 X 波段天线，照射幅宽从数公里到 250km，产生高精度的全球数字高程模型。最值得一提的是，该组卫星能够工作在一发双收的模式，可工作于双基地模式，这样就提供了同时生成干涉影像对的能力，可以生成与场景有关的数字高程模型。目前该组卫星虽然已超过设计使用时长，但仍然工作状态良好。在此基础上进一步提出的 Tandem_L 计划，用于地球观测，其主要改进是发射 L 波段信号，采用数字波束形成技术，使得在实现全球无缝覆盖的同时仍然具有高的方位向分辨率。

2016 年我国陆地探测一号（LT-1）正式立项建设，2019 年完成合成孔径雷达分系统集成测试，2022 年 1 月 26 日陆地探测一号 01 组 A 星顺利发射。该星座由两颗 L 波段合成孔径雷达卫星组成，目的是缩小我国在干涉合成孔径雷达、差分干涉合成孔径雷达，以及全极化合成孔径雷达方面与国外的差距。具备干涉测量、高分辨率、多极化、编队飞行等能力，可实现重轨干涉形变测量、双星编队干涉测高、单星高分辨率成像等功能，完成地表形变监测、数字高程模型获取、单/多极化合成孔径雷达等主要观测任务，可满足国土资源、地震、防灾减灾、基础地理信息获取、林业等观测需求。

4.4　合成孔径雷达的发展趋势

合成孔径雷达卫星探测要穿透云雾以及满足夜间探测的需求，就要克服复杂地表中地形地貌和目标种类的多样性与结构复杂性对探测结果的影响，这就从应用角度对雷达卫星提出了以下要求：

(1) 需具备高分辨、高测绘带成像能力，以实现场景和目标的大规模、高精度测量和精细化描述；

(2) 需具备快速重返能力，以提高目标的实时动态获取能力；

(3) 需具备多维信息获取能力，以提高对目标的精细刻画和目标识别能力。

因此，合成孔径雷达技术未来的发展趋势，将是全面利用电磁波资源，包括采用不同波段、不同极化的发射信号，从目标回波中挖掘信号的振幅、相位以及极化信息，涉及多种合成孔径雷达技术，如多站合成孔径雷达、极化干涉合成孔径雷达、三维合成孔径雷达，以及数字波束合成孔径雷达和多输入多输出合成孔径雷达等，以满足对地球表面动态过程进行高精细(高分辨)、大尺度和连续不断监测的需求，下面将介绍未来亟待发展的合成孔径雷达相关技术。

4.4.1　全极化技术

极化技术是通过极化旋转角的偏移测量，解决不同观测方向引起“同物异谱”的重要问题，可以有效提高极化合成孔径雷达分类和目标识别。它通过获取地物在同极化和交叉极化方式下的回波，获得地物更丰富的散射信息，基于此，极化合成孔径雷达被广泛应用于目标检测与识别、参数反演和地物制图。近年来随着一些具有全极化合成孔径雷达数据获取能力的卫星如日本的 AOLS、德国的 TerraSAR-X 和 TanDEM-X，以及加拿大的 RADARSAT-2 的成功发射，积累了大量的极化 SAR 数据，迫切需要发展自动或半自动化的极化 SAR 图像解译和信息提取系统。

干涉合成孔径雷达(interferometric synthetic aperture radar，InSAR)是根据雷达技术发展的一种新的空间对地观测手段，并且由差分干涉技术发展到永久散射体合成孔径雷达干涉测量技术，即利用选取时间序列上回波信号强、散射特性稳定的像元作为研究对象，这些像元被称为永久散射体(permanent scatterer，PS)点，通常包括裸岩、人工建筑、角反射器。

进一步地，极化与干涉技术相结合将是未来开展森林或农作物高度、植被覆盖及冰雪覆盖等调查应用的趋势。而永久散射体技术将发展为分布式散射体以便找到更多的永久散射体，提高解的鲁棒性。

4.4.2 多频段应用技术

不同频率的微波信号对地表的穿透深度是不同的，同时对地表粗糙度的敏感性也是不同的，因此不同波段合成孔径雷达数据可以被用于不同场景，如不同深度的土壤水分反演。

除了常规的合成孔径雷达产品工作于 L 波段(1～2GHz)、S 波段(2～4GHz)、C 波段(4～8GHz)、X 波段(8～12GHz)外，目前为了实现超高分辨率合成孔径雷达，合成孔径雷达系统进一步向超宽带发展，分辨率提高至亚米级。

此外，为了进一步发挥穿透性的特点，合成孔径雷达系统也在向 P 波段甚至更低的频段延伸。

4.4.3 多维合成孔径雷达技术

传统的二维合成孔径雷达是一个三维空间向二维空间投影的过程，只具有二维分辨能力。在一些特殊复杂的地形条件，如对山峰、峡谷和高楼等高低起伏较大的地形进行探测时，就会出现阴影效应、顶底倒置及空间模糊等失真问题，导致空间信息的丢失。因此，二维合成孔径雷达所获取的二维信息在很多领域中都难以满足实际需要，如何获取观测场景的三维信息成为新的研究内容。

为了获得高度向的分辨率，现在几种新体制雷达值得关注，包括圆周合成孔径雷达、层析合成孔径雷达以及阵列三维合成孔径雷达等。

(1)圆周合成孔径雷达是利用载荷平台在以场景为圆心的上方做圆周轨迹运动，对场景进行多次照射，从而获得目标三维图像。

(2)层析合成孔径雷达不同于其他新体制雷达，它是通过几个天线在垂直方向形成孔径分量，首先完成二维成像过程，输出多幅二维图像，然后对每幅图像进行配准，所有的分辨单元经过频谱分析后具有高程向上的分辨率。

(3)阵列三维合成孔径雷达是通过二维虚拟面阵进行三维成像，具体实现方法是在平台飞行的垂直方向上布置阵元，通过不同阵元收发信号，获得沿航向以及跨航向上的分辨率。然后结合脉冲压缩技术获得距离向上的分辨率，最终得到成像空间的三维图像。不同于层析合成孔径雷达，阵列三维合成孔径雷达可以对正下方区域的快速起伏地表进行观测。

4.4.4 主被动合成孔径雷达一体化技术

未来主动合成孔径雷达与被动合成孔径雷达相结合，实现多发多收的多站合成孔径雷达模式将成为发展方向。目前的双星编队模式的特点是图像相干性好，全轨道周期，能干涉成像，测绘效率高，但是基线相对固定，精度相对较低。而未来的分布式接收模式，图像相干性好，基线灵活，可获得不同基线的效果，当然也带来数据量大、处理工作量大、构型维持相对复杂的挑战。相信在分辨率、卫星数量、基线长度、信号处理等方面加以优化后，分布式合成孔径雷达系统构建的成像图将会在提供距离方位高度、时间等多维信息，更广泛地应用于森林监测、数字高程模型形成、地表形变等领域。

4.5 合成孔径雷达的应对策略

4.5.1 发展高分辨率高带宽定量遥感技术

分辨率和测绘带宽是星载合成孔径雷达的两个重要成像指标，未来星载合成孔径雷达系统应该朝如下几个方向发展。

(1) 方位向多通道模式利用方位向上多个接收通道，在一个脉冲周期内获得多个方位向采样点，利用空间采样来弥补时间采样的不足，从而降低脉冲重复频率(pulse repetition frequency，PRF)对分辨率和测绘带宽同时提高的限制，突破了传统模式品质因子不超过 10000 的限制。在方位向多通道模式的基础上，为进一步改善其他性能，衍生出多种工作模式，如高分宽幅式、波束扫描合成孔径雷达(Sweep-SAR)等。

(2) 多发多收合成孔径雷达(MIMO-SAR)系统每个孔径独立发射信号，并同时接收回波，经过匹配滤波后，分离出各相位中心信号，可以实现单个脉冲周期内 10 个以上的方位向采样点。

(3) 脉冲重复周期扫描(Sweep-PRI)模式利用脉冲发射周期的连续变化改变测绘盲区的位置，使得整个测绘带内目标回波均能被接收到，从而克服了测绘盲区固定不变的问题，大幅提升了星载合成孔径雷达测绘带宽度。

传统星载合成孔径雷达为非定量遥感，主要目标是获取地物场景的幅度图像，用于分辨所关注地物目标的特征，图像像素点的准确幅度和相位信息没有深入挖掘应用，定量化应用水平低。典型工作模式包括：条带模式、扫描模式、聚束模式等。未来星载合成孔径雷达系统应该利用高精度的外定标技术，实现幅度和相位定量化应用，准确获得地物的几何、高程、运动及电磁散射等信息，大幅拓展合成孔径雷达卫星的地物分类、识别、确认和描述能力，支撑合成孔径雷达图像智能化应用发展。可能的工作模式包括极化干涉合成孔径雷达模式、多角度成像模式、层析成像模式等。

4.5.2 设计轻量级实时抗干扰多星组网合成孔径雷达系统

未来星载合成孔径雷达的体制创新需要多学科、多技术的融合，将光子技术同传统微波技术、数字电子技术相结合可以突破传统电子合成孔径雷达在带处理速度、体积重量等方面的物理瓶颈，是未来新体制星载合成孔径雷达的关键支撑。传统电子振荡器难以实现宽带调频信号的合成而波信号调制在光载波上，并在光域对微波信号进行变频、倍频，可以方便、快速获得几吉赫兹至十几吉赫兹的信号；而通过集成化的可调光电振荡器，可以实现秒 1GHz 的频率调谐，并具有同石英晶振相比拟的相噪水平，满足高分辨率对宽带信号源上的要求，实现厘米级甚至更高分辨率的成像。宽带可调谐光电振荡器芯片利用光子技术合成的雷达信号除了具有宽带的特点以外，还具有频率、频段、调制方式捷变的能力，在合成孔径雷达系统中也具有重要作用。合成孔径雷达具有的作用距离远、工作频带宽和不受地理位置的限制等诸多优势同时加大了对其干扰的难度。对合成孔径雷达实施干扰可从两方面入手，一是通过对载体进行干扰，二是通过对数据传输进行干扰。从干扰的角度出发来研究相应的合成孔径雷达抗干扰技术，可以确保其在电磁干扰的环境下不受影响。将光子学技术引入既成熟又具有广阔发展空间的星载合成孔径雷达领域，能突破传统的星载合成孔径雷达体制，突破传统电子技术在系统带宽、处理速度、体积功耗等方面的限制，为未来高分、多基线、分布式、轻小型、抗干扰、实时成像合成孔径雷达的研究提供支柱。

星载合成孔径雷达应该向小型化、多功能、多模式以及多卫星组网的方向发展。随着轻型天线技术、航天技术的发展，卫星的重量和体积大大降低。轻型天线技术的发展大幅度降低了卫星有效载荷的重量，从而降低了卫星和需带燃料的重量；另外，高效率太阳能技术和电池技术的发展也为整体小卫星系统及其组网技术的发展提供可能，改变了卫星的工作模式，降低了能源系统的重量，从而缩短了卫星系统有效载荷的工作时间，小卫星应用的效费比相对于大卫星明显提高。星载合成孔径雷达工作模式要求波束在距离向的快速扫描，一般采用电扫描的方式，通过改变雷达收发的极化方式,可获得 HH、VV、HV 和 VH(H 为水平极化，V 为垂直极化)不同极化的图像。不同频率下目标的散射特性不同，同时获取目标的多频信息，有助于目标分类与识别。采取星座或组队侦察方式可有效提高时间分辨率，将航天侦察的“盲区”降至最低。星载合成孔径雷达与可见光卫星配合工作可以弥补可见光成像受气候条件限制的不足，并发挥合成孔径雷达具有一定的穿透能力、揭露伪装的特点，与各种侦察卫星优势互补，及时获取动态情报。

参 考 文 献

[1] 邓云凯, 赵凤军, 王宇. 星载 SAR 技术的发展趋势及应用浅析. 雷达学报, 2012, 1(1): 1-10.

[2] 张澄波. 综合孔径雷达: 原理、系统分析与应用. 北京: 科学出版社, 1989.

[3] Curlander J C, Mcdonough R N. Synthetic Aperture Radar: Systems and Signal Processing. New York: Wiley, 1991.

[4] Soumekh M. Synthetic Aperture Radar Signal Processing with MATLAB Algorithms. Hoboken: Wiley, 1999.

[5] Rast M. ERS 1/2 overview of scientific results over land. 1995 International Geoscience and Remote Sensing Symposium, Firenze, 1995.

[6] Kawakami T, Ishiwada Y. JERS-1: Now is the time of observation. Advances in Space Research, 1994, 14(3): 129-132.

[7] Haruyama Y. Progress of Japan’s earth observation satellites. Advances in Space Research, 1994, 14(1): 21-24.

[8] Papathanassiou K P, Marotti L, Schneider R Z, et al. Pol-InSAR results from ALOS-PalSAR. 2007 IEEE International Geoscience and Remote Sensing Symposium, Barcelona, 2007.

[9] Jordan R L, Huneycutt B L, Werner M. The SIR-C/X-SAR synthetic aperture radar system. Proceedings of the IEEE, 1991, 33(4): 829-839.

[10] Horn R, Nottensteiner A, Scheiber R. F-SAR-DLR’s advanced airborne SAR system onboard DO228. The 7th European Conference on Synthetic Aperture Radar, Friedrichshafen, 2008.

[11] Horn R. The DLR airborne SAR project E-SAR. 1996 International Geoscience and Remote Sensing Symposium, Lincoln, 1996.

[12] Horn R, Nottensteiner A, Reigber A, et al. F-SAR-DLR's new multifrequency polarimetric airborne SAR. 2009 IEEE International Geoscience and Remote Sensing Symposium, Cape Town, 2009.

[13] Brenner A R, Ender J H G. Demonstration of advanced reconnaissance techniques with the airborne SAR/GMTI sensor PAMIR. IEE Proceedings-Radar, Sonar and Navigation, 2006, 153(2): 152-162.

第5章　激光雷达遥感器

1958 年，Charsles H.Townes 和 Arthur L.Schawlow 发现了激光(laser)的工作原理；1959 年贝尔实验室发现了氦氖激光原理；1960 年，科学家 Theodore Mainman 研制出世界上第一台红宝石激光器，此后激光技术应用到医学、电子仪器、建筑和军事等领域，得到快速发展。测绘领域的一些学者也将激光引入空间信息获取，并发明了激光雷达。激光雷达又称“光探测和测距”(light detection and ranging，LiDAR)，是 20 世纪 60 年代以后迅速发展起来的传感器技术，是一种以激光束作为信息载体，利用振幅、相位、频率和偏振等来搭载信息的探测系统。

激光雷达主要采用波长为 250nm～11μm 的包括近红外、可见光及紫外等波段的电磁波，波长相对较短，发散角小，有很窄的波束，能量集中，且光束本身具有良好的相干性，因此激光雷达可以达到很高的角分辨率、速度分辨率和距离分辨率，在高精度、高灵敏度探测中有独特的优势。随着超短脉冲激光技术、高灵敏度信号探测和高速数据采集系统的发展和应用，激光雷达以它的高测量精度、精细的时间和空间分辨率以及极大的探测范围，成为一种重要的主动遥感工具。

按照所搭载的平台不同，激光雷达遥感器可分为地基、空基和天基三种类型。

5.1　地基激光雷达遥感器

5.1.1　地基激光雷达国内外研究现状

20 世纪 80 年代，人们用激光替代了第一代测距仪中的普通光源，出现了激光测距仪，随后激光测距仪与电子经纬仪相结合出现了电子速测仪；1985 年，美国的激光科技公司开始研发用于开挖海港和货运通道的水道激光测量系统；1990 年，徕卡公司推出激光跟踪测量系统；1994 年，采用激光雷达测距技术的激光放射式扫描仪出现，又被称作激光扫描测量系统；到 20 世纪末激光测量技术取得了很大的发展，三维激光扫描技术可以把立体世界的信息迅速转换为计算机可以处理的数字数据，并且速度快、精度高、自动化程度高，掀起了一场立体测量技术的革命。

自 1997 年美国赛乐技术有限公司(Cyra Technologies Inc.)生产出世界上第一台地面激光扫描仪(terrestrial laser scanner，TLS)后，众多研究单位和生产厂家也开始进行地面激光扫描技术研究，研发的地面激光扫描仪得到了广泛的应用。地面激光扫描技术被认为是继全球导航卫星系统之后，测绘技术的又一次重大进步。地基激光雷达按照工作方式可分为站式激光扫描仪和移动式激光雷达。

1. 站式激光扫描仪

站式激光扫描仪利用激光测距的原理，通过三维扫描实现对被测物体的快速测量，以获取被测物体表面的三维点云数据，包括三维坐标和后向散射强度信息等，并可据此快速重建被测物体的三维模型。

如图 5-1 所示，站式激光扫描仪是由激光测距传感器进行距离测量，并通过旋转棱镜和机械结构改变激光束方向，完成对目标的三维扫描。站式激光扫描仪主要由激光测距仪、垂直角度传感器、水平角度传感器、垂直旋转驱动电机、水平旋转驱动电机、倾斜补偿器及数据存储器等组成。其中激光测距仪通过发射一束强度足够的激光束至被测物体上，经过被测物体表面的反射后，激光测距仪获得仪器至投射点之间的距离，在记录距离的同时，仪器也同时记录由角度编码器获取的水平角度和垂直角度。

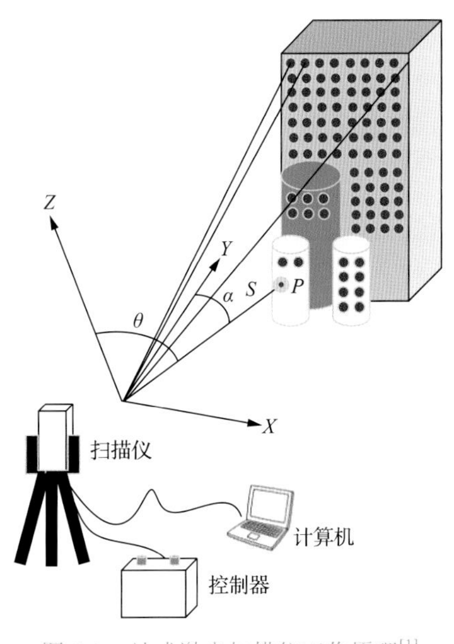

图 5-1　站式激光扫描仪工作原理[1]

P-目标点；S-扫描仪到目标点的距离

按照测距方式的不同，站式激光扫描仪主要分为脉冲式、相位式以及全波形数字化式。直接脉冲式激光测距采用时间飞行原理(time-of-flight，ToF)，利用高精度时间计数器记录激光脉冲发射和接收时间差，以测量目标的距离，但是其回波信号受到距离和目标反射率的影响，测距精度较差，测量重复频率低，且得不到目标的反射强度信息，不适用于对地观测。相位式激光测距通过测量接收信号和发射信号的相位差获取目标距离，其测量精度高、重复频率高，但受激光强度的限制使得测量距离较近。全波形数字化激光测距是对传统脉冲式激光测量方法的革新，其发射窄脉宽高斯波形的脉冲激光信号，采用高速模拟/数字转换(analog/digital converter，ADC)芯片将激光回波信号数字化，然后利用高速数字信号处理(digital signal processing，DSP)芯片对数字信号进行实时在线处理，以获得目标的距离和后向散射强度信息，其测量精度和重复频率高，还可以实现多次回波测量，成为对地遥感测量的主流激光雷达技术[2]。

20 世纪末欧美多家技术公司开展了对站式激光扫描仪的研发，并取得了很好的成果，其产品在精度、速度、性能和智能化等方面已经达到较高水平。主要有美国 Faro 公司、奥地利 Riegl 公司、加拿大 Optech 公司、瑞士徕卡(Leica)公司、德国 Z+F 公司以及澳大利亚 Maptek 公司等，它们提供了不同测程、测量精度、扫描频率、集成化程度和应用领域的站式激光扫描仪[3]。

采用相位式的激光扫描仪主要有 Leica 公司的 P30/P40 以及 RTC360，美国 Faro 公司的 Focus 330 以及德国 Z+F 公司的 ZF5010C 等。2015 年，徕卡公司推出的新一代超高速站式激光扫描仪 ScanStation P30 融合了高精度的测角测距技术、波形数字化技术、混合像元技术和高动态范围图像技术，使得 P30 具有更高的性能和稳定性，扫描距离可达 270m，其测距精度为 3mm，测角精度为 0.002°，激光测量频率达 1MHz。

另外，全波形数字化激光测距式激光扫描仪主要有奥地利 Riegl 公司推出的 VZ 系列、加拿大 Optech 公司的 Polar 和澳大利亚 Maptek 公司的 I-Site 站式激光扫描仪等。上述产品应用了近红外高性能激光技术，提供了每秒发射 30 万个激光脉冲的非接触的三维数据获取能力。该激光雷达最小的角分辨率为 0.0005°(1.8″)，在 10m 的距离内，激光点密度可达 0.1mm，该仪器最远扫描距离为 1.4km，可在 47s 内实现 360°(水平)和 30°～130°(垂直)全景粗略扫描，配合数码全景照相机，可以获取扫描点云的纹理信息，该仪器更具有独特的多回波功能，配合内业处理软件，可以基本实现植被和非地面点地物的自动去除。

国内站式激光扫描仪的研究起步于 20 世纪 90 年代中期左右，整体技术水平落后于西方发达国家，近些年随着三维激光扫描技术在国内的应用逐渐增多，国内很多研究院和高校正在加快对三维激光扫描技术的研究，并取得了一些成果。华中理工大学与邦文文化发展公司合作研制我国首台小型固定式三维激光扫描系统；在大型堆体测量方面，武汉大学地球空间信息技术研究组开发的激光扫描测量系统可以达到良好的分析效果，其自主研制的多传感器集成的激光自动扫描测量系统实现了通过多传感器对目标断面的数据匹配来获取被测物的表面特征的目的。在国家 863 计划支持下，清华大学推行三维激光扫描仪国产化战略，研制了三维激光扫描仪样机。

近年来，随着激光雷达应用的普及，国内涌现了一批激光雷达生产商，主要有南方测绘仪器公司、北京北科天绘科技有限公司以及武汉珞珈伊云光电技术有限公司等，如图 5-2 所示，其所生产的站式三维激光扫描仪的主要技术参数与国外同类产品具有同等水平，但是总体上由于光学和机械等基础工业限制，与国外产品尚有一定差距[4]。

2. *移动式激光雷达*

移动式激光雷达系统集成了用于导航定位的航向或距离传感器，如全球导航卫星系统、惯性导航系统(inertial measurement unit，IMU)、里程计等，以及用于三维测量的激光扫描仪。车载激光雷达系统所使用的激光扫描仪沿着行驶轨迹垂直方向进行二维断面扫描，在车辆行驶过程中实现三维扫描，获得车辆周围环境的离散点云数据[5]。

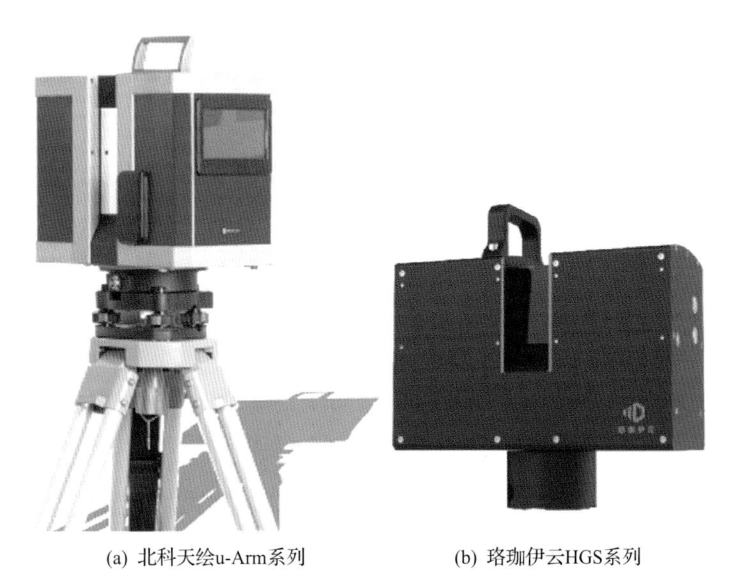

(a) 北科天绘u-Arm系列　　(b) 珞珈伊云HGS系列

图 5-2　国内典型站式三维激光扫描仪

如图 5-3 所示，移动式激光雷达系统工作过程中，激光扫描仪采集周围目标信息，完成目标相对测量；由全球导航卫星系统、惯性导航系统、里程计等组合形成的定位定姿系统(position and orientation system，POS)获取车辆的绝对位置坐标和每一时刻车辆的翻滚、俯仰和偏航等姿态信息；激光扫描仪与定位定姿系统通过高精度时间同步技术进行融合，得到每个目标点的绝对位置信息。移动式激光雷达系统完成装配后需要进行总体检校，把所有测量传感器和定位定姿系统转换到统一的坐标系下。系统通过同步控制电路协调和控制车载传感器、数据采集板卡及计算机，从而实现对目标的精确测量。

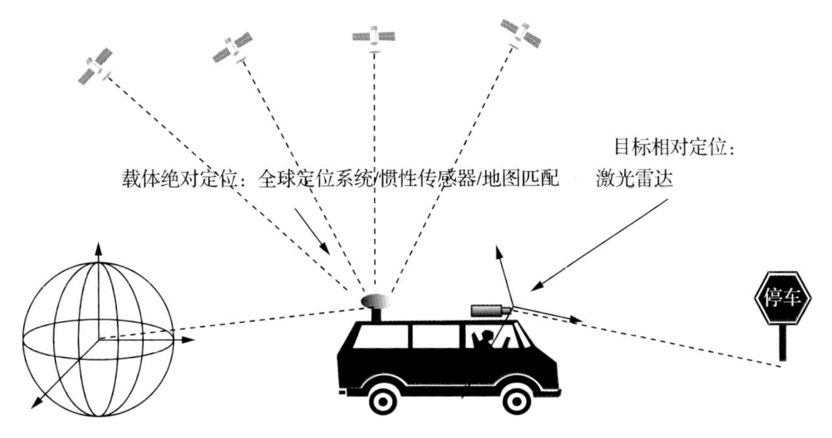

图 5-3　移动式激光雷达系统工作原理

移动式激光雷达系统所使用的激光扫描仪国外主要有 Riegl 公司的 VUX 和 Z+F 公司的 ZF9012 二维激光扫描仪。其中 Riegl 推出的 VUX-1HA 二维激光扫描仪为全波形数字化激光雷达，其测距精度可达 5mm，最大测量距离达到 1350m，其扫描频率可达 250Hz，重复测距频率可达 1MHz，其重量仅为 3.5kg。而采用相位式激光测距原理，如 ZF9012 二维激光扫描仪，测距精度可以达到 1mm，测距范围仅为 0.5～119m，重复测距频率大于 1MHz，但是其重量达到 13.5kg。

目前，只有少数激光扫描仪适用于高精度测量，许多测量型系统采用 Optech Lynx V100/V200 或 M1，以及 Riegl 早期推出的 VQ-250 系列移动式激光雷达，其测距精度都在 1cm 左右。

车载移动式测量系统（图 5-4）就是基于直接定姿定位技术的较为典型的系统，其中具有代表性的车载移动测量系统主要有 1989 年美国俄亥俄州立大学研制的 GPSVan 系统、加拿大卡里加尔（Calgary）大学与 Geofit 公司联合研制的 VISAT 系统、Applanix 公司的 LandMark 系统、RIEGL 公司的 VMX-450 系统、英国 3DLM 公司的 StreetMapper 系统等。

图 5-4　车载移动式激光雷达

国内对于车载移动测量系统的研究起步稍晚，但有较快的发展。2002 年，武汉大学研制了国内第一款车载移动测量系统产品 LD2000-RM 系统，该系统达到厘米级的相对精度和米级的绝对精度。随后，国内一些研究机构和高校也相继引进和研制出新的移动测量系统，其中有北京麦格公司引进的加拿大 LandMark 系统、中国测绘科学院研制的移动测量系统以及武汉大学分别与山东科技大学和南京师范大学联合研制的 ZOYO-RTM 系统和 3DRMS 系统等。

武汉珞珈伊云光电技术有限公司研制的 SC-Profile 系列移动式激光断面扫描仪测距精度在 50m 内可达到 2mm，扫描频率达 150Hz，激光测量最大的频率可达 2MHz。另外，该公司研发的 FT 系列无人机载激光雷达系统最大测距可达 1500m，多回波次数达到 7 次，无人机载航高 500m 时的绝对控制点中误差仅 3cm 左右，重量仅 2.9kg，如图 5-5 所示。

北科天绘公司研发的 R-Angle 系列移动式激光雷达测距精度约 1cm，其最大测程可达 1500m，扫描频率最大为 200Hz，激光测量频率最大为 1.2MHz，重量约为 5kg，如图 5-6 所示。

图 5-5　珞珈伊云机载移动式激光雷达系统

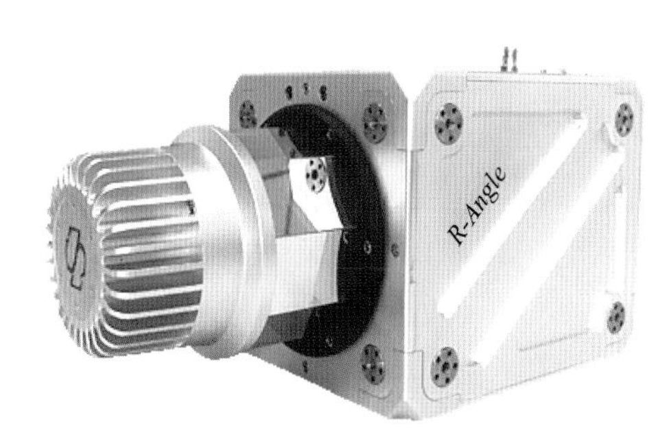

图 5-6　北科天绘 R-Angle 系列移动式激光雷达

移动式激光雷达系统因其精度高、作业效率高、道路信息采集全面等优势，现被多数主流地图制造商用于生产高精度地图。由于无人机技术的发展成熟，基于激光雷达的全天时工作、植被穿透性好等特点，无人机载移动式激光雷达系统在地形测绘、电力巡线、农林资源调查等各领域得到广泛应用，是近些年获取高精度三维数字模型的主要装备。

5.1.2　地基激光雷达遥感器发展趋势

1. 多扫描线激光雷达技术

当一条激光束以一定的角度绕中心点进行连续的旋转测量，就会形成一定的扫描范围。最初的激光雷达是单线扫面的，只能在一个平面内对目标进行探测，缺点很明显，三维解析不足，只能将它简单地运用在避障平台上。如果激光雷达具有几条激光扫描线同时进行扫描测量，此种激光雷达被称为多线激光雷达，或者多层激光雷达。多线激光雷达的激光发射部件在竖直方向上排列成激光光源线阵，并可通过透镜在竖直面内产生不同指向的激光光束，在步进电机的驱动下持续旋转，竖直面内的激光光束由“线”变成“面”，经旋转扫描后形成多个激光探测“面”，从而实现探测区域内的 3D 扫描，如图 5-7

图 5-7　多线激光雷达探测[6]

所示。多线激光雷达凭借其原理简单、易驱动、易实现、水平 360°扫描等优点被广泛应用于智能驾驶领域中[7,8]。

美国 Velodyne 公司的代表性激光雷达是 64 线激光雷达 HDL-64E，该产品发射系统与接收系统均随着机械轴转动，采用 905nm 波长激光，5ns 脉冲宽度，水平视野可达 360°，垂直视野约 26.8°，探测范围约 120m，探测性能优越。该展品在 2007 年美国国防高级研究计划局(Defense Advanced Research Projects Agency，DARPA)举办的无人车城市挑战大赛中，助力卡内基梅隆大学 BOSS 无人车和斯坦福大学 Junior 无人车分别获得了比赛冠军和亚军。前不久，Velodyne 推出了 128 线激光雷达 VLS-128，尺寸比 HDL-64 缩小了 70%，探测距离约为 200m，其水平视野 360°，垂直视野 40°，性能更为优越[9]。Velodyne 公司在 DARPA 挑战赛中表现优异，主要归功于它的多线束扫描技术，面阵 APD 也使用了该技术，原理是：扫描激光束的增加导致面阵的视场扩大，测量速率也随之增加；最后扫描激光的数量更是上升至 64 线[10]。能实现如此功能的激光雷达其作用就不限于自主导航了，完成探路任务也是游刃有余[11]。Velodyne HDL-64 和 VLS-128 设备外观如图 5-8 所示。

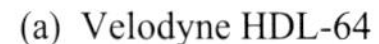

(a) Velodyne HDL-64 (b) VLS-128

图 5-8 机械式多线激光雷达

2. 微机电系统混合激光雷达

多线激光雷达虽然探测性能优越、技术成熟，但因其机械旋转结构复杂，使其生产成本高昂，使用寿命较短。为了降低车载激光雷达的成本，增加其结构的稳定性，同时保证较好的探测性能，混合式激光雷达和全固态激光雷达应运而生。

微机电系统混合激光雷达是将微机电系统(micro electro mechanical system，MEMS)与振镜结合成微机电系统振镜，通过振镜旋转完成激光扫描，成为微机电系统车载激光雷达。发射系统结构及探测原理如图 5-9 所示，驱动电路驱动激光器产生激光脉冲同时驱动微机电系统振镜旋转，激光在旋转振镜的反射下实现扫描，并通过光学单元准直后出射。

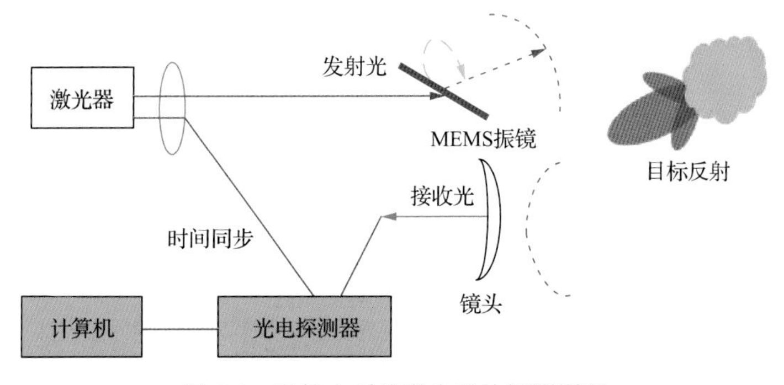

图 5-9 微机电系统激光雷达探测原理

微机电系统车载激光雷达将机械结构进行微型化、电子化的设计，不需要像机械式激光雷达做整体大幅度的旋转，有效降低了功耗和整个系统在行车过程中出现问题的概率。由于其将主要部件应用芯片工艺生产，量产能力随之提高，成本大幅降低，售价远低于同等性能的机械式车载激光雷达。加之技术上容易实现，是当下呼声最高、最有希望在短期内实现车规级量产的车载激光雷达。

董光焰等[12]、Siepmann 等[13]采用正负透镜组来扩大扫描角度，使扫描范围增大到40°以上。李启坤等[14]提出一种基于 2D 微机电系统镜的激光雷达，通过 1×6 高速光开关分时给 6 个水平探测角度为 60°的子系统提供光信号，实现 360°水平方向全扫描，但该雷达有效探测距离仅限于 100m 以内。

微机电系统激光雷达驱动电路的设计与振镜整体结构的紧凑性相互制约，而且需综合考虑其功耗、电压和数据线性程度。常见的驱动方式有三种：静电驱动、电磁驱动和压电驱动[15-17]。压电驱动是近几年的研究热点，相比于静电驱动，其驱动电压与功耗较低，更适用于车载系统；相比电磁驱动，其无须进行磁屏蔽，紧凑性更好，利于实现小型化；此外，压电驱动稳定性好，驱动电压与振镜旋转角度之间的线性程度高。其缺陷在于制作加工具有一定难度，驱动角度较小。

3. 全固态激光雷达

全固态闪光式(Flash)车载激光雷达完全取消扫描结构，内部没有任何宏观或微观上的运动部件，可靠性高、耐持久使用，系统整体体积缩小。Flash 型车载激光雷达运行时直接发射出一大片覆盖探测区域的激光，随后由高灵敏度接收器阵列计算每个像素对应的距离信息，从而完成对周围环境的探测。Flash 型激光束直接向各个方向漫射，只要一次快闪便能照亮整个场景，因此能快速记录环境信息，避免了扫描过程中目标或激光雷达移动带来的运动畸变。目前其无法用于智能驾驶汽车的原因在于其探测距离小，当探测目标距离过大时返回的光子数有限，导致探测精度降低，无法准确感知目标方位。

2016 年美国亚德诺半导体公司发表的相关专利中提出通过将视角分段、将激光器与探测器分组的方法解决上述问题[18]。

2017 年，美国 Princeton Lightwave 公司推出了 Flash 3D 激光雷达产品 GeigerCruizer，

该产品使用了单光子雪崩二极管这种高敏感度传感器，在合适的频率一个光子就能将其激活，这使得 GeigerCruizer 感知距离超过 300m 且符合人眼安全要求。根据其官网公布的测试视频可见，近至 50m 处的飞盘，远到 350m 处高速公路上以时速 60km 行驶的汽车均在其快闪时成像；近处目标的 3D 点云成像较为完善，远处目标的 3D 点云成像则有一定程度的缺失，如图 5-10 所示。该类型雷达较多使用 1550nm 激光，可穿透灰尘及雾霾等干扰粒子。

图 5-10　GeigerCruizer 300m 范围内成像

5.2　空基激光雷达遥感器

5.2.1　空基激光雷达国内外研究现状

机载激光雷达利用激光收发系统获取距离信息及激光指向信息，并通过全球导航卫星系统和惯性导航系统的集成确定高动态载体的位置和姿态，二者在高精度时间同步下协同工作，在数据处理时结合激光雷达的距离信息及载体每一时刻的位置和姿态，获取地表信息。

如图 5-11 所示，机载扫描三维激光雷达采用单点激光测距加二维扫描技术，在垂直于运动方向上进行二维扫描，以载体的运动方向作为运动维，构成三维扫描系统，其所获得的数据是一系列离散的无序点构成的点云，每个目标点所包含的是一个距离值和一个角度值。通过将激光雷达数据、全球导航卫星系统导航数据以及惯性导航系统姿态数据进行融合处理，可获取地面目标的绝对三维空间信息。机载激光雷达可获取高精度地面信息，主要用于获取大范围高精度的数字地面模型及数字表面模型；测量带状目标地形图；测绘线状地物；获取森林等植被参数及森林垂直结构参数；海岸地带地形测绘；高精度及高空间采样密度的地形测量；三维城市景观建模；土地剖面测量；冰面变化监测；危险区域的测绘及监测等领域。按照激光雷达的探测模式，可分为机载全波形激光雷达、机载多光谱激光雷达。

德国斯图加特大学摄影测量部门自 1988 年开始从事利用激光雷达测量技术提取地形信息的可行性研究。加拿大卡尔加里大学 1998 年进行了机载激光雷达系统的集成与实

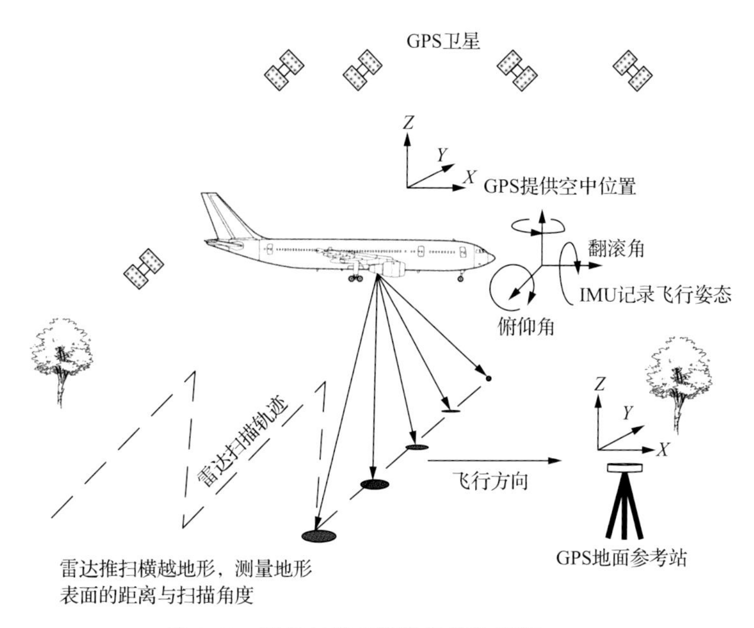

图 5-11 机载扫描三维激光雷达原理

验，通过对激光扫描仪与全球导航卫星系统、惯性导航系统和数据通信设备的集成研制了机载激光雷达三维数据获取系统，并取得了理想的实验结果。日本东京大学于 1999 年进行了固定激光扫描系统的集成与实验。随着相关技术的不断成熟，机载激光雷达技术得到了较大的发展，欧美及其他发达国家先后研制出多种机载激光雷达测量系统，其中主要包括 TopScan、Optech、TopEyue、Saab、Fil-map、TopoSys、HawkEye 等系统。随后全球著名的测绘仪器生产厂家 Leica 公司也推出了机载激光雷达测量装备。

2008 年，Leica 公司成功推出的第三代机载激光雷达系统 ALS60，拉开了机载激光雷达技术大规模应用的序幕。该型扫描仪最大脉冲频率为 200kHz，最大扫描频率为 100Hz，数据精度不受脉冲频率影响，可提供高精度、高密度的点云数据。

2015 年，Riegl 公司率先推出了 VUX 轻小型机载激光雷达系列，系统全重 8kg，可搭载在三角翼和无人机飞行平台上进行高精度点云数据获取；在此基础上，2016 年该公司又推出了 mini VUX 系列，进一步优化了系统的尺寸和重量，为无人机机载激光雷达系统的快速发展注入了新的活力，同时该公司还推出了 VQ 系列有人机载激光测量系统，可完成陆地及水下的地形获取，是一套多用途的激光测量系统。

2016 年，Leica 公司推出了里程碑式的产品——ALS80 激光扫描系统，该系统最大脉冲频率为 1000kHz，扫描频率 400Hz，最大航飞高度为 5000m，为开展大范围、高精度、高密度的机载激光雷达点云数据获取提供了便捷的途径。

最初的机载激光雷达使用脉冲式测距，每个激光脉冲只能探测一个点，只包含目标点的三维坐标几何信息，在工作过程中只能检测每个脉冲的波峰进行记录，仅仅记录有限次的离散回波信号(通常是第一次和最后一次)，造成大量信息损失，不利于复杂目标的探测。

在实际探测过程中，机载激光雷达激光脉冲到达地面后会形成一定大小的光斑，系统发射出的激光束在与其光斑照射范围内的多个地物目标相互作用后，形成多次回波。全波形机载激光雷达系统可提供全波形数字化技术，激光雷达的回波能够以非常小的时间间隔采样(亚纳秒)并数字化，如此记录可以近似记录完整的回波波形，如图 5-12 所示。

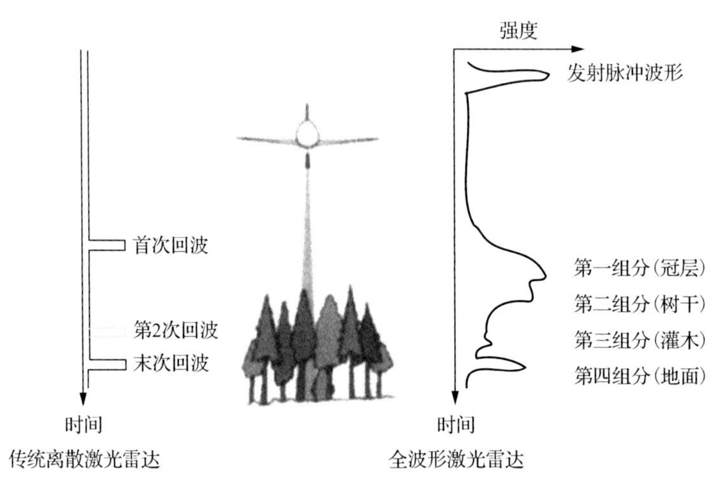

图 5-12 全波形数字化记录

2004 年，Riegl 公司研制生产了第 1 套商用型小光斑全波形机载激光雷达测量系统 LMS-Q560。系统发射的激光脉冲在与地物目标作用之后，所形成的后向散射脉冲回波信号由测量系统以较高的采样率进行采样，并对脉冲信号强度进行数字量化和记录。数据采集完成后可根据需要对回波波形进行分析，从而获取目标的部分属性信息。目前,全球主要的商业全波形激光雷达系统主要有：瑞士 TopEye Mark II、奥地利 Riegl LMS-Q560、LMS-Q680 和加拿大 Optech Inc ALTM3100。

相较于国外的飞速发展，国内的激光雷达技术起步较晚。我国从 20 世纪 70 年代开始进行理论探索和理论研究，在 80 年代采用 Nd:YAG 激光器研制成功机载激光测高仪的原理样机；1996 年，上海物理技术研究所和中国科学院成功研制国内首套机载激光扫描测距成像系统。2004 年，上海光学精密机械研究所联合海军海洋测绘研究所成功研制机载激光测深系统。近几年，随着机载激光雷达硬件技术的不断完善，北科天绘、中海达等公司也先后推出了自己成熟的产品，并在部分领域和行业取得了突破。

北科天绘推出 A-Pilot 系列机载激光雷达，目前该系列激光雷达主要型号包括 AP-0600、AP-1000、AP-1500 以及 AP-3500，该系列激光雷达采用 1550nm 人眼安全脉冲激光进行测距，最大测程可达 3500m，采用全波形多回波探测方案，可接收多次回波，在 500m 处的测距精度可达 2～3cm，最大脉冲频率可达 600kHz，扫描频率可达 300Hz。

5.2.2 空基激光雷达遥感器发展趋势

1. 多光谱/高光谱激光雷达成像技术

机载激光雷达通常以单波长方式工作，在对地观测过程中获取地表目标的三维空间几何信息的同时还能获得地表目标在对应波长下的光谱特性，通过分析波形的几何特征，可反演得到地物的部分属性信息。尽管激光雷达在三维空间信息获取方面有突出优点，但由于单一波长的限制，其在光谱信息获取方面较为欠缺，单波长机载激光雷达在物性探测能力上与传统的被动遥感手段(如多光谱/高光谱成像等)具有较大差距。

近年来多光谱激光雷达技术成为国际上对地观测领域研究与应用的热点,多光谱激光雷达能够更好地挖掘对地观测应用的潜力，借鉴多/高光谱遥感具有物性探测能力的原理，使激光雷达技术在保留高空间分辨率探测能力的同时兼具地物物性探测能力将成为未来激光雷达技术发展的重要趋势[19]。多光谱激光雷达系统中具体的探测波长数目和波长数值将根据在实际的探测应用中所需探测地区的光谱特征确定，可以在有限探测波长数目情况下，尽量提高系统对兴趣目标的区分能力。

多光谱机载激光雷达，通过光学合束技术实现多波长激光同步发射，可有效保证激光测距与多光谱激光探测点空间上为同一点，望远镜后端的光学系统采用特定波段滤光片进行分光，对不同波长的回波进行并行接收，并通过窄带滤光片抑制杂散光影响。

另一种高光谱激光雷达技术则是仿照高光谱技术原理，采用超连续谱脉冲激光光源(supercontinuum sources)，利用白光激光照射和多通道阵列接收，原理上可获得很好的物性探测能力，但由于白光激光能量分散，在目前技术条件下，其探测灵敏度和激光功率发射都达不到机载遥感探测应用的要求[20]。

在双波长激光雷达对地观测方面，机载双波长激光雷达已经成功应用于浅海海洋监测。如图 5-13 所示，机载双波长激光雷达测深系统，通过发射对水体穿透能力较强的波长为 532nm 的蓝绿激光获取海底反射信号，发射对海面强反射的波长为 1064nm 的红外光获取高程。该技术最早在 20 世纪 60 年代后期提出。20 世纪 70～80 年代，美国、加

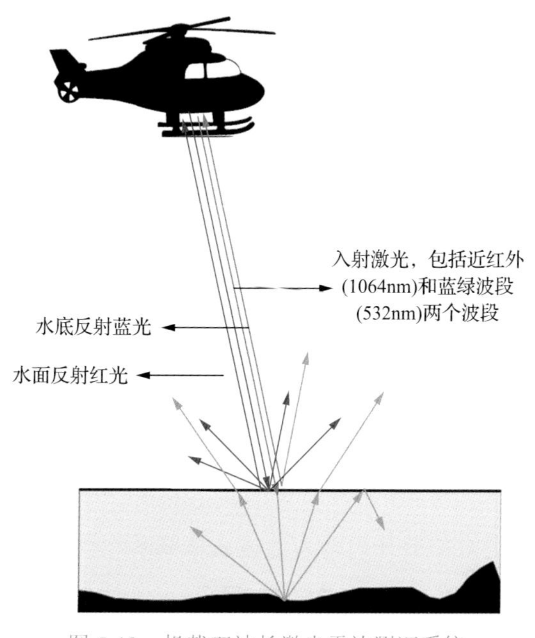

图 5-13　机载双波长激光雷达测深系统

拿大、澳大利亚和瑞典的研究机构分别研制出具有水深探测能力的机载双波长激光雷达 ALO（Airborne Oceanographic LiDAR）、LARSEN500、WRELADS（Weapons Research Establishment Laser Airborne Depth Sounder）和 FLASH。90 年代，各机构的系统继续升级，研制的 SHOALS（Scanned Hydrographic Operational Airborne LiDAR Survey）、HAWKEYE 和 LADS（Laser Airborne Depth Sounder）就是当前主流商业化机载双波长激光雷达产品的前身。目前成型的系统主要有 Optech 公司的 CZMIL（Coastal Zone Mapping and Imaging LiDAR）系统、Leica 公司的 AHAB 系列扫描系统、Fugro 公司的 LADS 系统、Riegl 公司的 VQ840-G 等[21]。

相比国外技术，国内机载测深设备研究起步较晚，中国科学院上海光学精密机械研究所（以下简称上海光机所）和海军海洋测绘研究所开展了机载激光测深系统的研究。从 1998 年开始，上海光机所牵头开发 1064nm 和 532nm 双波长机载测深系统，第一代机载双频激光雷达（LADM-I）样机于 2002 年研制成功，最大测深可达 50m。从 2001 年开始，上海光机所和海洋测绘研究所在国家 863 计划支持下，共同开发性能更加先进的机载海洋测深系统（1064nm 和 532nm 双波长）。新系统设计解决了 LADM-I 系统在激光脉冲重复频率、波形采集速率、定位精度和水深测量动态范围等技术指标上的不足。2004 年，第二代机载双频激光雷达（LAMD-II）研制成功[22]。

在多波长激光雷达对地观测方面，2004 年，美国内布拉斯加大学的研究小组研制了多波长机载偏振激光雷达，该系统设计采用 1064nm 和 532nm 两个波长进行激光发射，采用双波长和双偏振探测器的四通道进行接收，该系统主要用于对植被进行探测，研究植被在双波长的回波强度及其偏振信号。2009 年，爱丁堡大学和瑞士大学的 Felix Morsdorf 等在意大利 FinnMechanica 公司的技术支持下，提出了 4 波长冠层探测激光雷达 Multispectral Canopy LiDAR，采用蓝色、绿色、红色和近红外四个波长并完成虚拟森林监测。

我国多波长激光雷达发展较晚，从 2013 年开始，在国家重大科学仪器设备开发专项支持下，上海光机所联合山东科技大学、国家海洋局第二研究所、北京林业大学、中国科学院遥感与数字地球研究所等多家单位研制出机载多波长激光测深系统 Mapper5000-S，该系统在原有的 532nm 和 1064nm 双波长的基础上，增加了针对陆地高分辨率探测的 1550nm 波长，可同时进行水陆一体化高精度探测。2013 年，武汉大学史硕等采用 556nm、660nm、705nm 和 785nm 四个波长，进行多光谱激光雷达原理样机的搭建，该系统采用四个独立激光器，利用光学合束技术将四个波长的激光合成一束，如图 5-14 所示，以保证不同波长所探测的点为同一个点[23]。接收系统采用斯密特-卡塞格林折返式望远镜，镜后光学系统对多个波长的回波进行准直，利用特定波段滤光片进行分光，对四个波长的回波分别接收。

2. 基于电荷耦合元件成像器件的距离选通成像技术

基于电荷耦合元件成像器件的距离选通成像技术是一种二维主动门控成像技术，其本质是利用二维图像和门控信号获取三维信息。该技术可以有效降低目标后向散射，从而提高成像质量。距离选通成像技术的实质是将对目标的空间扫描转换为时域扫描，选

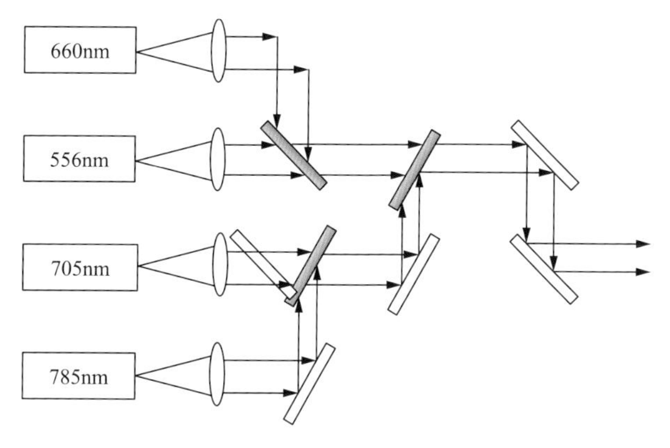

图 5-14　多波长激光合束

通门开启时间决定成像距离，选通门宽决定成像的景深范围，一次选通成像获得一幅二维图像，调整选通门距离获得多幅图像，实现对目标切片成像，最后通过图像融合得到目标三维图像，开启时间越精确，其测距精度就越高，选通门宽度越窄，其图像效果就越好[24]。该技术是一种对特定距离目标实现三维图像还原重构的成像手段。

许多国家在该技术研究上取得显著成就，美国、俄罗斯、法国已经研制出相关设备并投入使用。其中美国 INTEVAC 公司从 20 世纪 90 年代初开始研制 InGaAs 三维成像 EBCMOS(Electrrom Bombarded CMOS)相机，配合不同的选通时序获取目标的三维信息，目前该公司的三维相机已经开始在北约盟国的激光主动侦察系统中应用。图 5-15 为 INTEVAC 公司研制的 LIVAR4000 型便携式短波红外激光主动侦察系统，其照明激光采用人眼安全的 1.57μm 脉冲激光，单脉冲能量大于 10mJ，重复频率最大 2Hz，接收望远镜直径 125mm，三维相机选通门宽最小可达 150ns，系统由 12V 电池供电，使用方便，成像距离达 12km。

(a) LIVAR4000型激光主动照明系统

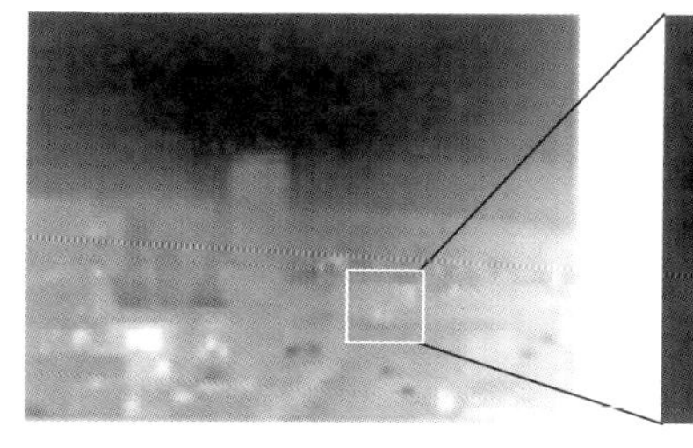

(b) 获得的图像

图 5-15　LIVAR4000 及检测效果

在国内，2016 年，航天工程大学搭建了基于增强型电荷耦合元件(intensified CCD，ICCD)的距离选通实验系统，提出了一种基于像质评价的互信息配准算法来匹配激光图像目标的空间位置，实验结果表明，该方法能有效配准激光图像，大大降低了对运动目标三维成像的难度。2017 年，华中科技大学提出了一种用于长距离水下线状目标检测算法，通过对比度拉升、中值滤波、小波变换、Canny 边缘检测算子、参数估计等处理，计算目标位置信息，实验结果表明，利用该算法检测率可达 93%，有效检测距离增大[25]。

3. 基于雪崩式光电二极管焦平面阵列的三维成像激光雷达

1)线性模式雪崩式光电二极管焦平面阵列激光雷达

当雪崩式光电二极管(avalanche photodiode，APD)焦平面阵列工作在线性模式(linear mode，LM)时，脉冲激光经过发射系统得到发散光束照亮整个目标场景，反射光束经过光学系统接收后由线性模式雪崩式光电二极管阵列(linear-mode avalanche photodiodes，LM-APDs)接收，每个像元均能连续采集激光回波信号，通过对飞行时间的测量得到目标与成像系统的相对距离，从而获得目标的三维图像，除此之外线性模式雪崩式光电二极管阵列还可获取目标的灰度信息[26]。

1996 年，美国空军研究实验室(Air Force Research Laboratory，AFRL)开展“闪光三维成像激光雷达”项目，并与雷神公司(Raytheon Company，RC)、先进科学概念公司(Advanced Scientific Concepts，ASC)合作研究。其中，美国先进科学概念公司对线性雪崩式光电二极管阵列激光三维成像雷达的研究具有代表意义[27]。

2009 年，美国先进科学概念公司生产的名为“DragonEYE”的三维成像激光雷达，采用 128×128 的线性 InGaAs LM-APDs 焦平面阵列，激光波长为 1570nm，成像帧率为 30Hz，在 4km 远处测距精度为 60cm[28]。

2011 年，美国雷神公司研制出了 256×256 的碲镉汞(HgCdTe)线性模式雪崩式光电二极管阵列，激光波长为 1550nm，响应度为 15A/W，在 300K 工作温度下，增益可达到 100 以上，读出噪声较小，帧率可达到 30Hz[29]。

2012 年，法国 CEA-LETI 与以色列的 Sfradir 公司合作，基于 HgCdTe 的线性模式雪崩式光电二极管阵列研制了一种像素规模为 320×256 的阵列探测器，激光波长为 1570nm，经测试其在 30m 距离处的测距精度优于 11cm[30]。

2013 年，Williams 等[31]对铟镓砷(InGaAs)LM-APD 进行研究，在 273K 温度下，面积为 $30\mu m^2$ 的像素的暗电流为 0.2nA，线性增益为 20，量子效率为 80%，电离系数比例 k=0.2 时的过量噪声因子 F=5.56。当采用多层 InGaAs 吸收层的结构，过剩噪声降低，工作增益能达到 M=1000 左右，但多层结构技术目前尚不成熟。

2016 年，Ball Aerospace 公司采用了具有更高像素的 256×256 CMOS InGaAs PIN 作为探测器，系统的功耗降低了 1/4，尺寸减小了 29%[32]。

基于线性模式雪崩式光电二极管阵列的阵列探测器激光雷达采用脉冲飞行时间法(TOF)测距，虚警率低，能对回波信号连续响应，具有实时三维成像的能力，在目标快速侦察及需要实时成像的交会对接和自主着陆等场景有重要应用价值。但工作在线性模式下的雪崩式光电二极管焦平面探测阵列需要较大的激光脉冲能量，且脉宽较宽，一般由几纳秒到几十纳秒，因此线性模式雪崩式光电二极管阵列探测的距离也较近，一般为数公里以内。

国内在线性模式雪崩式光电二极管阵列激光雷达方面的研究起步较晚。2011 年，东南大学设计了 LM-APD 主/被动红外成像读出电路，阵列的验证规模为 64×64。2013 年，重庆光电技术研究所设计并分析了 64×64 氮化镓铝(AlGaN)雪崩式光电二极管焦平面阵列的读出电路，利用等效电路模型推导得到积分电容为 70F，放大增益可达到 300。2014 年，中国科学院上海技术物理研究所设计了一种用于门控激光成像雷达的制冷型数字化混成式 HgCdTe LM-APD 焦平面阵列的读出电路，其正常工作温度为 77K，阵列规模为 128×128。

2) 盖革模式雪崩式光电二极管阵列激光雷达

当雪崩式光电二极管工作在盖革模式(Geiger mode，GM)时，可以实现单光子计数，将雪崩式光电二极管焦平面探测器工作在盖革模式，通过光子计数的方式，能够实现对单个光子的高灵敏度探测，对脉冲飞行时间进行统计测量，获得更高的探测灵敏度。盖革模式雪崩式光电二极管(Geiger-mode avalanche photodiode，GM-APD)阵列具备单光子探测能力，像元间极易发生串扰等问题，这就导致基于盖革模式雪崩式光电二极管阵列的阵列探测激光雷达具有较高的虚警率。

基于盖革 APD 模式的三维激光成像技术是将雪崩式光电二极管焦平面探测器工作在盖革模式，通过光子计数实现对单个光子的高灵敏度探测，对脉冲飞行时间进行统计测量，获得更高的测灵敏度[33]，其原理如图 5-16 所示。

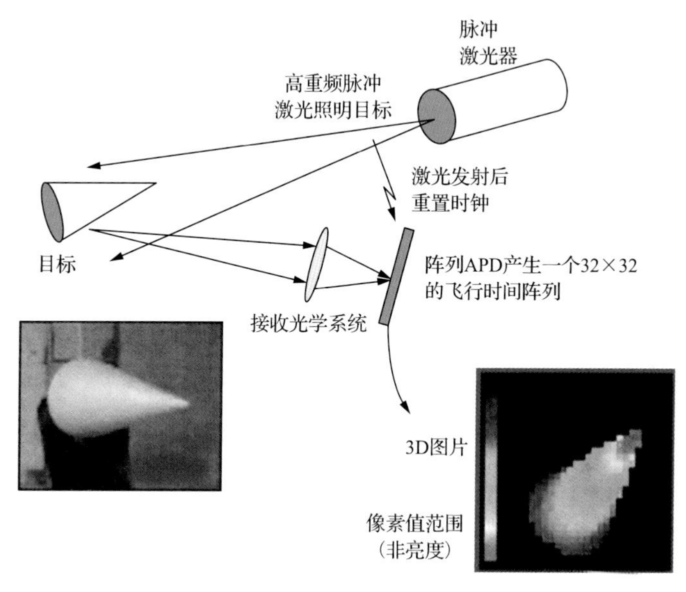

图 5-16　基于盖革 APD 模式的三维激光成像技术原理

在盖革模式雪崩式光电二极管阵列成像研究方面，美国麻省理工学院林肯实验室(Massachusetts Institute of Technology/Lincoln Laboratory，MIT/LL)起步较早，并处于领先地位，1998 年，该实验室就采用 4×4 的盖革模式雪崩式光电二极管阵列设计了第一代激光雷达 Gen-I，该系统中所使用的雪崩式光电二极管阵列像元尺寸为 100μm×100μm，有效面积 30μm×30μm，可完成全天时三维成像任务，但其填充因子较低。

2001 年，Heinrichs 等[34]采用 32×32 的盖革模式雪崩式光电二极管阵列成功研制了 Gen-II。该系统采用 Nd:YAG 固体倍频微晶片泵浦激光器，同时为解决填充因子较低的问题，在焦平面阵列探测器前加装了 32×32 的微透镜阵列，以此将激光回波能量集中在雪崩式光电二极管的感应区域，提高系统的探测性能。

2003 年，MIT/LL 的 Marino 等[35]成功研制了 Gen-III，其与 Gen-II 的区别是取消了 Gen-II 系统中的焦平面阵列探测器前的微透镜阵列，而是在激光发射系统中安装衍射镜片，在目标场景中形成与阵列探测器像元数相匹配的 32×32 点阵，该方法可抑制绝大部分背景光，大大降低盖革模式雪崩式光电二极管阵列探测激光雷达的虚警率。Gen-III 系统发射激光点阵造成的光斑如图 5-17(a)所示，对 500m 处的探测成像效果如图 5-17(b)所示。

(a) Gen-III衍射分光系统在目标场景的激光点阵

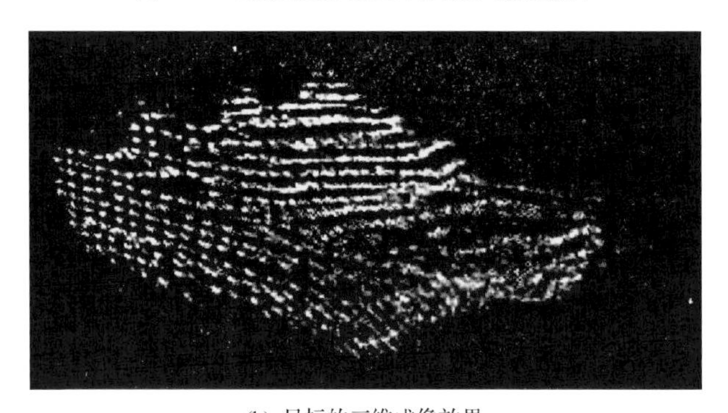

(b) 目标的三维成像效果

图 5-17　Gen-III 系统

2010 年，MIT/LL 在美国空军资助下研制了机载雷达成像研究实验平台(airborne ladar imaging research testbed，ALIRT)，系统采用 128×32 阵列规格的 InGaAs GM-APD，激光波长为 1500nm，在系统内融合全球定位系统(global positioning system，GPS)/惯性导航系统信息，完成了 2000km^2/h 区域覆盖率的广域地形测绘，在 3km 飞行高度上其距离分辨率可达 10cm。

2012 年，美国雷神公司研制了基于 HgCdTe 材料的盖革模式雪崩式光电二极管阵列探测器的成像激光雷达，可做到 256×256 规格的阵列[36]。

2014 年，美国 Princeton Lightwave 公司对规格为 32×32 和 128×32 的 InGaAs GM-APD 进行研究。其探测直径为 18μm，单光子响应率 32.5%，使用更宽带隙的 InGaAs 作为吸收层后，暗电计数率在 253K 温度下为 5kHz，时间抖动大约为 500ps，抖动误差主要来自于读出集成电路[37]。

2020 年，美国 Acqubit 公司开发了一种具有衬底去除结构的 GaAs 基 InGaP 雪崩光电二极管，制作了 32Gm×32Gm APD 阵列，并与 ROIC 进行了集成，芯片尺寸约为 3.75mm×3.75mm，比显微镜的正常视场(FOV)大。在室温下，在 50μm 器件上测得的暗电流小于 10pA。在 532nm 处，AR 涂层器件的外部量子效率约为 54%[38]。

盖革模式雪崩式光电二极管阵列探测器一般要求激光器脉宽在亚纳秒级，但其单脉冲能量要求较低，一般为 μJ 级，重复频率较高，一般可达数万赫兹，同时距离分辨率高，可完成对数公里外目标的三维成像。为了解决盖革模式雪崩式光电二极管阵列的低填充因子和像元间串扰所造成的高虚警率问题，国内外的研究机构多采用衍射光学元件产生激光照明点阵，并且对比于以往泛光照明取得了良好的效果。

在国内，光电探测材料和工艺水平等支撑基础比较薄弱，基于雪崩式光电二极管阵列的激光雷达的研究较少。浙江大学采用 ICCD 面阵探测器对非扫描激光雷达做了比较多的研究，2013 年，该团队所研制的面阵激光雷达在 400m 处的测距精度为 0.6m。2010 年，中国科学院上海技术物理研究所对其研制的 3×3 光纤阵列耦合 APDs 的激光雷达进行了室外实验，应用了扫描系统，使用波长为 532nm、半峰脉宽为 0.6ns 的激光器作为光源。2011 年，北京航空航天大学主要做了雪崩式光电二极管阵列激光雷达相关的理论和仿真方面的研究，在 Matlab 中用 33μJ 的激光器和 32×32APD 阵列对一个锥形目标进行了仿真实验，并用 330μJ 的激光器和 128×128 的雪崩式光电二极管阵列对典型军事目标进行了仿真实验，虽然仿真出三维图像，但与实际实验还有一定距离。

国内基于盖革模式雪崩式光电二极管阵列探测器的光子计数激光雷达研究起步较晚，探测器的发展水平较低。2016 年，中国电子科技集团公司第四十四研究所研制出了规格为 32×32 的 InGaAs GM-APD 探测器阵列，哈尔滨工业大学利用该器件搭建了激光成像系统并对 720m 和 1.1km 处的建筑进行成像。

脉冲激光波长为 1570nm，脉冲能量为 2mJ，脉冲宽度小于 10ns。测量范围距离可达 3.9km，帧速率为 1kHz。2019 年，中国电子科技集团公司第三十八研究所研制了一种基于 64×64 InGaAs 盖革模式雪崩光电二极管阵列的闪光激光雷达，其波长为 1064nm，读出电路的时间分辨率为 2ns，实现了对大约 300m 外的目标进行成像。

5.3　天基激光雷达遥感器

5.3.1　天基激光雷达国内外研究现状

天基激光雷达指以航天卫星为搭载平台，在太空中完成对地观测任务的激光雷达系统。近十多年来，用于遥感的天基激光雷达技术在全球范围内得到了飞速发展，研究的深度和应用领域日益加宽和拓展，在地形测绘、灾害检测、城市管理、大气环境等方面发挥越来越重要的作用[39]。

激光测高仪是利用航天飞行器平台，通过测量发射和接收的光脉冲飞行的时间差来获取平台与地面的距离，再经过对平台的轨道、飞行姿态、指向和几何定标获得绝对高程信息。航天飞行器的轨道高度约为 500～800km。如果采用多激光束探测或配合扫描机构，可以大幅提高水平分辨率，也可以实现对目标的三维成像。例如，将激光测高仪与其他传感器配合使用，可实现三维立体彩色和多光谱成像。激光高度计的技术路线主要分成模拟探测和光子计数两类测量机制。模拟探测可以直接测量发射激光和目标反射脉冲间的飞行时间，也可以直接记录目标反射脉冲波形，根据波形确定不同目标的具体高度；光子计数激光测距是利用光子计数技术，通过一定脉冲的光子累计获取不同高度的回波信息[40]。

模拟探测激光测距技术一般有以下三种回波处理方式。

(1) 全波形采样：将激光的回波全部采样，根据波形来确定不同目标的具体高度。已经发射的航天飞机激光高度计(Shuttle Laser Altimeter，SLA)和美国地球科学激光测高仪系统(Geoscience Laser Altimeter System，GLAS)中均采用该技术。

(2) 单次甄别回波：只要回波超过某一阈值，就得到一个距离值，而不再响应其他回波。这是最常用的激光测距方法，在火星、月球、水星等深空激光高度计中得到了广泛使用。我国的嫦娥一号卫星也采用这种技术。这种技术需要中等能量的激光器，它满足目前脉冲甄别所需的信噪比要求。

(3) 多甄别脉冲回波：记录所有超过阈值的回波脉冲，这样一个发射脉冲可以得到多个不同高度的回波脉冲。这种技术在机载激光高度计中得到了广泛使用，而在星载测量中尚未使用。

光子计数激光测距技术是从人卫激光测距技术中演化而来的，通过多次测量，利用光子计数技术和统计模式，得到不同高度的回波信息。

光子计数探测主要有两种技术方案。

(1) 单脉冲光子计数：对应一个激光发射脉冲，通过变化比较甄别阈值，获得多个有一个光子的距离门。这种技术脉冲之间有一定的高度限制，同时要求每个发射脉冲的能量满足回波单次单个光子以上的能量要求。

(2) 多脉冲光子计数：利用比较低的阈值和多次累积，得到更多不同高度的光子数，再利用局部相关技术得到更加详细的高程信息。这种技术对激光的重复频率要求非常高，希望在水平分辨率范围内有足够的光子累积。

卫星激光测高具备主动获取全球地表及目标三维信息的能力，测量目标包括冰盖、海冰、陆地、海洋和大气边界层，能为快速获取包括境外地区在内的三维控制点以及立体测图提供服务，同时在极地冰盖测量、植被高度及生物量估测、云高测量、海面高度测量以及全球气候监测等方面发挥重要作用。

20 世纪 60 年代激光器产生后，激光测量技术飞速发展，激光雷达的概念被提出。随着空间激光器的成熟，美国率先将激光器搭载在探月飞船上，星载激光雷达开始由设想转为现实。1971～1972 年，美国登月计划中 Apollo15、16 和 17 号均搭载激光高度计，使用寿命较短的氙灯泵浦的机械调 Q 红宝石激光器，是最早的激光测高系统，星载激光雷达技术开始得到发展。1994～1997 年，NASA 开展了星载激光雷达探测任务，包括 Clementine 探月计划、搭载激光测高计(Mars Orbiter Laser Altimeter，MOLA)的火星观测者计划、航天飞机激光高度计对地观测实验及搭载 NLR(NEAR-Shoemaker laser rangefinder)激光测距装置的近地小行星探测等，其中 1992 年的火星观测者计划开始采用二极管泵浦固体激光器(diode pump solid state laser，DPSLL)。DPSLL 具有工作时间长、功耗低和体积小的特点，适合卫星载荷的工作要求，该阶段是星载激光测高仪的重要发展阶段。卫星激光测高技术在国外一直得到关注和发展，在美国经过 10 多个型号的发展，已经在月球、火星、水星等多个地外星球探测中得到较成熟的应用。

2003 年，美国成功发射了世界上第一颗对地观测激光测高卫星“冰卫星”(ICESat)，该卫星搭载对地激光测高系统，用于冰川和海冰的高程及厚度变化观测、全球高程控制点获取以及森林生物量估算等，该卫星是美国“地球观测系统”计划中的一个重要部分，已于 2009 年停止工作，导致美国航空航天局后续十年没有卫星观测地球上海冰等融化情况。

2018 年，继 ICESat 之后，美国航空航天局发射 ICESat-2 卫星用于对地观测，该卫星使用 6 个激光束扫描地球表面，激光脉冲重复频率为 10kHz，6 个激光束形成一条 6km 宽的带状区域，如图 5-18 所示。另外该卫星采用光子计数探测器，可用于测量海冰变化、地表三维信息及植被冠层高度以估计全球生物总量。

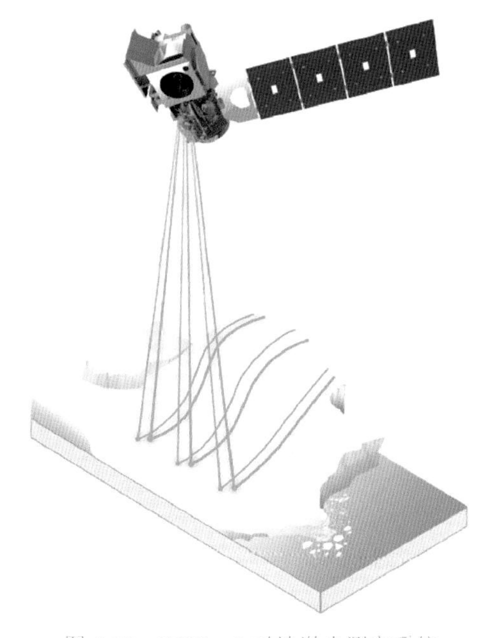

图 5-18　ICESat-2 对地激光测高系统

日本于 2007 年 10 月 24 日发射的“月亮女神”卫星上搭载了激光高度计，是从天底点对月球表面进行测距的仪器之一。该激光高度计能够沿着卫星的极地轨道获取全局距离数据，从而在世界上首次精确绘制了包括月球极地地区在内的整个月球地形图。该激光高度计的科学目标是更加精确地测量月球地形，绘制包括量级区域在内的地形图，通过分析月球的重力和地形数据，获取月球内部结构。

我国于 2007 年发射了第一颗月球探测卫星“嫦娥一号”，激光高度计是该卫星的主要有效载荷之一，实现了卫星星下点月表地形高度数据获取，为月球表面三维影像的获取提供服务。通过激光高度计测量卫星到星下点月球表面的距离，为光学成像探测系统的立体成图提供修正参数，并通过地面应用系统将距离数据与卫星轨道参数、地月坐标关系进行综合数据处理，获得卫星星下点月表地形高度数据。

2016 年，我国首次在“资源三号 02 星”上搭载了实验性激光测高设备，成为继美国 GLAS 对地激光测高系统后的对地激光测高实验系统，获取了大量的激光测高数据，为我国对地激光测高技术的发展奠定了基础[41]。

我国“高分七号”卫星将搭载具备全波形记录功能对地激光测高仪，采用 1064nm 的双波束激光测高技术，可同时获取量测高程数据，两光斑间隔 12.2km，脉冲重复频率为 3Hz，沿轨足印间隔约 2.6km，星上配备 CMOS 相机，获取激光足印影像。此外我国的陆地生态系统碳监测卫星计划搭载激光测高仪和高分辨率多角度偏振成像仪，可实现对森林高度、森林蓄积量和生物量的反演。

5.3.2 天基激光雷达遥感器发展趋势

应用于空间科学研究的激光雷达，一般由于作用距离较远，发射系统只能采用脉冲激光源。在扫描方式下，若激光器重复频率足够高，可以实现高密度、高覆盖率的目标采样。但是高功率脉冲激光器的重复频率不可能做得非常高，而且扫描机构会增加系统质量、体积、能耗等，使得扫描式探测技术难以在星载激光雷达系统中得到运用。随着技术的不断进步，基于多路激光并行发射和阵列接收的推帚式激光雷达多元阵列探测技术正成为国内外研究的热点，是一种颇具优势和潜能的探测技术。

未来计划发射的激光测高系统将向着高重频、多光束、推扫式、单光子探测、量子探测模式发展，激光器将拥有更高的电光效率和更低的噪声，激光发射器和探测器将拥有更长的工作寿命。星载激光雷达的应用领域也将随着激光技术的发展而多元化，在地形测量、大气监测、生态观测及重力测量等领域发挥重要作用。

1. *超灵敏度探测技术*

光子是光的最小能量单位，随着激光雷达技术的发展，传统的弱光探测技术已经无法满足对探测器灵敏度和时间分辨率的要求，尤其是当入射光能量降低至数个光子水平时，除光电倍增管(photomultiplier tube，PMT)外，其他的传统探测器如线性 PIN 光电二极管、雪崩式光电二极管(APD)及常温光电类传感器均无法探测。然而光电倍增管体积大、驱动电压高，多数仅对可见光响应较好，于是许多新型的单光子探测技术逐渐成为国内外弱光探测领域的重要研究内容，常见的有盖革模式雪崩式光电二极管(包括 Si 光电倍增管)和超导纳米线等。与光电倍增管、超导纳米线以及盖革模式 Si-APD 相比，基于 InGaAs/InP APD 的单光子探测器适用于短波红外和近红外波段，效率较高，制冷要求低，响应速度快，体积小巧，光纤与器件耦合较容易，实用性较强。

一般地，雪崩式光电二极管探测器材料主要有 Si、Ge 和 InGaAs，其中 Si-APD 探测器阵列的附加噪声因数低，适合用于光子计数器探测器，但其相应截止波长为 1.0μm，不能满足人眼安全的工作波长需求；Ge-APD 探测器阵列相应截止波长为 1.45μm，接近人眼安全波长，但是其附加噪声因数过高；为了探测人眼安全的 1.5μm 波长信号，截止波长为 1.7μm 的 InGaAs-APD 得到较大的发展。

早期基于 InGaAs/InP APD 的单光子探测器中的雪崩式光电二极管是通过筛选用于通信的商用 InGaAs/InP APD 获得的，其暗计数高，探测效率低，总体性能较差。对单光子探测性能高的 InGaAs/InP APD 的需求激发了相关的优化研究。但国内外能实际研制 InGaAs/InP APD 并进行深入研究的机构较少，主要包括 Princeton Lightwave 公司及与其合作的研究机构，意大利米兰理工大学、重庆光电技术研究所以及上海技术物理所等。为了获得更好的单光子探测性能，英国郝瑞瓦特大学、意大利米兰理工大学以及 Princeton Lightwave 公司的研究人员有针对性地优化了 InGaAs/InP APD 的平面结构设计，使其单光子探测性能与一般雪崩式光电二极管相比有了大幅提高，并很快投入商用。对于激光雷达等针对 1064nm 的应用，麻省理工学院的林肯实验室使用 InGaAsP 作为吸收层材料设计了带隙更宽的台面结构 InGaAs/InP APD，在不影响 1064nm 处探测效率的前提下获得了比 InGaAs/InP APD 更低的暗计数。之后 Princeton Lightwave 公司采用与其研制的 InGaAs/InP APD 类似的平面结构设计研制了针对 1064nm 探测的 InGaAs/InP APD 并投入商用。国内重庆光电技术研究所研制的针对单光子探测的雪崩式光电二极管性能已接近国外同类器件水平。另外，许多公司都推出了 InGaAs/InP APD 单光子雪崩光电二极管芯片，如 Princeton Lightwave 公司的 PGA 系列，Thorlabs 公司的 SPCM 系列等。

国外借助半导体工艺的优势，现阶段对雪崩式光电二极管阵列激光雷达主要研究内容是器件的创新与改进，雪崩式光电二极管制作材料不再是传统的 Si、Ge、InGaAs 及 InP/InGaAsP，波长响应范围从可见光到近红外，像元数量也不断发展，从最初的 4×4 发展到现在的 256×256[42]。

HgCdTe APD 具有零噪声、增益随偏压指数性增大、相应截止波长可调(从短波-中波-长波)等特性，因此得到较大发展，在弱信号探测领域及激光主动探测领域带来较大变革[43]。

2. 光学相控阵激光雷达

传统机械扫描激光雷达体积大、质量大、可靠性差，不能提供高速光束扫描，更不能实现随机的光束指向，同时机械扫描会带来功耗高和平台抖动等问题，且存在无法避免的机械磨损，不能满足高性能激光雷达的要求。

光学相控阵激光雷达可利用光学相控阵光束扫描取代传统的机械扫描。在光学相控阵激光雷达系统中，激光光源经过光分束器后进入光波导阵列，在波导上通过外加控制的方式改变光波的相位，利用波导间的光波相位差来实现光束扫描，且其扫描方式灵活可编程。该技术可用于高性能激光雷达研制和星间激光通信等领域。

3. 智能化探测器

智能传感器指具有信息监测、信息处理、信息记忆、逻辑思维和判断功能的传感器，利用集成技术和微处理器技术，集感知、信息处理、通信于一体，能提供以数字方式传播的具有一定知识级别的信息。智能传感器在传统传感器的基础上还具有丰富的信息处理能力，能够提供更综合的功能。

“感知”就是通过对来自于调理电路信号的分析，获得待测物理量或待测参数、性能的大小。“认知”指智能传感器通过信号处理，获取关于其自身状态、测试状态等方面的知识。

将各类感知算法集以芯片的形式集成到激光雷达中，这种传感器加算法的工作模式将大大减小工作过程中的数据量，提高效率，并可构建结构化、模块化的系统，使得环境探测与感知变得更简单、方便、快捷，是未来激光遥感传感器发展的方向。

5.4 激光遥感技术应对策略

从激光遥感技术的发展过程和当前的应用现状与需求来看，激光遥感仪器的发展将会呈现以下几个趋势：

(1) 由机械扫描向非扫描式发展；

(2) 由单一探测器向探测器阵列发展；

(3) 由传统的单脉冲激光测距向光子计数测距发展；

(4) 由单波长向多光谱发展。

空间激光遥感技术有从单一功能向多功能发展、从定性探测向定量探测发展趋势。未来的空间激光雷达具有多种测量功能，因此需要发展多波长、多体制的综合检测，实现多要素定量、连续观测。另一个趋势是向高分辨率、紧凑型发展，实现多平台应用，扩大空间和时间分辨率，实现全球观测。

5.4.1 实现小型化高分辨率阵列探测器

传统的激光雷达系统由单一探测器进行信号接收，并需要借助二维角度扫描完成对目标的三维成像，其单一性特性以及往返时间占据了长距离测量过程中大部分时间，导致其实时性差，且系统复杂。

基于面阵的三维成像激光雷达成像速度快、帧率高、结构紧凑，可对目标点进行同时捕获，近几年新兴的基于开关电容阵列(switch capacitor arrays，SCA)的高速采集技术可作为雪崩式光电二极管阵列的读出电路。开关电容阵列主要利用芯片内部高速的开关电容阵列将模拟信号存储并通过慢速时钟读出进行量化采集的技术，可实现高采样率、高精度、低功耗高速采集，是未来探测器阵列读出电路的发展方向。但基于面探测器阵列的系统角度分辨率较低，在未来可通过提高探测器像元数量来提高角分辨率。

近几年内，在波形采集技术领域高速 Gsps ADC 继续向高速和高精度发展的同时，快电子领域一种新型的高速采集技术开始浮出水面，它就是基于开关电容阵列技术的高速采集技术。它的主要原理为利用芯片内部高速的开关电容阵列将模拟信号存储并通过慢速时钟读出再利用慢速高精度 AD 进行量化。它具有采样率高且可以通过软件灵活更改(0.5～5Gsps)，精度高(有效比特位 ENOB＞10bit)，功耗低，存储深度可调整和适合多通道高速采集等特点。

5.4.2　发展高光谱/多光谱激光雷达技术

普通激光雷达通常以单波长方式工作，在对地观测过程中获取地表目标的三维空间几何信息，同时获得地表目标在对应波长下的光谱特性，通过对波形的几何特征分析，可反演得到地物的部分属性信息。

为了更好地挖掘激光雷达对地观测的应用能力，可以借鉴多/高光谱遥感具有地物物性信息判别能力，开展多光谱（多波长）激光雷达地物探测技术的研究。多光谱激光雷达可在保留高空间分辨探测能力的同时，兼具地物物性探测能力，目前采用 1064nm 和 532nm 激光作为光源的多光谱机载激光扫描系统已成功运用于浅海海洋监测领域。

多光谱激光雷达具体的探测波长数目和波长数值将根据实际探测应用中所探测地物的光谱特征决定，在有限的探测波长数目条件下，尽量提高系统对植被、土壤、岩石等地物的区分能力和对植被生长状态、土壤成分等地物状态的探测能力，能够以快速、经济和准确的方式应用于森林调查、农业监测、土地监测、资源勘查等领域。

5.4.3　探索量子激光雷达技术

量子激光雷达利用量子现象突破标准量子极限实现超灵敏度，突破瑞利衍射极限达到高分辨率，使得量子激光雷达不但能够实现传统目标探测和识别功能，还可探测隐身以及水下武器平台和装备。因此，量子激光雷达可以作为隐身和水下目标探测重要的手段，为舰艇对空、对陆以及反潜作战发挥重要作用。进入 21 世纪以来，量子光源或探测器在激光雷达领域的应用得到快速发展，为激光目标探测开辟了崭新的道路。量子激光雷达技术应用于空间成像和目标探测，可以满足高空间分辨率、夜间弱光成像和全天时对地观测等需求，将突破传统成像技术的极限，解决长距离成像和传感的技术难题。

一般地，使用基于 InGaAs 材料的雪崩式光电二极管（APD）对 1548nm 激光信号进行探测，但是 InGaAs APD 探测效率低、噪声大，InGaAs 材料的纯度问题还会导致该类型探测器有较高的后脉冲概率[44]。现有的探测器中对 1550nm 波长激光的探测效率非常低（约 18%），在传统激光雷达中，探测远距离目标时（5～10km）需要单脉冲能量大于 100mJ 的脉冲激光进行探测。超导体探测器在该波段的探测有一定优势，探测效率约为 25%，具有极低的噪声和较高的时间响应，但是超导体探测器工作时对液氦制冷设备的要求限制了其在诸多方面的应用。上转换探测器将 1.5μm 激光转为可见光波段光子，因此 1.5μm 波长的单光子可被硅基雪崩式光电二极管探测，且探测效率高、噪声低。在该系统中，发射 1548nm 波长激光脉冲，使用上转换探测器时将 1548nm 波长光子转换为 863nm 波长光子，并使用滤波器将其余干扰消除，最终使用 Si-APD 探测 863nm（Si-APD 对 863nm 光子的探测效率为 45%）光子实现激光回波的记录，极大地提高了对回波的探测效率，仅使用脉冲能量为 110μJ 的微脉冲激光器即可在水平方向上探测 7km 处的回波信号，这相比传统机制要求的 100mJ 降低了 3 个数量级。量子上转换激光雷达的微脉冲超远距离探测机制也为实现高重频高分辨率探测带来可能[45]。

在未来，量子激光雷达应用于空中隐身、陆地及水下目标探测，能够革命性地提高激光雷达的目标探测距离、测量精度、分辨率以及可靠性，突破传统激光雷达的探测极限。在军事应用方面，地基量子激光雷达可以探测低雷达反射效应的目标，实现对隐身飞机的有效探测；机载蓝绿量子激光雷达可以探测深海下的水雷及潜艇等水下目标，为快速扫雷和高效反潜提供准确的情报；空基对地观测量子激光雷达可以探测云雾等困难条件下的地面目标，为恶劣环境下火力打击提供目标的准确坐标。在民用领域，高性能的量子激光雷达技术可以为灾害监测、应急抢险、水下工程监测等困难环境下的测量提供可用的装备。

参考文献

[1] 徐进军, 余明辉, 郑炎兵. 地面三维激光扫描仪应用综述. 工程勘察, 2008, (12): 31-34.

[2] 刘荣荣, 毛庆洲. 全波形激光测距幅相误差改正方法. 光学仪器, 2019, 41(3): 27-34.

[3] 习晓环, 骆社周, 王方建, 等. 地面三维激光扫描系统现状及发展评述. 地理空间信息, 2012, 10(6): 13-15.

[4] 王勋. 基于三维激光扫描的桥面变形检测技术应用研究. 重庆: 重庆交通大学, 2015.

[5] 吕冰, 钟若飞, 王嘉楠. 车载移动激光扫描测量产品综述. 测绘与空间地理信息, 2012, 35(6): 184-187.

[6] 杨兴雨, 李晨, 郝丽婷, 等. 先进激光三维成像雷达技术的研究进展与趋势分析. 激光杂志, 2019, 40(5): 1-9.

[7] 陈宗娟, 孙二鑫, 李丹丹, 等. 高精地图现状分析与实现方案研究. 电脑知识与技术, 2018, 14(22): 270-272.

[8] 唐洁, 刘少山. 面向无人驾驶的边缘高精地图服务. 中兴通讯技术, 2019, 25(3): 58-67.

[9] 陈晓冬, 张佳琛, 庞伟凇, 等. 智能驾驶车载激光雷达关键技术与应用算法. 光电工程, 2019, 46(7): 34-46.

[10] 王俊. 无人驾驶车辆环境感知系统关键技术研究. 北京: 中国科学技术大学, 2016.

[11] 蒋大名. 避障激光雷达核心机装置研究. 长春: 长春理工大学, 2016.

[12] 董光焰, 刘中杰. 光学MEMS微镜技术及其在激光雷达中的应用. 中国电子科学研究院学报, 2011, 6(1): 36-38.

[13] Siepmann J P, Rybaltowski A. Integrable ultra-compact, high-resolution, real-time MEMS LADAR for the individual soldier. 2005 IEEE Military Communications Conference, Atlantic City, 2005.

[14] 李启坤, 邱琪. 基于 2D 微电子机械系统(MEMS)镜全向激光雷达光学系统设计. 应用光学, 2018, 39(4): 460-465.

[15] Hung A C L, Lai H Y H, Lin T W, et al. An electrostatically driven 2D micro-scanning mirror with capacitive sensing for projection display. Sensors and Actuators A: Physical, 2015, 222: 122-129.

[16] Huang C H, Yao J, Wang L V, et al. A water-immersible 2-axis scanning mirror microsystem for ultrasound andha photoacoustic microscopic imaging applications. Microsystem Technologies, 2013, 19(4): 577-582.

[17] Chen C D, Wang Y J, Chang P. A novel two-axis MEMS scanning mirror with a PZT actuator for laser scanning projection. Optics Express, 2012, 20(24): 27003-27017.

[18] Crouch S C, Reibel R R, Curry J, et al. Method and system for Doppler detection and Doppler correction of optical chirped range detection . US: US2017/062703, 2017-11-21.

[19] 林沂, 张萌丹, 张立福, 等. 高光谱激光雷达谱位合一的角度效应分析. 遥感技术与应用, 2019, 34(2): 225-231.

[20] 宋沙磊. 对地观测多光谱激光雷达基本原理及关键技术. 武汉: 武汉大学, 2010.

[21] 翟国君, 吴太旗, 欧阳永忠, 等. 机载激光测深技术研究进展. 海洋测绘, 2012, 32(2): 67-71.

[22] 贺岩, 胡善江, 陈卫标, 等. 国产机载双频激光雷达探测技术研究进展. 激光与光电子学进展, 2018, 55(8): 7-17.

[23] 史硕, 龚威, 祝波, 等. 新型对地观测多光谱激光雷达及其控制实现. 武汉大学学报(信息科学版), 2013, 38(11): 1294-1297.

[24] 王寿增, 孙峰, 张鑫. 激光照明距离选通成像技术研究进展. 红外与激光工程, 2008, 37(S3): 95-99.

[25] 卜禹铭, 杜小平, 曾朝阳, 等. 无扫描激光三维成像雷达研究进展及趋势分析. 中国光学, 2018, 11(5): 711-727.

[26] 朱静浩. 阵列 APD 无扫描激光雷达非均匀性的分析与实验研究. 哈尔滨: 哈尔滨工业大学, 2013.

[27] Richmond D R, Roger S, Howard B. Laser radar focal plane array for three-dimensional imaging. Proceedings of SPIE, 1996, 2748: 61-67.

[28] Kevin L M, Jim M, Reuben R, et al. Critical advancement in telerobotic servicing vision technology. AIAA SPACE 2010 Conference & Exposition, Anaheim, 2010.

[29] McKeag W, Veeder T, Wang J X, et al. New Developments in HgCdTe APDs and LADAR Receivers. Proceedings of SPIE, 2011, 8012: 801230.

[30] De Borniol E D, Rothman J, Guellec F, et al. Active three-dimensional and thermal imaging with a 30-mum pitch 320×256 HgCdTe avalanche photodiode focal plane array. Optical Engineering, 2012, 51(6): 061305.

[31] Williams G M, Compton M, Ramirez D A, et al. Multi-gain-stage InGaAs avalanche photodiode withenhanced gain and reduced excess noise. IEEE Journal of the Electron Devices Society, 2013, 1(2): 54-65.

[32] Rohrschneider R, Weimer C, Masciarelli J, et al. Vision navigation sensor(VNS) with adaptive electronically steerable flash LIDAR(ESFL). Advances in the Astronautical Sciences, 2016, 157: 161-168.

[33] 杨兴雨, 李晨, 郝丽婷, 等. 先进激光三维成像雷达技术的研究进展与趋势分析. 激光杂志, 2019, 40(5): 1-9.

[34] Heinrichs R, Aull B F, Marino R M, et al. Three-dimensional laser radar with APD arrays. Proceedings of SPIE, 2001, 4377: 106-117.

[35] Marino R M, Stephens T, Hatch R E, et al. A compact 3D imaging laser radar system using Geiger-mode APD arrays: System and measurements. Proceedings of SPIE, 2003, 5086: 1-15.

[36] Jack M, Chapman G, Edwards, et al. Advances in LADAR components and subsystems at Raytheon. Proceedings of SPIE, 2012, 8353: 83532F.

[37] Itzler M A, Entwistle M, Jiang X D, et al. Geiger-mode APD single-photon cameras for 3D laser radar imaging. IEEE Aerospace Conference, Big Sky, 2014.

[38] Yuan P, Siddiqi N, Zubrod, et al. High performance InGaP Geiger-mode avalanche photodiodes. Proceedings of SPIE, 2020, 11410: 1141009.

[39] 王帅, 孙华燕, 郭惠超, 等. 天基激光雷达三维成像的发展与现状. 激光与红外, 2018, 48(9): 1073-1081.

[40] 许春晓, 周峰. 星载激光遥感技术的发展及应用. 航天返回与遥感, 2009, 30(4): 26-31.

[41] 李国元, 唐新明. 资源三号02星激光测高精度分析与验证. 测绘学报, 2017, 46(12): 1939-1949.

[42] 王帅, 孙华燕, 郭惠超, 等. APD阵列单脉冲三维成像激光雷达的发展与现状. 激光与红外, 2017, 47(4): 389-398.

[43] 刘兴新. 碲镉汞雪崩光电二极管在激光雷达上的应用. 激光与红外, 2012, 42(6): 603-608.

[44] 刘俊良. 基于InGaAs(P)/InP APD的单光子探测器的研制和性能研究. 济南: 山东大学, 2018.

[45] Xia H Y, Shentu G L, Shangguan M J, et al. Long-range micro-pulse aerosol lidar at 1.5μm with an upconversion single-photon detector. Optics Letters, 2015, 40(7): 1579-1582.

第二部分　遥感信息处理

第6章 遥感影像的几何处理

通过各种方式获取的遥感影像往往无法直接用于量测，因为原始影像缺少地理编码，而且影像存在一定的几何变形。在遥感成像过程中，许多因素会影响遥感影像的几何质量，如传感器成像方式、地形起伏、大气折射等。几何处理是遥感影像处理中的重要环节，它是多源遥感数据集成、管理和分析中的关键，具体内容包含：几何模型的构建、影像几何质量影响因子分析、模型解算和模型精化、几何纠正等，其目的是校正影像对应地物的几何位置[1-2]。本章主要介绍遥感影像几何处理的主要内容及其研究进展。

6.1 遥感影像几何处理基础

6.1.1 成像模型

1. 几何模型

遥感成像建模涉及的坐标系可以简单划分为像方坐标系和物方坐标系。像方坐标系主要包括传感器坐标系 *S-UVW* 和像点坐标系 *o-xyf*，物方坐标系主要指地面坐标系 *O-XYZ*。*S-UVW* 描述了像点的空间位置，其坐标原点 *S* 为传感器投影中心，*S-UVW* 为右手坐标系，*U* 轴正方向指示遥感平台飞行方向，*W* 轴为光轴，指向地底点或其负方向，*V* 轴垂直 *WU* 平面。像点坐标系中 (x,y) 为像点在影像上的平面坐标，该两轴方向与传感器坐标系中的 *U* 轴和 *V* 轴方向一致，f 为传感器的等效焦距。*O-XYZ* 描述了地物目标的地理位置，其主要采用地心坐标系统，如 WGS84 坐标系。此外，还有载体(遥感平台如卫星和飞机等)坐标系，其反映的是遥感平台的运动和传感器的安装姿态。

物点 P 在地面坐标系中的坐标 (X_P,Y_P,Z_P) 与相对应的像点 p 在传感器坐标系中的坐标 (U_p,V_p,W_p) 之间的关系可以通过通用构像方程描述如下：

$$\begin{bmatrix} X_P \\ Y_P \\ Z_P \end{bmatrix} = \begin{bmatrix} X_S \\ Y_S \\ Z_S \end{bmatrix} + A \begin{bmatrix} U_p \\ V_p \\ W_p \end{bmatrix} \tag{6-1}$$

式中：坐标 (X_S,Y_S,Z_S) 为传感器投影中心 S 在地面坐标系中的坐标；A 为与传感器姿态相关的旋转矩阵，可由外方位角元素计算得到。

2. 多项式模型

多项式模型不考虑遥感成像具体的空间几何过程，其直接对影像的几何变形进行数学模拟，影像的总体变形被视为各种基本变形(平移、缩放、旋转、弯曲等)综合作用的结果。多项式模型的阶数一般不高于三阶，过高的阶数会导致参数之间的自相关，从而使模型的精度下降。因此，多项式模型通常采用二次(式(6-2))或三次(式(6-3))。

$$\begin{cases} x = \sum_{i=0}^{n}\sum_{j=0}^{n-i} a_{ij} X^i Y^j \\ y = \sum_{i=0}^{n}\sum_{j=0}^{n-i} b_{ij} X^i Y^j \end{cases} \tag{6-2}$$

$$\begin{cases} x = \sum_{i=0}^{n}\sum_{j=0}^{n-i}\sum_{k=0}^{n-i-j} a_{ij} X^i Y^j Z^k \\ y = \sum_{i=0}^{n}\sum_{j=0}^{n-i}\sum_{k=0}^{n-i-j} b_{ij} X^i Y^j Z^k \end{cases} \tag{6-3}$$

式中：(x, y)为像点坐标；(X, Y)为对应的地面点坐标；Z为点(X, Y)的高程；a, b为多项式系数。

3. 有理函数模型

有理函数模型(rational function model，RFM)是 Space Imaging 公司提供的一种广义的传感器成像模型，其具有形式简单、处理速度快、通用性强以及可以实现传感器参数保密等诸多优点。有理函数模型正逐渐成为近似极高分辨率(very high resolution，VHR)传感器严格成像模型的标准形式，其通过多项式的比率来描述归一化图像和对象坐标之间的关系[3-5]，如式(6-4)所示。经过正则化处理后，坐标转换为 –1.0 至 1.0 之间，该处理可以增强模型参数求解的稳定性。有理函数模型的系数称为有理多项式系数(rational polynomial coefficients，RPC)。

$$\begin{aligned} X &= \frac{\mathrm{Num}_L(P,L,H)}{\mathrm{Den}_L(P,L,H)} \\ Y &= \frac{\mathrm{Num}_S(P,L,H)}{\mathrm{Den}_S(P,L,H)} \end{aligned} \tag{6-4}$$

式中：Num_L、Den_L、Num_S和Den_S为关于(P,L,H)的三阶多项式；(X,Y)和(P,L,H)分别为像点坐标和地面坐标正则化结果。

6.1.2 遥感影像几何变形

在遥感成像过程中，多种因素会导致原始影像上目标的几何特征(包括位置、形状、大小和方位等)与对应的实际地物在参照系统中的表达要求不一致，产生所谓的几何变形。不同遥感成像系统生产的原始影像均包含相应的几何变形，并且也难以满足终端用户对于特定地图投影的要求[6,7]。

由于影响因素的不同，几何变形之间存在显著差异。目前已经有很多研究对遥感影像的几何变形进行了分类。根据信号传输的过程，遥感影像的几何变形可分为两个类别，分别是与观测器相关的几何畸变，以及与被观测对象相关的几何畸变(表 6-1)。观测器主要是指成像系统，包括遥感平台、传感器和其他的测量设备(如陀螺仪和恒星传感器等)。与被观测对象相关的几何变形主要受大气和地球自身，以及最终成图时大地水准面与椭球面，椭球面与成图平面之间的转换误差的影响。考虑到对遥感图像变形影响的大小，6.1.2 节主要介绍传感器工作机制、传感器位置和姿态、大气折射、地形起伏、地球曲率、地球自转对影像变形的影响[8]。

表 6-1　遥感影像几何畸变来源介绍

类别	子类别	误差描述
与观测器相关的几何畸变	遥感平台	平台移动速度变化
		平台运行姿态变化
	传感器	传感器工作机制
		传感器位置和姿态
		传感器视场的全景效应
	其他测量设备	时间同步误差
与被观测对象相关的几何畸变	大气	大气折射或大气扰动
	地球	地球曲率
		地球自转
		地形起伏
	成图	大地水准面向椭球面转换误差
		椭球面向成图平面转换误差

1. 传感器工作机制引起的几何变形

不同的传感器工作机制对应不同的成像方式，它们会引起相应的影像变形，遥感传感器主要的成像方式包括中心投影、平行投影(又称为正射投影)、全景投影以及斜距投影等。在垂直摄影和地形平坦的情形下，若不考虑摄影本身产生的畸变，中心投影和平行投影图像与对应的地面物体之间具有相似性，即不存在由成像方式产生的影像畸变[9,10]。

2. 传感器位置和姿态变化引起的几何变形

传感器的位置(X_S, Y_S, Z_S)和姿态$(\varphi, \omega, \kappa)$称为外方位元素，当这些元素发生变化而偏离标准位置时，遥感成像会产生畸变，该变形可由地物目标对应的像点坐标误差表示[11-13]。

3. 地形起伏引起的几何变形

地形起伏会引起投影误差，导致高于或低于投影基准面的地物点会产生一定的位移。

4. 地球曲率引起的几何变形

地球曲率引起的几何变形可以类比为地形起伏。当地球表面上的目标点被投影到地球切平面上时，其距离会有一定的差异，这可以被视为系统固有的地形起伏。地球切平面不低于地球曲面，因此地球曲率引起的几何变形为负值，各遥感传感器因地球曲率引起的畸变在像点坐标系坐标轴方向上的分量可以利用高度差计算得到。

5. 地球自转引起的几何变形

地球自转不会影响常规的框幅摄影机成像，因为整幅遥感影像是在瞬间曝光生成的。地球自转主要会影响动态传感器的成像，特别是基于卫星平台的遥感影像。由于地球处于自西向东的自转状态中，当卫星平台自北向南移动时，卫星的每条扫描线成像时间存在先后差异，这会造成扫描线在地球表面逐渐向西移动，进而使最终生成的影像发生扭曲。

6. 大气折射引起的几何变形

地球的大气层为非均匀介质，但其密度与海拔高度具有一定规律，海拔越高，大气层密度越小，因此遥感成像过程中，电磁波在传感器与观测目标之间传播时由于大气层密度的变化而产生不同的折射率，电磁波传播路径将变成一条曲线，这同样会引起观测目标对应的像点坐标的变化，这种像点畸变即为受大气层折射的影响。

6.1.3 遥感影像几何纠正

由于遥感影像几何变形的存在，其反映的位置与地面实际情况并不一致，在实际应用之前，几何纠正是必要的环节，目标是消除图像几何畸变，将其投影到需要的地理坐标系中。

几何纠正处理过程中，模型选择需要考虑具体的传感器以及地形特点，可供选择的模型有几何成像模型、多项式模型和有理函数模型。对于严格构像方程模型，还需考虑地形起伏引起的影像畸变，对于地形起伏较大的情况，需要结合数字高程模型消除地形起伏导致的影像变形。此外还需综合考虑其他因素造成的几何变形以确定像点坐标和地面坐标之间的数学关系。

模型确定后，再利用地面控制点和对应的像点坐标进行平差计算，确定模型参数。对于几何成像模型，几何定标过程可以确定传感器安装角和内方位元素，平差解算过程主要是求解外方位元素。对于多项式模型和有理函数模型，平差过程解算的是多项式参数。

利用确定参数的像点坐标与地面坐标之间的数学模型进行几何变换，可采用直接法和间接法策略。

直接法策略从原始影像出发，利用前面确定的数学模型，计算每个像素在地面坐标系中的位置：

$$\begin{aligned} X &= F_x(x, y) \\ Y &= F_y(x, y) \end{aligned} \tag{6-5}$$

式中：F_x 和 F_y 为直接纠正变换函数，x 和 y 为原始图像坐标，X 和 Y 为地表坐标。输出影像的像素灰度值由相应的原始影像的灰度值通过赋值得到。

间接法策略首先利用式(6-5)计算输出影像的边界范围，原始影像四个角点 a、b、c、d 对应的输出角点分别为 a'、b'、c'、d'，地面坐标分别为 (X'_a, Y'_a)、(X'_b, Y'_b)、(X'_c, Y'_c)、(X'_d, Y'_d)。输出 X 范围为 $\left[\min(X'_a, X'_b, X'_c, X'_d), \max(X'_a, X'_b, X'_c, X'_d)\right]$，$Y$ 范围为 $\left[\min(Y'_a, Y'_b, Y'_c, Y'_d), \max(Y'_a, Y'_b, Y'_c, Y'_d)\right]$，再从空白的输出影像出发，反求其每个像素在原始影像中的位置：

$$
\begin{aligned}
x &= G_x(X, Y) \\
y &= G_y(X, Y)
\end{aligned}
\tag{6-6}
$$

式中：G_x 和 G_y 为间接纠正变换函数，x 和 y 为原始图像坐标，X 和 Y 为地表坐标。

若 (x, y) 坐标值为整数值，则可将其指向的原始影像像素灰度值直接赋值给输出像素；当该坐标轴不为整数值时，该处像素灰度值则需通过重采样得到，影像灰度值重采样方法有最邻近像元采样法、双线性内插法和双三次卷积重采样法。

最后需要对经过几何纠正获得了地理编码的遥感影像进行几何精度评价。几何纠正精度反映的是经过纠正后的影像上像点坐标与真实位置的差别，主要使用的评价指标包括均值、中误差、均方根误差、长度变形精度、角度变形精度、圆点误差、空间自相关系数等。

6.2　遥感影像几何处理模型

遥感影像的几何处理可分为粗加工处理和精加工处理。粗加工处理主要改正系统误差，包括投影中心坐标、传感器姿态角和扫描角的测定。由于遥感平台与传感器之间的相对位置是固定的，并且可在地面测量，投影中心坐标通常可由遥感平台坐标间接确定，遥感平台坐标通常可通过全球定位系统测定。传感器的姿态可通过专业的姿态测量仪器测定，如红外姿态测量仪、星相仪、陀螺仪等。扫描角可通过传感器的平均扫描速度和具体时间计算得到。粗加工处理可以有效改正传感器内部畸变，但处理后图像仍有较大残差(偶然误差和系统误差)，因此还需对遥感影像进行精加工处理。精加工可消除影像中的几何变形，即几何纠正过程。

6.2.1　基于几何成像模型的几何纠正

几何成像模型与遥感平台、传感器和成像几何之间存在密切的关联。不同传感器的设备如下：①阵列相机系统(瞬时采集)，如摄影测量相机、公制相机或大幅面相机；②旋转或扫描传感器，如 Landsat 多光谱扫描仪(multi spectral scaner，MSS)、专题制图仪(thematic mapper，TM)或增强型专题制图仪(enhanced thematic mapper，ETM+)；③推扫式传感器，如 MERIS、SPOT-HRV/HRG/HRS、ASTER、ALOS-PRISM；④高分辨率扫描仪，如 IKONOS、QuickBird、WorldView；⑤合成孔径雷达传感器(侧视成像)，如 ENVISAT、Radarsat-1/2、COSMO-SkyMed、Terra-SAR-X。

尽管每种传感器都有其特点，我们仍然可以根据共性来构建几何成像模型以纠正 6.1.2 节中所述的各种几何变形，因此，几何成像模型应在数学上模拟遥感平台、传感器、地球和投影成图时产生的各种畸变。一般来说，构建几何成像模型数学函数主要包括适用于可见光和红外影像的共线性方程(式(6-7))和适用于雷达影像的多普勒和距离方程(式(6-8))。扫描仪的相邻扫描线的参数沿轨道高度相关，因此可以连接不同扫描线的曝光中心和旋转角度以整合补充信息[14]，如用于卫星数据的星历数据，用于航空影像的全球定位系统数据和惯性导航数据等。

$$
\begin{aligned}
x &= -f\frac{a_{11}(X_p - X_s) + a_{21}(Y_p - Y_s) + a_{31}(Z_p - Z_s)}{a_{13}(X_p - X_s) + a_{23}(Y_p - Y_s) + a_{33}(Z_p - Z_s)} \\
y &= -f\frac{a_{12}(X_p - X_s) + a_{22}(Y_p - Y_s) + a_{32}(Z_p - Z_s)}{a_{13}(X_p - X_s) + a_{23}(Y_p - Y_s) + a_{33}(Z_p - Z_s)}
\end{aligned}
\tag{6-7}
$$

式中：(x, y)是图像坐标；f为传感器成像时的等效焦距；（X_s，Y_s，Z_s）是传感器投影中心S在地面坐标系的坐标；（X_p，Y_p，Z_p）是地面点P在地面坐标系的坐标；$a_{11}, a_{21}, a_{31}, a_{13}, a_{23}, a_{33}, a_{12}, a_{22}, a_{32}, a_{13}, a_{23}, a_{33}$为传感器坐标系相对地面坐标系的旋转矩阵参数。

$$
\begin{aligned}
f &= \frac{2(\vec{V}_S - \vec{V}_P)\cdot(\vec{S} - \vec{P})}{\lambda\left|\vec{S} - \vec{P}\right|} \\
r &= \left|\vec{S} - \vec{P}\right|
\end{aligned}
\tag{6-8}
$$

式中：f表示多普勒中心频率；λ是雷达波长；$\vec{V}_S$和$\vec{V}_P$分别是卫星平台和目标的速度矢量；$\vec{S}$和$\vec{P}$分别是卫星平台和目标的位置矢量；r表示卫星平台到地面目标的斜距。

大量研究已经构建了针对不同类型影像(可见光影像，红外影像，合成孔径雷达影像，低分辨率、中分辨率和高分辨率影像)和不同遥感平台(航空、航天遥感平台)的严格几何成像模型。几何纠正过程可以逐个校正畸变或利用融合的数学函数同时校正所有的畸变。后一种解决方案更加精确，因为它可以减少误差的累积和传播。一些参数的融合包括影像的总指向和总比例因子。其中，影像的总指向是由于轨道倾斜、平台滚动和地球自转的综合影像；总比例因子是平台间距、垂直于轨道的传感器视角和跨轨道方向的地球自转分量的融合等。

6.2.2 基于多项式模型的几何纠正

基于多项式模型的几何纠正主要步骤如下：①利用已知地面控制点求解多项式系数；②遥感影像纠正变换；③影像灰度值重采样；④几何纠正结果评价。尽管多项式模型具有一定的局限性，如适用于小范围影像，要求采用均匀分布的地面控制点，对误差较为敏感，缺乏稳健性和一致性等，它们在遥感影像几何纠正中仍然得到了广泛的应用。20世纪60年代，二次多项式模型已被用于航空摄影影像几何处理[15]。由于卫星影像具有较大的覆盖范围，它们在使用时通常需要具有明确的地理编码，因此几何处理是使用遥感影像的必要步骤。SPOT系列卫星是由法国发射的陆地卫星，主要用于地球资源遥感，至今已发射了5颗，高分辨率可见光传感器(high resolution visible，HRV)搭载于SPOT 1-3上，HRV具有多光谱XS和全色PA两种模式，其全色波段具有10m的空间分辨率，多光谱具有 20m 的空间分辨率。HRV 一级和二级产品使用一阶三次多项式进行几何纠正[16,17]，而 HRV 一级几何处理产品使用的模型为二阶三次多项式[18]。IKONOS 卫星是一颗商业对地观测卫星，并且是世界上第一颗分辨率优于 1m 的商业遥感卫星，可提供多光谱和全色图像，IKONOS 产品采用一阶仿射变换函数纠正影像变形[19,20]。对于可见光和红外(visible and infrared，VIR)影像，三次多项式中与地形高程相关的项仅需保留一阶线性项，而对于合成孔径雷达影像，则需保留到二阶项，主要原因是高程畸变对光学影像和合成孔径雷达影像分别表现为一阶和二阶，并且对于大多数使用的传感器，在 X 轴和 Z 轴或 Y 轴和 Z 轴方向上没有关联。

6.2.3　基于有理函数模型的几何纠正

在 20 世纪 80 年代，有理函数模型的使用相对较少[21]。随着 1999 年第一颗商用高分辨率卫星 IKONOS 的发射，民用摄影测量和遥感领域逐渐重视三次有理函数模型在几何纠正中的应用[22-25]。由于很多遥感元数据并不包含传感器和轨道参数，有理函数模型可以替代几何成像模型。有理函数模型具有两种使用方法：近似模拟已经构建的几何成像模型(地形无关)的方式和利用地面控制点计算所有有理函数模型参数的方式。从某些方面，有理函数模型可被认为是融合的数学模型，因为其系数反映的不是特定的变形而是变形组合，因此每个系数都可以校正对应部分的几何变形。

对于与地形无关的有理函数模型，其构建过程仍然需要地面控制点以消除模型偏差，主要包括以下步骤：①划分成像地形的三维规则网格，利用已经获取的几何成像模型计算三维网格地面点的图像坐标；②网格点的三维地面坐标和二维图像坐标被视为地面控制点坐标，它们被用来解算有理函数模型参数。有理函数模型具有通用性、保密性和高效率等优点[26]，但其也具有一定的局限性，在这一阶段，其缺点可总结如下：①无法模拟局部变形；②处理影像大小的局限性；③模型参数缺乏物理意义难以解释；④可能的零分母导致无法建模；⑤与多项式模型存在潜在的相关性。不同的策略可以克服上述局限性，为了模拟局部变形，可将有理函数模型用于经过系统纠正的具有地理参考的遥感数据(如 IKONOS 地理影像)。考虑影像大小的局限性，可对原始影像进行划分，对每一部分单独利用有理函数模型纠正几何变形[27]。基于有理函数模型，相关研究还开发了一种通用实时几何模型，这是一种动态有理函数，其具有不同的阶数，一些项可以视具体问题选择或消除。地形无关的有理函数模型成为不想泄露卫星和传感器参数的影像供应商的主流选择，他们向用户直接提供有理函数系数供用户处理影像。使用这类有理函数模型的小视场高分辨率影像包括 IKONOS 和 GeoEye-1 影像[23,24]、QuickBird-2 影像[28]、WorldView-2 影像[29]、Cartosat 系列影像、Radarsat-2 影像。基于航天高分辨率可见光和红外影像(SPOT、Eros-A、Formosat-2、Cartosat、QuickBird 等)，学界已经在特定条件下对地形无关的有理函数模型进行了测验[30]。相关研究还基于星载合成孔径雷达影像，对这类模型进行了测试[31]。

对于地形相关的有理函数模型，其参数可由终端用户模仿多项式函数参数估计方法计算得到。这种有理函数模型的效果与地面控制点的数量、精度、分布和地形起伏密切相关[32]。由于这种方法效率较低，如今使用的已经较少。

6.2.4 在轨几何纠正

在军事部署和灾难救援的快速响应中，实时或近实时遥感影像应用的需求不断增加，在轨几何纠正问题引起了许多学者的关注。基于计算机性能的提升，以往的研究努力推动在轨在航遥感数据处理技术的进步。Zhou 等[33]首次提出“在轨几何纠正”的概念，他指出这是动态实时利用对地观测系统的关键前提。目前，很多研究为各种遥感数据开发了相应的在轨几何纠正技术[34,35]。Storey 等[36]对 Landsat 8 的陆地成像光谱仪(operational land imager，OLI)进行在轨几何纠正，以验证陆地成像光谱仪几何要求，可利用三种类型的几何校准，包括：①更新陆地成像光谱仪到航天器的对准信息；②细化来自多个陆地成像光谱仪传感器芯片的子图像的对齐；③改进陆地成像光谱仪光谱带的对准。ALOS 上搭载的全色立体测绘遥感仪器(panchromatic remote-sensing instrument for stereo mapping，PRISM)因其高分辨率和立体观测能力而被用于生产全球地形数据。Takaku 等[37]描述了 PRISM 的在轨几何纠正过程并评价了其数据产品的几何性能。其通过一套几何模型参数表示 PRISM 传感器的几何特征，包括静态内部参数(电荷耦合元件相机参数)和动态外部参数(轨道数据、姿态数据和传感器参数)。内部参数通过具有密集控制点的地面测试场校准。外部参数通过全球的地面控制点的测试点位进行自适应方向校准。Robertson 等[38]通过匹配原始卫星图像、参考正射影像和相应的数字高程模型生成的伪地面控制点校正相机光学畸变，其并未给出详细的畸变模型。随着中国卫星数量的增长和几何分辨率的提高，遥感图像的几何质量需要不断提高，Wang 等[39]提出了一种面向高分辨率光学卫星影像的在轨几何纠正方法，并成功用于中国第一颗三线阵立体测绘卫星资源三号。其关注两个核心问题：构建在轨几何校准模型和提出一种鲁棒的计算方法。首先，基于对主要误差源的分析，构建了严格的几何成像模型。其次，通过对严格几何成像模型进行合理的优化和参数选择，构建了在轨几何校准模型。在此基础上，通过逐步迭代方法将校准参数分为两组：外部校准参数和内部校准参数。

6.2.5 无控制点几何纠正

大多数几何纠正方法需要提供足够数量且分布均匀的地面控制点。然而,在沙漠、海洋、边境、境外等地区，由于地面特征不明显、人员无法到达或者需要实时定位，地面控制点的获取往往比较困难甚至根本不可能，并且地面控制点的获取成本较高。因此，研究缺少控制点的影像几何纠正方法具有重大意义。

为了对缺少控制点地区的遥感影像进行几何纠正，可以研究利用卫星系统参数的外推纠正算法。这需要研究轨道外推、姿态精化和侧视角修正，它们分别依据轨道动力学原理、姿态运动学和姿态稳定性理论以及侧视角稳定性原理。一些研究综合多种几何纠正模型，实现无控制点情况下的变形校正。Toutin 等[40]结合有理函数模型和几何成像模型，实现在无控制点的条件下的几何纠正。有理函数模型被用于在研究区域最高海拔处产生少量虚拟控制点，这些虚拟点和元数据信息被用于几何成像模型的构建。Luan 等[41]结合全球定位系统和惯性导航系统，在无控制点条件下校正了推扫式高光谱影像的几何变形。近年来，以无人机为代表的低空遥感以低成本、机动灵活、快速响应等优势，在土地监测监察等领域显示出十分广阔的应用前景。无人机作业环境下通常缺少地面控制点，而无人机影像的快速几何纠正又存在迫切的需求。随着定位定姿系统日益成熟，基于定位定姿系统参数的影像几何纠正技术得到了广泛应用，可以将校准后的定位定姿系统参数用作外方位元素，代入共线方程实现几何纠正。

6.3 几何处理应用

6.3.1 影像间自动配准

随着技术进步，遥感传感器的分辨率(包括空间、时间和光谱分辨率)不断提高，数据源也不断丰富，为了将不同传感器对同一地面区域的观测影像用于图像融合、变化检测、三维重建等任务，需要将多源影像通过几何处理统一到同一坐标系下，该过程称为影像配准[42,43]。

影像配准可以分为相对配准和绝对配准，相对配准即以多幅影像中的一幅为参考影像，其余影像与参考影像进行配准，而绝对配准将所有的影像变换到同一个地图坐标系。常用的影像配准方法为多项式纠正法，其用适当的多项式来描述两幅影像坐标之间的变换，具体步骤是：在两幅影像之间获取足够的均匀分布的同名点，利用同名点平差计算多项式系数，然后利用多项式模型完成两幅影像之间的配准。多项式配准精度较低，而高精度的影像配准步骤的主要思想是将影像分区并在各个分区内进行配准。

6.3.2 数字影像镶嵌

影像镶嵌指将不同的影像合并成一幅完整的影像，通过此处理，可以扩大影像的覆盖范围。参与镶嵌的影像可以来源于不同的传感器或不同的成像条件，因而具有不同的几何特征。因此，在将多幅影像在几何上拼接时，需利用几何纠正消除影像变形，将所有参与镶嵌的影像统一到同一坐标系中。对于拼接好的影像还需要进行色调调整，消除拼接缝隙。

6.4 本 章 小 结

为了使遥感影像准确反映地物的几何特征，需要建立地面坐标与影像坐标之间的几何关系，通过这一关系纠正成像过程中产生的几何变形。本章简单介绍了遥感传感器的成像模型，包括各传感器的几何成像模型、多项式模型和有理函数模型。由于几何成像模型需要传感器的物理构造及成像方式信息，而很多高性能的传感器参数及成像方式由于保密的需要而未被公开，用户难以获取这些信息，在这种情况下，以多项式模型和有理函数模型为代表的通用模型将得到更广泛的应用。随着计算技术的进步，通用模型计算量较大不会成为一个限制因素。本章进一步介绍了造成几何畸变的因素，包括传感器成像方式，传感器姿态和位置的变化，大气折射以及地球自身的影响。在确定几何模型和引起影像畸变的因素后，本章介绍了几何纠正的过程。由于遥感影像实时处理的现实需求，未来更多的遥感平台将可实现在轨在航实时几何处理。考虑到几何定位技术的日益成熟和地面控制点的较高成本，未来更多的几何处理将无须借助地面控制点。最后简单介绍了几何处理在影像配准和影像镶嵌中的应用。

参考文献

[1] Toutin T. Review article: Geometric processing of remote sensing images: Models, algorithms and methods. International Journal of Remote Sensing, 2004, 25(10): 1893-1924.

[2] Poli D, Toutin T. Review of developments in geometric modelling for high resolution satellite pushbroom sensors. Photogrammetric Record, 2012, 27(137): 58-73.

[3] Toutin T. State-of-the-art of geometric correction of remote sensing data: A data fusion perspective. International Journal of Image & Data Fusion, 2011, 2(1): 3-35.

[4] Teo T A. Bias compensation in a rigorous sensor model and rational function model for high-resolution satellite images. Photogrammetric Engineering & Remote Sensing, 2015, 77(12): 1211-1220.

[5] Hong Z H, Xu S Y, Yun Z, et al. Rational polynomial coefficients generation for high resolution ziyuan-3 imagery. IEEE International Conference on Networking, Calabria, 2017: 691-695.

[6] Li D R. An overview of earth observation and geospatial information service: Geospatial technology for earth observation. Boston: Springer, 2009: 1-25.

[7] Li D R, Shan J, Gong J Y, et al. Geospatial Technology for Earth Observation. Bosten: Springer, 2009.

[8] Jensen J R, Lulla K. Introductory digital image processing: A remote sensing perspective. Geocarto International, 1987, 2(1): 65-65.

[9] 王密，朱映，范城城. 高分辨率光学卫星影像平台震颤几何精度影响分析与处理研究综述. 武汉大学学报(信息科学版), 2018, 43(12): 1899-1908.

[10] 童小华，叶真，刘世杰. 高分辨率卫星颤振探测补偿的关键技术方法与应用. 测绘学报，2017, 46(10): 1500-1508.

[11] Teshima Y, Iwasaki A. Correction of attitude fluctuation of terra spacecraft using aster/swir imagery with parallax observation. IEEE Transactions on Geoscience and Remote Sensing, 2008, 46(1): 222-227.

[12] Tong X H, Xu Y S, Ye Z, et al. Attitude oscillation detection of the zy-3 satellite by using multispectral parallax images. IEEE Transactions on Geoscience and Remote Sensing, 2015, 53(6): 3522-3534.

[13] Liu S J, Tong X H, Wang F X, et al. Attitude jitter detection based on remotely sensed images and dense ground controls: A case study for chinese zy-3 satellite. IEEE Journal of Selected Topics in Applied Earth Observations and Remote Sensing, 2016, 9(12): 5760-5766.

[14] 陆静，郭克成，陆洪涛. 星载 SAR 图像距离-多普勒定位精度分析. 雷达科学与技术，2009, 2: 102-106.

[15] Schut G H. Conformal transformations and polynomials. Photogrammetric Engineering, 1966, 32: 826-829.

[16] Baltsavias E P, Stallmann D. Metric information extraction from spot images and the role of polynomial mapping functions. International Archives of Photogrammetry and Remote Sensing, 1992, 29(B4): 358-364.

[17] Okamoto A, Fraser C, Hattori S, et al. An alternative approach to the triangulation of spot imagery. International Archives of Photogrammetry and Remote Sensing, 1998, 32(B4): 457-462.

[18] Pala V, Pons X. Incorporation of relief in polynomial-based geometric corrections. Photogrammetric Engineering and Remote Sensing, 1995, 61: 935-944.

[19] Chung-Hyun A, Seong-Ik C, Jae C J. Ortho-rectification software applicable for IKONOS high resolution images: Geopixel-ortho. 2001 IEEE International Geoscience and Remote Sensing Symposium, Sydney, 2001.

[20] Fraser C, Hanley H, Yamakawa T. Three-dimensional geopositioning accuracy of ikonos imagery. The Photogrammetric Record, 2002, 17: 465-479.

[21] Okamoto A. Orientation and construction of models. Photogrammetric Engineering and Remote Sensing, 1981, 47: 1739-1752.

[22] Grodecki J. IKONOS stereo feature extraction-RPC approach. Annual Conference of the ASPRS 2001, St Louis, 2001.

[23] Fraser C S, Baltsavias E, Gruen A. Processing of IKONOS imagery for submetre 3D positioning and building extraction. ISPRS Journal of Photogrammetry and Remote Sensing, 2002, 56(3): 177-194.

[24] Fraser C S, Ravanbakhsh M. Georeferencing accuracy of geoeye-1 imagery. Photogrammetric Engineering and Remote Sensing, 2009, 75(6): 634-638.

[25] Tong X H, Liu S J, Weng Q H. Bias-corrected rational polynomial coefficients for high accuracy geo-positioning of quickbird stereo imagery. ISPRS Journal of Photogrammetry and Remote Sensing, 2010, 65(2): 218-226.

[26] Dowmann I, Dolloff J T. An evaluation of rational function for photogrammetric restitution. International Archives of Photogrammetry and Remote Sensing, Amsterdam, 2000.

[27] Yang X. Piece-wise linear rational function approximation in digital photogrammetry. Proceedings of the ASPRS Annual Conference, California, 2001.

[28] Robertson B C. Rigorous geometric modeling and correction of quickbird imagery. 2003 IEEE International Geoscience and Remote Sensing Symposium, Toulouse, 2003, 2: 797-802.

[29] Hargreaves D, Robertson B. Review of quickbird-1/2 and orbview-3/4 products from macdonald dettwiler processing systems. Proceedings of the ASPRS Annual Conference, California, 2001.

[30] Chen L C, Teo T A, Liu C L. The geometrical comparisons of RSM and RFM for formosat-2 satellite images. Photogrammetric Engineering and Remote Sensing, 2006, 72(5): 573-579.

[31] Zhang G, Fei W B, Li Z, et al. Evaluation of the RPC model for spaceborne sar imagery. Photogrammetric Engineering and Remote Sensing, 2010, 76(6): 727-733.

[32] Tao C V, Hu Y. 3D reconstruction methods based on the rational function model. Photogrammetric Engineering and Remote Sensing, 2002, 68(7): 705-714.

[33] Zhou G Q, Baysal O, Kaye J, et al. Concept design of future intelligent earth observing satellites. International Journal of Remote Sensing, 2004, 25(14): 2667-2685.

[34] Zhou G Q, Jiang L J, Huang J J, et al. FPGA-based on-board geometric calibration for linear CCD array sensors. Sensors, 2018, 18(6): 1794.

[35] Radhadevi P V, Solanki S S. In-flight geometric calibration of different cameras of irs-p6 using a physical sensor model. The Photogrammetric Record, 2010, 23(121): 69-89.

[36] Storey J, Choate M, Lee K. Landsat 8 operational land imager on-orbit geometric calibration and performance. Remote Sensing, 2014, 6(11): 11127-11152.

[37] Takaku J, Tadono T. Prism on-orbit geometric calibration and DSM performance. IEEE Transactions on Geoscience and Remote Sensing, 2009, 47(12): 4060-4073.

[38] Robertson B, Beckett K, Rampersad C, et al. Quantitative geometric calibration & validation of the rapideye constellation. Geoscience & Remote Sensing Symposium, 2009.

[39] Wang M, Yang B, Hu F, et al. On-orbit geometric calibration model and its applications for high-resolution optical satellite imagery. Remote Sensing, 2014, 6(5): 4391-4408.

[40] Toutin T, Omari K. A "new hybrid" modeling for geometric processing of radarsat-2 data without user's gcp. Photogrammetric Engineering and Remote Sensing, 2011, 77(6): 601-608.

[41] Luan K F, Tong X H, Ma Y H, et al. Geometric correction of phi hyperspectral image without ground control points. IOP Conference Series: Earth and Environmental Science, 2014, 17(1): 012193.

[42] Jacobsen K. Dem generation from high resolution satellite imagery. Photogrammetrie Fernerkundung Geoinformation, 2013, 33(5): 483-493.

[43] Tadono T, Takaku J, Tsutsui K, et al. Status of "alos world 3d(aw3d)" global dsm generation. 2015 IEEE International Geoscience and Remote Sensing Symposium(IGARSS), Milan, 2015.

第7章 遥感传感器的辐射定标

7.1 定标概述

7.1.1 辐射定标的概念

除了图像几何畸变引起的误差之外，在数据获取过程中，传感器本身性能、大气条件、太阳辐射以及地形条件等多方面的因素常常会导致传感器获取的遥感影像不能反映地面目标真实的光谱反射率，造成图像模糊失真、分辨率和对比度下降，这就产生了图像辐射值失真，这些辐射失真会影响遥感影像的质量和使用。为了从长时间序列卫星影像中检测地表反射率变化所揭示的真实景观变化，有必要进行辐射校正。辐射校正的方法可分为两种：绝对辐射定标和相对辐射定标。绝对辐射定标方法要求在数据采集时使用地面测量数据进行大气校正和传感器校准。这不仅昂贵，而且无法用于存档的卫星图像数据。相对辐射校正方法，即相对辐射归一化，是首选的方法，因为其不需要卫星近同时的现场大气数据。该方法将多日期的影像的强度值或数字按频带归一化或校正为参考影像。

由于科学家和决策者是依据传感器及其相关数据产品来监测和分析全球环境问题，传感器及其相关数据产品的准确性变得至关重要。因此，这些仪器的特征和校准，特别是它们的相对偏差的考虑，对发展地球综合观测系统的成功至关重要[1]。为实现统一的校准，一种办法是使所有仪器的校准都统一到公认的基准。地球上稳定的目标可成为这样的共同标准，如沙漠。在未来，使用在轨可跟踪的国际标准仪器系统对共同基准进行表征，将把所有仪器校准到与绝对标准统一。

辐射定标按照卫星运行的时期和参照基准的不同，可分为发射前定标、在轨星上定标、在轨替代定标和交叉定标等。大多数卫星仪器都是在发射前校准的。但是，由于操作环境或老化引起的仪器响应变化，必须定期在轨道上重新校准，有些每秒校准几次，有些则每月校准一次或更长时间再进行校准。发射后定标是保证辐射定标稳定性的重要手段。没有机载校准装置的仪器需要相互校准来监测它们所获得数据的稳定性。

7.1.2 辐射定标的意义

遥感卫星数据在诸多领域的定量化应用已经成为当今的研究热点。随着遥感技术的发展，利用遥感探测到的电磁辐射强度、偏振度和相位等信息，反演地表各种地球物理化学参数、地球生物理化参数已成为定量遥感发展的新方向，生产出了一系列定量化的参数，如大气气溶胶光学厚度、植被指数、叶面积指数、地表温度等。提高在轨卫星传感器的辐射定标精度有利于提高卫星数据的定量化程度，从而得到更高质量的遥感对地观测数据。定量遥感信息的提取、评价和同化等一系列工作都必须建立在定标稳定可靠、精度达到一定要求的遥感观测数据的基础之上。基于此认识，卫星遥感数据定标理论和方法得以发展起来并一直被广泛研究。

遥感卫星自发射运行后，受传感器所处的太空环境变化的影响，卫星自身的运动状态、滤光片透过率、光谱响应函数等特性也会发生一些变化，进而影响到其上搭载的传感器的辐射特性。虽然卫星在发射前都要通过实验室定标或外场定标对其辐射特性进行评估，但如果发射后仍然采用发射前的辐射定标数据，则不能更好地纠正传感器的辐射性能变化，势必会对获取的遥感数据的定量化应用产生影响。不完备的星上定标系统、场地定标的高成本和多限制等缺陷使得交叉辐射定标技术成为提高传感器定标频次的重要技术。卫星传感器的在轨交叉辐射定标，能够多频次地获取卫星运行期间的定标数据，及时监测到传感器的性能变化。卫星设计人员可以根据监测到的传感器性能变化结果进行辐射纠正，这有助于提高卫星的定量化水平，也为后续传感器的设计和性能提高提供了依据。

7.2 可见光近红外传感器定标

7.2.1 可见近红外传感器定标研究现状

对地观测传感器的定标精度和随时间的一致性是其关键性能参数，直接影响其在轨观测数据产品的质量。而遥感数据获取过程中，由于传感器自身衰退或是外界环境(如大气、地形)等因素的影响，遥感器获取的测量值与实际目标物的光谱反射率或辐亮度等物理量之间会产生一定的偏差。因此，需要对遥感数据进行辐射定标。对于可见光近红外波段，辐射定标是指将接收到的影像像元亮度值(digital number，DN)转换成表观辐亮度或表观反射率的过程，影像获得具有实际物理意义的值，可表征大气层顶传感器接收到的地表和大气的总辐射能量。按照时间顺序，可见近红外传感器的定标可分为发射前定标、在轨星上定标以及在轨替代定标。

1. 发射前定标和在轨星上定标

发射前定标主要分为实验室定标和外场定标。实验室定标是指利用实验室内的人造光源对传感器进行参数测量和辐射定标，是整个辐射定标的基础，也是今后传感器是否发生衰减的依据。发射前外场定标是对实验室定标的补充和完善，能够进一步提高发射前定标的精度。外场定标的主要方法有：基于 Langley 法的外场定标、基于辐亮度法的外场定标和基于标准探测器的反射比外场定标。

传感器在轨长期运行期间，光学器件的老化会造成传感器的响应度下降，对传感器的辐射特性造成影响，使用发射前的定标系数会对数据产生误差，因此在卫星运行期间，需要进行重新定标。在轨定标是定标的最后阶段，它的目标是通过量化校准不确定性，并在必要时更新校准系数，以满足测量要求，从而在整个传感器的使用寿命内保持校准。充分完整的地面校准将尽量减少卫星在轨校准所需的操作时间。

在轨星上定标是指在卫星传感器上搭载一定的星上定标设备，在卫星传感器发射成功后的在轨正常运行时期，通过星上定标设备实现传感器的辐射定标。在轨星上定标对实时监测到卫星传感器在整个生命的运行状态，及时发现传感器性能的衰减情况具有重要作用。

可见近红外波段的在轨星上定标根据光源的不同，可分为内置灯定标和自然光源定标。内置灯在早期的星上定标中应用较多，主要以卤素灯作为定标光源。陆地卫星(Landsat-5)的专题制图仪(thematic mapper，TM)传感器等采用的是“灯＋漫反射板”的星上定标。我国发射的资源一号和资源二号卫星采用的是“灯+积分球”的星上定标。然而内置灯定标具有一定局限性，标准灯只能对部分光路进行定标，不能实现全光路定标，定标结果可靠性降低；随着时间的推移，内置灯在卫星长期运行期间会发生衰减，极大增加了定标结果的不确定性，由此逐渐发展出了以自然光源为参考源的星上定标技术，自然光源包括太阳、月亮等。

太阳是稳定度较高的光源，地球能量辐射收支测量卫星实测资料表明，1984～1999 年，太阳辐射的总变化不大于 0.2%。太阳光谱与地球表面目标的光谱分布基本相同，将太阳作为星上定标的参考光谱十分合理。以太阳光作为星上定标参考源的定标技术中主要采用漫反射板、漫透射板衰减太阳光，定标时入射光通量与对地观测光通量在一个量级。表 7-1 列举了典型卫星传感器的太阳定标特性。

表 7-1 典型卫星传感器的太阳定标特性

传感器	发射时间	灰度值	定标特性
多光谱扫描仪(MSS)	1972 年/1984 年	6bit	无辐射衰减装置
专题制图仪(TM)	1982 年/1984 年	8bit	配备了扩散和融合硅衰减器
红外多光谱扫描仪(infrared multispectral scanner，IRMSS)	1999 年 10 月	8bit	利用积分球作为吸收光的器件
增强型专题制图仪(ETM+)	1999 年 4 月	9bit	有两种太阳能校准器：全孔径太阳定标器(full aperture solar calibrator，FASC)和部分孔径太阳定标器(partial aperture solar calibrator，PASC)
高分辨率可见光红外遥感器(high resolution visible infrared，HRVIR)/宽视域植被探测仪(vegetation，VGT)	1998 年/2002 年	8bit/10bit	均配有光纤装置;任何时候都能接收到太阳辐射
中分辨率成像光谱仪(MODIS)	1999 年/2002 年	12bit	材料有较好的朗伯性
OLI/热红外传感器(thermal infrared sensor，TIRS)	2013 年	12bit	全光圈和全视野;更高的灰度值量化

月球是除太阳外对地张角最大的地外目标物，因其具有稳定的反射率特性，适合作为太阳反射通道的参考辐射基准源[2]。同时，遥感仪器对月观测数据具有不受地球大气影响、月亮光谱能够覆盖可见近红外全部谱段等优点，因此，基于对月观测数据的研究越来越受到关注。对月观测已成为星载遥感仪器辐射定标和验证的一种新方法，并被用来监测太阳反射波段(reflective solar bands，RSB)在轨校准的稳定性。自发射以来，已成

功安排和实施了 30 多项月球校准活动。MODIS 利用相同月相角下的观测数据，实现了基于对月观测的辐射响应稳定性跟踪[3]。S-NPP 卫星搭载的可见光红外成像辐射仪(visible infrared imaging radiometer，VIIRS)采用了与 Terra 和 Aqua 卫星上的 MODIS 相同的月球校准策略[4]。图 7-1 是 S-NPP 卫星的 VIIRS 传感器在 0.65μm 波段收集到的 2014 年的月球观测事件的影像示例。此外还有 SeaWiFS[5,6]、Hyperion[7]等实施的对月观测，它们将观测月球表面反射的太阳辐射亮度数据与通过漫反射板获取的太阳辐亮度数据进行对比，确定太阳漫反射板的在轨性能。国内风云三号卫星中分辨率光谱成像仪(medium resolution spectral imager，MERSI)增加了对月观测功能，开展了可见光近红外波段的辐射定标工作，实现了 MERSI 太阳反射通道的辐射定标系数动态跟踪和评估[8]。有研究利用两个独立的月球辐照度模型，对 VIIRS 时间序列的机载太阳扩散器 *F* 因子与月球 *F* 因子进行了比较，发现二者具有较高的一致性[9]。

图 7-1 2014 年预定的月球校准活动的 S-NPP VIIRS (I1 波段)的月球图像[4]

月球的光谱特性除了与其自身的吸收和反射特性有关外，还与太阳光谱有关。基于月球的绝对辐射定标需要掌握精准的月球辐射量。目前，国际上多采用美国的 ROLO 模型作为月球反射波段的标准模型，其绝对辐射精度约为 5%～10%。国家卫星气象中心等国内单位开展了地基月球观测试验和月亮模型改进工作，为建立高精度的月球模型奠定了基础。

天体中除了太阳、月亮，恒星也可作为目标校准一些传感器，如地球静止环境业务卫星(geostationary operational environmental satellite，GOES)I-M 系列和 N-P 系列上的成像仪定期观测一组选定的恒星，用于图像导航和配准[10,11]。声波探测仪也能观测恒星，但所用的探测仪与它观测地球时不同。

2. 在轨替代定标

在轨替代定标是指在卫星传感器在轨运行期间，以地表某一特定地区作为替代目标，通过观测替代目标实现传感器的辐射定标，该定标方法不依赖星上定标设备，根据替代目标的类型可划分为场地定标、场景定标和交叉定标三类。

1)场地定标

场地定标的首要任务是选取稳定、均一的辐射定标场，当遥感卫星传感器经过该定标场并获取卫星影像数据时，在相同的光照及观测方向下，研究人员在地面或飞机上对定标场的光谱辐亮度和大气参数进行准同步测量。定标场的选择基于诸多因素，例如位置、表面空间均匀性和时间稳定性、大气条件，还有地面校准数据的可用性、质量和参考可追溯性。当卫星搭载遥感器飞过定标场地上空时，在定标场地上选择若干个像元区，测量遥感器对应的地物各波段光谱反射率和大气光谱等参量，并利用大气辐射传输模型(如 6S、LOWTRAN、MODTRAN 等)计算出遥感器入瞳处各光谱带的辐射亮度，最后确定它与遥感器对应输出的数字量化值的数量关系，求解定标系数，并估算定标不确定性。其中 6S 大气辐射传输模型一般应用于可见光～近红外波段的辐射定标，而热红外波段的辐射定标则常利用的是 MODTRAN 大气辐射传输模型。场地定标方法主要有反射率基法、辐亮度法、辐照度法。反射率基法是在卫星过顶时，同步测量地面目标反射率因子和大气光学参量(如大气光学厚度、大气柱水汽含量等)，随后利用大气辐射传输模型计算出遥感器入瞳处辐射亮度值。辐亮度法是采用将经过严格光谱与辐射标定的辐射计搭载在飞机平台上，与卫星遥感器观测条件一致，同步测量目标物的辐射度，根据辐射计和遥感器间的大气影响，对测得的辐射亮度进行定标。辐照度法又称改进的反射率法，所用的输入量除反射率法所需的输入量外，还需要测量向下到达地面的漫射辐射与总辐射的比值，确定卫星遥感器所处高度的表观反射率，进而确定出遥感器入瞳处辐射亮度。

2)场景定标

稳定场景法是利用均匀稳定的目标来校准卫星仪器。可使用这些稳定目标对传感器进行长时间监测，并将其与发射初期定标结果对比，来反映仪器的衰减情况。如目标已被辐射传输模型(radiative transfer model，RTM)、实地测量、基准辐射计或它们的某些组合充分表征，则可实现绝对校准和相互校准。稳定场景定标法长期以来一直被用于校准传感器的可见近红外波段。稳定场景类型有沙漠、海洋、极地冰雪、云场景等。沙漠场景定标法通过对特性稳定的沙漠场景成像实现传感器的辐射定标，常应用于一些低分辨率卫星，如气象卫星等。沙漠场景定标法可实现多时相、多波段、多角度传感器间的相对辐射定标。但是最近的研究表明，在非洲北部长期稳定的沙漠标定场景，有限的数据采集(每 16 天一次)由于云层和其他大气影响，导致可用场景的进一步减少，影响了这些站点对飞行卫星传感器特征的识别能力，因此需要研究轨道上响应与扫描角(response versus scan-angle，RVS)表征的替代方法，在沙漠地区出现时间变化(短期和/或长期)情况时做好准备[12]。因此，除了沙漠场景外，还有学者研究其他稳定场景定标方法。极地场景法是利用极地的大面积冰盖地表图像进行辐射定标的方法，常选择南极大陆或格陵兰地区。极地场景定标法可获取到丰富的影像，是时间序列定标最理想的方法之一，但容易受云、臭氧含量、极昼极夜现象、太阳天顶角的影响。除了陆地目标，云场景也是稳定地球目标的一个选择，与沙漠等伪不变场景不同的是，云场景并非永久固定在空间中，但与陆地稳定点一样，它们的反射率被假定为伪不变的状态。深对流云(deep convective clouds，DCC)是云场景的一种。沙漠、海洋等目标的反射率相对较低，依赖于对辐射传输模型(如大气剖面、气溶胶和表面双向反射分布函数)的精确输入参数，而与这些低反射率的地面目标相比，显示强反射的深对流云往往发展到对流层顶，这为定标提供了一个潜在的有用的替代选择。由于其高度较高，上述大气剖面参数对模拟影响不大[13]。深对流云几乎是完美的太阳能扩散器[14]，无论几何条件如何都可以实现精确的波段间校准以及非常精确的轨道稳定监测[15,16]。为了独立评价白天-夜间波段数据(day-night band，DNB)高增益(high gain stage，HGS)的辐射定标，有研究提出了基于月球光照下的深对流云的S-NPP/VIIRS DNB 替代定标方法[17]。

3)交叉定标

交叉定标可保证两个不同传感器的时间序列的一致性。建立长期的时间序列观测，这对于全球分析和气候变化监测是必不可少的。另外，将来自不同传感器的测量数据结合起来，可以提高空间覆盖率，或派生出更多的地球物理产品。因此，交叉定标是分析不同传感器测量所得产品之间差异的关键因素。

交叉定标是利用标定好的传感器作为参考传感器同时观测同一目标，将标定不好(或未标定)的待定标传感器的观测计数值转化为地表真实辐射值，从而实现辐射定标的过程。交叉定标过程以待定标传感器与参考传感器的光谱匹配与几何光照条件匹配为主。交叉定标广泛用于传感器定标，MODIS 传感器具有完备的定标系统，定标不确定性在 2%以下，具有较好的稳定性，常作为参考传感器。Uspensky 利用改进的交叉校准算法来评估两个传感器之间的辐射一致性，以降低光谱和空间效应，并推导出基于交叉校准的辐射定标系数，从而提高高级星载热发射和反射辐射仪(advanced spaceborne thermal emission reflection radiometer，ASTER)校准精度[18]。Zhong 等利用 MODIS 时间序列影像模拟沙漠研究区的双向反射分布函数(bidirectional reflectance distribution function，BRDF)和气溶胶光学厚度(aerial optical depth，AOD)，定标了风云三号卫星和搭载了先进超高分辨率辐射计(advanced very high resolution radiometer，AVHRR)的 NOAA 16、17、18 系列卫星，该方法的定标误差在 5%以内[19]。此外，Li 等利用 SeaWiFs 对 AVHRR 交叉定标，监测 SeaWiFs 卫星大气顶部的 6 个伪不变定标点的辐射稳定性，通过 Ross-Li 模型模拟了天顶反射率双向反射分布函数，获取 AVHRR 长时间序列定标结果[20]。

近同时星下点观测(simultaneously nadir observation，SNO)方法属于交叉定标方法的一种，在涉及卫星观测地球目标的各种方法中，近同时星下点观测已证明在广泛的光谱范围内非常有效。在近同时星下点观测方法中，给定一对仪器的频谱匹配通道的校准差异是由它们在几乎同一时间对同一地球视图目标的观测结果确定的。近同时星下点观测的互校需要在不同的时间、不同的照明/观测几何条件以及不同的参考目标上进行多次观测。因此，不确定性即使没有完全消除，也会显著减小。开普勒第三定律表明，卫星的高度越高，其轨道周期就越长。不同高度的卫星角速度不同，因此轨道周期也不同。由此可见，随着时间的推移，低空卫星最终会在轨道交叉点赶上高空卫星，从而产生近同时星下点观测。针对卫星间辐射定标问题，有研究提出了一种不同太阳同步极轨气象卫星近同时星下点观测的精确预测方法，通过简化常规摄动模型(simplified general perturbations No. 4，SGP4)预测了 NOAA-16、NOAA-17、Terra 和 Aqua 之间的近同时星下点观测，使用这种方法进行卫星间校准，可实现长期气候研究所需的校准一致性和可追溯性[21]。近同时星下点观测方法被许多研究人员用于 AVHRR/MODIS 和 AVHRR/AVHRR 传感器间的校准，并且为 AVHRR 双增益反射率通道的校准提供了可能[21-24]。有研究基于近同时星下点观测提出了一种新的可见光波段以 MODIS 为参考，标定 AVHRR，不局限于沙漠、冰盖等稳定地表，在均匀的、不同的亮度土地表面，可提高校准结果[25]。n-SNO 也应用在产品的一致性分析，揭示了在近乎理想的大气/水环境下的产品一致性，从而能够严格评估遥感产品中仪器校准差异的表现，实现环境的一致性监测[26]。图 7-2 所示的是 NOAA-16 和 Terra 之间发生的一次近同时星下点观测[21]。

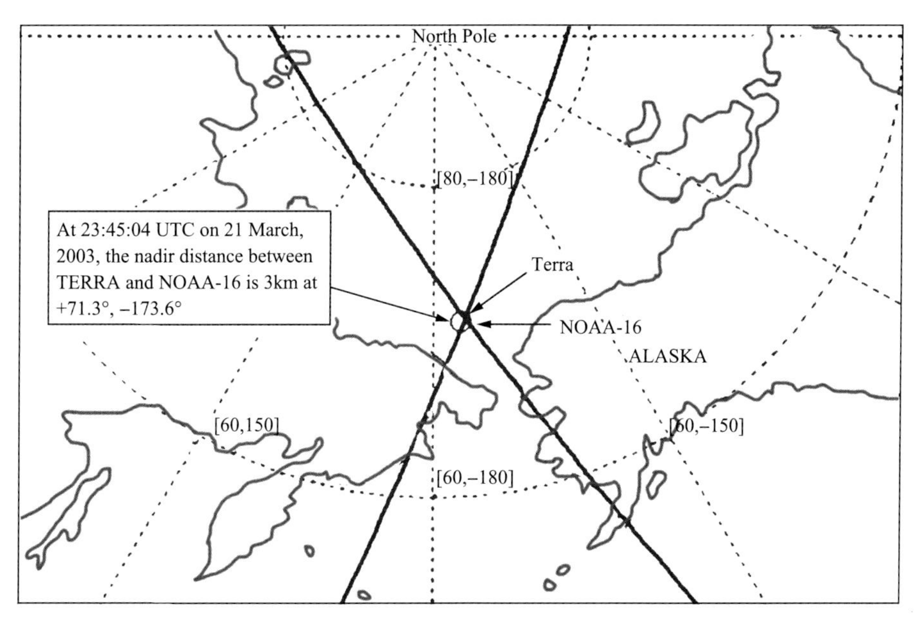

图 7-2　NOAA-16 和 Terra 的一次近同时星下点观测[21]

7.2.2　历史数据再定标

1. AVHRR 历史数据再定标

历史数据再定标问题一直以来受到研究学者的关注。以 AVHRR 为例，AVHRR 是目前唯一能够提供 30 年以上全球覆盖且时间连续的中低分辨率数据的传感器，可被应用于定量反演许多关键地球物理因子，如海表温度、植被、云、气溶胶等。AVHRR 数据存在严重的轨道漂移现象，同时期没有进行在轨定标，因此 AVHRR 历史数据的定标存在一定的问题，诸多学者对此展开了研究，不同的学者和组织机构也生产了多版本的 AVHRR 定标产品[27]。然而这些产品间存在一定差异，利用交叉定标和 SNO 方法，以 MODIS 数据为参考数据的定标产品具有较高的一致性，不一致性主要存在于 2000 年之前的 AVHRR 数据，轨道漂移问题带来的不确定性也没有充分解决[27,28]。

2. Landsat 系列卫星历史数据再定标

Landsat 系列卫星同样具有较长的时间序列，且具有更高的空间分辨率。最近，随着研究的热点转向监测长时间序列的地表参数动态变化，对传感器定标的一致性提出较高要求，Landsat 系列卫星的历史定标问题受到广泛关注。对于 Landsat 系列卫星，这项工作从较新的传感器开始，然后在时间上向历史序列扩展。Landsat-7 ETM+是该系列发射前和在轨时性能最好的传感器，也是迄今为止最稳定的系统，可作为参考。Landsat-7 项目是第一个在地面系统中建立一个图像评估系统的系列项目，允许系统地描述其传感器和数据。其次，Landsat-5 TM 传感器（在 Landsat-7 发射时仍在运行）历史定标基于其内部校准器、替代校准、伪不变站点以及 Landsat-7 投入使用时与 Landsat-7 ETM+构建的关系。Landsat-5 和 Landsat-4 卫星影像依次添加到影像评估系统，难点在于 Landsat-4 的有限存档数据不利于分析。从 Landsat-5 分离的 8 天图像对结合伪不变位点的分析建立了这段历史。最难的难点在于使 Landsat1-5 系列卫星在时序上达到一致，MSS 数据的年限、归档中不同的格式和处理级别、有限的数据集和有限的可用文档，这方面的工作尤其复杂。最终，在北美发现了伪不变位点，并用于这项工作。值得注意的是，大多数陆地卫星 MSS 存档数据已经使用 MSS 内部校准器进行了校准，并嵌入结果中。由于在传感器的寿命内没有进行任何更新，因此已知在从一个 MSS 传感器到另一个 MSS 传感器的校准方面存在显著差异。这些传感器的交叉校准最好是通过使用已完成的伪不变定标场（pseudo-invariant calibration sites，PICS）来建立[28]。利用 Landsat-5 同时携带 MSS 和 TM 传感器，实现了 MSS 传感器的绝对校准[29]。

7.2.3 主流传感器可见近红外定标

1. 国外传感器定标

1）MODIS

MODIS 是美国宇航局地球观测系统（Earth Observation System，EOS）Terra 和 Aqua 任务的关键传感器之一。自 1999 年 12 月和 2002 年 5 月发射以来，这两项任务已经分别成功运行了 20 年和 18 年。MODIS 是国际上使用最多的传感器之一，也是当前定标精度最高的遥感器之一。MODIS 具有完备的星上定标设备，MODIS 传感器的 L1B 算法是将数字值转换为太阳反射波段的大气顶层反射率因子和太阳反射波段的光谱辐射。MODIS 有很高的定标精度，定标要求的不确定性可见近红外通道的反射率和辐亮度分别在 2%和 5%，可见近红外通道的星上定标不确定度为 2%[30]。自 MODIS 发射以来，许多学者利用漫反射板定标、光谱辐射定标组件、月球定标等多种方法对 MODIS 进行定标。近年来，MODIS-Terra/Aqua 传感器在定标方面作出了重大改进，包括在新发布的 Collection 6 级别中的改进主要减轻了 MODIS 传感器短波长波段的长期漂移[31]。也有诸多学者利用深对流云[32,33]、伪不变点[34,35]等方法监测时间序列的 MODIS 定标稳定性。有研究分析统计了 MODIS 在轨以来不同时期的定标不确定性，多年来的监测计算结果表明，MODIS-Terra/Aqua 可见光近红外通道的反射率不确定度基本满足制定的 2%要求[36]。

MODIS 反射率是入射角（angle of incidence，AOI）的函数，传感器在发射前对其进行了表征。发射前，响应与扫描角的相对变化被跟踪，并在轨道上线性缩放两个入射角的观测值。然而，由于这些任务的运行时间远远超过了它们 6 年的设计寿命，已知这两个入射角之间线性比例的假设在准确描述响应与扫描角方面是不够的，尤其是在短波长区间。因此，MODIS Collection 6 中制定了一种增强的方法，利用沙漠伪不变定标场的响应趋势来补充星上测量数据。以往的研究表明，深对流云也可以用来监测轨道与沙漠地区，相比响应与扫描角的性能，其具有更低的趋势不确定性[37]。有研究利用深对流云方法对 MODIS 进行定标，与伪不变定标场方法相比，在大多数情况下有很高的一致性，可作为未来沙漠场景的有效替代[38]。

2) Landsat

Landsat 系列卫星 1972 年发射以来，可提供四十余年的中高分辨的观测数据。Landsat 系列卫星上搭载了星上定标装置。TM 和 MSS 星上搭载有内置积分球，可实现可见光近红外通道的在轨辐射定标，Landsat 7/ETM+在此基础增加了新的定标设备，即 FASC 和 PASC。ETM+要求的绝对定标精度在 5%，实际的不确定度在 5%以下，有的可低至 3%，可作为 Landsat 时间序列一致定标的基准[39]。尽管在轨星上定标不受地表类型和大气的影响，具有较高的定标精度，但随着时间的推移和定标设备的衰减，定标器本身辐射性能也会发生变化，因此需要探寻在轨星上定标方法的有效补充和拓展方法[40]。

对于长时间序列的 Landsat 系列卫星定标稳定性的监测，替代定标在各种技术中具有最大的分散性，因此很难用来检测响应的趋势。目前，伪不变定标场似乎是检测 ETM+长期趋势的最有用的方法。这些趋势，其中一些在统计上是显著的，但总体来说很小，在可见范围内不到 1%左右可见光近红外光谱波段和短波红外光谱波段在 12 年以上的总数中约占 2%。一项采用伪不变定标场方法[35]的独立研究显示，在 Landsat-7 任务的前 10 年，ETM+响应的变化小于 2%。这些数字可为在当前任务生命周期内使用固定校准所产生的时间相关误差提供了合理的范围[41]。

2. 国内传感器定标

1) 环境卫星

中国环境一号卫星(HJ-1)上的近红外可见成像传感器像许多传感器一样，电荷耦合元件(charge-coupled device，CCD)缺乏机载校准能力，因此需要其他定标方法，如场地定标、交叉定标。目前，环境卫星上的电荷耦合元件相机主要采用敦煌场地定标的方法，有研究通过反射率基法在敦煌场在轨绝对定标，定标系数得到的电荷耦合元件表观辐亮度和标准值很接近，相互之间的误差均小于 3%[42]。有研究发现，从所有严格挑选的无云影像中，大气顶反射率趋势显示，电荷耦合元件传感器的所有波段均随时间衰减，衰减幅度在每年 1%～7%，其中近红外波段的漂移最大[43]。因此没有必要对环境卫星进行时序定标，然而由于人力、物力等因素限制，实现场地定标次数明显无法满足时序定标的需求，而交叉定标可实现环境卫星相机的时间序列定标。

有诸多学者研究了以 MODIS 为参考传感器的环境卫星可见近红外波段的交叉定标。利用湖泊、沙漠等目标，选取近同时观测的 MODIS 影像，实现环境卫星的交叉定标，定标相对精度在 8.5%以下[44]。同时，也有学者尝试用其他窄视场传感器进行环境卫星的定标，然而电荷耦合元件传感器的宽视场为窄视场传感器的交叉校准提出了挑战。有研究提出一种利用均匀地表和自然地形变化的方法，在 TM 和 ETM+影像上可以看到一个大范围的光照和视角范围，用于建立该站点的双向反射率分布函数模型，该模型覆盖了电荷耦合元件数据的大部分光照和视角范围，该方法连续多年在不同的 HJ-1 电荷耦合元件传感器上取得了很好的效果，满足了地面测量对辐射定标程序误差 5%的要求[45]。除了角度效应矫正的困难，还有光谱差异带来的不确定性。虽然 HJ-1A 电荷耦合元件-1 型传感器的每个中心波段的波长和带宽与 Landsat-7/ETM+型传感器几乎相同，但在光谱响应函数(spectral response function，SRF)上略有不同。光谱响应函数差值效应的影响对 Landsat-7/ETM+传感器用于预测 HJ-1A 电荷耦合元件-1 型传感器的反射率，会产生约 2%的不确定性，结果表明，HJ-1A 电荷耦合元件-1 传感器可以与 Landsat-7 交叉校准 ETM+传感器精度在 3.99%以内(用相对均方根误差)，除波段四外，其余波段的相对均方根误差均为 6.33%[46]。

2)风云卫星

风云三号(FY-3)是我国第二代极地轨道气象卫星。前两颗卫星 FY-3A 和 FY-3B 已于 2008 年 5 月 27 日和 2010 年 11 月 10 日发射，作为研发卫星。MERSI 是风云三号卫星上的主要仪器，它用 20 个光谱波段对地球进行成像，覆盖了从可见光到长波红外的光谱范围。其应用包括真彩图像检索，监测云、冰、雪覆盖范围，海洋颜色监控，以及洪水和野火等自然灾害的快速检测[47]。

为了监测风云卫星传感器性能的变化，MERSI 配备了机载校准设备，包括一个可见的机载校准器，空间视图和 V 型槽平板黑体。然而，可见的机载校准器的跟踪能力只能用于研究目的，因为要考虑不定期运行和无法追溯到发射前的标准[48]。为了满足 MERSI(7%)的精度要求，需要通过分析来自外部目标(如沙漠和深对流云)的测量数据，对传感器进行进一步的间接校准。有研究利用三个伪不变标定点的大气表观反射率测量值来估计传感器的退化速率，相较于现场为辐射传输模型收集同步现场测量数据更省时省力[49]。主要的技术是在敦煌进行的绝对辐射定标，采用实地测量，如表面双向反射分布函数，气溶胶光学深度，大气水蒸气[50]。在绝对定标方法中，首先通过辐射传输模型将沙漠地表反射率测量值转换为大气顶部反射率，然后将模拟的大气顶部反射率与 MERSI 传感器本身的反射率进行比较以来评估传感器的退化程度。虽然相对于 MODIS-Aqua 传感器的分辨率，可见光和近红外波段的绝对校准精度定标值在 3%以内，有限的定标频率(通常一年一次，在夏天)不足以分析传感器的持续退化。目前运行校准过程中采用的多点跟踪[51]和深对流云跟踪[15]为监测 MERSI 传感器的持续退化提供了互补手段。

3)高分系列卫星

高分一号(GF-1)是我国推出的第一颗高分辨率地球观测系统卫星，开启了高分辨率陆地观测数据应用的新纪元。此后，高分二号、高分三号和高分四号成功发射升空。现场定标方法不受传感器衰减的影响，在现场实测的基础上具有较高的精度。基于中国资源卫星应用中心发布的现场定标实验，得到高分一号传感器定标系数。高分系列卫星没有机载校准组件，因此需要在轨辐射校准[52]。高分一号定标实验仅按年进行，对传感器的辐射特性监测不足，因此需要其他在轨定标方法，实现时间序列的高分卫星定标。高分一号和高分四号也具有宽视场，这对窄视场传感器的交叉校准提出了挑战，如 Landsat 系列。有研究以 MODIS-Terra 为基准传感器，通过光谱波段调节因子校正高分一号宽幅相机(wide field of view，WFV)[53]。有研究基于 Landsat 8 的 OLI 图像验证了高分一号/宽幅相机图像的系数标定，忽略了不同观测几何形状的影响[54]。有研究提出了一种交叉校准方法，以 Landsat8 的 OLI 传感器为参考，对高分一号卫星的宽幅相机传感器进行交叉校准[55]。Yang 等对前人提出的方法[45]进行改进，利用 Landsat8 和资源三号卫星提取的 DEM 对高分一号/宽幅相机进行了交叉校准[56]，通过同步的 OLI 影像验证了该方法的有效性，结果表明，该方法与中国资源卫星应用中心给定标系数计算结果相比，精度高、误差小(几乎小于 5%)，之后将该方法用于高分四号卫星，同样取得了较高的精度。

虽然对高分一号卫星的交叉标定进行了大量的研究，但大多数研究都假设试验场地为朗伯体，忽略了观测几何的差异。然而，对于大的传感器观测角度，采用朗伯体的假设是不合理的。针对高分一号卫星，一些研究人员开发了一些新的双向反射率分布函数校正交叉定标方法。有研究根据时间序列 MODIS 影像辐射定标点的大气顶反射率和成像角度，获得双向反射率分布函数模型，从一定程度上解决了大角度传感器的交叉定标问题[57]。有研究通过波段统一和相互校准，提出了一种由对地静止卫星和低轨道卫星构成虚拟双视场传感器的方法，利用这些虚拟传感器可从两个不同的角度获得光谱统一和辐射测量一致性的观测结果[58]。有研究提出了一种新的环境一号卫星电荷耦合元件传感器交叉校准技术，Landsat/ETM+和 ASTER 全球数字高程模型(global digital elevation model，GDEM)用于构建沙漠场地的双向反射率分布函数模型[45]。有研究基于辐射传输模型，提出了一种解决大视场观测角的交叉校准方法，利用 MODIS 双向反射率分布函数产品校正角度差异[59]。

7.2.4　展望

虽然上述每一种方法都可以根据各自的具体应用有效地实现传感器校准互比较，但也并非没有限制。正如在所有情况下所讨论的那样，必须仔细考虑传感器之间的光谱差异，并适当纠正，在完美的匹配情况中不需要考虑。对于地面目标的接近，即使以非常缓慢的速度，场地表面特征和大气条件的变化也会影响相互比较的质量。在这些方法中，通常需要由频繁的卫星观测数据构建一个时间序列来确定长期趋势，并识别多个传感器之间的校准差异。这些方法不适用于研究传感器的短期校准差异，除同时进行实地测量情况，可以用来表征不同的条件。这些方法需要可靠的大气校正和近同时星下点观测以及可靠的双向反射分布因子估计。

随着越来越多的卫星观测被用于科学应用和气候研究，高质量的传感器校准相互比较将继续发挥重要作用。虽然近年来以上技术已取得很大进展，但仍需克服一些重大困难，人们致力于探寻可利用的在轨资源。集中于满足其对特定处理技术或测量需求的特定资源，以便在传感器之间牢固地建立校准可追溯性或基准比例尺，并在其整个任务期间不断地跟踪其校准稳定性。

7.3 热红外传感器定标

7.3.1 热红外传感器定标概述

热红外卫星遥感技术是获取区域和全球尺度地表温度信息的有效手段。许多具有热红外波段对地观测能力的传感器被送入轨道，获取的热红外资料被广泛应用于陆地覆盖、气候分析、能量和收支平衡等领域。热红外遥感的定量应用离不开辐射定标，精准的辐射定标是实施遥感反演方法的首要环节。随着天基对地以及临近空间目标探测的需求不断增加，红外遥感相机高性能探测及海量数据定量化需要高精度的遥感相机在轨辐射定标技术，星上红外辐射定标技术成为国内外重点发展的方向，出现了多种新型的星上辐射定标装置。在轨红外遥感探测系统的辐射定标主要包含：探测器响应的不均匀性校正(相对辐射定标)和建立遥感相机输出信号值与输入辐射量的函数关系(绝对辐射定标)，前者是辐射定标的中间环节，后者是辐射定标的最终目标。按时间顺序和参照目标的不同，热红外遥感的定标主要可以分为发射前定标、在轨星上定标、在轨替代定标和交叉定标。

7.3.2 热红外传感器定标方法

1. 发射前定标

卫星发射前，需对星载遥感器进行实验室辐射定标、模拟空间真空环境、低温中绝对辐射定标等，包括对星上定标系统的定标。热红外传感器的辐射定标是以黑体为辐射源，在实验室内的真空舱中，将黑体和待定标传感器预热到稳定状态，获取热红外传感器的像元亮度值，同时测量黑体的发射温度，利用普朗克公式，获得黑体接收的表观辐亮度，计算得到热红外通道的定标系数。

2. 在轨星上定标

在轨星上定标能实时监测传感器性能变化，不受时间和环境的限制，利用星上设备对仪器的辐射特性进行标定，以达到校准目的。热红外通道的星上定标主要以黑体和冷空间为参考基准，再获得高温和低温两个参考基准。以 MODIS 热红外通道的星上定标进行介绍，图 7-3 为 MODIS 的星上校准装置和光学元件，其中星上校准装置包括太阳能扩散器(solar diffuser)、太阳光扩散器稳定监控器(solar diffuser stability monitor，SDSM)、光谱辐射校准组件(spectroradiometric calibration assembly，SRCA)和黑体(blackbody，BB)[36]。MODIS 热红外通道主要通过黑体进行在轨星上定标，定标过程是通过已知辐射和温度的黑体，系统采用太阳光扩散器和太阳光扩散器稳定监控器光谱响应校准，通过测量太阳光扩散器的散射光来进行[60]。

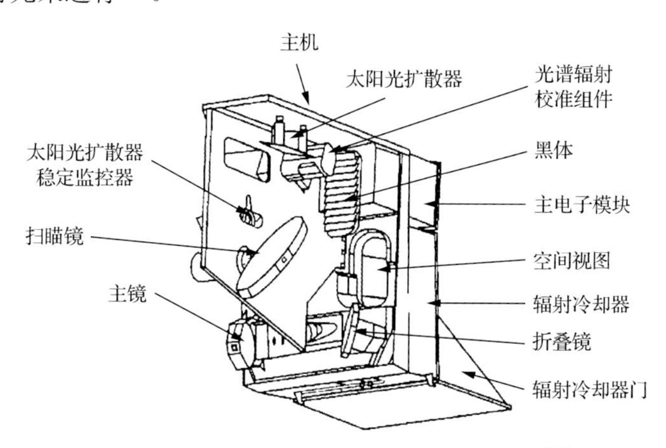

图 7-3　MODIS 的星上校准装置和光学元件[36]

新一代的热红外遥感器都附有内部温度参考源，多采用在旋转扫描镜角视场的两侧放置两个黑体辐射源的形式。这两个黑体辐射源的温度被精确控制，并设置为地面监测目标的“最冷”与“最热”。对于每一条扫描线，扫描器先记录冷参考源的辐射温度，然后扫描地面，最后再记录热参考源的辐射温度，所有的信号均记录下来，两个温度源也随图像数据记录，以便推算整幅热图像的辐射温度以及当与其他热扫描仪输出值对比时，以绝对辐射值作为参考。Li 等[61]评价了 MODIS 和 VIIRS 传感器的黑体在冷热循环对热红外通道的定标性能的影响。在算法方面，有研究对比了中分辨率光谱成像仪热红外波段机载辐射定标的线性标定和半非线性标定两种算法，发现线性定标比半非线性定标更合理，因为线性系数的变化趋势可以说明中分辨率光谱成像仪的固有系统性能较好[62]。根据标定光程范围的不同，热红外波段的黑体标定分为半光标定和全光标定两大类。两者的区别在于半光学标定只能实现相对辐射标定。要实现绝对校准，就必须建立相对校准与绝对校准的转换模型。半光学校准相对于全光学校准相对落后。风云二号探测器是半光学卫星的主要代表。

3. 在轨替代定标

在轨替代定标是对星上定标的有效补充。替代定标的主要过程包括卫星同步(准同步)水面辐亮度测量、星地光谱响应匹配、辐射传输计算、卫星观测值提取和定标系数计算等。

在基于温度的在轨替代定标方法中，利用地面温度和发射率测量的辐射传递模型，从现场发射的无线电探空仪测量的大气廓线，以及从数值预报模型等其他来源获得的大气廓线来估计传感器的辐射辐射率。

为了从地面测量中获得准确的离地表辐射，需要选择合适的测试地点，并在野外活动之前、期间和之后严格校准地面仪器。应选择泥沙淤积地和内陆湖泊等大型均匀性试验场地，因为可以测量或模拟它们的表面发射率，而且可以更准确地测量它们的现场表面温度。实地测量必须在多个位置、多个视角进行多次测量，以减少时间插值的不确定性。

基于辐射的方法不需要像基于温度的方法那样对地表温度和发射率进行现场测量。如果有机载辐射计，只需要考虑飞机和空间之间的大气影响。该方法比基于温度的方法简单，也不需要对光谱发射率进行复杂的测量，但地面站辐射计与星载传感器的光谱响应函数需要匹配。

对于水体定标场而言，热红外通道对地观测辐射计接收到的辐亮度有三个部分：一是经过大气衰减的来自水面的热辐射，主要由水面温度、水体发射率和大气透过率决定；二是大气向上的热辐射，主要与大气吸收气体含量和物理性质有关；三是水面的反射，主要是大气向下的热辐射和太阳辐射的长波部分。

为评价动态低值范围传感器热红外通道标定的不足，在许多研究中，以冷场景为定标场，如南极的 Dome Concordia（DomeC）站点，评估和校准传感器的热红外通道标定结果[63-65]。对不同传感器热红外通道在低值范围的差异进行量化，判断其一致性[65]。

4. 交叉定标

交叉定标可保证两个不同传感器的时间序列的一致性，建立长期的时间序列观测，这对于全球分析和气候变化监测是必不可少的。同时可将来自不同传感器的测量数据结合起来，以提高空间覆盖率，或派生出更多的地球物理产品。此外，交叉校准是分析不同传感器测量所得产品之间差异的关键因素[62]。

交叉定标即建立不同传感器热辐射值之间的转换关系，不须通过地面校准场，进行多时项多传感器的交叉定标。互校的目的是确定互校后的辐照度，从而得到互校系数。交叉定标方法有三种：射线匹配法、光谱匹配因子法和高光谱卷积法。

射线匹配方法简单地使用一致的、共角和共定位的测量，将校准良好的参考传感器的辐射传输到相似通道的待定标传感器的辐射。虽然这种方法很简单，但它没有考虑到待定标传感器和参考传感器之间的光谱差异。

根据光谱匹配因子法，建立参考传感器和定标传感器通道之间的表观辐亮度比值关系，表观辐亮度基于辐射传输模型利用大气轮廓线库模型或普朗克方程直接卷积相应通道响应而来。影响交叉定标的因素有多种，包括传感器之间的光谱响应差异、几何观测差异，过境时间不同引起的地表温度差异、大气温度差异和水汽含量差异，地表温度、比辐射率空间上不均匀性效应和参考传感器的精度等。

以高光谱仪器红外大气测深仪（infrared atmospheric sounding interferometer，IASI）和大气红外测深仪（atmospheric infrared sounder，AIRS）等高光谱分辨率测深仪为参考，采用高光谱卷积方法对待定标传感器进行标定[66,67]。在空间、时间、观测几何的条件一致的情况下，将高光谱分辨率传感器的辐射值与待定标传感器的光谱响应函数进行卷积。

绝大多数交叉定标研究采用光谱匹配因子法，并且对上述的部分影响因素进行了整体考虑，没有将地表热辐射从地-气系统热辐射的耦合中剥离出来，因此其匹配因子受到大气条件影响而不能准确反映地表真实情况，定标结果也很难准确评估。

交叉定标劈窗算法是根据地表热红外发射辐射在大气中传播的遥感物理理论基础，推导了星上传感器接收的表观辐亮度和大气状态之间的函数关系，最终利用两个传感器劈窗通道将大气状态的影响从地-气系统中通过差分方程消除，得到参考传感器和定标传感器表观亮温之间的物理模型关系。在已知两卫星的观测角度时，亮温可通过参考传感器的表观亮温线性组合来计算，得到亮温后通过普朗克方程求逆或者“温度-辐亮度”查找表，即可求得待定标传感器的表观辐亮度。

7.3.3　主流热红外传感器定标

1. 国外热红外传感器定标

MODIS 热红外波段主要是使用星上黑体进行在轨星上定标。热红外波段的不确定性要求在 1%，此外，要求波段 31、32(用于反演地表温度)的不确定性在 0.5%，波段 20 的不确定性在 0.75%，波段 21(可用于野火监测)的不确定性在 10%[36]。应用于 MODIS 热红外通道的方法包括利用近同时星下点观测和利用地面目标作为参考[64,68]。各种定标参考包括南极的 DomeC、湖泊、海洋和多个陆地目标，地面测量也被用作参考。近同时星下点观测方法被广泛应用于太阳反射和热辐射波段(thermal emissive band，TEB)的相互比较。其利用传感器之间的差异、独立基准的双差和长期比较趋势对性能和校准精度进行了评估。MODIS 热红外波段在轨定标通过机载黑体进行校准。校准是在扫描的基础上，通过二次算法执行进一步扫描。Toller 等[69]和 Xiong 等[60]提供了 MODIS TEB 的细节、机载校准算法、特性、性能、挑战性问题和经验教训。

2. 国内热红外传感器定标

1)环境卫星

HJ-1B 的红外多光谱相机(infrared multispectral camera，IRS)传感器在轨星上定标期间设计为通过观测外太空的冷空间，确定仪器背景辐射，从而进行辐射基准，即系统观测冷空间时的信号辐射值在理论上为零电平。但在卫星发射后，HJ-1/IRS 传感器受到太阳帆板的遮挡作用无法观测冷空间，因此，利用星上两个黑体，即基准黑体和校正黑体，来实现星上定标。其中基准黑体用来实现辐射基准，校正黑体用来实现辐射校正，系统观测基准黑体时探测器输出的信号值是相对于零辐射的一个绝对量。在轨绝对定标辐射期间，探测器先采集校正黑体在常温点(293±5)K 时的定标状态，再采集校正黑体被加热到高温点(328±5)K 时的定标状态，通过基于地面实验室建立的“温度-辐照度”转换方程，结合辐亮度与 DN 值的定标线性公式，获得在轨星上绝对辐射定标系数。然而，黑体的巨大温度无法被精确控制和测量，这导致船上校准误差至少为 0.9K[70]。因此，有必要采用以替代地面为基础的测量方法。

有研究通过对长时间序列历史数据的筛选，获取分布于低温和高温之间的 IRS 影像，通过高精度交叉定标模型获取基于不同参照温度的 IRS 表观辐射参量，进而通过对时间序列数据的回归，构建 HJ-1B/IRS 传感器在轨绝对辐射定标系数，从而补充当前 HJ-1B/IRS 数据应用中辐射定标系数存在的空白[71]。也有学者以 MODIS[72]和 AIRS[73]为参考传感器，进行环境卫星的热红外通道定标。然而这些定标方法忽略了热红外的角度效应，在未来的研究中可进行改善。

2)风云卫星

近地轨道仪器互校是一种常用的数据质量评估方法，可提供多次的评估结果。在全球空基交叉定标系统(global space-based inter-calibration system，GSICS)项目框架下[74,75]，IASI 和 AIRS 已被证明是对热红外区域星载标定评价的最佳参考[1]。IASI 和 AIRS 都具有良好的辐射和光谱校准性能。两种仪器的光谱辐射测量结果基本一致，差异小于 0.1K。有研究对不同机构运行的全球地球静止成像仪的红外定标行为进行了广泛的评价[76,77]。

7.3.4 展望

在进行在轨场地辐射定标和交叉辐射定标时，都面临着要对目标传感器和地面测量仪器的相应通道，或者目标传感器和参考传感器相应通道之间进行光谱匹配处理(通常是使用光谱匹配因子)，然而光谱匹配因子是随观测目标温度变化而变化的，研究和分析该光谱匹配因子的变化规律以及对热红外通道辐射定标的影响是发展方向之一。

现有的星上辐射定标技术较难满足定量遥感对定标高精度、高稳定度、高准确度和可重复性的要求。高准确度要求遥感相机对同一目标、不同辐射定标方法得出的结果具有一致性。这需要建立国家标准溯源链路，保证发射卫星辐射参照基准的一致性，实现空间遥感相机乃至其他观测手段获得的数据相互校验。

近年来，自适应非均匀校正和动态辐射校正技术可望弥补基于黑体定标方法的缺点。替代定标、交叉定标、伪不变定标场等新型定标技术以及光谱测量、气溶胶测量、大气传输模型等高精度的测量方法都有利于辐射定标精度的提升。机器学习等数据处理技术将进一步提高定标与目标反演效率。

新型红外遥感相机的研制也将产生新的星上辐射定标设备需求。大口径、高动态范围红外遥感相机辐射定标系统由于动态范围大、环境工作温度低，其辐射定标存在特殊性，增加了定标难度。区别于一般对地观测遥感相机的辐射定标方法，这类系统的辐射定标技术需要进一步深入研究。

参 考 文 献

[1] Chander G, Hewison T J, Fox N, et al. Overview of intercalibration of satellite instruments. IEEE Transactions on Geoscience and Remote Sensing, 2013, 51(3): 1056-1080.

[2] Stone T C, Kieffer H H. Use of the moon to support on-orbit sensor calibration for climate change measurements. Earth Observing Systems XI, 2006, 6296: 315-323.

[3] Xiong X X, Geng X, Angal A, et al. Using the moon to track MODIS reflective solar bands calibration stability. Sensors, Systems, and Next-Generation Satellites XV, 2011, 8176: 284-291.

[4] Xiong X, Fulbright J, Wang Z, et al. An overview of S-NPP VIIRS lunar calibration. 2015 IEEE International Geoscience and Remote Sensing Symposium (IGARSS), Milan, 2015.

[5] Sun J, Eplee J R E, Xiong X, et al. MODIS and SeaWiFs on-orbit lunar calibration. Earth Observing Systems XIII, 2008, 7081: 277-285.

[6] Werij H G C, Kruizinga B, Olij C, et al. Calibration aspects of remote sensing spaceborne spectrometers. Earth Observing System, 1996, 2820: 126-137.

[7] Kieffer H H, Jarecke P J, Pearlman J. Initial lunar calibration observations by the EO-1 Hyperion imaging spectrometer. Imaging Spectrometry VII, 2002, 4480: 247-258.

[8] Sun L, Hu X Q, Chen L. Long-term calibration monitoring of medium resolution spectral imager（MERSI）solar bands onboard FY-3. Earth Observing Missions and Sensors: Development, Implementation, and Characterization II, 2012, 8528: 40-48.

[9] Choi T Y, Shao X, Cao C Y. On-orbit radiometric calibration of Suomi NPP VIIRS reflective solar bands using the moon and solar diffuser. Applied Optics, 2018, 57(32): 9533-9542.

[10] Chang I L, Dean C, Li Z P, et al. Refined algorithms for star-based monitoring of GOES imager visible-channel responsivities. Earth Observing Systems XVII, 2012, 8510: 300-309.

[11] Chang I L, Dean C, Weinreb M, et al. A sampling technique in the star-based monitoring of GOES imager visible-channel responsivities. Earth Observing Systems XIV, 2009, 7452: 235-246.

[12] Helder D, Vuppula H, Ervin L, et al. Pics normalization: Improved temporal trending using pics. The Conference on Characterization and Radiometric Calibration for Remote Sensing, Calcon, 2016.

[13] Doelling D R, Morstad D, Scarino B R, et al. The characterization of deep convective clouds as an invariant calibration target and as a visible calibration technique. IEEE Transactions on Geoscience and Remote Sensing, 2013, 51(3): 1147-1159.

[14] Fougnie B, Bach R. Monitoring of radiometric sensitivity changes of space sensors using deep convective clouds: Operational application to parasol. IEEE Transactions on Geoscience and Remote Sensing, 2009, 47(3): 851-861.

[15] Chen L, Hu X Q, Xu N, et al. The application of deep convective clouds in the calibration and response monitoring of the reflective solar bands of FY-3a/MERSI（medium resolution spectral imager）. Remote Sensing, 2013, 5(12): 6958-6975.

[16] Mu Q Z, Wu A S, Xiong X X, et al. Optimization of a deep convective cloud technique in evaluating the long-term radiometric stability of MODIS reflective solar bands. Remote Sensing, 2017, 9(6): 535.

[17] Ma S, Yan W, Huang Y X, et al. Vicarious calibration of S-NPP/VIIRS day-night band using deep convective clouds. Remote Sensing of Environment, 2015, 158: 42-55.

[18] Uspensky A B, Asmus V V, Kozlov A A, et al. Absolute calibration of the MTVZA-GY microwave radiometer atmospheric sounding channels. Izvestiya Atmospheric and Oceanic Physics, 2017, 53(9): 1192-1204.

[19] Zhong B, Yang A, Wu S, et al. Cross-calibration of reflective bands of major moderate resolution remotely sensed data. Remote Sensing of Environment, 2018, 204(130): 412-423.

[20] Li C, Xue Y, Liu Q H, et al. Using SeaWiFS measurements to evaluate radiometric stability of pseudo-invariant calibration sites at top of atmosphere. IEEE Geoscience and Remote Sensing Letters, 2015, 12(1): 125-129.

[21] Cao C Y, Weinreb M, Xu H. Predicting simultaneous nadir overpasses among polar-orbiting meteorological satellites for the intersatellite calibration of radiometers. Journal of Atmospheric and Oceanic Technology, 2004, 21(4): 537-542.

[22] Bhatt R, Doelling D R, Scarino B R, et al. Toward consistent radiometric calibration of the NOAA AVHRR visible and near-infrared data record. Earth Observing Systems XX, 2015, 9607: 8-17.

[23] Cao C Y, Wu X Q, Wu A S, et al. Improving the sno calibration accuracy for the reflective solar bands of AVHRR and MODIS. Atmospheric and Environmental Remote Sensing Data Processing and Utilization III: Readiness for Geoss, 2007: 66-84.

[24] Heidinger A K, Cao C Y, Sullivan J T. Using Moderate Resolution Imaging Spectrometer (MODIS) to calibrate advanced very high resolution radiometer reflectance channels. Journal of Geophysical Research-Atmospheres, 2002, 107(D23): AAC 11-1-AAC 11-10.

[25] Fan X W, Liu Y B. Intercalibrating the MODIS and AVHRR visible bands over homogeneous land surfaces. IEEE Geoscience and Remote Sensing Letters, 2018, 15(1): 83-87.

[26] Pahlevan N, Chittimalli S K, Balasubramanian S V, et al. Sentinel-2/Landsat-8 product consistency and implications for monitoring aquatic systems. Remote Sensing of Environment, 2019, 220: 19-29.

[27] Molling C C, Heidinger A K, Straka W C, et al. Calibrations for AVHRR channels 1 and 2: Review and path towards consensus. International Journal of Remote Sensing, 2010, 31(24): 6519-6540.

[28] Key J, Wang X, Liu Y, et al. The AVHRR polar pathfinder climate data records. Remote Sensing, 2016, 8(3): 167.

[29] Helder D L, Karki S, Bhatt R, et al. Radiometric calibration of the Landsat MSS sensor series. IEEE Transactions on Geoscience and Remote Sensing, 2012, 50(6): 2380-2399.

[30] Angal A, Xiong X X, Sun J Q, et al. On-orbit noise characterization of MODIS reflective solar bands. Journal of Applied Remote Sensing, 2015, 9: 367-374.

[31] Angal A, Xiong X X, Choi T, et al. Impact of Terra MODIS collection 6 on long-term trending comparisons with Landsat 7 ETM+ reflective solar bands. Remote Sensing Letters, 2013, 4(9): 873-881.

[32] Bhatt R, Doelling D R, Wu A S, et al. Initial stability assessment of S-NPP VIIRS reflective solar band calibration using invariant desert and deep convective cloud targets. Remote Sensing, 2014, 6(4): 2809-2826.

[33] Chang T J, Xiong X X, Angal A, et al. Assessment of MODIS RSB detector uniformity using deep convective clouds. Journal of Geophysical Research-Atmospheres, 2016, 121(9): 4783-4796.

[34] Angal A, Xiong X X, Choi T Y, et al. Using the Sonoran and Libyan Desert test sites to monitor the temporal stability of reflective solar bands for Landsat 7 enhanced thematic mapper plus and terra moderate resolution imaging spectroradiometer sensors. Journal of Applied Remote Sensing, 2010, 4(1): 925-939.

[35] Chander G, Xiong X X, Choi T Y, et al. Monitoring on-orbit calibration stability of the Terra MODIS and Landsat 7 ETM+ sensors using pseudo-invariant test sites. Remote Sensing of Environment, 2010, 114(4): 925-939.

[36] Xiong X X, Angal A, Barnes W L, et al. Updates of moderate resolution imaging spectroradiometer on-orbit calibration uncertainty assessments. Journal of Applied Remote Sensing, 2018, 12(3): 1.

[37] Bhatt R, Doelling D R, Angal A, et al. Characterizing response versus scan-angle for MODIS reflective solar bands using deep convective clouds. Journal of Applied Remote Sensing, 2017, 11(1): 016014.

[38] Angal A, Xiong X X, Mu Q Z, et al. Results from the deep convective clouds-based response versus scan-angle characterization for the MODIS reflective solar bands. IEEE Transactions on Geoscience and Remote Sensing, 2018, 56(2): 1115-1128.

[39] Markham B L, Haque M O, Barsi J A, et al. Landsat-7 ETM+: 12 years on-orbit reflective-band radiometric performance. IEEE Transactions on Geoscience and Remote Sensing, 2012, 50(5): 2056-2062.

[40] Chander G, Markham B L, Barsi J A. Revised Landsat-5 thematic mapper radiometric calibration. IEEE Geoscience and Remote Sensing Letters, 2007, 4(3): 490-494.

[41] Markham B L, Helder D L. Forty-year calibrated record of earth-reflected radiance from Landsat: A review. Remote Sensing of Environment, 2012, 122: 30-40.

[42] 巩慧, 田国良, 余涛, 等. HJ-1 星 CCD 相机场地辐射定标与真实性检验研究. 遥感技术与应用, 2011, 26(5): 682-688.

[43] Li J, Chen X L, Tian L Q, et al. An evaluation of the temporal stability of HJ-1 CCD data using a desert calibration site and Landsat 7 ETM+. International Journal of Remote Sensing, 2015, 36(14): 3733-3750.

[44] Quan W T. A multiplatform approach using MODIS sensors to cross-calibrate the HJ-1A/CCD1 sensors over aquatic environments. Journal of the Indian Society of Remote Sensing, 2015, 43(4): 687-695.

[45] Zhong B, Zhang Y H, Du T T, et al. Cross-calibration of HJ-1/CCD over a desert site using Landsat ETM plus imagery and ASTER GDEM product. IEEE Transactions on Geoscience and Remote Sensing, 2014, 52(11): 7247-7263.

[46] Quan W T. Vicarious cross-calibration of the china environment satellite using nearly simultaneously observations of Landsat-7 ETM+ sensor. Journal of the Indian Society of Remote Sensing, 2014, 42(3): 539-548.

[47] Yang Z D, Lu N M, Shi J M, et al. Overview of FY-3 payload and ground application system. IEEE Transactions on Geoscience and Remote Sensing, 2012, 50(12): 4846-4853.

[48] Hu X Q, Sun L, Liu J J, et al. Calibration for the solar reflective bands of medium resolution spectral imager onboard FY-3a. IEEE Transactions on Geoscience and Remote Sensing, 2012, 50(12): 4915-4928.

[49] Kim W, Cao C Y, Liang S L. Assessment of radiometric degradation of FY-3a MERSI reflective solar bands using TOA reflectance of pseudoinvariant calibration sites. IEEE Geoscience and Remote Sensing Letters, 2014, 11(4): 793-797.

[50] Hu X Q, Liu J J, Sun L, et al. Characterization of CRCS Dunhuang test site and vicarious calibration utilization for Fengyun(FY) series sensors. Canadian Journal of Remote Sensing, 2010, 36(5): 566-582.

[51] Sun L, Hu X Q, Guo M H, et al. Multisite calibration tracking for FY-3a MERSI solar bands. IEEE Transactions on Geoscience and Remote Sensing, 2012, 50(12): 4929-4942.

[52] 韩启金, 刘李, 傅俏燕, 等. 基于稳定场地再分析资料的多源遥感器替代定标. 光学学报, 2014, 34(11): 323-329.

[53] Liu L, Shi T T, Fu Q Y, et al. Spectral band adjustment factors for cross calibration of GF-1 WFV and Terra MODIS. 2015 IEEE International Geoscience and Remote Sensing Symposium (IGARSS), Milan, 2015.

[54] Gao H L, Gu X F, Yu T, et al. Cross-calibration of GF-1 PMS sensor with Landsat 8 OLI and Terra MODIS. IEEE Transactions on Geoscience and Remote Sensing, 2016, 54(8): 4847-4854.

[55] Li J, Feng L, Pang X P, et al. Radiometric cross calibration of Gaofen-1 WFV cameras using Landsat-8 OLI images: A simple image-based method. Remote Sensing, 2016, 8(5): 56-58.

[56] Yang A X, Zhong B, Lv W B, et al. Cross-calibration of GF-1/WFV over a desert site using Landsat-8/OLI imagery and ZY-3/TLC data. Remote Sensing, 2015, 7(8): 10763-10787.

[57] Liu Q Y, Yu T, Gao H L. Radiometric cross-calibration of GF-1 PMS sensor with a new BRDF model. Remote Sensing, 2019, 11(6): 707.

[58] Qin Y, McVicar T R. Spectral band unification and inter-calibration of Himawari ahi with MODIS and VIIRS: Constructing virtual dual-view remote sensors from geostationary and low-earth-orbiting sensors. Remote Sensing of Environment, 2018, 209: 540-550.

[59] Feng L, Li J, Gong W S, et al. Radiometric cross-calibration of Gaofen-1 WFV cameras using Landsat-8 OLI images: A solution for large view angle associated problems. Remote Sensing of Environment, 2016, 174: 56-68.

[60] Xiong X, Wu A, Wenny B N, et al. Terra and Aqua MODIS thermal emissive bands on-orbit calibration and performance. IEEE Transactions on Geoscience and Remote Sensing, 2015, 53(10): 5709-5721.

[61] Li Y H, Xiong X X, McIntire J, et al. Impact of blackbody warm-up cool-down cycle on the calibration of Aqua MODIS and S-NPP VIIRS thermal emissive bands. IEEE Transactions on Geoscience and Remote Sensing, 2018, 56(4): 2377-2386.

[62] Lacherade S, Fougnie B, Henry P, et al. Cross calibration over desert sites: Description, methodology, and operational implementation. IEEE Transactions on Geoscience and Remote Sensing, 2013, 51(3): 1098-1113.

[63] Chang T J, Xiong X X, Shrestha A, et al. Assessment of Terra MODIS thermal emissive band calibration using cold targets and measurements in lunar roll events. Sensors, Systems, and Next-Generation Satellites XXII, 2018, 10785: 283-298.

[64] Madhavan S, Wu A S, Brinkmann J, et al. Evaluation of VIIRS and MODIS thermal emissive band calibration consistency using dome c. Sensors, Systems, and Next-Generation Satellites XIX, 2015, 9639: 303-311.

[65] Shrestha A, Angal A, Xiong X X. Evaluation of MODIS and Sentinel-3 SLSTR thermal emissive bands calibration consistency using dome c. Algorithms and Technologies for Multispectral, Hyperspectral, and Ultraspectral Imagery XXIV, 2018, 10644: 528-535.

[66] Shukla M V, Thapliyal P K, Bisht J H, et al. Intersatellite calibration of Kalpana thermal infrared channel using airs hyperspectral observations. IEEE Geoscience and Remote Sensing Letters, 2012, 9(4): 687-689.

[67] Zhang Y, Gunshor M M. Intercalibration of FY-2C/D/E infrared channels using AIRS. IEEE Transactions on Geoscience and Remote Sensing, 2013, 51(3): 1231-1244.

[68] Xiong X, Wu A, Cao C. On-orbit calibration and inter-comparison of Terra and Aqua MODIS surface temperature spectral bands. International Journal of Remote Sensing, 2008, 29(17-18): 5347-5359.

[69] Toller G, Xiong X X, Sun J Q, et al. Terra and Aqua moderate-resolution imaging spectroradiometer collection 6 level 1B algorithm. Journal of Applied Remote Sensing, 2013, 7(1): 3557.

[70] 李家国, 顾行发, 余涛, 等. HJ-1B B08 在轨星上定标有效波段宽度计算的查找表法. 遥感学报, 2011, 15(1): 60-72.

[71] 杨红艳, 李家国, 朱利, 等. 基于历史数据的 HJ-1B/IRS 热红外通道定标与分析. 红外与激光工程, 2016, 45(3): 55-59.

[72] 刘李, 傅俏燕, 史婷婷, 等. MODIS 的 HJ-1B 红外通道星上定标系数交叉验证. 红外与激光工程, 2014, 43(11): 3638-3645.

[73] 刘李, 傅俏燕, 史婷婷, 等. 利用 AIRS 高光谱数据开展 HJ-1B 热红外通道的多点交叉定标及验证. 中国科学:技术科学, 2015, 45(1): 103-110.

[74] Hewison T J. An evaluation of the uncertainty of the GSICS SEVIRI-IASI intercalibration products. IEEE Transactions on Geoscience and Remote Sensing, 2013, 51(3): 1171-1181.

[75] Wu X Q, Yu F F. Correction for GOES imager spectral response function using GSICS. Part I: Theory. IEEE Transactions on Geoscience and Remote Sensing, 2013, 51(3): 1215-1223.

[76] Hu X Q, Xu N, Weng F Z, et al. Long-term monitoring and correction of FY-2 infrared channel calibration using AIRS and IASI. IEEE Transactions on Geoscience and Remote Sensing, 2013, 51(10): 5008-5018.

[77] 徐娜, 胡秀清, 陈林, 等. FY-2 静止卫星红外通道的高光谱交叉定标. 遥感学报, 2012, 16(5): 939-952.

第 8 章 高分辨率遥感信息处理及应用

高分辨率遥感卫星数据由于具有大面积同步观测、数据获取及时、数据获取方便等特点，被广泛应用于资源、环境、海洋、地质、农业、林业等各个领域，成为研究和观测地球环境的重要数据源之一。如何有效地处理高分辨率遥感影像并从中提取有用的信息是遥感应用以及研究城市环境的热点问题。

8.1 高分辨率遥感影像概况

8.1.1 高分辨率遥感卫星的发展与现状

近年来，空间技术的发展使遥感卫星数据的空间分辨率、时间分辨率和观测模式等方面得到全面提高。自 1999 年首颗商业高分辨率遥感卫星 IKONOS 由美国成功发射之后，各个国家也陆续发射了一系列民用高空间分辨率遥感卫星，基于高分辨率遥感影像的应用进入了快速发展的时期。高分辨率遥感卫星一般至少有四个多光谱波段，即红、绿、蓝三个可见光波段和一个近红外波段。目前，为数众多的在轨民用高空间分辨率遥感卫星已基本实现了全面的对地观测，并且空间、时间分辨率等指标随着技术进步还将逐渐提高，卫星遥感已成为获取高分辨率遥感影像的最主要来源。

遥感卫星最常见的技术指标包括空间分辨率、时间分辨率和光谱分辨率。空间分辨率指的是影像中一个像素所覆盖的地面大小，时间分辨率指的是遥感卫星对同一地点的重访周期，而光谱分辨率一般指的是传感器所获取的不同光谱波段的个数。由于三种分辨率互相制约，一颗遥感卫星很难在具有高空间分辨率的同时具有高时间或光谱分辨率。表 8-1 列出了近年常见的高分辨率遥感卫星及其技术指标。

表 8-1 常见高分辨率遥感卫星参数

卫星名称	发射时间	空间分辨率/m	重访周期/d	光谱波段
IKONOS	1999 年	0.82	3	4
QuickBird	2001 年	0.61	1～3.5	4
WorldView-2	2009 年	0.46	1.1	8
Pleiades	2011 年，2012 年	0.5	1	4
资源三号	2012 年，2016 年	2.1	5	4
高分一号	2013 年	2	4	8
高分二号	2014 年	0.8	5	4
高分六号	2018 年	＜2	4	4
WorldView-3	2014 年	0.31	＜1	8

续表

卫星名称	发射时间	空间分辨率/m	重访周期/d	光谱波段
WorldView-4	2016 年	0.31	＜1	4
RapidEye	2008 年	5		5
SkySat-1、2	2013 年，2014 年	0.9		4
Planet Labs	2014 年	3～5		4
北京二号	2015 年	1		4
吉林一号	2015 年	0.72		4
高景一号	2016 年	0.5		4
Blacksky Pathfinder	2016 年	1		4

由于传感器技术的发展，以及美国政府进一步放宽了民用数据的分辨率限制，与 2000 年左右的卫星相比，现在商业遥感卫星的空间分辨率已经达到了 0.3m 左右，同时还可以拥有更丰富的光谱信息，例如 WorldView-3。中国于 2014 年发射的高分二号(GF-2)卫星是我国自主研制的首颗空间分辨率优于 1m 的民用光学遥感卫星，具有亚米级空间分辨率、高定位精度和快速姿态机动能力等特点，有效提升了卫星综合观测效能，达到了国际先进水平。

另外，商用高分辨率小卫星的发展可以提高对地观测的连续性和实时性。尽管小卫星暂时还不能达到和 WorldView-3 等遥感卫星相比的空间分辨率，但小卫星的成本较低，这有利于发射多颗卫星进行组网，从而实现对感兴趣区域的近实时高分辨率遥感监测。SkySat 系列预计由 24 颗小卫星组成，目前已经发射了 SkySat-1 和 SkySat-2 两颗。Planet Labs 公司的 Dove 系列是目前计划中的最大的小卫星星座，截至目前已有近百颗在轨小卫星。2016 年底发射的高景一号 01 组两颗小卫星具有 0.5m 全色分辨率，是目前我国分辨率最高的商业遥感卫星，具有高精度姿态控制与测量、快速机动的卫星采集能力等设计特性，可在 2 天内完成对全球任意一点的重复观测。卫星组网运行和传感器姿态机动能力可以大大缩短卫星重访周期，兼顾数据的空间和时间分辨率。

8.1.2　高分辨率遥感影像数据特点与解译挑战

遥感影像能够在广阔的覆盖范围内，以快速的重访和便捷的获取方式真实可靠地记录地面环境和景观特征。相对于传统的中、低分辨率影像而言，高分辨率遥感数据有如下特点。

(1) 影像中地物形状、尺寸信息显著。高分辨率遥感影像可以呈现丰富的地面细节特征，甚至可以描述单一目标结构及其形状轮廓(如单一的建筑物、树木等)。其中，地理目标要素在遥感影像中呈现出多尺度的特性，既有尺度相对较大的同质性地物，也有尺度相对较小的目标，而地物的这种多尺度特征在高分辨率遥感数据中表现更为显著。图 8-1 显示了高分辨率影像中不同尺度的建筑物。

(2) 遥感场景中地物目标之间空间关系清晰。在高分辨率遥感影像场景中，各类地物及其空间分布模式高度细节化，提供了场景语义识别的可能性。

(3) 光谱分辨率较低。受传感器成像技术的限制，影像空间分辨率的提高限制了高分遥感数据的光谱分辨率，即光谱和空间分辨率不可兼得。

(4) 数据量显著增加[1]。由于较高的空间分辨率，在相同面积的覆盖区域内，相较于中低分影像数据，高分辨率遥感影像对应的尺寸更大，需要更多的像元个数以及更大的存储空间。

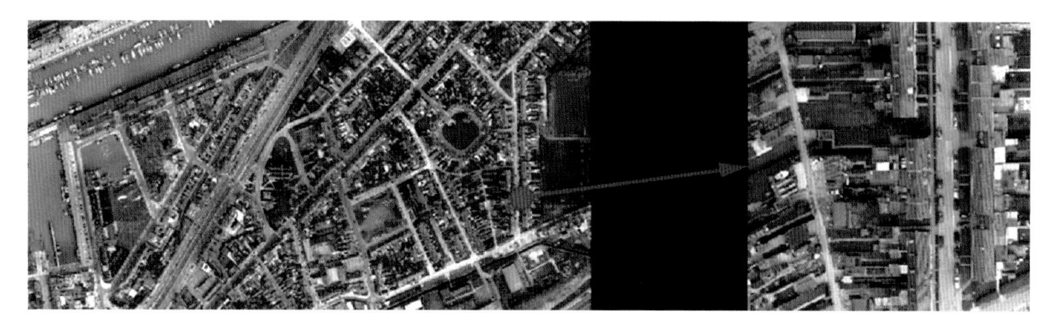

图 8-1 高分辨率遥感影像

然而，由于高分辨率遥感影像的这些特点，利用它进行信息提取和应用时面临如下挑战。

(1) 随着空间分辨率的提高，同种地物内部的光谱异质性不断增加，而不同地物之间光谱差异性逐渐减小，因此，地物在光谱域的模式可分性也不断降低，即产生了所谓的“同物异谱”和“异物同谱”现象。

(2) 高分辨率影像中地物形状、分布高度细节化，即使属于同类地物的同质性区域光谱也存在着明显的差异。如何在增强不同地物模式可分性的同时保护边缘和细节是高分影像分类面临的难题之一。

(3) 地理目标要素的多尺度形态特征在高分辨率影像中表现更为明显。如何进行高分遥感影像多尺度形态特征表达，来精确描述地物类型成为又一难点。

(4) 遥感场景内容复杂，包含多种地物类型，且对应不同的形态、尺寸、空间分布模式等[2]。基于遥感场景提取具有语义属性的城市功能区信息具有非常大的挑战。

8.2 高分辨率遥感影像的处理及应用

8.2.1 高分辨率遥感影像信息处理概述

高分辨率遥感卫星数据可以提供细节化的地物结构、形态等信息，因此，基于遥感的分类与应用出现新的篇章。一方面，高分影像中丰富的空间结构信息，能够帮助我们解译精细的城市地表覆盖类型，从而对地物目标进行分类。一般而言，城市地表覆盖指的是基于地物所属的物理材料类型识别每个像素或者对象的类别，如房屋、道路、植被、裸土等。地表覆盖类型与地表反射、水文动态、物质能量循环等密切相关，其变化直接与生物地球化学的动态循环相关联；而且，城市地表覆盖信息已经被广泛地应用于城市热岛研究[3]、空气污染[4]、环境噪声[5]、城市微气候[6]、水质监测[7]等方面的分析。另一方面，高分辨率遥感数据的出现，使居民区、工业区、停车场、公共设施、商业区等带有语义属性的城市功能区识别成为可能[8]。相较于城市土地覆盖关注地物的物理材料类型，城市功能区往往关注场景的土地利用属性，是城市土地覆盖的语义抽象。城市功能区对应多种地物覆盖类型及其不同的空间分布模式，与人类不同的社会经济活动相关。因此，基于城市功能区的环境分析成为城市遥感深入应用的一个重要方向，可为环境监测和分析提供反映城市局部结构和形态的高层次语义信息。例如，很多学者致力于城市气候区(local climate zones，LCZ)的功能分类，以城市中具有相似空间结构的局部场景作为城市热岛和微气候研究的基本单元，可以更好地理解城市热环境与人类活动之间的关系。此外，城市功能区影响生态空间的格局，其面积组分、景观配置、分布模式关系到生态服务功能的供应能力。因此，城市功能区对生态系统服务的监测具有非常重要的意义。

此外，空间分辨率的提高、时间分辨率的提升、多角度对地观测为多层次城市变化检测带来新的前景。相较于中低分辨率影像，高分辨率影像呈现出更丰富的空间细节，小到单一地物尺度(如独栋的建筑物等)得以识别，使得城市精细变化检测成为可能。随着时间分辨率的提高，密集时序影像可以记录地表变化过程，相对于两个时相，多时序城市变化检测更侧重于时间尺度上的变化轨迹与变化规律分析，可以提供地球表面大范围、长时间、周期性的地物变化信息[9]。

综上所述，基于高分辨率遥感影像的城市土地覆盖和功能区分类可以为城市环境监测与研究提供不同层次的基本信息，而基于多时相影像的变化检测对我们理解城市发展模式，研究城市规划等也都具有十分重要的意义。但是在高分辨率遥感影像分类中，较高的空间分辨率并不意味着更高的解译精度和解译能力。因此，如何基于高分辨率遥感影像进行准确的土地覆盖、城市功能区分类、多时相变化检测都具有非常重要的研究意义和实际应用价值。

8.2.2 土地覆盖分类

城市承载了高度集中的人口、物质、能量、信息，成为了驱动环境变化的热点区域，可以在多个尺度与生态环境因素相互作用[10]。城市内部人口增多，以及对物质、能量的需求增加，不断驱动城市土地覆盖以及利用类型发生着快速变化，改变了生态系统结构，影响地表的水文动态、能量平衡及其生物地球化学循环等，从而产生了各种环境问题。利用高分辨率遥感影像进行城市区域的地物分类和识别一直是高分辨率遥感应用的主要方向。针对光谱信息不足、地物分布特征高度细节化的特点，高分辨率遥感影像的解译需要联合影像的光谱以及空间信息，才能取得可靠的土地覆盖分类结果。根据空间特征或者空间关系在分类过程中的加入顺序，现有高分辨率遥感影像土地覆盖分类方法总体分为两类：①分类预处理。该方法是在分类前对影像处理，提取影像的上下文信息。这种方法总体可以分为两个思路，即面向对象分析和空间光谱联合分类。②分类后处理。这种方法在分类后加入空间平滑或者上下文空间信息，改善初始分类结果。

1. 分类预处理

1) 面向对象分类

该方法基本思想是利用影像中互不交叠的同质性对象或者区域作为处理与分析的基本单元，其核心技术步骤是影像分割[11]。目前，主要存在以下分割方法。Wang[12]研究了区域生长的分割算法：确定种子点作为生长的起点，按照相似性规则进行生长，最后得到分割的区域。Gonzalez 等[13]介绍了区域分裂合并算法，即区域生长的逆过程：对整景影像分裂得到区域，根据一致性合并准则，对前景区域合并形成最终分割结果。Vincent 等[14]研究了基于分水岭分割的算法：将图像视为拓扑地貌，并且通过影像中像素灰度表达地形起伏，将每个局部极小值以及影响范围视为集水盆，同时，集水盆边界就是所谓的分水岭；基于此，分水岭分割算法通过迭代标注的过程得到稳定的分割结果。近年来，商业化 eCognition 软件的出现使得面向对象的分析方法得到更加广泛的应用[15]。其中，软件内嵌的核心分割算法是分形网络演化算法：采用自底向上的区域增长方式实现面向对象的多尺度分割[16]。基于图论的分割算法将影像映射为加权图的形式，构造图中边的权重，然后采用图割或最小生成树的方式来实现区域的分割[17]。基于均值漂移算法的图像分割是将影像特征空间通过概率密度函数进行建模，将收敛于概率密度函数中同一个局部极大值点的像素集分割为一个对象[18]。基于前面各种分割算法，面向对象的影像分类以对象为最小的处理单元，通过提取各个对象的特征(如长宽比、面积等)，补充光谱信息的缺陷与不足[19-21]。此外，面向对象的分析还可用于分类后处理，将在后面章节提到。

但是，面向对象的分类算法其精度容易受分割方式的影响，具体表现为：由于遥感场景中地物的多尺度特性，分割尺度参数难以确定，很难选取一个或几个最佳尺度兼顾到所有类型的地物。分割算法虽然可以根据控制尺度的参数得到多尺度的分割结果，但是同时利用这些多尺度的信息比较困难。此外，目前以对象作为基本单元的处理方式，仍然以牺牲影像分辨率为代价，不可避免地导致一些边缘和细节被平滑，影响了高分辨率遥感影像在某些实际任务中的准确应用[22]。

2) 空间光谱联合分类

该方法基本思想为：在影像分类前，对影像提取纹理、几何结构、形态等多元化空间特征，联合光谱信息提升地物的模式可分性。因此，该方法的关键与核心是如何基于光谱特征描述影像的上下文空间信息。当前主流的空间特征主要有纹理特征和几何形状特征。

纹理特征从视觉角度描述影像的排列规则与局部模式，是非常重要的一类空间特征。目前，根据具体的算法原理，常用的纹理分为基于模型的方法、基于统计的方法以及基于频谱的方法。基于模型的方法假设纹理由特定参数定义的模型生成，常用的是随机场模型法，例如马尔可夫随机场、分形模型等。基于统计的纹理方法通过描述像元及其领域内的统计特征，反映影像的局部纹理特性。该方法中最为典型的灰度共生矩阵通过统计不同灰度级的像素空间共生关系，计算一些典型测度(如同质性、相关度、对比度、熵、能量等)，描述影像中局部区域内像素的排列属性和纹理粗细、深浅等。此外，常用的统计纹理还包括局部二值模型，通过对像素邻域进行二值编码，来提取纹理模式。基于频谱分析的纹理将影像通过域变换算法映射到频率域，并且基于此统计影像的空间特征。常用的频谱纹理有基于小波变换和基于 Gabor 变换的纹理，已经被证明在各种影像分类任务中可以取得较高的解译精度。此外，需要注意的是，中低分辨率影像也有明显的纹理特征，即纹理特征的研究并不是从高分辨率遥感数据的出现开始的。众多研究表明：纹理特征，如灰度共生矩阵、小波纹理、随机场方法等，对于中低分辨和高分辨率遥感数据分类精度的提升都是有效的。从另外一个角度来看，虽然这些纹理特征描述了影像局部的空间信息和变化特征，但是它们没有充分挖掘到高分辨率遥感数据丰富的几何结构特征来反映地物形状、尺度等更为显著的视觉信息。

因此，随着遥感影像分辨率的提升，更多的研究致力于形态、几何结构等方面信息的描述。其中，数学形态学可以作为一种十分有效的特征提取工具。Pesaresi 等[23]基于数学形态学描述影像的多尺度特征序列，进行高分辨率影像的分割及分类。具体而言，通过多尺度结构谱中最大值出现的位置，可以反映地物的尺度信息和对比度类型(较亮或者较暗的结构)，进而进行影像分割。随后，Benediktsson 等[24]采用维数减少技术对多尺度形态学特征进行特征提取和降维，输入神经网络分类器对高分辨率影像进行分类。实验结果证明形态学特征能够显著提高影像分类精度，而且维数减少技术可以有效去除特征空间中的冗余信息。为了提取到高光谱遥感影像的几何结构特征，Benediktsson 等[25]对其行特征变换或者维数减少(如主成分分析法或独立成分分析法等)得到基影像，进而计算多尺度形态学结构特征，得到高光谱影像的扩展形态学序列。Chanussot 等[26]提出了基于多尺度结构特征差分序列的模糊概率解译模型：通过预定义的概率分布模型，以及每个结构的对比度和尺度响应，计算每个像素属于各个地物类别的概率。Mura 等[27]根据影像的面积、标准差等属性发展了基于滤波的属性形态学结构特征。此外，Huang 等[28]综合对比了高光谱和多光谱影像形态学特征提取的基影像构建策略，具体包括：线性变换、非线性变换、多线性变换、流形学习四种。此外，基于多种策略构建的基影像，进一步提出了多成分形态学谱，在高分辨率遥感影像分类中取得了显著的精度提升。Ghamisi 等[29]对常见的形态学特征做了综述评论，表明了形态学工具在特征提取方面的有效性。Geiß 等[30]提出了面向对象的形态学特征，通过融合形态学与面向对象的信息，可以准确地解译城市高分影像。

基于形态学操作的空间特征，在描述影像中地物的几何结构形态的同时，也描述了不同地物的多尺度特征。具体来讲，形态学序列其中最为典型是差分形态学特征，在进行多尺度地物特征表达时，往往基于结构元素的一系列尺度参数组合，通过对影像反复执行开、闭运算获得地物多尺度响应，进而计算影像的结构和形态显著性，因此，可以视为地物的一种形状谱[31]。

2. 分类后处理

综上所述，无论是面向对象的特征提取还是空间光谱联合分类，都可以视为分类前提升地物类别可分性的分类预处理方案。分类预处理方案基于原始光谱影像提取空间上下文信息，它可以从类别空间出发，优化初始分类结果。因此，分类预处理和后处理两种方案都旨在提升原始基于光谱的影像分类精度。目前的研究当中，常用的分类后处理策略大致有四类。

(1)基于滤波的方法：利用滑动窗口内所有像素的标签信息推测中心像素类别，以此更正其错误的标签，可以减少初始分类结果中的椒盐效应。其中，最常见的方法有众数投票，是著名遥感处理软件 ENVI 采用的一种后处理算法[32]。此外，比较典型的滤波后处理算法还包括基于高斯加权距离的滤波、双边滤波、边界滤波等。这些滤波方法通过设置窗口内不同像素的权重，取得不同的后处理效果[33]。基于滤波的后处理算法依赖滑动窗口的计算方式消除分类图中离散的噪声点，但是容易出现过平滑效应，造成边界模糊和偏移。

(2)面向对象的投票：前面已经介绍了面向对象分析的核心思想及其在分类预处理阶段的特征提取。面向对象的后处理，可以先进行基于像素的分类，然后采用众数投票策略融合像素层和对象层的信息[34, 35]。但是，如前所述，该方法的效果依赖于影像分割的效果：分割尺度过小，平滑椒盐效应的作用不明显；分割尺度过大，容易出现过平滑。

(3)基于随机场模型的方法：利用统一的概率框架考虑影像的空间上下文信息。其中，比较典型的有基于马尔可夫随机场方法[36-38]和基于条件随机场方法[38, 39]。这些方法可以通过设计和优化势能函数，充分利用影像的空间信息，改善分类后处理效果。虽然该方法在影像分类中得到了广泛的应用，但是受限于空间信息利用的灵活性，仅仅考虑影像局部平滑先验，并没有充分挖掘像素与像素之间的空间关联规则以及结构特性。

(4)基于再学习的分类：从初始分类结果提取空间特征，以自修正的方式提升遥感影像解译精度。Huang 等[35]根据类别标签的空间共生关系计算影像空间特征，并且以此构造再学习算法。随后，Geiß 等[40]将再学习发展为面向对象的框架：通过将影像进行多分辨分割，而后提取对象层次的类别关系特征，用来指导分类模型的再学习。现在很多研究已经表明：基于再学习的方法可以根据高分辨率遥感影像数据的特点，提取空间特征用来增加地物的光谱可分性，因此在各种后处理算法中可以取得最为显著的精度提升[35, 40, 41]。但是需要指出的是，再学习是一种基于初始类别空间，迭代提取特征与分类的一种思想，因此，该方法能够基于影像的标签层次从分类以及后处理的角度提升解译精度[41]。

8.2.3 城市功能区分类

高分辨率遥感影像可以清晰地刻画地物分布及其结构分布模式，为遥感场景中具有语义属性的城市功能区分类提供了可能性[8, 42]。城市功能区是城市土地覆盖的语义抽象，反映遥感场景的土地利用属性，如居民区、商业区、工业区等。但是传统的基于像素或者面向对象的城市功能区分类只能实现对地物目标的分类，很难有效描述影像的场景语义信息[43]。为了在遥感图像解译中进行语义层次的城市功能区分类，基于场景分类的方法得到了广泛的应用和研究。遥感场景表示具有语义属性的土地利用或者功能区类别单元，而场景分类成为高分辨率遥感影像分析一个活跃的研究方向[44]。场景分类任务中，场景的特征描述与表示是将各个场景类别有效区分最为关键的步骤。因此，基于场景特征的不同表示层次，目前的研究方法主要分为三类：基于底层特征描述的场景识别、基于中层特征编码的场景识别以及基于高层特征抽象的场景识别。

(1)基于底层特征的方法是指采用光谱、纹理、形态等底层特征描述场景，进而采用分类器对场景进行分类。例如，Yang 等[45]在场景分类中对比了尺度不变性特征 SIFT 和 Gabor 纹理特征。Dos Santos 等[46]采用颜色直方图和局部二值模式对场景进行了表示与描述。Huang 等[47]在城中村场景提取中分析了基于光谱特征、形态学特征、Gabor 纹理的低层场景分类方法。这些方法旨在利用底层特征区分场景类型，但是，遥感场景构成比较复杂，尤其是城市区域，一个功能区类别可能包含多种类型的地物，且没有固定的尺度大小和空间分布模式。城市遥感场景往往并不对应唯一或者特定的光谱、结构、纹理模式。因此，基于底层特征的场景分类方法难以有效刻画复杂的遥感场景。

(2)为了提高场景分类精度，基于中层特征的方法采用了特征编码的技术，将场景底层特征映射为影像的全局表达，其核心步骤为：底层特征描述—字典学习和构建—特征映射或者编码—特征池化—分类识别。这类方法中最为常见的是视觉单词模型(bag of viaual words，BOVW)：根据影像包含的主题对象来定义字典，其中主题对象是指具有相似特征的局部影像块；统计某个场景中单词的频率而不需要考虑其顺序得到场景的表示特征。视觉单词模型已经被广泛应用于高分辨率遥感影像场景分类[48, 49]。此外，为了更好地对底层特征和场景语义建模，在视觉单词模型基础上提出了主题模型：特征表达时引入隐变量或者主题(topic)。其中，最为典型的是概率语义分析模型和隐含狄利克雷模型(latent Dirichlet allocation，LDA)，可以更好地将底层特征映射到影像的场景语义表达[50-52]。但是，基于中层特征的场景分类方法都是依赖底层特征进行特征编码，字典学习计算复杂度高，其泛化能力较弱；同时各个步骤互相独立，未构成统一框架，因此也限制了对场景的有效描述能力。

(3)基于高层特征的场景分类，即将深度学习技术用于场景分类：通过深度网络结构，对输入图像进行多层次的非线性特征变化和表达，学习到高层次的场景特征。深度学习技术，尤其是深度卷积神经网络，在场景分类以及功能区制图任务中，取得了显著高于基于底层、中层特征传统分类方法的精度[43, 44, 53]。

然而，基于深度学习的场景分类也面临众多挑战。随着网络层次的加深，相应的连接权、阈值等参数会显著增加，网络模型中参数的学习和训练依赖大量的训练样本，而获取遥感场景样本的代价和工作量比较大。因此，相关的研究提出了：①预训练迁移的深度网络模型——将在自然影像上训练好的大型网络迁移至遥感场景，可以有效节省训练开销，常见的有 AlexNet[54]、CaffeNet[55]、VGGNet[56, 57]、VGG-VD[58]、GooLeNet[59]、PlacesNet[60]等网络模型；但是这些网络一般通过自然影像进行训练，因此只能利用遥感影像的可见光波段，未充分利用到完整的光谱信息。②基于遥感分析任务的浅层卷积神经网络——根据遥感影像设计浅层网络结构，可以充分利用遥感影像的多光谱信息，同时避免网络的过拟合。但是受网络规模影响，无法使用深度网络结构对输入影像进行深度的特征表达。

近年来，已有学者针对以上问题，提出了一些优化和改进。Luus 等[53]提出了多尺度卷积神经网络，充分考虑场景的多尺度特性，在测试数据中获得了显著的精度提升。Hu 等[61]提出了多层次深度主题分类方法，根据迁移的深度网络结构中不同层次的特征，建立不同的主题表达模型，有效地实现了场景多层次特征的表达。Li 等[62]融合多层次特征对场景进行表达，考虑了不同层次特征的差异性与互补性。Othman 等[63]使用卷积特征和稀疏自编码，进行城市土地利用的分类和制图。此外，Du 等[64]通过不同深度的预训练迁移模型的融合，实现多模型深度特征的综合表达，进一步提高了场景分类的精度。Anwer 等[65]将局部二值模式采用深度卷积神经网络进行特征变换，可以对场景纹理信息进行深度理解，并通过实验证明其效果优于仅基于可见光的深度学习模型。Zhang 等[66]提出了面向对象的卷积神经网络(object-based convolutional neural networks，OCNN)，根据面向对象分割思想，有效保护影像的边缘和细节信息。

8.2.4 变化检测

随着遥感成像技术的发展，我们积累了多时间序列的海量遥感数据，利用遥感影像对复杂城市环境进行追溯和跟踪性变化监测成为可能[67]。遥感变化检测作为最重要和有效的关键技术之一，已经越来越多地应用在城市扩张、城市规划、城市管理、灾害评估等方面[68]。

然而，基于高分辨率的城市变化监测也面临着诸多局限和挑战。首先，从几何问题出发，不同观测角导致的几何畸变和地物遮挡使得变化结果精度普遍不高，尤其是高密度的城市区域。不同的观测角度产生的正射影像有所不同，而且正射纠正并不能解决地物遮挡的问题。因此，从几何问题角度来说，多时相高分辨率的“配准噪声”给像元级的精确变化探测带来了严峻挑战[69]。其次，正如 8.1.1 节所述，高空间分辨率影像的光谱统计特征不如低分辨率影像的稳定，同类地物呈现很大的光谱异质性，不同地物的光谱相互重叠，具体表现为类内方差变大、类间方差减少。最后，密集时序高分辨率影像的出现使得数据量成倍增加，对算法的工作效率也提出了更高的要求。

一方面，一些学者考虑加入一系列空间特征，通过对空间上下信息进行表达，可以提高基于像素的变化检测结果可靠性。Volpi 等[70]加入了基于灰度共生矩阵(gray level co-occurrence matrix，GLCM)和形态学特征来提高变化检测精度和平滑椒盐噪声。Falco 等[71]将属性形态谱应用于变化检测，由于其可以从灰度连通性的角度获取与人类视觉感知更为接近的几何信息，更加适用于高分辨率遥感影像的变化检测分析。Li 等[72]对比了不同纹理特征，如灰度共生矩阵、像元形状指数(pixel shape index，PSI)、形态学特征、Gabor 纹理、小波变换等对于变化检测精度的影响。虽然众多研究均表明空间特征的加入可以在一定程度上提高变化检测的精度，但是空间特征的计算往往涉及一系列参数，因此会导致输入特征的波段数过高、增加计算时间及其复杂度。再者，针对不同的复杂城市遥感场景，我们通常难以确定一组最优的单一空间特征进行描述。

另一方面，由于面向对象的影像分析能够充分利用光谱、纹理、结构、上下文、空间关系等特征，面向对象的处理方式也被越来越多的学者所关注。Hussain 等[68]在变化检测文献综述中指出，众多研究表明，面向对象的变化检测可以取得比像素级更好的结果。Yu 等[73]提出了一种面向对象的变化检测框架，采用回溯方式利用面向对象分析的优势，提高影像分类的效率。Wen 等[69]提出了一种基于多指数场景表示的城市区域自动变化检测算法，即使用房屋、植被以及水体自动化指数构造场景描述特征，检测结果显著优于传统的叠加纹理或形态学特征的方法。

目前高分辨率遥感卫星技术的发展为城市三维变化信息的提取与检测提供了可能性[74]。三维变化检测指的是通过带有高度、深度以及三维信息的多时相数据进行变化分析的方法，同时可以反映出地物体积或高度的变化。利用高分辨率遥感影像进行三维信息提取的方法包括两类：①基于立体像对的自动匹配方法。基于立体像对的自动匹配方法的基本原理是利用多角度影像进行同名点匹配，结合影像的空间姿态来确定物体的三维坐标。②基于单幅影像阴影信息的高度反演，即通过建筑物阴影长度以及成像条件(卫星方位角、卫星高度角、太阳方位角和太阳高度角)来求解建筑物高度。

需要注意的是，众多研究结果表明基于阴影信息的高度反演算法其效果会受到阴影提取精度的影响，当出现阴影受到遮挡、阴影投射到其他地物而导致形变以及不同地物的阴影相互重叠的情况时，则无法准确反演建筑物的高度。而基于立体像对的自动匹配方法不受地物所处的环境的影响，有更强的泛化能力。有研究利用多角度的 IKONOS 影像对汶川地震中倒塌的房屋进行了检测，提出了基于多视角影像的建筑物变化检测算法，并通过两组实验数据进行了算法测试：一组是同一传感器 IKONOS 获取的多时相多角度影像，另一组则是分别由 IKONOS-2 和 WorldView-2 获取的不同时相的多角度影像。结果表明，融合光谱和高度差异特征可以有效提高建筑物变化检测精度，发现它依赖于数据分辨率、影像重叠度、基高比和交会角(15°～25°较为理想)。相较而言，我国 2012 年发射的资源三号(ZY-3)卫星，通过搭载前视、正视和后视相机(且正视与前后视相机之间的夹角被设计成±22°)可以实现同轨立体成像，提供了比较理想的三维数据生产条件，从而为三维变化检测的大范围应用提供无限潜力。例如，Huang 等[75]利用 ZY-3 卫星数据进行了城市三维变化信息的监测，为城市规划等提供了可靠的建议。

8.3 多源遥感信息融合

现如今，多种传感器技术可用于对地面场景和物体进行观测，包括多光谱及高光谱成像传感器、合成孔径雷达及激光雷达(light detection and ranging，LiDAR)等。各式各样的传感器能提供不同且互补的信息，帮助区分各种材料，描述物体和建筑物的高度。因此，进一步融合高分辨率遥感数据，可以更好地辅助观测目标的解译。

8.3.1 高分辨率与高光谱数据融合

将高分辨率与高光谱数据融合，即是把高空间分辨率影像的空间信息与高光谱数据中丰富的光谱信息相结合，从而实现高分辨率-高光谱数据的新应用，如高分辨率的生态系统监测，矿产、城市表面材料和植物物种的高分辨率制图等[76]。

在过去的二十多年间，全色锐化的方法(pan-sharpening)是主流的光谱-空间信息融合方法。该方法是通过将多光谱数据与相应的高分辨率全色图像融合，来达到增强多光谱图像空间分辨率的目的[77-79]。其大致可分为三类：①成分替换(component substitution，CS)[80]；②多分辨率分析(multi-resolution analysis，MRA)[81]；③稀疏表示(sparse representations，SR)[82]。多光谱数据可以视作高光谱数据的一种特例，因此有许多研究致力于将现有的全色锐化方法用于高光谱与高分辨率数据的融合中。有学者首次尝试用基于小波技术的全色锐化方法进行高光谱与高分辨率数据融合[83]。但是，这种方法的效果好坏高度依赖于频谱重采样的方法，增加了增强高光谱数据所有波段空间分辨率的难度。针对这一问题，后续的研究进行了更为复杂的探索，以使全色锐化技术能够适应一般的高光谱与高分辨率数据融合。Chen 等[84]提出了一个解决方案：将高光谱数据的频谱分成多个区域，并用全色锐化技术对每个区域中的高光谱与高分辨率数据进行融合。通过对高分辨率多光谱数据的频谱重采样，得到最终的融合图像。Selva 等提出了一种称为超锐化(hyper-sharpening)的框架：通过线性回归，将每个高光谱波段的高分辨率图像表示为高分辨率多光谱图像的线性组合，从而有效地将基于多分辨率分析的全色锐化方法应用于高光谱与高分辨率融合。结果表明，这种方法的融合结果要优于从所有的多光谱波段中选择一个相关性最高的高分辨率波段[85]。

通过子空间，利用场景的固有光谱特征来融合高光谱与高分辨率图像，是另一种流行的方法。其中，子空间是由一组基础矢量或基础材料(即端元)的光谱特征所组成的。基于子空间上两个输入图像的光谱信息，融合高光谱与高分辨率图像的想法，一直是后来推出的许多高光谱与高分辨率融合方法的主要灵感来源[86-88]。近年来，其对融合过程的直接解释，使得在高光谱与高分辨率融合中，使用频谱分解的想法备受关注。已经提出的许多基于解混思想的高光谱与高分辨率融合方法，优化了融合的结果[89, 90]。基于解混的融合方法，旨在从高光谱和高分辨率图像中分别获得端元信息矩阵和高分辨率丰度矩阵，而融合图像可重建为两个结果矩阵的乘积。Wei 等[91]提出了一种贝叶斯高光谱与高分辨率融合方法，该方法在融合问题中同时使用子空间变换和正则化来应对病态求逆问题(ill-posed inverse problem)。最近，基于 Sylvester 方程的方法已集成到贝叶斯高光谱与高分辨率融合方法中，被称为基于 Sylvester 方程的快速融合。它显著降低了计算复杂度，同时实现了与以前的贝叶斯高光谱与高分辨率融合算法相同的性能[92]。

Yokoya 等对各种高光谱与高分辨率融合方法进行了回顾，并采用基于视觉、定量和分类的评估方法，分析、评估和比较了基于四种不同类型(成分替换、多分辨率分析、解混和贝叶斯方法)的十种最新的高光谱与高分辨率融合方法，得到了相对客观公正的对比结果[76]。

8.3.2 高分辨率与合成孔径雷达数据融合

在当前的对地观测时代，有大量机载和星载传感器提供海量数据，但往往每种传感器类型都具有针对特定任务而设计的不同特性。多源传感器融合，是为了解决单一传感器无法满足应用的问题[93]。有关光学与合成孔径雷达数据融合的研究有很多，例如，专门针对融合光学和合成孔径雷达图像进行分类的工作[94]，或通过高分辨率的合成孔径雷达图像对低分辨率光学图像进行锐化[95]，抑或道路网络提取[96]、城市表面模型生成[97]等。但涉及高分辨率光学数据与合成孔径雷达数据的融合，三维重建则是不可或缺的重要应用[98, 99]。

以遥感数据进行的三维重建在不同领域具有广泛的应用，如城市三维建模、城市规划、环境研究等。多种对地高分辨率传感器提供了在大规模区域重建自然景观和人造景观的可能性。常规上，遥感中的三维重建要么利用干涉合成孔径雷达提供的相位信息，要么采用光学图像的摄影测量法或合成孔径雷达图像对的雷达测量法中的空间相交。在所有这些立体测量方法中，都需要至少两个重叠图像来提取三维空间信息。但是，摄影测量法和雷达测量法都存在缺陷：使用高分辨率光学图像的摄影测量法受到相对较差的绝对定位精度和云遮挡的限制，而雷达测量法则面临着不同的倾斜视角的图像匹配困难。因此需要融合技术来整合高分辨率影像与合成孔径雷达数据的不同属性，以使用立体测量方法生成三维信息。

Wegner 等[100]通过融合单次干涉合成孔径雷达图像对和一张航拍正射光学影像来估计建筑物高度(米级精度)，但他们并未涉及严格的合成孔径雷达光学立体测量法。Zhang 等[101]的研究表明，TerraSAR-X 和 GeoEye-1 图像可用于进行立体测量三维重建，但存在米级误差，不过该研究仅利用了一些人工量测的简单形状建筑物的角点来进行验证。Qiu 等[99]提出了一种同时进行同名点匹配和三维重建的策略，该策略利用了类似极限的搜索窗口约束。由 Worldview-2、TerraSAR-X 和 MEMPHIS 传感器获取的真实测试数据进行的实验结果表明，对于精度在米级的三维重建，使用高分辨率影像进行合成孔径雷达光学立体测量是可行的。但值得注意的是，这些异质性强的多传感器数据的匹配仍然非常具有挑战性。

8.3.3　高分辨率与激光雷达数据融合

激光雷达已成为获取三维信息的主要方式之一。通过主动测量高频激光束到达地物表面的时间，激光雷达能够收集大量单独测量的高精度点云或激光测距数据。然而，受制于成本和搭载平台，许多低成本的激光雷达只能采集到稀疏的点云，这类数据不适用于提取车辆、小型建筑特征等应用。大多数低成本激光雷达都配备了高分辨率相机，其图像分辨率或像素密度实际上是激光雷达的数十倍甚至数百倍。因此，通过融合高分辨率影像与低成本激光雷达数据，得到高密度点云，是这两种数据融合处理的一项重要任务。

近年来，已有许多研究尝试将低分辨率、准确的激光雷达数据和高分辨率图像融合，以生成高分辨率、高保真度的点云。超分辨率点云的基本思想是通过将低分辨率数据投影到高分辨率(二维/三维)网格上来进行上采样，然后估算其在二维场景或三维空间中的实际深度或视差。高分辨率图像可以用作推断深度值，也可以形成立体像对以生成几何数据来进行融合。因此，激光雷达的超分辨率方法可分为：基于插值的超分辨率和基于立体匹配的超分辨率[102]。

基于插值的超分辨率方法，其基本原理是利用激光点和单幅配准高分辨率图像来估计上采样后的高分辨率网格中所有点/像素的深度。这类方法的基本假设是：同质点必须享有相似的深度。激光点和像素之间的同质性可以通过强度/颜色/反射率的相似性以及它们在图像中的距离来推断，这些距离被转化为插值中像素的权重值[103, 104]。但是，由于基于插值的方法本质上仅利用原始激光点作为主要信息源，因此当相机图像分辨率比激光点云高一个数量级时，其改进水平受到限制。基于匹配的超分辨率方法则是使用至少两个重叠的图像形成一个立体对，并将激光点云集成到一个图像密集匹配的框架中[102, 105, 106]。

高保真度的激光点云被投射到立体图像的高分辨率极空间的像素中，从而大大提高了这些像素的匹配置信度。与基于插值的方法不同，基于匹配的方法能够将低分辨率激光点云作为输入并显著提高其分辨率。

8.3.4 多源遥感信息融合的发展与展望

近几十年中，发射的许多高分辨率卫星(如资源三号、SPOT5/6/7、Cartosat-1/2 和 WorldView-2/3 等)通过异轨或同轨的成像模式都可获得多视角的影像[107]。融合多角度影像，可以更好地提取三维信息，并在复杂的城市区域得到良好的应用。资源三号卫星是我国第一颗民用立体测绘卫星，它配备的三线阵列扫描仪可以同时获取前视、正视、后视三个视角的影像。Liu 等[107]首次评估了资源三号多视角图像，在异质性大的城市区域提取建筑物高度的能力，并和 WorldView-2 卫星影像的提取结果进行了对比。研究显示，由资源三号正视和前视立体像对得到的建筑物高度的精度，要优于 WorldView-2 卫星的结果。除此以外，Huang 等基于高分辨率资源三号多视图图像，提出了用于城市场景分类的角度差异特征(angular difference feature，ADF)以描述三个层级(像素、特征和标签级别)的角度信息。通过在深圳和北京的实验表明，与仅使用光谱信息相比，角度差异特征可以有效地提高城市场景分类精度，尤其是对于区分某些具有相似光谱特征的复杂人造类别(如道路和建筑物)[108]。Liu 等[109]最新研究提出的在全球范围内自动提取建成区(built-up area，BUA)的方法，将基于多视角影像设计的描述房屋垂直特征的多角度建筑指数，与平面特征指数融合。实验结果表明，垂直特征的引入优化了建成区提取精度，尤其是对于局部差异性小的中高层建筑，添加多角度建筑指数可以进一步减少遗漏误差。亚米级立体测绘卫星高分七号(GF-7)的升空，将提供更高空间分辨率的多视角影像，获取更精细的空间-角度信息，有潜力显著提高三维信息描述的精度，也将在国土测绘、城乡建设、统计调查等方面发挥重要作用[110]。

近年来，深度学习在遥感领域受到了广泛的关注[111]。它的特点是可以从特定任务(如图像分类)的输入数据中学习特征，并同时训练对应的分类器。此外，深度学习模型还可以挖掘数据中的时空信息[111, 112]。在对地观测系统快速发展、海量遥感数据不断产生的背景下，利用深度学习进行多源遥感信息融合，尤其是对于光学和雷达数据的融合，是一个重要的研究方向。Ienco 等[113]提出了一种深度学习架构 TWINNS(twin neural networks for sentinel data)，能够结合 Sentinel-1(光学传感器)和 Sentinel-2(雷达传感器)的时空信息，通过利用两类传感器提供的互补信息，可以提高土地覆盖分类的准确性。Liu 等[114]提出了一种无监督的深度卷积耦合网络(symmetric convolutional coupling network，SCCN)，它具有对称的网络结构，可以将两类异质性的影像(光学和雷达)转换到一个特征空间来进行变化检测。与几种现有的方法相比，无论是对于同类的影像还是两类异质影像，该网络都具有良好的性能。Tarpanelli 等[115]利用人工神经网络(artificial neural network，ANN)对光学数据(MODIS、Landsat)和雷达数据(ERS-2、TOPEX/Poseidon、ENVISAT/Ra-2、Cryosat-2、Jason-2)进行融合，对每日河流流量进行估算。研究指出，利用多源信息估算河流流量是最可靠的，而人工神经网络特别适合评估每个传感器对河流流量最终估算结果的重要性。

8.4　高分辨率遥感发展与展望

前面的章节阐述了当前高分辨率遥感影像处理及其应用前沿进展，介绍了高分辨率遥感影像处理的新方法。关于高分辨率遥感影像处理及应用，未来的工作重点主要集中在以下几个方面。

(1)基于密集时序的高分辨率遥感影像分类。前面部分已经提到：随着传感器技术和卫星组网技术的发展，我们获取的高分辨率遥感数据可以同时拥有较高的空间和时间分辨率，即可以获取高分辨率密集时序的影像观测。因此，下一步高分辨率遥感影像的发展方向集中于密集遥感数据的解译，发展跨时相样本迁移学习的分类处理框架，提高影像信息提取的效率。应用方面，基于密集时序的高分影像数据，可以获取城市区域内多时序的土地覆盖和城市功能区信息，更加完整地描述城市的形态结构及其动态变化，为各种生态环境的监测提供全面的信息。

(2)基于多角度高分辨率遥感影像的分类。多角度卫星数据可以实现对同一区域进行多视角的观测，同时也带来了更多的信息增益。因此，基于多角度高分辨率遥感影像的特征提取和场景分类是值得研究的方向之一。此外，应用层面，多角度卫星影像可以提供城市的三维信息，因此有非常大的潜力帮助我们更好地理解城市发展模式以及环境的变化。

(3)基于多源数据融合的变化检测。随着遥感对地观测技术的发展，多光谱分辨率、多空间分辨率、多时间分辨率、多极化的遥感数据源源不断地产生，相比于单一数据源，多源遥感数据可以在信息表达上形成互补，从而形成对目标和场景更为精确、完整、有效的描述，提高变化检测的能力。此外，众源地理信息数据的出现，如开放街区数据(open street map，OSM)等，提供了高质量低成本的地理信息数据，可以作为补充数据以辅助遥感影像变化检测。因此，下一步的发展可以考虑融合高分辨率遥感影像及众源地理信息数据来展开城市变化监测。

(4)高分辨率遥感影像的大尺度应用。卫星组网等技术的发展，提高了对地观测的连续性和实时性，大大地缩短卫星重访周期，可兼顾数据的空间和时间分辨率。因此，高分辨率遥感影像的应用和测试范围可以拓展到更大的地理范围(甚至全球)，例如，基于高分辨率遥感影像的全球建成区制图[109]，以及全球高分辨率土地覆盖制图产品的生产[116]等。此背景下，高分辨率遥感影像的大尺度和大规模的应用对我们研究和理解全球环境的变化及影响具有重要的意义。

参 考 文 献

[1] Toure S I, Stow D A, Shih H C, et al. Land cover and land use change analysis using multi-spatial resolution data and object-based image analysis. Remote Sensing of Environment, 2018, 210: 259-268.

[2] Zhang X Y, Du S H, Wang Y C. Semantic classification of heterogeneous urban scenes using intrascene feature similarity and interscene semantic dependency. IEEE Journal of Selected Topics in Applied Earth Observations and Remote Sensing, 2015, 8(5): 2005-2014.

[3] Li X X, Li W W, Middel A, et al. Remote sensing of the surface urban heat island and land architecture in Phoenix, Arizona: Combined effects of land composition and configuration and cadastral-demographic-economic factors. Remote Sensing of Environment, 2016, 174: 233-243.

[4] Huang X, Cai Y F, Li J Y. Evidence of the mitigated urban particulate matter island（UPI）effect in China during 2000–2015. Science of The Total Environment, 2019, 660: 1327-1337.

[5] Xu X, Li J, Zhang Y N, et al. A subpixel spatial-spectral feature mining for hyperspectral image classification. 2018 IEEE International Geoscience and Remote Sensing Symposium, Valencia, 2018.

[6] Lin B B, Egerer M H, Liere H, et al. Local- and landscape-scale land cover affects microclimate and water use in urban gardens. Science of The Total Environment, 2018, 610-611: 570-575.

[7] Ayanu Y Z, Conrad C, Nauss T, et al. Quantifying and mapping ecosystem services supplies and demands: A review of remote sensing applications. Environmental Science & Technology, 2012, 46(16): 8529-8541.

[8] Zhang X Y, Du S H. A linear dirichlet mixture model for decomposing scenes: Application to analyzing urban functional zonings. Remote Sensing of Environment, 2015, 169: 37-49.

[9] Schneider A. Monitoring land cover change in urban and peri-urban areas using dense time stacks of Landsat satellite data and a data mining approach. Remote Sensing of Environment, 2012, 124: 689-704.

[10] Bai X M, Shi P J, Liu Y S. Society: Realizing China's urban dream. Nature News, 2014, 509(7499): 158.

[11] Blaschke T. Object based image analysis for remote sensing. ISPRS Journal of Photogrammetry and Remote Sensing, 2010, 65(1): 2-16.

[12] Wang J P. Stochastic relaxation on partitions with connected components and its application to image segmentation. IEEE Transactions on Pattern Analysis and Machine Intelligence, 1998, 20(6): 619-636.

[13] Gonzalez R C, Woods R E. Digital Image Processing. Upper Saddle River: Prentice Hall, 2002.

[14] Vincent L, Soille P. Watersheds in digital spaces: An efficient algorithm based on immersion simulations. IEEE Transactions on Pattern Analysis & Machine Intelligence, 1991, 13(6): 583-598.

[15] Flanders D, Hall-Beyer M, Pereverzoff J. Preliminary evaluation of eCognition object-based software for cut block delineation and feature extraction. Canadian Journal of Remote Sensing, 2003, 29(4): 441-452.

[16] Huang X, Zhang L P. A comparative study of spatial approaches for urban mapping using hyperspectral ROSIS images over Pavia City, northern Italy. International Journal of Remote Sensing, 2009, 30(12): 3205-3221.

[17] Peng B, Zhang L, Zhang D. A survey of graph theoretical approaches to image segmentation. Pattern Recognition, 2013, 46(3): 1020-1038.

[18] Huang X, Zhang L P. An adaptive mean-shift analysis approach for object extraction and classification from urban hyperspectral imagery. IEEE Transactions on Geoscience and Remote Sensing, 2008, 46(12): 4173-4185.

[19] Huang X, Zhang L P. Morphological building/shadow index for building extraction from high-resolution imagery over urban areas. IEEE Journal of Selected Topics in Applied Earth Observations and Remote Sensing, 2012, 5(1): 161-172.

[20] Myint S W, Gober P, Brazel A, et al. Per-pixel vs. object-based classification of urban land cover extraction using high spatial resolution imagery. Remote Sensing of Environment, 2011, 115(5): 1145-1161.

[21] Voltersen M, Berger C, Hese S, et al. Object-based land cover mapping and comprehensive feature calculation for an automated derivation of urban structure types at block level. Remote Sensing of Environment, 2014, 154: 192-201.

[22] Johnson B, Xie Z X. Unsupervised image segmentation evaluation and refinement using a multi-scale approach. ISPRS Journal of Photogrammetry and Remote Sensing, 2011, 66(4): 473-483.

[23] Pesaresi M, Benediktsson J A. A new approach for the morphological segmentation of high-resolution satellite imagery. IEEE Transactions on Geoscience and Remote Sensing, 2001, 39(2): 309-320.

[24] Benediktsson J A, Pesaresi M, Amason K. Classification and feature extraction for remote sensing images from urban areas based on morphological transformations. IEEE Transactions on Geoscience and Remote Sensing, 2003, 41(9): 1940-1949.

[25] Benediktsson J A, Palmason J A, Sveinsson J R. Classification of hyperspectral data from urban areas based on extended morphological profiles. IEEE Transactions on Geoscience and Remote Sensing, 2005, 43(3): 480-491.

[26] Chanussot J, Benediktsson J A, Fauvel M. Classification of remote sensing images from urban areas using a fuzzy possibilistic model. IEEE Geoscience and Remote Sensing Letters, 2006, 3(1): 40-44.

[27] Mura M D, Benediktsson J A, Waske B, et al. Morphological attribute profiles for the analysis of very high resolution images. IEEE Transactions on Geoscience and Remote Sensing, 2010, 48(10): 3747-3762.

[28] Huang X, Guan X H, Benediktsson J A, et al. Multiple morphological profiles from multicomponent-base images for hyperspectral image classification. IEEE Journal of Selected Topics in Applied Earth Observations and Remote Sensing, 2014, 7(12): 4653-4669.

[29] Ghamisi P, Mura M D, Benediktsson J A. A survey on spectral-spatial classification techniques based on attribute profiles. IEEE Transactions on Geoscience and Remote Sensing, 2015, 53(5): 2335-2353.

[30] Geiß C, Klotz M, Schmitt A, et al. Object-based morphological profiles for classification of remote sensing imagery. IEEE Transactions on Geoscience and Remote Sensing, 2016, 54(10): 5952-5963.

[31] Huang X, Han X P, Zhang L P, et al. Generalized differential morphological profiles for remote sensing image classification. IEEE Journal of Selected Topics in Applied Earth Observations and Remote Sensing, 2016, 9(4): 1736-1751.

[32] Canty M J. Image Analysis, Classification and Change Detection in Remote Sensing: With Algorithms for ENVI/IDL and Python. New York: CRC Press, 2014.

[33] Schindler K. An overview and comparison of smooth labeling methods for land-cover classification. IEEE Transactions on Geoscience and Remote Sensing, 2012, 50(11): 4534-4545.

[34] Huang X, Zhang L P. An SVM ensemble approach combining spectral, structural, and semantic features for the classification of high-resolution remotely sensed imagery. IEEE Transactions on Geoscience and Remote Sensing, 2013, 51(1): 257-272.

[35] Huang X, Lu Q K, Zhang L P, et al. New postprocessing methods for remote sensing image classification: A systematic study. IEEE Transactions on Geoscience and Remote Sensing, 2014, 52(11): 7140-7159.

[36] Moser G, Serpico S B, Benediktsson J A. Land-cover mapping by Markov modeling of spatial-contextual information in very-high-resolution remote sensing images. Proceedings of the IEEE, 2013, 101(3): 631-651.

[37] Ardila J P, Tolpekin V A, Bijker W, et al. Markov-random-field-based super-resolution mapping for identification of urban trees in VHR images. ISPRS Journal of Photogrammetry and Remote Sensing, 2011, 66(6): 762-775.

[38] Zhong Y F, Zhao J, Zhang L P. A hybrid object-oriented conditional random field classification framework for high spatial resolution remote sensing imagery. IEEE Transactions on Geoscience and Remote Sensing, 2014, 52(11): 7023-7037.

[39] Zhao J, Zhong Y F, Zhang L P. Detail-preserving smoothing classifier based on conditional random fields for high spatial resolution remote sensing imagery. IEEE Transactions on Geoscience and Remote Sensing, 2015, 53(5): 2440-2452.

[40] Geiß C, Taubenböck H. Object-based postclassification relearning. IEEE Geoscience and Remote Sensing Letters, 2015, 12(11): 2336-2340.

[41] Han X P, Huang X, Li J Y, et al. The edge-preservation multi-classifier relearning framework for the classification of high-resolution remotely sensed imagery. ISPRS Journal of Photogrammetry and Remote Sensing, 2018, 138: 57-73.

[42] Zhang X Y, Du S H, Wang Q. Integrating bottom-up classification and top-down feedback for improving urban land-cover and functional-zone mapping. Remote Sensing of Environment, 2018, 212: 231-248.

[43] Huang B, Zhao B, Song Y M. Urban land-use mapping using a deep convolutional neural network with high spatial resolution multispectral remote sensing imagery. Remote Sensing of Environment, 2018, 214: 73-86.

[44] Xia G S, Hu J W, Hu F, et al. AID: A benchmark data set for performance evaluation of aerial scene classification. IEEE Transactions on Geoscience and Remote Sensing, 2017, 55(7): 3965-3981.

[45] Yang Y, Newsam S. Comparing SIFT descriptors and Gabor texture features for classification of remote sensed imagery. 2008 15th IEEE International Conference on Image Processing, 2008: 1852-1855.

[46] Dos Santos J A, Penatti O A B, da Silva T R. Evaluating the potential of texture and color descriptors for remote sensing image retrieval and classification. VISAPP 2010-Proceedings of the Fifth International Conference on Computer Vision Theory and Applications, Angers, 2010, 2: 203-208.

[47] Huang X, Liu H, Zhang L P. Spatiotemporal detection and analysis of urban villages in mega city regions of China using high-resolution remotely sensed imagery. IEEE Transactions on Geoscience and Remote Sensing, 2015, 53(7): 3639-3657.

[48] Zhao L J, Tang P, Huo L Z. Land-use scene classification using a concentric circle-structured multiscale bag-of-visual-words model. IEEE Journal of Selected Topics in Applied Earth Observations and Remote Sensing, 2014, 7(12): 4620-4631.

[49] Zhu Q Q, Zhong Y F, Zhao B, et al. Bag-of-visual-words scene classifier with local and global features

for high spatial resolution remote sensing imagery. IEEE Geoscience and Remote Sensing Letters, 2016, 13(6): 747-751.

[50] Hofmann T. Unsupervised learning by probabilistic latent semantic analysis. Machine Learning, 2001, 42(1-2): 177-196.

[51] Blei D M, Ng A Y, Jordan M I. Latent dirichlet allocation. Journal of Machine Learning Research, 2003, 3: 993-1022.

[52] Steyvers M, Griffiths T. Probabilistic topic models. Handbook of Latent Semantic Analysis, 2007, 427(7): 424-440.

[53] Luus F P, Salmon B P, van den Bergh F, et al. Multiview deep learning for land-use classification. IEEE Geoscience and Remote Sensing Letters, 2015, 12(12): 2448-2452.

[54] Krizhevsky A, Sutskever I, Hinton G E. Imagenet classification with deep convolutional neural networks. Advances in Neural Information Processing Systems, 2012, 25: 1097-1105.

[55] Jia Y Q, Shelhamer E, Donahue J, et al. Caffe: Convolutional architecture for fast feature embedding. Proceedings of the 22nd ACM International Conference on Multimedia, Orlando, 2014: 675-678.

[56] Wang L M, Guo S, Huang W L, et al. Places205-vggnet models for scene recognition. arXiv preprint, 2015.

[57] Chatfield K, Simonyan K, Vedaldi A, et al. Return of the devil in the details: Delving deep into convolutional nets. Proceedings of the British Machine Vision Conference, Leeds, 2014: 1-12.

[58] Simonyan K, Zisserman A. Very deep convolutional networks for large-scale image recognition. arXiv preprint arXiv:1409.1556, 2014.

[59] Szegedy C, Liu W, Jia Y Q, et al. Going deeper with convolutions. 2015 IEEE Conference on Computer Vision and Pattern Recognition, Boston, 2015.

[60] Zhou B L, Lapedriza A, Xiao J X, et al. Learning deep features for scene recognition using places database. Advances in Neural Information Processing Systems, 2014, 27.

[61] Hu F, Xia G S, Hu J W, et al. Transferring deep convolutional neural networks for the scene classification of high-resolution remote sensing imagery. Remote Sensing, 2015, 7(11): 14680-14707.

[62] Li E Z, Xia J S, Du P J, et al. Integrating multilayer features of convolutional neural networks for remote sensing scene classification. IEEE Transactions on Geoscience and Remote Sensing, 2017, 55(10): 5653-5665.

[63] Othman E, Bazi Y, Alajlan N, et al. Using convolutional features and a sparse autoencoder for land-use scene classification. International Journal of Remote Sensing, 2016, 37(10): 2149-2167.

[64] Du P J, Li E Z, Xia J S, et al. Feature and model level fusion of pretrained CNN for remote sensing scene classification. IEEE Journal of Selected Topics in Applied Earth Observations and Remote Sensing, 2018, 12(8): 2600-2611.

[65] Anwer R M, Khan F S, van de Weijer J, et al. Binary patterns encoded convolutional neural networks for texture recognition and remote sensing scene classification. ISPRS Journal of Photogrammetry and Remote Sensing, 2018, 138: 74-85.

[66] Zhang C, Sargent I, Pan X, et al. An object-based convolutional neural network (OCNN) for urban land

use classification. Remote Sensing of Environment, 2018, 216: 57-70.

[67] Bouziani M, Goïta K, He D-C. Automatic change detection of buildings in urban environment from very high spatial resolution images using existing geodatabase and prior knowledge. ISPRS Journal of Photogrammetry and Remote Sensing, 2010, 65(1): 143-153.

[68] Hussain M, Chen D M, Cheng A, et al. Change detection from remotely sensed images: From pixel-based to object-based approaches. ISPRS Journal of Photogrammetry and Remote Sensing, 2013, 80: 91-106.

[69] Wen D W, Huang X, Zhang L P, et al. A novel automatic change detection method for urban high-resolution remotely sensed imagery based on multiindex scene representation. IEEE Transactions on Geoscience and Remote Sensing, 2015, 54(1): 609-625.

[70] Volpi M, Tuia D, Bovolo F, et al. Supervised change detection in VHR images using contextual information and support vector machines. International Journal of Applied Earth Observation and Geoinformation, 2013, 20: 77-85.

[71] Falco N, Dalla M M, Bovolo F, et al. Change detection in VHR images based on morphological attribute profiles. IEEE Geoscience and Remote Sensing Letters, 2013, 10(3): 636-640.

[72] Li Q Y, Huang X, Wen D W, et al. Integrating multiple textural features for remote sensing image change detection. Photogrammetric Engineering & Remote Sensing, 2017, 83(2): 109-121.

[73] Yu W J, Zhou W Q, Qian Y G, et al. A new approach for land cover classification and change analysis: Integrating backdating and an object-based method. Remote Sensing of Environment, 2016, 177: 37-47.

[74] Karantzalos K. Recent advances on 2D and 3D change detection in urban environments from remote sensing data. Computational Approaches for Urban Environments, 2015, 13: 237-272.

[75] Huang X, Wen D W, Li J Y, et al. Multi-level monitoring of subtle urban changes for the megacities of China using high-resolution multi-view satellite imagery. Remote Sensing of Environment, 2017, 196: 56-75.

[76] Yokoya N, Grohnfeldt C, Chanussot J. Hyperspectral and multispectral data fusion a comparative review of the recent literature. IEEE Geoscience and Remote Sensing Magazine, 2017, 5(2): 29-56.

[77] Thomas C, Ranchin T, Wald L, et al. Synthesis of multispectral images to high spatial resolution: A critical review of fusion methods based on remote sensing physics. IEEE Transactions on Geoscience and Remote Sensing, 2008, 46(5): 1301-1312.

[78] Vivone G, Alparone L, Chanussot J, et al. A critical comparison among pansharpening algorithms. IEEE Transactions on Geoscience and Remote Sensing, 2015, 53(5): 2565-2586.

[79] Zhu X X, Grohnfeldt C, Bamler R. Exploiting joint sparsity for pansharpening: The J-SparseFI algorithm. IEEE Transactions on Geoscience and Remote Sensing, 2016, 54(5): 2664-2681.

[80] Aiazzi B, Baronti S, Selva M. Improving component substitution pansharpening through multivariate regression of MS plus Pan data. IEEE Transactions on Geoscience and Remote Sensing, 2007, 45(10): 3230-3239.

[81] Aiazzi B, Alparone L, Baronti S, et al. MTF-tailored multiscale fusion of high-resolution MS and pan imagery. Photogrammetric Engineering and Remote Sensing, 2006, 72(5): 591-596.

[82] Zhu X X, Bamler R. A sparse image fusion algorithm with application to pan-sharpening. IEEE Transactions on Geoscience and Remote Sensing, 2013, 51(5): 2827-2836.

[83] Gomez R B, Jazaeri A, Kafatos M. Wavelet-based hyperspectral and multispectral image fusion. Geo-Spatial Image and Data Exploitation Ⅱ, 2001, 4383: 36-42.

[84] Chen Z, Pu H Y, Wang B, et al. Fusion of hyperspectral and multispectral images: A novel framework based on generalization of pan-sharpening methods. IEEE Geoscience and Remote Sensing Letters, 2014, 11(8): 1418-1422.

[85] Selva M, Aiazzi B, Butera F, et al. Hyper-sharpening: A first approach on sim-ga data. IEEE Journal of Selected Topics in Applied Earth Observations and Remote Sensing, 2015, 8(6): 3008-3024.

[86] Zhang Y F, De Backer S, Scheunders P. Noise-resistant wavelet-based bayesian fusion of multispectral and hyperspectral images. IEEE Transactions on Geoscience and Remote Sensing, 2009, 47(11): 3834-3843.

[87] Wei Q, Bioucas-Dias J, Dobigeon N, et al. Hyperspectral and multispectral image fusion based on a sparse representation. IEEE Transactions on Geoscience and Remote Sensing, 2015, 53(7): 3658-3668.

[88] Simoes M, Bioucas-Dias J, Almeida L B, et al. A convex formulation for hyperspectral image superresolution via subspace-based regularization. IEEE Transactions on Geoscience and Remote Sensing, 2015, 53(6): 3373-3388.

[89] Yokoya N, Yairi T, Iwasaki A. Coupled nonnegative matrix factorization unmixing for hyperspectral and multispectral data fusion. IEEE Transactions on Geoscience and Remote Sensing, 2012, 50(2): 528-537.

[90] Bendoumi M A, He M Y, Mei S H. Hyperspectral image resolution enhancement using high-resolution multispectral image based on spectral unmixing. IEEE Transactions on Geoscience and Remote Sensing, 2014, 52(10): 6574-6583.

[91] Wei Q, Dobigeon N, Tourneret J Y. Bayesian fusion of multi-band images. IEEE Journal of Selected Topics in Signal Processing, 2015, 9(6): 1117-1127.

[92] Wei Q, Dobigeon N, Tourneret J Y. Fast fusion of multi-band images based on solving a sylvester equation. IEEE Transactions on Image Processing, 2015, 24(11): 4109-4121.

[93] Schmitt M, Zhu X X. Data fusion and remote sensing an ever-growing relationship. IEEE Geoscience and Remote Sensing Magazine, 2016, 4(4): 6-23.

[94] Waske B, van der Linden S. Classifying multilevel imagery from SAR and optical sensors by decision fusion. IEEE Transactions on Geoscience and Remote Sensing, 2008, 46(5): 1457-1466.

[95] Sanli F B, Abdikan S, Esetlili M T, et al. Fusion of Terrasar-X and Rapideye data: A quality analysis. ISPRS International Archives of the Photogrammetry, Remote Sensing and Spatial Information Sciences, Antalya, 2013, XL-7/W2: 27-30.

[96] Lisini G, Gamba P, Dell'Acqua F, et al. First results on road network extraction and fusion on optical and SAR images using a multi-scale adaptive approach. International Journal of Image and Data Fusion, 2011, 2(4): 363-375.

[97] Tison C, Tupin F, Maitre H. A fusion scheme for joint retrieval of urban height map and classification from high-resolution interferometric SAR images. IEEE Transactions on Geoscience and Remote

Sensing, 2007, 45(2): 496-505.

[98] Bagheri H, Schmitt M, d'Angelo P, et al. A framework for SAR-optical stereogrammetry over urban areas. ISPRS Journal of Photogrammetry and Remote Sensing, 2018, 146: 389-408.

[99] Qiu C P, Schmitt M, Zhu X X. Towards automatic SAR-optical stereogrammetry over urban areas using very high resolution imagery. ISPRS Journal of Photogrammetry and Remote Sensing, 2018, 138: 218-231.

[100] Wegner J D, Ziehn J R, Soergel U. Combining high-resolution optical and InSAR features for height estimation of buildings with flat roofs. IEEE Transactions on Geoscience and Remote Sensing, 2014, 52(9): 5840-5854.

[101] Zhang H, Xu H P, Wu Z F. A novel fusion method of Sar and optical sensors to reconstruct 3-D buildings. 2015 IEEE International Geoscience and Remote Sensing Symposium (IGARSS), Milan, 2015.

[102] Huang X, Qin R J, Xiao C L, et al. Super resolution of laser range data based on image-guided fusion and dense matching. ISPRS Journal of Photogrammetry and Remote Sensing, 2018, 144: 105-118.

[103] Wang R S, Ferrie F P. Upsampling method for sparse light detection and ranging using coregistered panoramic images. Journal of Applied Remote Sensing, 2015, 9(1): 095075.

[104] Hosseinyalamdary S, Yilmaz A. Surface recovery: Fusion of image and point cloud. 2015 IEEE International Conference on Computer Vision Workshop (ICCVW), Santiago, 2015: 175-183.

[105] Wang L, Yang R G. Global stereo matching leveraged by sparse ground control points. 2011 IEEE Conference on Computer Vision and Pattern Recognition (CVPR), Colorado Springs, 2011: 3033-3040.

[106] Liu J, Li C P, Mei F, et al. 3D entity-based stereo matching with ground control points and joint second-order smoothness prior. Visual Computer, 2015, 31(9): 1253-1269.

[107] Liu C, Huang X, Wen D W, et al. Assessing the quality of building height extraction from ZiYuan-3 multi-view imagery. Remote Sensing Letters, 2017, 8(9): 907-916.

[108] Huang X, Chen H J, Gong J Y. Angular difference feature extraction for urban scene classification using ZY-3 multi-angle high-resolution satellite imagery. ISPRS Journal of Photogrammetry and Remote Sensing, 2018, 135: 127-141.

[109] Liu C, Huang X, Zhu Z, et al. Automatic extraction of built-up area from ZY3 multi-view satellite imagery: Analysis of 45 global cities. Remote Sensing of Environment, 2019, 226: 51-73.

[110] 云影. 高分七号:开启卫星测绘应用新时代. 卫星应用, 2020, (1): 50-51.

[111] Zhang L P, Zhang L F, Du B. Deep learning for remote sensing data a technical tutorial on the state of the art. IEEE Geoscience and Remote Sensing Magazine, 2016, 4(2): 22-40.

[112] Bengio Y, Courville A, Vincent P. Representation learning: A review and new perspectives. IEEE Transactions on Pattern Analysis and Machine Intelligence, 2013, 35(8): 1798-1828.

[113] Ienco D, Interdonato R, Gaetano R, et al. Combining Sentinel-1 and Sentinel-2 satellite image time series for land cover mapping via a multi-source deep learning architecture. ISPRS Journal of Photogrammetry and Remote Sensing, 2019, 158: 11-22.

[114] Liu J, Gong M G, Qin K, et al. A deep convolutional coupling network for change detection based on

heterogeneous optical and Radar images. IEEE Transactions on Neural Networks and Learning Systems, 2016, 29(3): 545-559.

[115] Tarpanelli A, Santi E, Tourian M J, et al. Daily river discharge estimates by merging satellite optical sensors and Radar altimetry through artificial neural network. IEEE Transactions on Geoscience and Remote Sensing, 2019, 57(1): 329-341.

[116] Gong P, Liu H, Zhang M N, et al. Stable classification with limited sample: Transferring a 30m resolution sample set collected in 2015 to mapping 10m resolution global land cover in 2017. Science Bulletin, 2019, 64: 370-373.

第 9 章　高光谱遥感信息处理及应用

随着空间对地观测技术的不断发展，高光谱遥感技术应运而生。由于其包含丰富的光谱辐射信息，具有图谱合一的特点，高光谱遥感数据被广泛地应用于农业、林业、水质、大气、地质、军事、环境等多个领域。本章将回顾高光谱遥感技术的发展历程，总结出高光谱遥感领域的研究进展，同时对未来高光谱遥感技术的发展进行展望。

9.1　高光谱遥感影像概况

9.1.1　高光谱遥感概念及数据特点

高光谱遥感(hyperspectral remote sensing，HSR)，是利用多个很窄波段宽度(2～10nm)的电磁波波段获得被观测地物光谱信息的技术。区别于传统遥感，高光谱遥感影像的光谱分辨率可达纳米级，其每个像元可包含数十乃至数百个波段的光谱信息，且各光谱波段间基本连续，形成了一条完整而连续的光谱曲线。光谱信息的丰富，大大提高了地物的分辨识别能力，不仅为探测在原本的宽波段遥感中不可探测的物质提供了可能，也使遥感从定性分析向半定量或定量化分析的转变成为可能。

相对于传统的遥感影像而言，高光谱遥感数据具有以下特点。

(1)光谱通道数量多。同样是在可见光到红外光的波长范围内(0.4～2.5μm)观测地物，传统的多光谱遥感影像通常只有 10 个左右的光谱通道，而高光谱传感器获取的光谱通道数可达数十至数百个。

(2)光谱分辨率高。高光谱传感器的采样间隔小，通常在 10nm 左右。达到纳米数量级的更为精细的光谱分辨率，使得很多隐藏于细微狭窄光谱区间的地物特征得以被发现。

(3)数据量大幅增加。由于影像波段数的增加，相同覆盖区域，空间分辨率一致的情况下，相较于多光谱遥感影像，高光谱影像需要的存储空间更大。

(4)数据的信息冗余增加。由于同一空间位置在不同波段图像的相似性高，使得影像中的某一波段的信息可以部分或完全由图像中其他波段替代，数据信息的冗余度增加。

(5)图谱合一。相较于地面光谱辐射计获取的是某点的光谱信息，高光谱传感器可在连续空间进行光谱测量，因此可同时得到地物空间域和光谱域的信息，并且高光谱数据得到的光谱曲线还可与实测的地面地物光谱曲线进行比较。

9.1.2　高光谱遥感技术的发展与现状

起步于 20 世纪 80 年代，在成像光谱学基础上发展而来的高光谱遥感，是过去几十年间对地观测技术的重要突破，也是先进遥感领域的研究前沿。截至 2020 年，国内外的高光谱成像光谱仪历经了几代更迭，高光谱遥感技术也逐渐形成了多类成熟的产品，它们依照数据获取方式和分光原理可划分为不同的类别。

由 NASA 所属的喷气推进实验室设计的第一代成像光谱仪(AIS)于 1983 年面世，其光谱波段范围是 1.2～2.4μm，共分为两种：AIS-1(1982～1985 年，128 个波段)和 AIS-2(1985～1987 年，128 个波段)。紧随其后，1987 年，又推出了第二代高光谱成像仪的代表——机载可见光/红外成像光谱仪(AVIRIS)。同一时期，其他国家也纷纷加入研制成像光谱仪的队伍。美国地球物理环境研究公司(geophysical environmental research corporation，GER)也研发了用于环境监测和地质研究的高光谱分辨率扫描仪(geophysical and environmental research imaging spectrometer，GERIS)，其中有 63 个通道为高光谱分辨率扫描仪，剩余的 1 个通道用以存储航空陀螺信息。

迈入 21 世纪，星载高光谱遥感技术迎来了高速发展期。2000 年 7 月，搭载于美国空军卫星 MightSat-II 上的傅里叶变换高光谱成像仪(FTHSI)的成功发射，标识了干涉型成像光谱仪在星载平台上的首次应用[1]。作为第三代高光谱成像光谱仪的代表，其重量仅为 35kg，采用了 Sagnac 空间调制型成像光谱技术方案，光谱范围在 400～1050nm，光谱分辨率为 2～10nm，包含 256 个波段，空间分辨率为 30m，视场角为 150° 。同年 11 月，搭载于地球观测卫星(earth observing-1，EO-1)上的 Hyperion 高光谱传感器，是世界上第一个成功发射的星载民用成像光谱仪[2]。其采用推扫式获取可见光/近红外(356～1085nm)以及短波红外(852～2577nm)的光谱信息，并在这两种波段范围分别采用了不同的色散型光谱仪。整个光谱范围内，Hyperion 具有 242 个光谱通道，光谱分辨率为 10nm，空间分辨率为 30m。作为目前仍在轨并可公开获取的星载高光谱传感器，Hyperion 数据被广泛应用于精准农业、地质、采矿、森林等多个领域。

2001 年，欧洲航天局成功发射了紧凑型高分辨率成像光谱仪(CHRIS)[3]，其包含 5 种探测模式，最多可获取 62 个波段，光谱覆盖范围为 0.4～1.05μm。2002 年，环境卫星一号(ENVISAT-1)搭载的推扫型中分辨率成像光谱仪(MERIS)，对于检测海洋以及海洋对气候的影响起到重要的作用。2009 年 9 月，美国海军研究实验室研发的海岸带高光谱成像仪(HICO)安装到了国际空间站上，其光谱分辨率为 5.7nm，并具有 128 个波段，被用于进行海洋观测。2014 年 7 月，美国的轨道碳观测卫星(orbiting carbon observatory 2，OCO-2)成功发射，其具有 1016 个光谱通道，目的是观测全球的二氧化碳分布。

随着科技发展以及应用需求的增长，高光谱遥感正在向着超高光谱、超高空间分辨率、大面阵、高灵敏度的方向发展。经过长期的探索，目前，美国、日本、印度等暂处于高光谱遥感技术的前列。表 9-1 列举了一些国际知名的高光谱遥感传感器以及其对应参数。

表 9-1 常见的高光谱遥感传感器参数

传感器	发射时间	搭载平台	波段数	光谱范围/nm	空间分辨率/m
ASTER	1999 年	Terra（EOS）	14	520～1165	15,30,90
MODIS	1999 年	Terra（EOS）	36	405～14385	250,500,1000
FTHSI	2000 年	MightySat-II	146	475～1050	30
CHRIS	2001 年	ESA PROBA	62	410～1050	18～36
GLI	2002 年	NASDA DEOS-II	40	380～1200	250～1000
Hyperion	2002 年	EO-1	220	400～2500	30
MERIS	2002 年	ENVISAT	15	390～1040	300

尽管我国在高光谱遥感领域起步稍晚，但经过不断的努力，当今中国也已成功地建立和发展了自己的航空航天对地观测系统。国内自主研发的模块化机载成像光谱仪（MAIS）、实用型模块化成像光谱仪（OMIS）和推帚式成像光谱仪（pushbroom hyper-spectral imager，PHI）等机载成像光谱仪，性能指标达到了国际先进水平。我国 2008 年，干涉式高光谱成像仪搭载于环境一号卫星（HJ-1A）成功上天，光谱范围 450～950nm，波段数为 115 个，空间分辨率为 100 米。2011 年，天宫一号飞行器搭载了中国科学院上海技术物理研究所与中国科学院长春光学精密机械与物理研究所联合研制的高光谱成像仪，工作在可见近红外和短波红外波段，空间分辨率达到 10m。发射于 2018 年 4 月的珠海一号高光谱卫星（OHS），是我国唯一完成发射并组网的商用高光谱卫星，其具有 32 个波段，空间分辨率达 10m。2018 年 5 月，世界上第一颗大气和陆地综合高光谱观测卫星，我国自主研制的高分五号顺利发射，该卫星具有高光谱、大范围、定量化探测等特点。

9.1.3 高光谱遥感影像数据解译挑战

由于高光谱遥感影像自身的数据特点，其在丰富了数据信息的同时，在进行信息提取和应用的时候也面临了如下挑战。

(1) 随着光谱分辨率的提升，高光谱数据在光谱维的数据量显著提升。而波段之间存在着信息冗余，这导致特征空间的维数很高，计算处理时需要花费大量的时间和资源。

(2) 由于高光谱成像光谱仪的空间分辨率不足或是地物的紧密邻合，混合像素常见于高光谱影像。如何从混合像素的复杂光谱信息中还原真实的地物构成，是高光谱遥感影像分类面临的难点之一。

(3) 由于从地物到影像的成像过程十分复杂，受到的干扰因素也很多，即使是同类地物，其光谱响应也可能表现出很大的差异，即存在“同物异谱”和“异物同谱”的现象，这给高光谱影像分类造成了困难。

(4) 高光谱影像为不同的地面目标提供了丰富的谱信息，然而，如何通过高光谱影像，得到更深入的地表信息，如材质、热属性等，以及如何使用高光谱数据，使其在信息提取和定量遥感上，都超越传统的多光谱数据，是高光谱遥感面临的难题。

9.2　高光谱遥感影像的处理与分析

光谱分辨率的提升丰富了解译的信息，同时也给传统的影像信息处理技术带来了新的挑战。高光谱影像可视为三维的立方体数据结构，相较于常规的二维影像，增添了一维光谱信息，因此对于高维信息的处理，较之以往也产生了变化。

9.2.1　数据降维

高光谱遥感影像的特点之一是数据量大，当采用时间序列的高光谱影像时，数据量更是呈线性增加，其处理的复杂性往往超过了普通计算机的存储和计算能力。为了尽可能多地保留高光谱数据中的有效信息，消除波段间的数据冗余，避免维数灾难，在使用高光谱数据时，通常会进行降维处理，使得较少的波段可以保留绝大多数的高光谱数据信息[4]，从而使得高光谱数据更利于计算、存储、分类、可视化等后续分析处理[5]。高光谱数据降维可分为特征选择和特征提取两种，前者是有针对性地从原始的数据特征中选取一部分需要的特征，它并不会对原始特征进行变换处理；而后者则是采用某一变换函数将原本的高维特征映射到新的低维空间，以此来缩减特征维数。依据是否引入类别标签，可将降维处理方法分为无监督、有监督和半监督三类。

1. 无监督的降维方法

在没有样本类别信息的情况下，采用无监督的降维方法。无监督的方法并不考虑样本的类别信息，因此它不是为提高后续分类处理的准确性，只是为了降低原始数据的维度。主成分分析法(principal component analysis，PCA)是最常用的线性降维方法，为了使降维后仍能最大化保持数据的信息，它通过计算在投影方向上的数据方差的大小来衡量该方向的重要性。独立成分分析法(independent component analysis，ICA)是一种学习随机向量线性变换的概率方法，它将数据转换为最大独立且非高斯的分量。最小噪声变换(minimum noise fraction，MNF)[6]本质上是两次层叠的主成分变换，第一次变换用于分离和重新调节数据中的噪声，第二步是对噪声白化数据的标准主成分变换。局部线性特征提取(local linear feature extraction，LLFE)[7]则在找到投影方向后将邻域关系信息保留在特征空间中。除了上述线性方法，与之对应的非线性方法[8]，如核主成分分析法、核独立成分分析法、核最小噪声变换也被广泛运用于数据冗余处理。近年来，流形学习逐渐广泛地应用于高光谱数据的非监督降维。

2. 有监督的降维方法

常规的有监督降维方法包括：线性判别分析(linear discriminant analysis，LDA)，区别于主成分分析，线性判别分析会使得降维后的数据尽可能容易地被区分；非参数加权特征提取(nonparametric weighted feature extraction，NWFE)[9]，其使用决定边界的训练样本引入了非参数散射矩阵；改进的 Fisher 的线性判别分析[10]；正则化的线性判别分析[11]；使用空间和频谱信息的改进的非参数加权特征提取[12]；基于核的非参数加权特征提取[13]；

等等。近年来，高光谱数据的监督降维方法还引入了数据的局部邻域特征。Li 等[14]利用局部 Fisher 的线性判别分析进行数据降维，使得原本的多峰结构得以保留。Zhou 等[15]同时利用了光谱维和空间维的局部邻域信息获取降维的判别投影。Dong 等[16]提出的方法，将局部空间信息整合进距离度量学习中，使得学习得到的子空间中，同一类别的样本距离更近，不同类别的样本距离更远。

3. 半监督的降维方法

不同于无标记的样本可以大批量获取，在实际应用中，如果需要大量标记的样本，需要消耗许多的人力资源和时间。因此，半监督方法应运而生，其旨在利用未标记和有限标记的数据来改进分类[17, 18]。目前这一方法在机器学习中已越来越流行，其中具有代表性的包括协同训练，转导支持向量机(support vector machine，SVM)和基于图的半监督学习方法。半监督判别分析(semi-supervised discriminant analysis，SDA)是在线性判别分析的目标函数中添加了一个正则化器，该方法利用有限数量的标记样本来最大程度地区分类别，并同时使用标记样本和未标记样本来保留数据的局部属性。Luo 等[19]提出的方法改进了半监督局部判别分析(semi-supervised local discriminant analysis，SELD)[20]。该方法建立了一个半监督图，其中标记的样本根据它们的标记信息连接，而未标记的样本通过它们的最近邻居信息连接，因此更好地突出样本之间的差异和相似性。

降维方法使得人们可以从高光谱数据中提取需要的特征，但目前的高光谱降维技术仍然面临两个主要挑战：①从大型高光谱数据中挖掘互补特征(同时降低维度和冗余度)；②将后续的处理(如分类)与降维操作整合在一起，使得降维得到的特征能够服务于后续应用。

9.2.2 降噪处理

在高光谱成像中，受到大气环境及仪器噪声等影响，传感器接收到的辐射信息会被削弱。通常采用大气校正来弥补大气的影响，而仪器(传感器)噪声包括热(约翰逊)噪声，量化噪声和散粒(光子)噪声，这些噪声使得光谱带在某种程度上被破坏。损坏的频段(也称为垃圾频段)的存在会降低图像分析处理技术的效率，因此通常在进行进一步处理之前将其从数据中剔除。但由于删除这些频段会丢失大量信息，因此，另一种方法是恢复那些受损的频带，并改善高光谱影像的信噪比。在高光谱遥感信息处理中，降噪处理被视为重要的预处理步骤。

在过去的几年中，大量研究致力于高光谱图像降噪处理，使得该技术得到了很好的发展。由于忽略了频谱信息，基于二维建模和凸优化技术的常规降噪方法得到的结果并不十分理想。研究发现，高光谱影像中高度相关的光谱带对降噪非常有用，因此高光谱影像降噪技术已经发展为利用频谱信息的处理方法[21, 22]，其主要可分为三大类。

1. 基于三维模型的方法

基于三维模型的方法试图在三个维度(空间和频谱)上将信号的噪声去相关。在有的研究中[23]，离散傅里叶变换(discrete Fourier transform，DFT)用于在频谱域中对信号进行解相关，而二维离散小波变换(two-dimensional discrete wavelet transform，2D-DWT)则用于在空间域中对信号进行去噪。在另一研究中[24]，三维小波收缩被应用于多光谱图像降噪。还有研究[25]出于对高光谱影像降噪的目的，将二维二元小波收缩扩展到三维。三维非局部均值滤波(non-local mean filtering，NLM)[26]被用于某研究[27]中的高光谱去噪。有的研究把二维离散小波变换和主成分分析用于在空间域和光谱域上将接收信号的噪声和信号本身去相关[28]。

2. 基于空-谱信息的惩罚方法

在高光谱影像中，光谱波段高度相关。现有的一些降噪方法已经提出了利用这种高频谱相关性的惩罚方法。文献[29]通过在最小化问题中考虑频谱噪声方差并使用乘数的交替方向方法，对文献[30]中对高光谱影像的降噪处理进行了改进。随后，由于高光谱影像光谱带中的冗余和高度相关性，文献[31]提出了使用一阶粗糙度惩罚(first order roughness penalty，FORP)的最小二乘法来用于高光谱影像降噪。在小波域中制定了新的成本函数，以利用小波的多分辨率分析(multiresolution analysis，MRA)。Stein 无偏估计量(Stein's unbiased risk estimator，SURE)用于自动选择调整参数。实验结果表明，对于高光谱降噪而言，这种方法速度非常快，可以改善去噪效果，并轻松地应用于非常大的高光谱图像。文献[32]通过结合使用粗糙度惩罚和组套索惩罚，改进了此方法。文献[33]提出了一种空间光谱高光谱影像降噪方法。采用频谱推导以将噪声集中在低频波段，然后通过在空间域上应用二维离散小波变换和在频谱域上应用一维离散小波变换来消除噪声。

3. 基于低秩模型的方法

由于沿频谱方向的冗余性，低秩模型已广泛用于高光谱影像分析和应用程序中，例如降维，特征提取，解混和压缩。由于光谱波段的冗余，低秩模型通常假定的频谱维数比真实频谱低得多。一种称为 Tucker3 分解的低秩表示技术[34]在文献[35]中用于高光谱图像降噪。假设高光谱影像是三阶张量，并且通过最小化 Frobenius 范数来选择分解的最佳较低秩。文献[36]通过采用更高的频谱减少率，类似的想法被用于高光谱影像降噪。文献[37]开发了一种遗传算法以选择 Tucker3 分解的等级。随之文献[38]提出了 Tucker3 分解的内核版本，将核函数(高斯径向基)应用于每个光谱带，并有效利用了多线性代数。

低阶模型已用于综合和分析最小二乘[39]以及全变差正则化(total variation regularization，TV 正则化)[40]。有研究提出了三维低秩模型，其中将二维小波用作空间域基础，而将光谱域基础假定为未知的低秩正交矩阵[41]。因此，在最小化问题中同时估计两个未知矩阵时，在优化问题中增加了正交性约束，这导致了非凸优化。

9.2.3　频谱分解

高光谱传感器接收的是瞬时视场内所有电磁波的集合，由于地物的紧密混合、传感器空间分辨率较低，电磁波传输过程中的多重散射等原因，高光谱遥感影像中一个像素的光谱基本是多种物质光谱的集合。因此，为了恢复根据地物光谱识别地物的能力，对高光谱数据进行频谱分解，一直都是高光谱数据处理的研究重点[42-44]。

1. 线性光谱解混

假设端元之间的多次散射可忽略不计，且端元独立分布在各自的斑块中，则每个像素的光谱 y 可表示为各端元光谱 ρ 与其对应丰度 α 的加权和，由线性混合模型（linear mixed model，LMM）表示[44]：

$$y_i = \sum_{j=1}^{k} \rho_{ij}\alpha_j + \omega_i \tag{9-1}$$

式中：k 为端元总数；ω 为由模型误差或噪声等引入的干扰。

丰度只表示该端元在这个像素光谱中的贡献百分比，因此丰度还需满足两个约束条件：丰度非负约束（abundance non-negativity constraint，ANC）和丰度和为一约束（abundance sum-to-one constraint，ASC）。前者表明每个端元的丰度不为负数，后者强调各端元的丰度和应为 1。

式（9-1）可进一步简化为

$$y = M\alpha + \omega \tag{9-2}$$

式中：M 为混合矩阵。

根据高光谱数据的具体情况，有不同的适用算法。

1）基于纯像素的算法

基于纯像素的算法，假定每个端元在数据中至少存在一个纯像素。由于这类算法的计算量较小且定义简单，因此它们是线性光谱解混中最常用的算法。但与之对应的，纯像素假设在很多数据中不能满足，因此它的适用性受到限制。这类算法的典型代表有：纯净像元指数（pixel purity index，PPI）算法，它的优势是封装在许多软件中，但是由于该算法需要人工干预来选择最终的端元集，并不适用于自动化的处理；N-FINDR 法[45]通过使多维数据集中的像素矢量形成的体积最大化，求得对应的端元集；迭代误差分析（iterative error analysis，IEA）算法计算一系列线性约束解混，每次选择使得解混图像中剩余误差最小的像素；顶点成分分析（vertex component analysis，VCA）算法[46]，将数据迭代投影到与已确定的端元所构建的子空间正交的方向上；单形增长算法（samplex growing algorithm，SGA）[47]是通过找到对应于最大体积的顶点来迭代地增长单形；还有连续最大角凸锥（sequential maximum angle convex cone，SMACC）算法[48]，受 N-FINDR 启发的交替体积最大化（alternating volume maximization，AVMAX）算法[49]，与顶点成分分析类似但考虑了完整子空间的连续体积最大化（successive volume maximization，SVMAX）算法[49]。

2）基于最小体积的算法

当数据不包含纯像素，但每个面上都包含足够的光谱矢量时，可以采用最小体积算法（minimum volume，MV），将最小体积单形拟合到数据中以此获取端元。这个思想与

N-FINDR 法所采用的最大体积概念相反，此时目标是找到包含数据的最小体积的单纯形。最小体积算法的公式可表示为下：

$$\min_{M,A} \| Y - MA \|_F^2 + \lambda V(M) \tag{9-3}$$

$$A \geqslant 0,\ 1_p^T A = 1_n$$

式中：$V(M)$ 为体积调节器，以获得“最小体积”的混合矩阵；λ 为设置数据项和体积项之间相对权重的调节参数。

公式(9-3)是一个非优化问题，其在很大程度上取决于初始化。变量分裂和增强拉格朗日(simplex identification by variable splitting and augmented lagrangian tools，SISAL)算法通过将式(9-3)中的 M 替换为 M^{-1}，改进了原本公式的缺陷。

3)基于统计的算法

以上两种都属于基于几何的算法，而在数据高度混合的时候，因为单面中的光谱向量不足，基于几何的方法得到的结果不理想。在这种情况下，将采用统计框架，将光谱解混表示为统计推断问题，这种方法的计算更为复杂。

由于在大多数情况下，地物的组成数量和光谱都是未知的，可以将高光谱解混视为盲源分离问题。独立成分分析是盲源分离的经典算法，但是其基于源是相互独立的假设。在高光谱数据中，丰度要满足丰度和为一约束，即源之间存在统计依赖性，这使得独立成分分析不适用于高光谱数据[50, 51]。依赖成分分析算法的提出，解决了这一问题[52]。贝叶斯方法可对统计变量建模，并施加先验约束以将解约束到物理上有意义的范围。相关成分分析(dependent component analysis，DECA)算法[52]很好地证明了贝叶斯方法处理高度混合数据集的潜力。它将丰度建模为 Dirichlet 密度的混合，开发了一种循环最小化算法，其中：①根据最小描述长度(minimum description length，MDL)原理推断 Dirichlet 模式的数量；②利用广义期望最大化(generalized expectation maximization，GEM)算法来推断模型参数。

4)基于稀疏回归的算法

对于基于几何和基于统计算法都不适用的数据集，可引入稀疏回归的算法。在系数回归公式中，假设可以将测得的光谱矢量表示为少量预先已知的纯光谱特征的线性组合(例如，通过地面实测的光谱)[53]。随后，解混则相当于在光谱库中找到最佳特征子集，该光谱库可以最佳地模拟场景中的每个混合像素。该方法的优点是避开了端元提取步骤(包括估计端元的数量)。此外，由于通常观察到光谱库以具有相同组分的不同变化(如不同的矿物变化)的组的形式组织，引入基于组的稀疏解混公式，利用光谱库中存在的固有组结构可以通过选择性地改善稀疏解混的结果执行组。

5)联合空间信息的算法

大多数光谱分解的算法都没有引入空间的上下文信息，但是在有的数据集中，空间信息对于端元提取是很重要的。为了联合空间和光谱信息，自动形态端元提取方法使用了扩展的形态变换。而空间-光谱端元提取方法则是先利用局部检索窗口处理图像，并采用空间奇异值分解(singular value decomposition，SVD)来获得一组描述该窗口中大多数光谱变化的特征向量。然后，它将影像数据投影到该特征向量上，以确定候选端元像素。最后，采用空间约束对光谱相似的候选端元像素进行合并和平均，保留相似但不同的端元。为了避免改动用于端元提取的基于光谱的算法，可以将空间信息作为预处理模块作为其一部分，如空间预处理算法[54]。此外，还有人提出了一种基于区域的方法[55]，它可以自适应地加入空间信息。

2. 非线性光谱解混

长期以来，线性光谱解混是高光谱解混研究领域的主流，但十余年前，已经有人观察到在许多情况下高光谱都存在强烈的非线性光谱混合效果，并且非线性分解方法可能会产生更好的结果[56]。近年来，非线性光谱解混受到的关注增多，也产生了不少非线性光谱解混的方法。

1) 双线性模型

线性混合模型的假设前提是像素内不同端元之间不存在相互作用，且空间结构不破碎。但是现实中，不同的地物总是有交叉，例如土壤上方会有植被的枝叶，因此电磁波在到达传感器之前会经过多次反射。仅考虑二次反射或双线性相互作用，即光线与两种不同的物质相互作用，是一种最简单化的建模方式。引入双线性相互作用的第一个模型是由 Singer 和 McCord 建立的，它用于模拟在火星表面上可见光和暗物质都存在的光谱反射。在之后探究土壤对植被光谱的影响时，发现光谱谱带强度与植被端元丰度之间的关系不是线性的，并且主要取决于土壤类型。即使是近 100%的植物覆盖率，由于近红外光穿透树冠并与土壤相互作用，土壤类型也会影响所观察到的光谱。因此，双线性相互作用是存在且不可忽视的[57, 58]。

2) 紧密混合模型

紧密混合物是指彼此紧密接触相互渗透的颗粒混合物，如沙子和土壤中的矿物颗粒。这种混合物的各物质之间存在复杂的相互作用，因此会导致呈现的光学特性是非线性的。描述紧密混合物的非线性光谱混合行为的文献可以追溯到 1931 年。Adams 等在对月球矿物的研究中发现，实验室中构造的矿物混合物存在非线性光谱行为。在现有的众多描述紧密混合物的光学特性的模型中，最为主流的是 Hapke 提出的模型[59]，其引入各向同性多重散射近似(isotropic multiple scattering approximation，IMSA)用来得到均匀混合物的漫反射。在几十年的时间里，Hapke 模型经历了不断地完善[60-63]。

3) 神经网络

人工神经网络是一个极其广泛的研究领域，为解决不同的应用问题，生产了不同的结构体系和模型。作为最流行的神经网络体系结构之一，多层感知器(multilayer perceptron，MLP)也被应用于图像处理领域，其中涉及高光谱分解。Foody[64]首先提出了利用标准多层感知器进行光谱解混处理，对多层感知器进行反向传播训练，使用纯像素作为输入来训练网络，生成混合像素的部分类隶属关系或丰度。结果表明，该技术可以成功地用于高光谱数据解混，并且由于神经网络的结构，分解过程本质上是非线性的。

对比经过反向传播训练的多层感知器，无约束的线性混合模型和模糊 C 均值分类三种光谱分解方法，多层感知器的性能表现要优于另外两者[65]。除此以外，还有别的人工神经网络结构被用于高光谱分解，例如径向基函数神经网络（radial basis function neural network，RBFNN）在非线性数据上得到了比线性混合模型更好的丰度和更小的重构误差，同时其在线性数据上与之也有可比的性能，自组织映射网络（self organizing maps，SOM）[66]能够在无监督的情况下对高维数据进行聚类，并用于提取数据的端元。

9.2.4 影像分类

高光谱遥感影像的分类研究，一直以来都是高光谱信息处理与分析的热门。考虑到高光谱影像的数据特性，依据是否采用了影像的空间信息，可将高光谱影像分类粗分为：基于光谱特征的分类和光谱-空间联合特征的分类。相较于传统遥感数据，丰富的光谱信息是高光谱遥感数据的显著优势，因此在高光谱影像分类研究的早期阶段，大多数方法都集中于探索高光谱影像的光谱特征在分类中的作用。这种分类方法将高光谱图像数据视为纯光谱测量值，而未将空间信息纳入考虑。目前普遍接受的观点是，空间特征对于改善高光谱数据的表示和增加分类精度非常有效[67, 68]，因此联合使用光谱和空间信息进行高光谱影像分类是热点研究的方向之一。

在大量的无监督分类方法中，k 均值聚类算法（k-means clustering algorithm，K-means）、迭代自组织数据分析技术（iterative self-organizing data analysis technique，ISODATA）和模糊 C 均值聚类（fuzzy C-means，FCM）是最受欢迎的，它们对初始群集的分布高度敏感，但可能找不到最优解[69]。训练样本标签一般通过手动标记或地面实测得到，相较于没有类别信息，拥有训练样本会得到更高的分类精度，因此在高光谱领域中，有监督方法比无监督方法受到更多关注。已有文献对最广泛使用的监督光谱分类器进行了精确的研究和比较[70]。

1. 支持向量机

作为监督分类的一种方法，支持向量机最初用于高光谱影像的线性分类。为了将其应用于非线性分类问题，Gómez-Chova 等[71]提出了一种方法，使用聚类和均值图核将标记和未标记像素组合在一起，提高了支持向量机的分类准确性和可靠性。在仅利用光谱信息进行高光谱影像分类时，由于高光谱样本数量有限，大部分的机器学习方法都会受到“休斯效应”影响，分类的结果中会出现离散的点，不符合实际的地表覆盖情况。支持向量机利用核变换技术，通过较少的训练样本来获得一个分离超平面，它和线性判别分析，二次判别分析（quadratic discriminant analysis，QDA）或逻辑判别分析（logistic discriminant analysis，LogDA）等经典的判别式监督分类器相比，可以有效地规避休斯效应[72, 73]，获得较为满意的结果。空间信息的加入，使得特征的维数增加，而样本的数量却没有改变，这加大了运行计算的成本且可能引发维数灾难。在使用支持向量机时，对于光谱和空谱信息采用不同的核进行运算，即合成核方法，可以解决此问题[74]。在此基础上提出的广义合成核[75]和多核学习[76]则改善了其原本凸核组合的问题。

2. 稀疏表示

稀疏表示分类法是将输入的信号，用字典(训练数据)中的原子(样本)的稀疏线性组合表示[77, 78]。该方法的优点是分类直接在字典中进行，避免了监督分类器繁复的训练过程。通过将高光谱影像中相邻像素的空间上下文信息添加到分类器中，可以改善分类结果，这一步可以利用空间相关性，通过在优化过程中较早施加的结构化稀疏性来间接执行。在训练数据充足的情况下，还可以用判别和紧凑字典来提高分类性能[79]。

3. 深度学习

目前，在高光谱遥感的新兴研究领域是利用深度学习方法进行影像分类。从浅层机器学习到深度学习的最直接变化就是用深度完全连接的网络代替标准分类器。由于高光谱数据固有的非线性成像过程，与浅层模型相比，深度学习方法有望提取潜在的高级、分层和抽象特征，这些特征更适合处理输入的非线性高光谱数据。例如用于高光谱影像分类的堆叠式自动编码器和具有稀疏约束的自动编码器[80, 81]，就从输入数据中提取了层次特征。

不同的网络结构适应于不同的提取对象，在高光谱遥感影像分类中被广泛使用的深度网络包括堆叠式自动编码器(stacked auto-encoder，SAE)、深度置信网络(deep belief network，DBN)、卷积神经网络(convolutional neural networks，CNN)、递归神经网络(recurrent neural network，RNN)和生成对抗网络(generative adversarial networks，GAN)[82]。早期研究，是将原始的光谱数据作为输入，无监督的训练堆叠式自动编码器或深度置信网络[80, 83]。随着研究的深入，不少人提出了改进的方案。Zhong 等[84]开发的一种改进的深度置信网络模型，也称多样化深度置信网络，它将深度置信网络的预训练和微调程序规范化，使得深度置信网络的分类准确性显着提高。获取光谱-空间深层特征的网络可分为三种：基于预处理的网络，集成网络，基于后处理的网络。它们分别对应了空谱信息融合的三个不同阶段。基于预处理的网络是通过神经网络将低层联合特征映射到高层联合特征，集成网络是从原始数据或者原始数据中的一些波段获取特征，后处理网络则是分别学习得到了深层光谱特征和空间特征再将两者融合。

深度学习的引入尽管提升了高光谱影像分类的潜力，但随之而来也产生了一些问题，其中最主要的就是过拟合问题和最优解难获得的问题。另外，近年来高光谱遥感领域的研究，有相当比例都聚焦于影像分类的研究。但现有公开的测试数据集已不能满足研究的发展需求，需要地物更为复杂，并兼具标准可用的样本的新的测试集，方便研究人员进行实验并相互对比。

9.3 高光谱遥感影像的应用

随着遥感技术的不断发展，时至今日，由于高光谱遥感影像具有谱段范围广且图谱合一的数据特点，它被广泛应用于精准农业、海洋、地质勘测、植被、考古、大气等多个领域。

9.3.1　农业

对农作物的生长研究需要对生物化学和物理属性进行量化和监控，对叶片生化物质(如叶绿素和氮的含量)的估计为我们提供了植物生产力，胁迫和养分利用率的指标。现有研究证明，相较于过去的宽波段数据，光谱带狭窄的高光谱遥感数据在绘制和量化农作物的生物物理和生化参数方面，提供了至关重要的附加信息。高光谱遥感的最新进展也证明了其在各种作物监测应用中的巨大实用性。波段中的反射率和吸收率特征与特定的作物特征有关，例如生化成分[85]、物理结构、水含量[86]和植物生长状况。利用高光谱数据对作物及其生物物理和生化变量进行的研究也有许多，例如产量[87]、叶绿素含量[88]、氮含量[89]、植物生物胁迫[90]、植物水分和其他生物物理变量[91]。

在农业应用的过程中，现有的高光谱遥感数据的信息处理和分析也还存在缺陷。主要是土壤和作物这些田间组分较为复杂，且在作物生长期间会不断变化。如何对其得到的混合光谱进行分解，提取到适用于研究的信息，对于后续的分析处理都至关重要，对于农业遥感的定量化、精细化发展也意义深远。

9.3.2　海洋

海洋占据了地球表面积的 71%，对于海洋的监测、利用和保护，对于人类社会有着重要意义。随着成像技术的发展，高光谱遥感已成为目前海洋遥感的前沿领域。尤其是光谱覆盖范围广、分辨率高和波段多等许多优点的中分辨率成像光谱仪，更是已成为海洋水色、水温的有效探测工具。它不仅可用于海水中叶绿素浓度[92]、悬浮泥沙含量、某些污染物和表层水温探测，也可用于海冰、海岸带等的探测[93]。

除了类似多因子离水辐射模型、海洋光学三维 Monte Carlo 模型等高光谱遥感在海洋应用中的基本机理研究，海岸带资源环境监测也是高光谱海洋遥感研究的重点。其中包括海岸与沙滩分类、人工建筑目标识别、防雷探测、溢油识别[94]、珊瑚礁监测和海洋水色遥感等。

9.3.3　森林

受限于光谱波段，传统的多光谱遥感的研究几乎都在森林群落的层面，而高光谱传感器的出现，为获取林业相关信息节省了时间和金钱的成本[95]，并且使得对森林的监测从树种层面细化到冠层水平[96]。在森林中高光谱遥感的应用有很多，如叶绿素估算[97]、氮含量估算[98]和其他生化量估算、森林病虫害检测[99]、森林疾病状况的检测、水果质量评估[100]、生产力和生物量评估、叶面积评估、冠层结构评估、分类制图[101]等。

目前就技术和应用领域而言，在林业应用领域的高光谱研究呈快速增长的趋势，但是仍还有很大的探索潜力。主要限制之一是数据可用性，因为星载高光谱数据存在差距并且没有实现全球覆盖，而现场和机载数据采集成本高昂，研究成本高昂，就数据本身而言，在噪声的消除和对象识别方面还有巨大的技术发展空间。

9.3.4 湿地

湿地是地球上一些最重要和最有价值的生态系统，被称为“地球的肾脏”。湿地属于低水位区域，通常靠近地表，在生长季节和丰水期被活跃植物覆盖[102]。高光谱遥感技术主要用于湿地植被、水体和土壤的信息提取研究，如湿地植被监测、植被水含量，生物量和叶面积指数估算、湖泊岸线提取、水质监测以及土壤含水量反演等。

早在 1998 年，就有学者利用高光谱遥感影像进行湿地信息提取分析的研究，并指出了高光谱遥感有利于湿地植被信息的识别[103]。高光谱数据具有基于窄带光谱特征区分植被类型的能力，而窄带光谱特征与色素有关，因此无法通过传统的多光谱传感器简单区分[104]。湿地水体中含有许多悬浮物、可溶性有机物及浮游生物等，它们的存在极大地影响水体的反射特征，而高光谱遥感则可以捕捉到近岸和陆地水体复杂而且多变的光学特征，因此高光谱遥感数据也是进行湿地水质反演的有利数据源。一般是通过建立土壤湿度与反射率的关系对土壤水分进行估算[105]，土壤含水量与水分吸收强度之间有良好的线性相关性。根据土壤中水体的光谱相应，可以反演出该土壤形态的含水量。

9.4 高光谱遥感的发展与展望

前面的小节对现有的高光谱遥感数据处理和分析的重点技术进行了归纳，并从农、林、海、湿地四个不同的应用领域阐述了高光谱数据的应用现状。未来高光谱遥感的发展趋势和工作重点，可总结为以下几点。

(1) 波段范围拓宽，向超高空间、超高光谱分辨率迈进。

早期的高光谱遥感技术发展重点在提高光谱分辨率，但随着研究与应用的需求变化，大面阵的高分辨率传感器技术在进步，高光谱遥感成像技术在提高光谱分辨率的同时，也要朝着高空间分辨率的方向发展。同时，为了适应社会经济发展和国土安全需求，为未来的精准农业、水土资源清查、灾害预警与救援、战场环境分析等应用领域做准备，获得高时效并可靠的遥感数据势在必行。

(2) 高光谱遥感传感器转向小型化、轻量化。

近年来，由于低成本轻量级高光谱传感器与无人机(unmanned aerial vehicle，UAV)的集成，高光谱遥感科学正朝着机动化、集成化和实时性高等方向发展。微型无人机高光谱图像适用于各种遥感任务，如精确农业、植被测绘、森林数字地表模型生成等。农业是无人机载高光谱系统最重要的应用之一。搭载不同传感器的无人机已经成为提高农业生产效率的成熟方法。农民可以监视土壤状况，灌溉和农作物生长的状况，甚至可以精确到每棵植物。

(3) 高光谱数据的处理分析技术进一步提高。

随着传感器技术的进步，高光谱遥感数据的数据量和影像质量都有了大幅提升。面对海量的数据，爆炸式增长的信息量，如何高效地对高光谱数据的信息进行挖掘，提高数据的计算与传输效率，将是未来高光谱遥感亟待解决的问题。

(4) 高光谱应用更多元化、大众化。

在过去的三十年中，高光谱成像技术取得了重大进展，已成为众多民用、环境和军事应用中的有效工具。例如，珠海一号等商用高光谱卫星的发射，增加了高光谱遥感数据的种类，而进一步挖掘高光谱数据的应用潜力，使其惠及大众，是未来高光谱遥感的目标之一。

参考文献

[1] Yarbrough S, Caudill T, Kouba E, et al. MightySat II.1 hyperspectral imager: Summary of on-orbit performance. Imaging Spectrometry VII, 2002, 4480: 186-197.

[2] Pearlman J S, Barry P S, Segal C C, et al. Hyperion, a space-based imaging spectrometer. IEEE Transactions on Geoscience and Remote Sensing, 2003, 41(6): 1160-1173.

[3] Fletcher P A. Image acquisition planning for the CHRIS sensor onboard PROBA. Imaging Spectrometry X, 2004, 5546: 141-148.

[4] Jia X P, Kuo B C, Crawford M M. Feature mining for hyperspectral image classification. Proceedings of the IEEE, 2013, 101(3): 676-697.

[5] Ren J C, Zabalza J, Marshall S, et al. Effective feature extraction and data reduction in remote sensing using hyperspectral imaging. IEEE Signal Processing Magazine, 2014, 31(4): 149-154.

[6] Green A A, Berman M, Switzer P, et al. A transformation for ordering multispectral data in terms of image quality with implications for noise removal. IEEE Transactions on Geoscience and Remote Sensing, 1988, 26(1): 65-74.

[7] Zhang L P, Zhong Y F, Huang B, et al. Dimensionality reduction based on clonal selection for hyperspectral imagery. IEEE Transactions on Geoscience and Remote Sensing, 2007, 45(12): 4172-4186.

[8] Nielsen A A. Kernel maximum autocorrelation factor and minimum noise fraction transformations. IEEE Transactions on Image Processing, 2011, 20(3): 612-624.

[9] Kuo B C, Landgrebe D A. Nonparametric weighted feature extraction for classification. IEEE Transactions on Geoscience and Remote Sensing, 2004, 42(5): 1096-1105.

[10] Du Q, Younan N H, King R, et al. On the performance evaluation of pan-sharpening techniques. IEEE Geoscience and Remote Sensing Letters, 2007, 4(4): 518-522.

[11] Bandos T V, Bruzzone L, Camps-Valls G. Classification of hyperspectral images with regularized linear discriminant analysis. IEEE Transactions on Geoscience and Remote Sensing, 2009, 47(3): 862-873.

[12] Kuo B C, Hung C C, Chang C W, et al. A modified nonparametric weight feature extraction using spatial and spectral information. 2006 IEEE International Geoscience and Remote Sensing Symposium, Denver, 2006.

[13] Kuo B C, Li C H, Yang J M. Kernel nonparametric weighted feature extraction for hyperspectral image classification. IEEE Transactions on Geoscience and Remote Sensing, 2009, 47(4): 1139-1155.

[14] Sugiyama M. Dimensionality reduction of multimodal labeled data by local fisher discriminant analysis. Journal of Machine Learning Research, 2007, 8(5): 1027-1061.

[15] Zhou Y C, Peng J T, Chen C L P. Dimension reduction using spatial and spectral regularized local discriminant embedding for hyperspectral image classification. IEEE Transactions on Geoscience and Remote Sensing, 2015, 53(2): 1082-1095.

[16] Dong Y N, Du B, Zhang L P, et al. Dimensionality reduction and classification of hyperspectral images using ensemble discriminative local metric learning. IEEE Transactions on Geoscience and Remote Sensing, 2017, 55(5): 2509-2524.

[17] Bruzzone L, Chi M M, Marconcini M. A novel transductive SVM for semisupervised classification of remote-sensing images. IEEE Transactions on Geoscience and Remote Sensing, 2006, 44(11): 3363-3373.

[18] Ahmadi S A, Mehrshad N, Razavi S M. Semisupervised graph-based hyperspectral images classification using low-rank representation graph with considering the local structure of data. Journal of Electronic Imaging, 2018, 27(6): 063002.

[19] Luo R B, Wen Y, Liu X N, et al. Feature extraction of hyperspectral images with semi-supervised sparse graph learning. 2018 Fifth International Workshop on Earth Observation and Remote Sensing Applications (EORSA), Xi'an, 2018.

[20] Liao W Z, Pizurica A, Scheunders P, et al. Semisupervised local discriminant analysis for feature extraction in hyperspectral images. IEEE Transactions on Geoscience and Remote Sensing, 2013, 51(1): 184-198.

[21] Bioucas-Dias J M, Nascimento J M P. Hyperspectral subspace identification. IEEE Transactions on Geoscience and Remote Sensing, 2008, 46(8): 2435-2445.

[22] Acito N, Diani M, Corsini G. Signal-dependent noise modeling and model parameter estimation in hyperspectral images. IEEE Transactions on Geoscience and Remote Sensing, 2011, 49(8): 2957-2971.

[23] Atkinson I, Kamalabadi F, Jones D L. Wavelet-based hyperspectral image estimation. IGARSS 2003: IEEE International Geoscience and Remote Sensing Symposium, Toulouse, 2003, 2: 743-745.

[24] Basuhail A A, Kozaitis S P. Wavelet-based noise reduction in multispectral imagery. Algorithms for Multispectral and Hyperspectral Imagery IV, 1998, 3372: 234-240.

[25] Chen G Y, Bui T D, Krzyzak A. Denoising of three-dimensional data cube using bivariate wavelet shrinking. International Journal of Pattern Recognition and Artificial Intelligence, 2011, 25(3): 403-413.

[26] Buades A, Coll B, Morel J M. A review of image denoising algorithms, with a new one. Multiscale Modeling & Simulation, 2005, 4(2): 490-530.

[27] Qian Y T, Shen Y H, Ye M C, et al. 3-D nonlocal means filter with noise estimation for hyperspectral imagery denoising. 2012 IEEE International Geoscience and Remote Sensing Symposium (IGARSS), Munich, 2012.

[28] Chen G Y, Qian S E. Denoising of hyperspectral imagery using principal component analysis and wavelet shrinkage. IEEE Transactions on Geoscience and Remote Sensing, 2011, 49(3): 973-980.

[29] Zelinski A C, Goyal V K. Denoising hyperspectral imagery and recovering junk bands using wavelets and sparse approximation. 2006 IEEE International Geoscience and Remote Sensing Symposium, Denver, 2006.

[30] Rasti B, Ulfarsson M O, Ghamisi P. Automatic hyperspectral image restoration using sparse and low-rank modeling. IEEE Geoscience and Remote Sensing Letters, 2017, 14(12): 2335-2339.

[31] Rasti B, Sveinsson J R, Ulfarsson M O, et al. Hyperspectral image denoising using first order spectral roughness penalty in wavelet domain. IEEE Journal of Selected Topics in Applied Earth Observations and Remote Sensing, 2014, 7(6): 2458-2467.

[32] Rasti B, Sveinsson J R, Ulfarsson M O, et al. Wavelet based hyperspectral image restoration using spatial and spectral penalties. Image and Signal Processing for Remote Sensing XIX, 2013, 8892: 135-142.

[33] Othman H, Qian S E. Noise reduction of hyperspectral imagery using hybrid spatial-spectral derivative-domain wavelet shrinkage. IEEE Transactions on Geoscience and Remote Sensing, 2006, 44(2): 397-408.

[34] Tucker L R. Some mathematical notes on three-mode factor analysis. Psychometrika, 1966, 31(3): 279-311.

[35] De Lathauwer L, De Moor B, Vandewalle J. On the best rank-1 and rank-(r1, r2, ···, rn) approximation of higher-order tensors. Siam Journal on Matrix Analysis and Applications, 2000, 21(4): 1324-1342.

[36] Renard N, Bourennane S, Blanc-Talon J. Denoising and dimensionality reduction using multilinear tools for hyperspectral images. IEEE Geoscience and Remote Sensing Letters, 2008, 5(2): 138-142.

[37] Karami A, Yazdi M, Asli A Z. Best rank-r tensor selection using genetic algorithm for better noise reduction and compression of hyperspectral images. 2010 Fifth International Conference on Digital Information Management (ICDIM), Thunder Bay, 2010.

[38] Karami A, Yazdi M, Asli A Z. Noise reduction of hyperspectral images using kernel non-negative tucker decomposition. IEEE Journal of Selected Topics in Signal Processing, 2011, 5(3): 487-493.

[39] Rasti B, Sveinsson J R, Ulfarsson M O, et al. Hyperspectral image restoration using wavelets. Image and Signal Processing for Remote Sensing XIX, 2013, 8892: 37-45.

[40] Rasti B, Sveinsson J R, Ulfarsson M O. Total variation based hyperspectral feature extraction. 2014 IEEE International Geoscience and Remote Sensing Symposium (IGARSS), Quebec City, 2014: 4644-4647.

[41] Rasti B, Sveinsson J R, Ulfarsson M O. Wavelet-based sparse reduced-rank regression for hyperspectral image restoration. IEEE Transactions on Geoscience and Remote Sensing, 2014, 52(10): 6688-6698.

[42] Goetz A F H, Vane G, Solomon J E, et al. Imaging spectrometry for earth remote-sensing. Science, 1985, 228(4704): 1147-1153.

[43] Bioucas-Dias J M, Plaza A, Dobigeon N, et al. Hyperspectral unmixing overview: Geometrical, statistical, and sparse regression-based approaches. IEEE Journal of Selected Topics in Applied Earth Observations and Remote Sensing, 2012, 5(2): 354-379.

[44] Keshava N, Mustard J F. Spectral unmixing. IEEE Signal Processing Magazine, 2002, 19(1): 44-57.

[45] Winter M E. N-FINDR: An algorithm for fast autonomous spectral end-member determination in hyperspectral data. Imaging Spectrometry V, 1999, 3753: 266-275.

[46] Nascimento J M P, Dias J M B. Vertex component analysis: A fast algorithm to unmix hyperspectral data. IEEE Transactions on Geoscience and Remote Sensing, 2005, 43(4): 898-910.

[47] Chang C I, Wu C C, Liu W M, et al. A new growing method for simplex-based endmember extraction algorithm. IEEE Transactions on Geoscience and Remote Sensing, 2006, 44(10): 2804-2819.

[48] Gruninger J, Ratkowski A J, Hoke M L. The sequential maximum angle convex cone (SMACC) endmember model. Algorithms and Technologies for Multispectral, Hyperspectral, and Ultraspectral Imagery X, 2004, 5425: 1-14.

[49] Chan T H, Ma W K, Ambikapathi A, et al. A simplex volume maximization framework for hyperspectral endmember extraction. IEEE Transactions on Geoscience and Remote Sensing, 2011, 49(11): 4177-4193.

[50] Keshava N, Kerekes J, Manolakis D, et al. An algorithm taxonomy for hyperspectral unmixing. Algorithms for Multispectral, Hyperspectral, and Ultraspectral Imagery VI, 2000, 4049: 42-63.

[51] Nascimento J M P, Dias J M B. Does independent component analysis play a role in unmixing hyperspectral data? IEEE Transactions on Geoscience and Remote Sensing, 2005, 43(1): 175-187.

[52] Nascimento J M P, Bioucas-Dias J M. Hyperspectral unmixing based on mixtures of Dirichlet components. IEEE Transactions on Geoscience and Remote Sensing, 2012, 50(3): 863-878.

[53] Iordache M D, Bioucas-Dias J M, Plaza A. Sparse unmixing of hyperspectral data. IEEE Transactions on Geoscience and Remote Sensing, 2011, 49(6): 2014-2039.

[54] Zortea M, Plaza A. Spatial preprocessing for endmember extraction. IEEE Transactions on Geoscience and Remote Sensing, 2009, 47(8): 2679-2693.

[55] Martin G, Plaza A. Region-based spatial preprocessing for endmember extraction and spectral unmixing. IEEE Geoscience and Remote Sensing Letters, 2011, 8(4): 745-749.

[56] Heylen R, Parente M, Gader P. A review of nonlinear hyperspectral unmixing methods. IEEE Journal of Selected Topics in Applied Earth Observations and Remote Sensing, 2014, 7(6): 1844-1868.

[57] Huete A R, Jackson R D, Post D F. Spectral response of a plant canopy with different soil backgrounds. Remote Sensing of Environment, 1985, 17(1): 37-53.

[58] Ray T W, Murray B C. Nonlinear spectral mixing in desert vegetation. Remote Sensing of Environment, 1996, 55(1): 59-64.

[59] Hapke B. Bidirectional reflectance spectroscopy: 1. Theory. Journal of Geophysical Research, 1981, 86(B4): 3039-3054.

[60] Hapke B. Bidirectional reflectance spectroscopy: 5. The coherent backscatter opposition effect and anisotropic scattering. ICARUS, 2002, 157(2): 523-534.

[61] Hapke B. Bidirectional reflectance spectroscopy: 3. Correction for macroscopic roughness. ICARUS, 1984, 59(1): 41-59.

[62] Hapke B. Bidirectional reflectance spectroscopy: 4. The extinction coefficient and the opposition effect. ICARUS, 1986, 67(2): 264-280.

[63] Shkuratov Y, Kaydash V, Korokhin V, et al. A critical assessment of the Hapke photometric model. Journal of Quantitative Spectroscopy & Radiative Transfer, 2012, 113(18): 161-186.

[64] Foody G M. Relating the land-cover composition of mixed pixels to artificial neural network classification output. Photogrammetric Engineering and Remote Sensing, 1996, 62(5): 491-499.

[65] Atkinson P M, Cutler M E J, Lewis H. Mapping sub-pixel proportional land cover with AVHRR imagery. International Journal of Remote Sensing, 1997, 18(4): 917-935.

[66] Cantero M C, Perez R M, Martinez P J, et al. Analysis of the behaviour of a neural network model in the identification and quantification of hyperspectral signatures applied to the determination of water quality. Chemical and Biological Standoff Detection II, 2004, 5584: 174-185.

[67] Ghamisi P, Maggiori E, Li S T, et al. New frontiers in spectral-spatial hyperspectral image classification the latest advances based on mathematical morphology, Markov random fields, segmentation, sparse representation, and deep learning. IEEE Geoscience and Remote Sensing Magazine, 2018, 6(3): 10-43.

[68] He L, Li J, Liu C Y, et al. Recent advances on spectral-spatial hyperspectral image classification: An overview and new guidelines. IEEE Transactions on Geoscience and Remote Sensing, 2018, 56(3): 1579-1597.

[69] Wang W N, Zhang Y J, Li Y, et al. The global fuzzy C-means clustering algorithm. 2006 6th World Congress on Intelligent Control and Automation, Dalian, 2006, 1: 3604-3607.

[70] Ghamisi P, Plaza J, Chen Y S, et al. Advanced spectral classifiers for hyperspectral images a review. IEEE Geoscience and Remote Sensing Magazine, 2017, 5(1): 8-32.

[71] Gómez-Chova L, Camps-Valls G, Munoz-Mari J, et al. Semisupervised image classification with Laplacian support vector machines. IEEE Geoscience and Remote Sensing Letters, 2008, 5(3): 336-340.

[72] Melgani F, Bruzzone L. Classification of hyperspectral remote sensing images with support vector machines. IEEE Transactions on Geoscience and Remote Sensing, 2004, 42(8): 1778-1790.

[73] Camps-Valls G, Bruzzone L. Kernel-based methods for hyperspectral image classification. IEEE Transactions on Geoscience and Remote Sensing, 2005, 43(6): 1351-1362.

[74] Camps-Valls G, Gomez-Chova L, Munoz-Mari J, et al. Composite kernels for hyperspectral image classification. IEEE Geoscience and Remote Sensing Letters, 2006, 3(1): 93-97.

[75] Li J, Marpu P R, Plaza A, et al. Generalized composite kernel framework for hyperspectral image classification. IEEE Transactions on Geoscience and Remote Sensing, 2013, 51(9): 4816-4829.

[76] Tuia D, Camps-Valls G, Matasci G, et al. Learning relevant image features with multiple-kernel classification. IEEE Transactions on Geoscience and Remote Sensing, 2010, 48(10): 3780-3791.

[77] Chen Y, Nasrabadi N M, Tran T D. Hyperspectral image classification using dictionary-based sparse representation. IEEE Transactions on Geoscience and Remote Sensing, 2011, 49(10): 3973-3985.

[78] Lai Z H, Wong W K, Xu Y, et al. Sparse alignment for robust tensor learning. IEEE Transactions on Neural Networks and Learning Systems, 2014, 25(10): 1779-1792.

[79] Castrodad A, Xing Z M, Greer J B, et al. Learning discriminative sparse representations for modeling, source separation, and mapping of hyperspectral imagery. IEEE Transactions on Geoscience and Remote Sensing, 2011, 49(11): 4263-4281.

[80] Chen Y S, Lin Z H, Zhao X, et al. Deep learning-based classification of hyperspectral data. IEEE Journal of Selected Topics in Applied Earth Observations and Remote Sensing, 2014, 7(6): 2094-2107.

[81] Tao C, Pan H B, Li Y S, et al. Unsupervised spectral-spatial feature learning with stacked sparse autoencoder for hyperspectral imagery classification. IEEE Geoscience and Remote Sensing Letters, 2015, 12(12): 2438-2442.

[82] Li S T, Song W W, Fang L Y, et al. Deep learning for hyperspectral image classification: an overview. IEEE Transactions on Geoscience and Remote Sensing, 2019, 57(9): 6690-6709.

[83] Chen Y S, Zhao X, Jia X P. Spectral-spatial classification of hyperspectral data based on deep belief network. IEEE Journal of Selected Topics in Applied Earth Observations and Remote Sensing, 2015, 8(6): 2381-2392.

[84] Zhong P, Gong Z Q, Li S T, et al. Learning to diversify deep belief networks for hyperspectral image classification. IEEE Transactions on Geoscience and Remote Sensing, 2017, 55(6): 3516-3530.

[85] Haboudane D, Miller J R, Tremblay N, et al. Integrated narrow-band vegetation indices for prediction of crop chlorophyll content for application to precision agriculture. Remote Sensing of Environment, 2002, 81(2-3): 416-426.

[86] Champagne C M, Staenz K, Bannari A, et al. Validation of a hyperspectral curve-fitting model for the estimation of plant water content of agricultural canopies. Remote Sensing of Environment, 2003, 87(2-3): 148-160.

[87] Wang F M, Huang J F, Wang X Z. Identification of optimal hyperspectral bands for estimation of rice biophysical parameters. Journal of Integrative Plant Biology, 2008, 50(3): 291-299.

[88] Zhu Y, Li Y X, Feng W, et al. Monitoring leaf nitrogen in wheat using canopy reflectance spectra. Canadian Journal of Plant Science, 2006, 86(4): 1037-1046.

[89] Ranjan R, Chopra U K, Sahoo R N, et al. Assessment of plant nitrogen stress in wheat (Triticum aestivum L.) through hyperspectral indices. International Journal of Remote Sensing, 2012, 33(20): 6342-6360.

[90] Prabhakar M, Prasad Y G, Thirupathi M, et al. Use of ground based hyperspectral remote sensing for detection of stress in cotton caused by leafhopper (hemiptera: cicadellidae). Computers and Electronics in Agriculture, 2011, 79(2): 189-198.

[91] Jacquemoud S, Verhoef W, Baret F, et al. PROSPECT plus SAIL models: A review of use for vegetation characterization. Remote Sensing of Environment, 2009, 113: S56-S66.

[92] Lubac B, Loisel H, Guiselin N, et al. Hyperspectral and multispectral ocean color inversions to detect Phaeocystis globosa blooms in coastal waters. Journal of Geophysical Research-Oceans, 2008, 113(C6).

[93] Zhang L, Zhang B, Chen Z C, et al. The application of hyperspectral remote sensing to coast environment investigation. Acta Oceanologica Sinica, 2009, 28(2): 1-13.

[94] Yang J F, Wan J H, Ma Y, et al. Oil spill hyperspectral remote sensing detection based on DCNN with multi-scale features. Journal of Coastal Research, 2019, 90(SI): 332-339.

[95] Yao W, van Leeuwen M, Romaczyk P, et al. Assessing the impact of sub-pixel vegetation structure on imaging spectroscopy via simulation. Algorithms and Technologies for Multispectral, Hyperspectral, and Ultraspectral Imagery XXI, 2015, 9472: 546-552.

[96] Fassnacht F E, Neumann C, Forster M, et al. Comparison of feature reduction algorithms for classifying tree species with hyperspectral data on three central European test sites. IEEE Journal of Selected Topics in Applied Earth Observations and Remote Sensing, 2014, 7(6): 2547-2561.

[97] Murphy R J, Underwood A J, Tolhurst T J, et al. Field-based remote-sensing for experimental intertidal ecology: Case studies using hyperspatial and hyperspectral data for New South Wales (Australia). Remote Sensing of Environment, 2008, 112(8): 3353-3365.

[98] Wang Z H, Wang T J, Darvishzadeh R, et al. Vegetation indices for mapping canopy foliar nitrogen in a mixed temperate forest. Remote Sensing, 2016, 8(6): 491.

[99] Li J B, Tian X, Huang W Q, et al. Application of long-wave near infrared hyperspectral imaging for measurement of soluble solid content (SSC) in pear. Food Analytical Methods, 2016, 9(11): 3087-3098.

[100] Meggio F, Zarco-Tejada P J, Nunez L C, et al. Grape quality assessment in vineyards affected by iron deficiency chlorosis using narrow-band physiological remote sensing indices. Remote Sensing of Environment, 2010, 114(9): 1968-1986.

[101] Clark M L, Kilham N E. Mapping of land cover in northern California with simulated hyperspectral satellite imagery. ISPRS Journal of Photogrammetry and Remote Sensing, 2016, 119: 228-245.

[102] Barducci A, Guzzi D, Marcoionni P, et al. Aerospace wetland monitoring by hyperspectral imaging sensors: A case study in the coastal zone of San Rossore Natural Park. Journal of Environmental Management, 2009, 90(7): 2278-2286.

[103] Neuenschwander A L, Crawford M M, Provancha M J. Mapping of coastal wetlands via hyperspectral AVIRIS data. 1998 IEEE International Geoscience and Remote Sensing Symposium, Seattle, 1998.

[104] Stratoulias D, Balzter H, Zlinszky A, et al. A comparison of airborne hyperspectral-based classifications of emergent wetland vegetation at Lake Balaton, Hungary. International Journal of Remote Sensing, 2018, 39(17): 5689-5715.

[105] Santra P, Sahoo R N, Das B S, et al. Estimation of soil hydraulic properties using proximal spectral reflectance in visible, near-infrared, and shortwave-infrared (VIS-NIR-SWIR) region. Geoderma, 2009, 152(3-4): 338-349.

第10章 雷达遥感信息处理及应用

10.1 合成孔径雷达的原理及应用

合成孔径雷达是20世纪60年代末发展起来的一项新技术,它基于传感器的后向散射信号强度和相位信息，结合雷达基线数据和雷达系统参数，利用几何关系测算地物的三维信息[1]和识别地物。随着遥感技术的迅速发展，合成孔径雷达很快成为微波遥感领域的重要工具,被广泛应用于地形测绘、地质研究、防灾减灾、农林及海洋研究等国民经济的各个领域。本章主要介绍合成孔径雷达的成像特点以及成像原理，总结雷达数据的主要应用领域，并对未来的雷达技术的发展进行展望。

10.1.1 合成孔径雷达概况

1. 合成孔径雷达概念及数据特点

合成孔径雷达，也称为综合孔径雷达，指的是利用雷达与目标的相对运动，把多个尺寸较小的真实天线孔径，用数据处理的方法合成一个较大的等效天线孔径的雷达。

与光学影像相比而言，合成孔径雷达影像具有以下特点。

(1) 分辨率较高。对于微波传感器而言，提高影像分辨率的方式有增大天线孔径和提高雷达频率两种方式。然而，在现实生活中，这些物理条件的改进会受到限制。合成孔径雷达通过将多个天线的孔径的相位叠加，其分辨率显著提高[2]。

(2) 能全天候工作。相比较于光谱传感器而言，合成孔径雷达的透射性更强，因此不会受天气条件、光照条件等因素的影响，具有全天候成像的特点[3]。

(3) 能有效地识别伪装和穿透掩盖物。由于合成孔径雷达的波段位于微波波段，合成孔径雷达穿透能力显著增强，它不仅可以检测到金属反射的电磁波，还可以探测伪装物、掩盖物下的目标[4]。

2. 合成孔径雷达的重要参数

(1) 合成孔径雷达的分辨率。

衡量合成孔径雷达的分辨率的指标有两个，分别为距离向分辨率和方位向分辨率[5]。其中，距离向分辨率指的是垂直于传感器分行方向上的分辨率，其大小与脉冲长度有关，脉冲越短，分辨率越高。方位向分辨率指的是沿传感器分行方向上的分辨率，其大小与波束宽度有关，波束越短，分辨率越高。

(2)合成孔径雷达的频段。

合成孔径雷达的频段有七种类型(表 10-1)，每个频段的穿透性和分辨率各不相同，从而不同的频段对刻画地物的特性也不同[6]。频段越低，穿透性越强；频段越高，穿透性越弱。

表 10-1　合成孔径雷达的主要频段

频段	范围	主要应用
VHF	300kHz～300MHz	穿透能力较强，主要用于生物量测量
P-Band	300MHz～1GHz	穿透能力较强，主要用于土壤湿度测量和生物量测量
L-Band	1～2GHz	常用于农业测量、林业测量和土壤湿度检测
C-Band	4～8GHz	穿透性和高分辨率较高，在应用中分辨目标具有优势，多用于民用卫星
X-Band	8～12GHz	分辨率相对较高，常用于农业监测和海洋监测
Ku-Band	14～18GHz	可用于极地的冰雪检测
Ka-Band	27～47GHz	分辨率最高，穿透能力较弱

(3)合成孔径雷达的极化方式。

极化方式是合成孔径雷达的一个突出特点[7]。极化不同，其得到的图像信息也是不同的[8, 9]。合成孔径雷达所发出的矢量会在垂直(V)或水平面(H)发生偏振，同时，发生偏振后的信号会再返回到传感器[10]。合成孔径雷达的极化方式有四种，包括异向极化(HV,VH)以及同向极化(HH,VV)。

(4)合成孔径雷达的工作模式。

合成孔径雷达的主要工作模式有三种，即条带模式、扫描模式和聚束模式。其中，条带模式的成像宽幅可以通过雷达天线进行调整[11]。扫描模式是多个图幅同时拍摄，最后得到完整图像[12]。聚束模式在拍摄物体时，可以从多个角度进行拍摄[13]。

3. 合成孔径雷达的发展与现状

随着用户对于合成孔径雷达图像信息需求的增加，合成孔径雷达转从单一频率和单一通道，向多通道、多频率、高距离分辨率、高方位分辨率、高重放周期以及多观测角度的趋势发展。这些需求推动了新技术(如数字波束、大型反射面天线、多静态模式)的发展。其最终目标是以连续方式对地球表面的动态过程进行宽频高分辨率的监测。表 10-2 列出了现有星载合成孔径雷达传感器及其主要特性。

表 10-2　星载合成孔径雷达传感器及其主要特性

系统	波段	极化方式(单/双)	分辨率/m	重访周期/d	轨道精度/cm	拍摄模式
ERS-2	C	单：VV	25	35	30	条带模式
RADASAT1	C	单：VV	10-30-100	24	＞100	条带模式或扫描模式
ENVISAT	C	单：VV	20	35	30	条带模式或扫描模式
ALOS	L	双	7-14-100	46	＞100	条带模式

续表

系统	波段	极化方式(单/双)	分辨率/m	重访周期/d	轨道精度/cm	拍摄模式
TerraSAR-X	X	双	1-3-16	11	10	三种模式
COSMO-SkyMed	X,L	双	1-3-15	1-16	10	三种模式
RADASAT2	C	双	3-100	1-24	10	三种模式

10.1.2 合成孔径雷达影像的处理与分析

1. 运动补偿算法

在理想状态下，通常假设搭载合成孔径雷达的传感器以匀速直线飞行。实时上，由于大气、偏流，以及其他不确定性因素的影响，传感器的实际航行路线可能会与预设路线发生偏移[14, 15]。由于合成孔径雷达在接收自身发出的信号时，会存在一个较短的差异，这一差异会使得微波相位发生一定的偏差，从而使得测量的图像发生变形，甚至会出现散焦[16]，无法成像的现象。因此，对飞行轨道的扰动和变化是现有合成孔径雷达研究中的重点和热点。

常用的运动补偿算法包括距离多普勒算法[17-19]、Chirp Scaling[20]算法和 Omega-K 算法[21]。与另外两种算法相比，Omega-K 算法在精度保持和运算速度上具有很大的优势[22]。其算法的基本思想是运用参考函数和插值的方式，同时完成距离校正和方向压缩，并使用非均匀快速傅里叶变换提高算法的校正速度[22]。

$$\varphi_{A_{\mathrm{RFM}}}(f_r, f_a) = -2\pi \frac{R_{\mathrm{cen\_A}} - R_{\mathrm{cen\_ref}}}{c} \cdot (f_a + f_r') \tag{10-1}$$

式中：f_r 为距离频；f_a 为多普勒频；$R_{\mathrm{cen\_ref}}$、$R_{\mathrm{cen\_A}}$ 为零方位时刻的双程斜距；c 为光速。

现有研究基于 Omega-K 算法，对其的精度和聚焦能力进行了改进。例如， 有研究指出传统的 Omega-K 算法中忽略了在方位角的维度上由于恒定加速度引起的速度变化，针对这一问题，Li 等[23]对现有的距离模型进行了改进，从而显著提高了曲线轨迹的校正精度；Liu 等[24]针对现有研究中，大场景的非线性和范围-方位耦合空间变化的不适应问题，提出了一种改进的 STOLT 映射方法，显著改进了 Omega-K 的聚焦精度；Hu 等[22]指出传统的 Omega-K 算法通常只会选取一个矩形区域作为倾斜数据支持区，为了避免传统算法中方位距离域成像时导致的无效值填充，采用了方位重采样的方法来获得均匀聚焦，并利用坐标旋转，从而提高了校正精度。

2. 斑点滤波算法

斑点是合成孔径雷达影像中的问题之一。斑点主要是由于信号在经地物反射后，会在大气中发生散射，同时会在测量单元内叠加形成的[25]。斑点会造成图像成像质量下降，从而降低分类和特征提取的精度[26]。因此，去除斑点噪声对于准确的物体识别、特征提取和合成孔径雷达图像的分类是必要的[27,28]。根据滤波器的假设条件和滤波权重的不同，可将滤波算法为 Lee 滤波器[29]、Frost 滤波器[26]、Kuan 滤波器[30]和 Fuzzy 滤波器[31]。其中，Lee 滤波器、Frost 滤波器和 Kuan 滤波器都是假定所有斑点是相似的，将乘法散斑噪声模型转化为加性噪声模型，但在权重的设置上有所差异[32]。这三种滤波器在去除斑块时，会使得图像边缘和重要细节变模糊[26]。Fuzzy 滤波器假定在有噪声、损坏图像的情况下，大量的不确定性与像素相关联，再利用模糊规则提取邻域信息去除斑块[33]。

3. 图像增强算法

随着斑点滤波技术的出现，经过滤波处理的图像面临着纹理不清晰、边缘模糊以及噪声的问题。为了提高清晰图和图像的可解译程度，图像增强算法应运而生。现有研究中，增强技术可分为：空间场中的图像增强和变换场中的图像增强。作为空间场增强技术的一种，对比度限制自适应直方图均衡化(contrast limited adaptive histogram equalization，CLAHE)的基本思想是将图像划分成大小相同的子图像，基于每个子图像计算得到一个直方图，再根据这个直方图计算图像中重新对权重低的像素进行计算[34]。范围有限的双直方图均衡化(range limited bi-histogram equalization，RLBHE)是基于对比度限制自适应直方图均衡化的改进，将整个图像的直方图划分为两个，以减少了类内偏差，从而可以恢复亮度并对图像进行自然增强[35]。非锐化掩膜(unsharp masking，UM)，采用的是多层级高通滤波，常用于增强图像边缘的对比度，它可以在不增加噪声的同时对边缘进行锐化。变换域中常用到的图像算法为傅里叶变换和小波变换[36]。二者的区别在于，小波变换还可以处理图像中的非平稳信号。

4. 影像分类算法

在进行分类时，合成孔径雷达可通过各种相干和不相干的方式提供不同的后向散射信息[37]。其中，通过相干方法得到的散射信息通常用于提取人工地物[38, 39]。而不相干法通常用于提取自然地物[37, 40]。现有研究所采用的分类技术如下。①光学雷达融合分类技术：即通过将合成孔径雷达的纹理信息与光学传感器的辐射信息融合，实现更高的分类精度。例如，Cianci 等[41]基于能量函数最小化的马尔可夫场，将超高分辨率影像和合成孔径雷达影像融合，检测了多时相观测间发生的土地覆盖变化；Zhu 等[42]指出，通过将 PALSAR 和 Landsat 影像融合，能够有效改善三种城市土地覆被类型(低密度住宅、高密度住宅及商业/工业)的分类。②多极化方式分类技术：通过极化分解来利用两种不同的散射机制，从而得到不同地物的信息[43,44]。③多时序变化检测：通过这种方法，可以提取包括时间变异性和干涉相干性在内的各种特征，从而提高分类精度。这种方法基于双时相或多时相的合成孔径雷达信号变化，可以区分植被的类型。近年来，高空间分辨率和高信号灵敏度 Terra SAR[45]，以及具有全球覆盖的 TanDEM-X 的发射[46]，解决了以往数据中覆盖不一致、灵敏度不够的问题，使更精细的植被类型分类、植被结构传感成为可能。

10.1.3　合成孔径雷达影像的主要应用领域

1. 农业

随着人口的不断增长，满足全球的粮食需求逐渐成为人类的一项严峻挑战。根据联合国粮食农务组织(food and agriculture organization，FAO)的估计，在接下来的40年中，全球人口的粮食需求将是现在的40倍。因此，为了使得农产量最大化，需要准确评价土地的管理情况，确定土地的使用规划，以及检测农作物生长[47]。合成孔径雷达在监测土壤属性方面具有绝对的优势，它不仅可以通过传播信号分辨出土壤粗糙度的变化，还可以检测出土壤中湿度的改变[48]。

合成孔径雷达还可用于农作物长势参数，如生物量[49, 50]、作物高度[51]、作物密度[52]、作物叶面积指数[53]的监测，从而为农事管理活动和农作物价格调整提供有效依据。相比较于光学传感器而言，基于合成孔径雷达得到的长势参数具有较高的饱和点，因此能更准确地监测农作物的长势[54, 55]。此外，合成孔径雷达通过对分类和时序动态跟踪。不同物候时期的作物所引起的后相散射不同，从而根据合成孔径雷达影像可以识别出不同物候时期的农作物[56]。

2. 灾害

在常见的自然灾害中，洪水是世界上最频繁和最广泛的灾害之一。测绘洪水的灾害范围是评估灾害和救援组织工作的基础。然而，洪水发生时，通常为多雨多云的天气，这使得可见光、红外传感器在测量时存在一定的障碍。作为一种微波传感器，合成孔径雷达的穿透能力较强，可在夜晚和多云天气下工作，这使得合成孔径雷达在洪水测绘中具有一定的优势。现有研究采用了各种方法来从合成孔径雷达影像中提取洪水范围，如阈值处理[57]、模糊分类[58]、区域生长[59, 60]及纹理分析[61, 62]。

地震作为最具有破坏性的灾害，若发生在人口密集区，会造成大量的人口伤亡和财产损失。当地震来袭时，为了能采取及时有效的救灾行动，减少伤亡人数，以及预测余震的发生，需要对地震灾害进行实时的监测。近年来，具有米级分辨率的合成孔径雷达卫星，如COSMO-SkyMed和TerraSAR-X，为城市的地震损害评估和制图精度的提高提供了可能[63]。近几年的研究中提出了几种检测方法，主要包括：利用相位信息进行相干变化检测，以及多时间振幅检测法[64]。

3. 海洋

由于测量设备的缺乏，以及地形、空间和时间的限制，海洋波纹数据的收集至今仍是一项艰巨的任务。在过去三年中，合成孔径雷达在海洋中的应用引起了广泛关注，并在短短时间内扩展到了各个方面[65]。合成孔径雷达通过探测多普勒频率或相位的异常位移来直接测量海洋表面的运动[66]。星载合成孔径雷达被用于勘测大覆盖范围(10km×10km到400km×400km)的高空间分辨率(高达1m)的波纹信息[67]。波纹参数，如有效波高和平均波周期，通常从合成孔径雷达衍生的波谱中获得。此外，合成孔径雷达在海洋测高中也有着广泛应用。与现有的最佳常规雷达测高相比，合成孔径雷达在测高的能力更强，包括降低测量噪声、改善沿海地区的性能和改善海洋中尺度海平面异常的光谱信息含量[68]。通过探测到海洋表面运动引起的频率上的额外多普勒频移，合成孔径雷达还可以绘制出高分辨率的海洋表面风速图[69]。

10.1.4 合成孔径雷达的发展与展望

近年来，高分辨率合成孔径雷达在地球观测方面的应用取得了快速发展。为了研究地球表面的动态过程，越来越多的用户要求在尽可能获取重访周期短的时间序列或相干雷达图像。

1. 数字波束成像技术和多孔径信号记录技术

合成孔径雷达在获取高分辨率和宽频带图像方面的能力不可同时实现。由合成孔径雷达的成像原理可知，其方位分辨率的提高主要是依赖宽多普勒频谱的构建，而宽多普勒频谱则意味着系统必须以高脉冲重复频率(pulse repetition frequency，PRF)操作，以提高合成孔径雷达在成像过程中分方位分辨率，高脉冲重复频率则会限制条带宽度的大小[70]，因此，大幅宽的区域覆盖的设计要求会与高方位角分辨率的星载合成孔径雷达系统相矛盾。现有的合成孔径雷达的成像模式通常在空间覆盖面积和方向位分辨率之间取得一个平衡。如 ScanSAR(或 TOP)模式[71]，它以降低方位分辨率为代价实现宽频带，而聚束模式则允许改进方位解析，而代价是沿卫星轨道的非连续成像。然而，到目前为止，还不可能将同时两种成像模式用于同一数据采集。为了克服这个限制，现有研究提出了一些创新的成像技术。数字波束形成[72]和多孔径信号记录[73]是未来合成孔径雷达系统性能提升至少一个数量级的关键技术。其中一个突出的例子就是由德国航空航天中心开发的高分辨大测绘带成像[74]。为了实现这一改进，高分辨率宽测绘带(High resolution wide swath，HRWS)系统采用了两种先进的技术：仰角接收的数字波束形成和方位角的多孔径记录[75]。该系统的条带宽度为 70km，分辨率为 1m，其获取得到的地面分辨率单元数目是 TerraSAR-X(30km 条带宽度的 3m 分辨率)的 21 倍。通过这种方法，该系统利用了侧视雷达的成像几何，从地面发出的散射回波在每一时刻都以相当窄的角度范围内平面波的叠加形式到达雷达。

2. 多角度成像

对双基地雷达散射截面的评估将提高目标的分类，从多个角度获取双基地合成孔径雷达图像对地球科学的许多分支都有着至关重要的意义[76]。多角度观测还考虑到由于减少了追溯反射面效应或前向散射而提高了成像性能，多个接收机同时接收信号可以提高信噪比，从而降低发射机的功率要求[77]。双和多基地卫星编队也可以优化应用，如超分辨率[78]、模糊抑制[79]，或高分辨率宽条带成像[80]。

3. 基于合成孔径雷达的三维建模

传统的合成孔径雷达图像是将场景反射率图从三维空间投影到二维平面上。投影和固有的侧视几何结构所带来的影响，如透视收缩和叠影，使得合成孔径雷达图像难以解译，特别是在城市地区，从而启发了重建目标三维图像的研究。虽然二维图像形成的算法已经很成熟，但三维数据聚焦技术仍是近几年来一个不断发展的领域。干涉合成孔径雷达通过利用从稍微不同的视图获得的两幅图像之间的相位差来测量地面高度[81]。然而，它不能在高度维度上分离多个散射体。合成孔径雷达层析成像是一种新兴的成像技术，它将合成孔径原理扩展到垂直方向，从而可以重建目标的真实三维图像[82]。合成孔径雷达层析成像通常是一个二维的常规合成孔径雷达处理加上一个高度散射剖面估计问题。近年来，合成孔径雷达层析成像在城市基础设施监测、勘察、冰床测图、森林结构反演等方面的研究成果显示了巨大应用潜力。除了这两种方法以外，近年来提出或应用的算法还有：基于线性滤波的方法(如傅里叶波束形成和 Capon)[83]、基于子空间分析的方法(如多信号分类[84]、通过旋转不变性技术估计信号参数[85]，以及基于正则化的方法[86]。

4. 高分合成孔径雷达变化检测

新一代的高分辨率合成孔径雷达传感器，如 TerraSAR-X 和 COSMO-SkyMed 星座，允许系统地获取空间分辨率达到米/亚米的数据。空间分辨率的增加大大改进了合成孔径雷达的变化检测能力。一方面，分辨率的提高使得垂直结构的分层更加明显。在进行城市建筑物变化检测时，高分辨率合成孔径雷达的信号在地面上和建筑物上的散射体之间的干扰更为频繁。另一方面，与中分辨率卫星(如欧洲遥感卫星或 ENVISAT)相比而言，其获取的数据分布在更多像素上，从而可以有效利用像素之间的空间结构和上下文信息。最近许多研究利用高分合成孔径雷达解决了城市地区变化的问题。具体而言，高分合成孔径雷达的应用领域包括：地震损害的检测[87, 88]，建筑数据库的更新[89]，城市演变而产生的变化的检测[90]。这些研究采用的方法包括分类后监督分析[91]、光学和合成孔径雷达数据联合融合[92]、激光雷达和合成孔径雷达数据融合[90]、基于聚集区以及地理多边形的非监督算法[88]。

5. 深度学习在合成孔径雷达中的应用

在过去的几年里，关于合成孔径雷达图像分析的深度学习是研究中的热点。其中，深度学习技术在目标自动识别和地形分类领域中应用最为广泛[93, 94]。就目标自动识别而言，现有研究表明，与光学图像相比，合成孔径雷达影像的主要问题是缺乏足够的训练样本[95]。这可能会导致严重的过拟合，极大地限制了深度学习模型的泛化能力，因此采用数据扩充来抵消过拟合[95]。为了解决这一问题，现有研究提出了各种增强策略，包括平移、旋转和插值[96-99]。同时，现有研究指出，删除卷积神经网络中的全连接层也能有效改善过拟合问题[93]。

地形分类则是合成孔径雷达另一个重要的应用。地形分类的过程与计算机视觉中的图像分割任务非常相似。传统的方法大多基于像素极化目标分解参数，而很少考虑空间模式[100]。然而，空间模式在高分辨率合成孔径雷达图像中传递丰富的信息。深度学习为自动提取表示空间模式和极化特征的特征提供了一种工具。现有研究大多通过一种或多种无监督分类器，如深度置信网络、堆叠式自动编码器、受限玻尔兹曼机(restricted

Boltzmann machine，RBM)生成图形模型，或利用卷积神经网络获取。例如，Zhou 等[101]将卷积神经网络提取的协方差矩阵作为六个真实信道数据输入，应用于 PolSAR 图像分类；Xie 等[102]使用堆叠式自动编码器从信道 PolSAR 图像中提取有用的特征，再通多层特征学习得到分类结果。

10.2　激光雷达数据的处理与应用

10.2.1　激光雷达数据特点

激光雷达是以激光器发射的激光束作为发射光源，利用激光测距原理，非接触式扫描获取目标表面大量的密集的点的三维坐标和反射率等信息的主动遥感设备。激光仪器的工作方式与微波雷达十分相似，但由于激光的单色性、方向性与相干性，其具有很高的单光子辐射能量且在大气传输过程中很少发生绕射，故可弥补微波在绕射和不能探测目标生化特性的不足。

由于激光雷达具备发射高功率、窄脉宽、窄频带、较小发散角、较高脉冲频率的激光器，其拥有两个突出的优势。

(1) 分辨率高。

相较于微波雷达，激光雷达有更高的角分辨率和速度、距离分辨率。不低于 0.1mard 的角分辨率意味着可分辨 3km 外相距 0.3m 的两个目标，并可实现多目标的追踪。与此同时，距离分辨率可达 0.1m，速度分辨率可达 10m/s。拥有如此高的分辨率，意味着激光雷达可获得清晰的目标影像。

(2) 抗干扰能力强。

不同于微波、毫米波雷达易受自然界中广泛存在的电磁波的影响，由于自然界中能干扰激光雷达的信号源不多，因此激光雷达抗有缘干扰的能力很强。

激光雷达激光脚点的分布是按照时间序列进行采用和存储的，其在地面上的分布不是规则的，其空间分布呈现为离散的数据“点云”(points cloud)。由于其特殊的离散数据形式，激光雷达数据也存在着一些问题[103]。

(1) 覆盖面积小。

受激光雷达技术数据获取方式和硬件条件所限，机载激光雷达的扫描带覆盖面积较小。在飞行高度、速度、时间、航带间重叠度相同的条件下，航摄像机(75° 视场)覆盖面积是激光扫描仪(30° 扫描宽度)的 2.9 倍。这意味着为获得相同的覆盖面积，需要对更多的扫描条带进行拼接等处理。相应地，数据的成本也更为高昂。

(2) 同名点获取困难。

由于惯导组合定位系统仪器误差或集成的问题，尽管激光雷达可直接获取每个点的三维坐标，但相邻扫描带间的点在高程和平面位置一般存在着差异，在相邻扫描带中获得同名点的可能性很小，因此如何匹配处理获得整个测区的数据同样是需要解决的问题。

从不同的角度出发，可将激光雷达分成不同的种类：按照探测目的的不同，可分为探测环境状态的激光雷达和探测距离地形的激光雷达；按照搭载平台的不同，可分为星载激光雷达、机载激光雷达、车载激光扫描和手持型激光扫描仪等；按照工作方式的不同，可分为脉冲激光雷达和连续波激光雷达；按照激光器的工作介质分，有固体激光雷达、气体激光雷达、半导体激光雷达、二极管泵浦固体激光雷达等。

10.2.2 激光雷达数据的处理与分析

1. 点云滤波

由于原始的激光雷达数据中包含从各种地物(如地面、建筑物、植被和其他物体)返回的大量点云的组合，因此在进行许多其他应用之前，必须首先将地面和非地面点分开，这一过程称之为点云滤波。现有的一些综述对各种滤波算法进行了归纳[104-106]。随着激光雷达数据滤波技术的成熟发展，已可以从现有激光雷达数据以及归一化的高度特征中生成裸露的地面层，并有研究证明了归一化高度特征在提高分类精度中的有效性[107]。但需要注意的是，在对各类滤波算法进行比较之后，Błaszczak-Bąk 等[108]强调没有任何一种算法适用于提取所有的地形。

基于激光雷达数据提出的地面滤波算法可大致分为以下几类[109]：基于形态学的方法[110-113]；基于插值的算法[114, 115]；基于坡度的方法[116]；基于细分/集群的过滤器[113, 117]。基于形态学的方法，是利用数学形态学运算(如膨胀和侵蚀)来处理数字表面模型(digital surface model，DSM)，通过使用这些基本操作的组合来移除非地面的目标。基于插值的方法，则是先选择初始地面点，然后进行迭代增密以创建逐渐接近最终地面的临时表面。基于坡度的方法是基于以下假设：地面坡度明显比非地面物体平滑，区分地面与非地面点的阈值由单调递增的核函数确定。基于细分/集群的过滤器，通常将特征空间中的数据集聚类为一些群，对于这些群，法向矢量和邻域中的高程差是两个合适的度量值。随后，基于相同聚类中的点应共享相同标签的前提，可实现分类效果的增强。

在对 8 种过滤算法的性能进行了实验比较后，有研究人员得出结论：在复杂地形的处理中，基于插值的滤波器通常优于其他方法，因为复杂的插值方法可以部分地处理各种地形特征[104]。

2. 点云配准

受激光雷达位置、扫描角度以及探测范围的约束，通常激光雷达扫描的一帧数据只能获得场景中某个方向的数据，无法获得整个场景全方位的数据。同时，因为每次扫描都采用其自身的局部坐标参考，所以必须执行将所有扫描转换为统一坐标参考系统的配准步骤。点云配准是重建完整的三维场景的重要步骤[118-120]。

现有的点云配准研究，根据用于配准的特征种类，大致可分为三类：基于特征点的方法、基于特征线的方法和基于特征平面的方法[119]。特征点是最常用于点云配准的特征。Böhm 等[121]通过使用从扫描的反射率数据中提取的 SIFT 关键点，探索了 SIFT 方法在陆地激光扫描数据自动无标记配准中的应用。Barnea 等[122]提出了一种基于关键点的自主配准方法，该方法从全景图像中提取关键点，并使用三维欧几里得距离建立它们之间的对应关系。Weinmann 等[123]基于 SIFT 特征提取特征二维点，并在三维共轭点上使用了辐射度和几何信息来估计两次相邻扫描之间的变换参数。该方法已成功应用于基准数据集，从而可以快速，准确地估计转换参数。Theiler 等[124]提出了一种无标记配准方案，该方法使用 4 点全等集(4-points congruent sets，4PCS)匹配提取的三维高斯差分(difference-of-gaussians，DoG)或三维 Harris 关键点。除此以外，也有许多研究采用特征线或特征面进行点云配准。Stamos 等[125]提出了一种基于线特征的自主配准方法，该方法提取相邻平面的相交线，并使用至少两个相应的线对计算相邻扫描之间的变换参数。Yang 等[120]使用空间曲线作为匹配图元来计算自由曲面(如雕像、文化遗产文物)的扫描点云之间的初始转换参数。Dold 等[126]提出了一种基于平面斑块的配准方法，该方法可以从两次重叠的扫描中提取平面斑块，然后根据搜索策略找到相应的斑块。其使用至少三对对应的平面斑块分别计算两个点云之间的旋转和平移参数。Theiler 等[127]提出了一种配准方法，该方法采用通过相交三层平面而生成的虚拟连接点。虚拟连接点使用其描述符进行匹配，例如将其除以条件数，平面之间的相交角，平面段的范围以及平面的平滑度。

3. 强度校正

除了能够获取脚点的三维坐标外，大多数激光雷达仪器还记录了强度信息，即每个测量点的反向散射回波强度。尽管早期的各种研究中，已直接使用了未经任何辐射预处理的激光雷达强度数据[128, 129]，但最近的研究证明了辐射强度校正对于土地覆盖分类的有效性。有学者使用离散返回激光雷达数据进行了树分类。标准化强度数据后，可将精度提高 6%～9%[130]。在 Gatziolis 的研究中，使用原始强度数据对针叶树，混交林和硬木进行分类的分类精度仅达到 44.4%。但是，在应用基于范围的归一化之后，整体准确性高达 75.6%(增加了 31.2%)[131]。Yan 等[132]提出了一种归一化模型，该模型基于高斯混合建模和亚直方图匹配技术来调整辐射度未对准的重叠部分的激光雷达强度数据。调查结果显示，在各种分类方案下，分类准确率均提高了 5.7%～16.5%。

由于现有对于激光雷达强度数据进行的预处理很多，校正程度也有所差异，为了便于理解统一，Kashani 等[133]将激光雷达数据的强度处理级别划分为四个，随着处理级别的提升，强度信息的准确性和质量有所增加，相应的工作量也有所增加。

(1) 级别 0——无修改(原始强度)。

这一级别的数据是由制造商或供应商直接提供的基本强度值，根据不同的缩放方式，它们通常缩放至[0, 1]的浮点数、[0, 255]的八位整数或[0, 65535]的十六位整数。

(2) 级别 1——强度校正。

该校正步骤可减少或理想地消除一些参数(如范围、入射角)所引起的变异，它们通常基于理论或经验校正模型[130, 134, 135]。强度校正后可获得伪反射值。

(3) 级别 2——强度归一化。

归一化操作通过调整对比度或偏移伪反射值，使得相邻条带之间的亮度一致，归一化的方法有直方图匹配或线性拉伸等。

(4) 级别 3——严格的辐射校正和校准。

该步骤是相对细致的，首先对具有已知反射率的目标评估激光雷达强度值，来确定传感器的校准常数；之后，校准常数用于经过级别 1 强度校正处理的数据，来获得真实的反射信息[136, 137]。严格的辐射校正和校准步骤可将从不同的系统获得的数据，转换为一致的反射信息，并可以用在不同的参数设置下、不同的条件下运行。

级别 1 和 2 的输出通常被称为“相对反射率”或“伪反射率”，而级别 3 旨在生成“真实”或“绝对”的表面反射率。具体地应用哪种处理级别，则是根据应用的实际情况来确定的。简单来说，1 级和 2 级通常足以进行可视化分析和自动土地覆盖分类，而在需要结合或比较不同系统和不同条件下获得的反射率数据时，可能需要完整的 3 级辐射校准。同样，提取真正的表面反射率数据时，需要 3 级处理。

4. 视觉分析

视觉分析对于改善激光雷达点云的结构分类和语义分类方面可发挥重要的作用。为了缩小激光雷达点云语义分类中无监督机器学习算法的差距，Kumari 等提出了一种可视化驱动技术，用于确定分层除法分类的聚类参数[138]，为分层期望最大化技术提供了一个原型树(prototype tree)可视化工具，该工具的整体精度约为 70%，可以快速地评估数据集。开发的树状可视化工具允许用户查阅用于语义分类的不同参数的颜色图(或热图)，以确定给出最佳二进制分类的参数。结构类则提供有关点的归属的可能性信息，该点属于该区域中的表面，线或连接点的哪一类。进一步，Kumari 等[138]提出了结构和语义类的元组，称其为用于标记点的增强语义分类。增强的语义分类可以更好地渲染点云以进行可视化，尤其是属于线的点会强化边界。

5. 分类与目标提取

与光学影像数据相比，激光雷达数据最显著的特点是其可获得三维坐标信息，这为目标的识别、提取和分类增加了新的维度。光学影像的分类通常是将所有的类别同时分类，而用于激光雷达数据的方法则往往侧重于一次识别一个对象[139]。三维点云的精细分类是从杂乱无序的点云中识别与提取人工与自然地物要素的过程，但不同平台的激光点云，其所关注的分类主题有所不同。对于机载激光点云分类，主要关注建筑物顶面、植被、道路等目标[140]。

(1) 建筑物检测与重建。

建筑物屋顶的信息在机载激光雷达数据中常以点云的形式存在。由于建筑物屋顶常被视为一个平面，因此当识别出属于某一建筑的激光脚点时，则需要检测该点所属的具体平面，以此确定房屋的范围。

利用激光雷达数据探测平面的算法有很多，如霍夫变换法，其基于最流行的局部法线方向法采用投票的方式来识别平面[141,142]；随机样本一致性法(random sample consensus，RANSAC)[143]，该模型基于最小二乘回归选择模型，并且已被许多学者用于激光雷达数据检测平面[144-146]；八叉树(octree)，八叉树是一种树的数据结构，它划分了包围点云的整个三维空间，用于更轻松地计算大量点云数据，Tseng 等[147]使用八叉树数据结构进行了平面检测；基于不变矩的模型，不变矩用于视觉模式识别，专门用于形状分析[148]，有学者采用一阶和二阶不变矩来推导建筑参数[149, 150]。

识别出建筑物屋顶所在平面后，可重建建筑物的三维模型。重建建筑物的目的是用尽可能少的顶点表征建筑物[146]。Rottensteiner 等[151]使用了基于栅格的方法，最后得到线框的多面体模型。Laycock 等[152]使用建筑物的足迹信息来创建建筑物的墙壁。有研究采用相邻屋顶平面的交点以创建建筑模型[150, 153]。Teo 等[154]构造了建筑图元，并使用这些建筑图元的拆分和合并来重建建筑物。

(2) 植被分类。

许多研究表明，激光雷达提供的高度特征可以明显地区分高大植被（拥有树木特征）和低矮植被[155,156]。除了直接使用激光雷达的高度特征外，Antonarakis 等[157]从激光雷达高程点生成了偏度和峰度模型，这有助于在他们的实验中区分天然和人工种植的杨树河岸森林。高度特征的其他一些变换形式，如高度变化[155]，第一次回波中的高度的均值、方差和标准推导，高度的均匀性，对比度和熵[158]也同样被用于分类研究。但是，这类衍生特征的效果不如使用激光雷达高度（DSM 或 nDSM）和强度数据明显。

若要确定树木的位置，可以使用点云局部最大值[159]。Hyyppä[159]以及 Friedlaender 等[160]使用树冠高度模型（crown height model，CHM）和分割方法，实现了基于个体树的森林资源清查。数字地表模型或树冠高度模型图像也已用于单个树冠（individual tree crown，ITC）或树冠直径估计[161, 162]。Oehlke 等[163]实现了树木检测和城市景观的大规模可视化。

(3) 道路检测。

利用激光雷达数据，识别属于道路的点的文献可以分为以下几类：①图像和激光雷达数据的集成[164-166]；②现有地图和激光雷达数据的集成[167,168]；③形态过滤[169]；④基于图理论的道路提取[170]；⑤缓冲方法[171]；⑥分类器选择策略[172]；⑦在分类中使用距离、强度和高程图像[173]。

(4) 深度学习。

卷积神经网络在对于图像的对象识别研究中已经获得了很大的普及。这是因为与传统方法和参数独立性相比，它们具有更高的分类精度。最近，有研究人员已开始研究使用卷积神经网络进行点云数据分类，尤其是激光雷达数据分类。

有学者利用点-图像的框架，使用卷积神经网络来检测地面点。对于数据集中的每个点，从窗口中的相邻点计算上下文信息，然后将其转换为图像，并返送到卷积神经网络。这样，将点分类视为图像的二进制分类[174]。类似地，Yang 等[175]通过首先将点的三维邻域特征转换为二维图像，然后由卷积神经网络对其进行分类，来对点云进行多类分割。区分 9 个类别时，该方法的总体准确度为 82.3%。但是，在识别细小物体（如电源线和围栏）的点方面表现不佳。Zorzi 等[176]提出了一种基于卷积神经网络的激光雷达点云分类方法，该方法考虑了相邻数据之间的空间位置和几何关系，因此甚至可以准确地识别具有挑战性的类别，如电力线和输电塔。Kumari 等[138]提出了一种卷积神经网络体系结构，用于对室外环境中的激光雷达数据进行自动分类。该结构解决了点云重新缩放时，几何丢失的问题，并考虑到卷积神经网络中固定数量的神经元，提出了一种使得由于体素化而导致的数据点丢失情况最小化的方法。实验结果显示在不同输入数据情况下，分类精度在 85%～92.5%，Kappa 值在 75%～83.5%。目前这项工作是针对移动激光雷达数据的，但是，对于机载数据，可以轻松延伸使用相同的方法[139]。

10.2.3 激光雷达数据的应用

三维激光扫描已在许多重大工程和典型领域里得到了广泛的应用。从深空到地球表面，从全球范围制图到小区域监测，从基础科学研究到大众服务，三维激光扫描都展现出了与众不同的优势[140]。

1. 冰冻圈

冰冻圈由冷冻水组成，包括湖冰/河冰/海冰、冰川、冰盖、积雪和永久冻土、它是水圈和岩石圈的冻结部分。由于冰雪的反射特性及其与大气的物理相互作用，因此冰冻圈在全球能源平衡和全球生物地球化学循环中起着重要作用，使其成为全球气候系统的重要组成部分[177]。当前的激光雷达系统配备了先进的导航功能，可用于空中和移动地面平台。这样的系统可以完全自动化进行数据采集和预处理，因此具有成本效益和节省时间。

近年来，基于激光雷达的冰冻圈研究大致可分为四类：①全球降雪研究；②非极性冰川研究；③极性研究(海冰、冰盖、冰川和极地大气)；④全球永久冻土研究(极地和非极地)。激光雷达为雪的许多方面的研究作出了重要贡献，如雪深和雪水当量估计[178, 179]、雪盖测绘、表面建模、雪崩[180]以及植被覆盖下雪的研究。使用激光雷达技术在两极以外进行的冰川学研究数量庞大[181-183]，但一个突出的研究空白是，喜马拉雅山、安第斯山脉和南阿尔卑斯山的高山冰川仍未受到这一技术进步的广泛影响。这些冰川离赤道更近，并且显示出对全球变暖的主要反应[177]。对地球两极进行的研究，主要的是使用星载激光雷达，包括极地海冰、冰盖、冰川和大气层的研究等[184-186]。使用激光雷达进行的多年冻土研究的数量不多，主要原因是多年冻土是一种地下现象，而激光雷达更具有监测表面现象的能力。不过，对于观察与永久冻土有关的质量运动、落石活动、地表植被动态和地形图，激光雷达还是提供了一个不错的选择[187-189]。

2. 森林资源调查

森林、林地和灌木丛是非常重要的生态系统，因为它们通过其生态功能(气候和水的调节，动物的栖息地以及食物和商品的供应)为地球上的生命奠定了基础。及时准确地了解林区的植被动态变化是林业科学研究的基础。相比光学遥感，激光雷达能够获取植被冠层的三维结构。

随着激光束向下穿透到林冠层中，获得了作为目标离散模型的非结构化三维点云。有两种主要的空间尺度可用于处理从机载激光雷达数据中提取森林参数：在地块尺度上，生物物理变量是在包含几棵树的区域内平均的(如平均冠层高度、生物量、茎密度、叶面积指数)，而在单个尺度上，它们是针对单棵树进行估计的(如树高、树冠直径、树冠基部高度)[190]。在地块尺度，Morsdorf 等[191]使用激光雷达的强度信息来区分不同的植被地层。他们假设某些物种比其他物种具有更好的光反射率，因此采用了监督聚类分析。这种方法在由单一物种层构成的森林生态系统中效果很好。然而，基于地块的方法并不是描述复杂生态系统垂直分层的最合适方法，如地中海森林，其特征是开放的优势树冠和茂盛的草本植物和木本植物。这些通常是高度零散的森林，其分层在当地各不相同。到目前为止，基于单棵树的方法依赖于树冠高度模型，这是垂直异构树冠在现实中的过分简化表示形式。为了调查占主导地位的树木的空间格局，一些学者提出了多阶段的方法。例如，Richardson 等[192]首先描绘了树冠高度模型中的树木组，然后通过将统计关系拟合到相应的点云分布来计算树木的数量。Reitberger 等[193]确定了每组中较高的树木，确定了茎的位置，并应用归一化分割法来提取较小的树木。

3. 城市环境

二维/三维建筑物的识别，提取和重建是机载激光雷达在城市环境领域最热门的主题之一，除此以外，还有一些其他的城市基础设施和环境分析的应用[107]。通过机载激光雷达数据分类和对象识别，结果可以为控制城市规划和监测提供不同的视角。Lu 等[194]从激光雷达数据中画出了建筑边界，并开发了一种容积方法来评估具有异质住房特征的地区的人口。实验表明，总体估计具有高度相关性（$R^2>0.8$）。Gonzalez-Aguilera 等[195]从激光雷达提取的建筑模型中得出了定量和定性的城市参数，如建筑物的高度、面积、体积、覆盖率和建筑面积比。这些规划参数是城市设计和政策分析所需要的。对城市绿化量的估算为以生态为导向的城市规划和环境可持续发展提供了信息。Huang 等[156]提出了一种基于对象的方法，通过使用机载激光雷达和图像数据自动估算绿色量。该方法成功地证明了估计的城市绿地的数量和空间分布，这为减少城市热岛效应提供了线索。机载激光雷达技术可以满足提供高分辨率三维地形数据的需求，从而满足对微型洪水风险建模的需求。Tsubaki 等[196]使用激光雷达数据生成了代表复杂城市景观的非结构化网格，并通过执行不同的淹没模拟来估算水深。Arrighi 等[197]进一步利用发达的技术和人口普查数据生成了意大利佛罗伦萨圣克罗切区的破坏模型，并根据人均收入估算了潜在的损失。绘制电力传输线图是机载激光雷达的强大应用之一，因为使用手动测量技术很难完成此类任务。监测输电线路的跨度和周围环境对于维护，热定额，升级和植被管理至关重要。Li 等[198]提出了一种改进的目标识别方法，该方法融合了机载激光雷达和图像数据中的信息以及多个视觉特征描述符（颜色和纹理），用于自动电力线走廊监控。Jwa 等[199]提出了一种悬链曲线模型，该模型首先确定电力线候选激光雷达点，然后逐步增长它们以建模完整的电力线。实验表明，在三维电力线建模精度方面，成功率高达 96%，令人满意。Kim 等[200]进一步提出了一种基于球体的体积方法，用于土地覆被分类的特征提取。随机森林分类器与 21 个特征一起用于对三维激光雷达数据场景进行分类，以检测电力线和塔架。在分类性能测试中，结果的准确性超过 90%。

10.2.4 激光雷达的发展与展望

1）激光雷达传感器的升级

三维激光扫描装备将由现在的单波形、多波形走向单光子乃至量子雷达，在数据的采集方面将由现在以几何数据为主走向几何、物理，乃至生化特性的集成化采集。三维激光扫描的搭载平台也将以单一平台为主转变为以多元化、众包式为主的空地柔性平台，从而对目标进行全方位数据获取。近年来的一些文献反映，有团队正在开发一些实验性的多波长和高光谱激光雷达传感器。芬兰大地测量研究所首次提出了一种小尺寸多光谱/高光谱激光雷达传感器，使用波长为 600～2000nm 的超连续谱激光源[201, 202]。Woodhouse 等通过测试在四个波长(531nm、550nm、660nm 和 780nm)下工作的可调激光器，提出了多光谱冠层激光雷达项目。其最终目标可以通过建立不同的生化和生物物理指标，如归一化差分植被指数(normalized difference vegetation index，NDVI)，为研究森林的结构和生理信息特性作出重大贡献[203]。

2)激光雷达点云处理算法的改进

激光雷达数据点云的庞大大小和复杂的文件结构(尤其是对于可预见的多/高光谱激光雷达波形数据而言)将带来一定的计算负担。最近，针对数据压缩的初始化[204, 205]，数据结构和文件处理[206]，高性能计算框架[207]和基于图形处理器(graphics processing unit，GPU)的处理[208]得到了研究与发展。此外，其他一些研究尝试将压缩的激光雷达数据用于土地覆盖分类[209]和数字三维建模[210]。但是，这些最初的试验仅涉及较小的数据集，并且仅限于特定的问题域。显然，鼓励和开发与多平台和开源标准兼容的智能数据处理工具必不可少。

参 考 文 献

[1] 丁赤飚, 仇晓兰, 徐丰, 等. 合成孔径雷达三维成像——从层析、阵列到微波视觉. 雷达学报, 2019, 8(6): 693-709.

[2] Patel V M, Easley G R, Healy D M, et al. Compressed synthetic aperture radar. IEEE Journal of Selected Topics in Signal Processing, 2010, 4(2): 244-254.

[3] Caris M, Stanko S, Essen H, et al. Synthetic aperture radar for all weather penetrating UAV application (SARAPE)-project presentation. The 9th European Conference on Synthetic Aperture Radar, Nuremberg, 2012.

[4] Song Q, Zhang H H, Liang F L, et al. Results from an airship-mounted ultra-wideband synthetic aperture radar for penetrating surveillance. 2011 3rd International Asia-Pacific Conference on Synthetic Aperture Radar (APSAR), Seoul, 2011.

[5] Xu G, Xing M D, Xia X G, et al. High-resolution inverse synthetic aperture radar imaging and scaling with sparse aperture. IEEE Journal of Selected Topics in Applied Earth Observations and Remote Sensing, 2015, 8(8): 4010-4027.

[6] Moreira A, Prats-Iraola P, Younis M, et al. A tutorial on synthetic aperture radar. IEEE Geoscience and Remote Sensing Magazine, 2013, 1(1): 6-43.

[7] Tetuko S S J, Koo V C, Lim T K, et al. Development of circularly polarized synthetic aperture radar on-board UAV JX-1. International Journal of Remote Sensing, 2017, 38(8-10): 2745-2756.

[8] Sun J L, Yu W D, Deng Y K. The SAR payload design and performance for the GF-3 mission. Sensors,

2017, 17(10): 2419.

[9] 尼格拉·吐尔逊, 依力亚斯江·努尔麦麦提, 王远弘, 等. 基于 H/A/α 分解全极化合成孔径雷达数据的干旱区土壤盐渍化分类. 江苏农业科学, 2019, (22): 273-279.

[10] Ren L, Yang J S, Mouche A A, et al. Assessments of ocean wind retrieval schemes used for Chinese Gaofen-3 synthetic aperture Radar co-polarized data. IEEE Transactions on Geoscience and Remote Sensing, 2019, 57(9): 7075-7085.

[11] Martino D G, Iodice A, Riccio D, et al. Filtering of azimuth ambiguity in stripmap synthetic aperture radar images. IEEE Journal of Selected Topics in Applied Earth Observations and Remote Sensing, 2014, 7(9): 3967-3978.

[12] Koch B. Status and future of laser scanning, synthetic aperture radar and hyperspectral remote sensing data for forest biomass assessment. ISPRS Journal of Photogrammetry and Remote Sensing, 2010, 65(6): 581-590.

[13] Jakowatz C V, Wahl D E, Eichel P H, et al. Spotlight-Mode Synthetic Aperture Radar: A Signal Processing Approach. New York: Springer Science & Business Media, 2012.

[14] Ahmad A Z, Lim T S, Koo V C, et al. A high efficiency gyrostabilizer antenna platform for real-time UAV synthetic aperture radar (SAR) motion error compensation. Applied Mechanics and Materials, 2019, 892: 16-22.

[15] Wang G Y, Zhang L, Li J, et al. Precise aperture-dependent motion compensation for high-resolution synthetic aperture radar imaging. IET Radar, Sonar & Navigation, 2016, 11(1): 204-211.

[16] Mannix C R, Belcher D P, Cannon P S, et al. Using GNSS signals as a proxy for SAR signals: Correcting ionospheric defocusing. Radio Science, 2016, 51(2): 60-70.

[17] Huang L J, Qiu X L, Hu D H, et al. Medium-Earth-orbit SAR focusing using range Doppler algorithm with integrated two-step azimuth perturbation. IEEE Geoscience and Remote Sensing Letters, 2014, 12(3): 626-630.

[18] Chen J L, Sun G C, Wang Y, et al. A TSVD-NCS algorithm in range-Doppler domain for geosynchronous synthetic aperture radar. IEEE Geoscience and Remote Sensing Letters, 2016, 13(11): 1631-1635.

[19] 康文武. 逆合成孔径雷达微多普勒效应研究. 北京: 中国科学院大学(中国科学院国家空间科学中心), 2019.

[20] Wu J J, Li Z Y, Huang Y L, et al. Focusing bistatic forward-looking SAR with stationary transmitter based on keystone transform and nonlinear chirp scaling. IEEE Geoscience and Remote Sensing Letters, 2013, 11(1): 148-152.

[21] Tang S Y, Zhang L R, Guo P, et al. An omega-K algorithm for highly squinted missile-borne SAR with constant acceleration. IEEE Geoscience and Remote Sensing Letters, 2014, 11(9): 1569-1573.

[22] Hu B, Jiang Y C, Zhang S S, et al. Generalized omega-K algorithm for geosynchronous SAR image formation. IEEE Geoscience and Remote Sensing Letters, 2015, 12(11): 2286-2290.

[23] Li Z Y, Liang Y, Xing M D, et al. An improved range model and omega-K-based imaging algorithm for high-squint SAR with curved trajectory and constant acceleration. IEEE Geoscience and Remote Sensing Letters, 2016, 13(5): 656-660.

[24] Liu Y C, Wang W, Pan X Y, et al. Inverse omega-K algorithm for the electromagnetic deception of synthetic aperture radar. IEEE Journal of Selected Topics in Applied Earth Observations and Remote Sensing, 2016, 9(7): 3037-3049.

[25] 李春升, 于泽, 陈杰. 高分辨率星载SAR成像与图像质量提升方法综述. 雷达学报, 2019, 8(6): 717-731.

[26] Santoso A W, Pebrianti D, Bayuaji L, et al. Performance of various speckle reduction filters on synthetic aperture radar image. 2015 4th International Conference on Software Engineering and Computer Systems (ICSECS), Kuantan, 2015.

[27] 马晓双, 吴鹏海. 全极化雷达遥感影像的迭代优化非局部均值去噪法. 测绘学报, 2019, 48(8): 1038-1045.

[28] 沈荻帆, 丁洁. 基于NSCT和纹理特征的SAR图像相干斑抑制. 科技创新与应用, 2019, (33): 1-4, 8.

[29] Yommy A S, Liu R K, Wu A S. SAR image despeckling using refined Lee filter. 2015 7th International Conference on Intelligent Human-Machine Systems and Cybernetics, Hangzhou, 2015.

[30] Peng Q Q, Zhao L. SAR image filtering based on the cauchy-rayleigh mixture model. IEEE Geoscience and Remote Sensing Letters, 2013, 11(5): 960-964.

[31] Mastriani M. Fuzzy thresholding in wavelet domain for speckle reduction in synthetic aperture radar images. arXiv preprint, 2016.

[32] Mastriani M, Giraldez A E. Enhanced directional smoothing algorithm for edge-preserving smoothing of synthetic-aperture radar images. arXiv preprint, 2016.

[33] Foucher S, López-Martínez C. Analysis, evaluation, and comparison of polarimetric SAR speckle filtering techniques. IEEE Transactions on Image Processing, 2014, 23(4): 1751-1764.

[34] Wang H, He X H, Yang X M. An adaptive foggy image enhancement algorithm based on fuzzy theory and CLAHE. Microelectronics & Computer, 2012, 29(1): 32-34.

[35] Rai A, Bhateja V, Bishnu A. Speckle suppression and enhancement approaches for processing of SAR images: A technical review. Smart Intelligent Computing and Applications, 2020, 160: 695-703.

[36] Siddharth, Gupta R, Bhateja V. A new unsharp masking algorithm for mammography using non-linear enhancement function. Proceedings of the International Conference on Information Systems Design and Intelligent Applications 2012, Visakhapatnam, 2012.

[37] Yang L, Liu Q H, Moghaddam M. The importance of forest spatial heterogeneity: Exploring the effect of mix scenes using coherence three-dimension radar backscattering model. 2016 IEEE International Geoscience and Remote Sensing Symposium (IGARSS), Beijing, 2016.

[38] Chow J G. Vehicle track identification in synthetic aperture radar images, US Patent and Trademark Office, 2018.

[39] Fan H D, Xu Q, Hu Z B, et al. Using temporarily coherent point interferometric synthetic aperture radar for land subsidence monitoring in a mining region of western China. Journal of Applied Remote Sensing, 2017, 11(2): 026003.

[40] Mohammadimanesh F, Salehi B, Mahdianpari M. Synthetic Aperture Radar(SAR) coherence and backscatter analyses of wetlands. American Geophysical Union, Fall Meeting, 2018.

[41] Cianci L, Moser G, Serpico S B. Change detection from very highresolution multisensor remote-sensing images by a markovian approach. Proceedings of the IEEE, 2012.

[42] Zhu Z, Woodcock C E, Rogan J, et al. Assessment of spectral, polarimetric, temporal, and spatial dimensions for urban and peri-urban land cover classification using Landsat and SAR data. Remote Sensing of Environment, 2012, 117: 72-82.

[43] Du P J, Samat A, Waske B, et al. Random forest and rotation forest for fully polarized SAR image classification using polarimetric and spatial features. ISPRS Journal of Photogrammetry and Remote Sensing, 2015, 105: 38-53.

[44] Solikhin A, Pinel V, Vandemeulebrouck J, et al. Mapping the 2010 Merapi pyroclastic deposits using dual-polarization Synthetic Aperture Radar (SAR) data. Remote Sensing of Environment, 2015, 158: 180-192.

[45] Schuster C, Schmidt T, Conrad C, et al. Grassland habitat mapping by intra-annual time series analysis-Comparison of RapidEye and TerraSAR-X satellite data. International Journal of Applied Earth Observation and Geoinformation, 2015, 34: 25-34.

[46] Schlund M, Poncet F V, Hoekman D H, et al. Importance of bistatic SAR features from TanDEM-X for forest mapping and monitoring. Remote Sensing of Environment, 2014, 151: 16-26.

[47] 王利花, 金辉虎, 王晨丞, 等. 基于合成孔径雷达的农作物后向散射特性及纹理信息分析——以吉林省农安县为例. 中国生态农业学报(中英文), 2019, 27(9): 1385-1393.

[48] Dasgupta K, Das K, Padmanaban M. Soil moisture evaluation using machine learning techniques on synthetic aperture radar (SAR) and land surface model. 2019 IEEE International Geoscience and Remote Sensing Symposium, Yokohama, 2019.

[49] Fügen T, Sperlich E, Heer C, et al. The biomass SAR instrument: Development status and performance overview. 2018 IEEE International Geoscience and Remote Sensing Symposium, Valencia, 2018.

[50] 王勇. 合成孔径雷达与森林地上生物量反演:好奇和实用的平衡. 遥感学报, 2019, 23(5): 809-812.

[51] Lopez-Sanchez J M, Vicente-Guijalba F, Erten E, et al. Retrieval of vegetation height in rice fields using polarimetric SAR interferometry with TanDEM-X data. Remote Sensing of Environment, 2017, 192: 30-44.

[52] Chauhan S, Srivastava H S, Patel P. Wheat crop biophysical parameters retrieval using hybrid-polarized RISAT-1 SAR data. Remote Sensing of Environment, 2018, 216: 28-43.

[53] Campos-Taberner M, García-Haro F G, Camps-Valls G, et al. Exploitation of SAR and optical Sentinel

data to detect rice crop and estimate seasonal dynamics of leaf area index. Remote Sensing, 2017, 9(3): 248.

[54] Toan T L, Ribbes F, Wang L F, et al. Rice crop mapping and monitoring using ERS-1 data based on experiment and modeling results. IEEE Transactions on Geoscience and Remote Sensing, 1997, 35(1): 41-56.

[55] Kumar P, Prasad R, Gupta D K, et al. Estimation of winter wheat crop growth parameters using time series Sentinel-1A SAR data. Geocarto International, 2018, 33(9): 942-956.

[56] Bernardis C G D, Vicente-Guijalba F, Martinez-Marin T, et al. Estimation of key dates and stages in rice crops using dual-polarization SAR time series and a particle filtering approach. IEEE Journal of Selected Topics in Applied Earth Observations and Remote Sensing, 2014, 8(3): 1008-1018.

[57] Zhang Z Y, Zhang X D, Zhang J L. SAR image processing based on fast discrete curvelet transform. 2009 International Forum on Information Technology and Applications, Chengdu, 2009.

[58] Pulvirenti L, Pierdicca N, Chini M, et al. An algorithm for operational flood mapping from synthetic aperture radar (SAR) data based on the fuzzy logic. Natural Hazard and Earth System Sciences, 2011, 11(2): 529-540.

[59] Lee K S, Lee S L. Assessment of post-flooding conditions of rice fields with multi-temporal satellite SAR data. International Journal of Remote Sensing, 2003, 24(17): 3457-3465.

[60] Inoue Y, Sakaiya E, Wang C Z. Potential of X-band images from high-resolution satellite SAR sensors to assess growth and yield in paddy rice. Remote Sensing, 2014, 6(7): 5995-6019.

[61] Kandaswamy U, Adjeroh D A, Lee M C. Efficient texture analysis of SAR imagery. IEEE Transactions on Geoscience and Remote Sensing, 2005, 43(9): 2075-2083.

[62] Wei L, Hu Z W, Guo M C, et al. Texture feature analysis in oil spill monitoring by SAR image. 2012 20th International Conference on Geoinformatics, Hong Kong, 2012.

[63] Pettinato S, Santi E, Paloscia S, et al. The intercomparison of X-band SAR images from COSMO-SkyMed and TerraSAR-X satellites: Case studies. Remote Sensing, 2013, 5(6): 2928-2942.

[64] Stramondo S, Bignami C, Chini M, et al. Satellite radar and optical remote sensing for earthquake damage detection: Results from different case studies. International Journal of Remote Sensing, 2006, 27(20): 4433-4447.

[65] 李丹, 吴保生, 陈博伟, 等. 基于卫星遥感的水体信息提取研究进展与展望. 清华大学学报(自然科学版), 2015: 1-15.

[66] Collard F, Ardhuin F, Chapron B. Extraction of coastal ocean wave fields from SAR images. IEEE Journal of Oceanic Engineering, 2005, 30(3): 526-533.

[67] Monaldo F M, Li X F, Pichel W G, et al. Ocean wind speed climatology from spaceborne SAR imagery. Bulletin of the American Meteorological Society, 2014, 95(4): 565-569.

[68] Gommenginger C, Martin-Puig C, Dinardo S, et al. Improved altimetric performance of Cryosat-2 SAR

mode over the open ocean and the coastal zone. EGU General Assembly Conference, Vienna, 2012.

[69] Monaldo F M, Thompson D R, Pichel W G, et al. A systematic comparison of QuikSCAT and SAR ocean surface wind speeds. IEEE Transactions on Geoscience and Remote Sensing, 2004, 42(2): 283-291.

[70] Wang W Q. Mitigating range ambiguities in high-PRF SAR with OFDM waveform diversity. IEEE Geoscience and Remote Sensing Letters, 2012, 10(1): 101-105.

[71] Arnesen A S, Silva T S F, Hess L L, et al. Monitoring flood extent in the lower Amazon River floodplain using ALOS/PALSAR ScanSAR images. Remote Sensing of Environment, 2013, 130: 51-61.

[72] Younis M, Fischer C, Wiesbeck W. Digital beamforming in SAR systems. IEEE Transactions on Geoscience and Remote Sensing, 2003, 41(7): 1735-1739.

[73] Krieger G, Gebert N, Moreira A. SAR signal reconstruction from non-uniform displaced phase centre sampling. 2004 IEEE International Geoscience and Remote Sensing Symposium, Anchorage, 2004.

[74] Reimann J, Schwerdt M, Schmidt K, et al. The DLR SAR calibration center. 2015 IEEE 5th Asia-Pacific Conference on Synthetic Aperture Radar (APSAR), Singapore, 2015.

[75] Lopez-Dekker P, Sanjuan-Ferrer M, Zonno M, et al. Application-level performance and trade-offs for the post-Sentinel HRWS SAR Systems. Proceedings of EUSAR 2016: 11th European Conference on Synthetic Aperture Radar, Hamburg, 2016.

[76] Cherniakov M, Saini R, Zuo R, et al. Space surface bistatic SAR with space-borne non-cooperative transmitters. European Radar Conference, Paris, 2005.

[77] Tan L L, Ma Z J, Zhong X L. Preliminary result of high resolution multi-aspect SAR imaging experiment. 2016 CIE International Conference on Radar (RADAR), Guangzhou, 2016.

[78] Zhu X X, Bamler R. Super-resolution power and robustness of compressive sensing for spectral estimation with application to spaceborne tomographic SAR. IEEE Transactions on Geoscience and Remote Sensing, 2011, 50(1): 247-258.

[79] Zhang P, Li M, Wu Y, et al. Unsupervised multi-class segmentation of SAR images using fuzzy triplet Markov fields model. Pattern Recognition, 2012, 45(11): 4018-4033.

[80] Krieger G, Younis M, Gebert N, et al. Advanced concepts for high-resolution wide-swath SAR imaging. 8th European Conference on Synthetic Aperture Radar, Aachen, 2010.

[81] Ertin E, Moses R L, Potter L C. Interferometric methods for three-dimensional target reconstruction with multipass circular SAR. IET Radar, Sonar & Navigation, 2010, 4(3): 464-473.

[82] Xing S Q, Li Y Z, Dai D H, et al. Three-dimensional reconstruction of man-made objects using polarimetric tomographic SAR. IEEE Transactions on Geoscience and Remote Sensing, 2012, 51(6): 3694-3705.

[83] Frey O, Meier E. 3-D time-domain SAR imaging of a forest using airborne multibaseline data at L-and P-bands. IEEE Transactions on Geoscience and Remote Sensing, 2011, 49(10): 3660-3664.

[84] Zhang S Q, Zhu Y T, Kuang G Y. Imaging of downward-looking linear array three-dimensional SAR

based on FFT-MUSIC. IEEE Geoscience and Remote Sensing Letters, 2014, 12(4): 885-889.

[85] Zhao Y C, Zhu Y T, Su Y, et al. Two-dimensional fast ESPRIT algorithm for linear array SAR imaging. Journal of Radars, 2015, 4(5): 591-599.

[86] Zhu X X, Bamler R. Tomographic SAR inversion by L_1-norm regularization-The compressive sensing approach. IEEE Transactions on Geoscience and Remote Sensing, 2010, 48(10): 3839-3846.

[87] Matsuoka M, Yamazaki F. Use of satellite SAR intensity imagery for detecting building areas damaged due to earthquakes. Earthquake Spectra, 2004, 20(3): 975-994.

[88] Dekker R J. High-resolution radar damage assessment after the earthquake in Haiti on 12 January 2010. IEEE Journal of Selected Topics in Applied Earth Observations and Remote Sensing, 2011, 4(4): 960-970.

[89] Poulain V, Inglada J, Spigai M, et al. High-resolution optical and SAR image fusion for building database updating. IEEE Transactions on Geoscience and Remote Sensing, 2011, 49(8): 2900-2910.

[90] Tao J Y, Auer S, Reinartz P. Detecting changes between a DSM and a high resolution SAR image with the support of simulation based separation of urban scenes. 9th European Conference on Synthetic Aperture Radar, Nuremberg, 2012.

[91] Balz T, Liao M S. Building-damage detection using post-seismic high-resolution SAR satellite data. International Journal of Remote Sensing, 2010, 31(13): 3369-3391.

[92] Brunner D, Lemoine G, Bruzzone L. Earthquake damage assessment of buildings using VHR optical and SAR imagery. IEEE Transactions on Geoscience and Remote Sensing, 2010, 48(5): 2403-2420.

[93] Chen S Z, Wang H P, Xu F, et al. Target classification using the deep convolutional networks for SAR images. IEEE Transactions on Geoscience and Remote Sensing, 2016, 54(8): 4806-4817.

[94] Xu F, Jin Y Q. Automatic reconstruction of building objects from multiaspect meter-resolution SAR images. IEEE Transactions on Geoscience and Remote Sensing, 2007, 45(7): 2336-2353.

[95] Chen S Z, Wang H P. SAR target recognition based on deep learning. 2014 International Conference on Data Science and Advanced Analytics (DSAA), Shanghai, 2014.

[96] Ding J, Chen B, Liu H W, et al. Convolutional neural network with data augmentation for SAR target recognition. IEEE Geoscience and Remote Sensing Letters, 2016, 13(3): 364-368.

[97] Du K N, Deng Y K, Wang R, et al. SAR ATR based on displacement-and rotation-insensitive CNN. Remote Sensing Letters, 2016, 7(9): 895-904.

[98] Morgan D A E. Deep convolutional neural networks for ATR from SAR imagery. SPIE Defense+Security, Baltimore, 2015.

[99] Wilmanski M, Kreucher C, Lauer J. Modern approaches in deep learning for SAR ATR. SPIE Defense+ Security, Baltimore, 2016.

[100] Xu F, Jin Y Q, Moreira A. A preliminary study on SAR advanced information retrieval and scene reconstruction. IEEE Geoscience and Remote Sensing Letters, 2016, 13(10): 1443-1447.

[101] Zhou Y, Wang H P, Xu F, et al. Polarimetric SAR image classification using deep convolutional neural networks. IEEE Geoscience and Remote Sensing Letters, 2016, 13(12): 1935-1939.

[102] Xie H M, Wang S, Liu K, et al. Multilayer feature learning for polarimetric synthetic radar data classification. 2014 IEEE Geoscience and Remote Sensing Symposium, Quebec City, 2014: 2818-2821.

[103] 梁欣廉, 张继贤, 李海涛, 等. 激光雷达数据特点. 遥感信息, 2005, (3): 71-76.

[104] Sithole G, Vosselman G. Experimental comparison of filter algorithms for bare-Earth extraction from airborne laser scanning point clouds. ISPRS Journal of Photogrammetry and Remote Sensing, 2004, 59(1-2): 85-101.

[105] Kobler A, Pfeifer N, Ogrinc P, et al. Repetitive interpolation: A robust algorithm for DTM generation from Aerial Laser Scanner Data in forested terrain. Remote Sensing of Environment, 2007, 108(1): 9-23.

[106] Meng X L, Currit N, Zhao K G. Ground filtering algorithms for airborne lidar data: A review of critical issues. Remote Sensing, 2010, 2(3): 833-860.

[107] Yan W Y, Shaker A, El-Ashmawy N. Urban land cover classification using airborne LiDAR data: A review. Remote Sensing of Environment, 2015, 158: 295-310.

[108] Błaszczak-Bąk W, Janowski A, Kamiński W, et al. Optimization algorithm and filtration using the adaptive TIN model at the stage of initial processing of the ALS point cloud. Canadian Journal of Remote Sensing, 2012, 37(6): 583-589.

[109] Hu H, Ding Y L, Zhu Q, et al. An adaptive surface filter for airborne laser scanning point clouds by means of regularization and bending energy. ISPRS Journal of Photogrammetry and Remote Sensing, 2014, 92: 98-111.

[110] Zhang K Q, Chen S C, Whitman D, et al. A progressive morphological filter for removing nonground measurements from airborne LIDAR data. IEEE Transactions on Geoscience and Remote Sensing, 2003, 41(4): 872-882.

[111] Meng X L, Wang L, Silván-Cárdenas J L, et al. A multi-directional ground filtering algorithm for airborne LIDAR. ISPRS Journal of Photogrammetry and Remote Sensing, 2009, 64(1): 117-124.

[112] Li Y. Filtering airborne LiDAR data by an improved morphological method based on multi-gradient analysis. ISPRS International Archives of the Photogrammetry Remote Sensing and Spatial Information Sciences, 2013, XL-1/W1(1): 191-194.

[113] Zhang J X, Lin X G. Filtering airborne LiDAR data by embedding smoothness-constrained segmentation in progressive TIN densification. ISPRS Journal of Photogrammetry and Remote Sensing, 2013, 81: 44-59.

[114] Mongus D, Žalik B. Parameter-free ground filtering of LiDAR data for automatic DTM generation. ISPRS Journal of Photogrammetry and Remote Sensing, 2012, 67: 1-12.

[115] Chen C F, Li Y Y, Li W, et al. A multiresolution hierarchical classification algorithm for filtering

airborne LiDAR data. ISPRS Journal of Photogrammetry and Remote Sensing, 2013, 82: 1-9.

[116] Vosselman G. Slope based filtering of laser altimetry data. International Archives of Photogrammetry and Remote Sensing, 2000, 3: 935-942.

[117] Sithole G, Vosselman G. Filtering of airborne laser scanner data based on segmented point clouds. International Institute for Geo-Information Science and Earth Observation, 2005, 6: 66-71.

[118] 李宏宇. 激光雷达的点云数据处理研究. 长春: 长春理工大学, 2019.

[119] Yang B S, Dong Z, Liang F X, et al. Automatic registration of large-scale urban scene point clouds based on semantic feature points. ISPRS Journal of Photogrammetry and Remote Sensing, 2016, 113: 43-58.

[120] Yang B S, Zang Y F. Automated registration of dense terrestrial laser-scanning point clouds using curves. ISPRS Journal of Photogrammetry and Remote Sensing, 2014, 95: 109-121.

[121] Böhm J, Becker S. Automatic marker-free registration of terrestrial laser scans using reflectance. Proceedings of the 8th Conference on Optical 3D Measurement Techniques, Zurich, 2007.

[122] Barnea S, Filin S. Keypoint based autonomous registration of terrestrial laser point-clouds. ISPRS Journal of Photogrammetry and Remote Sensing, 2008, 63(1): 19-35.

[123] Weinmann M, Weinmann M, Hinz S, et al. Fast and automatic image-based registration of TLS data. ISPRS Journal of Photogrammetry and Remote Sensing, 2011, 66(6): S62-S70.

[124] Theiler P W, Wegner J D, Schindler K. Keypoint-based 4-points congruent sets-Automated marker-less registration of laser scans. ISPRS Journal of Photogrammetry and Remote Sensing, 2014, 96: 149-163.

[125] Stamos I, Leordeanu M. Automated feature-based range registration of urban scenes of large scale. 2003 IEEE Computer Society Conference on Computer Vision and Pattern Recognition, Madison, 2003.

[126] Dold C, Brenner C. Registration of terrestrial laser scanning data using planar patches and image data. International Archives of the Photogrammetry, Remote Sensing and Spatial Information Sciences, 2006, 36(5): 78-83.

[127] Theiler P W, Schindler K. Automatic registration of terrestrial laser scanner point clouds using natural planar surfaces. ISPRS Annals of Photogrammetry, Remote Sensing and Spatial Information Sciences, 2012, 3: 173-178.

[128] Brennan R, Webster T L. Object-oriented land cover classification of lidar-derived surfaces. Canadian Journal of Remote Sensing, 2006, 32(2): 162-172.

[129] Yoon J S, Shin J I I, Lee K S. Land cover characteristics of airborne LiDAR intensity data: A case study. IEEE Geoscience and Remote Sensing Letters, 2008, 5(4): 801-805.

[130] Korpela I, Ørka H O, Hyyppä J, et al. Range and AGC normalization in airborne discrete-return LiDAR intensity data for forest canopies. ISPRS Journal of Photogrammetry and Remote Sensing, 2010, 65(4): 369-379.

[131] Gatziolis D. Dynamic range-based intensity normalization for airborne, discrete return lidar data of

forest canopies. Photogrammetric Engineering & Remote Sensing, 2011, 77(3): 251-259.

[132] Yan W Y, Shaker A. Radiometric correction and normalization of airborne LiDAR intensity data for improving land-cover classification. IEEE Transactions on Geoscience and Remote Sensing, 2014, 52(12): 7658-7673.

[133] Kashani A J, Olsen M J, Parrish C E, et al. A review of LiDAR radiometric processing: From ad hoc intensity correction to rigorous radiometric calibration. Sensors, 2015, 15(11): 28099-28128.

[134] Coren F, Sterzai P. Radiometric correction in laser scanning. International Journal of Remote Sensing, 2006, 27(15): 3097-3104.

[135] Ding Q, Chen W, King B, et al. Combination of overlap-driven adjustment and Phong model for LiDAR intensity correction. ISPRS Journal of Photogrammetry and Remote Sensing, 2013, 75: 40-47.

[136] Vain A, Kaasalainen S, Pyysalo U, et al. Use of naturally available reference targets to calibrate airborne laser scanning intensity data. Sensors, 2009, 9(4): 2780-2796.

[137] Briese C, Pfennigbauer M, Lehner H, et al. Radiometric calibration of multi-wavelength airborne laser scanning data. ISPRS Annals of Photogrammetry, Remote Sensing and Spatial Information Sciences, 2012, 1: 335-340.

[138] Kumari B, Sreevalsan-Nair J. An interactive visual analytic tool for semantic classification of 3d urban lidar point cloud. Proceedings of the 23rd SIGSPATIAL International Conference on Advances in Geographic Information Systems, New York, 2015.

[139] Lohani B, Ghosh S. Airborne LiDAR technology: A review of data collection and processing systems. Proceedings of the National Academy of Sciences, India Section A: Physical Sciences, 2017, 87(4): 567-579.

[140] 杨必胜, 梁福逊, 黄荣刚. 三维激光扫描点云数据处理研究进展、挑战与趋势. 测绘学报, 2017, 46(10): 1509-1516.

[141] Overby J, Bodum L, Kjems E, et al. Automatic 3D building reconstruction from airborne laser scanning and cadastral data using Hough transform. International Archives of Photogrammetry, Remote Sensing and Spatial Information Sciences, 2004, 34(1): 296-301.

[142] Lohani B, Singh R. Effect of data density, scan angle, and flying height on the accuracy of building extraction using LiDAR data. Geocarto International, 2008, 23(2): 81-94.

[143] Fischler M A, Bolles R C. Random sample consensus: A paradigm for model fitting with applications to image analysis and automated cartography. Communications of the ACM, 1981, 24(6): 381-395.

[144] Forlani G, Nardinocchi C, Scaioni M, et al. Complete classification of raw LIDAR data and 3D reconstruction of buildings. Pattern Analysis and Applications, 2006, 8(4): 357-374.

[145] Tarsha-Kurdi F, Landes T, Grussenmeyer P. Hough-transform and extended ransac algorithms for automatic detection of 3d building roof planes from lidar data. ISPRS Workshop on Laser Scanning 2007 and SilviLaser 2007, Espoo, 2007.

[146] Bretar F. Feature Extraction from Lidar Data in Urban Areas. New York: CRC Press, 2017.

[147] Tseng Y H, Wang M. Automatic plane extraction from lidar data based on octree splitting and merging segmentation. 2005 IEEE International Geoscience and Remote Sensing Symposium, Seoul, 2005.

[148] Hu M K. Visual pattern recognition by moment invariants. IRE Transactions on Information Theory, 1962, 8(2): 179-187.

[149] Maas H G. Fast determination of parametric house models from dense airborne laserscanner data. International Workshop on Mobile Mapping Technology, 1999, 32(2W1): 1-6.

[150] Maas H G, Vosselman G. Two algorithms for extracting building models from raw laser altimetry data. ISPRS Journal of Photogrammetry and Remote Sensing, 1999, 54(2-3): 153-163.

[151] Rottensteiner F, Jansa J. Automatic extraction of buildings from LIDAR data and aerial images. International Archives of Photogrammetry Remote Sensing and Spatial Information Sciences, 2002, 34(4): 569-574.

[152] Laycock R J, Day A M. Rapid generation of urban models. Computers & Graphics, 2003, 27(3): 423-433.

[153] Sampath A, Shan J. Segmentation and reconstruction of polyhedral building roofs from aerial lidar point clouds. IEEE Transactions on Geoscience and Remote Sensing, 2009, 48(3): 1554-1567.

[154] Teo T A, Rau J Y, Chen L C, et al. Reconstruction of complex buildings using LIDAR and 2D maps. Berlin: Springer, 2006.

[155] Charaniya A P, Manduchi R, Lodha S K. Supervised parametric classification of aerial lidar data. 2004 Conference on Computer Vision and Pattern Recognition Workshop, Washington, 2004.

[156] Huang Y, Yu B L, Zhou J H, et al. Toward automatic estimation of urban green volume using airborne LiDAR data and high resolution remote sensing images. Frontiers of Earth Science, 2013, 7(1): 43-54.

[157] Antonarakis A S, Richards K S, Brasington J. Object-based land cover classification using airborne LiDAR. Remote Sensing of Environment, 2008, 112(6): 2988-2998.

[158] Im J, Jensen J R, Hodgson M E. Object-based land cover classification using high-posting-density LiDAR data. GIScience & Remote Sensing, 2008, 45(2): 209-228.

[159] Hyyppä J. Detecting and estimating attributes for single trees using laser scanner. Photogramm J Finland, 1999, 16: 27-42.

[160] Friedlaender H, Koch B. First experience in the application of laserscanner data for the assessment of vertical and horizontal forest structures. International Archives of Photogrammetry and Remote Sensing, 2000, 33: 693-700.

[161] Brandtberg T, Warner T A, Landenberger R E, et al. Detection and analysis of individual leaf-off tree crowns in small footprint, high sampling density lidar data from the eastern deciduous forest in North America. Remote Sensing of Environment, 2003, 85(3): 290-303.

[162] Tiede D, Hoffmann C. Process oriented object-based algorithms for single tree detection using laser

scanning. Workshop on 3D Remote Sensing in Forest, 2006: 14-15.

[163] Oehlke C, Richter R, Döllner J. Automatic detection and large-scale visualization of trees for digital landscapes and city models based on 3D point clouds. 16th Conference on Digital Landscape Architecture, Potsdam, 2015.

[164] Shamayleh H, Khattak A. Utilization of LiDAR technology for highway inventory. Proceedings of the 2003 Mid-Continent Transportation Research Symposium, Ames, 2003.

[165] Harvey W A, McKeown D M. Automatic compilation of 3D road features using LIDAR and multi-spectral source data. Proceedings of the ASPRS Annual Conference, Portland, 2008.

[166] Tiwari P S, Pande H, Pandey A K. Automatic urban road extraction using airborne laser scanning/altimetry and high resolution satellite data. Journal of the Indian Society of Remote Sensing, 2009, 37(2): 223-231.

[167] Vosselman G. 3d reconstruction of roads and trees for city modelling. International Archives of Photogrammetry, Remote Sensing and Spatial Information Sciences, Dresden, 2003.

[168] Elberink S J O, Vosselman G. 3D modelling of topographic objects by fusing 2D maps and lidar data. Proceedings of the ISPRS TC-IV International Symposium on Geospatial Databases for Sustainable Development, Goa, 2006.

[169] Clode S, Rottensteiner F, Kootsookos P J. Improving city model determination by using road detection from lidar data. The International Archives of the Photogrammetry, Remote Sensing and Spatial Information Sciences, 2005, XXXVI.

[170] Zhu P, Lu Z, Chen X Y, et al. Extraction of city roads through shadow path reconstruction using laser data. Photogrammetric Engineering & Remote Sensing, 2004, 70(12): 1433-1440.

[171] Choi Y W, Jang Y W, Lee H J, et al. Three-dimensional LiDAR data classifying to extract road point in urban area. IEEE Geoscience and Remote Sensing Letters, 2008, 5(4): 725-729.

[172] Samadzadegan F, Hahn M, Bigdeli B. Automatic road extraction from LIDAR data based on classifier fusion. 2009 Joint Urban Remote Sensing Event, Shanghai, 2009.

[173] Zhao J P, You S Y, Huang J. Rapid extraction and updating of road network from airborne LiDAR data. 2011 IEEE Applied Imagery Pattern Recognition Workshop (AIPR), Washington, 2011.

[174] Hu X Y, Yuan Y. Deep-learning-based classification for DTM extraction from ALS point cloud. Remote Sensing, 2016, 8(9): 715-730.

[175] Yang Z S, Jiang W S, Xu B, et al. A convolutional neural network-based 3D semantic labeling method for ALS point clouds. Remote Sensing, 2017, 9(9): 909-936.

[176] Zorzi S, Maset E, Fusiello A, et al. Full-waveform airborne LiDAR data classification using convolutional neural networks. IEEE Transactions on Geoscience and Remote Sensing, 2019, 57(10): 8255-8261.

[177] Bhardwaj A, Sam L, Bhardwaj A, et al. LiDAR remote sensing of the cryosphere: Present applications

and future prospects. Remote Sensing of Environment, 2016, 177: 125-143.

[178] Helfricht K, Schöber J, Schneider K, et al. Interannual persistence of the seasonal snow cover in a glacierized catchment. Journal of Glaciology, 2014, 60(223): 889-904.

[179] Kirchner P B, Bales R C, Molotch N P, et al. LiDAR measurement of seasonal snow accumulation along an elevation gradient in the southern Sierra Nevada, California. Hydrology and Earth System Sciences, 2014, 18(10): 4261-4275.

[180] Jaboyedoff M, Oppikofer T, Abellán A, et al. Use of LiDAR in landslide investigations: A review. Natural Hazards, 2012, 61(1): 5-28.

[181] Berthier E, Schiefer E, Clarke G K C, et al. Contribution of Alaskan glaciers to sea-level rise derived from satellite imagery. Nature Geoscience, 2010, 3(2): 92-95.

[182] Gardner A S, Moholdt G, Cogley J G, et al. A reconciled estimate of glacier contributions to sea level rise: 2003 to 2009. Science, 2013, 340(6134): 852-857.

[183] Herzfeld U C, McDonald B W, Wallin B F, et al. Algorithm for detection of ground and canopy cover in micropulse photon-counting LiDAR altimeter data in preparation for the ICESat-2 mission. IEEE Transactions on Geoscience and Remote Sensing, 2013, 52(4): 2109-2125.

[184] Palm S P, Yang Y, Spinhirne J D, et al. Satellite remote sensing of blowing snow properties over Antarctica. Journal of Geophysical Research: Atmospheres, 2011, 116(D16).

[185] Cook A J, Murray T, Luckman A, et al. A new 100-m digital elevation model of the Antarctic Peninsula derived from ASTER global DEM: Methods and accuracy assessment. Earth System Science Data, 2012, 4(1): 129-142.

[186] Pritchard H D, Ligtenberg S R M, Fricker H A, et al. Antarctic ice-sheet loss driven by basal melting of ice shelves. Nature, 2012, 484(7395): 502-505.

[187] Chasmer L, Quinton W, Hopkinson C, et al. Vegetation canopy and radiation controls on permafrost plateau evolution within the discontinuous permafrost zone, Northwest Territories, Canada. Permafrost and Periglacial Processes, 2011, 22(3): 199-213.

[188] Chasmer L, Hopkinson C, Veness T, et al. A decision-tree classification for low-lying complex land cover types within the zone of discontinuous permafrost. Remote Sensing of Environment, 2014, 143: 73-84.

[189] Gangodagamage C, Rowland J C, Hubbard S S, et al. Extrapolating active layer thickness measurements across Arctic polygonal terrain using LiDAR and NDVI data sets. Water Resources Research, 2014, 50(8): 6339-6357.

[190] Ferraz A, Bretar F, Jacquemoud S, et al. 3-D mapping of a multi-layered Mediterranean forest using ALS data. Remote Sensing of Environment, 2012, 121: 210-223.

[191] Morsdorf F, Mårell A, Koetz B, et al. Discrimination of vegetation strata in a multi-layered Mediterranean forest ecosystem using height and intensity information derived from airborne laser

scanning. Remote Sensing of Environment, 2010, 114(7): 1403-1415.

[192] Richardson J J, Moskal L M. Strengths and limitations of assessing forest density and spatial configuration with aerial LiDAR. Remote Sensing of Environment, 2011, 115(10): 2640-2651.

[193] Reitberger J, Schnörr C, Krzystek P, et al. 3D segmentation of single trees exploiting full waveform LIDAR data. ISPRS Journal of Photogrammetry and Remote Sensing, 2009, 64(6): 561-574.

[194] Lu Z Y, Im J, Quackenbush L. A volumetric approach to population estimation using LiDAR remote sensing. Photogrammetric Engineering & Remote Sensing, 2011, 77(11): 1145-1156.

[195] Gonzalez-Aguilera D, Crespo-Matellan E, Hernandez-Lopez D, et al. Automated urban analysis based on LiDAR-derived building models. IEEE Transactions on Geoscience and Remote Sensing, 2012, 51(3): 1844-1851.

[196] Tsubaki R, Fujita I. Unstructured grid generation using LiDAR data for urban flood inundation modelling. Hydrological Processes: An International Journal, 2010, 24(11): 1404-1420.

[197] Arrighi C, Brugioni M, Castelli F, et al. Urban micro-scale flood risk estimation with parsimonious hydraulic modelling and census data. Natural Hazards and Earth System Sciences, 2013, 13(5): 1375-1391.

[198] Li Z R, Bruggemann T S, Ford J J, et al. Toward automated power line corridor monitoring using advanced aircraft control and multisource feature fusion. Journal of Field Robotics, 2012, 29(1): 4-24.

[199] Jwa Y, Sohn G. A piecewise catenary curve model growing for 3D power line reconstruction. Photogrammetric Engineering & Remote Sensing, 2012, 78(12): 1227-1240.

[200] Kim H, Sohn G. Power-line scene classification with point-based feature from airborne LiDAR data. Photogrammetric Engineering & Remote Sensing, 2013, 79(9): 821-833.

[201] Chen Y W, Räikkönen E, Kaasalainen S, et al. Two-channel hyperspectral LiDAR with a supercontinuum laser source. Sensors, 2010, 10(7): 7057-7066.

[202] Hakala T, Suomalainen J, Kaasalainen S, et al. Full waveform hyperspectral LiDAR for terrestrial laser scanning. Optics Express, 2012, 20(7): 7119-7127.

[203] Morsdorf F, Nichol C, Malthus T, et al. Assessing forest structural and physiological information content of multi-spectral LiDAR waveforms by radiative transfer modelling. Remote Sensing of Environment, 2009, 113(10): 2152-2163.

[204] Lipuš B, Žalik B. Lossy LAS file compression using uniform space division. Electronics Letters, 2012, 48(20): 1278-1279.

[205] Jóźków G, Toth C, Quirk M, et al. Compression strategies for LiDAR waveform cube. ISPRS Journal of Photogrammetry and Remote Sensing, 2015, 99: 1-13.

[206] Elseberg J, Borrmann D, Nüchter A. One billion points in the cloud–An octree for efficient processing of 3D laser scans. ISPRS Journal of Photogrammetry and Remote Sensing, 2013, 76: 76-88.

[207] Lee C A, Gasster S D, Plaza A, et al. Recent developments in high performance computing for remote

sensing: A review. IEEE Journal of Selected Topics in Applied Earth Observations and Remote Sensing, 2011, 4(3): 508-527.

[208] Lukač N, Žalik B. GPU-based roofs' solar potential estimation using LiDAR data. Computers & Geosciences, 2013, 52: 34-41.

[209] Toth C, Laky S, Zaletnyik P, et al. Compressing and classifying LiDAR waveform data. The 2010 Canadian Geomatics Conference and Symposium of Commission I, Calgary, 2010.

[210] Jang Y W, Choi Y W, Cho G S. A study of 3D modeling of compressed urban LiDAR data using VRML. Journal of Korean Society for Geospatial Information System, 2011, 19(2): 3-8.

第11章 遥感影像的深度学习解译

11.1 引　言

随着遥感仪器成像技术的不断提高，遥感影像的空间分辨率逐渐提高。在中低分辨率(10m 分辨率以上)的遥感影像中，“同谱异物”或“同物异谱”现象较为常见。为了减轻这种现象带来的遥感图像解译困难，高分辨率遥感影像已经逐渐被广泛地使用到遥感图像解译中。为了进一步阐述遥感影像近几年的发展，本章节主要介绍遥感影像的深度学习解译。

自从 20 世纪 80 年代多层感知器算法的训练后，人工智能的凛冬逐渐过去。直到 2006 年深度置信网络(deep belief network，DBN)的推出，人工神经网络(artificial neural network，ANN)正式被重新改名为深度学习。从传统的机器学习领域衍生而来的深度学习，现在已经形成了一种分层描述原始数据的多层处理学习模型。相较于传统的模式识别和非线性的机器学习处理算法，深度学习已经取得了巨大的进步。深度学习之所以能够同时取得高效率和高精度，在于一个完善的深度学习网络可以通过大量具有多样性的数据进行拟合，以构成一个更好的深度网络。

11.2 遥感影像场景分类

根据场景分类的级别，可以分为低级别的特征表达和中等级别的特征表达。通过聚集和变迁低级别的特征表达，中等级别的特征有如视觉词袋模型(bag-of-visual-word，BOVW)，基于结构风险最小化的支持向量机分类器，基于 Bootstrap 重采样法的分类器，以及马尔可夫随机场(Markov random field，MRF)等。随着人工智能在 21 世纪的进一步发展，稀疏编码和深度学习已经被大量地用于遥感影像场景分类领域，以保证分类的精确性。

深度学习已经在自然影像分类中取得了很好的分类效果，遥感影像的场景分类和其相比有着诸多相似之处。通过迁移数据集进行模型训练，遥感影像的场景分类也可以得到非常好的分类精度。本节主要介绍预训练卷积神经网络场景分类，非监督场景分类和全监督场景分类。典型的场景分类过程如图 11-1 所示[1]。

根据图 11-1，原始的输入影像(通常是场景级别只含有 R、G、B 三通道的遥感影像)经过卷积层，卷积层的作用通常是利用网络权重对输入图像进行卷积操作，同时调整每一层的超参数。经过正则化和池化层，池化层通过一些局部非线性操作，以减少需要学习的参数数量，并且提供一些旋转不变性。再经过卷积、正则化和池化操作，经过全连接层后，他们可以更好地总结低级别的特征信息，以便于最终的决策。

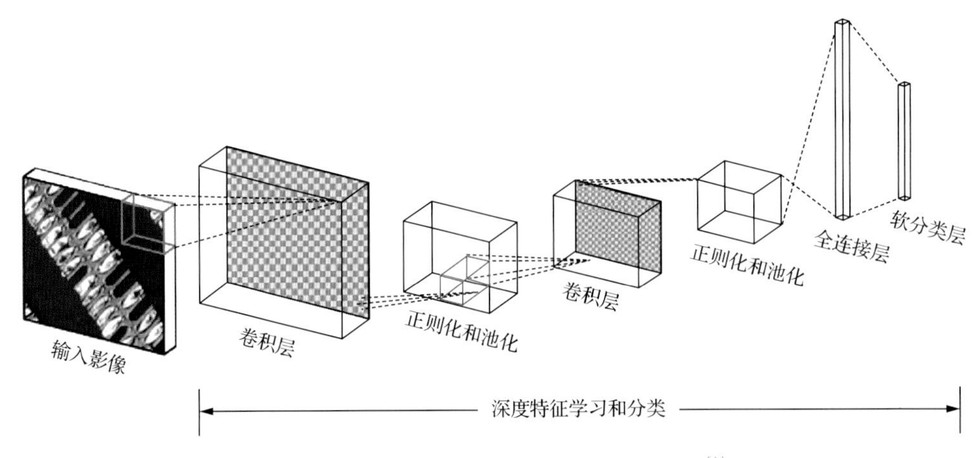

图 11-1 典型场景分类(卷积神经网络结构)[1]

11.2.1 遥感影像场景分类常用数据集

随着遥感传感器成像传感器水平不断提高，发展出了从 Landsat-8 多光谱传感器到 WorldView-3 的高空间分辨率成像传感器的一系列传感器。通常，在进行遥感应用前，需要对影像原始数据进行预处理。遥感定量化的主要难点之一，就是根据大气状况对于遥感图像的测量值进行调整以消除大气的影响，这一步骤通常被称作为大气校正。但是，深度学习遥感图像解译的数据集(如常用的 UCMerced 数据集和 WHU-RS19 数据集)使用时，原始数据已经经历了辐射定标、几何校正和大气校正等预处理过程，因此本章不再赘述。

尽管超高分辨率遥感影像能够很好地识别地物信息，同时拥有大量的语义信息，但是利用深度学习进行遥感影像解译时，运用高分辨率遥感影像源数据需要耗费大量的计算机内存和时间。此外，遥感影像的场景分类往往更趋近于语义分割，因此，在考虑计算效率的前提下，为了能够提取更加丰富的语义信息，遥感影像场景分类往往采用场景级别的语义标签，常见的场景级别的数据集如表 11-1 所示。

表 11-1 典型场景级别的数据集介绍

数据集	地物类别数	总容量	尺寸	空间分辨率	年份
UC-Merced[2]	21	2100	256×256	0.3	2010
WHU-RS19[3]	19	1005	600×600	高于 0.5	2010
RSSCN7	7	2800	400×400	—	2015
RSC11	11	1232	512×512	0.2	2016
SIRI-WHU[4]	12	2400	200×200	2	2016
AID[5]	30	10000	600×600	0.5～0.8	2017
NWPU-RESISC45[6]	45	31500	256×256	0.2～30	2017

续表

数据集	地物类别数	总容量	尺寸	空间分辨率	年份
PatternNet[7]	38	30400	256×256	0.062～4.693	2017
RSI-CB128[8]	45	＞36000	128×128	0.3～3	2017
RSI-CB256	35	＞24000	256×256	0.3～3	2017
AID++[9]	46	＞400000	512×512	—	2018

值得一提的是，尽管遥感影像解译运用的是有着丰富语义信息的高分辨率遥感影像，但是受限于深度网络结构的输入参数，训练的数据集只包含 R、G、B 三通道。虽然三通道输入的场景已经能够达到超高的分类精度，但是，其和充分利用遥感的光谱信息的传统遥感图像解译方法仍然有一定的差异。如 AID++、RSI 等系列数据集，分类时适当采用如开放街区数据(open street map，OSM)等众源地理数据，往往能够起到更好的解译效果。

11.2.2　预训练网络特征学习遥感影像场景分类

监督类的神经网络模型已经在近几年已经成为万众瞩目的研究焦点，这其中，最典型的就是卷积神经网络(CNN)。卷积神经网络模型研究在图像域中执行卷积的滤波器。由于卷积神经网络的训练是非常耗时的，很多场合不可能每次都从随机初始化参数开始训练网络，因此“预训练”可以方便地让神经网络中的权值找到一个接近最优解的值，之后再使用“微调”(fine-tuning)技术来对整个网络进行优化训练。本书将在此介绍几种典型的预训练网络。

(1) AlexNet。

在 2012 年，Krizhevsky 等[10]创建了大型深度卷积网络 AlexNet，并一举夺得了 2012 年 ImageNet Large-Scale Visual Recognition Challenge (ILSVRC) 大赛的冠军。该年也是卷积神经网络首次 top-5 错误率(即对一张图像预测 5 个类别，只要有一个和人工标注类别相同即为预测结果正确，否则算错)达到 15.4%。AlexNet 的主要贡献包括：

①使用修正线性单元(rectified linear unit，ReLU)作为非线性函数，有效地减少网络的训练时间。经过实验数据表明，使用线性整流函数比传统的双曲正切函数快了几倍。

②使用丢弃法(dropout method)防止过拟合问题。

③使用数据增强技术人为增强训练集的大小，更多样性地观察训练集多样化的情况(如图片的尺寸和旋转角度)。

此外，AlexNet 能够成功的关键之一该模型是在图形处理单元(graphics processing unit，GPU)上进行训练的。使用图形处理单元可以加快训练速度，从而允许更大的数据集和更大的图像。

(2) VGG 网络。

VGG 网络(以牛津大学几何视觉研究组命名，Oxford University’s visual geometry group，VGG)。2014 年，Simonyan 等[11]创建了 VGG 网络，该网络使用 3×3 的滤波(步幅和填充层长度均为 1)以及 2×2 的最大池化层(步幅为 2)。其作出的主要贡献包括：

①相较于 AlexNet 的 5×5 和 7×7 感受野，VGG 网络的特点是使用更小的 3×3 感受野。

②在同一块的每一个卷积层中拥有相同的特征图大小和滤波器数量。

③增加更深层网络中的特征尺寸，在每个最大池化层过后大约增加一倍。

④在训练期间，采用尺寸抖动作为一种数据增强技术。

作为最具影响力的网络结构之一，VGG 网络表明更深层次的卷积神经网络模型可以促进视觉数据的分层特征表达，从而提高分类的准确性。但是其缺点是训练这样一个模型往往需要计算机巨大的计算力，并且需要一个很大的经过标记的训练集。

(3) ResNet。

He 等[12]通过提出 152 层的 ResNet，进一步推动了深度网络的进步，并且以 3.6%的 top-5 错误率赢得了 2015 年的 ILSVRC 的冠军。其通过单一的网络架构在分类、检测和定位方面创造了新的纪录。ResNet 的核心思想是通过执行恒等映射来添加堆叠卷积网络，从而进行快捷连接。然后将连接与叠加卷积的输出相加。

利用这种预训练网络进行训练的思想，文献[13]运用了基于 ImageNet 数据集的预训练好的深度卷积神经网络，该模型能够很好地在场景级别的数据集，如遥感典型 UCMerced 数据集和 Brazilian Coffee Scenes 中得以应用。遥感影像的深度学习数据集之所以能在预训练好的深度网络中也获得很好的分类效果，其原因在于遥感数据集中的许多对象(如飞机和汽车等)与卷积神经网络预训练数据中有着非常相似的显著边缘和语义信息。因此，对于监督分类来说，训练样本对于场景分类的效果有着非常重要的作用。相较于这种方法，不同于使用传统的分类器，文献[14]将卷积神经网络的参数训练在 ImageNet 数据集进行预训练后，去掉最后一个分类层，用前一层的特征输出向量作为后一层的输入向量，即将结果直接迁移到场景分类任务中去。第二种非传统方法除了进行预训练以外，在特定结构的网络层上进行微调。因为微调，作者的实验结果如 AlexNet、VGG-16 和 GoogleNet 的平均分类精度都提升了 2%～5%不等。

11.2.3 非监督特征学习遥感影像场景分类

相较于传统的视觉词袋模型，稀疏编码(sparse coding，SC)作为著名的无监督特征学习方法，其对于场景分类可以取得非常好的分类精度，并利用未标记的数据生成一组基本函数。近年来，也提出了基于尺度不变特征变换(scale-invariant feature transform，SIFT)与稀疏编码相结合的方法(SIFT+SC)。但是，相较于深度学习在场景分类中的效果和卓越贡献，稀疏编码仍然有许多不足之处。

为了克服预训练样本对分类精度的影响以及遥感数据标签集较少的缺陷，无监督学习分类方法也是遥感影像场景分类的重要组成部分之一。文献[15]提出了一种无监督特征学习的方法。众所周知，无监督学习的致命缺点就是分类器的效果对于参数的选择非常敏感。因此研究人员采用了一种基于 K 均值聚类的两层特征提取算法。第一层生成轮廓基，第二层生成角基。使用 K 均值聚类的好处在于，K 均值聚类只需要调整一个参数，因此可以提取复杂的结构特征(如角点和连接点等)。同时，该论文的作者也使用了旋转和放缩等数据增强技术，通常经过旋转后的图像可以获得更高的数据精度。因此，在遥感影像中，利用数据增强技术来防止深度网络中出现的过拟合现象是非常重要的。

此外，文献[16]提出了一种新的基于场景级的数据集 UCMerced 的训练方法，该方法是一种平衡的数据驱动稀疏(balanced data-driven sparsity，BDDS)方法。在此方法中，研究人员设计了一种具有可行性的样本作为数据输入，以获得更好的分类效果，从而改进了受监督训练缺陷影响的卷积神经网络。提出的该深度学习算法克服了具有相似的纹理信息和相似的语义成分的影像块的缺点，因为这些影像块不具备有利于分类的边缘信息。

虽然无监督分类有许多优点，但是与监督分类相比，其仍然不能完全实现自动化，因此无监督分类仍有许多待完善的地方。

11.2.4 全监督特征学习遥感影像场景分类

和预训练好的深度特征学习以及无监督的深度特征学习不同，度量学习(metric learning，ML)也逐渐发展起来，它需要随机森林或者支持向量机等分类器来提高学习特征学习的可分离性。度量学习是一种端到端的学习方法，主要是为了寻找一个合适的数据对之间的相似性度量，它可以很好地保持所需的距离结构。现有的度量学习通常分为两类：对比嵌入和三重嵌入。

对比嵌入是在数据对(x_i,x_j)上进行训练，具体来说，其成本函数被定义为

$$J=\sum_{i,j}\ell_{ij}D^2(x_i,x_j)+(1-\ell_{ij})h(a-D(x_i,x_j))^2 \tag{11-1}$$

式中： $\ell_{ij}\in\{1,0\}$ 表示数据对(x_i,x_j)是否来自同一个类别，0 代表数据对来自不同类别，1 代表数据对来自同一类别； $h(x)=\max(0,x)$ ，为铰链损失函数； $D(x_i,x_j)=\|f(x_i)-f(x_j)\|_2$ ，为数据对(x_i,x_j)之间的欧几里得距离。

三重嵌入是在三元组数据(x_a,x_p,x_n)上进行训练，具体来说，其成本函数被定义为

$$J=\sum_{a,p,n}h(D(x_a,x_p)-D(x_a,x_n)+a)^2 \tag{11-2}$$

这里， (x_a,x_p,x_n) 是三元组数据，在这组数据中(x_a,x_p)有着相同的数据标签而(x_a,x_n)有着不同的数据标签。

与传统的以保持类间可分性为核心的度量学习相比，文献[17]更注重标签的一致性(label consistency，LC)，为了保证超高分辨率遥感影像的类内紧凑性，该研究提出了一种可分辨度量学习方法(discriminable distance metric learning，DDML)。在学习过程中，除了要求的类间距离紧凑以外，还约束了全局的标签一致性和局部标签一致性，旨在共同优化特征流形、距离度量和标签分布。

众所周知，卷积神经网络的最后一层是全连接层，该层是为了用以更好地总结低级特征学习结果，以便于最终决策。在有的研究中[5]，除了降低了全连接层的交叉熵损失以外，还提出了一种度量学习正则化方法，使得网络模型更具有识别性。该研究提出了

一种新的目标函数，它包含交叉熵损失项、度量学习正则化项和权衰减项三项。

此外，为了利用每个场景之间的结构信息，文献[18]提出了一种特殊的结构损失来测量数据对之间的距离，也就是多样性提升深层结构度量学习(diversity-promoting deep structural metric learning，D-DSML)，与传统的深层结构度量学习相比，该种方法可以克服不同因素特征表达之间的重复性。通过引入多样性优先来实现多样性提升深层结构度量学习，避免了传统的深层结构度量学习中各因素之间的相互关联，从而减少了因隐藏因素之间的相似性而导致的冗余度。

11.3 遥感影像场景检索

遥感影像场景检索也是基于内容的遥感影像解译的一项重要应用，通过分析视觉内容进行遥感的图像检索，是挖掘图像中地理空间信息的关键。遥感图像检索包含两个必不可少的模块：首先是特征学习或提取，该模块是为了将被查询的图像或数据集中的图像映射到特征空间，从而进行相似性匹配(即特征搜索，使用恰当的度量方式来判断待检索的图像与数据集中的图像之间的相似性)；其次是相关性排序，它是遥感影像场景检索一种常用的后处理方式，其目的是提高检索的原始性能，但本质上该排序是使用用户的反馈信息进行相似性匹配的交互模块。场景检索的总体架构如图 11-2 所示[1]。在 11.3 节中，我们将分别讨论距离度量、图模型和哈希学习，其中相似性度量是我们着重阐述的部分。

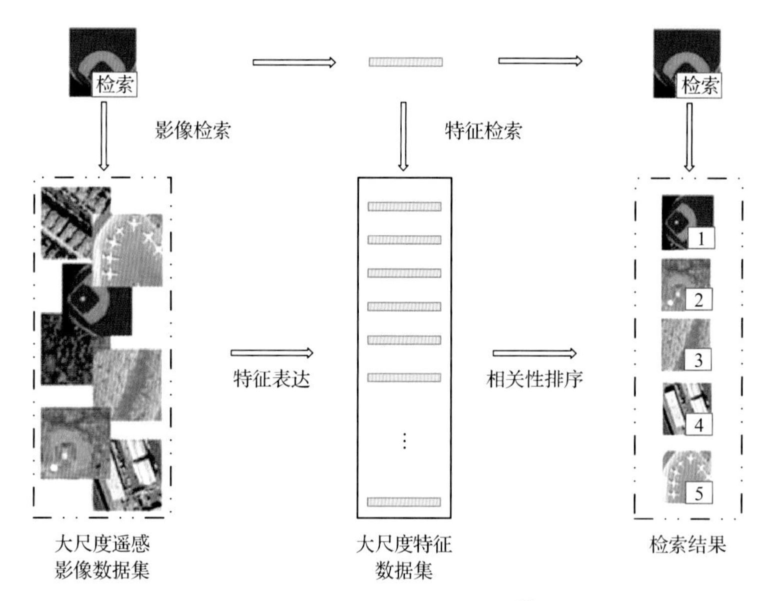

图 11-2 场景检索基本过程[1]

11.3.1 基于距离的检索

文献[19]阐述了 8 个相似性度量，并显示了其各自的功能和适用情境。对于特定的检索任务，适当的相似性度量可以通过加权特征间的相似度来获得 K 个最邻近，这样可以使得检索取得更加令人满意的结果。基于特征向量的一般距离度量，包括三种：Minkowski 距离度量（角度的余弦，以及基于直方图向量的度量，包括直方图交叉和中心矩），χ^2 统计距离和 Bhattacharyya 距离。该研究工作直观地证明了基于内容的遥感检索任务的相似性度量是非常重要的，不同的相似性度量可能也会导致不同的排序结果，但其研究工作中的距离度量并没有应用于深度特征的度量。

假设数据集中查询的场景 Q 和数据集中的图像场景 D 的特征向量分别为 $q=\{q_1,q_2,\cdots,q_n\}$ 和 $d=\{d_1,d_2,\cdots,d_n\}$。例如，L_1,L_2,L_∞ 是从一组称为 Minkowski r-metric 的距离函数发展而来。

对于 r=1，L 是城市街区距离（L_1 或者曼哈顿距离），

$$L_1(q,d)=\sum_{i=1}^{n}|q_i-d_i| \tag{11-3}$$

对于 r=2，L 是欧几里得距离（L_2），

$$L_2(q,d)=\sqrt{\sum_{i=1}^{n}(q_i-d_i)^2} \tag{11-4}$$

对于 $r=\infty$，L 是优势距离（L_∞），

$$L_\infty(q,d)=\max_i|q_i-d_i| \tag{11-5}$$

对于遥感影像场景理解，深度学习技术大致可以分为无监督特征学习和监督特征学习两种方法。由于图像场景的空间复杂性，无监督特征学习能够准确描述语义信息。对于遥感来说，无监督特征学习无疑是有很大优势的，因为通常遥感的标记数据比我们需要分析的图像数据要少得多。例如，在计算机视觉领域的 ImageNet 数据中，标记了超过了 1500 万个图像。然而，很少有遥感数据集标记了超过 10000 个带有标签的图像。文献[20]首先利用自动编码器并减小特征内存从遥感图像中学习稀疏特征。他们开发了一个无监督的特征学习框架（unsupervised feature learning framework，UFLF），利用 L_1 和 L_2 来衡量框架产生的稀疏特征的相似性。除此以外，研究者还使用了直方图交叉的方法。然而，框架的自动编码器网络非常浅，只含有一个隐藏层，这使得它无法进行充分的特征表示。此外，在无监督的情况下非监督学习的特征可能需要较长的编码才能获得满意的检索结果，这将大大降低图像检索效率。所以，对于遥感影像场景检索来说，需要更深的网络结构。

在高分辨率遥感影像图像检索任务中，全连接层产生的深度特征往往比较大，因此存在计算内存和存储方面的挑战。Boualleg 等[21]较好地解决了这个问题，并且解决了仅考虑最后全连接层产生特性的限制。通过充分分析全连接层的特性和更大范围内的卷积神经网络的卷积层来进行遥感影像场景检索的迁移学习。在他们的框架中，场景是按照奎因树分解原理（quin-tree decompositional principle）进行分解的。利用预先训练好的低维

卷积神经模型(low dimensional convolutional neural network，LDCNN)模型自动提取场景的深层特征，从而预测场景的标签[22]。利用 L_1、L_2 相关性和余弦值相似性作为距离度量。正如 Napoletano[23]后来再次证实了对于卷积神经网络而言，该种描述方式比遥感影像场景检索中的其他描述方式都更优秀，余弦的检索效果可以接近 L_2。该文还将深度度量学习网络引入到遥感影像场景检索中，通过构造具有度量学习目标函数的三重网络，提取语义空间中具有代表性的深度特征。在这种语义空间中，可以直接使用最简单的距离度量，如 L_2。基于卷积神经网络的全连接层监督学习的方法降低了语义特征的维数，进一步保证了相似性匹配的有效性且不消耗过大的存储空间。而文献[24]不再仅仅只用距离作为相似性的度量，而是展示了一种基于加权距离的检索方法，以及微调后的卷积神经网络的基本特征。利用卷积神经网络模型对图像类的权重逐一进行加权，并利用它们计算出被查询的图像与数据集中的图像之间的 L_2，这是简单且有效的。

对于多尺度信息问题，文献[25]结合了从多尺度图像或多个子块中挖掘出来的经过微调的卷积神经网络功能。它们利用来自不同尺度的连接和基于重新训练的 GoogLeNet 的多补丁池化层，并获得更高的精度。相似性度量是 L_2、余弦值、曼哈顿距离和 χ^2。为了使场景采样更合理，文献[26]采用了两种方案。他们使用深卷积自动编码器(deep convolutional auto-encoder，DCAE)学习潜在特征，为了找到合适的词袋模型进行度量，他们选择了 8 个常用的距离度量：L_1、直方图交集、Bhattacharyya、χ^2、余弦、相关性、L_2 和内积。在这些度量中，使用 L_1 和 L_2 可以获得相对较好的检索性能。上面一些方法中的低维全局描述符意味着不相关的背景信息仍然可能被编码。然后又有学者研究出，将基于特征显著性的端到端提取的局部卷积描述符与局部聚合描述符(vector of locally aggregated descriptors，VLAD)相结合，从而实现图像的紧凑描述[27]。它支持快速的数据库搜索并捕获深度语义的多尺度信息。相似性由查询向量和数据库向量的 L_2 决定。

对于多标签问题，传统的遥感影像场景检索系统通常执行单标签检索，但这很显然低估了遥感场的复杂性，其中一个图像可能包含几个标签，从而导致检索性能下降。因此，文献[28]提出了一种基于全连接网络的多标签遥感影像场景检索方法，并根据每个图像的分割图挖掘区域卷积特征。进一步对区域特征进行处理，得到一个相似度匹配的特征向量，从而提高了搜索效率和检索性能，解决了多标签问题。

对于多波段信息问题，传统的基于 R、G、B 三通道的图像表示方法已广泛应用于遥感影像场景检索中。而真正的遥感图像是高光谱的，丰富的光谱信息使它们非常适合于进行遥感图像解译。文献[29]使用卷积神经网络从新设计的新高光谱数据集中提取深度特征，并使用 L_2 计算相似性。从上面提到的例子中，我们可以得出结论，监督特征学习方法(如卷积神经网络)在很大程度上优于无监督特征学习方法。例如，使用 UC Merced 数据集，文献[20]使用的无监督方法的精度约为 65%，而文献[22]使用的监督方法的精度可达到 80%以上。距离测量可以使深度特征的检索性能更加完善。

但是，对于上述所有的方法，他们都是基于向量的。他们都是通过 L_2 或两个特征向量之间的其他度量来计算两个场景之间的相似性。不同维度特征之间的内在联系尚未挖掘出来。通常只考虑图像本身，如果特征向量也是混合的，那么他们就不适用了。即使在提取多种特征时，L_2 距离也用于计算贪婪性度量融合(greedy affinity metric fusion，GAMF)方法中，从多个特征集成的两个超级特征向量之间的相似性[30]。所有这些都得出结论：距离度量在特征级别上是非常孤立的，检索性能相对较差。文献[30]使用局部二值模式(local binary pattern，LBP)和其他三个特征作为特征组合，贪婪性度量融合与 L_2 结合检索到的 21 类场景中，16 类的精度比通过图形模型结合的协同性度量融合的精度要小。

11.3.2　基于图模型的检索

与前面提到的检索方法不同，这种方法通常将所有类型的特征连接到一个向量中，根据场景构成和它们之间的关系，富含节点和边缘属性的图模型通常是场景检索的比较倾向的数据结构。利用图形模型可以精确地检索高分辨率遥感影像。面对多类型、大数量特征导致的问题，图模型优于基于向量的方法，使多个互补特征有效。

在这一部分中，我们应该注意到遥感影像场景检索中使用的许多现有的基于区域的图形模型。例如，有研究[31-34]使用属性关系图(attributed relational graphs，ARG)来表示图像，而不是使用深度特征，而它们的相似性度量是基于区域的。那么，这些图形模型就不是我们所需要的。本节只讨论基于图的检索，即通过基于图的算法在数据集中进行检索。数据集中的每个图像对应于图中的一个节点，两个节点之间的边表示场景之间的连接，而不是区域之间的连接，一条边上的权重表示相似性。图 11-3 为距离测量和基于图的测量的示意图。其中，图 11-3 中的(2)是特征级检索的原理，图 11-3 中的(3)是场景级检索的原理。单向箭头表示查询场景或对应特征与数据集场景或对应特征之间的相似匹配。双向箭头表示场景之间或场景特征之间存在信息传递。这样的网状结构考虑了数据集中其他场景的辅助信息，从基于向量的一对一特征检索到一对多特征检索。

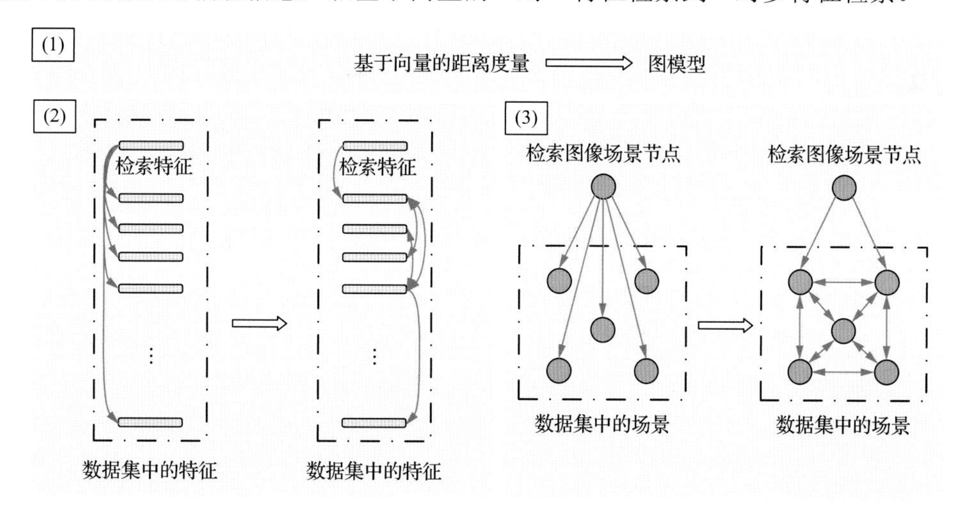

图 11-3　距离测量和基于图的测量的示意图[1]

为了缓解基于单图像特征向量的算法在检索精度上的巨大差异，文献[34]将三层图模型学习方法应用于半监督的整体和局部特征，该方法被证实具有合理性和可扩展性。

基于图的检索算法由一个核心矩阵组成，该核心矩阵表示使用多个特征的图像之间的相似性。文献[36]使用遥感图像生成无向(全连接)的图形，然后利用图学习进行检索。在这里，原始的等级场景也是图节点，节点之间的相似性通过选择的度量(如L_2)下的遥感场景之间的相似性来加权。也就是说，他们首先使用不同的“距离度量”来获得各种关联图，然后通过计算关联图中节点之间的相似性来重新排列场景的检索结果。为了提高遥感影像场景检索中的互补多特征效率，Li 等[30]采用了交叉扩散模型。该研究提出的协同度量融合算法是一种基于图的检索算法，在融合过程中可以在多个特征空间共享信息。它建立了多种深度特征之间的关系，并在保持识别能力的同时，导入数据集中的其他辅助图像。在这里，每个初始图由一个对应的特征构造，图像检索任务可以通过搜索图的亲和矩阵而不是距离度量来立即完成。

11.3.3 基于哈希学习的检索

最后一部分的方法是利用基于图的模型来度量相似性，但由于图模型需要很大的内存，计算复杂度很高，因此不容易应用于大规模的遥感影像场景检索。除了提高特征检索技能外，还有一种降低特征维数的方法是可行的。在前一种方法中，有一些基于树的方法，如 K-D 树，它将数据划分为子空间，并通过树存储分区模式。这种方法确实提高了检索速度，但会极大地破坏检索性能，特别是当特征维数较高时，会使树变得复杂。显然，它们不适合具有高纬度的场景检索。

为了克服基于树的方法的缺点，有其他的解决方案(即减少特征维数的方法)。例如，文献[37]使用主成分分析(principal component analysis，PCA)将传统卷积神经网络学习到的遥感特征映射到深度压缩码(deep compact codes，DCC)。

最近，哈希学习方法被用来处理大规模的遥感场景检索，并且取得了比较好的检索效果[38-42]。哈希函数将特征从高向量转变为低向量，低向量是二进制的(即由二进制哈希编码构成的向量)，并且可以保留原始结构。图 11-4 显示了哈希学习在低维二进制特征空间(即汉明空间)中，所需的内存量大大减少，同时检索效率提高(即可以有效地计算汉明距离)[1]。大规模检索中，哈希学习极大地减少了存储，并保持了特征的可区分性，同时

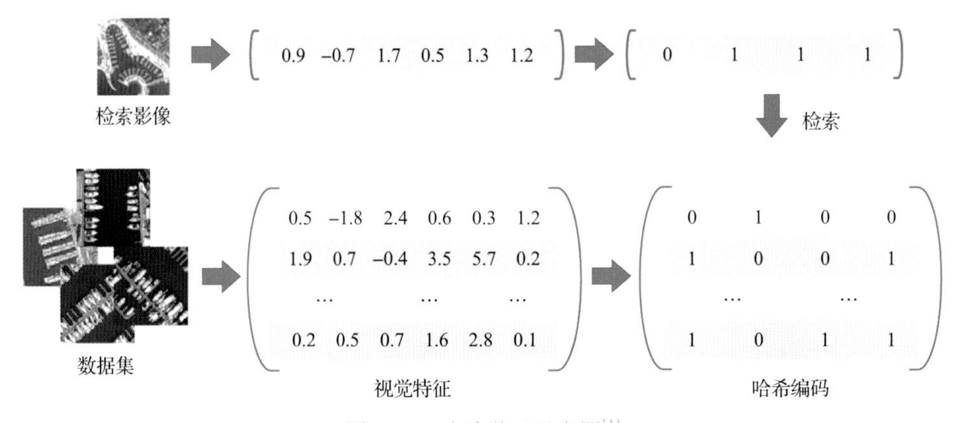

图 11-4 哈希学习示意图[1]

将视觉特征转移到哈希编码。

与图模型相比，哈希学习中图的计算复杂度和存储复杂度都不高。查询图像和检索图像之间的约束更加密集。为了克服线性搜索耗时且不适用于多尺度情况的问题，文献[39]首先介绍了两种基于非线性核的哈希方法。第一种方法只使用未标记的图像，哈希函数在内核空间中定义。相比之下，第二种方法使用从注释图像中挖掘的语义相似性来描述内核空间中唯一的哈希函数。然而，这些方法的学习时间复杂度高，响应速度慢，因此文献[40]提出了一种新的与数据无关的哈希学习方法，即部分随机哈希(partial randomness hashing，PRH)。后来，Ye 等[38]提出多特征的哈希学习方法。哈希学习模块探测哈希函数，该研究学习了混合特征映射函数的列抽样哈希。精度和召回率甚至比使用以前的基于内核的非线性哈希(kernel-based nonlinear hashing，KSH[39])更高。文献[43]将哈希学习方法引入到高光谱遥感场景中，对深卷积生成对抗网络(deep convolutional generative adversarial network，DCGAN)模型产生的光谱空间深特征进行非线性流形[44](nonlinear manifold，NM)哈希，使其维数减小。采用多索引散列法对高光谱图像进行检索。

深度特征提取和哈希学习需要在一个网络中进行联合训练，从而以端到端的方式提高检索性能。所学的相似性度量可以更适合深层次的特性。在构造和连接深层特征学习和哈希学习神经网络的同时，开发了深层哈希神经网络[45](deep hashing neural network，DHNN)。它可以减少特征提取所花费的时间，并且可以计算出从大型遥感图像数据集中的深层哈希神经网络生成的最终特征，并将其存储为特征的数据集，而不会导致巨大的内存成本。但只有当哈希编码足够长、训练图像注释足够时，才能获得较高的检索精度。为了解决这一问题，文献[41]提出了一种基于语义学习度量空间的解决方案，而在大型检索数据集中，仅使用少量带注释的训练图像实现快速、准确的遥感影像场景检索。在有的研究中，深度语义哈希(deep semantic hashing，DSH)模型也是端到端的，但它只利用了一些带标记的图像[42]。同时，由于哈希编码在学习过程中没有松弛现象，因此深度语义哈希降低了哈希编码的准确性。研究人员同时也在 CIFAR-10 数据集上进行了实验，并利用了自己的深度语义哈希以及一些在计算机视觉界很有名的哈希编码方法，如基于互信息的在线哈希算法(mutual information hash，MIHASH)。精度结果较高的平均准确率(mean average precision，mAP)显示，当场景为 32 位时，深度语义哈希的效率比基于互信息的在线哈希算法高 12.7%。

遥感影像场景检索同时也经常需要处理跨源数据。通常，检索到的场景来自同一个遥感数据源。如果使用相同的方法来检索另一个数据源中的场景，则会出现数据迁移问题，性能会急剧下降。可以融合跨源信息以获得更高的检索性能，并首先处理跨源信息任务[46]。例如，当将该方法应用于解决检索的跨源任务时，该方法的映射值超过了计算机视觉领域中其他著名方法(如深度跨模态哈希(deep cross-modal hashing，DCMH))。由于遥感数据量的不断增加，跨源数据深度哈希学习甚至是必要的。同时，由于卷积神经网络模型不同，不同数据集的检索结果也不同。只有源不变深度哈希方法(如源不变深度散列卷积神经网络)才能克服这两个缺点。在本例中，将多光谱图像(高光谱分辨率)和全色图像(高空间分辨率)中的跨源信息融合，最终获得更高的检索性能。

从距离度量到图模型和哈希学习，现有的方法可以更有效地挖掘多特征多尺度的互补信息[38]。检索性能越来越好(通常精度从60%以下提高到70%以上)。综上所述，深度特征在遥感影像场景检索[26]中获得了开拓性的行为，而较大的深度学习代价需要更多的非监督。因此，建立更有效、更划算的深度特征提取方法是十分必要的。虽然这些方法可以大大加快搜索速度，但检索的准确度水平在实际应用中并不适用。此外，基于特定遥感影像场景检索任务的深度哈希神经网络的建模和学习值得进一步探索。文献中很少讨论跨源遥感影像场景检索[46]，但跨源遥感数据不断增加，因此它激励研究人员加强跨源遥感影像场景检索工作。

11.4 遥感影像目标识别

近年来，如图11-5所示的场景级目标检测由于能够提取分割后的图像信息，提高了目标检测的精度，在科学研究中逐渐得到应用[1]。深网训练的场景是通过滑动场景获得的。通过对标记场景和未标记场景的比较，可以对训练场景进行标记，从而得到目标检测结果。利用深度网络提取图像的多层特征有几种方法。一个基于区域提名，如R-CNN[47]、SPP NET[48]、Fast R-CNN[49]、R-FCN，另一个基于端到端，不需要区域标记，包括YOLO和SSD[50]。此外，来自深层神经网络更高层的特征图显示语义抽象属性[51]。

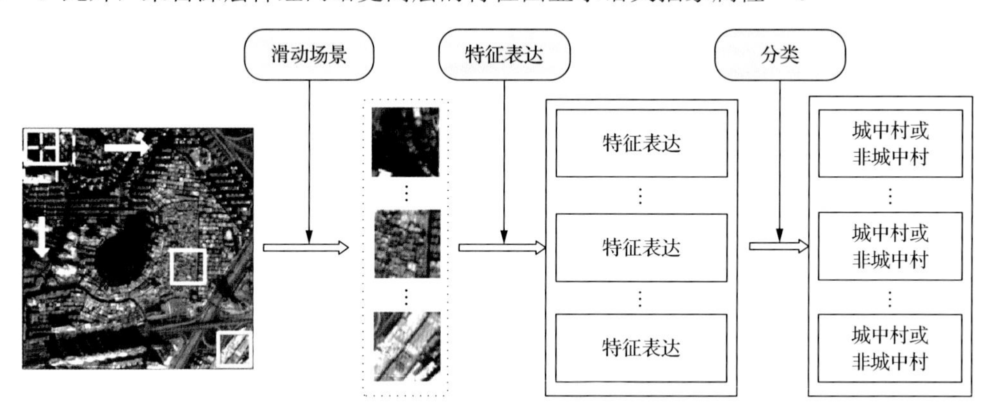

图11-5 滑动场景实现目标识别进行城中村检测流程[1]

11.4.1 以场景为主要单元对遥感图像中的物体进行解译

基于场景的检测，以图像块为主要单元，其具有语义信息的场景类别不仅由所包含的对象决定，还由它们的相对位置决定。因此，基于场景的分类方法能够更好地区分复杂的类别，并且可以同时考虑对象之间的关系。

Li等[52]首先利用多核学习结合多个特征来实现块级图像解释。他提出了多场积分的方法，得到块级结果。然后，通过多假设超像素表示和图模型平滑，最终将多假设投票用于组合区域检测结果。与基于像素的灰度共生矩阵相比，他的检测结果具有明显的检测优势。另外，Li等[53]还提出了一种无监督深度神经网络(unsupervised deep neural network,

UDNN)，它是由一个无监督深卷积神经网络(unsupervised deep convolutional neural network，UDCNN)组成以及一个无监督深度连接神经网络(unsupervised deep full-connected neural network，UDFNN)。前者可以从简单到复杂地在层次上提取局部特征，而无监督深度连接神经网络通过对受限玻尔兹曼机(RBM)的叠加，重视全连接层的优点，并从全局的角度进一步抽象出特征表示。

此外，Tan 等[54]提出了一个基于 Inception-v3 的双流卷积神经网络(double-stream deep convolutional neural network，DSCNN)模型来自动提取房屋建成区域。网络由两个分支组成：上分支利用全色图像，为目标分类提供基本信息；下分支更重视多光谱影像，为提高精度提供辅助信息。

11.4.2　用于地理空间目标检测的场景级监督网络

深度学习方法与传统的视觉识别方法的本质区别在于，深度学习方法可以从大量的数据中自主地学习特征表示，而无需太多的专业知识或人工投入来设计特征。深度学习方法可以自动学习层次特征表示。在层次特征表示中，首先学习一个简单的概念，然后通过组合简单的概念来构造复杂的概念。图 11-6 是基于深度网络场景级监督分类目标检测的过程，这一特征抽象过程也符合人类视觉认知过程[1,53]。

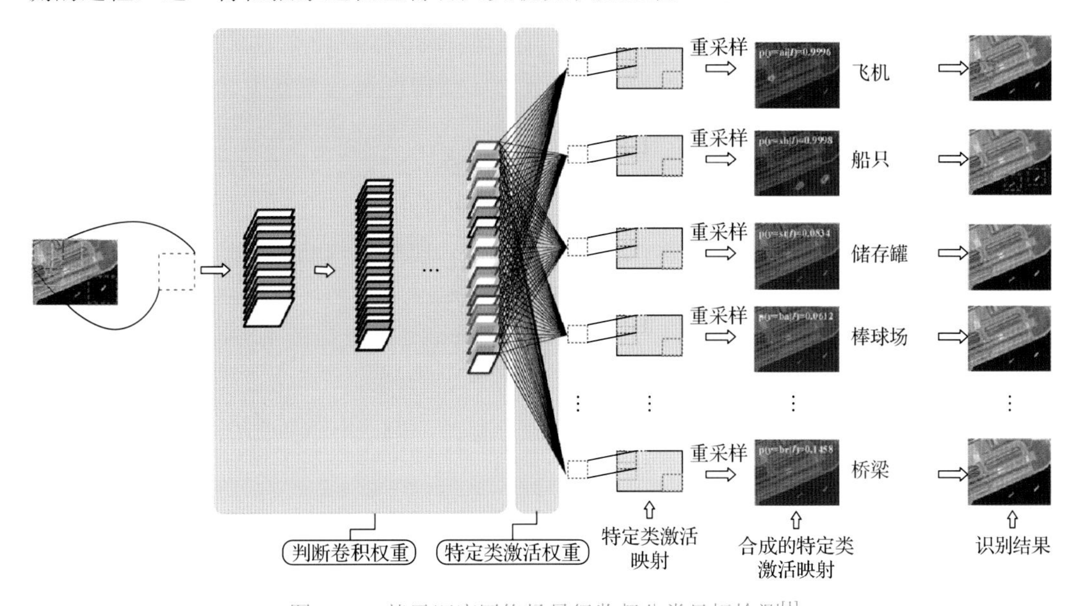

图 11-6　基于深度网络场景级监督分类目标检测[1]

在文献[55]中，弱监督学习通过基于显著性的自适应分割和基于弱标记遥感图像的负挖掘，获得了初始训练样本。在预先对训练后的目标检测器进行改进的基础上，采用基于候选块方案对目标进行有效检测。类似地，采用弱监督学习(weakly supervised learning，WSL)和高级特征学习[56]相结合的方法对光学遥感图像进行自动检测。此外，为了获得更多的图像块的结构和语义表示，他们提取低层和中层特征来获取空间信息，并利用深玻尔兹曼机器(deep Boltzmann machine，DBM)[57]来学习中层特征的隐藏模式，即使它只能检测到单个物体。

Li 等[58]分析了将场景视为孤立场景，忽略了场景对之间的相互提示的弱监督的缺点。为此，他们提出了一种基于两个阶段的端到端多类方法，通过挖掘场景对之间的互信息，分别学习类特定的激活权重，来学习区分卷积权重。此外，本文还提出了一种多尺度场景滑动投票策略来计算类特定的类别激活图(class-specific activation map，CAM)，并提出了一套新的面向类别激活图的目标检测分割方法。即使在弱监督的情况下，该文中的深度网络模型也能取得较好的结果。

为了更好地分类，多尺度卷积神经网络(multi-scale convolutional neural network，MCNN)[59]也可以通过考虑图像的上下文信息来提取尺度的深层特征。多尺度卷积神经网络使用一系列不同尺度的图像执行金字塔算法，并使用反向传播算法[60]自动优化深度网络中的各种参数。此外，由于非线性特征往往比线性特征更好地表示物体的特征，并且为了更好地分类，提取的多尺度谱特征在非线性激活函数作用后变为非线性。

11.5 遥感影像深度学习的发展和展望

11.5.1 跨数据集无监督迁移模型

在过去，分类方法通常基于像素或对象。但是，随着数据迁移问题的出现(即由完全不同地理区域的各种传感器获取的有标记和无标记图像)，需要对其所受的分类场景进行处理[61]。不同区域的检索结果差异很大，即使场景来自同一传感器。正如人们常识所知道的，跨源遥感影像场景理解问题应该是基于场景的，并以无监督的方式进行联合优化。因此，文献[61]创建了一个域自适应网络。为了分析有标记和无标记的图像，研究人员使用预先训练过的卷积神经网络生成原始特征表示。然后，他们将得到的功能放到另一个基于预先培训过的卷积神经网络的网络中，以便进一步学习。在他们的工作中，他们创建了一个交叉数据集，该数据集是由来自 UC Merced 数据集和 KSA 数据集的同一类的图像聚合而成的。显然，源、目标域中的图像来自不同的位置或传感器，存在着明显的数据迁移问题。但在他们提出的网络的帮助下，这种转变在很大程度上被缩小了。除单场景分类外，还可以实现跨场景分类。

11.5.2 遥感影像场景的语义层次理解

作为人工智能的一项重要而罕见的任务，遥感图像的标识显示更具挑战性[62]，实际上更接近于解译这项任务本身。生成的语义是计算机对于场景的初步理解，可以看作是连接计算机视觉和语言的桥梁。

语义层次理解不是简单地预测单个标记，而是生成一个可理解的完整句子。这意味着不仅要像场景分类那样对每个图像场景进行分类，而且还要挖掘类之间的依赖关系，这意味着在场景之间添加上下文信息到场景检索任务中去。此外，这不仅意味着对物体的识别和多尺度分析，而且还意味着找出物体之间的空间关系。有研究利用深度学习和全连接网络构建了一个遥感图像采集框架，该种方法取得了令人满意的结果。例如，利用谷歌地球(Google Earth)中场景的最低精度可达到 79%，这带给了我们启发。

(1)图像检索：用户可以进一步描述自己的需求，提高收集有用图像的可获得性，而不是关键字搜索。

(2)军事情报生成：战场图像可以通过机器立即转换为文本信息。这些信息可以传递给士兵并帮助他们战斗。

11.5.3 利用众源数据进行遥感影像场景理解

通过耦合多源数据，影像解译可以在当今社会中发挥更有利的作用。在现实的发展中国家，真实可靠的数据源是稀缺的，因此有时为了获得更准确的社会经济信息[63]，我们需要将现有的社会调查信息与遥感图像信息相结合。文献[64]利用夜间亮度卫星图像(即“夜间灯光”数据[65])和国家级经济生产统计数据，采用“迁移学习”的方法训练深度学习模型。通过该研究的方法，可以很好地检测出某一地区的经济发展水平，从而更好地对贫困地区进行评价。

除了需要在贫困地区进行测试外，人类居住区仍然受到自然灾害的影响[66]。找出自然灾害发生的时间和地点规律，合理预测未来可能发生的灾害发生的地点和时间，也是十分必要的，这可以帮助相关部门作出决策。如文献[67]所述，多核学习方法与三维点云数据(已知是一种可以提取物体几何信息的非常精确的数据源)相结合，可检测自然灾害。

目前，遥感数据源对遥感影像场景的理解仍然是一个挑战[68]。由于 Wi-Fi、全球定位系统等系统的进一步发展[69]，用户可以通过 Instagram 上传自己的位置信息和相应的地理数据。我们应该学习如何使用“大数据”或多源数据[70]，如开放街区数据(open street map，OSM)和谷歌地图来获取图像信息，并将深度学习地理理论应用于这类海量数据地球科学。从长远来看，基于社交媒体和多数据源数据集的学习和迁移学习是一种很有前途的应用。

参 考 文 献

[1] Gu Y T, Wang Y T, Li Y S. A survey on deep learning-driven remote sensing image scene understanding: Scene classification, scene retrieval and scene-guided object detection. Applied Sciences, 2019, 9(10): 2087-2110.

[2] Yang Y, Newsam S. Bag-of-visual-words and spatial extensions for land-use classification. Proceedings of the 18th SIGSPATIAL International Conference on Advances in Geographic Information Systems, San Jose, 2010.

[3] Xia G S, Yang W, Delon J, et al. Structural high-resolution satellite image indexing. ISPRS TC VII Symposium-100 Years ISPRS, Vienna, 2010.

[4] Zhao B, Zhong Y F, Xia G S, et al. Dirichlet-derived multiple topic scene classification model for high spatial resolution remote sensing imagery. IEEE Transactions on Geoscience and Remote Sensing, 2016, 54(4): 2108-2123.

[5] Wang Y B, Zhang L P, Deng H, et al. Learning a discriminative distance metric with label consistency for scene classification. IEEE Transactions on Geoscience and Remote Sensing, 2017, 55(8): 4427-4440.

[6] Cheng G, Han J W, Lu X Q. Remote sensing image scene classification: benchmark and state of the art. Proceedings of the IEEE, 2017, 105(10): 1865-1883.

[7] Zhou W X, Newsam S, Li C M, et al. PatternNet: A benchmark dataset for performance evaluation of remote sensing image retrieval. ISPRS Journal of Photogrammetry and Remote Sensing, 2018, 145: 197-209.

[8] Li H F, Tao C, Wu Z X, et al. RSI-CB: A large scale remote sensing image classification benchmark via crowdsource data. arXiv preprint arXiv: 1705.10450, 2017.

[9] Jin P, Xia G S, Hu F, et al. AID++: An updated version of AID on scene classification. 2018 IEEE International Geoscience and Remote Sensing Symposium, Valencia, 2018.

[10] Krizhevsky A, Sutskever I, Hinton G E. ImageNet classification with deep convolutional neural networks. Proceedings of the 25th International Conference on Neural Information Processing Systems, Doha, 2012.

[11] Simonyan K, Zisserman A. Very deep convolutional networks for large-scale image recognition. arXiv preprint arXiv: 1409.1556, 2014.

[12] He K M, Zhang X Y, Ren S Q, et al. Deep residual learning for image recognition. 2016 IEEE Conference on Computer Vision and Pattern Recognition (CVPR), Las Vegas, 2016.

[13] Penatti O A B, Nogueira K, Santos J A D. Do deep features generalize from everyday objects to remote sensing and aerial scenes domains? 2015 IEEE Conference on Computer Vision and Pattern Recognition Workshops (CVPRW), Boston, 2015.

[14] Cheng G, Ma C C, Zhou P C, et al. Scene classification of high resolution remote sensing images using convolutional neural networks. 2016 IEEE International Geoscience and Remote Sensing Symposium (IGARSS), Beijing, 2016.

[15] Li Y S, Tao C, Tan Y H, et al. Unsupervised multilayer feature learning for satellite image scene classification. IEEE Geoscience and Remote Sensing Letters, 2016, 13(2): 157-161.

[16] Yu Y, Zhong P, Gong Z Q. Balanced data driven sparsity for unsupervised deep feature learning in remote sensing images classification. 2017 IEEE International Geoscience and Remote Sensing Symposium (IGARSS), Fort Worth, 2017.

[17] Wright J, Ma Y, Mairal J, et al. Sparse representation for computer vision and pattern recognition. Proceedings of the IEEE, 2010, 98(6): 1031-1044.

[18] Gong Z, Zhong P, Yu Y, et al. Diversity-promoting deep structural metric learning for remote sensing scene classification. IEEE Transactions on Geoscience and Remote Sensing, 2018, 56(1): 371-390.

[19] Qian B, Ping G. Comparative studies on similarity measures for remote sensing image retrieval. 2004 IEEE International Conference on Systems, Man and Cybernetics, Delft, 2004.

[20] Zhou W X, Shao Z F, Diao C Y, et al. High-resolution remote-sensing imagery retrieval using sparse features by auto-encoder. Remote Sensing Letters, 2015, 6(10): 775-783.

[21] Boualleg Y, Farah M. Enhanced interactive remote sensing image retrieval with scene classification convolutional neural networks model. 2018 IEEE International Geoscience and Remote Sensing Symposium, Valencia, 2018.

[22] Zhou W X, Newsam S, Li C M, et al. Learning low dimensional convolutional neural networks for high-resolution remote sensing image retrieval. Remote Sensing, 2017, 9(5): 470-489.

[23] Napoletano P. Visual descriptors for content-based retrieval of remote-sensing images. International Journal of Remote Sensing, 2018, 39(5): 1343-1376.

[24] Ye F M, Xiao H, Zhao X Q, et al. Remote sensing image retrieval using convolutional neural network features and weighted distance. IEEE Geoscience and Remote Sensing Letters, 2018, 15(10): 1535-1539.

[25] Hu F, Tong X Y, Xia G S, et al. Delving into deep representations for remote sensing image retrieval. 2016 IEEE 13th International Conference on Signal Processing (ICSP), Chengdu, 2016.

[26] Tang X, Zhang X R, Liu F, et al. Unsupervised deep feature learning for remote sensing image retrieval. Remote Sensing, 2018, 10(8): 1214-1243.

[27] Yandex A B, Lempitsky V. Aggregating local deep features for image retrieval. 2015 IEEE International Conference on Computer Vision (ICCV), Santiago, 2015.

[28] Zhou W X, Deng X Q, Shao Z F. Region convolutional features for multi-label remote sensing image retrieval. IEEE Journal of Selected Topics in Applied Earth Observations and Remote Sensing, 2018, 13(2020): 318-328.

[29] Ben-Ahmed O, Urruty T, Richard N, et al. Toward content-based hyperspectral remote sensing image retrieval (CB-HRSIR): A preliminary study based on spectral sensitivity functions. Remote Sensing, 2019, 11(5): 600.

[30] Li Y S, Zhang Y J, Tao C, et al. Content-based high-resolution remote sensing image retrieval via unsupervised feature learning and collaborative affinity metric fusion. Remote Sensing, 2016, 8(9): 709.

[31] Wang M, Song T Y. Remote sensing image retrieval by scene semantic matching. IEEE Transactions on Geoscience and Remote Sensing, 2013, 51(5): 2874-2886.

[32] Aksoy S. Modeling of remote sensing image content using attributed relational graphs. Proceedings of the 2006 joint IAPR international conference on Structural, Syntactic, and Statistical Pattern Recognition, Beijing, 2006.

[33] Chaudhuri B, Demir B, Bruzzone L, et al. Region-based retrieval of remote sensing images using an unsupervised graph-theoretic approach. IEEE Geoscience and Remote Sensing Letters, 2016, 13(7): 987-991.

[34] Chaudhuri B, Demir B, Chaudhuri S, et al. Multilabel remote sensing image retrieval using a semisupervised graph-theoretic method. IEEE Transactions on Geoscience and Remote Sensing, 2018, 56(2): 1144-1158.

[35] Wang Y B, Zhang L Q, Tong X H, et al. A three-layered graph-based learning approach for remote sensing image retrieval. IEEE Transactions on Geoscience and Remote Sensing, 2016, 54(10): 6020-6034.

[36] Tang X, Jiao L C, Emery W J, et al. Two-stage reranking for remote sensing image retrieval. IEEE Transactions on Geoscience and Remote Sensing, 2017, 55(10): 5798-5817.

[37] Xiao Z F, Long Y, Li D R, et al. High-resolution remote sensing image retrieval based on CNNs from a dimensional perspective. Remote Sensing, 2017, 9(7): 702-725.

[38] Ye D J, Li Y S, Tao C, et al. Multiple Feature hashing learning for large-scale remote sensing image retrieval. ISPRS International Journal of Geo-Information, 2017, 6(11): 346-364.

[39] Demir B, Bruzzone L. Hashing-based scalable remote sensing image search and retrieval in large archives. IEEE Transactions on Geoscience and Remote Sensing, 2016, 54(2): 892-904.

[40] Li P, Ren P. Partial randomness hashing for large-scale remote sensing image retrieval. IEEE Geoscience and Remote Sensing Letters, 2017, 14(3): 464-468.

[41] Roy S, Sangineto E, Demir B, et al. Deep metric and hash-code learning for content-based retrieval of remote sensing images. 2018 IEEE International Geoscience and Remote Sensing Symposium, Valencia, 2018.

[42] Chen C, Zou H X, Shao N Y, et al. Deep semantic hashing retrieval of remotec sensing images. 2018 IEEE International Geoscience and Remote Sensing Symposium, Valencia, 2018.

[43] Zhang J, Chen L, Zhuo L, et al. An efficient hyperspectral image retrieval method: Deep spectral-spatial feature extraction with DCGAN and dimensionality reduction using t-SNE-based NM Hashing. Remote Sensing, 2018, 10(2): 262-271.

[44] Chen Y C, Crawford M M, Ghosh J. Applying nonlinear manifold learning to hyperspectral data for land cover classification. 2005 IEEE International Geoscience and Remote Sensing Symposium, Seoul, 2005.

[45] Li Y S, Zhang Y J, Huang X, et al. Large-scale remote sensing image retrieval by deep hashing neural networks. IEEE Transactions on Geoscience and Remote Sensing, 2018, 56(2): 950-965.

[46] Li Y S, Zhang Y J, Huang X, et al. Learning source-invariant deep hashing convolutional neural networks for cross-source remote sensing image retrieval. IEEE Transactions on Geoscience and Remote Sensing, 2018, 56(11): 6521-6536.

[47] Cao Y S, Niu X, Dou Y. Region-based convolutional neural networks for object detection in very high resolution remote sensing images. 2016 12th International Conference on Natural Computation, Fuzzy Systems and Knowledge Discovery (ICNC-FSKD), Changsha, 2016.

[48] Liu Q S, Hang R L, Song H H, et al. Learning multiscale deep features for high-resolution satellite image scene classification. IEEE Transactions on Geoscience and Remote Sensing, 2018, 56(1): 117-126.

[49] Ren Y, Zhu C R, Xiao S P. Small object detection in optical remote sensing images via modified faster R-CNN. Applied Sciences, 2018, 8(5): 803-813.

[50] Zhang W C, Chen Z P. Research for the SSD-based storage technology of mass remote sensing image. Advanced Materials Research, 2012, 532-533: 1339-1343.

[51] Zhao B, Zhong Y F, Zhang L P. A spectral-structural bag-of-features scene classifier for very high spatial resolution remote sensing imagery. ISPRS Journal of Photogrammetry and Remote Sensing, 2016, 116: 73-85.

[52] Li Y S, Tan Y H, Li Y, et al. Built-up area detection from satellite images using multikernel learning,

multifield integrating, and multihypothesis voting. IEEE Geoscience and Remote Sensing Letters, 2015, 12(6): 1190-1194.

[53] Li Y S, Huang X, Liu H. Unsupervised deep feature learning for urban village detection from high-resolution remote sensing images. Photogrammetric Engineering & Remote Sensing, 2017, 83(8): 567-579.

[54] Tan Y, Xiong S Z, Li Y S. Automatic extraction of built-up areas from panchromatic and multispectral remote sensing images using double-stream deep convolutional neural networks. IEEE Journal of Selected Topics in Applied Earth Observations and Remote Sensing, 2018, 11(11): 3988-4004.

[55] Zhang D W, Han J W, Cheng G, et al. Weakly supervised learning for target detection in remote sensing images. IEEE Geoscience and Remote Sensing Letters, 2015, 12(4): 701-705.

[56] Han J W, Zhang D W, Cheng G, et al. Object detection in optical remote sensing images based on weakly supervised learning and high-level feature learning. IEEE Transactions on Geoscience and Remote Sensing, 2015, 53(6): 3325-3337.

[57] Ruslan S, Geoffrey E H. Deep Boltzmann machines. Proceedings of the Twelth International Conference on Artificial Intelligence and Statistics, Clearwater, 2009, 5: 448-455.

[58] Li Y S, Zhang Y J, Huang X, et al. Deep networks under scene-level supervision for multi-class geospatial object detection from remote sensing images. ISPRS Journal of Photogrammetry and Remote Sensing, 2018, 146: 182-196.

[59] Zhao W Z, Du S H. Learning multiscale and deep representations for classifying remotely sensed imagery. ISPRS Journal of Photogrammetry and Remote Sensing, 2016, 113: 155-165.

[60] Heermann P D, Khazenie N. Classification of multispectral remote sensing data using a back-propagation neural network. IEEE Transactions on Geoscience and Remote Sensing, 1992, 30(1): 81-88.

[61] Othman E, Bazi Y, Melgani F, et al. Domain adaptation network for cross-scene classification. IEEE Transactions on Geoscience and Remote Sensing, 2017, 55(8): 4441-4456.

[62] Shi Z W, Zou Z X. Can a machine generate humanlike language descriptions for a remote sensing image? IEEE Transactions on Geoscience and Remote Sensing, 2017, 55(6): 3623-3634.

[63] Doll C N H, Muller J P, Morley J G. Mapping regional economic activity from night-time light satellite imagery. Ecological Economics, 2006, 57(1): 75-92.

[64] Jean N, Burke M, Xie M, et al. Combining satellite imagery and machine learning to predict poverty. Science, 2016, 353(6301): 790-794.

[65] Zhou Y Y, Smith S J, Elvidge C D, et al. A cluster-based method to map urban area from DMSP/OLS nightlights. Remote Sensing of Environment, 2014, 147: 173-185.

[66] Joyce K E, Belliss S E, Samsonov S V, et al. A review of the status of satellite remote sensing and image processing techniques for mapping natural hazards and disasters. Progress in Physical Geography: Earth and Environment, 2009, 33(2): 183-207.

[67] Vetrivel A, Gerke M, Kerle N, et al. Disaster damage detection through synergistic use of deep learning and 3D point cloud features derived from very high resolution oblique aerial images, and multiple-kernel-learning. ISPRS Journal of Photogrammetry and Remote Sensing, 2018, 140: 45-59.

[68] Ma Y, Wu H P, Wang L Z, et al. Remote sensing big data computing: Challenges and opportunities. Future Generation Computer Systems, 2015, 51: 47-60.

[69] Chi M, Plaza A, Benediktsson J A, et al. Big data for remote sensing: Challenges and opportunities. Proceedings of the IEEE, 2016, 104(11): 2207-2219.

[70] Zhang J X. Multi-source remote sensing data fusion: Status and trends. International Journal of Image and Data Fusion, 2010, 1(1): 5-24.

第三部分　定 量 遥 感

第 12 章 可见光-近红外波段的遥感反演研究进展

2000 年至今是基于光学和近红外遥感数据的遥感反演方法的快速发展时期，其标志是 1999 年搭载在 Terra-Aqua 卫星上的 MODIS 传感器开始常规化运行，遥感开始由定性向定量转变。近年来各种定量遥感反演方法不断涌现，总体概括起来遥感反演方法分为三大类：基于统计模型的经验方法、基于辐射传输模型的方法以及将两种方法相结合的混合方法。

几乎所有的经验模型都会使用统计方法，通过统计方法建立遥感观测同各种变量之间的关系，从简单的单参数或多参数方法到复杂的机器学习方法均属于这类方法。由于卫星无法直接提供地表参量的直接观测，因此经验模型法的主要任务是确定地表参数与卫星观测之间的关系，并找到影响该地表参量的关键参数。根据回归关系的不同，回归模型有线性和非线性两种。线性回归模型法因其简单易实现而被广泛应用，对局部区域的参数估算具有较高的精度，但是该类回归模型一般都具有局限性，只适用于特定的区域与特定的参数，而且需要大量的地面实测数据，因此不易推广。区域性的经验回归模型应用于大尺度上估算可能会由于地表的复杂性而出现较大问题。此外，随着计算机技术的发展，一些机器学习的方法，如神经网络，开始广泛用在遥感反演中得到广泛的应用，对于现实中的非线性问题得到了较好的解决，并取得了不错的参数估算效果。

辐射传输模型的原理基础是电磁辐射传输理论。其基本原理是通过求解特定的辐射传输方程探求地表或大气目标变量的贡献，并最终得到反演结果。辐射传输理论最初主要是被用于研究光在大气中的传播规律，其在大气遥感中取得了较大的成功。1960 年以来，该模型也逐渐地被用于陆表遥感研究中，并成为了主要的遥感反演模型。辐射传输理论的核心源于混浊介质的电磁波辐射传输方程，各组分具有明确的物理机理及严密的数学表达，该方程描述了介质任意位置的辐射和光在介质中的传播规律。假设电磁波穿过的介质(如大气与植被)在垂直方向上变化，但水平均一，粒子各向同性，则在 Ω 方向，辐射强度 $I(\tau,\Omega)$ 的一维辐射传输方程可表示为

$$-\mu\frac{\mathrm{d}I(\tau,\Omega)}{\mathrm{d}\tau}=-I(\tau,\Omega)+\frac{\omega}{4\pi}\int_{4\pi}I(\tau,\Omega')P(\Omega,\Omega')\mathrm{d}\Omega' \tag{12-1}$$

式中：τ 为大气上界向下垂直测量的光学厚度；Ω 为单次散射反照率，代表光子在介质上发生散射的概率；P 为散射相函数；I 为辐射强度。

式(12-1)是一个微分积分的方程，描述了辐射强度 $I(\tau,\Omega)$ 的变化；等式右边第一项表示在 Ω 方向上由于吸收或散射导致的辐射强度衰减，称为零次散射项；第二项表示其他方向 Ω' 散射导致 Ω 方向增加的辐射强度，称为一次及多次散射项。为了求解上式，必须确定大气层顶上边界条件和地表的下边界条件，公式表示为

$$I(0,-\Omega)=\delta(\Omega-(-\Omega_0))E \tag{12-2}$$

$$I(\tau,\mu)=\int_0^{2\pi}\int_{-1}^{0}f_r(\Omega',\Omega)I(\Omega',\tau)\mu'\mathrm{d}\Omega' \tag{12-3}$$

式中：δ 为脉冲函数；E 为太阳通量；$f_r(\Omega',\Omega)$ 为地表二向反射分布函数。

辐射传输方程是一个复杂的微分积分方程，求解该方程有多种方法包括数值解法和近似解法，常用的包括逐级散射法(successive order of scattering)、离散坐标法(discrete coordinate)、二流近似(two-stream solution)和四流近似(four-stream solution)等。目前可以通过网络免费获得多种求解辐射传输方程软件包：如 6S 软件包用了逐级散射法进行辐射传输方程的求解，并广泛用于可见光近红外波段遥感；MODTRAN 也是我们熟知的另一个求解辐射传输方程解软件包，是目前应用最广泛的辐射传输模拟程序，被用于可见光、近红外波段研究，以及热红外遥感。辐射传输模型基于物理基础具有较好的推广性和普适效果。但由于辐射传输方程所需的参数较多，且求解过程复杂耗时，各输入数据的精度直接影响了反演结果。

混合模型是将前两者相结合的模型，该类模型具有两方面的优势：一方面提高了反演算法的鲁棒性，另一方面降低了辐射传输计算复杂度，如查找表法。并不是所有前向模型都可以获得较为精确的反演模型，如前面提到的经验模型和物理模型(辐射传输模型)，由于其具有较多的模型参数，很难精确反演。这类模型通过利用前向模型建立多维参数与地表特征参量之间的对应关系，并用数据查找表的形式表示。反演时只需借助多维参数从查找表中搜索出最接近观测值的模拟结果，即为反演结果。近年来，依据已有的遥感反演产品采用某种经验或者物理方法进行目标参量反演的方法开始兴起，这些方法统称为数据同化的方法。

随着遥感反演方法的深入和拓展，一些特定地表的定量遥感反演，例如，城市和山区，开始成为遥感反演的难点。山地遥感的特殊性主要表现为电磁辐射物理机制的特殊性以及研究对象的复杂性，主要表现在地形引起了遥感影像的几何畸变，改变了地表物理辐射信号，进而改变了地表能量传输方向、速率和过程；城市是人类活动最密集的区域，极为复杂的地表异质性使得传统辐射传输的地表均一性假设很难在该区域适用。因此构建基于城市下垫面的三维辐射传输模型是城市定量遥感方法的重要方向。

12.1 宽波段反照率

地表反照率(Albedo)即地球表面反射与入射太阳能量的比率，是影响地球能量平衡的关键因素之一，同时也是驱动气候系统模式的重要输入参数。它直接决定了地球碳循环、水循环等关键过程，是研究全球、区域气候环境变化问题的基础[1]。地表反照率随时间空间变化，这些变化通常与地表土地覆盖和地表状况的变化息息相关，同时这些变化也会引起区域甚至是全球的气候变化[2]。目前基于不同传感器数据使用各种方法形成的反照率产品如表 12-1 所示。

表 12-1　主要全球宽波段反照率产品

产品名	数据源	空间分辨率	时间分辨率	时间跨度(年份)	参考文献
MODIS	MODIS	500m	每天	2000 至今	[3]
VIIRS	VIIRS	750m	每天	2012 至今	
CLARA-A2	AVHHR	0.25°	5 天	1982～2015	[4]
GLASS	AVHRR；MODIS	1km；0.05°	每天；8 天	1981 至今	[5]
MISR	MISR	275m～1km	每天；每月；每季；每年	2003 至今	[6]
GlobAlbedo	Terra/Aqua/SPOT/ENVISAT	1km；0.05°	16 天	1998～2011	[7]
POLDER	POLDER	6km	10 天	1996～2003；2005～2006	[8]

12.1.1　宽波段反照率反演方法

基于双向反射模型的反照率估算首先估计气溶胶光学厚度进行大气校正，获得精确的地表反射率数据，然后进行地表双向反射模型(BRDF)进行建模，最后利用该模型反演的光谱反照率计算宽波段反照率[3, 9-11]。近年来，随着卫星观测数据的不断积累，基于多星观测的反照率反演成为可能[12-14]。BRDF 建模方法具有很强的鲁棒性和物理显式性，因此被广泛用于从具有多角度观测能力的卫星获取地表反照率产品。由于大多数常规使用的极轨卫星平台无法在一天内提供足够数量的观测数据(极地除外)，目前的研究不得不作出以下妥协：他们假设地表不会在短时间内迅速变化。然后利用积累的多角度观测数据反演反照率。然而，当表面的 BRDF 特征快速变化时，如野火、降雪/融化和作物收获发生时，这种假设并不总是有效的。

直接估计算法的历史相对较短。它是通过辐射传输模型模拟地表反照率同卫星观测的表观反射率之间的统计回归关系来实现反照率反演。这一类方法不需要进行显式的大气校正和 BRDF 建模，即能够直接从卫星观测获得地表反照率[15-17]。该方法使单-角度观测的地表宽带反照率估算成为可能，极大地提高了卫星观测地表反照率产物的时间分辨率。该方法的缺点是容易受到传感器噪声和云检测误差的影响，需要滤波才能获得更有说服力和鲁棒性的结果。此外，先验 BRDF 数据库对于直接估算非常重要，先验 BRDF 数据库的准确性将对反照率估计产生显著影响。地表 BRDF 的变化可能会很大，因此在使用前需要对 BRDF 数据的质量进行检查。

最优化方法试图通过利用先验知识和卫星观测来解决传统方法中对亮目标无法进行大气校正的问题，同时也利用多角度观测改善地表双向反射率模型建模问题[18, 19]。这类方法的思路是利用地表双向反射率模型、大气辐射传输模型和地表反照率的先验知识构建代价函数，并通过最优化方法来估计地表双向反射率模型参数和气溶胶光学厚度。该方法的优点在于能充分利用先验知识和多角度卫星观测使得地表和大气的参数估计同时达到最优。

12.1.2 宽波段反照率反演研究展望

地表宽带反照率产品的精度和时空分辨率的要求主要取决于具体的应用和区域时空异质性。因此，目前的反照率反演算法仍然需要改进，以满足不同地区/全球应用的需求。窄波段向宽波段转换、BRDF 建模、直接估计算法和最优化算法是地表反照率反演的主流算法。这些算法在不同方面都有优势。例如，虽然传统三步骤法在物理上具有鲁棒性，但由此衍生的反照率产品的时间分辨率相对较低。相反，直接估计算法可以通过单角度观测来估计地表宽带反照率，但结果的波动比传统三步骤法估计的结果大。因此，有必要考虑不同算法估计结果的数据融合。另外，多源观测协同算法是提高地表宽带反照率精度和鲁棒性的有效方法；最后探索最优化反演法同新一代多光谱静止卫星观测结果相结合反演地表反照率将是反照率反演的重要发展方向。

12.2 地表蒸散发

地表蒸散(Evapotranspiration)是指从土壤或植被冠层、茎、枝干的表面传输到大气中的水分。地表蒸散发是水资源估算的一个组成部分，它是降水量减去径流量以及变化水储量的结果。这种水分交换通常包括水从液态到气态的相变过程，因此伴随着能量吸收和地表降温的过程[20]。目前卫星遥感能够较为准确地估算陆面蒸散的空间变率，但是卫星遥感在提供长期稳定的估算结果上还存在困难。目前基于各种方法获得的潜热通量产品如表 12-2 所示。

表 12-2　全球陆表潜热通量遥感产品

数据集	空间分辨率	时间分辨率	时间跨度(年份)
MODIS	1km	8 天	2000 至今
GLASS	1km；0.05°	8 天	1982 至今
UCB	0.5°	每月	1982～2006
MAUNI	1°	每月	1982～2006
GLEAM	0.5°	每天	1982～2006
AWB	2.5°	每天	1989～2008

12.2.1 地表蒸散发反演方法

几乎所有的经验模型都使用统计方法，通过统计方法建立遥感观测获得的各种解释变量同地表蒸散的映射。建立关系的方法从简单的单参数或多元方法到复杂的机器学习方法均有涉及。卫星无法提供地表蒸散的直接观测，因此遥感的主要任务是确定卫星反演地表参数与蒸散发的关系，并找到影响蒸散发的关键参数[21]。而关联的要素包括净辐射、土壤温度、植被指数[22]以及光合作用或植被生产力[23]等。人工神经网络以及支持向量机技术也被用于反演地表蒸散[24-26]。这些方法将地表蒸散同其影响因素联系起来进行反演，但该方法不提供显式表达，因此很难将模型推广到其他区域。

卫星遥感仅能够获取瞬时数据，并提供与地表蒸散相关变量的空间变化。另外，利用光学卫星能在晴空条件下准确地估算这些参量，而在有云情况下是无法获得相关参量的。一些模型采用已在陆地表面模型或生物圈模型中实现的模块来构建基于过程的模型，基于陆表生物圈物质循环过程的模型就叫过程模型，其中主要方法是水-碳耦合方法[27, 28]。例如，呼吸地球系统模拟器(breathing earth system simulator，BESS)由一个简单的大气辐射传递模型、Farquhar-Collatz 双叶光合作用模型和 Penman-Monteith (PM)方程的二次形式组成。地表蒸散发是水资源估算的一个组成部分，他是降水量减去径流量以及变化水储量的结果。因此通过水平衡方程可以间接估算地表蒸散发量[29]。受时空范围的限制，径流量和变化水储量依赖于大规模测绘和监测或通过疏的地面观测网络获得。虽然 GRACE 卫星积累了大量的变化水储量资料，但是水平衡方法一般适用于盆地规模以上的蒸散发反演[30]。最大熵增量法首先根据地表净辐射、温度和湿度的分析函数，计算了地表的湍流潜热、感热和地热能通量[31]。然后在不考虑体积温度梯度和水蒸气梯度的情况下预测了三种表面热流密度，最后通过地表热通量估算地表蒸散发。

12.2.2　地表蒸散发反演研究展望

随着遥感技术的飞速发展和遥感数据可用性的日益广泛，基于遥感的地表蒸散发估算方法也得到了快速的发展。尽管已有大量的模型和方法，但是对于哪种方法具有最好的估算效果还没有达成共识。推动地表蒸散发估算的发展应集中在几个方面：首先，应该进行更多的研究来确定模型中的不确定性来源，包括但不限于扰动误差、过程误差和参数化误差，以及它们的时空特征。其次，利用不同模型各自的优点，弥补其局限性，构建混合或集成的方法，或者使用多源、多波段的遥感数据协同反演。再次，提高地表蒸散估算结果的时空分辨率。目前的高分辨率数据(如 ASTER 和 Landsat)重访周期长(最多每月两次)，而重访周期短的数据(如 MODIS 和 SMAP)空间分辨率较粗。针对这些数据的反演结果很难满足灌溉等许多实际需要。最后，未来计划的卫星任务将为改进地表蒸散发反演提供新的机会。例如，NASA 的地表水和海洋地形(SWOT)将首次对地球地表水进行全球调查，这将提供一种估计地表蒸散的新方法，特别是对开阔水面的地表蒸散，并验证其他地表蒸散的估计。GRACE 后续(GRACE-FO)任务将极大地改善 GRACE 对应的测量系统，这将极大地促进地表蒸散发的反演，特别是水平衡方法。

12.3　植被覆盖度

植被覆盖度(fractional vegetation cover，FVC)通常定义为植被(包括叶、茎、枝)在地面的垂直投影面积占统计区总面积的百分比。植被覆盖度是衡量作物立地和早期活力的重要指标[32]。这一变量与从作物冠层拦截太阳辐射有关，从而与它们的生产潜力有关。获取植被覆盖度的典型方法是点样方法、视觉评估和照片的数字分析。然而，这些方法没有足够的空间范围，或者是费力和费时的。因此，利用遥感进行估算是一种有效的选择。目前部分遥感卫星数据如 POLDER、ENVISAT MERIS，以及 SPOT VEGETATION (VGT) 等都已经提供了植被覆盖度产品，如表 12-3 所示。

表 12-3 主要的植被覆盖度遥感产品

传感器	空间分辨率	时间分辨率	时间跨度(年份)	空间范围
POLDER	6km	10 天	1996～1997；2003	全球
SPOT VGT	1km	10 天	1998～2007	全球
GLASS	500m；0.05°	8 天	2000 至今	全球
AVHRR；SPOT VGT	1km；0.05°	10 天	1981 至今	全球
ENVISAT MERIS	300m	每月；10 天	2002 至今	欧洲
SEVIRI	3km	每天	2005 至今	欧洲；南美；非洲

12.3.1 植被覆盖度反演方法

植被覆盖度通常定义为植被(包括叶、茎、枝)在地面的垂直投影面积占统计区总面积的百分比。植被覆盖度是衡量作物立地和早期活力的重要指标[32]。这一变量可能与从作物冠层拦截太阳辐射有关，从而与它们的生产潜力有关。获取植被覆盖度的典型方法是点样方法、视觉评估和照片的数字分析。然而，这些方法没有足够的空间范围，或者是费力和费时的。因此，利用遥感进行估算是一种有效的选择。

根据用于 FVC 回归的变量不同，可以将估算 FVC 的变量分为遥感光谱波段和植被指数。利用光谱波段建立回归模型的方法是利用实测的 FVC 与遥感数据的单一波段或波段组合计算得到的植被指数进行回归分析[33, 34]。根据回归关系的不同，回归模型有线性和非线性两种。回归模型法因其简单易实现而被广泛应用，对局部区域的 FVC 估算具有较高的精度。但是回归模型一般都具有局限性，只适用于特定的区域与特定的植被类型，而且需要大量的地面实测数据，因此不易推广。区域性的经验模型应用于大尺度上估算 FVC 可能会由于地表的复杂性而出现较大问题。

混合光谱是指传感器收集的地面反射光谱信息是植被光谱与下垫面光谱的综合信息。混合像元分解法假设每个组分对传感器所观测到的信息都有贡献，建立混合像元分解模型估算 FVC[35, 36]。混合像元分解模型分为线性和非线性 2 种，目前的研究中大多数都是基于线性的。通过求解各组分在混合像元中的比例，植被组分所占的比例即为所需 FVC。像元二分模型是线性混合像元分解模型中最简单的模型，其假设像元只由植被与非植被覆盖地表两部分构成。光谱信息也只由这 2 个组分线性合成，它们各自的面积在像元中所占的比率即为各因子的权重，其中植被覆盖地表占像元的百分比即为该像元的 FVC。地表的复杂性，在全球尺度会对 FVC 的估算造成很大的不确定性，因此分气候带、区域和植被类型等分别选取纯植被和裸土的 NDVI 值，是像元二分模型的技术难点。

随着计算机技术的发展，机器学习方法被广泛应用到 FVC 的估算，包括神经网络、决策树、支持向量机等[37, 38]。机器学习方法的步骤一般为确定训练样本、训练模型和估算 FVC。根据训练样本选取的不同，机器学习方法分为基于遥感影像分类和基于辐射传输模型 2 大类。基于遥感影像分类的方法首先采用高空间分辨率数据进行分类，区分出植被和非植被，再将分类结果聚合到低空间分辨率尺度，计算低空间分辨率像元中植被的比例作为训练样本，训练机器学习模型，进而估算 FVC。基于辐射传输模型的方法首先由辐射传输模型模拟出不同参数情况下的光谱反射率值，再根据传感器的光谱响应函数将模拟的光谱反射率值重采样，不同的参数和模拟的波段值作为训练样本对机器学习模型进行训练。机器学习方法的关键在于训练样本的选择，要确保准确性和代表性。

12.3.2　植被覆盖度反演研究展望

基于遥感技术估算 FVC 的已有方法各具特点，但是理论依据、研究背景、使用的遥感数据源和所用的植被指数或波段都各不相同，目前还没有一种标准的方法用来估算 FVC。经验模型只适用于特定区域与特定植被类型，在研究区域一般具有较高的 FVC 估算精度。但是由于回归模型受区域性限制，一般不易推广，不具有普适性。混合像元分解法具有一定的物理意义，从地物光谱混合模型的角度出发最终估算植被在像元中所占的比例，不需要地面实测 FVC 数据建模，易于推广，具有较大的潜力。但是，植被端元光谱和土壤端元光谱的确定对于混合像元分解法精度有决定性作用。由于植被类型和生长状况的复杂性，以及下垫面的多样性，导致植被端元光谱和土壤端元光谱的选择具有不确定性，因此也具有区域性特点。物理性的辐射传输模型模拟不同状况下的植被光谱，再通过训练机器学习算法得到 FVC 估算模型，理论上可以覆盖所有不同情况，具有更广泛的适用性。但是模型模拟方法需要大量的数据，现有遥感数据在光谱波段数、光谱分辨率和时空分辨率上都存在一定的不足，而且模拟模型的精度也有一定问题，限制了此种方法的应用。从未来的发展来看，随着遥感数据的数量和种类的不断增加，以及全球或者区域尺度下垫面相关配套数据的不断发展，FVC 的估算方法可以变得更为完善。但在很长一段时间内，NDVI 等植被指数的应用以及机器学习模型因为其易于实现的特性会一直存在和发展。

12.4　叶面积指数

叶面积指数(leaf area index，LAI)是一个重要的植被结构变量，在植物对气候系统的反馈中起着重要作用。用叶面积指数来刻画叶片的疏密特性最早出现在作物学领域，它被定义为单位地表面积上单面植物光合作用面积的总和。叶面积指数描述了单位水平地表面积的叶面积大小，是模拟生物圈与大气之间质量(水和碳)和能量(辐射和热量)交换的关键植被参数[39]，是农林生态领域植被结构的一个重要参数[40]。从本世纪开始，已经产生了许多全球中分辨率(2.5m～7km)叶面积指数产品，具体信息如表 12-4 所示。

表 12-4 全球主要的 LAI 产品

产品	传感器	空间分辨率	时间分辨率	时间跨度(年份)	参考文献
CYCLOPES	SPOT VGT	1/112°	10 天	1997～2007	[41]
EUMETSAT	Metop AVHRR	1.1km	10 天	2015 至今	[42]
GA-TSP	SPOT VGT；ENVISAT MERIS	1km	8 天	2002～2011	[43]
GEOV2	SPOT VGT；MODIS	1/112°	10 天	1999	[44]
GLASS	SPOT VGT；MODIS	1km	8 天	2000 至今	[45]
GLOBCARBON	SPOT VGT；ENVISAT	1km	每月	1998～2006	[46]
GLOBMAP	MODIS	500m	8 天	2000 至今	[47]
JRC-TIP	MODIS	0.01°	16 天	2000 至今	[48]
MERIS	ENVISAT MERIS	300m	10 天	2003～2011	[49]
MISR	MISR	1.1km	1 天	2000 至今	[43]、[49]
MODIS	MODIS	500m	4 天	2000 至今	[50]
PROBA-V	PROBA-V	300m	10 天	2014	[41]、[50]
VofT	MODIS；MISR	250m	10 天	2003	[51]
VIIRS	S-NPP VIIRS	500m	8 天	2012 至今	[52]

12.4.1 叶面积指数反演方法

叶面积指数反演的关键是如何根据光子在冠层中的辐射传输过程及其形成的特殊光谱响应特征，建立其与遥感地表反射率的关系模型。植被指数能够有效突出表现植被的遥感特征信息，同时抑制土壤反射和大气等干扰因素的影响。用遥感数据估算叶面积指数的统计方法，通常先要从多光谱数据计算出植被指数，建立植被指数同区域实测叶面积指数之间的关系，再将经验关系运用估算同类区域的叶面积指数[53-55]。Xie 等[56]开发出新的植被指数，并很好地克服了复杂背景和大气条件下的叶面积指数反演；Heiskanen 等[57]根据季节变化特征选择最优的植被指数对叶面积指数进行了反演。经验关系方法简化了光子在冠层内复杂的传输过程，方法简单高效。

冠层模型反演方法基于植被冠层的光子传输理论模拟冠层中的辐射传输过程，建立地表光谱反射率与叶面积指数等叶片、冠层和背景生物物理参数的模型，采用遥感地表反射率并结合地表已知信息，通过反演模型可以估算叶面积指数这一关键光谱贡献参量[58,59]。在给定的太阳-地表-传感器系统条件下，冠层反射模型将叶面积指数和叶片光学特性等一些基本参数与冠层反射率联系起来。冠层反射模型通常可以分为四类：参数模型、几何光学模型、混合介质模型和计算机模拟模型。其中，参数模型假设冠层光辐射信息是由几个分量组成的简单数学方程，而其他几种都涉及光在冠层中的辐射传输物理过程。这些模型已经在冠层形态和光学特性估算中得到了广泛应用。

叶片辐射传输模型可以模拟叶片尺度的光子辐射传输过程，建立叶片光学属性(反射率和透射率)与叶片结构和生物物理参数的关系，常用的叶片辐射传输模型包括 PROSPECT 和 LIBERTY。物理模型十分复杂，在实际反演中，可以采用最优化[60]、查找表[61]、神经网络[45, 62]、贝叶斯神经网络[63]等方法实现模型参数的快速反演。最优化方法设定目标函数，寻找满足限制条件并使目标函数最大或最小化的参数解实现反演，可采用迭代技术实现。该方法利用原始模型直接反演，可以保持模型本身的精度，但计算耗时较长，并且成功反演依赖于初始值的合理设定，在区域和全球基于像元的应用中很少被采用。查找表(look up table, LUT)方法基于物理模型模拟设定植被、背景和观测状况下(以一定取值间隔)的冠层反射率，建立冠层反射率和叶面积指数的对应关系表，通过卫星观测的冠层反射率以及已知的植被、背景和观测角度，搜索出最佳匹配的叶面积指数。神经网络可以高效、精确地逼近复杂的非线性函数，通过训练样本对网络参数进行训练，将物理模型简化为简单的黑箱模型，实现模型参数的高效反演。相对于查找表多个参数维度导致反演速度降低的缺点，神经网络利用黑箱模型替换了复杂的物理模型，反演中仅引入关键参数信息，因而更加高效。

数据同化方法是指利用数据同化技术基于对生物参数合理动态变化的描述及时间序列上的多源观测数据的基础上，提高反演生理参数的质量。数据同化方法包含变分方法，如四维变分数据同化算法和顺序同化方法，如卡尔曼滤波。四维变分数据同化在同化时间范围内确定模型状态变量的向前预测使它最接近观测值。运用四维变分方法反演叶面积指数主要是用一个简单的半冠层结构动态模型进行估算[64]。顺序同化算法仅考虑分析现有观测的时刻。集合卡尔曼滤波是一种新的顺序同化方法，主要用于处理非线性模型的数据同化问题，已经开始用于叶面积指数的反演和产品的生产[65, 66]。

12.4.2　叶面积指数反演研究展望

当前地球系统科学特别是全球变化研究在时间序列、分辨率、精度和结构区分等方面对叶面积指数产品提出了新的要求，遥感反演研究随之呈现出新的趋势。然而，考虑到提高精确度和新应用的要求，仍然存在一些挑战。因此需要从以下方面作出努力：首先，开展多传感器定量融合改进叶面积指数反演研究。当前已有多个光学传感器提供了对全球的重复观测，因此需要充分发挥不同传感器在时间覆盖、数据质量、时空分辨率、角度观测等方面的优势；其次，考虑植被结构特征的叶面积指数反演。植被的结构差异会影响其生理作用过程如集聚效应影响着冠层对入射太阳辐射的吸收进而影响光合作用，再如森林因乔木和灌木、草等林下植被的构成不同造成其碳循环差别很大。因而，在叶面积指数反演中考虑植被结构信息有助于提高生态系统碳循环的模拟精度。

建议继续推进叶面积指数估算算法，提供高时空性和高精度产品；进一步验证研究解决目前验证研究的不足，特别是对代表性不足的区域和季节；探索机器学习算法、光探测测距技术、无人机等新的研究前沿，扩大叶面积指数的生产和应用。

12.5　光合有效辐射吸收比率

光合有效辐射吸收比率是指被植被冠层绿色部分吸收的光合有效辐射(photosynthetically active radiation, PAR)占总光合有效辐射的比率，是直接反映植被冠层对光能的截获、吸收能力的重要参数[67]。植被有效光合辐射吸收比例(fraction of photosynthetically active radiation, FPAR）是影响大气-陆面生物圈之间能量与水分交换过程的一个关键变量，是反映植被生长过程的重要生理参数，是陆地生态系统模型的关键参数，是反映全球气候变化的重要因子[68]。目前主要的植被有效光合辐射吸收比例产品如表 12-5 所示。

表 12-5 主要的 FPAR 产品

产品	卫星（传感器）	空间分辨率	时间分辨率	时间跨度（年份）	参考文献
MODIS	Terra-Aqua MODIS	1km	8 天	2000 至今	[69]
CYCLOPES	SPOT VGT	1/112°	10 天	1999～2007	[41]
GIMMS3g	AVHRR	1/12°	15 天	1981～2011	[70]
GEOV1	SPOT VGT	1/112°	10 天	1998～2016	[71]
GLASS	MODIS；AVHRR	0.05°；1km	8 天	1981 至今	[72]

12.5.1 光合有效辐射吸收比率的反演方法

在植被光谱特征中，可见光波段与近红外波段对于光能辐射的表现极为突出。植被的叶绿素在红波段表现出强烈吸收辐射能力，呈现出明显的吸收波谷，表征对于光合有效辐射的最大吸收能力；而近红外波段主要反映的是植被叶片结构，其反射及透射能相近，辐射吸收较少，则形成较强的反射能力。因此，构建以红波段、近红波段等为主的植被指数，可以反映出植被冠层对可见光的吸收变化情况[73,74]。目前运用于 FPAR 估算的植被指数大概有 12 种以上。虽然运用于植被有效光合辐射吸收比例估算的植被指数种类较多，但也存在着共同点，可以归纳为两点：第一，基于植被指数的植被有效光合辐射吸收比例估算通过实地观测获取植被有效光合辐射吸收比例，并由冠层光谱或是遥感数据运算得到植被指数，进一步建立两者的统计关系，其主要特点是较为直接地反映了植被有效光合辐射吸收比例与植被指数的关系，属于统计方法；第二，借助于冠层反射率模型，考虑不同的情景下，冠层反射率所产生的变化，从而影响植被指数与植被有效光合辐射吸收比例的关系，该方法有助于深入开展植被有效光合辐射吸收比例与植被指数的不确定性研究，这在一定程度上属于半物理的方法。

植被指数方法由于简单、参数少、运算效率高的优点，得到广泛的运用，是目前光能利用率模型中获取植被有效光合辐射吸收比例的主要途径，是开展区域尺度植被有效光合辐射吸收比例估算的主要手段。然而，植被指数由于环境条件、遥感数据质量的限制，存在以下四点不足：第一，植被指数通过光谱组合反映植被生理生态上的特征，并未能在机理上全面地解释、模拟 PAR 在冠层、冠层与地表间变化的过程；第二，由于太阳高度角、观测角等因素的影响，植被指数容易受到影响而引进了不确定性，从而降低了植被有效光合辐射吸收比例与植被指数关系的可信度；第三，在植被生长初期，植被覆盖度较低，植被指数容易受到土壤背景的影响，而在植被生长旺盛期，植被有效光合辐射吸收比例与植被指数容易产生饱和问题，这两个问题目前并不能彻底解决，一直影响到植被有效光合辐射吸收比例的估算精度；第四，植被指数估算法多为统计方法，其关系随着不同的时间、区域、不同类型植被而有所不同，从而造成了植被指数方法的明显区域依赖性。

从辐射传输过程角度上看，一般把植被有效光合辐射吸收比例看成是四部分，第一部分是冠层对于直接太阳辐射的吸收，第二部分是冠层对天空光的吸收，第三、第四部分是冠层对受土壤背景与冠层间的影响所产生的直射与散射光的吸收[75-77]。从而可以基于辐射传输方程理论构建植被有效光合辐射吸收比例的遥感反演方法。目前包括 MODIS、JRC、CYCLOPES、GLOBCARBON 等在内的多种植被有效光合辐射吸收比例产品数据集，其估算方法均属于辐射传输方程方法[78, 79]。可见，该类方法是进行植被有效光合辐射吸收比例反演的重要方法。

植被实际上是一个布满孔隙的透明实体，对光能起到拦截的作用，并且这些孔隙在冠层不同部位的分布是不同且具有明显的差异，从而产生了孔隙率的概念。孔隙率模型在几何光学模型中是解决多次散射问题的核心，也是进行植被有效光合辐射吸收比例求解的一个关键步骤。因此，孔隙率原理与能量平衡原理相结合成为植被有效光合辐射吸收比例估算的另外一种主要方法，即孔隙率法[80, 81]。虽然机理法清晰解释了植被有效光合辐射吸收比例的物理过程，可行性强，但存在明显的缺点：第一，模型结构复杂而且参数多，这给模型应用带来了困难；第二，由于模型对现实的简化而造成相关参量是建立在大量的假定上，如土壤背景考虑为朗伯体，SAIL 模型更多是把冠层看成是一层的浑浊体；第三，模型中所需要的参数往往并不能全部得到，从而使植被有效光合辐射吸收比例估算是一个病态的反演过程，这为反演结果带来一定的不确定性。

12.5.2　光合有效辐射吸收比率反演研究展望

随着全球变化研究的深入、遥感科学的进一步定量化及计算机技术的快速发展，植被有效光合辐射吸收比例的遥感估算研究未来将会围绕以下 4 个方面展开研究：①植被有效光合辐射吸收比例的遥感估算方法需要在机理上进一步明确；②未来，基于植被指数的方法依然是植被有效光合辐射吸收比例估算的重要方法，但其重点是进一步深入地进行植被指数受植被背景、饱和现象的机理研究，改进与发展相应的植被指数，减少植被背景、饱和现象以及大气影响、尺度效应等所产生的负面影响，从而提高植被指数法的应用范围；③开展包括机载、航空及地面的不同尺度的地面观测网络的建设，丰富而有效的先验知识不仅有助于改善植被有效光合辐射吸收比例反演算法与提高反演精度，也为进行植被有效光合辐射吸收比例的区域性以及全球尺度植被有效光合辐射吸收比例的验证提供了有效的数据来源；④构建长时间序列的植被有效光合辐射吸收比例数据产品，发展高分辨率的植被有效光合辐射吸收比例产品成为植被有效光合辐射吸收比例研究工作中重点与难点。

12.6　植被总初级生产力

植被生产力可以分为总初级生产力(gross primary productivity, GPP)和净初级生产力(net primary productivity, NPP)。前者是指生态系统中绿色植物通过光合作用，吸收太阳能同化 CO_2 制造的有机物；后者则表示从总初级生产力中扣除植物自养呼吸所消耗的有机物后剩余的部分[82]。在植被总初级生产力中，平均约有一半有机物通过植物的呼吸作用重新释放到大气中，另一部分则构成植被净第一生产力，形成生物量。陆地生态系统植被生产力一直是地球系统科学领域内的研究热点，对其模拟的准确与否直接决定了后续碳循环要素(如叶面积指数、凋落物、土壤呼吸、土壤碳等)的模拟精度，也关系到能否准确评估陆地生态系统对人类社会可持续发展的支持能力。基于遥感的植被净初级生产力产品如表 12-6 所示。

表 12-6 主要的 GPP 产品

产品	空间分辨率	时间分辨率	时间跨度(年份)
MTE-GPP	0.5°	每天	1982～2010
MODIS	500m；1km	8 天	2000 至今
BEPS-GPP	36km	每小时；每天；每月	2000～2015
VPM-GPP V20	500m；0.5°；0.005°	8 天；每月；每年	2000～2016
JULES-WFOEI-GPCC	0.5°；1°；2°	每月	2001～2010
TRENDY V3	0.5°	每天	1980～2013
PM-Gs GPP	1°	每天	2000～2011
BESS	500m；1km	8 天	2000～2015
PM-RS	0.5°×0.6°	每天	2000～2003
GLASS	500m；1km	8 天	1982 至今

12.6.1 植被总初级生产反演方法

统计模型是最早发展起来的用于估算和模拟区域植被生产力的一种方法，其基本原理是结合遥感数据(主要是各种植被指数)和地面观测的植被生产力数据构建统计关系，用于估算区域的植被生产力。借助时空连续的植被指数资料，统计模型在估算区域和全球植被生产力中发挥着重要的作用。目前的统计模型一般可以分为两类：一类是直接建立植被指数与植被生产力间的相关关系，利用这种相关性进行区域估算[83, 84]；另一类是综合使用植被指数与其他环境因子，采用回归树、神经网络等复杂的统计方法，构建回归参数向量再进行区域应用[85-87]。

光能利用率模型，又叫生产效率模型，是基于遥感数据估算植被生产力的主要基础[88]。光能利用率模型对光合作用做了理论上的简化和抽象，并做了以下几点假设：在适宜的环境条件下(温度、水分、养分等)，植物光合作用强弱取决于叶片吸收太阳有效辐射的量，并且植物以一个固定的比例(即潜在光能利用率)转化太阳能为化学能；在现实的环境条件下，潜在光能利用率通常受到水分、温度以及其他环境因子的限制。基于上述原理，在 20 世纪 90 年代出现了第一个用于估算全球植被净初级生产力的光能利用率模型——CASA 模型[89-92]。虽然目前的光能利用率模型都遵循相同的原理，然而模型采用不同的公式和参数化方案，因而在模型参数和模拟能力等方面存在着显著的差异。光能利用率模型原理清晰，计算过程简单，所需数据可以依靠遥感和气象台站获取，模拟结果精确度高，已经成为目前进行区域和全球植被生产力评估的主要工具。然而，由于内在的一些限制，光能利用率模型仍然存在着诸多不足和缺陷，在很大程度上制约了对植被生产力的估算。

12.6.2 植被生产力反演研究展望

遥感数据反映了时空连续的陆地表面信息，为准确反演和模拟陆地生态系统植被生产力提供了可靠的方法和数据基础。一方面，对于统计模型而言：首先，模型具有很强的区域适用性，因而全球普适性较差；其次，模型模拟的时间尺度受观测数据的时间尺度的制约；最后，统计模型无法用于对未来的预测研究。另一方面，光能利用率模型未能成功刻画散射辐射和直射辐射对光能利用率的影响方程，因此在区域和全球植被生产力模拟时始终未考虑散射辐射的影响，造成了区域模拟的误差。基于上述问题，遥感反演植被生产力应该做到：①发展高精度的模型驱动数据集；②遥感模型模拟能力有待进一步提高；③综合量化植被生产力模拟的不确定性。

12.7 叶绿素荧光

处于自然光照条件下的绿色植物在进行光合作用时释放一种波长位于 650～800nm 的光， 称为太阳诱导叶绿素荧光(solar induced chlorophyll flourescence, SIF)。SIF 是光合作用的副产品，源于吸收的光合有效辐射，与植被光合固碳及热耗散同根同源，因此同植被总初级生产力 GPP 和植被受胁迫状态密切相关。

12.7.1 叶绿素荧光反演方法

太阳辐射亮度谱线经过太阳大气和地球大气中各成分的吸收，到达传感器时存在宽度不等、深度不同的吸收谷，称为夫琅和费暗线。SIF 作为地表发射信号，叠加于反射信息之上，改变了夫琅和费暗线的深度，利用 SIF 对夫琅和费暗线的填充效应通过对比原始暗线深度和填充后的暗线深度，可以实现 SIF 的遥感反演。近地面的叶绿素荧光遥感反演较为容易实现，利用余弦接收器对天空观测或利用裸光纤对标准反射内板观测获得未被荧光填充的暗线，忽略传感器至植被冠层路径内大气对荧光上行辐射的吸收和散射，通过假设夫琅和费暗线内外的冠层反射率和荧光光谱满足特定的条件，反演得到冠层释放的 SIF。

近地面的 SIF 的遥感反演最初在地球大气暗线波段实现。因此，大气层顶 SIF 反演最直接的思路是沿用近地面提取 SIF 的方法并考虑大气的吸收和散射效应。这类方法包括改进的 FLD 系列算法[93]和光谱拟合算法[94]。基于大气辐射传输方程的 SIF 反演算法是最早被提出用于大气层顶 SIF 提取的算法，通过对大气辐射传输的定量化描述将近地表 SIF 反演理论推广至大气层顶[95]。基于大气辐射传输方程的 SIF 反演算法精度依赖于对大气状态及大气辐射传输过程描述的准确程度。

简化的物理模型算法指利用荧光对位于大气窗口内的太阳夫琅和费暗线的填充，忽略地球大气的影响的 SIF 反演方法。简化的物理模型算法的实现较为简单，但仅适用于超高光谱分辨率条件下的 SIF 反演(通常二氧化碳监测卫星的光谱分辨率可满足需求)，对传感器信噪比要求较高[96-98]；此外，该算法对除 SIF 外的其他夫琅和费暗线填充源(如杂散光、费弹性散射等)敏感。简化的物理模型算法仅可利用大气窗口内的太阳夫琅和费暗线，且需要获取大气层顶的太阳辐照度光谱，传感器对太阳的直接观测可能带来与对地观测不同类型的噪声，而光谱卷积过程中原始太阳光谱数据源的选择和对传感器光谱响应函数的近似描述则会带来系统误差[98]。

数据驱动算法主要包括基于奇异值分解(sigular vector decomposition, SVD)[99]的荧光反演算法和基于主成分分析(principle component analysis, PCA)[100]的荧光反演算法。数据驱动算法是目前大多数全球 SIF 产品的生产算法。数据驱动算法是半经验的方法，因此算法的表现依赖于模型参数的设置与获取。影响算法表现的因素主要包括：训练集的选取、反演窗口的选择、主成分个数的选择及荧光函数的设置[101]。数据驱动算法开辟了 SIF 遥感反演的新道路，综合利用了太阳暗线和地球暗线，在降低了光谱分辨率要求的同时避免了大气辐射传输方程运算，大大提高了 SIF 反演的效率。反演模型的参数选择会影响反演结果，参数设置需综合考虑传感器特性及选择的具体窗口[102]。

12.7.2 叶绿素荧光反演研究展望

SIF 反演算法的选择依赖于数据的光谱分辨率，目前科学界虽然对 SIF 反演算法各持己见，但综合考虑信噪比、光谱覆盖范围等因素，对数据源的需求已趋向一致，即覆盖整个红边波段和荧光光谱范围(680～800nm)的中高光谱分辨率数据(0.3～0.5nm)。这一需求确定了未来针对全球 SIF 探测的星载传感器的指标，传感器指标的确定则决定了未来大气层顶的 SIF 反演算法将以基于辐射传输方程的波段反演和基于数据驱动的各窗口反演为主。总的来说，航空数据距离地表较近，目前的成像、非成像光谱仪的光谱分辨率通常在 nm 级，且场景内对非荧光目标像元的观测数量可能较少，较适合应用基于辐射传输方程计算的 SIF 反演算法；卫星数据的获取完全位于大气层顶，且对非荧光目标在不同大气状态下的观测充足，其辐亮度光谱可构成具有足够代表性的训练集，数据驱动算法适合在卫星尺度应用；基于辐射传输方程计算的 SFM 算法虽然被选为 FLEX 计划的标准算法，但其在卫星实测数据下的表现尚未得到验证，且辐射传输方程的精确运算较为耗时，如何提高该算法的效率亦为待解决的问题。综上所述，大气层顶的 SIF 反演需要根据数据源的特点选择不同算法，基于大气辐射传输方程的算法表现依赖于辐射传输计算的精度，数据驱动算法的表现则依赖于训练集的代表性及经验参数的设置。

12.8 水体叶绿素 a

藻华现象的发生与淡水中叶绿素 a 的富集有着直接关系，因为叶绿素 a 对光合作用至关重要。在植物、藻类和蓝藻中都是通过叶绿素 a 来进行光合作用的。叶绿素 a 是营养状态的主要指标，因为它在营养物质浓度(尤其是磷)和藻类产量之间起着联系。叶绿素 a 主要反射绿色波段能量，吸收紫色和橘红色波长的大部分能量，其反射特性使叶绿素呈现绿色。目前，主要的水体叶绿素遥感产品如表 12-7 所示。

表 12-7　主要的水体叶绿素遥感产品

产品名	空间分辨率	时间分辨率	时间跨度(年份)
SeaWiFS	9km	每天；8 天；每月；每年	1997～2010
MODIS-Aqua	4km；9km	每天；8 天；每月；每年	2002 至今
MODIS-Terra	4km；9km	每天；8 天；每月；每年	2002 至今
OCTS	4km；9km	每天；8 天；每月；每年	1996～1997
CZCS	4km；9km	每天；8 天；每月；每年	1978～1986
VIIRS	4km；9km	每天；8 天；每月；每年	2012 至今

12.8.1　水体叶绿素 a 反演方法

经验模型主要以叶绿素 a 浓度和遥感参数之间的统计关系为基础来实现对水体叶绿素 a 浓度的遥感反演，是一种较为广泛的反演模型[103-108]。根据实测光谱或水质参数和模拟数据直接求取表观光学量与水体成分浓度的经验关系式，是最常用的叶绿素 a 浓度遥感反演算法。通过波段之间的比率可以有效的降低太阳照度，大气以及水-气表面对遥感信号的干扰。

辐射传输方法通过辐射传输模型来模拟电磁波在水体中的传播过程，借助生物光学模型分析并得到遥感辐照度比与水体叶绿素 a 的吸收系数和后向散射系数之间的关系，利用遥感数据反演出水体中叶绿素 a 浓度[109,110]。叶绿素 a 在红波段反射率低、而在近红外反射率高的这一特征使生物光学模型用于评估叶绿素 a 浓度成为可能。

混合方法体现电磁辐射在水体的传输过程，结合经验方程与辐射传输模型，采用理论分析与经验统计相结合的方法来描述模型过程，具有一定的物理依据[111,112]。总体来说，混合方法能够基本满足叶绿素 a 浓度反演精度的要求，对于常用的以单波段或波段比值作为遥感定量反演叶绿素 a 浓度的方法，研究者更多会采用三波段或先分类后建模的方法来提高结果精度。

12.8.2　水体叶绿素 a 反演研究展望

叶绿素的反演是个复杂的非线性过程。对于地表水体环境这种复杂对象来说，影响因素多，难以找到最佳的拟合模型，因此发展高精度的叶绿素反演方法应从以下方面努力：①对于不同区域的水体，要采用不同的研究模型进行分析，此外，还可以结合多种遥感数据源和多种遥感影像辐射校正处理方法进行对比论证，得出合适的模型组合方法；鉴于目前遥感传感器分辨率的限制，水体叶绿素 a 浓度反演方法主要还是以经验/半经验模型为主，随着未来遥感传感器分辨率的提高以及遥感影像处理技术的增强，阻碍分析模型应用的壁垒将会慢慢被打破，分析模型将会有很大的发展空间。②叶绿素 a 浓度反演的精度受多方面因素的影响，由于自然环境带来的误差是绝对的，因此，重点要放在遥感传感器的改进、遥感图像的处理以及反演模型的优化上。高光谱数据可以提供细微的波段选择，直接影响后期的反演精度，大力发展高光谱遥感以及超光谱遥感是进行高精度叶绿素 a 浓度反演的条件。

12.9 有色可溶性有机物

有色溶解有机物，由天然存在的、水溶性的、生物的、异质的有机物组成，其颜色为黄色到棕色，存在于淡水和盐水中。这些化合物是棕色的，在高浓度下可以使水呈黄褐色。因此，它们被称为黄色物质或有颜色的溶解有机物(colored dissolved organic matter, CDOM)，CDOM 遥感是研究水生态和碳动态的重要手段[113]。CDOM 对水环境中的生物活动有重要的影响。它可以减少水中透射的日光，影响光合作用，从而抑制浮游生物的生长，而浮游生物是海洋食物链和大气中氧的基础要素。CDOM 也会妨碍用卫星光谱仪对浮游生物数量和分布的测量。作为光合作用的副产品，叶绿素是浮游生物活动的一个重要指标，但是 CDOM 和叶绿素的吸收谱段相近，很难将两者区分开来。

12.9.1 有色可溶性有机物反演方法

经验关系法是 CDOM 反演的重要方法。具体做法有两种：一种是建立叶绿素同 CDOM 的关系[114, 115]。CDOM 的吸光度谱可以是叶绿素吸收谱的好几倍，且与叶绿素吸收重叠，在 443nm 处可占总吸收的 50%以上[116]，这是叶绿素浓度通常测量的波长[117,118]。假设 CDOM 与叶绿素共变，那么通过多光谱影像反演出叶绿素，即可估算出 CDOM 的含量。另一种是通过高光谱影像的窄波段反射率，建立其与 CDOM 的关系，进而直接反演出 CDOM[119]。经验关系的方法只考虑少数光谱波段，因而忽略了所包含的信息其他的波段。此外，它们通常基于由训练数据确定的模型，如原位模型与特定波段组合或比率相关的测量值。

机器学习算法可以选择性地利用包含在所有光谱波段的信息[120-123]。高光谱影像丰富的波段信息以及 CDOM 实测手段的发展为机器学习方法提供了大量的训练样本，因而反演的 CDOM 精度相对较高。

经验算法获得的关系很难外推到其他区域。相比之下半解析法通过控制辐射传递方程，考虑基础物理来解决这个问题[124]。这些算法由美国宇航局海洋生物处理小组(OBPG)实施并以此获得全球海洋水色产品，并实现了共享。然而，这些算法不能区分 CDOM 和非藻类颗粒(或碎屑)的吸收，因此可能导致 CDOM 和非藻类颗粒载荷不共变的沿海和河口水域的高不确定性[125, 126]。此外，大气校正误差往往会导致高不确定性[127]。

12.9.2 有色可溶性有机物反演研究展望

高光谱分辨率数据的应用(10nm 或更高)可以提高沿海水体固有光学性质(inherent optical properties, IOP)的估计。但是，如上所述，由于叶绿素的光谱信号干扰，悬浮沉积物也受到了影响由于河流和沿海水域在时空上的非均质性，其适用频带为 CDOM 测量并不总是在相同的波长。因此，从数百个窄波段的高光谱反射率中识别有效波长是一项具有挑战性的任务。应通过波段选择、导数分析、光谱指标或高光谱变换等技术降低高光谱数据的维数。利用高空间分辨率数据和水下 CDOM 实测数据相结合的方法，对遥感

CDOM 浓度进行标定和验证也是必要的。

12.10　悬浮沉积物

频繁的风浪搅动，浅水湖泊沉积物很容易发生再悬浮，进而增加光的吸收、散射与衰减，由此引起的水下光场变化会显著影响到湖泊生态系统的结构和功能。悬浮沉积物(suspended sediment, SS)是海色三要素之一，是海水中重要的物质成分，它能够影响藻类和浮游生物生长的光合作用[128]。用卫星遥感手段研究水体悬浮物浓度分布及其变化特征较传统观测调查方法具有长时间序列和短时间突发事件兼顾、大范围和小区域兼顾的优势，是海色遥感的研究内容之一，也是目前研究水体悬浮物浓度的常用手段。悬浮沉积物空间分布的变化反映了多种水文和环境过程，包括土壤的流失、泥沙和水的输移、养分和有毒负荷以及污染物的积累[128]。悬浮泥沙还通过吸收和散射减弱了水体中光的穿透，因此，它的含量是评价水的净度和整体质量的一个关键参数[129]。

12.10.1　悬浮沉积物反演方法

经验回归法又可细分为分段模型[130]、幂函数指数模型[131]以及对数式模型[132,133]。从卫星观测获得的波谱反射率推导悬浮沉积物的可行性是基于悬浮沉积物增加水体粒子丰度增加了卫星捕捉到的后向散射量这样一个事实。基于此，利用从实际测量中得到的悬浮物总量，可以将卫星图像单个或多个波段内的像素转换为悬浮沉积物含量。这种转换关系可以是多种多样的，但都是基于两者之间的关系建立的。虽然方法具有简单易行的特点，但是其全球适应性较差。

基于辐射传输理论，使用现场测量和室外控制水箱实验的数据集进行校准，是遥感反演悬浮沉积物的另一种方法[134]。该方法以辐射传输模型得到的系数，并结合实测获得的经验系数，将两种模型结合从而提高悬浮沉积物反演的精度和稳定性。该类方法被称为半分析的辐射传输模型[135]。

12.10.2　悬浮沉积物反演研究展望

遥感技术被广泛应用于浊度和浓度的估计和制图，并提供它们的时空变化。为提高遥感反演的精度，还需做到以下几点：①提高大气校正的精度，通过对大气和水下辐射传输模型进一步精细研究，不仅可以改进现有的二类水体大气校正方法，得到更精确的离水辐射率，从而提高模型反演精度。还可以推进基于辐射传输方程的理论反演模型的研究，提升反演效果。②解决因云覆盖造成的数据缺失问题。如何获得被云层覆盖的缺失遥感数据目前是可见光和近红外遥感技术面临的一大难题。卫星遥感手段受天气条件制约严重，尤其是云层的遮挡。目前对遥感影像云层的处理只能是“去云”，有学者采用经验模态分解法尝试对云层遮挡的数据缺数区域直接进行据填补，发现当数据变化剧烈时填补精度较高，但是无法填补大范围的数据缺失。不受云、雨、雾等天气限制微波遥感近年来逐渐投入使用可以缓解云层遮挡的问题，但是目前卫星微波遥感的空间分辨率普遍较低，其波段也无法用来反演 SS。

12.11 气溶胶光学厚度

气溶胶是指大气中悬浮的固体和液体微粒共同组成的多项体系，当以大气为载体时称之为大气气溶胶，其尺度范围在 0.001～10μm[136,137]。气溶胶光学厚度(aerosol optical depth, AOD)是指单位截面的垂直大气柱上的透过率，定义为介质消光系数在垂直方向上的积分。可用于估算大气浑浊度、粒子总浓度等，同时也是评判大气质量的一个重要参数。大气中气溶胶的含量虽少，但对大气中的物理化学过程有着重要的影响，在气候系统中也起着重要的作用[138]。气溶胶粒子通过对太阳短波辐射的散射和吸收使得到达地表的太阳辐射发生变化。气溶胶颗粒还可以作为云的颗粒促进云雾的形成以及改变大气中不同化学成分的浓度从而对气候产生间接影响；同时，弱或非吸收气体的辐射冷却效应还能在一定程度上缓解温室气体造成的全球增温[139]。气溶胶信息也是卫星遥感影像大气校正的重要参数之一，只有得到与像元尺度相当的大气气溶胶性质参数，才能进行逐像元的大气纠正，实现完全意义上的定量遥感分析与反演[140]。

12.11.1 气溶胶光学厚度反演方法

目前应用于气溶胶反演的卫星传感器很多，每个传感器都有其自身的优点来为研究气溶胶提供大量的有效信息。已有的各种气溶胶卫星反演方法都是针对不同地表类型和气溶胶组成的不同，以不同的原理来对气溶胶进行反演。根据反演方法原理的不同，将其归纳为 6 种算法，即暗像元法[141]、改进暗像元法[142]、结构函数法[143]、多角度/极化遥感法[144]、深蓝算法[145]、云顶 AOD 法[146]。

暗像元法是目前陆地上空使用最广泛的算法。该法利用了植被密集、具有较低反射率的地表在近红外(2.13μm)与红(0.66μm)、蓝(0.47μm)通道反射率具有良好相关性的特性；暗像元法有很多改进算法，如深蓝算法。深蓝算法处理的数据来源是蓝色波段(412～470μm)光谱，蓝色波段在亮地表区域具有较低地表反射率，且受气溶胶垂直廓线影响偏低，所以利用这一特性反演植被、裸土、水体和沙漠等高反射率的区域；结构函数法对地表反射率的限制很小，故可用来反演干旱、半干旱和城市等高反射率地区的 AOD。但是，结构函数法存在一些问题，因而造成了反演误差；地表反射率相对于大气来说一般是低偏振或无偏振的，对大气顶的偏振辐射贡献小，因而可通过多角度偏振探测器测量后向散射的偏振特性，得到受地表反射和散射影响较小的气溶胶信息。

以上不同的反演算法都有其适合的反演地区，且大部分都被应用于城市地区，这是由于近年来，随着我国城市雾霾的不断加重，城市地区的 AOD 反演变得重要起来。许多学者把大城市作为研究对象，但由于缺乏地面的观测数据，以及气溶胶的季节性差异和地域差异从而限制了气溶胶反演的精度验证等应用工作。

由于遥感观测得到地表和大气信号存在耦合关系，因此为减少反演步骤带来的误差，一些研究开始将 AOD 和地表当作一个整体，通过辐射传输建模将两个参数同时得到地表和大气的反演结果。同时由于卫星观测的积累，开展多源数据协同反演 AOD 成为可能。联合多个卫星观测数据进行 AOD 反演的方法主要包括：机器学习的方法[147]、辐射传输方法[144]以及最优化方法[18]。

12.11.2 气溶胶光学厚度反演研究展望

基于遥感技术的气溶胶光学特性反演等方面已取得了众多成果，但也面临着一些挑战和困难，如高反照率地区气溶胶的反演、气溶胶类型(气溶胶散射和吸收)的精确确定、建立具有普遍适用性的气溶胶反演模型以及地表反射率的处理等等。未来关于气溶胶遥感反演的趋势应该要在以下 3 个方面有所突破：①气溶胶遥感反演与地面监测、地基遥感监测相结合。②建立起基于辐射传输理论的气溶胶反演模型，目前比较常见的气溶胶(如气溶胶浓度等)反演方法都是基于统计模型建立起的经验公式，物理意义不够明确，适用性不强。因此需要从大气辐射传输理论出发，研究不同形状不同大小粒子的散射和吸收机理，从而建立起具有普遍适用性，物理意义明确的气溶胶反演体系。③提高气溶胶模型的确定精度。气溶胶模型的选定对气溶胶反演的精度有较大影响，因此确定气溶胶模型非常重要，以后可以通过长时间的地基观测或者建立更为合理的气溶胶模型来提高气溶胶模型的确定精度。

参 考 文 献

[1] Qu Y, Liang S, Liu Q, et al. Mapping surface broadband albedo from satellite observations: A review of literatures on algorithms and products. Remote Sensing, 2015, 7(1): 990-1020.

[2] Chen X, Liang S, Cao Y, et al. Observed contrast changes in snow cover phenology in northern middle and high latitudes from 2001-2014. Scientific Report, 2015, 5: 16820.

[3] Crystal S, Feng G, Alan H. Strahler , et al. First operational BRDF albedo nadir reflectance products from MODIS. Remote Sensing of Environment, 2002, 83: 135-148.

[4] Riihela A, Manninen T, Laine V, et al. CLARA-SAL: A global 28 yr timeseries of Earth’s black-sky surface albedo. Atmospheric Chemistry and Physics, 2013, 13(7): 3743-3762.

[5] Qu Y, Liu Q, Liang S, et al. Direct-Estimation algorithm for mapping daily land-surface broadband albedo from MODIS data. IEEE Transactions on Geoscience and Remote Sensing, 2014, 52(2): 907-919.

[6] Martonchik J V, Diner D J, Pinty B, et al. Determination of land and ocean reflective, radiative, and biophysical properties using multi-angle imaging. IEEE Transactions on Geoscience and Remote Sensing, 2002, 36(4): 1266-1281.

[7] Muller J, López G, Watson G, et al. The ESA GlobAlbedo Project for mapping the Earth’s land surface albedo for 15 years from European Sensors. 2012 IEEE International Geoscience and Remote Sensing Symposium, Munich, 2012.

[8] Bréon F M, Maignan F, Leroy M, et al. Analysis of hot spot directional signatures measured from space. Journal of Geophysical Research, 2002, 107(D16): AAC-1-AAC 1-15.

[9] Wang Z, Erb A M, Schaaf C B, et al. Early spring post-fire snow albedo dynamics in high latitude boreal forests using Landsat-8 OLI data. Remote Sensing of Environment, 2016, 185: 71-83.

[10] Jiao Z, Zhang X, Bréon F-M, et al. The influence of spatial resolution on the angular variation patterns of optical reflectance as retrieved from MODIS and POLDER measurements. Remote Sensing of Environment, 2018, 215: 371-385.

[11] Jiao Z, Ding A, Kokhanovsky A, et al. Development of a snow kernel to better model the anisotropic reflectance of pure snow in a kernel-driven BRDF model framework. Remote Sensing of Environment, 2019, 221: 198-209.

[12] Nag S, Gatebe C K, Miller D W, et al. Effect of satellite formations and imaging modes on global albedo estimation. Acta Astronautica, 2016, 126: 77-97.

[13] Nag S, Hewagama T, Georgiev G, et al. Multispectral snapshot imagers onboard small satellite formations for multi-angular remote sensing. IEEE Sensors Journal, 2017, 17(16): 5252-5268.

[14] Wen J, Dou B, You D, et al. Forward a small-timescale BRDF/Albedo by multisensor combined BRDF inversion model. IEEE Transactions on Geoscience and Remote Sensing, 2017, 55(2): 683-697.

[15] Wang D, Liang S, He T, et al. Direct estimation of land surface albedo from VIIRS data: Algorithm improvement and preliminary validation. Journal of Geophysical Research: Atmospheres, 2013, 118(22): 12577-12586.

[16] He T, Liang S, Wang D, et al. Land surface albedo estimation from Chinese HJ satellite data based on the direct estimation approach. Remote Sensing, 2015, 7(5): 5495-5510.

[17] He T, Liang S, Wang D, et al. Evaluating land surface albedo estimation from Landsat MSS, TM, ETM +, and OLI data based on the unified direct estimation approach. Remote Sensing of Environment, 2018, 204: 181-196.

[18] He T, Liang S, Wang D, et al. Estimation of surface albedo and directional reflectance from Moderate Resolution Imaging Spectroradiometer (MODIS) observations. Remote Sensing of Environment, 2012, 119: 286-300.

[19] Zhang Y, He T, Liang S, et al. Estimation of all-sky instantaneous surface incident shortwave radiation from Moderate Resolution Imaging Spectroradiometer data using optimization method. Remote Sensing of Environment, 2018, 209: 468-479.

[20] Zhang K, Kimball J S, Running S W. A review of remote sensing based actual evapotranspiration estimation. Wiley Interdisciplinary Reviews: Water, 2016, 3(6): 834-853.

[21] Jung M, Reichstein M, Ciais P, et al. Recent decline in the global land evapotranspiration trend due to limited moisture supply. Nature, 2010, 467(7318): 951-954.

[22] Wang K, Wang P, Li Z, et al. A simple method to estimate actual evapotranspiration from a combination of net radiation, vegetation index, and temperature. Journal of Geophysical Research, 2007, 112(D15): D15107.

[23] Ryu Y, Baldocchi D D, Kobayashi H, et al. Integration of MODIS land and atmosphere products with a coupled-process model to estimate gross primary productivity and evapotranspiration from 1 km to global scales. Global Biogeochemical Cycles, 2011, 25(4): GB4017.

[24] He M, Kimball J S, Yi Y, et al. Satellite data-driven modeling of field scale evapotranspiration in croplands using the MOD16 algorithm framework. Remote Sensing of Environment, 2019, 230: 111201.

[25] Lu X, Zhuang Q. Evaluating evapotranspiration and water-use efficiency of terrestrial ecosystems in the conterminous United States using MODIS and AmeriFlux data. Remote Sensing of Environment, 2010, 114(9): 1924-1939.
[26] Wang K, Dickinson R E, Wild M, et al. Evidence for decadal variation in global terrestrial evapotranspiration between 1982 and 2002: 1. Model development. Journal of Geophysical Research: Atmospheres, 2010, 115(D20): D20112.
[27] Zhou S, Yu B, Zhang Y, et al. Partitioning evapotranspiration based on the concept of underlying water use efficiency. Water Resources Research, 2016, 52(2): 1160-1175.
[28] Zhao G, Dong J, Cui Y, et al. Evapotranspiration-dominated biogeophysical warming effect of urbanization in the Beijing-Tianjin-Hebei region, China. Climate Dynamics, 2018, 52(1-2): 1231-1245.
[29] Long D, Longuevergne L, Scanlon B R. Uncertainty in evapotranspiration from land surface modeling, remote sensing, and GRACE satellites. Water Resources Research, 2014, 50(2): 1131-1151.
[30] Zeng Z, Piao S, Lin X, et al. Global evapotranspiration over the past three decades: Estimation based on the water balance equation combined with empirical models. Environmental Research Letters, 2012, 7(1): 014026.
[31] Wang J，Bras R L. A model of evapotranspiration based on the theory of maximum entropy production. Water Resources Research, 2011, 47(3): W03521.
[32] Kamenova I, Filchev L, Ilieva I. Review of spectral vegetation indices and methods for estimation of crop biophysical variables. Aerospace Research in Bulgria, 2017, 29: 72-82.
[33] Ge J, Meng B, Liang T, et al. Modeling alpine grassland cover based on MODIS data and support vector machine regression in the headwater region of the Huanghe River, China. Remote Sensing of Environment, 2018, 218: 162-173.
[34] Van de Voorde T, Vlaeminck J, Canters F. Comparing different approaches for mapping urban vegetation cover from Landsat ETM+ Data: A case study on Brussels. Sensors, 2008, 8(6): 3880-3902.
[35] Liu Q, Zhang T, Li Y, et al. Comparative analysis of fractional vegetation cover estimation based on multi-sensor data in a semi-arid sandy area. Chinese Geographical Science, 2018, 29(1): 166-180.
[36] Li Z, Gong Z, Guan H, et al. Dynamic estimating of wetland vegetation cover based on linear spectral mixture and time phase transformation models. International Journal of Remote Sensing, 2018, 39(23): 9294-9311.
[37] Zhang S, Chen H, Fu Y, et al. Fractional vegetation cover estimation of different vegetation types in the Qaidam Basin. Sustainability, 2019, 11(3): 864.
[38] Liu D, Yang L, Jia K, et al. Global fractional vegetation cover estimation algorithm for VIIRS reflectance data based on machine learning methods. Remote Sensing, 2018, 10(10): 1648.
[39] Tian Y, Zheng Y, Zheng C, et al. Exploring scale-dependent ecohydrological responses in a large endorheic river basin through integrated surface water-groundwater modeling. Water Resources Research, 2015, 51(6): 4065-4085.
[40] Yan G, Hu R, Luo J, et al. Review of indirect optical measurements of leaf area index: Recent advances, challenges, and perspectives. Agricultural and Forest Meteorology, 2019, 265: 390-411.

[41] Baret F, Hagolle O, Geiger B, et al. LAI, fAPAR and fCover CYCLOPES global products derived from VEGETATION: Part 1: Principles of the algorithm. Remote Sensing of Environment, 2007, 110(3): 275-286.

[42] García-Haro F J, Campos-Taberner M, Muñoz-Marí J, et al. Derivation of global vegetation biophysical parameters from EUMETSAT Polar System. ISPRS Journal of Photogrammetry and Remote Sensing, 2018, 139: 57-74.

[43] Disney M, Muller J-P, Kharbouche S, et al. A new global fAPAR and LAI dataset derived from optimal albedo estimates: Comparison with MODIS products. Remote Sensing, 2016, 8(4): 275.

[44] Baret F, Weiss M, Lacaze R, et al. GEOV1: LAI and FAPAR essential climate variables and FCOVER global time series capitalizing over existing products. Part1: Principles of development and production. Remote Sensing of Environment, 2013, 137: 299-309.

[45] Xiao Z, Liang S, Wang J, et al. Use of general regression neural networks for generating the GLASS leaf area index product from time-series MODIS surface reflectance. IEEE Transactions on Geoscience and Remote Sensing, 2013, 52(1): 209-223.

[46] Deng F, Chen J M, Plummer S, et al. Algorithm for global leaf area index retrieval using satellite imagery. IEEE Transactions on Geoscience and Remote Sensing, 2006, 44(8): 2219-2229.

[47] Liu Y, Liu R, Chen J M. Retrospective retrieval of long-term consistent global leaf area index (1981–2011) from combined AVHRR and MODIS data. Journal of Geophysical Research: Biogeosciences, 2012, 117(G4): G04003.

[48] Pinty B, Andredakis I, Clerici M, et al. Exploiting the MODIS albedos with the Two-stream Inversion Package (JRC-TIP): 1. Effective leaf area index, vegetation, and soil properties. Journal of Geophysical Research: Atmospheres, 2011, 116(D9): D09105.

[49] Tum M, Günther K, Böttcher M, et al. Global gap-free MERIS LAI time series (2002–2012). Remote Sensing, 2016, 8(1): 69.

[50] Huang D, Knyazikhin Y, Wang W, et al. Stochastic transport theory for investigating the three-dimensional canopy structure from space measurements. Remote Sensing of Environment, 2008, 112(1): 35-50.

[51] Gonsamo A, Chen J M. Improved LAI algorithm implementation to MODIS data by incorporating background, topography, and foliage clumping information. IEEE Transactions on Geoscience and Remote Sensing, 2013, 52(2): 1076-1088.

[52] Yan K, Park T, Chen C, et al. Generating global products of lai and fpar from snpp-viirs data: Theoretical background and implementation. IEEE Transactions on Geoscience and Remote Sensing, 2018, 56(4): 2119-2137.

[53] Ma B, Li J, Fan W, et al. Application of an LAI inversion algorithm based on the unified model of canopy bidirectional reflectance distribution function to the Heihe River Basin. Journal of Geophysical Research: Atmospheres, 2018, 123(18): 10671-10687.

[54] Zhou J, Zhang S, Yang H, et al. The retrieval of 30-m resolution LAI from Landsat data by combining MODIS products. Remote Sensing, 2018, 10(8): 1187.

[55] Filipponi F, Valentini E, Nguyen X A, et al. Global MODIS fraction of green vegetation cover for monitoring abrupt and gradual vegetation changes. Remote Sensing, 2018, 10(4): 653.
[56] Xie Q, Dash J, Huang W, et al. Vegetation indices combining the red and red-edge spectral information for leaf area index retrieval. IEEE Journal of Selected Topics in Applied Earth Observations and Remote Sensing, 2018, 11(5): 1482-1493.
[57] Heiskanen J, Rautiainen M, Stenberg P, et al. Narrowband vegetation indices in boreal forest LAI estimation: The effect of reflectance seasonality. EGU General Assembly Conference Abstracts, 2012: 8856.
[58] Xu B, Li J, Park T, et al. An integrated method for validating long-term leaf area index products using global networks of site-based measurements. Remote Sensing of Environment, 2018, 209: 134-151.
[59] Yu R, Evans A J, Malleson N. Quantifying grazing patterns using a new growth function based on MODIS Leaf Area Index. Remote Sensing of Environment, 2018, 209: 181-194.
[60] Liang L, Di L, Zhang L, et al. Estimation of crop LAI using hyperspectral vegetation indices and a hybrid inversion method. Remote Sensing of Environment, 2015, 165: 123-134.
[61] Verrelst J, Rivera J P, Veroustraete F, et al. Experimental Sentinel-2 LAI estimation using parametric, non-parametric and physical retrieval methods–A comparison. ISPRS Journal of Photogrammetry and Remote Sensing, 2015, 108: 260-272.
[62] Gao Y, Li Q, Wang S, et al. Adaptive neural network based on segmented particle swarm optimization for remote-sensing estimations of vegetation biomass. Remote Sensing of Environment, 2018, 211: 248-260.
[63] Zhang Y, Qu Y, Wang J, et al. Estimating leaf area index from MODIS and surface meteorological data using a dynamic Bayesian network. Remote Sensing of Environment, 2012, 127: 30-43.
[64] Chernetskiy M, Gobron N, Gómez-Dans J, et al. Simulating arbitrary hyperspectral bandsets from multispectral observations via a generic Earth Observation-Land Data Assimilation System (EO-LDAS). Advances in Space Research, 2018, 62(7): 1654-1674.
[65] Dong Y, Wang J, Li C, et al. Comparison and analysis of data assimilation algorithms for predicting the leaf area index of crop canopies. IEEE Journal of Selected Topics in Applied Earth Observations and Remote Sensing, 2012, 6(1): 188-201.
[66] Xie Y, Wang P, Bai X, et al. Assimilation of the leaf area index and vegetation temperature condition index for winter wheat yield estimation using Landsat imagery and the CERES-Wheat model. Agricultural and Forest Meteorology, 2017, 246: 194-206.
[67] Liu R, Ren H, Liu S, et al. Modelling of fraction of absorbed photosynthetically active radiation in vegetation canopy and its validation. Biosystems Engineering, 2015, 133: 81-94.
[68] Liu R, Ren H, Liu S, et al. Generalized FPAR estimation methods from various satellite sensors and validation. Agricultural and Forest Meteorology, 2018, 260-261: 55-72.
[69] Knyazikhin Y, Martonchik J, Myneni R B, et al. Synergistic algorithm for estimating vegetation canopy leaf area index and fraction of absorbed photosynthetically active radiation from MODIS and MISR data. Journal of Geophysical Research: Atmospheres, 1998, 103(D24): 32257-32275.
[70] Zhu Z, Bi J, Pan Y, et al. Global data sets of vegetation leaf area index (LAI) 3g and fraction of

photosynthetically active radiation (FPAR) 3g derived from global inventory modeling and mapping studies (GIMMS) normalized difference vegetation index (NDVI3g) for the period 1981 to 2011. Remote Sensing, 2013, 5(2): 927-948.

[71] Baret F, Weiss M, Lacaze R, et al. GEOV1: LAI and FAPAR essential climate variables and FCOVER global time series capitalizing over existing products. Part1: Principles of development and production. Remote Sensing of Environment, 2013, 137(10): 299-309.

[72] Xiao Z, Liang S, Rui S, et al. Estimating the fraction of absorbed photosynthetically active radiation from the MODIS data based GLASS leaf area index product. Remote Sensing of Environment, 2015, 171: 105-117.

[73] Dong T, Meng J, Shang J, et al. Modified vegetation indices for estimating crop fraction of absorbed photosynthetically active radiation. International Journal of Remote Sensing, 2015, 36(12): 3097-3113.

[74] Peng D, Zhang B, Liu L. Comparing spatiotemporal patterns in Eurasian FPAR derived from two NDVI-based methods. International Journal of Digital Earth, 2012, 5(4): 283-298.

[75] Machwitz M, Gessner U, Conrad C, et al. Modelling the gross primary productivity of West Africa with the regional biomass model RBM+, using optimized 250m MODIS FPAR and fractional vegetation cover information. International Journal of Applied Earth Observation and Geoinformation, 2015, 43: 177-194.

[76] Zhang Q, Ju W, Chen J, et al. Ability of the photochemical reflectance index to track light use efficiency for a sub-tropical planted coniferous forest. Remote Sensing, 2015, 7(12): 16938-16962.

[77] Chen C, Knyazikhin Y, Park T, et al. Prototyping of LAI and FPAR retrievals from MODIS multi-angle implementation of atmospheric correction (MAIAC) data. Remote Sensing, 2017, 9(4): 370.

[78] Qin H, Wang C, Pan F, et al. Estimation of FPAR and FPAR profile for maize canopies using airborne LiDAR. Ecological Indicators, 2017, 83: 53-61.

[79] Qin H, Cheng W, Xi X, et al. Integration of airborne LiDAR and hyperspectral data for maize FPAR estimation based on a physical model. IEEE Geoscience and Remote Sensing Letters, 2018, (99): 1-5.

[80] Peng D, Zhang H, Yu L, et al. Assessing spectral indices to estimate the fraction of photosynthetically active radiation absorbed by the vegetation canopy. International Journal of Remote Sensing, 2018, 39(22): 8022-8040.

[81] Putzenlechner B, Marzahn P, Kiese R, et al. Assessing the variability and uncertainty of two-flux FAPAR measurements in a conifer-dominated forest. Agricultural and Forest Meteorology, 2019, 264: 149-163.

[82] Song C, Dannenberg M P, Hwang T. Optical remote sensing of terrestrial ecosystem primary productivity. Progress in Physical Geography: Earth and Environment, 2013, 37(6): 834-854.

[83] Yuan W, Cai W, Liu S, et al. Vegetation-specific model parameters are not required for estimating gross primary production. Ecological Modelling, 2014, 292: 1-10.

[84] Zhou Y, Zhang L, Xiao J, et al. Spatiotemporal transition of institutional and socioeconomic impacts on vegetation productivity in Central Asia over last three decades. Science of the Total Environment, 2019, 658: 922-935.

[85] Marshall M, Tu K, Brown J. Optimizing a remote sensing production efficiency model for macro-scale

GPP and yield estimation in agroecosystems. Remote Sensing of Environment, 2018, 217: 258-271.

[86] Zhang Y, Kong D, Gan R, et al. Coupled estimation of 500 m and 8-day resolution global evapotranspiration and gross primary production in 2002–2017. Remote Sensing of Environment, 2019, 222: 165-182.

[87] Gaffney R, Porensky L, Gao F, et al. Using APAR to predict aboveground plant productivity in semi-aid rangelands: Spatial and temporal relationships differ. Remote Sensing, 2018, 10(9): 1474.

[88] Wang H, Jia G, Fu C, et al. Deriving maximal light use efficiency from coordinated flux measurements and satellite data for regional gross primary production modeling. Remote Sensing of Environment, 2010, 114(10): 2248-2258.

[89] Wang S, Huang K, Yan H, et al. Improving the light use efficiency model for simulating terrestrial vegetation gross primary production by the inclusion of diffuse radiation across ecosystems in China. Ecological Complexity, 2015, 23: 1-13.

[90] Liu Z, Hu M, Hu Y, et al. Estimation of net primary productivity of forests by modified CASA models and remotely sensed data. International Journal of Remote Sensing, 2017, 39(4): 1092-1116.

[91] Zheng Y, Zhang L, Xiao J, et al. Sources of uncertainty in gross primary productivity simulated by light use efficiency models: Model structure, parameters, input data, and spatial resolution. Agricultural and Forest Meteorology, 2018, 263: 242-257.

[92] Ye X C, Meng Y K, Xu L G, et al. Net primary productivity dynamics and associated hydrological driving factors in the floodplain wetland of China's largest freshwater lake. Science of the Total Environment, 2019, 659: 302-313.

[93] Guanter L, Alonso L, Gomez-Chova L, et al. Developments for vegetation fluorescence retrieval from spaceborne high-resolution spectrometry in the O-2-A and O-2-B absorption bands. Journal of Geophysical Research: Atmospheres, 2010, 115: D19303.

[94] Guanter L, Rossini M, Colombo R, et al. Using field spectroscopy to assess the potential of statistical approaches for the retrieval of sun-induced chlorophyll fluorescence from ground and space. Remote Sensing of Environment, 2013, 133: 52-61.

[95] Guanter L, Zhang Y, Jung M, et al. Global and time-resolved monitoring of crop photosynthesis with chlorophyll fluorescence. Proceedings of the National Academy of Sciences of the United States of America, 2014, 111(14): E1327-E1333.

[96] Frankenberg C, Butz A, Toon G C. Disentangling chlorophyll fluorescence from atmospheric scattering effects in O-2 A-band spectra of reflected sun-light. Geophysical Research Letters, 2011, 38: L03801.

[97] Frankenberg C, O'Dell C, Berry J, et al. Prospects for chlorophyll fluorescence remote sensing from the Orbiting Carbon Observatory-2. Remote Sensing of Environment, 2014, 147: 1-12.

[98] Koehler P, Guanter L, Frankenberg C. Simplified physically based retrieval of sun-induced chlorophyll fluorescence from GOSAT data. IEEE Geoscience and Remote Sensing Letters, 2015, 12(7): 1446-1450.

[99] Guanter L, Aben I, Tol P, et al. Potential of the TROPOspheric Monitoring Instrument (TROPOMI) onboard the Sentinel-5 Precursor for the monitoring of terrestrial chlorophyll fluorescence. Atmospheric Measurement Techniques, 2015, 8(3): 1337-1352.

[100] Koehler P, Guanter L, Joiner J. A linear method for the retrieval of sun-induced chlorophyll fluorescence from GOME-2 and SCIAMACHY data. Atmospheric Measurement Techniques, 2015, 8(6): 2589-2608.

[101] Joiner J, Guanter L, Lindstrot R, et al. Global monitoring of terrestrial chlorophyll fluorescence from moderate-spectral-resolution near-infrared satellite measurements: Methodology, simulations, and application to GOME-2. Atmospheric Measurement Techniques, 2013, 6(10): 2803-2823.

[102] Zhang L, Wang S, Huang C, et al. Retrieval of sun-induced chlorophyll fluorescence using statistical method without synchronous irradiance data. IEEE Geoscience and Remote Sensing Letters, 2017, 14(3): 384-388.

[103] Park Y, Cho K H, Park J, et al. Development of early-warning protocol for predicting chlorophyll-a concentration using machine learning models in freshwater and estuarine reservoirs, Korea. Science of the Total Environment, 2015, 502: 31-41.

[104] Matus-Hernandez M A, Hernandez-Saavedra N Y, Martinez-Rincon R O. Predictive performance of regression models to estimate chlorophyll-a concentration based on Landsat imagery. PLOS One, 2018, 13(10): e0205682.

[105] Coelho C, Heim B, Foerster S, et al. In situ and satellite observation of CDOM and chlorophyll-a dynamics in small water surface reservoirs in the brazilian semiarid region. Water, 2017, 9(12): 913.

[106] Ha N T T, Koike K, Mai T N, et al. Landsat 8/OLI two bands ratio algorithm for chlorophyll-A concentration mapping in hypertrophic waters: An application to West Lake in Hanoi (Vietnam). IEEE Journal of Selected Topics in Applied Earth Observations and Remote Sensing, 2017, 10(11): 4919-4929.

[107] Awad M. Sea water chlorophyll-a estimation using hyperspectral images and supervised artificial neural network. Ecological Informatics, 2014, 24: 60-68.

[108] Guo Q, Wu X, Bing Q, et al. Study on retrieval of chlorophyll-a concentration based on Landsat OLI imagery in the Haihe River, China. Sustainability, 2016, 8(8): 758.

[109] Yu G, Yang W, Matsushita B, et al. Remote estimation of chlorophyll-a in inland waters by a NIR-Red-Based algorithm: Validation in Asian Lakes. Remote Sensing, 2014, 6(4): 3492-3510.

[110] Song K, Li L, Tedesco L P, et al. Remote estimation of chlorophyll-a in turbid inland waters: Three-band model versus GA-PLS model. Remote Sensing of Environment, 2013, 136: 342-357.

[111] Feng L, Hu C, Han X, et al. Long-term distribution patterns of chlorophyll-a concentration in China's largest freshwater lake: MERIS full-resolution observations with a practical approach. Remote Sensing, 2014, 7(1): 275-299.

[112] You D, Wen J, LIU Q, et al. The angular and spectral Kernel-Driven model: Assessment and application. IEEE Journal of Selected Topics in Applied Earth Observations and Remote Sensing, 2014, 7(4): 1331-1345.

[113] Aurin D, Mannino A, Lary D. Remote sensing of CDOM, CDOM spectral slope, and dissolved organic carbon in the global ocean. Applied Sciences, 2018, 8(12): 2687.

[114] Xiao C, Sun D, Wang S, et al. Long-term changes in colored dissolved organic matter from satellite

observations in the Bohai Sea and North Yellow Sea. Remote Sensing, 2018, 10(5): 688.

[115] Matthews M W. A current review of empirical procedures of remote sensing in inland and near-coastal transitional waters. International Journal of Remote Sensing, 2011, 32(21): 6855-6899.

[116] Li L, Le C, Cannizzaro J, et al. Remote sensing of CDOM absorption slope (S275-295) from satellite observations on the West Florida Shelf. Continental Shelf Research, 2018, 171: 42-51.

[117] Grunert B K, Mouw C B, Ciochetto A B. Characterizing CDOM spectral variability across diverse regions and spectral ranges. Global Biogeochemical Cycles, 2018, 32(1): 57-77.

[118] Zhang Y, Zhou Y, Shi K, et al. Optical properties and composition changes in chromophoric dissolved organic matter along trophic gradients: Implications for monitoring and assessing lake eutrophication. Water Research, 2018, 131: 255-263.

[119] Zhu W, Yu Q, Tian Y Q, et al. Estimation of chromophoric dissolved organic matter in the Mississippi and Atchafalaya river plume regions using above-surface hyperspectral remote sensing. Journal of Geophysical Research, 2011, 116(C2): C02011.

[120] Heddam S. Generalized regression neural network (GRNN)-based approach for colored dissolved organic matter (CDOM) retrieval: Case study of Connecticut River at Middle Haddam Station, USA. Environ Monit Assess, 2014, 186(11): 7837-7848.

[121] Ruescas A, Hieronymi M, Mateo-Garcia G, et al. Machine learning regression approaches for colored dissolved organic matter (CDOM) retrieval with S2-MSI and S3-OLCI simulated data. Remote Sensing, 2018, 10(5): 786.

[122] Blix K, Pálffy K, Tóth V, et al. Remote sensing of water quality parameters over Lake Balaton by using sentinel-3 OLCI. Water, 2018, 10(10): 1428.

[123] Cao F, Tzortziou M, Hu C, et al. Remote sensing retrievals of colored dissolved organic matter and dissolved organic carbon dynamics in North American estuaries and their margins. Remote Sensing of Environment, 2018, 205: 151-165.

[124] Zhao J, Cao W, Xu Z, et al. Estimating CDOM concentration in highly turbid estuarine coastal waters. Journal of Geophysical Research: Oceans, 2018, 123(8): 5856-5873.

[125] Chengfeng L, Chuanmin H. A hybrid approach to estimate chromophoric dissolved organic matter in turbid estuaries from satellite measurements: A case study for Tampa Bay. Optics Express, 2013, 21(16): 18849-18871.

[126] Wang Y, Shen F, Sokoletsky L, et al. Validation and calibration of QAA algorithm for CDOM absorption retrieval in the Changjiang (Yangtze) estuarine and coastal waters. Remote Sensing, 2017, 9(11): 1192.

[127] Slonecker E T, Jones D K, Pellerin B A. The new Landsat 8 potential for remote sensing of colored dissolved organic matter (CDOM). Mar Pollut Bull, 2016, 107(2): 518-527.

[128] Röttgers R, Heymann K, Krasemann H. Suspended matter concentrations in coastal waters: Methodological improvements to quantify individual measurement uncertainty. Estuarine, Coastal and Shelf Science, 2014, 151: 148-155.

[129] Pham Q, Ha N, Pahlevan N, et al. Using Landsat-8 images for quantifying suspended sediment

concentration in Red River (Northern Vietnam). Remote Sensing, 2018, 10(11): 1841.

[130] Feng L, Hu C, Chen X, et al. Influence of the Three Gorges Dam on total suspended matters in the Yangtze estuary and its adjacent coastal waters: Observations from MODIS. Remote Sensing of Environment, 2014, 140: 779-788.

[131] Zhang Z, Qiao F, Guo J, et al. Seasonal changes and driving forces of inflow and outflow through the Bohai Strait. Continental Shelf Research, 2018, 154: 1-8.

[132] Zhang M, Dong Q, Cui T, et al. Suspended sediment monitoring and assessment for Yellow River estuary from Landsat TM and ETM+ imagery. Remote Sensing of Environment, 2014, 146: 136-147.

[133] Schartau M, Riethmüller R, Flöser G, et al. On the separation between inorganic and organic fractions of suspended matter in a marine coastal environment. Progress in Oceanography, 2019, 171: 231-250.

[134] Shen F, Verhoef W, Zhou Y, et al. Satellite estimates of wide-range suspended sediment concentrations in Changjiang (Yangtze) estuary using MERIS data. Estuaries and Coasts, 2010, 33(6): 1420-1429.

[135] Dorji P, Fearns P. Atmospheric correction of geostationary Himawari-8 satellite data for total suspended sediment mapping: A case study in the coastal waters of Western Australia. ISPRS Journal of Photogrammetry and Remote Sensing, 2018, 144: 81-93.

[136] He J, Zha Y, Zhang J, et al. Retrieval of aerosol optical thickness from HJ-1 CCD data based on MODIS-derived surface reflectance. International Journal of Remote Sensing, 2015, 36(3): 882-898.

[137] Berg L K, Fast J D, Barnard J C, et al. The two-column aerosol project: Phase I-Overview and impact of elevated aerosol layers on aerosol optical depth. Journal of Geophysical Research Atmospheres, 2016, 121(1): 336-361.

[138] Liao H. Interactions between tropospheric chemistry and aerosols in a unified general circulation model. Journal of Geophysical Research, 2003, 108(D1).

[139] Luo Y, Zheng X, Zhao T, et al. A climatology of aerosol optical depth over China from recent 10 years of MODIS remote sensing data. International Journal of Climatology, 2014, 34(3): 863-870.

[140] Mishra A K, Banerjee T, Kant Y, et al. Retrieval of aerosol optical depth over land at 0.490 μm from oceansat-2 data. Journal of the Indian Society of Remote Sensing, 2018, 46(5): 761-769.

[141] Ge B, Li Z, Li L, et al. A dark target method for Himawari-8/AHI aerosol retrieval: Application and validation. IEEE Transactions on Geoscience and Remote Sensing, 2018, 57(1): 381-394.

[142] de Leeuw G, Holzer-Popp T, Bevan S, et al. Evaluation of seven European aerosol optical depth retrieval algorithms for climate analysis. Remote Sensing of Environment, 2015, 162: 295-315.

[143] Cheng F L, Yang Y D, Fei L, et al. Inversion of aerosol optical depth based on MODIS remote sensor. Applied Mechanics and Materials, 2015, 738-739: 209-212.

[144] Shi S, Cheng T, Gu X, et al. Multisensor data synergy of Terra-MODIS, Aqua-MODIS, and Suomi NPP-VIIRS for the retrieval of aerosol optical depth and land surface reflectance properties. IEEE Transactions on Geoscience and Remote Sensing, 2018, (99): 1-18.

[145] Hsu N C, Jeong M J, Bettenhausen C, et al. Enhanced Deep Blue aerosol retrieval algorithm: The second generation. Journal of Geophysical Research: Atmospheres, 2013, 118(16): 9296-9315.

[146] Jethva H, Torres O, Ahn C. A 12-year long global record of optical depth of absorbing aerosols above

the clouds derived from the OMI/OMACA algorithm. Atmospheric Measurement Techniques, 2018, 11(10): 5837-5864.

[147] Ma Y Y, Gong W, Wang L C, et al. Inversion of aerosol size distribution by using genetic algorithms and multi-sensor data. 2015 IEEE International Geoscience and Remote Sensing Symposium (IGARSS), Milan, 2015.

第 13 章　热红外定量参数反演

热红外遥感指的是波长为 3～100μm 波长范围的光谱，即通过热红外探测器收集、记录地物辐射出来的人眼看不到的热红外辐射信息，并利用这种热红外信息来识别地物和反演地表参数。长期以来，热红外遥感数据一直被用来推导地表参数。这项技术可以追溯到 20 世纪 70 年代初。热红外观测的主要参数包括地表温度、地表发射率、长波辐射、土壤水分等。由于这些参数能够在区域尺度和全球尺度上反映所有地表-大气能量相互作用的结果，因此这些参数的获取对于地表-大气能量的精确建模至关重要。

基于不同的假设和近似，人们提出了多种方法推导这些参数(如基于归一化植被指数的地表发射率法、地表温度的裂窗算法、土壤湿度的 VI-Ts 三角形/梯形特征空间)。然而，仍然没有最佳方法从特征空间反演这些参数。所有的方法要么依赖于统计关系，要么依赖于假设和约束来解决固有的、欠定的参数反演问题。这些解决方案并不总是适用于所有情况。因此，有必要通过考虑传感器的特性、所需的精度、计算时间和辅助信息的可用性来为特定的情况选择最优方案。高光谱、精细空间和多时间热红外数据的诞生，将为反演和应用带来更多的优势和便利。

从热红外辐射传输的角度考虑，热红外传感器在方向 (θ_r, φ_r) 上捕获到的光谱辐射信号的表达式如下：

$$
\begin{aligned}
L_\lambda(\theta_r,\varphi_r) = & (\varepsilon_\lambda(\theta_r,\varphi_r) B_\lambda(T_s) + (1-\varepsilon_\lambda(\theta_r,\varphi_r)) L^{\downarrow}_{\mathrm{atm}_\lambda}(\theta_r,\varphi_r)) \tau_\lambda(\theta_r,\varphi_r) \\
& + L^{\uparrow}_{\mathrm{atm}_\lambda}(\theta_r,\varphi_r)
\end{aligned}
\tag{13-1}
$$

式中：ε_λ 为地表发射率；$B_\lambda(T_s)$ 为在地表温度为 T_s 时的黑体辐射出射能量；τ_λ 为从地表到大气长波辐射的整层大气透过率；$L^{\downarrow}_{\mathrm{atm}_\lambda}$ 为大气长波下行辐射；$L^{\uparrow}_{\mathrm{atm}_\lambda}$ 为大气的长波上行辐射。

由式(13-1)可以看出，从辐射传输方程的理论出发，在已经其他物理量的情况下，可以反演地表温度、发射率和长波辐射通量。例如，如果提供大气的温度、湿度廓线数据，结合长波的辐射传输方程可以解算得到 $L^{\downarrow}_{\mathrm{atm}_\lambda}$、$L^{\uparrow}_{\mathrm{atm}_\lambda}$ 和 τ_λ 这三个物理量。这个时候再加上地表发射率已知的假设，那么根据上述方程，地表温度可以实现反演。常用的长波辐射传输模拟软件包括 DART、MODTRAN 和 libRadtran。

13.1　地 表 温 度

作为地表-大气间交换长波辐射和湍流热通量的直接驱动力，地表温度(land surface temperature, LST)是地表能量和水循环物理过程中最重要的参数之一[1, 2]。对 LST 的理解，为我们提供了有关地表平衡状态在时间和空间变化的信息，在许多应用中具有重要作用。LST 广泛应用于包括蒸散发、气候变化、水文循环、植被监测、城市气候和环境研究等各个领域[3, 4]。由于地表特征的强烈异质性，LST 在空间和时间上都迅速变化。因此，对 LST 的分布及其时间演变特征的刻画需要更详细的时空观测值。鉴于地表温度的复杂性，地面测量不能提供广泛区域的 LST。随着遥感的发展，卫星数据提供了在整个地球上测量 LST 的唯一可能性，同时卫星遥感能观测具有足够高的时间分辨率和完整的空间地表温度的平均值。在过去的几十年中，从卫星热红外(thermal infrared reflectence, TIR)观测数据估算 LST 取得了重大进展[5]。通常情况下，遥感观测到的是像素内部地表温度的平均值。如今，地表温度主要由热红外和微波传感器反演得到。热红外传感器能提供更高空间分辨率的观测，如 90m 空间分辨率的 ASTER 卫星、1km 空间分辨率的 MODIS 卫星乃至几公里的气象卫星。由于热辐射有限的穿透能力，热红外遥感只能观测晴空下的地表温度。相比之下，微波遥感受天气的扰动影响很小，能用来反演全天候的地表温度参量。然而，微波数据的缺点是空间分辨率粗糙，难以满足地表精细化应用研究。此外，这两种地表温度观测手段都很难达到 1K 的误差范围，为区域或全球研究带来不便[6]。这说明卫星反演算法还有很大的改进空间。表 13-1 列出了几种典型的温度产品。

表 13-1　典型的温度产品

产品	反演算法	空间分辨率	时间分辨率	覆盖范围	覆盖时间(年份)
MODIS	劈窗算法	1km/6km	1 天	全球	2000 至今
AVHRR/NOAA14	劈窗算法	8km	1 天	非洲	1995～2000
AVHRR/NOAA	劈窗算法	1.1km	1 天	全球	1998～2007
AATSR	劈窗算法	1km	3 天	全球	2004 至今
ASTER	LST/LSE 分离算法	90m	16 天	全球	2000 至今
MVIRI	神经网络	5km	30min	欧洲/非洲	1999～2005
SEVIRI	劈窗算法	3km	15min	欧洲/非洲/南美	2006 至今

13.1.1　反演算法

利用单通道算法反演 TM 传感器的地表温度由 Qin 等[7]提出，该算法基于假设大气向上辐射的平均温度与大气向下辐射的平均温度相等，此时如果地表反射率、大气透过率和大气平均温度是已知的，即能实现地表温度的反演。后两个参数可通过大气温度、湿度廓线或者气象站实测数据得到。估算过程中大气透过率和大气平均温度的估算是由大气廓线数据根据经验关系得到，这也是该算法的缺陷。同时，得到的经验关系只是标准大气廓线统计下的结果，而不能反映所有真实的情况。因此，该算法的可用性受到限制。

使用单通道方法准确确定 LST 需要高质量的大气透过率/辐射度代码来估算大气程辐射，此外需要知道宽波段发射率(land surface emissivity, LSE)、大气剖面，并正确考虑地形的影响[8]。主流的大气辐射传输模型(radiative transfer model, RTM)，例如 MODTRAN[9]和 4A /OP[10]，被广泛用于执行大气校正或模拟卫星 TIR 数据。一些研究表明，在已知的大气窗口内，不同辐射传输模型(radiative transfer model，RTM)的准确度在 0.5%～2%(3.4～4.1μm 和 8～13μm 波段范围)，导致反演的 LST 不确定性为 0.4～1.5K[11]。即使 RTM 本身完全没有错误，而用于计算大气吸收和程辐射的大气剖面存在误差，在最后的 LST 反演中也会是一个严重的问题[12]。研究表明，1%的 LSE 误差会导致湿热环境的 LST 误差约为 0.3K，冷干环境的 LST 误差约为 0.7K[13]。由于单通道通常选择在 10 μm 左右，这个波段范围的大多数陆表 LSE 不能被提前且准确确定，此时如果使用单通道算法，LSE 中的不确定性可能导致 LST 误差为 1～2K。大气廓线通常从地面大气无线电探空仪或者卫星垂直探测仪或气象预报模型获得。然而，由于目前无法获得具有足够空间密度的无线电探空且与卫星过境时间一致的数据，地面大气无线电探空仪获取的大气廓线只能偶尔用于某些特殊站点的验证[14]。相比之下，从理论上讲，从卫星垂直探测仪得到的大气廓线可以用于根据单通道方法从大气窗口中反演 LST。不幸的是，对于单通道方法，反演的大气廓线在地表附近准确性是不够的[15]，可能造成 LST 反演中很大的错误。如今，再分析资料为大气廓线数据的获取提供了另一种可能。Jiménez-Muñoz 等[16]的研究证明，从再分析资料获取的大气廓线可以用于 LST 反演，且反演结果满足许多情况下所需的精度。此外，Freitas 等[17]量化了再分析大气廓线数据库中大气湿度误差对 LST 反演的影响，结果表明误差通常小于 0.5K。然而，再分析资料提供的大气廓线通常比卫星观测数据的空间分辨率更粗糙，因此需要进行插值来匹配卫星数据[18]。为了减少对地面大气无线电探空仪的依赖，在过去十年中已经提出了几种单通道算法，它们假设 LSE 已知的前提下从卫星数据估计 LST。Qin 等[7]不使用大气廓线，而是利用大气透过率和水汽含量的经验关系、平均大气温度和近地表气温的经验关系，提出了一种仅使用近地面气温和水汽含量，从 Landsat-5 估算 LST 的方法。

Jiménez-Muñoz 等[19]开发了一种通用的单通道算法，在已知 LSE 和总大气水汽含量的情况下，该算法可用于从任何 TIR 通道反演 LST。这个广义单通道算法需要最小的输入数据，并且使用相同的方程和系数来应用于不同的热传感器。Cristóbal 等[20]发现尤其是在中等和高大气水汽含量的条件下，包含近地表气温的单通道方法能改善 LST 的反演精度。Jiménez-Muñoz 等[21]分析和比较了上述算法，他们指出所有使用经验关系的单通道算法在高大气水汽含量下 LST 反演结果较差，因为算法中包含的经验关系在高大气水汽含量时不稳定。总之，单通道方法涉及辐射传输方程(radiative transfer equation, RTE)的简单反向计算，并且前提是 LSE 和大气廓线是事先已知的。

Jiménez-Muñoz 等[22]提出了一种广义的单通道地表温度反演算法，能用于包括 TM 影像在内的任何卫星传感器。相比之前简单的单通道算法，广义的单通道算法仅需要输入地表发射率和大气水汽含量，这使得算法高效可行，适用性更强。接着，Jiménez-Muñoz 等[23]又在原有算法基础上进行了改进，主要调整了两个方面：①在回归水汽经验方程的三个参数时，额外引入 4 种大气廓线数据库，使得获得的回归系数更加稳定且适用性更广泛；②对于 Landsat 4、5 和 7 得到了地表温度反演的具体方程解析式。

通过模拟数据集对算法表现进行评估，他们发现当大气水汽含量是 0.5～2g/cm^{2}时，模型误差是 1～2K。然而，当水汽含量较高，超过 3g/cm^{2}时，误差变得很大，反演结果不可接受。Cristóbal 等[23]对水汽很大时候算法反演失效进行改进，具体过程是在计算水汽经验方程系数时，加入近地表温度作为回归变量。根据这个框架，Landsat TM/ETM+的地表温度反演精度获得提高。研究结果表明，利用同步观测的近地表温度和水汽含量对于提高地表温度的反演精度是有帮助的。算法的 RMSE 大约在 0.9K，相比之下，如果只利用大气水汽含量，算法的误差大约在 1.5K。

如前所述，单通道算法的使用需要提前知道卫星过境研究区里的每个像素的 LSE、精确的 RTM 和大气廓线。在大多数实际情况下，上述条件难以满足。为了从卫星 TIR 数据中准确反演全球或区域尺度的 LST，必须发展其他算法。McMillin[24]提出了用遥感估算海表面温度的劈窗算法。算法的原理是通过利用不同通道的大气吸收特征的差异，大气的影响通过这两个通道亮温的线性组合消除。至此，学者们提出了各种各样的分裂窗算法来反演海表面温度(sea surface temperature, SST)[25]。劈窗算法在海表面温度反演效果很好，反演误差大约是 0.3K[25]。很多学者尝试将劈窗算法的理论框架用到陆表温度反演中。因为海表面介质相对均一，空间变异尺度较小。相比海表温度，陆表温度的遥感反演更加复杂。陆地表面通常呈现出 3D 结构，因此，陆表的发射率的时间、空间变异显著，不能简单地假设为黑体。目前为止，学者们开发了很多用于陆表温度反演的劈窗算法[26]。Wan 等[27]率先开发了用于 MODIS 数据反演地表温度的劈窗算法，该算法被用来生产 MODIS 的全球地表温度产品，该算法已经被广泛验证并接受。近年来，学者们提出了许多形式相近的非线性分裂窗算法[28]。和线性分裂窗算法类似，一些非线性分裂窗算法将 LSE 耦合到回归系数 c_k 里面，另一些在回归系数同时使用 LSE 和大气水汽含量信息，余下一些同时考虑了观测天顶角(viewing zenith angle, VZA)的信息。

当卫星传感器有三个或更多的 TIR 通道时，LST 可以通过那些通道 TOA 亮温的线性或者非线性组合来反演得到[29]。假设从地表类型可以估算出这三条通道的 LSE，Sun 等[29]开发了一种三通道的线性算法，用于从地球静止卫星(GOES)数据中反演夜间的 LST。与之前发布的分裂窗算法相比，研究表明提出的三通道的算法反演的 LST 精度最高，RMSE 小于 1K。进而，Sun 等[30]提出了四通道的线性 LST 反演算法。然而，需要注意的是在白天 MIR 观测的 TOA 数据由反射的太阳辐射和地表、大气发射的长波辐射共同组成，因此太阳辐射校正项的误差会影响 LST 反演的精度，尤其是在干旱和半干旱地表高反射的地方更明显。此外，引入一个或更多的通道，随之而来的代价是测量误差的增加。例如，在干旱区域，8.7μm 处的发射率很大程度上影响最后 LST 的反演精度。在 MIR 和 8.7μm 通道，自然或者人工表面的发射率值的范围和不确定性明显比常用的劈窗算法通道高，这是限制这些通道业务化运行来生成普遍适用 LST 的原因[31]。

对 MODIS、ASTER 和 AVHRR 在内的具有多个热红外通道的传感器，多通道算法可用于地表温度的遥感反演。而且，该算法能同时分离得到地表发射率和地表温度参量。Wan 等[32]基于物理算法框架，提出使用 MODIS 夜间和白天的观测同时反演地表温度和地表发射率。算法的基本假设如下：①夜间和白天的地表发射率是相等的，而且地表是朗伯的；②双向反射系数在中红外热通道是相同的；③MODIS 大气探测通道及其反演算法提供了大气温湿度剖面，且剖面形状准确，可以用两个参数来描述(即大气低层的温度和含水量)。

基于 MODIS 夜间和白天的观测数据，使用第 20、22、23、29、31、32 和 32 通道，组建了包含 14 个陆表和大气参数(夜间地表温度、白天地表温度、7 个通道的地表发射率、大气低层的夜间温度、白天温度、水汽含量和双向反射因子)的 14 个方程。通过构建的方程组，实现地表温度的遥感反演。

13.1.2 热辐射方向性

现有的热红外地表温度反演算法假设传感器观测地表时获得的是同温像元，但是由于观测角度和地物的结构等原因，地表的热辐射会表现出明显的方向性特征。即使是针对同温像元，其热辐射也会随着观测角度发生变化，这是因为地表发射率也具有方向性特征。许多研究指出，无论是地面[33]、飞机[34]还是卫星[35]上观测，温度测量的巨大差异可能是因为观测角度的不同。热辐射方向性(thermal radiation directionality, TRD)效应可以定义为偏离最低点和最低点之间亮温的差异。根据空间分辨率和环境条件的不同，这种差异在植被冠层上可以达到 16K[33]，在城市地区可以达到 12K[34]，这表明 TRD 需要在大多数应用中考虑。然而，到目前为止，在实际的 LST 遥感估计算法中，TRD 一直被忽略[36]。TRD 的存在严重影响了在同一个区域且观测时间接近时，仅仅是观测角度不同的两种测量数据集的交叉对比，同时也影响了从不同的视角得到的温度产品在长时间序列分析中的应用[37]。

非同温像元中不同温度的组分在观测角内所占的比例会随着观测角的变化而变化，导致视场内热辐射随观测角变化。建立热辐射模型可以更好地帮助我们理解和解释热辐射随角度变化的现象。国内外学者针对方向性热辐射构建的模型主要分为几何光学模型、辐射传输模型 RT 和混合模型 GORT[38]。几何光学模型主要是将植被冠层看作不透明的立方体、圆柱体、圆锥体、椭球体等结构，通过描述冠层几何结构的关系来确定某一观测角度条件下不同组分在像元中所占的比例，计算各组分热辐射的加权和来估算像元在这一观测条件下的热辐射。几何光学模型适用于模拟森林或行播作物类的冠层，考虑了各层对整体辐射亮度的贡献，但缺少对模型的物理过程描述，忽略了植被组分间的辐射传输和多次散射的作用[39]。辐射传输模型则关注了冠层各组分自身的发射以及大气热辐射在冠层内的传输和的多次散射作用，结合观测方向、层内温度分布、叶面积指数、叶倾角等来模拟冠层热辐射[40]。但是辐射传输模型主要针对均匀冠层，在非均匀的下垫面则需要将辐射传输模型和几何光学模型结合起来构建混合模型，混合模型既有辐射传输模型的物理机理，又有冠层的几何结构[41]。

Cao 等[42]综合性地阐述了热辐射方向性建模研究的进展。TRD 模型的应用可以分为两个潜在领域：①在卫星观测尺度上建立实用的 TRD 参数模型，来提高 LST/LSE 和长波上行辐射产品的精度。例如，一个可选的方案是对 LST 产品实施角度归一化，将其角度校正为垂直观测。此外，通过考虑 TRD 效应来整合半球空间的地面长波辐射可以获得更高精度的长波上行辐射反演结果。然而，现有的参数化模型存在缺陷，尤其是低估了热点效应的影响。②分离地表组分温度时可以改进对地表结构和环境条件的考虑。学者提出了一些物理模型来从地面、航空和卫星观测中分离地表组分温度。

TRD 效应限制了同一图像上不同像素的 LST 反演结果的比较，同时也限制了在不同观测角下不同影像 LST 反演结果的比较。最终，因为观测角差异导致不同卫星产品之间存在显著差别，这大大限制了它们的共同使用。因此，开发实用有效的 TRD 参数化模型来校正 LST 产品的角度效应具有重要意义。气象、水文和农业研究领域对卫星反演长波上行辐射的精度需求是 5～10W/m^2。然而，现存的产品(如 CERES-FSW、ISCCP-FD 和 GEWEX-SRB)的精度范围是 19.92～33.6W/m^2。估算长波上行辐射的算法可以分为三类：①使用宽波段发射率、LST 和长波下行辐射参数的基于物理的温度发射率算法；②在基于大量辐射传输模拟数据的基础上，通过人工神经网络或者多元线性模型来构建晴空 TOA 辐亮度和长波上行辐射的混合模型；③考虑地表 TRD 效应的半球积分方法。前两种方法没有考虑 TRD 效应，第三种方法考虑了 TRD 效应，结果是 RMSE 和 MBE 最大可以减小 7.5W/m^2 和 10W/m^2[43]。相比像素平均温度而言，地表组分温度的物理意义更加明确。对地表组分温度的实际需求在许多不同领域都在增加，例如，使用双源能量平衡模型下的地表热通量估算。地表组分温度可以从多角度、多光谱、多像素、多分辨率和多时相观测中估计获得。

总之，除了大气校正和温度/发射率分离，TRD 效应是热红外领域另一个具有挑战性的问题。大多数运行中的卫星 LST 和 LSE 产品都假定地表辐射是各向同性的，这导致验证和相互比较存在较大的不确定性。人们已经提出了许多物理模型来将陆面结构、组分发射率、温度分布和传感器-太阳几何位置与卫星记录的方向热辐射联系起来。然而，由于温度分布总是未知的，很难用它们来进行角度校正。在星载平台上，只有两个角度的 TIR 传感器可用，这使得估计土壤和叶子温度以外的更多成分温度分布是不可能的。多角度观测有可能确定更多的组分温度。需要开展更多的工作来发展针对复杂地面的综合物理 TRD 模型，然后需要做一些简化，以提出一个更好的参数模型作为物理精度和操作使用之间的权衡。多角度 TIR 卫星传感器在优化了角度和光谱结构后，必将有利于 TRD 模型的建立和应用。为了在区域尺度上对传感器参数进行评估，需要建立多角度数据集，为未来的研究提供重要支撑，可以开展近地面、机载特别是无人机的 TRD 实验研究。在考虑 TRD 效应之后，对全球 LST 和长波上行辐射遥感反演精度的提高是值得进一步探索的[43, 44]。

13.1.3　云下地表温度重建

上述提及的温度反演算法只在晴朗的天空下有效。由于云层的存在，目前可用的基于光学卫星的 LST 产品中没有一种是空间连续的，这限制了 LST 的应用。具体来说，最近的一项研究报告称，全球范围内的年平均云覆盖超过 70%[45]。云层的存在显著地改变了地表能量收支。从现有卫星遥感数据中提取的许多地表温度产品只检测云像素，而没有记录像素的温度。然而，关于许多的应用研究(如干旱监测、植被生长和作物产量估计)都需要一个区域 LST 的整个空间分布。因此，迫切需要对多云天气下的 LST 进行估计。

一种思路是结合被动微波反演的 LST 来获取云下的温度值。被动微波辐射可以穿透云层到达传感器，而且衰减较小。与热红外温度遥感反演相比，被动微波反演的 LST 空间更加完整、连续[4]。不幸的是，由于被动微波波段的表面发射率对地表特征敏感且难以测量，因此其空间分辨率和精度较低[46]。例如，AMSR-E 反演的 LST 空间分辨率是 25km，经在青藏高原的四个站点实测值的验证，其 LST 反演误差在 3～6K[46]。SSM 成像仪的 LST

数据在不同频率下的空间分辨率是 15～50km，在去除含有大量水、雪和降雨的像素时，反演的均方根误差(RMSE)为 2.0～4.1K[47]。如果能有效地挖掘 TIR 和被动微波数据 LST 的优点，就能提高现有 LST 产品的空间分辨率、空间完备性和精度。Shwetha 等[48]利用人工神经网络(ANN)在多云条件下使用 AMSR-E 获得高时空分辨率的 LST。然而，从晴空条件得到的最佳训练网络在多云条件下同样有效的假设合理性还有待进一步验证。Duan 等[4]提出了将 AMSR-E 和 MODIS 的 LST 通过时空插值技术融合起来，取得不错的效果。Xu 等[49]探索了在不同地表覆盖和山区，利用 BME 方法融合生成白天和夜间时空连续的地表温度，白天的验证误差是 RMSE 为 4.2～8.29K，晚上的验证结果 RMSE 为 3K。

另一种思路是利用时空插值技术将热红外遥感反演的温度产品有云覆盖区域填补起来。Hofstra 等[50]比较了六种插值方法，用于将欧洲气象站数据(包括日降水量平均值、最低、最高温度和海平面压力)插值为长期月平均值(1960～1990 年)。他们的研究发现全局克里格插值效果最好。地统计学插值方法(各种克里格法)被认为是空间和时空分析的最新统计方法。“回归克里格法”(RK)作为一种灵活的、性能良好的无偏气象环境变量空间预测方法，得到了广泛的认可[51]。从空间模型到时空模型的扩展，是描述空间和时间相关气象数据统计模型的逻辑演化。然而，时空 RK 模型的拟合和时空协变量的预测不仅仅是对站点数据的平滑处理。从建模过程和预测中获得的经验非常丰富，并允许人们区分来源的可变性。该模型使待研究变量与协变量的关系显式，并可用于区分纯粹的时间、纯粹的空间和时空变异性规律。此外，它利用空间上的时空观测(如每天的结果)、时间上的(如气象站趋势线)和一系列空间网格对数值进行预测[52]。此外，在生成时空连续变量图的同时，全局回归克里格模型也可用于生成高时空分辨率的相关不确定性地图。此外，利用全局回归克里格模型，可以获得全球陆地上任何地方的每日气温的无偏估计[53]。

13.1.4 验证反演的 LST

验证是评估系数输出反演结果不确定性的独立过程。如果没有验证，任何模型、算法或者从卫星数据反演得到的参数都将不可信。由于从卫星 TIR 数据中反演得到的 LST 涉及对卫星观测到的辐射进行校正来考虑大气的影响，有必要评估反演结果的准确性，以便为潜在的 LST 用户提供可靠的质量信息，并为 LST 产品的开发人员提供反馈，为今后 LST 反演算法的改进提供参考。近几十年来尽管学者们提出了许多算法从卫星 TIR 数据反演 LST，但是很少的研究从事卫星反演 LST 的验证工作，一方面是因为地面 LST 测量值很难去代表整个卫星像素，另一方面是因为 LST 本身时空变化强烈。近年来，人们已经开展了几项研究来验证在同质地表覆盖下来自各种传感器反演的 LST 精度。验证过的传感器包括 TM/ETM+、ASTER、AVHRR、AATSR、MODIS 和 SEVIRI[54-56]。验证遥感反演的 LST 精度大致有三种方法：基于温度的方法、基于辐射的方法和交叉验证。

基于温度的验证方法直接比较在卫星过境时刻卫星反演的 LST 和地面实测的 LST[57-59]。然而，因为卫星观测的尺度和地面实测的尺度的差异，利用地面实测 LST 进行遥感估算结果的验证本身就是困难且复杂的。地面验证仪器记录的数据所能代表的区域大小取决于表面的像素间变异性，以及如何将几个“端元”的测量值组合起来以获得卫星像素的代表性值。由于难以在地面上进行有代表性的 LST 取样，这一过程仍然具有挑战性。

由于大多数地球表面在卫星像素尺度上是异质性的，高质量的地面 LST 验证数据是稀缺的。可靠的验证数据仅限于收集的一些同质表面类型，如湖泊、淤泥滩、草地和农田[60, 61]。一旦确定了热均质区域，验证区内地面仪器在若干点测量的平均 LST 就被认为是真实的 LST，并在像元尺度上与卫星测得的 LST 进行比较。利用这种方法，许多作者对不同传感器产生的 LST 值进行了验证研究[61]。基于温度的方法的主要优点是：它可以直接评估卫星传感器的辐射质量以及 LST 反演算法纠正大气和发射率影响的能力。然而，基于温度的验证能否成功，关键取决于地面 LST 测量的准确性，以及它们在卫星像素尺度上如何很好地代表 LST。因为白天 LST 在几米或短时间内可能变化 10 K 以上，基于温度的验证工作往往在夜间和均匀的表面开展，如湖泊、茂密的草地和植被地区。此外，即使可以进行地面 LST 测量，在卫星传感器视场下，从地面点测量到像素尺度的升尺度仍然存在问题，这一问题在非均匀表面更为显著。结果是，只有很少的地表类型适合用来开展基于温度的验证。现场测量数据的收集也是一项艰巨的任务，而且往往限于短期的、专门的实地活动。因此，该方法不适用于验证卫星反演的 LST 的全球表现。

基于辐射的验证是验证卫星反演 LST 的一种高级的可选方案[62, 63]。该方法不依赖于地面测得的 LST 值，但需要 LSE 和卫星过境时刻验证点上空测得的大气廓线，其中 LSE 可以在现场测量，也可以根据土地覆盖类型或其他辅助数据进行估计[64]。该方法利用卫星获得的 LST 和上述原位实测的大气廓线和 LSE 作为大气的初始输入参数，利用 RTM 模拟卫星过境时刻的 TOA 辐亮度。利用模拟 TOA 辐射与实测辐射的差值，调整初始 LST 来迭代计算模拟辐射与卫星实测辐射的匹配度。调整后的 LST 与初始卫星反演的 LST 的区别就是反演的 LST 的精度[65]。基于辐射的方法不需要地面 LST 测量，因此它可以应用于地面 LST 测量不可行的表面，并扩展到均匀和非等温表面。基于辐射的方法具有良好的性能，为在均匀和非等温表面上验证卫星获取的日、夜间 LST 精度提供了可能。然而，基于辐射的方法最大的限制是使用测量或估计 LSE 在像素尺度上是否具有代表性，如何检查实际大气是真正没有云的，以及在模拟中使用的大气廓线如何很好地表示观测时的实际大气，这都是值得进一步探讨的[62]。基于辐射的验证方法的成功依赖于大气 RTM、大气廓线和 LSE 在像素尺度上的精度。

交叉验证方法通过与从其他卫星数据反演到的且经过良好验证的 LST 值进行比较来检验待验证 LST 的精度[66]。当没有准确的大气廓线和地面实测的 LST 或基于温度和辐射的验证方法不可取时，这种交叉验证方法是一种选择。交叉验证方法以一个验证良好的 LST 产品为参考，并将要验证的卫星源 LST 与其他卫星源 LST 进行比较。由于 LST 存在较大的时空变化，在对两种卫星反演的 LST 产品进行比较之前，需要进行地理坐标匹配、时间匹配和 VZA 匹配[67]。该方法的主要优点是无需任何地面测量就可以对 LST 进行验证，如果参考 LST 产品具有良好的精度，则交叉验证可以在全球任何地方使用。该方法的精度对两种 LST 测量值的时空不匹配很敏感。两个卫星测量之间的观测时间间隔应尽可能短。考虑到 LSE 也依赖于 VZA，并且两个传感器的像素覆盖不同的区域，同时在不同的视角下包含不同的地表信息，所以只有具有相同或接近相同 VZA 的像素才可以进行交叉验证。

13.1.5 发展展望

在全球范围内准确地获取 LST 对许多研究领域至关重要，包括地球地表水和能源平衡、陆地生态系统的物质和能源交换以及全球气候变化。为了从多光谱或多角度 TIR 数据中提取 LST，已经发展了多种方法。由于多光谱数据所提供的光谱信息有限，所有这些方法都依赖于对 RTE 的不同近似以及不同的假设和约束来解决固有的病态反演问题。在某些情况下，这些近似、假设和约束可能不成立。因此，用户必须考虑传感器特性、所需的精度、计算时间、大气温度和水汽廓线以及 LSE 的可用性，选择最优的方法来遥感反演 LST。考虑到近几十年来多光谱 TIR 数据的 LST 估计取得了显著进展，如果在遥感数据的获取上没有创新，那么多光谱卫星数据的 LST 反演将不会有显著的进一步进展。为了克服多光谱数据的不足，从根本上提高遥感反演 LST 的精度，有必要在遥感领域探索新的思路，开辟新的途径[68]。

毫无疑问，拥有数千个通道的高光谱 TIR 传感器比多光谱 TIR 数据更能准确提取大气和地表参数。大量窄带通道可以提高大气探测的垂直分辨率。在大气窗口内测量的高光谱 TIR 数据可以提供更详细的地表信息，比如提供的是地面 LSE 谱而不是多光谱中离散的 LSE，也可以给出从根本上分离 LST 和 LSE 的更合理的假设或约束。利用高光谱 TIR 数据进行 LST/LSE 分离，反演大气廓线或提高大气校正效果将成为定量遥感研究的热点之一。新一代地球静止卫星上的多光谱传感器采集的多光谱和多时间 TIR 数据结合起来反演 LST 的新方法也有望取得进展，例如，SEVIRI、GOES 和 FY-2 系列，这些可以提供全天的覆盖数据，并可以使用固定的 VZA 至少每小时扫描一次地表。除了 TTM 方法、昼/夜 TISI 方法和基于物理的 D/N 方法外，所有用于从遥感反演 LST 的方法都是基于多光谱数据，但不考虑时间信息。因此，利用多时间信息从多光谱、多时间的 TIR 数据中反演 LST 是非常有潜力的。

TIR 数据为 LST 提供了良好的空间分辨率，但当陆表完全或部分被云覆盖时，光学卫星遥感就失去了效率。相比之下，微波可以穿透云层，在任何天气条件下都可以探测到 LST，但空间分辨率较低(高达数十公里)。因此，TIR 和微波数据可以相互补充，两者的结合是一种很有前景的研究路线，可以在所有天气条件下生产长期的 LST 产品[69]。总的来说，未来主要有三个研究方向。

(1)提出一种新的基于物理的被动微波数据 LST 值反演模型。提出从被动微波数据中提取 LST 的几种新技术，包括(半)经验统计方法、神经网络和物理模型[70]。然而，这些方法背后的物理机制通常是不清楚的，他们对 LSE 和大气效应的假设或简化降低了反演 LST 的可行性和准确性。在简化 RTM 参数化的基础上，需要建立基于物理的被动微波数据 LST 反演新模型，建立不同频率与极化之间的发射率关系。一个令人满意的模型有望从在不同频率和偏振模式下测量的亮温组合中反演获得 LST。

(2)建立一种从被动微波数据中反演 LST 的模型。众所周知，从微波数据中反演 LST 与从 TIR 数据中反演 LST 是不同的。前者反映了从地表到地表下某一特定深度(取决于反演 LST 的频率)的土壤温度的平均值，而后者反演的是若干微米深度的表层温度。为了结合这两种 LST 和提取反演的表层 LST，通过被动微波数据在不同频率和应用到土壤里的热导方程辅助下，必须开发一个模型来提取基于被动微波数据反演的 LST 的表层 LST[71]。

(3) 发展微波-TIR 融合模型[49]。未来必须建立一种有效的模型，将从 TIR 和被动微波数据中反演的 LST 融合起来，才能在各种天气条件下产生高空间分辨率 LST 数据。所要解决的关键问题是如何在微波像元完全或部分有云时，在 TIR 数据的空间分辨率尺度下恢复出 LST。

13.2　地表发射率

对于均质和等温物体，发射率的定义可以与经典物理中的定义相一致。然而，在遥感像元尺度上，除大面积水体、沙漠和丰富的草原外，很难找到均匀像元;相反，混合像素更普遍。由于其非均匀性和非等温特性，将经典物理中的发射率定义应用于混合像元是不现实的。因此，定义热红外遥感中混合像元的发射率是一个需要解决的科学问题。尽管有大量可用的反射率反演算法，但很少有算法能够大规模反演 LSE，从而生成 LSE 产品。由于复杂多变的地表条件，与这些算法相关的假设和近似的准确性受到了挑战。通常，在局部尺度上建立的假设和近似在更大的尺度上是错误的。此外，算法复杂度和运算效率是限制大规模生成产品的主要因素。表 13-2 列出了典型的 LSE 产品及其特点。

表 13-2　典型的光谱和宽带产品

产品	反演算法	空间分辨率	时间分辨率	覆盖范围	覆盖时间(年份)
MODIS LSE	日夜算法	6km	1 天	全球	2000～2016
ASTER LSE	LST/LSE 分离	90m	16 天	全球	2000～2016
GLASS LSE	查找表	1km/5km	8 天	全球	1981～2016

13.2.1　发射率反演算法

在利用劈窗算法反演地表温度的过程中，存在的假设是地表发射率是已知的。而现实情况是，地表发射率随时间、空间呈现差异显著。Snyder 等[72]利用实验室测量的地表发射率和所属地物类别，得到两者之间的关系。进一步地，通过使用 MODIS 的地表覆盖产品，构建了更具普适意义的地物类别和地表发射率的关系，即形成了一个查找表。据此查找表，在利用劈窗算法反演地表温度时，即可查到遥感影像上每个像素的地表发射率值[27]。一般地，水体、冰雪和植被的发射率比较稳定，且变化不大，所以适用于该方法。但是裸露土壤的发射率变化很大，通常情况下不能设置为常数。另一方面，因为地物覆盖分类本身存在不确定性，而且分类的像素内部存在混合像元的问题，导致基于分类方法得到的地表发射率空间分布不连续。

Owe 等[73]通过实测数据发现，地表发射率和 NDVI 直接存在显著的对数关系，得到的表达式如下：

$$\varepsilon = 1.0094 + 0.047\ln(\mathrm{NDVI}) \tag{13-2}$$

式中：ε为地表反射率；NDVI 为归一化植被指数。

学者对这个关系进一步研究，发现这种关系受到土壤的发射率、叶片的有效发射率、冠层结构、叶片的光学特性、太阳位置、土壤被阳光穿透的比例等的影响，对观测几何条件不敏感[74]。Sobrino 等[75]对于 AVHRR 数据，提出一种 NDVI 阈值的方法。具体是首先利用 NDVI 来判别植被和非植被区域，然后得到了这两种类型的地表发射率。相比于其他的分类方法，NDVI 阈值法的精度有一些改善，但是在没有植被覆盖的地方依然存在缺陷。地表发射率和温度的关联关系使得从卫星捕获的辐射测量对它们进行分离有难度，这就是人们常说的“病态问题”，即无法利用 N 个方程去求解 N+1 个未知数。利用植被覆盖法计算 LSE，并将其应用于较复杂的混合像元，也得到了满意的结果。

上面的两种方法主要是依靠红光和近红外的光谱信息。而多通道方法主要依据的是红外光谱信息。对了解决“病态问题”，可行的策略是增加方程的个数或者减少未知数的个数，从而到达参数求解的目标。然而这样的思想能实现的前提是之前先完成大气校正，大气校正过程中反解得到大气透过率、程辐射和大气下行辐射。根据各种基于热红外遥感的多通道 LST 和 LSE 提取算法的原理和特点，事实表明：大气校正必须通过其他传感器或实际测量得到的独立大气数据支持；为了将欠定问题转化为适定问题，一些算法对发射率作了若干假设和近似，而另一些算法则利用发射率与其频谱变化之间的经验关系。Liang[76]开发了一种最优化算法，能同时反演地表温度和地表发射率。这种思想的关键是要建立一种经验约束条件(或者称为经验关系)[77]。

对该算法进行了一系列数值试验。算法的有效性得到了验证，主要特点如下：①不同的经验方程；②正则化方法的可行性；③定义更多的先验知识，自然地融入检索算法；④具有扎实计算数学基础的优化反演算法的应用。

13.2.2 发展展望

各种基于热红外遥感的多通道 LST 和 LSE 提取算法的原理和特点，表明：①大气校正必须有其他传感器或实际测量得到的独立大气数据支持；②为了将欠定问题转化为适定问题，一些算法对发射率作了若干假设和近似，而另一些算法则利用发射率与其频谱变化之间的经验关系。基于分类的算法的缺点是难以克服的，进一步提高多通道算法的精度是困难的[78]。高光谱数据的温度-发射分离算法有望实现高精度的 LSE 光谱，相关研究尚处于起步阶段[79]。此外，标定误差、测量误差、大气校正等因素也会影响最终发射率产品的精度。土壤-植被系统的模拟发射率略高于实测的发射率。改进发射率模型和对植被表面进行野外测量同样重要[80]。

13.3 长波辐射

长波辐射收支分量包括长波下行辐射和长波上行辐射。地表长波下行辐射是大气对地表辐射加热的一种直接作用。地表长波上行辐射，主要受地表温度的影响，是地球表面温度的指示指标。长波辐射是数值天气预报模型的诊断参数。地表净长波辐射是地表下行和上行长波辐射的差值。在夜间和极地地区的大部分时间，长波辐射在整个地表辐射收支中起主导作用。区域和全球地表长波辐射收支可以通过卫星数据来估算，这可以以较低的成本提供足够的时空观测。表 13-3 是常用的长波辐射遥感数据集。

表 13-3　长波辐射遥感数据集

产品	CERES	WCRP/GEWEX	ISCCP
	长波下行/上行辐射	长波下行/上行辐射	长波下行/上行辐射
覆盖时间年份	1998 至今	1983～2005	1983～2001
使用的卫星	TRMM, EOS Terra/Aqua	GOES	TOVS
空间分辨率	1°	1°	280km
时间分辨率	1h	3h	8 天

13.3.1　长波下行辐射

在地球-大气系统中，辐射过程在维持大气环流中充当必不可少的角色。地表吸收太阳辐射能量是能量的最初来源，随之而来的是地表温度上升，然后地表通过长波辐射损失能量从而使得地球表面能量达到动态平衡的过程。因此，地表长波辐射能量估算是一个意义重大的主题。

大气辐射的方向既有向上的，也有向下的。大气辐射中向下的那部分，刚好和地面辐射的方向相反，所以称为大气逆辐射。大气逆辐射是地面获得热量的重要来源。晴空条件下的长波下行辐射主要由大气的温度、湿度垂直廓线决定：

$$\mathrm{LW_{IN}} = 2\pi\int_{\lambda_2}^{\lambda_1}\int_0^1 I_\lambda(z=0,-\mu)\mu \mathrm{d}\mu \mathrm{d}\lambda \tag{13-3}$$

式中：λ_1 和 λ_2 为下行长波辐射的波长范围，一般指 4～100μm；z 为高度，此处研究的是近地表的长波下行辐射，故而 z=0；$\mu=\cos\theta$，θ 为发射的长波的天顶角；I_λ 为向下的光谱辐射亮度。

近地表的长波下行辐射主要由靠近地球表面的一个浅层所主导，即距离地面 500m 的高度贡献了长波下行辐射能量总量的 80%左右[81]，而大气的最底层 10m 范围内，对总的长波下行辐射能量的贡献在 32%～36%。如前所述，大气温度、湿度廓线是估算晴空大气条件下的长波下行辐射的重要参数，许多前人的研究已经证明了这个观点。相比之下，大气中的 CO_2 和 O_3 气体含量比值对长波下行辐射的影响很小，因此反演算法中一般设置为常用大气气象模式的默认值即可。研究表明即使 CO_2 和 O_3 气体比例变化 50%，由此带给长波下行辐射的数值影响不足 1W/m^2[82]。对于多云天大气条件，云基高度、云基温度、云覆盖度和云发射率是影响长波下行辐射的重要参量。

1. 长波下行辐射反演算法

长期以来，研究人员对长波下行辐射能量的遥感反演进行了广泛研究。从算法的原理分析，反演模型主要分为三大类：基于大气廓线的物理模型、混合模型和参数化模型。基于大气廓线的物理模型是在已知大气廓线的情况下，将其代入大气辐射传输方程即可正演得到长波下行辐射总量，其中大气廓线可由卫星观测得到。混合模型中，算法主要分为 2 步。首先利用辐射传输模型(如 MODTRAN)和大气廓线数据库模拟得到大气层顶的光谱辐亮度，之后建立长波下行辐射和大气层顶辐亮度的经验回归关系，该经验关系即可用于实际的卫星反演。参数化的方法则利用气温和湿度(表征大气发射率)值来实现反演。

基于已知大气廓线的物理反演算法本质上是正演过程，该算法的主要缺陷是反演精度易受输入参数误差的影响。此外，大气廓线有时候也很难准确获取。Frouin 等[83]利用 TOVS (television and infrared observation satellite)卫星的温度、湿度大气廓线和 GOES(geostationary operational environmental satellite)静止卫星获取的云的参数(包括云覆盖度、云发射率、云顶高度、云底高度)，开发了一套辐射传输方程用于估算海洋表面的长波下行辐射。利用半小时间隔的实测数据验证，模型的反演精度表现是，相关性是 0.73，标准偏差是 20.6W/m^2，日均值的验证误差是 15.7W/m^2。CERES(Clouds and the Earth’s Radiant Energy System)产品研究团队采用三种策略来估算长波下行辐射。其中两种策略是混合模型，另外一种是利用简化的辐射传输模型的参数化方程来估算全天候的地表长波下行辐射[84]。其中该算法的输入参数包括来自 MOA(meteorology ozone and aerosol)、VIRS(visible infrared scanner)和 MODIS 的地表温度和发射率、大气温度和湿度廓线、云覆盖率和云顶高度产品，通过这些产品可以计算得到云基高度和云下的水汽压。此时，长波下行辐射就能参数化得到。

混合模型是基于大量辐射传输模拟和统计回归得到的反演算法，该算法在具备坚固物理基础的同时，最大的优势是对大气廓线的误差不敏感。Lee 等[85]利用 HIRS/2(high resolution infrared sounder)数据开发了晴空和多云天的长波下行辐射非线性反演模型，误差分别是 9W/m^2 和 4～8W/m^2。更典型的混合模型是近期发展的结合 MODTRAN 模拟和统计分析并适用于 MODIS 和 GOES 数据来反演晴空长波辐射的研究框架[86-89]，算法精度在全球站点得到进一步验证[81, 90]。混合模型的流程包括：

第一步是利用大气辐射传输工具产生模拟数据集，模拟的目标是根据晴空下大气廓线、地表发射率数据集产生待研究传感器的大气层顶辐亮度和对应的地表长波下行辐射。该数据集模拟过程是有大气辐射传输理论支撑的，是混合模型适用性广且精度高的依据。

第二步是由第一步建立的模拟数据集，建立大气层顶辐亮度和长波辐射的经验统计关系，由此实现长波辐射的反演。

长波的辐射传输模拟过程中需要输入有代表性的大气廓线和地表发射率数据集。一般地，模拟中使用更多的大气廓线和发射率光谱将使得到的反演模型表现更好、精度更高。然而，因为辐射传输模拟非常耗时，因此必须限制模拟数据集的样本量。晴空时的长波下行辐射主要影响因子是近地表温度和湿度，其对地表发射率的变化并不敏感。因此，利用混合模型反演长波下行辐射中，在建立模拟数据集时应囊括相对大量的大气廓线和相对少量的地表发射率。晴空时的长波上行辐射主要受地表温度和发射率的影响，而对大气参数不敏感。因此，利用混合模型反演长波上行辐射中，在建立模拟数据集时应囊括相对大量的地表发射率和相对少量的大气廓线。Wang 等[86]利用混合模型由 MODIS 大气层顶辐亮度直接反演地表长波下行辐射，模型使用的是线性回归方程，模型对模拟数据集的回归结果是 $R^2 = 0.92$，偏差是0，标准误差是16.5W/m^2。

因为高精度的大气垂直温度、湿度廓线在云天时难以获取，基于大气廓线的物理模型就失效了。另外，多云天状况下，卫星获取的是云端反射的长波信号，此时难以直接通过大气层顶的辐亮度高精度反演云下的长波下行辐射。许多学者利用包括最底层气压下的气温、水汽压和云覆盖度来参数化估计地表长波下行辐射[91-93]。

2. 发展展望

晴空条件下的长波下行辐射可利用Stefan-Boltzmann计算得到。相比其他两种算法，参数化的算法常依赖研究区，并且参数方程的系数与地理位置和区域大气条件有关[94]。研究表明参数化的模型精度约是13W/m^2，而且模型的适用性受到参数校正时所属区域的气候条件的影响。多云大气条件时，因为云也能辐射长波能量，因此增加了地表的长波下行辐射。大多数多云天情况下的参数化模型通过加入云覆盖率信息来调整晴空情况下的大气等效发射率。此时全天空的参数化模型的精度与晴空的精度相近。Bisht等[95]利用云覆盖和云温度数据，提出了一种估算全天空长波下行辐射的参数化策略。显然，需要云覆盖来估算全天空时的长波下行辐射。云覆盖参数可以通过实地观测或者遥感得到。

总之，长波下行辐射能量定量遥感的难点在于云天时的反演。最近，Wang 等[96]结合微波、光学获取的云下温度廓线，解算出云温度对地表长波下行辐射的贡献，再加上混合模型反演的晴空时的长波下行辐射，得到全天空的长波下行辐射。长波下行辐射主要受到空气温度和湿度的影响，假设能精确得到云下的气温和湿度数据，云下的长波辐射就能得到反演。光学热红外遥感难以获得云下的信息，未来的发展方向是利用微波和再分析产品在云下的气温和湿度，通过降尺度的方法提高其空间分辨率，然后参数化反演云下的长波辐射。

13.3.2 长波上行辐射

长波上行辐射的反演算法主要分为两种方法：基于地表温度和发射率的参数化方法、混合模型。地表发射的长波上行辐射由地表自主反射和反射的长波下行辐射两部分组成：

$$\mathrm{LW_{OUT}} = \varepsilon \int_{\lambda_2}^{\lambda_1} \pi B(T_s) \mathrm{d}\lambda + (1-\varepsilon)\mathrm{LW_{IN}} \tag{13-4}$$

式中：$\mathrm{LW_{OUT}}$ 为地表长波上行辐射；ε 为地表宽波段发射率；$B(T_s)$ 为 Planck 函数。

1. 长波上行辐射反演算法

许多研究表明利用地表温度和发射率卫星产品，能准确地估算地表长波上行辐射。参数化的方法严重依赖输入产品本身的精度，例如，陆表温度产品的精度大约是1～3K，这个误差将被传递到长波上行辐射计算结果中。

另外一种算法是混合模型，和前面估算长波下行辐射的思路类似，结果是该算法能从卫星观测的大气层顶的辐亮度或者亮温值直接反演得到长波上行辐射。因为高精度的地表温度和宽波段的发射率通常难以获取，算法最大的优势是绕过了这个问题，达到直接反演的目标[87, 88, 97]。

2. 发展展望

同样地，晴空下长波上行辐射的反演算法、精度都被大家普遍接受，而反演的难点在于云天条件下的反演。光学遥感在云天是不能直接得到地表的信息的，长波上行辐射主要受到地表温度和发射率参数的影响。相对而言，地表发射率是相对稳定的参数。那么，通过前述的云下地表温度重建得到的全天空晴空下的地表温度，可以间接得到有云覆盖时的地表长波上行辐射。

13.3.3 长波辐射观测网

直接测量表面长波辐射的最流行的仪器是地面辐射仪。保证高质量测量的一个重要步骤是校准地面辐射仪。在现场实测数据获取时，必须定期校准、维护和检查地面辐射仪的积尘情况。根据一项关于地面辐射仪校准的国际实验的研究，结果表明在 11 个不同的实验室中，使用黑体源对地面辐射仪的测量值与中值比较的差异在 1%～2%。世界认可的国际标准是在云天，地面辐射仪测量的长波辐射的不确定性约±2W/m^2。地面辐射仪的实际光谱响应函数(spectral response functions, SRF)所涵盖的光谱范围约为 3～50μm，并可通过校正达到 4～100μm 的光谱范围。与光学仪器相比，红外仪器与目前使用的测量短波辐射的辐射仪相比，价格昂贵，维修困难。长波地面辐射仪不是常规部署在气象站。幸运的是，长波辐射在不同的通量网络站得到了广泛的观测。人们已经建立了几个长期的地面观测网络，提供地面长波辐射收支地面测量，以支持辐射研究。这些地面观测网络包括 SURFRAD、ARM、CarboEurope-IP、CEOP 和 ASRCOP。

13.4 土壤水分

土壤含水量(soil moisture content, SMC)是各种应用中的一个重要参数。土壤水分一般是指非饱和土带中土壤颗粒间空隙(孔隙)中所储存的水量，也称为包气带水。表土水分是指表土 5cm 土壤的含水量，而根区土壤水分是植物可利用的水分，一般指 200cm 土壤层的含水量。确定土壤水分的空间和时间分布的将对综合理解地球系统有很大帮助。与水文循环的其他组分相比，土壤水分体积较小。尽管如此，但它对许多水文、生物和生物地球化学过程很重要。土壤水分是通过蒸发和植物蒸腾作用控制地表与大气之间水能和热能交换的关键变量。土壤水分通过其对潜热通量和感热通量中输入能量分配的影响，对气候过程，特别是对气温、边界层稳定性，以及在某些情况下对降水有额外效应。

土壤水分会影响气温。当土壤水分限制所使用的总能量中的潜热通量时，更多的能量可用于显热，从而导致近地表气温升高。温度的升高会导致较高的蒸气压亏损和蒸发需求，从而在干旱条件下潜在的蒸散增加，可能导致土壤水分进一步下降。土壤水分也能影响降水，主要是间接地影响边界层的稳定性和降水的形成。表 13-4 列出了现有的光学传感器反演的土壤水分产品。

表 13-4 当前光学传感器反演得到的土壤水分产品

传感器	时空分辨率	优势	劣势	参考文献
Landsat	30m，16 天	空间分辨率高	植被和云的影响	[98]
MODIS	1000m，1 天	时间分辨率高	植被和云的影响	[99]

13.4.1 土壤水分反演算法

目前，使用光学传感器估算土壤水分并不是很流行。因为光学遥感只能从表面的最上面几毫米来测量反射率或发射率。一般地，只有在没有植被覆盖的情况下，才能将土壤反射率与水分直接联系起来，而且该模型只适合特定的土壤类型。因此，利用光学反射率作为大区域土壤水分的直接测量方法受到很大限制，但结合基于辐射温度(T_R)的热遥感已经取得了一些进展。事实表明，裸土的 T_R 变异与土壤湿度呈显著相关性。然而，由于受风速、土壤质地、入射太阳辐射、植被状况、叶面积指数等快速变化因素的影响，地表湿度与土壤温度之间并没有统一的关系。

有很多研究结合土壤温度和植被指数(VI)来估算土壤湿度。Price[100]首先利用 LST 和 VI 构建的特征空间提出了三角形空间的概念，提出了一种基于卫星测得的地表温度和 VI 散点的三角法反演土壤湿度。该方法是基于对地表辐射温度和地表植被覆盖度像素空间分布关系的解释来反演土壤水分[101]。如果存在足够多的像素(不包括云、地表水和异常值)，则像素包络线的形状类似于三角形。三角形的出现基本上是由于地表辐射温度范围随着植被覆盖面积的增加而减小，其狭窄的顶点证明了地表辐射温度在密集植被上的狭窄范围(图 13-1)。Carlson[101]提出了土壤湿度指数 M_0，然后从模型仿真中生成一组多项式来实现土壤湿度的反演。Mallick 等[102]分别使用 ASTER 和 MODIS 在野外尺度和景观尺度上采用三角形方法反演了土壤水分，两个结果都是合理的。高空间分辨率图像由于难以反映像素内的异质性，反演精度较低。

三角形方法的主要假设是：①从裸土到全植被覆盖的下垫面真实情况是已知的；②空间上的变异不是由不同大气条件导致的，而是因为土壤湿度的差异；③LST 对冠层和土壤的敏感性是不同的。因为三角形空间的特别特征，该算法的主要优势是：①能从整个遥感数据中估算土壤湿度，而且不需要辅助数据；②方法简单、易操作，能用于监测大范围的干旱条件。同时该算法主要有三个方面的局限性：①LST-VI 空间的确定需要一定的主观性；②需要像素点的数量足够大，可以跨越研究区域的土壤湿度和植被覆盖范围；③在山地区域，该方法不太适用。

Moran 等[103]通过实验，利用实测数据探讨了干旱与植被叶片和气温差异之间的关系，提出了干旱指数-CWSI。研究发现，地表温度减去空气温度在特定时间的分布与植被覆盖率成梯形关系，如图 13-2 所示。梯形的左上方对应于 100%覆盖作物且水分充足，右上方对应于 100%作物覆盖且无蒸腾。梯形的下部(裸露的土壤)被潮湿和干燥的土壤表面所包围。以梯形的角为单位，用水分亏缺指数(WDI)来表示植被覆盖率的度量：

$$\text{WDI}=\frac{\Delta T-\Delta T_{L13}}{\Delta T_{L24}-\Delta T_{L13}} \tag{13-5}$$

式中：ΔT 为地表温度减去特定植被覆盖率百分比下的气温的测量值；ΔT_{L13} 为地表温度减去空气温度；ΔT_{L24} 为点 2 和点 4 在直线上形成的温度差。

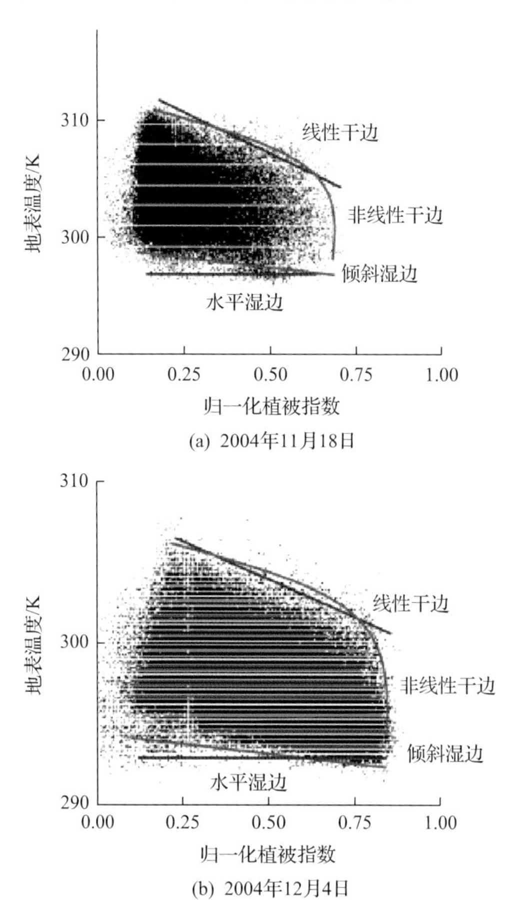

图 13-1 NDVI 与表面辐射温度分布散点图

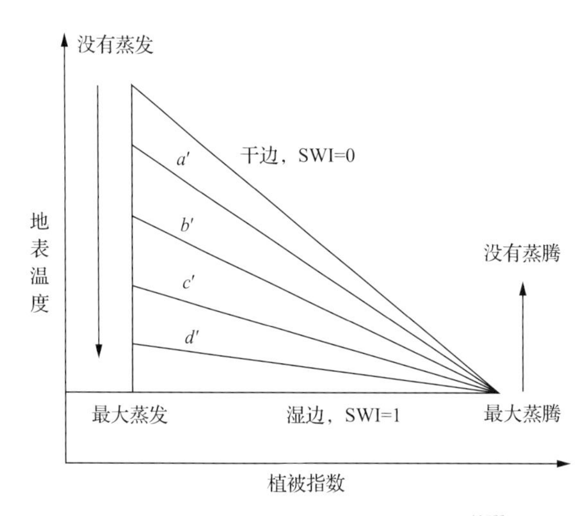

图 13-2 植被指数与地表温度的关系[103]

与三角形空间相比，梯形空间不需要大量的像素。梯形法的优点是：①它有坚实的物理基础；②由四个顶点确定的空间是最接近地表真实情况的主要极限条件。相应地，该算法的缺点是：①需要更多的地基参数来计算土壤水分指数；②水分胁迫对植被覆盖度的影响具有一定的时滞，这导致了 SM 估计的不确定性。

地表干燥指数(温度-植被干燥指数，TVDI)是基于地表温度(T_s)与 NDVI 关系的经验参数化公式。这个指数在概念上和计算时都很简单：

$$\mathrm{TVDI}=\frac{T_s-T_{\min}}{a+b\mathrm{NDVI}-T_{\min}} \tag{13-6}$$

式中：$T_{\min}$ 为三角形的最小地表温度，定义成湿边；T_s 为像素的地表温度；NDVI 为观测到的归一化植被指数；a、b 为用线性方程拟合干边的模型系数。

$$T_{s\max}=a+b\mathrm{NDVI} \tag{13-7}$$

式中：$T_{s\max}$ 为给定 NDVI 的最大地表观测温度。

参数 a 和 b 是根据一个足够大的区域的像素来估计的，该区域足以表示从湿到干、从裸露的土壤到完全植被覆盖的表面的整个范围的表面含水量。NDVI 值大的时候，TVDI 的不确定性高，其中 TVDI 等值线是紧密闭合的。用三角形表示 T_s/NDVI 空间的简化增加了 NDVI 高值区域下 TDVI 的不确定性。同样地，在 TVDI 中，“湿边”被建模为一条水平线，这与梯形法中使用的倾斜湿边相反。

13.4.2　发展展望

可见光和热红外遥感具有空间分辨率高、覆盖面广的特点。可见红外遥感利用土壤反射率或植被生理的特征变化来估计土壤水分。相比之下，热红外遥感利用土壤热特性对土壤水分的响应来确定土壤水分。利用积分法，可以从土壤热特性(土壤温度、热惯性等)和土壤光谱差异(吸收幅值、光谱组合等)来估计土壤水分。此外，微波遥感较少受到恶劣天气或降雨的干扰。然而，它很容易受到植被的扰动，光学和热遥感可以帮助消除植被扰动。因此，光热遥感与微波遥感相结合具有广阔的应用前景。此外，微波遥感可以获得全天候、全天候的数据，对于长时间序列的土壤水分产品，特别是在潮湿的热带地区，可以提供很大的帮助。此外，将热惯性法与 LST-NDVI 空间法相结合，可以为土壤水分的估计提供一种鲁棒的方法。热惯性是一种与土壤水分有关的土壤物理性质，LST-NDVI 方法可以在特定的空间内限制土壤水分的变化。这种组合具有很强的物理基础，易于操作，可能是有前途的。

目前，许多干旱指数是基于瞬时遥感数据[104]，由于受不同大气条件的影响，无法与其他数据进行比较。对于可见光红外遥感，长时间序列遥感数据难以获取，参考标准也没有很好地确定。对于热红外遥感，推导出的指标可以代表研究区域特定时间的干旱状况，但不能逐日进行比较。研究区域可能不存在最干燥和最潮湿的点。因此，确定干湿边界具有一定的主观性，会导致土壤水分估算的误差。针对这一问题，可以采用归一化方法对指标进行归一化，也可以用统计数据对指标进行标准化。只有统一参考的干旱指数才能在物理上相互比较，才能准确反映真实的土壤水分状况。

许多土壤水分估计方法的物理原理包括作为边界条件的能量平衡方程。根据以往的研究，能量平衡并不总是封闭的。因此，容易产生不确定性。此外，水资源管理是水循环的一个重要环节，应该考虑特定区域的水平衡问题。此外，还可以将土壤水热特性的规律和理论与遥感参数相结合，揭示土壤水分的相互作用机理。为了准确地评价土壤水热特性，不仅要考虑土壤的水热特性，还要考虑土壤的能量和水分平衡。

因此，现有的光学和热遥感土壤湿度估计方法存在一些局限性。这些方法是基于极轨地球观测卫星的发展，极轨卫星通常每天获得三到四次地面观测。缺乏资料来源限制了土壤水分反演方法的发展。幸运的是，地球静止气象卫星能够实现极轨卫星无法实现的高频连续地面观测和高时间分辨率数据。地球同步气象卫星为估算地表土壤水分提供了良好的条件和机遇[105]。

参考文献

[1] Karnieli A, Agam N, Pinker R T, et al. Use of NDVI and land surface temperature for drought assessment: Merits and limitations. Journal of Climate, 2010, 23(3): 618-633.

[2] Wang T, Shi J, Ma Y, et al. Recovering land surface temperature under cloudy skies considering the solar-cloud-satellite geometry: Application to MODIS and Landsat-8 data. Journal of Geophysical Research: Atmospheres, 2019, 124(6): 3401-3416.

[3] Li X, Zhou Y, Asrar G R, et al. Developing a 1 km resolution daily air temperature dataset for urban and surrounding areas in the conterminous United States. Remote Sensing of Environment, 2018, 215: 74-84.

[4] Duan S-B, Li Z-L, Leng P. A framework for the retrieval of all-weather land surface temperature at a high spatial resolution from polar-orbiting thermal infrared and passive microwave data. Remote Sensing of Environment, 2017, 195: 107-117.

[5] Li Z-L, Tang B-H, Wu H, et al. Satellite-derived land surface temperature: Current status and perspectives. Remote Sensing of Environment, 2013, 131: 14-37.

[6] Wang W, Liang S, Meyers T. Validating MODIS land surface temperature products using long-term nighttime ground measurements. Remote Sensing of Environment, 2008, 112(3): 623-635.

[7] Qin Z, Karnieli A, Berliner P. A mono-window algorithm for retrieving land surface temperature from Landsat TM data and its application to the Israel-Egypt border region. International Journal of Remote Sensing, 2001, 22(18): 3719-3746.

[8] Sobrino J, Sòria G, Prata A. Surface temperature retrieval from Along Track Scanning Radiometer 2 data: Algorithms and validation. Journal of Geophysical Research: Atmospheres, 2004, 109(D11).

[9] Berk A, Anderson G, Acharya P, et al. MODTRAN4 version 3 revision 1 user's manual. Air Force Research Laboratory, Space Vehicles Directoriate, Air Force Materiel Command, Hanscom AFB, Bedford, 2003, 1731: 3010.

[10] Chaumat L, Standfuss C, Tournier B, et al. 4A/OP reference documentation. NOV-3049-NT-1178-v4. 0, NOVELTIS, LMD/CNRS, CNES, 2009: 307.

[11] Wan Z. MODIS land-surface temperature algorithm theoretical basis document (LST ATBD). Institute for Computational Earth System Science, Santa Barbara, 1999: 75.

[12] Gillespie A R, Abbott E A, Gilson L, et al. Residual errors in ASTER temperature and emissivity standard products AST08 and AST05. Remote Sensing of Environment, 2011, 115(12): 3681-3694.

[13] Dash P, Göttsche F-M, Olesen F-S, et al. Land surface temperature and emissivity estimation from passive sensor data: Theory and practice-current trends. International Journal of Remote Sensing, 2002, 23(13): 2563-2594.

[14] Coll C, Caselles V, Galve J M, et al. Ground measurements for the validation of land surface temperatures derived from AATSR and MODIS data. Remote Sensing of Environment, 2005, 97(3): 288-300.

[15] Ottlé C, Stoll M. Effect of atmospheric absorption and surface emissivity on the determination of land surface temperature from infrared satellite data. International Journal of Remote Sensing, 1993, 14(10): 2025-2037.

[16] Jiménez-Muñoz J C, Sobrino J A, Mattar C, et al. Atmospheric correction of optical imagery from MODIS and reanalysis atmospheric products. Remote Sensing of Environment, 2010, 114(10): 2195-2210.

[17] Freitas S C, Trigo I F, Bioucas-Dias J M, et al. Quantifying the uncertainty of land surface temperature retrievals from SEVIRI/Meteosat. IEEE Transactions on Geoscience and Remote Sensing, 2009, 48(1): 523-534.

[18] Tang B, Li Z L. Retrieval of land surface bidirectional reflectivity in the mid-infrared from MODIS channels 22 and 23. International Journal of Remote Sensing, 2008, 29(17-18): 4907-4925.

[19] Jiménez-Muñoz J C, Cristóbal J, Sobrino J A, et al. Revision of the single-channel algorithm for land surface temperature retrieval from Landsat thermal-infrared data. IEEE Transactions on Geoscience and Remote Sensing, 2008, 47(1): 339-349.

[20] Cristóbal J, Jiménez-Muñoz J, Sobrino J, et al. Improvements in land surface temperature retrieval from the Landsat series thermal band using water vapor and air temperature. Journal of Geophysical Research: Atmospheres, 2009, 114(D8).

[21] Jiménez-Muñoz J C, Sobrino J A. A single-channel algorithm for land-surface temperature retrieval from ASTER data. IEEE Geoscience and Remote Sensing Letters, 2009, 7(1): 176-179.

[22] Jiménez-Muñoz J C, Sobrino J A. A generalized single-channel method for retrieving land surface temperature from remote sensing data. Journal of Geophysical Research: Atmospheres, 2003, 108(D22).

[23] Jiménez-Muñoz J C, Cristóbal J, Sobrino J A, et al. Revision of the single-channel algorithm for land surface temperature retrieval from Landsat thermal-infrared data. IEEE Transactions on Geoscience and Remote Sensing, 2009, 47(1): 339-349.

[24] McMillin L M. Estimation of sea surface temperatures from two infrared window measurements with different absorption. Journal of Geophysical Research, 1975, 80(36): 5113-5117.

[25] Niclòs R, Caselles V, Coll C, et al. Determination of sea surface temperature at large observation angles using an angular and emissivity-dependent split-window equation. Remote Sensing of Environment, 2007, 111(1): 107-121.

[26] Yu Y, Tarpley D, Privette J L, et al. Developing algorithm for operational GOES-R land surface temperature product. IEEE Transactions on Geoscience and Remote Sensing, 2009, 47(3): 936-951.

[27] Wan Z, Ng D, Dozier J. Spectral emissivity measurements of land-surface materials and related radiative transfer simulations. Advances in Space Research, 1994, 14(3): 91-94.

[28] Atitar M, Sobrino J A. A split-window algorithm for estimating LST from Meteosat 9 data: Test and comparison with in situ data and MODIS LSTs. IEEE Geoscience and Remote Sensing Letters, 2008, 6(1): 122-126.

[29] Sun D, Pinker R T. Estimation of land surface temperature from a geostationary operational environmental satellite (GOES-8). Journal of Geophysical Research: Atmospheres, 2003, 108(D11).

[30] Sun D, Pinker R. Retrieval of surface temperature from the MSG-SEVIRI observations: Part I. Methodology. International Journal of Remote Sensing, 2007, 28(23): 5255-5272.

[31] Trigo I F, Peres L F, DaCamara C C, et al. Thermal land surface emissivity retrieved from SEVIRI/Meteosat. IEEE Transactions on Geoscience and Remote Sensing, 2008, 46(2): 307-315.

[32] Wan Z, Li Z L. A physics-based algorithm for retrieving land-surface emissivity and temperature from EOS/MODIS data. IEEE Transactions on Geoscience and Remote Sensing, 1997, 35(4): 980-996.

[33] Kimes D. Remote sensing of row crop structure and component temperatures using directional radiometric temperatures and inversion techniques. Remote Sensing of Environment, 1983, 13(1): 33-55.

[34] Lagouarde J-P, Hénon A, Kurz B, et al. Modelling daytime thermal infrared directional anisotropy over Toulouse city centre. Remote Sensing of Environment, 2010, 114(1): 87-105.

[35] Hu L, Monaghan A, Voogt J A, et al. A first satellite-based observational assessment of urban thermal anisotropy. Remote Sensing of Environment, 2016, 181: 111-121.

[36] Zakšek K, Schroedter-Homscheidt M. Parameterization of air temperature in high temporal and spatial resolution from a combination of the SEVIRI and MODIS instruments. ISPRS Journal of Photogrammetry and Remote Sensing, 2009, 64(4): 414-421.

[37] 张爱因, 张晓丽. Landsat-8 地表温度反演及其与 MODIS 温度产品的对比分析. 北京林业大学学报, 2019, (3): 1-13.

[38] Verhoef W, Jia L, Xiao Q, et al. Unified optical-thermal four-stream radiative transfer theory for homogeneous vegetation canopies. IEEE Transactions on Geoscience & Remote Sensing, 2007, 45(6): 1808-1822.

[39] Sobrino J, Caselles V. Thermal infrared radiance model for interpreting the directional radiometric temperature of a vegetative surface. Remote Sensing of Environment, 1990, 33(3): 193-199.

[40] Smith J A, Goltz S M. A thermal exitance and energy balance model for forest canopies. IEEE Transactions on Geoscience and Remote Sensing, 1994, 32(5): 1060-1066.

[41] Yongming D U, Liu Q, Chen L, et al. Modeling directional brightness temperature of the winter wheat canopy at the ear stage. IEEE Transactions on Geoscience and Remote Sensing, 2007, 45(11): 3721-3739.

[42] Cao B, Liu Q, Du Y, et al. A review of earth surface thermal radiation directionality observing and modeling: Historical development, current status and perspectives. Remote Sensing of Environment, 2019, 232: 111304.

[43] Hu T, Du Y, Cao B, et al. Estimation of upward longwave radiation from vegetated surfaces considering

thermal directionality. IEEE Transactions on Geoscience and Remote Sensing, 2016, 54(11): 6644-6658.

[44] Hu T, Cao B, Du Y, et al. Estimation of surface upward longwave radiation using a direct physical algorithm. IEEE Transactions on Geoscience and Remote Sensing, 2017, 55(8): 4412-4426.

[45] Mercury M, Green R, Hook S, et al. Global cloud cover for assessment of optical satellite observation opportunities: A HyspIRI case study. Remote Sensing of Environment, 2012, 126: 62-71.

[46] Zhou J, Dai F, Zhang X, et al. Developing a temporally land cover-based look-up table (TL-LUT) method for estimating land surface temperature based on AMSR-E data over the Chinese landmass. International Journal of Applied Earth Observation and Geoinformation, 2015, 34: 35-50.

[47] McFarland M J, Miller R L, Neale C M. Land surface temperature derived from the SSM/I passive microwave brightness temperatures. IEEE Transactions on Geoscience and Remote Sensing, 1990, 28(5): 839-845.

[48] Shwetha H, Kumar D N. Prediction of high spatio-temporal resolution land surface temperature under cloudy conditions using microwave vegetation index and ANN. ISPRS Journal of Photogrammetry and Remote Sensing, 2016, 117: 40-55.

[49] Xu S, Cheng J, Zhang Q. Reconstructing all-weather land surface temperature using the Bayesian maximum entropy method over the Tibetan plateau and Heihe river basin. IEEE Journal of Selected Topics in Applied Earth Observations and Remote Sensing, 2019, 12(9): 3307-3316.

[50] Hofstra N, Haylock M, New M, et al. Comparison of six methods for the interpolation of daily, European climate data. Journal of Geophysical Research: Atmospheres, 2008, 113(D21): D21110.

[51] Hengl T, Heuvelink G B, Tadić M P, et al. Spatio-temporal prediction of daily temperatures using time-series of MODIS LST images. Theoretical and Applied Climatology, 2012, 107(1-2): 265-277.

[52] Pebesma E. Spacetime: Spatio-temporal data in R. Journal of Statistical Software, 2012, 51(7): 1-30.

[53] Kilibarda M, Hengl T, Heuvelink G B, et al. Spatio-temporal interpolation of daily temperatures for global land areas at 1 km resolution. Journal of Geophysical Research: Atmospheres, 2014, 119(5): 2294-2313.

[54] Niclòs R, Galve J M, Valiente J A, et al. Accuracy assessment of land surface temperature retrievals from MSG2-SEVIRI data. Remote Sensing of Environment, 2011, 115(8): 2126-2140.

[55] Duan S-B, Li Z-L, Li H, et al. Validation of Collection 6 MODIS land surface temperature product using in situ measurements. Remote Sensing of Environment, 2019, 225: 16-29.

[56] Wang M, Zhang Z, Hu T, et al. A practical single-channel algorithm for land surface temperature retrieval: Application to Landsat series data. Journal of Geophysical Research: Atmospheres, 2019, 124(1): 299-316.

[57] Ermida S L, Trigo I F, DaCamara C C, et al. Validation of remotely sensed surface temperature over an oak woodland landscape-The problem of viewing and illumination geometries. Remote Sensing of Environment, 2014, 148: 16-27.

[58] Guillevic P C, Biard J C, Hulley G C, et al. Validation of land surface temperature products derived from the visible infrared imaging radiometer suite (VIIRS) using ground-based and heritage satellite measurements. Remote Sensing of Environment, 2014, 154: 19-37.

[59] Xu H, Yu Y, Tarpley D, et al. Evaluation of GOES-R land surface temperature algorithm using SEVIRI satellite retrievals with in situ measurements. IEEE Transactions on Geoscience and Remote Sensing, 2013, 52(7): 3812-3822.

[60] Coll C, Hook S J, Galve J M. Land surface temperature from the advanced along-track scanning radiometer: Validation over inland waters and vegetated surfaces. IEEE Transactions on Geoscience and Remote Sensing, 2008, 47(1): 350-360.

[61] Coll C, Galve J M, Sanchez J M, et al. Validation of Landsat-7/ETM+ thermal-band calibration and atmospheric correction with ground-based measurements. IEEE Transactions on Geoscience and Remote Sensing, 2009, 48(1): 547-555.

[62] Coll C, Valor E, Galve J M, et al. Long-term accuracy assessment of land surface temperatures derived from the advanced along-track scanning radiometer. Remote Sensing of Environment, 2012, 116: 211-225.

[63] Wan Z. New refinements and validation of the collection-6 MODIS land-surface temperature/emissivity product. Remote Sensing of Environment, 2014, 140: 36-45.

[64] Wan Z. New refinements and validation of the MODIS land-surface temperature/emissivity products. Remote Sensing of Environment, 2008, 112(1): 59-74.

[65] Wan Z, Li Z L. Radiance-based validation of the V5 MODIS land-surface temperature product. International Journal of Remote Sensing, 2008, 29(17-18): 5373-5395.

[66] Duan S B, Li Z L. Intercomparison of operational land surface temperature products derived from MSG-SEVIRI and Terra/Aqua-MODIS data. IEEE Journal of Selected Topics in Applied Earth Observations and Remote Sensing, 2015, 8(8): 4163-4170.

[67] Trigo I F, Monteiro I T, Olesen F, et al. An assessment of remotely sensed land surface temperature. Journal of Geophysical Research: Atmospheres, 2008, 113(D17): D17108.

[68] 刘超, 历华, 杜永明, 等. Himawari 8 AHI 数据地表温度反演的实用劈窗算法. 遥感学报, 2017, 21(5): 702-714.

[69] Zhang X, Zhou J, Göttsche F-M, et al. A method based on temporal component decomposition for estimating 1-km all-weather land surface temperature by merging satellite thermal infrared and passive microwave observations. IEEE Transactions on Geoscience and Remote Sensing, 2019, 57(7): 4670-4691.

[70] Zheng X, Li Z L, Nerry F, et al. A new thermal infrared channel configuration for accurate land surface temperature retrieval from satellite data. Remote Sensing of Environment, 2019, 231: 111216.

[71] Kou X, Jiang L, Bo Y, et al. Estimation of land surface temperature through blending MODIS and AMSR-E data with the Bayesian maximum entropy method. Remote Sensing, 2016, 8(2): 105.

[72] Snyder W C, Wan Z. BRDF models to predict spectral reflectance and emissivity in the thermal infrared. IEEE Transactions on Geoscience and Remote Sensing, 1998, 36(1): 214-225.

[73] Owe M, Van De Griend A. On the relationship between thermodynamic surface temperature and high-frequency (37 GHz) vertically polarized brightness temperature under semi-arid conditions. International Journal of Remote Sensing, 2001, 22(17): 3521-3532.

[74] Olioso A. Simulating the relationship between thermal emissivity and the normalized difference vegetation index. International Journal of Remote Sensing, 1995, 16(16): 3211-3216.

[75] Sobrino J A, Jiménez-Muñoz J C, Sòria G, et al. Land surface emissivity retrieval from different VNIR and TIR sensors. IEEE Transactions on Geoscience and Remote Sensing, 2008, 46(2): 316-327.

[76] Liang S. An optimization algorithm for separating land surface temperature and emissivity from multispectral thermal infrared imagery. IEEE Transactions on Geoscience and Remote Sensing, 2001, 39(2): 264-274.

[77] Zhang Q, Cheng J, Liang S. Deriving high-quality surface emissivity spectra from atmospheric infrared sounder data using cumulative distribution function matching and principal component analysis regression. Remote Sensing of Environment, 2018, 211: 388-399.

[78] Cheng J, Liang S, Verhoef W, et al. Estimating the hemispherical broadband longwave emissivity of global vegetated surfaces using a radiative transfer model. IEEE Transactions on Geoscience and Remote Sensing, 2015, 54(2): 905-917.

[79] 赵强, 邓淑梅, 刘常瑜, 等. 超光谱红外卫星资料同步反演不同地表类型的大气廓线, 地表温度和地表发射率. 光谱学与光谱分析, 2019, 39(3): 693-697.

[80] Cheng J, Liu H, Liang S, et al. A framework for estimating the 30 m thermal-infrared broadband emissivity from landsat surface reflectance data. Journal of Geophysical Research: Atmospheres, 2017, 122(21): 11405-11421.

[81] Cheng J, Liang S, Wang W, et al. An efficient hybrid method for estimating clear-sky surface downward longwave radiation from MODIS data. Journal of Geophysical Research: Atmospheres, 2017, 122(5): 2616-2630.

[82] Wang K, Dickinson R E. Global atmospheric downward longwave radiation at the surface from ground-based observations, satellite retrievals, and reanalyses. Reviews of Geophysics, 2013, 51(2): 150-185.

[83] Frouin R, Gautier C, Morcrette J J. Downward longwave irradiance at the ocean surface from satellite data: Methodology and in situ validation. Journal of Geophysical Research: Oceans, 1988, 93(C1): 597-619.

[84] Wielicki B A, Barkstrom B R, Baum B A, et al. Clouds and the Earth's Radiant Energy System (CERES): algorithm overview. IEEE Transactions on Geoscience and Remote Sensing, 1998, 36(4): 1127-1141.

[85] Lee H T, Ellingson R G. Development of a nonlinear statistical method for estimating the downward longwave radiation at the surface from satellite observations. Journal of Atmospheric and Oceanic Technology, 2002, 19(10): 1500-1515.

[86] Wang W, Liang S. Estimation of high-spatial resolution clear-sky longwave downward and net radiation over land surfaces from MODIS data. Remote Sensing of Environment, 2009, 113(4): 745-754.

[87] Wang W, Liang S, Augustine J A. A estimating high spatial resolution clear-sky land surface upwelling longwave radiation from MODIS data. IEEE Transactions on Geoscience and Remote Sensing, 2009, 47(5): 1559-1570.

[88] Wang W, Liang S. A method for estimating clear-sky instantaneous land-surface longwave radiation with GOES sounder and GOES-R ABI data. IEEE Geoscience and Remote Sensing Letters, 2010, 7(4): 708-712.

[89] 吴晓从. FY-4 静止气象卫星估算晴空地表下行长波辐射通量的反演模式. 气候与环境研究, 2014, 19(3): 362-370.

[90] Cheng J, Liang S. Global estimates for high-spatial-resolution clear-sky land surface upwelling longwave radiation from MODIS data. IEEE Transactions on Geoscience and Remote Sensing, 2016, 54(7): 4115-4129.

[91] Flerchinger G, Xaio W, Marks D, et al. Comparison of algorithms for incoming atmospheric long-wave radiation. Water Resources Research, 2009, 45(3): 450-455.

[92] Guo Y, Cheng J, Liang S. Comprehensive assessment of parameterization methods for estimating clear-sky surface downward longwave radiation. Theoretical and Applied Climatology, 2019, 135: 1045-1058.

[93] Carmona F, Rivas R, Caselles V. Estimation of daytime downward longwave radiation under clear and cloudy skies conditions over a sub-humid region. Theoretical and Applied Climatology, 2013, 115(1-2): 281-295.

[94] Choi M, Jacobs J M, Kustas W P. Assessment of clear and cloudy sky parameterizations for daily downwelling longwave radiation over different land surfaces in Florida, USA. Geophysical Research Letters, 2008, 35(20): 288-299.

[95] Bisht G, Bras R L. Estimation of net radiation from the Moderate Resolution Imaging Spectroradiometer over the continental United States. IEEE Transactions on Geoscience and Remote Sensing, 2011, 49(6): 2448-2462.

[96] Wang T, Shi J, Yu Y, et al. Cloudy-sky land surface longwave downward radiation (LWDR) estimation by integrating MODIS and AIRS/AMSU measurements. Remote Sensing of Environment, 2018, 205: 100-111.

[97] Zhou S, Cheng J. Estimation of high spatial-resolution clear-sky land surface-upwelling longwave radiation from VIIRS/S-NPP data. Remote Sensing, 2018, 10(2): 253.

[98] Jackson T J, Chen D, Cosh M, et al. Vegetation water content mapping using Landsat data derived normalized difference water index for corn and soybeans. Remote Sensing of Environment, 2004, 92(4): 475-482.

[99] Chen D, Huang J, Jackson T J. Vegetation water content estimation for corn and soybeans using spectral indices derived from MODIS near-and short-wave infrared bands. Remote Sensing of Environment, 2005, 98(2-3): 225-236.

[100] Price J C. Using spatial context in satellite data to infer regional scale evapotranspiration. IEEE Transactions on Geoscience and Remote Sensing, 1990, 28(5): 940-948.

[101] Carlson T. An Overview of the â œ Triangle methodâ for estimating surface evapotranspiration and soil moisture from satellite imagery. Sensors (Basel), 2007, 7(8): 1612-1629.

[102] Mallick K, Bhattacharya B K, Patel N. Estimating volumetric surface moisture content for cropped soils

using a soil wetness index based on surface temperature and NDVI. Agricultural and Forest Meteorology, 2009, 149(8): 1327-1342.

[103] Moran M, Clarke T, Inoue Y, et al. Estimating crop water deficit using the relation between surface-air temperature and spectral vegetation index. Remote Sensing of Environment, 1994, 49(3): 246-263.

[104] 王思楠, 李瑞平, 李夏子. 基于综合干旱指数的毛乌素沙地腹部土壤水分反演及分布. Transactions of the Chinese Society of Agricultural Engineering, 2019, 35(14): 113-121.

[105] Long D, Singh V P. A two-source trapezoid model for evapotranspiration（TTME）from satellite imagery. Remote Sensing of Environment, 2012, 121: 370-388.

第14章 基于主动遥感的地表特征参量反演

14.1 基于SAR的参数反演

14.1.1 主动微波传感器

SAR可以达到5cm左右的地表深度，其全天时、全天候和测量范围广阔的特点使其能够为大面积土壤水分监测提供可用数据。表14-1给出了目前以及未来几年发射的主要星载SAR系统。

表14-1 主要星载SAR系统

卫星	传感器	波段	极化方式	最高空间分辨率/m	扫描带宽/km	波长/m
SEASAT	SAR	L	HH	25	100	23.5
ERS-1/ERS-2	AMI	C	VV	30	100	5.7
RADARSAT	SAR	C	HH	10	100～170	5.7
SRTM	C-SAR	C	VV/HH	30	50	
SRTM	X-SAR	X	HH	30	50	
ENVISAT	ASAR	C	HH,VVHH/VVHH/HV,VV/VH	30	100～400	5.6
ALOS	PALSAR	L	Quad-pol	10	70	
RADARSAT-2	SAR	C	Quad-pol	3	10～500	
TanDEM-X	SAR	X	Quad-pol	1	10～150	
Sentinel-1	SAR	C	HH+HV,VV+VH	5	80	
SAOCOM	SAR	L	Quad-pol	7	50～400	

14.1.2 土壤湿度

土壤水分是描述下垫面水与能量之间进行交换和平衡的重要因素之一，从全球尺度而言，地球的气候系统与水循环过程庞大且复杂，了解区域范围以及全球尺度规模的水量平衡的基础数据，对了解全球环境变化和能量交换与平衡是十分重要的[1-4]。

微波波段是电磁波谱中唯一能够真实定量化估算地表土壤湿度的电磁波谱频段，利用微波进行土壤湿度反演是以土壤介电常数对雷达回波的影响为理论基础：后向散射系数主要由土壤介电常数和地表粗糙度参数决定，土壤湿度决定土壤的介电常数，土壤湿度的变化对雷达回波具有强烈的反应，在相同地表条件下，不同的土壤湿度对应的雷达后向散射系数是不一样的，表现在雷达成像上也会有差异，在消除地表粗糙度对雷达的影响后，可以利用后向散射系数来反演土壤湿度[5-8]。

雷达观测地表得到的后向散射系数可以表示为[9]：

$$\sigma^0 = f(\lambda, \theta, p, M_v, \text{Veg}, S_r) \tag{14-1}$$

式中：σ^0 为后向散射系数；λ 为波长；θ 为入射角；p 为极化状态；M_v 为土壤湿度；Veg 为植被参数；S_r 为粗糙度参数。

利用主动微波传感器进行土壤湿度的研究过程，实际上是寻找土壤湿度、植被参数及粗糙度参数三个因素与雷达后向散射之间存在的关系的过程。目前，利用不同波段、不同极化方式的雷达数据进行裸露地表土壤湿度反演模型大致可以分为三类：基于统计分析方法的经验模型、基于严格的辐射传输原理的理论模型和介于二者之间的半经验模型。此外，在解决非线性问题时，一些常用的机器学习方法如人工神经网络算法(ANN)、遗传算法(GA)也被应用于土壤湿度微波遥感中[10-13]。

其中，主动微波反演土壤湿度的方法可以分为三类。①纯粹的经验模型：不包括物理基础，直接建立土壤湿度与雷达观测结果的关系，一般针对特定地区，根据测量数据和同期雷达观测值建立关系[4]。②半经验模型：通常和经验模型(数据拟合)以及理论模型(物理基础)结合使用。兼顾了雷达与地表相互作用的物理过程及研究区的实测结果，以参数化的方式建立后向散射值与地表参数之间的关系[14, 15]。③理论模型：一般首先需要对地表进行参数化，并设置一定的近似，这种方法物理概念明确，但由于参数过多、形式复杂，难以直接建立反演过程[16, 17]。

1. 植被覆盖区土壤湿度

目前，对于裸露地表的土壤湿度的反演研究较为成熟可靠，然而，在植被覆盖地表条件下，受植被与地表粗糙度的共同影响下，土壤湿度与后向散射系数之间的相关性会减弱，裸露地表的土壤湿度反演算法将不再适用[18-20]。植被覆盖地表的土壤湿度的反演方法大多基于微波散射理论的植被散射模型建立的，比较有代表性的模型包括密歇根微波冠层散射模型(Michigan microwave canopy scattering model，MIMICS)以及基于理论模型结合大量实验验证发展而来的经验、半经验模型，代表模型有水云模型[21-23]、Roo 模型等[8, 24-26]。其中，当前研究应用最为广泛的模型为 MIMICS 模型和水云模型，它们的共同之处在于通过估算植被与下垫面土壤的后向散射，并在总后向散射中消除植被冠层对土壤后向散射部分的影响，从而建立地表土壤湿度与总后向散射之间的函数关系[26-31]。

2. MIMICS 与水云模型(WCM)

MIMICS 是基于辐射传输理论建立的描述连续森林植被冠层一次微波散射特征的模型。森林植被自上而下分为树冠，树干和地表 3 层[32-35]。MIMICS 模型将总后向散射的贡献分为五个部分组成，它们分别是：①植被冠层直接的后向散射贡献 σ_{pq1}^0；②土壤下垫面直接的后向散射贡献 σ_{pq2}^0；③土壤下垫面-植被冠层-土壤下垫面过程的后向散射贡献 σ_{pq3}^0；④土壤下垫面-植被冠层以及植被冠层-土壤下垫面过程的后向散射贡献 σ_{pq4}^0；⑤土壤下垫面-植被干层以及植被干层-土壤下垫面过程的后向散射贡献 σ_{pq5}^0。

半经验的水云模型较为广泛地应用于植被覆盖区的土壤湿度反演，水云模型将植被层视为均质的散射体，将地表分为植被层和地表两部分，对应的后向散射系数也分为两部分：植被层直接反射回来的体散射项和经植被层双次衰减后的地表后向散射项，适用于低矮植被覆盖地表[36]。Kweon 等[22]通过将叶片角度分布的标准差和平均值引入水云模型，并使用相对精确的辐射传输模型（RTM）和现场测量，最终结果显示在 VV 极化时，RMSE 由原始 WCM 的 1.54 降为 MWCM 的 1.01；HH 极化时，RMSE 由原始 WCM 的 2.00 降为 MWCM 的 1.25。Yang 等[37]将水云模型中的植被参数改为雷达植被指数，因此无需与光学有关的植被参数的输入，该方法与以叶面积指数为植被参数的方法进行比较，最终结果显示：改进的雷达植被指数模型优于原叶面积指数模型（实测叶面积指数验证）优于原叶面积指数模型（光学遥感反演叶面积指数验证），反演土壤湿度的标准偏差在 6.2%～7.0%。Bao 等[38]分别以 Landsat-8 和 Sentinel-1A 为光学和微波数据源，根据 Wales Soil Moisture Network（WSMN）和 REMEDHUS Network 的土壤湿度数据，建立土壤湿度（SSM）与植被指数（VI）、后向散射系数（σ^0）以及观测角度（θ）之间的函数关系：$\text{SSM} = f(\sigma^0, \text{VI}, \theta)$，最终得到估算的土壤湿度与实测数据之间的最大的相关性为 0.9，平均 RMSE 为 0.052。Cai 等[39]通过引入植被覆盖度信息，将冠层覆盖下的散射贡献与裸露地表的直接散射贡献进行分离，采用水云模型与 PROSAIL 模型进行结合，分别使用 Landsat-8 和 RANDSAT-2 数据，结合实测数据进行土壤湿度的反演，最终结果显示模型模拟的后向散射系数与实测值之间具有较好的线性关系，在 HH 和 VV 极化下决定系数 R^2 分别为 0.792 和 0.723，RMSE 分别为 0.600 和 0.837dB。

3. 裸土区土壤湿度

对于裸土区以及去除植被透射和反射影响的植被覆盖区的土壤湿度反演，只用考虑土壤湿度与地表参数以及雷达系统参数之间的关系。

对于土壤湿度的反演，积分方程模型 IEM（integral equation model）[14, 15]是最常用的物理模型，该模型具有广泛的地表粗糙度适用性，但是该模型一方面对于地表的反射处理简单，另外对于地表的其他参数描述不够准确[40]，由于雷达信号对于粗糙度的敏感性大于土壤湿度，为了改进裸露地表的后向散射机制，Zribi 等[41]引进分形维数描述地表参量，但是新引进的地表参量增加了土壤湿度反演的难度。Baghdadi 等[42-44]提出粗糙度定标的方法，该方法基于模型中其他参数的输入是正确的这个假设，认为粗糙度中的相关长度因子是模型的主要误差原因，为此将经验相关长度代替模型参数输入，使得后向散射系数的估算值与雷达影像信号之间具有更好的相关性。

改进的积分方程模型（Advanced IEM, AIEM）主要是在 IEM 的基础上对 IEM 进行反演过程中的模拟值与实测值之间的不一致性以及对粗糙度刻画不准确性进行改进。AIEM 模型是基于电磁波辐射传输方程的地表散射模型，能在一个很宽的地表粗糙度范围内再现真实地表后向散射情况，其预测值与实测数据具有较好的一致性，广泛应用于随机粗糙地表散射的模拟。采用 AIEM 模型数值模拟建立 σ_{pq} 与 S、l、M_V、ε_s 参数相关关系，分析参数之间的关系[14,15]。Kong 等[28]在实验中采用 AIEM 模型对分离植被覆盖的土壤进行湿度反演，模拟不同入射角度和入射频率条件，获得实测值与模拟值之间的相关性，通过模型验证，可以得到在 VV 极化条件下后向散射的 R^2 达到 0.9998，同时比较去除植被影响前后实测土壤湿度与模拟土壤湿度之间的相关性，可以看出去除植被影响后的相关性从 0.8 提高到 0.87，RMSE 从 0.7%降低到 0.5%。

4. 总结与展望

利用合成孔径雷达进行土壤水分的反演，受地表粗糙度和地表植被覆盖影响较大，如何消除以上两个因素的对微波后向散射系数的影响，进而确定土壤湿度与后向散射系数之间的关系是当前研究的重点和难点。目前 SAR 传感器的发展逐渐向高分辨率、多波段、多极化、多工作模式转变，其空间和时间分辨率、观测精度不断提高，采用多时相、多极化、多工作模式的雷达数据能够最大限度地减少土壤粗糙度和植被覆被的影响，但是新的数据意味着有新的方法和模型，因此，对于新数据、新方法，新模型还需要进一步发展和完善[45]。

目前多数研究使用的模型是从待定的土壤观测数据建立起来的，无法对整个自然表面都适用，同时，所采用的雷达数据及反演方法大多数反演的为浅层土壤水分(0～5cm)，深层土壤的反演较少，因此针对大面积、深层土壤水分反演的方法和模型有待进一步深入。

SAR 数据包括振幅信息和相位信息，目前大部分的土壤水分反演的研究都是针对土壤水分与雷达后向散射系数幅度之间的关系，少数研究雷达相位信息与参数之间的关系，这就意味着雷达数据还有大量的未利用部分[46-51]。因此，高效利用雷达数据信息，建立雷达振幅与相位信息和土壤水分及其他参数之间的关系将有效的提高反演的精度[52, 53]。

14.1.3　植被高度与生物量

森林生态系统是面积最大，分布最广，结构最复杂，资源最为丰富的陆地生态系统，也是自然界功能最完善的基因库和资源库，为人类和多种陆地生物提供了赖以生存和发展的物质基础，森林的生物量约占整个陆地生态系统的 90%。森林生态系统在全球碳循环过程和大尺度环境变化准确监测中起着极其重要的作用[54]。森林高度的地面测量不仅费时费力，同时难以获得大面积数据，只能获取较小面积的取样数据[55-59]。因此，能够大面积获取森林树高以及空间分布的技术对于森林资源的管理，森林生物量的估测，以及区域和全球碳循环的研究具有重要的意义[60]。利用极化干涉 SAR 反演植被高度是极化干涉应用中的一个典型和相对成熟的方向[61-65]。

1. 植被高度模型

在低频波段散射情况下，真实散射情景需要考虑植被层和地表的相互作用。处理这种情况最简单的模型就是在地表散射的基础上结合体散射[66-68]。植被可看作一个厚度为 h_v 的单层散射模型，其中包含了体散射粒子，其散射幅度用 m_v 表示。高度为 h_v 且包含随机取向粒子集合的植被层覆盖在地表层上的情形[69]。在随机体散射(RVoG)模型下，电磁波的传播与计划状态无，也就是$\sigma \neq \sigma(\omega)$。因此，体相干系数$\tilde{\gamma}_V$变成与极化无关的量。

与 RVoG 不同，OVoG 描述了厚度为h_v且包含一定方位取向粒子集合的植被层覆盖在地表层上的情形。在定向体散射模型(OVoG)模型下，波的传播是极化状态的函数，也就是$\sigma = \sigma(\omega)$。因此，体合成相干参数$\tilde{\gamma}_V$变成了极化态的函数：

事实上，入射波的极化态变化是波传播经过体散射的结果，在综合地面与体积干涉的情况下，体散射和面散射[地体幅度比$m(\omega)$]变为依赖于极化状态，不同于 RVoG 模型，极化状态的变化导致了体散射体以及面散射体组件的分布变化。在不同极化状态下，干涉相位的不同是由于不同极化状态下消光系数和地体幅度比的不同造成的。

2. 植被高度反演算法

参数模型法：用植被参数最小二乘模型反演植被平均高度和消光系数。由于在 RVoG 相干散射模型中，地体幅度比$m(\omega)$是唯一随极化状态变化的参数，有效散射相位中心的分布依赖于体相干性γ_v和地体幅度比$m(\omega)$。因此，不同极化状态的干涉相干性也随着极化状态的不同而改变。

直接高度法：直接高度法的思路是分别估算地形相位和冠层相位，然后根据有效的二维垂直波束k来计算树高[61]。一种直观的想法就是为地形相位的估计选择一个地体幅度比非常大的极化通道ω_s。P 波段一般采用 HH 极化。L 波段也可以使用 HH 极化，如果有全极化数据，那么也可以采用 HH+VV 极化。该估计方法的关键在于找到对应地表散射最好的计划通道ω_s。然而，大量 L 和 P 波段数据的分析表明，通常不存在能得到地形相位无偏估计的极化通道ω_s。树冠层相位的估计同样要寻找来自冠层散射占优的极化通道ω_v，然后直接得到高度估计[70-73]。

3. 生物量

森林作为陆地生态系统的主体，大约覆盖了 30%的地球陆表，在陆地生态系统中扮演着维持陆地生态系统平衡的重要角色[74]。近年来，随着对气候变化和全球碳循环的普遍关注，森林生态系统受到了世界各国政府和科学家的高度重视。但是对于森林生态系统在全球碳循环中发挥的具体作用，人类的认识还非常欠缺。主要原因在于，目前还不能够较为精确的定量化描述森林生态系统的固碳能力。森林地上生物量(above ground biomass, AGB)则是这一环节的关键，如果能够精确的估算全球森林 AGB，将大大减小碳储量估测的不确定性[75]。这将有利于清晰认识全球碳循环和全球气候变化，对人类生产生活具有重要的意义[76]。

生物量估算主要基于遥感技术，结合研究区的实地调查，对生态系统的植被生物量展开长期、动态和大、中空间尺度的研究。根据使用的遥感数据，生物量估算可以分为光学和雷达遥感方法。其中基于光学的估算方法可以根据影像分辨率分为精细空间分辨率、中空间分辨率和粗空间分辨率遥感影像的方法。每种方法在生物量估算中主要的应用差异主要体现在精度和尺度范围要求上[75]。估算方法主要从光学遥感影像通过图像变换等方法提取波谱信息、植被指数等与生物量有较大相关性的信息，建立所提取信息与生物量的相关或回归模型。相对于光学遥感，微波遥感的波长更长，具有更强的穿透性，具有全天时全天候的特点，其后向散射系数与植被生物量具有较大的相关性[76-82]。近年来的研究表明，雷达图像经过特征分解后获取的特征分量和植被生物量也存在某种意义的相关性[76, 82-84]。因此，雷达遥感估算生物量的方法也类似于光学的方法，通过建立生物量与雷达后向散射系数或者特征分量之间的关系来达到估算生物量的目的。

在 SAR 进行森林生物物理量的反演的适用性研究中，雷达的极化数量、发射频率以及雷达波长等雷达参数是主要的考虑的因素[85]。而单极化或双极化的 SAR 不能很好地反应植被的细微的结构差异。四极化或全极化微波雷达能够提供后向散射波的完整的散射矩阵，能够更好地对植被冠层结构特征进行描述和反映[81, 85-87]。根据线性回归模型，可以建立雷达影像后向散射系数和地表植物的生物量估算模型，包括简单的线性模型和对数/指数转换模型[88-90]：生物量估算过程中受复杂环境等多方面因素的影响，在采用线性回归方法进行反演时并不是最优的方法，这是由于生物量与假设参量之间的线性关系是建立在假设之上，而采用非线性回归的高次函数拟合或许能够得到更高的拟合关系，但是无论是线性或者非线性的方法，都不能确定数据之间就一定存在相应的函数关系[9]。由于生物量与众多因素有关，采用多元非线性回归分析可以解决一个因变量与多个自变量之间的关系，因此，尽可能多地利用遥感数据的相关波段可以提高生物量估算的精度[91]。Pereira 等[84]在研究中证明了 TerraSAR-X（MGD）、Randsat-2 标准 Qual-Pol 以及（ALOS）/（PALSAR-1）不同频率和波段的传感器中，PALSAR 的单频 L 波段数据为生物量估算提供了最佳估计。研究结果表明，L 波段（ALOS/PALSAR-1）在提供森林环境中结构性森林属性的定量和空间信息方面具有很大潜力。在相对密集的植被地区，光谱反射率是饱和的，当植被覆盖率低时，微波后向散射受到下层土壤的显著影响。这两种情况都降低了森林生物量的估算精度。Shao 等[82]根据实地实验和卫星（Landsat-8 OLI 和 Randsat-2）数据的观测结果，根据多光谱反射率和微波后向散射信号与生物质相互作用的差异，利用加权光学优化土壤调节植被指数和微波水平发射和垂直接收信号设计了组合植被指数，研究结果表明，预测精度在很大程度上取决于统计方法和样本单位的数量。验证表明，这种综合测定生物量的方法是一种很好的协同方法，可以将光学和微波信息结合起来，用于准确估算森林生物量。Attarchi 等提出了基于光学和 L 波段合成孔径雷达数据的山地森林地上生物量（AGB）估算模型[92]，该模型使用大气和地形校正的多光谱 Landsat ETM+和 POLSAR L 波段合成孔径雷达来估计森林。研究结果表明使用校正的 ETM+光谱带和灰度共生矩阵纹理显著改善了 AGB 估计（调整后的 $R^2 = 0.59$；RMSE = 31.5mg/hm^2）。增加合成孔径雷达后向散射系数以及偏振合成孔径雷达特征和纹理大大提高了 AGB 估计的精度（调整后的 $R^2 = 0.76$；RMSE = 25.04mg/hm^2），地形和大气校正数据对于估计山地森林的物理性质是必不可少的，使用多光谱和多光谱数据，能很好地估计这些地区的 AGB。

神经网络算法：由于多元回归分析要求变量之间无相关性，遥感数据的各个波段无法满足各变量之间相关性的要求，神经网络可以实现多元回归分析功能，同时对变量之间的相关性不作要求，因此可以利用神经网络进行生物量的估算[84, 93, 94]。人工神经网络方法在遥感领域甚至生物量反演、植被结构估计方面得到广泛的应用[10, 11, 95]。光学影像中以多光谱或高光谱数据中的植被光谱反射率，雷达影像中以多波段、多极化雷达后向散射系数作为神经网络的输入参数实现生物量的反演，而应用神经网络解决反演问题的关键是合适的网络模型、训练模式的选取及大量训练数据的要求[96]。其中，在生物量估算中 BP 神经网络和 RBF 神经网络使用最为广泛[82, 84, 91-93]。

BP 神经网络主要原理是将影响预测对象的因子作为网络的输入，将预测对象作为网络输出。网络确定后利用该网络进行监督学习，识别影响因子与预测对象之间复杂的非线性映射关系，在参数适当的情况下，能够收敛到较小的均方根误差[97]。

神经网络虽然有良好的非线性逼近能力，但在解决生物量估算方面还存在不少问题，如实际预测因子的选择问题。在实际工作中发现即使模型拟合十分精确，但其外延性仍然很差，根本原因在于预测因子的选择，在估测生物量过程中，对遥感数据的影响因子很多，因此预测因子的选择需要依据大量的实际调查资料。此外，神经网络模型还存在难以完全反映生物量与遥感数据之间的机理问题，难以描述变量之间的关系，因此限制其应用的尺度范围。遥感生物量估测模型今后的发展方向是，从植被的光合作用即植被生产力形成的生理过程等方面出发，研究具有生理学、生态学等学科意义的机理模型，再利用神经网络的自组织、自学习和对输入数据具有高度容错性等优点进行高精度估测。

4. 总结展望

极化干涉 SAR 技术可以同时获得目标精细结构、材料成分和三维空间分布的信息。极化干涉 SAR 地面参数反演方法研究涉及了相干系数最优化、极化散射特性、目标相干散射模型、各种精确参数估计理论等很多方面的内容。该领域中还存在若干问题有待进一步研究和解决，主要表现在如下几个方面。

(1) 研究更加准确的实际地物散射模型。正确而有效的地物散射模型是精确反演地物参数的前提，现有 RVoG 模型主要用地面上覆盖随机散射的微粒云层来模拟植被覆盖的地形，而没有考虑植被中有定向结构、植被分布不均匀，多种类型植被并存等很多的情况。因此需要研究更符合实际情况的目标散射模型。

(2) 研究高精度地物多种参数反演方法，包括高精度的地表和植被相位最优分离和估计、地表和植被层散射特征精确提取、植被复杂垂直结构提取、生物量和蓄积量估计等，发展更加稳健的反演方法是一个重点的研究方向。

(3) 研究多波段融合的极化干涉 SAR 地物参数反演。现有极化干涉机理模型在 L 和 P 波段比较成功地用于植被参数的反演，而不同波段对地物目标具有不同的优势，但目前反演模型和方法在高频情况下（如 X 波段）仍存在一些问题和局限性。因此综合利用多频极化干涉 SAR 数据进行参数反演具有很重要应用价值。

(4) 多基线极化干涉 SAR 相干优化问题和地物参数反演研究。由于多基线存在不同的误差源，特别对于重复轨道星载 SAR 系统数据受很多相干误差源的影响而无法用于极化干涉测量应用，多基线是解决时间去相干的一种可能途径。随着近几年多个极化 SAR 卫星成功上天，将提供很多的多基线观测数据。但目前已有的极化干涉分析方法都是基于单基线进行的，基于多基线的方法对极化干涉的应用具有很重要的意义。极化干涉 SAR

测量作为一个活跃开放性的研究领域，可以预见，随着研究的进一步深化，必将不断涌出更多全新的概念，使得极化干涉 SAR 技术在微波遥感领域得到更为广泛的应用。

在遥感估算生物量研究中，精细空间分辨率的遥感数据可以用来获取地面尺度上较精确的生物量，但其大规模的数据量及植被阴影的影响限制了其在大范围地区的应用。中等空间分辨率数据可以应用于区域生物量估算，但是生物物理环境比较复杂的地区，混合象元以及生物量饱和是存在的主要问题。低空间分辨率数据常用来估算大范围的如国家或者全球的地表生物量，但与实测数据之间较难建立联系[78-80, 98]。

基于遥感技术的生物量估算是一个复杂的过程，其中大气条件、混合象元、数据饱和、复杂环境、数据不足、数据处理和估算方法都是影像估算精度的因素，因此，识别和降低估算过程中的主要的不确定因素及其造成的影响是完善生物量估算模型的关键[80, 99]。

在生物量估算中单独使用光学遥感图像或者 SAR 图像反演生物量存在一定的缺陷，即光学遥感在反演高密度植被覆盖区的生物量精度不如 SAR 数据反演，而 SAR 数据在低生物量地区的后向散射系数容易受背景场的影响；根据两种数据的特征，对于植被密度差异较大的区域，可以使用光学遥感和微波遥感相结合的方式进行生物量的估算。

14.1.4　积雪参数反演

1. 积雪湿度反演

积雪湿度(含水量)的时空变化监测对水文模型十分重要，因为液态水的存在表明某个流域可以直接产生流量。当积雪融化时，其散射机制与干雪相比会发生很大的变化。对于典型的湿润雪盖与 C 波段 SAR 数据，当穿透深度与雷达波长相当时，雷达不能穿透积雪层[100]。

湿雪的雷达后向散射系数测量受到两个参数的影响：①传感器参数，包括频率、极化方式和观测几何；②积雪参数，包括雪密度、液态水含量、粒径大小和冰水内含物形状、相关函数类型和表面粗糙度。湿雪的后向散射主要由积雪的体积后向散射和空气-积雪界面的表面后向散射控制。体积后向散射与积雪含水量是负相关关系。由于冰和水之间存在很大的介电差异，液态水成分会使积雪的介电常数上升，这会导致显著的空气-积雪界面的传输减少，以及高度的介电损失，进而会使吸收系数大大增加[101, 102]。

积雪含水量对于两种主要的散射信号是相反的，雷达测量结果与积雪湿度的实际关系取决于哪一种散射成分作为主要的散射源。如果体散射作为主要散射源，雷达测量值与积雪湿度呈负相关；如果表面散射作为主要的散射源，雷达测量与积雪湿度呈正相关。后向散射与积雪深度的关系可能是正向的也可能是负向的，这取决于积雪参数、表面粗糙度和入射角[103]。总的来说，在低含水量条件下(<3%)，随着积雪湿度的增加，由于体散射反照率的增加，后向散射迅速减弱，而在低含水量的条件下，空气和雪的介电差异较小，体散射占主要地位，因此后向散射对粗糙度不敏感。随着积雪深度进一步增加，后向散射开始对粗糙度敏感，此时由于表面散射迅速增加，体散射迅速减弱，表面散射开始占主导地位。

Shi 等[104]发展了一种利用 C 波段极化 SAR 数据反演积雪湿度的算法。首先利用一阶湿雪散射模型生成模拟数据库，该数据库包含了所有可能的积雪湿度、密度、粒径大小和表面粗糙度等情况下的后向散射系数。该算法的主要考虑为：①发展一个简化的面散射模型，用于描述不同极化数据之间的关系，且这个模型使表面粗糙度对极化数据的影响减至最小；②体散射的同极化之比是积雪介电常数和本地入射角的函数，且同极化之比消除了体散射反照率对其的影响。这种算法不需要积雪表面粗糙度和体散射反照率等信息，在已知入射角的情况下，可直接计算积雪介电常数，据此可得出积雪湿度。算法的适用范围为：入射角 25°～70°，积雪表面均方根高度<0.7cm，相关长度<25cm。利用本算法，利用 SIR-C 和 AIRSAR 数据反演的积雪湿度和实地测量值比较表明，在区域尺度和局地尺度上，反演结果均较准确。因此可利用这种算法定量估算积雪表面湿度的空间分布[105]。

2. 积雪水当量反演

多个地面测量实验证实了不同的雷达后向散射系数与积雪水当量(snow water equivalent, SWE)之间的关系。例如，Ulaby 等[106]的实验表明，在 8.2GHz 和 17.0GHz 的后向散射系数与 SWE 呈正相关关系。同样，Kendra 等[107]的实验也表明在平坦下垫面情况下后向 5.3GHz 和 9.5GHz 散射系数与积 SWE 呈正相关。另外，也有实验表明在相似波段(5.3GHz、9.6GHz)情况下后向散射系数与 SWE 呈负相关[108]。Rott 等[109]实验表明无雪和有雪情况下 10.4GHz 后向散射系数无明显区别。由于每次实验的积雪参数和土壤参数均不同，且正相关和负相关关系的同时存在表明，后向散射数据与 SWE 之间的关系十分复杂。季节性积雪地表微波后向散射通常可用一个四分量模型描述：

$$\sigma_{pq}^{t}(f)=\sigma_{pq}^{a}(f)+\sigma_{pq}^{v}(f)+\sigma_{pq}^{gv}(f)+T_pT_qL_pL_p\sigma_{pq}^{g}(f) \tag{14-2}$$

式中：σ_{pq}^{a} 为积雪表面散射；σ_{pq}^{v} 为积雪体散射；σ_{pq}^{gv} 为积雪体散射与面散射相互作用项；σ_{pq}^{g} 为积雪下垫面散射；T 为透过率；L 为雪体对信号的衰减；p、q 为极化方式。

必须通过准确的后向散射模型，理解其散射机制基础上发展积雪参数的反演算法。

基于 SAR 数据对积雪和土壤表面参数在不同频率、极化上响应的差异，Shi 等[110]首先利用 L 波段数据估计积雪密度和土壤介电常数以及粗糙度参数。然后利用 C 波段和 X 波段数据，通过将土壤参数对于测量结果的影响最小化来估计积雪深度和粒子大小，进而获得雪水当量。这种方法需要利用 SIR-C/XSAR 的所有三个频率数据。具体方法如下：利用 L 波段数据估计积雪密度和土壤介电常数以及粗糙度参数。

在 L 波段，由于积雪粒子远小于入射波长，干雪的体散射和消光作用很小。当电磁波通过积雪层再入射到土壤表面，与直接入射到土壤表面相比，发生了入射角变小、入射波长更小、土壤表面反射率减小以及入射到土壤表面的能量变小等改变。基于一系列基于对积雪密度对 L 波段雷达后向散射测量的影响的理解，Shi 等[111]发展了一种利用粗糙面散射对入射角度和入射波长响应机制的积雪密度反演算法。这包括利用 IEM 模型[112]模拟了在各种积雪密度(100～550kg/m^3)、入射角度、介电常数、粗糙度状况和入射波长情况下的后向散射。然后，HH 极化和 VV 极化在不同表面介电常数和粗糙度状况下，在同一入射角度和入射波长情况下的相互关系用回归分析表示。算法中，给定一组 L 波段 VV 和 HH 极化 SAR 数据，即可计算积雪介电常数。这种算法不需要积雪下垫面的任何先验知识。再利用 Looyenga 经验公式即可通过积雪介电常数计算积雪密度。积雪密度、土壤介电常数和均方根高度从 L 波段 SAR 数据反演得到之后，Shi 等[111]通过对模型模拟数据的分析，利用面散射信号在不同频率之间关系和通过参数化模型描述的积雪在 C 波段和 X 波段消光系数之间的关系，反演积雪深度和粒径大小的算法，并最终得到雪水当量的估算。

这种积雪水当量反演算法需要 5 个测量值：L 波段 VV 和 HH 极化用于估算积雪密度和土壤表面粗糙度、介电常数，C 波段 VV 极化、HH 极化和 X 波段 VV 极化用于估算积雪深度和粒径大小。敏感性分析表明，C 波段测量主要受土壤表面参数影响，来自积雪本身的信号所占 HH 和 VV 极化信号比例通常分别为 30%和 15%。因此，通过 C 波段反演积雪参数，需要准确分离土壤表面散射信号。在 X 波段，积雪后向散射信号所占比例为 60%左右，对积雪本身更敏感。因此 X 波段或更高频率波段的 SAR 数据对积雪参数反演算法更为有效。国际上新一代区域及全球积雪雷达监测项目，如欧洲航天局在研的星载合成孔径雷达项目 CoReH2O，以及 NASA 的冰雪及寒地过程项目(SCLP)，也都采用了较高频率 SAR(X 和 Ku 波段)多极化观测的研究方案，相关的算法研究已经展开。其中通过利用二阶散射模型的模拟分析，提出了利用去极化因子剥离积雪体散射信号，并进而利用两个频率的观测反演雪水当量是一个重要的研究思路[113, 114]。

3. 总结与展望

雪水当量的微波遥感研究已经历三十余年，随着近年来对全球生态环境和气候变化的持续关注，相关研究仍在持续进行中。积雪微波散射/辐射前向模型方面，已提出大量针对主被动微波遥感的模型，但是未来仍然需要进行进一步发展，以对积雪覆盖地表的微波辐射和散射机制及特征进行进一步理解和模拟。当前的星载被动微波遥感雪水当量算法均采用半经验算法，是从有限的实验数据中发展而来。这些算法在同一套数据中应用时反演效果很好，但把该算法应用于其他数据时则有待进一步考证。

在利用主动微波遥感进行雪水当量遥感研究方面，虽然已有很多研究，包括散射模型和理论、反演算法以及地基、机载实验等，但是现阶段还未有在时间和空间上可满足全球雪水当量观测要求的卫星。相对于被动微波遥感积雪研究，目前并没有较为成熟的星载雷达积雪反演产品。这主要是因为现有星载雷达系统的观测频率一般不高于 X 波段，而较低频率的雷达观测对干雪雪体不敏感，不利于雪深等参数的反演。国际上新一代区域及全球积雪雷达监测项目，如欧洲航天局星载合成孔径雷达计划 CoReH2O(于 2013 年 3 月被取消)，NASA 的冰雪及寒地过程项目(SCLP)，这两个卫星计划均采用了较高频率 SAR(X 和 Ku 波段)多极化观测的研究方案，有助于探测雪深和雪水当量，并有望改进被动微波探测雪深和雪水当量空间分辨率较低的不足。此外，中国科学院战略性先导科技专项水循环卫星(WCOM)目前正在背景型号论证阶段，其设计了双频率散射计(DFPSCAT，X 与 Ku 波段)，其载荷配置可以实现比以往任何传感器的更高反演精度和时空分辨率的积雪水当量观测。WCOM 卫星同时搭载多频段辐射计(PMI)，WCOM 搭载的主被动传感器结合(PMI 与 DFPSCAT)，有望提高历史雪水当量反演精度和空间分辨率[103]。

14.2 基于 LiDAR 的参数反演

14.2.1 大气参数

大气探测激光雷达可用来探测大气气溶胶和云、污染气体(臭氧、二氧化硫、二氧化氮等)、温室气体(二氧化碳、甲烷等)、大气温度、密度、水汽、风场、能见度和大气边界层等。

激光雷达系统发出的脉冲入射到大气中，与大气中的空气分子、痕量气体、气瑢胶和云等相互作用，其后向散射光被望远镜接收后，经过探测和采集，并进行算法反演就可以得到大气的相关廓线信息。激光与大气相互作用时，不同大气成分的作用机制各异，有气溶胶粒子的米散射、大气分子的瑞利散射、非球型粒子的退偏散射和气体原子的共振散射等弹性散射，以及空气分子的拉曼振动或转动产生的、相对于入射光有一定频移的拉曼散射，还有由于大气风的作用产生的相对运动和多普勒散射等。因此大气探测激光雷达从技术上可分为米散射激光雷达、偏振激光雷达、拉曼激光雷达、差分吸收激光雷达、高光谱分辨率激光雷达、瑞利散射激光雷达、共振荧光激光雷达和多普勒激光雷达等；根据其运载平台不同，还可以分为地基、车载、机载、空载、星载式激光雷达等。

在激光雷达云和气溶胶大气参数反演中，基于云和气溶胶类型的识别结果进而设定不同大气情况下的雷达比也是其关键步骤之一[115]。

搭载有星载激光雷达 CALOP 的 CALIPSO 卫星由美国国家航空航天局与法国国家航天中心合作于 2006 年发射，已获取了十年的全球云和气溶胶类型的垂直分布数据，为全球气候和环境变化研究提供了重要资料[116, 117]。目前 CALOP 已超期服役，国内外均已开始了新一代星载激光雷达的研制，旨在持续获取全球云、气溶胶类型和光学特性的垂直分布信息，支持全球气候变化、云与气溶胶相互作用等研究[118-120]。

激光雷达测量气溶胶光学厚度的一般方法是利用 Fernald 方法求解气溶胶消光系数的高度分布降，然后对消光系数求积分得到气溶胶光学厚度[121]。

14.2.2 森林参数

激光雷达是一种基于激光测距原理的主动式遥感设备。近年来，激光雷达数据在森林地上生物量估测方面的应用研究已成为森林遥感研究的热点[122-124]。

树高是森林调查最重要的测树因子之一，能反映森林材积和林地质量，是森林地上生物量估算的主要参数。激光雷达具有较强获取森林垂直结构参数的能力[125,126]，包括冠层高度在内的森林结构参数与森林地上生物量有较强的相关关系。因此，可设立样地并调查林木树高和胸径，利用异速生长方程估算样地内森林地上生物量，然后结合激光雷达数据获取的冠层高度等森林结构参数，通过回归分析建模用于整个研究区内森林地上生物量的估算。

激光雷达数据不具有光学遥感数据和微波雷达数据中光谱或信号饱和问题，所以可用于热带雨林等林分结构复杂、高生物量地区森林生物量估算。利用激光雷达数据估算森林生物量的一个缺点是无法获得树种分类信息[127]，因此激光雷达数据结合植被类型信息(如树种组成)将有助于提高森林地上生物量估算精度。

利用激光雷达提取的森林参量类型主要有：树高估测、郁闭度估测、林分密度估测、林分生物量、蓄积量估测和叶面积指数。

LiDAR 估测树高的基本原理是计算激光回波来自树冠顶部和地面的距离差。目前国内外利用 LiDAR 数据估测树高普遍采用的方法是建立树冠高模型(canopy height model，CHM)。利用数字表面模型(digital surface model，DSM)反演出的是研究样区地形表面以上林木的高度，利用数字高程模型(digital elevation model，DEM)反演出研究区地形，CHM 是由 LiDAR 数据生成的数字表面模型和数字高程模型相减得到的，即 CHM=DSM－DEM。由于 CHM 消除了地形起伏变化对 DSM 中树木高度及形状的干扰，可以获得相对准确的树木形态信息，被定义为树冠在水平表面上的水平和垂直分布模型[128-131]。目前利用地基激光雷达来反演树高也得到了很好的发展，主要是通过生成研究区的DEM，然后结合单木位置利用给定半径范围来得到单木树高。另外一种反演树高方法是基于不规则三角网(TIN)的 SCI(structural complexity index)方法。SCI 是由树的三维面积与树的二维面积相减得到的。Means 等[132]用 ALTM 获取的小光斑 LiDAR 数据估测单株木树高，采用 Laplacian of Gaussian(Log)算法，并结合空间过滤和边缘提取方法以提取单株树冠，并用得到的树冠多边形中 LiDAR 回波最大值与实际树高建立模型。

激光对树冠的响应不仅是树高的函数，而且也是树冠郁闭度和树冠密度的函数。对郁闭度的反演小光斑系统可通过来自植被的回波数量和来自地面的回波数量之比，大光斑系统可通过波形中来自植被的回波面积和来自地面的回波面积之比进行计算。但二者都需要植被的反射率和地面的反射率作为输入，因此需要与其他光学遥感数据相结合[133]。

林分密度可通过识别树冠顶部从而计算单位公顷内的树木株数来确定。通常首先用 LiDAR 数据生成树冠高模型(CHM)，再选用变化的窗口进行局部最大值搜索。可以理解为用不同高程值的模板与树冠高模型(CHM)进行叠加，获取每个高程值模板与 CHM 叠加后的结果，认为高程值最大的激光点为树冠顶部。由于激光每次获取数据，树的顶点并不一定被采集，可能导致叠加出来的高程最大值并不一定就是树的真实顶点。此时通过偏离原来的采样圆一定距离，重新在该圆附近进行 5000 或者 10000 次的重复打点(如取两个点就记距离、3 个点就记面积、4 个点就记体积等)采样，目的是尽可能地排除树间的影响，尽可能地定位树的真实顶点[134]。

假设激光树冠高度百分比与平均树高有关，植被比率(D_v)与树冠面积有关。假设林木断面积和树冠体积有关，一个带有植被比率和一个激光树冠高度百分比的乘法模型将适合用来估计断面积。在模型使用前，要用自然对数来转换断面积、激光树冠高度百分比和植被比率。假设如果与森林结构(相对标准差和脉冲类型比率)相关的变量也被包含在模型中，那叶面积指数(可以定义为单位地面面积上所有叶子表面积的总和(全部表面叶面积指数)，也可以定义为单位面积上所有叶子向下投影的面积总和(单面叶面积指数)[135])，是反映森林冠层光合作用能力、群落生长状况的一个重要生物物理参数，垂直方向上的叶面积指数格局更可用于元素循环、生境多样性、物种多样性等方面的研究[136, 137]。LiDAR 数据可以获得任意尺度的叶面积指数，可以在任意位置获取叶面积指数，更为重要的是它能够获取垂直方向上叶面积指数的连续变化。

目前，利用 LiDAR 进行叶面积指数推算的研究越来越多，所用数据涵盖了离散点云与全波形类型，而且基于机载平台与地面平台均有应用。基于机载平台的叶面积指数估算，大多数是通过建立林窗空隙(GF)与叶面积指数的关系求得。事实上，最精准测算叶面积指数的方法极有可能是利用 T-LiDAR 扫描，基于三维体元空间方法投影点云数据，然后利用辐射传输模型计算叶面积指数。Hosoi 等[138]用这种方法计算了叶面积指数和叶面积密度(leaf area density，LAD，每单位体积的单叶总面积)，他们的研究结果证实即使是对于密集、并呈非随机状态分布的树叶，该方法都可以实现叶面积指数和 LAD 的精确计算。而且，他们的进一步研究认为，非光合组织的区分、叶倾角的分布、入射激光束的数量以及由天顶角确定的入射激光束垂直平面上单位叶面积的平均投影面积 4 个因素对于提高估算精度至关重要[139]。

用 LiDAR 数据估测林分生物量和蓄积量的研究一般都采用统计分析的方法建立回归模型进行估测，模型参数有树高、胸径、株树等。目前采用的获取的生物量计算方法基本上都是利用胸径。波形植被部分的面积(AWAV)准确地反映了森林冠层的体积信息，因此通过计算出的 AWAV 即可以建立森林蓄积量的反演模型。由于 AWAV 与回波强度紧密相关，因此在计算 AWAV 之前需要进行回波强度标定，通过计算波形半能量高度(HOME)可以与森林蓄积量建立反演模型[140, 141]。

利用激光雷达提取的各种变量进行森林生物量估算主要依据回归模型。

(1)多元回归分析法

多元回归分析法通常是以样地森林地上生物量数据为因变量，以获取的 LiDAR 信息为自变量[142,143]，通过回归分析构建模型对研究区森林地上生物量进行估算。由于多元回归分析法直观易懂，且对遥感数据的处理技术要求相对较低，所以被众多研究用于对森林地上生物量的估算[144-146]。通常采用多元回归分析进行生物量估算，建立 LiDAR 信息与实测数据之间的回归模型，提高生物量估算的精度，多元回归法比较适用于对平原地区大片纯林的森林生物量的估算。

(2)人工神经网络法

人工神经网络是通过模拟人脑智能结构，将复杂问题抽象简化，具有自组织、自学习的能力，适用于解决复杂的非线性问题[147, 148]。通常是以 LiDAR 信息作为神经网络的输入变量，以样地调查的森林地上生物量为输出变量，选取部分样本数据输入神经网络系统进行训练得出模型算法[149, 150]；然后根据模型算法对森林地上生物量进行估算。

人工神经网络法的优点是具有较高的精度。例如，Foody 等[149]基于遥感数据和样地调查数据，分别采用多元回归分析法和人工神经网络法对位于巴西、马来西亚和泰国的研究区生物量进行估算，发现人工神经网络模型的估算精度(相关系数 r 分别为 0.829、0.838 和 0.709)高于多元回归分析模型(相关系数 r 分别为 0.564、0.501 和 0.548)。但是神经网络缺点是模拟过程为“黑箱”操作，不能很好地解释模型的内在机理。

多元回归分析法和人工神经网络法所固有的一些问题限制了它们的使用范围[151]。这些问题包括：①采用不同自变量因子建立的模型产生的结果不一致，在每次应用时都需要重新评估所选因子是否是计算该处森林生物量的最佳因子；②采用该方法的前提是研究区内森林遵循一定的分布规律，且条件近似(如树种等)。

14.2.3　总结展望

LiDAR 可以精确地获得高度、地形和植被的垂直信息，且与很多森林生物物理参数有较好的相关关系；在估算生物量高的地区，LiDAR 也不会出现传统光学遥感信息饱和的“瓶颈”。但任何单一的遥感技术都存在其局限，LiDAR 也不例外：①至今机载 LiDAR 数据成本依然很高，很难覆盖大区域；②星载激光虽幅宽很大，但过大的光斑会受到林下地形和树木空间结构的影响，降低植被信息估测精度；③虽然可以通过高密度点云提供的结构信息区分森林类型，但由于 LiDAR 无法获得植被的光谱信息，故分类精度较低，至于区分树种就更为困难；④由于缺乏历史数据，基于 LiDAR 的森林生物量的多时相动态监测难以实施。

激光雷达采样密度是影响森林参数估测精度的关键因素，对于单木结构来说要保证单木树冠上有足够的回波信号，才能减少树顶及树冠边缘错失现象，提高树高及冠幅等参数估测精度；对于样地尺度或林分尺度森林参数来说，要保证不同高度的树冠上有足够的回波信号，避免冠层上表面的非充分采样，提高平均高及郁闭度等参数估测精度。激光雷达航带间的匹配误差将直接影响航带重叠区的森林参数估测精度，由于定姿定位系统的测量误差，特别是对于激光扫描系统来说，微小的角度测量误差可能导致较大的空间位置误差，该误差随着激光脉冲传输距离的增加而变大，因此，对于整个测区要进行航带精确匹配和平差处理，以便保证激光回波信号的定位精度。对于地基激光雷达，测站间匹配误差是影响单木结构估测精度的关键因素，一般采用人工布设标志贴或标志球的方式来提高匹配精度。

不同的激光雷达数据处理方法也将影响森林参数估测精度，如波形处理方法、点云分类方法、单木识别方法、林分估测方法等。激光脉冲返回信号一般采用离散回波或连续波形方式进行记录，通过波形分解或探测阈值等方法可以从连续波形得到离散回波，与激光雷达直接记录的离散回波相比，可以提供更多的离散回波点以及波形相关信息。激光雷达数据中包含了地形和地上植被等信息，提取森林参数时通常需要去除地形影响。点云分类可以将回波点分为地面点、植被点等类别，将植被点高程减去地面高程得到地形归一化植被点，用于提取单木或林分参数，或者生成 CHM 来提取相关参数。对于平缓地形来说，常用的点云分类算法可以很好地区分地面点和非地面点；对于陡坡、断崖等复杂地形来说，很难正确地区分地面点和非地面点，需要采用人工交互方式识别地面点。在不同的森林类型、林木空间分布、地形等环境条件下，归一化点云的聚类分析、CHM 的平滑滤波及分割、冠层垂直高度分布特征等相关算法的适用性存在差异，需要建立特定的处理流程和估测模型来提高森林参数估测精度。

LiDAR 并不是全天候的，其“可视”范围受 Li-DAR 传感器的电磁波谱范围制约(通常在红外波段，如 1064nm)。虽然可以处理薄雾，但在雾天无法“穿透”森林。而同属主动遥感技术的雷达(RADAR)可以穿透云层、薄雾、尘埃等，在几乎所有的气候和环境条件下获取数据；通过设置不同的发射波长，也可返回不同层次的森林参数，如树冠、叶片信息(X 和 C 波段)、树干及主枝(L 波段)等。LiDAR 与 RADAR 数据的结合使用，不仅可以降低成本并获得连续较大区域植被生物量信息，且可以发挥 RADAR 的长波优势(范围为 1cm～1m，可获取地物表明粗糙度、电介质特性及湿度信息)，实现互补。

14.3 基于 GNSS-R 的参数反演

14.3.1 GNSS-R 反演的基本原理

利用 GNSS 反射信号可以实现对地球大气及陆表的遥感研究与应用，该技术被称为 GNSS-R(GNSS - Reflection)技术，是对导航定位存在干扰的大气折射、地表反射、多路径效应等不可避免的误差源，转变为能够反演地表和大气参数的遥感信息。其中对于地表参数的 GNSS 反演，通常采用 GNSS 卫星信号到达地球表面时的反射信息，而对于大气参数的反演，则利用 GNSS 信号在大气层的折射信息[152]。

在利用 GNSS 反射信号进行陆表遥感研究过程中，GNSS 卫星、陆表以及 GNSS 信号接收机三者构成一个收发分置雷达结构，其中实现 GNSS-R 的接收机不同于导航定位的接收机，该类接收机包含两个天线：一个接受来自卫星的直接信号，称为向上的低增益右旋圆极化(right hand circular polarized，RHCP)天线；另一个则接收经过地表反射的反射信号，称为向下的高增益左旋圆极化(left hand circular polarized，LHCP)天线，当 GNSS 信号穿过大气层到达地球表面时，受地球表面特性(如海水盐度、海风、土壤水分、积雪)等的影响，其信号相位和幅度特性将发生变化。由于地表粗糙程度不同，GNSS 信号与地表的相互作用需从两个方面进行考虑，即光滑表面的镜面反射和粗糙表面的散射。对于平坦表面，满足菲涅尔反射，即散射的相干分量；随着粗糙度的增加，反射信号中的相干分量减少，在其他方向上的非相干分量增加。该过程通过接收机获得反射信号，进一步可以得到有关陆表例如：植被、土壤湿度、地表粗糙度等相关参数信息[152-154]。GNSS-R 遥感应用体系架构如图 14-1 所示。

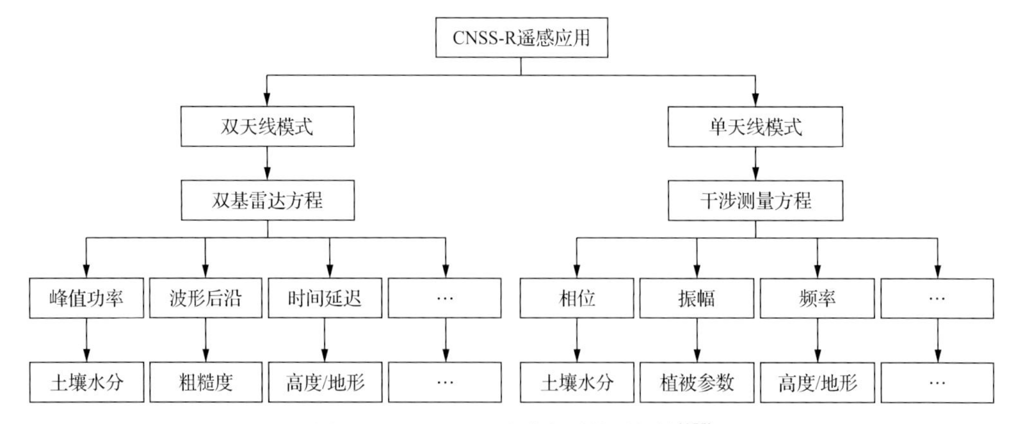

图 14-1 GNSS-R 遥感应用体系架构[155]

14.3.2 GNSS-R 土壤湿度反演

自 1996 年 NASA 兰利研究中心的 Katzberg 和 Garrison 研究了利用 GPS 反射信号进

行海洋遥感的应用以来，GNSS-R 技术由于其无需单独的发射机、信号源丰富、时空分辨率高和应用广泛等优点，引起越来越多的科研机构的重视。GPS 反射信号与土壤湿度有很强的相关性，并且 GPS 卫星发射的 2 种载波波长也在遥感土壤湿度的最佳波长范围之内。因此，利用与 GPS 海洋反射信号相似的理论，可以分析 GPS 陆地反射信号与土壤湿度的相关性，并进行定量测量[156-158]。

GNSS-R 技术进行土壤湿度反演主要理论依据有以下两点：一方面 GNSS 信号的反射率(反射信号功率/直接信号功率)与土壤的介电常数成正比，即 GNSS 信号的反射率随着土壤介电常数的增减而增减；另一方面是土壤湿度与土壤的介电常数之间存在一定的相关关系[34]，土壤含水量越大，其介电常数就越大，反之，土壤介电常数就越小[156]。因此在 GNSS-R 反演土壤水分的研究中，反射率与介电常数，介电常数与土壤湿度之间的关系是该研究中的核心内容，其中，土壤介电常数为构建反射率与土壤含水量关系的纽带[158]。

其中散射系数 σ_0 和反射率 Γ 受土壤水分和地表粗糙度影响，其他参数都是常数。土壤水分的变化直接影响土壤介电常数的变化，而介电常数又可以通过菲涅尔方程与地表反射率 Γ 建立关系，因此，可以通过接收 GNSS 反射信号的强弱来分析土壤水分的变化和获取其他地表相关信息[159, 160]。

利用 GPS 陆地反射信号数据可直接得到最重要的参数就是反射率；通过将反射率与复介电常数联系起来，从而可以得到 GPS 陆地反射信号与复介电常数的关系[156]。

1. 基于机器学习算法的土壤湿度反演模型

反向传播(back propagation，BP)神经网络模型是由 Rumelhart 和 McCelland 为首的科学家小组于 1986 年提出的一种按误差逆传播算法训练的多层前馈网络模型，它是把一组样本的输入与输出问题转化为一个非线性优化问题，并通过负梯度下降算法，利用迭代运算求解权值问题的一种学习方法[161]。BP 算法主要由正向传播和误差反向传播组成，文献[161]中详细介绍了 BP 神经网络算法的结构和流程。

根据上文的分析，GNSS 观测值反射信号分量的振幅和相位等特征参数与土壤湿度有很强的相关性，因此将 GNSS 观测值反射信号分量的振幅 A_{m} 和相位 Φ 作为输入项，而实际土壤湿度则作为期望输出值。

2. 基于支持向量回归机的反演模型

支持向量机是一种机器学习算法，它追求在有限信息条件下得到最优结果，用结构风险最小化原则替代经验风险最小化原则，通过一套在有限样本下的机器学习理论框架和方法，在小训练集上能够得到较好的泛化特性[162,163]。支持向量回归机是在支向量机的基础上发展而来的[164]。

3. SVRM 辅助的土壤湿度反演模型

在双天线 GNSS-R 系统中，影响反演结果最重要的 4 个因素为反射信号相关功率 P_r、直射信号相关功率 P_d、卫星高度角 θ_{el} 和卫星方位角 θ_{az}。因此选择 $x=[P_r \quad P_d \quad \theta_{el} \quad \theta_{az}]$

作为 SVRM 的输入变量，将土壤湿度值作为 SVRM 的输出变量 y；直射、反射信号通道不一致性、土壤表面粗糙度、植被微波散射的影响等作为系统噪声处理。

在利用 GNSS 反射信号反演土壤湿度的应用中，输入向量 x 与土壤湿度 y 的关系是非线性关系。因此需要将输入空间中的样本通过一个非线性变换 (x) 映射到一个更高维度的特征空间，从而将输入空间中的非线性问题转化为特征空间中的线性问题，然后在特征空间中使用线性 SVRM 对样本点进行拟合，建立 SVRM 辅助的 GNSS 卫星反射信号土壤湿度反演模型[163, 165]。

14.3.3 GNSS-R 大气水汽含量

众所周知，大气主要由干气和水汽组成，其中干气中主要包括氮气、氧气以及二氧化碳等微量气体，而水汽则为以气态形式存在于大气中的水分。由海洋和内陆水系的蒸发作用所产生的大量水汽进入大气圈，经过气流的搬运作用向其他地区扩散，受冷却作用后又凝结发生降雨。因此水汽是全球水循环的一个重要环节。另外，大气的干湿成分对无线电信号的传播影响是不同的。水汽一般局限在对流层，其分布和密度都会随时间发生非常显著的变化。因此，水汽观测是气象学研究的一项重要内容，对于天气、气候研究和业务天气预报都非常关键。

大气温度、气压、密度和水汽含量等是描述大气状态最重要的参数。无线电探测、卫星红外线探测和微波探测等手段是获取气温、气压和湿度的传统手段。但是它们仍具有明显的局限性。无线电探测法的观测值精度较好，垂直分辨率高，但地区覆盖不均匀，在海洋上几乎没有数据。被动式的卫星遥感技术可以获得较好的全球覆盖率和较高的水平分辨率，但垂直分辨率和时间分辨率很低。GNSS 气象学利用 GNSS 观测数据估计 GNSS 信号在大气中传播路径的延迟量、弯曲量，并依此来遥感大气层中对流层和平流层中的气象参数。GNSS 探测不受气溶胶、云和降水存在的影响，这恰恰弥补了卫星和地面可见光、红外、微波遥感在这方面的缺陷[166]。利用 GNSS 手段来遥感大气具有全球覆盖、费用低廉、精度高、垂直分辨率高等特点。这些优点使得 GNSS/MET 技术成为大气遥感最有效的方法之一[153, 154]。

GNSS 气象遥感技术的优点：①可以有效地利用现有的 GNSS 网络资源，直接获取可以转化为水汽含量的天顶对流层延迟数据，从而大大减少经费的投入；②具有很高的时间分辨率，利用地面的 GNSS 网可以以一定的时间间隔连续地测定每个测站上空的综合水汽含量；③全天候观测，不受天气和时间的限制，如云和气溶胶粒子的影响；④从 GNSS 数据推算的是可降水量(precipitable water vapor, PWV)的综合值，借助这些数据可以观测到从传统表面测量中无法观测的大气特性。

一组连续的准实时的 IWV(或 PWV)数据，可以被同化到数值天气预报模型中，从而对水汽分布提供强有力的约束力，并改进对大气初始状态的分析。如果每 10min 测定一次 IWV 或 PWV，则这种时间尺度使得这些数据特别适合于监测严重的暴风雨、大冰雹、龙卷风等所迅速形成的恶劣天气过程。例如对空中冷锋的监测，在这个过渡带内的气象要素和天气现象变化是非常剧烈的，利用地面上的水汽辐射计和 12h 升空一次的无线电气象探空仪是很难监测到的。此外，在陆地上由于信号受到干扰，卫星上的辐射计也很难提供有用的数据。因此，在天气变化剧烈的情况下，这种连续的 PWV 数据将具有极大的价值。

GNSS 测量具有全天候观测的特点，且观测成本亦不是很高，从而使其成为大气水汽含量测量中最具潜力的一种方法。

在 GNSS 测量中，如果采用严密的数据处理方法和高精度的卫星轨道，则湿延迟将成为影响局部定位精度的一个主要因素。在具体的 GNSS 数据处理中，我们可以通过气象改正模型计算出天顶距方向的对流层干延迟量和湿延迟量，但由于这种改正模型的精度不能满足精密相对定位的要求，因此在数据处理中出现了附加参数的数据处理方法。该方法假定每个测站上改正模型与实际的延迟量之间存在一个系统误差 δ，并假设干、湿项映射函数的形式是一致的，即 $m_d(E)=m_w(E)=m(E)$，其中 E 表示高度角，此时，附加参数 δ 在 GNSS 数据处理中可以与其他大地测量参数(如测站坐标、轨道坐标等)一起解出。实际的数据处理中，由于气象模型的改正误差并非常数，因此利用单参数方法解决对流层系统误差的应用范围是非常有限的，即对于较短时间段的观测数据可以得到较为理想的结果，而对于较长时间段的 GNSS 观测数据则不是很理想。这时须通过多参数方法解决对流层的系统性误差，即对观测数据每间隔一段时间附加一个参数，从而达到消除对流层系统误差的目的。对于天顶方向湿延迟的估计，常用的估计方法有两种：①最小二乘估计，即在每个测站间隔一个时间段估计一个参数；②利用卡尔曼滤波随机过程估计对流层系统影响参数。上述两种估计方法都是基于一个假设，即 GNSS 天线上方大气的各向同性以及沿高度角 E 的湿延迟和天顶湿延迟有下列映射函数：湿延迟量(WD)=天顶方向湿延迟量(ZWD)/sin(E)。在实际计算中，当高度角 E>15°时，利用上述映射函数是足够精确的。对于延迟，则可以通过 Saastamoinen 映射函数加以解决[167]。

前已述及，对流层对 GNSS 信号的延迟影响分为静力学延迟和湿延迟两部分。通过对前面 GNSS 观测数据的处理我们可以获得对流层在天顶方向的总延迟量，在此基础上，我们再通过气压、温度等气象观测数据计算出静力学延迟分量，两者相减即可得到天顶方向的湿延迟分量。该天顶湿延迟分量又和可降水量(PWV)存在着简单的线性关系，据此我们即可获得该观测点的可降水量。

14.3.4　未来发展趋势

GNSS 技术为气象遥感水汽展示出全新的发展途径：①灾害性天气的监测预报，强烈天气和降雨的短期预报、水汽的全球气候学、水分循环研究；在暴雨、洪涝、雷暴、大风等灾害性强对流天气的演变过程中，水汽场的分布、垂直输送和相变是制约其发展的动力机制之一。高时效、高空间分辨率地获取大气水汽场是准确分析天气系统的演变，进行监测预报的关键环节之一。②为中尺度数值预报模式提供初始场，在数值模式中直接同化应用偏转角或折射率资料；业务数值天气预报、气候研究的再分析。③为人工影响天气作业提供依据。④气候监测和分析，对流层的高分辨率的温度廓线；对流层顶研究、平流层/对流层交换、平流层臭氧、高层锋面研究、火山效应、气候变率和气候变化的研究；全球平均温度和水汽是全球气候变化的两个重要指标。与当前的传统探测方法相比，GNSS/MET 探测系统能够长期稳定地提供相对高精度和高垂直分辨率的温度廓线，尤其是在对流层顶和平流层下部区域。更重要的是，从 GNSS/MET 数据计算得到的大气折射率是大气温度、湿度和气压的函数，因此可以直接把大气折射率作为“全球变化指示器”。

中国北斗导航系统已从北斗一代试验系统发展到目前的北斗二代导航定位系统。截至 2015 年 3 月 30 日，北斗二代已发射 17 颗卫星，2020 年前将完成北斗系统的完整建设。系统将由35颗卫星组成，包括5颗地球同步轨道（GEO）卫星、27颗中地球轨道（MEO）卫星和 3 颗倾斜地球同步轨道（IGSO）卫星，届时将实现全球导航定位功能。北斗卫星系统可提供与 GPS 系统类似的 L 波段微波辐射信号，且未来将实现全球覆盖。从双天线模式角度，未来进行机载甚至星载北斗观测对于发展北斗系统在 GNSS-R 领域的应用十分必要。同时，北斗系统具有比 GPS 系统更丰富的卫星轨道设计，理论上其 MEO 轨道卫星和 IGSO 轨道卫星均可用于单天线模式 GNSS-R 遥感。因此，充分发掘北斗系统的遥感应用潜力，大力发展其在遥感陆表/海表参数估算领域的优势，是引领中国 GNSS-R 领域发展一个重要方向。

参 考 文 献

[1] Bablet A, Vu P V H, Jacquemoud S, et al. MARMIT: A multilayer radiative transfer model of soil reflectance to estimate surface soil moisture content in the solar domain（400–2500 nm）. Remote Sensing of Environment, 2018, 217: 1-17.

[2] Amazirh A, Merlin O, Er-Raki S, et al. Retrieving surface soil moisture at high spatio-temporal resolution from a synergy between Sentinel-1 radar and Landsat thermal data: A study case over bare soil. Remote Sensing of Environment, 2018, 211: 321-337.

[3] Kolassa J, Reichle R H, Draper C S. Merging active and passive microwave observations in soil moisture data assimilation. Remote Sensing of Environment, 2017, 191: 117-130.

[4] Zheng D H, Wang X, van der Velde R, et al. Impact of surface roughness, vegetation opacity and soil permittivity on L-band microwave emission and soil moisture retrieval in the third pole environment. Remote Sensing of Environment, 2018, 209: 633-647.

[5] Cho E, Choi M, Wagner W. An assessment of remotely sensed surface and root zone soil moisture through active and passive sensors in northeast Asia. Remote Sensing of Environment, 2015, 160: 166-179.

[6] Zribi M, Gorrab A, Baghdadi N. A new soil roughness parameter for the modelling of radar backscattering over bare soil. Remote Sensing of Environment, 2014, 152: 62-73.

[7] Myeni L, Moeletsi M E, Clulow A D. Present status of soil moisture estimation over the African continent. Journal of Hydrology-Regional Studies, 2019, 21: 14-24.

[8] Wang L, He B B, Bai X J, et al. Assessment of different vegetation parameters for parameterizing the coupled water cloud model and advanced integral equation model for soil moisture retrieval using time series Sentinel-1A data. Photogrammetric Engineering and Remote Sensing, 2019, 85（1）: 43-54.

[9] 李斌，李震，魏小兰. 基于微波遥感和陆面模型的流域土壤水分研究. 遥感信息，2007，5（22）: 96-102.

[10] Kolassa J, Reichle R H, Liu Q, et al. Estimating surface soil moisture from SMAP observations using a

neural network technique. Remote Sensing of Environment, 2018, 204: 43-59.

[11] Santi E, Paloscia S, Pettinato S, et al. Application of artificial neural networks for the soil moisture retrieval from active and passive microwave spaceborne sensors. International Journal of Applied Earth Observation and Geoinformation, 2016, 48: 61-73.

[12] Musial J, Dabrowska-Zielinska K, Kiryla W, et al. Derivation and validation of the high resolution satellite soil moisture products a case study of the biebrza Sentinel-1 validation sites. Geoinformation Issues, 2016, 8(1): 37-53.

[13] Dabrowska-Zielinska K, Musial J, Malinska A, et al. Soil moisture in the Biebrza Wetlands retrieved from Sentinel-1 imagery. Remote Sensing, 2018, 10(12): 1979.

[14] Zeng J Y, Chen K S, Bi H Y, et al. A comprehensive analysis of rough soil surface scattering and emission predicted by AIEM with comparison to numerical simulations and experimental measurements. IEEE Transactions on Geoscience and Remote Sensing, 2017, 55(3): 1696-1708.

[15] Choker M, Baghdadi N, Zribi M, et al. Evaluation of the Oh, Dubois and IEM backscatter models using a large dataset of SAR data and experimental soil measurements. Water, 2017, 9(1): 38.

[16] Shen X Y, Hong Y, Qin Q, et al. A semiphysical microwave surface emission model for soil moisture retrieval. IEEE Transactions on Geoscience and Remote Sensing, 2015, 53(7): 4079-4090.

[17] Blaes X, Defourny P, Wegmuller U, et al. C-band polarimetric indexes for maize monitoring based on a validated radiative transfer model. IEEE Transactions on Geoscience and Remote Sensing, 2006, 44(4): 791-800.

[18] Hosseini M, McNairn H, Merzouki A, et al. Estimation of leaf area index（LAI）in corn and soybeans using multi-polarization C- and L-band radar data. Remote Sensing of Environment, 2015, 170: 77-89.

[19] De Z F, Gomba G. Vegetation and soil moisture inversion from SAR closure phases: First experiments and results. Remote Sensing of Environment, 2018, 217: 562-572.

[20] Millard K, Richardson M. Quantifying the relative contributions of vegetation and soil moisture conditions to polarimetric C-band SAR response in a temperate peatland. Remote Sensing of Environment, 2018, 206: 123-138.

[21] Baghdadi N, Saba E, Aubert M, et al. Evaluation of radar backscattering models IEM, Oh, and Dubois for SAR data in X-band over bare soils. IEEE Geoscience and Remote Sensing Letters, 2011, 8(6): 1160-1164.

[22] Kweon S K, Oh Y. A modified water-cloud model with leaf angle parameters for microwave backscattering from agricultural fields. IEEE Transactions on Geoscience and Remote Sensing, 2015, 53(5): 2802-2809.

[23] Attema E P W, Ulaby F T. Vegetation modeled as a water cloud. Radio Science, 1978, 13(2): 357-364.

[24] Santi E, Paloscia S, Pettinato S, et al. On the synergy of SMAP, AMSR2 and Sentinel-1 for retrieving soil moisture. International Journal of Applied Earth Observation and Geoinformation, 2018, 65: 114-123.

[25] Li J H, Wang S S. Using SAR-derived vegetation descriptors in a water cloud model to improve soil moisture retrieval. Remote Sensing, 2018, 10(9): 1370.

[26] Kong J L, Yang J, Zhen P P, et al. A coupling model for soil moisture retrieval in sparse vegetation

covered areas based on microwave and optical remote sensing data. IEEE Transactions on Geoscience and Remote Sensing, 2018, 56(12): 7162-7173.

[27] Bao Y S, Lin B B, Wu S Y, et al. Surface soil moisture retrievals over partially vegetated areas from the synergy of Sentinel-1 and Landsat 8 data using a modified water-cloud model. International Journal of Applied Earth Observation and Geoinformation, 2018, 72: 76-85.

[28] Zhao X, Huang N, Niu Z, et al. Soil moisture retrieval in farmland using C-band SAR and optical data. Spatial Information Research, 2017, 25(3): 431-438.

[29] Liu Z Q, Li P X, Yang J. Soil moisture retrieval and spatiotemporal pattern analysis using Sentinel-1 data of Dahra, Senegal. Remote Sensing, 2017, 9(11): 1197.

[30] Bai X J, He B B, Li X, et al. First assessment of Sentinel-1A data for surface soil moisture estimations using a coupled water cloud model and advanced integral equation model over the Tibetan Plateau. Remote Sensing, 2017, 9(7): 714.

[31] Baghdadi N, El Hajj M, Zribi M, et al. Calibration of the water cloud model at C-band for winter crop fields and grasslands. Remote Sensing, 2017, 9(9): 969.

[32] Bindlish R, Jackson T J, Wood E, et al. Soil moisture estimates from TRMM microwave imager observations over the Southern United States. Remote Sensing of Environment, 2003, 85(4): 507-515.

[33] Gevaert A I, Parinussa R M, Renzullo L J, et al. Spatio-temporal evaluation of resolution enhancement for passive microwave soil moisture and vegetation optical depth. International Journal of Applied Earth Observation and Geoinformation, 2016, 45: 235-244.

[34] Jackson T J, Le Vine D M, Hsu A Y, et al. Soil moisture mapping at regional scales using microwave radiometry: The Southern Great Plains Hydrology Experiment. IEEE Transactions on Geoscience and Remote Sensing, 1999, 37(5): 2136-2151.

[35] Roetzer K, Montzka C, Entekhabi D, et al. Relationship between vegetation microwave optical depth and cross-polarized backscatter from multiyear Aquarius observations. IEEE Journal of Selected Topics in Applied Earth Observations and Remote Sensing, 2017, 10(10): 4493-4503.

[36] Kong J L, Li J J, Zhen P P, et al. Inversion of soil moisture in arid area based on microwave and optical remote sensing data. Journal of Geo-Information Science, 2016, 18(6): 857-863.

[37] Yang G J, Yue J B, Li C C, et al. Estimation of soil moisture in farmland using improved water cloud model and Radarsat-2 data. Transactions of the Chinese Society of Agricultural Engineering, 2016, 32(22): 146-153.

[38] Bao Y S, Lin L B, Wu S Y, et al. Surface soil moisture retrievals over partially vegetated areas from the synergy of Sentinel-1 and Landsat 8 data using a modified water-cloud model. International Journal of Applied Earth Observation and Geoinformation, 2018, 72: 76-85.

[39] Cai Q K, Li E J, Tao L L, et al. Farmland soil moisture retrieval using PROSAIL and water cloud model. Transactions of the Chinese Society of Agricultural Engineering, 2018, 34(20).

[40] Mattia F, LeToan T, Souyris J C, et al. The effect of surface roughness on multifrequency polarimetric SAR data. IEEE Transactions on Geoscience and Remote Sensing, 1997, 35(4): 954-966.

[41] Zribi M, Ciarletti V, Taconet O, et al. Characterisation of the soil structure and microwave backscattering

based on numerical three-dimensional surface representation: Analysis with a fractional Brownian model. Remote Sensing of Environment, 2000, 72(2): 159-169.

[42] Baghdadi N, Abou C J, Zribi M. Semiempirical calibration of the integral equation model for SAR data in C-band and cross polarization using radar images and field measurements. IEEE Geoscience and Remote Sensing Letters, 2011, 8(1): 14-18.

[43] Baghdadi N, King C, Bourguignon A, et al. Potential of ERS and radarsat data for surface roughness monitoring over bare agricultural fields: Application to catchments in Northern France. International Journal of Remote Sensing, 2002, 23(17): 3427-3442.

[44] Baghdadi N, Zribi M, Paloscia S, et al. Semi-empirical calibration of the integral equation model for co-polarized L-band backscattering. Remote Sensing, 2015, 7(10): 13626-13640.

[45] 李俐，王荻，王鹏新，等. 合成孔径雷达土壤水分反演研究进展. 资源科学，2015，37(10): 1929-1940.

[46] Kuga Y, Zhao H. Experimental studies on the phase distribution of two copolarized signals scattered from two-dimensional rough surfaces. IEEE Transactions on Geoscience and Remote Sensing, 1996, 34(2): 601-603.

[47] Noborio K, Kubo T. Evaluating a dual-frequency-phase-shift soil moisture and electrical conductivity sensor. Paddy and Water Environment, 2017, 15(3): 573-579.

[48] Ulaby F T, Held D, Dobson M C, et al. Relating polarization phase difference of SAR signals to scene properties. IEEE Transactions on Geoscience and Remote Sensing, 1987, 25(1): 83-92.

[49] Wu T-D, Chen K-S, Shi J C, et al. A study of an AIEM model for bistatic scattering from randomly rough surfaces. IEEE Transactions on Geoscience and Remote Sensing, 2008, 46(9): 2584-2598.

[50] Wu W R, Geller M A, Dickinson R E. A case study for land model evaluation: Simulation of soil moisture amplitude damping and phase shift. Journal of Geophysical Research-Atmospheres, 2002, 107(D24).

[51] Zwieback S, Hensley S, Hajnsek I. Soil moisture estimation using differential radar interferometry: Toward separating soil moisture and displacements. IEEE Transactions on Geoscience and Remote Sensing, 2017, 55(9): 5069-5083.

[52] Nesti G, Tarchi D, Despan D, et al. Phase shift and decorrelation of radar signal related to soil moisture changes. Second International Workshop on Retrieval of Bio- & Geo-Physical Parameters from Sar Data for Land Applications. 1998: 423-430.

[53] 冯庆国，郭华东. 极化雷达相位信息在植被监测中的应用分析. 科学通报, 2001, 46(11): 963-965.

[54] Minh D H T, Le T T, Rocca F, et al. SAR tomography for the retrieval of forest biomass and height: Cross-validation at two tropical forest sites in French Guiana. Remote Sensing of Environment, 2016, 175: 138-147.

[55] Wu Y R, Hong W, Wang Y P. The current status and implications of polarimetric SAR interferometry. Journal of Electronics and Information Technology, 2007, 29(5): 1258-1262.

[56] Zhou M, Wang X H, Tang L L, et al. Developments and applications of polarimetric SAR interferometry techniques. Science and Technology Review, 2008, 26(21): 90-93.

[57] Li X W, Guo H D, Liao J J, et al. Extraction of vegetation parameters based on simulated annealing

algorithm using polarimetric SAR interferometry data. IEEE International Geoscience and Remote Sensing Symposium, Toulouse, 2003.

[58] Lu H, Li D, Liu H, et al. Forest parameters retrieval with dual-baseline polarimetric SAR interferometry based on clustering analysis. Journal of Xidian University, 2015, 42(6): 23-29.

[59] Liu W, Yang L, Zhao Y J. Interferometric phase estimation in polarimetric SAR interferometry. CIE International Conference on Radar, IEEE, 2016.

[60] Chen X, Zhang H, Wang C. Vegetation parameter extraction using dual baseline polarimetric SAR interferometry data. Journal of Electronics and Information Technology, 2008, 30(12): 2858-2861.

[61] Lopez-Sanchez J M, Vicente-Guijalba F, Erten E, et al. Retrieval of vegetation height in rice fields using polarimetric SAR interferometry with TanDEM-X data. Remote Sensing of Environment, 2017, 192: 30-44.

[62] Fu H Q, Wang C C, Zhu J J, et al. Inversion of vegetation height from PolInSAR using complex least squares adjustment method. Science China-Earth Sciences, 2015, 58(6): 1018-1031.

[63] Guo H D, Li X W, Wang C L, et al. The mechanism and role of polarimetric SAR interferometry. Journal of Remote Sensing, 2002, 6(6): 401-405.

[64] Fu H Q, Zhu J J, Wang C C, et al. A new dual-baseline polarimetric SAR interferometry for vegetation height inversion using complex least squares adjustment. Third International Workshop on Earth Observation and Remote Sensing Applications (EORSA), Changsha, 2014.

[65] Chen X Y, Hong J. Research on polarimetric SAR interferometry by simulation experiments. Journal of Remote Sensing, 2002, 6(6): 475-480.

[66] Neumann M, Ferro-Famil L, Reigber A. Estimation of forest structure, ground, and canopy layer characteristics from multibaseline polarimetric interferometric SAR data. IEEE Transactions on Geoscience and Remote Sensing, 2010, 48(3): 1086-1104.

[67] Rutten G, Ensslin A, Hemp A, et al. Vertical and horizontal vegetation structure across natural and modified habitat types at Mount Kilimanjaro. PLOS One, 2015, 10(9): e0138822.

[68] Yamada H, Yamaguchi Y, Boerner W M, et al. Forest height feature extraction in polarimetric SAR interferometry by using rotational invariance property. IEEE International Geoscience and Remote Sensing Symposium, Toulouse, 2003.

[69] Treuhaft R N, Siqueira P R. Vertical structure of vegetated land surfaces from interferometric and polarimetric radar. Radio Science, 2000, 35(1): 141-177.

[70] Fu H, Wang C, Zhu J, et al. Estimation of pine forest height and underlying DEM using multi-baseline P-band PolInSAR data. Remote Sensing, 2016, 8(10): 820.

[71] Papathanassiou K P, Cloude S R, Reigber A, et al. Multi-baseline polarimetric SAR interferometry for vegetation parameters estimation. IEEE 2000 International Geoscience and Remote Sensing Symposium, Honolulu, 2000.

[72] Papathanassiou K P, Reigber A, Cloude S R. Vegetation and ground parameter estimation using polarimetric interferometry Part I: The role of polarization. Proceedings of CEOS SAR Workshop, Toulouse, 2000.

[73] Papathanassiou K P, Reigber A, Cloude S R. Vegetation and ground parameter estimation using polarimetric interferometry Part II: Parameter inversion and optimal polarisations. Proceedings of CEOS SAR Workshop, Toulouse, 2000.

[74] Reiche J, Hamunyela E, Verbesselt J, et al. Improving near-real time deforestation monitoring in tropical dry forests by combining dense Sentinel-1 time series with Landsat and ALOS-2 PALSAR-2. Remote Sensing of Environment, 2018, 204: 147-161.

[75] Le T T, Quegan S, Davidson M W J, et al. The BIOMASS mission: Mapping global forest biomass to better understand the terrestrial carbon cycle. Remote Sensing of Environment, 2011, 115(11): 2850-2860.

[76] Solberg S, Riegler G, Nonin P. Estimating forest biomass from TerraSAR-X stripmap radargrammetry. IEEE Transactions on Geoscience and Remote Sensing, 2015, 53(1): 154-161.

[77] Henderson F M, Lewis A J. Radar detection of wetland ecosystems: A review. International Journal of Remote Sensing, 2008, 29(20): 5809-5835.

[78] Han D, Yang H, Qiu C X, et al. Estimating wheat biomass from GF-3 data and a polarized water cloud model. Remote Sensing Letters, 2019, 10(3): 234-243.

[79] Jin X L, Yang G J, Xu X G, et al. Combined multi-temporal optical and radar parameters for estimating LAI and biomass in winter wheat using HJ and RADARSAR-2 data. Remote Sensing, 2015, 7(10): 13251-13272.

[80] Lopez-Sanchez J M, Cloude S R, Ballester-Berman J D. Rice phenology monitoring by means of SAR polarimetry at X-band. IEEE Transactions on Geoscience and Remote Sensing, 2012, 50(7): 2695-2709.

[81] Lopez-Sanchez J M, Vicente-Guijalba F, Ballester-Berman J D, et al. Polarimetric response of rice fields at C-band: Analysis and phenology retrieval. IEEE Transactions on Geoscience and Remote Sensing, 2014, 52(5): 2977-2993.

[82] Shao Z F, Zhang L J. Estimating forest aboveground biomass by combining optical and SAR data: A case study in Genhe, Inner Mongolia, China. Sensors, 2016, 16(6): 834.

[83] Gao S A, Niu Z, Huang N, et al. Estimating the leaf area index, height and biomass of maize using HJ-1 and RADARSAT-2. International Journal of Applied Earth Observation and Geoinformation, 2013, 24: 1-8.

[84] Pereira L O, Furtado L F, Novo E M, et al. Multifrequency and full-polarimetric SAR assessment for estimating above ground biomass and leaf area index in the Amazon varzea wetlands. Remote Sensing, 2018, 10(9): 1355.

[85] Silva T S, Costa M P, Melack J M. Spatial and temporal variability of macrophyte cover and productivity in the eastern Amazon floodplain: A remote sensing approach. Remote Sensing of Environment, 2010, 114(9): 1998-2010.

[86] Sartori L R, Imai N N, Mura J C, et al. Mapping macrophyte species in the Amazon floodplain wetlands using fully polarimetric ALOS/PALSAR data. IEEE Transactions on Geoscience and Remote Sensing, 2011, 49(12): 4717-4728.

[87] Luiz F, Thiago S, Evlyn M. Dual-season and full-polarimetric C band SAR assessment for vegetation

[88] Costa M P F, Niemann O, Novo E, et al. Biophysical properties and mapping of aquatic vegetation during the hydrological cycle of the Amazon floodplain using JERS-1 and radarsat. International Journal of Remote Sensing, 2002, 23(7): 1401-1426.

[89] Letoan T, Beaudoin A, Riom J, et al. Relating forest biomass to SAR data. IEEE Transactions on Geoscience and Remote Sensing, 1992, 30(2): 403-411.

[90] Wigneron J P, Ferrazzoli P, Olioso A, et al. A simple approach to monitor crop biomass from C-band radar data. Remote Sensing of Environment, 1999, 69(2): 179-188.

[91] Lu D S, Chen Q, Wang G X, et al. A survey of remote sensing-based aboveground biomass estimation methods in forest ecosystems. International Journal of Digital Earth, 2016, 9(1): 63-105.

[92] Attarchi S, Gloaguen R. Improving the estimation of above ground biomass using dual polarimetric PALSAR and ETM plus data in the hyrcanian mountain forest (Iran). Remote Sensing, 2014, 6(5): 3693-3715.

[93] Lucas R, Armston J, Fairfax R, et al. An evaluation of the ALOS PALSAR L-band backscatter-Above ground biomass relationship Queensland, Australia: Impacts of surface moisture condition and vegetation structure. IEEE Journal of Selected Topics in Applied Earth Observations and Remote Sensing, 2010, 3(4): 576-593.

[94] Lu D S. The potential and challenge of remote sensing-based biomass estimation. International Journal of Remote Sensing, 2006, 27(7): 1297-1328.

[95] Meng Q Y, Zhang L L, Xie Q X, et al. Combined use of GF-3 and Landsat-8 satellite data for soil moisture retrieval over agricultural areas using artificial neural network. Advances in Meteorology, 2018: 9315132.

[96] Xiao Z Q, Liang S L, Wang J D, et al. Use of general regression neural networks for generating the GLASS leaf area index product from time-series MODIS surface reflectance. IEEE Transactions on Geoscience and Remote Sensing, 2014, 52(1): 209-223.

[97] Guenther N, Schonlau M. Support vector machines. Stata Journal, 2016, 16(4): 917-937.

[98] Prasad R. Retrieval of crop variables with field-based X-band microwave remote sensing of ladyfinger. Advances in Space Research, 2009, 43(9): 1356-1363.

[99] Ballester-Berman J D, Lopez-Sanchez J M, Fortuny-Guasch J. Retrieval of biophysical parameters of agricultural crops using polarimetric SAR interferometry. IEEE Transactions on Geoscience and Remote Sensing, 2005, 43(4): 683-694.

[100] Zhao L, Yang Z L. Multi-sensor land data assimilation: Toward a robust global soil moisture and snow estimation. Remote Sensing of Environment, 2018, 216: 13-27.

[101] Chen X N, Long D, Liang S L, et al. Developing a composite daily snow cover extent record over the Tibetan Plateau from 1981 to 2016 using multisource data. Remote Sensing of Environment, 2018, 215: 284-299.

[102] King J, Derksen C, Toose P, et al. The influence of snow microstructure on dual-frequency radar measurements in a tundra environment. Remote Sensing of Environment, 2018, 215: 242-254.

[103] 施建成, 熊川, 蒋玲梅. 雪水当量主被动微波遥感研究进展. 中国科学: 地球科学, 2016, 46(4):

529-543.

[104] Shi J C, Dozier J. Inferring snow wetness using C-band data from SIR-C's polarimetric synthetic-aperture radar. IEEE Transactions on Geoscience and Remote Sensing, 1995, 33(4): 905-914.

[105] 施建成, 杜阳, 杜今阳, 等. 微波遥感地表参数反演进展. 中国科学:地球科学, 2012, (6): 814-842.

[106] Ulaby F T, Stiles W H. The active and passive microwave response to snow parameters: 2. Water equivalent of dry snow. Journal of Geophysical Research: Oceans, 1980, 85(Nc2): 1045-1049.

[107] Kendra J R, Sarabandi K, Ulaby F T. Radar measurements of snow: Experiment and analysis. IEEE Transactions on Geoscience and Remote Sensing, 1998, 36(3): 864-879.

[108] Strozzi T, Wegmuller U, Matzler C. Mapping wet snowcovers with SAR interferometry. International Journal of Remote Sensing, 1999, 20(12): 2395-2403.

[109] Rott H, Mätzler C. Possibilities and limits of synthetic aperture radar for snow and glacier surveying. Annals of Glaciology, 1987, 9: 195-199.

[110] Shi J C, Dozier J. Estimation of snow water equivalence using SIR-C/X-SAR, part I: Inferring snow density and subsurface properties. IEEE Transactions on Geoscience and Remote Sensing, 2000, 38(6): 2465-2474.

[111] Shi J C, Dozier J. Estimation of snow water equivalence using SIR-C/X-SAR, part II: Inferring snow depth and particle size. IEEE Transactions on Geoscience and Remote Sensing, 2000, 38(6): 2475-2488.

[112] Fung A K, Liu W Y, Chen K S, et al., A comparison between IEM-based surface bistatic scattering models. IEEE International Geoscience and Remote Sensing Symposium and 24th Canadian Symposium on Remote Sensing, Toronto, 2002: 441-443.

[113] Shi J C, Yueh S, Cline D, et al. On estimation of snow water, equivalence using L-band and Ku-band radar. IEEE International Geoscience and Remote Sensing Symposium, 2003, 2: 845-847.

[114] Shi J C. Estimation of snow water Equivalence with two Ku-band dual polarization radar. IEEE International Geoscience and Remote Sensing Symposium Proceedings, 2004, 3: 1649-1652.

[115] Cuesta J, Flamant P H. Lidar beams in opposite directions for quality assessment of cloud-aerosol Lidar with orthogonal polarization spaceborne measurements. Applied Optics, 2010, 49(12): 2232- 2243.

[116] Pandit A K, Gadhavi H S, Venkat Ratnam M, et al. Long-term trend analysis and climatology of tropical cirrus clouds using 16 years of lidar data set over southern India. Atmospheric Chemistry and Physics, 2015, 15(24): 13833-13848.

[117] Khaykin S M, Godinbeekmann S, Keckhut P, et al. Variability and evolution of the midlatitude stratospheric aerosol budget from 22 years of ground-based lidar and satellite observations. Atmospheric Chemistry and Physics, 2016, 17(3): 1829-1845.

[118] Sugimoto N, Nishizawa T, Shimizu A, et al. AEROSOL classification retrieval algorithms for EarthCARE/ATLID, CALIPSO/CALIOP, and ground-based lidars. IEEE International Geoscience and Remote Sensing Symposium, Vancouver, 2011.

[119] Shammaa M H, Zhang Y H, Zhao Y. Atmospheric Chemistry and Physics. Copenhagen: Copernicus Publications for the European Geosciences Union, 2010.

[120] Jensen E J, Pfister L, Jordan D E, et al. The NASA airborne tropical tropopause experiment(ATTREX):

High-altitude aircraft measurements in the Tropical Western Pacific. Bulletin of the American Meteorological Society, 2017, 98(1): 129-143.

[121] 沈吉, 曹念文. 米-拉曼散射激光雷达反演对流层气溶胶消光系数廓线. 中国激光, 2017, 44(6): 304-313.

[122] Asner G P, Muller-Landau H C, Vieilledent G, et al. A universal airborne LiDAR approach for tropical forest carbon mapping. Oecologia, 2012, 168(4): 1147-1160.

[123] Chen Q I, Laurin V, John J, et al. Integration of airborne lidar and vegetation types derived from aerial photography for mapping aboveground live biomass. Remote Sensing of Environment, 2012, 121(2): 108-117.

[124] Dubayah R O, Sheldon S L, Clark D B, et al. Estimation of tropical forest height and biomass dynamics using lidar remote sensing at La Selva, Costa Rica. Journal of Geophysical Research Biogeosciences, 2015, 115(G2): 272-281.

[125] Goetz S J, Sun M, Baccini A, et al. Synergistic use of spaceborne lidar and optical imagery for assessing forest disturbance: An Alaska case study. Journal of Geophysical Research Biogeosciences, 2015, 115(G2): 471-8; quiz 479.

[126] Lefsky M A, Cohen W B, Harding D J, et al. Lidar remote sensing of above-ground biomass in three biomes. Global Ecology and Biogeography, 2002, 11(5): 393-399.

[127] Koch B. Status and future of laser scanning, synthetic aperture radar and hyperspectral remote sensing data for forest biomass assessment. ISPRS Journal of Photogrammetry and Remote Sensing, 2010, 65(6): 581-590.

[128] Ghosh S M, Behera M D. Forest canopy height estimation using satellite laser altimetry: A case study in the Western Ghats, India. Applied Geomatics, 2017, 9(3): 159-166.

[129] Lu D S, Chen Q, Wang G X, et al. A survey of remote sensing-based aboveground biomass estimation methods in forest ecosystems. International Journal of Digital Earth, 2016, 9(1): 63-105.

[130] Lefsky M A, Harding D J, Keller M, et al. Estimates of forest canopy height and aboveground biomass using ICESat. Geophysical Research Letters, 2005, 32(22).

[131] Wulder M A, White J C, Nelson R F, et al. Lidar sampling for large-area forest characterization: A review. Remote Sensing of Environment, 2012, 121: 196-209.

[132] Means J E, Acker S A, Fitt B J, et al. Predicting forest stand characteristics with airborne scanning lidar. Photogrammetric Engineering and Remote Sensing, 2000, 66(11): 1367-1371.

[133] Dong P L. Generating and updating multiplicatively weighted Voronoi diagrams for point, line and polygon features in GIS. Computers and Geosciences, 2008, 34(4): 411-421.

[134] 李丹, 岳彩荣. 激光雷达在森林参数反演中的应用. 测绘与空间地理信息, 2011, 34(6): 54-58.

[135] 方秀琴, 张万昌. 叶面积指数(LAI)的遥感定量方法综述. 国土资源遥感, 2003, 15(3): 58-62.

[136] Swatantran A, Dubayah R, Roberts D, et al. Mapping biomass and stress in the Sierra Nevada using lidar and hyperspectral data fusion. Remote Sensing of Environment, 2011, 115(11): 2917-2930.

[137] Jukes M R, Ferris R, Peace A J. The influence of stand structure and composition on diversity of canopy Coleoptera in coniferous plantations in Britain. Forest Ecology and Management, 2002, 163(1): 27-41.

[138] Hosoi F, Omasa K. Voxel-based 3-D modeling of individual trees for estimating leaf area density using

high-resolution portable scanning lidar. IEEE Transactions on Geoscience and Remote Sensing, 2006, 44(12): 3610-3618.

[139] Hosoi F, Omasa K. Factors contributing to accuracy in the estimation of the woody canopy leaf area density profile using 3D portable lidar imaging. Journal of Experimental Botany, 2007, 58(12): 3463-3473.

[140] 赵丽琼, 张晓丽, 孙红梅. 激光雷达数据在森林参数获取中的应用. 世界林业研究, 2010, 23(2): 61-64.

[141] Holmgren J, Nilsson M, Olsson H. Estimation of tree height and stem volume on plots using airborne laser scanning. Forest Science, 2003, 49(3): 419-428.

[142] Clark M L, Roberts D A, Ewel J J, et al. Estimation of tropical rain forest aboveground biomass with small-footprint lidar and hyperspectral sensors. Remote Sensing of Environment, 2011, 115(11): 2931-2942.

[143] Du J, He Z B, Chen L F, et al. Integrating lidar with Landsat data for subalpine temperate forest aboveground carbon estimation. International Journal of Remote Sensing, 2015, 36(23): 5767-5789.

[144] Cui Y K, Zhao K G, Fan W J, et al. Using airborne lidar to retrieve crop structural parameters. 2010 IEEE International Geoscience and Remote Sensing Symposium, Honolulu, 2010.

[145] Tripathi P, Behera M D. Plant height profiling in western India using LiDAR data. Current Science, 2013, 105(7): 970-977.

[146] Li A, Dhakal S, Glenn N F, et al. Lidar aboveground vegetation biomass estimates in shrublands: Prediction, uncertainties and application to coarser scales. Remote Sensing, 2017, 9(9): 903.

[147] Foody G M, Cutler M E, McMorrow J, et al. Mapping the biomass of Bornean tropical rain forest from remotely sensed data. Global Ecology and Biogeography, 2001, 10(4): 379-387.

[148] Mas J F, Flores J J. The application of artificial neural networks to the analysis of remotely sensed data. International Journal of Remote Sensing, 2008, 29(3): 617-663.

[149] Foody G M, Boyd D S, Cutler M E J. Predictive relations of tropical forest biomass from Landsat TM data and their transferability between regions. Remote Sensing of Environment, 2003, 85(4): 463-474.

[150] Xu X J, Du H Q, Zhou G M, et al. Estimation of aboveground carbon stock of Moso bamboo (Phyllostachys heterocycla var. pubescens) forest with a Landsat Thematic Mapper image. International Journal of Remote Sensing, 2011, 32(5): 1431-1448.

[151] Powell S L, Cohen W B, Healey S P, et al. Quantification of live aboveground forest biomass dynamics with Landsat time-series and field inventory data: A comparison of empirical modeling approaches. Remote Sensing of Environment, 2010, 114(5): 1053-1068.

[152] Wan W, Chen X, Peng X, et al. Overview and outlook of GNSS remote sensing technology and applications. Journal of Remote Sensing, 2016, 20(5): 858-874.

[153] Jin S. GNSS remote sensing in the atmosphere, oceans, land and hydrology. Geodesy for Planet Earth: Proceedings of the 2009 IAG Symposium, Buenos Aires, 2012.

[154] Song D-S, Grejner-Brzezinska D A. Remote sensing of atmospheric water vapor variation from GPS measurements during a severe weather event. Earth Planets and Space, 2009, 61(10): 1117-1125.

[155] 万玮, 李黄, 洪阳, 等. GNSS_R 遥感观测模式及陆面应用. 遥感学报, 2015, 19(6): 882-893.

[156] Yan S H, Zhang N, Chen N C, et al. Using reflected signal power from the BeiDou geostationary satellites to estimate soil moisture. Remote Sensing Letters, 2019, 10(1): 1-10.

[157] Camps A, Park H, Pablos M, et al. Sensitivity of GNSS-R spaceborne observations to soil moisture and vegetation. IEEE Journal of Selected Topics in Applied Earth Observations and Remote Sensing, 2016, 9(10): 4730-4742.

[158] Wang Y Q, Yan W, Fu Y, et al. Soil moisture determination of reflected GPS signals from aircraft platform. Journal of Remote Sensing, 2009, 13(4): 670-685.

[159] Mata-Mendez O. Scattering of electromagnetic beams from rough surfaces. Physical Review B Condens Matter, 1988, 37(14): 8182-8189.

[160] Ponath H E. The scattering of electromagnetic surface and bulk waves from rough surfaces Annalen Der Physik, 1979, 36(6): 438-452.

[161] Tan L P, Ma Y Y, Chen Y S, et al. Application of BP three layers model in GNSS height fitting for mining area. Bulletin of Surveying and Mapping, 2015, (8): 56-59.

[162] Huang J, Wang G, Yang H, et al. Change detection of remote sensing image by partial least squares and support vector machine. Bulletin of Surveying and Mapping, 2016, (7): 35-38.

[163] Chen P H, Lin C J, Scholkopf B. A tutorial on v-support vector machines. Applied Stochastic Models in Business and Industry, 2005, 21(2): 111-136.

[164] Yang L, Wu Q L, Zhang B, et al. SVRM-assisted soil moisture retrieval method using reflected signal from BeiDou GEO satellites. Journal of Beijing University of Aeronautics and Astronautics, 2016, 42(6): 1134-1141.

[165] Smola A J, Scholkopf B. A tutorial on support vector regression. Statistics and Computing, 2004, 14(3): 199-222.

[166] Suparta W, Abu Bakar F N, Abdullah M. Remote sensing of Antarctic ozone depletion using GPS meteorology. International Journal of Remote Sensing, 2013, 34(7): 2519-2530.

[167] Song S L, Zhu W Y, Liao X H. The main problems and new advances in ground based GPS meteorology. Advances in Earth Science, 2004, 19(2): 250-259.

第15章 被动微波遥感及重力卫星的定量遥感

15.1 卫星观测平台和传感器参数

15.1.1 被动微波传感器

随着地表和空间的卫星观测设备的迅速发展，许多卫星观测仪器都可以在区域或者全球尺度对地球表面的系统要素进行观测或监测，该类卫星观测数据的进一步应用，为人类研究地表各种要素的状态信息提供了行之有效的观测手段。被动微波传感器可通过观测到的地表微波辐射亮温估算土壤的微波发射强度，即介电常数。植被，土壤温度，积雪，地形，土壤粗糙度，土壤纹理，粒径和大气效应等因素都可以影响观测到的地表微波辐射。被动微波遥感平台通常具有大的空间覆盖范围和较高的时空分辨率，但空间分辨率相对较低(10～30km)，这就使得被动微波平台更适用于全球尺度下的气候变化研究和气候要素的观测。

波段选择对于使用被动微波遥感数据反演土壤水分研究是非常重要的。低频信号对不同植被覆盖下的土壤水分更加敏感。低频波段更易穿透冠层，适用于土壤水分的探测。多波段数据可以用于分离土壤和植被信号。在L波段，相对于低矮植被覆盖的地表，土壤的贡献是主要的，当增大频率时，植被的影响也将增大；在5GHz波段，土壤和植被的贡献与低矮植被的覆盖的地表相当；而在10GHz频段，植被的贡献就增大了，占据了主导地位。

在多年的陆表参数反演研究中，主要用到了国际上已有的星载被动微波传感器，包括Nimbus-7上的SMMR传感器，DMSP (Defense Meteorological Satellites Program)系列卫星上的SSM/I(Special Sensor Microwave Imager)和SSMIS(Special Sensor Microwave Imager/Sounder)传感器，Aqua卫星搭载的AMSR-E(Advanced Microwave Scanning Radiometer-EOS)传感器，GCOM-W1(Global Change Observation Mission-Water)卫星上的AMSR2(Advanced Microwave Scanning Radiometer 2)传感器，以及FY-3系列卫星上的MWRI(Microwave Radiation Imager)传感器(表15-1)。

随着1978年搭载于Nimbus卫星和DMSP系列卫星上的被动微波传感器发射，基于被动微波遥感的积雪研究得到了快速发展。SMMR、SSM/I以及SSMIS的仪器特征参数已在表1中列出。相较于SSM/I和SSMIS，2002年发射的Aqua卫星上搭载的AMSR-E传感器具有更高的空间分辨率和更多的频段，其微波频率位于6.9～89GHz。现在所使用的这四种被动微波传感器数据(SMMR、SSM/I、SSMIS 和 AMSR-E)都来自美国科罗拉多大学冰雪数据中心(National Snow and Ice Data Center，NSIDC)，为了保证数据最大一致性，对这四种传感器的数据全部采样，以 25km×25km 的等面积可扩充地球格网

(EASE-Grid)数据格式存储[1]，在南北极地区采用的是等面积极地方位投影，全球视角采用的等面积圆柱投影。

表 15-1　常用被动微波传感器特征参数

传感器	卫星平台	运行时间	频率(GHz)和极化方式(H,V)	瞬间视场 km×km
SMMR	Nimbus 7	1978 年 10 月～1987 年 8 月	6.6 H,V	136×89
			10.7 H,V	87×57
			18.0 H,V	54×35
			21.0 H,V	47×30
			37.0 H,V	47×30
SSM/I	DMSP	1987 年 7 月～2009 年 11 月	19.35 H, V	70×45
			22.24 V	60×40
			37.0 H, V	38×30
			85.5 H, V	16×14
SSMIS	DMSP	2006 年 12 月至今	19.35 H, V	70×45
			22.24 V	60×40
			37.0 H, V	38×30
			91.66 H, V	38×30
AMSR-E	Aqua	2002 年 6 月～2011 年 10 月	6.93 H, V	75×43
			10.65 H, V	51×39
			18.7 H, V	27×16
			23.8 H, V	32×18
			36.5 H, V	14×8
			89.0 H, V	6×3
AMSR2	GCOM-W1	2012 年 5 月至今	6.93 H, V	62×35
			7.3 H, V	62×35
			10.65 H, V	42×24
			18.7 H, V	22×14
			23.8 H, V	26×15
			36.5 H, V	12×7
			89.0 H, V	5×3
MWRI	FY-3B/3C	2010 年 11 月至今	10.65 H, V	51×85
			18.70 H, V	50×30
			23.80 H, V	27×45
			36.50 H, V	18×30
			89.00 H, V	9×15

我国星载被动微波传感器的发射较晚，2008 年发射的风云三号 A 星(FY-3A)搭载有被动微波成像仪，它是我国首个可以获取积雪参数的业务化卫星。由于仪器自身的问题，

FY-3A 卫星搭载的 MWRI 并没有获取连续的观测数据。自 2010 年 FY-3B 发射成功后，FY-3B MWRI 在轨平稳运行，仪器各方面的性能都优于 FY-3A 星，最新的 MWRI 传感器搭载于 2015 年成功发射的 FY-3C 卫星上，其现在已经可以提供中国区域乃至全球的积雪参数产品[1]。中国气象局已经将 FY-3 系列的被动微波遥感数据采样成以 HDF5 格式存储的 10km×10km 的格网[2]。我国 FY-3 系列卫星搭载的 MWRI 传感器为现有积雪参数反演研究增加了新的数据源，可作为其他国际通用的被动微波数据的补充。

欧洲航天局在 2009 年启动了土壤水分和海水盐分的项目(soil moisture and ocean salinity, SMOS)，SMOS 任务致力于全球观测陆地和海洋上的土壤水分，其正在推动着我们对地球表面和大气之间的水分交换过程的理解，并且有助于改善天气和气候模式。SMOS 卫星于 2009 年 11 月 2 日发射，虽然设计为五年任务，但至少延长至 2017 年——反映了其多功能性和新的协同机会。它具有较低的空间分辨率(50km)以及高的时空分辨率(1～2 天)，他们使用了较高土壤水分敏感度的 L 波段的合成孔径雷达(1.4GHz)[3]，成为了一个服务于土壤水分遥感监测的卫星。在 2015 年 NASA 也发射了一颗土壤水分主被动微波遥感监测卫星(soil moisture active passive，SMAP)，其提供较高空间分辨率(主动：10km；被动：40km)的土壤水分产品。

15.1.2　重力卫星传感器

21 世纪初，CHAMP(challenging minisatellite payload)、GRACE(gravity recovery and climate experiment)、GOCE(gravity field and steady-sate ocean circulation explorer)等卫星重力计划相继实施，分别采用高低卫星跟踪卫星(high-low satellite-to-satellite tracking, SST-HL)、低低卫星跟踪卫星(low-low satellite-to-satellite tracking，SST-LL)，以及卫星重力梯度观测技术对地球重力场进行精确观测，使地球重力场模型的精度和分辨率得到了前所未有的提高，同时，卫星重力在大地测量学、地球物理学、水文学等方面的研究和应用也不断深入。GRACE 卫星精确获取地球重力场的变化信息，在局部质量变化、水文学等方面也取得了较大的成功[4]。GRACE 卫星空间观测计划是由美国国家航空航天局(NASA)及德国航天局(DLR)共同实施，GRACE 卫星已经于 2002 年 3 月发射升空，为地极轨双星，提供月尺度的地球重力场变化[5]。GRACE 卫星的设计寿命为 5 年，但至今仍然运行良好。其地面分辨率为 300～400km，在月尺度上提供 150 阶精度的地球重力场，在 5 年尺度上提供 160 阶精度的地球重力场。该卫星的主要用途包括：确定高精度静态地球重力场的中长波部分、监测分析大气和电离层随时间的变化、确定 15～30 天或者更长时间尺度的地球重力场变化特征。GRACE 重力卫星是由两颗相距 220km 的低轨卫星组成，其轨道高度为 300～500km，初始平均高度为 500km，轨道倾角为 89.5°，属于圆形近极轨卫星。作用于卫星的非保守力可以由 GRACE 卫星搭载的高精度静电悬浮加速计测量，卫星的实时姿态可以由加速计上安装的恒星敏感器测定。两颗低低卫星携带的双频 GPS 接收机可以达到精密定轨，两颗低低卫星的距离也可精确的得到。该卫星的主要载荷有 GPS 卫星接收机、双频 K 波段和 Ka 微波测距系统、星载加速计以及星敏感器。

自 GRACE 卫星发射升空后，GRACE 数据在全球范围内得到了广泛的应用。

GRACE-FO(GRACE follow-on)卫星也于 2018 年 5 月 22 日成功发射，该卫星继续对全球重力场的变化进行监测，在地下水储量、河流湖泊、土壤湿度以及冰川冰盖质量变化等方面得到更加深入的应用。重力卫星应用也从海洋观测发展到对沙漠、内陆湖泊等的观测，为研究极地冰盖、内陆冰川、湖泊等变化提供了长期观测数据。Ka 段相比 Ku 波段具有更小的足印，可以分辨更多 Ku 波段难以获取的海洋观测信息。与此同时，重力卫星与其他卫星传感器的联合应用在全球水循环及陆地水文学、两极冰盖和山地冰川变化及质量平衡、陆地-海水质量迁移及全球海面变化、冰后回弹以及地震等地球科学研究领域具有重要应用价值。

15.2 基于被动微波的参数反演

15.2.1 积雪

积雪是冰冻圈的重要组成部分，也是地球气候系统内分布广泛，季节性明显，对天气和气候响应最为敏感的冰冻圈要素。全球大概有 5%的降水以雪的形式降落到地面上[6]，在南北极地区这一比例可达到 50%～90%[7]。积雪主要分布在北半球，冬季(1 月)最大积雪面积可以达到 4600 万 km^2，约占陆地面积的 50%[8]。融雪是河流湖泊重要的水资源，其也蕴藏着体量丰富的淡水资源，并对水循环、水文、气象以及水资源管理起着至关重要的作用。此外，积雪对地表-大气之间的能量交换具有重要的影响，对其下覆土壤具有保温和保湿效应[9]，直接影响冬季土壤中 CO_2 的排放，和土壤中 C、N 等矿物元素的存在[10, 11]。积雪对于人类生产生活产生重要的影响，例如：为人类生活提供饮用水和生活用水；带来经济效益，如冬季滑雪娱乐项目等；带来洪水灾难，对铁路、公路、民航等交通运输带来破坏性影响。积雪范围广泛，但是空间分布具有强异质性，使得少量的站点很难充分显示大空间尺度上积雪的时空变化特征。卫星观测技术可以持续长时间、大范围提供积雪监测数据，克服了传统积雪实测方法中站点少的局限。到目前为止，积雪的遥感观测已经为水文、气象、防灾减灾和气候变化等领域的研究带来了巨大的便利[12]。现在利用光学遥感传感器主要进行积雪面积，积雪反射率等的遥感监测，但是不能有效地估算积雪深度、雪水当量等参数，而且光学遥感受到天气的影响，云在其中起了很大的作用。但是，微波可以穿透云层和积雪层，并且可以探测到积雪下覆地表的信息，具有全天候、大范围监测积雪的特点[13]。基于主、被动微波遥感成了反演积雪深度和雪水当量的有效方式，具有光学遥感无可比拟的优势。

积雪向上微波辐射的能量主要来源于积雪层下覆地表和积雪层内部。在积雪微波辐射中，雪颗粒的体散射起着重要作用，会衰减和散射部分积雪向外辐射的能量。积雪的微波辐射特性会随着积雪厚度、积雪粒径、积雪密度、雪温、水分含量、积雪结构，以及下垫面介质的变化而改变。积雪深度越大，意味着积雪层内的散射微波信号的粒子越多，那么就会有越多的能量在穿透积雪层的过程中被吸收或者散射，由此会引起卫星传感器接收到的能量越少，亮温越低。当积雪融化时，由于积雪层内液态水的存在，积雪的微波辐射能量很大一部分会吸收而无法穿透积雪层。积雪在能量辐射时，散射作用占主导，其中干雪表现为强散射体，其散射作用会随微波频率的增加而增强。由于微波在高频的散射作用强于低频，干雪的亮温随波段频率的增加而降低，因此可以利用高、低频亮温差反演积雪深度和雪水当量[14]。

微波辐射理论的应用也日益成熟，研究者发现可以利用积雪对不同频率的敏感性不同来探测地表积雪雪深和雪水当量。积雪粒子向上辐射的微波辐射能量也会受到积雪深度、积雪粒径、积雪密度等积雪参数的影响，由此，为运用微波遥感监测积雪提供了理论基础。

1. 参数反演研究进展

被动微波积雪观测和反演的基础是积雪具有散射作用，下地表向上辐射的微波辐射能量在经过积雪层时，经过积雪颗粒的散射作用，其辐射能量被衰减，其中高频波段的衰减程度比低频波段的衰减程度要大，由此就可以使用高低频的亮温差大于零作为区分散射体和非散射体的指标。积雪是典型的散射体，上述指标可以很好地区分积雪和非积雪，但是还是会有与积雪的散射特征相近的弱散射体，如：寒漠、冻土、降雨[15]。在 20 世纪 90 年代 Grody 等[15]使用积雪判别树规则将积雪从其他几类散射体中区分开，该算法也得到了众多研究者的认可，具有较高的积雪判识精度。使用被动微波遥感技术对中国区域的积雪面积判识研究也经历了多年的测试和发展，Li 等[16]对 Grody 建立的积雪判别树结合中国的积雪特点进行了修正，其使用到了地面气象台站的积雪观测数据，SSM/I 微波数据，以及光学遥感积雪观测数据。最终得到了基于 SSM/I 数据的我国及周边地区的积雪(包括干湿、厚薄)判识算法。此外陈鹤等[17]在中国西部地区使用多源遥感数据建立了基于国产微波传感器 FY-3C 的积雪判识算法，并将其应用于积雪面积的判识。通过与光学遥感的积雪面积数据对比分析发现，该算法具有较高的判识精度，其判识结果与 MODIS 积雪产品判识结果一致性最好。Liu 等[18]在中国地区对多种被动微波的积雪面积识别算法进行了对比验证分析，得出 Grody 算法，Kelly 算法以及基于中国南方所建立的积雪识别算法的精度相对较高，识别出的积雪具有较高的可信度。Xu 等[19]使用 SSM/I 微波亮度温度数据与全球气象站积雪观测数据，提出了运用“正-背景数据学习”算法(presenceand background learning model, PBL 模型)来对全球积雪进行估测的方法，解决了以往仅通过站点观测数据或者微波探测等单一手段来进行积雪估测所造成的精度低下或是不具有时空动态性的问题，并得到了高精度的 SSM/I 全球积雪分布数据，与地面气象台站的数据对比发现该算法积雪判识漏分误差低于 0.13。Zhong 等[20]进一步运用该 PBL 模型，对中国地区的积雪做了进一步的估测和验证，总体精度可以达到 0.9 左右，并重点分析了在 1992～2010 年间中国地区的积雪的时空变化及分布特征。除了使用单独的微波亮温(差)进行积雪面积的判识以外，还可以使用积雪深度(或雪水当量)的估算方法来估算积雪面积。

针对积雪参数(积雪深度和雪水当量)的反演研究已经有大量的成果。积雪深度和雪水当量是两个不同的积雪物理参数，一般情况下当得到其中一个物理量时，就会很容易通过积雪密度转换得到另外一个物理参数。积雪密度的取值通常有两种方式，一种是使用固定值，即采用一个固定的数值用于积雪深度和雪水当量的关系转换，如 0.24g/cm^3；

由于积雪密度在大的空间尺度上具有较强的异质性，不同的地区和不同时间内热积雪密度会受风、地形、下垫面植被、时间、气温等的影响而不同，随之就出现了大量针对积雪密度演化的研究工作，进而就有另外一种取值方法，采用动态积雪密度进行积雪深度和雪水当量之间的转化，即积雪密度值非固定值，其会随着时间而变化，且/或随积雪类型的变化而出现不同的积雪密度值[21]。

对于积雪深度的反演研究开始于 20 世纪 Chang 等[22]提出的经典的线性积雪深度反演算法，其假设积雪粒径为 0.3mm，积雪密度为 $0.3g/cm^3$，采用辐射传输模型模拟结果与地面站点观测数据做线性回归分析，最终得到积雪深度与 18GHz 和 37GHz 波段水平极化亮温差之间的线性关系式。前人研究中的 SPD（spectral polarization difference）算法是基于亮温梯度所提出的积雪深度反演算法，即以 19GHz 和 37GHz 波段的水平和垂直极化下的亮温差作为回归算法的基础。由于中国区域内的积雪密度相对偏低，而且深霜层发育较为成熟，与北美及其他地区的积雪属性有很大的差异。前期车涛[23]在中国区域内对 Chang 算法做了初步修订，分别针对 SMMR 和 SMM/I 传感器发展了适合中国区域的积雪深度反演算法。

由于植被会削弱来自积雪的上行微波辐射，植被冠层的存在会增加积雪深度反演的难度。此外高程、地形等均会对积雪属性的变化产生影响，仅使用被动微波亮温数据的积雪深度反演算法必然会给反演结果带来很大的误差。其后又有众多研究者对该算法做了很多的验证和改进工作，形成了基于森林覆盖率、下垫面类型等参数修订的积雪深度静态反演算法。Foster 等[24]对 Chang 算法做了修订，认为在不同的地区雪深反演算法不应是一样的，故引入植被覆盖度参数来修订反演算法提高积雪深度的反演精度。随后 Foster 等[25]又将积雪分类数据和地表覆盖类型数据引入到积雪反演中，并建立新的雪水当量反演方法。针对 AMSR-E 被动微波数据有研究者在 Chang 算法基础上提出了改进的积雪深度反演算法，该算法考虑了森林覆盖度及湿雪对积雪估算的影响[26, 27]。中国学者曹梅盛首先利用数字地形数据将中国西部地区分成了五个地貌单元（高山、高原、盆地、丘陵和低山），通过对 Chang 算法的修订得出了利用 SMMR 微波亮温反演积雪深度的修订算法，并分析了中国西部地区的积雪时空分布特征。车涛[28]等结合森林覆盖度，并剔除湿雪、冻土、降水、寒漠等像元，做了进一步的修正，得到了新的积雪深度反演算法，使之在中国区域内具有较小的估算误差。蒋玲梅等[29]利用不同频率的亮温对积雪深度的敏感性不同，使用 AMSR-E 微波亮温和地面台站数据建立中国区域不同地表覆盖类型下的积雪深度半经验统计反演算法，最后将此算法应用于 FY-3B 被动微波遥感数据估算中国区域积雪深度，研究结果显示在估算纯像元区域站点实测积雪深度时 RMSE 在 2～6cm 左右，而混合像元区域积雪深度反演的残差值分布在±5 cm 之内。此类使用亮温差与站点实测通过线性回归得到的积雪深度反演公式，适用于对研究区域的积雪属性（积雪粒径、积雪密度等）不了解的情况，当在反演公式里对森林、地形等影响后因子参数化后，在一定程度上也能提高反演的精度。

多项研究表明微波亮温差随着积雪深度的增加而增加，但是当积雪深度超过一定值时，积雪深度的反演结果就会有很大的偏差，单一的线性回归算法已经再无法反演深雪。大量的研究表明，微波亮温与积雪参数之间是非线性函数关系，是多对多的复杂函数关系。因此发展一个显式的积雪参数反演关系式是不现实的，就需要引入非线性的方法如：神经网络、支持向量机、决策树、贝叶斯方法、遗传算法等机器学习算法来提高积雪参数的估算精度[30]。到目前为止，非线性的机器学习方法已经较为成功地应用于积雪深度和雪水当量的反演估算研究中。

最早且被广泛应用于地表参数(包括土壤湿度、积雪深度、雪水当量等)估算研究中的机器学习算法是神经网络，其已经被应用到了各个领域：控制和优化、模式识别和图像处理、预测预报等。Davis 等[31]使用神经网络训练 DMRT，并反演积雪的四个参数(即积雪粒径、积雪深度、积雪密度和积雪温度)，其中使用了 SSM/I 的 5 个观测值(19 和 37GHz 的水平和垂直极化以及 22GHz 垂直极化亮温)，估算结果显示积雪密度误差小于 10%，雪水当量误差在 9%～57%。Tedesco 等[32]在 2004 年时，运用神经网络技术反演了积雪深度和雪水当量，并与其他四种常规的线性反演算法的估算结果作对比，研究结果显示神经网络估算积雪深度和雪水当量精度最高。此外，Tabari 等[33]在伊朗 Samsami 盆地使用神经网络估算的积雪深度和雪水当量也得到了同样的结论。神经网络可以克服大尺度数据中存在的各种复杂问题，如通过学习和归纳大量数据的知识进行非线性建模、分类及关联，并且不需要在建模时对物理过程有过多的先验知识或了解[30]。神经网络尽管有此些优点，但是也有自身不可回避的问题：首先对输入参数的要求必须是相关性较小，否则输出结果会存在很大的误差；再者神经网络的结构对于高精度的输出结果也很重要；最后神经网络对于训练样本的依赖都将限制神经网络的进一步应用。

另一种机器学习方法是支持向量机(SVM)，现在有研究者已经将此方法应用于地学中，解决地学中的非线性问题。Liang 等[34]集成了被动微波遥感亮温和反射率数据，然后使用支持向量机回归算法反演新疆地区的积雪深度。通过与其他积雪深度反演算法的对比分析得出基于 SVM 方法的积雪深度反演算法可以以较高精度估算积雪深度。再者，Xiao 等[35]使用被动微波亮温数据和气象台站资料，及其他辅助数据，并运用支持向量回归(support vector regression, SVR)算法建立了基于不同植被类型和不同积雪期情况下的积雪深度反演模型，实验结果显示，该研究所提出的算法与其他的现有的三种线性算法和神经网络算法相比，可以显著提高积雪深度反演结果精度，并在一定程度上减少“积雪饱和效应”。Xue 等[36]在北美积雪覆盖条件下使用被动微波遥感数据对比分析了神经网络(ANN)和支持向量机(SVM)估算积雪参数时的预测敏感度，研究结果发现不论深浅雪区域，有无森林覆盖地区，以及积雪积累和融化期基于 SVM 算法的预测敏感度都较高。这主要是由于 SVM 的模型结构相比于神经网络具有优势，对积雪属性的变化更敏感，可以作出更加准确的回馈效果。

当然还有其他多种机器学习方法在积雪参数反演研究中得到了应用。相对于神经网络，相关的研究表明决策树的优势在于有清楚的规则并可以训练得更快，且决策树的规则简单容易理解[30, 37]。Balk 等[38]使用二元决策树方法和地理统计技术对山区积雪空间分布特征做了建模分析，结果显示该方法可以提升山区雪水当量的预测。Davis 等[31]在其研究中使用 SMMR 被动微波数据和贝叶斯迭代方法反演积雪参数，研究结果显示该方法的反演结果优于线性亮温梯度算法的估算结果。武黎黎等[39] 使用改进的 HUT 积雪辐射传输模型(IMPHUT)模拟 18.7GHz 和 36.5GHz 波段水平极化亮温，然后利用遗传算法反演积雪深度，反演结果显示基于 IMPHUT 模型的反演雪深结果精度优于 HUT 模型和 Chang 算法，误差、均方根误差、平均误差比 HUT 模型的三个指标均减少一半左右，且反演雪深与实测雪深一致性较高。

基于先验知识的非线性反演算法较好地描述了微波亮温和积雪参数之间的非线性关系，它克服了线性算法在不同地区应用时的局限性。虽然该类型的算法使用范围广和反演精度高，但反演过程中缺少翔实积雪物理模型过程参与，而且机器学习算法对算法自身结构的依赖度很高[36]。

在积雪反演过程中存在各种影响反演精度的因素，如：被动微波的空间分布率，微波探测的深雪饱和效应，植被，水分等，使得基于被动微波遥感数据的反演结果并不能如实反映积雪属性的地面积雪实际信息。站点实测可以直接获得积雪属性的“真值”，但是限于是点观测，难以表达大空间范围内积雪变化特征；遥感观测具有多时相、宏观、全天候等特点，但是在不连续的时间尺度上只能获取某个瞬间的地面积雪信息；模型模拟具有明确的物理机制，其可以对过去、现在及未来的积雪参数进行模拟，但其是限定在特定的时空尺度下对积雪参数进行的模拟，而且模型模拟大都是对实际积雪属性的变化作了一定简化处理，这就影响了模型模拟的精度。卫星资料，地面站点资料及模型模拟都有其各自优势和局限性，根据不同来源的积雪资料进行时空分布和变化分析时可能存在着差异，会得出不同的结论。为了综合不同来源观测资料的优势，实现各种资料源的优势互补，提高积雪数据的质量，众多研究人员提出不同数据源之间的融合和同化方法。而较为简单的一种数据同化方式，采用两种不同的数据源(如实测和模型，实测和卫星观测，卫星观测和模型)方式的，数据同化方法策略。Liston 等[40]采用直接将积雪深度转化后的雪水当量值同化到区域大气模型系统(regional atmospheric modeling system, RAMS)模拟中，即把积雪的观测值直接代入到耦合的陆地-大气模型模拟结果中改进雪水当量的估算结果，研究结果显示该方法可以显著提高积雪模型的积雪过程模拟。此外，加拿大气象中心使用积雪深度实时实测数据与简化的积雪融化与积累期积雪模型相结合生成了全球逐日积雪深度再分析数据集，与北半球积雪深度实测值相比每个月估算值的 RMSE 在 10～20cm 间，偏差一般小于 5cm。而且在北美陆地同化系统(north American land data assimilation system，NLDAS)中也是将地面站点实测积雪数据同化到陆面过程模式中。Takala 等[41]提出了一种数据同化算法，同化地面实测积雪深度数据和被动微波辐射数据，并计算北半球 30 年长时间序列季节性的雪水当量数据，其使用前苏联，芬兰以及加拿大的雪水当量观测值作为验证数据集。研究结果显示该算法具有较高的可行性，可以提高估算雪水当量的精度，在芬兰地区雪水当量估计值的 RMSE 均小于 40mm；在欧亚大陆区域 RMSE 和偏差都会随着时间而变化，当雪水当量小于 150mm 时 RMSE 和偏差分别在 30～40mm 和–3～9mm 变化；在加拿大地区 RMSE 大概在 40mm 左右。对于遥感观测资料和模型模拟方式的同化，为了更新积雪的状态信息，Durand 等[42]将被动微波传感器 SSM/I 和 AMSR-E 多个波段的亮温以及宽波段 albedo 观测数据使用集合卡尔曼滤波(EnKF)同时同化至陆面过程模式中估算雪水当量，研究结果显示该方法对研究积雪属性和观测值之间的复杂关系具有很好的效果，实验结果显示经同化后的结果对积雪面积识别率可达到 90%以上，并显著提高了雪水当量估算的精度，雪水当量估算值的

RMSE 可以低至 32mm。Che 等[43]使用集合卡尔曼滤波(EnkF)将被动微波亮温数据同化至积雪过程模型中，使用积雪深度地面实测数据作为同化反演结果的验证数据，通过对实验区七个站点的数据分析，结果显示该同化算法在积雪积累期可以提高估算积雪深度的精度，同化后的结果的偏差和 RMSE 分别是–1.13cm 和 4.60cm，但是在积雪融化期并不能提高积雪深度估算精度，森林，降水，以及模型所需的驱动数据都会影响同化结果的精度。最后一种复杂的同化方式是，是将地面实测资料、遥感观测资料和模型模拟有机地耦合在一起，实现积雪参数的高精度反演估算。Pulliainen[44]同化卫星微波辐射数据和地面观测数据来估算积雪深度和雪水当量。该同化算法基于 HUT 模型，并运用贝叶斯方法对卫星数据与地面实测数据赋权重。实验结果显示通过数据同化技术并使用 SSM/I 和 AMSR-E 数据估算北欧和芬兰地区积雪深度和雪水当量时，与实测插值后结果相比数据同化可以提高积雪深度和雪水当量的反演精度，但是由于该算法对积雪粒径很敏感，所以该模型在长时间序列或大空间尺度上应用时仍然表现不足。

2. *发展展望*

对于未来基于被动微波的积雪参数反演研究的发展，我们将会从以下几个方面去思考：一个是从积雪的待解决科学问题出发进行的深入探索，另一个是关于被动微波遥感数据的技术问题的解决，最后是关于被动微波遥感数据与其他多源遥感数据的结合应用发展。

1) 复杂的科学问题

NOAA 的积雪面积气候数据记录(climate data record, CDR)从 1967 年开始已经用于北半球的大陆积雪面积变化监测。积雪期的分布依赖于纬度，每向北 10°积雪时间就会增加 10 周。然而，积雪面积气候数据记录分辨率较粗(约 200km)在大多数山区不能达到理想的效果。例如，落基山脉，西亚的高加索山脉，亚洲高山。积雪面积在小山区域被 NOAA CDR 严重地低估，这是粗分辨率和积雪栅格(积雪覆盖率低于 50%)漏分所引起的综合结果，因为现有的积雪产品是将积雪分为有雪和无雪的二值数据，而斑块积雪或比例的积雪在山区分布很多。由于数据源的限制，关于被动微波积雪面积的研究长期局限于二值积雪面积的判识研究和探索。随着卫星传感器的进一步发展和多种观测手段的应用，在未来的积雪面积研究中，会进一步发挥被动微波传感器不受云的干扰，全天候的对地观测方式方法的优势，为长时序、全天候、高时空分辨率的积雪面积数据的生成提供了更加有利的数据和观测手段的支撑[45]。

此外雪水当量是蕴藏在积雪内水的含量，这是一个很重要的水资源管理要素。不论是在全球尺度，还是在区域范围内，观测雪水当量比观测积雪面积更具有挑战性，主要是因为有限的地表观测以及遥感数据中不充分的雪水当量反演方法。雪水当量的区域分布是一系列复杂的过程和相互作用的最终结果，包括接近水分源和风暴路径，高程和纬度，比积雪面积的梯度更陡峭。虽然欧洲航天局的 GlobSnow 产品(25km 分辨率)可以提供较为准确和长时间序列的数据，但是 GlobSnow 产品的一个主要遗漏是雪水当量对山区的估计，由于在复杂地形区域的反演中众所周知的缺陷，这些区域被掩膜掉了[41]。现有用于山区雪水当量反演的遥感观测技术主要有三大限制：①粗糙的空间分辨率；②湿雪

(融化)时微波观测对雪水当量的敏感性丧失；③雪水当量信号对深雪的饱和效应。对积雪深度或雪水当量的观测新技术必须解决这些限制。

开发包括山脉在内的空间监测积雪的新技术。美国国家科学院在2017～2027年地球科学和空间应用年代际调查中将积雪作为衡量重点。该报告(2018年1月发布)推荐雪深和雪水当量(特别关注山脉地区)作为NASA飞行计划中具有竞争性选择的候选观测要素。世界气象计划也有针对性，高山地区是通过全球冰冻圈监视等举措改进监测和环境预测的优先领域。作为回应，积雪研究圈必须为复杂地形中的积雪深度和雪水当量的测量而开发新的强大任务概念。还应该开发适用于现有和即将到来的任务(如NASA合成孔径雷达任务、ISRO)的新检索技术(如单次和重复通过干涉测量法)。除了发展新的空间观测技术以外，还可以借助机载传感器的数据获取积雪的空间分布。为了进一步了解高海拔地区积雪分布和动力过程，我们必须利用机载积雪观测站对山区的积雪进行准确、高分辨率的估算和监测。这些新获取的数据可以实现之前无法进行的科学研究，航空积雪观测计划估算结果也为积雪要素的反演和估算算法的开发提供了很好的训练和评估数据[46]。

2) 多源数据融合及应用

因被动微波遥感数据的粗分辨率而带来的混合像元问题，导致基于被动微波遥感反演积雪参数时并不能准确描述地表真实积雪信息，所以需要将其他高分辨率遥感影像数据或产品进行融合，如MODIS、Landsat、Lidar和SAR等数据。Liang等[34]在进行积雪深度参数反演的过程中，结合了被动微波亮温数据和MODIS的地表反射率数据，可以很好地估算新疆地区的积雪深度。使用两种来源的数据，比使用单一的被动微波亮温数据是可以获取相对高精度的估算值。与被动微波遥感数据融合处理，使得融合处理后的数据更好地表达被动微波遥感数据粗分辨率像元内的异质性信息以及提高多源数据的利用率，实现优势互补，弥补各自传感器数据的缺陷，使用多源遥感数据融合可以更加准确地了解积雪属性(密度、粒径、深霜层、雪层结构)的特征[47]。此外，数据同化可以破解积雪物理过程不明确，被动微波数据分辨率低以及无法长时间持续监测积雪变化等问题，微波辐射传输模型在积雪参数反演估算过程中的使用和发展，更加有利于了解积雪物理特性和提高积雪参数反演的精度，在数据同化方法体系下同化积雪过程模型、站点观测数据、卫星遥感观测(主被动、光学、雷达等遥感观测)等多源数据，可为提高积雪深度和雪水当量的估算精度提供新的方法。

15.2.2 湖、海冰

海冰，特别是两极地区的海冰分布、海冰密集度、冰型、海冰厚度以及冰间的水道信息，对于确定极地地区海洋气候和船舶交通运输安全至关重要，它也是气候变化的重要指示器之一，极地地区与全球气候变化之间的关系和相互作用是气候变化研究的热点工作。海冰覆盖了极地海洋广阔的区域，但两极地区的海冰受气候变化影响而产生的变化却不同，北极海冰面积减少趋势明显而南极海冰面积却有上升趋势[48]。海冰的广泛覆盖对大气、海洋和极地地区特别是对其他区域的陆地和海洋生态系统产生了重大的影响。从气候变化的角度来看，了解海冰总量变化的速度是很重要的。

与积雪一样，海冰在遥感图像上容易识别。在可见光和近红外波段，海冰的反照率比背景——开阔水域高很多，因此可以很容易区分海冰。而海冰的微波发射率也明显与开阔水域不同，在被动微波遥感图像上也很容易区分出来[49]。从1972年研制的第一个星载被动微波辐射计ESMR(电子扫描微波辐射计)开始，被动微波辐射计开始用于海冰监测。而海冰遥感不仅仅是观测海冰是否存在，研究者及海冰信息的应用者们还希望获取海冰的类型(一年冰、多年冰等)海冰的运动轨迹，海冰厚度，海冰的大小及海冰的间隙以及其他可以获取的或可以探测的海冰的各种物理参数，而由于适用于大范围观测的传感器并不具有很高的空间分辨率来识别单个浮冰，因此引入了海冰密集度来表示冰盖在空间上所占的比例。海冰密集度是海冰遥感重要的参数之一，微波辐射数据是获取海冰密集度的重要信息来源。在表面干燥的情况下，被动微波像元内的海冰总密集度的固有精度为±10%，但是随着海冰的融化，误差显著增大，因而这些算法在夏季通常是不稳定和不可靠的。出现的大量融水池的海冰，显示出耕地的密集度，而且湿雪的出现也会带来更大的不确定性。薄冰(厚度小于0.3m)在估算中也是个问题，因为它与30%的开阔水域很像。单类型的海冰密集度没有总密集度可靠，此外被动微波算法往往低估多年冰的密集度。其他用于估算海冰密集度的遥感技术还有合成孔径雷达，微波散射计和雷达高度计。这三种微波技术与被动微波遥感技术一样，通常情况下不受云的影响，且不需要太阳光。

与海冰类似的湖冰，也是一种影响区域气候及全球气候的冰冻圈要素，只是盐度和空间尺度不一样。全球湖泊分布众多，特别是被称为世界“第三极”的青藏高原地区，是湖泊分布最为密集的地区，境内，面积大于1km^{2}的湖泊超过了1200个。湖泊作为地球系统中的一个重要的联系节点，参与能量循环、水汽循环等自然过程。国外学者从20世纪70年代就开始利用多光谱和雷达影像监测湖冰，由于传感器时间分辨率限制，早期主要研究湖冰面积，冰体类型和冰厚。目前，时间参数(开始冻结、完全冻结、开始融化、完全融化时间)和属性参数(冰厚、冰体类型、冻结速率、不同时间绝对冻结面积等)也是主要的研究内容，其也是最能反映气候变化的关键参数。

1. *参演反演研究进展*

在微波波段，海冰介电性质依赖于很多因素，包括微波频率、温度、盐度、冰类型和冰的构造。而不同类型的海冰发射率也有很大的不同，在4～100GHz的所有频率，对所有的冰类型，垂直极化下的发射率大于水平极化的发射率。一般认为这种现象出现在那些发射来自表面的物质，因此这种物质水平极化的菲涅尔反射系数大于垂直极化。除了一年冰和正在融化的冰以外，发射率随着频率的增加呈现强烈的上升趋势，但多年冰呈现下降趋势。海冰的这些特点，使得使用多频率和多极化的方法区分冰的类型成为可能。此外，一年冰与多年冰的微波发射率也具有很大的差别，一般一年冰大于多年冰。

利用卫星微波辐射计在极地地区反演海冰密集度超过30年，并提供了自20世纪70年代以来的海冰密集度的数据。第一个星载被动微波辐射计ESMR提供单通道数据(19.4GHz，H-极化)，海冰的密集度可由以下基于线性内插的公式提取得到，此方法的难点主要在于海冰的发射率随着海冰的类型和状态变化很大。随着微波辐射计传感器的进一步发展，进一步解决了这个问题。由于水和冰之间的发射率差异很大，大多数海冰密集度反演算法采用不同频率和偏振下亮度温度的线性组合来区分开阔水域、一年冰和多年冰。经典的 NASA 算法引入极化比(polarization ratio，PR)和梯度比(gradient ratio，GR)，其都是使用微波极化亮温差表示的，进一步，海冰的密集度可使用经验的拟合公式得到。由此就可以在不知道冰和水的物理温度的前提下算出海冰密集度。目前的研究中提出了很多海冰密集度算法，如 AES-York，FNOC、NORSEX、马萨诸塞大学算法和 Bootstap 算法等等，这些算法具有不同的区域和地区特征，使用不同或特定的条件。然而，问题仍然是哪个是气候监测的最佳海冰浓度反演方法。众所周知的算法如 NASA 团队[50]所指明的冬季在高密集度的情况下的误差在±5%。而 Bootstrap 算法应用于 AMSR-E 被动微波数据中，显示误差控制在了 2.5%，这个精度包括了地表温度和发射率 4%的变化[51]。Ivanova 等[52]测试了 11 种海冰被动微波反演算法并进行了相互比较。使用 SMMR、SSM/I 和 SSMIS 在 1979～2012 年间的每日微波亮度温度对每日、每月和每年的北极海冰密集度、面积和范围进行计算。这 11 个算法所得到的海冰密集度估算值之间的差异，主要为结构不确定性，在空间和季节性上进行了量化和分析。Ivanova 等[53]又在其研究中介绍了一个很多算法相互比较和评估实验的一些关键结果。在低海冰和高海冰浓度下系统地评估了 30 种海冰算法的技能。评估标准包括相对于独立验证数据的标准偏差，存在薄冰和融化池的性能，以及对季节到年际变化和潜在气候趋势的误差源的敏感性，例如大气水汽和水面粗糙度风。反演算法之间的差异归因于不同频率和极化模式的选择，连接点，天气过滤器和陆地-海洋溢出掩模。人工智能算法是一种相对较新的算法，如：基于知识和神经网络的分类算法，以及支持向量机方法，该类型的算法显示出了很好的应用前景和估算精度。此外，近年来由于计算机硬件，算法技术和大数据时代的进步，机器学习社区对深度学习方法的兴趣大大增加，深度学习分层次地从大型复杂数据集中学习代表性特征。有研究应用深度学习来反演 AMSR2 被动微波亮温数据的北极海冰密集度，其运用光谱解混合新冰/水段元提取算法计算了 MODIS 数据估算的海冰密集度作为训练数据[54]。Karvonen[55]考虑使用深度学习方法的区域海冰密集度估计，他们使用波罗的海的 Sentinel-1 SAR 和 AMSR2 数据的组合成功训练了多层感知器深度学习模型。

北极海冰的季节演变可以通过海冰密集度在其年度内的退缩和前进周期期间的关键日期的时间来描述。Bliss 等[56]使用来自卫星被动微波气候数据观测的海冰密集度来识别海冰开始日期，融化日期(DOR)，提前日期(DOA)和结束日期(DOC)以及这些事件之间的时间段。研究了 1979～2016 年融化季节期间 12 个北极地区的关键日期，时期和海冰融化开始和冻结日期的区域变化。关于海冰融化开始时间的信息对于了解北极气候的变化非常重要，被动微波亮度温度的每日时间分辨率提供了最广泛使用的探测熔体开始的观测，但仅限于 25km 的空间分辨率。SMOS 卫星传感器测量的 1.4GHz(L 波段)的亮度温度已被用于推导海冰的厚度[57]。

2. *发展展望*

目前的大部分研究都是集中于少数的几个传感器而开展的海冰研究和监测工作，对于未来海冰厚度，海冰面积和海冰密集度的研究，研究者们将不会局限于为数不多的几个传感器，而是更多地结合多个传感器的观测，实现海冰数据的高精度的反演，从而为海洋的船舶航行提供有效的数据服务。此外，新方法的引入，如深度学习和机器学习算法，也将会为基于被动微波数据的海冰参数反演和估算提供更为有效的方法[54, 57]。

想要预测北极海冰状态需要精确的海冰初始条件，仍然需要进一步发展和测试数据同化方法，这些方法考虑到海冰场的有限性，并有效地将信息从积雪密集度传播到海冰厚度。作为长期观测战略的一部分，使用伪观测模型模拟的一组协调的类似实验将非常有助于提高海冰预测技能所需观测的最佳类型和分布。已经测试的用于生成海冰数据和信息重建的集合技术也需要进一步改进，以适当考虑海冰初始条件的不确定性，例如通过在大气中引入额外的扰动或通过对海冰观测数据进行二次采样，以有效地对海冰进行监测[58]。长期可靠的数据对于巩固海冰对欧亚大陆气候影响的理解是非常重要的。

15.2.3　冻土

冻土是冰冻圈的重要组成部分，它覆盖了全球陆地表面的很大部分，其中多年冻土约占北半球陆地面积的 24%，季节性冻土约占 55%。近地表土壤冻融的范围、冻结起始时间及冻融深度对寒区的植被生长、大气与土壤间能量、水分及温室气体交换都具有极其重要的影响；土壤冻融过程中，土壤水分和能量收支的变化会影响土壤-植被-大气系统[59]。冻土分为多年冻土和季节冻土。地球上任何岩土物质保持在 0℃ 以下至少连续两年以上的就称之为多年冻土，其厚度从几米到几百米甚至上千米。季节冻土指经历年度冻融的岩土物质，冻结期可从几天到几个月，冻结深度从几厘米到几米。冻结期小于 15 天的季节冻土有时又称为瞬时冻土。在本节中，冻土被动微波遥感是指多年冻土和季节冻土对地表冻融的遥感。

被动微波遥感为探测区域尺度冻土状况提供了一种行之有效的观测手段，这也使得卫星遥感结合地面观测资料研究局地到区域尺度的季节冻土和多年冻土已经取得了诸多的成果。微波能够穿透一定深度的地表，从而获取地下一定深度范围内的信息，此外微波对土壤中的水分含量及水的状态也很敏感。由此可以使用被动微波遥感(AMSR-E、AMSR2、SMMR 和 SSM/I 等)监测冻土的冻结/融化状态、冻融循环[60]。尽管近地表土壤冻融的被动微波遥感研究已久，但是算法实用化较难，所以该研究也是一个非常活跃的领域。随着后续更多的被动微波辐射计的发射，基于被动微波遥感的土壤冻融研究再次成为研究的一个热点。利用被动微波辐射计亮温观测数据判断近地表(<10cm)土壤冻融状况已经取得了一些成功。被动微波遥感在不同物理温度、组成成分和物理结构的介质下接收到的微波辐射能量不同，而且借助水与冰的介电特性差异显著，利用微波观测推断土壤冻融。

与融化的土相比，冻土具有以下特征：①物理温度较低；②发射率较高；③光学厚度较大；④亮温减小。地基辐射计观测表明，当湿土开始冻结时即使温度降低，但是由于发射率的增加，其亮温也有可能显著增加；相对较干的土壤冻结时，发射率变化很小，其亮温会随土壤温度而变化。因此单一频率的亮温不能用来明确判别土壤冻融状态。由于冻结土壤介电常数虚部的降低程度远远大于实部，使得冻土的光学厚度增加。介电常数虚部减少意味着吸收减弱，热发射光子可来自发射介质更深处，于是有效发射深度或光学厚度增大。冻土较深处土壤温度地图对近地表亮温的贡献大于同样梯度的非冻土。

1. 参数反演研究进展

国内外研究者对利用被动微波数据监测地表冻融状态的方法进行了许多实验研究和理论计算，发现较为理想的指标是 37GHz 的亮温以及负亮温谱梯度[61]。选择 37GHz 的亮温是因为它与地表温度和气温有很好的相关性，而且这一波段的微波发射率并不像低频波段对土壤湿度敏感。冻土呈现负亮温梯度是因为在微波的高频率波段由体散射引起的衰减比低频波段强，导致高频波段的亮温低于低频波段，而在融土中恰恰相反。自 1978 年被动微波辐射计 SMMR 发射升空后，至今有多种被动微波数据，可为研究气候变化下的冻土的时空变化特征研究提供时间连续的观测数据[62]。

使用被动微波亮温数据进行土壤冻融监测或判别的算法大概分为三类：双指标算法、时间序列变化检测算法以及判别树算法[63, 64]。双指标算法采用 37GHz 垂直极化亮温数据和亮温谱梯度作为主要判定标准，国内外学者在此基础上围绕近地表土壤的冻融状态与这两个指标之间的关系进行了理论研究及大量的野外和航空遥感实验，发展了双指标算法，得到了具有大尺度应用价值的各种算法。Han 等[65]优化了双指标算法，利用早晚过境的 SSM/I 卫星数据分别得到了 37GHz 垂直极化亮温的早晨和傍晚阈值 258.2K 和 260.1K，从而分析了 1998～2007 年中国北部和蒙古国地区近地表土壤冻融循状态，其结果表明研究区春季融化和秋季冻结始日由南向北和西北、从低海拔到高海拔地区增加，黄土高原地区、鄂尔多斯平原和松嫩平原春秋季的冻融过渡期最长。Smith 等[66]采用 SMMR 的 37GHz 和 18GHz 之差以及 SSM/I 的 37GHz 和 19GHz 之差作为土壤冻结状态指示因子发展了变化检测的新冻融算法。Lin 等[67]从 1988 年到 2008 年的 SSM/I 数据使用决策树来监测土壤冻融循环提取每日土壤冻融状态。通过对结果的分析，发现每年约有 3/4 的陆地表面经历过土壤冻融循环，其中约 4%的中国陆地区域一直处于冻结状态，主要分布在青藏高原的雪山地区。Jin 等[64]提出了识别地表冻融状态的新的判别树算法，通过使用 SSM/I 的 19GHz 的垂直计划和水平极化以及 37GHz 垂直极化、22GHz 垂直极化和 85GHz 垂直极化共 5 个通道的亮温数据，联合使用新的代用指标散射指数(scatter index, SI)以及双指标算法中的 37GHz 垂直极化亮温和 37GHz 与 19GHz 的垂直极化亮温谱梯度共三个关键指标识别出地表或植被冠层的冻融状态，同时剔除了沙漠和降水等其他散射体的影响，分析了中国大陆主体部分近地表土壤的冻融状态，决策树算法的总分类精度达到 87%，如图 15-1 所示。邵婉婉[68]使用被动微波遥感数据(SMMR、SSM/I 和 AMSR-E)和地面气象台站 5cm 土壤日平均温度数据，基于对应像元的微波亮温和土壤温度的线性拟合分析，对双指标算法中 37GHz 垂直极化亮温阈值做了重新标定，并对北半球近地表土壤进行冻融状态分类，获得 1979～2014 年完整的地表冻融数据集。

随着 SMOS、SMAP 计划的实施,相对于早期广泛使用的 C、X、K 和 Ka 微波波段，L 波段具有更低的频率、相对较高的穿透(发射)深度(融化土壤中约 5cm)以及对土壤介电常数变化的敏感性,不仅被用于传统的地表冻融状态监测,还被扩展应用于估算土壤冻结深度、冻结速率、相变水含量等信息，显示出更广阔的应用前景。L 波段具有可以远

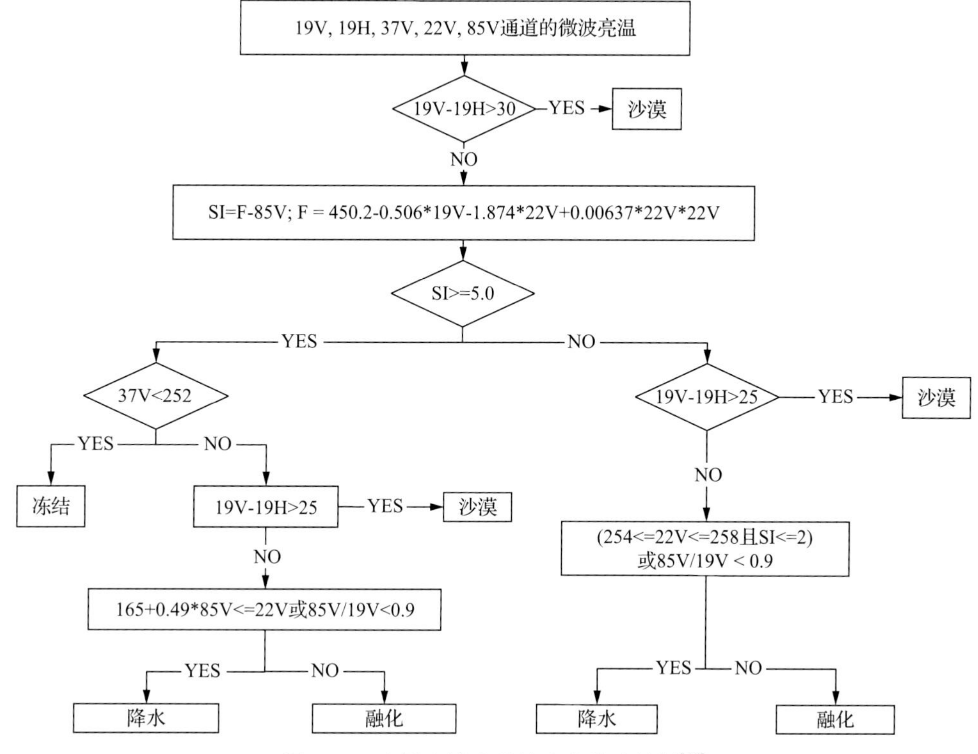

图 15-1 表层土壤冻融状态分类决策树[64]

程冻结/融化检测的特性，包括水和冰的介电常数之间的差异，这已经被很多的研究所证明[69, 70]。Rautiainen 等[70]提出了一种利用 L 波段微波辐射测量法检测季节性土壤冻结过程的新算法。此外 Roy 等[71]于 2014 年 10 月～2015 年 4 月在加拿大大草原开展了 L 波段地面微波辐射计实验，检测在冻融期间地表发射率的空间变化特征，并与 SMOS 卫星遥感的土壤冻融变化作了对比分析。随着 L 波段微波辐射计的相继在轨运行,除了地表冻融状态监测之外，其应用还扩展至冻结深度和冻结速率等定量研究。

2. *发展展望*

发展可靠实用的微波遥感土壤冻融状态判别算法,提供区域和全球尺度上的土壤冻融状态信息,对水文学、气象学以及农业科学、工程地质研究与应用都具有重要意义。不同的地表冻融识别算法都有其各自的局限性，主要是由地表的不均一性导致的。在使用双指标算法进行地表冻融识别时，大部分的研究都是采用已有的阈值，而忽略了地表的强异质性：土壤质地、植被类型和土壤含水量等。另外一类影响被动微波遥感识别地表冻融分类精度的因素是地形和海拔。此外，被动微波遥感数据的粗分辨率，会带来较多的混合像元问题，这也给分类结果带来了不确定性。

在未来的研究中，可以考虑将主被动遥感数据联合到一起进行土壤冻融的研究。被动微波遥感通常空间分辨率较低，带来的最主要的影响就是空间异质性问题，主动微波的后向散射系数受地表温度的影响较小，但是其对植被和地表粗糙度等地面几何特征比较敏感，因此可以主被动微波遥感结合监测地表冻融。已经对主被动微波遥感的地表冻融监测方法进行了实证研究，可以将 SMAP 的被动微波数据和 Sentinel-1 的主动微波数据结合。[72]

目前业务化在轨运行的主动微波传感器的频率一般都较低(C 或 L 波段)，具有较高的穿透力，可以获取植被冠层以下的土壤状态信息。SMOS、SMAP 计划的开展可以提供覆盖全球的被动微波 L 波段亮温数据,当前也有部分 L 波段的研究进展。相对于传统的中高频波段，L 波段的优势非常明显，根据 L 波段的亮温数据，可以对传统算法进行相关改进，结合 L 波段和高频波段进行地表冻融监测。同时由于 L 波段的穿透性比较好，也可以定量估算土壤冻结深度、冻结速率等，但是目前对地表冻融指标进行定量化研究相对较少[73]。此外，在被动微波粗分辨的情况下，最新的一项研究表明，可以使用被动微波的估算 SMAP 的 L 波段一个像元内冻结土壤的百分比[74]，这就为冻土的研究开辟了新的研究思路。此外，更多的带有 L 波段的微波卫星传感器的发射升空，提供全球范围 L 波段被动微波观测数据，为地表冻融状态监测提供了新的数据和思路，使得多波段协同或者主被动协同监测地表冻融成为可能，从而为 L 波段的冻土遥感研究的进一步发展提供技术和数据的支持。

15.2.4 土壤水

土壤水分，是指保存在土壤层内土壤孔隙中的水分，其主要是指地表以下 5cm 土壤层所含水分，而根层土壤水分则指植被可用水分，一般指地表以下 2m 土壤层所含水分。获取土壤水分要素的空间分布信息，对理解地球系统内的水分循环具有至关重要的理论和现实意义。在地表与大气通过蒸腾作用和植被呼吸作用进行水热的相互交换过程中，土壤水作为其中重要的变量或媒介要素，影响入射辐射能量对显热和潜热通量的合理分配，并进一步影响气候过程及气温和大气边界层的稳定性。对于众多与天气和气候、水资源管理、灾害预警、农业管理等领域相关的政府部门及管理组织而言，土壤水分又是一个非常重要而有价值的信息。例如：在农业方面，人们对于农田墒情信息的掌握，直接决定着农民及农业管理者对于灌溉水资源的合理调配及对农作物涨势的有效控制，避免政府和农民不必要的经济损失及提高水资源的利用效率。此外，土壤水分的实时信息也可能会被军方用在偏远地区对步兵、战车的精确部署上。目前土壤水分信息的观测和获取，既可以通过地面站点的实时的单点测量，也可以通过陆面过程模式或水文模型的实时模拟，还可以通过卫星遥感手段进行估算。地面站点的实时测量，其只适用于小尺度的研究工作，而卫星遥感大范围的数据获取可以为土壤水分的估算和观测提供大空间覆盖的优势，但是目前借助卫星遥感或航空摄影测量手段进行土壤水分的精确估算还是有待进一步改进。目前又出现了一种新的土壤水分估算方法，其结合了地面实地测量、遥感技术观测和模型模拟方法的优势，相对准确地估算土壤水分，即数据同化方法。其将遥感观测和陆面模型或土壤-植被-大气传输模型相结合，并运用站点观测值进行误差的修正。

使用遥感观测手段进行土壤水分的估算研究可以追溯到 20 世纪 70 年代中期，并进一步发展为不同的研究方向。微波遥感方法是进行区域或全球尺度的土壤水分估算的主要手段，而微波遥感观测又分为被动微波遥感和主动微波遥感观测两种方式；前者使用辐射计通过测量地表通过微波的方式向外辐射能量，得到地表的亮温数据反演土壤水分，而后者则是比较雷达发射能量和其测量到的地表反(散)射能量的差异进行估算。也在本节中，主要介绍借助被动微波遥感手段估算地表的土壤水分。

液态水和干燥的土壤介电常数的巨大差异是借助微波遥感手段反演土壤水分的理论基础。湿润土壤的介电常数通常小于 35，而当水分含量增加时，微波传感器所观测到的地表土壤的介电常数也会相应的增加[75]。植被和地表粗糙度会降低微波观测时对土壤水分的敏感度，且其影响会随着频率的增加而不断增大，此外低频波段具有较高的穿透力(数厘米)。故而低频的 L 波段(1～2GHz)通常被用于反演土壤水分[76]。利用微波遥感反演土壤水分是通过土壤介电特性这一物理变量实现的，即土壤介电特性受土壤水分影响，同时土壤介电特性又影响土壤的微波辐射或反射，因此通过微波遥感建立土壤介电常数与土壤微波辐射的关系。主动微波遥感、被动微波遥感以及主被动微波进行融合是目前微波反演土壤水分的主要方式。目前使用被动微波遥感监测土壤水分的算法相对主动微波的话更为成熟，研究历史也更为长。一些多波段星载微波辐射计对土壤水分敏感度很高，他们的波段设置也较为相似(6～37GHz)。这些传感器包括 SMMR，TMI，AMSR-E/AMSR2 以及 2003 年发射的 WindSat 辐射计。还有欧洲航天局(ESA)在 2009 年发射的 SMAP 和 NASA 在 2015 年发射的 SMOS 卫星传感器是以观测地表土壤水水分时空变化为主要目的被动微波平台，提供空间分辨率约 40km 的被动微波亮温数据[77]。

1. 参数反演研究进展

目前反演土壤水分的算法很多，基于统计的反演，基于物理过程的反演算法和机器学习(人工神经网络和遗传算法等)算法。统计方法又称之为经验方法，是基于大量的实测数据的基础上，寻求地表土壤水分和地表发射率之间的关系(线性或非线性)，最终由地表发射率来估算土壤水分。Schmugge 等[78]在农田区域开展飞行试验发现地表辐射亮温与土壤含水量之间存在着线性关系。这种线性关系是受地表粗糙度、地表植被和微波辐射频率等条件限制的，在一定植被覆盖情况下，亮温和土壤水分仍然能够满足近似线性关系；随着地表植被覆盖程度的增加，大大降低了微波对土壤水分的敏感性。有研究表明，随着微波频率的逐步升高(降低)和地表粗糙度的不断增加(减小)，微波辐射对地表土壤水分的敏感性也越加减弱(增加)。统计方法中使用了大量的实测数据，由此该类型的方法反演结果可信度较高，但也正是因为使用了大量的实测数据，为该类型下的土壤水分反演的进一步推广和扩展带来了很多的限制。基于物理过程的算法大多数会使用辐射传输模型，不同的辐射传输模型有不同的特点，但都包含三个部分：联系土壤水分和介电常数的介电模型、考虑地表散射特性的粗糙度模型以及估计植被消光的植被观测模型。这些算法的区别在于如何校正土壤纹理、粗糙度、植被光学厚度以及土壤水分的影响。在被动微波遥感反演土壤水分的方法中，AMSR-E 是应用最广泛的遥感数据。目前植被覆盖度低的地表微波遥感反演土壤水分的模型主要是 Q/H 模型、H/P 模型[79]、Q/P 模型[80]。在有植被覆盖度的条件下“ω-τ”模型应用比较广泛[81]。其中 Q/P 模型和“ω-τ”模型在干旱区应用较多。AMSR-E 土壤水分产品的反演算法由 Njoku 等[82,83]提出并发展起来的，该算法基于辐射传输模型建立地表和大气参数与亮温观测的关系，并通过最小二乘迭代方法优化求解模型参数。在该算法中构建了多通道观测亮温和模拟亮温之间的代价函数，并通过 Levenberg-Marquardt 算法优化求解模型参数。在该算法中，假设陆地表面的土壤纹理、粗糙度和单次散射反照率的变化比土壤水分的变化对微波观测的影响小。另外一个较为经典的模型是地表参数反演模型(LPRM)，该算法是由阿姆斯特丹自由大学(VUA)和美国国家航空航天局(NASA)共同研发的[84]，适用于被动微波的所有波段，其也可以应用于其他卫星。它是基于归一化的微波极化指数，因为微波极化指数中包含植被和土壤信息，算法使用非线性迭代计算得到植被的光学厚度和土壤的介电常数，再利用全球土壤属性数据库和混合介质模型来计算地表土壤水分。

在一定的情况下，现有的物理模型和经验的统计模型无法准确反演土壤水分，而基于机器学习的方法对于反演土壤水分研究是一种新的尝试和发展。神经网络是对观测数据构建的数据集进行大量的训练，最终建立输入变量和输出变量之间复杂的函数关系，然后再依据此建立的关系反演土壤水分。使用神经网络开展了很多的研究[85]。Liu 等[86]利用 PORTOS 辐射计获取的法国 INRA 小麦试验场的 PORTOS-93 部分数据对 EPLBP 神经网络进行训练，再利用其余全部的 PORTOS-93 数据和 PORTOS-96 数据对 EPLBP 神经网络进行验证，其中输入数据集为亮温数据，输出数据集为土壤水分和植被含水量，结果表明，反演得到的土壤水分较为理想。谭建灿等[87]提出利用具有深度学习特点的卷积神经网络方法进行土壤水分反演，从而克服传统土壤水分反演方法的缺陷并提高土壤水分反演的精度。使用被动微波 AMSR2 数据构建了基于卷积神经网络反演土壤水分的模型，对结果的分析发现该方法提高了反演算法的通用性和反演精度。虽然机器学习的方法可以很好地反演土壤水分，但是该类型的方法必须依赖训练数据集，然神经网络能够很好地反演土壤水分，但该方法必须依赖训练数据集，倘若训练数据不能代表所有实测数据的情况，会出现估算值溢出的现象。借此，有人提出了将土壤水分的先验信息(均值和标准差)输入到神经网络中，有效提高了算法的精度和稳定性[85]。

2. *发展展望*

未来被动微波的土壤水分研究将会向多源数据融合以及降尺度的方向发展，进一步提高被动微波土壤水分结果的精度、时空分辨率。由于被动微波具有较粗的空间分辨率，极大限制了其进一步大范围的应用。现有大量的研究在实验和探索降尺度的方法来提高土壤水分产品的空间分辨率。降尺度已经被提出作为提高这些粗略分辨率土壤水分观测结果的解决方案，通过与补充观测或关于更高空间分辨率的相关陆表特征的辅助信息结合。这些信息包括太阳反射率、热辐射、较高频率的被动微波发射、雷达后向散射、土壤或表面属性(如地形和土壤属性)以及地表建模[88]。被动微波数据可以在全天候的情况下，观测植被下地表的微波发射信息，Parrens 等[89]提出了一种基于降尺度和协同反演的方法，运用多源遥感数据绘制了巴西亚马孙流域热带浓密森林地区的内陆水体图，其中使用到了 SMOS 的 L 波段数据，Landsat 的全球地表水数据集(Global Surface Water Occurrence)，航天飞机雷达地形测绘使命(Shuttle Radar Topography Mission，SRTM)的数字高程数据。主被动微波遥感联合反演土壤水分既有利于提高土壤水分的空间分辨率也有利于提高反演的精度，而将二者结合在一起做土壤水分的联合反演是一个研究的热点方向[90]。土壤水分通过主被动微波遥感进行反演概括起来有以下两种：第一种是利用相关的模型或算法将两者遥感数据融合在一起进行地表参数的反演。该方法是将主动微波数据看作是被动微波数据的一个新的通道进行地表参数的反演。第二种是使用主动微波遥感数据改善由被动微波数据反演的低空间分辨率地表土壤水分，从而达到提高土壤水分空间分辨率的结果。Zhao 等[91, 92]使用多种降尺度的方法处理粗分辨率的土壤水分数据，再结合其他多源遥感数据包括 MODIS 的地表温度、叶面积指数、反照率等数据最终提高了土壤水分产品的空间分辨率和保证了其产品的精度。最近，Wei 等[93]提出了一种新的降尺度方法，即基于梯度增强决策树(DENSE)方法的降尺度方法来提供高空间分辨率下的土壤水分信息。他分析了来自 MODIS 和数字高程模型的 26 个土壤湿度相关指数，以确定土壤水分变化的相关的变量。梯度增强决策树回归将聚合的土壤湿度代理和 SMAP 观测以粗略的方式联系起来，以表达它们之间的非线性关系。通过将这种建立的回归模型应用于 2015～2017 年整个青藏高原上的最佳土壤水分代表，产生了高分辨率土壤水分产物。如上所述，存在若干降尺度方法用于将被动微波观测与土壤表面特征的高空间分辨率信息相结合，土壤表面特征包括植被覆盖、土壤表面属性、土壤温度等，最终得到高空间分辨率的土壤水分结果[94]。研究者使用各种方法来提高产品的精度和时空分辨率，作为降尺度方法的一种替代策略，则是使用高分辨率预测模型以及粗尺度下观测的数据同化和/或基于机器学习的技术的方法[95, 96]，其提供了一个机会来克服与所需卫星缺乏及相同轨道的数据观测的问题或由于云覆盖而丢失数据的问题。要提高高分辨率土壤水分预测模型的准确性，未来扩大被动微波土壤水分产品的应用范围，这些创新技术的计算效率以及机器学习技术所需的全球性的训练，还需要做大量的工作[77]。

15.2.5　其他参数反演研究和应用展望

1. 降水

利用空间气象卫星来生产降水产品主要基于卫星观测的微波、红外以及地面站点实测数据。自从 1997 年 TRMM(tropical rainfall measuring mission)卫星发射以来，研究人员开发了大量卫星降水产品，如 TMPA、CMORPH、PERSIANN、PERSIANN-CCS 和 GSMaP 等。随着 2014 年新一代全球卫星降水观测计划 GPM(global precipitation mission)的开展，人们对全球降水的现状和变化有了更深入的认知，相关水文模型也得到了进一步的发展。使用被动微波数据可以进行降雨的反演和估算，被动微波传感器搭载在近地轨卫星上，被动微波信号和降水粒子具有较强的相关关系，因此被动微波降水估计的精度较高。搭载在 NOAA 10-12 卫星上的 AMSU 和搭载在 DMSP F13-16 卫星上 SSM/I 是著名的被动微波传感器。被动微波反演降雨研究的物理基础是在选用的频率范围内，上行的微波辐射衰减主要是由于云、雨等降水粒子所引起的，大气中粒子的发射辐射会增强卫星传感器接收到的信号，此外大气中各种水凝物的散射效应削弱了上行辐射强度。迄今为止，已经有很多种降水反演方法，有研究建立起模拟或观测亮温与降雨率之间的简单线性回归关系，提出了第一个被动微波降水反演算法。在很早就有研究者提出一个在业务上广泛使用的基于统计-物理算法。而复杂的算法是以概率论为基础建立的反演算法，其中戈达廓线算法(GPROF)的使用频率最高[97]，该算法的基本思想是采用 NASA 的云结构廓线数据库，利用辐射传输模式模拟降水廓线对应的上行辐射亮温，建立一个独立的云-辐射数据集，然后采用贝叶斯方法并依据数据中每一条廓线的不同权重来建立一条最接近观测值的降水廓线作为反演结果。TMI 和 AMSR-E 传感器使用了辐射类和多波段反演类算法，而 SSM/I 传感器在海洋和陆地分别使用了辐射类和散射类反演算法。各类法都有各自的优势和劣势，不同的传感器，其适用的方法也不尽相同，因此没有绝对意义上的最好的被动微波反演算法。在现代全球卫星降水产品生产过程中，通常会把多个微波传感器的降水估计结果进行拼接和融合。这类算法需要统一不同卫星平台上的微波降水估计结果，使得最终生产出的降水产品具有一致性[98]。

2. 月壤

月壤层包含着月球及太阳系物质和能量的大量重要信息，月壤厚度的研究是月壤研究的一项重要的内容，它对以后的月球探测、载人登月、月球基地选址以及开发和利用月球资源等都具有非常重要的意义。在探月的过程中，微波遥感技术是探测月球表层土壤内部结构和其他信息的重要手段。月球表面的微波辐射亮度温度包含着丰富的月球及其外空间的信息，直接反映了月球表层物质的物理化学特性，包括月球表层温度、月表物质的化学组分、密度、介电特性、月壤的厚度以及地形地貌等。我国第一颗月球探测卫星“嫦娥 1 号”的科学目标之一就是利用其携带的微波辐射计所获得的月球表面微波辐射亮度温度数据研究月壤厚度的分布，其中使用到了 3.0GHz、7.8GHz、19.35GHz 和 37.0GHz 四个频段进行观测；后续的“嫦娥二号”也用到了这组辐射计系统从更低的轨道上进行探测。使用微波探测器的亮温数据提取月壤厚度等相关的参数信息，目前中国科学院国家空间科学中心、国家天文台、复旦大学、吉林大学等单位都做了很多的工作。

3. 国防

在现代战争中，导引头技术对精确制导起到了至关重要的作用，复合导引头的发展是这项技术的发展方向之一，红外成像/被动微波复合技术在目标探测和识别系统中具有较大的优势，通过攻关导引头中双模复合随动指向技术和复合交班技术对提高导弹的作用距离、精度，解决导引头的功能化限制具有重要的意义。单一的红外凝视成像导引头具有跟踪精度高、响应快，且不易受干扰的特点，但由于受到探测器性能、大气透过率、复杂背景干扰等影响，因此作用距离(搜索范围)相对有限，限制了后续红外导引头的发展；单一的被动微波探测具有作用距离远、不易受天气干扰、可大范围搜索等优点，但制导精度差。红外成像/被动微波双模复合技术实现了互补,克服了各自的不足,综合了各自的优点,可以大幅提高导弹的技战术指标,实现精确制导。因此提出采用微波复合技术，解决远距离时红外无法准确识别目标的问题。随着武器系统对导引头的要求越来越高，通过微波与成像的交班，可以大幅提高导弹的作用距离，大幅提高导引头在复杂战场环境下的适应能力[99]。

15.3　基于重力卫星的参数反演

15.3.1　水储量

地球重力场的时间变化主要来源于地球表层质量的再分配，GRACE 卫星测量地表垂直方向的水柱量的大小。对于陆地实体而言，包括江河流域、地表水库、土壤水和地下水等。研究表明，结合水位、降水和其他方面的水文观测资料，分析了 GRACE 数据的数据估算结果，显示 GRACE 可以有效地估算江河流域的蓄水量[100-102]。此外，基于 GRACE 卫星的估算结果也可以用来检验其他蓄水量变化估算模型和方法。Klees 等[103]通过比较分析，发现对于面积在百万平方千米以上的大型河流域，GRACE 的蓄水量反演结果精度为 2cm 等效水深。由于缺乏对地下水在空间和时间上的直接观测，妨碍了评估地下水干旱复杂性的定量方法。Thomas 等[104]提出了一种基于 GRACE 卫星的观测来评估地下水干旱发生的方法。GRACE 记录的归一化 GRACE 估算地下水存储偏差用于量化地下水存储赤字，将其定义为 GRACE 地下水干旱指数(GGDI)。GGDI 应用于加利福尼亚中部山谷，在 GRACE 记录期间受到严重干旱期的影响。GGDI 与其他水文干旱指数之间的关系突出了捕获地下水干旱特有的干旱延迟的能力。此外，GGDI 捕获了由于复杂的人类活动和自然变化而发生的地下水干旱特征，从而提供了评估多驱动的地下水干旱特征的框架。除了可以仅仅使用单一传感器进行地下水量的监测以外，还可以使用多传感器进行联合估算水储量。Girotto 等[105]对单传感器 GRACE 或 SMOS 同化和多传感器 GRACE+SMOS 在美国大陆进行了 6 年的同化实验，这项工作调查了这些观测结果与流域地表模型的多传感器同化能否改善 0～5cm“表面”土壤水分，0～100cm“根区”土壤水分和浅层(无限制)地下水位的估算。水电大坝的建设是支持一个国家对工农业的电力和河水管理日益增长的需求的一项共同战略。尽管通常在蓄水之前对水迁移的水文和地球物理影响进行评估，但由于缺乏现场观测，特别是在偏远地区，其准确性通常受到限制。Tangdamrongsub 等[106]选取位于马来西亚沙捞越州的 Bakun 大坝作为研究地点，通过研究提出了一个工作流，可使用多个卫星观测值(GRACE，Landsat)，地表模型和 GPS 来量化由水库蓄水引起的地面储水量变化和地面沉降数据。总体而言，结合 GRACE 与 Landsat，地表模型和 GPS 数据进行评估，可以在比其固有分辨率小得多的空间尺度上利用重力信号。

15.3.2　极地冰川/冰盖

极地冰川和冰盖的消融对全球生态的影响极其复杂，因此对全球海平面和气候变化的研究显得尤为重要。目前国内外很多的研究者利用 GRACE 卫星数据对南极冰川和喜马拉雅冰川等做了大量研究工作。研究者基于 CSR 发布的 GRACE 数据，扣除了 glacial isostatic adjustment 和水文模型影响后，发现喜马拉雅山地区的冰川质量变化整体呈现加速消融的趋势。同样将 GRACE 数据应用到南极冰盖上时，发现南极冰盖也在加速消融而体积在减小。众多学者关于南极冰盖消融的研究结果表现出较好的一致性，表明了

GRACE 卫星重力场数据反演极地冰盖质量的可行性和可靠性。GRACE 卫星不仅提供高精度的中长波地球重力场,尤为重要的是，同时还能够给出中长波重力场的时间变化,因此利用 GRACE 的全球时变重力场信息，可以检测到全球系统的物质迁移，研究格陵兰岛冰盖质量的变化。GRACE 卫星为高分辨率地监测全球海洋质量变化提供了一种新的手段。GRACE 时变重力场模型已成为研究极地冰盖质量变化的有效手段。利用 GRACE 时变重力场模型对趋势的研究结果表明，2003～2013 年，格陵兰地区质量变化可以达到速率为–280Gt/a[107]。有研究者使用 2002～2015 年 GRACE 的数据对南极地区冰盖的质量变化情况和时空特征进行了分析和研究，其研究结果表明：南极区域质量变化有很强的空间性，不同区域的质量变化存在差异性；而且南极冰盖随着季节的变化呈现出不同现象，其中夏季和冬季较为明显；分析得出南极区域质量变化不仅存在很强的空间性，还存在着很强的季节性[108]。利用 GRACE 数据估计的海平面变化存在着很大的差异，在 0.8～2.1mm/a，且估计的南极冰盖、格陵兰岛冰盖消融速率也存在明显的差异，估计的南极冰盖对全球海平面的贡献在 0.09～0.68mm/a[109]，估计的格陵兰岛冰盖对全球海平面的贡献在 0.23～0.66mm/a[110]。冯贵平等[111]利用 2003 年 1 月～2014 年 12 月 Level-2RL05 的 GRACE 产品，进行去相关误差滤波、高斯滤波和海洋-陆地信号泄漏改正后，得到了全球陆地和海水质量变化，并分析了陆地水和冰川的质量变化对海平面长期变化的贡献。

15.3.3 地球物理

重力卫星的发射促进了地球重力场模型的建立与完善。到目前为止，国际上仅有少数几家机构可以完成这项复杂工作，主要是美国得克萨斯大学奥斯汀校空间研究中心 CSR（Center for Space Research）、德国地学研究中心 GFZ（GeoForschungsZentrum）、美国宇航局喷气推进实验室 JRL（Jet Propulsion Laboratory）、法国国家空间局、荷兰代尔夫特理工大学和德国波恩大学等。国内的相关同行也为 GRACE 模式下利用实测数据进行重力场模型的反演做出了大量的工作和贡献，2002 年以来国际上利用重力卫星共建立了包括 EIGM、EIGEN-GRACE、GGM、EGM2008 在内的 60 余个地球重力模型。近年来，国内学者在该领域也进行了相关研究，冉将军等[112]基于短弧长法开发了一套由低轨卫星数据解算重力场的系统 ANGELS（Analyst of Gravity Estimation with Low-orbit Satellites）成功用 GRACE Level1B 数据解算出全球时变重力场模型。我国地震灾害频发，如何有效监测和预报地震一直是地震研究工作的一个重点和难点。中国地壳运动观测网络的重力测量为 GRACE 卫星重力场数据在地震研究中的应用提供了可能。GRACE 卫星搭载的各种仪器受地球重力场影响所观测的数据能反映地球表层质量分布及变化信息。目前运用 GRACE 数据解算地球重力场模型方法众多，可归纳为直接法、时域法和空域法三类。直接法（即动力学积分法，最传统的卫星重力反演方法）和时域法在 GRACE 重力场模型的反演中应用较多。除了经常使用的 GRACE 卫星数据，GOCE 卫星由欧洲航天局于 2009 年发射，是首颗搭载了重力梯度仪（satellite gravity gradiometer, SGG）的卫星，联合采用 SST-HL/SGG 技术获取地球重力场的中短波信息。GOCE 数据在很多方面得到了较好的应用，在浅层结构、沉积盆地、全球地壳厚度、上地幔模型等方面有较多的研究成果[113]。

显然，GOCE 对不同的应用领域作出了独特的贡献。在大地测量学中，利用 GOCE 数据对海洋学和固体地球作出了独特的贡献。GOCE 数据明显改善了重力模型的空间覆盖范围和精度，并且梯度数据本身是唯一的。在海洋学方面，迈向了解全球许多地方海表洋流的重要步伐。北大西洋海流对欧洲和美国的天气状况有重大影响。在固体地球研究中，研究主要集中在 GOCE 由于出色的空间分辨率和覆盖范围而真正发挥作用的那些地区，如非洲和南美。研究主要集中在地壳研究(Moho 或地壳内不连续性)上，但更深的地球研究进展很快，因此也整合了其他数据源以减少非唯一性。仍需迈出的主要步伐是使用 GOCE 梯度数据，该数据只能被缓慢发现，但可以开拓一个全新的研究领域，从中可以期待许多新的见识。

15.3.4　发展展望

卫星重力等技术的发展，为连续监测两极冰盖以及内陆冰川等变化提供了高精度的观测数据，与此同时，通过将 GNSS、卫星重力、卫星测高、DInSAR、验潮站等多种类型观测数据的融合，可以在冰川冰盖变化、全球和局部海平面变化、全球高程基准统一、局部地表沉降等方面发挥更重要的作用。GRACE-FO 在地下水变化监测方面的应用，分辨率依然较低，而 GNSS/水准、地面重力等实测数据、DInSAR 等获得的地面沉降信息具有较高的分辨率，如何更加合理地融合不同类型数据，准确获取地表形变信息，并结合多种观测数据对局部变化给出合理的解释，需要深入研究。卫星以及地基 GNSS-R 技术在海洋动态环境监测、内陆湖泊和水库水位变化、沙漠变化监测等方面也可望得到广泛的应用[114]。

尽管利用重力卫星可以精确测量重力场的静态及时变信息，进而获得地球总体形状的变化、全球海洋质量的分布和变化、地下蓄水量的特征、极地冰川的变化和地球各圈层物质的迁移。但是现有的地球重力卫星仍无法满足相关学科对更高精度重力场静态及其时变信息的急切需求，因此国际众多科研机构积极开展更高精度卫星重力测量计划的研究，包括双星重力计划、三星重力计划和四星重力计划[115]。我国也在积极开展卫星重力测量计划，有研究者对我国地球重力卫星测量计划的实施研究进行了论证和展望，为我国的卫星重力测量提供了许多建设性意见[115, 116]。

参 考 文 献

[1] Armstrong R L, Brodzik M J. An earth-gridded SSM/I data set for cryospheric studies and global change monitoring. Advances in Space Research, 1995, 16(10): 155-163.

[2] 戴礼云. 我国北方积雪被动微波遥感反演研究. 北京: 中国科学院大学, 2013.

[3] Kerr Y H, Waldteufel P, Wigneron J-P, et al. The SMOS mission: New tool for monitoring key elements of the global water cycle. Proceedings of the IEEE, 2010, 98(5): 666-687.

[4] Vishwakarma B D, Devaraju B, Sneeuw N. What is the spatial resolution of GRACE satellite products for hydrology? Remote Sensing, 2018, 10(6): 852.

[5] Tapley B D, Reigber C. The GRACE mission: Status and future plans. EGS General Assembly Conference Abstracts, 2002.

[6] Hoinkes H. Glaciology in the international hydrological decade. IUGG General Assembly, Bern, IAHS Commission of Snow and Ice, Reports and Discussion, 1967, (79): 7-16.

[7] Winther J G, Hall D K. Satellite-derived snow coverage related to hydropower production in Norway: Present and future. International Journal of Remote Sensing, 1999, 20(15-16): 2991-3008.

[8] Frei A, Robinson D A. Northern Hemisphere snow extent: Regional variability 1972–1994. International Journal of Climatology, 1999, 19(14): 1535-1560.

[9] Zhang T J. Influence of the seasonal snow cover on the ground thermal regime: An overview. Reviews of Geophysics, 2005, 43(4): 589-590.

[10] Schimel J P, Bilbrough C, Welker J M. Increased snow depth affects microbial activity and nitrogen mineralization in two Arctic tundra communities. Soil Biology and Biochemistry, 2004, 36(2): 217-227.

[11] Tape K, Sturm M, Racine C. The evidence for shrub expansion in northern Alaska and the Pan-Arctic. Global Change Biology, 2006, 12(4): 686-702.

[12] Tedesco M, Miller J. Observations and statistical analysis of combined active-passive microwave space-borne data and snow depth at large spatial scales. Remote Sensing of Environment, 2007, 111(2): 382-397.

[13] 施建成, 熊川, 蒋玲梅. 雪水当量主被动微波遥感研究进展. SCIENTIA SINICA Terrae, 2016, 46(4): 529-543.

[14] 肖雄新, 张廷军. 基于被动微波遥感的积雪深度和雪水当量反演研究进展. 地球科学进展, 2018, 33(6): 590-605.

[15] Grody N C, Basist A N. Global identification of snowcover using SSM/I measurements. IEEE Transactions on Geoscience and Remote Sensing, 1996, 34(1): 237-249.

[16] Li X J, Liu Y J, Zhu X X, et al. Snow cover identification with SSM/I data in China. Journal of Applied Meteorological Science, 2007, 18(1): 12-20.

[17] 陈鹤, 车涛, 戴礼云. 基于 FY-MWRI 的中国西部被动微波积雪判识算法. 遥感技术与应用, 2018, 33(6): 1037-1045.

[18] Liu X X, Jiang L M, Wu S L, et al. Assessment of methods for passive microwave snow cover mapping using FY-3C/MWRI data in China. Remote Sensing, 2018, 10(4): 524.

[19] Xu X, Liu X, Li X, et al. Global snow cover estimation with Microwave Brightness Temperature measurements and one-class in situ observations. Remote Sensing of Environment, 2016, 182: 227-251.

[20] He Z J, Xu X C, Zhong Z T, et al. Spatial-temporal variations analysis of snow cover in China from 1992–2010. Chinese Science Bulletin, 2018, 63(25): 2641-2654.

[21] Tedesco M, Jeyaratnam J A. New operational snow retrieval algorithm applied to historical AMSR-E brightness temperatures. Remote Sensing, 2016, 8(12): 1037.

[22] Chang A, Foster J, Hall D. Nimbus-7 SMMR derived global snow cover parameters. Ann. Glaciol, 1987, 9(9): 39-44.

[23] 车涛. 积雪被动微波遥感反演与积雪数据同化方法研究. 兰州: 中国科学院寒区旱区环境与工程研究所, 2006.

[24] Foster J L, Chang A T, Hall D K. Comparison of snow mass estimates from a prototype passive

microwave snow algorithm, a revised algorithm and a snow depth climatology. Remote Sensing of Environment, 1997, 62(2): 132-142.

[25] Foster J L, Sun C, Walker J P, et al. Quantifying the uncertainty in passive microwave snow water equivalent observations. Remote Sensing of Environment, 2005, 94(2): 187-203.

[26] Kelly R. The AMSR-E snow depth algorithm: Description and initial results. Journal of The Remote Sensing Society of Japan, 2009, 29(1): 307-317.

[27] Tedesco M, Narvekar P S. Assessment of the NASA AMSR-E SWE product. IEEE Journal of Selected Topics in Applied Earth Observations and Remote Sensing, 2010, 3(1): 141-159.

[28] Che T, Xin L, Jin R, et al. Snow depth derived from passive microwave remote-sensing data in China. Annals of Glaciology, 2008, 49(1): 145-154.

[29] 蒋玲梅, 王培, 张立新, 等. FY3B-MWRI 中国区域雪深反演算法改进. 中国科学: 地球科学, 2014, 3: 013.

[30] Gharaei-Manesh S, Fathzadeh A, Taghizadeh-Mehrjardi R. Comparison of artificial neural network and decision tree models in estimating spatial distribution of snow depth in a semi-arid region of Iran. Cold Regions Science and Technology, 2016, 122: 26-35.

[31] Davis D T, Chen Z, Tsang L, et al. Retrieval of snow parameters by iterative inversion of a neural network. IEEE Transactions on Geoscience and Remote Sensing, 1993, 31(4): 842-852.

[32] Tedesco M, Pulliainen J, Takala M, et al. Artificial neural network-based techniques for the retrieval of SWE and snow depth from SSM/I data. Remote Sensing of Environment, 2004, 90(1): 76-85.

[33] Tabari H, Marofi S, Abyaneh H Z, et al. Comparison of artificial neural network and combined models in estimating spatial distribution of snow depth and snow water equivalent in Samsami basin of Iran. Neural Computing & Applications, 2010, 19(4): 625-635.

[34] Liang J Y, Liu X P, Huang K N, et al. Improved snow depth retrieval by integrating microwave brightness temperature and visible/infrared reflectance. Remote Sensing of Environment, 2015, 156: 500-509.

[35] Xiao X X, Zhang T J, Zhong X Y, et al. Support vector regression snow-depth retrieval algorithm using passive microwave remote sensing data. Remote Sensing of Environment, 2018, 210: 48-64.

[36] Xue Y, Forman B A. Comparison of passive microwave brightness temperature prediction sensitivities over snow-covered land in North America using machine learning algorithms and the Advanced Microwave Scanning Radiometer. Remote Sensing of Environment, 2015, 170: 153-165.

[37] Etemad-Shahidi A, Mahjoobi J. Comparison between M5′ model tree and neural networks for prediction of significant wave height in Lake Superior. Ocean Engineering, 2009, 36(15-16): 1175-1181.

[38] Balk B, Elder K. Combining binary decision tree and geostatistical methods to estimate snow distribution in a mountain watershed. Water Resources Research, 2000, 36(1): 13-26.

[39] 武黎黎, 李晓峰, 陈月庆, 等. HUT 模型的改进及其雪深反演. 武汉大学学报(信息科学版), 2017, 42(7): 904-910.

[40] Liston G E, Pielke R A, Greene E. M. Improving first-order snow-related deficiencies in a regional climate model. Journal of Geophysical Research Atmospheres, 1999, 104(D16): 19559-19567.

[41] Takala M, Luojus K, Pulliainen J, et al. Estimating northern hemisphere snow water equivalent for climate research through assimilation of space-borne radiometer data and ground-based measurements. Remote Sensing of Environment, 2011, 115(12): 3517-3529.

[42] Durand M, Margulis S A. Feasibility test of multifrequency radiometric data assimilation to estimate snow water equivalent. Journal of Hydrometeorology, 2006, 7(3): 443-457.

[43] Tao C, Li X, Jin R, et al. Assimilating passive microwave remote sensing data into a land surface model to improve the estimation of snow depth. Remote Sensing of Environment, 2014, 143(54-63): 54-63.

[44] Pulliainen J. Mapping of snow water equivalent and snow depth in boreal and sub-arctic zones by assimilating space-borne microwave radiometer data and ground-based observations. Remote Sensing of Environment, 2006, 101(2): 257-269.

[45] Bormann K J, Brown R D, Derksen C, et al. Estimating snow-cover trends from space. Nature Climate Change, 2018, 8(11): 924-928.

[46] Painter T H, Berisford D F, Boardman J W, et al. The airborne snow observatory: Fusion of scanning lidar, imaging spectrometer, and physically-based modeling for mapping snow water equivalent and snow albedo. Remote Sensing of Environment, 2016, 184: 139-152.

[47] Dai L Y, Che T, Xie H J, et al. Estimation of snow depth over the Qinghai-Tibetan plateau based on AMSR-E and MODIS data. Remote Sensing, 2018, 10(12): 1989.

[48] Parkinson C L, Cavalieri D J. Antarctic sea ice variability and trends, 1979-2010. The Cryosphere, 2012, 6(4): 871-880.

[49] Parikinson C L, Cavalieri D J. A 21 year record of Arctic sea-ice extents and their regional, seasonal and monthly variability and trends. Annual of Glaciology, 2002, 34: 441-446.

[50] Cavalieri D J, Gloersen P, Campbell W J. Determination of sea ice parameters with the nimbus 7 SMMR. Journal of Geophysical Research Atmospheres, 1984, 89(D4): 5355-5369.

[51] Comiso J C. Enhanced sea ice concentrations and ice extents from AMSR-E data. Journal of The Remote Sensing Society of Japan, 2009, 29(1): 199-215.

[52] Ivanova N, Johannessen O M, Pedersen L T, et al. Retrieval of Arctic sea ice parameters by satellite passive microwave sensors: A comparison of eleven sea ice concentration algorithms. IEEE Transactions on Geoscience and Remote Sensing, 2014, 52(11): 7233-7246.

[53] Ivanova N, Pedersen L T, Tonboe R T, et al. Inter-comparison and evaluation of sea ice algorithms: Towards further identification of challenges and optimal approach using passive microwave observations. The Cryosphere, 2015, 9(5): 1797-1817.

[54] Chi J, Kim H, Lee S, et al. Deep learning based retrieval algorithm for Arctic sea ice concentration from AMSR2 passive microwave and MODIS optical data. Remote Sensing of Environment, 2019, 231(15): 111204.

[55] Karvonen J. Baltic sea ice concentration estimation using SENTINEL-1 SAR and AMSR2 microwave radiometer data. IEEE Transactions on Geoscience and Remote Sensing, 2017, 55(5): 2871-2883.

[56] Bliss A C, Steele M, Peng G, et al. Regional variability of Arctic sea ice seasonal change climate indicators from a passive microwave climate data record. Environmental Research Letters, 2019.

[57] Kaleschke L, Tian-Kunze X, Maaß N, et al. SMOS sea ice product: Operational application and validation in the Barents Sea marginal ice zone. Remote Sensing of Environment, 2016, 180: 264-273.
[58] Guemas V, Blanchard-Wrigglesworth E, Chevallier M, et al. A review on Arctic sea-ice predictability and prediction on seasonal to decadal time-scales. Quarterly Journal of the Royal Meteorological Society, 2016, 142(695): 546-561.
[59] Yang K, Wang C H. Water storage effect of soil freeze-thaw process and its impacts on soil hydro-thermal regime variations. Agricultural and Forest Meteorology, 2019, 265: 280-294.
[60] 晋锐, 李新. 被动微波遥感监测土壤冻融界限的研究综述. 遥感技术与应用, 2002, 17(6): 370-375.
[61] Zuerndorfer B, England A W. Radiobrightness decision criteria for freeze/thaw boundaries. IEEE Transactions on Geoscience and Remote Sensing, 1992, 30(1): 89-102.
[62] 张廷军, 晋锐, 高峰. 冻土遥感研究进展:被动微波遥感. 地球科学进展, 2009, 24(10): 1073-1083.
[63] Jin R, Zhang T J, Li X, et al. Mapping surface soil freeze-thaw cycles in China based on SMMR and SSM/I brightness temperatures from 1978 to 2008. Arctic, Antarctic, and Alpine Research, 2015, 47(2): 213-229.
[64] Jin R, Li X, Che T. A decision tree algorithm for surface soil freeze/thaw classification over China using SSM/I brightness temperature. Remote Sensing of Environment, 2009, 113(12): 2651-2660.
[65] Han L J, Tsunekawa A, Tsubo M. Shifting of frozen ground boundary in response to temperature variations at northern China and Mongolia, 2000-2007. International Journal of Climatology, 2013, 33(7): 1844-1848.
[66] Smith N V, Saatchi S S, Randerson J T. Trends in high northern latitude soil freeze and thaw cycles from 1988 to 2002. Journal of Geophysical Research, 2004, 109(D12): D12101.
[67] Lin G Q, Guo H D, Li X W, et al. Research on the temporal-spatial changes of near-surface soil freeze/thaw cycles in China based on radiometer. IOP Conference Series: Earth and Environmental Science, 2014, 17(1): 012142.
[68] 邵婉婉. 基于被动微波遥感的北半球近地表土壤冻融时空分析. 兰州: 兰州大学, 2016.
[69] Zheng D H, Wang X, van der Velde R, et al. L-band microwave emission of soil freeze-thaw process in the third pole environment. IEEE Transactions on Geoscience and Remote Sensing, 2017, 55(9): 5324-5338.
[70] Rautiainen K, Lemmetyinen J, Schwank M, et al. Detection of soil freezing from L-band passive microwave observations. Remote Sensing of Environment, 2014, 147: 206-218.
[71] Roy A, Toose P, Derksen C, et al. Spatial variability of L-band brightness temperature during freeze/thaw events over a prairie environment. Remote Sensing, 2017, 9(9): 894.
[72] Montzka C, Jagdhuber T, Horn R, et al. Investigation of SMAP fusion algorithms with airborne active and passive L-band microwave remote sensing. IEEE Transactions on Geoscience and Remote Sensing, 2016, 54(7): 3878-3889.
[73] 王宝刚, 晋锐, 赵泽斌, 等. 被动微波遥感在地表冻融监测中的应用研究进展. 遥感技术与应用, 2018, 33(2): 193-201.
[74] Prince M, Roy A, Royer A, et al. Timing and spatial variability of fall soil freezing in boreal forest and its

effect on SMAP L-band radiometer measurements. Remote Sensing of Environment, 2019, 231(15): 111230.

[75] de Jeu R A M, Wagner W, Holmes T R H, et al. Global soil moisture patterns observed by space borne microwave radiometers and scatterometers. Surveys in Geophysics, 2008, 29(4-5): 399-420.

[76] 梁顺林, 李小文, 王锦地. 定量遥感: 理念与算法. 北京: 科学出版社, 2013.

[77] Sabaghy S, Walker J P, Renzullo L J, et al. Spatially enhanced passive microwave derived soil moisture: Capabilities and opportunities. Remote Sensing of Environment, 2018, 209: 551-580.

[78] Schmugge T, Gloersen P, Wilheit T, et al. Remote sensing of soil moisture with microwave radiometers. Journal of Geophysical Research, 1974, 79(2): 317-323.

[79] Wigneron J, Laguerre L, Kerr Y H. A simple parameterization of the L-band microwave emission from rough agricultural soils. IEEE Transactions on Geoscience and Remote Sensing, 2001, 39(8): 1697-1707.

[80] Wang J R, Choudhury B J. Remote sensing of soil moisture content, over bare field at 1.4 GHz frequency. Journal of Geophysical Research, 1981, 86(C6): 5277-5282.

[81] Mo T, Choudhury B J, Schmugge T J, et al. A model for microwave emission from vegetation-covered fields. Journal of Geophysical Research, 1982, 87(C13): 1129-11237.

[82] Njoku E G, Li L. Retrieval of land surface parameters using passive microwave measurements at 6-18 GHz. IEEE Transactions on Geoscience and Remote Sensing, 1999, 37(1): 79-93.

[83] Njoku E G, Jackson T J, Lakshmi V, et al. Soil moisture retrieval from AMSR-E. IEEE Transactions on Geoscience and Remote Sensing, 2003, 41(2): 215-229.

[84] Owe M, de Jeu R, Holmes T. Multisensor historical climatology of satellite-derived global land surface moisture. Journal of Geophysical Research, 2008, 113(F1): F01002.

[85] Chai S-S, Walker J, Makarynskyy O, et al. Use of soil moisture variability in artificial neural network retrieval of soil moisture. Remote Sensing, 2009, 2(1): 166-190.

[86] Liu S F, Liou Y A, Wang W J, et al. Retrieval of crop biomass and soil moisture from measured 1.4 and 10.65 GHz brightness temperatures. IEEE Transactions on Geoscience and Remote Sensing, 2002, 40(6): 1260-1268.

[87] 谭建灿, 毛克彪, 左志远, 等. 基于卷积神经网络和 AMSR2 微波遥感的土壤水分反演研究. 高技术通讯, 2018, 28(5): 399-408.

[88] Kumar S V, Dirmeyer P A, Peters-Lidard C D, et al. Information theoretic evaluation of satellite soil moisture retrievals. Remote Sensing of Environment, 2018, 204: 392-400.

[89] Parrens M, Bitar A A, Frappart F, et al. High resolution mapping of inundation area in the Amazon basin from a combination of L-band passive microwave, optical and radar datasets. International Journal of Applied Earth Observation and Geoinformation, 2019, 81: 58-71.

[90] Das N N, Entekhabi D, Njoku E G, et al. Tests of the SMAP combined radar and radiometer algorithm using airborne field campaign observations and simulated data. IEEE Transactions on Geoscience and Remote Sensing, 2014, 52(4): 2018-2028.

[91] Zhao W, Li A N, Zhao T J. Potential of estimating surface soil moisture with the triangle-based empirical

relationship model. IEEE Transactions on Geoscience and Remote Sensing, 2017, 55(11): 6494-6504.
[92] Zhao W, Sánchez N, Lu H, et al. A spatial downscaling approach for the SMAP passive surface soil moisture product using random forest regression. Journal of Hydrology, 2018, 563: 1009-1024.
[93] Wei Z, Meng Y, Zhang W, et al. Downscaling SMAP soil moisture estimation with gradient boosting decision tree regression over the Tibetan Plateau. Remote Sensing of Environment, 2019, 225: 30-44.
[94] Seneviratne S I, Corti T, Davin E L, et al. Investigating soil moisture-climate interactions in a changing climate: A review. Earth-Science Reviews, 2010, 99(3-4): 125-161.
[95] Draper C, Reichle R. The impact of near-surface soil moisture assimilation at subseasonal, seasonal, and inter-annual timescales. Hydrology and Earth System Sciences, 2015, 19(12): 4831-4844.
[96] Lievens H, Tomer S K, Al Bitar A, et al. SMOS soil moisture assimilation for improved hydrologic simulation in the Murray Darling Basin, Australia. Remote Sensing of Environment, 2015, 168: 146-162.
[97] Villarini G, Krajewski W F. Review of the different sources of uncertainty in single polarization radar-based estimates of rainfall. Surveys in Geophysics, 2010, 31(1): 107-129.
[98] 王存光, 洪阳. 卫星遥感降水的反演:验证与应用综述. 水利水电技术, 2018, 49(8): 1-9.
[99] 夏团结, 申涛, 方珉, 等. 红外成像/被动微波复合制导技术研究. 红外技术, 2018, 40(5): 481-486.
[100] Ramillien G, Famiglietti J S, Wahr J. Detection of continental hydrology and glaciology signals from GRACE: a review. Surveys in Geophysics, 2008, 29(4-5): 361-374.
[101] Swenson S, Wahr J. Monitoring the water balance of Lake Victoria, East Africa, from space. Journal of Hydrology, 2009, 370(1-4): 163-176.
[102] Xavier L, Becker M, Cazenave A, et al. Interannual variability in water storage over 2003–2008 in the Amazon Basin from GRACE space gravimetry, in situ river level and precipitation data. Remote Sensing of Environment, 2010, 114(8): 1629-1637.
[103] Klees R, Liu X, Wittwer T, et al. A comparison of global and regional GRACE models for land hydrology. Surveys in Geophysics, 2008, 29(4-5): 335-359.
[104] Thomas B F, Famiglietti J S, Landerer F W, et al. GRACE groundwater drought index: Evaluation of California Central Valley groundwater drought. Remote Sensing of Environment, 2017, 198: 384-392.
[105] Girotto M, Reichle R H, Rodell M, et al. Multi-sensor assimilation of SMOS brightness temperature and GRACE terrestrial water storage observations for soil moisture and shallow groundwater estimation. Remote Sensing of Environment, 2019, 227: 12-27.
[106] Tangdamrongsub N, Han S-C, Jasinski M F, et al. Quantifying water storage change and land subsidence induced by reservoir impoundment using GRACE, Landsat, and GPS data. Remote Sensing of Environment, 2019, 233: 111385.
[107] Velicogna I, Sutterley T C, van den Broeke M R. Regional acceleration in ice mass loss from Greenland and Antarctica using GRACE time-variable gravity data. Geophysical Research Letters, 2014, 41(22): 8130-8137.
[108] 孙成, 陈鸿秉. GRACE 重力卫星研究南极冰盖质量变化的时空特征. 北京测绘, 2018, 32(10): 1143 -1146.
[109] King M A, Bingham R J, Moore P, et al. Lower satellite-gravimetry estimates of Antarctic sea-level

contribution. Nature, 2012, 491(7425): 586-589.

[110] Jin S G, Hassan A A, Feng G P. Assessment of terrestrial water contributions to polar motion from GRACE and hydrological models. Journal of Geodynamics, 2012, 62: 40-48.

[111] 冯贵平, 宋清涛, 蒋兴伟, 等. 卫星重力估计陆地水和冰川对全球海平面变化的贡献. 海洋学报, 2018, 40(11): 85-95.

[112] 冉将军, 许厚泽, 钟敏, 等. 利用 GRACE 重力卫星观测数据反演全球时变地球重力场模型. 地球物理学报, 2014, 57(4): 1032-1040.

[113] van der Meijde M, Pail R, Bingham R, et al. GOCE data, models, and applications: A review. International Journal of Applied Earth Observation and Geoinformation, 2015, 35: 4-15.

[114] 程鹏飞, 文汉江, 刘焕玲, 等. 卫星重力与卫星测高的研究进展. 测绘科学, 2019, 44(6): 16-22.

[115] 郑伟, 许厚泽, 钟敏, 等. 我国将来更高精度 CSGM 卫星重力测量计划研究. 国防科技大学学报, 2014, 36(4): 102-111.

[116] 郑伟, 许厚泽, 钟敏, 等. 国际重力卫星研究进展和我国将来卫星重力测量计划. 测绘科学, 2010, 35(1): 5-9.

第四部分　遥 感 应 用

遥感技术已在许多行业领域中得到广泛应用，为我国国民经济建设和社会发展提供服务。在我国国务院各部委中，有10个部委的职责职能范围与遥感密切相关，在这些部委的业务管辖范围内，遥感技术有广泛深入的应用。本部分的遥感应用论述，将按这些部委及其相应的职能范围进行划分。

我国自然资源部以土地、矿产、森林、草原、湿地、水、海洋等自然资源为管理对象，其遥感应用包括土地资源的利用、规划、监测，矿山地质调查，海洋资源调查，水资源调查监测，森林、草原和湿地资源调查监测等。我国生态环境部主要制定大气、水、海洋、土壤、噪声、光、恶臭、固体废物、化学品、机动车等的污染防治管理制度并监督实施，其遥感应用主要包括陆表生态环境、大气生态环境、海洋生态环境、生态环境监测与影响评价。

我国住房和城乡建设部的遥感应用包括城市遥感多场景应用、城市复杂系统与可持续发展、城市公共安全。我国交通运输部的遥感应用包括交通综合，公路和铁路交通，管道交通，航运交通的规划、调查和监测。我国文化和旅游部的遥感应用包括遗址调查与监测、文物复原保护、对遗址的古环境分析与解译、遥感旅游。

我国应急管理部的遥感应用包括火灾应急管理、水旱灾害应急管理、地质灾害应急管理。我国农业农村部的遥感应用主要包括农业资源区划管理、农作物长势监测和大面积估产、农业灾害监测、精准农业、作物遥感模型等。我国水利部的遥感应用包括水资源的合理开发利用、水文水资源管理、水土保持、防灾减灾。我国国防部和我国国家安全部的遥感应用包括军事侦察、导弹预警与武器制导、军事测绘、战场环境模拟仿真等。

另外，随着遥感科学技术的不断发展，呈现出越来越多的新兴领域遥感应用，包括视频卫星遥感、遥感深空探测、遥感经济、夜光遥感等应用方向，单列一章进行论述。

应用需求是遥感技术发展的推动力，也是遥感科学研究的试验田，正是在多领域的全面深入应用中，研究人员不断发现新的研究论题，开展攻关研究，从而促进了遥感科学的发展，也进一步推动了遥感应用的拓展和深入。

第 16 章　遥感在自然资源方面的应用

我国社会经济飞速发展的同时也给自然资源和生态系统带来了很大的破坏，因此调查自然资源情况，开展环境监测等是必须要重视的工作。为了统一行使国土资源监测和生态保护职责，实现国家自然资源调查、监管与保护，2018 年 3 月成立了中华人民共和国自然资源部，将原国土资源部、国家发展和改革委员会、住房和城乡建设部、水利部、农业部、林业局、海洋局和国家测绘地理信息局的相关职责整合，提高自然资源利用率，加强自然资源保护。

自然资源部的职能包括自然资源普查和保护监管，遥感可以打破时空和地域的限制，实现对各类自然资源详细调查与生态环境实时监测，因此在自然资源调查领域得到广泛应用。具体包括：①土地覆盖/土地利用调查及其变化监测、土地规划设计、耕地面积与质量监测保护、土地荒漠化监测等相关的土地资源调查与监测；②矿产、地热资源调查、土地污染调查监测和地质灾害监测等相关的地质调查；③海洋物化性质调查、海洋环境监测和海洋灾害应急监测等相关的海洋资源调查；④水体环境调查、水利设施监测和防洪抗灾等相关的水资源调查；⑤森林资源调查、森林灾害监测、草原湿地动态监测和水土流失监测等相关的森林、草原和湿地资源调查。

16.1　土地资源调查

土地资源是人类赖以生存的最基本条件，国土资源的多少和优劣是决定一个国家安全程度的重要因素。然而随着人类活动的加剧和对土地资源的不合理开发利用，我国出现了一系列土地资源生态问题。为此，我国开展了三次全国土地调查，希望能够掌握真实准确的土地基础数据并实现信息化服务。传统的土地调查主要是手工作业，过程繁琐、调查周期长、耗费人力多且容易引入误差，遥感技术的引入大大提高了土地调查的效率和准确性，遥感土地资源调查成为遥感应用的主要领域。

遥感技术在土地资源监测中常用于土地利用/覆盖调查和变化检测、土地规划应用、土地石漠化/荒漠化调查等。随着新的遥感平台、新型传感器以及新的数据处理建模方法的出现，针对土地资源调查的遥感新技术不断涌现。

16.1.1　土地利用

利用遥感数据进行土地利用调查由来已久。大量遥感数据为调查土地利用/土地覆盖和监测土地利用变化提供更低成本的技术手段，特别是 2008 年 Landsat 开放免费使用后，一系列卫星影像可以提供长时间的地面观测记录，由此遥感影像被广泛用于土地利用分类和时序土地利用变化检测。相应地也提出了许多方法支持土地利用变化监测，如阈值法、时间分割法、统计边界等[1-4]。但长时序时空数据分析对计算效率提出了巨大的挑战。

谷歌地球引擎(google earth engine，GEE)是一个基于云计算的平台，容纳了数十年的历史图像和统计数据，是进行大规模时空分析的强大平台，可以用于土地利用变化监测。Ge 等[5]在 GEE 上使用 2013～2018 年 Landsat8 地表反射率数据集来检测中国贫困地区耕地、建成区、水体、植被和未利用地等土地利用类型的变化，通过土地利用过渡矩阵来描述变化特征，并结合贝叶斯层次模型研究土地利用变化的时空格局。该文对 2012 年政府发布的除西藏外 13 个长期贫困区，结合统计年鉴获得区域贫困率信息，使用 GEE 提供的经过大气校正、去除云和阴影的 Landsat8 OLI 影像、VIIRS 夜光遥感数据和 ALOS 地面高程数据(digital elevation model，DEM)，对基本年份的影像进行分类。分类使用的特征包括 Landsat8 的 6 波段数据和归一化植被指数(normalized difference vegetation index，NDVI)，归一化建成区指数(normalized difference built-up index，NDBI)，调整型归一化水体指数(modified normalized difference water index，MNDWI)和植被调整归一化城市指数(vegetation adjusted normalized urban index，VANUI)，具体定义如式(16-1)～式(16-3)所示：

$$\mathrm{NDBI} = (\rho_{\mathrm{MIR}} - \rho_{\mathrm{NIR}}) / (\rho_{\mathrm{MIR}} + \rho_{\mathrm{NIR}}) \tag{16-1}$$

$$\mathrm{MNDWI} = (\rho_{\mathrm{Green}} - \rho_{\mathrm{MIR}}) / (\rho_{\mathrm{Green}} + \rho_{\mathrm{MIR}}) \tag{16-2}$$

$$\mathrm{VANUI} = (1 - \mathrm{NDVI}) \cdot \mathrm{NTL} \tag{16-3}$$

式中：MIR 为中红外波段；NIR 为近红外波段；NTL 为夜光影像 DN 值。

此外还包括 DEM 和由此计算的坡度，选择随机森林作为分类器。使用土地利用变化矩阵，分析研究时段内贫困县土地利用变化，并结合 2018 年底国家脱贫数据对脱贫县和未脱贫县进行对比和显著性检验，确定研究时段内中国贫困地区不同土地利用类型变化情况，结果验证了不同等级贫困地区土地利用变化情况，受人为活动影响较大。

土地利用分类问题中训练样本收集困难的问题，也有了新的解决途径——使用众包数据代替训练样本。开放地图(open street map，OSM)作为一个众包平台，提供可供大众编辑、大众应用的地图数据，其中的地块边界、兴趣点(point of interesting，POI)等专题数据可作为样本候选从而节约样本获取的成本。Liu 等[6]利用 OSM 上提供的约 13218 景开源 Landsat 影像生成训练样本并在 GEE 平台上实现土地利用分类，半自动生成 1987～2017 年长时序长江中游城市土地利用分布图。方法流程为：在 GEE 平台上收集每年 Landsat TM/ETM+/OLI 所有可用的云量小于 70%的影像进行年合成。除各波段影像外，还加入系列指数辅助分类，包括 NDVI、NDBI、MNDWI，以及有效区分不透水层的建成区指数(built-up index，BuEI)以及土壤指数(soil index，SoEI)，具体定义如式(16-4)和式(16-5)所示：

$$\mathrm{BuEI} = 1.25 \times (\rho_{\mathrm{SWIR}} - \rho_{\mathrm{NIR}}) + (2.5\rho_{\mathrm{Blue}} - \rho_{\mathrm{MIR}}) - 0.25\rho_{\mathrm{RED}} \tag{16-4}$$

$$\begin{aligned}\mathrm{SoEI} = {} & (0.03\rho_{\mathrm{Green}} - 0.11\rho_{\mathrm{Blue}}) + (1.56\rho_{\mathrm{RED}} + 1.1\rho_{\mathrm{NIR}}) \\ & + (1.37\rho_{\mathrm{MIR}} - 0.61\rho_{\mathrm{SWIR}})\end{aligned} \tag{16-5}$$

式中：SWIR 为短波红外。

此外，还加入三个纹理特征——相异性、熵和第二角距。使用航天飞机雷达地形测绘使命(SRTM)的 DEM 数据计算坡度，以对城区不太可能出现的高海拔/陡坡地区进行掩膜。然后结合 OSM 数据生成训练样本，在 GEE 上进行进一步的土地利用分类，分类对比了 CART 决策树(classification and regression tree，CART)、随机森林、支持向量机(SVM)和朴素贝叶斯算法等多种分类器，结果表明，CART 决策树和随机森林算法更优。结合两种算法的分类结果进行城市土地类型分类识别，对多年分类结果结合动态时间过滤窗口对分类数据进行一致性检验作为后处理，生成最终的长江中游城市土地利用分类图。

Zhong 等[7]结合 OSM 超高分辨率遥感影像，提出一个数据驱动的点、线、面语义分类制图框架为城市土地利用制图提供新方法。方法首先提出基于点-线-面的语义对象框架(point-line-polygon semantic object mapping，PLPSOM)，将框架应用到 OSM 提供的开源数据(包括超高分辨率遥感影像和众包数据，如道路、水体和 POI 等)，OSM 线地物提供的语义数据为分类样本生成节约成本；在 PLPSOM 框架生产的训练样本集上，提出一种增强深度适用网络(enhanced deep adaptation network，EDAN)，使用多尺度格网进行分类，实现超高分辨率城区土地利用制图。框架和方法应用到中国 4 个城市中 6 个城区(北京、武汉市中心、汉阳区和汉南区、澳门以及香港湾仔地区)，分类精度达到 74.44%以上，证明了 Zhong 等[7]方法的实用性。

16.1.2　土地规划

当前我国正处于快速城镇化过程中，城镇土地利用规划可指导区域一定时期城镇化的健康有序推进，而规划实施的监测和管控是重要环节。遥感和地理信息系统是监测土地利用变化的有效方法，二者相结合可进一步实现土地利用规划实施的动态管理。通过遥感影像，尤其是高空间分辨率影像，可以有效监测城市地类，并在分类基础上估算地类规划实施完成率，评价研究区土地利用规划实施情况。

另外，考虑显著增长的城市热岛效应，高分影像结合光谱指数(如 NDVI 等)可有效监测城市绿地功能区分布。基于遥感热红外技术可对城市地表温度进行反演并监测城市热分布，结合遥感多光谱影像结合指数及形状特征提取的城市街区和植被分布，从而指导城市绿化规划。

张超等[8]使用 0.5m 分辨率 WorldView-2 影像，结合 CART 决策树和面向对象的分类方法，在对城区进行精确分类的基础上对每个规划图斑进行计算，以文章提出的地类规划实施完成率，实现土地规划实施过程的监测评价。实验区域在北京市房山区，实验结果的最终分类总体精度达 89%，Kappa 系数为 0.87，构建的分类算法基本能满足城镇土地规划监测的需求。分类方法的具体步骤为，实施多尺度分割，利用光谱、纹理、几何及指数特征，基于 CART 决策树自动获取分类规则，实现参与分类最优对象特征的选择以及特征阈值的自动确定，最后将分类结果与城镇土地利用规划图套合，利用文章提出的城镇土地利用监测指标——地类规划实施完成率，完成研究区城镇土地规划实施的监测与评价。使用的光谱特征包括图层贡献率、标准差、平均差分；形状特征包括椭圆拟合、形状指数；纹理特征包括灰度共生矩阵非相似性；指数特征包括 NDVI 和构造的自定义指数 Lee，如式(16-6)所示：

$$V_{\text{Lee}} = \frac{\rho_{\text{RED}} - \rho_{\text{Green}}}{\rho_{\text{Green}} + \rho_{\text{Blue}}} \tag{16-6}$$

Chen 等[9]关注城市规划中的城市绿地监测，提出基于超平面的植被提取方法(hyperplanes for plant extraction methodology，HPEM)，从北京市区提取植被斑块，然后结合 OSM 路网数据分割的地块作为分类的基本单位，使用邻近凸包分析(near-convex-hull analysis，NCHA)和文本凸包分析(text-concave-hull analysis，TCHA)集成多源数据的应用。流程可概括为两个主要部分，首先是从 GF-2 号、OSM 的 POI 和路网数据提取 5 个信息层，分别为 GF-2 提取植被斑块、路网信息提取道路缓冲区和划分的基本单元、POI 提供地理空间定位和定位属性类别，然后整合这些信息层进行城市功能分区。植被斑块的提取使用的是基于超平面的植被提取方法，基本思路是基于 SVM，认为城市地区低 NDVI 区域和非植被区域可以用一个超平面区分开来，而高 NDVI 区域和低 NDVI 区域也可以使用超平面分割。因此在北京城区的植被和非植被区域选择对应的样本训练得到两个超平面，提取植被斑块。根据政府对城市绿地分区的定义，将植被划分为公园和辅助绿地。考虑 NCHA，结合 POI 信息将公园相关的植被斑块划分为公园绿地；考虑 TCHA，利用字符串相似函数识别 POI 中居民区信息，划分社区和住宅绿地；考虑道路缓冲区，将附近植被斑块划分为路边绿地。针对最后城市绿地分类结果，进行分层抽样验证，结合 Google Earth 样本评价最终分类准确性。结果表明，城市绿地功能区分类总体准确度达到 92.48%，可为政府城市规划提供数据参考。

Coutts 等[10]结合超高分辨率影像和热红外遥感技术对城市规划和绿化进行决策辅助。文章基于与澳大利亚墨尔本地方政府合作项目开展，在 2012 年 2 月(夏季)使用无人机获取城市 0.5m 的超高分辨率影像和夜晚的热红外影像确定城市热岛区域。为获取地表覆盖数据作为辅助，综合使用了航空影像、高光谱影像和激光雷达(light detection and ranging，LiDAR)数据，用于构造数字表面模型(digital surface model，DSM)和 DEM。此外还获取了不同地表覆盖类型地面站点的气温数据，与热红外反演的地表亮温(land surface temperature，LST)进行对比验证。与机载热红外数据对应的还使用 Landsat7 ETM+和 MODIS 的热红外影像。结果表明，夜晚 LST 数据可有效识别城市热岛区域。针对街区，统计 LST 和对应的植被覆盖度，结合 LiDAR 数据确定建筑高度，计算街区的平均高宽比，根据高宽比将街区分为 4 组，并比较植被覆盖率和平均街区 LST 的线性回归关系。结果表明，白天 LST 和植被覆盖之间存在线性关系，植被覆盖每增加 10%，LST 下降 1.2℃；晚上通过多项式拟合描述 LST 随植被覆盖增加而减少的趋势，其中在植被覆盖<30%的不透水层区域，随着植被覆盖增加，LST 下降缓慢；植被覆盖增加到 30%以上时，LST 下降速度加快。街区的高宽比也会影响植被的降温效果，当高宽比大于 0.6，城市街道 LST 随植被覆盖减少率降低，并且高宽比小于 0.6 的类别在统计学上显著。这表明在高宽比较大时，建筑物阴影较强，植被覆盖对降低平均街道 LST 影响较小，因此应优先考虑开阔街道的植被绿化。在城市规划设计中，对于高宽比较低的地方，应将重点

放在屋顶干预措施上(如绿化屋顶或使用反光材料的屋顶)。

16.1.3 耕地面积和耕地质量监测

耕地是人类赖以生存的基本资源和条件，耕地保护事关国家粮食安全和社会稳定，但随着我国经济快速增长，人口持续增加，耕地资源的减少及退化和人们对粮食需求的迅速增加之间的矛盾日益尖锐。开展耕地变化的监测工作，对于制定耕地保护政策、实现耕地安全具有重要意义。

耕地资源退化的同时，农田废弃已成为世界范围内日益关注的问题。遥感农田提取一般结合多光谱影像的光谱植被指数及物候特征和机器学习算法来实现[11-13]，结合遥感影像，不仅可以以一定的幅宽和时间间隔对耕地面积和耕地质量保护进行有效监测，还可通过时序影像监测废弃农田等。

Estel 等[14]基于 MODIS NDVI 时间序列数据绘制欧洲第一幅废弃农田(耕地和草地)和复耕农田分布图。结合随机森林分类器对 2001～2012 年每年活动农田和休耕农田进行分类，并使用卫星数据和野外数据进行结果验证。年度地图的平均总体精度达到 90.1%，休耕农田的平均用户精度达到 73.9%。使用的数据包括：2000～2012 年 MODIS NDVI 产品 MOD13Q1 和 MYD13Q1、MODIS LST 产品 MOD11A2、MODIS 陆地掩膜 MOD44W 和 GlobCORINE 土地覆盖分类数据。根据休耕农田与活跃农田 NDVI 时序曲线的差异——休耕农田为无人耕种管理的农田，时序光谱与自然草地类似，NDVI 曲线为光滑的钟形——当人为耕种时，时序曲线会发生变化，因此认为活跃农田在时空上 NDVI 分布不规则，具有一个或多个狭窄的峰，与自然植被和休耕地的峰比，最高峰经常发生实质性变化。由此特性结合随机森林进行分类，得到欧洲 2001～2012 年休耕和活跃地年度分布图，并统计每个像素在研究时段内被识别为休耕地的频率，然后将年度土地使用信息转换为废弃地和耕地的轨迹，分析欧洲农田废弃和复耕情况。

Yoon 等[15]对 Sentinel-2A 提取的 3 种植被指数：NDVI、归一化水体指数(normalized difference water index，NDWI)和土壤调整植被指数(soil adjusted vegetation index，SAVI)进行谐波分析，使用提取的高阶正弦曲线分量，结合 SVM，利用植被指数物候轨迹来划分废弃农田和活跃农田。在韩国光阳市的实验结果表明，SVM 结合 3 种植被指数进行的高阶谐波分量分类，总体分类精度达到 90.72%，Kappa 系数 0.858，废弃农田用户精度达到 93.40%，该方法能为农田质量监测提供快速反应。谐波分析是指将 NDVI 时间序列分解为多个正弦分量相加的过程，3 种植被指数都可以根据式(16-7)进行谐波分解：

$$VI_t = \alpha_0 + \alpha_1 t + \sum_{i=1}^{k} \left\{ c_i \cos\left(2\pi it/n\right) + s_i \sin\left(2\pi it/n\right) \right\} + e_i \tag{16-7}$$

式中：n 为采样间隔，因为 Sentinel-2A 重访周期为 10 天，所以一年内 n=36；K 为第 k 次获取的数据。

谐波分解得到的植被指数分量结合 SVM 进行分类，可以得到最终的废弃农田和活跃农田分布图。

Wu 等[16]基于 Landsat8、Google Earth 影像和 DEM，提出基于作物生命周期变化提取废弃农田的方法。在中国广东省兴宁市进行实验，基于2017年自然资源部提供的土地利用数据提取耕地，然后基于地块计算对应的NDVI；根据Landsat8影像计算生长季和非生长季NDVI差异。考虑到活跃农田会有耕种、生长到收获的生命周期，耕地NDVI在生长季和非生长季会有明显差异，而对于南方丘陵地带的废弃农田，因为没有人为干预，NDVI值保持稳定。因此可通过生长季和非生长季NDVI差异初步将NDVI变化较小的地块识别为废弃农田。但与实地验证结果对比，被建筑占用、开挖成池塘等耕地NDVI也几乎没有变化，为了排除这种影响，通过MNDWI和归一化建筑指数(normalized difference bareness and built up index，NDBBI)排除农田斑块中的水、建成区和裸地，具体公式如(16-8)所示：

$$\mathrm{NDBBI}=\frac{1.5\rho_{\mathrm{SWIR}}-\left(\rho_{\mathrm{NIR}}+\rho_{\mathrm{Green}}\right)/2}{1.5\rho_{\mathrm{SWIR}}+\left(\rho_{\mathrm{NIR}}+\rho_{\mathrm{Green}}\right)/2} \tag{16-8}$$

流程可概括为：使用Landsat8生长季和非生长季影像提取地块NDVI；将生长季和非生长季NDVI做差，寻找合适的阈值初步区分耕地与废弃农田；针对初步提取的废弃农田，使用NDBBI排除建筑用地，再使用MNDWI排除水体；考虑到林地、花园等地块NDVI变化亦不大的特点，在Google Earth上选取样本，结合最大似然分类方法，排除林地和花园地块；为了验证废弃农田提取的准确性，使用在Google Earth上选取的样本进行精度验证，并将分类结果与人工神经网络(artificial neural network，ANN)对比。针对兴宁市废弃农田提取结果分析，废弃农田提取精度达到92%(基于ANN的方法为80%)，该市废弃农田集中在市中心和工业园区附近，从地形来看，主要分布在山脊和坡度较大地区，原因是受道路和灌溉条件限制。

16.1.4 土地荒漠化与石漠化监测

土地荒漠化是指由气候变异和人类活动等因素使干旱、半干旱地区的土地发生退化。土地荒漠化是全球性的重大生态问题，会影响到生物多样性，社会和经济发展，对此需要采取手段进行监测、缓解和预防。为了防治荒漠化，持续监测至关重要。

遥感能够以均匀的时间间隔调查大范围的地面状况，为监测土地荒漠化提供了有效的技术手段。目前大多数已发表的研究都是通过对比具有一定时间间隔的遥感数据来分析荒漠化的动态变化[17-19]。针对荒漠化土地的提取，使用包括分类、光谱指数等方法，构建荒漠化监测体系。考虑到荒漠化成因和实际情况复杂，难以通过单一指标来全面准确地提取评价荒漠化，为此提出基于多个光谱指数指标组合来监测大规模荒漠化的方法以及通过频谱解混与变化矢量分析方法实现荒漠化土地的提取与状态监测。

Duan等[20]结合Landsat和MODIS数据利用快速无偏高效统计树(quick, unbiased, and efficient statistical tree，QUEST)决策树分类方法基于多指标提取2000～2012年科尔沁地区荒漠化土地。使用的数据以MODIS数据为主——MOD13A2(植被指数)，MOD11A2(地表亮温LST)，MCD43B3(地表反照度)；气象数据有2000～2015年的月均温度、降水量和风速；数据采集时间2000～2015年的生长季(6月～9月)。验证数据集来自Landsat TM影像和Google Earth高分影像以及实地调查数据。为了消除云和气溶胶的影响，使用最大值合成法进行合成。沙漠化土地分类使用的参数包括修正土壤调整型植被指数(modified soil adjusted vegetation index，MSAVI)、植被覆盖度(fractional vegetation cover，FVC)、反照度、地表亮温 LST 和温度植被干旱指数(modified temperature vegetation drought index，MTVDI)，具体公式如式(16-9)～式(16-11)所示：

$$\mathrm{MSAVI}=\frac{1}{2}\left(2\rho_{\mathrm{NIR}}+1-\sqrt{\left(2\rho_{\mathrm{NIR}}+1\right)^{2}-8\left(\rho_{\mathrm{NIR}}-\rho_{\mathrm{RED}}\right)}\right) \tag{16-9}$$

$$\mathrm{FVC}=\frac{\mathrm{NDVI}-\mathrm{NDVI}_{\mathrm{soil}}}{\mathrm{NDVI}_{\mathrm{veg}}-\mathrm{NDVI}_{\mathrm{soil}}} \tag{16-10}$$

$$\mathrm{MTVDI}=\frac{T_s-\left(a_1+b_1\cdot\mathrm{MSAVI}\right)}{\left(a_2+b_2\cdot\mathrm{MSAVI}\right)-\left(a_1+b_1\cdot\mathrm{MSAVI}\right)} \tag{16-11}$$

式中：$\mathrm{NDVI}_{\mathrm{soil}}$ 为裸地像素 NDVI；$\mathrm{NDVI}_{\mathrm{veg}}$ 为纯植被像素 NDVI；T_s 为像素的 LST；a_1,b_1 和 a_2,b_2 分别为 Ts-MSAVI 特征空间中干旱像素和湿润像素拟合方程的截距和斜率。

根据随机森林分类得到 2000～2015 年每年轻度、中度、重度和极重度荒漠化土地分布和时空变化趋势。文章还对荒漠化成因进行分析，结合气象因素分析荒漠化成因，使用的气象数据包括年均气温、年度降水和年最大风速；使用多元逐步线性回归来确定显著影响荒漠化土地的驱动因素；根据统计资料分析人口密度和牲畜数量对荒漠化的影响，并评估了政府相关生态工程的效果，数据来自中国三北防护林体系建设网络。

Joseph 等[21]结合 1984～2015 年的 Landsat 影像和气象数据构造区域荒漠化风险指数(desertification risk index，DRI)以评估尼日利亚北部土地荒漠化的风险。根据最大似然法，在 Landsat 影像基础上生成区域土地利用土地覆盖分类图并统计其年度变化；基于 Landsat 热红外波段数据反演区域 LST，并与地面站气温数据进行对比验证；类似地，根据 Landsat 计算区域 NDVI 值。根据气象站的温度、降水和 NDVI 数据可估算 DRI，计算公式如式(16-12)所示：

$$\mathrm{DRI}=\frac{T}{P\cdot J'(P)\cdot\mathrm{NDVI}} \tag{16-12}$$

$$T=\frac{t}{t_{\max}} \tag{16-13}$$

$$P=\frac{p}{p_{\max}} \tag{16-14}$$

式中：t 为年均气温；$t_{\max}$ 为平均气温最大值；p 为年均降水；$p_{\max}$ 为平均降水最大值；$J'(P)$ 为 Pielou 均匀指数，具体计算公式如式(16-15)所示：

$$J'(P)=\frac{-\sum_{i=1}^{s}P_i\cdot\ln(P_i)}{\ln(S)} \tag{16-15}$$

$$P_i=\frac{N_i}{N} \tag{16-16}$$

式中：P_i为降水比例；N_i为每月降水量，N为每年降水量；S为12个月的月均降水量。

从土地利用时序数据来看，荒地和建成区的面积大幅增加，植被却急剧减少。随着地表覆盖类型的变化，区域LST也呈上升趋势，这种趋势与气象站地面观测数据趋势吻合。荒漠化风险指数DRI从1984～2014年间增加明显，并向南部蔓延，研究得出结论，由于气候条件和人为活动的影响，尼日利亚北部土地荒漠化十分明显。

Salih等[22]结合光谱混合分析（spectral mixture analysis，SMA）、面向对象的分类和变化向量检测（change vector analysis，CVA）等方法，分析苏丹白尼罗河州干旱半干旱地区荒漠化土地在1987～2014年变化进程。使用的3景Landsat影像分别为1986年的Landsat5 TM、1990年的Landsat1 TM和2014年Landsat8 ETM+。对Landsat影像进行亚像素分解，使用的方法是光谱混合分析，首先使用主成分分析（principal component analysis，PCA）提取纯净端元，然后将Landsat影像线性光谱解混，得到各土地利用类别（流沙、农田和植被）占比。针对多时相影像，进行变化矢量分析CVA，针对流沙地类分析可确定研究时段内土地荒漠化的进程。CVA确定的荒漠化地区特征为流沙占比增加而植被占比下降，而重新绿化区域特征为植被覆盖增加，流沙减少。通过确定的变化特征，提取区域荒漠化和再绿化面积的变化情况。结果表明，沙尘暴等影响了区域的农业和牧区，导致荒漠化增加。

16.2 地质调查

地质矿产资源是国民经济的基础，为了进一步促进矿产勘查工作的发展，提升监测效率，遥感被广泛应用于区域地质调查中。遥感因其具有大面积、高精度、低成本等特点，在基础地质调查（地层、构造、矿产等）、资源勘查（地热、金属矿石等）、水文地质调查和地质灾害监测等方面发挥极大优势。地质研究和地质调查工作中遥感技术的应用包括露天矿区识别和矿山环境监测、地热资源勘探、土地污染监测和滑坡、泥石流和地面沉降等地质灾害观测等。

16.2.1 矿山地质环境监测

矿业是我国国民经济的重要基础产业，但长期以来我国矿产开发较为粗放，缺乏实时监控，违法行为频发，矿区生态环境破坏严重，矿山环境问题突出。遥感影像能够定期提供覆盖大面积采矿地区的信息，出于环保和资源监测的需要，遥感被广泛应用于矿产环境监测中。

矿区环境遥感监测主要目的是通过遥感手段调查因矿区开发引起的环境质量变化，其中首要面临的问题是矿区地物的识别。大量的研究使用遥感多光谱数据，结合半监督和监督技术监测矿区环境[23-25]，如基于光谱特征聚类的全自动矿区提取方法、结合光谱指数的监督分类提取矿区地物方法以及SVM监督分类与时序分析相结合的矿区植被监测方法等。

Mukherjee 等[26]根据煤的反射率在短波红外波段 I 低于短波红外波段 II(SWIR-I 和 SWIR-II)这一基本特征，定义黏土矿物比指数(clay mineral ratio，CMR)，结合 Kmeans 聚类提出新的自动方法检测煤矿地区。将方法应用到印度 Jharia 煤田露天煤矿区，检测的平均精度和召回率分别为 76.43%和 62.75%。自动检测的方法主要分为 2 步，首先计算短波红外 I 和短波红外 II 的比值，进一步根据 SWIR-I 和 SWIR-II 反射率之比计算黏土矿物比 CMR，具体公式如式(16-17)所示：

$$\Phi(\rho_1,\rho_2)=\frac{\rho_1-\rho_2}{\rho_1+\rho_2} \tag{16-17}$$

式中：ρ_1 和 ρ_2 为表示两个波段的反射率值。

研究表明，不同类型的煤，SWIR-I 的反射率总是低于 SWIR-II，所以 Φ(SWIR-I, SWIR-II) 的值越低，越有可能是煤矿区域。根据这一思路，反复对 CMR 的较低值进行聚类，实现煤矿区域自动检测。具体流程为，每次 Kmeans 聚类的 k 值均设为 2，第一层 Kmeans 聚类产生 2 个聚类中心 I_1 和 I_2，针对较低值 I_1 的聚类继续进行 Kmeans 聚类，以此类推，认为第 3 次低值聚类结果即为检测到的煤矿区域。文章提出的方法适用于包含 SWIR-I 和 SWIR-II 的卫星数据，但层次分类中的层次数可能会随着区域地表覆盖类型变化而变化。

马秀强等[27]将 GF-2 影像应用到湖北大冶矿山地质环境调查中。结合波段加权运算对矿区植被和污染水体进行增强，利用 NDWI 和灰度分割提取水体信息和水体污染等级，调查矿山环境水污染情况；然后利用最大似然分类提取矿山土地利用信息，结果表明植被增强后的影像分类精度总体上有较大提高。

Ibrahim 等[28]利用 2016～2019 年 Sentinel-2 时序影像揭示哥伦比亚 El Bagre 和 Zaragoza 市矿区受采矿影响的地表覆盖和自然植被年度和季节变化。针对 Sentinel-2 影像进行 SVM 监督分类，将研究区域划分为 4 种主要地表覆盖类型：矿区、非植被区、植被和水体，通过实地调查从影像上获取 4 种地类的参考光谱。考虑到当地矿区特点——开采时会先向矿洞灌水，故需要对水体和非植被类别进行分类后处理修正：包括通过河流缓冲区识别孤立水体，然后统计裸露矿区缓冲区与孤立水体距离识别矿池，并且不在矿池附近的矿区类别应该修正为非植被类。结果表明，研究区域矿区面积略有下降，截至 2019 年 6 月，受开采影响的植被损失占 35%，恢复的植被区域占总开挖面积的 7%。

16.2.2　地热资源调查

地热能被定义为地球表面下以热能形式存储的能量，是世界上使用最广泛的可再生能源之一。与其他能源相比，地热能部分可再生，具有高可用性，温室气体排放更少，是清洁的绿色能源，所以地热资源的开发对于充分利用清洁能源，缓解社会能源紧张，发展循环经济具有重要意义。

过去地热资源的勘查工作以传统物探方法为主，包括重力、电磁法等，探测成本较高。近几年来，随着遥感技术的迅速发展，尤其是热红外遥感技术，以其信息量大、检测精度高以及受地面条件限制小等优点广泛应用于地热资源探测中。大量的研究使用热红外数据反演地表温度来检测地热异常区域并探测地热资源[29-32]。

Bouazouli 等[33]使用 MODIS、ASTER 和 Landsat 卫星遥感影像识别摩洛哥撒哈拉沙漠潜在的地热资源。地热资源的识别来自 3 个指标，分别是：地表温度，来自 MODIS LST 产品；水热蚀变指数，来自 ASTER 波段的 3 种矿物识别指数；断层和裂缝，来自 Landsat8 提取。从 MODIS LST 分布来看，无论昼夜，撒哈拉沙漠温度均高于北方区域，尤其是在毛里塔尼亚和阿尔及利亚的边界，具有很高的发热量。针对这一区域，利用 ASTER 多波段影像计算 3 种水热蚀变指数，分别为高岭石 I_1 、硅铝石 I_2 和方解石 I_3 ，计算公式如式(16-18)～式(16-20)所示：

$$I_1=\frac{\rho_7}{\rho_6}\cdot\frac{\rho_4}{\rho_6} \tag{16-18}$$

$$I_2=\frac{\rho_7}{\rho_5}\cdot\frac{\rho_7}{\rho_8} \tag{16-19}$$

$$I_3=\frac{\rho_6}{\rho_8}\cdot\frac{\rho_9}{\rho_8} \tag{16-20}$$

式中： ρ_i 为 ASTER 第 i 波段数据， i=4, 5, 6, 7, 8, 9。

水热蚀变指数的存在伴随着断层和线裂缝的存在，因此提取它们可以帮助确认结果的准确性。结合 Landsat8 影像主成分分析结果提取研究区域的线条和裂缝，结果表明，水热蚀变指数与受高温影响的区域完全吻合，并且断层和线裂缝分布十分集中，水热蚀变指数出现在裂缝附近，说明该区域具有活跃构造，通常拥有较高潜力的地热储层。

Wang 等[34]利用白天 Landsat8 和夜间 ASTER 的热红外遥感数据研究中国丹东地区的地热潜力区。将 Landsat8 和 ASTER 经过地理配准、辐射定标和大气校正等预处理后，利用单波段算法反演了研究区白天和晚上的地表温度。此外，对 3 种自然地物(水、植被和裸露地)白天和晚上的地表温度进行分类和分析，通过计算白天夜晚的地表平均温度(daytime and nighttime mean of land surface temperature，DNMLST)消除自然地物影响，突出地热异常区域。利用阈值法确定了 9 个地热异常区域并结合地质数据排除非地热影响。提取结果表明，确定的地热区与断层发育分布一致，证明方法的可行性。具体流程如下：首先对遥感影像进行几何校正，Landsat8 和 ASTER 之间存在偏移，基于地面控制点进行一阶多项式配准。然后根据传感器提供的参数进行辐射定标和 FLAASH 大气校正。Landsat8 的 LST 反演基于美国地质勘探局(united states geological survey，USGS)建议的单波段算法，ASTER 热红外 LST 反演使用官方推荐的温度与发射率分离算法(temperature/emissivity separation，TES)。研究区域自然地区以植被、水体和裸地为主，分析地物白天夜晚 LST 分布，发现裸露地表和植被白天较热，夜晚较冷，而水体夜晚较热，白天较热，根据这一特征，考虑构造地表平均温度 DNMLST，即白天和夜晚的 LST 之和，抵消地物冷热异常的影响，突出地热异常区。统计结果表明，DNMLST 在裸地和植被分布范围基本相同，水体分布略大。考虑人工解译更容易区分水体，以植被和裸地的 DNMLST 最大值作为阈值并去除水体区域，提取地热区域，同时为了排除人类活动的影响，在市区设置 2km 的缓冲区。文章方法检测出的地热潜在区域与实际地质图对比，存在一致性，证明了方法的可行性。

González 等[35]利用 Sentinel-2A 和 ASTER 影像、地质信息、重力异常分布等来探索西班牙奥伦塞省西北部的地热资源。使用的分类器为随机森林算法，主要流程如下：首先基于 Sentinel-2A 生成区域地表覆盖图，利用 ASTER 反演区域 LST 分布；其次结合 LST、开源地质数据和重力异常分布数据结合随机森林算法确定地热潜力区。区域的地表覆盖分类基于 Sentinel-2A 各波段数据加上 NDVI、NDBI 进行最大似然法分类得到；地质数据来自西班牙政府提供的包含岩石信息的地质分布图和地质断层图，针对断层分布，建立 250m 的缓冲区，认为地热资源更有可能分布在断层附近。以已知的地热分布区作为训练样本，输入随机森林训练得到最终地热分布的潜在区域。

16.2.3　土地污染调查

2005～2013 年我国开展了全国首次土壤污染状况调查，结果表明，全国土壤总的点位超标率为 16.1%，其中轻微、轻度、中度和重度污染点位比例分别为 11.2%、2.3%、1.5%和 1.1%。国务院于 2016 年 5 月印发了《土壤污染防治行动计划》（“土十条”），也是国家向污染宣战的三个重大战略之一。

传统的土壤污染研究方法有实验室监测、现场快速监测等方法，这些方法能够取得相对良好的测量精度，但耗时费力、效率较低，而且无法较好地获取空间上连续分布信息。遥感，尤其是可见光近红外光谱数据已被用作确定土壤污染分布的快速且实用的方法。一些研究利用线性回归拟合、人工神经网络和遗传算法以及类似的机器学习算法，结合光谱特征预测土壤重金属含量；而考虑到土壤污染会影响区域植被生长，也有相关研究通过卫星影像监测植被胁迫水平估计土壤重金属污染程度[36-39]。

Naderi 等[40]使用多元逐步线性回归(multiple linear regression，MSLR)和基于 Landsat 影像的神经网络遗传算法(neural network-genetic algorithm model，ANN-GA)模型开发研究土壤重金属分布。在研究区域实地采集 300 个土壤样本，覆盖不同土地利用类型，并测定了样本的 pH 值、有机物含量、黏土、氧化碳含量镉(Cd)、铅(Pb)和锌(Zn)。神经网络输入的特征包括 Landsat 的 7 个波段数据、有机碳、总含铁量和黏土总量，分别结合多元逐步线性回归 MSLR 和 ANN-GA 模型进行预测评估。根据模型预测的重金属浓度分布，结合区域内地表水和河流分布、路网数据进行分析，确定河流、交通对土壤重金属含量的影响。统计 MLSR 和 ANN-GA 建模的结果，ANN-GA 测试和训练的 R^2 均大于 MLSR，ANN-GA 测试和训练的均方根误差(root mean square error，RMSE)均小于 MLSR，ANN-GA 的模型误差小于 MLSR。更详细的分析表明，低浓度重金属含量土壤误差高于高浓度土壤，与 MLSR 线性模型相比，ANN-GA 模型具有更高预计高浓度重金属污染的能力。分析 Cd、Pb 和 Zn 的浓度分布，发现它们在下游累积量更高，认为可能是受溪流影响；统计不同土地利用类型的重金属含量，Cd、Pb 和 Zn 浓度顺序为工业用地>灌溉农业>贫瘠土壤>旱地农业。由于重金属残留，工业用地重金属含量较高，而灌溉农业的重金属含量较高可能是因为化肥的使用。尽管旱地也使用化肥，但贫瘠土地距离工业区域更近，污染更强；统计距道路不同距离的 Cd、Pb 和 Zn 浓度，发现随距离增大，重金属浓度下降，说明车辆燃料燃烧和废弃是空气污染和道路周边土壤重金属污染的主要来源。

Peng 等[41]使用 300 个实地土壤样本、Landsat8 多光谱数据和光谱指数、环境变量来建模预测卡塔尔土壤内重金属砷(As)、铬(Cr)、镍(Ni)、铜(Cu)、铅(Pb)和锌(Zn)的含量。预测使用的模型为基于条件规则的 Cubist 树，结果表明，模型在 R^2 和精度上都表现出良好的预测能力，其中 Cu 的 R^2 最大，R^2=0.74，其次是 As>Pb>Cr >Zn>Ni。采集 300 个土壤样本并以 GPS 记录采样位置，实验室测量样本重金属含量。对重金属含量的预测需要结合环境参数，包括地质信息、土壤类型、路网、夜光数据、DEM 等。多光谱数据来自 Landsat8 经过大气校正的地表反射率影像，并且假设植被覆盖可能为有毒金属建模预测提供重要信息，使用的植被光谱指数包括生物物理指数(biophysicalcomposition index，BCI)、增强植被指数(enhanced vegetation index，EVI)、地表水指数(land surface water index，LSWI)、NDVI、土壤调整总植被指数(soil-adjusted total vegetation index，SATVI)、SAVI、转换植被指数(transformed vegetation index，TVI)和加权差值植被指数(weighted difference vegetation index，WDVI)，此外还使用了缨帽变换得到的亮度 Brightness、绿化 Greenness 和湿度 Wetness 分量，具体计算公式如式(16-21)～式(16-25)所示：

$$\mathrm{BCI}=\frac{(H+I)/(2-V)}{(H+I)/(2+V)} \tag{16-21}$$

$$\mathrm{EVI}=5\times\frac{\rho_{\mathrm{NIR}}-\rho_{\mathrm{RED}}}{\rho_{\mathrm{NIR}}+6\rho_{\mathrm{RED}}-7.5\rho_{\mathrm{Blue}}+1} \tag{16-22}$$

$$\mathrm{SATVI}=2\times\frac{\rho_{\mathrm{SWIR1}}-\rho_{\mathrm{RED}}}{\rho_{\mathrm{SWIR1}}+\rho_{\mathrm{RED}}+1}-\frac{\rho_{\mathrm{SWIR2}}}{2} \tag{16-23}$$

$$\mathrm{TVI}=\left(\frac{\rho_{\mathrm{NIR}}-\rho_{\mathrm{RED}}}{\rho_{\mathrm{NIR}}+\rho_{\mathrm{RED}}}+0.5\right)^{\frac{1}{2}}\times 100 \tag{16-24}$$

$$\mathrm{WDVI}=r_{\mathrm{NIR}}-r_{\mathrm{RED}} \tag{16-25}$$

式中：H 为归一化亮度指数，$H=\frac{\mathrm{Brightness}-\mathrm{Brightness}_{\min}}{\mathrm{Brightness}_{\max}-\mathrm{Brightness}_{\min}}$；$V$ 为归一化绿度指数，$V=\frac{\mathrm{Greenness}-\mathrm{Greenness}_{\min}}{\mathrm{Greenness}_{\max}-\mathrm{Greenness}_{\min}}$；$I$ 为归一化湿度指数，$I=\frac{\mathrm{Wetness}-\mathrm{Wetness}_{\min}}{\mathrm{Wetness}_{\max}-\mathrm{Wetness}_{\min}}$。

预测模型使用的是 Cubist 树，通过 R^2、RMSE 和四分位数评价模型预测精度，最终生成 6 种有毒金属的地表分布图，为指导后续治理提供数据参考。

D'Emilio 等[42]基于 Landsat 卫星数据与野外实测土壤磁化率信息，对意大利南部 Agri

山谷土壤重金属污染进行测量。方法假设土壤磁化率与区域植被异常相关，具体流程如下：利用 Landsat5-TM 影像和对应的航拍影像对区域进行监督分类，获取区域地表覆盖图；然后针对每个地表覆盖类别均计算其 NDVI 均值，并计算每一像素的 NDVI 异常值 $NDVI^*$，其定义如式(16-26)所示：

$$NDVI_i^* = \frac{NDVI - \mu_i(NDVI)}{\sigma_i(NDVI)} \tag{16-26}$$

式中：$\mu_i(NDVI)$ 为地类 NDVI 均值；$\sigma_i(NDVI)$ 为地类 NDVI 标准差。

NDVI 异常值认为和区域植被活动相关，正异常说明区域植被活动较强，负异常说明区域植被活动弱于平均水平。统计磁化率与 NDVI 异常之间的关系，使用的是 Pearson 相关系数。结果表明二者显著负相关。分析原因，重金属浓度过高导致区域植被活动下降，可以考虑使用植被变化标识区域土壤重金属含量。文章结论 NDVI 异常与实地土壤磁化率的强相关，可以通过卫星数据帮助实现快速的野外土壤重金属含量调查，降低监测成本。

16.2.4　地质灾害监测

地质灾害是在自然条件和人为因素共同作用下形成的一种复杂综合体，常见的地质灾害包括滑坡、泥石流、地面沉降等。地质灾害会对人民的生命财产安全造成严重危害，也会影响社会经济的可持续发展。在实际工程应用中，通过实地测量调查地质灾害困难，并且费时费力，实时性也较难保证。高分辨率遥感影像的使用使得地质灾害监测更可靠更快速。大量研究使用多时相影像、合成孔径雷达和干涉合成孔径雷达技术监测地质灾害[43-46]。

滑坡、泥石流灾害是世界范围内造成损失和破坏较大的地质灾害之一，通过遥感影像提取滑坡的光谱、形状信息结合夜光遥感数据和 SAR 影像提取的地表形变信息可以有效进行监测。Chen 等[47]将 DMSP 和 VIIRS 的夜间灯光数据和多季节白天的 Landsat 时间序列影像以及 ASTER DEM 数据进行结合，绘制了 1998～2017 年易发生滑坡且人口稠密的我国台湾地区($35874km^2$)的高精度滑坡分布图。使用随机森林方法，结合 2005、2010 和 2015 共 3 年的数据作为训练集，2005～2016 年共 12 年的独立样本进行验证。对 1998～2017 年滑坡数据进行时空分析，揭示滑坡活动的不同时空模式，并发现滑坡持续发生的区域和植被再生后发生滑坡的区域。提取滑坡区域的方法可概括为 4 步：①从 Landsat 时间序列影像计算区域 NDVI、ASTER DEM 提取坡度，以及来自 DMSP 和 VIIRS 的夜间灯光数据，作为随机森林的输入特征；②使用具有不同特征的输入集(季节特征、夜间灯光和坡度)对两个假设进行统计检验，然后选择最优模型；③通过独立验证样本验证方法对其他年份的最优模型的适应性；④在时序影像上应用随机森林模型，精确绘制 1998～2017 年的滑坡分布图，识别滑坡的时空分布。结果表明，与基于单季节光学影像的传统方法相比，将夜间灯光数据和多季节影像结合可以显著改善分类($p<0.001$)，获取该地区长期的精细滑坡图。

Bianchini 等[48]在亚美尼亚 Dilijan 市使用卫星 SAR 数据监测区域地形变形，确定滑坡区域图。SAR 数据来自 ALOS 和 ENVISAT，并与光学影像立体生成的 DEM 进行对比。方法可概括为 2 步：首先是基于永久散射体 SAR 技术(persistent scatterer interferometry，PSI)生成区域滑坡图，将 PSI 与光学影像以及地理数据(如 DEM 等)集成，对 SAR 进行解释，根据雷达干涉提取出的地面运动以及与滑坡相关的地貌特征监测滑坡。DEM 和光学影像在自然地物为主的区域较易识别出滑坡，但对于城市化地区却难以确定，而 SAR 干涉非常适合绘制城市的地面位移图，在这些区域更易找到永久散射体作为基准(植被茂密地区则较困难)。然后生成滑坡敏感图，用于评估更易发生滑坡的区域，结合上一步生成的滑坡分布图和土地利用、DEM 等地理信息编制滑坡敏感图。滑坡敏感图的生成基于随机森林算法，将可能引起滑坡的因素(如土地利用、地面、人为因素等)作为预测特征与实际发生的滑坡联系起来，预测可能发生滑坡的区域。使用的数据主要分为两类：专题数据和 SAR 数据。专题数据包括 IKONOS 光学影像、SRTM DEM、COSMO-SkyMed 生成的 DEM、1:2000 地形图、2014 年城市土地利用分布图。SAR 数据包括 2003～2010 年 C 波段 ENVISAT ASAR 数据和 2007～2010 年 L 波段 ALOS 数据。事前调查已知区域内 40 个滑坡分布，PSInSAR+影像解译最终检测到共 204 个滑坡。尤其是 IKONOS 等光学影像可通过目视解译检测到滑坡的形态特征，而 PSI 可识别主要滑坡和平均地面运动速度。结果表明，方法可以确定滑坡主要分布区域，并确定滑坡运动的速度，确定活动/非活动滑坡，并以运动的速度确定阈值来评估滑坡危险性。

Chen 等[49]提出一种面向对象的滑坡监测框架(object-oriented landslide mapping，OOLM)，使用资源三号 ZY-3 高分辨率遥感影像，基于随机森林和数学形态学绘制中国三峡库区滑坡情况。从 ZY-3 高分辨率影像上提取 3 个对象特征域：图层信息，纹理和几何特征，共 24 个滑坡区域 124 个特征作为输入来训练模型确定滑坡边界并评估模型滑坡分类的准确性。OOLM 框架包括 2 个步骤：图像分割和滑坡绘制。使用多尺度分割方法进行图像分割，输入包括灰度、纹理和几何共 124 个特征，如灰度相关的最大值、最小值、标准差等，纹理相关的灰度共生矩阵的熵、对比度等，形状相关的形状指数、主方向等，从高分辨率 ZY-3 影像和 DEM 数据提取对象，然后将对象与滑坡清单对比，确定对象属于滑坡还是非滑坡。滑坡绘制是基于随机森林方法，保留 80%的滑坡数据进行测试，其余作为验证集，训练生成滑坡分类模型。通过组合图像分割得到的特征子集，训练随机森林并在测试集上进行验证，评估最终模型总体精度为 93.3%±0.12%。

16.3 海洋资源调查

海洋占地球表面积的 71%，在整个地球环境中起着重要作用，也是人类生存发展的重要资源，但受限于海洋大尺度、高动态变化等特点，人们对海洋资源的探索应用还远远不足。遥感以其全天时、全天候、大范围、长时序观测、光谱信息丰富等特点，被广泛应用于海洋资源调查中。针对海洋资源调查，遥感主要在海水透明度、海水叶绿素含量和海温等海洋物化性质监测，海面溢油、绿藻赤潮和海水热污染等海洋生态环境监测以及风暴潮、海冰和绿潮暴发等海洋灾害调查监测方面发挥作用。

16.3.1　海洋物理化学性质调查

海洋物理性质调查包括针对海水温度、密度和透明度等特性的监测，而化学性质包括海水有色可溶性有机物(colored dissolved organic matter，CDOM)、叶绿素等。海洋的理化特性通常是使用站点实测监测，站点监测较为精确但空间上不连续，仅能提供离散点处的海洋属性数据。遥感卫星的可重复观测是评估大区域海洋物化性质随时间变化的可行方案，海洋物化性质变化引起光谱差异从而被遥感监测并反演，可通过多波段组合光谱指数实现海洋物化特性反演[50-52]。

Shang 等[53]使用 MODIS 反射率数据估算海水透明度 Z_{sd}，实现 2003～2014 年间渤海海水纯净度的变化监测。基于 MODIS 遥感反射率数据估算海洋 Z_{sd} 的公式如式(16-27)所示：

$$Z_{sd} = \frac{1}{2.5\min\left(K_d\left(443,488,531,547,665\right)\right)}\ln\left(\frac{\left|0.14 - R_{rs}^{tr}\right|}{C_t^{\tau}}\right) \tag{16-27}$$

式中：R_{rs}^{tr} 为水体透明窗口(对于水体最大透明度的波长处)的遥感反射率(sr^{-1})；C_t^{τ} 为用于塞克盘观察的人眼对比度阈值，一般设置为 0.013 sr^{-1}。

该模型已经通过对 R_{rs} 和 Z_{sd} 在全球 300 多处进行过同步验证，覆盖海洋、沿海和内陆水体，其中包括来自中国海域的近 200 处实测，二者平均绝对差在 18%以内，并且这 18%的差异还包括实测 Z_{sd} 中包含的>10%的不确定性，因此使用该模型生成渤海的 MODIS Z_{sd} 产品是可行的。

对比分析反演的 2003～2014 年和 1959～1987 年渤海 Z_{sd}，发现其具有独特的时空格局，为了更好地解释时空变化，将渤海分为中部和 3 个海湾沿海区，计算并统计其月均 Z_{sd}，如图 16-1 所示。结果表明，渤海 Z_{sd} 分布具有明显季节波动。2003～2014 年 8 月反演的平均 Z_{sd} 明显低于 1982～1983 年、1959～1979 年和 1972～1987 年的水平；但 2003～2014 年期间渤海中央地区的 Z_{sd} 并未发现显著变化，中部水体的水透明度没有继续恶化。Z_{sd} 的时序变化反映了 20 世纪 80 年代后期渤海海水透明度逐渐恶化，主要是渤海周边地区经济快速发展引起的。这些结果证明了分析衍生 Z_{sd} 产品在监测沿海水质方面的价值，文章提出使用 MODIS 数据反演海水透明度监测渤海海洋环境变化，反演的 Z_{sd} 产品与原位测量结果相差在 23%以内。

Zhang 等[54]提出了利用 MODIS 等卫星数据反演海洋营养成分的新方法：结合 MODIS 的海洋叶绿素 a 浓度产品研究海洋养分(主要是硅酸盐)与叶绿素 a 之间的关系，发现二者高度正相关并确定了二者的回归关系，可以使用 MODIS 叶绿素 a 和海面温度(sea surface temperature，SST)产品反演海面硅酸盐分布。研究区域为 2007 年春季中国东海济州岛南部，使用的数据包括实测 22 个海面站点实测的叶绿素 a 浓度、海面温度和营养成分浓度数据，MODIS 叶绿素 a 产品和 SST 产品以及 QuikScat 和 Seawinds 卫星提供天气、降雨数据。首先通过对比卫星数据反演的叶绿素 a 浓度与实测数据，证明了 MODIS 叶绿素 a 产品的稳定性。然后分析营养成分(主要是硅酸盐)与叶绿素 a 的关系，通过

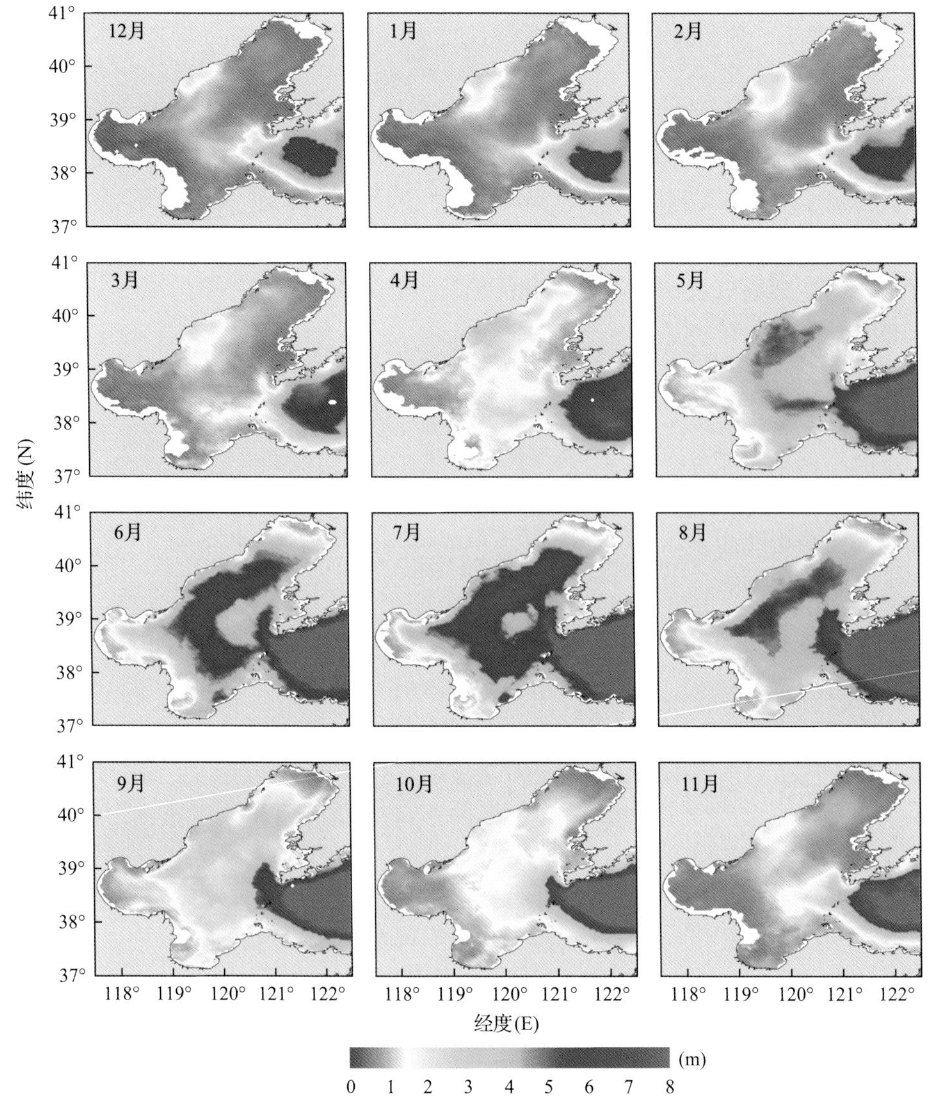

图 16-1 2003～2014 年渤海月均 Z_{sd} 分布[53]

QuikScat 排除降雨天气对站点实测数据的影响，将修正后的叶绿素 a 与营养成分计算 Pearson 相关系数，结果表明，叶绿素 a 与其他营养成分（如氮磷比等）相关性不显著，与硅酸盐之间表现出高度相关。类似地，考虑到 SST 对营养成分浓度的影响，计算 SST 与叶绿素 a 和各营养成分的 Pearson 相关系数。SST 与叶绿素 a 之间具有相关性，且与各营养成分之间相关性较强。因此结合叶绿素 a 和 SST 对硅酸盐浓度进行建模，反演的硅酸盐浓度与站点实测数据表现出良好的一致性，R^2 为 0.803，均方根误差 RMSE 为 0.326μmol/L（8.23%），平均绝对误差 MAE 为 0.925μmol/L（23.38%），最终获得区域海面硅酸盐分布图。

Wirasatriya 等[55]基于 SST 产品、微波辐射计获取的海面风数据以及从可见光/红外辐射仪获取的太阳辐射数据反演生成全球昼夜 SST 温差数据 δSST，可以用于发现海面过热事件，监测海水环境。首先使用卫星观测计算每日 SST 范围，估算每日最大/最小 SST，δSST 定义为每日最大 SST 和最小 SST 之差，具体的计算公式如式(16-28)所示：

$$\mathrm{SST}_{\mathrm{max/min}} = c_0 + c_1\mathrm{SST}_{\mathrm{1st}} + c_2\ln(\mathrm{SSW}) + c_3\mathrm{SR}^2 + c_4\mathrm{SR}^2\ln(\mathrm{SSW}) \tag{16-28}$$

式中：SR 为当日平均太阳辐射；SSW 为海面风速；$\mathrm{SST}_{\mathrm{1st}}$ 为初始 SST，由每日 SST 网格数据或卫星遥感数据提供；c_0、c_1、c_2、c_3 和 c_4 为系数随卫星变化。

SST 数据主要来自 AMSR-E、WindSat 和 AMSR2 微波观测反演的每日 1°格网数据，并与 MODIS 中分辨率 SST 进行融合。此外还输入太阳辐射 SR 和海面风速 SSW 的日均值。太阳辐射数据 SR 来自 JASMES 数据集；SSW 数据来自 AMSR-E、WindSat、AMSR2、SSM/I 和 SSMIS 的日合成观测，需要进行双三次插值重采样到 0.1°格网。实测站点数据包括热带海洋站点、非洲-亚洲-澳大利亚站点和大西洋站点，计算了站点实测的 δSST，即每日 SST 的最大值减最小值。海面过热事件的识别使用的是 NGSST-O-Global-V2.0a 数据集。对比分析海面过热事件与 δSST 的相关性，从空间分布来看，二者具有较强的相关性。西太平洋的案例表明，海面过热事件发生的区域与 δSST 高频发生区域重叠，并与气象学研究的西太平洋暖区一致，证明了方法反演 δSST 监测海面热异常的可行性。

16.3.2　海洋环境调查

随着工业发展，流域污染物排入海洋量增加、轮船和海上油井等溢油污染，使得海洋环境进一步恶化，针对海洋水质环境的恶化，污染灾害(溢油、富营养化引起的赤潮和排污引起的热污染等)频发。每年国家海洋局都会进行海洋常规监测，但这种常规现场监测方法只是针对海洋站点、航线的测量，无法在大范围内实时动态监测，因此考虑卫星遥感在海洋环境资源调查中的应用，国家也发射了海洋系列卫星专门对海洋环境进行观测。

海洋环境遥感监测包括海面溢油、赤潮绿潮和海水热污染等，可以通过多光谱高光谱影像可见光近红外与热红外的光谱特征以及 SAR 影像后向散射系数实现监测[56-58]。SAR 影像更适用于遥感海洋环境监测，因为微波辐射特性使得 SAR 影像能够对大范围海面实现近全天时全天候的监测，几乎不受天气的影响。

Konik 等[59]在 ENVISAT/ASAR 影像上使用决策树建模，实现面向对象的海面溢油监测，并针对类似波罗的海的海洋进行适应性调整。使用优化的过滤器进行预处理可以增强多层次分层细分能力，以检测溢油运动中不同大小、不同形式和同质性的油斑。使用的数据包括覆盖波罗的海的 ENVISAT/ASAR 影像、HELCOM 提供的主要运输路线矢量图和 NOAA 海岸线矢量图。方法的大致流程如下：针对 SAR 影像进行滤波的数据预处理，对比 Lee、Frost 和中值滤波 3 种平滑滤波器对椒盐噪声的处理效果，并试验了窗口尺寸对滤波的影响；然后对平滑后的 SAR 影像进行边缘检测，使用方差滤波提取边缘。之后的溢油识别输入为平滑后的 SAR 影像和边缘检测后的 SAR 影像。溢油区域是暗目标，面向对象分类需要对影像进行多尺度分割，得到不同尺度的疑似暗目标集合。采取先大区域后局部的搜索策略。在大尺度分割中，若小尺度暗目标数量超过阈值，则认为该范围内所有暗目标均为其他相似物体。排除疑似斑块后得到的暗目标可分为 3 类，与航线分布图对比，构建运输线 2.5km 的缓冲区，认为缓冲区范围内是高可能的溢油斑块，方法在验证集上表现良好，证明了有效性。

Cui 等[60]通过对比分析 MODIS 等光学影像和高分 SAR 影像，提出监测黄海定期发生的绿藻爆发事件的方法。使用的 SAR 影像来自飞机采集，X 波段 VV 极化，空间分辨率 3m。由于藻类的微波后向散射特性，在 SAR 影像上会具有较高亮度和不规则的条纹斑块，通过设置阈值可以区分大块藻类和海洋背景，阈值通过直方图分析确定。研究使用的光学卫星影像包括 MODIS、GF-2 多光谱数据、HJ-1 CCD 影像和地球静止海洋水色成像仪(geostationary ocean color imager，GOCI)影像，覆盖高中低 3 种空间分辨率。使用 NDVI 阈值法从光学影像中获取藻类像元，然后结合线性光谱解混确定藻类覆盖率。首先给出 250m 分辨率 MODIS 提供的藻类覆盖率，并与高分辨率 SAR 影像结果对比，然后分析混合像元对海藻覆盖率计算的影响。文章提出一种基于统计的校正混合像元效应的方法，并在 GF-2 上进行验证。最后将方法应用在高中低 3 种空间分辨率的影像上，确定方法的适用性，并给出过去 10 年黄海绿藻泛滥的准确值。对比高分辨率 SAR 影像和 MODIS 的藻类覆盖提取结果，SAR 影像能够较好地检测到海藻条带形状和一些细小的斑块，而 MODIS 在监测精细结构和小斑块上能力有限。且 MODIS 提取的总藻类覆盖率是 SAR 提取的 3.2 倍，即 MODIS 系统性高估了藻类的覆盖率，约 3.22±0.53。将线性光谱解混的方法应用到 MODIS 影像上，可以有效降低 MODIS 的高估，下降至 1.14±0.37。这一结果也证明了绿藻覆盖面积的高估来源于低分辨率影像的混合像元效应，通过混合像元分解可以很大程度上改善这一点。为此，提出基于统计的混合像元分解方法：假设对于纯海藻像元，MODIS 海藻覆盖率与 SAR 海藻覆盖率相关。构建二者的回归方程，实现由 MODIS 海藻覆盖率估算 SAR 海藻覆盖率。为了检验这一方法的有效性，对比 MODIS 估算值与同一时刻同一位置 GF-2 影像估算的海藻覆盖率，因为 GF-2 号多光谱影像分辨率 4m，与 SAR 接近，最终结果十分吻合，R^2=0.99，绝对百分误差为 34%，证明基于统计方法 MODIS 估算精细尺度海藻覆盖率的有效性。将此方法类推到 HJ-1 CCD(30m)，GOCI(500m)和 MODIS(1000m)影像上，结果表明，随着卫星空间分辨率由 30m 下降到 1000m，总的海藻覆盖率高估由 1.23±0.03 单调递增到 6.09±0.83，表明混合像元的效应在增强，并且在高估和卫星空间分辨率之间可以找到相关关系。利用统计线性解混方法，可将 30m 和 250m 影像面积高估由 4 倍下降到 1.14 倍以下，500m 分辨率影像面积高估由 4.21 倍下降至 1.44 倍，但在 1000m 影像上高估下降不明显，这表明方法在低分辨率影像上改进效果有限。利用 2007～2016 年 MODIS 影像，结合统计线性解混方法，实现 10 年间海藻覆盖率提取与监测。

Ma 等[61]结合 Landsat ETM+、HJ-1B 和 MODIS 数据反演海面温度 SST，监测中国东部沿海乐清湾发电厂热污染对海洋环境的影响。发电厂运行前后的 SST 反演结果表明，乐清湾两个发电厂热排放影响的海水总面积约为 17.95km^2，东岸电厂出水口附近海域海水温度最高上升 4.5℃，西岸电厂周围 SST 最高上升 3.8℃。定量反演结果表明，相对于 MODIS 数据，较高分辨率的 Landsat ETM+和 HJ-1B 更适合小区域 SST 估计，且高时间分辨率的 HJ-1B 更适合跟踪热污染的时空变化特征。从 SST 反演结果来看，海湾中间的

SST 显著增加，尤其是在两个发电厂出口附近，污水沿东海岸线向海湾口扩散，SST 逐渐降低。对比电厂运行前后的 SST，可以明显看到 SST 沿排水口梯度分布。为了揭示乐清湾附近 SST 上升的强度的范围，将电厂运行前后的 SST 作差，显示电厂运行前后 SST 上升和下降的区域。发现下降区域集中在海湾上游和西侧，靠近海滩的区域，这主要是由于陆地水体汇入、海平面上升引起的；上升区域集中在乐清湾中部至湾口出口附近海域，主要是由于两个电厂污水热排放导致的，并且 SST 上升幅度与电厂距离呈负相关。热排放会影响海湾内水生生物的生长繁殖，从而对生态系统产生影响，该方法能够对海面热污染实现有效观测。

16.3.3　海洋灾害应急处理

据国家海洋局发布的 2018 年中国海洋灾害公报，全年各类海洋灾害共造成直接经济损失 47.77 亿元。海洋灾害的监测是海洋防灾减灾的重要内容，常见海洋灾害包括台风飓风引起的风暴潮、海冰和赤潮等，传统的监测手段一般是通过海面站点实现定时观测，但站点分布稀疏，并且会受到灾害影响无法进行观测，如台风飓风以及海冰可能会损坏站点等，卫星遥感可以在全球范围内提供全天候的海面数据，成为目前海洋灾害监测的主要手段之一。

卫星遥感数据已被广泛应用于研究包括台风飓风引起的风暴潮、海冰和赤潮等海洋灾害的时空分布和演化。卫星雷达测高计和潮汐计可以探测海面高度、海浪风速等，从而实现海面风暴潮监测[62]；多光谱影像监测海冰、海面绿潮分布的研究众多，尽管这些影像能够以较高分辨率覆盖研究区域，但受到云的影响，完整覆盖区域的数据获取较为困难。SAR 数据因为其良好的空间分辨率和受云和天气影响不敏感的特性，常被用于海冰监测，可以检测海冰的类型和厚度等；类似地，SAR 影像可以通过监测海面后向散射系数变化提取海面绿藻，检测绿潮分布面积等[63-65]。

Han 等[66]结合 Jason-1 和 Jason-2 卫星测高计和潮汐计，监测 2012 年艾萨克飓风期间墨西哥湾佛罗里达州附近的风暴潮灾害情况。观测使用的数据包括 Jason-1 和 Jason-2 的海面高度异常数据和海面实测潮汐计数据，以及为了估算风暴潮的传播使用的北美区域再分析模型（north American regional reanalysis，NARR）风场数据。卫星观测结果表明，2012 年 8 月 28 日早晨锡达礁和阿巴拉契科拉附近的风暴潮高度约 0.8m，并且风暴潮从那不勒斯向北传播到锡达礁相对速度为 14～16m/s，横向宽度 190～220km，并且向西向南衰减，潮汐计结果表明，风暴潮以 6～7m/s 的相对速度和约 85km 的横向宽度从阿巴拉契科拉向西传播到彭萨科拉，这与海面站点潮汐计的测量结果一致。通过遥感测高计和潮汐计监测海面飓风引起风暴潮，可以得到大范围海面风浪分布、面积和风速定量观测结果，但考虑到站点潮汐计和卫星观测的距离，卫星监测结果与海面实测数据之间存在差异，并且结合卫星风场数据分析，可以确定风暴对海水的具体作用范围以及对风暴潮的具体推动作用。

Yu 等[67]使用高时间分辨率对地静止卫星 GOCI 数据监测渤海海冰，并结合面向对象的特征提取方法和基于反照率的厚度反演模型估计海冰的面积和厚度，监测海冰泛滥对渤海油田运营的影响。使用的数据包括 2012 年 12 月～2013 年 3 月的 GOCI 数据以及验证用的 Landsat TM 影像和 MODIS 影像；实测站点数据包括渤海周边 13 个气象站的每日气象数据以及站点观测的海冰厚度数据。海冰的提取使用面向对象的特征提取方法：对图像进行多尺度分割，然后基于光谱和纹理特征的相似性进行分类。海冰厚度与其表面反射率密切相关，因此构建海冰厚度反演模型，由反照率估算海冰厚度，基本公式如式(16-29)所示：

$$h = -\ln\left[\left(1 - a_h \cdot a_{\max}{}^{-1}\right) \cdot k^{-1}\right] \cdot \mu_a{}^{-1} \tag{16-29}$$

式中：h 为海冰厚度；a_h 为短波辐射时海冰反照率；$a_{\max}$ 为冰无限厚时的反照率；k 为与 $a_{\max}$ 和 a_{sea} 有关的系数，$k = 1 - a_{\text{sea}}/a_{\max}$，$a_{\text{sea}}$ 为海水反照率；μ_a 为反照率的衰减系数；$a_{\max}$、a_{sea} 和 μ_a 均是参考前人文献中的野外实测值。

为了验证反演结果的有效性，海冰面积用 TM 影像进行验证，并与 MODIS 数据结果对比，三者之间具有较好的一致性。与 TM 提取结果相比，由于分辨率引起的混合像元效应影响，GOCI 提取的海冰面积略有高估，偏差 3.1%。海冰厚度与实测数据对比，误差约 15%。高时间分辨率的 GOCI 影像在观测最大冰面积、冻结季的第一天和最后一天等关键事件上较为适用，有利于海冰灾害监测。

Xiao 等[68]结合高时间分辨率的 MODIS 数据监测黄海绿潮，但考虑 MODIS 空间分辨率较低导致混合像元问题，提出新的光谱解混方法，基于数学形态学在解混时整合空间和光谱特征，提取的绿潮面积与传统线性解混方法相比，平均相对误差由 84%下降到 21%。研究使用的数据包括 HJ-1A/B 和 MODIS，考虑到 HJ-1A/B 影像的空间分辨率更高，使用其提取的绿潮作为真实分布。绿潮的提取使用 NDVI 阈值法，以 NDVI>0 的阈值提取绿潮像元并统计斑块面积。区别于传统的线性解混方法，文章提出的结合空间分布的新型解混方法可概括为：通过阈值和数学形态学确定纯净端元像素的位置，如 NDVI 阈值提取的绿潮斑块，认为纯净的绿潮像素应该分布在斑块的中心，纯净的海水像素应该分布在去除所有绿潮像素剩下的区域；为每个像素选择端元，方法认为每个像素的端元都不同，像素的端元定义为上一步提取出的离它最近的纯净端元；最后计算丰度，通过最小二乘法计算每个端元占混合像元的丰度，确定绿潮的占比。对比传统线性解混和文章方法的绝对偏差及均方根误差，统计误判和遗漏的像元，结果表明，传统方法大部分海水像素都未被正确解混，很容易受到沿海水域复杂的光谱特性影响，而文章方法比传统方法有更好的性能。为了验证方法的真实性，在 MODIS 影像上提取绿潮后与同日的 HJ-1A/B 提取结果进行对比，结果具有较好的一致性，证明方法的可用性。

16.4　水 体 环 境

水是一种重要的自然资源，也是一种稀缺资源。虽然我国水资源总量居世界第 6 位，但仅占世界淡水资源的 7%，是水资源短缺的国家。我国水利部对全国水资源重点监测，并在 2013 年发布了第一次全国水利普查公报。传统的水体监测以实地采样实验室检测和站点监测为主，工作成本较高，且只能获取离散点的水体状况，无法提供水体总体状况信息。遥感技术的进入，解决了探测方面的难题，具有速度快、质量高等优点，为水资源调查提供了新技术、新方法。

常规的水利资源调查包括对水体环境监测、水利工程的监测和防洪抗旱监测等。水体环境遥感监测包括水体富营养化，如营养成分、叶绿素和可溶性有机物等监测；水体悬浮物(泥沙)监测等；水利设施监测包括各种水利设施，包括大坝、水库、桥梁等的状态和形变监测；防洪抗旱监测主要是对洪水灾害的应急监测等。

16.4.1　水体环境调查

水环境监测是环境监测的重要组成部分，对污染水体的监测是进行污染源控制、污染治理和水环境保护的技术支撑。传统监测方法受自然条件和时空因素等限制，具有一定局限性。随着遥感技术的进步，遥感监测成为水环境监测的重要手段之一。常见的水环境监测包括水体富营养化、悬浮物、可溶性有机物含量监测等。

水体叶绿素含量反映水域富营养化情况，遥感对水体叶绿素含量的监测主要是通过多光谱数据光谱特征反演实现的[69-71]；水体悬浮物主要反映区域水质状况，许多研究主要使用遥感多光谱影像特定光谱波段结合经验或半经验模型对悬浮物量进行反演[71-73]；卫星遥感影像也为水体可溶性有机物含量动态监测提供有效解决方法，包括通过单波段比值经验模型估算法、基于生物光学水辐射传输模型半经验估算法以及高光谱波段比值半经验分析方法等[74-76]。

Gohin 等[77]通过卫星监测每日叶绿素 a(chlorophyll-a，Chl-a)估算水体浮游植物生物量，监测英吉利海峡和比斯开湾北部的地表水体的水质变化。使用的卫星数据包括 SeaWiFS-MODIS-MERIS 和 VIIRS，叶绿素 a 反演方法来自 OC5 Ifremer 算法。为了响应欧盟水质调查的指令，将研究区域 Chl-a 的 6 年移动平均值进行时间序列评估，发现英吉利海峡的叶绿素值明显下降，比斯开湾叶绿素显示出年度波动但总体趋势不明显；英吉利海峡 Chl-a 具有明显的季节周期性。1998～2003 年和 2012～2017 年，英吉利海峡的实测和卫星 Chl-a 时间序列均显示出下降趋势，特别是 5 月～7 月，这与浮游植物生物量的趋势和汇入河流量减少以及河流水质改善而河流中磷含量减少相关。统计英吉利海峡和比斯开湾 Chl-a 季节浓度变化，发现受河流影响的站点都表现出典型的富营养化钟形曲线，认为是由于河流养分富集导致的。同时统计了塞纳河 6 年时间生产季的流出量和硝酸盐和磷的平均值，发现 Chl-a 平均值和第 90 个百分位数下降都可能与河流中的磷下降有关，揭示 Chl-a 与营养成分的相关性。

Shi 等[78]结合 2003～2013 年 MODIS 数据与实测数据，提出一个鲁棒的、反演太湖浑浊水体总悬浮物浓度的经验模型。使用的实测数据包括水体采样数据和光谱仪现场实测数据；使用的 MODIS 数据为 2003 年 1 月～2013 年 12 月收集的每月至少一幅影像，共计 4000 幅；使用的气象数据为从气象站获取 2003～2013 年每月的月均风速数据。经验模型的构建尝试了 5 种数学形式，包括线性、对数、指数、幂和二次函数，拟合 645nm 处反射率与悬浮物浓度之间的关系。算法的准确性使用相对误差、平均绝对百分比误差和均方根误差来评估。结果表明，实测悬浮物浓度在 645nm 处与 MODIS 之间具有强相关(R^2=0.70，p<0.001)，基于此构建了估算的经验模型。从长时序 MODIS 数据监测的太湖总悬浮物浓度分布来看，夏秋两季的悬浮物浓度明显小于春冬，这可能是由于不同季节风速的影响；并且还发现明显的年际变化，特别是 2006～2008 年，总悬浮物浓度低于其他年份，这也可以用风速来解释，2006～2008 年间平均风速远低于其他年份；空间分布上，湖面开阔地区的总悬浮物浓度一直高于太湖其他区域，悬浮物浓度较低的区域覆盖太湖水生植物茂密地区，分析是湖泊的地形、水生植物和径流量共同导致总悬浮物的空间变化。提出的模型在验证集上表现良好，平均绝对百分比误差为 24.6%，均方根误差 RMSE=14.0mg/L。

Li 等[79]提出基于 Landsat8 的水体生物光学特性反演算法(shallow water bio-optical properties，SBOP)，可以克服水底效应，从而监测内陆水体有色可溶性有机物(Colored dissolved organic matter，CDOM)时空动态变化。开发的 SBOP 算法，使用 Landsat8 OLI 影像反射率数据估算湖面反射率，湖面反射率有 4 个未知参数：水体深度、湖底反射率、水中粒子散射和 CDOM 吸收，为了解算至少需要 4 个独立波长，这里选择的是 Landsat8 的海蓝波段、蓝色、绿色和红色波段。将影像反演的 CDOM 与实测数据对比，结果表明，SBOP 算法可有效应用于浅水域，并有效提高 CDOM 的反演精度。与经典的拟分析 CDOM 算法(quasi-analytical algorithm-CDOM，QAA-CDOM)对比，SBOP 精度有明显提高，与不考虑湖底反射率的 QAA-CDOM 算法相比，SBOP 算法将估计误差下降 4 倍(RMSE=0.17，R^2=0.87)。使用 SBOP 算法实现 2013 年 7 月～2015 年 9 月萨吉诺湾 CDOM 的时空分布监测，从而帮助确定 CDOM 的主要来源以及 CDOM 季节周期性变化，表明文章方法显著改进内陆水体 CDOM 观测精度，并且使用分辨率较高重访周期 16 天的 Landsat 影像，为研究水体 CDOM 的季节变化提供可能性。

16.4.2 水利设施监测

“十二五”规划提出要实现全国水利信息化，随着信息化和遥感技术的不断发展，面向水利调查的遥感技术也在飞速融合进步。自然情况下，水利设施会发生缓慢的形变，受到地质灾害等的影响也会巨大变形甚至坍塌等，因此需要定期进行水利设施监测调查。水利设施调查监测是指对各类水利工程设施状态的监测和管理，包括大坝、水库、桥梁的变形监测等。传统的水利设施监测通过大地控制测量技术实现，但传统测量受到场地的限制，观测成本较高，卫星 SAR 干涉测量技术的引入，能够以一定的时间间隔和较大的空间范围覆盖研究区域并获取设施的变形或沉降速率[80-82]。

Ullo 等[83]提出使用差分干涉 SAR(differential SAR interferometry，DInSAR)监测大坝形变的可行工作流程，并在意大利进行实地实验验证方案的有效性。方法使用 Sentinel-1 获取 SAR 影像，整个监测流程用 Sentinel-1 官方推荐的应用处理平台(sentinel application platform，SNAP)完成。DInSAR 是基于一对或多对 SAR 影像组合，从不同轨道获取同一场景的 2 幅 SAR 影像，使用一幅影像和另一幅影像的复共轭相乘，计算两次采集之间的相位差生成干涉图的技术。理论上，只要 2 幅影像之间相干性足够强，DInSAR 就能检测出毫米级精度沿航迹方向的位移。将方案应用到意大利 2 个大型水库上，水库的堤坝上布设多个测厚仪和测高仪监测大坝沉降。根据 Sentinel 影像反演的位移图，可以跟踪每个像素的位移变化，结果表明，研究时段内，大坝所有点都出现负的垂直位移，但仅在几毫米的范围内，表明大坝略有下沉，经与实测数据对比，结果较为一致。

Li 等[84]使用高分辨率星载SAR影像(TerraSAR和COSMO-SkyMed)监测中国公明大坝沉降过程。对时序 SAR 影像进行干涉相干处理，在进行干涉图叠加之前使用 Goldstein 滤波器来减少差分干涉图的噪声，并使用最小成本干涉图堆叠 MCF 得到视线相位图(line-of-sight，LOS)，相干值大于0.4的像素认为是相干点候选(coherence points candidates，CPC)，干涉图矩阵仅考虑 CPC 数据集，干涉图堆叠公式如式(16-30)所示：

$$AV=\theta_{\text{obs}}\cdot A=\begin{bmatrix} t_1 & \cdots & t_{N-1} \\ \vdots & & \vdots \\ t_1 & \cdots & t_{N-1} \end{bmatrix},\quad V=\begin{bmatrix} v_1 \\ v_2 \\ \vdots \\ v_{N-1} \end{bmatrix},\quad \theta_{\text{obs}}=\begin{bmatrix} \theta_1 \\ \theta_2 \\ \vdots \\ \theta_{M-1} \end{bmatrix} \tag{16-30}$$

式中：A 为时间间隔 t_i 的每个干涉图的系数矩阵；N 为 SAR 影像数据编号；V 为每年的形变率；v_i 为第 i 和第 i+1 个 SAR 影像之间的形变率；θ_{obs} 为干涉图相位矩阵；M 为干涉图数量。

使用奇异值分解(singular value decomposition，SVD)将上述等式的矩阵分解，可用矩阵V 求解每两个干涉图之间的变形率，θ_{i+1} 可由式(16-31)计算：

$$\theta_{i+1}=\sum_{k=1}^{i} t_k v_k \tag{16-31}$$

残差计算公式如式(16-32)所示：

$$\varepsilon=\theta_{\text{obs}}-AV \tag{16-32}$$

使用 SAR 相干干涉评估大坝形变，结果表明，顶沉积速度最快，达 2cm/年，从 6 个月的 SAR 图像相关分析可以清楚地看到大坝下层草坡的沉降过程，以每个月 3mm 的速度沉降，累计变形 28mm，大部分沉降发生在坝顶和上坡，表面坝顶的填充材料和黏土心沉降是造成大多数大坝变形的原因。InSAR 的残差约 1.1mm。对比 COSMO-SkyMed 标准条带模式升降轨数据相干分析结果，与 TerraSAR 相比，COSMO-SkyMed 数据覆盖更长的时间分辨率，但空间分辨率较低，空间基线较长、相干性较差。方法实现大坝沉降速度、累计沉降值的监测，并且对比不同波段 SAR 影像在监测水利设施沉降方面的适用性。

Tessitore 等[85]使用 DInSAR 技术监测 1993～2004 年横跨 Garigliano 河和 Ausente 河的斜拉桥的形变情况，并对比卫星监测与实地监测数据，证明方法的可行性。桥梁的实地监测是基于桥上的称重感应器、压力传感器和液压测压仪实现的。使用的 SAR 数据包括 ERS-1/2 和 ENVISAT，基于 DInSAR 技术获取沿航迹方向桥梁的形变图，结果表明，变形集中在桥的纵轴，因为斜拉桥应力主要集中在中间。根据卫星 SAR 沿航向投影以及升降轨模式，可以组合生成桥梁垂直(d_z)和水平(d_x)方向的位移分量，具体公式如式(16-33)和式(16-34)所示：

$$d_x = \frac{D_{\text{asc}} - d_z \cdot s_{\text{zasc}}}{s_{\text{xasc}}} \tag{16-33}$$

$$d_z = \frac{D_{\text{desc}} \cdot s_{\text{xasc}} - D_{\text{asc}} \cdot s_{\text{xasc}}}{s_{\text{xasc}} \cdot s_{\text{zdesc}} - s_{\text{xdesc}} \cdot s_{\text{zasc}}} \tag{16-34}$$

式中：s_{xasc}、s_{zasc}、s_{xdesc}和s_{zdesc}为分别表示沿航迹方向形变升轨D_{asc}和降轨D_{desc}在x和z方向上的余弦值。

将获取的垂直形变曲线与桥梁主轴桥墩实测沉降对比，两条曲线表现出较好的一致性，也证明了方法的有效性。

16.4.3 防洪抗灾

洪涝灾害是我国主要的自然灾害之一，给人们造成极大的生命和财产损失，因此洪灾已成为制约社会经济可持续发展的重要因素。进行洪灾监测与灾后的损失评估可为防灾、抗灾和救灾提供重要数据支持，能够科学指导救灾和灾后重建，为相关部门决策提供参考。遥感为洪灾提供了快速的监测和评估手段，它可以不受恶劣天气的影响，获取灾害信息，实时或准实时地监测洪灾发展态势，并提取灾害损失情况，然后将分析结果传递给决策部门，为其制定防洪减灾对策提供重要的数据支持。

遥感的两个新进展可以显著提高洪水灾害监测评估的效率：首先是更多卫星遥感数据，可以实现更高的时空分辨率监测地面洪水变化情况，包括各种高时空分辨率的光学影像和SAR影像数据[86-89]；其次是云计算系统的发展使得长时序遥感数据处理提供新的方法，GEE平台也被广泛应用于洪水监测。

DeVries等[90]提出一种算法将Sentinel-1 SAR数据和Landsat数据以及GEE提供的其他辅助数据结合，在洪水期间快速绘制地表淹没图，依靠多时相SAR统计信息来近实时地识别洪水。此外利用Landsat时序数据将洪水和永久或季节性地面水体区分开。使用超高分辨率影像和洪水地图对最近3起洪水进行评估。使用高分辨率光学影像估计2017年8月下旬哈维飓风过境后得克萨斯州休斯顿地区的洪水图，归一化精度达到89.9%±2.8%(95%置信度)，比仅使用后向散射系数阈值分割结果精度提高1.6%～9.8%。此外将该方法和EMS SAR确定的2018年1月、3月希腊色萨利和马达加斯加东部的洪水图进行对比，总体精度达到98.5%，并且方法基于GEE平台数据，可在几分钟内生成洪水图，降低生产成本。时序SAR统计通过时间异常度来监测洪水，首先在未出现洪水的时间确定像素的历史基线范围，计算此时平均后向散射系数和后向散射系数标准差，2个信息分别针对不同极化方式(VV和VH)以及升降轨(升轨、降轨)和采集模式(干涉宽幅模式和标准条带模式)进行计算。然后计算每个观测值在时间t、偏振模式p、传感器采集模式m和轨道方向d条件下的反向散射异常值$\Delta\sigma_0$和Z分数，具体公式如式(16-35)和式(16-36)所示：

$$\Delta\sigma_0^{p,m,d}(t) = \sigma_0^{p,m,d}(t) - \bar{\sigma}_0^{p,m,d}(t) \tag{16-35}$$

$$Z^{p,m,d}(t)=\frac{\Delta\sigma_0^{p,m,d}(t)}{\mathrm{std}(\sigma_0^{p,m,d})} \tag{16-36}$$

式中：std 表示标准偏差的计算符。

然后使用 Landsat 数据排除永久淹没像元和季节性淹没像元；根据 VV 和 VH 影像计算的 Z 分数图像进行阈值分割，Z 分数若低于该阈值则认为该区域更有可能是洪泛区，若只有一种极化方式低于阈值则认为它是洪水的可能性次之。最后将未被分类为永久开放水体但历史淹没概率大于 25%的像素分类为季节性淹没水体。

Singha 等[91]基于 GEE 平台 Sentinel-1 SAR 影像，研究 2014～2018 年孟加拉国洪水的时空格局，并通过整合洪水区和基于遥感提取的水稻种植区确定受洪水影响的稻田。使用的 SAR 影像来自 Sentinel-1 C 波段干涉宽幅模式 VV 极化图像，使用随机森林分类方法提取稻田面积。其他辅助数据包括 Sentinel-2 多光谱数据、1984～2015 年地球高分辨率地表水数据集(与 Sentinel-1 提取的洪水频率对比检查)、SRTM DEM 数据、国际灾难数据库 EM-DAT 提供的洪水统计信息和站点提供的洪水信息。方法主要流程为：结合变化检测阈值法和归一化洪水指数(normalized difference flood index，NDFI)，使用 Sentinel-1 SAR 影像识别洪水区域；确定研究时段内极端洪水发生频率；结合检测出的洪水区域识别受洪水影响的稻田面积。变化检测阈值法的思路是使用一年最干旱时期影像与淹没时期影像作差，然后使用阈值从差值影像中提取淹没区域。归一化洪水指数 NDFI 定义公式如式(16-37)所示：

$$\mathrm{NDFI}=\frac{\mathrm{mean}\,\sigma_0(\mathrm{reference})-\min\sigma_0(\mathrm{reference}+\mathrm{flood})}{\mathrm{mean}\,\sigma_0(\mathrm{reference})+\min\sigma_0(\mathrm{reference}+\mathrm{flood})} \tag{16-37}$$

式中：σ_0 为像素后向散射系数。

考虑到淹没像素后向散射系数下降明显，提供 NDFI 可以较易提取淹没像元，未淹没像元 NDFI 趋于 0。对比变化检测阈值法和归一化洪水指数 NDFI 提取的洪水分布，并进行一致性检查。结果表明，5 年提取的洪水分布图都具有较好的准确性，分析每月和每年洪水的时空分布特征，识别洪水发生的热点区域，将水稻分布覆盖在洪水提取结果上，确定 2014～2018 年受洪水影响的水稻种植区域。

Ferral 等[92]使用 Landsat-5 TM 和 Landsat-8 OLI 的反射率数据计算修正归一化水体指数 MNDWI 监测杜尔塞河湿地和马基基塔湖自然保护区洪水分布情况。由于混合像元占总洪水覆盖区域的主要部分，该方法通过 MNDWI 阈值法检测出非水区域、混合水体像元区域和开阔水体区域。使用更高分辨率的 SPOT5 影像验证分类的准确性，总体分类精度为 99.2%，Kappa 系数为 0.98。MNDVI 阈值的选择通过 Los Porongos 泻湖和 MC South 湾 2 个长期水体确定，然后通过箱形图分析确定区分混合像元、开阔水体和非水像元区的 MNDWI 阈值。对分类提取出的水体面积进行验证，使用的数据为 SPOT5 和 Google Earth 影像，水体、混合像元和非水像元误分误差非常小，分别为 1.3%、0%和 0.6%，漏分误差分别为 0%、6.4%和 0%。该方法根据线性解混思想提取混合像元中水域占比，由此分析 2003～2017 年洪水淹没面积的时空分布特征。

16.5 森林草原和湿地资源

2018 年 3 月，中华人民共和国自然资源部组建后，提出了山水林田湖草自然资源整体保护、系统修复、综合治理的新使命。森林、草原、湿地是“山水林田湖草生命共同体”的重要组成部分，是十分重要的绿化资源。国家林业和草原局对国家林业、湿地和草原资源进行长期监测，建立了森林资源数据库、湿地资源数据库、荒漠化数据库、森林灾害数据库等，并于 2018 年开展第九次全国森林资源清查工作。

卫星遥感技术的独特优势在自然资源管理中发挥着重要作用，在森林、草原、湿地资源调查领域有着广泛的应用需求，具体的应用包括森林资源调查、森林灾害监测、草原湿地资源调查和水土流失监测。

16.5.1 森林资源调查

森林作为生态系统的主体，是人类赖以生存的必要保障，森林资源是一切林业经营活动的基础。传统的森林资源调查是一项费时费力的工作，遥感技术的出现为森林资源调查提供了新的可能性。掌握森林的变化情况，森林面积变化监测、森林蓄积量和生物量估计等是遥感森林调查的主要内容。利用合成孔径雷达和光学遥感数据，可以实现多层次森林资源调查，包括基于光学影像的光谱、纹理信息和 SAR 影像的后向散射系数等结合机器学习算法提取森林面积分布；异速生长模型与遥感数据(LiDAR[93-96]、SAR[97,98]等)结合提取森林树高从而反演森林生物量等。

Yahya 等[99]量化 30 年间(1986～2015 年)埃塞俄比亚的阿尔巴古古森林的森林覆盖变化，并确定相关驱动因素。1986 年和 1999 年使用的是 Landsat TM 影像，2015 年使用 Landsat OLI 影像，结合 SRTM DEM 选取研究区域，因为埃塞俄比亚阿尔巴古古森林海拔≥1500m，然后使用监督分类随机森林算法对 3 景影像进行分类提取森林面积。为了提高分类精度，在森林与非森林类别的边界选择训练样本，并覆盖整幅影像。分类完成后，需要对分类准确性进行评估，尤其是在森林边界，因此在森林边界 60m 缓冲区内，每个类别随机选择 50 个验证样本，最后计算分类的总体精度和 Kappa 系数。结果表明，分类的总体准确率 92%，Kappa 系数为 0.9，分类精度较高。分析其时间变化，发现研究区域森林覆盖由 1986 年的 99416hm^2 下降到 2015 年的 60334hm^2。1986～1999 年和 1999～2015 年期间森林净砍伐率分别为 1.6%和 1.4%，分析主要毁林原因为伐木(39.1%)和农场扩张(36.8%)，方法对 30 年间森林面积变化情况实现监测，确定森林面积变化的热点区域，并实现森林面积减少的原因分析。

Fang 等[100]结合异速生长模型和 Landsat 影像衍生的林木年龄结构，估算中国亚热带快速生长的人工林林分生物量。使用了 1986～2016 年植被变化追踪器(vegetation change tracker，VCT)算法和 Landsat 时间序列数据检测年度林分替代干扰并估算林分年龄。研究区域是中国湖南惠通县，区域林地树种以杉木为主。DBH^2×H 是针对中国杉木最广泛应用的异速生长模型，对于单棵树的生物量计算公式如式(16-38)所示：

$$\text{Biomass}_i = a \times (\text{DBH}^2 \times H)^b \tag{16-38}$$

式中：a、b 为树分量 i 的参数估计值；DBH 为树胸高的直径(cm)；H 为树高。

林分总生物量估计公式如式(16-39)所示：

$$\text{Biomass} = \sum_{j=1}^{\text{NT}} \sum_{i=1}^{5} \text{Biomass}_{i,j} \tag{16-39}$$

式中：NT 为树的数量；i 为不同树种；j 为单棵树。

对于特定森林类型的异速生长方程，估计林分生物量的主要输入为 DBH、H 和树木密度。该研究中 a、b 参数参考 Fang 等[101]的文章，来自实地破坏性采样参考 Xiang[102]的研究使用 Chapman-Richards 函数确定杉树的 DBH 和 H。通过整合异速生长模型和 Chapman-Richards 函数可以发现树木生物量和林分年龄的关系。

结合前人的研究，应用梯度提升树模型，根据遥感变量(光谱反射率、NDVI 和纹理)估算树木密度。纹理变量来自 3×3 窗口的灰度共生矩阵(gray-level co-occurrence matrix，GLCM)，为了减少分析使用的变量数，选择角秒矩 ASM 作为纹理测度，加入林分年龄作为预测指标，因为林木密度随面积、DBH 和树干体积的增加而减少，这些参量与林分年龄密切相关。使用 Landsat 影像的空间变量估计森林密度的梯度提升树模型拟合度较高，R^2=0.8；林分年龄是 5 个选定变量中最重要的变量。随着林分年龄的增长，相对树木密度呈明显下降趋势，这与实测和文献综述的结论十分吻合。最后异速生长模型估算的森林生物量与异速生长曲线能较好地吻合。

Puliti 等[103]使用 ArcticDEM 结合 Sentinel-2 监测森林地上生物量(AGB)。研究区域在挪威 60°N 以北，现场实测数据来自挪威国家森林资源清单(Norwegian National Forest Inventory，NFI)。AGB 的估算与树高相关，使用 3 种方法估算区域树高分布：①从 ArcticDEM 减去高质量 DTM 获取区域树冠高度的模型 ArcticCHM；②Sentinel-2 预测树高模型 S2；③二者的组合 ArcticCHM+S2，检验数据来自 NFI 单独拟合的随机森林模型。表现最好的模型为 ArcticCHM+S2，解释训练集近 60%的方差及 RMSE 最小，表明 AGB 建模中应综合考虑 3D 和多光谱数据的协同作用。该方法主要的贡献是证明 AGB 反演中 DEM 分量的重要性。对于每个 NFI 地块，从 ArcticCHM 中提取 4 个特征：树高平均值、标准差、第 20 百分位和第 90 百分位树高。Sentinel-2 影像为合成的无云影像。构建统计模型分为 3 个步骤：拟合预测 AGB 的随机森林模型；在地块级别交叉验证模型精度；评估特定森林和地形因素(即树木种类、密度、森林生产力、坡度、纵横比和地形位置指数)对模型残差的影响。这 3 个步骤应用在 3 组特征上，包括 ArcticCHM 数据、Sentinel-2 数据和二者组合数据，此外经纬度也作为特征考虑。模型拟合基于随机森林算法，并通过残差分析，确定哪些森林和地形因素对 AGB 预测模型影响最大，定位这些影响是否存在地区偏差。最终结果表明，ArcticCHM 特征在 AGB 预测模型中影响最大；ArcticCHM+S2 模型拟合最佳，S2 模型观测到饱和效应：AGB 值大于 250t/hm^2 的区域会存在低估，组合 ArcticCHM 和 S2 变量可以有效降低饱和效应并提高模型预测能力。

16.5.2 森林灾害监测

森林灾害的突发性、偶发性和周期性等特点为森林灾害监测调查带来很大的困难，由于自然环境限制，人工调查方法面临巨大的挑战。遥感技术可为森林灾害准实时监测提供数据支持。常见的森林灾害包括森林火灾、干旱、病虫害等。

森林火灾、干旱和病虫害遥感监测的相关研究较多，包括使用多光谱遥感影像提取光谱指数、辐射传输模型以及线性光谱分解分析等方法[104-106]。高空间分辨率遥感影像为评估精细尺度森林灾害提供新的手段，使用光谱指数等基于像素或面向对象的方法可有效估算森林灾害严重程度。

Meng 等[107]使用一组双时相(森林火灾前后)的 2m 分辨率 WorldView-2 影像，基于遥感光谱指数和多元光谱混合分析(multiple endmember spectral mixture analysis，MESMA)方法监测纽约长岛松林泥炭地发生的森林大火，以精细的空间尺度(≤5m)探索森林烧毁的严重程度。使用数据包括覆盖研究区域的 WorldView-2 影像，LiDAR 数据、高光谱和热能监测的 GLiT 数据和 0.1m 航空彩色正射影像。对数据预处理后的 WorldView-2 影像计算了多种用于绘制火灾效果和燃烧区域的指数，识别由于火灾引起的树冠损失，包括 NDVI、EVI、SAVI、MSAVI、RVI 和燃烧区域指数(burned area index，BAI)，BAI 的计算公式如式(16-40)所示：

$$\mathrm{BAI}=\frac{1}{(0.1+\rho_{\mathrm{RED}})^2+0.06+\rho_{\mathrm{NIR}}} \tag{16-40}$$

因为火灾会使燃烧区域可见裸露地面增加，将火灾前后的指数 SI 相减，可以确定火灾引起的变化，公式如式(16-41)所示：

$$\Delta\mathrm{SI}=\mathrm{SI}_{\text{pos-fire}}-\mathrm{SI}_{\text{pre-fire}} \tag{16-41}$$

然后用可分离指数 M 来估计 8 个 ΔSI 区分燃烧和未燃烧类别的有效性，公式如式(16-42)所示：

$$M=\frac{|\mu_b-\mu_u|}{\sigma_b+\sigma_u} \tag{16-42}$$

式中：μ_b 和 μ_u 分别是燃烧区域和非燃烧区域的 ΔSI 均值；σ_b 和 σ_u 是对应的标准差。

可分离性指数越大，区分度越好，M<1 说明未燃烧区域和燃烧区域之间的直方图重叠，分离能力较差，M>1 表明分离性良好。然后使用 MESMA 进行混合像元光谱解混，纯净端元的选择来自实地野外调查。

使用 ΔSI 和 MESMA 生成的分数图来识别燃烧的像素：火灾前后的 ΔSI 表征树冠损失，MESMA 估算火灾后的分数覆盖成分，这一分数可以类似地扩展为燃烧严重度的定义。然后将历史条件资料提供的火灾掩膜叠加到阴影归一化分数图上。使用随机森林方法，对 3 个燃烧严重等级(低中高)进行分类，得到研究区域火灾严重程度等级分布图。

该方法可以准确评估亚树冠级(总体精度 84%,Kappa 系数 0.77),树冠级(总体精度 82%,Kappa 系数 0.76)和冠间级(89%)的森林烧伤严重性。超高分辨率数据可以在较大空间范围和较精细空间尺度下捕获火灾模式。

Schwantes 等[108]使用 Landsat 监测 2011 年得克萨斯中部森林由于干旱造成的冠层损失。首先通过 1m 分辨率航空正射影像进行分类构建精细的冠层损失图，用于验证较粗尺度的 Landsat 结果。Landtrendr 算法用来过滤研究时段内冠层没有损失的区域。Landtrendr 算法是基于 NDVI 时序的阈值法，结合 Landsat 时间序列 NDVI，从背景像素中分离经历持续冠层损失的死亡像元。然后使用 2 种模型，随机森林和 0-1 膨胀模型(zero-or-one inflated beta，ZOIB)估算死亡像元的冠层损失百分比。对干旱前后 Landsat 影像基于时序分析去除没有冠层损失的像元，然后将 30m 的 Landsat 像元与 1m 精细冠层损失图对齐，统计 30m 单元内冠层消失和非树覆盖比例，将冠层损失百分比观测值输入随机森林和 ZOIB 模型，预测整个区域干旱后实时冠层和冠层损失图。模型使用的特征除了 Landsat 6 个波段信息外，还包括缨帽变换提取的亮度、绿度和湿度特征，森林覆盖率、经纬度信息，MODIS 提供的地表亮温、海拔、坡度坡向和 Landtrendr 算法提取的变化幅度(干旱前后 NDVI 之差)。结果表明，ZOIB 在估算冠层损失上具有较高的准确性(平均绝对误差 MAE=5.16%，均方根误差 RMSE=8.01%)。2011 年的干旱导致区域森林的冠层覆盖减少 1124km^2，约占干旱前总面积的 10%。方法为定量检测干旱对森林冠层的影响提供新的思路，具有可行性。

Parinaz 等[109]基于 Landsat5 数据开发了一种监测云杉蚜虫(spruce budworm，SBW)导致森林落叶的方法。方法的基本思路是考虑到植被指数可以反映植被健康状况，从而监测 SBW 活动，所以基于植被指数进行多日期变化检测。实地采集研究区 SBW 落叶情况作为样本数据，以训练模型并对落叶严重程度分类。随机森林模型被用于检测并评估 SBW 落叶的严重程度，并选择影响最大的特征作为落叶分类检测的依据。文章对比了多种植被指数及其组合在落叶和非落叶林检测上的性能，最终结果表明，归一化湿度指数(normalized difference moisture index，NDMI)、EVI 和 NDVI 的组合分类效果最优，相比于仅使用单个指数能达到的最优水平，袋外误差下降 10%，所以最终选择 NDMI、EVI 和 NDVI 的组合，得到研究区域 2008 年和 2009 年 SBW 落叶严重程度分布图。NDMI 的指数计算公式如式(16-43)所示：

$$\mathrm{NDMI}=\frac{\rho_{\mathrm{NIR}}-\rho_{\mathrm{SWIR}}}{\rho_{\mathrm{NIR}}+\rho_{\mathrm{SWIR}}} \tag{16-43}$$

结果表明，对于 SBW 落叶分类，NDMI、EVI 和 NDVI 三种植被指数的组合能够提供最高的识别准确度,可以将 SBW 引起的落叶进行分类提取并实现虫害严重程度分级，其在 2008 年分类总体准确度 93%，Kappa 系数 0.84，2009 年总体准确度 90%，Kappa 系数 0.65。

16.5.3 草原湿地动态监测和保护

草原承担着防风固沙、保持水土、涵养水源、调节气候、保护生态多样性等重要的生态功能，并且也是重要的生产资料，是畜牧业发展的基础。我国是草原大国，天然草地面积近 3.9 亿 hm^2，占国土总面积的 41.41%，但北方和青藏高原的草原 90%已经或者正在退化，成为我国最严重的生态环境问题。湿地资源和草原一样，是人类赖以生存和发展的主要资源，在保护生物多样性、涵养水土和调节气候等方面发挥着重要作用。草原湿地宏观遥感监测是快速了解草原和湿地状况，实现对草原、湿地科学管理和保护的重要手段。

草原、湿地遥感监测的内容主要包括草原和湿地的面积监测、生物量监测等。常用的卫星遥感草原覆盖监测方法有光谱混合分析法和经验模型法等[110-112]。经验模型法使用的遥感数据可能是单波段反射率、多波段组合或植被指数，建模方法有线性回归、非线性回归、支持向量机、决策树回归以及人工神经网络等。基于遥感反演估计草原生物量的方法常用的有回归统计模型和机器学习算法，输入的遥感数据包括光谱信息和各类光谱指数等[113-115]。包括光学、高光谱和 SAR 影像等在内多源遥感数据，多种机器学习算法和面向对象分类方法，包括监督分类、支持向量机、随机森林和深度学习算法常被用于湿地监测中。

Ge 等[116]使用 4 种遥感模型(像素二分法、植被指数回归模型、多元回归模型和 SVM)结合的方法从 MODIS 影像中提取草地覆盖情况，然后基于最优模型绘制草地的空间分布和其在黄河源头区域 16 年来的动态变化(2001～2016 年)。结果表明：基于 MODIS 植被指数的像素二分法不适用于仅基于 MODIS 数据确定的端元来探测黄河源头的草地覆盖率；多元回归分析表现优于单变量植被指数模型；MODIS NDVI 在草地覆盖检测方面优于 MODIS EVI；基于 9 个因子的 SVM 是研究高寒区域草地覆盖的最优模型(R^2=0.75，RMSE=6.85%)；2001～2016 年间，黄河源头的大部分草地面积(59.9%)的年最大草地覆盖率逐年增加，空间分布上，16 年的年均草地覆盖率自西向东自北向南增大。研究使用的数据包括无人机采集的野外实测影像和 MOD13Q1 植被指数产品，MCD12Q1 地表覆盖产品。结合地表覆盖，提取出研究区域的裸地和草地，剔除其他地表覆盖类型，并提取对应的 EVI 和 NDVI。其余辅助数据包括中国土壤特征数据集提供的土壤数据、SRTM DEM 以及中国气象数据共享服务系统下载的 2001～2016 年气象数据，包括青藏高原及其周边地区 149 个气象站的日降水和日均气温数据。模型的具体思路为：

(1)像素二分法模型假设像素的植被指数来自裸地和绿色植物植被指数的线性比例加权，估算像素植被覆盖度 VC 的公式表示为式(16-44)。

$$\mathrm{VC} = \frac{\mathrm{VI} - \mathrm{VI}_{\mathrm{soil}}}{\mathrm{VI}_{\mathrm{veg}} - \mathrm{VI}_{\mathrm{soil}}} \tag{16-44}$$

式中：$\mathrm{VI}_{\mathrm{soil}}$ 为纯裸土的植被指数值；$\mathrm{VI}_{\mathrm{veg}}$ 为纯植被像素的植被指数值。

(2)回归分析模型筛选出 13 个与植被覆盖度相关的变量，位置变量(经纬度)、地形变量(海拔、坡度、坡向)高程、像素横纵比和坡度，土壤变量（地表 0～30cm 深度的沙子比例、地表 0～30cm 深度的黏土比例、地表 30～60cm 深度的沙子比例、地表 30～60cm 的黏土比例)、气象变量(降水和温度)以及植被指数(NDVI、EVI)，通过 F 检验确定出这些与草地覆盖度显著相关的因素用于构建多元回归分析模型。模型使用 3 种形式，如式(16-45)～式(16-47)所示：

$$y = \beta_0 + \beta_1 x_1 + \beta_2 x_2 + \cdots + \beta_i x_i + \varepsilon \tag{16-45}$$

$$y = \beta_0 + \beta_1 \ln x_1 + \beta_2 \ln x_2 + \cdots + \beta_i \ln x_i + \varepsilon \tag{16-46}$$

$$y = \beta_0 x_1^{\beta_1} x_2^{\beta_2} \cdots x_i^{\beta_i} \mathrm{e}^{\varepsilon} \tag{16-47}$$

(3) SVM 模型使用的变量与回归分析模型相同，并使用 R^2、相关系数 r 和均方根误差 RMSE 以及 RMSE 的变异系数(coefficient of variation RMSE，CVRMSE)对模型进行评估。对比 4 种模型最终精度，结果表明，SVM 模型预测值与实地测量值十分接近(r=0.88)，是最优模型，可用于黄河源头地区草地覆盖的空间分布和动态分析。选择最优模型和对应的空间数据，模拟了研究区 16 年来的年度最大草地覆盖度(7 月～9 月最大值)，然后将这些草地覆盖数据集平均，得到 16 年年均最大草地覆盖度空间分布图。

Yang 等[117]结合 1433 个地上生物量实测数据和遥感数据使用反向传播神经网络模型(BP ANN)来估算中国三江源头区草地的地上生物量。研究使用的实测数据来自青海气象局的 15 个气象和草地监测站以及现场测量，包括采样点经纬度、海拔、坡度、纵横比、草地类型、覆盖范围、高度、草的鲜重和干重。以一个 MODIS 像素(500m)中所有的地上生物量值(干重)取平均值，表示该像元的平均地上生物量，并以该像素的经纬度作为建模的输入。使用的遥感数据包括 SRTM DEM、MODIS 地表反射率产品，模型输入的特征包括植被指数(NDVI、EVI 和 RVI)以及 5 个波段指数(B7/B2、B2–B7、B7/B5、B5/B7 和 $\dfrac{\text{B5} - \text{B7}}{\text{B5} + \text{B7}}$)，植被指数和波段指数都做月最大值合成。首先结合实测数据的草地覆盖率和 EVI 构建草地覆盖度反演模型，然后结合 BP 神经网络预测草地生物量，输入 13 个特征，包括 DEM、草地高度和覆盖率、经纬度以及遥感植被指数和波段指数。结果表明，13 个特征中草地覆盖率、经纬度和高度以及 NDVI 贡献最大，将这 5 个特征进一步用于建模。对比 BP 神经网络预测精度与线性、非线性多元回归模型结果，预测精度有了进一步提高，证明方法开发的 ANN 模型性能更优。针对反演的草地地上生物量在 2001～2016 年间的变化趋势进行基于坡度的线性趋势分析，确定草原覆盖率在 16 年间是呈上升或下降趋势。结果表明，建模得到 2001～2016 年平均地上生物量与现场实测相似，且比有限点的现场测量提供更多的细节信息和空间覆盖；三江源区的地上生物量总体呈上升趋势，并且有 26.4%的稳定面积；BP 模型比传统的多因素回归模型效果更优，R^2 由 0.40～0.64 上升到 0.75～0.85，RMSE 由 537～689kg DW/hm^2 下降到 355～462kg DW/hm^2。方法能够提供 500m 空间分辨率下以较高准确率估算区域草地地上生物量，为后续科学监测草地资源提供数据参考。

Mao 等[118]基于面向对象和层次混合分类方法(hybrid object-based and hierarchical classification approach，HOHC)和新的遥感湿地分类系统绘制中国湿地分布图。使用的数据来自 Landsat8 OLI，DEM 数据来自 SRTM，训练和验证样本来自现场和无人机调查，此外结合卫星影像(如分辨率更高的 SPOT5 和中国 GF-2)以及 Google Earth 图像来辅助调查。文章建立了一个新的湿地分类系统，划分 3 个湿地大类和 14 个子类，包括内陆湿地、沿海湿地和人为湿地。在中国 7 个地理分区选择了具有代表性的湿地类别 16496 个有效样本，其中 11474 个用于训练，随机选择的 5022 个样本(约占有效样本的 30%)用于验证分类的结果。HOHC 方法是结合了面向对象分类和决策树的混合算法，具体方法如下：首先是多尺度分割，并且考虑全国地形变化和湿地特征，需要考虑地形梯度、NDVI 和 NDWI 作为主题层输入；然后基于分层决策树和异构规则集提取湿地，基于多个光谱指数可以区分湿地与其他地类，但湿地类别之间存在光谱相似性，仅凭光谱较难区分，需要加入异构规则集：考虑光谱(波段和指数)、景观(颜色、纹理、形状和物候)和环境特征(地形、位置)。分类后处理对 HOHC 的分类结果进行了 4 次修正得到最优分类精度。针对每个湿地类别进行精度评价分类，总体精确度为 80.6%，经过后处理修正后总体精度和 Kappa 系数分别达到 95.1%和 0.94。研究给出了全中国精确湿地分布图，为中国湿地保护提供新的参考数据。

16.5.4 水土流失监测

水土流失已经成为世界范围内最重要的土地退化问题，需要对土壤流失的时空动态进行估算，以便及时采取措施减少土壤侵蚀。但区域尺度水土流失监测主要困难在于数据的可获得性和数据的质量。遥感具有规则重复观测的能力，可以提供大区域的同质数据，可以帮助了解地表的特征及其变化。水土流失的标志，如地表裸露程度、地形地貌、植被覆盖度和土地利用方式的变化是可以被遥感监测到的，因此遥感技术被广泛应用于水土流失调查。

遥感常用于监测水土流失的方法包括结合光谱指数评估土壤退化情况或是使用经验模型评估。最广泛应用的经验模型为通用土壤流失方程(universal soil loss equation，USLE)和修正通用土壤流失方程(revised universal soil loss equation，RUSLE)，通过各种因素遥感估算协同评估区域土壤流失情况。

Amer 等[119]在密西西比河三角洲使用 Landsat7 ETM+和 Landsat8 OLI 计算 NDWI，生成分辨率 30m 的水陆边界图，监测河流对三角洲土地的侵蚀作用。结果表明，土地增加主要发生在该三角洲的河边部分，沉积物来自密西西比河的破口处和/或清淤；土壤流失主要发生在三角洲的远端区域，这些区域泥沙来源较少，风浪更大。对沉积物进行岩土分析，土壤侵蚀的像素通常具有较高的有机物含量(9.0%±1.9%)，水含量(54.8%±3.7%)，盐度(6.5±2.0PSU)和更低的附着力(5.7±0.8kN/m^2)和沉积密度(0.6±0.8g/cm^3)；而土壤增加的像素通过具有较低的有机物含量(3.9%±0.6%)，水含量(38.1%±4.2%)和更高的附着力(10.9±4.1kN/m^2)和沉积密度(1.00±0.1g/cm^3)。使用的卫星影像除 Landsat 之外，还有研究区的 SPOT7 高分辨率影像，以验证 NDWI 计算结果。为了获得 30m 尺度的水陆分类图，使用 ISODATA 对 NDWI 图进行分类，将 NDWI 分为水、非水和混合像元，使用混淆矩阵进行分类准确性评价。使用 NDWI 结合 SPOT 目视得到的阈值提取水体轮廓，利用分类图相减量化土壤侵蚀变化。变化像素分为：土地变水(损失)、混合变水(损失)、土地变土地和水变水(不变)、水变土地(增加)、混合变土地(增加)。分析结果表明，2000～2015 年间，三角洲经历了大约 84km^2 的土地增加，约占总面积的 14.2%。约 29.1km^2(4.9%)的水域变土地，而约 54.9km^2(9.3%)的混合区变为永久土地。土地增加主要分布在 3 种区域：河流在三角洲切开裂缝处、主干道西部的运河和三角洲西南泥沙沉积处。土壤侵蚀约 38.1km^2(6.4%)，大约 21.0km^2(3.5%)土地和 17.1km^2(2.9%)的湿地变为永久水体。土壤侵蚀常发生在远洋沼泽处和三角洲东边的大池塘边界处。

Bouderbala 等[120]使用通用土壤流失方程 USLE 估算阿尔及利亚 Fergoug 流域由于河流侵蚀造成土壤流沙和退化。土壤流失方程 USLE 的计算公式如式(16-48)所示：

$$A = R \cdot K \cdot \mathrm{LS} \cdot C \cdot P \tag{16-48}$$

式中：A 为侵蚀力 R 期间(通常为 1 年)的平均土壤流失，单位是 t/(hm$^2\cdot$a)；R 为雨水侵蚀因子；K 为可蚀因子；LS 为坡度；C 为植被覆盖因子；P 为抗侵蚀因子。

针对每个因子的定义和计算获取方法进行介绍。雨水侵蚀因子 R 定义为潜在的雨水侵蚀能力，参考前人的文献，使用 2 种公式进行估算，如式(16-49)所示：

$$\begin{aligned} R_1 &= 0.6120\mathrm{MFI}^{1.56} \\ R_2 &= \sum_{1}^{12} 1.75 \times 10^{\left[1.5\log\left(\frac{P_i^2}{P}\right) - 0.08188\right]} \end{aligned} \tag{16-49}$$

式中：MFI 为修正 Fournier 指数；P 为年均降水；P_i 为第 i 月的月均降水量。

可用 12 个气象站覆盖 42 年(1970～2011 年)的月度数据计算雨水侵蚀因子 R，然后经克里金插值得到整个流域降雨侵蚀信息。土壤可蚀因子 K 是反映有机质、土壤质地、渗透性和剖面结构的函数，估算公式如(16-50)所示：

$$100K = 10^{-4} \times 2.71M^{1.14}(12 - a) + 4.2(b - 2) + 3.23(c - 3) \tag{16-50}$$

$$M = (100 - A_c)(L + \mathrm{Armf}) \tag{16-51}$$

式中：K 为土壤可蚀因子；M 为 15cm 深处土壤层的质地；A_c 为黏土百分比；L 为淤泥百分比；Armf 为细沙百分比；a 为有机物百分比；b 为土壤结构编码；c 为土壤渗透率编码。

实地采样测量土壤的黏土、淤泥和细沙百分比以及有机质含量，最后空间插值生成整个研究区土壤可蚀情况。地形因子 LS 主要用于评估坡度的影响，由 DEM 数据生成。植被覆盖因子 C 反映植被对土壤的影响，计算公式如式(16-52)所示：

$$C = \exp\left[-2\frac{\mathrm{NDVI}}{(1 - \mathrm{NDVI})}\right] \tag{16-52}$$

植被覆盖因子 C 估算所需的 NDVI 来自 Landsat 影像。抗侵蚀因子 P 的值从 0 到 1 不等，取决于实际的应用，本方法将其设为 1。根据 ULSE 方程将求得的 5 个参数相乘获得年度土壤流失分布图，并预测哪些区域最易水土流失。结果表明，Fergoug 流域土壤流失范围从 0～617.66t/(hm$^2\cdot$a)，并且在植被覆盖少的干旱年份达到最大值——1188.92t/(hm$^2\cdot$a)。这种水土流失归因于土壤容易被侵蚀、退化的植被和相对倾斜的坡度。

Vagen 等[121]使用土地退化监测框架(land degradation surveillance framework，LDSF)方法结合实地调查和 MODIS 影像评估全球热带地区土地侵蚀情况。野外实测数据来自 LDSF 2015～2017 年期间野外采集。使用的卫星遥感数据为 MODIS 地表反射率产品 MCD43A4，通过最大值合成 2002～2017 年间的年反射率数据，计算每日土壤调整植被指数 SATVI。为了获得一致的侵蚀估计，需要将野外实测数据与卫星反射率年合成数据匹配。使用土壤侵蚀现场实测数据训练机器学习算法，然后基于 MODIS 影像预测 2002～2007 年土壤侵蚀情况。MODIS 的 2～7 波段输入随机森林模型预测侵蚀率，使用 70%的实测数据训练模型，剩余用于验证统计模型精度，确定模型可行性后，代入 MODIS 数据得到 2002 年、2007 年、2012 年和 2017 年全球热带区域土壤侵蚀预测结果。构建的随机森林在测试集上表现良好，AUC=0.96，总体模型准确率约 86%。从变量重要性来看，红波段、NIR 和 SWIR 是预测土壤侵蚀最重要的特征。由于模型精度很高，将训练的随机森林模型应用在 2002 年、2007 年、2012 年和 2017 年的 MODIS 影像上，预测得到每年 500m 全球热带地区土壤侵蚀分布图。结果表明，在半干旱林地、灌木丛地区侵蚀率最高，森林地区侵蚀最低。观察到侵蚀率随植被覆盖度增加而降低，但即使植被覆盖达到 50%～60%，侵蚀率仍很高。模型适用于基于 MODIS 的土地侵蚀检测，具有较高的总体精度(89%)，AUC=0.97。

参考文献

[1] Hansen M C, Loveland T R. A review of large area monitoring of land cover change using Landsat data. Remote Sensing of Environment, 2012, 122: 66-74.

[2] Zhu Z, Woodcock C E. Continuous change detection and classification of land cover using all available Landsat data. Remote Sensing of Environment, 2014, 144: 152-171.

[3] Zhu Z, Fu Y, Woodcock C E, et al. Including land cover change in analysis of greenness trends using all available Landsat 5, 7, and 8 images: A case study from Guangzhou, China (2000–2014). Remote Sensing of Environment, 2016, 185: 243-257.

[4] Zhu Z. Change detection using Landsat time series: A review of frequencies, preprocessing, algorithms, and applications. ISPRS Journal of Photogrammetry and Remote Sensing, 2017, 130: 370-384.

[5] Ge Y, Hu S, Ren Z P, et al. Mapping annual land use changes in China's poverty-stricken areas from 2013 to 2018. Remote Sensing of Environment, 2019, 232: 111285.

[6] Liu D D, Chen N C, Zhang X, et al. Annual large-scale urban land mapping based on Landsat time series in Google Earth Engine and OpenStreetMap data: A case study in the middle Yangtze River basin. ISPRS Journal of Photogrammetry and Remote Sensing, 2019, 159:337-351.

[7] Zhong Y F, Yu S, Wu S Q, et al. Open-source data-driven urban land-use mapping integrating point-line-polygon semantic objects: A case study of Chinese cities. Remote Sensing of Environment, 2020, 247: 111838.

[8] 张超, 李智晓, 李鹏山, 等. 基于高分辨率遥感影像分类的城镇土地利用规划监测. 农业机械学报, 2015, 46(11): 323-329.

[9] Chen W, Huang H P, Dong J W, et al. Social functional mapping of urban green space using remote

sensing and social sensing data. ISPRS Journal of Photogrammetry and Remote Sensing, 2018, 146:436-452.

[10] Coutts A M, Harris R J, Phan T, et al. Thermal infrared remote sensing of urban heat: Hotspots, vegetation, and an assessment of techniques for use in urban planning. Remote Sensing of Environment, 2016, 186: 637-651.

[11] De Beurs K M, Henebry G M, Gitelson A A. Regional MODIS analysis of abandoned agricultural lands in the Kazakh steppes. 2004 IEEE International Geoscience and Remote Sensing Symposium, 2004, 2: 739-741.

[12] Wardlow B D, Egbert S L. Large-area crop mapping using time-series MODIS 250 m NDVI data: An assessment for the US Central Great Plains. Remote Sensing of Environment, 2008, 112(3): 1096-1116.

[13] Alcantara C, Kuemmerle T, Baumann M, et al. Mapping the extent of abandoned farmland in Central and Eastern Europe using MODIS time series satellite data. Environmental Research Letters, 2013, 8(3): 035035.

[14] Estel S, Kuemmerle T, Alcántara C, et al. Mapping farmland abandonment and recultivation across Europe using MODIS NDVI time series. Remote Sensing of Environment, 2015, 163:312-325.

[15] Yoon H Y, Kim S Y. Detecting abandoned farmland using harmonic analysis and machine learning. ISPRS Journal of Photogrammetry and Remote Sensing, 2020, 166:201-212.

[16] Wu M H, Hu Y M, Wang H M, et al. Remote sensing extraction and feature analysis of abandoned farmland in hilly and mountainous areas: A case study of Xingning, Guangdong. Remote Sensing Applications: Society and Environment, 2020, 20: 100403.

[17] Hu G Y, Dong Z B, Lu J F, et al. The developmental trend and influencing factors of aeolian desertification in the Zoige Basin, eastern Qinghai–Tibet Plateau. Aeolian Research, 2015, 19: 275-281.

[18] Xue Z J, Qin Z D, Li H J, et al. Evaluation of aeolian desertification from 1975 to 2010 and its causes in northwest Shanxi Province, China. Global and Planetary Change, 2013, 107: 102-108.

[19] Qi Y B, Chang Q R, Jia K L, et al. Temporal-spatial variability of desertification in an agro-pastoral transitional zone of northern Shaanxi Province, China. Catena, 2012, 88(1): 37-45.

[20] Duan H C, Wang T, Xian X, et al. Dynamic monitoring of aeolian desertification based on multiple indicators in Horqin Sandy Land, China. Science of the Total Environment, 2019, 650: 2374-2388.

[21] Joseph O, Gbenga A E, Langyit D G. Desertification risk analysis and assessment in Northern Nigeria. Remote Sensing Applications: Society and Environment, 2018, 11:70-82.

[22] Salih A A M, Ganawa E T, Elmahl A A. Spectral mixture analysis (SMA) and change vector analysis (CVA) methods for monitoring and mapping land degradation/desertification in arid and semiarid areas (Sudan), using Landsat imagery. The Egyptian Journal of Remote Sensing and Space Science, 2017, 20: S21-S29.

[23] Obodai J, Adjei K A, Odai S N, et al. Land use/land cover dynamics using landsat data in a gold mining basin-the Ankobra, Ghana. Remote Sensing Applications: Society and Environment, 2019, 13: 247-256.

[24] Isidro C M, McIntyre N, Lechner A M, et al. Applicability of earth observation for identifying small-scale mining footprints in a wet tropical region. Remote Sensing, 2017, 9(945):1-22.

[25] Snapir B, Simms D M, Waine T W. Mapping the expansion of galamsey gold mines in the cocoa growing area of Ghana using optical remote sensing. International Journal of Applied Earth Observation and Geoinformation, 2017, 58: 225-233.

[26] Mukherjee J, Mukhopadhyay J, Chakravarty D, et al. Automated seasonal detection of coal surface mine regions from Landsat 8 OLI images. 2019 IEEE International Geoscience and Remote Sensing Symposium, Yokohama, 2019.

[27] 马秀强,彭令,徐素宁,等.高分二号数据在湖北大冶矿山地质环境调查中的应用.国土资源遥感,2017,29(s1): 127-131.

[28] Ibrahim E, Lema L, Barnabé P, et al. Small-scale surface mining of gold placers: Detection, mapping, and temporal analysis through the use of free satellite imagery. International Journal of Applied Earth Observation and Geoinformation, 2020, 93: 102194.

[29] Coolbaugh M F, Kratt C, Fallacaro A, et al. Detection of geothermal anomalies using advanced spaceborne thermal emission and reflection radiometer (ASTER) thermal infrared images at Bradys Hot Springs, Nevada, USA. Remote Sensing of Environment, 2007, 106(3): 350-359.

[30] Qin Q M, Zhang N, Nan P, et al. Geothermal area detection using Landsat ETM+ thermal infrared data and its mechanistic analysis-A case study in Tengchong, China. International Journal of Applied Earth Observation and Geoinformation, 2011, 13(4): 552-559.

[31] Sukojo B M, Mardiana R. Geothermal potential analysis using Landsat 8 and Sentinel 2 (Case study: Mount Ijen). IOP Conference Series: Earth and Environmental Science, 2017, 98(1): 012025.

[32] Chan H P, Chang C P, Dao P D. Geothermal anomaly mapping using landsat ETM+ data in ilan plain, northeastern Taiwan. Pure and Applied Geophysics, 2018, 175(1): 303-323.

[33] Bouazouli A E, Baidder L, et al. Remote sensing contribution to the identification of potential geothermal deposits: A case study of the moroccan Sahara. Materials Today: Proceedings, 2019, 13: 784-794.

[34] Wang K, Jiang Q G, Yu D H, et al. Detecting daytime and nighttime land surface temperature anomalies using thermal infrared remote sensing in Dandong geothermal prospect. International Journal of Applied Earth Observation & Geoinformation, 2019, 80:196-205.

[35] González D L, Gonzálvez P R. Detection of geothermal potential zones using remote sensing techniques. Remote Sensing, 2019, 11(20): 2403.

[36] Asmaryan S G, Muradyan V S, Sahakyan L V, et al. Development of Remote Sensing Methods for Assessing and Mapping Soil Pollution with Heavy Metals. Leiden: CRC Press/Balkema, 2014.

[37] Wang J J, Cui L J, Gao W X, et al. Prediction of low heavy metal concentrations in agricultural soils using visible and near-infrared reflectance spectroscopy. Geoderma, 2014, 216: 1-9.

[38] Song L, Jian J, Tan D J, et al. Estimate of heavy metals in soil and streams using combined geochemistry and field spectroscopy in Wan-sheng mining area, Chongqing, China. International Journal of Applied Earth Observation and Geoinformation, 2015, 34: 1-9.

[39] Zhou P, Zhao Y, Zhao Z C, et al. Source mapping and determining of soil contamination by heavy metals using statistical analysis, artificial neural network, and adaptive genetic algorithm. Journal of Environmental Chemical Engineering, 2015, 3(4): 2569-2579.

[40] Naderi A, Delavar M A, Kaboudin B, et al. Assessment of spatial distribution of soil heavy metals using

ANN-GA, MSLR and satellite imagery. Environmental Monitoring and Assessment, 2017, 189(5):214.1-214.16.

[41] Yi P, Kheir R B, Adhikari K, et al. Digital mapping of toxic metals in qatari soils using remote sensing and ancillary data. Remote Sensing, 2016, 8(12): 1003.

[42] D'Emilio M, Coluzzi R, Macchiato M. et al. Satellite data and soil magnetic susceptibility measurements for heavy metals monitoring: Findings from Agri Valley (Southern Italy). Environmental Earth Sciences, 2018, 77(3): 1-7.

[43] Golovko D, Roessner S, Behling R, et al. Automated derivation and spatio-temporal analysis of landslide properties in southern Kyrgyzstan. Natural Hazards, 2017, 85(3): 1461-1488.

[44] Stumpf A, Malet J P, Delacourt C. Correlation of satellite image time-series for the detection and monitoring of slow-moving landslides. Remote Sensing of Environment, 2017, 189: 40-55.

[45] Pham M Q, Lacroix P, Doin M P. Sparsity optimization method for slow-moving landslides detection in satellite image time-series. IEEE Transactions on Geoscience and Remote Sensing, 2018, 57(4): 2133-2144.

[46] Dong J, Zhang L, Tang M C, et al. Mapping landslide surface displacements with time series SAR interferometry by combining persistent and distributed scatterers: A case study of Jiaju landslide in Danba, China. Remote Sensing of Environment, 2018, 205: 180-198.

[47] Chen T H, Alexander V, et al. Detecting and monitoring long-term landslides in urbanized areas with nighttime light data and multi-seasonal Landsat imagery across Taiwan from 1998 to 2017. Remote Sensing of Environment, 2019, 225: 317-327.

[48] Bianchini S, Raspini F, Ciampalini A, et al. Mapping landslide phenomena in landlocked developing countries by means of satellite remote sensing data: The case of Dilijan (Armenia) area. Geomatics, Natural Hazards and Risk, 2017, 8(2): 225-241.

[49] Chen T, Trinder J C, Niu R, et al. Object-oriented landslide mapping using ZY-3 satellite imagery, random forest and mathematical morphology, for the Three-Gorges Reservoir, China. Remote Sensing, 2017, 9(4): 333.

[50] Li Y Z, He R Y. Spatial and temporal variability of SST and ocean color in the Gulf of Maine based on cloud-free SST and chlorophyll reconstructions in 2003–2012. Remote Sensing of Environment, 2014, 144: 98-108.

[51] Wang M, Son S H. VIIRS-derived chlorophyll-a using the ocean color index method. Remote sensing of Environment, 2016, 182: 141-149.

[52] Loisel H, Vantrepotte V, Ouillon S, et al. Assessment and analysis of the chlorophyll-a concentration variability over the Vietnamese coastal waters from the MERIS ocean color sensor (2002–2012). Remote Sensing of Environment, 2017, 190: 217-232.

[53] Shang S L, Lee Z P, Shi L H, et al. Changes in water clarity of the Bohai Sea: Observations from MODIS. Remote Sensing of Environment, 2016, 186: 22-31.

[54] Zhang Y Z, Huang Z J, Fu D Y, et al. Monitoring of chlorophyll-a and sea surface silicate concentrations in the south part of Cheju island in the East China Sea using MODIS data. International Journal of

Applied Earth Observations and Geoinformation, 2018, 67: 173-178.

[55] Wirasatiya A, Hosoda K, Setiawan J D, et al. Variability of diurnal sea surface temperature during short term and high SST event in the western equatorial pacific as revealed by satellite data. Remote Sensing, 2020, 12(19):3230.

[56] Kim T S, Park K A, Li X, et al. Detection of the Hebei Spirit oil spill on SAR imagery and its temporal evolution in a coastal region of the Yellow Sea. Advances in Space Research, 2015, 56(6): 1079-1093.

[57] Ding H, Elmore A J. Spatio-temporal patterns in water surface temperature from Landsat time series data in the Chesapeake Bay, USA. Remote Sensing of Environment, 2015, 168: 335-348.

[58] Wang M Q, Hu C M. Mapping and quantifying Sargassum distribution and coverage in the Central West Atlantic using MODIS observations. Remote Sensing of Environment, 2016, 183: 350-367.

[59] Konik M, Bradtke K, et al. Object-oriented approach to oil spill detection using ENVISAT ASAR images. ISPRS Journal of Photogrammetry and Remote Sensing, 2016, 118: 37-52.

[60] Cui T W, Liang X J, Gong J L, et al. Assessing and refining the satellite-derived massive green macro-algal coverage in the Yellow Sea with high resolution images. ISPRS Journal of Photogrammetry and Remote Sensing, 2018, 144:315-324.

[61] Ma P, Dai X Y, Guo Z Y, et al. Detection of thermal pollution from power plants on China's eastern coast using remote sensing data. Stochastic Environmental Research and Risk Assessment, 2017, 31: 1957-1975.

[62] Feng X R, Li M J, Yin B S, et al. Study of storm surge trends in typhoon-prone coastal areas based on observations and surge-wave coupled simulations. International Journal of Applied Earth Observation and Geoinformation, 2018, 68: 272-278.

[63] Sun M, Yang Y Z, Yin X Q, et al. Data assimilation of ocean surface waves using Sentinel-1 SAR during typhoon Malakas. International Journal of Applied Earth Observation and Geoinformation, 2018, 70: 35-42.

[64] Liu C Y, Chao J L, Gu W, et al. Estimation of sea ice thickness in the Bohai Sea using a combination of VIS/NIR and SAR images. GIScience & Remote Sensing, 2015, 52(2): 115-130.

[65] Xu Q, Zhang H Y, Cheng Y C, et al. Monitoring and tracking the green tide in the Yellow Sea with satellite imagery and trajectory model. IEEE Journal of Selected Topics in Applied Earth Observations and Remote Sensing, 2016, 9(11): 5172-5181.

[66] Han G Q, Ma Z M, et al. Hurricane Isaac storm surges off Florida observed by Jason-1 and Jason-2 satellite altimeters. Remote Sensing of Environment, 2017, 198: 244-253.

[67] Yu Y, Huang K Y, Shao D D, et al. Monitoring the characteristics of the Bohai sea ice using high-resolution geostationary ocean color imager(GOCI) data. Sustainability,2019,11(3):777.

[68] Xiao Y F, Zhang J, Cui T W. High-precision extraction of nearshore green tides using satellite remote sensing data of the Yellow Sea, China. International Journal of Remote Sensing, 2017, 38(6):1626-1641.

[69] Yang Z, Reiter M, Munyei N. Estimation of chlorophyll-a concentrations in diverse water bodies using ratio-based NIR/Red indices. Remote Sensing Applications: Society and Environment, 2017, 6: 52-58.

[70] Guan Q, Feng L, Hou X J, et al. Eutrophication changes in fifty large lakes on the Yangtze Plain of China

derived from MERIS and OLCI observations. Remote Sensing of Environment, 2020, 246: 111890.

[71] Feng L, Hu C M, Chen X L, et al. Influence of the Three Gorges Dam on total suspended matters in the Yangtze Estuary and its adjacent coastal waters: Observations from MODIS. Remote Sensing of Environment, 2014, 140: 779-788.

[72] Petus C, Marieu V, Novoa S, et al. Monitoring spatio-temporal variability of the Adour River turbid plume（Bay of Biscay, France）with MODIS 250-m imagery. Continental Shelf Research, 2014, 74: 35-49.

[73] Cao Z, Duan H, Feng L, et al. Climate-and human-induced changes in suspended particulate matter over Lake Hongze on short and long timescales. Remote Sensing of Environment, 2017, 192: 98-113.

[74] Brezonik P L, Olmanson L G, Finlay J C, et al. Factors affecting the measurement of CDOM by remote sensing of optically complex inland waters. Remote Sensing of Environment, 2015, 157: 199-215.

[75] Li J W, Yu Q, Tian Y Q, et al. Remote sensing estimation of colored dissolved organic matter（CDOM）in optically shallow waters. ISPRS Journal of Photogrammetry and Remote Sensing, 2017, 128: 98-110.

[76] Xu J, Fang C Y, Gao D, et al. Optical models for remote sensing of chromophoric dissolved organic matter（CDOM）absorption in Poyang Lake. ISPRS Journal of Photogrammetry and Remote Sensing, 2018, 142: 124-136.

[77] Gohin F, Zande D V, et al. Twenty years of satellite and in situ observations of surface chlorophyll-a from the northern Bay of Biscay to the eastern English Channel. Is the water quality improving? Remote Sensing of Environment, 2019, 233: 111343.

[78] Shi K, Zhang Y L, Zhu G W, et al. Long-term remote monitoring of total suspended matter concentration in Lake Taihu using 250m MODIS-Aqua data. Remote Sensing of Environment, 2015, 164:43-56.

[79] Li J W, Yu Q, Yong Q, et al. Spatio-temporal variations of CDOM in shallow inland waters from a semi-analytical inversion of Landsat-8. Remote Sensing of Environment, 2018, 218: 189-200.

[80] Di Martire D, Iglesias R, Monells D, et al. Comparison between differential SAR interferometry and ground measurements data in the displacement monitoring of the earth-dam of Conza della Campania（Italy）. Remote Sensing of Environment, 2014, 148: 58-69.

[81] Milillo P, Perissin D, Salzer J T, et al. Monitoring dam structural health from space: Insights from novel InSAR techniques and multi-parametric modeling applied to the Pertusillo dam Basilicata, Italy. International Journal of Applied Earth Observation and Geoinformation, 2016, 52: 221-229.

[82] Di Pasquale A, Nico G, Pitullo A, et al. Monitoring strategies of earth dams by ground-based radar interferometry: How to extract useful information for seismic risk assessment. Sensors, 2018, 18（1）: 244.

[83] Ullo S L, Addabbo P, Martire D D, et al. Application of DInSAR technique to high coherence Sentinel-1 images for dam monitoring and result validation through in situ measurements. IEEE Journal of Selected Topics in Applied Earth Observations and Remote Sensing, 2019, 12（3）:875-890.

[84] Li T, Motagh M, et al. Earth and rock-filled dam monitoring by high-resolution X-band interferometry: Gongming dam case study. Remote Sensing, 2019, 11（3）.

[85] Tessitore S, Di Martire D, Calcaterra D, et al. Multitemporal synthetic aperture radar for bridges monitoring. Proceedings of SPIE 10431, Remote Sensing Technologies & Applications in Urban

Environments II, Warsaw, 2017, 10431: 46-53.

[86] Schlaffer S, Chini M, Giustarini L, et al. Probabilistic mapping of flood-induced backscatter changes in SAR time series. International Journal of Applied Earth Observation and Geoinformation, 2017, 56: 77-87.

[87] Cian F, Marconcini M, Ceccato P. Normalized Difference Flood Index for rapid flood mapping: Taking advantage of EO big data. Remote Sensing of Environment, 2018, 209: 712-730.

[88] Amitrano D, Di Martino G, Iodice A, et al. Unsupervised rapid flood mapping using Sentinel-1 GRD SAR images. IEEE Transactions on Geoscience and Remote Sensing, 2018, 56(6): 3290-3299.

[89] Clement M A, Kilsby C G, Moore P. Multi-temporal synthetic aperture radar flood mapping using change detection. Journal of Flood Risk Management, 2018, 11(2): 152-168.

[90] DeVries B, Huang C Q, Armston J, et al. Rapid and robust monitoring of flood events using Sentinel-1 and Landsat data on the Google Earth Engine. Remote Sensing of Environment, 2020, 240: 111664.

[91] Singha M, Dong J W, Sarmah S, et al. Identifying floods and flood-affected paddy rice fields in Bangladesh based on Sentinel-1 imagery and Google Earth Engine. ISPRS Journal of Photogrammetry and Remote Sensing,2020,166: 278-293.

[92] Ferral A, Luccini E, Aleksinkó A, et al. Flooded-area satellite monitoring within a Ramsar wetland Nature Reserve in Argentina. Remote Sensing Applications: Society and Environment, 2019, 15: 100230.

[93] Zhao P P, Lu D S, Wang G X, et al. Examining spectral reflectance saturation in Landsat imagery and corresponding solutions to improve forest aboveground biomass estimation. Remote Sensing, 2016, 8(6): 469-495.

[94] Zald H S J, Wulder M A, White J C, et al. Integrating Landsat pixel composites and change metrics with lidar plots to predictively map forest structure and aboveground biomass in Saskatchewan, Canada. Remote Sensing of Environment, 2016, 176: 188-201.

[95] Jucker T, Caspersen J, Chave J, et al. Allometric equations for integrating remote sensing imagery into forest monitoring programmes. Global Change Biology, 2017, 23(1): 177-190.

[96] Matasci G, Hermosilla T, Wulder M A, et al. Large-area mapping of Canadian boreal forest cover, height, biomass and other structural attributes using Landsat composites and lidar plots. Remote Sensing of Environment, 2018, 209: 90-106.

[97] Avtar R, Suzuki R, Sawada H. Natural forest biomass estimation based on plantation information using PALSAR data. PLOS One, 2014, 9(1): e86121.

[98] Huang H B, Liu C X, Wang X Y, et al. Integration of multi-resource remotely sensed data and allometric models for forest aboveground biomass estimation in China. Remote Sensing of Environment, 2019, 221: 225-234.

[99] Yahya N, Bekele T, Gardi O, et al. Forest cover dynamics and its drivers of the Arba Gugu forest in the eastern highlands of Ethiopia during 1986-2015. Remote Sensing Applications: Society and Environment, 2020, 20(100378).

[100] Fang L, Yang J, Zhang W Q, et al. Combining allometry and landsat-derived disturbance history to estimate tree biomass in subtropical planted forests. Remote Sensing of Environment, 2019,

235(111423).
[101] Fang X, Tian D L. Dynamic of carbon stock and carbon sequestration in Chinese fir plantation. Journal of Guangxi Plant, 2006, 26(5): 516-522.
[102] Xiang W. Ecological functions and processes in successive replanting stand and natural regrowth following fallow on clear-cutting forestland of Chinese fir plantations ecosystem[D]. Central South Forestry University Central South University of Forestry and Technology, 2003.
[103] Puliti S, Hauglin M, Breidenbach J, et al. Modelling above-ground biomass stock over Norway using national forest inventory data with ArcticDEM and Sentinel-2 data. Remote Sensing of Environment, 2020, 236(111501).
[104] Quintano C, Fernández-Manso A, Roberts D A. Multiple endmember spectral mixture analysis (MESMA) to map burn severity levels from Landsat images in Mediterranean countries. Remote Sensing of Environment, 2013, 136: 76-88.
[105] Meddens A J H, Hicke J A. Spatial and temporal patterns of Landsat-based detection of tree mortality caused by a mountain pine beetle outbreak in Colorado, USA. Forest Ecology and Management, 2014, 322: 78-88.
[106] Fernandez-Manso A, Quintano C, Roberts D A. Burn severity influence on post-fire vegetation cover resilience from Landsat MESMA fraction images time series in Mediterranean forest ecosystems. Remote Sensing of Environment, 2016, 184: 112-123.
[107] Meng R, Wu J, Schwager K L, et al. Using high spatial resolution satellite imagery to map forest burn severity across spatial scales in a pine barrens ecosystem. Remote Sensing of Environment, 2017, 191: 95-109.
[108] Schwantes A M, Swenson J J, Jackson R B. Quantifying drought-induced tree mortality in the open canopy woodlands of central Texas. Remote Sensing of Environment, 2016, 181:54-64.
[109] Parinaz R B, Aaron W, Daniel K, et al. Detection of annual spruce budworm defoliation and severity classification using Landsat imagery. Forests, 2018, 9(6):357.
[110] Li F, Chen W, Zeng Y, et al. Improving estimates of grassland fractional vegetation cover based on a pixel dichotomy model: A case study in Inner Mongolia, China. Remote Sensing, 2014, 6(6): 4705-4722.
[111] Lehnert L W, Meyer H, Wang Y, et al. Retrieval of grassland plant coverage on the Tibetan Plateau based on a multi-scale, multi-sensor and multi-method approach. Remote Sensing of Environment, 2015, 164: 197-207.
[112] Meng B P, Gao J L, Liang T G, et al. Modeling of alpine grassland cover based on unmanned aerial vehicle technology and multi-factor methods: A case study in the east of Tibetan Plateau, China. Remote Sensing, 2018, 10(2): 320.
[113] Li W H, Zhao X Q, Zhang X Z, et al. Change mechanism in main ecosystems and its effect of carbon source/sink function on the Qinghai-Tibetan Plateau. Chinese. Journal of Nature, 2013, 35(3): 172-178.
[114] Ali I, Cawkwell F, Dwyer E, et al. Satellite remote sensing of grasslands: From observation to management. Journal of Plant Ecology, 2016, 9(6): 649-671.

[115] Liang T G, Yang S X, Feng Q S, et al. Multi-factor modeling of above-ground biomass in alpine grassland: A case study in the Three-River Headwaters Region, China. Remote Sensing of Environment, 2016, 186: 164-172.

[116] Ge J, Meng B P, Liang T G, et al. Modeling alpine grassland cover based on MODIS data and support vector machine regression in the headwater region of the Huanghe River, China. Remote Sensing of Environment, 2018, 218: 162-173.

[117] Yang S X, Feng Q S, Liang T G, et al. Modeling grassland above-ground biomass based on artificial neural network and remote sensing in the Three-River Headwaters Region. Remote Sensing of Environment, 2018, 204:448-455.

[118] Mao D H, Wang Z M, Du B J, et al. National wetland mapping in China: A new product resulting from object-based and hierarchical classification of Landsat 8 OLI images. ISPRS Journal of Photogrammetry and Remote Sensing, 2020, 164:11-25.

[119] Amer R, Kolker A S, et al. Propensity for erosion and deposition in a deltaic wetland complex: Implications for river management and coastal restoration. Remote Sensing of Environment, 2017, 199: 39-50.

[120] Bouderbala D, Souidi Z, Donze F, et al. Mapping and monitoring soil erosion in a watershed in western Algeria. Arabian Journal of Geosciences, 2018, 11(23):744.

[121] Vagen T G, Winowiecki L A. Predicting the spatial distribution and severity of soil erosion in the global tropics using satellite remote sensing. Remote Sensing, 2019, 11(15):1800.

第17章 遥感在生态环境方面的应用

生态环境是影响人类生存与发展的水资源、土地资源、生物资源以及气候资源数量与质量的总称，是关系到社会和经济持续发展的复合生态系统。生态环境问题是指人类为其自身生存和发展，在利用和改造自然的过程中，对自然环境破坏和污染所产生的危害人类生存的各种负反馈效应。随着社会经济的快速发展，生态环境问题正在变得越来越严重，环境灾害和事故时有发生。2018 年我国受旱灾、洪灾、风雹灾害、低温冷冻和雪灾等自然灾害影响的人口达 13553.9 万人，造成的直接经济损失达 2644.6 亿元。

保护环境是我国的基本国策，为了整合我国分散的生态环境保护职责，中华人民共和国国务院成立生态环境部，负责建立健全生态环境基本制度，监督实施重点区域、流域、海域、饮用水水源地生态环境规划和水功能区划，协调重特大环境污染事故和生态破坏事件的调查处理，指导协调地方政府对重特大突发生态环境事件的应急、预警工作，组织制定陆地和海洋各类污染物排放总量控制、排污许可证制度并监督实施，确定大气、水、海洋等纳污能力，制定大气、水、海洋、土壤、噪声、光、恶臭、固体废物、化学品、机动车等的污染防治管理制度并监督实施，监督野生动植物保护、湿地生态环境保护、荒漠化防治等工作，指导协调和监督农村生态环境保护、生物多样性保护工作，参与核事故应急处理，对重大经济和技术政策、发展规划以及重大经济开发计划进行环境影响评价，应对气候变化，进行生态环境监测等。

信息时代各种先进科技不断涌现，给生态环境问题的解决提供了新的途径，同时也能推动经济的可持续发展。近年来，世界各国都在大力发展环境遥感监测技术，并且取得了突破性进展，将遥感技术广泛应用于环境监测、污染治理、生态保护、环境应急响应等工作中，可以为环境质量的监测和评价提供重要的数据来源。随着卫星监测能力的提升和自主遥感技术的发展，遥感技术将在自然保护地与生态保护红线监管、核与辐射安全监管、生物多样性保护、重点流域与湿地生态环境保护等陆表生态环境监测；大气污染监测、温室气体与气候变化、气象变化监测等大气生态环境监测；海洋污染物识别、海上钻井平台识别、海洋水色与海洋动力监测等海洋生态环境监测；建设项目在环境影响评价以及环境应急响应等方面发挥越来越重要的作用，可以为生态环境保护做出巨大贡献。

17.1 陆表生态环境

以地面定点观测为主的常规监测技术是陆表生态环境监测早期有力的手段，目前以点带面的常规监测正发展到以环境质量监测为主，力求各种先进的技术手段全时段、全方位综合考察。遥感技术由于其具有时间、空间和光谱的广域覆盖能力，是获取陆表环境信息的强有力手段，已成为陆表生态环境保护最重要的监测手段之一。就陆表生态环境而言，遥感技术的应用面涵盖了从自然保护地、生态保护红线监管、核辐射安全监管、生物多样性保护、重点流域保护、湿地生态环境保护、农村生态环境保护到固体废物及重金属污染监测、地表水生态环境与水污染监测、土壤生态环境与土壤污染监测、荒漠化防治等的方方面面。

17.1.1 自然保护地和生态保护红线监管

截至 2017 年底，我国共有自然保护地 2750 个，占地总面积达 14716.7 万 hm^2，保护区的面积占辖区总面积的 14.3%。自然保护地是生物多样性保护的前沿阵地，是自然生态系统保存良好的野生动植物栖息地，对于保护自然环境、物种和维护生态平衡具有重要意义。但是随着我国经济和旅游业等的发展，带来了较为严重的生态环境破坏和污染问题，自然保护地也在承受着巨大的环境压力。近年来，遥感技术快速发展逐渐在土地利用变化、资源清查等方面得到了应用，很多学者尝试利用遥感手段对自然保护地进行监测，如利用遥感影像对风景名胜区的建设项目边界进行提取等，为风景名胜区的保护提供针对性建议等。

生态保护红线是指依法在重点生态功能区、生态环境敏感区和脆弱区划定的严格管控边界，是国家和区域生态安全的底线，生态保护红线划定后需要制定并实施有效的管控措施，严守生态保护红线区域。已经有许多学者利用遥感技术对生态保护红线进行划分和监测，例如利用光学遥感影像对生态保护区内的用海地物进行监测，进而分析用海地物的变化情况以及生态保护红线所受到的干扰和自然属性变化情况；利用多源遥感影像提取海岸线的长度，对海岸生态系统进行健康评价，从而根据评价结果对海岸线生态保护红线进行划分等。

刘晓颖[1]根据遥感和地理信息系统的相关技术原理，针对海洋生态红线区管控对遥感监测业务的需求，研究设计了一套完整的海洋生态红线区遥感监测方案，其中具体明确了海洋生态红线区遥感监测的资料要求、监测范围、监测对象、监测要素和监测频次，规划了监测业务流程，构建了监测成果分析模型。为验证监测方案的可行性，以天津海域为试验区，选取 2002 年、2009 年、2013 年和 2015 年 4 个时段卫星遥感影像，开展了回顾性的海洋生态红线区遥感监测实践。刘晓颖提出，海洋生态红线区遥感监测数据源一方面应满足数据空间分辨率以及时间分辨率的要求，另一方面还应满足卫星数据的可获得性、经济性同时满足业务化运行的需要。红线区遥感监测用海地物的对象主要是露出海面的明显地物，光学遥感影像为主要数据源。对生态红线区的监测分为两个级别层次进行，首先，在常规巡视性质的状态下，采用时间频率较高、空间分辨率适中的 Landsat 卫星数据进行巡视监测，用水体指数法作为主要监测指标，发现新增人工地物威胁，立即警示；然后进入第二个监测层次阶段，就是强化监测程序的阶段，此时需采用空间分辨率要求较高、时间频率要求较低的卫星遥感数据（如 ZY-3、GF）进行用海地物的识别，最后进行回顾性评价，评价时对海洋生态红线区内部、外部以及海域自然属性分别进行。文章通过遥感数据预处理、用海地物检测、用海地物识别等步骤分析了 2002～2015 年用海地物演变情况、生态红线区面临的直接干扰和周围开发威胁以及红线区所在海域自然属性变化，最终证明了利用遥感监测海洋生态红线区具有可行性。

王春叶[2]通过利用遥感技术对浙江省海岸生态系统健康进行评价，通过生态问题综合诊断，确定杭州湾急需划分生态红线，进而建立基于生态保护重要性理论的杭州湾生态红线划分方法，并进行划分实践，以期为杭州市有关部门对生态红线的监管提供支撑。该文利用 1985 年、1995 年、2005 年和 2013 年多源遥感影像，提取浙江省海岸线变化长度和增加陆地面积，对海岸线子系统健康进行评价；利用 2005 年、2007 年和 2010 年遥感影像反演物理、化学和生物参数以及可空间化的外界压力参数，建立水域生态系统健康评价模型；利用 2001～2010 十年的 MYDND1M 月合成数据产品(中国 1km 分辨率的 NDVI 月合成产品)，分析浙江省沿海县市陆域子系统对整个海岸带生态系统健康的影响。文章利用年平均 NDVI 表征系统的活力、植被面积变化表征组织力、斜率变化表征恢复力，并通过综合模型计算生态系统健康指数，并利用时间序列的遥感影像分析陆域子系统、海岸线子系统、水域子系统对浙江省海岸带生态系统健康的影响以及进行杭州湾生态红线的划分。

为了有效保护和合理利用国家级风景名胜区，针对多年来风景名胜区保护利用中出现的问题，分析得出三十多年来我国风景名胜区保护中建设管理存在的问题，黄琰[3]研究了风景名胜区建设项目及管理中出现的问题，以此为鉴，结合管理体制机制的调整，提出了具有针对性的建议。文章基于遥感影像资料的分析，识别并提取了风景名胜区中各类建设项目的边界和相关数据，与历史资料、现状和风景名胜区总体规划相结合，分析比对筛选违法建设项目，研究违法的成因和造成的影响；以典型违法图斑作为样本分析不同时期风景名胜区建设管理中存在的问题和不足。其中全国国家级风景名胜区相关遥感影像选自我国高分遥感卫星 GF-1 和 GF-2，影像分辨率分别为 2m 和 0.8m。通过风景名胜区范围线的矢量化、遥感影像的采集与处理、遥感影像建设图斑的提取、处理及筛选等步骤得到风景名胜区内所有的建设图斑并对其进行分析，提出了相关建议，认为在对于风景名胜区的保护和利用方面，应该划定保护底线，与此同时，还需要增强规划的弹性，将风景名胜区开发利用与周边生活相协调，从而使风景名胜区在保持良好生态环境的同时也能适应城市发展的需求。同时在风景名胜区的管理中，应当对各级管理机构的职责加以明确，有效发挥管理机构作用，使后续的各级管理有所增益。

17.1.2　核与辐射安全监管

截至 2019 年底，我国共有 47 台运行的核电机组，累计发电量为 3481.31 亿 kW·h，约占全国累计发电量的 4.88%。核电技术给人类的能源需求带来了很大的便利，但是核电站的温排水(大量排入自然水域且温度高于本底值的水体)也对核电站附近环境造成了很大的危害。温排水会造成局部水域水体温度急剧升高，改变自然水体的水质，从而对海洋生物造成影响，改变其生存、生长和繁殖的习性，甚至能够造成某些生物的灭亡。因此，加强核电基地温排水热污染监测是保障核电站附近海域环境和生态系统保持正常运行的重要措施。利用遥感技术能够对核电站附近的温排水情况进行持续动态的实时监测，而且可以获得瞬时大范围的温度场优势，例如，利用多时相遥感数据对核电站基地附近的温排水时空特征进行提取，利用热红外波段数据结合不同的温度反演算法对核电站附近水域温度进行定量反演等，从而得到核电站附近水域温排水的时空分布模式等，进一步研究温排水对核电站附近海域生态环境的影响，可以为近岸海域的生态环境保护提供一定的技术支撑。

石继香[4]针对 2009～2013 年间获取的 69 幅无云 HJ-1B 卫星遥感数据，开展了数据预处理、水陆分离、海表温度反演和基准温度提取，获取了该期间大亚湾核电基地温排水时空分布特征，研究在潮汐、风、工况和季节等因素下，温排水热扩散的规律，以及核电基地温排水对大亚湾海域自然保护区的影响，同时利用 2011 年星地同步试验实测数据，对文中的海表温度反演算法(热辐射传输方程)进行了精度验证，结果表明运用反演算法得到的温度值与实测温度值具有良好的线性关系，二者之间的相关系数为 0.901。研究表明，温排水的热扩散效果受潮汐流速影响作用较大，大、中潮和自西向东的风更有利于大亚湾核电基地温排水高温升区水体的热扩散；季节对温排水的影响统计分析表明，1℃、2℃温升区面积夏季比冬季大，夏季温升区域面积约为冬季温升区域面积的 1.005～1.484 倍；3℃、4℃高温升区区域范围面积夏季相比冬季要小，冬季温升区域面积约为夏季温升区域面积的 1.003～1.491 倍；随着核电基地工作机组增加，总温升面积无论是在夏季或是在冬季，都在逐渐增加，增加面积在 0.7～6.3km^2，其中以 2km^2 者居多。对四周环境影响分析表明，大亚湾核电基地温排水产生的 1℃温升包络区域有很大一部分覆盖中部核心区，2℃温升包络区域有少部分中部核心区，3℃、4℃温升包络区域均不在中部核心区域，没有超过《海水水质标准》(GB3097—1997)第一、二类水质目标，对核心区内动植物的生长与繁衍影响有限。

姜晟等[5]以江苏省连云港田湾核电站为主要研究区，通过热红外遥感技术研究温排水热污染现象。以美国 Landsat 卫星热红外波段数据为主要数据源，辅以地面气象测站资料，利用“单窗算法”提取水温，并分析核电站建成前后附近海域水温的分布与动态变化情况。研究结果表明，自从核电站投入使用后，在核电站排水口附近出现了较为明显的温升区，此后每年都检测到了不同程度的温排水现象，且冬季的温排水影响范围更大，说明遥感定量反演方法完全能够满足温排水监测要求，对于完善近岸海域生态环境保护工作具有积极意义。

Chen 等[6]利用 1994～2001 年的 Landsat-5 TM 热红外波段数据，研究了中国南方大亚湾核电站热排污所产生的热污染强度和分布区域。文章基于卫星过境研究区域时测得的水面温度的真实数据研究了一种局部算法，并将该局部算法应用于由 TM 影像估算水温中，得到的估算水温与实测水温的相对误差均值仅有 2.1%。研究表明，热红外遥感数据提供了一种定量监测热污染强度的有效手段，并且可以反演得到非常详细的沿海水域的热污染分布模式，热污染的遥感结果可用于沿海水域的环境管理。

栗小东[7]认为 Landsat 热红外波段的温度反演结果，不仅可以反映滨海田湾核电站对附近海域的温升强度，还能够揭示其空间分布规律。文章利用单波段算法和 Landsat 热红外数据反演了田湾核电站周围海域的海表温度，分析了滨海田湾核电站建立前后(2003 年和 2009 年)周围海水表面温度。文章首先对遥感影像数据进行了几何校正和辐射校正，利用单波段温度反演算法进行温度反演；然后利用空间分析的方法对反演的温度数据进行分析，提取温升的范围和强度；最后获得核电站周围海域的温升变化数据，并进行年际温度变化分析和季节温度变化分析。结果表明，核电站的温排水对周围海域具有明显的升温作用，影响范围主要为沿海岸线向东南方的海湾内区域，主要影响范围在 3km 以内；同时通过季节性温升对比分析发现，冬季的温升范围要明显大于夏季，另外陆地水的注入对核电站附近水域的温升具有一定的影响，且该温升受季节影响较为明显，冬季陆地水注入可以缓解温升，但是夏季却会增加温升范围。文章提出电站温排水具有较高的温度，直接排入海洋对海域生态系统具有不利的影响，但是可以开展将温排水用于冬季室内加热和开展温水养鱼项目研究，提高其利用效率，达到节能减排的目的。

17.1.3 生物多样性保护

生物多样性是生物及其环境形成的生态复合体以及与此相关的各种生态过程的总和，包括动物、植物、微生物和它们所拥有的基因以及它们与其生存环境形成的复杂生态系统，是人类生存和可持续发展的必要条件，正引起越来越广泛的重视和关注。我国现存的野生动物中，有脊椎动物 7300 余种，已定名昆虫约 13 万种，其中大熊猫、朱鹮等 400 多种野生动物为中国特有。脊椎动物中，兽类 564 种、鸟类 1445 种、两栖类 416 种、爬行类 463 种，其余为鱼类，濒危动物有 120 多种(麋鹿、华南虎、白鳍豚等)。我国现约有高等植物 3 万多种，其中特有植物种类约 1.7 万余种，濒临灭绝的植物有 354 种，如银杉、珙桐、银杏、百山祖冷杉、香果树、桫椤、滕柄木等，均为中国特有的珍稀濒危野生植物种类，其中百山祖冷杉更是被列为世界最濒危的 12 种植物之一。

随着人类社会的发展，生物多样性的丧失情况正在日益严重，为解决这一问题，需要准确地监测生物多样性的现状及其变化情况。利用遥感技术进行监测，能够帮助我们认知生物多样性的形成与维持机制、变化成因与结果，补充大尺度范围内生物多样性的估算及其动态变化情况，并能够实现长期、标准化的重复观测，有助于制定科学有效的生物多样性保护与管理机制、监督并评估保护措施的成效，从而进一步为区域甚至全球的生物多样性估计提供有效的解决方案，在大尺度监测和生物多样性要素评价方面具有很广泛的应用前景。随着高分辨率传感器、新型运载工具以及激光雷达等技术的不断涌现与发展，遥感技术在进行跨尺度生物多样性监测方面的优势正在不断凸显。

曾颖[8]以浙江省内两个陆域保护优先区为研究对象，借助 GIS 和 RS 手段，选取生物多样性现状、生态系统服务功能、生态系统脆弱性三个方面的九个指标——生态系统香农多样性指数、物种多样性指数、栖息地状况、水源涵养功能、土壤保持功能、生物多样性维持功能、生境敏感性、污染负荷排放指数、经济发展水平指数——构建评价指标体系，从多角度全面综合分析研究区生物多样性现状，为保护优先区域社会经济与生物多样性保护协调可持续发展提供科学的决策依据。研究用到的生态系统解译数据来源于浙江省生态环境遥感调查与评估项目的生态系统遥感解译成果，主要用于研究区生态系统现状分析和生态系统多样性指标的评价。利用上述遥感解译数据，结合香农多样性指数从生态系统多样性、物种多样性、栖息地状况三个方面对生物多样性现状进行评价。最后将生物多样性现状、生态系统服务功能和生态系统脆弱性三方面的评价指标进行叠加，得到综合评价结果，再结合区域规划进行功能区划分。通过对分区面积和国家划定的保护区域面积进行对比，确定是否存在生物多样性价值较高的区域未被划入为保护区。

唐志尧等[9]认为利用多光谱甚至高光谱与激光技术从航空航天平台监测物种多样性，从不同视角、基于不同光源提供了关于物种多样性不同侧面的信息，能够减小地面调查强度，在大范围和边远地区的生物多样性调查研究中有着至关重要的作用。文章提出利用高分辨率遥感技术进行群落调查和物种判别，由光谱特性进行生物物种判别、多源遥感数据结合测量植物的功能属性(叶绿素、氮、磷、木质素、纤维素等)，以及利用激光雷达进行地物的三维结构测量、将动植物生态环境监测从土地覆盖类型扩展到植被结构特征，通过植被结构对动物的影响分析动物的行为方式等，将促进生物多样性的研究与管理，加强遥感学家和生物多样性研究者的沟通交流，有助于促进不同时空尺度的生物多样性与遥感技术的结合。

刘慧明等[10]首次以生物多样性保护优先区为研究对象，充分利用环境一号卫星重访周期短、幅宽较宽的数据优势，在明确优先区监管需求的基础上，借鉴已有人类活动综合指标算法的研究思路和框架，从优先区土地覆被类型变化与人类活动关系角度，构建了能够客观反映人类干扰活动的指标体系与评价方法。通过计算生物多样性保护优先区人类干扰指数(human disturbance index，HDI)，并对 HDI 指数进行分级，并分析 HDI 指数的变化实现对生物多样性保护优先区人类干扰状况的快速、动态评价，结合历史遥感数据，从定量角度监测优先区人类干扰动态变化趋势。最后，以桂西黔南生物多样性保护优先区为例进行了方法验证，结果表明桂西黔南生物多样性保护优先区内，受到人类干扰影响较大的土地类型为耕地、水库建设、建设用地、居民点，分别占优先区面积的 9.04%、1.57%、0.27%、0.03%。该文章为生物多样性保护优先区人类干扰遥感监测与评价提供了方法，其得到的人类干扰程度空间分布与动态变化结果，与地面调查数据相结合，可以为进一步实现其业务化监测提供技术支撑。

吴倩[11]以浙江省衢州市的古田山自然保护区为研究区域，进行了森林乔木树种多样性遥感估测。研究先基于地面实测样地计算得到森林乔木树种多样性指数，包括物种的丰富度指数，Shannon-Wiener 指数、Plieou 均匀度指数以及 Simpson 指数。再将地面实测数据与机载高光谱影像数据相结合，从 Figure 高光谱遥感影像中提取相关的遥感特征因子，包括主成分分析后的第一、第二和第三主成分以及纹理特征、窄波段植被指数并进行特征变量筛选，以随机森林迭代特征选择的方法选择出对回归建模贡献大的特征因子。文章比较分析了多元线性回归(multiple linear regression，MLR)、随机森林(random forest，RF)、支持向量回归(support vector regression，SVR)三种模型对森林乔木树种多样性的遥感估测能力，并结合十折交叉验证的方法对模型的估测精度做了验证，结果 RF 模型的估测精度显著优于 MLR 和 SVR 模型；对于三种模型而言，丰富度指数和 Plieou 均匀度指数的估测精度均优于 Shannon-Wiener 指数和 Simpson 指数，最终根据四种多样性指数计算得到的森林乔木树种多样性空间分布。

文章提出，与传统的森林生物多样性的测定方法相比较，基于遥感估算模型能够高效快速的获取大范围面积的生物多样性，不仅有利于减轻森林工作人员的工作量，易于森林资源信息的收集，监测森林资源的动态变化，同时也促进了人与自然和谐相处。同时，就遥感影像的数据源使用而言，机载高光谱遥感影像数据与其他星载传感器获得的遥感影像相比，具有更高的空间分辨率和光谱分辨率，对地物的分辨率更强，尤其是在对森林乔木树种的多样性进行遥感估测时更具有优势，能够有效地将相近植被物种的光谱进行区分，减弱相近地物的光谱曲线易混淆的现象，大大增强了光谱变异假说应用到遥感森林植被多样性估测的可靠性。

17.1.4 重点流域保护

截至 2018 年底，我国流域面积共有 9506678km^2，其中外流河面积为 6150927km^2，占总流域面积的 64.7%，内陆河流域面积为 3355751km^2，占流域总面积的 35.30%。流域是社会-经济-自然的庞大复合生态系统，流域的形成受到自然地理、气候条件和人类活动等因素的影响，是多因素综合作用的结果。随着社会经济的发展，流域地区作为良好的粮油和畜牧业基地，水土资源得到了极大程度的开发，但也导致许多流域地区的生态环境问题日益突出，因此客观认识流域内生态环境状况、研究当地生态环境的结构、功能和过程就显得十分重要，这就需要做到在全流域尺度上较为准确地掌握其生态环境和资源的质量数量的空间分布，制定流域宏观规划和监督机制。遥感技术可以快速准确地完成大面积的生态环境调查和多时段的流域生态环境动态评价和监测，能够实现区域性的生态环境现状调查。应用遥感技术调查研究流域生态环境和水土流失的变化及其机理，并作出客观评价，对于各流域的生态建设和环境保护服务，具有重要的现实意义。

李石华[12]以云南省典型高原湖泊流域——抚仙湖流域为研究区，以遥感与地理信息技术为支撑，利用优于 1m 的高分辨率遥感影像、基础地理信息数据和水质监测数据，基于随机森林算法，提出了一种融合多尺度光谱、几何和纹理特征的能有效提高流域尺度高分辨率遥感影像分类精度的分类方法，即多尺度随机森林(multi-scale of random forest，MSORF)方法，分析了流域土地利用/土地覆盖(land use and land cover，LULC)多尺度时空演变规律与驱动力，揭示了流域不同污染源区水质对 LULC 类型与格局的尺度依赖性，构建了流域水质与 LULC 类型及格局的时空关系模型，识别了流域 LULC 类型及格局与水质相互作用的特征尺度。在上述研究基础上，基于 LULC 变化情景模拟流域水质变化，提出了流域水环境保护策略与建议。

文章使用的多源遥感影像数据，包括 2005 年 3 月(QuickBird，0.61m 全色，2.44m 多光谱)、2008 年 1 月(QuickBird，0.61m 全色，2.44m 多光谱)、2011 年 1 月(WorldView-2，0.5m 全色，1.8m 多光谱)、2014 年 1 月(WorldView-2，0.5m 全色，1.8m 多光谱)、2017 年 3 月(北京二号，0.5m 全色，1.8m 多光谱)共 5 期高空间分辨率遥感影像数据以及基础地理信息数据、水质监测数据、地理国情普查数据、行业专题资料、野外调查数据。将 MSORF 算法与像素级支持向量机(pixel-wise support vector machine，PSVM)、初始分割尺度支持向量机(banded support vector machine，BSVM)与最优尺度分割支持向量机(optimized support vector machine，OSVM)算法的分类结果进行对比，该文提出的 MSORF 算法的分类精度优于另外三种算法，其中，异质性较小的区域分类精度比异质性较大的区域高，最终得到的 LULC 时空演变过程。

Chowdary 等[13]使用遥感和 GIS 技术为印度 Mayurakshi 流域制定了特定的流域开发计划，通过可持续发展综合任务(integrated mission for sustainable development，IMSD)准则制定决策规则，利用 overlay 和决策树的概念制定了水资源开发计划。利用印度遥感卫星 IRS-1C 和线性扫描卫星 LISS-III 卫星数据以及有关岩性、土壤、坡度等其他野外实测数据和附属数据来生成研究区域的土地利用/土地覆盖图和水文地貌图，从而为水资源的规划和开发利用提供基础。

田振兴等[14]以江西省鄱阳湖流域为研究区，利用MODIS遥感数据和气象站点数据，分析了 2000～2014 年鄱阳湖流域生态系统总初级生产力(gross primary productivity，GPP)、净初级生产力(net primary productivity，NPP)、年降水量、年均温和年均辐射的时空变化特征并分析了 GPP、NPP 与年降水量、年均温和年均辐射之间的关系，结果表明，在研究时间内，GPP 总变化量呈上升趋势，NPP 总变化量呈下降趋势，年降水量、年均温和年均辐射整体上都在上升，GPP、NPP 与年降水量、年均温和年均辐射的变化都呈现正相关关系。文章评价了气象因子对生态系统生产力的影响，为气候变化背景下中国典型生态系统生产力的影响和适应研究提供理论支撑，对流域生态环境保护具有一定的科学意义和应用价值，在保护环境的同时，为有序利用生态资源、促进人类社会发展提供科学基础。

张桉赫[15]以艾比湖流域作为研究区，在环境健康遥感诊断理论的指导下，结合熵理论的相关内容，对艾比湖流域 2001～2017 年的生态环境质量进行评价，同时为流域今后的生态环境质量保护工作提供了相关建议。文章综合利用 Landsat8、Landsat7、MODIS 多源遥感影像数据、DEM、热带降雨测量任务卫星(tropical rainfall measuring mission，TRMM)系列数据、$PM_{2.5}$ 浓度产品数据以及矢量边界数据、社会经济统计数据、气象数据等多源数据，对艾比湖流域进行 NDVI、LST、温度植被干燥指数(temperature vegetation dryness index，TVDI)遥感提取，得到 NDVI、LST、TVDI 的时空变化特征并进行基于时间信息熵/时间序列信息熵的 NDVI、LST、TVDI 的变化分析，最终建立了艾比湖流域生态环境质量的遥感评价体系并对艾比湖流域生态环境质量进行遥感诊断。文章根据艾比湖流域关键生态环境要素的变化趋势以及流域的生态环境质量现状，对艾比湖流域的生态环境保护提出了一些建议：重点治理荒漠区的生态环境、合理开发土地资源、调整产业结构、持续加强对艾比湖、赛里木湖的保护、加大生态环境保护的宣传力度等。

17.1.5 湿地生态环境保护

截至 2018 年底，我国湿地总面积为 2346.93 万 hm^2，其中包括红树林地 2.71 万 hm^2，占 0.12%；森林沼泽 220.78 万 hm^2，占 9.41%；灌丛沼泽 75.51 万 hm^2，占 3.22%；沼泽草地 1114.41 万 hm^2，占 47.48%；沿海滩涂 151.23 万 hm^2，占 6.44%；内陆滩涂 588.61 万 hm^2，占 25.08%；沼泽地 193.68 万 hm^2，占 8.25%。“湿地”是一个分布在水陆生态系统之间的独特生态系统，是自然界中生物多样性极为丰富的生态景观，也是人类最重要的生存环境之一。它具有稳定环境、生物基因保护及资源利用等功能，与森林、海洋并称为全球三大生态系统，被誉为自然之肾、生物基因库和人类摇篮。湿地在为人类提供巨大生态服务的同时又对人类活动极其敏感脆弱，其发展变化和生态安全状况直接关系着我国沿海经济和社会的可持续发展。把握湿地演变过程及动力机制，加强对湿地生态安全研究，并提出相应的保护措施和建议，对合理开发利用和保护湿地资源具有积极意义。

湿地生态系统不是处于一种静止不变的状态，它是一个动态、开放的复杂系统，需要持续不断的对其进行动态监测与研究。利用遥感手段对湿地生态系统相关参数的定量化获取已经逐渐成熟，但如何使用这些参数对湿地生态系统的变化、现状进行宏观把控，成为了新的研究方向。例如利用遥感影像结合实地测量数据反演得到土地覆盖/土地利用分类图、植被类型图；利用遥感影像得到的复合指数对遥感影像进行分类，得出土地利用的动态变化情况等。

臧正[16]基于人文地理学的可持续发展理论，首先在景观到区域尺度上构建了“生态脆弱性—土地利用与覆盖变化—植被净初级生产力—生态系统服务价值—区域福祉”的生态经济学分析框架，然后提出“滨海湿地生态系统与区域福祉具有或正或负的双向耦合关系”这一命题，最后以盐城为例结合有关野外调研数据、室内实验数据及统计数据，利用遥感、地理信息系统与地图学工具，通过自然地理学的实证分析方法开展了实证研究工作。文章使用了不同时期的 Landsat4-5 以及 Landsat8 影像，通过对遥感影像进行影像融合、几何校正、裁剪等预处理，之后结合地形因子(基于 DEM 数据计算得到)和气象因子(由气象观测站点得到的年度气温、降雨量、太阳总辐射量数据)得到土地利用与植被类型图，结合实地调查数据对植被分类图进行精度验证，使 Kappa 系数和总体分类精度达到 80%。文章在此基础上分析了江苏盐城滨海湿地的生态脆弱性、景观格局变化、植被覆盖及植被净初级生产力的时空特征，揭示了自然、人为因素对生态系统服务功能及其价值产生－供给－消费过程的正(促进生态改善)负(导致生态退化)影响，在区域尺度上分析了盐城市所属各区县的人均生态福祉及生态经济效率的空间分布格局，进而分析了生态祝福效应(正向)与生态诅咒效应(负向)。最后根据湿地区域内生态系统的变化情况提出了一些政策建议：成立盐城滨海湿地国家公园；基于景观连通性调整保护范围；遵循地带性分布规律促进植被恢复等。

为做好东北大型湿地的管理工作、提高管理效率，及时掌握湿地变化的原因与趋势，姜一伟[17]尝试通过遥感影像复合指数法分类对湿地植物群落进行区分和评估。针对吉林省向海自然保护区核心区的芦苇区，基于 Landsat 遥感卫星影像，结合土地利用图与实地调查数据，采用将环境遥感研究中经常使用的 NDVI、NDWI、NDSI(归一化差分土壤指数，normalized differential soil index)耦合成像后再进行分类的复合指数法，提取该区的植被，分别进行单年反演及多年反演，并统计了不同植物分类的面积变化，以及空间上的湿性与干性跃迁。其中，单年反演主要通过对 2010 年的卫星图像监督分类与实地调查对分类图像进行检验，从而判断方法的可靠性；多年反演是在单年反演的基础上用同一监督分类组对不同年份的图像进行分类，以得出对应年限中不同土地利用类型的变化，从 1999～2020 年的滨海湿地地表变迁情况来看，研究区域干化趋势大于湿化。文章的研究为向海自然保护区湿地的保护与修复提供了有效的参考数据，有利于据此提高对向海湿地植物的监控效率，找出特性区域以进行合理的修复与管理。

张志军等[18]利用 2000 年、2005 年和 2010 年 3 期丰水期(7 月～10 月)的 TM 影像数据(云量小于 5%)，结合气象台站观测数据和地面调查资料，对遥感影像进行假彩色合成、图像增强、几何纠正、波段间匹配等处理，建立影像解译标志库，依据青海湖流域湿地分类体系，采用湿地类型转移矩阵等多因素综合分析的方法，分析了近 10 年来青海湖流域湿地的动态变化情况。结果显示，青海湖流域湿地约占流域总面积的 23.99%，10 年来湿地总体比较稳定，总面积变化不大，而湿地类型之间的变化较明显，主要表现为永久性咸水湖、永久性河流、内陆盐沼面积先减少后增大，洪泛区平原面积先增大后减少，沼泽化草甸面积增大。

朱金峰等[19]以白洋淀湿地为研究对象，基于1975～2018年间共10期Landsat卫星遥感影像，并结合2017～2018年GF-2卫星影像，在野外考察湿地类型数据及其覆被特征的基础上，利用人机交互解译方法得到了各期土地利用/覆被分类图，从面积变化、类型转化、景观格局变化方面分析了近43年白洋淀湿地变化时空特征：湿地总面积呈减少趋势，其中以1990年为分界线，在1990年之前，湿地面积基本无明显变化，1990年之后，湿地面积呈现先减少后增加的趋势；讨论了影响分析结果的不确定性因素以及湿地变化成因：分析结果主要受到影像选取时间以及分类方法的影响，白洋淀湿地面积减少、趋于干化受到气候等自然因素以及工农业等人为因素的影响。

17.1.6 城郊及农村生态环境保护

长期以来，由于城市无序蔓延扩张和土地利用开发不合理，城郊和农村地区陆地生态系统结构和功能遭到严重破坏，出现了较为严重的生态环境问题，例如，自然资源过度开发利用导致的生态破坏，城市无序蔓延、工业快速发展和农业用地过度开发利用引起的废气、废水、固体废弃物污染(简称“三废”污染)和环境影响等。近年来，部分地区通过加大生态恢复和环境保护力度，使城郊和农村地区生态环境得到局部改善，但总体恶化趋势未能得到根本遏制，生态安全形势依然严峻、环保压力依然巨大。随着遥感技术的快速发展，遥感监测系统因其技术优势能够在不同时空尺度下对区域内的生态环境进行评估，在生态环境评价与保护中得到了广泛应用。进入21世纪以来，遥感在生态环境保护领域中的应用更为成熟和广泛，利用遥感技术还可以对城郊及农村地区的植被生长状况、湿度状况、固体废弃物环境影响、景观分类以及景观格局变化分析等方面进行监测与变化分析。

庞冬[20]以新疆维吾尔自治区库车县为研究对象，通过实地勘察、现场采样、样品检测、资料收集等方式获得库车县环境质量监测数据及历史数据，分别对库车县水环境质量、大气环境质量、土壤环境质量状况进行评价，并以2006年、2015年两期遥感影像作为基础数据，选取表征区域沙漠化状况、植被生长状况、盐渍化状况、湿度状况的遥感指数为指标，构建遥感生态距离指数(remote sensing ecological distance index，RSEDI)对库车县的生态状况进行动态评价。研究选用库车县2006年的LandsatTM和2015年OLI遥感影像数据，根据库车县地理位置和气候特征，选择植被生长较好的6月～10月的影像数据，能够较好地反映研究区信息，同时还使用了相关的统计数据与监测数据。对遥感影像数据进行辐射定标、大气校正、几何校正、图像镶嵌、裁剪等预处理，结合已有资料(统计数据、地面监测数据)分别对库车县的水环境、大气环境、土壤环境、固体废物环境影响、环境容量以及环境影响进行评价。最后利用沙漠化差值指数(desert index，DI)、概括插值植被指数(generalized difference vegetation index，GDVI，简称GI)、盐渍化指数(modified salinity index，MSI)、湿度指数(wet index，WI)这4个指标构建遥感生态距离指数RSEDI对库车县生态环境状况进行动态评价。其中DI计算方法如式(17-1)～式(17-3)所示；GI 计算方法如式(17-6)所示；MSI 在 MSAVI 与盐分指数(salinity index，SI)的基础上构建，计算方法如式(17-7)～式(17-9)所示；WI 计算方法如式(17-10)所示，指数值越大表示生态环境质量越好，反之越差；RSEDI 的计算公式如式(17-11)所示。

$$\mathrm{DDI} = -\frac{1}{k_i} \cdot \mathrm{NDVI}_{标} - \mathrm{Albedo}_{标} \tag{17-1}$$

$$\mathrm{DI} = -\mathrm{DDI} \tag{17-2}$$

$$\mathrm{Albedo} = 0.356\rho_{\mathrm{Blue}} + 0.130\rho_{\mathrm{Red}} + 0.373\rho_{\mathrm{NIR}} + 0.085\rho_{\mathrm{SWIR1}} + 0.072\rho_{\mathrm{SWIR2}} - 0.0018 \tag{17-3}$$

式中：$\mathrm{NDVI}_{标}$ 为数据标准化处理后的 NDVI 值，计算公式如式(17-4)所示；$\mathrm{Albedo}_{标}$ 为数据标准化处理后的 Albedo 值，计算公式如式(17-5)所示。

$$\mathrm{NDVI}_{标} = \frac{\mathrm{NDVI} - \mathrm{NDVI}_{\min}}{\mathrm{NDVI}_{\max} - \mathrm{NDVI}_{\min}} \times 100\% \tag{17-4}$$

$$\mathrm{Albedo}_{标} = \frac{\mathrm{Albedo} - \mathrm{Albedo}_{\min}}{\mathrm{Albedo}_{\max} - \mathrm{Albedo}_{\min}} \times 100\% \tag{17-5}$$

$$\mathrm{GDVI} = \frac{\mathrm{NIR}^2 - \mathrm{Red}^2}{\mathrm{NIR}^2 + \mathrm{Red}^2} \tag{17-6}$$

式中：NIR 为 Landsat 近红外波段反射率；Red 为 Landsat 红光波段的反射率。

$$\mathrm{MSI} = \sqrt{(\mathrm{MSAVI}_{标} - \mathrm{MSAVI}_{\max})^2 + \mathrm{SI}_{标}^2} \tag{17-7}$$

式中：MSAVI 的计算公式如式(17-8)所示；SI 的计算公式如式(17-9)所示。

$$\mathrm{MSAVI} = \frac{(2\rho_{\mathrm{NIR}} + 1) - \sqrt{(2\rho_{\mathrm{NIR}} + 1)^2 - 8(\rho_{\mathrm{NIR}} - \rho_{\mathrm{Red}})}}{2} \times 100\% \tag{17-8}$$

$$\mathrm{SI} = \sqrt{\rho_{\mathrm{Blue}} \cdot \rho_{\mathrm{Red}}} \tag{17-9}$$

$$\mathrm{WI} = 0.315\rho_{\mathrm{Blue}} + 0.2021\rho_{\mathrm{Green}} + 0.312\rho_{\mathrm{Red}} + 0.1594\rho_{\mathrm{NIR}} - 0.6806\rho_{\mathrm{SWIR1}} - 0.6109\rho_{\mathrm{SWIR2}} \tag{17-10}$$

$$\mathrm{RSEDI} = \sqrt{(\mathrm{DI} - \mathrm{DI}_{\max})^2 + (\mathrm{MSI} - \mathrm{MSI}_{\max})^2 + (\mathrm{GI} - \mathrm{GI}_{\min})^2 + \mathrm{WI} - \mathrm{WI}_{\min}{}^2} \tag{17-11}$$

为了更好地对比分析库车县 2006～2015 年生态环境状况，该文根据库车县生态环境实际情况，将研究区 RSEDI 划分为生态环境差、生态环境较差、生态环境中等、生态环境良、生态环境优 5 个等级区间。2006～2015 年间的生态等级状况分析表明，库车县近年来经济发展对环境影响较小，生态环境治理具有一定成效。通过对十多年来库车县的生态状况空间分布特征进行计算分析，得到 2006～2015 年间的生态环境质量空间分布如图 17-1 所示，从图中可以看出在人类活动频繁的库车县城及其乡镇所在区域生态状况较优，主要是因为绿洲开发对其生态环境的保护颇有成效，而耕地及建设用地周边的未利用地生态状况较差，主要是该区域内的盐渍化水平高，受到农业灌溉的影响。多种评价方法的结合解决了传统生态环境质量评价方法的生态实测数据难获取的问题，也能全面、准确地反映库车县生态环境质量。

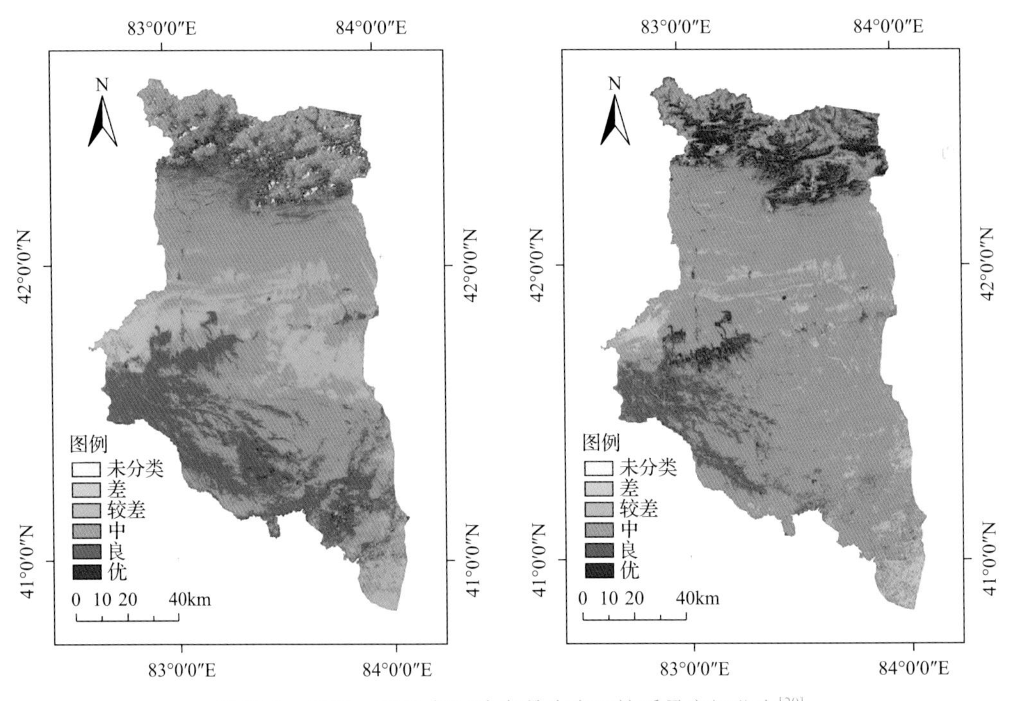

图 17-1 2006～2015 年间库车县生态环境质量空间分布[20]

欧定华[21]以成都市龙泉驿区为研究对象，以 Landsat OLI 影像、ASTER GDEM 等数据为源，以景观格局优化为视角，在景观分类与景观格局现状分析、景观格局变化特征与驱动因子分析、景观格局变化潜力与动态模拟、区域生态安全评价与变化趋势预测研究基础上，创新提出一种基于粒子群优化算法(particle swarm optimization，PSO)原理的景观格局空间优化模型与算法，对经济发展、生态保护、统筹兼顾 3 种情景景观空间布局进行优化，为区域土地持续利用、城镇合理扩张、经济良性发展提供切实可行的空间管控依据，也为推进地方落实国家生态文明建设战略提供理论和技术支撑。该研究以 7 期 LandsatTM/ETM+和 Landsat OLI 影像作为数据源，对遥感影像进行大气校正、坐标转化、影像裁剪等预处理，并提取包括归一化植被指数和 8 个常用的纹理特征，包括均值、方差、协同性、对比度、相异性、信息熵、二阶矩和相关性，使用这些特征可以减少同物异谱、同谱异物现象，从而提高分类精度。综合应用遥感影像分类(C5.0 决策树分类法、最大似然分类法、QUEST 决策树分类法)、空间分析和地图编制等技术方法对景观分类进行探讨，结果表明 QUEST 决策树分类法的划分效果最佳，其分类得到的土地利用/土地覆盖类型图总体精度为 95.94%。文章根据分类结果将研究区划分为包括山地果园景观、平坝果园景观、平坝农田景观等在内的 18 种景观类型，经野外调查核实此景观分类特点符合实际景观格局。在此基础上分析了研究区景观格局现状，认为研究区内景观类型分布不均，景观多样性指数较低，受人类活动影响较大，景观结构稳定性较差，在景观生态布局中应该更加注重优化景观的空间布局。

秦海春[22]使用 2015 年 8 月 2 日 GF-2 卫星的影像数据(包括 1m 分辨率全色波段数据和 4m 分辨率多光谱数据)，研究了城镇周边垃圾堆放点的空间、光谱等特征，建立垃圾堆放点提取模型，利用多期影像数据生产相关专题产品，并在太湖流域重点城市开展示范验证，建立了基于国产高分遥感影像数据的城镇生活垃圾监管方法，为城镇垃圾处理管理提供新的思路和方法。采用目视特征在高分遥感数据上判读城市垃圾位置需要非常大的时间和人力，对城市垃圾的监管效率不高；采用光谱影像特征，结合决策树分类方法进行垃圾堆放点的自动识别提取，虽然很多城市垃圾容易与裸土和建筑物发生混淆，但可快速提取疑似目标地物的位置，再通过人工目视和实地验证，可以提高城市垃圾监管效率。

杨良权等[23]利用工程地质测绘与遥感影像(2003 年、2006 年、2011 年、2014 年四期卫星影像)结合法初步圈定南水北调工程亦庄调节池工程区内深埋垃圾坑的勘察范围，采用高密度地震映像法和高密度电法基本确定垃圾坑的边界线。在此基础上，利用工程地质钻探与竖井法查明了深埋垃圾坑分布的范围、深度、空间分布特征及工程地质特性，并采用室内试验分析法，确定了垃圾坑场区内填土的物理力学性质、场地污染特性等参数，认为研究区内回填土的力学性质较差，不宜直接作为基础接力层，场区内地下水对混凝土具有弱腐蚀性，局部场地内的土壤氯仿和四氯化碳的浓度都超标了，且地下水中的氨氮、亚硝酸盐等含量也都超过了国家标准，说明研究区内地下水受到了一定程度的污染，其研究成果可以为类似深埋垃圾坑工程的勘察提供借鉴和参考。

17.1.7　固体废物及重金属污染监测

2017 年，我国产生的一般工业固体废物量为 331592 万 t，综合利用量为 181187 万 t，处置量为 79798 万 t，贮存量为 78397 万 t，倾倒丢弃量达 73.04 万 t；我国生产的危险废物量为 6936.89 万 t，综合利用量为 4043.42 万 t，处置量为 2551.56 万 t，贮存量为 870.87 万 t，随着我国经济的快速持续发展，固体废物的产量也在持续增长，这些持续增长的固体废物已经成为我国当前环保工作迫切需要关注和解决的重大问题，而由工业废弃物的不合理排放导致的重金属污染问题也成为了目前主要的环境污染问题之一。重金属具有多种形态，且具有高度隐蔽性，不能被微生物降解，环境(土壤、水等)中残存的重金属可以通过食物链被生物富集，产生生物放大作用，威胁人类的身体健康，重金属污染问题亟待解决。已有许多学者利用遥感数据展开固体废弃物以及重金属监测，也取得了一定的研究成果。如将遥感影像数据与其他模型相结合，借助统计学等工具选取合适的指标进行重金属含量监测；使用多源遥感影像数据，建立遥感解译标志库，根据特征异质性建立决策树准则，从而有效识别固体废弃物等。

王冬敏[24]围绕水稻重金属胁迫展开研究，针对最优尺度这一问题，借助比值分析、统计分析等方法，比较不同空间尺度下水稻重金属胁迫的水平，确定监测重金属胁迫的最优尺度。研究区为湖南省株洲市株洲县的水稻种植区，文章获取了该区域的土壤及水稻重金属含量数据、水稻生长特定时期的叶面积指数(leaf area index，LAI)和气象数据等；同时获取相近时期的卫星遥感影像，包括 GF-1 2m、8m、16m 和环境一号(HJ-1)30m 空间分辨率的遥感数据。通过遥感数据与世界粮食研究模型(world food studies，WOFOST)这一作物生长模型相结合并进行相应的数据处理与分析，探讨遥感监测水稻重金属的最优尺度问题。研究主要基于卫星遥感影像，选取水稻重金属胁迫监测过程中的敏感指标，计算了叶面积指数、根重(dry weight of roots，WRT)和穗重(dry weight of storage organs，WSO)，根据计算结果确定表征水稻中重金属胁迫的指标为穗重与根重的比值(the mass ratio of rice storage organs and roots，SORMR)。研究表明 SORMR 指数可以削减移栽前的环境因素影响，并能够用于测定重金属胁迫水平。利用重金属胁迫敏感的指标 SORMR，结合水稻的 WRT 和 WSO 值，进行统计分析，表明在不同尺度的遥感影像上得到的重金属胁迫程度不同，认为 8m 和 16m 是适合水稻重金属监测的尺度，16m(空间异质性和光谱变异性最小)为最优尺度。

刘雪龙[25]利用面向对象的方法来对遥感影像进行工业固体废物的识别和信息提取，以识别并监测工业固体废物堆场。以我国贵州省福泉的磷石膏和松桃的锰渣为例，通过环境一号星、SPOT-5 以及 ASTER 数据，对它们分别进行了识别、信息提取和分析。文章首先对遥感图像进行处理，包括大气纠正、影像镶嵌、影像裁剪等；将研究区遥感影像用多尺度分割方法分割得到图斑，结合实地调查建立遥感解译标志库，为遥感解译提供样本参考和先验知识；通过遥感解译标志库，分析不同对象特征的异质性，并据此建立面向对象的决策树规则集。基于决策树规则集，将工业固体废物从遥感影像上自动识别出来，利用统计方法，提取磷石膏、锰渣尾矿库以及周边敏感目标的信息，最终通过 ASTER 与 SPOT 融合后的影像识别出了 13 个固体废物堆场中的 11 个，如图 17-2 所示，识别精度达到了 84.6%，其中漏判的 1 个是因为生态已经在逐步恢复，另 1 个误判的原因是与煤堆场发生了异物同谱现象。初步分析锰渣、磷石膏对周边环境可能造成的影响，如污染土壤、地表水和地下水、污染大气与周边环境等，既污染环境又危害人体健康。研究表明，利用面向对象的方法与遥感监测手段相结合，能够有效地识别工业固体废物。

王晨等[26]利用 2015 年高分辨率卫星遥感影像(ZY-3、GF-1、GF-2)提取了京津冀地区非正规垃圾堆放场地的分布，获取了垃圾场地位置、面积以及与居民点和河流等环境敏感区的距离等信息，对其空间分布特征、影响因素、环境风险等进行了分析。京津冀地区共监测到非正规垃圾场地近万个，数量多、密度大，呈现出西北山区少、东南平原区多的空间分布趋势；在地级及以上城市单元上，垃圾场地数量和密度居前列的是石家庄市、保定市和沧州市；北京市由于拆迁建筑垃圾较多，垃圾场占地面积最大；垃圾场数量密度、面积密度与平均高程具有显著负相关关系；80%的垃圾场地位于居民点 100m 范围内，21%位于河流 200m 范围内，对周边生态环境和人体健康可能造成较大风险；地形地貌、区域人口密度，尤其是农村人口和垃圾处理机制，是影响垃圾堆放量的重要因素。

付卓等[27]选择江西省德兴铜矿为研究区，利用多源遥感数据，提取了矿区污染场变化信息及分布，在此基础上，综合植被覆盖区域叶片铜离子含量分布和植被类型分布产

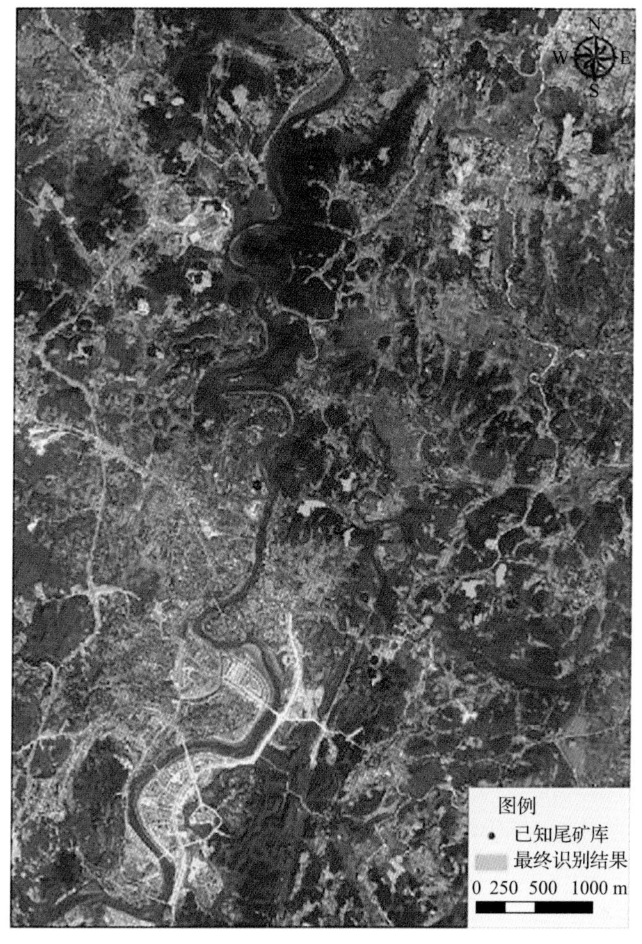

图 17-2　尾矿库堆场提取结果[25]

品，进一步分析了污染场地变化对植被的影响及不同类型植被受重金属污染程度的差异性。研究结果表明，1973～2012 年间，污染场地面积增加了 23.46km^2，植被减少了 24.86km^2。污染场地面积的扩大是造成该区域植被生态系统破坏的主要原因。另外，德兴铜矿内不同类型植被受到土壤重金属铜的影响程度不同，草本绿地、草丛和农作物的叶片铜片含量基本在 60mg/kg 以下，低于其他几种植被的重金属铜累积量。

17.1.8　地表水生态环境与水污染监测

截至 2018 年底，我国共有水资源 27462.5 亿 m^3，其中地表水资源量总计 26323.2 亿 m^3，地下水资源量为 8246.5 亿 m^3，地表水与地下水重复量为 7107.2 亿 m^3，人均水资源量为 1971.8 m^3，与 2000 年相比减少了 10.12%。目前我国内陆地表水生态环境质量以及水污染监测的主要依据是水质监测，其方法分为直接法和间接法两种。直接法就是对要监测的目标水体进行实地调查、采集水样，并对水样进行水质分析。该方法虽然能对绝大多数水质指标作出精确的评价，但却要浪费大量的时间与人力，且受气候、水文条件的限制无法保证样本采集的连续性，因此对于整个水体而言，这些观测点数据并不具有广泛的代表意义。

间接法常见的是利用遥感的技术和方法来监测水体水质，目前常用的水质遥感监测方法是基于经验、统计分析的方法，可利用水质参数光谱特征选择遥感波段数据与地面实测水质参数数据进行统计分析，建立水质参数反演算法实现。遥感技术可以弥补传统水质监测的缺陷，有效解决常规水质监测中数据采集的局限性，有效监测表面水质参数空间和时间上的变化状况，发现一些常规方法难揭示的污染源和污染物迁移特征，在地表水生态环境和水污染监测中发挥了重要作用。

阎孟冬[28]以清河水库水体为研究对象，利用 Landsat-8 卫星 OLI 数据与实地采样数据相结合，分析了清河水库水质参数与 Landsat-8 影像数据的相关性，选择相关性最高的波段和波段组合分别建立单波段回归模型、波段组合回归模型、最小二乘支持向量机模型(LS-SVM)对清河水库水质情况进行监测。文章首先对 Landsat-8 卫星 OLI 遥感影像数据进行预处理，包括辐射定标、大气校正、水库水体提取以及影像裁剪等，预处理后获得 6 月～11 月这 6 个月的研究区影像数据，并进行实地水样采集、利用化学法测得水库中水样悬浮物、叶绿素 a 的含量，得到实测值。

文章采用 Pearson 相关分析法分别对 6 月～8 月的 56 组数据、9 月～11 月的 51 组数据进行波段敏感性分析，结果表明利用单波段的波段反射率值对悬浮物含量、叶绿素 a 含量进行预测的相对误差较大，分别为 83.34%和 23.28%(夏季)以及 13.32%和 18.79(秋季)，预测结果准确性低，而对波段反射率值进行组合能提高清河水库悬浮物、叶绿素 a 与波段反射率值的相关性，得到的相对预测误差分别为 14.32%和 13.04%(夏季)以及 11.84%和 14.25%(秋季)，与单波段相比有较大程度提升。文章进一步以波段的反射率值为自变量，水质参数浓度值为因变量建立单波段回归模型、波段组合回归模型、LS-SVM 模型分别对清河水库夏秋两季悬浮物、叶绿素 a 浓度进行定量反演，结果表明，LS-SVM 模型相比于波段组合回归模型、单波段回归模型对于悬浮物和叶绿素 a 的预测效果更好，其相对误差分别为 8.012%和 5.022%(夏季)以及 2.498%和 5.993%(秋季)，能更好地对清河水库水质情况进行遥感监测。

王爱华等[29]以南京市溧水县的主要水体为研究对象，利用 CBERS 数据和 TM 数据分别监测水污染状况并生成了污染等级图，通过分析二者的差异，研究了 CBERS 数据和 TM 数据在水体污染遥感监测方面的差异。结果表明，由遥感影像得到的分析结果与溧水县的水体污染现状一致，且利用 CBERS 数据和 TM 数据分析分别得出的水体污染分布具有较强的一致性；而 CBERS 的地面分辨率优于 TM 影像，因此在进行水体污染监测时，可以考虑在一定程度上使用 CBERS 数据替代 TM 数据。文章研究发现，RVI 指数的平均值和标准方差可以作为半定量指标来对污染水体进行分析，利用 RVI 作为指标分别对 CBERS 和 TM 影像进行分析，结果表明 2000 年该县的水体以轻污染为主，中等污染水体面积在两幅影像上分别占比 12.64%、10.17%，重度污染水体面积在两幅影像上分别占比 11.44%、13.64%，说明在一定范围内溧水县的水体污染情况比较严重。文章认为利用 RVI 对污染水体进行等级评定是一种对污染水体的简单定性分析，如果能同步地进行光谱测量和水质分析，找出水质参数与光谱之间的相关关系，配以适当地点的水质采样分析，就有可能利用 CBERS 影像资料进行大范围的水污染定量分析。

钱彬杰[30]以沭河临沂段为研究区，综合利用研究区 2014 年 1 月～2017 年 5 月水质例行监测数据和 25 幅 Landsat-8 OLI 影像，采用线性回归方法建立了多光谱遥感数据波段反射率与氨氮（NH3-N）和总磷（TP）地面实测数据之间的回归模型；对沭河临沂段 NH3-N 和 TP 浓度进行了遥感监测和反演，并分析其时空分布特征，揭示污染物变化趋势及主要的污染源。该研究对遥感影像进行了几何校正、辐射定标、大气校正等预处理，并在此基础上利用改进的 MNDWI 提取研究区内的水体。通过对光谱数据与地面实测数据进行相关性分析，选取了相关性最高的波段或者波段组合作为构建水质参数反演模型的因子，利用线性回归模型构建了沭河临沂段 NH3-N 和 TP 浓度遥感反演模型，并利用实测数据对建立的反演模型的精度进行检验，得到 NH3-N 反演浓度的平均相对误差为 17.04%，RMSE 为 12.27%，TP 反演浓度的平均相对误差为 18.74%，RMSE 为 2.93%，满足遥感监测的要求。文章对 NH3-N 和 TP 的时空分布特征进行了分析，揭示了污染物变化情况及主要的污染源，认为从时间上来看，NH3-N 与 TP 浓度均呈总体下降趋势，并呈季节性变化特征，从空间上来看，高 NH3-N 浓度主要集中在沭河临沂段上游，高 TP 浓度主要集中在沭河临沂段上游和下游，二者在监测站点附近浓度变化幅度均较大；研究区内氨氮和磷含量超标的主要原因是生活污水以及工业废水排放污染，同时农业污染以及河道内源污染的影响也不容小觑。

17.1.9 土壤生态环境与土壤污染监测

土壤生态环境是指土壤中生物与其环境之间的协调状态，随着社会经济的发展，工业三废的排放、农药化肥的使用等，土壤生态环境受到了较大的影响，主要表现为土壤含水量发生变化、重金属污染愈加严重，包括污染面积不断扩大，污染程度不断加深，污染土壤的类型不断增加，污染重金属的种类不断增多和监测难度不断加强等，具有隐蔽性、滞后性、不可逆性、治理难且周期长的特点，因此土壤生态环境监测及其污染防治方法的研究引起了国内外学者的广泛关注。

我国 2017 年废水排放总量为 6996610 万 t，其中含铅 38348.2 万 t，汞 880.2 万 t，镉 7126.9 万 t，六价铬 27711.5 万 t，总铬 100052.2 万 t，砷 34317 万 t，重金属污染物排放后对土壤环境产生了极大的影响。土壤中的重金属会吸附或附存在有机质、铁锰化合物以及黏土矿物等土壤组分中，导致土壤的光谱特征发生改变，此外，土壤含水量的变化也会导致土壤的光谱特征发生变化，因此可用其相对显著的光谱特征间接地反演土壤中的重金属含量以及土壤含水量。在此基础上，遥感技术在土壤生态环境领域的研究探索，能够很好地从空间、时间、信息三个不同的层面对土壤环境研究给予帮助，提高土壤含水量以及土壤重金属污染测定的效率。

陈钰[31]以 1996 年、2000 年、2004 年以及 2016 年的湖南湘潭锰矿区域的 Landsat 影像为数据源，将锰矿区分为覆盖整个影像的背景区、以鹤岭镇为主的主矿区以及远离主矿区的对照区三个区域，从时空的尺度进行对比分析，获取了三个区域土地利用变化数据，通过统计锰矿区耕地和林地的植被参数得到其差异比、STD（中误差）/MEAN（均值）以及 STD/RANGE（数值范围）等评价参数。文章先对图像进行了几何校正、图像裁剪、辐射定标、大气校正等预处理，并在此基础上，利用神经网络和支持向量机两种方法进行分类，支持向量机方法的总体精度最高可达 97.4987%，Kappa 系数最高为 0.9633；神经网络方法的总体精度最高可达 95.7956%，Kappa 系数最高为 0.9436。文章在分类图的基础上得到研究区监测重金属胁迫情况的评价参数 STD/MEAN 和 STD/RANGE，以对植被重金属胁迫进行评价，并叠加植被重金属胁迫梯度图，从而推断土壤重金属的污染源主要分布在矿区周边。

文章对研究区土壤重金属污染的扩散状况进行了分析，认为锰矿区的土壤重金属污染是从污染源中心向周边扩散，并且污染程度随着距离的增加而减少，说明锰矿区的重金属污染主要依靠雨水、地表径流、地下水等水圈进行扩散，主矿区耕地受到的污染胁迫程度在不断加深，但是林地的重金属污染程度在逐渐好转，不同地区耕地和林地受到重金属污染的差异在不断扩大，这是因为研究区内的耕地主要位于海拔较低的区域，当含有重金属元素的水流经低海拔地区时，水在此处聚集，导致此地的重金属含量增多；而林地则主要位于海拔较高的地区，且种有修复林，使得土壤重金属含量有所降低。由于土壤重金属污染的加剧，使附近居民的生活受到了影响，因此湘潭市政府出台了生态恢复规划，对矿区的生态环境进行修复，在矿区周边使用自然保育法，停止矿山开采，让生态环境自然修复，在矿区采用人工修复的方法栽种人工修复林等。矿区的生态环境修复工程使得研究区的裸土面积减少，植被覆盖率增加，土壤重金属污染情况得到改善，其中主矿区的人工生态修复效果要优于周边地区的自然保育效果。

赵浩舟[32]通过地物波谱仪获取了受重金属污染的土样反射光谱，对光谱进行光谱平滑、微分变换、倒数对数变换方法等预处理以凸显土壤光谱有效信息，获取光谱特征参数，构建土壤光谱库。文章计算了土壤光谱与锰、铀含量间的相关系数，根据相关系数选取土壤光谱的特征波段与土壤特征参数(吸收谷宽度、吸收深度、吸收面积、吸收位置等)作为解释变量进行光谱建模反演。研究发现，受锰污染土壤光谱反射率介于 5%～40%，在 400～900nm 波段土壤反射率随锰浓度升高而降低，此后随着浓度的继续提高，反射率回升；受铀污染土壤光谱反射率介于 5%～35%，在 400～2500nm 波段，土壤的反射率随铀浓度提高而降低；平滑后的光谱经一阶微分变换，锰污染的土壤光谱特征波段集中在 420～610nm、660～960nm、1032～1421nm、2147～2230nm；铀污染下的土壤光谱特征波段大多数位于 440～830nm 和红外波段。文章利用多元线性回归、神经网络回归两种方法建立土壤光谱与土壤锰、铀元素含量间关系模型，通过对模型的反演效果与精度进行对比，结果表明锰元素含量最佳反演模型是光谱二阶微分变换后的神经网络回归模型，其 R^2 为 0.966；铀元素含量最佳反演模型是光谱一阶微分变换后的神经网络模型，其 R^2 为 0.931。另外，研究建立的土壤光谱库，耦合了多尺度数据，包括室内可控因素下测得的矿物、土壤等光谱和室外测得的水体、土壤等光谱。

范科科等[33]利用青藏高原 100 个土壤水站点观测数据，从不同的时空尺度，采用多评价指标(*R*、RMSE、Bias)，对多套遥感反演和同化数据进行了全面评估。同化数据为：多源融合的土壤水数据(essential climate variable-soil moisture，ECV)、ERA-Interim 数据、研究与应用的现代时代回顾性分析数据(modern Era-retrospective analysis for aesearch and application，MERRA)、Noah 数据。ECV 是第一套长时间序列的卫星遥感土壤水数据，为 0.25°×0.25°空间分辨率的日数据集；ERA-Interim 数据是基于一种变分同化系统且融合了站点实测和卫星遥感数据而获得的同化数据集，其空间分辨率为 0.25°×0.25°；MERRA 通过 GEOS-5 DA 系统获得，DA 系统使用大量对地观测卫星产生长期的水文循环合成数据，空间分辨率为 0.625°×0.5°；Noah 是 GLDAS 结合卫星遥感数据和实测站点数据，利用数据同化技术，得到全球尺度的水量和能量最优估计值，其空间分辨率为 0.25°×0.25°。研究表明，除 ERA 外，其他数据均能反映青藏高原总体土壤水变化，且与降水量变化一致。从空间分布来看，各土壤水估计数据均能较好地反映青藏高原土壤水的空间分布特征，其中由 MERRA 和 Noah 数据得到的土壤水空间分布特征与植被指数分布特征最为一致；在时间尺度上，在阿里地区外，ECV 和 MERRA 数据在冻结期与土壤含水量的相关性比融化期的相关性更高，在那曲地区各数据的相关性在融化期相关性更好，导致在那曲地区，遥感反演和同化数据均高估冻结期土壤含水量，却低估融化期土壤含水量，整体而言，在不同地区利用不同数据集在不同时期对土壤水含量的估计效果不一。另外，遥感反演和同化数据更适用于中大空间尺度土壤水含量的估计。

17.1.10 荒漠化防治

截至 2017 年底，我国共有农用地 64486.4 万 hm^2，建设用地 3957.4hm^2，耕地面积 13488.1 万 hm^2。2018 年我国林业用地面积为 32591.12 万 hm^2，森林覆盖率达 22.96%，造林总面积为 729.95 万 hm^2，与 2017 年相比，降低了 4.96%。荒漠化实际上是一种土地退化现象，代表土地由半荒漠化转变成荒漠化的过程，造成土地荒漠化的原因既有包括降水减少在内的自然因素，也有人类活动引起的地表植被破坏等人为因素。受到自然和人为因素的双重影响，近年来，我国的土地荒漠化问题正在变得日益严重，在我国内陆地区，土地荒漠化的覆盖面积十分广泛，导致许多土地养分流失，从而导致作物减产，加剧水土流失等，对人们的生活产生了很大影响。如今，得益于遥感技术的支持，荒漠化防治工作取得了显著的成效，遥感技术在荒漠化防治中的应用主要是通过对影像数据进行信息提取和分析，在不同的时空尺度下进行比较分析，寻找差异，从而提高防治措施的有效性，加强对荒漠化地区的监控力度。

旱区大部分地区的植被非常稀疏，传感器探测植被光谱信息的敏感度比较低，因此，通用的遥感模型在提取干旱区荒漠植被信息时不具有适用性；同时，受传感器分辨率限制，中低分辨率遥感影像像元中常混合有多种类型地表信息，混合像元问题导致荒漠植被信息提取困难，使稀疏荒漠植被覆盖度和地上生物量的反演存在很大的不确定性。针对这一问题，叶静芸[34]提出了一套适用于旱区荒漠植被的遥感信息提取与反演方法，以我国半干旱区、干旱区以及极干旱区为研究区，基于野外调查数据和多源遥感数据，采用回归模型方法对多个典型区以及不同类型旱区的植被地上生物量和覆盖度进行了反演与估算。研究使用的遥感数据源包括 OLI、TM、QuickBird(QB)、WordView-3 遥感影像和 MOD13Q1 数据，通过遥感数据与野外实测数据的结合成功提取了干旱区、半干旱区、极干旱区的信息。文章指出，旱区植被分布稀疏，格局差异明显，常面临植被稀疏与衰老、光谱特征值不明显且提取困难的问题，由此提出了一套适用于旱区荒漠植被的遥感特征信息提取与反演的方法：采用异速生长模型对地面样方内植被地上生物量进行估算；从高、中、低分辨率的遥感数据中提取与稀疏植被高度相关的遥感特征参数(原始单波段、主成分波段、纹理指数、植被指数)；对地面样方数据与遥感数据进行时间以及空间上的配准，采用基于植被指数的线性、非线性回归模型以及逐步线性回归(SLR)、套索回归(LASSO)、岭回归(RR)等方法构建各个典型研究区以及不同类型旱区荒漠植被的地上生物量与覆盖度估算模型。对模型的精度验证结果表明，对于半干旱区毛乌素沙地的植被信息提取来说，基于 QuickBird 影像的 RVI 指数模型的效果最好，其 R^2 为 0.85，RMSEC/RMSEP 值为 1.2，对于半干旱区毛乌素沙地的生物量估算而言，经过 QuickBird 影像校正后的生物量估算精度其 RMSE 值由 11.44%降至 7.51%，说明校正对提高地上生物量分布的评估精度产生了作用；对于干旱区乌兰布和沙漠东北缘荒漠-绿洲过渡带的植被信息提取来说，RVI 线性回归模型的效果更好。最后，利用 MOD13Q1 和 MCD12Q1 数据，选取最优回归模型对影像覆盖范围的植被地上生物量与覆盖度进行估算，得到了我国旱区 2000～2016 年植被地上生物量和覆盖分布的变化趋势图。

刘哲[35]以南水北调中线水源区淅川县为研究对象，运用地理学、地貌学、景观生态学、水土保持学等学科理论，基于 3S 技术，采用现场小流域综合调查配合高分辨率遥感影像人机交互解译、系统分析等研究方法，利用 SPOT5、ZY-3、Landsat 8 等多时相多波段高分辨率遥感影像，1∶50000 DEM、1∶200000 地质图、坡度图、土地利用图等数据，通过归一化计算和混合像元分解模型分析研究淅川县石质荒漠化空间分布特征，通过获取不同景观格局类型及破碎程度指数分析研究淅川县石质荒漠化景观格局特征，通过不同尺度景观生态模型构建研究淅川县石质荒漠化防治技术体系和综合治理模式。该研究分析了淅川县石质荒漠化的空间分布特征，认为淅川县境内石质荒漠化主要分布在 S 坡向上，且海拔为 200～500m 左右的地方，坡度为 15°～25°的最多，其次为 8°～15°，>35°的面积最小。按岩组统计，碳酸盐岩组、碎屑岩组、多层土体、变质岩组、侵入岩组各岩组的平均发生率分别为 58.26%、23.56%、1.96%、30.74%、24.98%。文章提出了石质荒漠化景观格局的尺度划分标准，包括基岩裸露度评分标准、植被类型评分标准、植被综合盖度评分标准、土层厚度评分标准，据此将淅川县的石质荒漠化分为四级：非石质荒漠化(≤15 分)、潜在石质荒漠化(15～30 分)、轻度石质荒漠化(30～45 分)、中度石质荒漠化(45～60 分)、重度石质荒漠化(≥60 分)。文章还提出了各景观类型的石质荒漠化防治对策，主要包括重度石质荒漠化集中分布型区防治对策、轻度中度石质荒漠化聚集分布型区防治对策、潜在及非石质荒漠化为主分布型区防治对策、重度与潜在及非石质荒漠化混合分布型区防治对策、几种石质荒漠化类型相间分布型区防治对策，并提出了几种石质荒漠化的治理模式，包括封山育林植被恢复模式、生态型高效速生林灌草模式、综合利用型林草立体优化模式、山地生态农业模式、水土保持综合治理模式等以及生物防治和工程防治两种石质荒漠化防治技术。

高寒荒漠作为青藏高原植被带谱的顶端类型广泛分布于祁连山高海拔地区，其生长和分布条件与周边区域差异明显，对气候变化的响应更为敏感，张富广等[36]利用 1990 年以来的 Landsat TM、OLI 数据，对其进行裁剪补充、辐射校正、几何校正、地形校正等预处理，采用决策树分类和人工目视解译方法，提取了祁连山高寒荒漠的分布范围。结合气候数据(月平均气温和降水数据)、数字高程模型和 NDVI 数据，综合分析了气候变化背景下近 30 年祁连山高寒荒漠分布的动态变化及其时空差异。研究表明，在气候变化以及区域地形限制共同影响下，祁连山高寒荒漠分布变化时空差异明显，在水平特征上，祁连山高寒荒漠以萎缩变化为主但是局部地区存在扩张现象；在垂直特征上，在研究区东部、中部、西部，高寒荒漠的海拔主要为 4000～4200m、4200～4500m、4200～4300m，植被分布无明显变化，较为稳定，高寒荒漠的萎缩面积随着海拔的升高而减少。在高寒草甸带-高寒荒漠带间的过渡带上 NDVI 最大值呈显著增加趋势，通过计算研究区过渡带上 NDVI 最大值与月平均气温和月降水量之间的相关关系，表明 NDVI 与气温和降水均呈正相关，但是与气温的相关性高于降水量，说明气候变化会影响祁连山高寒荒漠分布动态变化及其空间差异，但气温是主要的影响因子，增温促进了高寒荒漠过渡带上高寒植被的生长。

17.2 大气生态环境

在进行大气生态环境监测时，主要是利用遥感传感器对大气的状态、结构以及变化情况进行监测，所利用的电磁波主要分布于近紫外线到红外线、微波范围。大气传感器的主要监测对象是大气中的 CO_2、CH_4、SO_2 以及气溶胶、有害气体等，由于遥感技术无法直接识别这些物质的三维分布，因而可以通过测量大气的吸收、散射以及辐射光谱，从而识别出这些物质。目前用于大气环境监测的遥感技术分类标准不一，按照遥感平台的不同，大气遥感监测可分为地基遥感、空基遥感；按照电磁波辐射源的不同，又可分为主动式遥感技术和被动式遥感技术两大类等。遥感在大气环境监测方面的应用主要分为区域大气环境保护、有害痕量气体的大气污染监测、CO_2 等温室气体与全球变暖、冰川变化等气候变化监测，以及热带气旋、降水、沙尘暴等气象变化监测的各个方面。

17.2.1 区域大气环境保护

在遥感大气环境保护方面，主要指通过遥感手段辅以少量地面同步监测数据，定量分析大气成分浓度的梯度变化值，从而对大气污染物的分布、污染源的扩散条件以及污染物扩散的影响范围等进行调查。遥感监测的气体大部分属痕量、气溶胶或有害气体，如 O_3、CO_2、SO_2、CH_4 等，由于 H_2O、CO_2、O_3、CH_4 等微量气体成分具有各自分子所固有的辐射和吸收光谱特征，因此通过测量大气散射、吸收及辐射的光谱特征值可以识别出这些组分来。利用遥感卫星影像及相关产品可以分析区域烟尘污染情况，对大气成分气体以及污染气体的排放量、时空分布特征和变化趋势进行定量研究，可以避免大气污染时空易变性所产生的误差，并便于动态监测。

刘菲[37]基于卫星臭氧监测仪(ozone monitoring instrument，OMI)数据对中国城市和电厂的 NO_x 排放量和变化趋势进行了定量计算，在此基础上校验了论文提出的城市和电厂清单的准确性，并分析了排放变化的影响因素。文章在收集整理约 8000 个机组信息的基础上，通过多源数据(我国环境保护部数据库的未公开统计结果，包括机组消耗原煤热值、逐机组年运行小时数等)融合方法，建立了中国燃煤电厂高时空分辨率排放数据库(China coal-fired power plant emissions database，CPED)，计算了 1990～2012 年

逐个机组的 NO_x 排放。论文基于云计算平台开发了中国大气污染物和温室气体人为源排放清单模型(multi-resolution emission inventory for China，MEIC)，基于 MEIC，利用分省排放总量和空间代用参数分配方法获取了城市尺度 NO_x 排放清单，但是由于这种基于空间分配方式的城市排放清单难以正确反映不同城市排放特征的差异，存在着较大的不确定性。

因此，文章利用 OMI 传感器数据，结合欧洲天气预报中心发布的 ERA-Interim 气象再分析资料，基于上述开发的排放清单，从 NO_2 卫星图像中筛选出城市和电厂两类近似点源的高值区信号，建立了基于卫星遥感 NO_2 柱浓度定量污染背景下城市源和电厂源排放的一维模型，定量计算了中国城市和电厂多年来的平均 NO_x 排放量和存活时间，发现我国 NO_2 浓度值较高的区域 NO_x 存放时间较长。此外，文章还建立了 NO_2 柱浓度定量非孤立城市源和电厂源排放变化的二维模型以定量反演我国城市和电厂 NO_x 排放的变化情况，结果表明我国电厂和城市的 NO_x 排放量自 2005 年以来出现了快速增长的情况，并于 2011 年前后达到高峰，2012～2014 年与 2005～2007 年相比，全国的城市和电厂 NO_x 排放量平均增长了 14%，其变化趋势如图 17-3 所示。论文综合了卫星反演、排放清单和社会经济数据，分析了 2005 年以来中国城市和电厂 NO_x 排放变化的影响因素，发现 2012 年是各城市和电厂的 NO_x 排放出现拐点的年份，这主要是因为 2012 年以后，火电厂排放实施了新的标准，且受到“十二五”减排工作的影响，电厂开始大规模使用烟气脱硝设备，国家的能源结构有所调整，机动车的排放标准不断加严等。

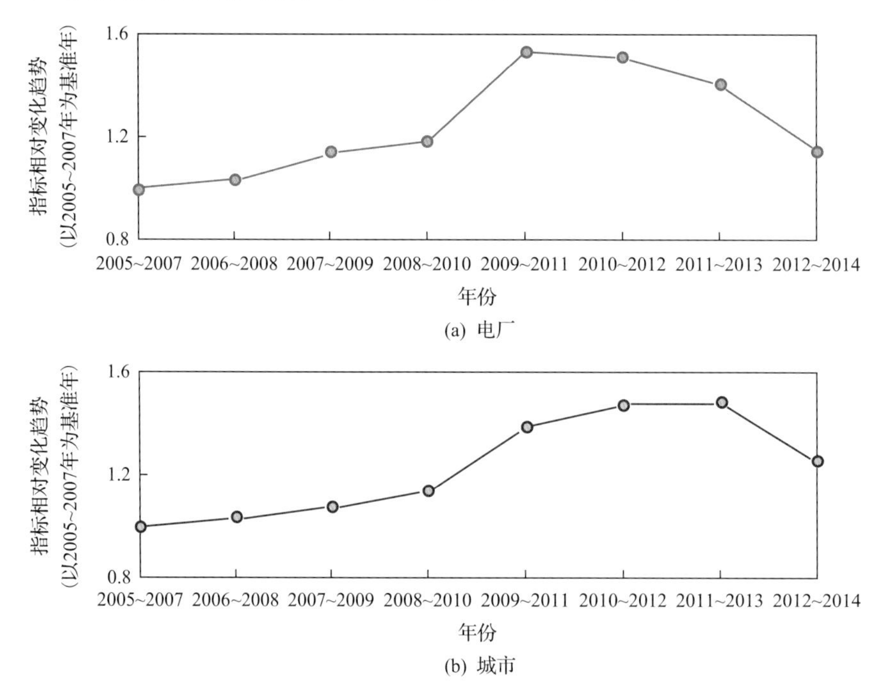

图 17-3 我国电厂和城市 2005～2014 年 NO_x 排放负荷变化趋势[37]

为了了解中国 CH_4 浓度的分布情况，张兰兰等[38]利用 GOSAT 卫星反演的数据和瓦里关站的地面站点数据，对 2016 年 1 月～12 月我国 CH_4 浓度时空分布进行分析。结果表明，在时间分布上，CH_4 浓度具有明显的季节变化特征，秋冬季的浓度比春夏季的浓度高，CH_4 浓度一般在 8 月或 9 月取得最大值，在 4 月或 5 月取得最小值，秋季的 CH_4 平均浓度为 1864.25×10^{-9}，比春季(1834.61×10^{-9})高，且夏冬季节 CH_4 浓度变化更剧烈，这主要是因为秋冬季植被等吸收 CH_4 的能力变弱，且空气对流运动不明显，CH_4 不能大范围地扩散；在空间分布上，CH_4 有着东南高、西北低的分布趋势，其中华南和华中地区的值最高，这是由于东南地区主要的种植作物为水稻，而水稻会排放出大量 CH_4，且东南沿海地区经济较为发达，化石燃料使用较多，且人口密集，人为排放是影响 CH_4 浓度的主因之一。

利用卫星平台观测大气对流层 CO_2 气体体积混合比(XCO_2)是当前温室气体监测的主流手段。吕政翰等[39]介绍了目前常用的 CO_2 卫星观测平台，主要包括大气制图扫描成像吸收光谱仪(scanning imaging absorption spectrometer for atmospheric chartography, SCIAMACHY)(环境监测卫星 ENVISAT 上所搭载的十大传感器之一)、GOSAT、OCO-2、Tansan 等，并以 GOSAT 卫星的短波红外二级数据产品为例，介绍了中国 XCO_2 浓度的空间分布特征，认为中国 XCO_2 浓度主要呈东南高西北低的分布格局，主要受到人类活动影响。文章对中国 2009～2016 年大气 XCO_2 浓度的时空变化情况进行了研究分析。结果表明，从时间变化上来说，中国大气 XCO_2 浓度随季节变化较为明显，春季最高，夏季最低，与 NDVI 指数呈明显的负相关趋势，这主要是受绿色植物光合作用的影响，在论文研究的 8 年内 XCO_2 平均浓度为 392.28ppm①，并以 2.28ppm/a 的速度持续增长；就空间分布而言，东南部 XCO_2 浓度较高，西部地区浓度相对较低，并呈现出纬度变化趋势，即纬度越高的地区 XCO_2 浓度越低，其变化趋势受到绿色植被光合作用和人口密度的双重影响。

17.2.2　大气污染监测

大气成分中的痕量气体，虽然含量较少，但是会对大气的物理结构和化学性质产生很大影响，如 NO_2、SO_2、O_3、CO、CH_4 等，部分痕量气体经过进一步的化学反应会形成二次溶胶，对人体健康有严重影响，还会产生酸雨、光化学烟雾等许多环境污染问题，这一现象引起了国内外学者的广泛关注。而由于煤炭燃烧、秸秆焚烧、汽车尾气排放等人为因素的影响，目前我国的空气污染形势十分严峻，2017 年，我国的 SO_2 排放量达到 875.40 万 t，氮氧化物排放量达到 1258.83 万 t，烟(粉)尘排放量达到 796.26 万 t，对各城市的空气质量产生很大的影响。以北京为例，SO_2 年平均浓度为 $6\mu g/m^3$，NO_2 年平均浓度为 $42\mu g/m^3$，$PM_{2.5}$ 年平均浓度为 $51\mu g/m^3$，一年中空气质量好于二级(含)的天数为 227 天，还有许多城市的空气污染情况更加严重。改革开放以来，我国出现雾霾、沙尘暴等天气的频率都在不断增加，在大气污染的规模和复杂程度方面面临着前所未有的挑战。近年来，随着卫星对地观测技术的迅速发展，利用卫星遥感定量反演大气污染气体的方法对于开展大气污染监测研究具有非常重要的意义。当前，以 OMI 为代表的紫外-可见光波段高光谱卫星传感器是污染气体观测的有效手段，在污染气体长时间、大尺度时空

① $1ppm=10^{-6}$。

变化方面的研究成效显著，例如：利用 OMI 数据与全球臭氧监测仪(global ozone monitoring experiment，GOME)卫星数据相结合反演较长时间范围内 NO_2、SO_2 柱浓度；利用 MODIS 影像进行秸秆焚烧点监测与空气质量影响分析；利用 GOCI 与地面实测数据结合，得到大气颗粒物空间动态变化的小时级 $PM_{2.5}$ 遥感产品等。

石铁伟[40]利用 2016 年徐州市地面监测站点数据和卫星影像，计算 NO_2、SO_2 地面质量浓度的逐日均值、月均值，由此得出地面污染气体 NO_2、SO_2 变化规律，认为 NO_2 地面质量浓度存在明显的日变化规律，城区浓度明显高于郊区，二者均呈现出双峰双谷型变化规律，主要是受到交通峰值、大气扩散与夜间污染物累积的影响；SO_2 地面质量浓度也存在明显的日变化规律，同样城区浓度高于郊区，但是二者皆呈现出单峰型变化规律，认为主要受燃烧活动以及大气扩散的影响。文章对比 2016 年 GOME-2 与 OMI 卫星遥感反演对流层 NO_2 柱浓度的差异，如图 17-4 所示，表明在化石能源消耗大的地区，GOME-2 比 OMI 反演得到的 NO_2 柱浓度更高，而在土壤、生物质燃烧为主的地区，GOME-2 比 OMI 反演得到的 NO_2 柱浓度更低，这主要是因为 GOME-2 过境时间在早上 9：30，此时 NO_2 排放受人为影响因素较高，而 OMI 过境时间在下午 13：45，此时太阳辐射较强，温度较高，NO_2 柱浓度主要受土壤、生物质燃烧等活动的影响。

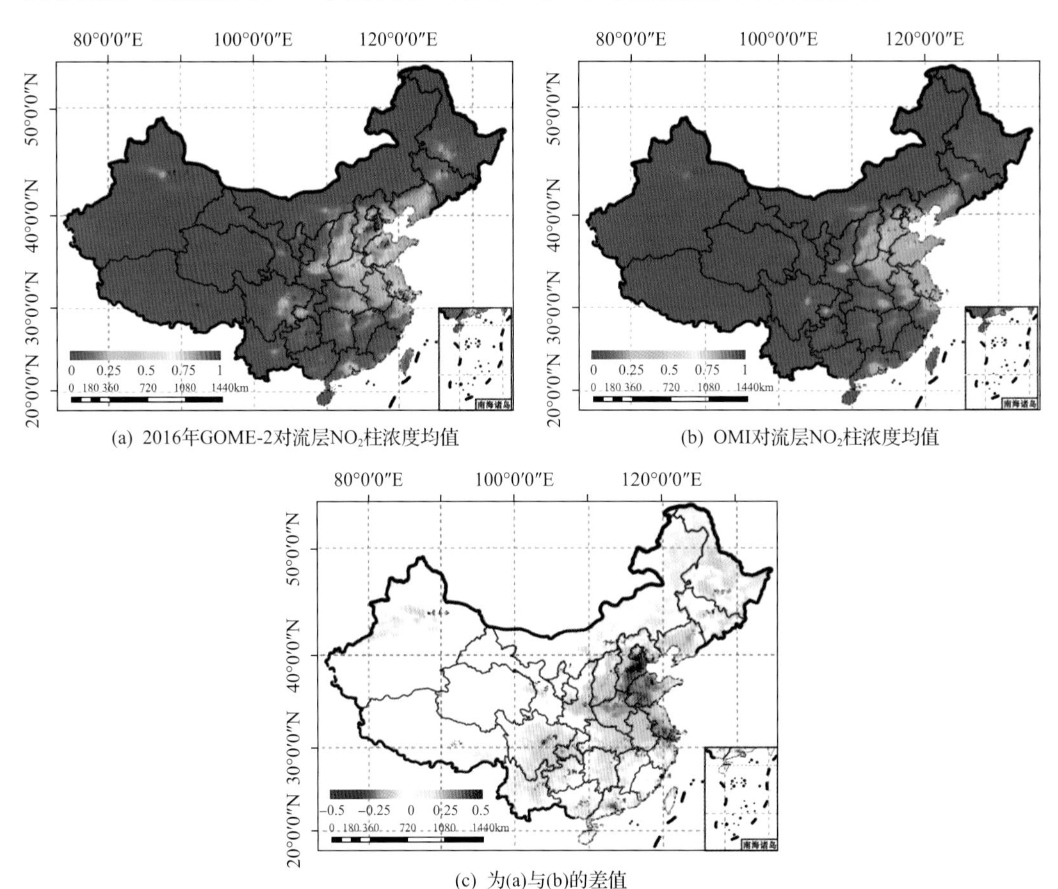

(a) 2016年GOME-2对流层NO_2柱浓度均值

(b) OMI对流层NO_2柱浓度均值

(c) 为(a)与(b)的差值

图 17-4 2016 年 GOME-2 与 OMI 反演对流层 NO_2 柱浓度差异[40]

文章针对 OMI 卫星遥感反演的 2005～2016 年我国对流层 NO_2 柱浓度、边界层 SO_2 柱浓度数据，定量分析了其时空变化特征，就时间变化而言，在此前的 12 年间我国 NO_2 柱浓度与 SO_2 柱浓度不仅有月度变化、季节变化规律，而且在年际变化上也有一定的规律可循，主要表现为，在月度变化上，二者均在每年的 1 月份出现最大值，而在每年的 7 月份出现最小值；在季节变化上，12 年间 NO_2 柱浓度最高值均出现在冬季，最低值均出现在夏季，且在 2011 年之前呈现整体上升趋势，在 2011 年之后出现下降趋势；在年际变化上，我国在 12 年间的 NO_2 柱浓度变化波动较大，具有阶段性特征，其中在 2005～2007 年处于不断上升期，在 2008 年出现回落，之后继续上升，在 2011 年达到最高值，此后呈现出整体下降的趋势，而 SO_2 柱浓度则总体呈现减少趋势。在空间变化上，NO_2、SO_2 柱浓度总体空间分布极其不平衡，具有显著的区域性污染特征，高值区分布广泛，东部地区和西部地区形成明显的反差，城市通常较周围农村浓度值较高，具有典型的城市-农村的分布性规律。文章提出之所以 NO_2、SO_2 柱浓度均在冬季出现最大值而在夏季出现最小值是受排放量的改变、化学寿命的改变、地区间的流动与转移这三方面因素的影响：冬季处于采暖期，化石能源使用量大，导致污染气体排放量大；温度低，雨雪少，太阳辐射较弱，污染气体的气粒转化率较低；气压场较弱，气象条件不利于污染气体扩散等。

杨丹等[41]利用多时相 MODIS 卫星遥感影像以及地理国情普查成果，展开吉林省秸秆焚烧火点监测与空气质量影响分析研究。文章利用 MODIS 提供的热异常产品数据，结合由地理国情普查成果提取的火点位置信息以及空气质量日报数据，对吉林省典型城市进行疑似火点提取，并通过无人机及手持移动终端系统进行地面验证，发现在热异常点数量最高的地区和时间内，存在秸秆焚烧现象；最后利用环境空气质量日报数据及火点提取成果，分析秸秆焚烧对空气质量影响的相关规律和特征，以“甩湾子”监测站为例，通过与监测站实测到的空气质量指数进行对比，说明秸秆焚烧会对空气质量产生烟尘影响，导致轻度污染。

封哲等[42]使用韩国 GOCI 静止卫星的 L1B 级数据，通过全自动下载、裁剪、AOD 反演、星地产品融合等过程开发了 $PM_{2.5}$ 高时空分辨率遥感系统，使用 AOD 数据和地面 $PM_{2.5}$ 数据进行融合得到小时级 $PM_{2.5}$ 遥感产品，该遥感产品对观测大气颗粒物空间动态变化具有先天优势。文章利用地基数据对得到的 $PM_{2.5}$ 融合产品进行了验证，结果表明此遥感产品与地面实测值的 R^2 为 0.69，论文利用提出的 $PM_{2.5}$ 高时空分辨率遥感产品在京津冀地区进行实验，结果表明从空间分布来说，在研究时间段内(2018 年 3 月 2 日)京津冀地区的空气质量整体优良，污染地区主要分布在河北省中南部地区；从时间角度而言，$PM_{2.5}$ 较高的地区并没有出现整体迁移现象，说明 $PM_{2.5}$ 受空间传输的影响较小，且在白天随着时间的推移，空气质量呈现逐渐改善的趋势。

17.2.3 温室气体与气候变化

大气中的温室气体主要包括 H_2O、CO_2 和 CH_4，其中最易受到人类影响且寿命较长的为 CO_2。根据夏威夷大气本底实测数据，最近 60 年以来，大气中 CO_2 浓度上升了 28.7%，对全球变暖以及极端气候的形成产生了极大影响，而我国是近 15 年最大的 CO_2 气体排放国，经济的飞速发展以及人类生活的迫切需要，使得化石燃料燃烧加剧，排放出了大量温室气体。而温室气体通过温室效应，在大气层中吸收地面放射出的长波辐射，影响地气系统辐射收支平衡，从而引发了全球持续升温、海平面上升等一系列气候变化问题，并对陆地生态系统碳氮循环以及土壤质量和生物多样性产生了一定的影响。因此，对大气 CO_2 浓度的监测、时空变化和碳源、碳汇等的相关研究以及相应的气候变化研究是国内外大气环境领域研究的热点之一。虽然基于地基的传统大气 CO_2 探测方法具有实测精度高、可靠性强等特点，但测量结果都是单点的局地测量，缺乏对全球范围或区域大尺度监测的能力和统一的探测方法，而利用卫星遥感进行大气中 CO_2 浓度的监测则是解决这种限制、实现气候变化研究的重要方法和技术手段，例如，利用 GOSAT 卫星数据研究我国不同区域尺度上的 CO_2 浓度的时空变化特征；利用 Landsat 等多源影像数据进行高海拔区域的冰川信息准确提取，通过对冰川面积的变化监测来探讨气候变化情况；利用 MODIS 等多源遥感数据对青藏高原的湖泊面积进行变化监测从而揭示近 30 多年来的气候变化情况等。

刘少振[43]基于 GOSAT 卫星 L3 数据研究了我国 CO_2 浓度在 2010～2015 年间不同区域尺度上的时间和空间变化特征。以时间分布特征而言，我国的 CO_2 浓度分布具有年变化特征，2010～2015 年间呈现逐年上升的趋势，年平均增长率为 0.53%；具有明显的季节变化特征，其中春季的 CO_2 浓度最高，此外依次为冬、秋、夏，说明陆地植被对于碳源、碳汇具有重要作用；具有月变化特征，月均 CO_2 浓度最高值出现在 4 月份，在 8 月份出现最低值，这主要受到植物光合作用的影响。以空间分布特征而言，在年空间分布特征方面，我国的 CO_2 浓度具有明显的空间分布差异，且此差异不随时间的推移而发生改变，具体表现为以内蒙古与辽宁、河北、山西、陕西以及云南与西藏交界处为分界线，在分界线的东南部地区，CO_2 浓度较高，在其西北部地区，CO_2 浓度较低，分析其原因主要是因为我国东南沿海地区能源消费量高、人口密集、经济发达、人类活动频繁，因此人为排放 CO_2 较多，但是在我国中部地区，虽然人口密度不如东南沿海地区高，但是其 CO_2 平均浓度却高于东南沿海地区，说明 CO_2 浓度不仅受到人为活动影响，还与植被覆盖度、太阳辐射等自然因素影响息息相关；在季节空间分布特征方面，春季我国 CO_2 浓度偏高，且高值区主要集中在中北方城市，夏季我国 CO_2 浓度偏低，其 CO_2 浓度高值区主要分布于东南沿海城市，秋冬季节的空间分布特征与春季相似，与夏季有较为明显的差异，分析其原因主要是因为气流、季风等因素的影响；在月空间分布特征方面，通过对 1 月～12 月平均 CO_2 浓度的对比，发现随着月份增加，CO_2 浓度高值区逐渐由沿海地区向中部内陆地区转移。

文章综合利用 MODIS 卫星数据、SRTM 高程数据、能源碳排放量数据、GDP 数据以及人口数据与 CO_2 浓度数据进行相关性分析，探究 CO_2 浓度时空分布的影响因素，结果表明我国大部分城市的 CO_2 浓度的周期性变化与 NDVI 的变化呈现出显著的负相关关系，可见增加地表植被覆盖度对于 CO_2 浓度的上升具有抑制作用；在地势较低的地区，由于周围较高的山脉对低层大气流动产生障碍，造成 CO_2 堆叠，因此 CO_2 浓度往往较高，说明地形因素会对 CO_2 浓度的空间分布产生影响；能源消费碳排放量、GDP 与人口数量与 CO_2 浓度呈正相关关系，人口数量等社会经济因素的增长极大地促进了 CO_2 浓度的增长。在此基础上，论文选取对 CO_2 浓度变化有显著影响的能源消费碳排放因素进行了深入研究，利用对数平均迪氏指数法(logarithmic mean Divisia index，LMDI)分解法对能源消费碳排放的影响效应进行分析，表明我国的能源消费结构并没有明显改善，煤、石油、天然气等传统能源依然占据主导地位，能源消费结构因素、能源强度因素、产业结构因素的累积影响表现为负效应，其中，能源消费强度的下降以及产业结构的调整对抑制能源碳排放量的影响较大。

中国西北干旱区是山地冰川发育密集区域，冰川前进、退缩对生态环境有重要影响，同时冰川变化也是气候变化的指示器。都伟冰[44]利用多源遥感技术进行冰川监测，以 Landsat 系列影像作为数据源，对于单时相遥感影像，结合 DEM 数据，引入了“全域-局部”迭代思想，通过找到最优归一化雪盖指数(normalized difference snow index，NDSI)全域、局部阈值进行冰川信息提取，建立了基于 NDSI 的“全域-局部”迭代自动冰川边界精确提取方法，解决了由于区域分异造成不同冰川光谱差异大的问题，实现了每条冰川精确分割阈值的自动计算，通过博格达山冰川的单时相边界提取实验，证明了基于 NDSI 的“全域-局部”迭代自动冰川边界精确提取方法能够有效剔除阴影和水体，且计算得到的误差平均值小于 1/2 个影像像元，均方根误差小于 1/3 个影像像元，说明该方法的提取精度较高。对于受到积雪和山体阴影影响的冰川信息的提取则需要利用多时相遥感影像，因此该文构建了剔除阴影和积雪影响的多时相方法，实现了山体阴影覆盖区域的冰川信息准确提取，并剔除了积雪对冰川的干扰，通过多时相遥感影像获取短时期内不同的冰雪边界，结合地形信息和多时相遥感影像太阳角度信息，联合消除山体阴影对冰川的遮挡。最后文章利用单时相、多时相方法并辅以高分辨率影像数据对天山东段 1990 年、2000 年、2010 年的冰川信息进行提取分析，研究了冰川变化规律与气候变化之间的关系，天山东段冰川确实存在退缩现象，且气温升高是冰川退缩的主要因素，2000～2010 年冰川退缩速率是 1990～2000 年的两倍，大于 $0.5km^2$ 的冰川面积减少，而小于 $0.5km^2$ 的冰川面积在增加，说明冰川面积在整体退缩的同时，大规模冰川在向小规模冰川转换。

闫利等[45]以 MODIS MOD09A1 产品为数据源，综合利用 SRTM DEM 数据、近地表气象再分析数据、冰川数据等其他数据，利用单波段阈值法提取了青藏高原 2000～2016 年丰水期面积大于 $50km^2$ 的湖泊边界，从提取结果来看，按湖泊内外流分类，2000 年以来青藏高原的内流湖总面积呈扩张趋势；按主要补给来源分类，以冰雪融水、地表径流、河流为主要补给方式的湖泊面积均呈现出扩张趋势；按湖泊矿化程度分类，青藏高原的盐湖、咸水湖以扩张型发展为主，而淡水湖的湖泊面积则比较稳定。论文结合了青藏高原近 36 年气象数据，根据气象要素变化趋势分区，初步探讨青藏高原湖泊面积变化与气候变化之间的关系。结果表明，在青藏高原气候暖湿化方向发展背景下，湖泊面积变化与气候变化具有显著的区域相关性，但是湖泊面积变化对于气候变化具有一定的滞后效应，根据气温、降水等气候因素变化趋势与湖泊面积的变化趋势进行对比，发现气温、降水增加趋势越显著的地区，其湖泊面积的扩张趋势也越显著，气候要素变化存在明显的差异时，湖泊面积的变化也会存在明显的区域差异。文章通过对比湖泊的主要补给方式和气候变化趋势分区(图 17-5)认为，在受人为因素影响较小的地区，气温主要影响以冰雪融水为主要补给来源的湖泊，降水量主要影响以降水和地表径流为主要补给来源的湖泊。

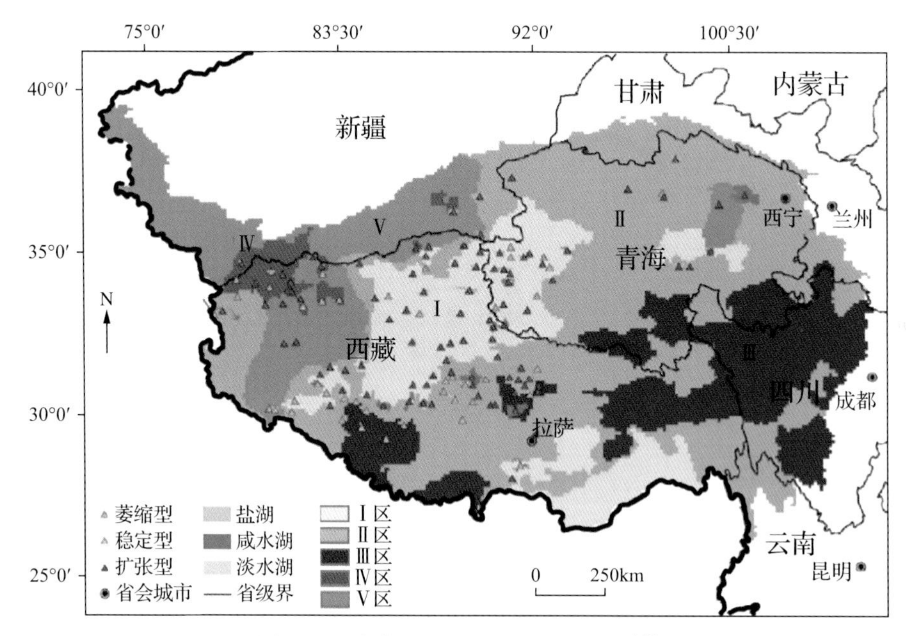

图 17-5 青藏高原气候要素趋势分区[45]

17.2.4 气象变化监测

气象变化监测是指气象监测机构通过气象监测系统对气象环境状况进行整体性监测和预警的活动，通过对反映气象质量的指标进行监测和上报，以确定该地降雨量、风速风向等气象环境数据，是科学管理气象和气象执法监督的基础，是气象预测必不可少的基础性工作。气象变化监测的核心目标是提供气象要素现状及变化趋势的数据，预测气象变化，顺利解决当前主要气象问题，为气象管理服务。遥感监测技术作为一种先进的探测手段，获取信息速度快、受地区环境限制较少、具有多光谱特性，可获取大量信息，为提高气象服务质量发挥着越来越重要的作用，利用卫星遥感技术可进行空间化、精细化的气象条件监测，与地理信息数据相结合可以更加准确地对气象变化信息如降水预报、沙尘区划分等进行监测，且监测结果更加准确直观明了。

张软玉[46]针对热带气旋表面降水的微波遥感机制和方法进行了深入研究，为热带气旋提供了有效的评价参数。文章利用我国第二代极轨气象卫星风云三号 B 星（FY-3B）微波成像仪（microwave imager，MWRI）观测的数据分别进行了基于被动微波观测的 Wentz&Spencer（简称 W/S）算法和基于主动微波观测的 MWRI GPROF（Goddard Profiling algorithm）算法的热带气旋降水量反演。W/S 算法利用云雨吸收系数与降雨率之间直接且唯一的关系进行降水反演，并将反演结果与美国冰雪数据中心（National Snow and Ice Data Center，NSIDC）提供的被动微波降水产品、AMSR-E 观测亮温 W/S 降水反演算法反演结果、TRMM PR 降水产品、遥感系统（remote sensing system，RSS）TMI 降雨产品进行对比，结果表明 MWRI 降水反演与 NSIDC 降水产品在内核区主要雨带和远距离雨带分布中显示出合理的一致性；AMSR-E W/S 降水反演算法相比，具有较高空间分辨率的 AMSR-E 具有比 MWRI 反演更高的偏差，但 MWRI W/S 降水反演算法对其他传感器的适用性低；MWRI 反演降雨率与 TRMM PR 反演的降雨率具有较好的一致性；通过与 TMI 降水产品的对比，说明 MWRI 反演降雨率描述了清晰的热带气旋降水空间分布，与 TMI 降雨率描述了相同紧凑的涡旋结构，其降雨分布极其紧凑，从低降雨率到高降雨率覆盖了整个内核区，其降雨率的饱和不影响热带气旋的空间降水分布特征。

由于 W/S 降水反演算法具有一定的局限性，文章还研究了利用 GPROF 降水反演算法对热带气旋表面降水进行反演的结果，将其与主动 DPR 观测降水产品、被动 GMI GPROF 和 GMI Hurricane GPROF（HGPROF）降水反演产品进行了对比，结果表明与 DPR 降水产品进行对比，GPROF 算法反演结果合理地描述了热带气旋的降雨率空间分布，但在内核区的高降雨率表现出偏低估计，二者在降水率的反演结果上具有良好的一致性；MWRI 降水反演结果与 GMI 和 HGPROF 的降雨率反演结果具有良好的一致性。此外，文章还对 W/S 算法与 GPROF 算法进行了精度对比，结果表明 GPROF 降水反演表现更优，与 NSIDC 降水产品相比，W/S 和 GPROF 算法估计均能够描述内核区内合理的眼区与眼壁，GPROF 算法比 W/S 算法在降水空间分布表现更优，降水分布更平滑，与 NSIDC 整体降水分布更接近。

张保林[47]利用我国静止气象卫星 FY-2F 在 2015 年 5 月～9 月的 4926 幅加密观测降水产品数据，结合 4 个场次的气象雷达数据，系统研究了遥感数据类型、降水系统、降水强度和季节对降水临近预报的可预报性的影响，利用检测概率（probability of detection，POD）、虚警率（false alarm ratio，FAR）、关键成功指标（critical success index，CSI）三个指标作为降水事件的探测指标。研究发现，雷达预报数据的类型会影响预报精度。先利用雷达基本反射率数据进行临近预报，而后对预报出的结果再反演为降水的，准确性较先反演后预报的精度较高。降水系统明显影响雷达遥感降水可预报性，通过地基雷达降水回波图像上的积状云、雹云、层状云、混合降水的降水系统预报实验，发现层状云的降水系统更稳定，可预报性更高，其 POD 指数 1 小时为 82.95%，2 小时为 82.21%。不同强度的降水对雷达降水临近预报影响的差异较大，整体上来看，预报命中率随着降水强度的增大而增大；雨季不同月份的预报精度稍有差异，一般而言 7 月份的预报效果相对较好，5 月、9 月份稍差。

程慧波[48]利用极轨卫星和静止卫星两个系列气象卫星的互补优势，将二者结合，利用 NOAA16、17、18、19，Aqua，Terra，FY-1D，FY-2D，FY-2E 共 9 颗卫星的观测数据，分别计算气溶胶的光学厚度、有无沙尘暴发生的基本概率赋值、各证据的确信度和证据对有无沙尘暴发生的平均支持度，并将其合并运算作为判别基础对沙尘天气进行监测，同时结合国家沙尘天气影响环境空气质量监测网点中甘肃省 9 个监测网点的实测数据和国家自动空气监测站点数据，对监测结果进行评价。结果表明，2013 年 4 月 26 日 11 时甘肃省未发生沙尘天气，2013 年 4 月 28 日 11 时整个甘肃省范围内发生了沙尘天气，2013 年 4 月 2 日 11 时整个甘肃省范围内的沙尘强度较弱，2013 年 4 月 28 日 11 时甘肃省范围内的西北区域、民勤地区、陇东区域沙尘强度较强，此结果与地面观测站实测结果基本吻合。

17.3 海洋生态环境

海洋覆盖着地球面积的71%，容纳了全球97%的水量，为人类提供了丰富的资源和广阔的活动空间，随着人口的增长和陆地非再生资源的大量消耗，开发利用海洋并对海洋的生态环境进行监测与保护对人类生存与发展的意义日显重要。所以，必须利用先进科学技术，全面而深入地认识和了解海洋，指导人们科学合理地开发海洋、监测海洋环境。与常规的海洋调查手段相比，海洋遥感技术具有许多独特的优点：第一，它不受地理位置、天气和人为条件的限制，可以覆盖地理位置偏远、环境条件恶劣的海区及由于政治原因不能直接进行常规调查的海区；第二，卫星遥感能提供大面积的海面图像，每个像幅的覆盖面积达上千平方公里，对海洋资源普查、大面积测绘制图及污染监测都极为有利；第三，卫星遥感能周期性地监视大洋环流、海面温度场的变化、鱼群的迁移、污染物的运移等；第四，卫星遥感获取的海洋信息量非常大；第五，能同步观测风、流、污染、海气相互作用和能量收支情况。正是由于遥感技术的诸多优势，使得其在海洋污染监测与识别、海上钻井平台识别、海洋水色监测、海洋动力与环境要素监测、海洋灾害监测等方面有广泛的应用前景。

17.3.1 海洋污染物监测与识别

海洋污染物的种类有很多，但是其中石油污染的发生频率、分布广度等各种危害程度均居于首位。自70年代以来，我国曾发生过大大小小的船舶溢油事故2200多起，其中溢油量达50t以上的大事故有50多起。在过去五年间，全球共发生溢油事件约473起，其中2018年发生的“桑吉”漏油事故，漏油量更是达到11.3万t，溢油面积达332km^2，索赔金额高达10亿元。随着世界海洋运输业的发展和海上油田的不断开采，溢油事故发生的频率也在不断提升，经常会造成大面积的溢油事故，但海上溢油的检测手段有限，可能有大量的溢油事件不能得到及时的发现与处理，这样不仅会使海洋生态环境与资源受到损害，而且会导致大量海洋生物死亡，甚至会危害人类身体健康。遥感技术大大地推动了海洋污染物监测技术的发展，其中卫星遥感适合监测大面积的溢油污染，而航空遥感则适合小面积、海岸(石头、沙子)、植物上的溢油污染，特别适合指挥清除和治理工作。早期的光学卫星夜间无法获得数据，而且易受云雨的影响，特别是海洋蒸发量大、云层厚、阴雨区域范围广而且持续时间长，限制了光学卫星的应用，但是随着夜光遥感卫星的出现，解决了夜间数据的获取问题。同时，合成孔径雷达卫星具有全天时全天候穿云透雨的特点，被广泛利用于海洋油污监测。随着技术的发展，分辨率不断提高，高分辨率与全极化相结合极大地增强了成像雷达对目标的获取能力，新一代SAR卫星为遥感观测提供了新的、具有高分辨率的全极化数据，克服了单极化和低分辨率数据的缺陷，能够更加准确地观测溢油事件。

Tian等[49]研究了我国HJ-1C SAR卫星在海洋溢油识别方面的分析与评价作用，利用中国福建沿海地区2012年12月的6景HJ-1C SAR图像(S波段，VV极化，5m分辨率)，通过引入基于 SAR 强度图像的阻尼系数 *s*，对比了 HJ-1C 和 Envisat ASAR 两种影像对于溢油的检测性能，研究表明 Envisat ASAR 为参考，二者之间的漏油可检测性差异为–1.3dB，说明 HJ-1C SAR 图像可以应用在海洋溢油检测中。Kokaly 等[50]通过对深水地平线漏油期间和之后从低空和中空高度收集的机载可见/红外成像光谱仪(AVIRIS)进行光谱分析，描绘出了路易斯安那州巴拉塔里亚湾沼泽地中受油污染的植物冠层的分布图。文章通过将 AVIRIS 数据与被油污染的沼泽的参考光谱进行比较，发现特征光谱位于 1.7μm 和 2.3μm 附近。根据 AVIRIS 数据计算并绘制了 2010 年 7 月 31 日、9 月 14 日和 10 月 4 日各个日期的海岸线地图，其制图精度分别为 89.3%，89.8%和 90.6%，将这三个日期的海岸线地图进行合成，利用合成地图检测受油污染的海岸线时准确率可达 93.4%，检测沼泽地深处 1.2m 之外的油污区域中受损的植物冠层的准确率可高达 100%，如果将 AVIRIS 重采样至空间分辨率为 30m，则总体的检测精度会降至 73.6%，但是对于深入沼泽地 4m 以上的区域，油污植物冠层的检测精度仍然较高(28 个参考点检测出了 23 个)，总体来说受油污染的区域平均深入沼泽地 11m，最大距离为 21m。研究表明高空间分辨率成像光谱仪数据可用于识别近海岸环境中的污染物，用于评估生态系统的干扰和响应。

Kim 等[51]从应急响应的角度讨论了 TerraSAR X 的技术应用，并参考 2007 年实际发生的朝鲜西海岸 Hebei Spirit 石油泄漏事件从阻尼比、辐射精度和噪声水平等方面对 TerraSAR X 的应用进行了描述。根据 TerraSAR-X 数据估算的各种风速下的阻尼比随布拉格波数的变化表明，利用 TerraSAR-X 数据可以有效地识别漏油区域，且精度在可接受范围内。该研究还使用了与此次漏油事件相关的 ERS-2、ENVISAT、RADARSAT-1 和 ALOS PALSAR 数据，但是时间有所延迟，从 X 波段和 C 波段 SAR 系统获得的多时相数据集的处理结果可用于确定溢油的近实时迁移情况。研究结果表明，与在其他可用频率下获得的数据相比，使用 X 波段 TerraSAR-X 数据进行漏油检测具有明显的优势。

孙景等[52]分析了 Radarsat2C 波段卫星全极化数据在监测南海北部溢油事件中的应用，比较了 3 种滤波技术(BOX、GUASS、LEE)对相干斑的抑制，结果显示 LEE 滤波法最佳，继而选用 LEE 滤波对影像进行全极化处理。经滤波处理后虽然相干斑得到了抑制，但是彩色合成后的图像比较杂乱，因此需要对滤波结果进行极化参数分解，文章比较了 6 种参数分解方法，包括平均反射角、熵、反熵、全功率、极化函数参数的去极化指数和统一系数，发现极化函数参数的去极化指数处理后的影像较为清晰，对溢油和海水区分效果最佳，并可以更好地避免相干斑影响。在此基础上，利用大津法阈值准确提取溢油范围并估算溢油面积，通过计算得到此次实验中提取到的溢油面积约等于 2.7km^2。

苏伟光等[53]以 2006 年渤海溢油事故为例，利用中等分辨率成像光谱仪 MODIS 的光学遥感数据对溢油进行检测，以 MODIS 影像的光谱特征和纹理特征相融合，利用支持向量机算法对海洋表面的溢油情况进行检测，通过分析认为 MODIS 的第 2 波段油水光谱反差大于海水方差，可较好地反映海洋油膜信息，为油膜敏感波段，因此选取第 2 波段图像反射率作为光谱特征；文章利用灰度共生矩阵(gray-level co-occurrence matrix, GLCM)方法，获取油膜敏感波段的纹理特征，经过对各个纹理特征的分析得到，均值(局部窗口内灰度的均值)、对比(反映了图像的清晰度和纹理沟纹深浅的程度)和相关(衡量邻域的灰度依赖）3 个特征量与其他特征值相比，数值变化较大，而且油膜和海水特征值也存在一定的差异，可作为溢油提取的纹理特征。利用支持向量机算法对油膜进行检测，利用混淆矩阵对检测结果进行评价，其总体精度达 91.23%，Kappa 系数为 0.8215。试验结果表明，将 MODIS 图像的光谱特征和纹理特征相结合，可有效地对渤海海洋油膜信息进行检测，并具有很强的抑制噪声能力。

17.3.2 海上钻井平台识别

随着陆地上能源的不断消耗以及人类需求量的不断增大，人们开始着眼于海洋油气资源的开发，海洋油田的开发强度在不断加大，随着开采量的增加，海洋钻井平台的数量也在与日俱增，截至 2018 年底，全球共有钻井平台 260 个，与 2017 年的相比，增加了 49 个，其中亚太地区的钻井平台数量为 98 个。海上钻井平台的数量在一定程度上可以反映一个国家油气资源的开发强度，但是与此同时钻井平台的不断增加对海洋生态环境以及航行安全带来了负面影响，钻井平台的不当使用会导致出现漏油溢油事故，对海洋生态以及海洋生物造成极大影响；由于对于海上钻井平台精确位置信息的缺乏，会使原定行经此处船舶的航程延长，甚至还会出现船舶相撞事故。因此对于海洋污染、安全预警、海洋环境管理和安全维护等方面而言，海上钻井平台的数量以及位置识别的精确获取是十分必要的。但是由于涉及国家利益或者商业秘密，一般很难获取到详细的钻井平台信息，再加上受到海洋上空云雾等因素的影响，相对于广袤的海洋，钻井平台较小，很难去进行实地调查。但是随着遥感技术的发展，使得利用遥感影像进行海上钻井平台的遥感监测与识别成为了可能且成效显著，例如基于钻井平台基本位置和大小保持不变的特征，利用多源遥感影像实现海上钻井平台空间信息位置的自动提取，达到去除虚警目标、监测海上油气资源开发的空间扩张和非法开采等情况。

成王玉[54]针对南海油气资源争端日益加剧、南海油气钻井平台空间信息研究匮乏等现象，研究在多源遥感影像的支持下，采用时间序列影像策略和分层筛选策略，基于油气钻井平台位置不变特征和大小不变特征，实现了南海油气钻井平台空间位置信息的自动提取。时间序列影像策略的基本思想是，原则上使用尽可能多的影像，认为如果一景影像在油气钻井平台提取中可提供 50%的有效信息，当收集到足够的影像进行提取时，该景影像中另外 50%被云覆盖的信息可通过其他影像进行补偿。分层筛选策略包括自筛选、成对筛选、复合筛选三个步骤，遵从前期使目标探测率达到最大，后期使疑似目标虚警率最小的原则。文章针对油气钻井平台在 DMSP/OLS 夜间灯光数据上的上下文特征，包括像元灰度值越高，对应油气钻井平台的可能性越大；越趋近于区域中心，亮度值越大，越往外围区域则亮度值越小；黑色区域为背景值，即无灯光区（海水）等，采用高斯滤波、均值滤波及阈值提取等方法，提取油气钻井平台区域，并在提取结果的引导下确定油气钻井平台位置靶区，提取结果显示，这些油气钻井平台大多数位于中国南部、越南、泰国湾和纳土纳群岛西部、文莱和马来西亚，在研究时间段内钻井平台的数量与面积均呈扩张趋势，且逐渐深入我国传统海域内，空间分布逐渐向深海发展。

文章通过对 918 景 Landsat-8 OLI 遥感影像进行辐射定标和增强处理，采用时间序列影像策略和分层筛选策略，基于油气钻井平台位置不变特征和大小不变特征采用双阈值进行钻井平台和虚警目标的筛选，即目标出现频次达到高阈值时确认其为油气钻井平台，目标出现频次低于低阈值时，认为其为虚警，从而排除船只、散云等虚警，并通过陆地掩膜排除近岸和陆地虚警，提高检测精度，实现了钻井平台空间位置的自动提取，最终共提取了南海钻井平台 1075 个；在时间序列影像支持下，结合 Google Earth 近岸区域影像、雷达影像(PALSAR 影像)、高分影像(GF-1、ZY-3)，以及英国海洋数据中心提供的水深数据，对提取的南海钻井平台进行结果验证，选取泰国湾区域进行验证，结果表明对于验证区域内的 239 个油气钻井平台，漏判率为 3.8%，误判率低于 1%。文章对南海油气钻井平台的建造年龄、平台类型、作业深度等特征进行了提取，从而建立南海全覆盖的油气钻井平台空间和属性特征数据集，发现马来西亚、泰国、文莱对油气平台的建设开展较早，早期文莱油气平台建设量很大，但增长较缓，越南早期平台数量较少，但近年来增速较快，其他国家和地区增速相对较缓；南海油气钻井平台包括 725 个小型平台，171 个大型平台，84 个复杂结构式平台和 95 个钻井浮船，小型平台比例超过 2/3；南海周边国家的钻井平台多位于浅海，其中作业水深小于 100m 的平台有 1037 个，在 101～500m 的有 31 个，501～1500m 的钻井平台有 7 个。

孙超[55]针对海洋油气生产活动遥感监测的难点，研究了综合长时间序列、协同低—中—高多分辨率、光学—雷达、白天—夜间在内的多种遥感影像数据，开发了油气开发平台的空间位置识别算法，基于海洋油气开发平台位置不变和大小不变特征，结合顺序统计滤波与云掩膜去噪方法，联合多源遥感影像获取了近 25 年南海存在的海洋油气开发平台的空间分布，且准确性较高。使用的数据集包括的光学影像有 1992～2011 年 Landsat-4/5 TM，1999～2013 年 Landsat-7 ETM+，2013～2016 年 Landsat-8 OLI；SAR 影像有 1993～1998 年 JERS-1 SAR Mosaic，2006～2011 年 ALOS-1 PALSAR；夜间灯光影像有 1992～2013 年 DMSP/OLS，共计 87200 余景。研究共获取 1143 个钻井平台的空间位置，经目视解译验证，目标识别的正确率为 93.5%，错判率 4.2%，漏判率为 2.3%。文章提出了一种平台状态/属性提取方法以及石油产量遥感估算模型，开展了海洋油气开发平台位置识别－属性提取－产量估算一体化监测研究，突破了海洋油气开发监测的空间配准难、位置识别难、属性获取难和产量估算难等难题，该方法研究了平台的工作状态、大小/类型、作业水深、离岸距离等多维状态属性信息提取方法。整套方法鲁棒性强和移植性高，已经跨区域应用于美国墨西哥湾海域，利用该方法获取的平台工作状态中，80.5%的平台工作状态判定误差小于 1 年，87.5%的平台工作状态判定误差小于 2 年，平台大小模拟的相对误差在 30%以内，平台类型划分的总体精度为 89.6%，Kappa 系数为 0.791。文章建立了南海海域全覆盖(包括泰国湾)的海洋油气开发平台的时空数据集，厘清了南海周边各国海上油气资源开发的空间扩张和非法开采情况，构建了耦合空间位置和亮光强度的海上石油产量遥感估算模型，发现 1992～2013 年南海约 75%的平台属于石油平台，约 75%的天然气平台来自泰国和马来西亚，石油产量遥感估算模型应用在南海整体的估算效果较好，误差绝对值仅 2.92%。

王加胜等[56]针对目前海洋钻井平台遥感信息提取难、验证难的现状，以越南东海域为研究区，以两景 ENVISAT ASAR 影像为数据源，结合空间分辨率为 30m 的 GDEM 数据和越南油气招标区块以及油气田分布图，根据海洋钻井平台位置基本保持不变的特性，提出了一种基于恒虚警率算法的海洋钻井平台提取方法。该方法首先利用 GDEM 数据制作陆地掩膜，消除陆地对海上钻井平台提取的影响；然后利用基于双参数恒虚警率算法的舰船提取方法对两景成像时间靠近的 ENVISAT ASAR 影像分别进行海上疑似目标提取；最后对同区域、两时期提取的钻井平台疑似目标结果进行对比，根据钻井平台的静止特性去除舰船虚警目标，完成海洋钻井平台提取。在实验区内，共提取钻井平台 30 个，共去除虚警目标 102 个，从钻井平台的分布来看，呈西南—东北走向的带状分布，大致与越南海岸线平行，这些钻井平台都位于越南 2008 年前发现的油田内，大多数位于白虎油田，其次为龙油田和黎明油田。

17.3.3 海洋水色监测

截至 2018 年底，我国全海域(包括渤海、黄海、东海、南海)中第二类水质的海域面积为 38070km^2，第三类水质的海域面积为 22320km^2，第四类水质的海域面积为 16130km^2，劣于第四类水质的海域面积为 33270km^2。水质会极大地影响海洋水色，海洋水色主要是由海水的光学性质(吸收和散射特性)决定的，浮游生物中的叶绿素，无机悬浮物和有机黄色物质是决定水色的三大要素。随着社会经济的发展，人类对海洋的开发程度不断提高，海洋生态环境发生了明显的变化，对海洋水色也产生了较大影响，海洋水色监测受到了越来越多的关注。近年来随着遥感技术的不断发展，现在已经有卫星遥感监测、水下探测等许多海洋观测手段，并有许多卫星遥感数据和地面实测数据，以及由此建立的多种反演算法与模型，为海洋水色监测提供了有力的手段和方法。卫星遥感技术能够实现大范围水域内全方位、多时相的连续动态实时监测，可以适应复杂多变的海洋环境，弥补了传统海洋水色监测方法的不足。海洋水色遥感技术对于海洋初级生产力预测、叶绿素含量、悬浮物含量等的预测以及水体光学特性研究具有重要作用。

Tebbs 等[57]以柏哥利亚湖为研究区，使用多时相 Landsat 遥感影像，结合野外实地测量数据开发了一种计算海洋中叶绿素 a 浓度的遥感算法。文章将野外实测的反射光谱数据重采样至 Landsat 影像中，发现当叶绿素 a 浓度<800μg/L 时，近红外(near-infrared reflectance, NIR)波段的反射率与叶绿素 a 浓度有较好的线性关系(R^2=0.847，标准误差值为 55μg/L)，波段比值 R835/R660 也与叶绿素 a 的浓度有较强的线性关系(R^2=0.811，标准误差值为 61μg/L)，使用 Landsat 卫星图像和 2003 年 11 月～2005 年 2 月的月度实测叶绿素 a 浓度数据进行反演得出了类似的关系。研究发现，当应用于卫星影像时，与单个近红外波段相比，近红外与红光波段反射率的比值更适合于叶绿素 a 浓度的反演，与大气校正数据相比，使用大气层顶(top of atmosphere, TOA)反射率数据可以获得最佳拟合效果，论文基于 TOA Landsat 影像的波段比值 R835/R660 得出了叶绿素 a 的反演模型，对叶绿素 a 浓度有较好的拟合效果(R^2=0.801，标准误差值为 69μg/L)，论文分别针对柏哥利亚湖在叶绿素浓度较低和较高时期进行了叶绿素 a 浓度成图，结果如图 17-6 所示。

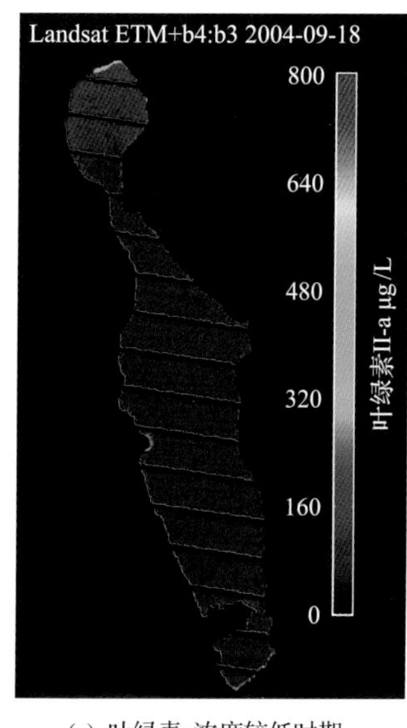

(a) 叶绿素a浓度较低时期

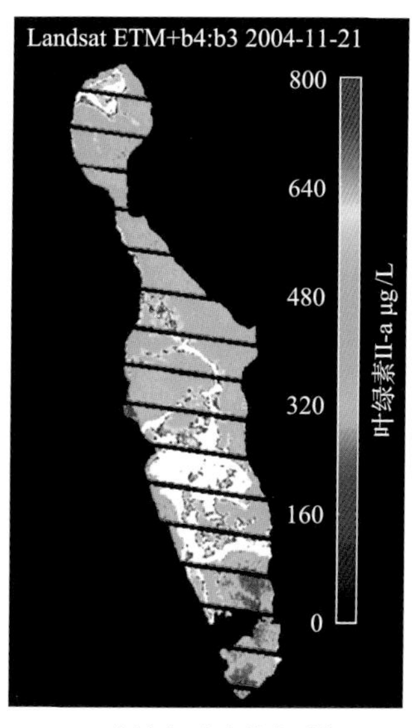

(b) 叶绿素a浓度较高时期

图 17-6　根据 Landsat ETM+影像由波段比值算法得到的柏哥利亚湖叶绿素 a 浓度图[57]

Edward 等[58]基于 MODIS 影像数据，通过估算地表沉积物浓度，对亚马孙河的地表沉积物分布模式进行了建模。该研究使用来自 2000～2010 年亚马孙河上游，中游和下游三个测量站的地表沉积物浓度数据对 1328 景 MODIS 反射率影像进行校准，最终由 752 组数据建立了每个站点地面沉积物浓度和表面反射率数据之间的稳健经验模型 ($0.79<R^2<0.92$)，利用 2000 年以来的 2112 幅影像(每 8 天合成一幅影像)生成了地表沉积物分布图，检测了主河道中地表沉积物的区域和季节变化(地面沉积物的含量全年分布均匀，没有严重的洪灾或旱灾)；研究了支流对主流的影响，以塔帕霍斯河(清水河)支流为例，二者之间的对比非常明显，当亚马孙河的泥沙含量较高时，二者之间的差异更大，在二者交汇处只有狭窄的连接，塔帕霍斯河从小河口处流出，清澈的水基本没有与亚马孙河干流中的沉积物混合；识别了河道-洪泛区的相互作用，在丰水期，地表沉积物由主河道流向洪泛区，在此期间地表沉积物的含量显著下降，在枯水期，往往是洪泛区的地表沉积物流向主河道，而洪泛区的地表沉积物会由于风的作用而不断沉积悬浮；研究了沉积物沿河流主道的内部变化，在丰水期，由亚马孙河两大分支环绕的岛屿内部含有的地表沉积物的含量较高，且地表沉积物含量沿着两个分支的变化也较为明显，虽然在丰水期和枯水期，空间上地表沉积物的变化趋势较为一致，但是在丰水期地表沉积物的变化性有所增加，沿亚马孙河主河道中部和塔帕约斯河东岸的地表沉积物含量也较高。研究表明基于 MODIS 的模型能够成功捕获亚马孙河流域表面沉积物的时空变化。

郑高强等[59]以厦门海域为研究区，利用 HJ-1A/B 卫星 CCD 数据，建立了叶绿素 a 浓度反演模型，为持续监测该海域的赤潮提供时间序列的叶绿素 a 浓度数据。文章基于 2013 年 7 月 31 日厦门海域水体实测光谱与叶绿素 a 浓度同步测量数据，以及 HJ-1B 卫星 CCD 光谱响应函数，对各波段遥感反射率与叶绿素 a 浓度的相关性进行比较，结果表明蓝、绿波段比值与叶绿素 a 浓度相关性最高，因此选择蓝、绿波段比值作为自变量，建立叶绿素a浓度反演的经验模型。论文利用2013年7月30日厦门海域HJ-1B卫星CCD数据对5种模型——OC3模型、e指数模型、10指数模型、分别以蓝绿波段比值和蓝绿波段比值的对数值作为自变量的多项式模型——的反演结果进行了对比，并用同一时期实测的叶绿素a浓度对反演结果进行评价，发现各模型 R^2 均达到0.7以上，且10指数模型在反演叶绿素a浓度动态范围较大的区域具有更高的精度。论文利用10指数模型对厦门海域叶绿素a的浓度分布进行分析，结果表明，厦门海域叶绿素a在7、8月份的浓度值较高，高值区主要集中在马銮湾、宝珠屿海域。

孟凡晓等[60]为了对南海近岸海域海水悬浮泥沙与叶绿素 a 的浓度进行估算，利用Landsat-8遥感影像结合野外海洋表面实测数据确定了悬浮泥沙与叶绿素a的敏感波段并构建了估算模型，为了提高精度，文章分别找出了悬浮泥沙和叶绿素a的敏感波段并判断其反演精度是否满足建模需求，如不满足，则对不同波段做加、乘、除三种形式的组合。文章利用平均相对误差与反演精度来评价模型精度，通过构建模型，计算模型精度，最终得到结果表明，Landsat-8数据第一、二、四波段对悬浮泥沙浓度较为敏感，其不同形式的线性组合可用于悬浮泥沙含量的反演，反演模型的相关系数为0.904，平均相对误差为10.24%，反演精度为89.76%，第一、二、三波段对叶绿素a浓度较为敏感，其不同形式的线性组合可用于叶绿素a浓度的反演，反演模型的相关系数为0.886，平均相对误差为11.27%，反演精度为88.73%。此外，论文还分析了南海海域中悬浮泥沙和叶绿素a的空间分布特征，认为悬浮泥沙呈现由内陆向深海随水深增加而递减趋势，西北部泥沙浓度高于南部，南部地区浓度较低，海水较清澈；叶绿素a的分布大体趋势呈近岸浓度高，随水深增加浓度逐减，由西部到南部逐级递减。

17.3.4 海洋动力与环境要素监测

海洋环境要素监测概念范畴比较广泛，从监测范围来说，包括浅海、深远海、大洋等地区；从监测对象来说，涵盖了海洋动力环境、海洋生态环境、海底地形地貌等方面；从监测尺度上来说，分为遥感监测、原位监测两种，海洋环境监测服务于与海洋相关的所有活动。其中海洋动力主要指的是海水运动过程中产生的潮汐能、波浪能、洋流能等，海流运动会对海洋气候、海洋污染、渔业、海岸带开发、军事行动等产生影响，海流监测可以对海洋动力环境研究过程中遇到的问题提供有效的解决方案。卫星遥感技术以其独特的优越性在海洋环境要素观测方面发挥着越来越重要的作用，在海洋动力及环境要素监测等方面，卫星遥感可以监测海流、海浪、海面风场等海洋动力环境特性以及海洋面积、海岸线变化、海面水色、水温等海洋环境要素，将遥感技术应用在海洋环境要素监测上，可以提高数据的时效性、准确性和完备性。

时春晓[61]以1990年、2003年、2008年、2012年和2015年五期Landsat、SPOT、GF-1、GF-2、ZY-3遥感影像为数据源，结合烟台市已确权围填海信息，运用遥感和地理信息系统技术，以面积为指标，从时间、空间、围填海类型三个方面，定量分析了25年来烟台市围填海的动态变化特征，以及其对海洋环境的影响。从时间方面来说，烟台市围填海在1990～2003年、2003～2008年呈现平缓增长趋势，增速分别为69.48hm²/a、484.64hm²/a；在2008～2012年呈现快速增长趋势，增速达3263.16hm²/a；在2012～2015

年呈现逐步下降趋势，增速为 1222.05hm^2/a。从空间方面来说，其围填海面积分为极大增加区、平稳增加区和缓慢增加区。从围填海类型来说，其围海类型主要是盐田、养殖池塘和已围待填等，填海类型主要为港口码头填海、城镇建设填海和工业、渔业基础设施填海等。

论文基于目前围填海的现状，分别从海岸线、海湾、泥沙冲淤环境、近岸水质等方面分析了围填海对海洋环境的影响。基于遥感影像和围填海数据分析了烟台市海岸线的变化情况，认为随着年份的增长，自然海岸线呈现缩短趋势，人工海岸线呈增长趋势；以龙口湾为例分析了围填海活动对海湾的影响，提出自 1990 年起，龙口湾的总面积由 8413.00hm^2 减少为 4129.49hm^2，减少了 50.9%，其中 2012 年减少最多，减少原因主要是由于龙口人工岛的建设。论文提出工程区域海底沉积物受波浪作用影响显著，近岸波浪作用强，海底沉积物粗，随着海水深度增加，海底受波浪的影响减弱，海底的沉积物变细，工程开工建设后由于构筑物的存在改变了局部岸线形态，导致局部水动力场发生了变化，由此导致工程附近海域海底地形发生调整，产生局部的冲淤变化，包括工程海域两侧岸滩侵淤变形、港池区冲刷淤积变化以及项目构筑物前沿局部冲刷；此外，围填海活动及随后的开发建设对海域水质会产生明显的影响，海湾围填海工程使海湾面积减小，导致纳潮量变小，这样湾内水体的交换能力就会变弱，进而降低海湾环境容量，降低海水的自我净化能力，进而导致水环境质量下降。

为了研究围填海活动对渤海湾水动力环境的影响，涂晶[62]结合 1984 年、1995 年、2000 年、2005 年、2007 年、2009 年、2013 年、2015 年、2016 年等多年的卫星遥感影像和海图资料分析了近 30 年的渤海湾海岸线时空变化，研究表明 1984～2016 年研究期内，渤海湾岸线发生了巨大的变化，其中变化最为明显的有四处，分别是渤海湾东北部曹妃甸港的兴建、西部天津港的连片开发、西南部黄骅港的扩张及南部大片滩涂的消失。论文根据卫星遥感影像计算了大规模围填海工程前后渤海湾纳潮量的变化，发现大规模围填海工程后，渤海湾纳潮量约减小 6%，且由于工程占用大量沿海滩涂空间，潮水的缓冲面积减小，导致工程后海域面积与潮位的相关性降低，纳潮量的减小会导致局部海域水交换能力变差，污染物扩散能力降低，对海域的环境造成不利影响。论文运用 MIKE21 水动力数学模型模拟围填海工程前后渤海湾潮流动力的变化情况，发现围填海工程对整个渤海湾内的水动力特征影响并不显著，但工程区域附近的潮流特征变化还是较为明显，主要表现为大规模填海工程后，大部分海域流速减小，部分海岸线向海大幅推进。文章基于各种资料和计算模拟结果讨论了围填海工程对海洋环境的影响效应，认为围填海活动会导致自然海岸线资源锐减、滨海湿地资源大量减少、生物栖息地遭到破坏、污染物扩散受阻等。

盛川[63]通过分析当前海洋环境监测的实施方案、大量海洋遥感数据对于动态监测海洋环境的意义，及当前海洋与渔业部门对于海洋环境动态监视监测的具体需求，设计并实现了一个基于遥感数据的具有海洋数据管理与共享、海洋项目监测预警、海洋数据分析与可视化及海岛承载力评估等功能的海洋环境动态监视监测系统。该系统可以对海洋项目进行监测预警，并对海岛数据、环境数据进行可视化分析，从而为海洋环境动态监测提供技术支持。该系统的海洋项目监测预警主要包括海洋项目跟踪和海洋项目预警两部分，可以通过遥感影像的施工现场图层对比来对项目施工用地情况和项目完成率进行跟踪；而海洋预警功能则主要用于对违规或超期的海洋项目进行预警。该系统能够对海岛信息和海岛生态监测数据进行可视化，其中海岛信息数据主要包括海岛地理分布、海岛类型分布和海岛人口分布三个方面，海岛生态监测数据则包括水质、沉积物和浮游植物等数据，可以很好地展示海岛周围海域的生态状况。该系统能够以热力图的形式对海滩垃圾监测数据、海底垃圾监测数据和排污口监测数据进行可视化展示，从不同方面展示某区域的海水污染状况。

17.3.5 海洋灾害监测

海洋灾害主要包括赤潮、绿潮、风暴潮、海啸、河口及海湾淤积等。2018 年我国共发生海洋灾害 87 次，造成 73 人死亡或失踪，造成的直接经济损失高达 44.92 亿元，其中风暴潮发生了 16 次，海浪发生了 44 次，海冰发生了 1 次，赤潮发生了 36 次。赤潮主要受到人类活动的影响，是由于生物所需的氮、磷等营养物质大量进入海洋，引起藻类及其他浮游生物迅速繁殖，大量消耗水体中的溶解氧，造成水质恶化、鱼类及其他生物大量死亡的富营养化现象。由于海洋环境污染日趋严重，赤潮发生的次数也随之逐年增加。由于赤潮的频繁出现，使海区的生态系统遭到严重破坏，赤潮生物在生长繁殖的代谢过程和死亡的赤潮生物被微生物分解等过程中，消耗了海水中的氧气，导致鱼、贝因窒息而死。另外，赤潮生物的死亡，促使细菌大量繁殖，有些细菌能产生有毒物质，一些赤潮生物体内及其代谢产物也会含有生物毒素，引起鱼、贝中毒病变或死亡。遥感技术可以为赤潮预警提供更为宏观、及时的新途径。就赤潮而言，由于遥感影像是以宏观的尺度来展现赤潮特性的，因此能够清楚地反映出区域赤潮发生现状、空间分布特征以及其迁移扩散趋势等其他监测手段难以实现的信息。

为了弥补传统卫星影像时间分辨率不足的问题，宋德彬[64]开展了基于 GOCI 数据的绿潮和赤潮时空变化监测，并在此基础上应用 GF-1、VIRRS、Ascat、科考船航次以及不同地市发布的环境状况公报(提供赤潮暴发记录)等多平台数据集，对藻类暴发的环境要素进行综合分析，首次实现渤海生态健康的空间化评价。论文基于 GOCI 高时间分辨率数据，研究了不同绿潮提取算法和波段组合的优劣，提出了浒苔的面积变化及迁移路径情况，认为相较于 KOSC 和 IGAG 算法，利用 NDVI 算法进行绿潮提取的稳定性和分辨能力都更强，GOCI 波段对提取结果影响较大，最佳提取波段为进红外的 7 波段和红波段组合，GF-1 提取浒苔的精度优于 GOCI，但数据可用性上 GOCI 更占优势，因此 GOCI 数据更适用于绿潮的宏观规律分析。

论文利用 GOCI 数据，基于叶绿素阈值分割法以及赤潮指数法对渤海赤潮信息进行提取，对比了不同算法的提取结果，发现叶绿素的浓度变化趋势与赤潮的增长趋势并非完全吻合，而根据多波段比值法得到的赤潮指数与赤潮的爆发态势匹配较好，且进行叶绿素的反演时，受反演算法的影响，结果存在大量空值区和异常值，因此叶绿素阈值法在数据的利用性上也不如多波段比值法丰富。论文采用多波段比值法对 2014 年 5 月 28 日秦皇岛外海暴发的大规模赤潮灾害的日变化规律进行了提取和分析，结果如图 17-7 所示。论文指出，赤潮指数的红色高值区存在显著的先上升再下降的趋势，具体分析发现

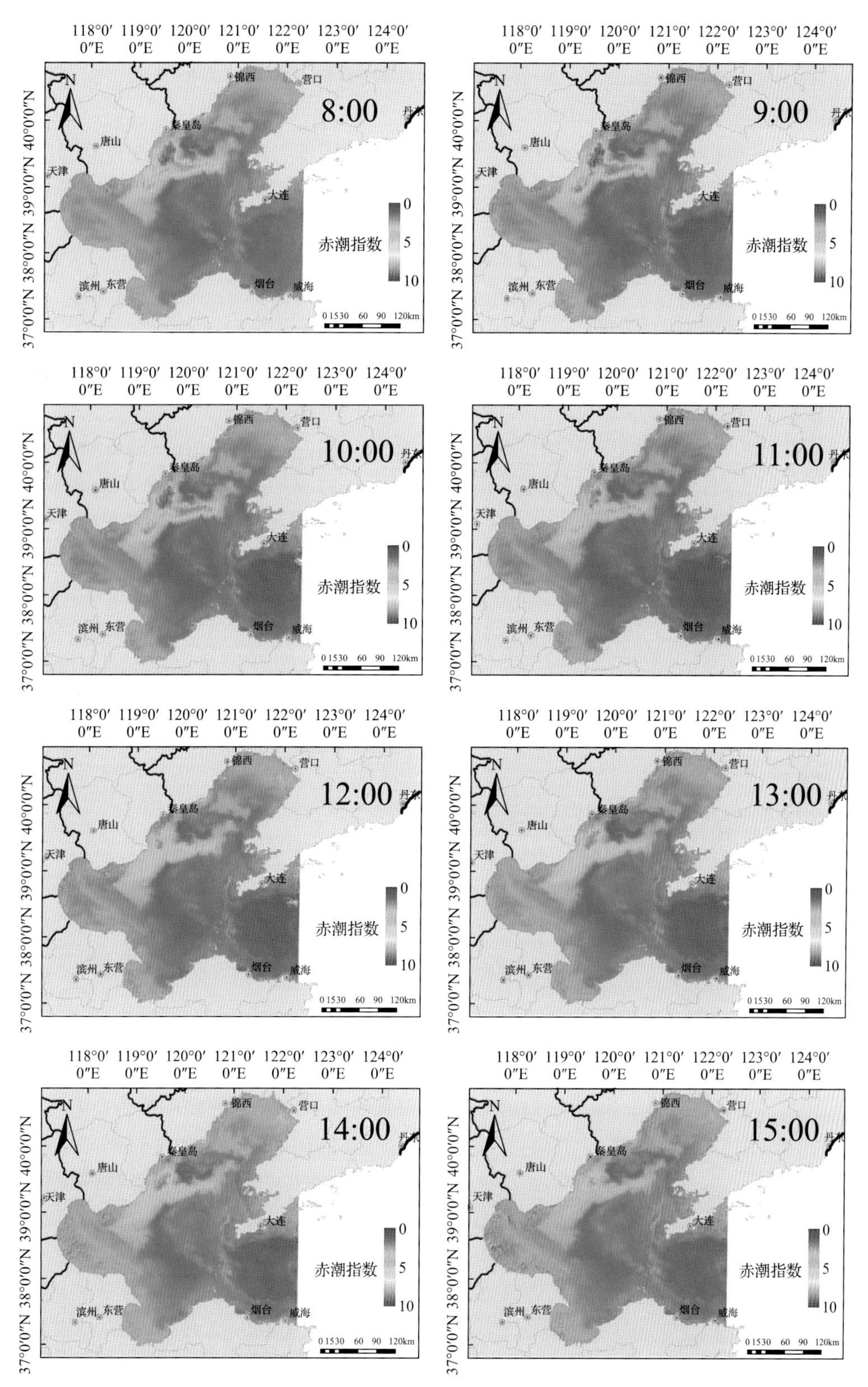

图 17-7　基于多波段比值法的赤潮日分布特征[64]

上午 8 时至 10 时的红色范围要大于中午与下午，外围边界线无显著变化，整体呈现“M型”，与之前的浒苔藻分布规律非常相似，赤潮覆盖面积在 1 天内的变化较为明显，分析其原因是受到赤潮垂直迁移的影响。

孙笑笑[65]选取浙江近岸海域高浊度、复杂多变的水体为研究对象，结合数据挖掘、地理信息系统、遥感反演等技术，从真正意义上实现点(浮标监测)、线(船舶监测)、面(遥感监测)多源数据的融合应用，为浙江近岸海域赤潮灾害的预警与决策服务建立了一个切实可行的技术框架与方法体系。文章提出了一种基于多时相 GOCI 遥感影像的面向高浊度复杂近岸水体的赤潮水体信号自动化提取算法，该算法对在 443～555nm 波段含有反射谷的赤潮水体具有较强的敏感性，且在三种典型水体间具有明显差异。算法以赤潮水体的自动化遥感识别指数 RrcH 为主要指标，浑浊水体指数值低于 0，清洁水体指数值在 0 附近波动，赤潮水体指数值高于 0。RrcH(式(17-14))指数以基于光谱相对高度的指数 RH(式(17-12))为基础，利用 GOCI 影像 443～555nm 波段之间的反射谷特征进行赤潮水体信号的识别，R_{rc} 为瑞利散射校正反射率，代表遥感反射率和气溶胶反射率之和(式(17-13))。RrcH 指数反演结果与实测叶绿素 a 浓度具有较好的相关性(r=0.9410)，可以用于高浑浊度的近岸海域中赤潮水体的识别。论文将遥感提取的赤潮面积与人工估算的面积进行了对比，结果表明由于受到厚云的遮挡，导致利用遥感方法可以正确定位赤潮发生的海域，提取的面积与人工估算面积存在偏差，但是人工测量存在着无法克服的缺陷。将遥感提取面积与船测面积进行对比，结果表明遥感赤潮识别与实际观测位置一致，且面积误差在可接受范围内。论文根据赤潮水体遥感识别的时空变化趋势与浮标实测叶绿素浓度变化及预警流程进行了对比，结果发现二者高度一致。

$$\mathrm{RH}=\frac{(R_{\mathrm{rs}}555-R_{\mathrm{rs}}443)\times\dfrac{488-443}{555-443}+R_{\mathrm{rs}}443-R_{\mathrm{rs}}488}{R_{\mathrm{rs}}488}\times 100\% \tag{17-12}$$

式中：RH 为相对高度指数；R_{rs} 为各波段的遥感反射率。

$$R_{\mathrm{rc}}=R_{\mathrm{a}}+t_0 t R_{\mathrm{rs}} \tag{17-13}$$

$$\mathrm{RrcH}=(R_{\mathrm{rc}}555-R_{\mathrm{rc}}443)\times\frac{490-443}{555-443}+R_{\mathrm{rc}}443-R_{\mathrm{rc}}490 \tag{17-14}$$

丘仲锋等[66]通过分析 2002 年 11 个航次的东海赤潮多发区域的实测遥感反射率曲线，比较了赤潮水体与非赤潮水体的光谱特性差异，发现赤潮水体的光谱反射率曲线有两个明显的反射峰，反射率值普遍偏低，由于叶绿素浓度偏高，导致蓝绿光波段的辐射量减小，而红光波段的辐射量相应增大；而正常海水仅有一个反射峰，且整体反射率较高，在蓝绿波段的反射率较高，在红光波段较低。文章在此光谱特征差异的基础上，利用 667nm 和 443nm 两个波段处对应的水体光谱反射率关系排除了浑浊水体的干扰，开发了一种针对 MODIS 遥感影像的赤潮水体分布信息遥感提取方法，并利用 OC3 算法反演得到水体中含有的叶绿素 a 浓度。利用实测资料对提取方法进行了验证，在 119 组实测数据中，只有一组不能正确识别。在此基础上，将该算法应用于 MODIS 卫星影像，对 2005

年 4 月 4 日东海部分海区进行赤潮水体信息提取，得到总面积约 2000km^2 的赤潮水体分布信息，赤潮水体提取结果与遥感提取的叶绿素 a 浓度有很好的对应关系，赤潮水体对应的叶绿素 a 浓度值均大于 8mg/m^3，与实际观测记录对照吻合良好。研究表明该算法可有效地排除悬浮泥沙水体等干扰影响，确定可能发生赤潮的海区位置及提取海区大范围赤潮水体分布的信息。

17.4 生态环境监测与环境影响评价

随着社会的发展和人类各种生产活动的加剧，对环境的破坏也越来越大，就现阶段来看，人类活动对生态环境的破坏已经成为全球性问题，尤其是近年来全球环境问题在不断的恶化，各地政府对生态环境的关注度也越来越高。调查研究表明，人类生产和生活中产生大量废水和垃圾以及对自然资源的过度开发和利用都使环境质量不断恶化，生物的种类发生改变。因此，在现阶段下，任何的经济发展都要考虑到对环境问题的影响，不能走先发展后治理的老路，此外，还要探讨出一套完善的生态环境监测与环境影响评价系统。

20 世纪 70 年代末到 80 年代初，我国各地的环保部门纷纷兴建了环境监测站点，在地面上设置好监控网，对各个地区的空气、水等生态资源的状况进行实时的监测，经过多年来的发展，这个监测体系已经逐渐成熟，为生态环境污染的监测作出了很大的贡献。新型遥感技术的发展为生态系统的监测和评价带来了新的手段，将遥感技术运用到生态系统的评价和监测中，与我国现有的生态监测体系相结合，能够弥补此前监测体系的一些不足之处，利用遥感影像与高程数据、地理信息技术以及社会经济、统计数据等相结合，可以从定性和定量两个层面分析各种区域规划和建设项目等促进社会经济发展的工程进行对环境的影响，如污染排放、土地资源变化、路域生态环境破坏等，从而为生态环境预警和社会经济与生态文明建设的协调发展提供借鉴。遥感技术在生态环境监测和环境影响评价中的应用主要体现在区域规划、建设项目对环境影响评价，突发环境事件风险评估以及环境应急响应等方面。

17.4.1 区域规划建设项目对环境影响评价

区域规划、建设项目对环境影响的评价指的是对规划、拟建项目可能造成的环境影响(包括环境污染和生态破坏，也包括对环境的有利影响)进行分析、论证的全过程，在此基础上提出采取的防治措施和对策，为区域规划、项目选址、设计及建成投产后的环境管理提供科学依据。建设项目环境影响后评价的目的是解决长期性、累积性影响以及环境影响评价中尚未预测的影响，与噪声、大气、固废等环境影响要素相比，生态环境是起主导作用的关键影响要素。近年来，随着卫星遥感技术的不断发展，高分辨率遥感图像因其具有空间分辨率高、波谱信息丰富等特点而在生态环境保护与预警中展现出越来越显著的优势，遥感技术在公路建设项目、城市动态扩展、土地利用规划、油气矿山项目、电网工程等大型工程的生态环境影响评价中提供了大量丰富且即时的空间数据来源，迅速地提高了分析的准确性和时效性，得到了广泛的应用。

戴青苗[67]利用 RS/GIS 空间分析和地统计分析技术，在青海省共玉高速公路的路域生态环境状况进行实地勘察的基础上，采用综合分析法筛选指标。论文从自然条件引起的生态环境内在脆弱性和人为干扰引起的生态环境外在脆弱性两个角度构建路域生态环境评价指标库，基于聚合法和层次聚类分析法筛选出 7 个对路域生态环境评价重要的指标，其中内在脆弱性主要包括高程、坡度、坡向等地形特征和地表温度、土壤湿度等土壤水文指标，外在脆弱性主要包括植被覆盖度等生物资源指标以及土地退化强度等土地胁迫指标。基于 Landsat OLI/TIRS 卫星遥感图像和 GDEM V2 数字高程数据提取这些指标的数据信息，并对遥感影像进行假彩色合成等图像增强、辐射校正、大气校正、裁剪等预处理。其中高程、坡度、坡向信息可以直接从 DEM 图获得；选择 NDVI 作为生态环境脆弱区的表征植被覆盖状态，荒漠化插值指数和土壤亮度指数表征土地退化强度，归一化差异湿度指数来表征土壤湿度信息，根据 Landsat 影像反演得到 LST。论文基于数理统计原理，利用贡献指数循环分析法定量剔除含有重复信息的生态指标，最终选取了 NDVI、高程、地表温度、归一化差异湿度指数四个生态指标，利用多元线性回归模型建立了生态脆弱区高速公路路域生态环境评价模型。文章通过将路域生态指标与生态环境评价结果进行相关性分析来验证生态指标与生态环境质量之间的线性关系，结果表明 NDVI(r=0.931)、高程(r=0.824)、地表温度(r=−0.910)、归一化差异湿度指数(r=−0.911)与生态环境评价结果高度相关，其中 NDVI 的相关性最高。通过对路域生态环境模型的残差分析来判断模型是否合理，结果表明该模型的残差服从均值为 0 的正态分布，也就是说模型中的各指标满足正态性，最终根据生态环境评价模型建立了共玉高速公路路域生态环境等级图。其总体精度为 87.234%，Kappa 系数值为 0.834。在此基础上，文章分析了高速公路建设项目对路域生态环境的影响范围，结果表明，荒漠草地生态系统和农林生态系统的生态环境随着与公路之间距离的增加而变好，但荒漠草地生态系统的平均环境质量比农林生态系统低；若将平均生态环境质量曲线达到稳定状态的值看作路域生态环境的背景值，那么荒漠草地生态系统路域 30m 范围内平均生态环境质量较背景值降低了 0.380，农林生态系统降低了 0.718，且受到公路影响的范围分别为 150m 和 120m，说明高速公路建设项目对荒漠草地生态系统的影响范围更大，但受到生态环境背景的影响，农林生态系统对公路建设项目的敏感程度更高；高速公路建设会导致荒漠草地生态系统的土地发生退化，且在短周期内难以恢复，因此应尽量减少对路域荒漠草地生态环境的干扰；高速公路建设项目对生态环境的影响随着生态系统与公路的距离增加而降低，应该加强对道路中线两侧 150m 范围内的生态环境保护力度。

曾业隆等[68]为了评估电网工程对生态环境的影响，通过概念模型确定并表达了电网工程特定活动直接或间接作用于复杂自然环境带来的生态环境影响。论文基于 MODIS 影像的 NDVI 数据、DEM 数据土壤类型分布栅格图和气象台站数据，提取了海拔、坡度、地表粗糙度、坡度变率、坡向、年降水量和夏季降水量等地质敏感性指标；降水侵蚀因子、土壤可蚀性因子、坡度坡长因子、土地利用类型、地表覆盖因子等水土流失敏感性指标；植被覆盖因子、植被净初级生产力因子等植被退化敏感性指标；景观分割指数因子、香农多样性指数因子等景观格局干扰敏感性指标，通过极差标准化去除量纲对各因子的影响，构建并定量化了敏感性评价指标体系，运用空间主成分方法对青藏高原典型电网工程的生态环境敏感性进行分析。结果表明研究区的总体生态环境敏感程度很高且集聚效应显著，重度和极度敏感区集中分布在研究区中部和东南部的高山河谷地带，原因是该地地势起伏明显，坡度陡峭，地表的降水侵蚀和土壤侵蚀严重，易发生水土流失。生态环境对于电网工程较为敏感的地区主要分布在高山地区、高原区低山丘陵和高山峡谷中，原因为其海拔较高，地形起伏差异较大，山势陡峭，河谷冲刷切割作用强烈，河谷深切，沟谷纵横。

卢炎秋[69]以武陵山片区的典型区域恩施州为研究对象，以 2000 年、2007 年、2013 年的 Landsat 影像数据和 2004～2013 年的社会经济、生态环境统计数据(来自于统计年鉴)为基础，对遥感影像进行色彩平衡、直方图匹配、图像拼接等预处理，构建“EKC(环境库茨涅兹曲线)-ESA(生态服务价值理论)-CCDM(耦合协调模型)”的综合评价过程。环境库茨涅兹曲线是描述经济发展与环境污染水平演替关系的重要工具，论文利用环境库茨涅茨曲线分析了恩施州污染物排放规律，选取 COD 排放总量，工业 SO_2 排放总量，工业烟(粉)尘排放量，工业固体废物产生量以及工业废水排放量作为环境质量的指标，以人均 GDP 作为经济增长指标，通过建模检验得到结论，认为 COD 排放总量与经济发展呈现出一种“倒 N 型”的曲线关系，工业的发展会促进 COD 排放总量的增加；工业 SO_2 排放总量与经济的发展表现出关系为“倒 U 型”，受环保工作积极调整产业结构政策的影响，工业的发展与工业 SO_2 排放总量呈现出显著的负相关性；工业固体废物产生量与经济的发展为“N 型”曲线，区域之间的固体废物量具有不平衡性，导致其与工业发展并没有明显的相关关系；工业废水排放量与经济的发展也表现为“N 型”曲线的关系，受节能减排措施的影响，工业废水排放量与工业发展并没有明显的相关关系。

论文讨论了土地资源变化所引起的生态服务价值变化趋势，发现研究区的林地面积远大于其他土地类型的面积，耕地面积在不断减少，其对应的生态系统服务价值的贡献率也在逐年减少，水域面积不断增加，其对于生态系统服务价值的贡献率也在增加，草地面积呈现先减少后增加的变化趋势，其对于生态系统服务价值的贡献率变化趋势与此一致，建设用地面积及其对于生态系统服务价值的贡献率均呈现不断增加的趋势。总体而言，恩施州在研究期间生态系统服务价值总量有所增长，其中增长最多的单项服务项目有气体调节，气候调节，保持土壤和维持生物多样性等，从土地资源利用变化来说，其所产生的生态服务价值变化与经济发展是协调可持续的。论文构建了生态环境与社会经济耦合协调模型来分析社会经济发展与生态环境之间的交互胁迫关系，耦合度是两个及以上的系统受自身与外界的相互作用而产生影响的现象，通过耦合计算结果表明，研究区的经济发展与生态环境之间的耦合协调度呈平稳上升趋势，并且依据经济水平及各自的发展特点而表现出不同的生态环境耦合特征，耦合特征主要分为三类：第一类为由最初的基本协调—社会经济滞后转向高级协调—生态环境滞后阶段，需注重生态环境保护；第二类为由基本协调—社会经济滞后转向基本协调阶段，需注重二者同步发展；第三类为总体上处于基本不协调—社会经济滞后阶段到基本协调—社会经济滞后阶段，说明该区域生态环境质量总体较好，需重点发展经济。

17.4.2 突发环境事件风险评估

近年来，我国环境风险问题日益凸显，社会危害和环境影响明显加大，导致布局性环境隐患和结构性环境风险并存，正处于环境风险集中期。仅 2018 年一年，我国就出现了 286 次突发环境事件，其中包括 2 次重大环境事件，6 次较大环境事件和 278 次一般环境事件，在此前全国曾出现多起重大环境事故比如太原苯泄漏污染事件、湖北千丈岩水库污染事件以及天津港“8.12”特别重大火灾爆炸事故等。随着环境管理思路的不断深入，环境管理的关口不断前移，我国对于突发环境事件正从末端治理和事件应急的后端管理逐渐过渡到风险防控和事件预防。随着空间探测技术的发展，遥感技术在一定程度上提高了信息数据的采集、储存和管理的效率，风险评估结果的科学性和可视化程度得到了有效提高，已经在工程勘察设计、矿区风险评价、环境风险等级分析等方面有了广泛的应用，如基于遥感影像，提取不同指数构建风险评价指标，对指标进行量化分级，在此基础上为铁路线路、铁矿尾矿库、港口区域等建立环境风险评估模型，为协调社会发展与生态环境之间的关系提供技术支持。

陈容淮[70]对我国的西南困难艰险山区铁路的线路方案进行了环境风险评估，在研究区内可能会发生的主要灾害类型有滑坡、崩塌、泥石流等，文章利用 Landsat8 影像结合 Google Earth 影像，采用现场调查、数学建模、理论分析、工程验证相结合的半定量分析方法对可能发生的地质灾害进行评价。通过多渠道信息收集，在遥感和地理信息技术的辅助下对研究区域内的地形、地貌、地质、水文、气象、地表覆盖、地质灾害点、交通等多种铁路外部环境信息进行储存和管理，建立了线路环境空间数据库，针对数据库中数据特点和线路特征，提出了线路评价单元量化的划分方法，为分析常见的地质灾害的分布规律提供数据支撑，并为线路沿线的灾害风险和环境风险提供定量分析方法。

论文选择海拔高程、地形坡度、山体坡向等地貌因素指标，地层岩性、地质构造、地震作用等地质构造指标，流水侵蚀、降雨量、植被覆盖、人类活动等地表外因指标共 10 个影响因子对铁路走廊带灾害危险度进行评价，并对影响因子进行了量化和分级，构建了灾害影响因子与灾害发生概率之间的回归预测模型，得到不同影响因子在灾害风险度预测模型中的回归预测权重，从而建立最终的困难艰险山区灾害风险度预测模型，通过该模型制作了灾害危险度区划图，对各灾害危险度分区面积及发生的灾害点进行统计，结果显示灾害点密度随着危险度的提高而提高，即危险度越高灾害的聚集程度、易发性越高，说明此危险性级别区划基本符合灾害分布现状。论文针对困难艰险山区独特的环境特征，基于走廊带灾害风险评价指标，工程投资费用、工程运营费用等经济风险评价指标，土地占用、植被破坏、水土流失等环境风险评价指标建立了困难艰险山区铁路线路方案综合风险评估模型，并将其应用于西南山区某困难艰险铁路的线路方案综合风险评估研究，对沿线复杂的地形地质条件、线路的资金投资风险及敏感的生态环境进行了定量计算，得到各类风险的属性值，基于熵权与层次分析法（analytical hierarchy process，AHP）组合权重的改进逼近理想点排序法（technique for order preference by similarity to an ideal solution，TOPSIS）评选出了优选方案，此方案为目前规划设计的推荐方案。

杨张瑜等[71]在模糊层次分析法的基础上，通过建立模糊一致矩阵，确定各指标权重并对其进行量化分级，建立了尾矿库环境风险评价体系。论文选取福建省马坑铁矿尾矿库为研究对象，利用 Worldview-2 遥感影像结合 DEM 数据，提取了主采矿种、库型、库容等尾矿开发、最大降雨量、地震烈度、下游坡度等尾矿环境、耕地、居民地、道路等风险受体、日常管理、监测设施、环境应急管理等尾矿监管四个大类 17 项风险评价指标，利用模糊矩阵求得各个指标的权重值，并对指标进行量化分级，通过模糊层次分析法计算了尾矿库的环境风险，得到其环境风险指数为 0.3008，对周边环境有较大影响，主要与其所处位置以及风险受体距离尾矿库较近有关。

现有的突发环境事件风险等级评估方法，主要分为“自下而上”和“自上而下”两种形式，其中“自上而下”的评估方法能更好地反映评价对象的空间特征，适用于小范围的环境风险评估；“自上而下”的评估方法适用于大区域、大尺度的评估工作，较多运用于区域环境风险指数评估方法。具体来说，目前常用的区域环境风险评估方法有聚类分析、环境风险场、灰色关联、指数法、生态风险评估三步法以及遥感技术法等。于航等[72]以天津港区域为研究对象，根据天津港口的环境风险基础数据获取情况，在综合考虑各类环境风险的基础上，利用环境风险指数法结合基于遥感技术的网格化风险评估方法，计算了天津港的水环境风险指数、大气环境风险指数和综合环境风险指数，对天津港区域进行风险量化计算与等级分析。文章将天津港区域划分为东疆、南疆和北疆三个港区，环境风险评估结果表明天津港南疆港区为环境高风险区域，北疆港区设定为环境中风险区域，东疆港区为环境低风险区域。据此文章提出了相应的对策措施：加快推进区域内各企业的环境风险评估与管理制度、建立环境风险信息公开制度、建立危化品运输环境风险监控预警体系等。

17.4.3 环境应急响应

我国是世界上自然灾害最多的国家之一，而且自然灾害发生的种类多、频率高，但是较长时间以来却缺乏对环境和灾害的有效监测手段，尤其是突发环境事件，如地震、泥石流、尾矿库渗漏、垮塌、滑坡等灾害事故，造成了极大的损失。2018 年我国共发生地震灾害 11 次，造成 85 人伤亡，带来了 302716 万元的经济损失，地质灾害 2966 次，其中滑坡 1631 次、崩塌 858 次、泥石流 339 次、地面塌陷 122 次，共造成 185 人伤亡，带来的直接经济损失为 147128 万元。目前全国共有尾矿库近 8000 座，涉及 64 个矿种，据统计平均每年尾矿库会发生 7 起事故，尤其是 2020 年 3 月底发生的伊春鹿鸣矿业公司尾矿库泄漏事故，泄漏尾矿库污水 253 万 m^3，是 20 年来尾矿库泄漏最重大的一次。尾矿库相关环境突发事件受人为因素影响较大，破坏力强，易发生严重事故，会对周边及其下游的生态环境产生污染。以往的尾矿库信息常需要人工实地调查，投入高却效率低下，而遥感技术可以获取大面积的遥感影像，从而能够准确提取尾矿库信息，并用于空间分析和应用，进一步提高尾矿库的监控水平，可以为尾矿库泄漏事故后的影响范围和响应时间的分析等尾矿库环境应急管理工作提供技术支持。

陈哲锋[73]对永州市零陵区尾矿库信息进行了遥感动态监测与评价，通过对遥感影像进行校正、融合、镶嵌、裁剪等处理产生正射影像图，结合尾矿库的结构组成、形状特点、纹理特征、空间位置以及光谱信息的分析，建立了尾矿库的解译标志，通过面向对象的方法对遥感影像进行分类，再通过影像融合产生具有新的时空特征的合成影像，突出有用的专题信息，可以提高监测速度和应急效率，最终尾矿库信息提取结果如图 17-8 所示，图(a)为前时相数据，尾矿库北侧为尾矿倾倒处，南侧为水面；图(b)为后时相，整个区域都已被尾矿覆盖；图(c)为变异特征，是前时相数据和后时相数据进行融合后的效果，其中浅紫色区域为变化区域。论文对尾矿库变化情况进行分析，发现区域矿业活动强度比较稳定，尾矿库存在潜在污染，尾矿废渣含有大量包括重金属在内的有害物质，对下游水系即地下水有潜在污染风险，区域尾矿库坝体多为夯土结构，存在安全隐患。

(a) 前时相　(b) 后时相　(c) 变异特征

图 17-8　面向对象的尾矿库信息提取结果[73]

唐尧等[74]利用 2013～2015 年间四期 GF-1 与 GF-2 影像，结合地面调查数据，开展了攀枝花某尾矿库的环境变化动态监测及精度对比。监测的尾矿库信息有库区的边界周长、面积、坝体长度等基础信息，发现自 2013～2015 年，尾矿库矿区面积呈增长趋势，月均增长率达到 1.59%，干滩部分面积增长最多，其次是坝体面积，但废液区域面积则呈现减小趋势，在研究时间段内尾矿库的库区坝长不断增加，干滩长度在不断缩减，库内水量大幅增加，从而增大了尾矿库的不稳定性，加大了溃坝风险，提高了库区的潜在危险度。通过与研究区内的三维激光扫描资料的对比进行精度评价，由遥感影像提取的三年来坝长、干滩长度、库区面积的精度分别高于 87%、98%、91%。论文通过矿区上下游区域的敏感对象对库区的潜在危险性进行了分析，提取出尾矿库上游汇水区域界线并分析事故可能径流，指出由于区域内地形起伏较大，汇水面积较大，若发生事故，可能的入河距离为 8.04km，可能径流将流经沿线居民地；通过提取下游的居民地、水系、环境敏感对象、重要交通路线及风险源等敏感点信息，指出尾矿库具有溃坝风险，如遭遇特大降水发生溃坝，则会形成泥石流，对下游的农田、居民地、道路等造成破坏。

高永志等[75]利用最新的国产高分影像研究了黑龙江省的尾矿库分布情况及潜在危害等，论文获取了 GF-1、GF-2、ZY-3、ZY-1 02C 等卫星影像数据，基于其纹理和光谱特征建立了遥感影像识别的解译标志(将尾矿库类型主要分为傍山型、山谷型和截河型三大类)，结合 DEM 以及空间数据，提取了尾矿库的地理分区、视域、等高线等情况，从而实现尾矿库的上游来水分析，确定尾矿库潜在危险及危险范围。结合遥感信息提取与实地调查结果，在黑龙江省共发现 72 座尾矿库，分布于除齐齐哈尔市和大庆市以外的全省各地级市，将监测到的尾矿库分为三类，分别是煤矿废渣尾矿库、金属矿尾矿库和非金属矿尾矿库，其中煤矿废渣尾矿库主要是发电厂燃烧后剩余的粉煤灰存储场地，坝体未发现坝体裂缝和变形等隐患，且坝体较大，剩余库容面积较大，暂未发现安全性隐患；金属矿尾矿库坝体多为夯土结构，且多为山谷型尾矿库，来水面积较大，使用历史较长，且剩余库容不多，存在一定安全隐患；非金属矿尾矿库坝体为土石修筑，多为截河型尾矿库，来水面积较小，地势平缓，未发现安全隐患。

参 考 文 献

[1] 刘晓颖. 海洋生态红线区遥感监测方案设计与实践. 天津: 天津师范大学, 2016.

[2] 王春叶. 基于遥感的生态系统健康评价与生态红线划分. 上海: 上海海洋大学, 2016.

[3] 黄琰. 基于遥感影像国家级风景名胜区的分级保护与管理研究. 济南: 山东建筑大学, 2019.

[4] 石继香. 多时相遥感监测大亚湾核电基地温排水时空分布及影响因子分析. 南昌: 东华理工大学, 2014.

[5] 姜晟, 李俊龙, 李旭文, 等. 核电站温排水遥感监测方法研究——以田湾核电站为例.中国环境监测, 2013, 29(6): 212-216.

[6] Chen C Q, Shi P, Mao Q H, et al. Application of remote sensing techniques for monitoring the thermal pollution of cooling-water discharge from nuclear power plant. Journal of Environmental Science and Health Part A-Toxic/Hazardous Substances & Environmental Engineering, 2003, 38(8): 1659-1668.

[7] 栗小东. 基于遥感的滨海核电厂温排水污染监测研究. 上海: 华东师范大学, 2011.

[8] 曾颖. 生物多样性保护优先区遥感评估与区划. 杭州: 浙江大学, 2017.

[9] 唐志尧, 蒋旻炜, 张健, 等. 航空航天遥感在物种多样性研究与保护中的应用. 生物多样性, 2018, 26(8): 807-818.

[10] 刘慧明, 刘晓曼, 李静, 等. 生物多样性保护优先区人类干扰遥感监测与评价方法. 地球信息科学学报, 2016, 18(8): 1103-1109.

[11] 吴倩. 基于机载高光谱遥感数据的森林乔木树种多样性研究. 合肥: 安徽农业大学, 2018.

[12] 李石华. 基于高分影像的抚仙湖流域多尺度 LULC 时空演变及其与水质关系研究. 昆明: 云南师范大学, 2018.

[13] Chowdary V M, Ramakrishnan D, Srivastava Y K , et al. Integrated water resource development plan for sustainable management of Mayurakshi watershed, India using remote sensing and GIS. Water Resources Management, 2009, 23(8): 1581-1602.

[14] 田振兴, 昝梅, 汪进欣. 基于 MODIS 遥感数据的鄱阳湖流域生态系统生产力变化研究. 生态环境学报, 2018, 27(10): 1933-1942.

[15] 张桉赫. 基于熵理论的艾比湖流域生态环境质量遥感诊断. 乌鲁木齐: 新疆大学, 2019.

[16] 臧正. 滨海湿地生态系统与区域福祉的双向耦合关系研究. 南京: 南京大学, 2018.

[17] 姜一伟. 遥感复合指数法对向海湿地植被的提取与反演研究. 长春: 吉林大学, 2016.

[18] 张志军, 殷青军, 李文奇, 等. 青海湖流域近 10 年湿地动态遥感监测. 湖北大学学报(自然科学版), 2012, 34(1): 120-124.

[19] 朱金峰, 周艺, 王世新, 等. 1975 年—2018 年白洋淀湿地变化分析. 遥感学报, 2019, 23(5): 971-986.
[20] 庞冬. 基于多技术的县域环境质量与生态评价. 乌鲁木齐: 新疆大学, 2018.
[21] 欧定华. 城市近郊区景观生态安全格局构建研究. 雅安: 四川农业大学, 2016.
[22] 秦海春. 基于国产高分遥感影像的城镇生活垃圾监管方法研究. 中国建设信息化, 2016, 4: 75-77.
[23] 杨良权, 吴广平, 汪德云. 南水北调工程区内非正规深埋垃圾坑勘察的综合技术应用. 水利水电技术, 2018, 49(2): 161-168.
[24] 王冬敏. 基于 GF-1 与 HJ-1 数据的水稻重金属胁迫监测最优尺度研究. 北京: 中国地质大学(北京), 2018.
[25] 刘雪龙. 面向对象的遥感影像工业固体废物信息提取方法研究. 北京: 中国地质大学(北京), 2013.
[26] 王晨, 殷守敬, 孟斌, 等. 京津冀地区非正规垃圾场地遥感监测分析. 高技术通讯, 2016, 26(Z1): 799-807.
[27] 付卓, 肖如林, 申文明, 等. 典型矿区土壤重金属污染对植被影响遥感监测分析——以江西省德兴铜矿为例. 环境与可持续发展, 2016, 41(6): 66-68.
[28] 阎孟冬. 基于 Landsat-8 卫星影像数据的清河水库水质反演模型研究. 沈阳: 沈阳农业大学, 2016.
[29] 王爱华, 姜小三, 潘剑君. CBERS 与 TM 在水体污染遥感监测中的比较研究. 遥感信息, 2008, 2: 46-50.
[30] 钱彬杰. 基于遥感的沭河临沂段氮磷污染物时空分布特征研究. 青岛: 青岛理工大学, 2018.
[31] 陈珏. 基于遥感的湘潭锰矿土壤重金属污染修复评价研究. 湘潭: 湘潭大学, 2018.
[32] 赵浩舟. 锰铀污染土壤反射光谱特征及其含量反演研究. 绵阳: 西南科技大学, 2019.
[33] 范科科, 张强, 史培军, 等. 基于卫星遥感和再分析数据的青藏高原土壤湿度数据评估. 地理学报, 2018, 73(9): 1778-1791.
[34] 叶静芸. 旱区植被遥感信息提取与反演. 北京: 中国林业科学研究院, 2017.
[35] 刘哲. 南水北调中线水源区淅川县石质荒漠化特征及防治技术研究. 郑州: 华北水利水电大学, 2018.
[36] 张富广, 曾彪, 杨太保. 气候变化背景下近 30 年祁连山高寒荒漠分布时空变化. 植物生态学报, 2019, 43(4): 305-319.
[37] 刘菲. 基于卫星遥感的中国典型人为源氮氧化物排放研究. 北京: 清华大学, 2015.
[38] 张兰兰, 张金业. 基于 GOSAT 卫星数据的中国 CH_4 浓度时空分布. 湖北工业大学学报, 2018, 33(4): 37-39, 47.
[39] 吕政翰, 赵越. 二氧化碳观测卫星遥感反演研究进展. 哈尔滨师范大学自然科学学报, 2019, 35(2): 93-99.
[40] 石铁伟. 基于卫星遥感的中国污染气体时空分布及减排措施分析. 徐州: 中国矿业大学, 2018.
[41] 杨丹, 洪倩倩. 基于 MODIS 的吉林省秸秆焚烧火点监测及空气质量影响分析. 测绘与空间地理信息, 2019, 42(9): 151-153, 159.
[42] 封哲, 陈兴峰, 赵少帅, 等. 京津冀 PM2.5 高时空分辨率遥感监测. 河南科技学院学报(自然科学版), 2018, 46(3): 66-71.
[43] 刘少振. 中国 CO_2 时空分布及影响因素分析. 徐州: 中国矿业大学, 2017.

[44] 都伟冰. 冰川信息多源遥感提取及天山东段典型冰川变化监测研究. 焦作: 河南理工大学, 2014.
[45] 闫利, 张廷斌, 易桂花, 等. 2000 年以来青藏高原湖泊面积变化与气候要素的响应关系. 湖泊科学, 2019, 31(2): 573-589.
[46] 张钦玉. 基于FY-3B星微波成像仪MWRI观测亮温的热带气旋降水反演研究. 北京: 中国科学院大学(中国科学院国家空间科学中心), 2019.
[47] 张保林. 基于雷达及静止气象卫星的遥感降水临近预报研究. 北京: 中国地质大学(北京), 2018.
[48] 程慧波. 基于静止和极轨气象卫星融合算法的沙尘暴监测研究——以甘肃省为例. 环境研究与监测, 2018, 31(1): 14-17.
[49] Tian W, Bian X, Shao Y, et al. On the detection of oil spill with China's HJ-1C SAR image. Aquatic Procedia, 2015, 3: 144-450.
[50] Kokaly R F, Couvillion B R, Holloway J A M, et al. Spectroscopic remote sensing of the distribution and persistence of oil from the Deepwater Horizon spill in Barataria Bay marshes. Remote Sensing of Environment, 2013, 129(2): 210-230.
[51] Kim D J, Moon W M, Kim Y S. Application of TerraSAR-X data for emergent oil-spill monitoring. IEEE Transactions on Geoscience & Remote Sensing, 2010, 48(2): 852-863.
[52] 孙景, 唐丹玲, 潘刚. Radarsat2 全极化数据在监测南海溢油事件中的方法研究. 遥感技术与应用, 2016, 31(6): 1181-1189.
[53] 苏伟光, 苏奋振, 杜云艳. 基于 MODIS 谱纹信息融合的海洋溢油检测方法. 地球信息科学学报, 2014, 16(2): 299-306.
[54] 成王玉. 南海油气钻井平台遥感提取研究. 南京: 南京大学, 2015.
[55] 孙超. 长时间序列多源遥感影像支持下南海油气开发活动监测研究. 南京: 南京大学, 2018.
[56] 王加胜, 刘永学, 李满春, 等. 基于ENVISAT ASAR的海洋钻井平台遥感检测方法——以越南东南海域为例. 地理研究, 2013, 32(11): 2143-2152.
[57] Tebbs E J, Remedios J J, Harper D M. Remote sensing of chlorophyll-a as a measure of cyanobacterial biomass in Lake Bogoria, a hypertrophic, saline–alkaline, flamingo lake, using Landsat ETM+. Remote Sensing of Environment, 2013, 135: 92-106.
[58] Park E, Latrubesse E M. Modeling suspended sediment distribution patterns of the Amazon River using MODIS data. Remote Sensing of Environment, 2014, 147(10): 232-242.
[59] 郑高强, 陈芸芝, 汪小钦, 等. 基于HJ-1卫星CCD数据的厦门海域叶绿素a浓度反演. 遥感技术与应用, 2015, 30(2): 235-241, 284.
[60] 孟凡晓, 陈圣波, 张国亮, 等. 基于 Landsat-8 数据南海近岸悬浮泥沙与叶绿素 a 浓度定量反演. 世界地质, 2017, 36(2): 616-623, 642.
[61] 时春晓. 近年来烟台市围填海动态变化及其对海洋环境的影响. 烟台: 鲁东大学, 2017.
[62] 涂晶. 围填海活动对渤海湾岸线及水动力环境的影响. 天津: 天津大学, 2017.
[63] 盛川. 基于遥感数据的海洋环境动态监视监测系统的研究与实现. 沈阳: 东北大学, 2016.
[64] 宋德彬. 基于多源数据的黄渤海藻类灾害时空分布及对策研究. 烟台: 中国科学院大学(中国科学院烟台海岸带研究所), 2019.
[65] 孙笑笑. 联合浮标与卫星数据的赤潮预警与决策服务. 杭州: 浙江大学, 2017.

[66] 丘仲锋, 崔廷伟, 何宜军. 基于水体光谱特性的赤潮分布信息 MODIS 遥感提取. 光谱学与光谱分析, 2011, 31(8): 2233-2237.
[67] 戴青苗. 生态脆弱区高速公路路域生态环境影响评价方法研究. 西安: 长安大学, 2019.
[68] 曾业隆, 周全, 江栗, 等. 基于遥感与 GIS 的青藏高原典型电网工程生态环境敏感性分析. 中国环境科学, 2017, 37(8): 3096-3106.
[69] 卢炎秋. 武陵山片区生态环境与社会经济协调发展研究. 武汉: 中国地质大学, 2015.
[70] 陈容淮. 基于 RS 与 GIS 的困难艰险山区铁路线路方案风险评估研究. 成都: 西南交通大学, 2016.
[71] 杨张瑜, 田淑芳, 魏萌, 等. 基于模糊层次分析法的尾矿库环境风险评价研究. 测绘与空间地理信息, 2019, 42(9): 16-21.
[72] 于航, 白景峰, 洪宁宁. 天津港区域突发环境事件风险等级评估研究. 中国人口·资源与环境, 2017, 27(S2): 163-165.
[73] 陈哲锋. 永州市零陵区尾矿库信息遥感监测与评价研究. 世界有色金属, 2019, 10: 28-29.
[74] 唐尧, 王立娟, 贾虎军, 等. 基于高分卫星影像的矿山重大危险源动态监测与危险性分析. 国土资源情报, 2016, 3: 45-49.
[75] 高永志, 侯建国, 初禹, 等. 基于最新国产卫星数据的尾矿库遥感监测. 黑龙江工程学院学报, 2019, 33(3): 26-29.

第18章 遥感在城乡建设方面的应用

城市是人类文明发展的重要标志，并已成为全球人口的主要定居场所。2000年，约有占世界人口40%的30亿人生活在城市地区。据联合国世界城市化展望报告统计，到2030年全球城市人口的比例将达到60%。就环境而言，城市和城镇是许多与废物处理、空气和水污染有关的全球问题的原始制造者，人口产业和能源消耗的高度集中给城市环境带来了巨大的压力，也因此导致了噪声、水质、空气、热岛等污染问题。随着新型城镇化过程的快速推进，对能够监测自然资源和城市资产、管理自然和人为风险的技术的需求正在迅速增加，迫切需要了解城市地区以帮助改善和促进世界各地城市的环境和人类可持续性发展。

遥感综合对地观测与时空大数据分析技术为高精度观察、诊断、监测与解析城市化对自然与人文地理环境以及生态环境系统的影响提供了强有力的数据与科学技术支撑，在城市化进程、城市更新检测、城市立体空间、城市建成区规划等城市多场景领域，城市环境与人口健康、城市群空间分区与冲突、城市生态系统与环境、城市人为热辐射研究、城市热岛效应、城市气候特征等城市复杂系统与可持续发展领域，和城市违法建设、城市灾害、流行病等城市公共安全等领域发挥重要作用。

18.1 城市遥感多场景应用

城市是各种社会经济要素聚集的场所，城市化是人类进步的标志。城市遥感是以城市为对象、获取城市基础数据、开展城市研究应用的先进手段。城市多场景主要包括城市的自然条件调查和社会环境调查两个方面。城市的自然条件是指地形、地貌、地质构造、土壤、植被、水系、资源等，对这类大范围的宏观问题，应用遥感图像进行分析判读，可迅速编制需要的图件、取得需要的数据，并对城市合理布局起到指导作用。社会环境主要指的是城市土地利用、工业布局、建筑密度、不透水面分布、园林绿化、交通、市政工程等，城市遥感不仅能够定性地从自然环境角度描述城市扩展、土地利用/覆盖等现象，定量地表达不透水面比例、地表温度、大气污染物浓度分布，而且可以进一步结合夜光数据、地表热异常产品对人类活动、工业生产、社会经济、基础设施风险评估等进行深入分析。

18.1.1 城市化进程

社会经济的高速发展直接驱动了中国过去几十年的持续快速城市化进程。城市化是一个典型的复杂地理现象，伴随着高密度人口聚集、土地利用改变、基础设施建设和生态环境变化等系列人和自然交互过程的发生。一方面，它造就了城市文明和物质繁荣，给人们带来了极大的生活便利；另一方面，它也改变了原有的自然环境，带来了环境污染、耕地占用、绿地减少、城市热岛和生态系统退化等一系列城市问题。深入理解城市发展的时空演化规律对研究、规划、管理和相关政策制定在内的诸多领域都有十分重要的意义。

以往遥感在城市化方面的研究，主要利用人口和社会经济的普查与调查数据，以及以可见光和近红外为主的遥感数据。近年来，基于卫星获取的由人为活动引起的夜间辐射亮度数据正逐渐被广泛地应用到与城市和社会经济活动相关的各类应用研究中，构成了城市化定量分析和建模的主要数据基础。

对城市动态进行监测和建模对于理解城市化进程以及在不断变化的世界中相应的环境后果至关重要。李久枫等[1]以千年华南古城广州市为研究区，提出利用不同遥感影像，对土地利用覆被和不透水面进行变化检测，分别对其光谱变化特征和形态变化特征进行提取，对城市更新场景进行逐年分类与变化分析；Xu 等[2]以香港为研究区，通过设计、对比不同方法，探讨基于低成本的遥感数据对城市三维形态数据进行有效的获取，验证并实现了基于遥感三维形态数据对城市通风、城市热环境等城市气候进行快速的评估；Liu 等[3]利用探地雷达，基于空气与土壤介质介电常数的差异原理，对城市地下空间进行检测，并对道路病害中的脱空和空洞现象，实现准确、快速的无损检测。许多学者结合夜间灯光数据与其他遥感数据分析城市扩张等，例如，杨洋等[4]以环渤海地区为例研究基于长时间序列 DMSP/OLS 夜间灯光数据的土地城镇化水平时空测度分析；Milesi 等[5]使用 DMSP/OLS 夜间数据来估计美国东南部地区的城市土地开发程度，为快速分析城市空间扩张规律提供了一个有效的方法。

Zhao 等[6]通过整合 DMSP 和 VIIRS 夜间光数据获得新生的一致 NTL 数据(1992～2018 年)对东南亚地区的城市动态进行了研究。研究方法主要包括使用基于聚类的分割方法从过滤后的 NTL 数据中识别出潜在的城市集群；建立了一个基于 NTL 梯度空间变化的框架，以描述 1992～2018 年东南亚各潜在城市群的年度城市范围；进行了时间一致性检查，包括时间过滤和逻辑推理，以获得更一致和可信的 1992～2018 年东南亚城市范围序列。文章还对提取的城市范围进行了视觉和定量评估。首先，将 NTL 衍生的城市边界与其他遥感产品和 Google Maps 获得的密集人类住区进行视觉比较。其次，将根据 NTL 得出的城市范围计算的总面积及其时间趋势与根据集群，国家和地区级别的其他产品计算的面积及其时间趋势进行了比较。两项不同的评估比较了 DMSP NTL 所描绘的城市范围与参考数据之间的一致性，并确保了产品的可靠性。基于 NTL 梯度的空间变化绘制的映射框架能够识别具有不同发展水平的不同类型城市群中的城市范围。不同类型的潜在城市群中的城市范围时间序列与 Google Earth Pro 的历史高分辨率图像显示出很好的一致性。定量评估将提取结果与 MODIS 250m 城市地图在集群和国家尺度上进行比较，结果表明在每个潜在的城市集群中，基于 NTL 的城市区域都接近基于 MODIS 的城市区域。

Xie 等[7]利用 2013～2017 年每月的国家极地轨道伙伴关系/可见红外成像辐射仪套件(suomi national polar-orbit partnership/visible infrared imaging radiometer suite，NPP/VIIRS) NTL 图像，开发了一种将时间序列 NTL 信号分解为年和季节分量的方法，分析了人工夜间灯光的时间变化及其对美国城市化的影响。此外，提出了一种基于 NTL 的不透水地表变化(impervious surfaces change，ISC)检测指标，该指标综合了 NTL 亮度的年增量和季节变化，然后利用该指标通过阈值法对 ISC 进行识别。在美国本土的应用表明，美国南部的城市化速度比北部各州更快，而且具有东北-西南梯度的 NTL 季节性。研究还发现，11 月和 12 月的 NTL 对美国本土大多数地区的城市范围提供了最准确的表征。在达拉斯-沃斯堡-阿林顿、大华盛顿特区、丹佛-奥罗拉和亚特兰大四个有代表性的地区检测 ISC，总体精度约为 80%，Kappa 值在 0.56～0.73。尽管如此，由于 NTL 增加与 ISC 之间存在时间上的不一致性，结果显示 NTL 导出的 ISC 变化年的准确性较低(Kappa=0.28)。所提出的方法有可能以低成本高效益的方式及时绘制大范围(如全球)的城市扩张图。

Fu 等[8]利用时间序列陆地卫星影像描述城市年增长的空间格局。作者提出了一种新的方法来检索和绘制年不透水地表百分比(impervious surface percentage，ISP)，并利用时间序列中分辨率图像来表征城市增长模式。实现的方法是采用年度 ISP 的三次树模型反演(cubist tree model，AoCubist)，优化时段遥测陆地卫星合成图像以减少物候学和年内气候变异的影响，以及发展与时空过滤规则结合的决策树 C5.0 算法以提高时空连续性和可分性无监督模式派生的 K 均值分类。该方法应用于 2000～2010 年中国广州的城市更新调查。结果表明，利用 ISP 坡度序列可以捕捉城市增长的空间变化和时间趋势。野外工作的验证和与谷歌地球图像的比较表明，研究结果的分类产生了一个合理的总体精度。此外，快速去城市化的总像素超过了快速城市扩张的总像素。这一发现表明，城市更新过程中出现了各种变化方向，而去城市化是一种平衡快速城市化的方式。研究为 ISP 变化检测提供了一种坚实的方法，并对城市增长在时间、持续时间和规模方面的特征提供了新的见解。

18.1.2 不透水面遥感及海绵城市

不透水面被定义为具有不透水性的人工材料硬质表面，主要指屋顶、沥青或水泥道路和停车场等。城市不透水面是城市的基质景观和地表覆盖的典型特征，其通过影响水热交换带来了热岛效应、城市内涝、地表下沉、流域水环境恶化等一系列生态环境问题。目前已有许多学者研究了不透水面的提取方法。早期的不透水面研究方法较简单，主要是结合地面测量的人工遥感解译。随着遥感技术的发展和数据的多元化，不透水面的遥感提取技术和精度也得到飞速发展和提高，多元回归分析、分类回归树模型、光谱混合分析以及人工神经网络模型等研究方法已广泛应用于实践。

Zhang 等[9]提出了基于多源多时相遥感数据的不透水面提取算法和基于 GEE 平台的全球不透水面产品生产框架。首先，利用 GlobeLand30 地表覆盖产品、VIIRS 夜间灯光数据和 MODIS EVI 植被指数产品，自动提取了全球高置信度的人工不透水面分类的训练样本。其次，利用多时相 Landsat-8 OLI 反射率特征、Sentinel-1 SAR 结构特征和 SRTM/ASTER DEM 地形特征，采用随机森林分类模型，以 5°网格进行了逐区块的自适应随机森林建模。最后，利用 GEE 云平台的数据、存储和计算资源以及随机森林分类模型，逐区块生产了不透水面产品，并经过地理拼接生产了 2015 年全球 30m 不透水面产品(MSMT_IS30-2015)。该科研团队在全球收集了 1 万多个检验样本，并与国际上 5 套现有全球 30m 不透水面产品(NUACI、FROM_GLC、GHSL、GlobeLand30 和 HBASE)

进行交叉验证和对比分析。结果表明，此次生产的全球 30m 不透水面产品（MSMT_IS30）总体精度为 95.1%，Kappa 系数为 0.898，显著优于国际上现有产品。GHSL 的总体精度为 90.3%、Kappa 系数为 0.794，FROM_GLC 的总体精度为 89.6%、Kappa 系数为 0.780，GlobeLand30 的总体精度为 88.4%、Kappa 系数为 0.754，HBASE 的总体精度 88.0%，Kappa 系数为 0.753，NUACI 的总体精度为 85.6%、Kappa 系数为 0.695。目前，全球 30m 不透水面数据产品（2015 年）已开放共享，数据下载链接为：http://www.geodata.cn/data/datadetails.html?dataguid=214900664506554&docid=1。

蔡博文等[10]提出基于深度学习方法利用高分辨率遥感影像进行不透水面提取。武汉市是国内城市化发展最快的地区之一，也是城市内涝较为严重的地区，准确获取武汉市不透水面分布信息极为重要。文中选用 2016 年武汉市 GF-2 卫星遥感影像作为数据源，影像预处理过程对遥感影像进行辐射定标、大气校正，以便去除影像的干扰信息。利用 GF-2 自带的有理函数模型（rational polynomial coefficient，RPC）参数以及全球分辨率为 900m 的 DEM 数据进行正射校正。影像融合选用 Nearest Neighbor Diffusion Pan Sharpening 算法，相比于传统的融合方法，避免了失真现象，并且能够高保真保持光谱特征和纹理特征。同时，使用武汉市的各区矢量边界数据作为辅助数据。基于深度学习的高分遥感影像不透水面提取模型主要包括两个阶段：①利用卷积神经网络对影像进行特征提取；②将输入影像根据像素点邻域关系构建概率图学习模型，在深度网络提取特征的基础上，进一步引入高阶语义信息对特征进行优化，最终实现不透水面的精确提取。基于 GF-2 遥感影像数据，对影像采用分幅处理，利用深度卷积网络，将分幅影像作为输入，引入全局优化和类别空间关系信息作为约束，训练深度学习模型提取不透水面，完成了武汉市不透水面信息提取。通过对武汉市不透水面提取结果统计发现，武汉市全境不透水面占比为 11.43%，透水面为 66.95%，水域为 21.62%。武汉市是城市内涝的高发地区，针对武汉市的 7 个主城区，包括江岸区、江汉区、硚口区、汉阳区、武昌区、青山区和洪山区，通过统计和分析发现武昌区和江汉区有着较高的不透水面占比。

Shao 等[11]研究多尺度流域不透水性遥感监测在城市水文评价中的应用。城市不透水地表覆盖是了解水文环境对城市化进程影响的一个重要参数。不透水地表改变了城市水文过程、水资源时空分布和水环境质量，导致城市内涝的频率和强度不断增加。鉴于不透水面增加对城市水文环境的影响，目前的研究和应用中存在两个问题：①城市水文模型和不透水率的计算采用的是多级行政单元而不是流域；②整个城市水文环境是一个有机整体，但没有考虑相邻流域对城市内城市流域系统的影响。针对这两个问题，研究强调了多尺度流域的不透水率，并将其作为城市水文模型的输入，提出了一个基于 1987～2017 年每 5 年对城市不透水地表动态分析的多层次流域径流监测模型。研究首先定义了城市多尺度流域，并在多尺度流域水平上计算了城市水文模型的抗渗比。基于城市 DEM 分析，通过计算动态不透水比，考虑多个城市水系之间的互联，监测城市降雨和径流变化对整个城市水文环境的动态影响。主要工作流程是，首先利用 GEE 从 Landsat 影像中提取 1987～2017 年的不透水地表，分析整个研究期间不透水表面的时空动态；然后利用 INFORWORKS 模型计算 1987～2017 年的年径流，探讨不透水表面与城市内涝的关系。结果表明，各流域的总不透水面比与径流量成正比。不透水面比例达到 20%，流量是不透水面比例为 4%时的两倍以上。在流域水平上，城市化程度越高，流域总流通量变化越大，洪峰迁移越早。该研究以探索多尺度流域的不透水地表比率作为指标，帮助决策者了解城市不透水地表分布与径流之间的相互作用。

Cao 等[12]以天津为例利用多源遥感数据监测城市功能区不透水表面变化。以往的城市不透水地表监测研究忽略了城市各功能区之间不透水地表的差异、空间格局和驱动因素。研究利用多源遥感数据，包括 1990 年、1995 年、2000 年、2005 年、2010 年和 2015 年覆盖天津的 30m 无云 Landsat TM/OLI 图像数据；空间分辨率为 2.4m 覆盖天津的高分辨率多光谱 QuickBird 图像以辅助不透水的表面提取；1992 年、1995 年、2000 年、2005 年和 2010 年从国家环境信息中心获得的 DMSP/OLS NTL 数据；从国家环境信息中心下载的 2015 年 NPP/VIIRS NTL 数据；1990～2015 年覆盖天津的高分辨率 Google Earth 图像进行了研究，以确定不透水表面覆盖率的变化。Landsat TM/OLI 图像以及 DMSP/OLS 和 NPP/VIIRS 数据集是 CART 决策模型的输入变量。从 QuickBird 图像中进行不透水表面提取的结果是目标变量和 CART 决策模型的测试样本。基于分类回归树模型提取了天津市 1990 年、1995 年、2000 年、2005 年、2010 年和 2015 年的不透水地表覆盖度。随后，运用定量地理学的方法，系统分析了 1990～2015 年天津各功能区不透水地表覆盖度的时空变化。此外，还研究了不同功能区不透水表面生长的驱动机制。结果表明：①不透水表面的生长呈现出两个空间上分离的核心生长区域。核心功能区的地表不透水覆盖率最高，生态保护区的地表不透水覆盖率最低。②不透水表面覆盖度的高-高聚集区主要位于核心功能区，而不透水表面覆盖度的低-低聚集区主要位于生态保护区。③城市功能扩展区、沿海城市重点开发区、京津协调开发区和城乡协调开发区社会经济因素对不透水面面积增长的影响强于核心功能区。

18.1.3 城市更新检测与场景分类制图

“城市更新”这一概念在西方国家已经有了上百年的历史。城市更新一般是将城市中已经不适应现代化社会生活的地区作必要的、有计划的改建活动，未来城市更新规划可能成为各大城市规划管理工作的重点。当前遥感领域涵盖了多平台、多谱段、高空间分辨率的观测能力，遥感器探测地物的电磁波谱信息覆盖了可见光、红外到微波波段，形成光学高分辨率影像、高光谱影像、机载 LiDAR 数据、SAR 数据等，能反映城市各类建设用地在成像中的光谱、纹理、结构等特征，对城市内部复杂的地表物质进行精细化描绘。

毛羽丰等[13]采用覆盖研究区域的两期 COSMO-SkyMed 雷达卫星数据(时间：2016 年 12 月 9 日与 2017 年 7 月 21 日，分辨率：3m)和北京二号光学卫星数据(时间：2016 年 11 月 27 日与 2017 年 7 月 18 日，分辨率：0.8m)。以南京市江北顶山街道为例，借助面向对象的变化检测方法、结合 SAR 影像强度、纹理、相干系数、地物光谱信息等特征对城市区域变化图斑进行了检测和提取。先对两期光学影像进行分割，再将分割结果进行合并，得到统一的分割块，SAR 影像也按照相同的分割块进行分析和处理。使用机器学习分类器进行变化检测，训练区划分为“变化”与“不变化”两类。对照彩色合成图像进行分类结果检查，根据差异增加不变化和变化类的训练区，最终得到变化区域的图斑共 976 个。通过对顶山街道的遥感图像进行目视解译勾画，得到变化区域作为标准数据，把监督分类提取出的变化图斑与之进行比较，判断提取图斑的准确性。

李娅等[14]以北京市为研究区，结合 GF-1 高分辨率遥感影像、POI 数据、路网数据等进行了城市功能区语义信息挖掘与遥感分类的研究。其中 GF-1 数据为 2m 全色/8m 多光谱传感器影像，数据获取时间为 2016 年 4 月 21 日，对 GF-1 影像数据进行辐射定标、大气校正、正射校正、图像融合等预处理，并根据研究区域范围对融合影像进行裁剪。POI 数据为来自互联网电子地图带有名称、类别、经纬度等属性信息的空间特征点。这些兴趣点信息基本上都是面向大众需求的城市空间信息，可以描述城市空间各类工程型和社会性服务设施，蕴含有丰富的人文经济及自然特征，是进行城市空间数据分析的重要基础地理数据。研究基于爬虫软件从百度地图上获取到研究区域范围内与影像同时期的 POI 数据，共 87436 条。每条数据都包括 POI 的名称、类型、地址、电话信息、经度、纬度 6 个属性，POI 数据使用前需进行清洗、抽取、查重、空间定位、定义投影与坐标转换等相关处理。路网数据来源于 OpenStreetMap 的中国路网矢量数据，根据研究区域范围进行数据裁剪。首先基于面向对象方法实现城市建设用地信息提取，将建设用地提取结果进行定量精度评价，得到建设用地提取精度达 93.68%。然后结合核密度分析结果，构建功能区类别定义模型，最终实现城市功能区语义分类，如图 18-1 所示。

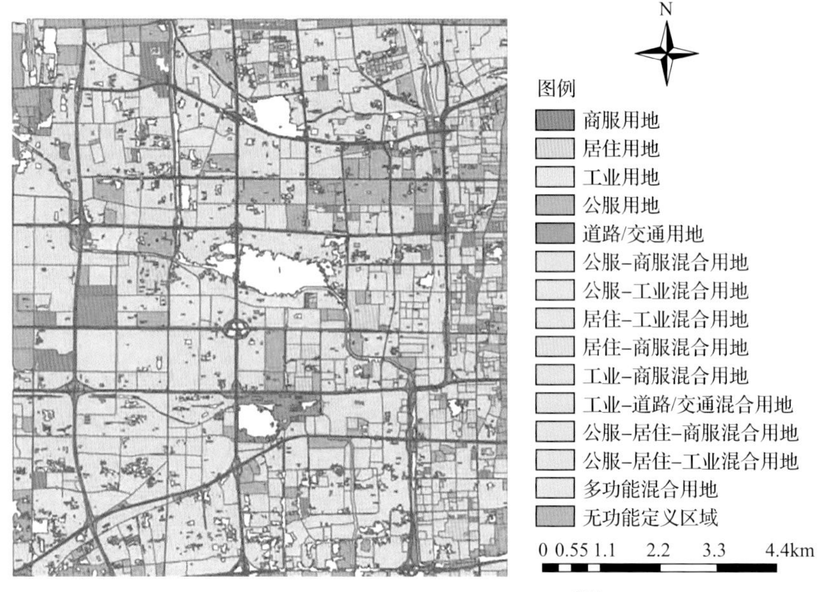

图 18-1 研究区域功能分区分布图[14]

Yao 等[15]采用基于传输学习的遥感图像方法进行特征提取和分类。利用谷歌 Tensorflow 框架，创建了一个功能强大的卷积神经网络库。研究数据包括来自美国的 UC-Merced 土地覆盖数据集，该数据集由 27 种不同类型的土地覆盖遥感影像组成(http://vision.ucmerced.edu/datasets/landuse.html)。每一类包含 100 幅不同的 2m 分辨率的遥感图像，每幅图像像素为 256×256，即单个像素的分辨率为 1 英尺①；27 类包括农地、

① 1 英尺=0.3048m。

机场、棒球场、海滩、建筑、农业、飞机、棒球场、海滩、建筑、灌木丛、密集住宅、森林、高速公路、高尔夫球场、港口、十字路口、中型住宅、活动住宅公园、立交桥、停车场、河流、跑道、稀疏住宅、储水池和网球场。WHU-SIRI 土地利用数据集是通过谷歌地球在中国城市范围内采集的(http://www.lmars.whu. edu.cn/prof_web/zhongyanfei/e-code.html)，由 12 种不同类型的土地覆盖遥感影像组成，每类包含 200 幅不同的 2m 分辨率遥感图像，每幅图像像素为 200×200；这 12 个类别包括农业、商业、港口、闲置土地、工业、草地、立交桥、公园、池塘、住宅、河流和水。研究首先先前在最大的对象图像数据集之一 ImageNet 上训练了转移的模型，以充分开发模型生成标准遥感土地覆盖数据集(UC Merced 和 WHU-SIRI)的特征向量的能力。然后，在这些生成的向量上构造并训练了一个基于随机森林的分类器，并根据交通分析区(traffic analysis zones，TAZs)的规模对实际的城市土地利用模式进行了分类。为了避免遥感影像的多尺度效应，使用了大型随机补丁(large random patch，LRP)方法。所提出的方法可以有效地获得研究区域可接受的精度(OA=0.794，Kappa=0.737)。此外，结果表明，该方法可以有效地克服不规则地块水平下城市土地利用分类中的多尺度效应。所提出的方法可以帮助规划人员监视动态的城市土地使用情况，并评估城市规划方案的影响。

18.1.4 城市立体空间

随着城市的发展，城市中大量的人工建筑物、构筑物不断地改变着城市面貌，塑造着不同的城市三维形态。城市三维形态是城市的立体形态，有很强的地域分异特征，同时还具有很大的复杂性和多变性，但是无论城市建筑个体还是群体，在一定程度上又具有相似性，体现出很强的自组织特征，隐含着内在的自然法则。对城市三维形态的深入研究，是正确认识城市在立体空间中发展变化规律的前提；对城市三维形态的定量刻画，为城市规划、城市设计、城市地貌研究等提供量化依据。

目前，三维数字城市建模中模型构建方法可分为三类，基于 DEM 和影像，基于规则几何体和 2DGIS，基于三维数据模型。卫星影像具有地面景观的全部要素，其包含的信息量十分丰富，且具有较好的现势性，是城市三维景观重建的主要数据源。从卫星影像中不仅可以提取出地面景观目标的三维坐标信息，还可以获取建立城市真实三维景观模型的纹理信息。

马川[16]以城市单幅高空间分辨率遥感影像为研究对象，利用阴影信息批量获取建筑物的高度信息，以建筑物屋顶几何数据代替其地表空间位置数据，快速实现城市建筑物的三维几何建模。首先，对建筑物阴影实现自动提取。在分析全色影像中建筑物阴影的灰度值特点及几何特征的基础上，采用类间方差阈值法及面积阈值法对影像进行建筑物阴影区域提取，利用数学形态学法对阴影区域进行边缘提取，避免了各边缘检测算子的复杂性，且运算速度快，提取效果好。其次，重点分析阴影长度自动求值方法，以阴影长度计算建筑物高度值。基于阴影形状特点，运用面积法求出理想化阴影长度；考虑到阴影边缘的凹凸不均，进一步采用最大特征值对阴影边界进行角点检测，以角点间最近距离均值作为阴影最优长度值；将两种计算值与实际测量值对比分析，选取最佳求解方法。充分分析建筑物阴影形成时卫星、太阳及建筑物之间的空间位置关系，进一步考虑建筑物走向及阴影与建筑物主方向的夹角，给出阴影计算建筑物高度的数学模型，提取建筑物地表几何数据。由于无法在遥感影像中直接获取建筑物在地表的几何数据，因此该研究以建筑物顶部的几何形状数据代替其底部的几何数据。在遥感影像上，一般建筑物不是正射成像的，因此其屋顶与底部之间存在一定的偏移量，该研究根据建筑物高度与卫星高度角之间的关系，得到了偏移量计算模型，并对遥感影像上建筑物的偏移量进行了校正。

Zhao 等[17]以城市化程度最高、生活水平排名最高的美国得克萨斯州奥斯汀地区作为研究对象，描述其城市形态的演变以及城市形态类型(urban morphology types，UMTs)随时间的变化。研究首先提出了一个研究城市轨道交通转型和城市化进程的概念框架。然后，利用得克萨斯州自然资源信息系统(Texas Natural Resources Information System，TNRIS)激光雷达点数据和 30m×30m 国家土地覆盖数据(National Land Cover Data，NLCD)绘制了 2006 年、2011 年和 2016 年的城市轨道交通图，并生成几种几何和地表覆盖属性，包括建筑表面分数(building surface fraction，BSF)、透水表面分数(pervious surface fraction，PSF)、构造元素高度、天空景观因子(sky view factor，SVF)、峡谷宽高比和粗糙度，通过分析不同属性信息全面了解城市化进程。另外，研究为了了解城市横向扩张的过程，计算了 1992 年、2001 年、2006 年、2011 年、2016 年的景观扩张指数(landscape expansion index，LEI)，并在分析过程中考虑城市的集约化、无序扩张和高效扩张。结果表明，由于城市轨道交通地图符合研究区域的建筑特征，激光雷达有助于对 2006～2016 年的城市形态及其转换进行多维表征。通过对 1992～2001 年、2001～2006 年、2006～2011 年、2011～2016 年不同时期的城市扩张分析，2000 年后城市的集约化和高效扩张程度相当，表明集约化发展的作用日益重要。尽管自本世纪头十年以来，中国出台了有关城市发展的规划和政策，但研究发现，中国城市的无序扩张多于集约化和有效扩张。研究展示了利用激光雷达数据来描述城市三维形态并了解其动态的优势，这有助于全面理解城市化进程，并为城市发展的规划意图和政策评估提供工具。

Zheng 等[18]研究在印第安纳波利斯地区的激光雷达数据三维重建。研究提出一种混合方法，结合数据驱动和模型驱动的方法，利用中分辨率 LiDAR nDSM(0.91m)、2D 建筑足迹和高分辨率正射影像生成 LoD2-level(Detail Level 2)建筑模型。主要目标是开发一种基于 GIS 的程序，用于在不需要高密度点数据云和计算密集型算法的情况下，在大范围内高精度自动重建复杂建筑屋顶结构。采用台阶边缘检测、顶板模型选择和屋脊检测技术相结合的多阶段策略，提取关键特征，获取先验知识，用于三维建筑重建。在基本模型的形状被重建后，通过装配基本模型可以成功地重建整个屋顶。研究最终根据 CityGML 标准为印第安纳波利斯市区(包括 519 栋建筑)创建了一个 LoD2 的三维城市模型。7 栋被测屋顶采用不同形状结构混合的建筑，改造完成率达 90.6%，准确率达 96%。对市区 38 栋复杂屋顶结构商业建筑，完成度为 86.3%，正确率为 90.9%，表明该方法具有大面积建筑改造能力。该研究的主要贡献在于设计了一种有效的方法来重建复杂的建筑，如不规则的脚印和平铺、棚架、平铺混合在一起的屋顶结构。通过采用一种新的脊线检测方法，克服了粗分辨率激光雷达 nDSM 无法基于精确水平脊线位置进行建筑重建的局限性。

18.1.5　城市建成区规划

城市地区承载了密集的人口、社会经济活动、基础设施等要素。城市规划是为了实现一定时期内城市的经济和社会发展目标，确定城市的性质、规模和发展方向，合理利用城市土地，协调城市空间布局和各项建设所作的综合部署和具体安排，以满足人们物质、文明等一系列要求。城市的总体规划信息提取工作主要落实在规划总体设计、城市发展需求等各种有关信息采集与分析的操作上，进而保障城市的发展需求可以得到更为精确的预测，保证规划的方案更加专业。

遥感技术与城市规划的合理结合与应用，使得在规划前可以准确获得规划区的遥感数据，能够根据获取的资料从实际情况出发，规划设计出符合城市迫切需要的一套规划方案。遥感技术在城市规划中通常研究采用多种不同的光谱指数模型从遥感卫星影像中提取城市建成区的信息。

唐璎等[19]以 2000 年兰州市主城区和 2003 年西宁市主城区的 Landsat7 ETM+影像为数据源，根据兰州市主城区的影像光谱特征，创建了归一化差值裸地指数(normalized difference bare land index，NDBLI)；然后，将该指数与比值居民地指数(ratio of residential area index，RRI)、MNDWI 合成为一个包含 3 个波段的新型三指数合成影像 NRM(NDBLI、RRI、MNDWI)。同时，根据集成学习思想，为增强城市建筑用地信息，将主成分分析的第一波段(principal component1，PC1)、NDBI 和 RRI 合成为一个包含 3 个波段的新型三指数合成影像 PNR(PC1、NDBI、RRI)；最后分别将三指数合成影像 NRM 和 PNR 作最大似然分类提取城市建筑用地信息，将其提取结果与 NDBI、MNDWI 和 SAVI 所创建的 NMS(NDBI、MNDWI、SAVI)影像得到的最大似然分类结果作精度比较，在西宁市主城区区域进行了相应验证，表明由 PC1、NDBI、RRI 3 个指数所创建的 PNR 影像提取的城市建筑用地信息精度最高，且对裸地信息具有较好的抑制能力，适合于提取西北地区含裸地较多的城市建筑用地。

Nielsen[20]提出一种独立于窗口的上下文分割(window-independent context segmentation，WICS)新方法，对斯德哥尔摩进行城市特征提取，帮助实施城市的规划和管理。WICS 方法包括四个步骤：①将输入数据(如多光谱卫星图像)通过监督或非监督光谱分类，减少到可管理的大小，然后根据光谱类别计算不同像素之间的距离。②计算图像中每个像素与所有光谱类别的最近邻距离，用于在下一个步骤中创建上下文特征向量，使用距离阈值来限制极值的影响。③为图像中的每个像素创建上下文特征向量。上下文特征向量由一个特定像素到所有其他光谱类像素的地理最近邻距离组成；因此，它是描述每个像素的上下文环境的一种方式。每个单独类的距离是多维特征空间中的一个维，这意味着图像中的所有像素在多维特征空间中都有一个位置，可以使用聚类技术进行分析。④使用聚类技术对上下文特征向量进行分类，该聚类技术将具有相似上下文特征向量的像素进行分组，以创建基于上下文信息的新类。这种分类可以是监督的，也可以是非监督的。研究以斯德哥尔摩的城市为案例进行特征提取，使用数据为 SPOT5 卫星图像和数字化的建筑环境数据，并在研究区域内选择五个最常见的建筑环境特征进行验证。图 18-2 显示了最终的 WICS 结果(彩色区域)以及建筑环境特征(白色边界内的区域)

对比结果，黑色 WICS 类与 A 紧密相连，77%的黑色 WICS 类与 A 重叠，覆盖了全部 A 面积的 72%；红色 WICS 类与 B 有很强的相关性，有 58%的重叠和 70%的覆盖率；黄色 WICS 类与 C 有很强的联系，76%的重叠和 68%的覆盖率。

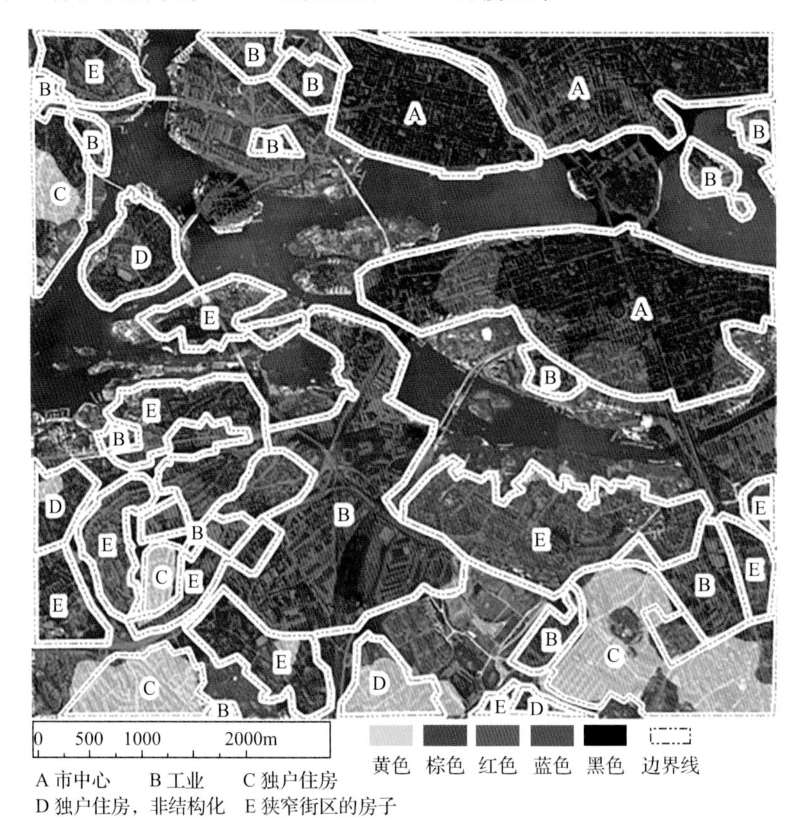

图 18-2 斯德哥尔摩城市特征提取结果(白线区域为数字化的官方建筑环境数据)[20]

王博[21]采用 NPP-VIIRS 夜间灯光遥感影像数据对城市发展的结构变化进行分析探究。数据源包括杭州市 2015 年 NPP-VIIRS 夜间灯光遥感数据、Landsat 数据、杭州市土地利用分布数据，杭州市住房保障和房产管理局和电力部门统计数据，国家统计局提供的部分统计调查数据。研究首先针对夜间灯光遥感影像的光谱特征，提出采用对数变换处理夜间灯光遥感数据，完成杭州市城市建成区提取，并结合 Landsat 遥感影像以及混淆矩阵对提取的建成区结果进行验证。然后提取 2012～2016 年杭州市城市建成区夜间灯光遥感影像图，对比发现 2012～2016 年杭州市城镇发展在空间上以东部为主，呈现出东北、东南扩张的趋势，但增幅并不大，并且具有明显的“沿江”轴线性拓展的城市发展特征。其次，利用夜光遥感数据、Landsat 影像数据以及相关统计数据提出房屋空置率估算模型，并基于此来分析杭州市居住结构的发展变化。研究发现，2012～2016 年杭州市的居住空间总体呈现向外稳定蔓延态势，并主要呈现向西进趋势，拓展方式且具有一定路径依赖。研究结果表明杭州市 2012～2016 年城市居住空间呈稳定蔓延阶段，在这个阶段，城市居住结构呈现出居住空间范围不断扩大，中心城区结构保持稳定，近郊圈层向外扩张，远郊以区县中心为核心均匀向外蔓延的特征，这些变化特征与杭州市的发展规划基本保持一致。

18.2　城市复杂系统与可持续发展

城市形成的发展过程，目前被普遍认为是一个复杂的系统，具有动态性、开放性、自组织性和非平衡性等耗散结构特征，城市的发展变化受到自然、社会、经济、文化、政治等因素的影响，因而其空间演化过程具有高度复杂性。城市化在推动社会发展、提高人类物质和精神生活水平的同时，也不可避免地带来了一系列负面影响，引发了严重的水危机、资源短缺、生态破坏、环境污染等问题，进而出现了所谓的“城市病”，主要包括城市水资源水环境问题、绿地生态系统破坏、大气污染、热岛效应、固体废弃物问题、噪声污染、地面沉降、光污染和电磁污染以及城市社会环境问题。如何及时地掌握城市化过程中的环境变化信息，对城市环境变化作出正确的评价，提出环境保护对策，实现社会和经济的可持续发展，成为当今社会急需研究解决的热点问题。

目前，遥感技术在城市复杂系统与可持续发展方向取得了一定的研究，主要包括城市生态环境与人口健康，城市群空间分区与空间冲突，城市生态系统与环境，城市人为热辐射研究，城市下垫面研究，城市气候特征等方面。

18.2.1　城市生态环境与人口健康

城市环境主要包括土地、空气、水和植被等。空气污染和水污染与某些疾病的发病率和死亡率显著相关；绿地和开放空间可以提供清洁的环境，降低健康风险，还可以促进体力活动，鼓励交往，从而促进身体和心理健康。城市垃圾收集等设施可直接影响卫生条件、环境和土壤污染，从而影响公共健康。城市服务环境体现在设施品质和服务水平等方面，例如公共服务设施和住房供应。提供可达性较高的医疗和体育等健康相关公共服务设施将促进健康公平。住房本身也是影响健康的关键要素，住房保障水平及其周边环境因素与生活方式因素互相作用，共同影响健康结果。现有研究主要采用客观测量的环境变量，探究城市环境对健康的影响。由于存在地理背景不确定性问题，客观测量的环境变量可能无法反映居民真实的环境暴露情况，因而难以完全捕捉环境的健康影响效应。

近年来，利用遥感技术研究城市环境与人口健康逐渐增多，并且取得了不错的成果。许多研究人员分析了遥感影像和社会经济因素之间的相关性，社会经济因素包括人口密度、城市蔓延、城市热岛和能源消耗。

Weng 等[22]以伊朗巴博勒市为例对地面城市热岛强度变化进行了统计分析，提出一种基于 Shannon 熵和 Pearson 卡方统计量的新策略来研究地面城市热岛强度(surface urban heat island intensity，SUHII)的时空变化。研究使用 Landsat TM、ETM+、OLI 和 TIRS 图像、MODIS 产品、伊朗巴博勒市 1985～2017 年的气象数据、地形和人口地图以及 2017 年地面记录仪记录的气温数据。首先，采用单通道算法估计 LST，并采用最大似然分类器对 Landsat 图像进行分类。然后，在 LST 图的基础上，利用地面城市热岛比率指数计算出城市热岛强度 SUHII。此外，利用自由度(degree-of-freedom，DF)、蔓延度(degree-ofsprawl，DP）和优良度（degree-of-goodness，DG）等统计指标，分析了不同地理方向和不同时期的地面城市热岛强度变化。最后，研究了气温、地面城市热岛强度、种群变异和优良度之间的相关关系。结果表明，1985～2017年期间，伊朗巴博勒市SUHII值增长了24%，且随地理方向和时间的变化而变化。SUHII的变化在不同时期表现为高自由度、高蔓延度和负优度。城市和郊区的平均气温差值与地理方向上的地面城市热岛强度值的相关系数为0.82，种群变异与优良度的相关系数达到0.8，表明热岛强度的增加与人口增长、建成区面积的增加有直接关系。

Mudede等[23]利用遥感数据监测约翰内斯堡的城市环境质量，量化分析城市绿色对于评估城市树木在固碳和调节城市环境中地表温度方面的作用。研究利用Landsat 8卫星数据，根据北部富裕的Rosebank郊区和约翰内斯堡南部以前处于边缘化的Soweto乡镇的LST，评估了城市热岛的影响。研究发现，索韦托的LST比罗斯班克（Rosebank）高2.58℃，这表明高密度地区的行道树和公园较少，比低密度郊区更热。Rosest和Soweto这两个区域的LST与NDBI或NDVI之间的皮尔逊相关系数显示为0.92和0.98的正相关。NDVI和NDBI之间的相关性也分别显示为负值–0.90和–0.85。根据安全紫外线UVI的全球基准，与Rosebank居民相比，Soweto居民由于长时间暴露于紫外线辐射而可能遭受皮肤和眼睛伤害。因此，研究从Landsat 8卫星数据中有效地计算和评估了两个研究区域的地表温度，该信息可帮助潜在的植被覆盖计划来改善约翰内斯堡市现有的城市绿度差距。

Prud'homme等[24]通过比较遥感和固定站点监测方法，来进行加拿大全国人口健康和空气污染的研究。遥感数据使用的是OMI、MODIS和MISR仪器的卫星测量结果得出的数据。监管监测数据是从加拿大国家空气污染监测网络获得的。医生诊断的哮喘、当前哮喘、过敏和慢性支气管炎的自我报告患病率来自加拿大社区健康调查（12岁及以上的国民样本）。在进行健康调查时，根据每个研究参与者的六位数邮政编码为其分配多年环境污染物平均值，并作为长期暴露于空气污染的标记。在全国研究人群（年龄在20～64岁）中，遥感推算的NO_2和$PM_{2.5}$的估计值与每四分位数范围内呼吸和过敏健康结果增加6%～10%相关（$PM_{2.5}$为3.97pm^3，NO_2为1.03ppb①）。基于遥感对空气污染和呼吸系统/过敏健康结果的风险估计类似于对有监管监测数据地区（距离监管监测站40km以内）基于监管监测的风险估计。遥感估算的空气污染也与居住在监管监测网络流域以外的参与者的不良健康结果有关（$p<0.05$）。基于遥感的风险评估与监管监测之间的一致性以及居住在网络流域以外的参与者进行监管监测的空气污染与健康之间的关联性表明遥感可以为流行病学研究提供长期环境空气污染的有用估算。在农村社区和其他监测或建模的空气污染数据有限或不可用的地区，这一点尤其重要。

张德英[25]基于卫星观测数据对沿淮五省主要空气污染物进行了健康影响评估。使用的数据包括中国国家环境监测中心（http://www.cnemc.cn/）发布的2015年1月1日～2017年12月31日三年逐小时的$PM_{2.5}$、PM_{10}、NO_2和SO_2日均值，覆盖研究区391个空气质量环境监测站点；美国航空航天局和法国科学研究中心联合建立的气溶胶自动监测网

① 1ppb=10^{-12}。

(aerosol robotic network，AERONET)(http://aeronet.gsfc.nasa.gov/)的地基 AOD 测量值；卫星数据为 Terra 和 Aqua 的 MODIS AOD 数据、Aura 上的 OMI NO_2 数据、SO_2 数据；气象数据来自欧洲中期天气预报中心(european centre for medium-range weather forecasts，ECMWF)的气象再分析资料，研究使用包括温度(T)、相对湿度(relative humidity，RH)、U 分量风场(U)、V 分量风场(V)和边界层高度(boundary layer height，BLH)作为气象影响因子参与模型估算；人口格网数据来自中国科学院资源环境科学数据中心(Resource and Environment Science and Data Center，RESDC)(http://www.resdc.cn/)。基于多源卫星遥感数据和各类气象参数，使用分季节的地理加权回归(geographically weighted regression，GWR)模型，估算沿淮五省 2015～2017 年 $PM_{2.5}$、PM_{10}、NO_2 和 SO_2 四种主要空气污染物的近地面浓度。以呼吸系统疾病死亡和心血管疾病死亡作为两个健康终点，使用健康影响评估(health impact assessment，HIA)方法将空气污染物的近地面浓度与实际人口分布结合，评估多种空气污染物暴露分别导致的健康影响，在此基础上，进一步分析沿淮五省的空气污染现状、相关健康影响的空间分布特征及年际变化趋势。

18.2.2　城市群空间分区与空间冲突

城市群是空间上相邻近且相互密切联系的多座城市组合而成的城市体系高级空间形式。不同于单一地级市，城市群面临着极为复杂的生态环境和资源问题，表现在城镇空间的集群式蔓延扩张大规模侵占农业、生态用地，污染物连片排放与叠加效应共同作用形成的复合型污染，生物栖息地与迁徙廊道日益破碎化，连通性被打断，生物多样性和生境破坏严重等。城市群乱序的城镇空间分布和非均匀的规模结构，加剧了社会经济与生态环境之间的对立局面，土地利用空间冲突变化剧烈，生态系统服务效益锐减。探究城市群的空间分区方法，以及在城镇化进程中的土地利用空间冲突演变及其生态效应，是当前新型城镇化建设和国土空间规划中，合理利用土地资源、协调城镇建设与生态环境之间关系中面临迫切而现实的问题。

对城市群进行识别与界定通常基于各种社会经济统计数据，如人口、GDP、面积、交通流等。城市群最直接的表现在于空间的聚集，因而对其界定是一种针对具体空间的划分，具有空间邻近性原则。遥感特有的空间特性使得其在城市群的空间模式识别研究中具有突出的优势，如城市空间扩张的模拟、城市群空间结构与布局、城市之间相似度的量算、城市影响范围的勾绘等。

胡应龙[26]以珠三角城市群作为研究区，从城市群的人类活动强度、自然环境本底和人地交互作用效应 3 个维度，选取夜间灯光强度、地表温度、景观紊乱度、交通路网密度和植被总初级生产力 5 项地理空间数据，通过多元逻辑回归计算构建珠三角城市群的城镇空间属性指数(urban spatial attribute index，USAI)进行城市群空间分区，划定珠三角城市群的核心区、边缘区和乡郊区，对应的面积和占比分别为 10733.81km^2(19.41%)、7864.89km^2(14.22%)和 36697.96km^2(66.37%)。在空间分区基础上，参考空间冲突和景观生态理论，结合生态风险评估模型，调整现有的空间冲突模型，测算珠三角城市群 1980～2016 年的土地利用空间冲突，探讨珠三角城市群长时间序列的土地利用空间冲突的空间分布及变化原因，并分析其空间自相关性和空间异质性特征。考虑珠三角城市群的生态环境本底情况，研究估算原材料生产、营养物质吸收、气体调节、水土保持、净化环境和水源涵养 6 项生态系统服务产生的效益，并结合土地利用空间冲突的分析成果，探讨城市群不同空间分区土地利用空间冲突差异下的生态系统服务响应。

Wang 等[27]基于卫星数据研究长三角城市群全球热气候指数。通用热气候指数(universal thermal climate index，UTCI)是评价热舒适的重要指标，也是常用的指标。然而，目前还缺乏对热浪期间城市聚集的城市尺度 UTCI 图，以及基于 UTCI 的城市热岛强度跨城市变化的研究。此外，还需要评估不同温度类型计算的热岛热强度之间的关系。在对长江三角洲城市群的研究中，作者主要基于卫星数据，进行了热浪时期城市尺度的 UTCI 绘图。比较南京、上海、杭州三个特大城市在 UTCI 上的热岛热强度，区分不同温度类型下热岛热强度的差异。研究结果显示：①UTCI 随土地覆被类型的不同而变化较大，城市地区普遍较高。虽然 UTCI 和气温的空间格局相似，但在城市地表，前者明显高于后者。②从 2002 年到 2018 年，长江三角洲城市群(Yangtze River delta urban agglomeration，YRUDA)地区日间和夜间受(非常)强热应力(UTCI 量化)影响的区域分别扩大了 18%和 36.2%。这种增长主要发生在城市化迅速发展的城市周边地区。③基于 UTCI 的城市热岛(urban heat island，UHI)强度(uhi intensity，UHII)低于基于 LST 和平均辐射温度的强度，但高于基于地表空气和露点温度的强度。在这三个被选择的特大城市中，这些 UHIIs(即 UTCI 和其他基于温度的测量值)在白天的差别相对较小，但在夜间就相对较大。研究结果对于促进城市尺度的 UTCI 制图和评价区域尺度的热舒适具有潜在的价值。

Zhao 等[28]以中国三个具有代表性的城市群为例，利用夜间灯光数据分析城市空间连通性。城市连通性信息对于可持续发展目标的区域规划非常重要。然而，在推导城市地区之间的空间连通性关系方面仍然存在挑战。夜间灯光数据可以远程测量人为现象，可以视为监视城市空间扩展和人类活动的重要来源。这项研究通过结合 Suomi NPP VIIRS DNB 数据和 2015 年中国科学院资源环境数据中心土地利用数据，提出了一种基于对象的方法来研究城市斑块之间的空间连通性。使用基于图的方法来构建连通性网络，并同时考虑中国三个充满活力的城市群：京津冀(beijing-tianjin-hebei，JJJ)、长江三角洲(Yangtze River delta，YRD)和珠江三角洲(Pearl River delta，PRD)的联系数量和质量的空间格局。结果表明，网络根据累积度分布遵循幂律分布。与长三角和京津冀相比，珠三角城市版块之间存在更紧密的连接关系，连接强度较高，平均程度为 4.5。在所有城市群(urban agglomerations，Uas)的核心区域都观察到块状连接，而在外围地区则发现了单树连接。研究暗示了地区发展和以省会城市为枢纽的枢纽辐射结构的巨大不平等。研究提出的框架可用于分析其他地区的连通性关系，其结果可有助于研究 Uas 的演变，并为决策者带来帮助，促进区域一级的可持续发展。

18.2.3 城市生态系统与环境

随着全球和中国的快速城市化，城市生态系统的长期变化研究受到了高度关注。研究城市生态环境的变化，最直观的信息来源于地表覆盖的变化。地表覆盖的变化使地表空间结构发生了剧烈的改变，进而会干扰区域气候、水循环、土壤及生物的多样性和生态系统能量循环等。城市地表覆盖是城市环境、生态以及城市管理等重要的基础地理信息。遥感是精细认知城市地表环境不可替代的手段，可为环境治理、城市规划、园林绿化和城市运行管理提供决策依据。由于城市区域下垫面高度的复杂性和多样性，对城市地表覆盖的提取多采用高分辨率遥感影像。目前遥感技术对城市地表的研究主要包括城市绿度、城市热度、城市湿度、城市灰度、城市亮度和城市高度。

城市绿地建设中广泛应用的绿化评价指标均为二维指标，其对于绿地的评价过于宽泛，难以反映绿地立体景观及其生态效益。为此，白晓琼等[29]基于 GF-2 遥感影像构建三维绿度指数(three dimensional green index，TGI)，以期更加准确地度量城市绿地建设质量。研究将 TGI 定义为一定区域内等效基础绿化植被面积所占的比例，具体计算公式如式(18-1)所示：

$$\text{TGI}=\frac{\sum C_i S_i}{S} \tag{18-1}$$

式中：S 为研究区域面积(m^2)；C_i 为研究区域内的第 i 个植被像元对应的高度等级，均为整数，植被高度及其等级对应关系见表 18-1；S_i 为第 i 个植被像元的对应的实地面积(m^2)；$\sum C_i S_i$ 为等效基础绿化植被面积。

表 18-1　植被高度等级表[29]

植被高度/m	植被种类	植被高度等级(C_i)
(0,1]	草地	1
(1,3]	小灌木	2
(3,+∞)	大灌木或乔木	3

研究采用面向对象的分类方法提取植被及其阴影信息；然后，根据植被高度和阴影长度的几何关系模型反演植被高度；然后构建 TGI，并以深圳市福田区沙头街道为研究区进行实验，与传统的绿化覆盖率指标进行比较分析。结果表明，与绿化覆盖率相比，TGI 能够更客观细致地评价绿地立体景观，反映绿地实际生态效益，能够在城市绿地建设中为规划、决策、管理提供更加科学合理的绿度度量依据。

孙爽等[30]以河北省南部城市群为主要研究区，基于 2012～2016 年 VIIRS 卫星数据热异常点产品，结合工业能源消耗量、工业废气排放量以及空气质量数据，利用统计分析和空间分析探讨热异常点辐射强度的变化规律及其与工业能源消耗、污染物排放之间的关系。结果表明，热异常点的辐射强度可以表征工业能源消耗量，并间接反映工业生产规模与污染排放水平。辐射强度越大，工业生产规模越大。辐射强度与工业 SO_2 排放量呈较高的正相关，与 NO_x 排放量呈中度线性相关。PM_{10}、SO_2 及 NO_2 浓度与工业能源消耗和热异常点辐射强度灰色关联度均较高。工业生产活动产生的污染物中，颗粒物对大气污染的贡献最高，其次为 SO_2。2012～2016 年，邯郸、石家庄以及廊坊的工业生产空间分布呈逐年收缩聚集的趋势，保定和沧州的工业生产分别出现向南、向西迁移趋势。

曹红业[31]以北京、长春和沈阳三个典型北方城市，杭州、无锡和常州三个典型的南方城市为试验区研究黑臭水体区域提取问题。经过多次野外水体综合实验，获取了黑臭水体水质参数、表观光学量和固有光学量等数据，并构建了我国典型城市黑臭水体光学特性数据库，基于这些数据开展了三方面的研究工作：黑臭水体水质参数特性分析、表观光学特性分析和固有光学特性分析，并提出了两种基于实测遥感反射率的黑臭水体识别模型。该研究取得的主要研究成果是：①分别分析了重度黑臭、轻度黑臭和一般水体固有光学量、表观光学量和水质参数特性，为识别模型构建奠定了基础；②基于实测遥感反射率首次建立了分类决策树，划分了重度、轻度和一般水体三个大类，进一步将重度黑臭和轻度黑臭按照光谱特征细分为多个类别；③提出一种基于实测遥感反射率的黑臭水体识别方法——饱和度法，选取合适阈值进行黑臭识别，并对结果进行精度验证，结果表明，该方法可以有效的识别研究区域黑臭水体和一般水体；④提出一种基于实测遥感反射率的黑臭水体识别方法——光谱指数法，选取合适阈值进行黑臭识别，并对结果进行精度验证，该方法可以有效地识别研究区域黑臭水体，轻度黑臭水体和一般水体；⑤改善了《城市黑臭水体整治工作指南》中重度、轻度黑臭和一般水体的 DO、ORP、NH3-N 和透明度判别指标。

Li 等[32]研究了中国杭州都市圈 2000～2015 年城市地表热岛的时空格局。几十年来，快速的城市化进程导致杭州大都市区出现了严重的城市热岛效应，严重影响了杭州大都市区的可持续发展。研究利用 2000～2015 年的 Landsat 影像，分析了 SUHI 的时空格局，研究了其与城市化的关系，并利用得出的 LST 和 SUHII 进行了研究，量化 SUHI 效应。利用空间分析的方法说明了城市热岛强度的空间分布和演化过程。采用 GWR 模型，找出影响城市热岛强度指数变化的有统计学意义的因素。结果表明，该区的热点和极热点面积由 2000 年的 387km^2 增加到 2015 年的 615km^2，空间分布由单中心向多中心转变；高 LST 集群向东部转移，这与整个研究期间的城市扩张是一致的，这些变化反映了三个卫星城的集约发展。统计分析表明，在城市化进程的不同阶段，绿色空间比例(changes in green space fraction，CGSF)的变化强烈地影响着城市热岛强度的变化。人口密度的增加对海平面的上升有持久的影响，而增加绿地则对缓解海平面上升有持久的显著影响。这些发现提示城市规划者和决策者应保护郊区和远郊的耕地，并通过鼓励迁移人口居住在现有建成区来努力提高建设用地的利用效率。

18.2.4 城市人为热辐射研究

城市人为热是指城市中由人类活动产生并排放到大气中的热量，一般采用人为热通量(anthropogenic heat flux，AHF)来表达，即单位时间单位面积上通过的人为热量，单位为 W/m^2。它是城市系统的输入能量之一，按其来源可分为汽车尾气废热、工业生产能源消耗废热、建筑能量消耗废热等。城市人为热排放对城市热环境影响很大，对城市热岛的产生有重要作用。因而人为热在城市热岛的形成中具有不可忽视的作用。

目前，对于人为热的计算方法总体上可分为两种：基于能耗数据的能源清单统计法、基于遥感和气象资料的地表能量平衡法[33,34]。能源清单法主要使用自上而下方法基于研究区能源消费数据，按照某种分配法则，以人口密度、土地利用或城市灯光等空间数据作为人为排放的指示因子，将能源消费数据分配到较小的空间尺度上。地表能量平衡法可以估算从点和邻里尺度到城市尺度的能量通量，可以估算出高空间分辨率的人为热排放，能够体现瞬时的人为热排放特征，便于发现其在空间、时间上的变化。

马盼盼等[35]以浙江省为例，采用自上而下能源清单法，以研究区能源消费数据为基础，按照某种分配法则(如人口密度、GDP 密度、土地利用)分配到较小时空尺度，赋予每个格点热通量值。主要考虑工业、交通、建筑和人体新陈代谢这 4 个热源对人为热的贡献，估算了 2010 年浙江省 68 个县市的人为热排放总量。使用 DMSP/OLS 遥感夜间灯光数据以及阈值法提取出人为热排放的主要区域，并有效减少夜灯像元溢出效应的影响。利用夜间灯光数据和 EVI 构建人居指数，基于各市县人为热排放总量与其行政区范围内人居指数累计值之间很强的相关关系建立人为热排放量空间化模型，获得了 250m 分辨率下浙江省 2010 年城市人为热通量的空间分布。通过能源清单法计算得到浙江省 68 个县市城市人为热排放总量为 496.7×10^{16}J，其中工业排放的人为热量最高，占总体水平的 74%，人体新陈代谢排放量最低，仅占 1%。结合县域行政区面积得到各县市平均人为热通量分布情况，杭州市、宁波市和温州市的人为热排放在最列。研究结合用夜灯阈值(DN ≥9)提取出来的人为热主要排放区域的面积，得到浙江省各县市的人为热平均排放通量为 5.5W/m^2。结合人居指数模拟人为热在空间上的分布，可以得到空间异质性的人为热通量栅格数据，与利用能源清单法结合县域面积计算得的各县市平均热通量相比，更为合理精细地呈现出各县市行政区内部人为热通量的空间分布特征。对浙江省人为热通量空间分布特征分析发现，受自然条件和经济发展水平的影响，人为热排放的地域空间差异很大。结果显示，浙北杭嘉湖平原、宁波、东部沿海的台州和温州以及中部金华、义乌等经济较为发达、人口众多的区域的人为热排放量较大。浙江省大部分地区人为热排放通量介于 4～10W/m^2，城市高值区一般在 10～40W/m^2。

Zheng 等[36]对加州洛杉矶县高空间和时间分辨率的人为热排放进行估算，提供了一种混合人类热通量 Q_f(式(18-2))建模方法，该方法结合了样地调查和 GIS 方法，在美国加利福尼亚州洛杉矶县创建了一个空间分辨率为 120m 的 365 天每小时 Q_f 剖面。Q_f 分别通过建筑物、交通和人体新陈代谢的热量释放来估算。结果表明，Q_f 在工作日(双峰形)和周末/假期之间表现出不同的震级和日变化规律，并随着季节和土地利用类型的变化而变化。Q_f 在夏季工作日最高，最大值为 7.76W/m^2。高温夏季工作日的 Q_f 明显高于夏季平均工作日，这是由于建筑空间制冷需求较高，最大可达 8.14W/m^2。建筑能耗被认为是造成洛杉矶市中心 Q_f 的主要因素，该市全年平均 Q_f 在所有社区中是最高的。可以得出市中心的 Q_f 在工作日比非工作日更显著，其最大值可达 100W/m^2。由于研究所使用的所有数据均已向公众提供，因此该方法可能较现有的研究更广泛地适用于评估大范围的 Q_f 估计。高时空 Q_f 剖面可以很容易地纳入城市能量平衡和 UHI 研究，为相关政府机构和研究人员提供有价值的数据和信息。

$$R_n + Q_f = H + \mathrm{LE} + G \tag{18-2}$$

式中：R_n 为净辐射；Q_f 为人为热；H 为感热；LE 为潜热；G 为地热。

Firozjaei 等[37]基于三源地表能量平衡模型(triple-source surface energy balance，triple-SEB)评估了 6 个特大城市的地表人为热岛。AHF 是地面城市热岛 SUHI 形成的主要原因。由于人口过度增长、城市面积扩大、人类活动、能源消耗增加和人为热增加，特大城市尤其面临着严重的问题。研究建立了一种基于三源地表能量平衡模型 triple-SEB 的物理建模方法，以揭示 AHF 对地表温度和地表人为热岛(surface anthropogenic heat island，SAHI)强度的影响。为此，选取了 6 个特大城市，洛杉矶、亚特兰大、雅典、伊斯坦布尔、德黑兰和北京，研究了 1985～2019 年的卫星图像以及气候和气象数据。第一步，利用单通道算法和归一化光谱混合分析模型分别计算 LST 和不同地表覆盖率。第二步，分别基于生物物理综合指数和城市聚类算法提取各城市的不透水面覆盖(impervious surface cover，ISC)和市区主要边界区域(urban main boundary area，UMBA)。第三步，使用 triple-SEB 模型建立人为 LST(anthropogenicland surface temperature，ALST)模型。第四步，同时使用 ALST 和 UMBA 模拟不同日期的 SAHI 强度。最后，估计 ALST 与 ISC 的关系，以及 SAHI 与 ISC 的关系。结果表明，特大城市的平均 ALST 估计值从 2.02、0.55、0.61、0.64、0.58、0.72 分别增加到 2.99、1.73、1.66、1.19、2.32、2.76。所有特大城市的 ISC 均值与估计的 ALST 之间的确定系数为 0.8，高于 ISC 与卫星反演的 LST 之间的确定系数。此外，这些特大城市的 SAHI 强度分别增加到 0.73、0.92、0.95、0.98、0.95 和 1.32，可以用 ISC 预测，确定系数分别为 0.78、0.79、0.79、0.73、0.71 和 0.52。这表明，研究提出的 triple-SEB 模型可以独立建模 AHF 对 SUHI 的影响，更好地确定 ISC 对 LST 和 SUHI 强度的影响。这种方法便于比较分析一个城市在不同时期的 LST 和 SAHI，以及不同城市在不同地理和气候背景下的 SAHI。

18.2.5 城市下垫面研究

城市热岛效应(urban heat island effect，UHIE)是城市生态的重要表现之一，其造成的城市内部高温，严重威胁居民身心健康，同时会造成城乡气压差，引起空气环流，导致城市地区污染物不易扩散，加重城市内部污染，同时还会使城市耗能增多。城市植被可以通过光合作用、蒸腾作用以及蒸散作用降低温度增加湿度，能有效的缓解城市热岛效应。目前城市热岛的研究主要包括气象站观测法、定点观测法、运动样带法、模型模拟法以及遥感监测法。

与传统的利用气象观测数据研究城市热岛方法相比，遥感监测方法能更有效地研究城市热岛的空间布局和内部结构特征。目前遥感技术研究城市热岛可分为 3 种方法：基于温度的检测方法、基于植被的检测方法和基于“热力景观”的检测方法。

王帅帅等[38]通过热环境反演和空间统计分析，以广州市主城区 30 个主要城市公园为研究对象，分别从城市绿地形态、城市绿地缓冲区和热环境三维分析 3 个方面研究了城市绿地对城市热岛的影响。研究采用的数据是 Landsat5 数据，获取时间为 2009 年 11 月 2 日 10：40，天气状况为晴朗无云，对数据进行辐射定标、大气校正、面向对象土地分类和地表温度反演。另外采用 1m 分辨率广州市主城区遥感数据(2009 年)，将 2 种数据进行配准，误差控制在一个像元内。高分辨率遥感影像主要用于解译验证和公园斑块人工数字化提取，以保证解译精度和公园边界提取精度。手动矢量化得到的 30 个主要城市公园面积在 0.68～146hm^2，能够代表不同面积大小的公园单元。综合前人研究的方法以及地区实际，从公园形态与热环境，公园与周边热环境，公园周边三维热环境分析等 3

个方面进行分析和讨论。结果显示，城市绿地形态(面积，周长，形状指数)与公园的温度具有较强的对数相关性，并且随着三者的增大，绿地内部均温和最低温度均降低，并且呈现“饱和”趋势；通过对城市公园斑块建立3个缓冲区(120、240、360m)，并进行缓冲区内的均温统计，发现30个城市公园的温度变化呈现出3种情形，即自内向外变高、变低和不变；最后，为了更好地解释上述3种情形，引入三维热环境分析，对3种情形分别选取代表性公园进行分析，总结其空间分布规律，结合相关数据对产生的这种结果进行了简要分析。

Fu等[39]研究了亚特兰大城市热岛对不同土地使用情景的反应，旨在将最新遥感土地利用/覆被模式、天气研究和预报模型(weather research and forecasting，WRF)、城市冠层模型建模系统(urban canopy model，UCM)相结合，模拟佐治亚州亚特兰大市的地表温度模式。研究设计了三种土地使用场景，即自发场景(spontaneous scenario，SS)、集中场景(concentrated scenario，CS)和本地政策场景(local policy scenario，LPS)，并将其纳入建模中。利用WRF模型进行了5个数值实验，探讨城市化诱发的土地覆被变化对温度模式的影响。三种情况下的土地利用和土地覆盖模式表明，城市增长将通过填埋开发和向外扩张继续下去。与2011年的温度模拟相比，三种城市增长情景对应的温度图分别显示了城市核心外部和内部的变暖和变冷的温度模式。对平均气温日变化周期的分析表明，2011年与LPS之间的温差最高为3.9K，发生在当地时间22：00左右。总体而言，模拟结果显示不同的城市热岛效应对夏季土地利用情景的响应，建议城市管理者和政策制定者思考替代城市增长政策对热环境的潜在影响。

分析地表温度的时空变化及其影响因素，在各种环境研究和应用中具有重要意义。Firozjaei等[40]利用主成分分析普通最小二乘法回归(principal component analysis ordinary least square regression，PCA OLS)模型评估了地表生物物理参数对地表温度变化的影响，提出了一个综合模型来表征LST时空变化，并评估地表生物物理参数对LST变化的影响。作者对1985～2018年期间的伊朗巴博勒市进行了个案研究。使用了122张Landsat5、Landsat7和Landsat8的图像，以及Terra卫星MODIS传感器产生的水汽(MOD07)和每日LST(MOD11A1)产品，以及在当地气象台112个研究日期的土壤和空气温度以及相对湿度数据。首先采用单通道算法估算LST，同时计算各种光谱指数来表示表面生物物理参数，包括NDVI、SAVI、NDWI、NDBI、反照率，以及流苏盖变换产生的亮度、绿度、湿度。其次，基于Landsat影像进行主成分分析，确定LST在像元尺度上的时间维度变化程度和地表生物物理参数。最后，利用带有区域和局部优化的OLS研究了LST主成分的第一个成分与表面生物物理参数之间的关系。结果表明，地表生物物理参数中，NDBI、湿度和绿度对LST的影响最大，相关系数分别为0.75、0.70和0.44，RMSE分别为0.71、1.03和1.06。NDBI、湿度和绿度的影响在地理上各不相同，但分别占第一次变化的43%、38%和19%。此外，基于最具影响力的生物物理因子(NDBI、Wetness和Greenness)观测到的LST变化与模拟的LST变化之间的相关系数和RMSE在区域方法为0.85和1.06，在局部方法中为0.93和0.26。该研究结果表明，使用综合PCA OLS模型可以有效地模拟各种环境参数及其与LST的关系，局部优化的PCA OLS比局部优化的PCA OLS效率更高。

Jiang 等[41]研究在不同的城市表面上用缩小的 LST 估计每小时和每天的蒸散发和土壤湿度。表面湿度对于将陆地 LST 与人们的热舒适度联系起来很重要。在城市地区，建筑物和城市树木的表面粗糙度会影响风速，进而影响表面湿度。为了发现表面粗糙度在估算表面水分中的作用，研究以美国印第安纳州印第安纳波利斯为案例，开发了估算每日和每小时蒸散量(evapotranspiration，ET)和土壤水分的方法。为了捕获 LST 的时空变化，按比例缩小技术可以产生每小时和每天的 LST。考虑到城市地区的异质性，计算了植被，土壤和不透水表面的比例。为了描述城市形态，根据数字高程模型，数字表面模型和地面 LiDAR 数据计算了表面粗糙度参数。采用两源能量平衡(two source energy balance，TSEB)模型生成 ET，并采用温度植被指数(temperature vegetation index，TVX)方法计算土壤水分。每小时稳定的土壤水分在 15%～20%波动，并且每天的土壤水分由于降水而增加，而由于季节温度变化而降低。响应于降水，城市地区土壤，植被和不透水表面上的 ET 产生了不同的模式。高层建筑的表面粗糙度对中心城区的 ET 影响较大。

18.2.6　城市气候特征

在大气候或区域气候的背景条件下由于城市化的影响而形成的一种局地气候或小气候，称为城市气候。高速城市化引发城市热岛效应间接、直接导致了部分地区气候异常、大气污染、热死亡率递增等社会问题日益严峻。不科学的城市规划、建筑设计加剧恶化原本就很脆弱的城市微气候环境，严重影响城市人口的生活质量。由于下垫面的不均匀性、微地形的起伏、水域(自然水面、人工水面)的影响、绿地及建筑群的存在对城市气候造成变化。研究局地表面的气候效应并进行定量分析是城市气候研究的内容之一。由于城市下垫面比较复杂，从而形成不同的城市小气候，不同的下垫面因子是引起城市小气候差异性的原因。因此，对这些下垫面因子进行分析研究很有必要。

遥感技术对影响城市气候下垫面因子的研究主要包括：城市土壤的类型、结构、颜色、空气和水分的含量；水的表面面积和深度；植被类型、高度、覆盖率、季节变化；建筑的各种下垫面(混凝土、沥青、金属等)的颜色等；地形平坦、凸出、凹陷等；曝光情况包括受大、小地形遮蔽的情况，受建筑物、树木遮阴等情况；建筑区的分布及其不同形式和平均高度，街道和建筑的方位，公园、花园及其他开放空间的密度与分布；下垫面反射率等。

郑子豪等[42]尝试将三维建模技术与微气候模拟相结合应用于城市局地微气候研究，以期获得模拟数据和模型，给城市管理者提供改善城市微气候质量的有效途径。研究区域选定珠江新城西区，利用局地微气候模拟软件对研究区进行温度、湿度、风速、风向等气候要素的模拟，并与规则建模的城市三维模型整合进行可视化分析。微气候模拟结果结合目标区域三维模型，能够直观地分析出建筑高度、密度和布局对目标区域城市微气候分布状况的影响，并提出相应的改善建议与规划策略。该方法克服了以往微气候研究局限于实地测量与单纯依靠过往气象数据的不足。规则建模对城市建筑布局、结构方面的具体呈现与 ENVI-met 在微气候分布模拟的结合，使城市局地微气候研究可以与三维建模相结合的方向发展，为不同地区的城市规划与微气候模拟研究提供了新思路与辅助决策工具。

Zheng 等[43]提出了一种基于 GIS 的方法，将气候模型、建筑能源模拟和建筑特性清单结合起来，以量化气候变化对加州洛杉矶建筑能源需求的影响。在高排放(high emission，A1FI)和中等排放(medium emission，A2)排放情景下，通过年度、月度和日尺度上的相对变化(relative change，RC)和绝对差异(absolute difference，AD)，比较当前和未来气候条件下的建筑能源需求，评估这种影响，并对易受气候变化影响的社区进行了空间分析。结果表明，在两种情况下，大多数建筑类型的能耗都有明显增加。随着制冷能耗需求的增加，空调系统也发生了较大的变化。在更小的时间尺度上观察到更大的变化。建筑的能源需求从 4 月到 10 月上升，但从 11 月到 3 月下降。所有建筑类型的总能量 AD 最大出现在 8 月份，范围为 1.8～30.9MJ/m^2，但昼夜 AD 的特征随建筑类型的不同而不同。有密集的高层商业建筑的地区将预见到能源需求的最大增长。该方法可以预测不同时空尺度下建筑能量需求的敏感性。

Cai 等[44]使用改进的世界城市数据库和门户网站工具(world city database and portal tools，WUDAPT)方法研究了中国长江三角洲地区局部气候区(local climate zone，LCZ)与 LST 之间的关系。LCZ 源于 Stewart 于 2011 年提出的分类框架，即几百至几千米的水平尺度上，具有相同的地表覆盖、类似的城市结构与建筑材质以及相似人类活动的区域，其可作为描述全球城市的通用标准。卫星数据为美国地质调查局 30m Landsat 8 Level 1 图像和美国国家航空航天局夜间 Aster 图像；气象数据为中国气象观测站的平均温度数据。研究选择了覆盖整个 YRD 区域的 10 张 Landsat 图像进行分类，使用改进的 WUDAPT 方法编制了六个长三角地区城市的训练样本。首先，对 Landsat 数据进行 30～100m 重新采样，以表示局部规模的城市结构而不是较小物体的光谱信号。然后，利用 Google Earth 对 LCZ 类进行数字化，每个 LCZ 类多边形的代表区域均被选择为训练样本，每个 LCZ 类包含大约 50 个多边形。随后对上海、杭州、南京、无锡、苏州和扬州等六个典型的长三角城市进行了训练，将预处理的 Landsat 图像和整个 YRD 区域的选定训练区域输入到 SAGA GIS，根据训练样本与其余研究区域之间的相似性，由随机森林分类器计算并进行研究区域的 LCZ 分类。最终，生成了 YRD 区域的 LCZ 地图。对 Aster 采用单通道算法获取研究区 LST，对比分析 LST 和 LCZ 的关系，结果表明，YRD 流域不同城市的 LST 与 LCZ 类基本一致，建成区 LCZ 类的 LST 较高。LCZ 分类方案是基于城市形态对城市温度变化的影响，因此 LCZ 地图能够指示 LST 现象的空间分布，从而有助于对气候更加敏感的城市进行规划。LCZ 地图可视化了空间特征，因此城市规划人员和建筑师可以在决策过程中更好地了解城市热环境。

Fu 等[45]利用 MODIS 影像揭示了美国市区年温度周期的变化。由于卫星 LST 较大的空间覆盖范围和频繁的重访周期，最近被用于研究区域和全球尺度上的年温度周期(annual temperature cycle，ATC)变化。然而，LST 的季节性变化研究相对较少，特别是在通常观察到气温升高的城市地区。通过假设重复的温度循环，该研究旨在揭示城市和农村地区 ATC 参数的差异，以及 UHI 对美国大陆上空 ATC 范围的影响。为此，根据 2012 年夜间灯光数据(DMSP/OLS)绘制的城市范围，确定了美国大陆超过 10km^2 的城市区域，共有 1856 个城市多边形。采用缓冲区方法生成了相同大小的相应农村多边形。使用与 8 天 MODIS LST 复合数据拟合的正弦函数来优化 ATC 参数。结果表明，城市和农村地区在包括年平均表面温度(mean annual surface temperature，MAST)，年表面温度的年振幅(yearly amplitude of surface temperature，YAST)和修订的相移参数等 ATC 参数上表现出显著差异，$p<0.01$。MAST 和 YAST 较高，但相移值较低，主要与市区有关。这一发现表明，城市地区导致了极端温度(最低和最高温度)的变化以及整体变暖。回归分析表明，地表 UHI 强度与城乡间的 MAST($R^2=0.9$)和 YAST($R^2=0.5$)的差异呈正相关，而与修正后的相移参数差异呈负相关($R^2=-0.2$)。此外，在热带地区观察到了最高的表面 UHI(约 3K)和 ATC 参数的最大差异，其次是温区，大陆(冷)区和干旱区。总体而言，这项研究表明，城市化引起的土地覆盖变化可能会通过增加温度变化来影响城市系统。但是，应注意的是，对于选定的 2000 个城市，其构造和形态尺寸各不相同，其表面 UHIs 的表征可能会引起分析的不确定性。

18.3 城市公共安全

我国有 70%以上的大城市、50%以上的人口，分布在气象、海洋、洪水、地震等灾害严重的沿海及东部地区，全国 639 个城市有防洪需求，但达到国家规定防洪标准的城市仅占其中的 27%。城市交通的日趋饱和，机动车流量与密度、交通阻塞等交通安全问题成为困扰很多大中城市的新挑战。城市次生灾害如火灾、煤(毒)气泄漏、爆炸、放射物扩散所造成的危害和损失成为超越自然灾害本身的城市公共安全。目前便捷的交通网络增加了流行病远距离传播的机会，传播风险增高，也成为危害城市公共安全的一大隐患。随着城市化进程的加快，各种环境污染纷至沓来，噪声污染光污染也成为影响着人们的正常生活的一大危害，污染严重的地区，人们的身心健康都受到了威胁。城市公共危机的存在，以及公共危机对人民的生命和财富、对国民经济的增长和社会安全所带来的现实威胁，使城市公共危机管理的研究成为公共管理的重大课题。

如何提高城市环境系统的抗灾能力，使其在危害城市公共安全的灾变中损失减小到最少，这是制定城市防灾对策时应考虑的重要问题。开展城市公共安全监测与评价，有针对性地采取整改和补强措施，保障城市稳定的生活、生产秩序，保障城市公众生命和财产的安全，对城市未来的建设和健康发展有重要意义。本节主要介绍城市违法建设监测、城市灾害监测、流行病研究等城市公共安全领域的应用。

18.3.1 违法建设监测

近年来，在城市高速发展和日益膨胀的同时，也衍生了大量的违法建设，扰乱了城市的规划秩序，阻碍城市的持续性发展，对城市的规划建设和管理提出了新的要求，迫切需要规划观念和管理方法发生新的变革。传统手段下，依靠人力现场识别违法建筑，费时费力，效率低下，难以做到有的放矢，无法切中目标，无法满足违法建筑巡查的需要。利用不同时相卫星及航拍影像，综合运用计算机技术、地理信息技术、遥感技术，通过计算机图形图像处理识别与人工判别解译相结合的方法，可以动态监测和管理违章建筑及设施的位置、分布、范围、面积和整改状态等信息。多源获取的高分辨率遥感影像能够实时和全面地反映建筑物及地表变化，对采集到的建筑设施提供准确的定位和范围，对地表建设进行动态、定量化和空间化的监测，采集违法建设图斑的空间分布，研究其发展变化的应用[46-50]。

龙凤鸣等[51]提出综合运用遥感影像变化监测、空间数据处理、GIS 分析、无人机航测等 3S 技术手段，融入网格化精细管理理念，提出了针对违法建筑识别、治理、监管全流程的方法，详细探讨了在城市违法建筑治理与监管方面的措施。通过在青岛市李沧区违法建筑治理与监管中的实践，结果表明，提出的方法恰当，技术路线可行，从而为城市违法建筑治理与监管提供了更为科学、高效的技术方法和管理手段。存量违法建筑落图：为快速实现存量违法建筑的空间化，将违法建筑台账数据通过地名地址匹配技术进行初步空间化，匹配未成功的数据由工作人员依托违法建筑落图系统，进行手动空间化，完成所有存量违法建筑数据的落图管理与应用。遥感影像变化监测：违法建筑变化监测的目的就是要把地面上建筑物及其附属设施的变化信息识别并提取变化图斑，为下一步违法建筑治理及效果评判提供数据基础。提取变化图斑后，生成图斑中心点，将疑似新增违法建筑中心点作为核实任务按照网格责任划分一键推送至巡查人员移动端 App，利用 GNSS 技术，由巡察人员基于移动端 App 上地图显示的精准位置赴现场进行核实，核实为真后自动录入违法建筑数据库。重点区域无人机监控：无人机具有机动灵活、作业高效迅速、可高频监测重点区域以及成本低廉等特点，针对重点区域违法建筑的监控能够发挥其独特优势。通过无人机搭载数码相机可获取影像数据、360 全景数据、照片、视频等多种格式的数据，实现重点区域治理前、中、后的全过程监控，对重点区域拆违工作起强有力监督作用，也为治理效果评判提供更为直观、有效的信息依据。

Mathan 等[52]以印度钦奈都市区为例，利用遥感光谱指标集监测城市和城市周边土地变迁的时空动态。土地使用/土地覆盖变化是发展中城市环境中最脆弱的因素。增加的基础设施和人口密度往往会改变土地特征，进而对气候变化产生影响，并增加不透水层。文章利用卫星图像分析了印度泰米尔纳德邦钦奈都市区(Chennai Metropolitan Area，CMA)的城市景观和城市周边景观的时空变化。Landsat5 TM 和 Landsat8 OLI/TIRS 传感器拍摄的图像是 1988 年、1997 年、2006 年和 2017 年。利用遥感光谱指数(NDVI、MNDWI、NDBI 和归一化差异裸地指数(normalized differential barren index，NDBaI))进行土地利用/覆被分类。混淆矩阵被用于评估 2017 年的准确性。所得土地利用与覆盖(land-use/land-cover，LULC)分类的总体准确率为 91.76%，Kappa 系数为 0.84。结果表明，1988 年 2 月～2017 年 2 月，农业/休闲地、不毛/半不毛地、植被和水体/湿地分别减少了 53.62%、1.45%、58.99%和 30.59%。这使得建成区面积增加了 173.83%。在此期间，约有 26881hm^2 的农业/休耕土地、10482hm^2 的植被用地和 2454hm^2 的水体/湿地被转为建设用地和其他土地用途。这意味着 CMA 从 1988 年的农业区(42.21%)转变为 2017 年的建成区(48.72%)。

18.3.2　城市灾害监测

城市作为巨大承灾体，日益成为国际社会及国家、省区灾害防御的中心和重点。城市环境系统是一个人工系统和自然系统的复合系统，这一复合系统在自然灾变时往往表现出一种脆弱性。这种脆弱性对灾变起着放大作用，使城市次生灾害如火灾、煤(毒)气泄漏、爆炸、放射物扩散所造成的危害和损失大大地超过自然灾害本身。如何提高城市环境系统的抗灾能力，使其在自然灾变中的损失减小到最少，是制定城市防灾对策时应考虑的重要问题。为能准确地评价城市灾害危险度及其空间分布，以往对城市灾害源多采用常规调查，分析方法有一定的局限性和片面性，与当前城市建设的发展很不适应。

近年来，遥感技术的发展，为城市环境研究提供了新的技术手段，对城市灾害源进行全面系统的调查研究，使其成为可能。遥感对城市灾害监测主要包括受灾范围监测、房屋损毁监测、道路损毁监测、农田损毁监测、应急救助监测、恢复重建监测、安全隐患监测等方面。

张斌等[53]利用分辨率为30m的COSMO-SkyMed SAR雷达卫星影像数据，以岳阳市为例分析了遥感测量在洪水灾害监测中的应用。采用最佳阈值分割法(optimal threshold segmentation method，Otsu)对该区域洪涝灾害进行监测，该算法通过求两类地物间的类间方差最大从而自动计算出分割阈值的大小，因此同样的图像中感兴趣区地物的灰度值和其他地物灰度值有明显差异的情况下有较好的效果，即图像的灰度值频率分布有明显的“峰谷”特点，而且峰值和谷值差值越大分割效果越明显。通过信息提取工作得到了7月5日和7月6日华容县(部分区域)、岳阳楼区(全部区域)、君山区(全部区域)洪水淹没图、洪涝新增积水覆盖图和时间序列条件下的积水增量分布。2017年7月5日洪水时期相比前一年未发洪水时期，岳阳市的三个县市华容县、君山县和岳阳楼区分别新增水面面积69.78km^2、43.23km^{2}和7.14km^2。此研究工作有助于遥感测量在突发性洪水灾害应急响应中快速提取淹没区，同时针对洪水多发区进行时序监测。

李彬烨等[54]通过收集20世纪80年代、90年代，以及2000年之后广州市主城区严重暴雨内涝资料，探索改革开放后广州市暴雨内涝时空演变特征，分析城市建设用地扩张对暴雨内涝的影响，以期为城市暴雨内涝的防治与调控政策制定提供科学依据。暴雨内涝点数据主要来源于广州市水务局提供的暴雨内涝记载相关资料。利用ArcGIS软件将暴雨内涝点进行矢量化，建立暴雨内涝点空间数据集。矢量化过程中，暴雨内涝事件记录为“点”状数据，如道路与道路的交叉口、具体建筑物等则用一个点表示。另外获取了广州市主城区1990年、1999年、2010年10月～11月Landsat TM/ETM 30m分辨率的遥感影像数据。同时，收集了广州市主城区2000年、2008年、2010年航片数据，用于辅助遥感影像分类的取样、验证。广州市暴雨内涝点时空分布表明，广州主城区暴雨内涝点在时间和空间2个尺度上体现出显著的扩张。20世纪80年代，严重城市暴雨内涝事件点有7个，主要集中于越秀区长堤大马路附近；90年代，内涝事件点增加到51个，绝大部分集中在越秀区，少量分布在其他区域；2000年以后(截至2012年)，内涝事件点达到113个，相比于前2个时期，内涝事件在越秀、天河、海珠、白云等主要区域都有发生。

Austin等[55]利用遥感和机器学习算法检测2010年海地地震城市破坏。在这项研究中，作者从数字地球基金会获得了高分辨率的多光谱和全色遥感数据。WorldView-1号卫星于2009年12月拍摄了一幅灾前全色图像，Quickbird 2号卫星于2010年1月15日拍摄了灾后多光谱和全色图像。所有数据集使用最近邻技术重新采样到0.6m。图像经大气校正到TOA反射率，使用15个控制点和一个RMSE为0.55m的三阶多项式变换对震前和震后图像进行配准。研究评估了多层前馈神经网络(multi-layer feed forward neural network，MLFNN)、径向基神经网络(radial basis neural network，RBFNN)和随机森林(random forest，RF)在探测 2010 年海地太子港 7.0 矩级地震造成的破坏方面的有效性。此外，还研究了熵、异度、高斯拉普拉斯算子和矩形拟合等纹理和结构特征作为高空间分辨率图像分类的关键变量。结果表明，使用训研所/联合国卫星业务应用方案数据集作为验证，每种算法都实现了近 90%的核密度匹配。多层前馈网络在检测建筑物破损时的错误率在 40%以下。在算法分类中，纹理和结构的空间特征要比光谱信息重要得多，这突出了未来机器学习算法的潜力。

18.3.3 流行病研究

流行病指可以感染众多人口的传染病，能在较短的时间内广泛蔓延。流行病及其媒介空间分布复杂、范围大，相关环境因素资料的获得困难，如何快速、准确、客观地监测流行病环境因素变化，促进疾病与环境因素的关系研究非常重要。传统的采用流行病学现场调查方法费时费力，且费用较高，难以满足实际需求。应用遥感技术，将有助于快速确定这些地区，从而节省了以传统方式进行监测所需的大量人力、物力、财力。这对于以往因缺乏监测未采取疾病控制措施而实际上需要干预措施的地区来说意义尤为重大。综合运用遥感信息对流行病的研究主要集中在对自然疫源性疾病、地球化学性疾病和环境污染所致疾病等的本底调查、监测与控制、预测预报、流行规律等应用研究[56]。

高孟绪等[57]对喜马拉雅旱獭鼠疫的潜在空间分布进行了分析，选取青海省乌兰县为研究区，利用 GIS 软件空间化处理得到鼠疫疫源地内主要宿主动物喜马拉雅旱獭位置点 45 处；根据喜马拉雅旱獭的生境特点，提取与分析包括高程、坡度、坡向、植被指数、地表温度、土地覆盖等与喜马拉雅旱獭相关的多源地理环境变量；利用最大熵模型和 ArcGIS 软件构建旱獭的空间分布预测模型，并研究与鼠疫疫情相关的环境风险要素。模型预测的受试者工作特征曲线下面积(area under characteristic curve，AUC)平均值为 0.904，标准偏差为 0.077，模型总体精度良好；利用刀切法进行的环境风险要素分析表明，年均归一化植被指数、地表覆盖、高程对于喜马拉雅旱獭的空间分布影响最为重要，贡献率分别为 51.6%、21.7%和 12.4%。研究结论表明利用最大熵模型可以进行鼠疫疫源地的环境风险要素探测和空间分布预测，成果可以为其他鼠疫自然疫源地的疫情防治和管理提供重要参考。

Lacaux 等[58]通过高空间分辨率遥感池塘分类对塞内加尔裂谷热(由阿拉伯伊蚊和库蚊导致)流行进行了研究。在雨季，费洛地区(塞内加尔)上空大量的蚊子与动态的植被覆盖和暂时的、相对较小的池塘的浑浊度有关。后者创造了一个可变的环境，蚊子可以在其中繁衍，从而促进裂谷热等疾病在 Ferlo 地区的扩散和传播。池塘面积小，分布复杂，需要使用高空间分辨率卫星图像来进行充分的探测。研究使用 SPOT-5 图像(10m 分辨率)通过两个新指数详细评估池塘的时空演变：归一化差异池塘指数(normalized differential pond index，NDPI)和归一化差异浊度指数(normalized differential turbidity index，NDTI)。小于 $0.5hm^2$ 的小池塘在任何时间段都占优势。例如，在雨季高峰期，它们占池塘总数的近 65%，在雨季结束时达到 90%。此外，还提出了另一种产品：蚊子可能占据的区域(zone potentially occupied by mosquitoes，ZPOM）。在夏季季风高峰期，裂谷热蚊占据了 Ferlo 地区 25%的面积，而只有 0.9%的面积被池塘覆盖。放牧牛和蚊子占据的重叠区域，加强裂谷热病毒传播。研究提出的遥感业务指数和产品旨在更好地了解所涉及的机制，并有助于在不断变化的气候和环境中发展预警系统。

Khan 等[59]利用 GIS 和遥感技术对卡拉奇市区的噪声污染、交通和土地利用模式进行评估。研究假设高噪声与土地利用和交通量的地理集聚有关，从而导致噪声相关疾病的高发，在这些区域附近工作的人处于脆弱风险之中。研究的主要目的是调查与噪声污染及其对人类健康的不利影响有关的信息，并找出它们在卡拉奇各地的空间格局。研究涵盖了不同的参数，包括土地覆盖评估、土地利用、人类住区增长、时间交通模式、人口分布、当前噪声水平、对健康的影响、医生和公众的看法。由于对空间技术的理解较少、估计不足以及微观地理尺度上数据的收集、处理和分析困难，大城市内部的空间变化在很大程度上被忽视。遥感技术一直在提供多维度的信息，用于各种环境调查，而地理信息系统（geographic information system, GIS）由于其广泛的功能和成本效益，已被接受为复杂世界的一个交钥匙解决方案。研究应用多属性决策分析方法，对大都市的 58 个区域进行了微观地理评估。每个区域评估包括区域面积、人口密度、土地覆盖的分布、土地利用的分割、噪声引起的疾病频率、流行情况和区域内噪声水平的时间变化。以交通和土地利用参数为自变量，建立了预测卡拉奇城市旧城区噪声水平的多元回归模型。研究最独特的是将工程技术与人类行为科学技术相结合，以追溯噪声污染的表现。

参 考 文 献

[1] 李久枫, 余华飞, 付迎春, 等. 广东省“人口—经济—土地—社会—生态”城市化协调度时空变化及其聚类模式. 地理科学进展, 2018, 37(2): 287-298.

[2] Xu Y, Ren C, Cai M, et al. Classification of local climate zones using ASTER and Landsat data for high-density cities. IEEE Journal of Selected Topics in Applied Earth Observations and Remote Sensing, 2017, 10(7): 3397-3405.

[3] Liu H, Koyama C, Zhu J F, et al. Post-earthquake damage inspection of wood-frame buildings by a polarimetric GB-SAR system. Remote Sensing, 2016, 8(11): 935.

[4] 杨洋, 黄庆旭, 章立玲. 基于 DMSP/OLS 夜间灯光数据的土地城镇化水平时空测度研究——以环渤海地区为例. 经济地理, 2015, 35(2): 141-148.

[5] Milesi C, Elvidge C D, Nemani R R, et al. Assessing the iM pact of urban land development on net primary productivity in the southeastern United State. Remote Sensing of Environment, 2003, 86(3): 9-13.

[6] Zhao M, Zhou Y, Li X, et al. Mapping urban dynamics (1992-2018) in Southeast Asia using consistent nighttime light data from DMSP and VIIRS. Remote Sensing of Environment, 2020, 248: 111980.

[7] Xie Y H, Weng Q H, Fu P. Temporal variations of artificial nighttime lights and their implications for urbanization in the conterminous United States, 2013-2017. Remote Sensing of Environment, 2019, 225: 160-174.

[8] Fu Y C, Li J F, Weng Q H, et al. Characterizing the spatial pattern of annual urban growth using time series Landsat imagery. Science of The Total Environment, 2019, 666: 274-284.

[9] Zhang X, Liu L, Wu C, et al. Development of a global 30 m impervious surface map using multisource and multitemporal remote sensing datasets with the Google Earth Engine platform. Earth System Science Data, 2020, 12(3): 1625-1648.

[10] 蔡博文, 王树根, 王磊, 等. 基于深度学习模型的城市高分辨率遥感影像不透水面提取. 地球信息科学学报, 2019, 21(9): 1420-1429.

[11] Shao Z F, Fu H Y, Li D R, et al. Remote sensing monitoring of multi-scale watersheds impermeability for urban hydrological evaluation. Remote Sensing of Environment, 2019, 232: 111338.

[12] Cao S S, Hu D Y, Zhao W J, et al. Monitoring changes in the impervious surfaces of urban functional zones using multisource remote sensing data: A case study of Tianjin, China. GIScience & Remote Sensing, 2019, 56(7): 967-987.

[13] 毛羽丰, 朱邦彦, 张琪, 等. 基于高分辨率 SAR 与光学遥感数据的城区变化检测. 城市勘测, 2019, 5: 17-20.

[14] 李娅, 刘亚岚, 任玉环, 等. 城市功能区语义信息挖掘与遥感分类. 中国科学院大学学报, 2019, 36(1): 56-63.

[15] Yao Y, Liang H, Li X, et al. Sensing urban land-use patterns by integrating Google tensorflow and scene-classification models. ISPRS-International Archives of the Photogrammetry, Remote Sensing and Spatial Information Sciences 2017, XLII-2/W7: 981-988.

[16] 马川. 基于单幅高分辨率遥感影像的城市建筑物三维几何建模. 成都: 西南交通大学, 2012.

[17] Zhao C H, Weng Q H, Hersperger A M. Characterizing the 3-D urban morphology transformation to understand urban-form dynamics: A case study of Austin, Texas, USA. Landscape and Urban Planning, 2020, 203: 103881.

[18] Zheng Y F, Weng Q H, Zheng Y X. A hybrid approach for three-dimensional indianapolis from LiDAR data. Remote Sensing, 2017, 9(4): 310-334.

[19] 唐璎, 刘正军, 杨树文. 基于三指数合成影像的西北地区城市建筑用地遥感信息提取研究. 地球信息科学学报, 2019, 21(9): 1455-1466.

[20] Nielsen M M. Remote sensing for urban planning and management: The use of window-independent context segmentation to extract urban features in Stockholm. Computers Environment and Urban Systems, 2015, (52): 1-9.

[21] 王博. 基于 NPP-VIIRS 夜间灯光遥感影像的杭州城市结构发展变化分析. 浙江: 浙江大学, 2019.

[22] Weng Q, Firozjaei M K, Sedighi A, et al. Statistical analysis of surface urban heat island intensity variations: A case study of Babol city, Iran. GIScience & Remote Sensing, 2018, 2: 1-29.

[23] Mudede M F, Newete S W, Abutaleb K, et al. Monitoring the urban environment quality in the city of Johannesburg using remote sensing data. Journal of African Earth Sciences, 2020, 171: 103969.

[24] Prud'homme G, Dobbin N A, Sun L, et al. Comparison of remote sensing and fixed-site monitoring approaches for examining air pollution and health in a national study population. Atmospheric Environment, 2013, 80: 161-171.

[25] 张德英. 基于卫星观测的沿淮五省主要空气污染物健康影响评估. 上海: 华东师范大学, 2019.

[26] 胡应龙. 珠三角城市群空间分区与土地利用空间冲突效应分析. 广州: 广州大学, 2019.

[27] Wang C G, Zhan W F, Liu Z H, et al. Satellite-based mapping of the universal thermal climate index over the Yangtze River Delta urban agglomeration. Journal of Cleaner Production, 2020, 277: 123830.

[28] Zhao X, Li X, Zhou Y, et al. Analyzing urban spatial connectivity using night light observations: A case study of three representative urban agglomerations in China. IEEE Journal of Selected Topics in Applied Earth Observations and Remote Sensing, 2020, 13: 1097-1108.

[29] 白晓琼, 王汶, 林子彦, 等. 基于高空间分辨率遥感影像的三维绿度度量. 国土资源遥感, 2019, 31(4): 53-59.

[30] 孙爽, 李令军, 赵文吉, 等. 基于热异常遥感的冀南城市群工业能耗及大气污染. 中国环境科学, 2019, 39(7): 3120-3129.

[31] 曹红业. 中国典型城市黑臭水体光学特性分析及遥感识别模型研究. 重庆: 西南交通大学, 2014.

[32] Li F, Sun W, Yang G, et al. Investigating spatiotemporal patterns of surface urban heat islands in the Hangzhou Metropolitan Area, China, 2000-2015. Remote Sensing, 2019, 11(13): 1553-1572.

[33] 佟华, 刘辉志, 桑建国. 城市人为热对北京热环境的影响. 气候与环境研究, 2004, 9(3): 409-421.

[34] 何晓凤, 蒋维楣, 陈燕, 等. 人为热源对城市边界层结构影响的数值模拟研究. 地球物理学报, 2007, 50(1): 74-82.

[35] 马盼盼, 吾娟佳, 杨续超, 等. 基于多源遥感信息的人为热排放量空间化——以浙江省为例. 中国环境科学, 2016, 36(1): 314-320.

[36] Zheng Y F, Weng Q H. High spatial and temporal resolution anthropogenic heat discharge estimation in Los Angeles County, California. Journal of Environmental Management, 2018, 206: 1274-1286.

[37] Firozjaei M K, Weng Q, Zhao C, et al. Surface anthropogenic heat islands in six megacities: An assessment based on a triple-source surface energy balance model. Remote Sensing of Environment, 2020, 242: 1-22.

[38] 王帅帅, 陈颖彪, 千庆兰, 等. 城市公园对城市热岛的影响及三维分析——以广州市主城区为例.生态环境学报, 2014, 23(11): 1792-1789.

[39] Fu P, Weng Q. Responses of urban heat island in Atlanta to different land-use scenarios. Theoretical & Applied Climatology, 2018, 133: 123-135.

[40] Firozjaei M K, Panah S K A, Liu H, et al. A PCA-OLS Model for assessing the impact of surface biophysical parameters on land surface temperature variations. Remote Sensing, 2019, 11(18): 2094.

[41] Jiang Y T, Weng Q H. Estimation of hourly and daily evapotranspiration and soil moisture using downscaled LST over various urban surfaces. GIScience & Remote Sensing, 2017, 1(54): 95-117.

[42] 郑子豪, 陈颖彪, 千庆兰, 等. 基于三维模型的城市局地微气候模拟. 地球信息科学学报, 2016, 18(9): 1199-1208.

[43] Zheng Y F, Weng Q H. Modeling the effect of climate change on building energy demand in Los Angeles county by using a GIS-based high spatial- and temporal-resolution approach. Energy, 2019, 176(1): 641-655.

[44] Cai M, Ren C, Xu Y, et al. Investigating the relationship between local climate zone and land surface temperature using an improved WUDAPT methodology-A case study of Yangtze River Delta, China. Urban Climate, 2018, 24: 485-502.

[45] Fu P, Weng Q. Variability in annual temperature cycle in the urban areas of the United States as revealed by MODIS imagery. ISPRS Journal of Photogrammetry and Remote Sensing, 2018, 146: 65-73.

[46] 王小攀, 袁超, 胡艳, 等. 遥感辅助城市违法建筑监察研究与实践. 地理空间信息, 2016, 14(6): 101-103.

[47] 邓仕虎, 徐文卓. 基于移动 GIS 的城乡规划监察执法信息系统. 地理空间信息, 2012, 10(3): 130-133.

[48] 隋克林, 张晓东. 遥感在查处违法建设中的应用研究. 测绘与空间地理信息, 2013, 36(3): 146-148.

[49] 赵雷, 包银丽, 袁翔东. 基于倾斜摄影测量技术的建筑物空间变化监测探讨. 地矿测绘, 2015, 31(4): 11-14.

[50] 胡冬梅, 夏君. 基于 GIS 的违法建筑管理研究与应用. 城市勘测, 2016, 4: 14-17.

[51] 龙凤鸣, 李琳, 李斌, 等. 城市违法建筑精细化治理研究与实践. 城市勘测, 2019, 5: 6-10.

[52] Mathan M, Krishnaveni M. Monitoring spatio-temporal dynamics of urban and peri-urban land transitions using ensemble of remote sensing spectral indices-a case study of Chennai Metropolitan Area, India. Environmental Monitoring and Assessment, 2020, 192(15): 1-11.

[53] 张斌. 遥感测量在洪水灾害淹没监测中的应用. 城市勘测, 2018, 4: 116-119.

[54] 李彬烨, 赵耀龙, 付迎春. 广州城市暴雨内涝时空演变及建设用地扩张的影响. 地球信息科学学报, 2015, 17(4): 445-450.

[55] Austin C, Yang S, James C. Detection of urban damage using remote sensing and machine learning algorithms: Revisiting the 2010 Haiti earthquake. Remote Sensing, 2016, 8(10): 868-885.

[56] 方立群, 李小文, 曹务春, 等. 地理信息系统应用于我国高致病性禽流感的空间分布及环境因素分析. 全国中青年流行病学工作者学术会议, 2005.

[57] 高孟绪, 王卷乐, 李一凡, 等. 基于地理信息系统和最大熵模型的青海省乌兰县鼠疫环境风险要素空间探测. 中华地方病学杂志, 2016, 35(11): 808-812.

[58] Lacaux J P, Tourre Y M, Vignolles C, et al. Classification of ponds from high-spatial resolution remote sensing: Application to Rift Valley fever epidemics in Senegal. Remote Sensing of Environment, 2007, 106(1): 66-74.

[59] Khan M W, Memon M A, Khan M N, et al. Traffic noise pollution in Karachi, Pakistan. Liaquat University of Medical & Health Sciences, 2010, 9(3): 114-120.

第19章 遥感在交通运输方面的应用

交通是人类生活的基本需要，也是国民经济发展和社会富强的根本保障。我国交通建设发展迅速，基础设施规模位居世界前列，综合交通网总里程突破500万km，高速铁路和高速公路里程、港口万吨级泊位、城市轨道交通运营里程等世界第一，是名副其实的交通大国。党的十九大提出建设交通强国的理念，要建成世界领先、人民满意的交通强国，更离不开科技创新的引领和信息化技术方法的支撑。

我国交通运输部统筹规划铁路、公路、水路、民航的发展，负责国家公路网运行监测和应急处置协调工作，承担综合交通运输，重大海上溢油应急处置等有关工作。2016年，交通运输部发布了《交通运输信息化“十三五”发展规划》将“互联网+”和大数据上升为国家战略，互联网成为交通运输的重要基础设施，智慧化特征在交通运输发展规划中尤为显著。随着行业“十三五”信息化目标的确立，遥感在交通运输领域的发展方向也逐渐明确。2019年，自然资源部科技发展司联合交通运输部科技司在北京召开卫星遥感应用合作研讨会，共商国产卫星遥感应用技术体系建设发展，探讨国产陆海卫星在交通运输行业的深入应用，推动卫星遥感技术共建共享共用。

光学遥感、红外探测、微波雷达等技术在交通运输领域的都有广泛研究与应用，其中在公路、铁路工程选点及建设，生态环境监测与评价、灾害监测，以及油气管道，海洋交通四个方面应用更为广泛，包括交通规划、路网提取、交通安全与应急管理、交通行业环境保护和节能减排、交通气象灾害监测和预报等交通综合领域；车辆监测、道路交通选线、交通运输监测等公路交通领域；油气管道勘察设计、管道沿线地质灾害的调查与评估等管道交通领域；海上污染监测、航道管理、船舶识别与检测、海上交通环境监测等海洋交通遥感领域。

19.1 交通综合

交通作为国民经济和社会发展的基础性和服务性产业，在国家整体规划中占据重要地位。随着现代卫星遥感技术的发展，交通遥感已成为交通领域专家学者广为关注的问题。本节介绍卫星遥感交通的综合应用，如交通规划、设施调查、路网提取、交通运输监测、交通安全与应急管理、交通建设项目监管、交通行业环境保护与节能减排、交通气象灾害监测预报。

19.1.1 交通规划与路网提取

随着我国经济快速发展和汽车保有量的增加，交通路网规划与管理、交通拥堵、交通事故频发等道路交通问题已成为制约城乡经济发展的主要因素之一。传统的道路网信息获取方法主要为人工现场测量或评估，因此需要投入大量的人力、物力，现场操作周期长，覆盖范围小，采集结果容易受人为因素的影响。采集周期以及精度显然不能满足我国现阶段道路交通迅猛发展的要求。目前，广泛使用的车辆及车流量信息采集技术主要有环形感应线圈检测技术、视频检测技术、微波检测技术、超声波检测技术、红外线车辆检测技术、GPS 和手机定位检测技术等。这些技术能够直接或间接检测一定范围内的车流量、车速、车队长度和车型等。但是传统的检测技术都存在检测范围小、安装或维护成本高等缺点，部分检测技术的检测精度还易受环境、天气或周边建筑的影响。综合目前道路网信息以及车流量信息获取技术的发展现状可以发现，迫切需要一种覆盖范围更广、实时性更好、准确性更高的采集方法。

高分辨率遥感图像具有覆盖范围广、实时性好、准确率高的特点，已经广泛应用于道路交通规划和路网提取。路网提取技术分为半自动道路提取和自动道路提取。半自动道路提取包括动态规划法、基于 Snakes 或 Active Contour 模型法、基于主动实验(active testing)模型法、模板匹配法、基于概率论法。自动道路提取综合利用人工智能、计算机视觉、数学模型、模式识别等方法，自动识别出道路或某一种类型的道路。

王昆[1]结合常州市新北区的交通规划项目，以该区域 IKONOS 遥感影像为研究数据，选取地物类型丰富的六个交通小区作为实验区，以 Ecognition 软件为平台，对实验区进行了土地利用分类以辅助交通规划。首先，对研究区遥感影像进行预处理，包括最佳波段选择、几何校正、数据融合、阴影检测与去除、面向交通规划土地利用分类的最优尺度选择，确定各用地类型提取的最优尺度。然后，研究了各交通小区的分类体系和分类层次以及各层次分割尺度的确定，在此基础上，采用模糊分类法进行分类，获得实验区分类结果。最后，对分类结果进行了精度评价，重点研究了分类的内符合精度、绝对精度，并对分类精度的不确定性进行了分析，内符合精度达到 90%以上，Kappa 系数达到 0.88 以上，绝对精度达到 89.02%，表明将高分辨率遥感分类技术用在交通规划领域是可行的。

任建平[2]运用基于对象的影像分类方法，以美国 WorldView 2/3 和国产高分系列(GF-1/2)卫星影像为数据源，综合利用光谱、纹理、几何和上下文等特征，在最优分割图斑的基础上建立多尺度最优分割层次道路提取模型，结合独立数据挖掘算法提取道路网，并基于数学形态学方法对提取结果进行分类后优化处理，重构道路网络。文章得出结论：①基于分形网络演化分割算法构建的多尺度最优分割层次道路提取模型，较好地解决了城市道路网中多种类型并存的道路提取精度难以保证的问题。该模型根据不同路幅宽度特征将研究区多尺度城市道路网分为并列的若干个道路层次，构建多尺度最优层次分割模型，以实现对城市道路网各路幅尺度道路的遍历和循环提取，较好地提高了路网分类提取精度。②结合独立数据挖掘平台的随机森林、J48 决策树算法和基于对象影像分析方法的分类提取方法，对高分辨率遥感影像城市复杂场景下的道路网提取效果明显。该方法可以自动选择分类特征及其阈值，从而避免分类算法参数无法精细调整影响分类精度的问题。③基于数学形态学的道路提取结果分类后优化处理，对城市多类型道路骨架化提取和路网重构效果较好(图 19-1)。数学形态学在保持道路原有信息的基础上，能够有效地连接断线道路、填充道路孔洞、平滑锯齿边缘、去除非道路信息，对道路提取结果细化后去除毛刺优化提取结果，重构整个城市道路网络。

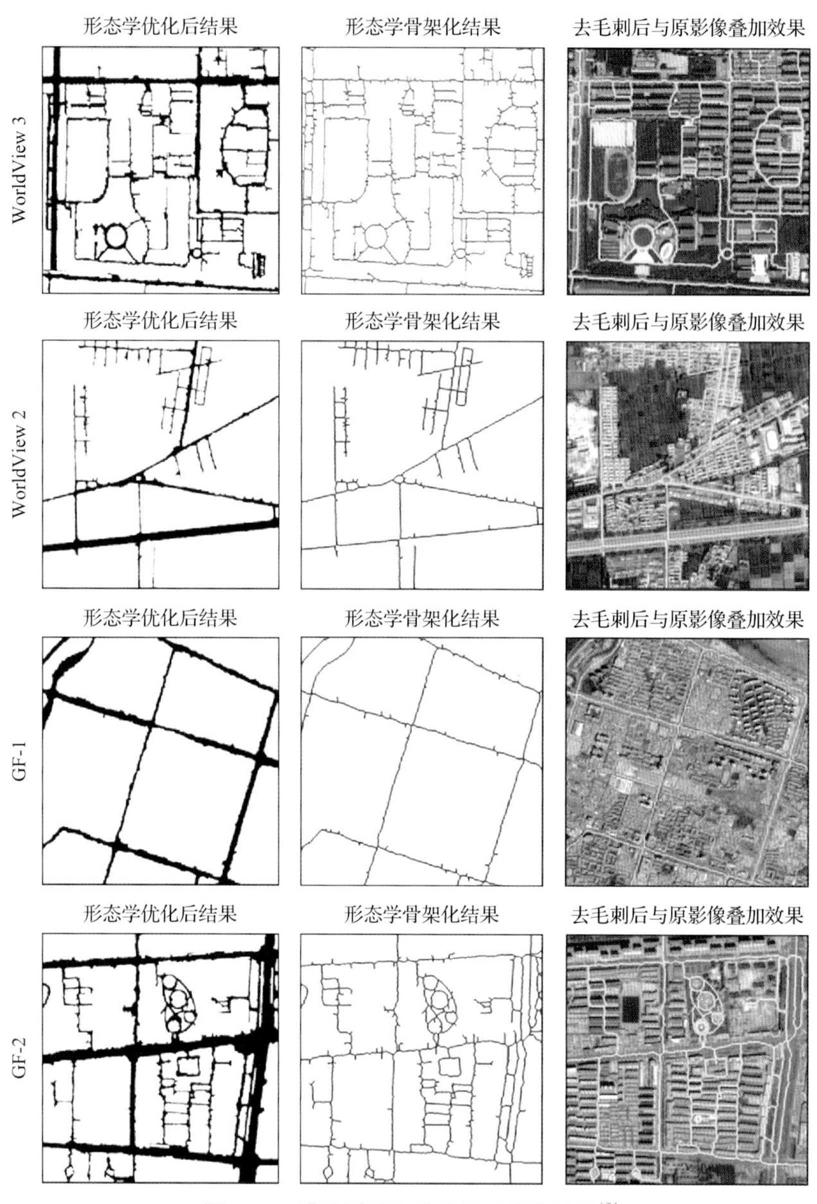

图 19-1 道路网形态学优化后提取结果[2]

徐春[3]以 QuickBird 影像为基础数据，进行了一系列交通信息提取研究，提出了系列信息提取技术和方法流程。研究首先从分析遥感图像及其中的交通信息特征入手，总结出高分辨率遥感图像上路网的特点，尤其是道路网和车辆的表现形态，道路网包括路段、交叉口两类表现形式，车辆形态则包括车队形态和个体车辆形态。在道路网信息提取的研究中，先进行道路路段的提取，提出了灰度形态学方法、纹理分析方法和基于颜色信息的道路网提取方法三项技术，其中前两种不考虑图像的彩色信息，然后对三种方法的优劣进行了对比分析。在道路路段提取的基础上，研究给出了道路交叉口的提取方法和实验结果，对平面交叉口和立体交叉分别研究。在车辆信息提取的研究中，提出了不考虑颜色特性的基于形态学的车辆信息提取和基于颜色信息的车辆信息提取两项技术，其中开发了车辆颜色筛选、移动窗口计数等新方法。最后，在单个车辆提取的基础上，进行了车辆信息应用的研究，包括路段交通密度和车辆排队长度的测算。结果表明，不同的方法适用于不同的交通信息提取，需要根据实际所需的交通信息类型选择合适的方法进行操作。

19.1.2　交通安全与应急管理

交通基础设施建设是发展交通运输业、提升国民经济实力的基础环节，然而，随着基础设施数量的不断增加，交通安全事故数量也在逐年升高。在我国，交通安全事故可分为三类：第一类是由地震、泥石流、暴雨等自然灾害所引起的交通基础设施阻断或损害；第二类是由于人为造成的安全事故；第三类则是由于基础设施使用损耗造成的安全事故[4]。基于以上三点，如何有效地进行交通基础设施的监测预警，以及如何在灾害发生时进行快速的应急处置便成了促进交通运输业健康发展的关键环节。在过去，受限于技术发展水平，在交通应急安全领域，相关人员更多是采用人工方式来进行基础设施的巡测以及灾害事故中应急方案规划。然而，传统的方法不仅需要投入大量的人力物力，而且一般只能针对小范围区域开展，时效性较差，不能快速、有效地解决问题。遥感技术在交通安全与应急管理的研究主要是信息提取与识别技术，包括图像分割、影像分类以及目标识别技术等。

张玉明等[5]利用 Landsat 卫星 ETM+数据结合 1∶60000 黑白航片，对 G214 盐井至芒康段沿线的地质灾害和构造体系进行全面、宏观的调研。在 PCI 软件的支持下，先对 TM 的 7 个波段进行相关性分析和组合效果对比。TM7 是近红外波段，对各种岩石具有较强的辐射强度；TM4 是近红外波段，为植物和水体的标志性波段，对植物强反射而对水体强吸收；TM1 为蓝光波段，反映不同水体深浅。通过对不同波段组合对比，选定 TM741 比较利于研究工作解译。然后分别对 TM741 和 TM8 按 1∶100000 地形图产品精度进行采点，并进行几何校正和 HIS 融合，形成信息量大，反差明显的影像。通过对图像的线性、非线性增强以及重采样，分别建立泥石流、崩塌、滑坡的解译标志，提高了对公路沿线各种地质灾害较强的解译力，为公路维护和治理提供科学依据。

王丽红等[6]对川藏公路西藏境内道路病害进行遥感调查研究，所用的遥感资料包括 2000 年左右的资源卫星影像资料（CBERS）、2000 年左右的 Landsat TM 影像资料，1991 年和 2001 年的彩红外航片（重点区），法国 SPOT 影像资料和美国 Quickbird 影像资料（重点区）[7]。结合野外实地调查资料，建立川藏公路西藏境泥石流、滑坡和崩塌等道路病害遥感信息解译特征，采用目视判读解译和手工数字化来完成泥石流、滑坡和崩塌等道路病害的遥感信息提取工作。在地理信息系统支持下，对道路病害信息的空间分布进行分析，并通过多时相遥感资料的对比分析研究重点灾害的发展变化趋势，确定了线路上滑坡、崩塌、泥石流的位置，解析了对公路的危害程度，为藏区公路灾害整治提供地质依据。

赵一恒等[8]提出一种新的检测城市桥梁形变的方法，利用光学影像与 PS-INSAR 技术来检测桥梁的形变量。首先基于面向对象的方法，对 GF-2 号的高分辨率遥感影像进行桥梁提取。先将影像分为陆地与河流两大类，陆地单独提取为一个面要素图层，对分类后的河流和陆地两大类别进行二值化处理，经腐蚀膨胀开闭运算，得到连通的河流对象，再将河流单独提取为一个矢量图层；然后将河流与陆地两个矢量图层进行求交的空间运算获得桥梁面(图 19-2)。通过合成孔径雷达干涉测量技术得到研究区大范围的地表形变矢量点数据。最后利用 GIS 空间运算将提取的桥梁面数据与形变点数据做空间叠加运算得到桥梁面内的形变点数据，然后通过反距离权重差值，获得高分辨率的沉降速率图。同时对形变量进行量化分析，得出桥梁的安全级别。

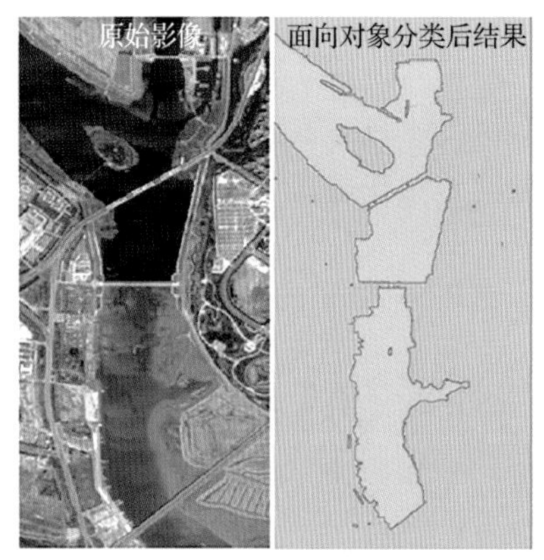

(a) 面向对象分类结果

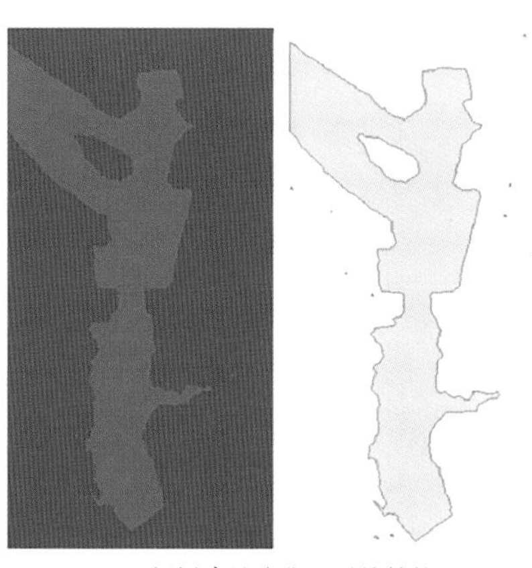

(b) 桥梁腐蚀膨胀以后的结构

(c) 最终提取的桥梁效果

图 19-2　城市桥梁形变检测方法[8]

19.1.3　交通行业环境保护和节能减排

近年来，城市大气污染问题越来越受到人们的关注，道路交通车辆排放是世界各地城市地区空气污染的主要来源，主要包括两类：空气污染物和温室气体(greenhouse gas,

GHG)。前者包括 CO、NO_x、非 CH_4 挥发性有机物和可吸入颗粒物，它们对空气质量和人类健康产生不利影响。据估计，超过 75%的城市居民暴露在不符合国家环境空气质量标准的空气中。后者包含 CO_2、CH_4 和 N_2O 等温室气体，具有吸收大气热量的能力，因此会造成全球变暖的影响。据估计，如果不采取“减排战略”来控制温室气体排放的增长率，地球表面的温度在 2047 年就可能超过历史值，导致环境灾难，影响全世界人民的生计。因此，为了促进车辆“减排战略”的制定和评估，对车辆排放量进行估算和研究其时空格局具有重要意义。近年来，国内外学者对机动车大气污染物排放清单的研究日渐增多，分别在洲际尺度、国家尺度、区域尺度及城市尺度等多个层面上建立并研究相应的排放清单。这些研究从不同污染物、不同车型和不同排放标准等角度对机动车大气污染物排放特征进行了分析。

与传统的排放清单和地基环境监测网络相比，卫星遥感观测技术的发展为研究城市交通典型污染物排放特征提供了全新的思路。一系列近地层环境卫星搭载了包括 GOME、SCIAMACHY、OMI 等传感器，对大气中的污染物柱浓度进行监测，具有空间覆盖率高和时间连续性长等无法比拟的优势。

辛名威[9]基于 OMI 遥感数据对河北省大气 NO_2 垂直柱浓度时空变化进行了研究。所使用数据由两部分组成，卫星遥感监测 NO_2 浓度数据和河北省各市经济指标数据。OMI 数据来源于荷兰皇家气象研究所(royal netherlands meteorological institute，KNMI)提供的大气污染监测 DOMINO V2.0 产品，河北省各市经济指标数据来源于河北省统计局的经济年鉴。研究内容包括河北省对流层 NO_2 柱浓度的月变化、季节变化和年际变化分析；河北省对流层 NO_2 柱浓度的总体空间分布特征、年际变化空间分布特征和季节变化空间分布特征；各地市 NO_2 柱浓度的变化趋势分析；河北省各地市 NO_2 柱浓度月际变化和河北省各地市对流层 NO_2 柱浓度季节变化趋势分析；NO_2 柱浓度时空分布影响因素等。文章分析了影响 NO_2 垂直柱浓度时空分布特点的重要因素，自然因素有地形特征、地理位置和气象要素，社会因素有人为 NO_2 的排放、人口密度和经济发展状况、机动车拥有量等。结果表明利用 OMI 数据研究对流层 NO_2 垂直柱浓度的时空分布特征是可行的，NO_2 以人为排放为主，河北省的气候特点和日益增长的机动车数量对河北省对流层 NO_2 垂直柱浓度时空分布及持续增加贡献最大。

李琦[10]对城市道路交通 CO_2 排放进行了定量反演与时空分析。研究首先构建排放模型，以实测出租车轨迹数据和出租车 CO_2 排放量数据为样本数据，利用 BP 神经网络模型，建立武汉市出租车的微观 CO_2 排放模型，实现微观层面上出租车 CO_2 排放模型的构建；基于强制性国家燃油标准，利用基于车辆生存函数的车辆年龄分布模型与行驶里程模型，实现宏观层面上基于平均燃油消耗率的民用车辆 CO_2 排放模型的构建。其次，在排放清单反演部分，以海量出租车轨迹数据为实验数据，利用微观出租车 CO_2 排放模型，生成出租车 CO_2 排放清单；以城市车辆统计年鉴数据为实验数据，利用宏观道路交通 CO_2 排放模型，生成民用车辆 CO_2 排放清单。最后，在排放清单的时空分析部分，通过轨迹点的路网匹配将出租车排放量分配到路网及行政区划上，探索其时空分布规律；通过城市交通流数据，将民用车辆 CO_2 排放量分配到行政区划上，利用地理加权回归分析方法，

探索道路交通 CO_2 排放量与区域社会经济水平的关系。

Kishi 等[11]利用卫星遥感和城市交通模型评估了亚洲大城市日本、中国、泰国和印度的废气排放。卫星数据为 MODIS(MOD08) Level-3 大气联合产品包括气溶胶、云属性、可降水量和大气剖面。首先，利用 MOD08 的时间序列数据，辅以 AERONET 数据库的地面测量数据，估算 AOD。其次，利用土地覆盖、人口密度、汽车数量和类型、汽车尾气排放通量等因素对汽车排放进行建模，建模方法分为两步：①按式(19-1)计算各国 $PM_{2.5}$ 排放总量；②根据橡树岭国家实验室(Oak Ridge National Laboratory，ORNL) LandScanTM9 的 1km 人口密度图，计算得到各国 $PM_{2.5}$ 排放图。最后，研究了亚洲特大城市 AOD 卫星遥感与基于城市交通建模的尾气排放估算之间的关系。结果发现 MODIS 得到的 AOD 分布图与交通建模统计得到的 $PM_{2.5}$ 分布图相似，卫星遥感技术可以用来评估亚洲大城市的交通废气排放。

$$\mathrm{PM}_j = \sum_{i=\mathrm{p,c,m}} N_{ij} a_{ij} b_{ij} \tag{19-1}$$

式中：PM_j 为日本、中国、泰国和印度 $PM_{2.5}$ 排放总量，j 代表不同国家；i 为轿车类型，小轿车(记为 p)、大汽车(c)、摩托车(m)；N_{ij} 为车辆数量；a_{ij} 为 $PM_{2.5}$ 排放因子，排放因子由各国政府限制来定义；b_{ij} 为柴油车与汽油车之比。

19.1.4 交通气象灾害监测和预报

自然灾害每年都给人类世界造成巨大的损失，其中气象灾害所造成的经济损失占所有自然灾害损失的 70%以上。因为天气情况与公路交通安全运行息息相关，恶劣的天气条件是诱发交通事故的主要因素之一。特别是暴雨、大雾、暴风雪、积雪、结冰、大风、雷电、高温等气象灾害及由此引发的泥石流、塌方等次生灾害，是造成公路交通事故的重要诱因。据资料统计，我国公路上发生的交通事故 40%发生在恶劣天气里，71%的重特大交通事故和 65%的直接经济损失发生在恶劣的气候环境中，35.6%的公路阻断是由于天气原因[12,13]。随着我国公路、铁路运输的快速发展和交通路网布局的不断完善，气象监测预报预警已成为交通运输安全的重要保障，也是提高交通运输经济效益的潜在因素。遥感在公路交通气象灾害的研究主要包括道路积雪、路面结冰、强降水、低能见度、大雾和沙尘等因素的监测。

范一大等[14]针对发生在我国南方地区的“低温雨雪冰冻灾害”，利用微波和光学遥感数据，开展积雪、交通拥堵状况和雪水当量的监测以及地表温度反演等研究。灾害监测过程中，利用了我国遥感一号数据，国外 ENVISAT / ASAR、AMSR 等微波遥感数据和 NOAA、MODIS、遥感二号、北京一号等光学遥感数据。其中，光学遥感数据用于灾区大范围监测与灾情趋势分析；微波遥感数据用于重灾区、重点区域灾情评估。研究基于微波遥感进行冰雪监测，合成孔径雷达数据在雪盖信息提取方面已有一定的应用研究。由于本地入射角的不同，地形对于雷达 后向散射系数的影响是显著的，同一类地物目标会由于本地入射角不同而造成后向散射系数的不同。基于雷达图像的入射角归一化处理，对雷达图像进行监督分类，可实现雪盖范围的提取。研究基于微波遥感数据的交通拥堵情况分析，根据雷达对地表目标的反射机理可知，对于地面的建筑、车辆、舰艇等硬目标，雷达信号将发生二面角反射，在雷达图像上形成强反射信号。在交通通畅路段，道路信息呈现低后向散射特点，反之呈现高后向反射特点。在实现交通线提取的基础上，利用多时相雷达数据，根据变化监测的方法，可实现交通线拥堵状况的监测。基于微波辐射计的雪水当量监测，利用微波辐射计，以被动方式接收微波辐射来进行对地观测，通常用亮度温度来衡量微波辐射。搭载于 AQUA 卫星的 AMSR-E 是新型星载被动微波辐射计，在 6.9～89GHz 范围内的 6 个观测通道提供双极化方式观测数据。利用 19GHz 和 37GHz 观测通道，可建立雪深反演算法。

张明明等[15]研究利用卫星数据建立能见度估算模型，为获取大面积区域尺度上能见度时空分布及对其实时监测提供了可能。以南京市为研究区，首先利用 MODIS 气溶胶产品数据(MOD04 L2)获取研究区气溶胶标高数据，然后结合地面气象站点能见度观测数据，构建了研究区不同季节能见度估算模型，并以此估算了南京市 2013 年能见度时空分布，对其时空差异进行比较分析。得出研究区四个季节的气溶胶标高 H——春季 0.8558km、夏季 1.328km、秋季 0.6558km 和冬季 0.5876km。研究区能见度模型估算值与实测值总体趋势较为一致，分季节模型估算均值相对误差为 14.3%；南京市 2013 年能见度年均值为 6.07km，大致呈现由市区向周边郊区逐渐升高的趋势；研究区不同季节能见度差异明显，夏季能见度显著高于其他三个季节，在该季节全市能见度均值达到 9.93km，约为其余三个季节均值的 2 倍左右，气候状况与经济社会发展布局是影响研究区能见度时空差异的主要因素。

王宏斌等[16]基于葵花 8 号新一代静止气象卫星的高时空分辨率多通道数据，利用 3.9μm 与 11.2μm 通道亮温差法($BTD_{3.9\text{-}11.2}$)和 3.9μm 伪比辐射率法($ems_{3.9}$)开展了中国地区夜间不同等级雾的识别，确定了各站点和网格点上对不同等级雾两种方法的参数最优阈值；并利用地面站点观测资料和 CALIPSO 星载激光雷达产品对陆地和海上雾的识别结果进行了验证。结果表明：①通道亮温差法和 3.9μm 伪比辐射率法均可以较准确地识别出不同等级的雾，3.9μm 伪比辐射率法准确率略优；随能见度的下降，两种方法识别准确率都明显提升，虚警率明显下降。能见度小于 50m 时，通道亮温差法(3.9μm 伪比辐射率法)识别雾的击中率(hit rate，HR)、虚警率(false alarm rate，FAR)和 KSS 评分(hanssen-kuiper skill score，KSS)分别为 0.89(0.90)、0.15(0.15)和 0.74(0.75)。②剔除云影响后，4 个雾等级下两种方法对雾识别的 HR 和 KSS 评分均有明显提升，FAR 均有明显下降。能见度小于 1000m 时，剔除云后通道亮温差法(3.9μm 伪比辐射率法)的 HR 由 0.71(0.74)提高到 0.81(0.85)，FAR 由 0.27(0.28)降低到 0.12(0.13)，KSS 评分由 0.44(0.46)提高到 0.69(0.72)，KSS 评分提高 0.23(0.26)。③3 个个例分析表明，基于通道亮温差法、3.9μm 伪比辐射率法以及 RGB 合成图均可清晰识别出大部分雾区，雾区和非雾区的 $BTD_{3.9\sim11.2}$($ems_{3.9}$)差异明显，强浓雾区 $BTD_{3.9\sim11.2}$($ems_{3.9}$)约为–5℃(0.75)，基于葵花 8 卫星海雾的识别结果与 CALIPSO 星载激光雷达垂直特性面具(vertical feature mask，VFM)反演产品一致。

19.2 公路和铁路交通

公路和铁路是当前中国主要的运输方式，随着经济的发展，交通网络日益完善，交通运输行业向现代化、信息化和智能化发展。公路是指连接城市之间、城乡之间、乡村与乡村之间、和工矿基地之间按照国家技术标准修建的，由公路主管部门验收认可的道路，包括高速公路、一级公路、二级公路、三级公路、四级公路，但不包括田间或农村自然形成的小道。铁路是供火车等交通工具行驶的轨道线路。《中长期铁路网规划》是经国务院批准，国家发展改革委、交通运输部、中国铁路总公司印发。规划的发展目标为：到 2020 年，一批重大标志性项目建成投产，铁路网规模达到 15 万 km，其中高速铁路 3 万 km，覆盖 80%以上的大城市，为完成“十三五”规划任务、实现全面建成小康社会目标提供有力支撑。到 2025 年，铁路网规模达到 17.5 万 km 左右，其中高速铁路 3.8 万 km 左右，网络覆盖进一步扩大，路网结构更加优化，骨干作用更加显著，更好发挥铁路对经济社会发展的保障作用。展望到 2030 年，基本实现内外互联互通、区际多路畅通、省会高铁连通、地市快速通达、县域基本覆盖。

卫星遥感技术因其观察范围广、信息全面真实、成本低、易更新等特点，在交通领域得到了越来越广泛的应用，涵盖了公路、铁路等各个领域。卫星遥感在铁路方面的研究主要包括铁路选线勘测中的应用、铁路及其周围环境进行高效的监测；公路交通领域的应用涉及公路勘测设计、路网及车辆提取、道路健康状况识别、交通设施形变监测和公路灾害损毁评估等多个方面。

19.2.1 车辆综合性能监测

在城市机动车辆日益增长的今天，大数据背景下的海量交通信息是非常有价值的资源。充分挖掘道路过车记录，分析城市路网交通信息，获取更丰富的交通出行规律和交通流量特征，不仅能帮助政府部门制定行之有效的交通策略，解决交通领域存在的诸如城市拥堵、事故多发等问题，也能有效缓解交通压力，方便人们出行。车辆目标和交通流参数的提取密切相关，只有先提取出车辆目标，才能进一步提取出交通流参数。

目前遥感进行车辆监测的主要处理方式是通过图像分割技术，区分遥感图像中的道路和汽车。此外，还有学者在研究以自适应建模的方式，区分汽车和路面，例如使用机器学习中的镜像神经网络、概率神经网络识别汽车，并通过加入纹理特征进一步提高识别率。

为了实现道路和车辆的准确区分，曹天扬等[17]设计了一种基于图层分离和最大类间方差阈值分割的汽车识别算法。图层分离可将原始图像转换为深、浅两个图层，把深色车、浅色车、路面三者的区分转变为适于使用最大类间方差法的图层分割，即深色路面与深色车分割、浅色路面与浅色车分割。为了改善识别效果，文中使用了图像辐射增强技术和形态学中的去噪技术。经测试，算法可以较好地从路面中识别出汽车，尤其是深色车。为了验证车辆目标识别方法的有效性，研究选用了 10 幅交通遥感图像进行测试。算法对浅色车和深色车都具有都比较好的检测效果，其中浅色车的识别率大于 80%，深色车的识别率大于 75%。

Wang 等[18]提出基于深度学习的交通遥感图像目标车辆识别。交通遥感图像中车辆目标识别的核心问题是从高分辨率遥感中提取信息，设计一种基于分层分离和最大分类方差阈值分割的识别算法。文章研究了航空遥感交通信息监测应用中的几个关键技术。首先，研究了航空影像场景的分类问题。场景分类提供的语义约束是提高交通信息监测效率的关键。其次，保证航拍车辆检测的结果。研究了交通信息监测的空间参考一致性和准确性。研究了用于运动目标监测的航拍图像配准方法。然后，利用梯度方向直方图特征，支持向量机方法和深度学习方法，对基于航拍的影像进行研究，图像识别与定位技术。将原始图像逐层转换为深、浅两层，将深色车辆、轻型车辆和路面的差异转化为类间方差最大的图像分割，即深色道路和深色车辆分割、浅色道路和浅色车辆分割；为了提高识别效果，还采用了图像辐射增强技术和形态学去噪技术。实验表明，在开放的移动和静止目标的采集和识别(moving and stationary target acquisitionand recognition，MSTAR)数据集中，轻型车辆的识别率大于 85%，黑色车辆的识别率大于 79%。

对于道路交通流的监测应用，Kengo 等[19]提出了一种应用小卫星遥感的交通流大范围监测方法，这是一种新的方法。与传统遥感卫星相比，小卫星有一个显著的优势，它们可以同时使用几十颗卫星进行频繁的观测(例如数小时)。另外，其严重的缺点是由于尺寸的限制，其传感器性能较差，现有的车辆检测方法无法适用于小卫星图像。为了解决这个问题，研究开发了一种基于卷积神经网络的图像识别算法来估计交通密度。该方法适用于 93cm 分辨率的小卫星图像，方法的精度为 RMSE 11veh/km，足以识别交通状况。

Palubinskas 等[20]提出一种基于模型的光学遥感时间序列图像交通流拥堵检测方法。方法基于路段平均车速的估计，综合使用各种技术。基于两幅图像间变化检测的道路段车辆检测方法，先验信息的使用(如道路数据库)，车辆尺寸和道路参数以及基于车辆间距的简单线性交通模型。研究在光学图像序列中进行交通拥堵检测的方法是基于路段上的交通流建模，从而允许从数据中直接推导出所需的交通参数。研究提出了一种基于变化检测、图像处理和交通模型、道路网络等先验信息融合的交通拥堵检测方法。利用多变量变化检测方法对两幅时滞较短的图像进行了变化检测，得到了突出显示道路上行驶车辆的变化图像。利用图像处理技术可以估计二值化变化图像中的车辆密度，导出的车辆密度可以与实测车辆密度相关，通过对一个路段的交通流建模得到。该模型由车辆尺寸和道路参数、道路网络以及车辆间距的先验信息推导而来。建模的车辆密度与该路段的平均车速直接相关，从而可以得到关于交通状况的信息，如拥堵的存在、拥堵的开始和结束、拥堵的长度、实际出行时间以及其他参数。

19.2.2 铁路选线

随着我国铁路建设的发展，中东部地区重大干线建设趋于饱和，铁路建设的重心逐步向西部偏移，铁路建设将会面对更复杂的地形、地质条件、生态环境以及各类自然灾害的影响，尤其在我国西南部地区，地处高海拔大高差地带，铁路建设环境复杂艰险，铁路建设面临前所未有的挑战。铁路线路规划设计是一项多指标因子相互影响的工作，在进入信息时代之前，技术相对比较落后，许多数据需要实地调查进行收集，线路平面、纵断面、横截面图纸需要手工制作，设计周期较长，效率低下，且耗费大量的人力、物力。随着计算机技术的不断发展，先进的勘测技术不断涌现，人工智能异军突起，铁路选线也在朝着高效化、信息化、智能化的方向发展。

遥感技术在铁路选线方向的研究主要是根据影像所反映出来的纹理、色调、图形、图案、判译区域内地层、岩性、地质构造、不良地质等现象，包括遥感图像增强、影像解译、地学信息提取、野外调查验证、线路方案比选修改等。

杨柳等[21]结合遥感数据、野外实地调查数据及统计年鉴数据对公路绿色选线进行研究。遥感数据为从美国地质调查局官方网站（https://www.Earthexplorer.usgs.gov/）和中国资源卫星应用中心（http://www.cresda.com/cn/）下载 Landsat 和 GF-1 遥感影像。所有影像均经过辐射定标、大气校正等处理。基础地理信息空间数据，如地形、高程、植被类型、基本农田、生态保护红线等，由江西省地理信息中心提供。其余生态本底因子，例如古树名木、生物多样性、风景名胜及自然保护区、旅游资源等，由婺源县文物保护单位和婺源县林业局提供，并经野外实地调查确认。研究采用了 8 种一级评价指标和 26 种二级评价指标，运用层次分析法进行权重赋值，应用 GIS 空间分析的栅格计算器进行生态选线研究，定量评估了依托工程所在区域的公路建设生态适宜性，对比分析了不同路线方案的生态适宜性和综合环境影响。

赵宇等[22]以安徽淮南城市轨道交通 2 号线工程选线为背景，采用差分干涉测量（D-INSAR）技术进行雷达遥感监测分析，使用数据为 ALOS-PALSAR 和 Radarsat-2 影像。研究区域内 2007～2011 年共有 17 项符合要求的 ALOS-PALSAR 精细波束单极化数据（图 19-3（a）、（b））和分辨率为 30m、幅宽为 150km 的宽幅模式 Radarsat-2 存档数据（图 19-3（c））。为了从雷达干涉处理得到的完整相位中消除地形项，研究采用二轨差分法进行沉降监测，得到 4 个像对。像对 1 差分干涉得到的垂直形变监测结果如图 19-4（a）所示，沉降值为从 2008 年 1 月 8 日至 2008 年 2 月 23 日的形变量，通过影像数据分析可知，1 号区域沉降值为 6～20cm，2 号区域沉降值为 4～10cm；像对 2 数据质量不高，相干系数偏低，监测结果不理想。像对 3 差分干涉得到的垂直形变监测结果如图 19-4（b）所示。整体趋势沉降与像对 1 的监测结果一致，但相干性没有像对 1 的高，所以无监测数据的区域面积相对较多。比较分析发现，1 号区域从 2010 年 1 月 13 日至 2010 年 2 月 28 日的沉降值为 5～17cm，2 号区域的沉降值为 3～8cm；像对 4 的分析结果如图 19-4（c）所示，整体形变趋势沉降与前面监测结果一致，再次验证了两处区域处于不断沉降状态，1 号监测区域 2011 年 1 月 16 日至 2011 年 3 月 3 日的沉降量为 5～15cm，2 号区域沉降量为 2～6cm。同时研究结合 2012～2013 年间的最新合成孔径雷达 Radarsat-2 SAR 数据采用三轨法验证比较最近两年的沉降量及沉降速率。综合分析 ALOS-PALSAR 数据及各种方法比较分析的结果，从 2007 年 1 月至 2011 年 3 月研究区域内地面沉降累积沉降在 10~110cm，平均年沉降量为 2～27cm，十涧湖西路北侧及南侧都有较大沉降，形变较大区域主要位于数处煤矿井处。

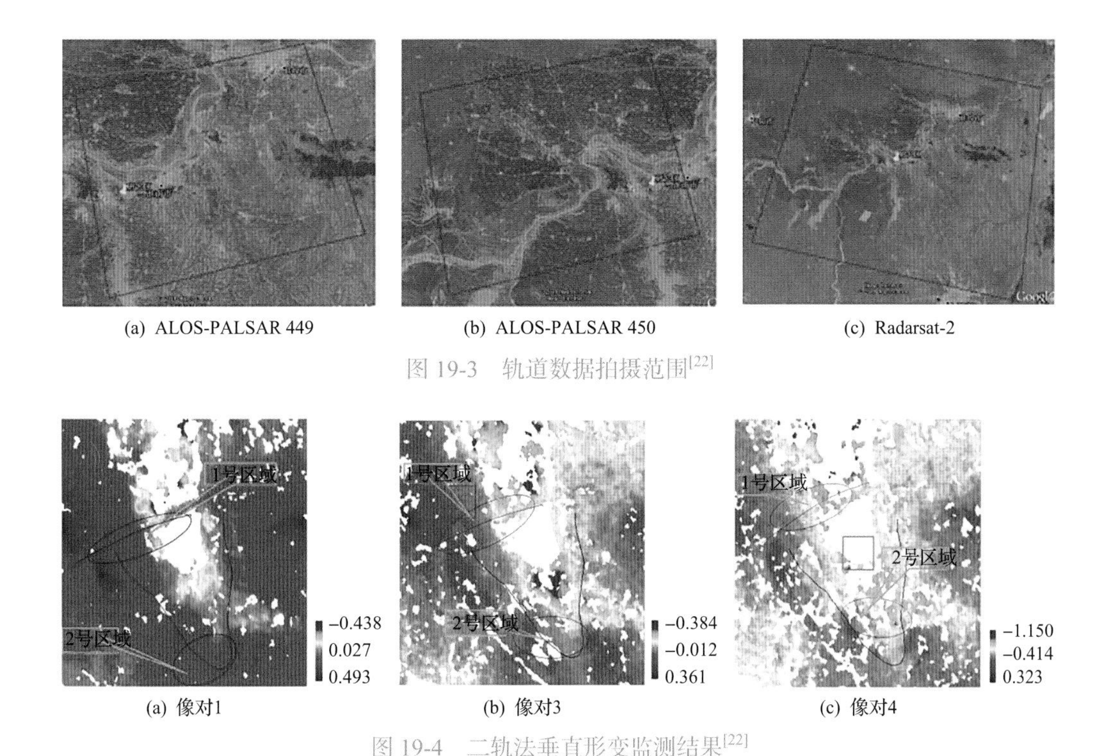

(a) ALOS-PALSAR 449　(b) ALOS-PALSAR 450　(c) Radarsat-2

图 19-3　轨道数据拍摄范围[22]

(a) 像对1　(b) 像对3　(c) 像对4

图 19-4　二轨法垂直形变监测结果[22]

刘桂卫等[23]利用高分辨率遥感数据和 DEM 相结合的综合判释方法，开展区域断裂构造判释工作，为地质选线提供基础资料。根据该线遥感判释对象的特点，选取以下基础数据源包括 2001 年 10 月获取的 Landsat ETM+多光谱影像；2016 年 10 月获取的 GF-2 4m 多光谱影像和 1m 全色影像；30m 分辨率 ASTER GDEM 高程数据；区域 1∶200000 地质图资料，以及野外 GPS 特征点数据。在遥感图像和高程数据处理的基础上，分别建立多光谱和高分辨率三维遥感判释系统，综合数字化地质资料，开展断裂构造判释。首先，在多光谱三维遥感判释系统中，借助多光谱遥感地物反射差异和岩性光谱信息，开展沿线断裂构造初步判释；其次，将初步判释结果发送至高分辨率三维遥感判释系统，借助其纹理细节信息对初步判释结果进行修改和补充，完成详细判释工作；最后，对详细判释结果进行现场验证，并进行优化完善，得到最终判释结果。研究结果表明采用多光谱和高分辨率结合的三维遥感判释方法能够有效判释断裂构造信息，提高判释准确度。

19.2.3　交通运输网络监测

交通运输网络是人类社会创造的三大网络(交通、能源和信息)之一，它为现代人类文明的发展奠定了重要基础。在当今时代背景下，交通运输行业着力于完善网络、调整结构、优化管理和提升服务，以构建畅通、高效、安全、绿色的交通运输体系为目标。传统的交通路网数据主要来自人工外业手段，消耗人力资源大，更新速度慢，提取出道路等地物信息精度较低。遥感影像提供了丰富的地物信息，随着其质量尤其是空间分辨率的提高，从遥感影像中提取路网信息将成为重要的信息来源。

遥感技术侧重于分析交通网络的空间格局、时空演变规律及与经济社会发展的关系，其主要应用包括交通网络演变规律，交通运输网络的空间格局，交通流对路网的影响、路网的规划与设计、车辆路径等。利用遥感技术半自动道路提取包括动态规划法、影像分割法、Snake 模型、模板匹配法；自动道路提取包括数学形态学、基于拓扑关系的方法、基于平行线的道路特征提取、基于知识的方法。

Necsoiu 等[24]使用 TerraSAR-X 卫星数据对得克萨斯州圣安东尼奥市西南研究所(southwest research institute, san antonio, texas，SwRI)校区附近的城市道路提取进行了研究。研究数据为 2014 年 10 月～2015 年 9 月获取的圣安东尼奥地区的 TerraSAR-X 卫星数据(TerraSAR-X Staring ST)；Staring ST 模式允许以最高的商业空间分辨率(倾斜范围为 0.495m)，两种极化模式(水平-水平(HH)和垂直-垂直(VV))进行采集。首先对选定的地面位置和 Google Map 街景图像进行定性检查，以对路面状况进行分类；然后评估多时相高分辨率 SAR 后向散射和极化率，作为状况/路面年龄的指标；将雷达后向散射响应与路面年龄和条件关联起来，使用多时相 InSAR 来检测道路附近的潜在地面运动；最终得到路面的年代和构造。结果如图 19-5 所示，TSX 雷达图像可以用于检测路面类型的变化，如路面的损坏，开裂，结垢，严重车辙现象。通过多时间干涉分析显示 SwRI 校园以南的两条道路上有沉降斑块，表明可以通过进一步发展检测道路退化的自动化方法，方便运输部门优先进行道路检查和修复工作。

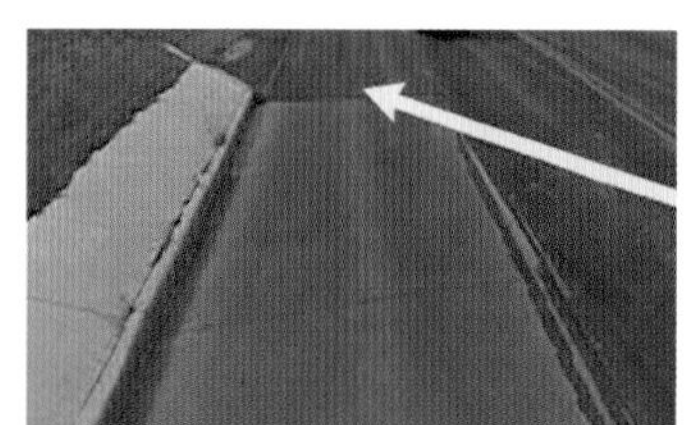

(a) 街道视图

(b) 高分辨率光学卫星图像的路面

(c) 经过多时相滤波的雷达数据和轮廓

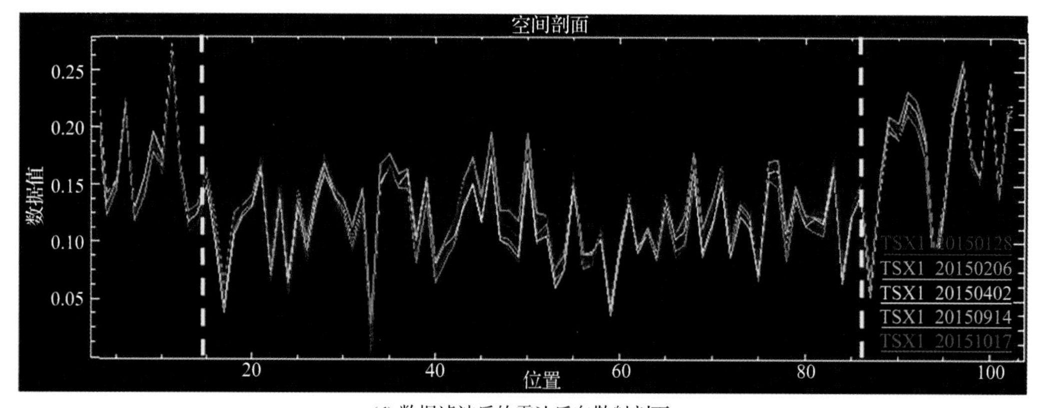

(d) 数据滤波后的雷达反向散射剖面

图 19-5 暴露基底的道路[24]

Shi 等[25]利用 NPP-VIIRS 夜间灯光合成数据对中国交通货运总量进行建模和制图。

使用的数据集包括五个部分，来自 NOAA/NGDC 网站的 2012 年 NPP-VIIRS 夜间灯光两个月复合数据(http://ngdc.noaa.gov/eog/viirs/download_viirs_ntl.html)；2012 年 4 月 18 日、26 日和 2012 年 10 月 11 日、23 日的 VIIRS DNB 数据；从 NOAA/NGDC 网站获取的 2012 年 DMSP-OLS 版本 4 夜间稳定光复合数据；中国 31 个省和 244 个单位的货运总量(total freight traffic，TFT)统计数据，分别来自 2013 年《中国统计年鉴》和 2011 年《中国城市统计年鉴》，其中，2013 年《中国统计年鉴》记载了 2012 年的省级 TFT，2011 年《中国城市统计年鉴》记载了 2010 年的地市级 TFT。由于没有 2012 年地级的 TFT 数据，研究采用 2010 年的 TFT 数据作为替代；从中国科学院地理空间数据云(http://www.gscloud.cn/)获取了四幅高质量 Landsat8 OLI-TIRS 图像；从国家地理信息中心(NGCC)获取的 2008 年中国省区行政区划。首先对 NPP-VIIRS 夜间光合成数据进行修正，从 2012 年 DMSP-OLS 数据中生成一个 DN 值为 0 的所有像素的掩码，并与 2012 年的 NPP-VIIRS 数据相乘，生成主要的校正后的 NPP-VIIRS 数据。然后，通过设定中国三个特大城市(北京、上海、广州)经济发展的最大值，生成最终校正后的 NPP-VIIRS 数据。对 TFT 和 TNL 建立回归模型，如式(19-2)所示：

$$\lg T = w \lg E + c \tag{19-2}$$

式中：T 为省级单位的统计的 TFT；E 为由省级单位内所有像素之和计算得出 TNL；w、c 为样本数据回归分析确定的参数。

校正后的 NPP-VIIRS 数据与统计数据之间的 TFT R^2 高达 0.817，高于 DMSP-OLS 数据与统计数据之间的 R^2(R^2=0.746)。空间 TFT 图分别来自校正后的 NPP-VIIRS 数据和 DMSP-OLS 数据。TFT 的空间化结果也证明，修正后的 NPP-VIIRS 数据与 DMSP-OLS 数据相比，能够生成更精确的空间 TFT 地图，是 TFT 建模更可靠的数据源。

王俊强等[26]针对传统的遥感影像道路网分割方法鲁棒性差且难以挖掘影像中深层特征的问题，提出了一种基于深度学习语义分割的道路网提取方法。使用数据是来自 OSM 全球范围内的开源矢量数据，该数据具有较好时效性，并且与公开卫星影像数据基本套合。研究基于 OSM 数据设计算法，自动生成训练集，并将 OSM 道路矢量数据与影像数据分图层叠加后，通过网格划分的方式实现大区域样本数据采集。随后以 Deeplabv3+语义分割模型为基础，采用双次迁移学习方式进行训练，通过多尺度预测进行结果融合，实现对预测结果的优化。针对大区域范围，设计基于网格划分的逐网格分割方法，实现大范围道路提取。通过采集某区域 500km^2 样本数据，验证了大规模样本采集方法的有效性。采用语义分割算法在公开数据集上的通用衡量指标平均交并化(mean intersection over union, MIOU)进行精度评定，该指标综合反映了目标的捕获程度(使预测标签与标注尽可能重合)和模型的精确程度(使并集尽可能重合)情况，MIOU 的计算方法如式(19-3)所示。对该区域样本数据集训练分析显示，单尺度下道路提取精度 MIoU 达到 77.2%，多尺度融合预测可提升 1.1 个百分点。最后，基于设计的道路分割系统，可视化验证了网格划分及大规模分割数据存储方法的有效性。

$$\mathrm{MIoU}=\frac{1}{k+1}\sum_{i=0}^{k}\frac{p_{ii}}{\sum_{j=0}^{k}p_{ij}+\sum_{j=0}^{k}p_{ji}-p_{ii}} \tag{19-3}$$

假设图像分割共有 k+1 个标签类(从 L_0 到 L_k，其中包含一个背景类)，p_{ii} 表示本属于类 i 但被预测为类 j 的像素数量。即 p_{ii} 表示真正例的数量，而 p_{ij}、p_{ji} 则分别被解释为假正例和假负例。

19.3 管道交通

石油、天然气管道网络(以下简称“油气管网”)是指原油、成品油、天然气输送管道及相关存储设施、港口接卸设施等组成的基础设施网络。油气管网是国家重要的基础设施和民生工程，是现代能源体系和现代综合交通运输体系的重要组成部分，在国民经济中占有十分重要的战略地位。2020 年国家发展和改革委员会官网发布了《中长期油气管网规划》，规划指出 2020 年，全国油气管网规模达到 16.9 万 km，其中原油、成品油、天然气管道里程分别为 3.2 万 km、3.3 万 km、10.4 万 km，储运能力明显增强。到 2025 年，全国油气管网规模将达到 24 万 km，网络覆盖进一步扩大，结构更加优化，储运能力大幅提升。全国省区市成品油、天然气主干管网全部连通，100 万人口以上的城市成品油管道基本接入，50 万人口以上的城市天然气管道基本接入。随着我国石油与天然气工业的不断发展，油气输送管道在国民经济中重要性日益凸显。作为油气资源最经济、高效、合理的运输方式，管道交通已经与公路、铁路、水运、航空等共同构成了我国五大交通运输体系。

遥感技术主要用于油气管道的勘察设计以及管道沿线地质灾害的调查与评估等。油气长输管道线路的勘察设计总体来说可分为 3 个阶段，可行性研究阶段、初步设计阶段、施工图阶段。卫星遥感影像在 3 个阶段可发挥的作用分别为：制作主题图、制作高精度地形图和三维仿真漫游图及利用立体像对生产数字线划图和数字正射影像图。在工程实施的后期将遥感技术与航空摄影测量技术进行结合，可以实现资源的优化配置与技术的优势互补，提高施工精度与效率。另外，通过对卫星遥感数据以及航拍数据的解译，还可以确定管道线路附近的灾害易发点，利用遥感图像信息，建立泥石流、滑坡等地质灾害的遥感解译标志及评估模型，对管道沿线灾害的危险性进行评价，从而实现油气长输管道灾害的快速预警。

19.3.1 油气管道的勘察

管道在运输气体、液体等物体时具有安全、高效率等优势，对管线自身以及周边环境的变化检测是一个重要环节。通常，管线可分为两部分，分别为埋藏在地下的部分以及地面上的部分。对于地面上方的管线，可以使用人工检测的方式来判断管线是否发生变化；而对于埋藏在地面下的管线，因其不能通过肉眼直接识别，所以一般使用热红外、磁场信号以及专业的工具对管线进行检测，但是对其地表周围环境的变化检测也很有必要。针对地面上的管线，依靠人工的方式判别和检测管线是否发生变化，比较耗时耗力。

遥感技术可以提供便捷的方式对油气管道进行变化检测，方法包括影像差值法、影像比值法、植被指数差值法、影像变换法、光谱变化向量分析、结合 DEM 的变化检测方法、基于形态学的变化检测方法、分类或比较法、半监督的支持向量机法，深度学习神经网络等，另外还有利用不同的辅助知识相结合的方法进行变化检测研究。

李器宇等[27]开展了基于无人机挂载红外热像仪的地下石油管道遥感监测研究，实现了基于红外影像的管道识别、管道裸露与浅埋识别，并开展了红外影像与同一管道基于可见光遥感影像的对比分析。研究数据使用固定翼无人机可见光数据以及六旋翼无人机红外热成像数据。对原始航拍照片进行像控点刺点、特征点匹配、空三平差等预处理，拼接生成基本拼接影像图。然后对原始拼接图像进行匀光匀色、图像镶嵌等修正，形成管道监测区域数字正射影像(digital orthophoto map，DOM)和 DSM。对原始的红外照片进行快速拼接，形成管道沿线的热成像影像图。结合管道路由位置信息，在 DOM 中进行管道标注与判读，对石油管线上方及周边的地表建筑、施工情况的提取与识别。DSM 模型可显示高程信息，用于管道周边地形分析、地表植被覆盖分析等，能够直观掌握管道沿线土地利用状况的动态信息，指导管道后期维护施工建设等。红外影像可有效显示管道沿线的地表热量分布与差异信息情况。由于管道、道路、河流均为线性目标物，且并排分布，单纯依靠纹理特征难以直接判读提取管道。尤其是研究区域的河流为废水排放河道，河水的温度较高，因此基于温度形成的伪彩色区分管道与河流容易被误判，需要结合其他辅助信息进行判读。结合行驶车辆的位置信息，可提取出道路目标；结合当地地下石油管道口径通常不超过 1m 这一先验信息，可筛除河流目标，从而提取出管道目标。

陆俊[28]对于埋藏在地面下方的管线，利用无人机获取管线覆盖区域的影像，利用深度学习方法进行多时相的无人机管线的变化检测研究。研究首先基于 SIFT 算子，利用 RANSAC 算法消除异常值、Levenberg-Marquardt 算法对单应矩阵求解，采用影像多级分组的方式拼接影像等优化手段，实现高精度、高鲁棒性的优化 SIFT 匹配与拼接算法，实现管线影像的精准拼接。随后基于深度学习技术，设计并实现基于无人机遥感影像的管线变化检测深度学习模型，通过 Adam 算法对 Mask R-CNN 网络进行优化，并在 Keras 框架下进行实现。利用该模型，将拼接后的完整影像作为输入，实现像素级的管线变化检测。最后，以 PyQt5 作为系统开发平台，设计并实现了一个基于 Open CV 库的管线变化检测原型系统。该系统将优化 SIFT 匹配与拼接算法、基于深度学习的管线变化检测模型进行有机集成，同时对地面上和地面下管线一定范围内的地表物体进行变化检测，实现变化检测过程、分析及结果的自动化与可视化。实验表明，研究提出的优化 SIFT 算法对无人机遥感影像的配准与拼接具有明显的优势，实现的管线变化检测深度学习模型能有效提高变化检测精度，对促进管线变化检测的自动化、精准化具有一定的参考价值。

王琳等[29]研究利用无人机搭载热红外遥感探测地下输油管道的可行性。研究选择天津市大港油田某一区域作为试验区，利用无人机搭载的热红外成像仪获得研究区域的温度数据。对于管道的判别，由于具有较高温度的石油在地下管道运行时不断向周围扩散热量，可在地表形成温度明显高于背景温度的热扩散异常带，根据这一原理，地下输油管道在红外热成像影像上呈亮色调线性异常显示，结合可见光影像判断是否为地下输油管道，如道路边缘、沟渠边缘处会有亮色线性显示，可看其周围是否有支线管道汇入，若有支线管道汇入，可判断其为地下输油管道。通过热红外遥感影像解译，对照可见光影像，共发现地下输油管道 134 条，补充完善了已有管线资料，具有良好的应用效果。

19.3.2 管道沿线地质灾害的调查与评估

中国是一个地质灾害多发的国家，尤其在地形起伏大、植被覆盖度高、地质环境条件复杂的西南地区，常发育有大量的滑坡、崩塌、泥石流、地裂缝、地面塌陷和地面沉降等地质灾害。我国的长输油气管道分布范围十分广阔，油气管道经过区域的地质环境复杂多变，已建成管网和规划管网穿越高山、丘陵及平原地区，管网所经之地发育大量滑坡、崩塌、泥石流、地面塌陷等不良地质现象。由于管道大多采用地下浅埋的方式铺设，一旦发生斜坡地质灾害将引起管道变形破坏，从而造成重大的财产和人员损失。因此，对油气管道地质灾害进行准确识别与监测对保障管道的安全运行极为重要。

利用雷达遥感进行管道地质灾害监测，目前主要以加拿大的 Radasat-2、德国的 TerraSAR 及意大利的 COSMO-SkyMed 为代表的高分辨率雷达卫星作为数据源，基于 InSAR 技术对管道沿线地质灾害引起的地表变形进行监测。基于雷达卫星的管道地质灾害监测主要包括资料收集、遥感数据处理与地表变形反演等内容，最终获取管道沿线地表变形范围、变形量及变化趋势等信息。

张磊[30]以中缅油气管道晴隆段为主要研究对象，进行油气管道沿线地质灾害识别与评价方法的研究。首先利用覆盖中缅油气管道晴隆段新、老路由的 Sentinel-1 数据，时间跨度约三年，包括了升轨和降轨数据各 33 景。分别采用了 PS-InSAR 和 SBAS-InSAR 时序分析干涉测量油气管网地质灾害识别技术获取了研究区的形变速率结果，识别地质灾害早期隐患点。然后，基于 GF-1 影像、DEM 数据和研究区地质详图等资料，提取了坡度、坡向、地层岩性、地质构造、植被覆盖度、土地利用类型、河流、交通路网等灾害影响因子，采用信息量法对研究区进行了区域地质灾害危险性评价，揭示了一些不同危险等级区域的空间分布规律。最后结合 GIS 技术手段，运用信息量法建立研究区指标体系，进行区域地质灾害危险性评价，得到研究区地质灾害危险性区划图，对 InSAR 识别的前期地灾隐患点与区域地质灾害危险性区划图进行叠加综合评价，得到数量较少、精度较高的区域“普查”成果，为后期空基“详查”及人工外业“核查”提供数据支撑。

孙铭[31]以兰成渝长输油气管道广元段(82km)为研究对象，建立了针对研究区的区域滑坡危险性评价指标体系，共包括高程、坡度、坡向、高差、地形剖面曲率、NDVI、年均降水量、岩性和断层距离 9 个区域滑坡危险性评价指标。通过对评价指标分布规律的分析，在 LM-BP 神经网络理论的基础上，利用插值理论，生成了 LM-BP 神经网络标准样本矩阵，并建立了基于 BP 神经网络的区域滑坡地质灾害危险性评价模型，以 315 个斜坡单元为危险性评价对象，完成了研究区的区域滑坡危险性评价，并对各斜坡单元进行了危险性划分。将管道与滑坡空间关系类指标纳入管道滑坡易损性评价指标体系，建立了基于熵权法的管道易损性评价模型，进行研究区管道各管段滑坡易损性评价，划分了易损性等级。并以管道滑坡风险评价理论为基础、GIS 为平台，实现了滑坡危险度与管段易损度的匹配，得到了研究区各管段的风险度，完成各管段的风险分级。最后对各风险等级按照区段进行了详细的分析，对管道的风险管理具有重要意义。

为了实现管道滑坡灾害危险性的定量评价，冼国栋等[32]以中国石油西南管道沿线 64 处典型滑坡为例，通过灾害影响因素分析，初步确定评价指标体系备选指标因子，利用贡献率模型，通过样本统计，分析滑坡灾害影响因子的敏感性。按照敏感性大小将影响因子划分为 3 级，最终保留中、高影响因子中可以通过野外调查手段获取的坡度、坡面形态、土体类型、历史滑塌、现今变形、土体状态、滑体厚度、降雨、地震烈度 9 个因子，构建了单体管道滑坡灾害危险性评价指标体系。然后对兰成原油管道沿线地质灾害风险进行评价，利用 GIS 多因子综合叠加模型、栅格计算器将获取到的地质灾害危险性、易损性各指标与其对应的权重进行加权计算。最后综合危险性、易损性的评价结果，完成区域管道地质灾害风险值计算，根据地质灾害风险评价分区结果，将管道划分成 53 个地质灾害风险段。

19.4　海 上 交 通

海上航运自古以来就是各国之间贸易往来的重要途径，随着现代经济全球化的发展，海上航运更是获得空前繁荣。我国海域面积广大，船舶作为我国海上航运和海上资源开发的载体，对其合理的监测和管理是保障我国海洋主权、维护海上贸易往来的重要任务。基于遥感技术的舰船目标识别是遥感技术的一项重要应用。舰船目标识别技术在海上舰船活动监测、渔业资源管控、船舶交通管理、海上溢油检测和海上救援等方面有重要应用。

19.4.1　海上污染监测

海洋是地球上生命的摇篮，蕴藏着巨大的能源，世界上各个国家的发展都离不开海洋。随着我国的发展，我国沿海和内河区域船舶溢油污染、压载水和船舶生活垃圾任意排放量与日俱增，陆源污染物的海洋排放量持续增加，我国沿海水域海水污染问题变得日益严峻，不仅影响着人们的日常生活和身体健康，也制约了我国航运业的发展。传统的海水水质监测方法效率较低，无法获得大范围海水的水质状况，寻找一种更加精确、简便的沿海海域污水监测模型，对海水水质进行监测是一项十分重要的工作。

遥感技术作为海洋环境监测的一种重要手段已经得到广泛的应用，遥感技术应用于海洋水质监测领域，不仅可以对某一区域进行长期监测，从而对海水污染趋势进行预测，而且节约了污水监测成本。遥感监测海水污染的方法主要包括分析法、经验法和半经验法，通过遥感可监测的海洋污染种类逐渐增加，包括叶绿素、悬浮物、黄色物质、海洋溢油、悬浮泥沙等，反演精度也在不断提高。

汤杨[33]提出了一种基于机器学习方法利用 Landsat-8 遥感图像进行海洋污染检测的方法，即梯度提升决策树(gradient boosting decision tree，GBDT)算法，分析天津市附近渤海湾的污染变化情况。使用灰度分布(grayscale distribution，GLD)、灰度平均值(grayscale mean value，MV)、灰度标准差(grayscale standard deviation，STD)以及信息熵

(the information entropy，IFE)作为训练集的特征。为了评估研究的方法，对 100 个图像样本(50 个污染样本和 50 个未污染样本)进行了包括特征评估，参数设置和分类的若干实验。结果表明，机器学习方法的分类精度可以达到 98.33%，整个过程(训练和测试)用时 0.020s。基于 GBDT 的方法有助于未来的海洋污染检测。

杨静等[34]基于 HY-1B、Aqua 和 Terra 等多源卫星数据对黄东海海域进行的绿潮遥感监测数据分析，研究了 2011～2016 年绿潮高发季节的变化规律和分布特征，数据包括绿潮发生的时间、位置、分布面积、覆盖面积和影响范围等相关信息。结果表明，绿潮灾害每年爆发的特点是一般在 5 月开始爆发，6 月～7 月为绿潮的发展持续期，其主体的漂移生长方向是偏北和偏西方向，8 月逐渐消亡。卫星遥感监测绿潮的最大分布面积呈逐年增加的趋势，这可能与全球气候变化等环境因素密切相关。

Garcia-Pineda 等[35]提出了使用多个遥感器快速分类溢油类型和估计厚度的方法，通过这些方法，厚油和油乳状液(可操作的油)的信息可以在一个作业时间内传递给现场的响应人员。在新泽西州的 OHMSETT 测试设施进行的实验表明，在特定的观测条件下，单极化卫星 SAR 图像可以记录厚的稳定乳剂和非乳化油之间的信号差异。在墨西哥湾进行的一系列现场测量石油厚度的行动中(图 19-6)，获得了多种卫星数据，包括从 RADARSAT-2 获得的全偏振 c 波段 SAR 图像和从 ASTER 和 WorldView-2 获得的多光谱图像，还有以机载偏振 UAVSAR l 波段传感器获得的数据。研究基于 RADARSAT-2 极化图像，利用熵和阻尼比推导得到油/乳状液厚度分类数据。研究提出了从 SAR 中计算油层厚度产物的分类方法，并通过海相观测、多光谱图像和 UAVSAR 数据进行了验证。研究还测试了通过 NOAA 各环节以最小延迟向响应设施交付这些产品的能力。这一概念验证测试使用卫星 SAR 和多光谱图像来检测乳剂，并将衍生的信息产品以近实时的方式直接发送到船舶上。在墨西哥湾的野外作业中，RADARSAT-2 数据采集 42min 后，一份基于 SAR 的相对厚度圈定石油的产品被送到了响应船上，这项技术可以在不久的将来将卫星技术用于石油泄漏的战术响应操作。

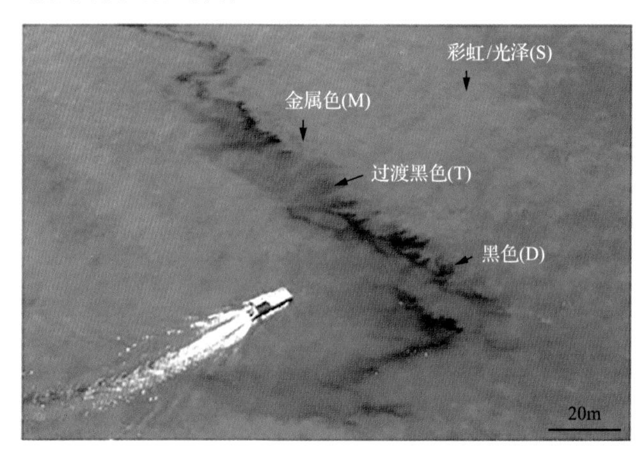

图 19-6 MC20 租赁区块附近的漏油照片[35]

郁蕻兰[36]以大连海上机场建设为背景，采用卫星遥感技术，实现对大型海上交通枢纽施工引起的海洋悬浮泥沙污染进行多时相监测，试图揭示填海施工形成的大范围海洋悬浮泥沙污染浓度分布及其扩散规律。首先，以计算机数值模拟预测研究区的潮流场变化和悬浮泥沙扩散规律，包括构建二维潮流数学模型，确定污染源强度后通过应用水质预测模块确定各种潮流状态下的悬浮泥沙强度和分布。其次，基于现场水样实测数据和 HJ-1A/1B CCD 遥感数据构建研究区悬浮泥沙反演模型，并对模型精度进行检验，探讨了研究区不同潮流状态下悬浮泥沙浓度分布。最后，对比分析研究区的潮流数值模拟和悬浮泥沙浓度反演结果，探究工程海域的流场变化与遥感影像中悬浮泥沙分布特征之间的关系，推理出工程期内悬浮泥沙污染的动态变化规律。结果表明：①研究区内大范围流场运动特征在海上机场建设前后基本相同，即工程的实施对整个海域的流场形态影响不大，仅局部海域(海上机场周边)的流场形态变化明显，个别存在回流现象。数值模拟的预测显示，悬浮泥沙的产生主要集中在施工期，预计悬浮泥沙扩散的范围为 20.28km^2，其中，浓度小于 10mg/L 的区域占到 77.8%，面积约 15.8km^2；悬浮泥沙污染在施工结束后，随着水流的稀释作用，污染将基本消散。②现场水样实测数据和 HJ.1A/1B CCD 第三波段建立的线性模型相关性达到 0.95，平均误差为 12.9%，可以满足 II 类水体遥感反演的要求，能客观地揭示施工中海洋悬浮泥沙的浓度分布及其变化特征。③对比分析研究区的潮流数值模拟结果和悬浮泥沙浓度反演结果，得到的机场施工造成的流场变化与遥感影像中悬浮泥沙分布特征比较吻合，证实水动力模型模拟结果基本可信。该监测方法有助于及时预测、监测和验证大型海上施工造成的悬浮泥沙污染扩散及分布状况，制定相应的防护措施，从而实现科学管理。

19.4.2　航道管理

内河航道作为内河航运的主要载体，不仅关系着沿江(河)产业带的发展，同时也关系着国家的发展。如何实时提供准确的航道信息，对于内河航运至关重要。目前，内河航道信息的获取主要采用人工测量方式，不仅费时费力，而且效率不高，实时性差。遥感图像航道识别即是通过对从遥感图像处理中提取到的水体进行特征识别，挑选出适合作为航道的水域，水体提取常用边缘检测算法进行，包括微分算子法、样板匹配法、小波变换法、神经网络检测法等。航道提取是指在水陆分离图的基础上，结合航道特有的结构特征，选择合适的分类算法，进行决策分类。

宋玉梅[37]基于遥感图像对内河航道进行识别研究。研究数据采用 SPOT 4 和 Quickbird 卫星全色影像。首先，对遥感图像进行预处理，去除遥感图像中的云雾噪声。在分析遥感图像云雾退化模型的基础上，使用暗原色先验知识去除云雾噪声，并对暗原色先验方法进行改进，取得了不错的效果。其次，分析遥感图像的各类地物的光谱特性，包括水体、植被、岩土和城市建筑与道路。利用归一化差异水体指数提取水体，然后结合数学形态学方法对水体提取结果进行修正，为之后的航道信息提取做准备。通过分析内河航道的各种特征，选择合适的内河航道几何特征值作为决策树的决策属性，提出基于内河航道属性阈值的决策树自动生成算法，并以此决策树对水体提取图进行分类，得到内河航道图。

汪楚涯等[38]基于遥感数据对北极西北航道海冰变化以及通航情况进行了研究。研究使用的主要数据为德国不莱梅大学提供的 2002～2018 年高分辨率逐日海冰密集度产品

(https://seaice.uni-bremen.de/start/data-archive/)，该产品由遥感影像的物理分析(physical analysis of remote sensing images，PHAROS)小组利用 AMSR-E 和 AMSR2 卫星传感器数据通过海冰(artist sea ice，ASI)算法反演得到，空间分辨率为 6.25km，2011 年 10 月份空缺部分用不莱梅大学提供的专用传感器微波成像仪/探测器(special sensor microwave imager/sounder，SSMIS)数据补充。计算了 2002～2018 年加拿大北极群岛 7 月～9 月的平均海冰面积，研究了 9 月份平均海冰密集度变化特征。结合商船破冰能力确定海冰密集度阈值，选取西北航道关键区域，统计了西北航道的通航窗口，探讨了西北航道在实际商业通航方面的可能性。研究发现，在过去 17 年加拿大北极群岛的 7 月～9 月海冰面积整体呈下降趋势但有明显波动性，9 月份的海冰分布年际变化复杂，差异较大；在西北航道可通航的年份中，可通航的开始日期一般在 8 月份，结束日期在 9 月底～10 月初，南路可通航时间最短 14 天，最长达到 80 天。

张祝鸿等[39]提出了结合笔画宽度变换(stroke width transform，SWT)和几何特征集(geometric feature set，GFS)的河流提取方法。采用 GF-1 数据进行实验，该数据共有 4 个波段，空间分辨率为 16m，影像像素大小为 600×600，获取时间为 2015 年 11 月 20 日。研究区位置为金沙江部分干流。研究方法首先，使用 Canny 算子进行图像边缘提取，并把边缘图作为 SWT 算法的输入，得到笔画宽度图；其次，使用连通域标记算法对笔画宽度中的像元进行分组；然后，对分组后的每个连通域计算其几何特征，并根据构造的 GFS 来进行噪声去除；最后，对剩下的连通域进行孔洞填充，得到完整的河流识别结果。实验结果表明，该方法能够在完整提取目标河流的同时很好地抑制噪声。同时，该方法在提取效果和算法稳定性上明显优于乘性 Duda 算子和区域生长算法。

19.4.3 船舶识别与检测

船舶作为海上运输载体，其准确检测在海洋环境保护、海上渔业生产管理、海上交通与应急处置及国防安全应用中都具有重要意义和价值。随着国际合作的不断加强，各国出于对本国海洋权益保护的目的，加大了对海域方面的监管力度，尤其是对本国海域内船舶的监管力度。船舶目标监测在民用与军用方面均有着重要意义，船舶监测不仅关系到海上军事行动的成功与否，更加关系到国家的安全和经济的发展。海上舰船检测图像一般采用四种图像，合成孔径雷达图像、红外图像，光学遥感和夜光遥感图像。遥感技术应用于船舶识别方面有许多研究，其方法主要包括 SVM 目标分类，基于形态学匹配和机器学习的目标检测和分类方法，基于多特征动态融合模型，基于转换学习框架和尺度不变特征变换的目标分类方法等[40-44]。

陈冠宇等[45]以 Suomi NPP 卫星 VIIRS/DNB 的夜间灯光数据为基础对黄海渔船夜间灯光动态进行研究。数据来源于美国国家海洋和大气管理局下属的综合性大型阵列数据管理系统(Comprehensive Large Arraydata Stewardship System，CLASS)。共下载处理了 NPP-VIIRS/DNB 夜间灯光图像 719 幅，空间范围为 119°30′E～128°00′E，32°10′N～40°10′N，覆盖全部黄海海域。时间跨度为 2016 年 1 月 1 日～2016 年 12 月 31 日，时间分辨率为每天，截取时间段集中在当地时间 23：00～24：00。为方便分析黄海海域船舶夜间灯光点时空分布规律，研究依据《中韩渔业协定》及国家海洋局《全国海洋功能区划》分别将提取到的灯光点数据进行了分区，由于 DNB 信号不具备穿透云层的能力，在探测海表灯光时容易受到云雾的遮挡。为排除云雾的干扰，选择云层覆盖面积低于 30%的日期保留为有效日，并将全部非有效日的灯光数量标记为空白。结果显示，黄海海域夜间渔业灯光分布季节性变化显著，四季的渔船数量呈现秋季>春季>夏季>冬季的态势。识别的灯光点数量韩方一侧水域最多，中方一侧水域次之，中韩协定区水域最少，结合灯光点密度分布可看出，韩方一侧水域秋季作业强度高、分布范围广，而其他季节作业强度适中，常年有高等级密集区分布在沿岸海域；中方一侧水域春、秋季节作业强度高，夏、冬季节作业强度低，整体分布范围广阔但密集程度较低。在禁渔期，中方一侧水域灯光点数下降比例高达 86.9%，且密度图像中的高等级密集区分布情况与黄海传统渔场位置相吻合，因此推断，识别的灯光点多数为渔业活动船只，本研究可以为黄海海域渔业活动监测和研究提供数据支撑。

Liu 等[46]提出了一种新的中心损失卷积神经网络(IICL-CNN)和目标分类算法 InceptionV3，以提高模糊目标的分类精度。首先，建立了包含 46000 张不同雾遮挡条件下船舶图像的特定数据集(图 19-7)，对不同的遮挡方法进行基准测试。其次，研究在 CNN 原有的 Softmax 交叉熵函数上添加了一个新的约束，以增加从遮挡样本和清晰样本中学习到的特征之间的相似性，从而使得不同遮挡水平的样本之间可以共享特征。最后，在目标函数中加入一个中心损失函数来减小类内距离，进一步提高了学习到的特征的辨别能力，从而提高了被模糊样本的准确率。与原始的 InceptionV3 模型相比，该方法对舰船目标的模糊处理性能更优。当舰船目标被 30%、50%和 70%的水平遮挡时，准确率分别提高 4.23%、5.98%和 17.48%。结果表明，该算法能有效提高舰船目标在不同遮挡水平下的定位精度，在海上交通管制、陆上搜索、海上目标跟踪和军事侦察等任务中具有较高的适用性。

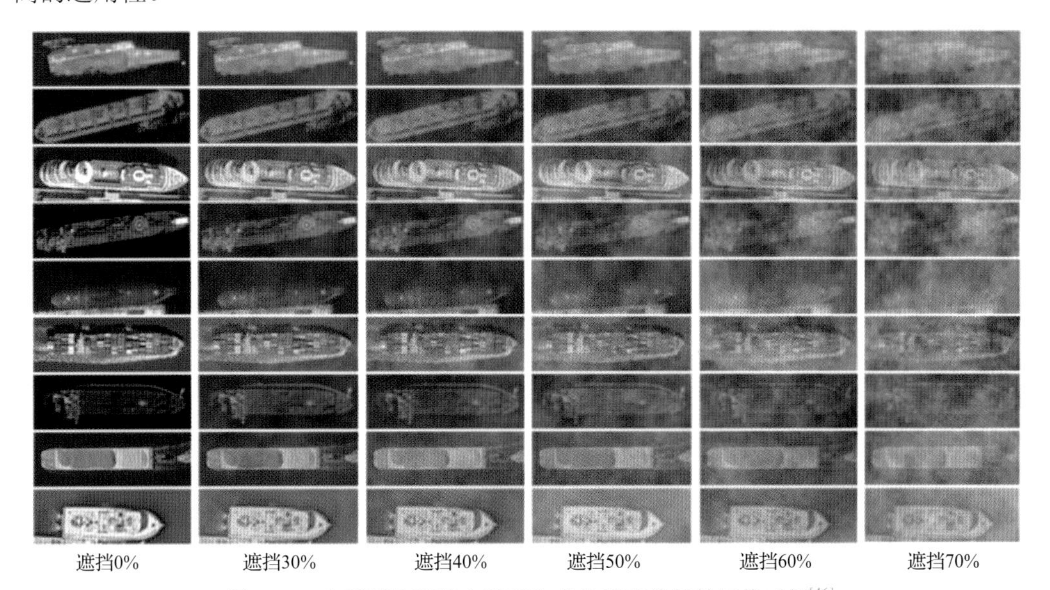

图 19-7 在不同的遮挡水平下生成的雾遮盖船舶图像示例[46]

王慧利等[47]针对光学遥感图像中复杂海背景下的舰船检测问题，提出一种快速精确的舰船检测方法。首先，基于最大对称环绕显著性检测完成初始目标候选区域提取，再结合一种基于元胞自动机的同步更新机制，利用图像局部相似性和舰船目标几何特征，对初始目标候选区域进行更新，通过 OTSU 算法获取最终目标候选区域；其次，根据舰船目标的固有特性对方向梯度直方图特征进行改进，提出一种新的表征舰船特性的边缘—方向梯度直方图特征对舰船目标进行描述，与传统 HOG 特征相比，这种特征向量侧重于对边缘特征的描述，对梯度向量鲁棒性更强，并且仅为一个 24 维的特征向量，计算复杂度低；最后，通过构建的训练库完成 AdaBoost 分类器的训练，利用训练完成后的 AdaBoost 分类器完成目标的最终判别确认。该文的检测算法，针对像素尺寸为 1024×1024 的遥感图像，检测时间为 2.3860s，召回率为 97.4%，检测精度为 97.2%。实验表明，该文提出算法的检测性能优于目前主流的舰船检测算法，在检测时间和检测精度上都能够满足实际工程需要。

赵英海等[48]提出了一种基于标准差特征平面 Contrastbox 滤波的可见光遥感图像舰船目标检测方法。选用局部统计方差作为目标检测特征，实现对不同亮度舰船的统一特征描述，并消除海面平均亮度变化的影响。然后在二维检测特征平面上通过 Contrastbox 滤波自适应确定局部目标检测阈值，并结合目标的空间结构信息完成疑似目标定位。最后借助先验舰船特征模型对疑似目标集合进行验证以去除虚警，输出最终目标检测结果。结果表明，该方法对于可见光遥感图像中的舰船目标能够达到 99.5%的目标检测准确率，同时目标检测虚警率为 5%。

Guo 等[49]为了可靠，及时地检测出海目标，针对光学遥感数据，提出了基于变分方法概率生成模型的判别性船舶识别方法。首先，改进的霍夫变换用于目标候选区域的预处理，从而减少了通过过滤边缘点的计算量，实验表明可以快速准确地检测到目标（飞船）。然后，基于粗糙集理论的共同区别度用于计算每个候选特征的显著权重，对于每个节点，其邻居节点按其相似性进行排序，已排序邻居节点列表顶部节点的类作为判别类，动态建立概率生成模型以识别来自光学遥感系统的数据中的船只。真实数据的实验结果表明，该方法可以取得比 k 最近邻（k nearest neighbour，KNN）、SVM 和传统分层判别回归（traditional stratified discriminant regression，HDR）方法更好的分类性能。

19.4.4 海上交通环境监测

海上交通环境是指船舶运动所处的空间与条件，包括航行水域，该水域的自然条件和交通条件三方面。海上交通环境对航行安全具有重要的影响，一些重大的事故发生本身就是船舶航行未能适应交通环境的结果。海上自然环境主要包括热带气旋、强风、大浪、雷暴、强对流天气等，另外海峡水道复杂，暗礁、浅滩等都构成了船舶航行潜在的危险。传统的海上交通环境主要通过模拟研究进行，包括地理环境模型、航道模型、船舶运动模型、潮流模型、船舶避碰知识库等模型。遥感技术可以通过监测海底地形地貌，海峡水道，气候特征包括气温、对流活动、热带气旋、季风现象等对海上交通环境进行宏观分析。

强对流天气破坏力强，对海上航行和海洋开发都有着很大的影响。郑益勤等[50]提出了一种利用 Himawari-8 卫星影像，基于深度置信网络(deep confidence network，DBN)进行强对流云团自动识别的方法。研究使用的数据是由葵花云(HimawariCloud)提供10min 一次的葵花标准数据格式(himawari standard data，HSD)的圆盘图，数据分 10 段16 个通道。选取北半球的 5 段中通道 8(6.2μm)、通道 13(10.4μm)以及通道 15(12.4μm)3 个通道的亮温，空间分辨率为 2km。另外，还收集 CloudSat 卫星的云分类产品 2B-CLDCLASS，2B-CLDCLASS 产品利用垂直和水平云特征、云体温度、是否降水、MODIS 辐射数据来确定云分类信息，分类的主要依据是云相态、水凝物浓度、形状和滴谱分布 4 个基本因子。研究分别提取了 TBB_{13} 亮温值、TBB_{08}-TBB_{13} 和 TBB_{13}-TBB_{15} 亮温差值，以及基于 TBB_{08}-TBB_{13} 提取的 0°、45°、90°和 135°四个方向上能量和对比度均值，再参考 CloudSat 卫星的云分类产品自动构建样本集，利用此样本集训练 DBN 模型，以确定模型的参数和结构。使用训练完成的 DBN 模型进行强对流云团识别，并对识别结果进行后处理。通过典型案例分析和精度评定发现，新方法的临界成功指数 CSI 为71.28%，检测概率 POD 为 84.83%，虚警率 FAR 为 18.31%。结果表明，该方法可以有效识别处于初生到消散不同阶段的强对流云团，并在一定程度上去除检测结果中多余的卷云。与单波段阈值法、多波段阈值法和支持向量机这 3 种方法相比，研究提出的方法能够提高强对流云团的识别精度。

毕上上[51]研究利用 Sentinel-1A 卫星宽幅 SAP 图像开展了不同分辨率的风矢量反演研究，并引入 WindSat 辐射计风场数据和浮标数据进行对比分析，从应用层面验证其宽幅数据产品的品质。在风矢量反演的过程中对比了快速傅里叶变换(fast fourier transform，FFT)法和局部梯度(local gradient，LG)法两种风向反演方法以及 CMOD4、CMOD5 和 CMOD_IFR2 三种风速反演模式函数(GMF)。研究结果表明：①仿真图像条纹提取实验和实际 SAR 风向反演均表明在中低分辨率(5.1km 以下)条件 LG 方法风向反演结果更好，而高分辨率(2.6km 以上)条件尽管两种方法的反演精度均下降，FFT 方法的精度下降幅度更小些，反演结果要好于 LG 方法。②与 WindSat 辐射计数据相比，风向的反演精度随反演分辨率的提高而下降，其中 25km 分辨率的反演结果最优，其 RMSE 为 25.63°(LG 方法)。而与浮标数据相比，风向反演的 RMSE 随反演分辨率大体呈 V 字形变化，LG 方法风向反演的最优值出现在 10km 分辨率，RMSE 为 32.79°，而 FFT 方法最优值出现在5.1km 分辨率，RMSE 为 32.35°。③进行风速反演时，若利用 SAR 反演风向作输入，则风速反演精度主要取决于风向反演精度。若采用外部数据(WindSat 或浮标风向)作输入，则风速反演精度会大幅度提高，且有潜力进行更高分辨率(如 1.3km)的风速反演。④与 WindSat 风速相比，无论采用 SAR 反演风向或 WindSat 风向作输入，都是 CMOD4 模式反演结果最好。与浮标风速相比，若采用 SAR 风向作输入，则 CMOD4 模式反演结果最好，而若采用浮标风向作输入，则 CMOD IFR2 模式的反演结果最好。

黎鑫等[52]对“海上丝绸之路”自然环境风险进行了分析。用到的数据主要包含陆地高程数据、海洋地形数据和行政区划数据。陆地高程数据采用 SRTM 30 数据，由美国国家图像和测绘局(National Imagery and Mapping Agency，NIMA)同美国国家航空航天局(NASA)合作开发，海洋地形数据通过提取 TerrainBase 数据集的海洋部分而得，该数据集由美国国家地球物理数据中心和世界固体地球物理学数据中心共同创建。采用的海洋水文气象资料包括综合海洋-大气数据集(integrated ocean-atmospheric dataset，ICOADS)数据、近实时船舶报数据、CMA-ST 热带气旋路径集和印度气象局新德里风暴中心整编的印度洋热带风暴数据。将 SRTM30 和 TerrainBase 数据进行重采样、拼接并修订后，集成到地理信息平台上，得到研究区域的地形地貌底图；并在此基础上，绘制了海上丝绸之路主要航线示意图。

参 考 文 献

[1] 王昆. 面向交通规划的城市土地利用遥感分类及精度评价. 南京: 东南大学, 2009.

[2] 任建平. 利用高分辨率遥感影像提取城市路网信息. 兰州: 兰州大学, 2017.

[3] 徐春. 基于遥感图像的交通信息提取研究与实现. 北京: 清华大学, 2008.

[4] 夏威, 钟南, 张雨泽, 等. 高分卫星遥感技术在交通基础设施安全应急监测领域的应用. 卫星应用, 2017, (11): 41-45.

[5] 张玉明, 汤喜梅. G214 盐井-芒康段地质灾害调查中遥感技术的应用. 中国地质灾害与防治学报, 2009, 1: 94-98.

[6] 王丽红, 鲁安新, 贾志裕, 等. 川藏公路西藏境道路病害遥感调查研究. 遥感技术与应用, 2006, 21(6): 512-516.

[7] 张勇, 高克昌. 基于遥感和 GIS 的公路水毁监测和评估技术框架. 交通运输工程学报, 2010, 10(3): 28-34.

[8] 赵一恒, 王利东, 柳宇刚, 等. 基于遥感数据与 PS-InSAR 的城市桥梁形变量的监测研究. 建设科技, 2016, 4: 55-58.

[9] 辛名威. 基于 OMI 遥感数据的河北省大气 NO_2 垂直柱浓度时空变化研究. 石家庄: 河北师范大学, 2013.

[10] 李琦. 城市道路交通二氧化碳排放定量反演与时空分析. 武汉: 武汉大学, 2019.

[11] Kishi H, Takeuchi W, Sawada H. Exhaust emissions assessment over asian mega cities with satellite remote sensing and city traffic modeling. 29th Asian Conference on Remote Sensing, Colombo, 2008.

[12] 熊旭平. 基于遥感的公路域生态环境质量评价. 长沙: 长沙理工大学, 2008.

[13] 丁德平, 李迅, 张德山, 等. G2 京津塘高速公路万辆车流的交通事故灾害与气象综合指数的关系. 灾害学, 2012, 27(3): 107-110.

[14] 范一大, 王磊, 聂娟, 等. 我国低温雨雪冰冻灾害遥感监测评估技术——研究与应用. 自然灾害学报, 2008, 6: 21-25.

[15] 张明明, 刘振波, 葛云健, 等. 基于 MODIS AOD 数据的南京市大气能见度估算. 中国气象学会年会, 天津, 2015.

[16] 王宏斌, 张志薇, 刘端阳, 等. 基于葵花 8 号新一代静止气象卫星的夜间雾识别. 高原气象, 2018, 37(6): 1749-1764.

[17] 曹天扬, 申莉. 基于交通遥感图像处理的车辆目标识别方法. 计算机测量与控制, 2014, 22(1): 222-224.

[18] Wang D, Zhao K, Wang Y. Based on deep learning in traffic remote sensing image processing to recognize target vehicle. International Journal of Computers and Applications, 2020, 11: 1-7.

[19] Kengo S, Toru S, Takashi F. Traffic density estimation method from small satellite imagery: Towards

frequent remote sensing of car traffic. 2019 IEEE Intelligent Transportation Systems Conference (ITSC), Auckland, 2019: 1776-1781.

[20] Palubinskas G, Kurz F, Reinartz P. Model based traffic congestion detection in optical remote sensing imagery. European Transport Research Review, 2010, 2(2): 85-92.

[21] 杨柳, 张帆, 周盛, 等. 基于 3S 技术的公路绿色选线方法与实践. 公路, 2020, 65(4): 74-78.

[22] 赵宇, 谢谟文, 杜伟超. 城市轨道交通地面沉降雷达遥感监测分析. 测绘地理信息, 2017, 42(5): 66-69.

[23] 刘桂卫, 陈则连, 储文静, 等. 包银铁路断裂构造遥感勘察与地质选线. 铁道工程学报, 2018, 35(8): 11-15.

[24] Necsoiu M, Longepe N, Parra J O, et al. Using TerraSAR-X satellite data to detect road age and degradation. Proceedings of SPIE-The International Society for Optical Engineering, 2017, 10188: 9.

[25] Shi K F, Yu B L, Hu Y J, et al. Modeling and mapping total freight traffic in China using NPP-VIIRS nighttime light composite data. Mapping ences & Remote Sensing, 2015, 52(3): 274-289.

[26] 王俊强, 李建胜. 基于深度学习的大区域遥感影像路网提取方法. 工程勘察, 2019, 47(12): 44-49.

[27] 李器宇, 张洁, 徐晓旭. 基于无人机红外遥感的地下石油管道安全监测. 红外技术, 2019, 5: 32-36.

[28] 陆俊. 基于深度学习与无人机遥感影像的管线变化检测技术研究. 成都: 电子科技大学, 2020.

[29] 王琳, 吴正鹏, 陈楚, 等. 低空热红外遥感在探测输油管道中的应用. 测绘科学, 2018, 43(3): 142-147.

[30] 张磊. 油气管道沿线地质灾害识别与评价方法研究. 成都: 四川师范大学, 2020.

[31] 孙铭. 基于 GIS 的输油管道滑坡地质灾害风险评价. 成都: 西南石油大学, 2017.

[32] 冼国栋, 吴森, 潘国耀, 等. 油气管道滑坡灾害危险性评价指标体系. 油气储运, 2018, 37(8): 865-872.

[33] 汤杨. 遥感图像污染监测分析的机器学习算法实现. 天津: 天津大学, 2018.

[34] 杨静, 张思, 刘桂梅. 基于卫星遥感监测的 2011—2016 年黄海绿潮变化特征分析. 海洋预报, 2017, 34(3): 56-61.

[35] Garcia-Pineda O, Staples G, Jones C E, et al. Classification of oil spill by thicknesses using multiple remote sensors. Remote Sensing of Environment, 2020, 236: 111421.

[36] 郁斢兰. 海上交通枢纽建设的悬浮泥沙数值模拟与遥感监测研究. 大连: 大连海事大学, 2015.

[37] 宋玉梅. 基于遥感图像的内河航道识别研究. 重庆: 重庆交通大学, 2015.

[38] 汪楚涯, 杨元德, 张建, 等. 基于遥感数据的北极西北航道海冰变化以及通航情况研究. 极地研究, 2020, 32(2): 236-249.

[39] 张祝鸿, 王保云, 孙玉梅, 等. 结合笔画宽度变换与几何特征集的高分一号遥感图像河流提取. 国土资源遥感, 2020, 32(126): 58-66.

[40] Zhu C R, Zhou H, Wang R S, et al. A novel hierarchical method of ship detection from spaceborne optical image based on shape and texture features. IEEE Transactions on Geoence & Remote Sensing, 2010, 48(9): 3446-3456.

[41] Li Z L, Wang L Y, Yu J Y, et al. Remote sensing ship target detection and recognition system based on machine learning. 2019 IEEE International Geoscience and Remote Sensing Symposium, Yokohama, 2019.

[42] Bi F K, Liu F, Gao L N. A hierarchical salient-region based algorithm for ship detection in remote sensing images.Advances in Neural Network Research and Applications, 2010, 67: 729-738.

[43] Dan Z P, Sang N, Wang R L, et al. A transductive transfer learning method for ship target recognition. Seventh International Conference on Image & Graphics. IEEE Computer Society, 2013.

[44] Shuai T, Sun K, Shi B H, et al. A ship target automatic recognition method for sub-meter remote sensing images. International Workshop on Earth Observation & Remote Sensing Applications, Guangzhou, 2016.

[45] 陈冠宇, 刘阳, 田浩, 等. 以 VIIRS-DNB 数据为基础的黄海渔船夜间灯光动态. 水产学报, 2020, 44(6): 1036-1045.

[46] Liu K, Yu S T, Liu S D. An improved inceptionV3 network for obscured ship classification in remote sensing images. IEEE Journal of Selected Topics in Applied Earth Observations and Remote Sensing, 2020, 13: 4738-4747.

[47] 王慧利, 朱明, 蔺春波, 等. 光学遥感图像中复杂海背景下的舰船检测. 光学精密工程, 2018, 26(3): 723-732.

[48] 赵英海, 吴秀清, 闻凌云, 等. 可见光遥感图像中舰船目标检测方法. 光电工程, 2008, 35(8): 102-106.

[49] Guo W Y, Xia X Z, Wang X F. Variational approximate inferential probability generative model for ship recognition using remote sensing data. Optik, 2015, 126(23): 4004-4013.

[50] 郑益勤, 杨晓峰, 李紫薇. 深度学习的静止卫星图像海上强对流云团识别. 遥感学报, 2020, 24(1): 97-106.

[51] 毕上上. 基于 Sentinel-1A 卫星 SAR 图像的海面风矢量反演研究. 厦门: 厦门大学, 2017.

[52] 黎鑫, 张韧, 卢扬, 等. “海上丝绸之路”自然环境风险分析. 海洋通报, 2015, 35(6): 609-616.

第 20 章 遥感在文化旅游方面的应用

人类数千年的历史留下了大量的历史文化遗产，对这些珍贵遗产的发现、挖掘和保护等是人类认识历史的重要手段。旅游地区往往传承了数千年的历史，具有深厚的文化底蕴。随着国民经济的发展和人民生活水平的不断提高，我国旅游业不断发展扩张，如何开发新的旅游景区、扩大旅游文化内涵成为当务之急。为增强和彰显文化自信，提高国家文化软实力和中华文化影响力，推动文化事业、文化产业和旅游业融合发展，2018 年 3 月成立了中华人民共和国文化和旅游部，将文化部、国家旅游局相关职责进行整合。

文化和旅游部的职责包括对文化遗产的保护以及旅游市场的监管。国家的文化和旅游发展需要数据支持，而空间对地观测技术能为考古和文化旅游提供更丰富的信息。与传统的调查方法相比，遥感考古的优势包括覆盖范围广、光谱范围大、高时空分辨率、穿透能力强的观测以及能对考古文物实现无损探测等；区别于传统旅游资源调查方法的费时费力，遥感方法具有探测范围广、提供多时相多角度数据、快速高效等优势，遥感技术的文化旅游应用开始不断发展。

遥感在考古中的应用包括对古城、墓葬等遗址调查监测，对古建筑、岩画壁画和雕塑等文物的无损监测和复原以及对遗址古环境的调查研究等；遥感在旅游中的应用主要是对旅游资源和环境的动态调查监测。

20.1 遗迹调查与监测

古人活动留下各种考古学遗迹，但部分痕迹由于后世活动的破坏以及河流改道、植被覆盖、风化等地形地貌变化，很难通过肉眼识别，卫星遥感为遗迹考古提供了新的获取信息的技术手段。

遥感对遗迹的调查包括对古城遗址考古和古墓葬的调查。针对地表可见考古遗址，可通过遥感光学影像光谱和纹理信息提取遗址特征进行监测；针对被掩埋的遗址，考虑到埋葬的考古结构可能会影响覆盖上层土壤的反射特性，如部分掩埋遗址可能会影响上层土壤植被生长状况，可通过多光谱高光谱遥感数据探测；掩埋的考古遗址可能会影响土壤水分含量从而影响区域后向散射特性，并且微波遥感对土壤具有一定的穿透能力，因此 SAR 影像被广泛应用于掩埋遗址调查探测中。

20.1.1 城址考古

历史遗迹废弃后，随时间推移，受到风化腐蚀等，遗迹与周边土壤会存在差异，并且遗址一般会具有较规则的几何形状，如壕沟、城墙、宫殿等，通过遥感分析多源影像的光谱、纹理和结构特征可以提取到目标信息，确定疑似区域。目前遥感技术的不断发展，对于古城遗迹考古提供了新的获取信息的手段，被广泛应用于文化遗产调查、考古特征识别、遗址环境监测等方面。许多遥感城址遗迹考古使用各种主被动遥感手段进行。光学遥感可获取较大考古范围内的高分影像，结合古城的几何、光谱特征辅助遗址调查、识别和监测等[1,2]；微波遥感的后向散射和穿透性也被用于识别解译古城的考古特征[3,4]。

Chen 等[5]使用 14 景 X 波段 COSMO-SkyMed、TerraSAR、C 波段 Sentinel-1 和 L 波段 PALSAR 数据对玉门关和具有地下遗迹的尼雅遗址进行考古分析。SAR 影像先进行预处理，包括辐射校正、椒盐噪声滤波，然后生成相干干涉图。为了强调多时相影像在考古评估中的重要性，基于共同的 PALSAR 影像生成 4 种不同 SAR 产品：相干干涉影像、图像比值、多日期平均雷达信号和彩色合成影像。结果表明，考古特征会随着 SAR 影像空间分辨率的降低而不明显，在 TerraSAR-X 影像中观测到明显且连续的痕迹，在 PALSAR 中变成清晰但不连续的痕迹，而在 Sentinel-1 中难以观测。其次，利用 SAR 影像实现了穿透干沙检测未知的地下文物。此外，结合 2000 年的考古专题图和 TanDEM 协同进行现场考古，发现古定居点沿着 SAR 影像的线性特征分布，并且集中在线性特征东部。方法证明了 SAR 影像对沙漠地下遗迹的探测能力，对比分析不同空间分辨率 SAR 影像考古遗迹识别的能力，并且证明多日期合成产品，比如相干干涉影像、平均雷达特征和多时相 RGB 合成影像有效地提高了考古能力，实现了古城变化检测。

Stewart[6]认为地下考古遗迹通常会影响地表覆盖情况，因此通过 SAR 后向散射强度、相干性和干涉测量识别意大利罗马附近地区的古城遗迹。使用 SAR 数据提取 3 种信息：多时相滤波得到的后向散射率 σ_0，相关干涉图和生成的 DEM。针对信息提取的特征，包括平均对比度(man ratio detector，MRD)，潜在土壤水分亏损(potential soil moisture deficit，PSMD)以及连续性。平均对比度是通过计算两个区域的均值之比来衡量两个区域后向散射强度的差异，计算公式如式(20-1)所示：

$$r_{\mathrm{MRD}} = 1 - \min\left\{\frac{\mu_X}{\mu_Y}, \frac{\mu_Y}{\mu_X}\right\} \tag{20-1}$$

式中：μ_X 和 μ_Y 为两个区域的后向散射率 σ_0 的均值，可使用 MRD 评价 2 个区域的可区分度。

此外，潜在的考古遗迹可能会导致区域土壤含水量变化，从而导致介电常数变化，反映在后向散射系数上，因此需要考虑潜在土壤水分亏损。它是由第一次到最后一次 SAR 影像采集期间每天土壤潜在蒸散量和降雨之间的差值计算得到的。土壤蒸散发量来自地面站点实测数据插值，降水数据来自意大利拉齐奥地区水文局气象站观测插值。PSMD 首先需要每日降雨减去蒸散量，然后计算最近 30 天的差值之和。结果表明，PMSD 与考古遗迹清晰度相关。在滤波后的后向散射率 σ_0 影像上可以很明显观测到一些可见光影像上无法发现的考古遗迹，包括古代运河、渡槽和一些建筑残余，揭示该区域地下城市结构残余。并且发现掩埋的城市结构上植被覆盖度较低，可能是地下结构影响区域植被和作物的生长。使用 COSMO-SkyMed 卫星 SAR 影像进行多时相斑点噪声滤波、相干影像生成和 DEM 创建，然后将结果与考古、地质、土壤、植被和气象数据进行对比，发现 SAR 数据获取的几种产品可以用于各种类型的考古遗迹探测。

Bachagha 等[7]使用高分辨率遥感影像 WorldView-2 和现场勘测相结合，对考古遗址进行调查。研究区域在突尼斯南部加夫萨地区西南部，该地区是古罗马时代重要军事防御系统的一部分。研究使用的遥感数据主要是 WorldView-2、Google Earth 影像和 GDEM 数据。数据处理流程主要包括以下几个步骤：首先是结合 Gram-Schmidt 全色锐化方法，将 WorldView-2 全色与高光谱影像融合，可以更好增强考古标记捕捉特征；为了进一步提高考古特征的可视性，使用统计特征局部指数(local index for statistical analyses，LISA)，结合全色锐化影像和 LISA 图像进行有监督和无监督影像分类，发现最大光谱可分离性，并基于 LISA 指数对这些边界进行统计分析。针对提取的可疑区域进行实地调查，发现了 3 处过去未探测到的古城遗址，其中 2 个新地点沿着以前发现的古罗马道路，可能属于道路的新发现部分。新地点 1 附近发现许多陶器和砖块碎片，附近有城墙城墩残骸，认为该地点应为要塞；新地点 2 有墙壁残骸、陶瓷和砖块碎片，认为可能是堡垒。文章提出了对光学遥感影像基于统计分析和分类发现潜在考古遗迹的新方法，并通过实地调查验证了方法的可行性。

20.1.2 墓葬考古

遥感为墓葬考古提供了新的可行方法，如倾斜或垂直航空航天摄影可以检测地面墓葬，热红外、SAR 等可用于检测地下墓葬遗迹。作为一种非破坏性的考古技术，遥感可在古墓开挖之前、中和后对考古现场进行调查。随着空间技术的不断发展，遥感在墓葬考古的应用越发广泛。因为具有高空间分辨率和丰富的光谱信息，可为大到古墓位置确定，小到掩埋结构的识别提供数据。高分辨率高光谱光学影像、LiDAR 和 SAR 数据都被用于辅助墓葬调查与发掘，对于地上墓葬群，由于在形状上有明显特征，可以采用影像融合和边缘检测等方法增强墓葬地面目标的影像特征，通过半自动或自动分类检测方法，如面向对象分类、随机森林等机器学习算法，提取结构特征，结合高分辨率光学影像、SAR 影像实现探查[8-10]。

Balz 等[11]分析 TerraSAR-X 不同采集模式下 SAR 影像识别墓葬的可行性，发现超高分辨率的 TerraSAR spotlight 模式最为适合，可以识别>75%的大土堆，而分辨率较低的 SAR 影像只能探测到大型墓葬，分辨能力＜50%。首先将研究区域墓葬按直径和尺寸分为 3 大类，然后结合地面调查收集墓葬石碑信息。然后对 SAR 影像进行数据预处理消除斑点噪声，发现随着 SAR 影像分辨率下降，墓葬会随着尺寸逐渐变得识别困难。墓葬的识别是定性分析，目视解译的结果，使用专家打分确定墓葬可识别性与 SAR 影像分辨率之间的相关性。

Balz 等[12]自 2013 年以来，结合 IKONOS、WorldView-2 和 TerraSAR-X 数据，开发了一种基于光学和 SAR 数据自动检测较大型墓葬结构的方法。并在新疆阿尔泰市进行了实地调查，实验具体区域在海柳滩山谷，对 1000 多个古迹墓葬进行了分类，构建了新疆北部的墓葬分布图。基于 IKONOS-2 测试了 3 种自动检测集中墓葬的方法：利用墓葬形状特征结合卷积和环形模板检测；面向对象检测方法；霍夫森林方法。实验结果表明，霍夫森林方法可以很好地检测到与背景形成鲜明对比的清晰考古特征，并且使用特定类别的霍夫森林对阈值的变化具有较强的鲁棒性，可以很好地识别古迹。验证了光学影像检测墓葬方法可行后，文章测试高分辨率 SAR 影像的可检测性：对比以不同模式采集的 TerraSAR-X 数据，随着影像分辨率上升，较小的墓葬也可以识别出来。对于凝视 spotlight 图像也应用霍夫森林自动检测方法，可以得到较高的墓葬检测率，识别较大规模的坟墓，但对较小的土堆误检率会提高。最后，结合光学和 SAR 数据在海柳滩进行实地考察，进行了约 3 周的野外作业，覆盖 140km^2 以上的区域，共绘制了近 1000 个墓葬结构，得到新疆北部精细墓葬分布图。

Caspari 等[13]提出一种基于微地形分析（microtopographic feature analysis，MFA）的 LiDAR 数据处理方法，针对考古对象开发的面向考古模式的点云分割算法（archaeological pattern-oriented point cloud segmentation，APoPCS），从而辅助墓葬调查。实验地区在荆州巴陵山楚墓区，因为墓葬分布在树木茂密的山区，平均树高在 8m 以上，需要结合 LiDAR 数据滤波克服植被的限制，确定考古遗迹。方法的基本流程如下：LiDAR 数据收集，地面点滤波分类，点云中楚墓的模式分析，特征提取和可见光遥感验证。首先使用机载激光扫描获取研究区域的 LiDAR 点云数据和可见光影像；然后需要对点云进行滤波分类，排除植被获得地面点云，滤波是通过常用的阈值和结合当地 DEM 手动过滤结合的方法实现的；针对滤波得到的地面点云，生成坡度分布图，结合专家目视解译，选择 12 个楚墓样本提取墓葬特征，提取的墓葬几何特征包括石坑、墓葬边缘的高度差、长宽高和土堆大小等，构建样本墓葬的多维特征向量，提取考古模式，从而辅助后续的分类训练；将 LiDAR 点云提取的考古特征与光学影像结合生成多通道栅格影像，结合模糊聚类实现墓葬提取；最终将 LiDAR 点云提取结果与区域数字正射影像对比验证，评价墓葬提取精度。文章最终提取定位了 315 座古墓，其中 168 座为已知古墓，剩余 147 座是新发现墓葬，考古学家已对此进行考察。算法不仅能以较高精度发现定位古墓，还可提供区域墓葬 3D 信息，辅助考古调查。

20.2 文物复原保护

文物传承历史文化，是宝贵的历史遗产，要加强文物保护利用和文化遗产保护传承。但部分文物具有不可再生性和不可移动性特征，难以获得全面的影像与数据资料，需要结合遥感技术获取文物更全面的影像和数据资料，帮助文物的数字化保存以及残缺文物的复原和保护。

遥感对文物的探测复原包括古建筑、历史洞穴壁画和宗教雕塑等。已有许多研究使用地基和无人机遥感实现无损伤文物探测，能够在不破坏文物结构的情况下收集数据。遥感文物探测包含一系列的方法，最常见的有多光谱成像、激光扫描、无人机立体成像和热红外探测等。

20.2.1 古建筑

随时间推移，朝代变迁，古建筑文物会经历不同程度的破坏，包括水蚀风化火灾等自然因素影响和城市建设等社会因素的损坏。我国一直强调文物保护工作，而对古建筑的保护，首先需要对建筑进行数据采集，获取数字化资料。区别于传统的仪器实地测量，遥感可不直接接触被测物体，避免对古建筑的二次损害，实现高精度的建筑结构探测和分析，主要采用的遥感手段包括近距离摄影测量和 LiDAR 扫描，获取古建筑 3D 表面信息[14-18]；以及紫外或热红外成像，探测建筑内部损伤等[19-21]。

Brooke 等[22]使用被动热红外遥感成像仪对历史建筑的人为异常和建筑材料进行探测。使用 FLIR E8 热像仪，获取建筑热成像影像，使用滤波和统计聚类算法进一步分析影像，滤波方法为 Wallis 滤波，利用高斯平滑算子来计算局部灰度值的均值和方差，从而增强图像的辐射特性，计算公式如式(20-2)～式(20-4)所示：

$$f(x,y)=g(x,y)r_1+r_0 \tag{20-2}$$

$$r_1=\frac{cs_f}{\left(cs_g+(1-c)s_f\right)} \tag{20-3}$$

$$r_0=bm_f+(1-b-r_1)m_g \tag{20-4}$$

式中：r_1 为斜率，$r_1>1$，滤波器为高通滤波器，$r_1<1$，滤波器为低通滤波器；r_0 为截距；m_g 为区域灰度均值；s_g 为图像信号的 AC 分量，反映区域内像素的灰度变化；$g(x,y)$ 和 $f(x,y)$ 分别为原始影像和滤波影像；m_f 为灰度均值的目标值，并且必须为图像动态变化范围的中间值；s_f 为灰度方差的目标值，用来确定图像的对比度；c 为图像对比度扩展常数，取值范围为[0,1]，并随着过程中窗口的增大而增加；b 为图像强度系数，聚类方法为 K-means。

针对 4 种不同建筑形式不同材质古建筑进行红外成像勘测，在热红外影像上可以很明显发现光学影像上不可见的内部嵌入式支撑结构，如图 20-1 所示。类似的可发现墙壁

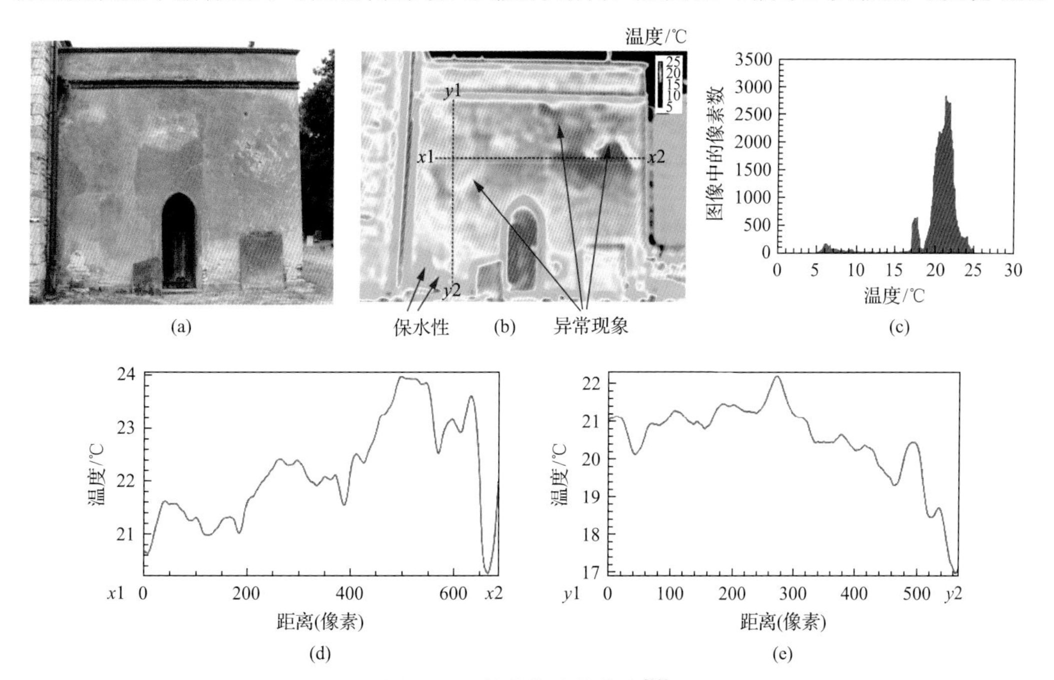

图 20-1　教堂热成像分布[22]

不同材质，区分石膏、木材和石灰石分布等，这也证明了热像仪能够在不破坏建筑的情况下确定其内部构成和考古结构。

Shao 等[23]使用高光谱 LiDAR 测量清代早期、清代末年和现代建造的徽派古建筑木材表面光谱，使用多个朴素贝叶斯和支持向量机 SVM 分类器对建筑年龄和木材种类进行分类。为了验证 LiDAR 检测区分材料的可行性，在 4 种木材 9 个样本上进行实验，每个样本进行 8 次 LiDAR 扫描，随机选择 4 个测量值作为训练集，其余作为验证集。为了讨论分类性能，分类数据集包括 6 种，分别为：①0 年、300 年和 300 年的松树样本；②0 年、300 年和 300 年的云杉样本；③数据集①加上 100 年老建筑采集的样本；④同一座 100 年老建筑中采集的松树、云杉、纸莎草和山楂样本；⑤数据集④加上 100 年老建筑采集的样本；⑥所有样本。结果表明，使用超过 15 个通道的高光谱反射率数据时多个朴素贝叶斯分类器分类精度较好，可以达到 100%；使用通道较少时，多个 SVM 组合效果更优。总的来说，使用 LiDAR 光谱值可以实现不同建筑年龄同样木材和同一建筑不同木材的分类，分类精度随着通道数增加而增加。方法为 LiDAR 探测古徽州建筑及其保存提供了可行性方法，实现了使用 LiDAR 光谱信息对木材种类分类并从古建筑中区分木材成分年代，为区分古建筑原有部件和后续修复部分提供了可行性。

Sun 等[24]使用无人机（unmanned aerial vehicles，UAV）和运动恢复结构算法（structure from motion，SfM）对西藏佛塔进行建筑遗产 3D 模型建模，并且对比使用 UAV-SfM 方法和结合地面控制点与地面激光扫描进行藏传佛塔测量的准确性。研究的古建筑是西藏的吉祥多门佛塔，佛塔共九层，每层都有许多宏伟的壁画。地面激光扫描测量佛塔可行性有限，因为佛塔的形状，大部分地板和墙壁都在扫描范围之外，而无人机能够对结果进行无死角覆盖。为了保证获取影像的质量，采集遵守以下规则：每个表面覆盖至少 3 幅影像以保证完整性；为了提高建模的指标精度，影像基深比更大，图片重叠度更大；为了保持影像照明一致性，所有图像采集都是在阴天进行的；为了保证较高的 GSD，图像采集位置和佛塔之间的距离必须很小，最终获得的 GSD 范围为 4.4～8.8cm。为了验证 UAV-SfM 建模精度，对比全站仪和地面激光扫描的结果，精度评价是基于均方根误差（RMSE）进行的，最终，每 1.615 个像素大小的 RMSE 为 2.05cm，是佛塔高度（50m）的 1/2500，无人机建模精度与地面激光扫描建模精度相当。将无人机建模结果与激光扫描结果叠加，结果表明，二者差异在±1cm 之内，27%的点误差在±1cm 之内，67%在±3cm 之内，92%在±5cm 之内。建模结果佛塔上部准确性不如下部，可能是因为上部缺少几何控制点，也可能是因为上部以金属表面为主，表面光滑无纹理，给 SfM 重建中的特征检测带来问题。总的来说，无人机检测古建筑的方法能够达到足够的精度并且成本较低、测量快速，为古建筑建模保护提供新的思路。

20.2.2 古岩画与洞穴壁画

岩石壁画是文化遗产的重要组成部分，反映某一群落或当时社会文化情况，但受到水、空气、灾害等自然因素和城市发展、战争等人为因素影响，保存困难，因此历史壁画的保存记录十分重要。遥感技术的不断发展极大改善了岩画壁画的记录和保护进程，可以较快地获取壁画的精准 3D 模型和符号信息。摄影测量和地面激光扫描的出现，帮助快速准确获取表面三维点云，已被广泛应用于壁画遗产保护中。遥感技术的使用使岩画数字化保存更加便捷，最常用遥感技术手段包括地面激光扫描，近景摄影测量和无人机航空摄影测量等[25-30]。

Majid 等[31]使用包括无人机、地面近景摄影测量和地面 LiDAR 扫描获取壁画的三维点云和绘画图像信息。使用无人机在距地面 30m 高处对洞穴壁画进行立体测量。地面近景摄影测量使用的是数码相机，架设在距地面 1.5～2.0m 处来捕捉古洞穴壁画的立体相对，获得壁画 3D 立体模型。地面 LiDAR 系统使用的是 FARO Focus 3D 地面激光扫描仪来捕捉三维点云，扫描仪还内置了高分辨率数码相机以获得壁画的纹理信息，生成包括 RGB 信息的点云数据。对比近景摄影测量和 LiDAR 生成的壁画复原数据，主要是对比分析两种不同方法的可视化质量。结果表明，与 LiDAR 的输出结果相比，基于无人机近景摄影测量复原的壁画更清晰，分析原因，无人机位于距地面 30m 处，而 LiDAR 布设在地面距壁画 60m 处，LiDAR 扫描仪内置摄像头的扫描角度和分辨率可能会影响可视化质量。基于无人机近景摄影测量的结果可视化质量非常高，并且无人机可以接近目标，在此问题中较为适用。文章认为，纹理信息对考古意义重大，无人机近景摄影测量是获取古洞穴壁画的最优方案。

Wang 等[32]提出一种基于无人机的运动恢复结构的摄影测量方法，以获取左江花山壁画的 3D 地理空间数据，并结合无人机上搭载的高分辨率影像提取岩画的几何形状，包括符号和字符等。该方法可以获取 2mm 分辨率的花山岩画正射影像和绝对精度 5mm 的 3D 模型，对于研究壮族历史文化和保存复原都很有意义。花山壁画剥离损坏严重，对考古研究带来影响，因此需要提供遥感 3D 数字记录对花山壁画的大规模保护和修复，为后续研究保存历史数据。壁画主要位于水面上方 15～130m，悬崖峭壁使得现场数据采集困难。无人机遥感的引入提供了新的数据收集方法，流程概括如下：首先，使用无人机获取壁画的高分辨率多视影像，并且进行壁画的几何控制点测量，无人机的起降都在船上；然后采用多视立体(multi-view stereo，MVS)摄影测量处理方法生成岩画的密集匹配点，采用密集点来构建壁画的 DSM 和 DOM；最后在 DSM 上进行纹理贴图得到最终的岩画 3D 模型。现场数据采集包括无人机多视影像采集和地面控制点(ground control points，GCP)测量，无人机路线需仔细设定，该方法以 80%航向重叠和 60%的旁向重叠收集影像，最后所有影像拼接成一幅基于 GCP 标记的影像。GCP 的选择和测量需要根据地点调整，最后获取测量精度 2mm 的控制点。最后对 3D 模型的几何精度进行评价，在 11 个检查点上的 3 方向 RMSE 分别为 $x = 0.0046$m，$y = 0.0052$m 和 $z = 0.0039$m。方法的精度和可靠性得到验证，该方法将为岩画的研究、保护、展示和修复提供准确的依据。

Martínez 等[33]提出一种方法，结合多光谱相机和地面激光扫描仪捕捉几何和辐射特征来测量评价岩石壁画。地面激光扫描仪用于获取岩画精确三维模型，多光谱相机包括 6 个光谱波段：绿(530nm)、红-1(672nm)、红-2(700nm)、近红外-1(742nm)、近红外-2(778nm)和近红外-3(801nm)。摄影测量建立 3D 模型是基于运动恢复结构算法，包括自动提取和匹配关键点，影像重定向和密集点云生成。研究区域在西班牙阿尔巴塞特的 Minateda Great Shelter，该处的岩层上有 400 多个图案，总长 20m，高度 8m。根据使用的传感器生成了 2 组点云：激光扫描点云和多光谱摄影测量点云。激光点云配准精度达到(0.003±0.001)m，摄影测量点云匹配精度为(0.79±0.52)个像素大小。为了获取壁画辐射信息，将激光扫描点云和多光谱摄影测量点云进行融合，然后得到包括激光频段和相机光谱信息的像素，结合无监督 Fuzzy-k-means 算法进行分类，识别壁画字符符号。

20.2.3 造像与雕塑

雕塑造像常常暴露在外部环境，受空气等侵蚀，获取雕塑三维模型并确定雕塑破坏情况，是有效保护历史塑像的关键步骤。遥感在雕塑 3D 重建中常用的技术手段包括近景摄影测量、无人机观测和 LiDAR 扫描等。

传统的摄影测量三维重建方法主要是使用多视图像，结合运动恢复结构获得稀疏的匹配点云，然后采用密集图像匹配算法进一步实现点云加密，通过密集点云重建三维模型并结合影像光谱信息实现模型表面贴图。多视影像三维重建不仅可以得到雕塑的三维模型，还可获取表面信息，实现破损区域检测重建等。随着激光扫描技术的不断发展，地面 3D 激光扫描也被广泛应用于雕塑三维重建中，获取雕塑高分辨率高精度模型。

Prasetyo 等[34]分别使用非测量型相机和无人机对迪波内格罗王子雕像进行三维建模，并与全站仪的测量结果进行对比确定三维模型的准确性。无人机影像重建 3D 模型时，相机内参十分关键，使用前对相机进行校准，获取相机内参，实现雕像的三维建模。对于非测量型相机构建的 3D 模型，对比雕像上的特征点与实测数据，发现最大测量差异为 0.2077m，最小 0.1007m，相差在 2%以内，平均测量误差为 0.1615m；类似地，使用无人机采集的影像数据进行 3D 建模，对比雕像上的特征点与实测数据，发现最大测量差异为 0.053m，最小 0.001m，相差在 2%以内，平均测量误差为 0.0162m。对比二者的 RMSE，无人机结果优于非测量型相机。结果表明，与非测量型相机相比，无人机重建几何精度更高，相机和无人机 3D 建模的结果可以用于雕塑保护。

Adamopoulos 等[35]提出新方法，将近红外成像与多视影像密集重建结合，生成历史石雕的表面光谱模型。方法可以同时获得雕塑表面形状和近红外光谱中不同历史材质的不同响应，通过分类和三维建模分割评估雕像不同材质不同年代类型。研究的石雕有 2 处：都灵皇宫附近大力神喷泉旁的 17 世纪大理石雕像(约 1.5m)和卡尔特修道院中的 19 世纪小石像(约 31cm)。数据来自佳能带近红外的相机近景摄影测量，为了保证建模精度，采用较大重叠度(80%)影像采集，并保持内外部捕获参数和地面采样距离 GSD 不变。数据处理与立体模型生成是基于运动恢复结构和多视立体方法。结果表明，大力神雕塑建模精度为 0.72±0.58mm，小石像建模精度为 0.39±0.25mm。与设想的一致，加入近红外波段，可以反映雕塑风化腐蚀情况(如图 20-2 所示)，为评估雕塑保存情况提供直观的数据，通过影像分割和可视化结果表明，大力神雕塑表面 73.88%都表现出中高等级的风化侵蚀，因为雕塑靠近喷泉，受水和空气的作用更易腐蚀；而基督小石像分割结果显示风化程度较低。方法通过加入近红外影像对历史雕塑进行三维建模，为雕塑的保存和状况识别提供更全面的结果。

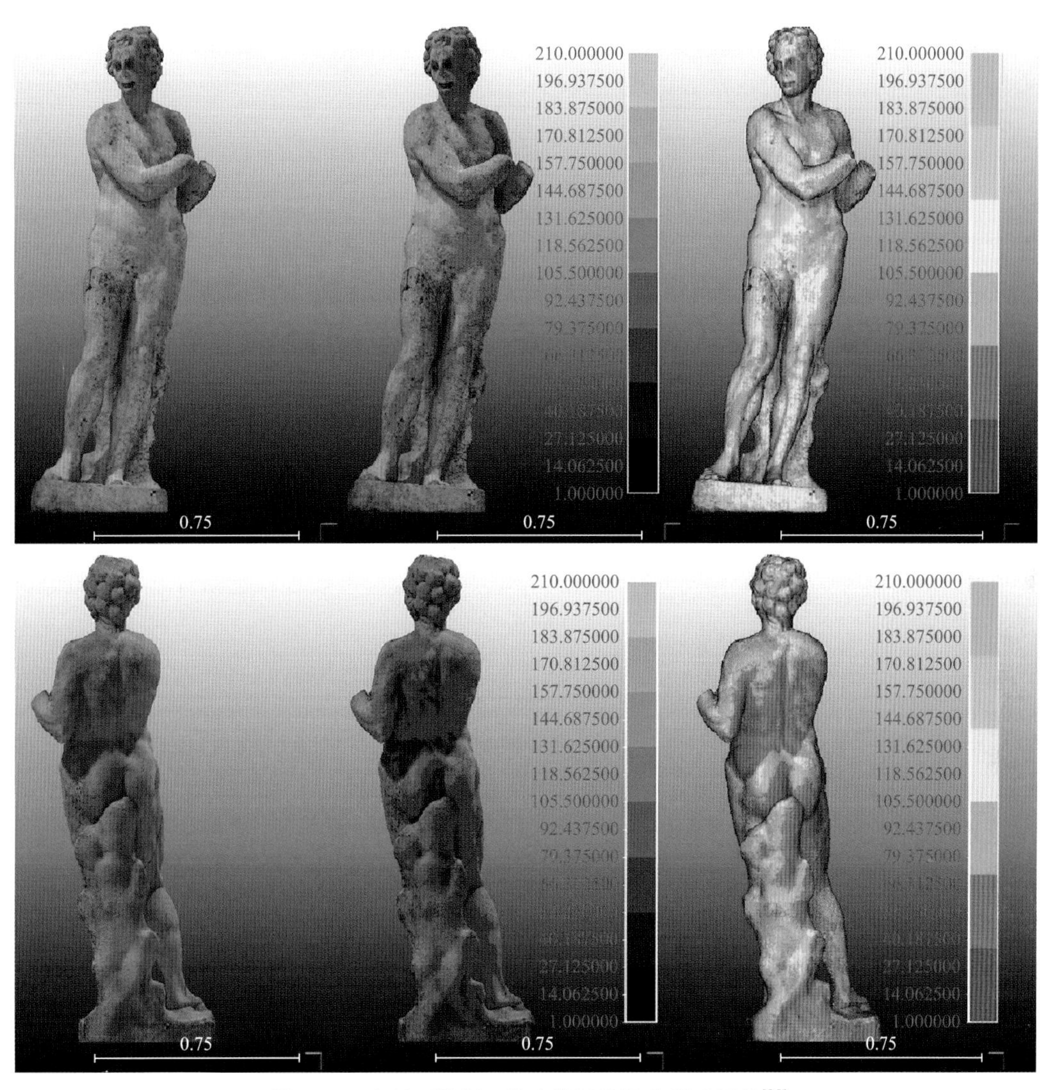

图 20-2 大理石雕塑三维建模以及风化程度评估[35]

Pietra 等[36]使用手持式 3D 扫描仪和运动恢复结构技术评估古代雕塑内部完整性，并对雕塑进行定量分析。研究对象为埃及的纳佛雕像，可以追溯到公元前 1279～公元前 1213 年，为了评估雕塑内部断裂和可见损伤，使用三维超声波断层成像和多传感器测量。数据采集方法包括摄影测量和 2 种类型的激光扫描仪(Faro 激光扫描仪和混合手持式扫描仪)。3D 超声波断层检测的基本原理是机械脉冲在给定材料中的传播速度会随着体积单位断裂数量的增加而降低，根据这种不均匀性可以快速定位裂缝。首先对雕塑进行摄影测量和激光扫描获得其 3D 模型，然后结合超声波断层扫描结果定位裂缝。对雕像进行近景拍摄，获得 74 幅多视影像，然后结合运动恢复结构和图像匹配技术生成密集点云，最终重建出平均误差小于 5mm 的纹理 3D 模型。激光扫描点云构建的 3D 模型精度略低一些，平均误差 5mm 左右。通过叠加断层扫描结果，定位内部裂缝主要分布区域和损坏程度。

20.3 遗址的古环境分析与解译

通过遥感技术研究长周期古环境历史变化，能够以更全面的光谱范围进行探测，精确分析区域的地物光谱特征。遥感为古环境调查监测提供了新的快速且低成本的技术手段，考古环境解译越来越多地开始使用航空和航天多光谱高光谱数据、SAR 影像和 LiDAR 数据等。并且遥感在探测大型考古遗迹方面具有优势，下面以遥感古长城遗址勘测调查为例对遗址古环境分析解译遥感应用进行介绍。

长城是我国最大的纪念性建筑，也是世界七大奇迹之一，自战国时代到清朝一直在不断的建造，长度达数万公里，具有无与伦比的历史文化意义。但由于自然灾害、气候变化和人为活动的影响，长城的可持续发展和保存面临巨大的挑战。区别传统监测手段，随着对地观测技术的快速发展，卫星遥感在长城的预防性监测中应用越发广泛。光学遥感、LiDAR 测量和 SAR 是 3 种主要的遥感长城遗址调查方法[37-39]。

Zhu 等[40]结合 TerraSAR-X/TanDEM-X 星载 SAR 数据重建古代水耕环境。研究区域在中国甘肃省阳光镇的南湖绿洲长城遗址附近。方法流程概括如下：首先对 DEM 数据进行分水岭分析提取排水网络，确定了几个干涸古河道和可追溯到唐朝的湿地范围，将提取结果与现有排水网络进行对比，确定干涸河道，进行 canny 边缘检测以提取干涸河道的河谷范围；然后结合多时相 L 波段 SAR 数据进行水文敏感性分析，提取伴随地下水出现的干旱植被，利用后向散射特性和相干分析定位古代耕地。对于 PALSAR 强度数据计算了变异系数 COV、最小值和梯度，具体公式如式(20-5)～式(20-7)所示：

$$\mathrm{COV}_{i,j}=\frac{\mathrm{STD}}{\mathrm{MEAN}}=\sqrt{\frac{\sum_{k=1}^{n}\left(x_{i,j,k}-\overline{x}_{i,j}\right)}{n-1}}\Bigg/\left(\frac{\sum_{k=1}^{n}x_{i,j,k}}{n}\right) \tag{20-5}$$

$$\mathrm{MIN}_{i,j}=\left\{x_{i,j,1},x_{i,j,2},\cdots,x_{i,j,k},\cdots,x_{i,j,n}\right\} \tag{20-6}$$

$$\mathrm{GRAD}_{i,j}=\max\left\{\left|x_{i,j,1}-\overline{x}_{i,j}\right|,\left|x_{i,j,2}-\overline{x}_{i,j}\right|,\cdots,\left|x_{i,j,n}-\overline{x}_{i,j}\right|\right\} \tag{20-7}$$

式中：$\mathrm{COV}_{i,j}$、$\mathrm{MIN}_{i,j}$ 和 $\mathrm{GRAD}_{i,j}$ 分别表示位置 (i, j) 处的变异系数、最小值和梯度；k 为图像 ID。

根据这 3 个特征的结果进行假彩色合成。$\mathrm{COV}_{i,j}$ 和 $\mathrm{GRAD}_{i,j}$ 表示强度影像之间的后向散射差异，$\mathrm{MIN}_{i,j}$ 表示相同对象的最小后向散射值。图像间差异较大、后向散射较强的区域在合成影像中越亮。基于合成的相干影像提取出 6 类地表覆盖，分别为红柳、芦苇、耕地、水体和湿地、沙丘、戈壁。其中红柳和芦苇这 2 种干旱植被是潜在的古代耕地和牧场范围；最后将提取的流域、排水网络、干涸河道和古代、现在的耕地范围都叠加到 Landsat-8、GF-2 和锁眼卫星(key hole，KH)影像上，然后进行考古现场实地调查，参考历史文献，对南湖绿洲附近可追溯到汉唐时期(公元前 202～公元 907 年)的古代水耕环境进行重建。结果表明，南湖绿洲的古代耕地面积几乎是现有面积的 2 倍。

Luo 等[41]基于 GF-1 影像提出自动识别中国西北古敦煌汉代古长城考古特征的方法。首先对 GF-1 数据进行影像校正和数学形态学增强，然后使用 Otsu 分割和线性 Hough 变换相结合的算法自动识别线状结构，最后将自动提取的结果与目视解译结果对比，对提出的方法进行定性和半定量的评估。结果表明，该方法提取准确率为 80%，自动提取方法可应用到绘制、评估汉代古长城的工作中。研究中的汉代长城最典型的特征是线状防御墙结构，平均宽度 10～12m，在高分影像中较易识别。针对多光谱影像首先计算 M 统计量和光谱可分离指数(spectral separability index，SSI)来评估线性轨迹和周边背景的可分离性，M 统计量计算公式如式(20-8)所示：

$$M(\lambda)=\frac{\mu_1(\lambda)-\mu_2(\lambda)}{\sigma_1(\lambda)+\sigma_2(\lambda)} \tag{20-8}$$

式中：$\mu_1(\lambda)$ 和 $\mu_2(\lambda)$ 为 2 个不同类(如线性结构和周边环境)的均值；$\sigma_1(\lambda)$ 和 $\sigma_2(\lambda)$ 为对应的标准差。

M 越大意味着对应的类内方差越小，类间方差越大，2 类的可分离性越强。但影像中线性轨迹的 M 统计量均偏小，这是因为敦煌区域被水蚀或风化的沙石覆盖，线性轨迹没有明显的光谱特征。锐化后的影像线性轨迹清晰可见，所以考虑纹理和邻域信息来区分线性特征，将线状结构与背景区分的最优阈值选择来自 Otsu 算法。在应用 Otsu 算法提取疑似线状结构后，考虑到长城的长度和宽度特点：长城遗址长度通常在 1000～1200m 范围(相当于 500～600 个像素大小)，宽度通常在 10～12m(5～6 个像素大小)，以面积 500 个像素大小和 0.01 宽高比来筛选删除不感兴趣对象。筛选后使用线性 Hough 检测算法自动检测影像上的线性特征。

Chen 等[42]提出一种综合监测评估方法，利用空间技术监测古长城。研究区域选在中国宁夏青铜峡市和张家口市的两处长城断面，青铜峡的长城主要是以黄土等材料建造，张家口市的长城城墙主要是由石头和砖块建成。使用的多源时空数据包括：2015～2018 年 Sentinel-1 时序 SAR 影像；同时期的 Sentinel-1 多光谱数据，用于计算 NDVI；SRTM DEM 和当地地面站提供的年度风速数据。使用 SAR 干涉估算长城表面形变率，并使用相关矩阵计算形变率与 NDVI、气象和地形数据的相关性。结果表明：2015～2018 年长城地面运动减少；青铜峡长城形变率与高程、坡度、风速和 NDVI 的相关系数分别为 0.524、0.115、0.582 和 0.522，表明西部干旱地区强风和地形是城墙变形侵蚀的主要原因；张家口市的相关系数分别为 0.065、0.027、0.025 和 0.052，表明东部地区自然因素的影响可忽略不计。该方法为长城及其影响因素的监测提供新见解。

20.4　遥感旅游资源开发及其环境动态监测

旅游逐渐成为我国国民经济的支柱产业，各地都在加快旅游规划开发的脚步，传统的旅游资源调查方式效率较低，而遥感以其探测范围广、信息量大且采集快速、能够及时动态监测地面等特征，被广泛应用于旅游开发中。遥感在旅游规划中的应用十分广泛，包括提供旅游景点的基础底图、测定旅游景区具体的地理环境情况、清查旅游资源的数量与质量、实现动态旅游规划和开发旅游规划地理信息系统等。不同种类的遥感数据也为旅游资源调查检测提供参考，包括常用的中分辨率 Landsat、SPOT 和 Sentinel 系列卫星影像、高分辨率 QuickBird、IKONOS 和 WorldView 影像以及国产的高分、资源系列卫星影像和航空影像等。

旅游区的地理环境、位置信息十分重要，而常规方法调查资源与环境较为困难。有效利用遥感技术，对旅游区的自然资源进行详尽调查，对旅游区宏观环境进行监测，对旅游开发具有重大意义。Sahani[43]在印度喜马偕尔邦大喜马拉雅国家公园保护区使用遥感、GIS 和多准则决策分析（multiple criteria decision analysis，MCDA）技术确定潜在的生态旅游点。将影响旅游开发的因素划分为 12 层：坡度、地形粗糙度、植被、地表水可及性、地下水、海拔、雪峰能见度、邻近村庄、徒步路线、气候适宜性、栖息地适宜性和湖泊邻近性。不同 MCDA 之间使用 AHP 确定权重，以识别不同的生态旅游潜在区。潜在生态旅游点的选择或预测包括 3 个步骤：地理空间数据库生成、AHP 权重的确定和结果的验证与解释。为了评估生态旅游潜在地点，考虑坡度、地形粗糙度、植被、排水、能见度、可及性、农村居住点、栖息地、海拔、气候、地下水和湖泊等邻近因素。考量因素采集多来自遥感数据，包括 SRTM DEM 计算的坡度、地形粗糙度和高程；Landsat8 OLI 数据计算的植被指数 NDVI 等。文章得出的结论是，大喜马拉雅地区的西南部和中部具有极高的生态旅游潜力，其中包括生态发展区、蒂森野生动物保护区和赛因野生动物保护区、大喜马拉雅公园中西部。最后在极高潜力区确定了 77 个生态旅游潜在点。

Borkowski 等[44]使用无人机遥感技术评估湖区旅游业的价值和发展的可能性。研究于 2017 年和 2018 年夏季在波兰西部斯瓦尔曾斯基湖和沃尔什丁斯基湖，这里主要是进行水上娱乐的水库。无人机搭载多光谱相机，覆盖近紫外（0.3～0.4μm）到整个可见光（0.4～0.7μm）和近红外（0.7～1.3μm）的波段，用于区分湖泊水体和水华以及评估休闲旅游的发展和价值。对于无人机采集的影像，进行几何校正、影像对齐然后生成密集点云，基于密集点云生成 DSM 并进行正射影像贴图。为了从多光谱影像中确定被芦苇覆盖的湖泊边界，首先基于直方图分布，显示水陆边界，然后参考植被和水体光谱在近红外波段光谱特性确定湖岸线走向。通过无人机遥感生成湖区精细 3D 模型，可以分析水路的通达性，发现因垃圾堆积或是树木遮挡，湖区水道通航能力不足；由于影像的高分辨率，可以监控湖区码头船和发动机向湖里排污的情况；另外有多光谱数据可以监测湖里蓝藻分布及其运动扩散情况，以监控湖区水质；获得的正射影像可以生成湖区旅游地图，以利于根据当地条件选择湖泊投资地点，如休闲基础设施和绿化点等。方法使用无人机遥感生成旅游区域精细 3D 模型和正射影像，为区域旅游发展状况提供近实时监测的手段。

Agnes 等[45]使用遥感评估土地旅游适宜性，影响土地旅游适宜性的参数包括海水纯净度、洋流、海滩类型等，这些参数来自卫星遥感影像并结合实地测量评估提取准确性。通过分层分析方法，对东龙目岛吉利英达地区旅游用地适宜性进行评估制图，确定适宜发展群岛旅游的区域。遥感评估吉利英达地区是否适合旅游活动分为 3 个阶段：①预处理。使用遥感数据获取水深、海滩类型和土地利用情况。②实地测量。将遥感提取参数与实测数据对比，确定准确率。③根据实测数据修正遥感提取参数，然后结合遥感参数与分层分析计算各区域旅游适宜度，得到最终吉利英达地区旅游适宜度分布图。

参考文献

[1] Keay S J, Parcak S H, Strutt K D. High resolution space and ground-based remote sensing and implications for landscape archaeology: The case from Portus, Italy. Journal of Archaeological Science, 2014, 52: 277-292.

[2] Agapiou A, Lysandrou V. Remote sensing archaeology: Tracking and mapping evolution in European scientific literature from 1999 to 2015. Journal of Archaeological Science: Reports, 2015, 4: 192-200.

[3] Stewart C, Lasaponara R, Schiavon G. Multi-frequency, polarimetric SAR analysis for archaeological prospection. International Journal of Applied Earth Observation and Geoinformation, 2014, 28: 211-219.

[4] Stewart C, Oren E D, Cohen-Sasson E. Satellite remote sensing analysis of the Qasrawet archaeological site in North Sinai. Remote Sensing, 2018, 10(7): 1090.

[5] Chen F L, Masini N, Liu J, et al. Multi-frequency satellite radar imaging of cultural heritage: The case studies of the Yumen frontier pass and Niya ruins in the western regions of the silk road corridor. International Journal of Digital Earth, 2016, 9(12): 1224-1241.

[6] Stewart C. Detection of archaeological residues in vegetated areas using satellite synthetic aperture radar. Remote Sensing, 2017, 9(2): 118.

[7] Bachagha N, Wang X Y, Luo L, et al. Remote sensing and GIS techniques for reconstructing the military fort system on the Roman boundary (Tunisian section) and identifying archaeological sites. Remote Sensing of Environment, 2020: 236: 111418.

[8] Caspari G, Balz T, Gang L, et al. Application of Hough Forests for the detection of grave mounds in high-resolution satellite imagery. 2014 IEEE Geoscience and Remote Sensing Symposium, Quebec, 2014.

[9] Balz T, Liao M S, Caspari G, et al. Analyzing TerraSAR-X staring spotlight mode data for archaeological prospections in the Altai Mountains. 2015 IEEE 5th Asia-Pacific Conference on Synthetic Aperture Radar (APSAR), Singapore, 2015.

[10] Guyot A, Hubert-Moy L, Lorho T. Detecting Neolithic burial mounds from LiDAR-derived elevation data using a multi-scale approach and machine learning techniques. Remote Sensing, 2018, 10(2): 225.

[11] Balz T, Caspari G, Fu B H, et al. Discernibility of burial mounds in high-resolution X-band SAR images for archaeological prospections in the Altai Mountains. Remote Sensing, 2016, 8(10): 817.

[12] Balz T, Caspari G, Fu B H, et al. Detect, map, and preserve bronze & iron age monuments along the pre-historic Silk Road. IOP Conference Series: Earth and Environmental Science, Beijing, 2017, 57(1): 012030.

[13] Caspari G. Mapping and damage assessment of “Royal” Burial Mounds in the Siberian Valley of the Kings. Remote Sensing, 2020, 12(5): 773.

[14] Lo Brutto M, Ebolese D, Dardanelli G. 3D modelling of a historical building using close-range photogrammetry and remotely piloted aircraft system(RPAS). International Archives of the Photogrammetry, Remote Sensing & Spatial Information Sciences, 2018: 42(2): 599-606.

[15] Nowak R, Orłowicz R, Rutkowski R. Use of TLS(LiDAR) for building diagnostics with the example of a historic building in Karlino. Buildings, 2020, 10(2): 24.

[16] Tangelder J W H, Ermes P, Vosselman G, et al. CAD-based photogrammetry for reverse engineering of industrial installations. Computer-Aided Civil and Infrastructure Engineering, 2003, 18(4): 264-274.

[17] Murphy M, McGovern E, Pavia S. Historic building information modelling (HBIM). Structural Survey, 2009.

[18] Henek V, Venkrbec V. BIM-based timber structures refurbishment of the immovable heritage listed buildings. IOP Conference Series: Earth and Environmental Science, 2017, 95(6): 062002.

[19] McAvoy F, Demaus R. Infra-Red Thermography in Building Survey and Secording: An Application at Prior's Hall, Widdington, Essex. London: English Heritage, 1998.

[20] Corti C, Rampazzi L, Bugini R, et al. Thermal analysis and archaeological chronology: The ancient mortars of the site of Baradello (Como, Italy). Thermochimica Acta, 2013, 572: 71-84.

[21] Luib A. Infrared thermal imaging as a non-destructive investigation method for building archaeological purposes. ISPRS-International Archives of the Photogrammetry, Remote Sensing and Spatial Information Sciences, 2019, XLII-2/W15: 695-702.

[22] Brooke C. Thermal imaging for the archaeological investigation of historic buildings. Remote Sensing, 2018, 10(9): 1401.

[23] Shao H, Chen Y W, Yang Z R, et al. Feasibility study on hyperspectral LiDAR for ancient Huizhou-Style architecture preservation. Remote Sensing, 2019, 12(1): 88.

[24] Sun Z, Zhang Y Y. Using drones and 3D modeling to survey Tibetan Architectural Heritage: A Case study with the multi-door stupa. Sustainability, 2018, 10(7): 2259.

[25] Chandler J H, Fryer J G, Kniest H T. Non-invasive three-dimensional recording of aboriginal rock using cost-effective digital photogrammetry. Rock Research,2005, 22(2): 119-130.

[26] Chandler J H, Bryan P, Fryer J G. The development and application of a simple methodology for recording rock art using consumer-grade digital cameras. The Photogrammetric Record, 2007, 22(117): 10-21.

[27] González-Aguilera D, Muñoz-Nieto A, Gómez-Lahoz J, et al. 3D digital surveying and modelling of cave geometry: Application to paleolithic rock art. Sensors, 2009, 9(2): 1108-1127.

[28] Lerma J L, Navarro S, Cabrelles M, et al. Automatic orientation and 3D modelling from markerless rock art imagery. ISPRS Journal of Photogrammetry and Remote Sensing, 2013, 76: 64-75.

[29] Plisson H, Zotkina L V. From 2D to 3D at macro-and microscopic scale in rock art studies. Digital Applications in Archaeology and Cultural Heritage, 2015, 2(2-3): 102-119.

[30] Skoog B, Helmholz P, Belton D. Multispectral analysis of indigenous rock art using terrestrial laser scanning. International Archives of the Photogrammetry, Remote Sensing & Spatial Information Sciences, 2016, XLI-B5: 405-412.

[31] Majid Z, Ariff M F M, Idris K M, et al. Three-dimensional mapping of an ancient cave paintings using close-range photogrammetry and terrestr. ISPRS-International Archives of the Photogrammetry, Remote Sensing and Spatial Information Sciences, 2017, XLII-2/W3: 453-457.

[32] Wang S H, Wang Y, Hu Q W, et al. Unmanned aerial vehicle and structure-from-motion photogrammetry for three-dimensional documentation and digital rubbing of the Zuo River Valley rock paintings.

Archaeological Prospection, 2019, 26(3): 265-279.

[33] Martínez J A T, Aparicio L J S, López D H, et al. Combining geometrical and radiometrical features in the evaluation of rock art paintings. Digital Applications in Archaeology and Cultural Heritage, 2017, 5: 10-20.

[34] Prasetyo Y, Yuwono B D, Barus B R, et al. Comparative analysis of accuracy to the establishment of three dimensional models from diponegoro prince statue using close range photogrammetry method in non metric camera and unmanned aerial vehicle(UAV) technology. IOP Conference Series: Earth and Environmental Science, Semarang, 2019, 313(1): 012038.

[35] Adamopoulos E, Rinaudo F. Near-infrared modeling and enhanced visualization, as a novel approach for 3D decay mapping of stone sculptures. Archaeological and Anthropological Sciences, 2020, 12(7): 1-12.

[36] Pietra V D, Donadio E, Picchi D, et al. Multi-source 3D models supporting ultrasonic test to investigate an Egyptian Sculpture of the Archaeological Museum in Bologna. International Archives of the Photogrammetry, Remote Sensing and Spatial Information Sciences, 2017, XLII-2/W3: 259-266.

[37] Tang P P, Chen F L, Zhu X K, et al. Monitoring cultural heritage sites with advanced multi-temporal InSAR technique: The case study of the Summer Palace. Remote Sensing, 2016, 8(5): 432.

[38] Tapete D, Cigna F. Trends and perspectives of space-borne SAR remote sensing for archaeological landscape and cultural heritage applications. Journal of Archaeological Science: Reports, 2017, 14: 716-726.

[39] Deng F C, Zhu X R, Li X C, et al. 3D digitisation of large-scale unstructured Great Wall heritage sites by a small unmanned helicopter. Remote Sensing, 2017, 9(5): 423.

[40] Zhu X K, Chen F L, Guo H D, et al. Reconstruction of the water cultivation paleoenvironment dating back to the Han and Tang Dynasties surrounding the Yangguan Frontier Pass using X- and L-band SAR. Remote Sensing, 2018, 10(10): 1536.

[41] Luo L, Bachagha N, Yao Y, et al. Identifying linear traces of the Han Dynasty Great Wall in Dunhuang using Gaofen-1 satellite remote sensing imagery and the hough transform. Remote Sensing, 2019, 11(22): 2711.

[42] Chen F L, Zhou W, Xu H, et al. Space technology facilitates the preventive monitoring and preservation of the Great Wall of the Ming Dynasty: A comparative study of the Qingtongxia and Zhangjiakou Sections in China. IEEE Journal of Selected Topics in Applied Earth Observations and Remote Sensing, 2020, 13: 5719-5729.

[43] Sahani N. Assessment of ecotourism potentiality in GHNPCA, Himachal Pradesh, India, using remote sensing, GIS and MCDA techniques. Asia-Pacific Journal of Regional Science, 2019, 3(2): 623-646.

[44] Borkowski G, Młynarczyk A. Remote sensing using unmanned aerial vehicles for tourist-recreation lake evaluation and development. Quaestiones Geographicae, 2019, 38 (1): 5-14.

[45] Agnes D, Nandatama A, Isdyantoko B A, et al. Remote sensing and GIS-based site suitability analysis for tourism development in Gili Indah, East Lombok. IOP Conference Series: Earth and Environmental Science, Yogyakarta, 2016: 47(1): 012013.

第21章 遥感在应急管理方面的应用

我国幅员辽阔，地质地貌类型复杂多样，是世界上自然灾害最为严重的国家之一。我国的自然灾害发生频率高，具有多灾种、隐蔽性、潜伏性、突发性等特点，为应对自然灾害综合管理统筹协调，2018年3月，中华人民共和国应急管理部正式成立。应急管理是指在重大灾害事件的事前预防、事发应对、事中处置和善后恢复过程中，建立必要机制，采取一切手段，保障公众的生命财产安全和社会稳定发展的有关活动。遥感手段具有大尺度，动态，长时间序列等特点，能在灾害预防、准备、响应和恢复的全链条应急管理阶段提供面向多灾种、全过程和多要素的立体监测能力和应急处置决策。我国服务于灾害监测的遥感卫星包括风云系列、海洋系列、资源系列、环境减灾系列、高分系列等，在防灾抗灾领域已经具备一定的业务化能力。本书介绍遥感技术在指导火灾、水旱灾害、地质灾害等应急管理方面的应用。

21.1 火灾应急管理

火灾应急管理主要包括对于森林和草原的火灾管理监测。根据中华人民共和国应急管理部发布的2020年前三季的森林草原火灾情况，全国累计发生森林火灾961起，受害森林面积6542hm^2；发生草原火灾11起，受害草原面积4341hm^2，对生态系统和人类带来巨大危害和损失。火灾的应急管理，按照发生的时间可以分为灾前预警，灾中监测和灾后恢复等，本书将介绍遥感技术在火灾应急管理三阶段的应用。

21.1.1 灾前预警

进行火灾预测的方法主要包括经验法、物理法、数学法及野外实验测定法等，随着遥感技术的发展，利用卫星遥感技术实现火灾危险性预测和探火追踪已成为灾前预警的研究热点之一，火灾危险性预测受可燃物状态(干湿度)、可燃物类型、气象要素(温度、降水率、风速等)、地形(坡度、朝向)和点火源等因子影响，是一个集成不同火险因子于一体的复杂系统，利用遥感技术可以反演上述的火灾致险因子[1-3]，构建火灾火险潜在指数及火灾危险性遥感模型，能够提高火灾预测准确率，提前将火灾造成的损失最小化。

李晓恋[4]以现有的火灾风险模型为基础，提出并改进适用于界定中国东北部高火灾危险区域的森林火灾动态危检性模型。该研究利用可燃物含水率(fuel moisture content，FMC)、LST和相对绿度(relative greenness，RG)等动态因子来构建森林火灾动态危险性模型。研究以火灾频发的大兴安岭区域为研究对象，对该区域MODIS level 1B数据进行几何校正、辐射校正后获取各个波段的反射率和亮温值；利用归一化红外指数7(Normalized Difference Infrared Index，NDII7)($(\rho_2-\rho_7)/(\rho_2+\rho_2)$)获取植被可燃性指标，即获取衡量可燃物含水率的植被指数；获取地表温度，利用劈窗算法对第 31、32 波段的亮度温度进行反演得到地表温度；利用 NDVI 获取植被长势指标——相对绿度。结合上述三个动态因子，构建森林火灾动态危险性模型。植被含水率越低，火灾越容易发生；地表温度越高，火灾越容易发生；植被覆盖率越低，火灾越容易发生。利用该模型分析 2010 年 6 月 26 日、27 日和 28 日获取的研究区域的 MODIS 数据，验证和评价所提出模型的准确性和适用性。分析结果指出这三天火灾危险性预测准确率分别为 76.338%、88.853%和 80.910%，所提出的森林火灾动态危险性模型在该研究区域具有一定的适用性。

风云四号卫星(FY-4)是我国第二代静止气象卫星，利用 FY-4 的高时间分辨率特点和第 7 波段对热源信息敏感的特性，可快速进行森林火灾判别。熊得祥等[5]以贵州省为研究区，利用 FY-4 遥感数据，对 FY-4 的 14 个波段进行火点样本的波段特征、波段间相关系数、最佳波段指数(optimum index factor，OIF)计算，并对判别森林火灾相关的云、水体、林地、火点 4 类地物进行光谱特征分析，采用支持向量机对 OIF 指数排名前 10 的波段组合进行地物分类精度验证，筛选出最适合进行森林火灾判别的波段组合。构建最小距离模型、马氏距离模型、支持向量机以及决策树 4 个模型进行森林火灾判别，利用中国森林防火网森林火灾数据，以判别精度、多分误差、漏分误差为模型的评价指标，筛选出最适合进行森林火灾判别的波段组合是(B7，B8，B12)，其支持向量机地物分类精度为 99.21%，Kappa 系数为 0.855，是进行森林火灾判别地物分类精度最高的波段组合，与最优波段组合筛选结果一致。该研究结果表明，4 个模型的森林火灾判别精度都超过了 85%，其中决策树模型判别森林火灾的精度为 100%，基于 FY-4 遥感数据决策树模型的构建，能够提高森林火灾预测的时效性。

Yebra 等[6]使用辐射传输模型从 MODIS 数据估算可燃物含水率(fuel moisture content，FMC)，以澳大利亚各地 32 个地点的 360 个现场观测真值，验证了反演 FMC 的有效性，并基于此构建了覆盖全澳大利亚的首个 FMC 产品。对于火灾的预测，该研究根据 MODIS 燃烧区域产品对应的火灾事件和从 FMC 中计算出的四个预测变量：①FMC_{t-1}，包括火灾日期在内前 8 天所对应的 FMC；②FMC_{t-2}，FMC_{t-1} 之前的 8 天期间的 FMC 值；③FMC 差值(FMCD)，两个时期之间的 FMC 变化(FMC_{t-2}-FMC_{t-1})；④FMC 异常(FMCA)。在时间序列 2001～2016 年中，FMC_{t-1} 与该 8 天时期 FMC 平均值的偏离($\overline{PMC}$)，利用逻辑回归模型生成可燃性指数(flammability index，FI)。实验结果表明，较低的 FMC 和较高的 FI 值意味着更高火灾发生风险，并为至少提前一周预测火灾风险提供可能性。

21.1.2　灾中监测

火灾中监测主要是对于火灾灾害发生时火灾的过火面积，燃火点，烟雾火势发展等监测，为火灾应急扑救提供数据支撑。自然火灾具有持续时间长、突发性强、破坏性大、处置救助较为困难的特点，传统的火灾监测方式无法实时、安全获取火灾最新动态，因此长时序，大范围的遥感监测能够发挥巨大功能。

火点的探测主要依赖于燃烧产生的红外光谱特征的变化。火灾发生伴随着烟雾的扩散，作为火灾最重要的特点之一，及时有效的烟雾探测和识别能够有助于火势发展监测。

火灾烟雾与其他类别的光谱特性差异主要表现在蓝光波段、短波红外波段以及 3.7μm 和 11μm 光谱波段[7]；过火面积有利于监测火灾严重程度、监测火灾蔓延评估。相较于传统的现场测绘，遥感技术利用过火表面的光谱特性可以直观、自动提取过火面积，近红外和短波红外反射率、远红外波段的发射率和地表温度对过火面提取有较高的敏感性。

武喜红等[8]利用多源数据(Landsat8、GF-1、HJ-1A/B)结合来提升中分辨率卫星遥感的火灾观测频次，并通过叠置分析和面向对象影像分析技术提高秸秆焚烧过火面积提取精度。该方法对河南省太康县进行 8 次单日内全覆盖的秸秆焚烧过火面积提取。首先将经过预处理的多源卫星遥感影像与野外实测样本进行比对，建立主要地物解译标志，然后利用面向对象分类方法提取秸秆焚烧过火面积。为最大限度剔除非耕地地物的影响，将每期秸秆过火区解译结果与剔除线性地物后的秸秆区解译结果做叠置运算，然后对经过精度验证的多期过火面积提取结果进行时间序列变化检测，得出每个监测时段内的秸秆焚烧新增过火面积、新增过火后翻耕面积和累计过火面积，并与环境保护部火点逐日监测结果进行变化趋势比对，验证试验结果的有效性。经验证，过火面积提取精度达 93.89%以上，秸秆焚烧新增过火面积变化趋势与环境保护部监测结果基本相符。实验结果分析得出，秸秆焚烧通常会在农作物大面积收割后的某个时间点开始，由若干个起火点随时序朝某个主方向进行传播蔓延，过火区域会随之出现间歇性的大范围翻耕，二者同时进行，即秸秆焚烧新增过火面积与新增过火农田翻耕面积随时序呈反向波浪状变化，能揭示出秸秆焚烧现象在县、乡尺度上的变化规律与细节。

2018 年 6 月 2 日，大兴安岭汗马国家级自然保护区、内蒙古自治区奇乾林业局阿巴河林场相继发生森林火灾。刘明等[9]利用气象卫星、GF-4 卫星及多个极轨光学、SAR 卫星数据，开展森林火灾火点实时监测及火烧迹地监测。由于林火燃烧造成辐射量升高及辐射峰值波长变短，中波红外谱段辐射量明显增强，该文章通过分析 GF-4 卫星中波红外谱段影像像元点与周边同类地物辐射能量差异，开展森林火灾火点监测，迅速获取火点位置。6 月 4 日，相继获取高分四号卫星数据，持续跟踪火点位置，发现汗马自然保护区森林火灾火点逐步向东移动，但由于 4 日影像中云层较厚，GF-4 卫星缺少热红外谱段，为较大范围开展火点提取带来不便。因此研究结合 MODIS、VIIRS 等中低空间分辨率极轨卫星传感器数据，通过每天数次过境拍摄，统合利用中波红外、热红外谱段亮温信息，通过背景关联法，实现更大范围森林火点跟踪，完成森林火灾区域新火点的识别。实验结果表明，遥感数据获取周期逐渐缩短，多源卫星数据相互协作，为森林火灾监测和损失评估提供更加有力的数据支撑。

VIIRS DNB 波段夜景中火焰可见光非常敏感，而 13 波段(M13)虽然能够探测到火灾的所有阶段，但无法辨别火灾所处阶段。为监测夜间火灾燃烧阶段，Wang 等[10]将不同扫描方式和空间分辨率的 DNB 波段像素辐射率数据重采样到 M13 波段，并引入可见光能量分数(visible energy fraction，VEF)作为火灾燃烧阶段的指标。VEF 的计算方法是从 VIIRS 750m 活动火场产品 VNP14 中提取的每个火灾像素的可见光功率(visible light power，VLP)与火势辐射功率(fire radiative power，FRP)的比值，由此得到 VEF 值的全球分布。实验结果表明，VEF 能在像素和网格水平上根据火灾的燃料类型表征火灾的平均状态(年平均)燃烧阶段，与其他土地覆被类型相比，气体燃烧的 VEF 值分布在较高的范围内。该研究将 VEF 应用极端野火事件(2018 年 Camp Fire)的火灾燃烧阶段预测，预估结果与基于气象学结果一致。

21.1.3 灾后恢复

遥感卫星周期性重复观测可以记录火灾后植被缓慢的演替更新过程。借助卫星数据，可以通过各项地表植被生物参量(如 LAI、FVC、NDVI、NPP、NEP)再现火烧后植被的动态恢复过程[11-13]。与周边的健康植被相比，火烧区在空间上表现为强烈的景观异变，因此判断火灾恢复的标准是各项地表生物参量是否恢复健康植被水平，可以通过比较同一幅遥感影像中火烧区周边的同质健康植被或者是火烧前遥感影像中的健康植被来判断植被恢复程度。

李静等[14]以澳大利亚维多利亚州地区的林地为研究对象，利用维多利亚森林火灾前后年 Landsat5-TM 影像，依据 4 波段与 7 波段计算差分归一化燃烧比(normalized burn ratio，NBR)，提取火烧地的范围，计算过火区面积及火烧强度；其次利用基于时间序列的全球地表特征参量(GLASS)产品中的 LAI、吸收光合有效辐射比例(FAPAR)数据，利用距平分析法即 LAI 和 FAPAR 与多年平均值的偏差，对比不同火烧强度过火区植被与未过火区植被受森林火灾的影响状况与植被恢复特征。实验结果表明，森林火灾发生后，LAI、FAPAR 值迅速降低，火烧强度越大，LAI、FAPAR 下降程度越大，高火烧强度过火区的 LAI、FAPAR 最大降幅分别为中火烧强度、低火烧强度过火区的 1.2、1.3 倍；随时间推移，LAI、FAPAR 值逐渐上升，在 2～3 年内恢复至未过火区水平。LAI、FAPAR 恢复至未过火区平均水平的时间与森林火灾规模、火烧强度密切相关：维多利亚州森林火灾过火区域中大过火斑块、高火烧强度林地的植被遥感参数恢复时间相比小过火斑块、低火烧强度林地滞后 1～2 年。

Massetti 等[15]构建植被结构垂直指数(the vegetation structure perpendicular index，VSPI)用来预测火灾恢复情况。该研究认为以 1.6 和 2.2μm 波长为中心的健康植被的反射值之间存在线性关系，即植被线 A。该植被线 A 代表不受外界因素干扰的植被状况。野火和其他影响因素改变非绿色植物组织和含水量的数量和比例，将使两个波段的反射率移到另一条植被线 B 上。当非绿色植物组织和含水量达到与扰动前状态相似的比例和数量时，反射率将逐渐回到原来的植被线 A 上，影响因素 B 的 VSPI 值为植被线 B 与植被线 A 在二维空间中的垂直距离。该研究选择了澳大利亚四个州和地区的七场历史性的大规模野火为研究对象，利用 Landsat 数据来验证 VSPI 预测火灾恢复的有效性。实验结果表明，VSPI 对纤维素和木质素的吸收敏感，可以反映森林地区造成植被中木质材料枯竭的影响因素。在冠层大火情况下，叶片生物量减少，植物的木本特征会更加突出，利用 VSPI 表征木质素和纤维素光谱的动态特征从而区分火灾恢复的过程。

FVC 是冠层的生物物理特性，可以表征植被质量并反映生态系统的变化，该参数定义为绿色植被垂直投影面积与陆地表面面积的比值。Fernández-Guisuraga 等[16]利用两种像元解混技术，比较高空间分辨率和中等空间分辨率卫星图像在评估地中海地区不同火灾类别下生态群落复原力的能力。研究利用 2011 年(火灾前)和 2016 年之间收集的 Landsat(ETM+和 OLI；空间分辨率为 30m)和 WorldView-2(空间分辨率为 2m)图像估计

FVC 的时间变化，作为生态系统恢复力的定量指标。FVC 使用两种像元解混方法计算：二元像素模型和多端元光谱混合分析模型。二元像素模型假定像素光谱的形成仅是两个分量的线性组合，即植被和非植被类型；多端元光谱混合分析允许多个端元光谱来表征每个像素构成特征能够体现地面特征的自然变异性。对于二元像素模型，在 Landsat 图像中使用 NDVI 作为光谱响应，在 WorldView-2 中使用 NDVI 和红边 NDVI(RENDVI)计算出 FVC；在多端元光谱混合分析模型，将 Landsat 和 WorldView-2 图像解混为四个部分：光合植被、非光合植被、土壤和阴影。光合植被和阴影的归一化分数对应 FVC。实验结果表明，基于 WorldView-2 的二元像素模型的准确度(RMSE：5%～10%)明显高于 Landsat(RMSE：10%～15%)；二元像素模型低估 FVC，而多端元光谱混合分析模型估计的 FVC 结果是准确的。因此得出结论，作为火灾复原力的衡量标准，超高空间分辨率的卫星图像和多端元光谱混合分析模型在定量估计 FVC 方面的性能更高。

21.2 水旱灾害应急管理

我国季风气候显著，夏季风活动不稳定，带来的降水时空分配不均，年际变化大，极易导致水旱灾害的发生。干旱是我国最常见、对农业生产影响最大的自然灾害，干旱受灾面积占农作物总受灾面积的一半以上，我国的五个干旱中心为东北干旱区、黄淮海干旱区、长江流域地区、华南地区、西南地区；我国境内“七大水系”均为江河水系，从北到南依次是：松花江水系、辽河水系、海河水系、黄河水系、淮河水系、长江水系、珠江水系。我国疆域辽阔，水系繁多，水旱灾害频发，因此覆盖面广、成本低廉、监测客观的水旱遥感应急管理监测很早就受到关注。

21.2.1 洪涝灾害监测

洪涝是一个十分复杂的灾害系统，因为它的诱发因素极为广泛，水系泛滥、风暴、地震、火山爆发、海啸等都可以引发洪水，甚至人为也可以造成洪水泛滥。洪涝灾害通常发生在人口稠密、农业垦殖度高、江河湖泊集中、降雨充沛的地方。唯有防洪调度科学有效、抢险救灾工作得力，才能够避免更大的洪涝灾害和经济损失。洪涝灾害的遥感应用，主要体现在洪涝水体快速提取，洪涝范围识别、洪涝要素提取及洪涝影响评估等。洪涝灾害发生期间，灾区往往是多云、降雨天气，光学遥感卫星受限于天气的影响，难以获取高质量的遥感影像；雷达可以在夜间或多云的条件下发射和接收信号，能够快速响应应急需求。

卫星遥感降雨产品在水文、气象和及洪涝灾害监测、预警等领域也正发挥重要作用。卫星降水传感器主要包括红外、被动微波和主动微波传感器，基于传感器及反演算法，研究人员开发了大量卫星降水产品，多卫星降水分析(multi-satellite precipitation analysis，TMPA)、气候预测中心变形技术(climate prediction center morphing technique，CMORPH)、基于人工神经网络的遥感降水量估算(precipitation estimation from remotely sensed information using artificial neural networks，PERSIANN)、全球卫星降水图(global satellite mapping of precipitation，GSMaP)等，这些卫星降水产品在洪水预测、洪涝灾害防治等水文研究中应用广泛[17-19]。

Liang 等[20]考虑异质地表特征，提出一种新的局部阈值方法，用于 SAR 图像的洪水面积划分。该研究首先使用基于分割的全局阈值化方法划分初始水像素，利用反向散射和纹理信息将非水像素进一步聚类为几种陆地表面类型，构成一个水像素集合和几个陆地像素集合；对于初步划分的陆地像素集合而言，实际上是由水像素和陆地像素组成，由于均匀表面的反向散射强度遵循伽马分布，通过对于混合陆地像素集合的反向散射强度拟合伽马分布，会形成两个伽马分布的混合曲线，其交叉点对应于可以最小化误分类误差的最佳局部阈值；第三，混合陆地像素集按照局部阈值划出水像素，与初始水像素共同生成全局洪水范围。在 Sentinel-1 SAR 影像上的实验结果表明，该研究提出的全局和局部阈值相结合的方法，能够以显著高于传统全局阈值方法的精度区分水和非水区域。

汪权方等[21]使用 Landsat8/OLI 影像对长江中游 2016 年夏季洪灾进行洪水淹没区遥感监测试验。该研究依据视觉注意机制，结合洪涝淹没区时空过程变化特性，通过分析水体、被淹地物以及建筑物和裸地等易混淆地物在不同波段上的表现特征，计算或构建 3 种遥感特征指数：归一化差异植被指数(NDVI)、归一化差异水体指数(normalized difference water index，NDWI)和 MNDWI，将洪水淹没时(2016 年 7 月 23 日)的 NDWI 指数赋予红色、洪灾初期(2016 年 6 月 5 日)的 NDVI 和 MNDWI 指数分别赋予绿色和蓝色的波段组合及赋色方案，构建凸显淹没区视觉显著性的专题信息增强图像，并对此应用美国国家标准(National Bureau of Standards Unit，NBS)颜色距离系数，使得同质像元在空间上集聚形成显著区域，采用 K-means 聚类法进行分割和淹没区信息提取，实现大范围洪涝淹没区的遥感识别及信息提取。结果显示基于选择性视觉注意机制的洪涝淹没区遥感识别方法，能够有效提高大范围洪涝淹没区的遥感信息提取精度，较好地解决淹没区与水域之间的错分现象，能在凸显淹没区视觉显著性的同时，较好地抑制背景冗余信息，尤其能降低将淹没区视同水域进行遥感分类检测时的不确定性。

马丽云等[22]利用 FY-3/MERSI 数据对新疆融雪性洪水灾害监测。文章所用地面数据来源于新疆维吾尔自治区气象局信息中心 2009 年 2 月和 2011 年 2 月～5 月塔城地区的额敏河、伊犁地区伊犁河分支喀什河以及准噶尔盆地南缘内陆河流域的积雪参数野外观测数据。所用遥感数据有 FY-3/MERSI 数据和 2011 年 4 月 9 日覆盖乌鲁木齐地区的 HJ-CCD 数据。MERSI 有 20 个通道，其中 250m 空间分辨率的有 5 个通道。经过对 MERSI 数据的主要地物光谱特征分析，选择 CH4 通道数据用于判识水体。首先对 FY-3/MERSI 数据进行地图投影和几何纠正等预处理，裁切影像数据，进行波段运算。利用 FY-3A/MERSI HJ-CCD 各自通道 CH1、CH2、CH4 数据计算 NDWI 和基于蓝光的归一化差异水体指数(normalized difference water index based on blue light，NDWI-B)，公式如下：

$$\mathrm{NDWI} = (\mathrm{CH2} - \mathrm{CH4}) / (\mathrm{CH2} + \mathrm{CH4}) \tag{21-1}$$

$$\mathrm{NDWI\text{-}B} = (\mathrm{CH1} - \mathrm{CH4}) / (\mathrm{CH1} + \mathrm{CH4}) \tag{21-2}$$

$\mathrm{NDWI}_{\mathrm{FY}}$(NDWI 风云)阈值选取为 0.02，$\mathrm{NDWI\text{-}B}_{\mathrm{FY}}$(NDWI-B 风云)阈值选取为 0.01，$\mathrm{NDWI\text{-}B}_{\mathrm{HJ}}$(NDWI-B 环境)阈值确定为 0.14。结果表明采用 $\mathrm{NDWI\text{-}B}_{\mathrm{FY}}$ 指数模型判识水

体面积最大，判识结果与实际洪水灾害分布数据最接近，应用效果较好，为抗洪救灾提供依据。

李胜阳等[23]尝试利用 GF-3 卫星对黄河 2017 年第 1 号洪水开展遥感监测工作。在出现洪涝等自然灾害时，往往伴随恶劣天气，监测区域会受到云层、降水等因素影响，光学遥感难以发挥作用。微波遥感因其具有全天候全天时能力，在恶劣的气象条件下也能够迅速获取监测区域第一手遥感影像信息。与 SAR 波长相比，陆地相对为粗糙表面，洪水水面相对为光滑表面，因此在 SAR 微波遥感影像上陆地通常为灰白色或黑灰色，水体为暗色或黑色。实验影像采集从 7 月 27 日 9:00 协商采集计划，到 28 日 18:42 首次获取数据，耗时近 34h，实现了洪水遥感影像的准实时获取。由于是首次使用 GF-3 卫星影像监测黄河洪水，研究尝试对 GF-3 卫星影像进行了多视处理、图像滤波、几何精校正、影像假彩色合成、影像增强等处理。根据影像特征，采用目视判读、人机交互方式，解译水边线、沙洲，以及洪水淹没范围等信息。河流水体在影像上表现为暗色调，水系形态明显，可以直接解译提取水边线、沙洲等信息。洪水过水区域在影像上表现为较暗色调，有过水串沟和滞留水体等影像特征，结合前期本底光学遥感影像综合对比分析，解译提取洪水淹没范围等信息，最后进行洪水遥感专题图的制作和淹没范围分析统计数据。GF-3 卫星影像首次在黄河洪水监测工作中应用，实现影像快速获取、处理和解译，能够较好地识别洪水淹没范围信息，为今后黄河洪水监测乃至我国防洪减灾领域更好地应用 GF-3 卫星影像，进行了有益探索。

21.2.2 旱情灾害监测

极端天气或者严酷气候会导致陆面蒸散和土壤水分平衡遭到破坏，就可能会引发旱灾，干旱是危害农牧业生产的第一灾害。遥感手段通过对植物状态的检测，下垫面温度、土壤水分的反演可以达到旱情监测的目的。旱情监测是通过地表干旱引起的土壤水分或植被生长状态的变化，找出反映土壤或植被水热性的因子，通过分析相关因子在时空差异性达到监测干旱目的。

应用于干旱监测的遥感传感器主要分为可见光-近红外、热红外及微波遥感，研究人员基于此开发出大量干旱遥感指数[24-26]：可见光-近红外干旱遥感方法借助土壤含水率、植物状态等反演旱情；热红外遥感借助土壤表面发射率和地表温度之间的关系估算土壤水分达到监测旱情的目的。

余灏哲等[27]对 TRMM-3B43 数据进行降尺度处理，结合有 MODIS 数据获取的植被状态指数、温度状态指数，构建基于多元回归模型构建综合干旱指数，实现对京津冀地区干旱时空监测评价。由于 TRMM 降水数据空间分辨率较低，无法满足流域尺度的水文应用，同时降水量与植被指数存在一定的相关性，因此该研究首先利用 NDVI 对 TRMM 年降水量数据进行基于地理加权回归方法的降尺度处理；利用月度降水量和潜在蒸散量获取综合气象干旱指数，NDVI 获取植被状态参量，LST 获取温度状态参量，TRMM 数据获取降水状态参量。取周围 3×3 像元值为感兴趣区域，并计算出各感兴趣区域的植被状态指数、温度状态指数、降水状态指数，以各遥感参量作为自变量，然后利用气象站点的实测数据，计算出综合气象干旱指数的多元回归模型，并逐月计算出京津冀地区的综合干旱指数。实验结果表明，构建的综合干旱指数通过降水量、作物受旱面积与作物单产的验证能够较好地监测出干旱过程。

Zhong 等[28]比较中国大陆干旱监测的 3 个卫星定量降水估计产品可靠性和适用性，两个长期(30 年以上)的卫星定量降水估计产品，利用 PERSIANN 和气象灾害红外降水与站点资料(climate hazards group infrared precipitation with station data，CHIRPS)，以及一个短期(18 年)的定量降水估计产品 TRMM 卫星 3B42V7 降水数据。降水量真值数据为中国气象局开发的基于网格的中国每日降水量分析产品(the china gauge-based precipitation daily analysis，CGDPA)，其空间分辨率为 0.25°，覆盖中国大陆。研究将中国大陆可以分为九个农业地区，包括中国东北(NEC)、内蒙古(IM)、黄淮海平原(3HP)、西北(NWC)、青藏高原(TP)、黄土高原(LP)、西南(SWC)、长江下游(DYR)和华南(SC)，选择两个广泛使用的干旱指数，标准化降水指数(standardized precipitation index，SPI)和帕尔默干旱严重度指数(palmer drought severity index，PDSI)进行降水数据的干旱监测评价。实验结果表明，当使用 SPI 和 PDSI 时，三个降水产品在中国东部地区的表现良好，但由于地面真实值的数据稀疏，在华西地区的性能无法明确确定。为了进一步从时空上评价降水产品的旱灾预测能力，该研究从中国大陆提取 4 个典型的干旱影响区，即东北地区、黄淮平原、西南地区和黄土高原进行具体案例研究。从时间上看，3 个降水产品都能用 SPI 和 PDSI 探测到 4 个地区的典型干旱，3B42V7 的 PDSI 估计偏差最小。从空间上看，CHIRPS 和 3B42V7 都能准确捕捉到典型干旱事件的空间中心和范围，而 PERSIANN-CDR 不能很好地匹配干旱的空间位置。该研究得出三个降水产品在中国的适用范围：长时序的 PERSIANN-CDR 和 CHIRPS 降水产品在干旱检测方面的表现良好，适合于干旱监测和抗旱救灾；但在使用 PERSIANN-CDR 研究干旱的空间变化时应谨慎；CHIRPS 时间分辨率高，适用于相对实时的干旱监测；3B42V7 在干旱监测方面也具有相当大的潜力。

Rao 等[29]利用植被光学深度(vegetation optical depth，VOD)估算的相对含水量(relative water content，RWC)预测因干旱造成的树木死亡率。文章以加州地区 2009～2015 年的树木作为研究对象，使用的 VOD 由 Aqua 卫星搭载的 AMSR-E 传感器和 GCOM-W1 搭载的传感器 AMSR-2 获得，同时为匹配 VOD 数据的空间分辨率(0.25°)，将死树的冠层面积除以树木的覆盖面积来获得死亡率，从而估算每个 0.25°网格单元中的干旱造成树木死亡率。VOD 估算 RWC 的公式为

$$\mathrm{RWC}_{t,s}=\frac{\mathrm{median}_{t,s}(\mathrm{VOD})-5^{\mathrm{th}}\,\mathrm{percentile}_{s}(\mathrm{VOD})}{95^{\mathrm{th}}\,\mathrm{percentile}_{s}(\mathrm{VOD})-5^{\mathrm{th}}\,\mathrm{percentile}_{s}(\mathrm{VOD})} \tag{21-3}$$

式中：t 为每年夏天；s 为 0.25°格网的索引值；$5^{\mathrm{th}}\,\mathrm{percentile}_s$，$95^{\mathrm{th}}\,\mathrm{percentile}_s$ 分别为按照大小排序后处于使用第 5 个百分点和第 95 个百分点的 VOD 值。

随后构建随机森林回归模型，模型中含有包括 RWC 在内的描述地形，气候和植被特征的 32 个变量。实验结果表明，预测森林死亡率模型，在测试集上的 R^2 为 0.66，RMSE 为 0.023。其中 RWC 是预测模型中重要性最大的变量因子，是第二大因素海拔的两倍多，

同时得出 RWC 预测干旱造成树木死亡率，可能相对不受植被覆盖和位置的影响，提高 RWC 在经验性死亡率模型中的适用性。

21.3 地质灾害应急管理

我国地质灾害种类齐全，按致灾地质作用的性质和发生处所进行划分，国土资源部地质环境管理司统计常见地质灾害共有 12 类 48 种，地质灾害的发育分布及其危害程度与地质环境背景条件、气象水文及植被条件，人类活动等有着极为密切关系。本书将介绍遥感在地质灾害应急管理方面，包括地震、滑坡、泥石流、沙尘等方面的应用。

21.3.1 地震

我国位于世界两大地震带——环太平洋地震带与欧亚地震带之间，受太平洋板块、印度板块和菲律宾海板块的挤压，地震断裂带十分活跃。中国地震主要分布在五个区域：台湾地区、西南地区、西北地区、华北地区、东南沿海地区和 23 条地震带上。20 世纪以来，中国共发生 6 级以上地震近 800 次，遍布除贵州、江浙两省和香港特别行政区以外所有的省市区。按照中国地震局统计，2019 年我国共发生 30 次 5 级以上地震，其中大陆地区 20 次，台湾及近海发生 10 次。地震灾害具有突发性和难预测性，以及频度较高，并产生严重次生灾害，防御难度大。地震的发生存在各种先兆，热红外遥感卫星捕捉地震热异常[30]，地震电磁卫星能够捕捉震前电磁异常[31]，卫星云图捕捉地震云等[32]。有效的地震预警，能为人们避险提供更多时间降低人员伤亡；灾后的人员搜救和损失评估能降低地震的次生灾害，减少生命财产损失，指导灾后重建。本书介绍遥感技术在地震预警与损失评估方面的应用。

刘军等[33]选用 NOAA 系列卫星提供的地面大气温度产品数据，分析 2017 年 8 月 9 日新疆精河 MS6.6 地震前后大气温度变化。文章采用气温日增量值分析方法，即地震前后每日大气温度与背景日同时间大气温度值相减，为减少不确定性，引入天体引潮力变化周期为背景日的选择提供时间指导，选取 2017 年 8 月 1 日的大气温度数据为背景，将 2017 年 8 月 2 日～13 日相同时次的地面大气温度值与该背景大气温度值相减，获得地震前后逐日连续变化图像，作为本次地震临震异常分析的依据。结果显示，地震发生在天体引潮力由高峰—低谷连续周期变化的低谷时段，而大气温度变化过程显示，在全国大范围内，仅震中附近大气温度升高明显，其异常演化经历起始—加强—高峰—衰减—再增强—发震—平静的动态过程。增温过程与潮汐变化具有同步性，表明引潮力对本次地震具有触诱发的作用，而大气温度变化反映该次地震地应力的变化过程，将中、短临时间尺度的地震热异常变化研究结合，不仅体现地震孕震过程的持续性，也兼顾短临突发性特征，对地震预测有重要意义。

地震往往会造成灾区光源载体的破坏，同时伴随着恢复重建过程光源载体又得到修复或新建，因此夜间灯光变化在一定程度上能够反映地震灾后重建的过程。张宝军等[34]基于 DMSP-OLS 夜间灯光遥感数据对 2003～2013 年汶川地震极重灾区夜间灯光年际变化进行分析。研究区域为 2008 年 7 月 22 日《汶川地震灾害范围评估结果》确定的汶川地震极重灾区，共 10 个县(市、区)。研究首先使用不变目标区域法对研究区域 2003～2013 年的 11 幅 DMSP-OLS 夜间稳定灯光遥感影像数据进行相互校正，具体包括确定参考区域、确定参考影像、建立影像校正回归分析模型和校正影像数据集，并使用汶川地震极重灾区各县(市、区)夜间灯光遥感影像亮值像元的总个数(sum of nighttime lights，SNL)表征不同区域夜间灯光分布范围变化情况；并将 SNL 与地区生产总值、全社会固定资产投资和灾害损失进行对比分析，研究 SNL 年际变化特点及其与因灾死亡和失踪人口、倒塌房屋数量等方面灾害损失的相关关系。实验结果表明，2003～2013 年汶川地震极重灾区的夜间灯光基本呈现出灾害当年的夜间灯光遥感影像亮值像元个数和亮值像元数值少于前 1 年的态势，灾后第 1 年继续减少，灾后第 2 年急剧增加并达到峰值；同时该文章得出灾后夜间灯光遥感影像亮值像元个数和亮值像元数值的减少与因灾死亡和失踪人口、万人死亡失踪率和万人倒塌房屋率等灾情指标存在较显著的相关关系，灾害前后的夜间灯光分布范围变化可以在一定程度上反映地震灾害的影响。

Janalipour 等[35]采用多标准决策分析框架，借助高空间分辨率的卫星图像，整合光谱、纹理和变换特征来检测地震前后建筑变化。该文以伊朗巴姆市 2003 年 12 月 26 日的地震为研究对象，使用 Quickbird 于震前 2003 年 9 月 1 日和震后 2004 年 1 月 3 日采集的影像数据。第一，从震前震后的卫星图像中提取光谱、纹理和变换特征，通过调整直方图后的同波段差值获取光谱特征，通过变化向量分析法和主成分分析法获取变换特征，通过灰度共生矩阵获取纹理特征；第二，将特征输入到三个独立的基于自适应网络的模糊推理系统(adaptive network-based fuzzy inference systems，ANFIS)中，生成光谱、纹理和变换的因子图；第三，再次利用 ANFIS 模型对上述因子图进行整合，生成建筑变化图。实验结果表明，该方法在识别变化和未变化建筑区域方面的总体准确率为 89.62%，同时与使用单一特征(波段、变换、纹理)相比，变化检测的精度提高 5%～15%。

21.3.2　滑坡、泥石流

涉水地质灾害，如泥石流和滑坡是造成人员伤亡的主要自然灾害之一。我国西部山区地形地貌复杂、地质构造活跃，常受大地震活动影响，引发群发性大规模的地震地质灾害，譬如 2008 年汶川地震、2013 年芦山地震、2014 年鲁甸地震等触发了大量的滑坡、泥石流灾害，并造成严重人员伤亡和巨大经济财产损失。

对于滑坡、泥石流的遥感图像解译包括：平面形态标志、颜色标志、结构标志、地形地貌标志、地形标志、植被特征及水文特征等，通过对滑坡、泥石流本体特定色调和几何形态等及地质灾害附近的斜坡地形、地质构造等特殊现象进行分析判断，都可以成为遥感解译的重要依据。

Kirschbaum 等[36]提出一种用于状态感知的滑坡危险性评估(landslide hazard assessment for situational awareness，LHASA)模型，以显示近实时的潜在滑坡活动。LHASA 将基于 TRMM 卫星降水产品数据与从坡度，地质，道路网络，断层带和森林流失信息五个变量通过模糊叠加模型生成空间分辨率为 1m 的全球滑坡敏感性图，其中五个变量的全球数值均来自于公开数据集。该研究定义前期降雨指数(antecedent rainfall index，ARI)：

$$\mathrm{ARI}=\frac{\sum_{t=0}^{6}p_t w_t}{\sum_{t=0}^{6}w_t} \tag{21-4}$$

$$w_t=(t+1)^{-2} \tag{21-5}$$

式中：t 为距离当前的天数；p_t 为 t 时刻的降水。

计算 2000～2014 年每个 TRMM 像素的 ARI 值，并设定极端 ARI 阈值为历史 ARI 值从低向高排序的 95%以上，当 ARI 超过阈值，降雨被认为是极端，则将根据全球滑坡敏感性图，发布“临近预报”以表明发生滑坡的可能性和时间。实验结果表明，当使用全球滑坡目录对 LHASA 临近预报进行评估时，探测正确概率在 8%～60%，具体取决于评估周期以及每个滑坡点考虑的时空窗口的范围。

彭令等[37]利用国产卫星影像，提出基于高分辨率影像认知模式与场景理解过程建立滑坡分层识别模型，用于地震滑坡的准确识别。该研究以受 5·12 汶川地震影响严重的汶川县境内为实验区，采用 ZY-3、GF-1 遥感卫星影像为数据源，将实验区分为 I 和 II。在实验区 I 内以 ZY-3 影像为数据源建立滑坡识别方法；实验区 II 则用于检验所建方法的可推广性，采用 GF-1 影像为滑坡识别的数据源。首先提取滑坡影像的空间纹理特征(光谱、纹理、几何等)及地形特征(坡度、曲率、粗糙度、流域方向等)，利用多尺度最优分割方法对高分辨率影像进行多层次滑坡对象构建；结合地震滑坡发育特征选取滑坡对象影像特征和地形特征信息，利用模糊推理规则和隶属度函数建立滑坡识别的特征规则集合；采用分层识别模型，实现从潜在滑坡发育区到滑坡分布的准确提取，以及滑坡组成要素的精细识别。实验分析结果表明，利用 ZY-3、GF-1 卫星遥感数据，对汶川县境内实验区开展地震滑坡识别，模型的识别精度均在 81%以上，能够实现地震滑坡空间分布及其滑源区、滑移区和堆积区的准确识别，且识别方法具有可推广性，可为滑坡灾后应急调查提供技术支撑。

李麒崙等[38]采用 Sentinel-2A 遥感影像，以“8·8 九寨沟地震”核心震区漳扎镇为研究区提取地震滑坡信息。以震前 2017 年 7 月 29 日和震后 2017 年 9 月 7 日的 Sentinel-2A 卫星遥感影像通过自动云掩膜提取算法得到去云的遥感影像；利用投票法对 3 种基于像元的变化检测阈值结果(差值法，比值法和变化向量法)进行整合，得到滑坡体的初始掩膜，然后基于多特征参数(NDVI、NDWI)，对初始掩膜进行修正，剔除非滑坡体，再利用改进的区域生长算法结合背景影像和滑坡体掩膜优化滑坡提取范围，最后通过形态学运算得到更加精确的滑坡范围。实验结果表明，该方法的地震滑坡体提取总精度在 90%以上，Kappa 系数优于 0.7，且自动化程度较高，速度较快，满足地震应急救援的时间和精度需求。

21.4 沙尘灾害监测

沙尘暴是全球干旱、半干旱地区特有的一种灾害性天气，所产生的沙尘气溶胶是全球气溶胶系统重要组成部分，对全球环境、天气、气候和生态有复杂的影响。全球四大沙尘多发区为北美洲、中亚、澳洲和中东。中国北方在中亚沙尘区内，每年春季受蒙古气旋等因素的影响，中国北方地区尤其是西北部地区，沙尘暴较为多发。

对于沙尘的遥感检测主要利用气象卫星，按运行轨道可分为极轨气象卫星和静止气象卫星两类。极轨卫星相对静止卫星而言，距离地面更近，通常观测数据的空间分辨率会更高，但时间分辨率较低，在同一位置一天只能过境 1～2 次，但是沙尘暴的发生通常随时间和空间的变化较大，极轨卫星的观测频次偏低；静止气象卫星一次成像范围大，观测频次高，如 FY-2、MTSAT-2 等卫星，时间分辨率为 30min，对于监测沙尘的发生、追踪沙尘的运动轨迹、分析沙尘的时空变化规律都非常有优势。

沙尘暴大多起源于干旱和半干旱地区，裸地和空中的沙尘都是高反射率目标，仅通过反射率的差异，难以区分地表和沙尘。研究人员通过紫外、可见光/近红外、热红外、主动激光等不同方式的沙尘遥感监测方法。在紫外方面，Herman 等[39]根据沙尘在紫外通道的吸收性，使用不同紫外通道的幅亮度比值来监测沙尘；通过可见光/近红外通道的算法，监测发生在低反射率地表的沙尘暴；热红外通道在白天和黑夜都可以成像，沙尘发生时，在红外大气窗区还会出现一个明显的特征，就是在红外分裂窗通道的亮温差值为负，这是由于沙尘在 11μm 处和 12μm 相比，吸收和散射作用都会更强，可以根据这两个通道的亮温差值为负的特性来监测沙尘[40]，也有研究人员使用其他通道的亮温差值来监测沙尘。

李彬等[41]提出了一种针对云和沙尘混合的复杂状况的沙尘识别方法。该文研究 2017 年春夏季发生于中国内蒙古自治区及其周边地区的几次典型的沙尘天气过程，使用 4 月 16 日、5 月 4 日和 8 月 2 日共 3 天的葵花 8 号卫星数据，地面观测数据为全国综合气象信息共享平台（cooperative institute for meteorological satellite studies，CIMISS）和地方气象台发布的气象信息。对于纯沙尘区域，该文使用热红外亮温差（brightness temperature difference，BTD）进行识别，选择 BTD 值小于 0 为纯沙尘区域，BTD 的计算公式为

$$\mathrm{BTD} = T_{11} - T_{12} \tag{21-6}$$

式中：T_{11} 和 T_{12} 为 11μm 和 12μm 亮温。

对于混合区沙尘的判识，首先定义反射率差异指数（reflectance difference index，RDI）：

$$\mathrm{RDI} = \left| R_{0.46} - R_{0.51} \right| \times 1000 \tag{21-7}$$

式中：$R_{0.46}$ 和 $R_{0.51}$ 为 0.46μm 和 0.51μm 处反射率。

经过实验统计，将该阈值设定为小于 10～15 能够覆盖绝大部分混合沙尘区，对高云区分效果明显；对于碎积云的区分引入灰度熵、亮温、反射率对无沙尘地表加以剔除，并将 RDI 与灰度熵的结果取并集，得到真实的沙尘判识结果。实验结果表明，该方法在各种不同云沙混合条件下的沙尘判识中取得较理想的效果，一定程度上提升沙尘遥感判识方法的准确性和适用性，是对分裂窗亮温差的有效补充。

Su 等[42]基于 MODIS 数据，结合我国华北和西北地区的沙尘暴的辐射特征，提出一种沙尘暴的遥感监测方法，分析该地区沙尘暴的迁移过程。为去除薄云、碎云、薄雪、

厚云、厚雪以及戈壁沙漠等背景环境对沙尘暴监测的影响，该研究提出，MODIS 影像中沙尘暴像素的反射率值和亮温满足图 21-1 所示的条件。

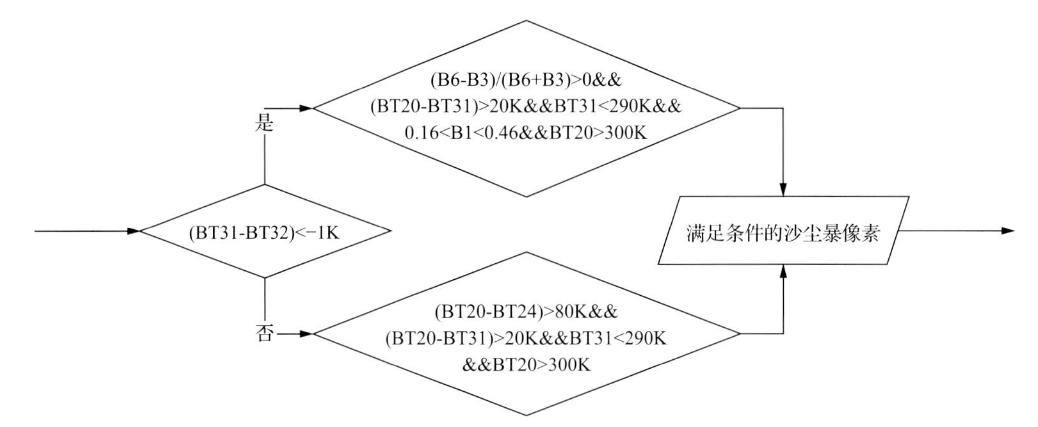

图 21-1 MODIS 影像选择沙尘暴像素的反射率值和亮温满足条件[42]

其中，B1、B3、B6 分别为对应波段的反射率值，BT20、BT24、BT31、BT32 分别为对应波段的亮温。

利用该方法对发生于 2014 年 4 月 23 日～25 日的一次强沙尘暴进行监测，实验结果表明，该方法的检测结果与地面测量数据的一致率为 96.3%，同时在 3 天沙尘暴期间拍摄到的 6 张 MODIS 图像中，可以清晰地识别沙尘暴的迁移过程，证明了提出的方法对于华北和西北地区沙尘暴的动态遥感监测的可行性。

参 考 文 献

[1] 张峰, 周广胜. 植被含水量高光谱遥感监测研究进展. 植物生态学报, 2018, 42(5): 517-525.

[2] 李晓彤, 覃先林, 刘树超, 等. 森林可燃物类型遥感分类研究进展. 森林防火, 2019, (3): 26-30.

[3] 拉巴, 陈涛. 森林火灾与气象因子的关系及造成的危害. 全国卫星应用技术交流会, 北京, 2011: 346-349.

[4] 李晓恋. 基于 MODIS 数据的多因子协同作用下森林火灾预测监测研究. 合肥: 中国科学技术大学, 2016.

[5] 熊得祥, 谭三清, 张贵, 等. 基于FY4遥感数据的森林火灾判别研究. 中南林业科技大学学报自然科学版, 2020, (10): 42-50.

[6] Yebra M, Quan X, Riaño D, et al. A fuel moisture content and flammability monitoring methodology for continental Australia based on optical remote sensing. Remote Sensing of Environment, 2018, 212: 260-272.

[7] 巴锐. 基于 MODIS 遥感数据的野火烟雾探测和植被受灾评估研究. 合肥: 中国科学技术大学, 2020.

[8] 武喜红, 刘婷, 程永政, 等. 多源卫星遥感秸秆焚烧过火面积动态监测. 农业工程学报, 2017, 33(8): 153-159.

[9] 刘明, 贾丹. 卫星遥感技术在森林火灾扑救中的应用. 城市与减灾, 2018, (6): 66-70.

[10] Wang J, Roudini S, Hyer E J, et al. Detecting nighttime fire combustion phase by hybrid application of

visible and infrared radiation from Suomi NPP VIIRS. Remote Sensing of Environment, 2020, 237: 111466.

[11] Gong A, Li J, Yang Y, et al. Analysis of response and recovery of vegetation to forest fire. The International Archives of Photogrammetry, Remote Sensing and Spatial Information Sciences, 2020, 43: 1207-1212.

[12] Sparks A M, Kolden C A, Smith A, et al. Fire intensity impacts on post-fire temperate coniferous forest net primary productivity. Biogeosciences, 2018, 15(4): 1173-1183.

[13] Chu T, Guo X L, Takeda K. Remote sensing approach to detect post-fire vegetation regrowth in Siberian boreal larch forest. Ecological Indicators, 2016, 62: 32-46.

[14] 李静, 宫阿都, 陈艳玲, 等. 森林过火区植被遥感参数的变化与恢复特征分析. 地球信息科学学报, 2018, 20(3): 368-376.

[15] Massetti A, Rüdiger C, Yebra M, et al. The vegetation structure perpendicular index (VSPI): A forest condition index for wildfire predictions. Remote Sensing of Environment, 2019, 224: 167-181.

[16] Fernández-Guisuraga J M, Calvo L, Suárez-Seoane S. Comparison of pixel unmixing models in the evaluation of post-fire forest resilience based on temporal series of satellite imagery at moderate and very high spatial resolution. ISPRS Journal of Photogrammetry and Remote Sensing, 2020, 164: 217-228.

[17] Khan S I, Hong Y, Wang J H, et al. Satellite remote sensing and hydrologic modeling for flood inundation mapping in Lake Victoria basin: Implications for hydrologic prediction in ungauged basins. IEEE Transactions on Geoscience and Remote Sensing, 2010, 49(1): 85-95.

[18] Wu H, Adler R F, Tian Y D, et al. Real-time global flood estimation using satellite-based precipitation and a coupled land surface and routing model. Water Resources Research, 2014, 50(3): 2693-2717.

[19] Kirschbaum D B, Huffman G J, Adler R F, et al. NASA's remotely sensed precipitation: A reservoir for applications users. Bulletin of the American Meteorological Society, 2017, 98(6): 1169-1184.

[20] Liang J, Liu D. A local thresholding approach to flood water delineation using Sentinel-1 SAR imagery. ISPRS Journal of Photogrammetry and Remote Sensing, 2020, 159: 53-62.

[21] 汪权方, 张雨, 汪倩倩, 等. 基于视觉注意机制的洪涝淹没区遥感识别方法. 农业工程学报, 2019, 35(22): 296-304.

[22] 马丽云, 李建刚, 李帅. 基于 FY-3/MERSI 数据的新疆融雪性洪水灾害监测. 国土资源遥感, 2015, 27(4): 73-78.

[23] 李胜阳, 许志辉, 陈子琪, 等. 高分 3 号卫星影像在黄河洪水监测中的应用. 水利信息化, 2017, (5): 22-26.

[24] Quiring S M, Ganesh S. Evaluating the utility of the vegetation condition index (VCI) for monitoring meteorological drought in Texas. Agricultural and Forest Meteorology, 2010, 150(3): 330-339.

[25] Brown J F, Wardlow B D, Tadesse T, et al. The vegetation drought response index (VegDRI): A new integrated approach for monitoring drought stress in vegetation. GIScience & Remote Sensing, 2008, 45(1): 16-46.

[26] Ghulam A, Qin Q M, Teyip T, et al. Modified perpendicular drought index (MPDI): A real-time drought monitoring method. ISPRS Journal of Photogrammetry and Remote Sensing, 2007, 62(2): 150-164.

[27] 余灏哲，李丽娟，李九一．基于 TRMM 降尺度和 MODIS 数据的综合干旱监测模型构建．自然资源学报, 2020, 35(10): 2553-2568.

[28] Zhong R D, Chen X H, Lai C G, et al. Drought monitoring utility of satellite-based precipitation products across Chinese Mainland. Journal of Hydrology, 2019, 568: 343-359.

[29] Rao K, Anderegg W R L, Sala A, et al. Satellite-based vegetation optical depth as an indicator of drought-driven tree mortality. Remote Sensing of Environment, 2019, 227: 125-136.

[30] 邓志辉，陈梅花，邵叶．地震热异常机理与红外遥感观测．国际地震动态, 2017, (8): 109-110.

[31] Zhao G Z, Chen X B, Cai J T. Electromagnetic observation by satellite and earthquake prediction. Progress in Geophysics, 2007, 22(3): 667-673.

[32] 徐保华，徐秀登．地震云预测地震续探．科学技术与工程, 2005, (22): 15-19.

[33] 刘军，马未宇，姚琪，等. 2017 年新疆精河 Ms6.6 地震遥感大气温度变化特征分析．中国地震, 2019: 109-116.

[34] 张宝军. 2003-2013 年汶川地震极重灾区夜间灯光年际变化分析．灾害学, 2018, 33(1): 12-18, 22.

[35] Janalipour M, Taleai M. Building change detection after earthquake using multi-criteria decision analysis based on extracted information from high spatial resolution satellite images. International Journal of Remote Sensing, 2017, 38(1): 82-99.

[36] Kirschbaum D, Stanley T. Satellite-based assessment of rainfall-triggered landslide hazard for situational awareness. Earth's Future, 2018, 6(3): 505-523.

[37] 彭令，徐素宁，梅军军，等．地震滑坡高分辨率遥感影像识别．遥感学报, 2017, 21(4): 1007-4619.

[38] 李麒崙，张万昌，易亚宁．地震滑坡信息提取方法研究——以 2017 年九寨沟地震为例．中国科学院大学学报, 2020, 37(1): 93-102.

[39] Herman J R, Bhartia P K, Torres O, et al. Global distribution of UV-absorbing aerosols from Nimbus 7/TOMS data. Journal of Geophysical Research: Atmospheres, 1997, 102(D14): 16911-16922.

[40] Wald A E, Kaufman Y J, Tanré D, et al. Daytime and nighttime detection of mineral dust over desert using infrared spectral contrast. Journal of Geophysical Research: Atmospheres, 1998, 103(D24): 32307-32313.

[41] 李彬，卢士庆，孙小龙，等．可见光波段灰度熵和热红外亮温差的沙尘遥感判识.遥感学报，2018, 22(4): 647-657.

[42] Su Q H, Sun L, Yang Y K, et al. Dynamic monitoring of the strong sandstorm migration in northern and northwestern China via satellite data. Aerosol and Air Quality Research, 2017, 17(12): 3244-3252.

第 22 章　遥感在农业农村方面的应用

农业农村是关乎国计民生的根本性问题。为坚持农业农村优先发展，统筹实施乡村振兴战略，推动农业全面升级、农村全面进步、农民全面发展，加快实现农业农村现代化，2018 年 3 月我国将农业部的职责，以及国家发展和改革委员会、财政部、国土资源部、水利部的有关农业投资项目管理的职责整合，组建农业农村部，统筹规划“三农”(农业、农村、农民)问题，监测农业发展安全等。

农业监测，需要在不同时间分辨率、不同地点和环境下监测作物的生长状况，实现近实时监测。遥感，作为无损观测手段，能够系统地提供从区域到全球的周期化信息，反映一定时段内地表的时空信息，被广泛应用于农业监测中。遥感农业监测是一个广泛的话题，可以从不同的遥感平台(卫星、飞机、无人机、车载和地面站等)不同传感器类型(主动或被动遥感，不同的波长范围和空间分辨率等)，应用在农业农村的方方面面，包括：①覆盖农用地、渔业、野生动植物保护等的农业资源监测；②覆盖作物面积、长势、品质、分类识别和作物估产的农作物监测；③覆盖旱涝、冷冻和病虫害的农业灾害监测；④精准农业；⑤作物遥感模型等。下面将对遥感在农业农村方面的应用进行具体介绍。

22.1　农业资源区划管理

农业农村部下属机构包括全国农业资源区划办公室，其主要职责包括对农业资源的调查监测、开发利用、治理与保护管理；综合分析评价农业资源的数量、质量分布和组合特征，科学划分农业区；依法综合管理农用地、渔业水域、草地、野生动植物等。

由于遥感能够以一定的时空分辨率非破坏性的方式监测农业资源，因此在农业资源区划管理方面应用较为广泛。可以实现农用地资源、渔业水业资源、水生野生动植物资源和耕地资源等农业资源的监测与保护，这些应用涉及不同的空间尺度以及从实时到数十年的不同时间尺度，具有不同的精度要求，直接影响了遥感在数据获取平台和方法上的选择。常见的农业资源监测遥感平台包括地基、无人机、飞机、卫星等；监测反演方法主要包括三大类：经验反演方法，构建遥感信息与目标变量的关系(如线性和非线性回归、机器学习和神经网络等)；基于辐射传输模型、植被生长模型等的物理模型和利用时空上下文信息和图像信息反演方法，如基于像素或面向对象的分类方法、依赖数学形态学或纹理特征、小波分析或傅里叶时空转换等[1]。

22.1.1　农用地资源的监测与保护

农用地是指直接或间接为农业生产所利用的土地，包括耕地、园地、林地、牧草地、养捕水面、农田水利设施用地，以及田间道路和其他一切农业生产性建筑物占用的土地等。根据 2016 年度全国土地变更调查结果，与 2015 年底相比，全国农用地面积净减少 493.5 万亩①，其中耕地面积净减少 115.3 万亩。总的来说，全国农用地面积略有减少，但质量有所提升，仍需要继续统筹实施土地整治保护策略。

农用地质量监测是实现农用地保护的重要手段，空间技术的发展为农用地监测提供了新的方法手段，遥感作为广覆盖、具有一定重访周期的非接触监测手段，被广泛应用于农用地资源时空变化监测中。农用地监测包括农用地面积提取与监测、农用地类型变化监测和农用地土壤质量监测等。基于多时相遥感影像和时序植被指数提取农用地变化是常用方法，高光谱遥感与回归建模结合是农用地土壤质量检测常用手段。

Teluguntla 等[2]在 2013～2015 年间使用 Landsat ETM+/OLI 数据，通过 GEE 云计算平台和基于像素的随机森林分类，生成 30m 分辨率澳大利亚和中国的高精度农田面积分布产品。为了提高分类精度，将中国和澳大利亚按照耕作方式、土壤类型和气候模式等进一步划分为 4 个农业生态区，针对每个生态区分别构建随机森林模型。考虑影像易受云覆盖的影响，在 GEE 平台上首先进行每 2～3 个月的合成，生成无云影像。使用 Landsat 影像的 8 个波段数据，包括红绿蓝、近红外、短波红外-1、短波红外-2、热红外和 NDVI。最后生成 30m 分辨率的多维数据集(mega-file data-cubes，MFDCs))，分别为澳大利亚 48 波段的 MFDC 和中国 32 波段的 MFDC，具体情况如图 22-1 所示。

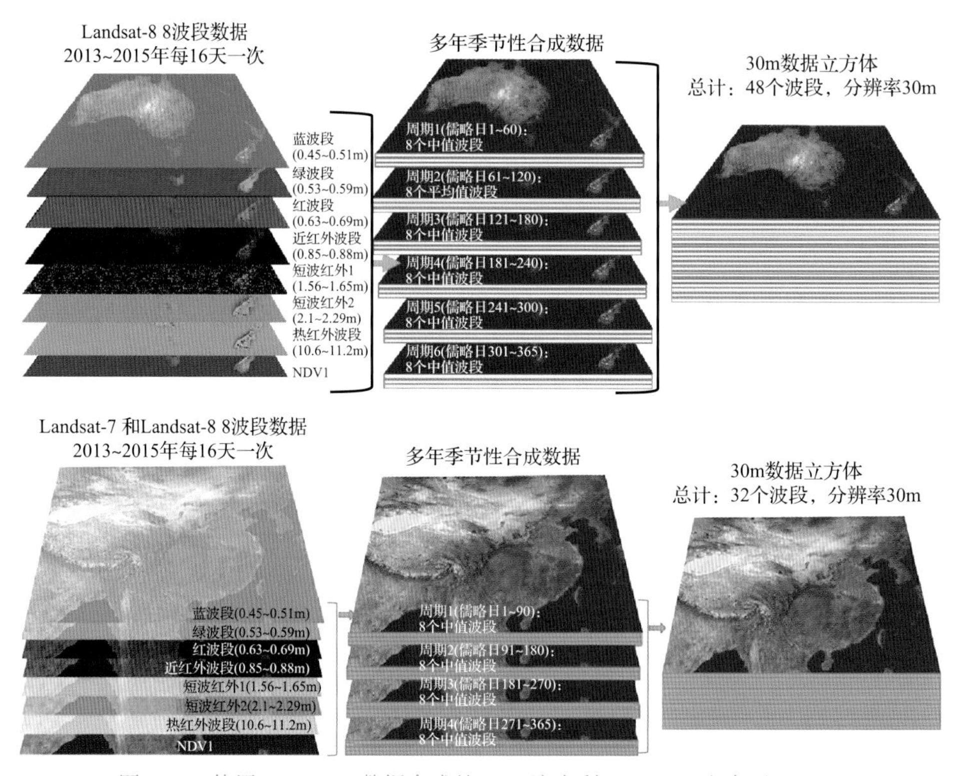

图 22-1 使用 Landsat-8 数据合成的 30m 澳大利亚 MFDC 和中国 MFDC

① 1 亩≈666.67m^2。

训练和验证样本覆盖了农田和非农田类，来自实地考察、亚米级到 5m 的超高分辨率图像和辅助资料(如国家农业局资料)。最后使用 958 个来自澳大利亚的样本和 2130 个来自中国的样本训练随机森林分类器，使用 900 个澳大利亚样本和 1972 个中国样本进行验证和准确率评估：澳大利亚 30m 农田分布产品总体精度为 97.6%，生产者精度 98.8%(漏分误差 1.2%)，用户精度 79%(误分误差 21%)；对中国而言，分类总体精度 94%，生产者精度 80%(漏分误差 20%)，用户精度 84.2%(误分误差 15.8%)。产品估计澳大利亚农田总面积约为 3510 万 hm^2，中国 1.652 亿 hm^2，与国家统计数据相比，澳大利亚和中国的产品估算值分别高出 8.6%和 3.9%。中国的产品数据与省级统计数据相比，R^2 达到 0.85，证明了产品估算国家农田面积的能力。

Chen 等[3]考虑到农田独特的物候时序特征，具有强烈的周期性和季节性，提出使用多谐波函数构造物候轨迹捕获农田变化，然后使用系数向量差(coefficient vector difference，CVD)评估物候轨迹的相似性，然后结合幅度和相位差监测农田变化和无变化区域，最后使用系数比例向量(coefficient ratio vector，CRV)作为评价指标确定最后像素的类别。方法的流程主要有三部分。

首先针对像素的植被指数，建立多谐波模型描述不同种植模式的物候变化，多谐波函数形式如式(22-1)所示：

$$\hat{V}I(t) = a_0 + a_1 \cos\left(\frac{2\pi}{T}t\right) + b_1 \sin\left(\frac{2\pi}{T}t\right) + a_2 \cos\left(\frac{2\pi}{0.5T}t\right) + b_2 \sin\left(\frac{2\pi}{0.5T}t\right) \tag{22-1}$$

式中：a_0 为植被指数的初始值；a_1 和 b_1 用于捕获植被指数的年内变化；a_2 和 b_2 用于捕获植被指数年内双峰变化。

其次，基于像素的物候轨迹，得到拟合系数向量 $\text{CV}=\left(a_0, a_1, b_1, a_2, b_2, \text{RMSE}\right)^{\text{T}}$，计算模型的系数向量差 CVD 测评相似度，CVD 计算公式如(22-2)所示：

$$\begin{aligned}\text{CVD}&=\left(\text{CV}^{t_1}, \text{CV}^{t_2}\right)\\&=\sqrt{\sum_{k=0}^{2}\left({a_k}^{t_1} - {a_k}^{t_2}\right)^2} + \sqrt{\sum_{k=1}^{2}\left({b_k}^{t_1} - {b_k}^{t_2}\right)^2} + \left|\text{RMSE}^{t_1} - \text{RMSE}^{t_2}\right|\end{aligned} \tag{22-2}$$

式中：k 为谐波的阶数。公式第一项为振幅差，第二项为相位差，第三项为多谐波模型的残差。认为 CVD 较大的像素有更大的可能发生了变化，变化检测使用期望最大化算法对先验概率密度函数进行估算从而自适应选择阈值检测变化和不变区域。

最后计算变化像素的系数比例向量(coefficient ratio vector，CRV)，通过 CRV 的最小距离来区分变化像元的变化类型。确定变化像素后，需要获取从什么类型变化到什么类型的信息。方法通过参考影像构造典型变化类型的参考 CRV，然后计算各像素 CRV 与参考 CRV 的最小距离来确定像素的变化类型。使用 2010 年和 2015 年 2 套 Landsat 时序影像测试了方法的性能，并对比了其他 3 种变化检测算法，包括连续变化检测和分类(continuous change detection and classification，CCDC)、CVA 和分类后对比法(post-classification comparison，PCC)，结果表明，文章提出的方法获得最高的准确度，总体精度 98.58%，Kappa 系数 0.82，证明了方法的可用性。

Zhang 等[4]结合中国东北德惠地区实地监测的高光谱反射率数据和覆盖整个研究区 2005～2016 年的 Landsat 影像，遥感估算东北黑土农田地区土壤 pH。土壤样本来自实地考察，获取了覆盖东北德惠地区共 197 个样本点，获取相应的高光谱反射率、多光谱影像和环境变量，并实验室确定样本点的土壤 pH。从高光谱反射率数据中选择 18 个光谱变量，从多光谱影像中选择 17 个光谱变量和 6 个环境变量，然后建模拟合变量与土壤 pH 之间的关系。用于反演的光谱变量包括各波段的反射率和多个光谱指数，有 NDVI、比率植被指数(ratio vegetation index，RVI)、差值植被指数(difference vegetation index，DVI)、EVI、NDWI、环境植被指数(huan jing vegetation index，HJVI)、抗大气植被指数(atmospherically resistant vegetation index，ARVI)和 TVI 等，具体计算公式如式(22-3)～式(22-7)所示：

$$\mathrm{RVI}=\frac{\rho_{\mathrm{NIR}}}{\rho_{\mathrm{RED}}} \tag{22-3}$$

$$\mathrm{DVI}=\rho_{\mathrm{NIR}}-\rho_{\mathrm{RED}} \tag{22-4}$$

$$\mathrm{HJVI}=\frac{2\left(\rho_{\mathrm{NIR}}-\rho_{\mathrm{RED}}\right)}{7\rho_{\mathrm{Green}}-7.5\rho_{\mathrm{blue}}+0.9} \tag{22-5}$$

$$\mathrm{ARVI}=\frac{\rho_{\mathrm{NIR}}-2\rho_{\mathrm{RED}}+\rho_{\mathrm{Blue}}}{\rho_{\mathrm{NIR}}+2\rho_{\mathrm{RED}}-\rho_{\mathrm{Blue}}} \tag{22-6}$$

$$\mathrm{TVI}=0.5\left[120(\rho_{\mathrm{NIR}}-\rho_{\mathrm{Green}})-200(\rho_{\mathrm{RED}}-\rho_{\mathrm{Green}})\right] \tag{22-7}$$

然后进行主成分分析，将高光谱反射率压缩为 11 个主成分，代表土壤的高光谱反射率特征。类似地，从高光谱反射率中提取了几种高光谱植被指数：NDVI_{705}、mSR_{705}、mNDVI_{705}、植被衰老反射率指数(plant senescence reflectance index，PSRI)、VOG1、VOG2 和 VOG3，具体计算公式如式(22-8)～式(22-14)所示：

$$\mathrm{NDVI}_{705}=\frac{\rho_{750\mathrm{mm}}-\rho_{705\mathrm{mm}}}{\rho_{750\mathrm{mm}}+\rho_{705\mathrm{mm}}} \tag{22-8}$$

$$\mathrm{mSR}_{705}=\frac{\rho_{750\mathrm{mm}}-\rho_{445\mathrm{mm}}}{\rho_{750\mathrm{mm}}+\rho_{445\mathrm{mm}}} \tag{22-9}$$

$$\mathrm{mNDVI}_{705}=\frac{\rho_{750\mathrm{mm}}-\rho_{705\mathrm{mm}}}{\rho_{750\mathrm{mm}}+\rho_{705\mathrm{mm}}-2\rho_{445\mathrm{mm}}} \tag{22-10}$$

$$\mathrm{PSRI}=\frac{\rho_{680\mathrm{mm}}-\rho_{500\mathrm{mm}}}{\rho_{750\mathrm{mm}}} \tag{22-11}$$

$$\mathrm{VOG1} = \frac{\rho_{740\mathrm{mm}}}{\rho_{720\mathrm{mm}}} \tag{22-12}$$

$$\mathrm{VOG2} = \frac{\rho_{734\mathrm{mm}} - \rho_{747\mathrm{mm}}}{\rho_{715\mathrm{mm}} + \rho_{726\mathrm{mm}}} \tag{22-13}$$

$$\mathrm{VOG3} = \frac{\rho_{734\mathrm{mm}} - \rho_{747\mathrm{mm}}}{\rho_{715\mathrm{mm}} - \rho_{720\mathrm{mm}}} \tag{22-14}$$

使用的 6 种环境变量包括 ASTER DEM 提取的海拔、坡度和坡向数据、中国气象站提供的年均气温和降水数据，使用克里金插值获取每个像素的气象数据以及土地利用类型。最后使用 197 个样本中 138 个(70%)作为训练样本构建偏最小二乘回归模型拟合土壤 pH，交叉验证计算模型的 R^2 和 RMSE。结果表明，来自高光谱反射率的 7 个光谱指标，来自多光谱反射率的 7 个光谱指标和 3 个环境变量与土壤 pH 具有更高的相关性。为高光谱数据的 7 个光谱指数和 Landsat 影像的 7 个光谱指标和 3 个环境指标构建了土壤 pH 预测模型，然后结合 2 个模型得到区域尺度的土壤 pH 预测模型。模型表明，Landsat 变量里面的中红外波段反射率(波段 10 和 11)、5 个植被指数(如 RVI、DVI、NDVI、NDWI 和 TVI)和环境变量(地表覆盖类型、年平均降水和年平均气温)与区域土壤 pH 相关性最强；高光谱反射率数据中 6 个主成分和 PSRI 与土壤 pH 相关性较强。组合土壤 pH 预测模型的 R^2 为 0.50，均方根误差 RMSE 为 0.30，表明模型的精度和预测的可靠性。并且发现，研究区域土壤 pH 表现出明显的异质性，土壤 pH 主要随着作物类型而变化，且 2005～2016 年间平均下降约 0.50 个单位。

22.1.2 渔业水域的监测与保护

渔业水域是指适宜水产捕捞、水产增殖的水生经济动植物繁殖、生长、索饵和越冬洄游的水域总称。随着我国经济的发展及城市化进程的加快，大量未经适当处理就排放的工业污水和生活污水对渔业水域的生态环境带来了严重的损害，一些江河湖泊和局部海洋的污染日益严重，赤潮频繁发生，鱼类资源量锐减，甚至消失，个别渔业水体失去利用价值，严重阻碍了我国水产业的发展。为保护这类水域，防止污染，维护水域生态平衡，我国的渔业水域环境保护工作不断加强，国家已颁布涉及渔业水域环境保护的法律法规 20 多个，包括《渔业法》《水污染防治法》《水产资源保护条例》等。

影响渔业水域环境的主要因素是水质污染和对水域环境的人为破坏。水质污染包括有机物污染、固体废弃物污染和重金属污染等；对水域环境的人为破坏是指未经充分调研，盲目围海(湖)造田、拦河筑坝等。对渔业水域的监测是实现保护的重要步骤，随着新的传感器平台和技术发展，遥感可以提供更高的空间、时间和光谱分辨率产品，更准确地监测水生环境。

Anand 等[5]使用 2016～2018 年高分辨率 Cartosat-1 和 IRS ResourceSAT 卫星全色影像绘制印度 Chhattisgarh 的内陆水体边界，并结合 Sentinel-2 多光谱影像确定可用于鱼类养殖的水体时空扩散面积和有效扩散面积。考虑到研究区域受季风影响，雨季期间内陆水体由于降水增加，有效面积会扩大，在提取渔业水体时使用旱季的遥感影像，分别为 2 月和 5 月，分别对应一年中至少有 8 个月(7 月～次年 2 月)和 11 个月(7 月～次年 5 月)被水体覆盖。水体提取使用 NDWI 阈值法，获取 2016～2018 年的 NDWI 分布图，计算各像素在 3 年内为水体的次数比，2 年及以上为水体的像素才认为该像素属于水体。提取的水体面积分布图与 Cartosat-1 和 IRS ResourceSAT 卫星全色影像提取的水体边界图叠加，每个水体内部划分为 3 类区域，干旱河床区(有效水体覆盖小于 8 个月)、8 个月水体覆盖区和 11 个月水体覆盖区。研究总共绘制了 121529 个水体，面积 202016hm^2，其中 97%的水体面积小于 5hm^2，方法提取的水体总面积比印度政府最新统计数据高 37%。Chhattisgarh 一年中最少持续 8 个月的水体占到 74%(149484hm^2)，至少持续 11 个月的占 50%(102167hm^2)，表明该地集约化水产养殖推广范围较广。该方法框架可以推广至全国各地，实现内陆渔业水体的有效管理。

Rodríguez-Benito 等[6]在 2020 年夏季智利巴塔哥尼亚西部的鲑鱼养殖场利用卫星遥感监测到大量的有害浮游植物开花，引起大量鱼类死亡。有害浮游植物会引起渔场水域叶绿素含量增加，因此文章首先使用 Sentinel-2 和 Sentinel-3 多光谱数据进行叶绿素 a 浓度反演，反演使用 2 种算法：OC4Me，主要用于开阔海域的叶绿素浓度反演；神经网络 ANN，主要应用在复杂海域中，这些水域成分更复杂，需要考虑泥沙等悬浮物质的散射和可溶物的吸收影响。最后使用 300m 分辨率的每日 Sentinel-3 影像实现渔场水华分布的近实时监测，使用标准 OC4Me 和 ANN 算法反演的叶绿素 a 分布图。

但叶绿素 a 分布并不能完全反映有害浮游植物的分布，因此文章提出使用归一化差值叶绿素指数(normalized difference chlorophyll index，NDCI)监测有害浮游植物，具体公式如式(22-15)所示：

$$\mathrm{NDCI}=\frac{\rho_{708}-\rho_{665}}{\rho_{708}+\rho_{665}} \tag{22-15}$$

结果表明，NDCI 峰值揭示了鱼类大量死亡的日期与区域，能够较好地提取有害浮游植物的时空分布。并且由于 NDCI 使用的波段较为常见，可以将该指数应用到常见的卫星影像上，如 MODIS、Landsat 等，实现渔场有害浮游植物的监测。

王庭刚[7]基于 GF-2 高分辨率遥感影像，提出了一种基于指数标准差的面向对象分类方法对悬浮泥沙浓度较高的枸杞岛后头湾养殖区进行提取，并将其结果与三种传统的基于像元的分类方法(最大似然法、支持向量机分类及神经网络法)所得到的分类结果进行比较。文中所提出的基于指数标准差的面向对象的分类方法，其实质是建立比值水体指数(ratio water index，RWI)以突出养殖区地物特征，具体计算公式如式(22-16)所示:

$$\mathrm{RWI}=\frac{\rho_{\mathrm{Green}}}{\rho_{\mathrm{RED}}} \tag{22-16}$$

通过对多尺度分割后图像的指数特征进行分析，发现养殖区中有较多的养殖筏，导致区域像素 RWI 差异较大，海水像素的 RWI 比较均匀，因此认为养殖区与对象 RWI 指数的离散程度相关，用对象内 RWI 标准差来提取养殖区，并依据水色反演所得的研究区悬浮泥沙浓度分布，确定不同浊度下的养殖区提取阈值，从而获得整体最优提取效果。方法的优势在于能够根据不同的悬浮泥沙浓度情况，通过规则的限定使得各级别的局部效果达到最优。尽管受高浊度水体的影响，研究区的遥感影像表现出严重的“同谱异物”现象，文中提出的面向对象的分类方法仍旧表现出很好的分类效果，总体精度达到94.10%；而基于像元的三种分类方法中，分类精度最高的支持向量机分类，其总体精度为 80.78%，分类精度最低的神经网络法分类，其总体精度仅为 71.17%。精度评价结果表明面向对象的分类方法能够较为准确地提取浑浊水域中的水产养殖区，从而获得养殖区的面积、分布等信息。

22.1.3　水生野生动植物保护

有效的野生生物监测是有效保护野生生物的先决条件，一直以来，野生动植物保护一直受到数据缺乏的困扰，因为野生动植物主要分布在较难进入的区域，实地考察访问的成本较高。遥感技术的进步为收集数据提供了前所未有的机会，IKONOS、QuickBird、GeoEye、Pléiades、Worldview-2 和 Worldview-3 等超高分辨率卫星和无人机遥感的应用可以帮助获取研究区域超高分辨率的信息，捕获个别动物或珍稀植被的冠层等。并且遥感重访周期较短，可以在研究区域获取近实时的影像。使用遥感影像直接调查动物(一只或者一群动物)是较新的应用，包括调查水生动物(海豹、海象和鲸鱼等)，野生动物(红毛猩猩、鸟类、大象和短吻鳄等)和植物[8-17]。遥感数据共享和数据使用及后续的野生动物保护起着重要作用。

Witharana 等[18]使用 7 种算法增强包含企鹅鸟粪、海豹和植被的高分辨率 QuickBird-2 和 WorldView-2 影像，算法包括 Ehlers 融合，Gram-Schmidt 融合，超球面色彩空间融合，高通滤波融合，主成分分析，UNB 融合和小波分析。对比不同图像融合算法在调查南极野生动植物的优势。研究使用的影像为 2000～2014 年夏季南极的无云 QuickBird-2 和 WorldView-2 影像，包括全色和多光谱影像。针对影像裁剪为 2km×2km 的不重叠子集，共 50 个，以详细地评估融合算法的效果。子集中主要提取 3 大类目标：企鹅鸟粪、海豹和植被。对于全色与多光谱融合后的影像需要进行质量评价，文章使用的质量评价指标有 11 个光谱指标和 3 个空间指标，包括相关系数(计算原始全色影像与融合影像的相关性)、均方根误差、均值差值、标准差差值、光谱差异、偏差指数、峰值信噪比、熵、平均结构相似性指数、光谱角映射、无量纲整体误差、Canny 边缘对应、高通成分相关性，Sobel 边缘相关性和全色相关性。企鹅鸟粪、海豹和植被的提取是通过专家解译实现的。结合专家评价与质量指标，文章对比了 7 种影像融合算法调查南极野生动植物的效果，结果表明，高通滤波融合和 UNB 融合算法在改善边缘信息并提升纹理效果上具有较大优势，能够更好地识别企鹅鸟粪、海豹等深色目标。

Hu 等[19]使用无人机监测中国长塘国家自然保护区 Sewu 雪山下藏羚羊的迁徙。考虑到需要在照片中辨认出成年羚羊和小羊，所以设置飞行高度为 150～200m，图像重叠度为 50%。将无人机影像经过几何校正与拼接生成正射影像，然后对藏羚羊群进行目视计数。与现场观测相比，无人机拍摄计数更准确：从 4000 幅影像中生成 12 个正射影像，共检测到 23063 只藏羚羊；在第一个飞行区域发现了 7671 只母羊和 4353 头小羊；第二个飞行区域发现 7989 只母羊和 3050 头小羊。并且发现，基于无人机的野生动物迁徙是优于基于地面的勘测的。根据无人机 2 次飞行的拍照间隔可以估算羊群迁徙的速度和方向。

Nielsen 等[20]使用自适应基于模型的迭代采样设计，在加拿大阿尔伯塔省东北部 602 个 0.25hm^2 的样本点调查了 4 年的珍稀植被。使用的遥感数据包括航空影像、LiDAR 数据，获取区域的植被结构、土地覆盖类型、土壤 pH 和地形湿度模型，预测珍稀植被的分布。结果表明，珍稀植被分布与最大冠层高度负相关，但与冠层密度正相关，根据模型在几乎所有的样点都发现了珍稀物种，平均发现率达到 8%。模型构建分为 3 步：结合地表覆盖数据和 DEM 提取的景观因子，与已知存在珍稀植物的地块构建初始预测模型；根据初始模型预测结果进行现场采样，并且着重对估计会有珍稀植物的地块重点访问；结合新的现场实测数据重新构建珍稀植被预测模型，不断进行改进。2012～2015 年进行了 4 年的现场采样，不停重复模型构建的第 2、3 步，以提高模型的预测精度。预测使用的是最大熵模型。模型输入参数包括土地覆盖类型、与地形湿度相关的复合地形指数(compound topographic index，CTI)、土壤 pH 以及 LiDAR 提取的植被参数冠层缓解率(canopy relief ratio，CRR)和最大冠层高度，计算公式如式(22-17)～式(22-18)所示:

$$\mathrm{CTI}=\ln\left(A_s/\tan\beta\right) \tag{22-17}$$

$$\mathrm{CRR}=\frac{\bar{h}-h_{\min}}{h_{\max}-h_{\min}} \tag{22-18}$$

式中：A_s 为与水流方向正交的集水面积；β 为坡度倾斜角；h 为冠层高度。

最终模型具有良好的拟合度(R^2=0.228)和模型预测准确性(ROC=0.841)。

22.1.4 耕地及永久基本农田质量保护

自然资源部在自然资规〔2019〕1 号《农业农村部关于加强和改进永久基本农田保护工作的通知》中提到，要充分运用卫星遥感和信息化技术手段，以 2017 年度土地变更调查、耕地质量调查监测与评价等成果为基础，结合第三次全国国土调查、自然资源督察、土地资源全天候遥感监测、永久基本农田划定成果专项检查等，全面开展永久基本农田划定成果核实工作。

我国城市化进程伴随着巨大的耕地流失和耕地质量下降。Xia 等[21]使用高分辨率卫星遥感影像开发监测主要农田保护区的半自动系统，开展面向对象的遥感影像分析、农田综合评价和空间分析工作。研究区域为上海的 12 个农业较为发达的小镇，使用的高分辨率卫星遥感影像为 2013 年 5 月～9 月采集的 WorldView-2，结合行政规划数据裁剪出 12 个目标城镇影像。使用面向对象分类方法从影像中提取土地利用信息，首先对影像进行多尺度分割，然后根据参考数据使用分层随机方案和基尼指数选择合适的分类特征，分类使用随机森林分类器。土地利用分类完成后，使用 LESA(land evaluation and site assessment)方法评价农田质量，LESA 框架包含 2 个部分：土地评估，确定农田的自然质量等级；场地评估，包括耕地到建成区、路网、灌溉用水和市场的距离。因为在划定主要农田时，耕地的自然质量和社会经济适用性同样重要，根据 LESA 给耕地进行 0～10 分的打分，然后不同镇选择不同的阈值确定优质农田，划定主要农田保护区。最终结果表明，分类的准确率约 80%，并根据分类结果选择优质农田作为主要农田，与实际结果相比，该系统能划分出约 95%的主要农田。研究开发的系统有助于主要农田保护区的规划，并且可以从空间科学的角度帮助自动选择主要农田保护区。

为保障国家粮食安全，各地相继开展粮食生产功能区建设规划。但一些地方粮食生产功能区建成后，出现了随意征占用、种植多年生经济作物、挖塘养殖水产等"非粮化"现象，且"非粮化"有扩大的态势。敖为赳等[22]以浙江省嘉善县为研究区，应用 GF-1 影像，通过面向对象的分类方法提取永久基本农田范围内坑塘、苗圃等非粮化区域。整体的技术流程可概括为：对 GF-1 影像进行几何校正、影像融合裁剪等预处理后，叠加地方政府提供的永久基本农田矢量图层，进行面向对象的分类，提取永久农田区域中非粮化斑块。面向对象的分类以多尺度分割为基础，使用最近邻分类来提取非粮化区域。研究中的多尺度分割分为 3 层：首先区分水体和非水体(NDWI 为主)；然后针对水体再次分割(亮度与形状特征)，划分为坑塘和河流等；针对非水体类细分，不仅使用光谱特征和形状特征，还增加了纹理特征，将非水体分为农田、大棚、建筑物和苗木等。分类后进行精度评价，最终总体分类精度为 0.846，Kappa 系数为 0.875，结果表明，利用高分辨率国产卫星影像能够快速准确提取永久基本农田中非粮化面积和分布，快速监测和评估永久基本农田非粮化程度。

随着耕地保护政策的发展，耕地的非粮化趋势对中国粮食安全的影响越发引起关注。Su 等[23]对 3 个时期(2000～2008 年，2008～2012 年和 2012～2015 年)桐乡非粮化区域面积增大的驱动力进行探讨，使用多时相高分辨率航拍影像绘制了四种非粮化区域分布图，然后使用多元逻辑回归模型在地块层面上确定了不同类型的非粮化区域增长的驱动力。航拍影像分辨率约 1m，覆盖多个时段(2000 年、2005 年、2008 年、2012 年和 2015 年)，考虑到代表性和可识别性，对 4 种非粮化区域进行解译，分别为池塘养鱼、苗圃种植、养鸭和温室大棚。首先对 2015 年的非粮化区域进行解译并作为基准，结合官方数据筛选出耕地内的非粮化区域。使用现场调查的 300 个样本点做解译的准确性评估，最终准确性达 99%，证明解译结果的可靠性。使用多项式逻辑回归发现多种因变量与自变量之间的经验关系，从而确定非粮化区域转化的驱动力。将可能影响非粮化区域土地利用类型转换的潜在因素分为四类：地理因素(土壤类型)、距离因素(距道路、河流、县中心和居民点的距离)、领域影响(土地利用类型的邻近效应)和政策因素。结果表明，桐乡的非粮化区域总面积由 2000 年的 31.16hm^2 增加到 2015 年的 2491.84hm^2，并且 2008～2012 年增长最快。耕种条件，如土壤类型、与河流的距离等的影响超过了居民区的贡献；池塘养鱼、苗圃和养鸭场表现出明显的邻里效应，表明转化后的非粮化区域会强烈地影响周边的农田，并且基本农田保护等政策并未能有效抑制非粮化区域的扩张。文章的研究为了解非粮化区域扩张的驱动力以及对当前政策的反应提供了参考。

22.1.5　远洋渔业管理

研究和开发利用大洋性生物资源是实现我国海洋渔业可持续发展的重大战略需求，

卫星遥感在海洋渔业资源评估中的应用可分为：对海洋渔业资源的调查，计算单位捕捞努力量渔获量即单位投入捕捞所做的功所对应的渔获量(catch per unit effort，CPUE)，预测海洋渔业资源量和补充量，估计海洋渔业资源潜在含量，研究气候变化对海洋渔业资源量影响，遥感数据和渔业资源评估模型耦合等。同时卫星遥感能提供多种海洋环境要素信息产品，最常使用的主要是海表水温、叶绿素浓度和海面高度数据[24]。

Lan 等[25]使用广义加性模型(generalized additive model，GAM)拟合 2 个时空渔业数据源，即 2006～2010 年 1°的空间格网和观察员记录的渔业数据，从而实现使用多光谱卫星影像调查黄鳍金枪鱼捕捞率与海洋状况的关系，并建立金枪鱼栖息地偏好模型。使用的 1°空间格网渔业数据包括每日捕鱼的位置(经纬度)、捕鱼量(钓数)、捕鱼的日期和渔获量(数量)。统计了捕获率数据，数据是由每 1000 钓捕获的鱼量，数据均汇总到 7 天和 15 天分辨率下。模型拟合输入的环境变量包括站点实测海面温度数据 SST 和 AVHRR、AMSR-E 卫星反演的海面温度数据 SST，海温数据的空间分辨率 0.25°，时间分辨率 1 天；海洋叶绿素 a 来自 MODIS 的 3 级标准产品每日数据，空间分辨率 4.6km；海面高度异常数据来自 TOPEX Poseidon，ERS 和 Jason-1 卫星产品，空间分辨率为 1/3°，海面高度异常是根据 1993 年 1 月～1999 年 12 月共 7 年平均值计算的。因为数据受云覆盖的影响存在空缺，使用 7 日和 15 日合成减少数据缺失情况。根据渔业数据的经纬度匹配环境数据(海面温度、叶绿素 a 和海面高度异常)并拟合 GAM。首先使用 GAM 拟合环境变量与金枪鱼捕获率的关系，使用的模型形式如式(22-19)所示：

$$\log(\text{catch rate}+c)=a_0+s(x_1)+s(x_2)+s(x_3)+\cdots+s(x_n) \tag{22-19}$$

式中：$s(x_i)\,(i=1,2,\cdots,n)$ 反映环境因素的变化。

基于 2006～2009 年的数据拟合 GAM，然后结合 2010 年环境数据和 GAM 预测 2010 年金枪鱼的捕获率，并与观测值进行对比检验。结果表明，GAM 模型模拟结果与 1°空间格网、观察者记录数据的累计偏差分别为 33.6%和 16.5%；GAM 模拟中环境因素的影响十分重要，尤其是海面温度是引起最高偏差的因素，海面温度越高，海面高度异常在–10～20cm 且叶绿素 a 的浓度约为 0.05～0.25mg/m^3 的区域，黄鳍金枪鱼的捕获率越高。这些结果表明，使用结合相关环境变量构建的 1°空间格网捕获率模型可用于推测金枪鱼迁徙的可能分布路径并检测目标渔场中的细微变化。

利用卫星来监测渔船时空分布动态是了解秋刀鱼渔业资源变动的重要数据源。田浩等[26]采用 NOAA 卫星数据提供的所有波段的辐射亮度信息，包括可见光近红外波段的反射率信息和长波红外、短波红外反演的亮温数据和海表温度数据，夜光数据以及青岛中泰远洋渔业有限公司提供秋刀鱼渔业信息的数据发现秋刀鱼分布变化。首先对夜间灯光数据进行预处理，利用峰值中值指数放大像元辐射值和背景像元值之间的差异，经阈值分割提取辐射值大于等于阈值的像元，认为属于夜间灯光中的渔船分布，并通过西北太平洋秋刀鱼资源调查的渔捞日志和北太平洋渔业委员会经过筛选的渔船列表数据对识别结果进行验证。结果显示，本研究所用的夜间灯光渔船识别方法可以精确识别西北太平洋密集作业及外围分散作业的秋刀鱼渔船。以此为基础可以有效地分析秋刀鱼渔场的时空变动。结合 NOAA 提供的海表温度数据绘制等温线，进一步分析作业渔场的时空变化，发现夜间灯光渔船作业的温度范围随着秋刀鱼洄游而变化。2016 年 7 月～9 月渔场的海面温度波动较大是因为这一时期秋刀鱼在黑潮-亲潮广泛的交汇区域洄游，分布更为广泛，9 月之后作业渔场海面温度变动趋于稳定。该研究结果将来会对远洋渔场环境实时变化鱼群分布预测、渔船动态及法律支撑等提供有效信息。

王梦茵等[27]根据 2007～2009 年 6 月～8 月 MODIS 海表温度、叶绿素 a 浓度、真光层深度 Zeu 数据集，QuikScat 海面风场数据，通过初级生产力垂向归纳模型（vertically generalized production model，VGPM）和营养动态模型对 2007～2009 年夏季南海北部初级生产力和渔业资源量进行研究。VGPM 模型是把浮游植物光合作用的生理学过程与经验关系相结合所建立的半定量模型，用于计算真光层的初级生产量，营养动态模型根据食物链能量流动理论估算南海北部陆架上升流区域单位面积渔业资源量。结果表明，2008 年夏季初级生产力及渔业资源量最高，分别为 440.817mg/(C·m^2·d)、412.634kg/(C·km^2)，2009 年渔业资源量次之，2007 年渔业资源量最低分别为 364.898kg/(C·km^2)、310.831kg/(C·km^2)。基于风速数据反演得到 2007～2009 年夏季南海北部风场，结果表明 2008 年夏季闽粤沿岸及台湾海峡西侧上升流强度最强、2009 年夏季次之、2007 夏季年最弱，这种变化和渔业资源量的变化趋势具有一致性。通过各季节环境因素的相关性分析发现渔业资源量与风速呈显著正相关关系，和温度呈显著负相关关系。

22.2　农作物长势监测和大面积估产

精确及时的农作物长势监测可以为生产形势预测提供科学依据，在农作物生长期内尽早掌握作物生长形势有时候比精确估计作物种植面积和总产量本身还重要，大尺度的农作物长势监测可以为农业政策的制定和粮食贸易提供决策依据，田块尺度的作物长势可以为提高农业生产管理水平，对实现我国数字化农业战略具有重大意义。遥感影像可实时记录作物不同阶段的生长状况，获得同一地点时间序列的图像以了解不同生育阶段的作物长势。遥感作物长势监测建立在绿色植物光谱理论基础上，同一种作物由于光温水土等条件的不同，其生长状况也不一样，卫星照片上表现为光谱数据的差异，根据绿色植物对光谱的反射特性，可以反映出作物生长信息，判断作物的生长状况，从而进行长势监测。及时发布苗情监测通报，可为指导农业生产，预测作物单产和总产提供重要的依据和参考。

22.2.1　作物面积遥感监测

及时获取作物种植面积是研究粮食区域平衡，预测农业综合生产力和人口承载力的基础。遥感技术已经成为提取作物种植面积的重要手段。农作物种植面积的遥感提取是在收集分析不同农作物光谱特征的基础上，通过遥感影像记录的地表信息，识别农作物的类，统计农作物的种植面积。农作物的识别主要是利用绿色植物独特的波谱反射特征，将植被（农作物）与其他地物区分开。而不同农作物类型的识别，主要依据两点：一是农作物在近红外波段的反射主要受叶子内部构造的控制，不同类型农作物的叶子内部构造有一定的差别；二是不同区域、不同类型作物间物候历的差异，可利用遥感影像信息的时相变化规律进行不同农作物类型的识别。因此遥感影像分析方法的发展推动农作物种植面积的遥感提取方法的研究。

Ashmitha 等[28]利用 SAR 数据估计印度泰米尔纳德邦的佩拉姆巴卢尔区域的棉花和玉米面积，使用的遥感影像为 2017 年 9 月 2 日～2018 年 1 月 24 日采集的多时相 Sentinel-1 SAR 数据的 VV 和 VH 极化通道图像，在发育、开花和收获阶段对棉花和玉米进行了地面真实数据的采集，并将 60%用于训练，其余 40%用于验证。论文首先对实验数据进行子集创建、轨道校正、边缘噪声消除、辐射校正和几何校正等预处理操作，然后将多时相数据分层堆叠，对 VV 和 VH 极化数据进行滤波操作，并将 SAR 图像的强度值转换为分贝(dB)。利用光谱角映射器(SAM)和决策树分类器(DT)方法进行棉花和玉米作物面积的分类。

在整个作物种植期间，棉花 VV 和 VH 极化方向的后向散射值系数范围分别为–11.729～–8.827dB 和–19.167～–14.186dB，玉米的 VV 和 VH 极化方向的后向散射系数范围分别为–11.248～8.878dB 和–19.043～–14.753dB。玉米和棉花作物的后向散射值在作物的 VV 和 VH 极化过程中均随作物的生长而增加，VV 极化的平均后向散射表明，玉米和棉花之间的 dB 差从 11 月开始增加到大于 1dB，从 12 月起，VH 极化的平均散射系数也出现相同的现象。同时 VV 极化显示出对这些变化更敏感。使用 SAM 和 DT 分类器进行分类，结果显示棉花和玉米的总面积分别为 61501hm^2 和 64530hm^2，SAM 的总体分类精度为 73.30%，Kappa 系数为 0.47；DT 分类器的总体分类精度为 76%，Kappa 系数为 0.50。实验结果表明，多时相 Sentinel-1 SAR 传感器可以很好地用于棉花和玉米作物的判别，因为它具有很高的时间分辨率，可以捕获整个作物期的全部物候信息，从而服务于作物面积的估计。

邓帆等[29]利用 2012 年 9 月 15 日～2013 年 6 月 13 日期间的 9 期 HJ-1A/1BCCD 影像的 2 级数据结合实测地面控制点数据与统计数据对江汉平原的油菜种植面积进行了提取与估算。先对影像进行辐射定标、大气校正、几何精校正、镶嵌裁剪等预处理，得到了研究区的光谱反射率数据，在此基础上计算每景影像的 NDVI 值，并将计算得到的 9 景 NDVI 影像按照时间顺序合成一幅多光谱影像。论文对研究区农作物的时间序列 NDVI 特征进行了分析，提出非植被区域的 NDVI 值均低于 0.3，在每年的 9 月～10 月中旬，小麦、油菜等越冬作物的 NDVI 值较低而林地草地的 NDVI 值较大，随着作物生长发育，油菜等作物的 NDVI 值出现先升高后下降的趋势，而林地草地的 NDVI 值变化较小，以此能够区分作物与林地草地。根据以上 NDVI 时序变化规律，利用决策树判别法提取研究区的夏收作物的种植面积与空间分布情况，分类结果显示 2013 年研究区的油菜种植面积为 39.4659 万 hm^2，该提取结果与实际统计数据相符。对油菜的分类结果进行精度验证，结果表明总体分类精度为 95.64%，Kappa 系数为 0.92878，说明此分类方法精度较高。

林芳芳等[30]以 GF-1 遥感影像作为数据源，结合福建闽侯县的行政区矢量数据对福建省闽侯县的作物种植面积进行了估算。先对遥感影像数据进行辐射校正、数据融合与几何校正等预处理，利用面向对象的分类方法充分利用高分数据丰富的光谱和纹理细节信息，采用多尺度分割、NDVI 值计算、结合光谱特征以及纹理信息的方法建立不同的隶属度函数达到提取农作物面积的目的，结合野外调查数据、目视解译及 Google Earth 卫星影像，通过与统计数据进行对比，计算得到分类精度为 91.28%，认为可以将此提取结果近似认为是地面值。在此基础上，论文对比了简单随机抽样、系统抽样、分层抽样、空间随机抽样、空间系统抽样及空间分层抽样等抽样方法进行研究区农作物种植面积样本抽选的总体推算及误差估计，从中筛选了最佳抽样方法。结果表明空间分层抽样方法的农作物种植面积空间调查效率最高，选取 37 个分布于全县的随机样本点进行抽样调查，计算得到其相对误差为 3.86%，变异系数为 6.03%，抽样成本为 6.03，说明在空间自相关的情况下，采用空间分层抽样的方法可以降低调查成本且估算精度较高。

22.2.2　作物长势动态监测

作物长势信息反映作物生长的状况和趋势，是农情信息的重要组成部分，受到光、温、土壤、水、气(CO_2)、肥、病虫害、灾害性天气、管理措施等诸多因素的影响，是多因素综合作用的结果。在作物生长早期，主要反映作物的苗情好坏；在作物生长发育中后期，则主要反映作物植株发育形势及其在产量丰欠方面的指定性特征。尽管作物的生长状况受多种因素的影响，其生长过程又是一个极其复杂的生理生态过程，但其生长状况可以用一些能够反映其生长特征并且与该生长特征密切相关的因子进行表征。遥感作物长势监测是利用遥感数据对作物的实时苗情、环境动态和分布状况进行宏观的估测，及时了解作物的分布概况、生长状况、肥水行情以及病虫草害动态，便于采取各种管理措施，为作物生产管理者或管理决策者提供及时准确的数据信息平台。对作物遥感监测的原理是建立在作物光谱特征基础之上的，即作物在可见光部分(被叶绿素吸收)有较强的吸收峰，近红外波段(受叶片内部构造影响)有强烈的反射率，形成突峰，这些敏感波段及其组合形成植被指数，可以反射作物生长的空间信息。长势遥感监测的基础是必须有可用遥感监测的生物学长势因子，以植被指数、叶面积指数等为代表的植被遥感参数是公认的能够反映作物长势的遥感监测指标。

随着复杂光谱成像技术的出现，近端遥感和遥感高通量表型分析平台逐渐出现，Potgieter 等[31]开发了一种具有低成本高效益的高通量表型分析流程，可利用近端遥感器从植物中收集遥感信息，论文比较了搭载于近端传感平台(GECKO)和小型无人机(UAV)上的传感器来分析作物生长状态的能力，讨论了从两个测量平台获取的时间序列红边数据的高分辨率表征，以得到高粱育种实验中动态生长参数的估计值。为了在各种高粱作物性状与近端传感平台(GECKO)以及无人机(UAV)上的多光谱数据之间建立算法，作者在 2016 年和 2017 年夏季，对澳大利亚东北部高粱种植区的 980 块土地进行了大规模的田间试验，总共种植了 700 种来自“高粱转化计划”的高度多样化基因型的高粱，对无人机遥感影像进行了掩膜、几何校正等处理。

为了研究高粱的基因型之间的绿化率和衰老率的差异，论文计算了归一化差异红边指数(normalized difference red edge index，NDRE)，NDRE 指数与绿色冠层中的叶绿素含量高度相关，因此是光合作用能力的良好表现特征。使用作物出苗时的 NDRE、最大树冠覆盖时的 NDRE 与成熟后的 NDRE 之间的差异分别用作树冠的绿化率(GU_NDRE)和衰老率的简单度量(RS_NDRE)。结果表明，在地块水平上，无人机和 GECKO 平台之获得的 NDRE 峰值之间存在强的相关性(R^2=0.71)，平均时间剖面的聚集 NDRE 有强的正相关关系(R^2=0.89)。尽管存在轻微的偏差，但在遥感平台之间的时空尺度上使用遥感影像的红边波段捕获农作物生长动态时，二者之间存在中等至强相关性。基于无人机的高通量表型分析平台的应用允许在数据采集中使用更高的时间频率，这对于获得作物长势动态至关重要，可以产生完整的作物生长曲线，这是从无人机平台推导出冠层规模的绿化或衰老速率所必需的。但是，像 GECKO 这样的近端传感平台具有更高的光谱和空间分辨率，因此能够在器官/植物水平上进行可靠的光谱分析，并开发出描述形态或生理特征和过程的新型指标。除了能够从几千个育种地块扩大表型的能力之外，此方法还将促进从植物到地块到田间规模的表型的横向扩展。

聂建博等[32]利用 MODIS 影像结合地面实地调查数据提出了一种可以实现大范围农作物长势监测的遥感方法，文章以冬小麦为例，讨论了其长势的特征参数值，主要包括作物的生长株高、叶子数量等作物特征值，常用参数主要有种群密度和叶面积指数。文章利用傅里叶组分量相似性指数(FCSM)对农作物进行监督分类，使用时间序列的 MODIS 作物指数结合物候信息来确定遥感监测指数的阈值，进而确定农作物监测指数的分布情况，根据农作物监督分类结果，提取了农作物长势监测指数(5 种植被状态指数)，根据作物状态指数评价作物生长情况，再计算得到目前监测的作物生长指数，在作物长势指数的基础上构建逐年比较模型和等级模型等监测评估模型，计算获得相应的农作物长势数值，达到监测目的。论文进行了仿真实验以验证该监测方法的可行性与适用性情况，将监测速度和监测精度作为指标，结果表明利用 FCSM 指数模型可以实现对监测精度的控制，计算得到的监测精度最高值为 90%，且监测用时均低于 2s，监测效率较高。

苏伟等[33]利用多源遥感影像(Landsat ETM、Landsat OLI、GF-1、HJ-1 A/B)结合实测地面光谱数据，对黑龙江省农垦总局红兴隆分局八五二农场种植的玉米进行了长势监测，论文将 GF-1 影像与 Landsat 影像穿插结合以解决 Landsat 系列影像时间分辨率较长的问题。以 Landsat OLI 影像为基准，对 GF-1 影像进行了辐射校正，并利用光谱响应函数做了归一化处理，将处理后的影像用于 2015 年玉米生长过程监测，而将 HJ-1 A/B 影像结合 MODIS LAI 产品用于 2011～2014 年的玉米长势实时监测(以玉米吐丝期作为实时监测时间点)。其中 2015 年的玉米生长过程监测是通过 PROSAIL 模型定量反演时序 LAI 实现的，而实时监测是通过构建叶面积指数与上年比率(LAI ratio to previous year，RP-LAI)、基于叶面积指数的植物状态指数(vegetation condition index based on LAI，LVCI)、基于叶面积指数的平均植被状态指数(mean vegetation condition index based on LAI，MLVCI)监测指标来实现的，并使用 MODIS LAI 数据来修正不同年份影像的时相差异。结果表明，在 Landsat 影像与 GF-1 影像结合时，两种影像在绿、红、近红外波段具有较强的相关性，其决定系数分别为 0.7339、0.7153 和 0.9320，因此在进行 LAI 反演时主要使用时序影像的绿、红、近红外波段。利用实测数据进行精度验证计算得到的决定系数达 0.8030，均方根误差值为 0.7675，说明利用 PROSAIL 模型进行玉米 LAI 的反演可以获得较高的精度，玉米在播种后，LAI 值呈现先增加后稳定再减小的趋势。由 RPLAI、LVCI、MLVCI 三个指标计算的实时监测结果表明，相较于 2011～2014 年的玉米平均长势情况，2015 年玉米长势一般，仅在农场北部区域的长势比往年好一些，且三种指标得到的实时监测结果的空间分布较为一致。

22.2.3　作物遥感估产

农作物遥感估产是指根据生物学原理，在收集分析各种农作物不同生育期不同光谱特征的基础上，通过平台上的传感器记录的地表信息，辨别作物类型，监测作物长势，并在作物收获前，预测作物的产量的一系列方法。农业监测，特别是在发展中国家，可以帮助预防饥荒，其中一个主要的挑战是产量估算，即在收获前预测作物的产量。卫星遥感技术通过对不同光谱波段的组合来反演或提取作物生长过程的特征因子，可以综合反映作物长势及其变化动态，从而对农作物产量进行精确预估，可以简化估算过程，对国家粮食安全和种植业结构调整等方面提供技术支撑[34,35]。

刘珊珊等[36]以云南省寻甸回族彝族自治县水稻为研究对象，提出一种基于时间序列归一化植被指数(NDVI)的水稻估产模型，使用了 2000～2013 年各月 NDVI 影像数据对寻甸回族彝族自治县水田分布区域进行研究。论文分析了研究区 NDVI 年月变化特征，对比了不同月份 NDVI 组合均值与水稻平均产量的皮尔逊相关系数显著性，发现在昆明市范围内，6 月、7 月、8 月分别对应水稻的抽穗期、扬花期、灌浆成熟期，这 3 个生育期是与水稻高产最为密切的关键时期。通过皮尔逊相关系数对比发现，6 月、7 月、8 月这 3 个月 NDVI 均值与水稻年平均产量相关性的显著性最高，从而确定进行估产所使用的 NDVI 影像数据时间。根据水稻年平均产量与 NDVI 均值建立不同估产模型，包括线性函数，指数函数，对数函数，多项式函数和幂函数，通过对比决定系数、绝对及相对误差、平均偏差、均方根误差、纳什效率系数和符合指数，分析各模型估产精度，最终确定最佳估产模型。结果表明，研究区水田 NDVI 在 6～8 月处于增长阶段，之后到次年 5 月处于下降阶段。对不同估产模型进行精度分析，结果表明多项式函数整体预测精度最高，模型的绝对误差、相对误差平均仅为 210.431kg/hm^2、3.602%平均偏差、均方根误差计算结果中，多项式的值最小；纳什效率系数、符合指数最接近 1 的模型为多项式函数模型，其符合指数高达 0.921，预测结果较准确，文章认为基于时间序列 NDVI 的多项式估产模型预测产量精度最高，能够实现对水稻产量的遥感估测。

田块尺度作物快捷精准估产对规模化农业经营管理具有重要意义。朱婉雪等[37]以山东省滨州市典型规模化农田为研究对象，利用固定翼无人机遥感平台对冬小麦进行多期遥感观测与估产，选取最优植被指数和最佳无人机遥感作业时期，建立冬小麦无人机遥感估产模型，获取及时、快速、低成本的无人机遥感估产方法。论文共进行了三次无人机飞行实验采集数据，作业时间为 2016 年 3 月 24 日、5 月 16 日和 6 月 16 日，分别对应冬小麦返青拔节期、抽穗灌浆期和成熟期。对采样数据进行辐射校正、图像拼接与正射校正、裁剪等数据预处理，并计算了 9 种植被指数。采用最小二乘法，构建了基于不同植被指数与冬小麦实测产量的 9 种线性模型，并结合作物实测产量进行模型评价。

多时相多种类植被指数的优选分析结果显示，抽穗灌浆期估产模型 R^2 最高，RMSE 最低(n =34)。其中，模型 R^2 达到 0.70 的植被指数共 6 个，从高到低依次为 EVI2、MSAVI2、SAVI、多时相植被指数(multi temporal vegetation index，MTVI1)、MSR 和优化土壤调节植被指数(optimized soil adjusted vegetation index，OSAVI)；RMSE 由低到高依次为 EVI2、

MSAVI2、SAVI、MTVI1、MSR 和 OSAVI。该文进一步评价了农田土壤像元对无人机遥感估产的影响，经过阈值滤波法处理，消除土壤像元影响后，返青拔节期估产模型的 R^2 (n =34) 从约 0.20 提升至 0.30 以上，RMSE 和 MRE 下降；抽穗灌浆期模型的 RMSE 降低，R^2 (n =34) 有所提升但不显著。实验结果得出结论，最佳无人机飞行作业时期为冬小麦抽穗灌浆期，最优植被指数为 EVI2，土壤像元的滤除对抽穗灌浆期无人机遥感估产模型的影响不显著。优化后的基于植被指数的无人机遥感估产模型，可以快速有效诊断和评估作物长势和产量，为规模化农业种植经营提供一种快捷高效的低空管理工具。

周亮等[38]对 2006～2016 年间中国北方冬小麦核心区的 5 省 60 个地级市进行了产量估算，论文使用多时相 MODIS 影像及其数据产品，结合统计年鉴数据、研究区高程和水系数据以及地级市的矢量边界数据，通过影像重采样、时序融合、投影变化、拼接裁剪等预处理，得到了 21600 张影像，共包含 12 个波段，根据每个波段影像在时序上的变化对遥感影像进行了直方图降维与归一化处理，并进行直方图提取与时间序列融合，利用融合得到的影像数据生成的矩阵作为输入，以冬小麦产量作为输出建立卷积神经网络模型，通过小卷积核的多层叠加对神经网络结构进行改进，以使模型能够拟合作物复杂的生长过程。文章利用决定系数 R^2、皮尔逊积矩相关系数 r、均方根误差 RMSE 和平均相对误差 MRE 对模型的估产精度进行评价，计算得到训练集和验证集的 RMSE 分别是 183.82kg/hm^2、689.72kg/hm^2，MRE 分别是 2.95%、10.53%，r 分别是 0.98、0.71，说明利用此模型对农作物的单产进行估算可以取得较为准确的结果，误差在合理范围内。论文利用 2006～2016 年的冬小麦估产样本对其余年份进行预测以此来验证模型的鲁棒性，结果表明利用 2006～2016 年数据建立的 11 个训练模型，其 RMSE 的平均值是 772.03kg/hm^2，MRE 在 10%左右，r 基本大于 0.8，R^2 在 0.58～0.77，说明该冬小麦估产模型具有较好的鲁棒性。论文对 2007 年、2012 年以及 2016 年各个地级市的单产精度进行了分析，发现对于不同的模型其误差有着相同的空间分布规律，均具有明显的省域特征。

22.2.4 作物品质监测

作物品质是指人类所需要的农作物目标产品的质量优劣，如小麦的蛋白质含量、硬度，谷物籽粒中的蛋白质及必需氨基酸含量，蔬菜、果品的糖分及维生素含量等。随着人民生活水平的提高，对作物的品质也有了越来越高的要求，除了利用生物技术手段提高作物品质之外，还需要对作物的生长过程及品质进行监测，以便及时进行调优栽培，其中氮素调控、水分管理、温度影响等是影响作物品质的几个重要因素。利用光谱遥感监测技术可以实现由“点状信息”向“面状信息”的转换，随着光谱分辨率和空间解析能力的迅速提高，作物体内的叶绿素含量、碳氮含量、水分等的光谱特征日益明晰，使得利用遥感技术反演作物生化组分含量、监测作物品质成为了可能，如利用氮素敏感波段及其反射率差异通过统计学方法进行作物氮含量的提取，根据氮含量与光谱反射率的统计关系建立估算模型[39-41]等。

氮素是作物生长必需的营养元素，是冬油菜高产优质的重要决定性因素之一，不同施氮水平对冬油菜品质和产量均有很大影响。李露[42]研究建立了基于高光谱遥感数据的冬油菜氮素盈亏诊断模型。氮营养指数(nitrogen nutrient index，NNI)可以直接判断冬油菜植株氮素含量是否满足当前生长所需，通过建立冬油菜冠层光谱反射率与NNI的模型，即可实现利用遥感手段对冬油菜作物氮素营养状况的估测。论文分别于冬油菜苗期(六叶期、八叶期、十叶期、十二叶期、蕾薹期)利用ASD手持光谱辐射仪采集了油菜冠层光谱反射率。文章通过经验模型和机理模型两种方式反演NNI。对于经验模型反演NNI对比分析了高光谱植被指数直接反演NNI和利用偏最小二乘回归法建立处理后的冬油菜冠层光谱反射率对NNI的预测模型；而机理模型反演NNI则是通过分析不同施氮水平下冬油菜生理生化参数在苗期的变化规律，找到对植株氮浓度(plant nitrogen concentration，PNC)、LAI和干物质(dry matter，DM)敏感的生理生化参数，利用高光谱植被指数从机理层面分别反演实际PNC和临界氮浓度(Nc)，再计算得到NNI。分析发现有效估测PNC的植被指数应对叶绿素含量(Chl)和类胡萝卜素含量(Car)敏感，尤其对Chl敏感并对LAI和DM变化不敏感。进一步分析与敏感生理生化参数相关的植被指数和PNC的关系，发现花青素植被指数1(anthocyanin reflectance index-1，ARI-1)估测PNC效果最好。对于DM的反演则是利用了LAI与DM的关系，利用对LAI最为敏感的植被指数绿度指数1间接反演DM，然后将反演得到的DM带入模型结合估测的PNC最终得到机理模型NNI。

论文对比分析了两种反演模型，从反演精度来看，两种模型拟合精度都很高，经验模型拟合精度略高于机理模型。从反演过程来看，经验模型反演过程简单直接；机理模型涉及参数多，且需要经过多次反演才能得到最后结果，过程较为复杂，但其涵盖了更多的生理信息，模型解释能力更强。论文研究结果为利用高光谱遥感数据估测NNI，并将其模型用于诊断作物生长状况，促进氮肥管理提供了有力的证据。

张红涛等[43]采集了不同硬度品种小麦(硬度指数分别为71、56、45的硬麦、混合麦和软麦)的近红外高光谱图像，对采集到的高光谱图像进行自动滤波处理，并求得每个麦粒的平均光谱曲线，在此基础上对其进行一阶求导和二阶求导处理并去除受噪声影响波动较大的波段(小于950nm和大于1645nm)，此后对第20～224个波段下的光谱数据进行多元散射校正(multiplicative scatter correction，MSC)处理。对MSC处理后的麦粒数据划分数据集进行偏最小二乘判别分析(partial least squares discriminant analysis，PLSDA)建模，模型的输入变量为训练集样本在950～1645nm的平均光谱，输出变量中，硬麦、混合麦、软麦分别为(100)、(010)、(001)，在模型训练过程中通过交互验证预测误差平方和(predicted error sum of squares，PRESS)来确定最佳主成分数，最终提取的主成分为8个，此时的PRESS值为0.0452。利用PLS-DA建立的模型对于硬麦、混合麦、软麦的预测正确率为100%、98.89%、100%，总体预测正确率为99.63%，效果较好。

李振海等[44]提出，在国家标准中，(粗)蛋白质含量是谷物籽粒品质评价的一项关键指标，相比于国外谷物，中国的谷物粒蛋白质含量还不够稳定。遥感技术作为目前唯一能够在大范围内实现快速实时获取空间连续地表信息的手段，对于发展高产高效和环境友好型现代农业的重要性已被普遍认可。国内外基于氮素运转规律对小麦籽粒蛋白质形成过程实时监测预报进行了探索性研究和初步应用。籽粒蛋白质形成与植物碳氮代谢的合成与转运密切相关，通过运用遥感技术监测作物长势及营养状况，从而实现作物蛋白质含量预测具有可行性。针对作物籽粒蛋白质含量遥感预测已经开展了一些研究工作，并构建了一系列的模型与方法，依据模型特点主要概括为以下 4 类：基于“遥感信息—籽粒蛋白质含量”模式的经验模型，基于“遥感信息—农学参数—籽粒蛋白质含量”模式的定量模型，基于遥感数据和生态因子的籽粒蛋白质含量半机理模型，基于遥感信息和作物生长模型结合的机理解释模型。

22.2.5 作物分类及识别

农作物品种的识别与分类对于精准农业的发展和农作物估产具有重要的意义，在提取种植作物分类信息时，综合利用多时相和多光谱的特征可以取得不错的效果。随着遥感技术的发展，利用遥感手段进行农作物分类识别已经成为作物分类的重要手段之一，利用遥感技术可以对作物的类型分布进行实时监测，提供不同作物的空间分布信息，如利用遥感影像结合深度学习方法，利用 1D-CNN 提取影像的高光谱特征或时序特征，利用 2D-CNN 提取作物空间特征，利用 3D-CNN 提取跨时间空间纬度的特征，从而实现不同作物的分类与识别[45-47]。

Kussul 等[48]提出将多层深度学习体系结构用于多时相多源卫星图像的土地覆盖和作物类型分类。论文使用自 2014 年 10 月至 2015 年 9 月的 4 张 Landsat-8 和 15 张 Sentinel-1A 多时相影像，对乌克兰 Kyiv 地区的作物进行了评估，并联合监测测试站点实地调查数据进行了实验，以对异类环境中的作物进行分类。在使用光学影像时利用自组织映射神经网络(self-organizing feature map，SOM)进行图像分割和丢失数据的恢复。文章将研究区域的土地类型主要分为 11 种：水、森林、草原、光秃的土地、冬小麦、冬季油菜籽、春季谷物、大豆、玉米、向日葵和甜菜，总面积达 28000km^2。深度学习网络输入为 15 景 Sentinel-1A 的两个波段和 4 景 Landsat-8 的六个波段，共 54 个(15×2+4×6))波段，并对比了光谱域的 1-D CNN 网络和空间域的 2-D CNN 网络两种网络结构。为了提高分类结果图的质量，基于输入数据质量和字段边界(例如宗地)的可用信息，研究了几种过滤算法，实现与多源异构信息(特别是统计数据，矢量地理空间数据，社会经济信息等)的数据融合。文章将使用误差编码网络和随机森林与该文提出的 1-D CNN 和 2-D CNN 网络进行了比较，整体分类精度分别为 88.7%、92.7%、93.5%和 94.6%，2-D CNN 分类效果优于 1-D CNN，但在 2-D CNN 提供的最终分类图中，出现了一些小对象被平滑和错误分类的情况。文章提出的模型能够更好地区分某些夏季作物类型，尤其是玉米和大豆，且所有主要作物(小麦、玉米、向日葵、大豆和甜菜)的分类准确率都超过 85%。

邱鹏勋等[49]以新疆焉耆盆地为研究区域，该地区是重要的特色农产品生产基地，种有大面积的番茄、辣椒，此外还有小麦、甜菜等农作物，有着复杂的种植结构。作者利用 10 个时相的 GF-1/WFV 影像结合实地调查数据，构建了 NDVI 时序曲线，采用基于时间加权的动态时间弯曲(time weighted dynamic time warping，TWDTW)方法对农作物进行分类，并利用决策树分类规则对其适用性进行分析，结果表明两类方法对农作物的分类结果较为相似，从 TWDTW 分类结果可以看出，研究区的辣椒种植面积最大，占 69.6%，番茄、小麦和甜菜的占比分别为 14.1%、9.9%和 6.1%。对两种分类方法进行精度验证，结果表明决策树分类方法的总体精度为 89.58%，Kappa 系数为 0.804；TWDTW 方法的分类结果总体精度为 90.97%，Kappa 系数为 0.830。论文讨论了 TWDTW 算法和 GF-1/WFV 影像在农作物分类方面的应用潜力，提出 TWDTW 算法具有较高的自动性，可以解决由种植时间差异和作物生长快慢引起的曲线偏移现象，并能够较好地区分作物间差异，与决策树算法相比农作分类精度较高，不受时间和地域因素影响限制，具有较强的适用性，在作物分类中具有较大的应用潜力；GF-1/WFV 数据具有较高的空间分辨率，作物分类提取精度较高，应用潜力较大。

赵红伟等[50]提出了一种 1D CNN 的增量训练方法对广东省南部的雷州半岛的水稻、甘蔗、香蕉、菠萝和桉树 5 种作物进行了早期的识别与分类，论文利用 2017 年主要作物生长季内的 60 幅 SAR 双极化(VH、VV)影像结合地面调查数据进行了研究，对 SAR 影像数据进行了辐射校正、正射校正、重投影、斑点过滤、转换为后向散射系数标度以及归一化等预处理操作，在此基础上使用全时间序列数据训练 1D CNN 和随机森林(random forest，RF)以获得最优参数，并进行增量训练，计算得到两种分类器的 Kappa 系数曲线，结果表明不同极化方式的 SAR 数据在这两类模型下具有相似的特征：VV 极化数据分类精度最低；VH+VV 极化数据分类精度最高；VH 极化数据分类精度接近于 VH+VV，且在每个时间点的精度都高于 VV，因此 VH+VV 的极化方式散射数据更适用于早期作物识别；对于不同时间序列下作物的分类精度：在作物未进入快速成熟期时，Kappa 系数处于低水平波动状态，此后 Kappa 系数快速上升，在此期间构建的时间序列可以提高作物识别精度，在作物成熟后 Kappa 系数趋于稳定，存在小幅波动。文章利用 F 值来表征 1D CNN 和 RF 两种算法对于作物早期识别分类的准确性，结果表明对于两种模型，VH+VV、VH 和 VV 时间序列数据的分类精度均呈现依次降低的趋势；1D CNN 和 RF 的 Kappa 系数曲线非常接近，说明文章提出的利用全时间序列数据来训练 1D CNN 的超参，再利用不同的网络对不同时间点的作物进行分类这种方法对于早期作物特征的精确提取是非常有效的。

22.3　农业灾害监测

我国是传统的农业大国，也是世界上农业灾害最严重的国家之一。农业灾害主要有病虫、洪涝、干旱、风雹、冷冻等灾害，严重的农业灾害不但会造成农作物大幅减产，致使农业经济运行混乱，还有可能会威胁到人民的生产、生活质量和生命财产的安全。根据国家统计局公布的数据，2019 年国内农作物受灾面积 1925.69 万 hm^2，其中绝收 280.2 万 hm^2。及时、客观地了解农业灾害发展情况并采取农业防灾、减灾措施，对于农业的可持续发展非常重要。

农业灾害遥感监测的物理基础是植被光谱反射曲线，当农作物遭受灾害时，其叶片的结构、叶绿素含量以及冠层结构等生物物理参数会发生变化，导致植被光谱反射曲线发生相应变化。植被光谱特征的变化，某种程度上反映了植被受灾的程度。利用遥感技术进行农业灾害监测，可以基于灾害发生前后作物光谱反射率的差异进行灾害解译和评估。

22.3.1 旱涝灾害及其影响

旱涝灾害是气象灾害中最为常见和最具威胁性的气象灾害。近年来，遥感技术已成为目前灾害监测和评估的重要方法，能够提供空间化、精细化的灾情监测结果。遥感监测干旱的主要方法有：热惯量法、植被供水指数法、植被指数法、温度法、微波遥感法等。

马艳敏等[51]基于多源遥感数据，利用植被供水指数、水体指数方法对吉林省 2015 年伏旱、2017 年 7 月暴雨洪涝灾害进行遥感监测和精细化定量评估分析。所用的遥感数据为 NOAA19 卫星数据、EOS/MODIS 数据和环境减灾卫星 HJ-1A 的 CCD 数据。主要选取 2015 年 7 月 10 日、18 日、29 日及 8 月 1 日、4 日 MODIS 数据，8 月 5 日 NOAA19 数据进行干旱监测；选取 2017 年 7 月 4 日和 21 日 HJ-1A 的 CCD 数据作为暴雨前基础数据和暴雨影响后数据进行洪涝监测。

对于干旱监测使用植被供水指数方法。

$$\mathrm{VSWI} = \mathrm{NDVI} / \mathrm{LST} \tag{22-20}$$

式中：VSWI 为植被供水指数（vegetation supply water index，VSWI），VSWI 越小，表示供水压力越大，干旱越严重；NDVI 为归一化植被指数；LST 为植被冠层温度（无云情况下）。

该研究选取 2005～2012 年夏秋季（6 月～9 月）的 MODIS 卫星遥感数据和相应时段吉林省土壤湿度观测资料，对 NDVI 和 RVI($\rho_{\mathrm{NIR}} / \rho_{\mathrm{RED}}$) 比值植被指数进行干旱监测的敏感度进行对比。6 月植被覆盖度不大，基于 RVI 的植被供水指数（RVI/LST）对植被监测不敏感，利用 NDVI 计算的植被供水指数与土壤湿度的相关性更高；7 月～9 月，NDVI 逐渐进入饱和阶段，对植被监测的敏感度逐渐降低，而基于 RVI 的植被供水指数对植被监测的敏感度较高，与 10cm 和 20cm 土壤湿度的相关系数更高，实现对于植被供水指数方法的改进。

对于洪涝监测关键在于对水体信息的精确识别和提取，该研究使用 NDWI、NDWI-B 和混合水体指数（combined index of NDVI and NIR for water body identification，CIWI）。

$$\mathrm{NDWI} = \left(\rho_{\mathrm{GREEN}} - \rho_{\mathrm{NIR}}\right) / \left(\rho_{\mathrm{GREEN}} + \rho_{\mathrm{NIR}}\right) \tag{22-21}$$

$$\mathrm{NDWI\text{-}B} = \left(\rho_{\mathrm{BLUE}} - \rho_{\mathrm{NIR}}\right) / \left(\rho_{\mathrm{BLUE}} + \rho_{\mathrm{NIR}}\right) \tag{22-22}$$

$$\mathrm{CIWI} = \left[\left(\rho_{\mathrm{NIR}} - \rho_{\mathrm{RED}}\right) / \left(\rho_{\mathrm{NIR}} + \rho_{\mathrm{RED}}\right)\right] C + \frac{\rho_{\mathrm{NIR}}}{\bar{\rho}_{\mathrm{NIR}}} C + C \tag{22-23}$$

式中：$\bar{\rho}_{\mathrm{NIR}}$ 为近红外反射率均值；C 为常数。

常用的 NDWI，其优点在于很好地区分水体与植被，但在区分水体与城镇方面效果不明显。CIWI 利用近红外通道的反射率与其均值构建无量纲量，再与 NDWI 求和，使水体处于低值区，城镇处于高值区，植被介于中间，增强了水体、植被与城镇三者之间的差异。由于城镇所在地发生内涝，因此水体指数选取能很好区分水体和城镇的混合水体指数。

实验结果表明，2015 年 7 月吉林省中西部旱情逐步发展，8 月初，各县(市)旱田均有不同程度的干旱发生，重度干旱面积小，轻度干旱面积大，中度干旱次之，利用实地调查点观测数据进行检验得出干旱监测的准确率达 79%。旱涝遥感监测可为相关部门提供客观准确的数据和图像产品，为抗旱抗洪救灾科学决策提供了有力保障，为粮食产量预报提供依据。

焦伟等[52]基于 2000-2014 年的 MODIS NDVI 数据，结合西北干旱区的自然环境特点，利用改进的 CASA 模型(carnegie-ames-stanford approach，CASA)，进一步估算西北干旱区的植被 NPP。

CASA 模型由植被吸收光合有效辐射(absorbed photosynthetic active radiation，APAR)和光能利用率 ε 来确定：

$$\mathrm{NPP}(x,t)=\mathrm{APAR}(x,t)\times\varepsilon(x,t) \tag{22-24}$$

$$\mathrm{APAR}(x,t)=\mathrm{SOL}(x,t)\times\mathrm{FPAR}(x,t)\times 0.5 \tag{22-25}$$

$$\varepsilon(x,t)=T_{\varepsilon 1}(x,t)\times T_{\varepsilon 2}(x,t)\times W_{\varepsilon}(x,t)\times\varepsilon_{\max} \tag{22-26}$$

式中：t 表示时间；x 表示空间位置；$\mathrm{SOL}(x,t)$ 表示 t 月像元 x 处的太阳总辐射量；$\mathrm{FPAR}(x,t)$ 表示光合有效辐射的吸收比例；常数 0.5 表示植被所能利用的太阳有效辐射占的比例；$T_{\varepsilon 1}(x,t)$ 表示低温和高温时对光能利用率的限制作用，当月平均温度小于或者等于-10℃时，$T_{\varepsilon 1}(x,t)$=0；$T_{\varepsilon 2}(x,t)$ 表示环境温度从最适宜植被生长的温度，向高温或低温变化时对 NPP 的积累会产生一定的胁迫作用，当月平均温度与最适温度的差值大于 10℃或者小于–13℃时，$T_{\varepsilon 2}(x,t)$=0.4956；$W_{\varepsilon}(x,t)$ 为水分胁迫系数；$\varepsilon_{\max}$ 为理想条件下的最大光能利用率。

该研究结合西北干旱区的自然环境特点，分别改进太阳辐射，光合有效辐射，水分胁迫系数，最大光能利用率。实验结果表明：经验证改进的 CASA 模型对于干旱半干旱区植被 NPP 的模拟效果较好，可以反映研究区的植被生长及分布状况，研究区植被 NPP 与降水的相关性高于气温，且不同植被类型与气候因子的相关性具有差异性。

Singha 等[53]利用 Sentinel-1 SAR 图像和 GEE 平台，研究 2014～2018 年间孟加拉国洪水的时空模式，并整合洪涝区和水稻种植区，确定受洪涝影响的水稻田。利用 GEE 对 SAR 数据进行预处理，结合变化检测与阈值法(change detection and thresholding，CDAT)和 NDFI 对洪涝区进行识别；水稻种植区域利用 Sentinel-1 SAR 数据集使用随机森林分类方法和 GEE 平台获取的 10m 分辨率数据产品，将水稻种植区叠加在洪涝区图像上，确定 2014～2018 年受洪水影响的水稻种植区。实验研究得出，由于绝大多数稻田都位于孟加拉国的低河流三角洲地带，所以每年的洪水通常会威胁到水稻种植区，水稻受洪水影响的面积占总水稻面积的 1.61%～18.17%，靠近河流或小溪的水稻区被发现更容易受到洪水的袭击，洪水对水稻的影响取决于洪水的严重程度和寿命以及水稻的生长阶段。洪水通常在水稻处于花期和成熟期时危害更大，洪水对水稻农业造成的破坏对 GDP 产生巨大的负面影响，了解受洪水影响的水稻种植区域的空间分布对于有效地进行作物管理以避免可能的水稻减产是非常重要。

22.3.2 冷冻灾害

低温灾害是指农作物在生长发育过程中，当温度下降到适宜温度的下限时，作物延迟或停止生长造成减产的灾害。低温灾害分为零上低温冷害和零下低温冻害。冷害是指在作物生长期间出现一个或多个 0℃以上的低温天气，影响作物生长发育和产量，导致不同程度减产或品质下降；冻害是指越冬作物在越冬期间或冻融交替的早春或深秋，遭遇 0℃以下甚至–20℃的低温或者长期处于 0℃以下，作物因体内水分结冰或者丧失生理活力，从而造成植株死亡或部分死亡。

传统的作物冷冻受灾状况是通过当地定点观测的地面最低温度，结合作物的发育期，推算当地冻害的程度，再通过大田随机调查估计冻害面积。使用遥感手段能实现冷冻灾害的大面积精确监测及准确统计，且不受人为主观因素影响。作物冷冻害遥感监测方法主要包括地面温度监测，植被指数差异分析，生理生态指标差异分析(如含水量、叶绿素含量等农学参数)等。

刘丹[54]利用遥感数据划分东北地区水稻各发育普遍期植被指数判识指标的参考范围，构建基于地理信息的水稻发育期模型，进行水稻延迟型冷害动态监测。该研究使用的数据为植被指数集数据(MOD13A2)、Terra\MODIS 1B 和 Landsat 数据。日平均气温数据来自于东北三省 196 个地面气象台站，水稻发育期数据来自于东北三省 36 个水稻发育期观测站，另外还收集了各地的灾情数据，主要包括受灾种类、地理位置、受灾程度、受灾面积等内容。研究选取 2000 年、2001 年、2004 年、2005 年、2006 年和 2007 年的未发生低温冷害和灾情报表中未发生其他灾害的观测点，提取观测点所在像元的 NDVI 值和 EVI 值，作为水稻各发育期植被指数参考值范围研究的基础数据。在此基础上制作水稻静态发育期空间分布图，并以 2009 年 5 月 24 日和 8 月 7 日为例开展东北地区水稻延迟型冷害动态监测的应用研究。实验结果表明：东北三省发生较大范围水稻延迟型冷害的年份有 2002 年、2003 年、2008 年和 2009 年，其中黑龙江省是水稻延迟型冷害的重灾区；EVI 在水稻发育期判识中较 NDVI 更具优势；利用经度、纬度和海拔高度与日序的相关关系构建水稻发育期模型，推算无观测地区的发育期具有一定的可行性。

赵哲文[55]以玉米作为研究对象，利用历年气象观测资料和星地多源时空遥感数据，采用综合赋权法、时序分析、决策树模型、被动微波温度反演、尺度变换、气温估算、作物模型模拟等方法，对陕甘宁三省(区)玉米低温冷害进行风险评估、遥感监测与损失评估指导。首先利用陕甘宁三省(区)MODIS 分类产品，得到研究区潜在耕地作为掩膜图层，根据研究区站点观测的发育期数据推算潜在耕地范围内的玉米主要发育期天数。在 NDVI 时序曲线的基础上，选用不同时相的 NDVI 遥感影像数据结合陕甘宁主要作物样点的发育期，采用决策树方法进行玉米种植区提取，通过该方法基于玉米与其他作物在特定时相遥感影像 NDVI 值的差异特征，对栅格影像像元进行综合判断，获得陕甘宁三省(区)春玉米和夏玉米可能种植区像元。选用陕、甘、宁玉米种植面积统计资料进行验证，检验结果显示玉米种植区遥感估算面积的相对误差绝对值平均为 9.26%。

根据农业气象灾害风险评估理论，黄文江等[56]选用 1971～2016 年气象站点观测资料结合数理统计方法和 GIS 技术，构建陕甘宁三省(区)玉米低温冷害综合风险评估模型。主要从孕灾环境、致灾因子和承灾体三个方面对陕甘宁研究区玉米低温冷害风险评估进行研究，分别建立孕灾环境敏感性指数、致灾因子危险性指数和承灾体脆弱性指数；在对上述三种指数进行综合评估分析时，采用基于层次分析法的综合赋权方法确定综合风险指标中各分量的权重系数，利用指标权重建立玉米冷害风险综合评估模型，通过综合风险指数将陕甘宁研究区划分为低、中、中高和高四个等级的冷害风险区域。最后应用地理统计方法得到陕甘宁三省(区)各县市的冷害风险评估等级区划，并利用冷害年的统计减产率对玉米低温冷害风险评估结果进行验证，冷害综合风险指数与减产率之间存在 0.05 水平显著相关。为对玉米冷害单灾进行有效的灾损评估，该研究尝试利用通用型作物模型 WOFOST 对玉米冷害损失产量进行模拟估算。在使用作物模型进行模拟之前，通过获取的站点气象资料、地面观测数据和查询文献，应用模型参数优化程序结合趋势产量等方法，对作物模型敏感参数进行本地化调整。采用优化后的玉米生长参数作为输入数据，结合模型的本地化调整结果，通过比较不同光温条件对 WOFOST 作物模型驱动产量的差异，计算得到 2004 年和 2010 年陕西省 8 县市玉米冷害灾损产量，实现玉米冷害作为单一灾害造成损失的定量评估，探索出利用作物模型进行单灾损失评估的可行途径。

22.3.3 病虫害监测

病虫害是农业生产过程中影响粮食产量和质量的重要生物灾害。传统作物病虫害监测方式以点状的地面调查为主，无法大面积、快速获取作物病虫害发生状况和空间分布信息，难以满足作物病虫害的大尺度科学监测和防控的需求。利用遥感手段开展高效、无损的病虫害监测成为有效提升我国病虫害测报水平的重要手段。

基于遥感技术的作物病虫害监测研究大多使用可见光和近红外波段。利用遥感数据可以同时获取作物病虫害胁迫的光谱差异和纹理差异，进而结合两方面的差异性信息提取胁迫特征；利用遥感波段信息可以有效表征由病虫害引起的叶片理化组分的变化差异。作物受病虫害胁迫后引起的叶片表面“可见—近红外”波段的光谱反射率的变化是病虫害遥感的直接特征，反映了植被物理生化组分的响应，从而从生物学机制的角度实现对病虫害的监测和区分。

郭仲伟等[57]以植被指数与叶面积指数在病虫害区域的相关关系为研究对象，探讨在森林这种高密度覆盖区域，不同严重程度的病虫害会对植被指数和叶面积指数之间的关系造成何种影响以及其中可能存在的原因。该研究以加拿大不列颠哥伦比亚地区 2002～2012 年森林病虫害数据为基础，分析不同严重程度的病虫害对 LAI 与 NDVI 和 EVI 的影响。利用从不列颠哥伦比亚省森林与山脉部取得的 2002～2012 年的数据，确定每年的病虫害爆发区域，获得的病虫害数据，空间分辨率为 1km×1km，时间分辨率以年为单位。不同严重程度的病虫害像元分为若干个级别，具体表示方法为分别以像元值 0、1、2、3、4 代表极少、轻度、中度、重度、极重等不同的严重级别的像元。受到感染的松林健康状况持续下降，叶子的颜色因为叶绿素含量变化，表现出由绿色到红色变化。病虫害严重程度的分类通过每年夏季在航拍过程中记录地表森林植被表现出不同颜色的情况来确定。

将研究区域NDVI、EVI和叶面积指数LAI逐像元求R^2和对应相关程度的显著性水平p，统计不同严重程度的区域所有像元的各自的NDVI、EVI和LAI的平均值，利用结果做折线-散点图。研究结果表明：受病虫害感染的像元在轻度、中度和重度三个严重级别中，NDVI与LAI之间的相关性由弱变强，又由强变弱；EVI与LAI之间的相关性，在轻度、中度和重度三个严重级别的像元中则依次变强，为今后利用遥感数据识别病虫害、评价生态系统影响提供基础。

玉米大斑病是春玉米主要病害之一，王利民等[58]在陕西省眉县设计人工控制试验，针对高抗、抗、感和高感4个品种，通过人工接种不同浓度大斑病分生孢子的方法,获得正常、轻微、中度以及严重等4个病害感染梯度，并在春玉米抽雄、吐丝、乳熟以及成熟4个生长期进行地面高光谱观测。为实现对春玉米大斑病的遥感监测，研究在春玉米冠层光谱数据基础上，分析了不同种植区不同生长期春玉米冠层光谱反射率和光谱一阶微分特征，并以此确定大斑病敏感波段位置以及病害适宜监测期，同时根据敏感波段位置的光谱特征构建专门的春玉米大斑病的遥感监测指数，最后结合180个光谱观测样本，对比所提指数以及其他病害指数与病害严重度之间的相关性，通过聚类分析了所建遥感指数的稳定性。研究结果表明，乳熟期的春玉米大斑病在红边波谱内的响应较为敏感，尤其红边核心区（725～740nm）的光谱一阶微分与病害严重程度间存在明显的单调变化关系,具有非常显著的负相关性；同时，该研究所提病害监测指数与病情指数具有较高的相关性，其相关系数达到了0.995，结果表明利用红边一阶微分指数的对病害程度的聚类总体精度达到100.0%，指数值分布稳定性也更高,具有在遥感监测业务中应用的潜力。

袁琳等[59]利用光谱数据对病虫害进行识别和区分，为复杂农田环境下的病虫害遥感监测提供理论支持。该研究人工为小麦接种白粉病、条锈病、蚜虫，利用光谱仪，测定距小麦冠层1m处冠层光谱，获得3种病虫害冠层光谱测试的有效样本量为：条锈病23组（正常样本6，条锈病17），白粉病24组（正常样本7，白粉病17），蚜虫26组（正常样本10，蚜虫16）。该研究基于连续小波分析（continuous wavelet analysis，CWA）提出一种能够实现全光谱域优化搜索的病虫害区分小波特征选择方法，具体步骤为利用小波基函数对原始光谱进行连续小波分解，生成小波敏感系数谱图和小波差异系数谱图，设定阈值提取小波特征，以筛选得到的小波特征作为输入变量，构建条锈病、白粉病、蚜虫和健康样本4种类型的判别模型，建模分别采用费氏线性判别分析（Fisher's linear discriminant analysis，FLDA）和SVM。实验结果表明，FLDA和SVM两种模型得到病虫害区分结果的总体验证精度均达70%以上，其中条锈病和蚜虫的识别精度高于白粉病的识别精度，基于连续小波分析的病虫害区分模型能够捕捉光谱的形状特征，因此具有较强的通用性和抗干扰能力，对于支持复杂农田环境下的病虫害区分和监测具有较大的潜力。

22.4 精准农业

精准农业是以信息技术为支撑，根据空间变异，定位、定时、定量地实施一整套现代化农事操作与管理的系统，是信息技术与农业生产全面结合的一种新型农业，是近年出现的专门用于大田作物种植的综合集成的高科技农业应用系统。在实施精准农业的过程中，快速准确地获取作物的生长信息和环境信息成为制约精准农业发展的关键问题。在采集农田信息的过程中，在复杂的农田中铺设错综的电缆，使整个系统的成本增加，可靠性降低，维修费用较高。近几年来，随着计算机应用技术、图像处理技术、通信技术等的快速发展，遥感技术在农精准业生产活动中得到相应的运用，遥感技术在精准农业的应用包括作物生长监测、产量预估、病虫害防治、旱情监测、农田测绘、精准施肥、精准灌溉等[60-62]。

22.4.1　农田精准分区

我国的耕地通常把整个地块作为耕种单元，对一个地区的所有耕地进行统一管理。精准管理分区是依照农田作物的长势特征将整个地块划分成多个独立的小单元，单元内部具有相似性，单元之间具有空间差异性，传统的田间格网采样方法需要到实地按要求进行采样，耗费大量的人力、物力，且作业效率低，在实际应用中很难推广，基于遥感技术的精准管理分区与传统的田间格网采样相比作业效率高，可以大面积推广。

刘焕军等[63]提出一种基于遥感影像的精准管理分区方法，实现对于典型黑土区田块进行精准分区的研究。该文章以东北农垦地区红星农场农田为研究对象，获取裸土时期 2015 年 4 月 1 日 GF-1 8m 多光谱、5 月 20 日 GF-2 4m 多光谱影像，用于面向对象精准管理分区；大豆生长初期(7 月 18 日)Landsat 8 OLI 影像，用于计算 NDVI，共 3 幅影像。将 Landsat 8 OLI 影像融合为 15m，计算影像的 NDVI，将 GF-1 影像重采样为 4m，并与 GF-2 影像波段叠加，提取 4 月 1 日和 5 月 20 日遥感影像上各个采样点 4 个波段的反射率。结合田间格网采样数据，基于裸土反射光谱特征与黑土主要理化性质的显著相关关系，运用面向对象分割、空间统计分析方法，利用分割评价指数确定精准管理分区最优尺度，对典型黑土区田块进行精准管理分区研究。研究结果表明，典型黑土区田块内部土壤养分含量空间变异显著；基于裸土影像与面向对象的精准管理分区方法精度高，增强分区之间的土壤养分与归一化植被指数差异性、分区内部各属性的一致性；基于 2015 年 4 月 1 日和 2015 年 5 月 20 日单期影像分区和两期影像波段叠加分区，区间变异系数与区内变异系数之比分别为 1.42、1.39 和 7.63，基于两期影像综合信息分区结果优于基于单期影像分区；基于裸土影像面向对象分割的精准管理分区方法时效性强、成本低、精度高，研究成果为田间变量施肥、发展精准农业、实现农业可持续发展提供依据。

地膜覆盖是我国和世界其他地区农业生产中的一项重要技术。塑料覆盖耕地(plastic-mulched farmland，PMF)面积的迅速扩大有利于提高作物产量，但它改变景观格局，影响环境。因此准确、有效的覆膜农田测绘可以为利用覆膜农田的优缺点提供有用的信息。Chen 等[64]研究 Radarsat-2 数据用于 PMF 精准测绘的潜力。该研究以河北省冀州市和宁夏回族自治区固原市为研究对象，主要的塑料覆盖物均为白色塑料，并收集两个区域的 Radarsat-2 数据和 GF-1 数据。该研究利用 Radarsat-2 数据得到后向散射强度并提取出 17 种不同的极化分解特征，将后向散射强度和极化分解特征相结合，形成包含 24 个特征的多通道图像，作为随机森林和支持向量机分类器的输入特征，训练模型 PMF

识别模型。实验结果表明，从 Radarsat-2 数据中提取的特征对 PMF 的绘制具有很大的潜力。利用 Radarsat-2 数据绘制 PMF 的总体精度接近 75%，SAR 数据中存在固有噪声，单独使用后向散射强度信息进行分类的精度相对较低，但通过引入极化分解特征，分类精度得到显著提高，同时随机森林分类器的表现优于支持向量机分类器。

22.4.2 农田精准化施肥

精确施肥就是强调田间不同地点之间的差异性，克服肥料使用的不合理性。精确施肥即变量施肥，就是因土、因作物、因时全面平衡施肥；以不同空间单元的产量数据与其他多层数据(土壤理化性质、病虫草害、气候等)的综合分析为依据，以作物生长模型、作物营养专家系统为支持，以高产、优质、环保为目的，优化组合信息技术、生物技术、机械技术和化工技术的变量处方施肥理论和技术。

对于精准施肥而言，首先需要土壤数据和作物营养实时数据的采集。传统的数据收集方法主要是通过田间破坏性取样——实验室化学分析来获取，不仅耗费大量的人力物力财力，且时效性较差，点状采样无法以点代面。遥感技术的发展，为土壤数据和作物营养实时数据的采集提供了一个非破坏性、快捷实用的新途径，且能服务于大范围的数据采集。

遥感技术在精准施肥中的应用：①在作物营养诊断研究。各种植物胁迫如缺氮、干旱等都会使作物叶片的光反射特性发生改变，通过检测植物冠层光学反射特性可以了解作物的营养状况，影响叶片中对光吸收和光反射的主要物质是叶绿素、蛋白质、水分和含碳化合物等。②在土壤肥力诊断应用。土壤在作物生长期间大多数被覆盖，只有在播种前和生长前期裸露比例较高。对裸土反射率影响最大的两个因子是土壤有机质和土壤水分。有机质含量或水分含量高的土壤拥有较低的反射率，土壤质地粒子大小等都会影响光谱特性，因此，由风干碾碎土样光谱特征得出的结果不能直接用来实时评价田间土壤特性。③精准施肥算法研究，用遥感技术来指导施肥，可以节约用肥量，提高利用率，减少对环境造成的污染并增加农民收益。

刘焕军等[65]利用 NDVI 对比分析不同施肥处理区域 NDVI 的差异以及 NDVI 与产量的相关性。该研究以美国加利福尼亚大学戴维斯分校长期定位实验点为研究区，选取 2016～2017 年的玉米-番茄轮作地块作为研究重点，每年 3 个处理，分别为 CMT(全灌溉＋化肥)、LMT(全灌溉＋化肥＋绿肥)、OMT(全灌溉＋有机肥＋绿肥)，并采集产量数据和选取 2016 年 3 月～9 月及 2017 年 4 月～9 月的 Landsat 8 OLI 及 Sentinel-2A 的时间序列遥感影像，2016 年共 14 幅，2017 年共 16 幅。在长期施肥条件下对 3 种施肥处理作物的 NDVI 进行时间序列分析，以及对 NDVI 差异较大的时相进行显著性差异分析，利用 NDVI 与实测产量进行相关分析，通过不同施肥处理 NDVI 时间序列曲线表现的差异，并结合具有显著差异的关键时相及不同施肥处理 NDVI 与产量之间的相关关系。实验结果表明：①不同施肥处理下的 NDVI 时间序列曲线总体趋势相似，有机肥与化肥处理 NDVI 时间序列曲线差异较大；②不同施肥处理 NDVI 随作物生长期呈现规律变化，生长初期和后期有机肥处理 NDVI 均值高于化肥处理，生长中期化肥处理高于有机肥处理；③不同施肥处理下的 NDVI 与产量之间相关系数随作物生长期有规律变化，应用植被指数进行遥感估产需要考虑不同施肥处理的影响。该研究探讨利用不同施肥处理 NDVI 时间序列差异、NDVI 与产量相关性差异区分有机肥与其他施肥方式，能为农业监测提供遥感技术支持，深化遥感技术在农业领域应用。

魏鹏飞等[66]利用国家精准农业基地2017年夏玉米3个关键生育期无人机多光谱影像和田间实测叶片氮含量数据，开展夏玉米叶片氮素含量的无人机遥感估测研究。实验对象的三个关键生育期为 2017 年夏玉米喇叭口期(8 月 7 日)、抽雄-吐丝期(8 月 18 日)和灌浆期(9 月 1 日)，多光谱遥感数据的获取采用 Parrot Sequoia 农业遥感专用 4 通道多光谱相机。该研究选取与氮素相关的 11 个植被指数和 4 个波段反射率，共计 15 个光谱变量对夏玉米叶片氮素含量(leaf nitrogen content，LNC)进行估算，建模的过程具体为：将多光谱影像变量和实测 LNC 进行相关性分析，得到相关关系；其次，选取相关性较高的光谱变量利用逐步回归分析方法，随机选取 70%样本数据作为估算数据集，构建玉米LNC估测模型，利用剩余 30%样本数据作为验证数据集，进行模型估测能力的检验；该研究使用的是后向逐步回归分析方法，因此逐步回归分析初始模型建立时一共包括 15 个变量，每建立一个模型删除一个变量，在每一步中，变量都会被重新评价，对模型没有贡献的变量就会被删除，预测变量经过多次的运算操作，直至筛选出最优参数、建立最优反演模型为止。实验结果表明：在 3 个生育时期，绿波段都能很好地进行夏玉米生物理化参数的反演；在夏玉米生长前期和后期选择控制土壤因素的光谱变量可以提高对氮素估测的能力；在不同生育期选取不同最优光谱变量组合进行夏玉米 LNC 估测具有很好的效果。应用无人机多光谱遥感影像数据可以很好地监测田块尺度夏玉米 LNC 的空间分布，可为玉米田间氮素精准管理提供空间决策服务信息支持。

分蘖期是小麦、水稻等在地下或近地面的茎基部发生分枝的时期，分蘖期根外追肥是水稻生产的重要田间管理环节，也是水稻生长中的第一个需肥高峰期，追肥效果直接影响分蘖数以及中后期长势。于丰华等[67]研究利用无人机遥感构建施肥量处方图指导农用无人机对分蘖期水稻精准追肥。该研究实验位于辽宁省沈阳市沈北新区柳条河村水稻种植区，利用无人机高光谱遥感影像获取试验小区高光谱反射率影像。然后采用最小噪声分离法分离数据中的噪声，再利用纯净像元指数法(pixel purity index，PPI)提取水稻的高光谱反射率曲线，并构建地物端元波谱库，最后采用正交子空间投影方法(orthogonal subspace projection，OSP)，对无人机高光谱遥感影像进行解混，提取水稻的高光谱信息；对于光谱解混后的数据，分别采用主成分分析法与红边特征反射率相结合的方式进行降维处理，将降维后的数据结果作为极限学习机(extreme learning machine，ELM)和粒子群优化的极限学习机(particle swarm optimization algorithm is used to optimize the ELM，PSO-ELM)氮素浓度高光谱反演模型的输入，构建水稻分蘖期叶片氮素浓度反演模型；在试验地点相邻田块按照水稻栽培专家给出的田间管理方案设置生产标准田作为参考标准，将同时期标准田内水稻平均氮浓度作为氮肥追施目标，记为 N_{std}(mg/g)，将待追肥水稻氮素浓度的反演值记为 N_r(mg/g)，则分蘖期水稻缺氮量 N_x(mg/g)为 $N_x=N_{std}-N_r$。当 $N_x>0$ 时表示目前该位置的氮素含量低于标准田，需要进行外部喷施追肥，$N_x\leqslant 0$ 时表示目前该位置不要进行外部喷施追肥；获取水稻单位面积缺氮量后，将缺氮量转换为处方图，指导农用无人机进行精准追肥作业，由于无人机高光谱遥感影像在每一个像素点都包含有一条高光谱反射率曲线，因此运用高光谱遥感影像可以针对每一像素点都生成一个追肥量。实验结果表明：利用特征波段选择与特征提取的方式在 450～950nm 范围内共提取 5 个水稻高光谱特征变量用于水稻氮素含量的反演；利用 PSO-ELM 构建的水稻氮素含量反演模型效果要好于 ELM 反演效果，模型决定系数为 0.838；结合待追肥区域 N_r、N_{std}、氮肥浓度、水稻地上生物量、水稻覆盖度、化肥利用率及转化率等构建农用无人机追肥量决策模型，与对照组相比，利用该研究构建的处方图变量施肥方法使氮肥追施量减少 27.34%。研究结果可为寒地水稻分蘖期农用无人机精准变量追肥提供数据与模型基础。

22.4.3 农田精准化灌溉

以提高农业用水效率为目标的精准灌溉是未来农业灌溉的主要模式，精准灌溉的前提条件是对作物缺水的精准诊断和科学的灌溉决策。用于作物缺水诊断和灌溉决策定量指标的信息获取技术主要基于田间定点监测、地面车载移动监测及遥感技术。遥感技术能精准分析农业气象条件、土壤条件、作物表型等参数的空间变异性及其相互关系，为大面积农田范围内快速感知作物缺水空间变异性作物缺水诊断和灌溉决策定量指标的信息。利用遥感手段进行精准灌溉主要有基于温度指数的遥感监测和作物水分信息的遥感监测两种形式，根据水分胁迫作物不同生理变化的敏感性，可以将对水分胁迫敏感的窄波段多光谱植被指数分为 3 类：叶黄素相关指数、叶绿素相关指数和冠层结构相关指数。

易珍言[68]针对灌溉管理业务中对实际灌溉面积和灌溉工程控制面积的两项业务指标需求，构建基于修正垂直干旱指数差异阈值的实际灌溉面积遥感监测模型和灌溉工程控制面积提取模型。实际灌溉面积是指某轮次灌溉中实际灌水的面积，遥感监测是利用灌溉前后土壤水分变化的特点进行实际灌溉面积识别。根据灌溉后土壤含水量变大、无灌溉时土壤含水量持续减小的差异特征，构建基于修正垂直干旱指数差异阈值的灌溉面积监测模型，分析确定阈值，基于两个时间点上修正垂直干旱指数值的差异特征，提取实际灌溉面积。灌溉工程控制面积是指灌溉工程在自流灌溉条件下能控制的灌溉面积，是灌溉工程规划中渠系分布、渠道流量设计的所需重要数据。该研究选取黄河中上游河套灌区作为研究区，主要采用 HJ1A/1B 卫星数据，基于灌溉前后修正的垂直干旱指数变化规律，结合地面少量调查点，得到实际灌溉面区域，再利用高分辨率遥感影像，进行农作物结构识别，进而得到分作物种类的实际灌溉面积。最后利用 Landsat TM 和 Quickbird 等卫星影像，进行灌渠识别，结合地形数据，采用四邻域区域生长方法实现灌溉工程控制面积的提取。研究结果表明，所建立的实际灌溉面积遥感监测和灌溉工程控制面积识别方法，输入数据容易获取，其结果可成为灌溉管理业务直接利用指标。此外，基于分作物种类实际灌溉面积提取成果，结合灌区各农作物灌溉定额，还可分析得到实灌水量，与灌区引水口流量监测信息进行对比，可为节水灌溉监督提供数据。

可变率灌溉(variable rate irrigation，VRI)是指为处理不同类型的土壤、作物和其他条件而在空间上改变田间施水深度的能力。通过控制喷灌机的中心枢轴的速度可以实现精准灌溉管理。Mendes 等[69]利用遥感技术开发了一个基于精确灌溉知识的智能模糊推理系统，即一个可以创建规则图来控制中央枢轴转速的系统，中枢可以增加或减少其速度，达到一定灌区所需的施肥深度。首先获取实验区域的 Landsat(空间分辨率为 15m)和 Sentinel-2(空间分辨率为 10m)影像数据，获取 NDVI 数据，上层土壤湿度和冠层温度作为灌溉的影响因子，并按照阈值分别分级为 low、average、high，在模糊推理系统中，提前确定三个因子的分级状态组合情况下的中枢转速情况。实验结果表明智能模糊决策系统创建的 VRI 规则图，考虑到作物的空间变异性，使得灌溉速度控制的策略比传统的作物管理方法更加科学。智能灌溉系统判断为叶片发育较低的区域，中枢必须降低速度，从而增加该区域的灌溉深度，该系统会在每个区域为中枢速度提供一个特定的值，以减少或增加对作物区域的灌溉深度。当灌溉系统与模糊逻辑相互配合时，可以解决灌溉系统的不确定性和非线性问题，建立高精度灌溉控制模型。

22.5 作物遥感模型

遥感和作物生长模型在农业资源监测、作物产量预测等方面发挥着重要作用。作物生长模型在机理层面上对作物产量进行建模，可以实现单点尺度作物生长发育的动态模拟。遥感监测是能够获取大面积地表信息的最有效手段，遥感信息和作物生长模型的数据同化可以有效结合二者的优势，实现大尺度、高精准的农业监测与预报。

常用的作物遥感模型包括作物长势监测模型和作物估产模型，模型大多需要输入大量的参数，包括与农作物相关的环境因素，如太阳辐射、温度、水分和土壤养分等，从而估计作物的生长状态，模拟农作物的生长过程，预测最终产量。遥感在作物模型中的应用首先是作物模型特征参数、特征数据的获取，其次是与专业的农业模型耦合，提升模型预测精度。

22.5.1 农业特征数据获取

遥感技术的飞速发展为作物模型所需的特征参数输入提供了更准确可靠的定量估计。许多研究人员已经使用遥感技术估算相关的农业特征参数，如光合有效辐射吸收比率(fraction of photosynthetically active radiation，FAPAR)、LAI、生物量、蒸散发量和土壤特性(如土壤湿度等)[70-74]。这些冠层状态特征和土壤属性特征是作物生长过程中的重要参数，可以用于驱动不同作物模型中进行作物生物量估计。

遥感方法为农业特征参数的估算获取，改善作物模型估算结果提供了新的方法和技术手段。过去的 10～15 年间，光学遥感技术的发展，提供了更高时空分辨率数据，如 Sentinel-2、Landsat 8、RapidEye、WorldView-2、SPOT-6、GeoEye-1 和国产的环境一号、高分一号和吉林一号等，使用高光谱数据和植被光谱指数等估算农作物的 LAI、生物量和产量等[75-77]。与光学影像相比，合成孔径雷达 SAR 在监测作物生长状态方面具有一定的优势，因为它受天气影响较小并能穿透作物冠层，许多研究使用 SAR 影响估算大面积作物冠层特征和土壤特征参数，如 LAI、生物量、作物高度和土壤湿度[78-80]。无人机遥感的发展，为田间作物监测提供高时空分辨率且更及时的影像。来自无人机不同传感器，如 RGB 相机、多光谱影像、高光谱影像和热像仪等已被用于估算 FAPAR、生物量、LAI、作物高度、氮素和植被密度等[81-84]。

Clevers 等[85]首次使用 Sentinel-2 卫星影像构建植被指数估算马铃薯 LAI、叶片叶绿素含量(leaf chlorophyll content，LCC)和冠层叶绿素含量(canopy chlorophyll content，CCC)。2016 年在不同施肥水平的马铃薯田中设计 10 个 30m×30m 的样地，在生长季每天进行 10 次实地辐射观测，以确定实地 LAI、LCC 和 CCC。参考前人的文献，使用 WDVI、叶绿素反射率和优化的土壤调整指数(optimized soil adjusted vegetation index，OSAVI)之比、3 种叶绿素植被指数：叶绿素植被指数(chlorophyll vegetation index，CVI)、绿色叶绿素指数(green chlorophyll index，CIgreen)和红边叶绿素指数(red-edge chlorophyll index，CIred-edge)反演 LAI、LCC 和 CCC，具体的计算公式如下所示。

$$\text{WDVI}=\rho_{870}-C\times\rho_{670} \tag{22-27}$$

$$\text{TCARI / OSAVI}=\frac{3\left[(\rho_{700}-\rho_{670})-0.2(\rho_{700}-\rho_{550})(\rho_{700}/\rho_{670})\right]}{(1+0.16)(\rho_{800}-\rho_{670})/(\rho_{800}+\rho_{670}+0.16)} \tag{22-28}$$

$$\text{CVI}=\frac{\rho_{870}}{\rho_{550}}\cdot\frac{\rho_{670}}{\rho_{550}} \tag{22-29}$$

$$\text{CI}_{\text{red-edge}}=\frac{\rho_{780}}{\rho_{705}}-1 \tag{22-30}$$

$$\text{CI}_{\text{green}}=\frac{\rho_{780}}{\rho_{550}}-1 \tag{22-31}$$

实验结果表明，使用空间分辨率 10m 的 Sentinel-2 影像构建的 WDVI 估计 LAI，R^2 为 0.809，预测的均方根误差为 0.36；TCARI/OSAVI 在 20m 分辨率下与 LCC 的线性估计良好，R^2 为 0.696，预测的均方根误差 0.062g/m^2；CVI 在 10m 分辨率下预测 LCC 的精度性能略差，R^2 为 0.656，预测的均方根误差 0.066g/m^2；CIgreen 在 10m 分辨率是线性估算 CCC 的 R^2 为 0.818，预测的均方根误差 0.29g/m^2，优于 CIred-edge 的 R^2=0.576 和预测均方根误差 0.43g/m^2。使用构建的线性预测模型得到研究区域内马铃薯田的 LAI、LCC 和 CCC 空间分布图，分析农业特征参数与施肥水平的相关性。文章方法证明了空间分辨率 10m 的 Sentinel-2 波段更适用于估算 LAI、LCC 和 CCC，应避免 20m 分辨率的红边波段。

Kumar 等[86]对 C 波段 Sentinel-1A 合成孔径雷达时序数据进行分析，估算冬小麦生长参数。实验地区选择印度瓦拉纳西地区，从分蘖到成熟，选择 2015 年 1 月～4 月的不同生长阶段采集的 5 幅宽幅 VV 极化 SAR 影像。结合随机森林、支持向量机、人工神经网络和线性回归算法估算冬小麦作物参数，包括 LAI、植物含水量(vegetation water content，VWC)、鲜生物量、干生物量和植被高度。在影像获取的同一天对 5 个农业参数进行实地测量，避免误差。以一天为间隔，将不同时期对应的样本数据进行内插得到 112 个样本，每个生长阶段选择 3 个 1m^2 的子区进行测量，最终共 73 个样本做训练，39 个作测试。模型精度使用 R^2 和均方根误差进行评价。随机森林算法使用后向散射反演 VWC 精度最高(R^2=0.95)，使用线性回归反演植被高度精度最低(R^2=0.66)，总体的结果表明，随机森林、SVM、人工神经网络和线性回归算法能够较准确地估算冬小麦农业参数，并且所有算法内冬小麦参数在开始和后期的生长阶段会存在过低/过高的估计。

Bending 等[87]使用无人机获取区域植被指数和植被高度信息估算夏季大麦的生物量。植被指数计算来自地面高光谱数据和无人机 RGB 数据，作物高度信息来自无人机多时相作物表面模型(crop surface model，CSM)反演。实验地点是位于德国西部的一个夏季大麦试验田，包括 18 个大麦品种和 2 种不同氮肥水平。在 2013 年 4 月 30 日无人机航拍记录裸地的地面模型，然后使用来自 5 月 15 日和 28 日、6 月 14 日和 25 日、7 月 8 日和 23 日的航拍数据构建 CSM 模型估算植被高度，每个飞行日期拍摄了 200～800 张影像，每平方米点密度为2653～3452，同个样区保证至少9张影像覆盖。CSM的生成思路如下：根据采集的无人机影像基于运动中恢复结构重建地面三维模型，然后减去裸地的地面模型获取最终的作物表面模型 CSM；最后一步将每个日期地块的 CSM 取平均。最终生成的 CSM 平均值在 0.14～1.0m，平均误差为 0.25m。生物量的估算来自地面高光谱数据和无人机可见光波段反演：根据地面高光谱数据计算了 5 个植被指数，并且在无人机采样的每个日期前后一天内采样计算对应的 0.2m 的地块的生物量。使用的 5 个植被指数均属于近红外植被指数，与植被生物量和 LAI 密切相关，分别是 NDVI、SAVI，MSAVI、OSAVI 和由 Gnyp 等[88]开发的 GnyLi，具体计算公式如下：

$$\mathrm{NDVI}=\frac{\rho_{900}-\rho_{680}}{\rho_{900}+\rho_{680}} \tag{22-32}$$

$$\mathrm{SAVI}=(1+L)\frac{\rho_{800}-\rho_{670}}{\rho_{800}-\rho_{670}+L} \tag{22-33}$$

$$\mathrm{MSAVI}=0.5\left(2\rho_{800}+1-\sqrt{(2\rho_{800}+1)^2-8(\rho_{800}-\rho_{670})}\right) \tag{22-34}$$

$$\mathrm{OSAVI}=(1+0.16)\frac{\rho_{800}-\rho_{670}}{\rho_{800}+\rho_{670}+0.16} \tag{22-35}$$

$$\mathrm{GnyLi}=\frac{\rho_{900}\rho_{1050}-\rho_{955}\rho_{1220}}{\rho_{900}\rho_{1050}+\rho_{955}\rho_{1220}} \tag{22-36}$$

为了比较不同数据估算生物量的潜力，研究另外试验了 3 个可见光波段构建的植被指数：绿色红色植被指数(green red vegetation index，GRVI)，修正绿色红色植被指数(modified green red vegetation index，MGRVI)和红绿蓝植被指数(red green blue vegetation index，RGBVI)，具体计算公式如下所示。

$$\mathrm{GRVI}=\frac{\rho_{\mathrm{Green}}-\rho_{\mathrm{RED}}}{\rho_{\mathrm{Green}}+\rho_{\mathrm{RED}}} \tag{22-37}$$

$$\mathrm{MGRVI}=\frac{(\rho_{\mathrm{Green}})^2-(\rho_{\mathrm{RED}})^2}{(\rho_{\mathrm{Green}})^2+(\rho_{\mathrm{RED}})^2} \tag{22-38}$$

$$\mathrm{RGBVI}=\frac{(\rho_{\mathrm{Green}})^2-(\rho_{\mathrm{Blue}}+\rho_{\mathrm{RED}})^2}{(\rho_{\mathrm{Green}})^2+(\rho_{\mathrm{Blue}}+\rho_{\mathrm{RED}})^2} \tag{22-39}$$

为了研究植被指数、植被高度与生物量的关系，分别拟合各指数和作物高度与生物质的线性和非线性模型，统计其 R^2 和 RMSE；为了研究植被指数、植被高度合并对生物量估算的影响，使用多元线性回归和多元非线性回归模型估算生物量，使用的多元非线性模型为二次回归模型，具体公式如式(22-40)所示：

$$y=\beta_0+\beta_1 x_{\mathrm{PH}}+\beta_2 x_{\mathrm{VI}}+\beta_3 x_{\mathrm{PH}} x_{\mathrm{VI}}+\beta_4 {x_{\mathrm{PH}}}^2+\beta_5 {x_{\mathrm{VI}}}^2 \tag{22-40}$$

式中：x_{PH} 为 CSM 得到的植被高度；x_{VI} 为植被指数。

结果表明，平均植被高度 CSM 和植被指数 GnyLi 与干生物量相关性最强，分别为 R^2=0.85 和 R^2=0.83；在抽穗期之前，可见光植被指数具有潜在的生物量预测能力(R^2=0.47～0.62)。根据模型选择的结果，结合植被高度 CSM、GnyLi、MSAVI、GRVI 和 RGBVI 进行模型构建，获得了较精确的生物量估计值(R^2=0.80～0.82)，通过使用多个线性或非线性回归模型将植被指数和植被高度信息结合，模型预测效果优于仅使用植被指数估算。

22.5.2 遥感与农业专业模型耦合

农业专业模型通过数学建模的方法模拟作物生长发育过程并从生长机制上解释该过程，以预测作物生长状态和产量等。但作物生长模型的主要局限在于模拟是基于单点进行，缺乏整个田地地块的实际空间信息，遥感能够弥补这一缺点，获取大区域尺度下的面状空间信息。遥感技术和农业专业模型的集成已经成为当前农业生产中的重要方法，在农作物长势监测、产量估计和品质预测等方面大量应用。

遥感与农业专业模型的耦合方法主要有驱动法和同化法。驱动法的原理是通过遥感数据获取参数在作物整个生长期内的值，然后插值计算并代入模型中，得到模拟结果。这一方法操作简单，在遥感农业模型发展的早期应用较为广泛，但缺陷也比较明显，它对遥感数据的时空分辨率以及反演参数的精度要求较高，遥感观测的精度直接影响模型的预测精度[89]。同化法是通过同化算法来调整农业专业模型中与作物生长发育相关但一般难以获取的参数或初始值，从而优化估计模型的参数。目前主要使用的数据同化方法包括卡尔曼滤波、集成卡尔曼滤波、三维变体数据同化、粒子群滤波和分层贝叶斯滤波方法[90]。

Zhou 等[91]使用叶冠层辐射传输模型 PROSAIL 和 WOFOST，结合遥感数据同化方法，将 NDVI 同化为耦合模型，以提高水稻光合有效吸收比 FAPAR 的预测精度并实现大规模应用。研究区域在中国湖南株洲市，在研究区域内选择 6 个采样点实地测量数据以进行验证。使用的实验数据包括遥感、气象和实测数据。遥感数据来自 GF-1 16m 多光谱数据，用于计算 NDVI 和监督分类提取水稻区域；气象数据来自中国气象数据共享服务系统，包括每日最低和最高气温，清晨气压，10m 分辨率的每日平均风速和每日日照小时数；实测数据主要是冠层上方和下方采样计算的 FAPAR。研究的方法是通过关键变量

LAI 将 PROSAIL 和 WOFOST 模型耦合以估算水稻生长期 FAPAR，并使用遥感影像实现大规模模拟。方法的主要流程如下：首先通过能量守恒定律改进 PROSAIL 来计算 FAPAR，具体公式如下所示。

$$\alpha_s^* = \alpha_s + \frac{\tau_{ss}\gamma_{sd} + \tau_{sd}\gamma_{dd}}{1-\gamma_{dd}\rho_{dd}^b}\alpha_d \tag{22-41}$$

$$\alpha_d^* = \alpha_d + \frac{\tau_{dd}\gamma_{dd}}{1-\gamma_{dd}\rho_{dd}^b}\alpha_d \tag{22-42}$$

$$\alpha_s = 1-\rho_{sd}-\tau_{sd}-\tau_{ss} \tag{22-43}$$

$$\alpha_d = 1-\rho_{dd}\tau_{dd} \tag{22-44}$$

$$\text{FAPAR} = \frac{\sum_{\lambda=400}^{700}\left(\alpha_s^* E_{dir}^t + \alpha_d^* E_{dif}^t\right)}{\sum_{\lambda=400}^{700}\left(E_{dir}^t + E_{dif}^t\right)} \tag{22-45}$$

式中：α_s^* 和 α_d^* 分别是太阳直接入射通量 E_{dir}^t 和半球散射通量 E_{dif}^t 的冠层吸收率；α_s 和 α_d 分别表示独立冠层对太阳和半球散射入射通量的吸收率；γ_{dd} 和 γ_{sd} 是环境的双向半球因子和径向半球因子；τ_{ss} 和 τ_{sd} 是太阳通量的直接透射率和径向半球透射率；ρ_{dd} 和 ρ_{sd} 是冠层顶部的双向半球反射率和径向半球反射率；ρ_{dd}^b 为冠层底部的双向半球反射率。

WOFOST 模型可以在特定的土壤和气候条件下，模拟作物每日生长量，而 LAI 作为 WOFOST 的输入参数和 PROSAIL 的输出参数，可以作为 PROSAIL 与 WOFOST 模型间的联系，用于水稻生长期的 FAPAR 模拟。但注意到 PROSAIL 和 WOFOST 模型均为单点模型，仅能模拟小范围情况，并且移植日期(transplant date，TD)是影响模型 LAI 模拟准确性的主要因素，因此考虑使用粒子群优化算法调整 TD，同化耦合两个模型，以获得大规模的 FAPAR。粒子群优化算法的基本思路有 4 步：使用 GF-1 影像估算的 NDVI 对应水稻不同生长阶段；然后初始化耦合模型模拟水稻整个生长季的 NDVI；根据相应时间获取的 NDVI 计算成本函数；若成本函数不符合条件就不断调整 TD，直到模拟的 NDVI 与检索的 NDVI 值差异最小为止。结果表明，6 个采样点处模拟的 FAPAR 与实测数据之间具有高度相关性，研究区域的 R^2 平均可达到 0.75，所有的均方根误差 RMSE 均小于 0.04，并且 FAPAR 在研究区域内空间分布均匀。研究证明使用遥感数据同化的耦合模型(PROSAIL+WOFOST)的方法可以准确模拟作物生长期的每日 FAPAR，并实现大面积作物的模拟应用。

Setiyono 等[92]结合 MODIS 和 SAR 数据作为水稻生长模型的输入，通过模型反演精度。研究区域在越南红河三角洲的 8 个主要水稻生产省份，区域的水稻种植是春夏二季，分别为 2 月～6 月和 6 月～10 月初。使用的遥感数据来自 2016 年的 MODIS 和 Sentinel-1，MODIS 使用的产品为植被指数 MOD13Q1 和 MYD13Q1，对应获取了春夏的 Sentinel-1A

的C波段VV和VH极化SAR数据。非遥感数据包括气象、土壤和农业管理数据。气象数据为每日的太阳辐射数据、日最高最低气温和降水数据；土壤数据来自世界土壤排放潜力清单数据集和世界土壤统一数据库；农业管理数据包括作物的种植方法、水管理和氮肥用量等信息。实地数据采集在对应的Sentinel-1A数据获取日期之后，获取水稻样本点用于验证分类生成的水稻分布图和水稻产量。整个产量预测模型流程如下：首先结合MODIS植被指数时序数据获取生长季的开始和高峰；然后基于机器学习算法和PROSAIL模型从MODIS反射率数据中估计LAI；结合Sentinel-1 SAR影像的后向散射系数的时序分布提取水稻面积，并与MODIS水稻像素叠加分析进一步排除影响。为了对比光学MODIS数据与SAR数据在作物模型中的适用性，使用Sentinel-1A时序数据也估算了LAI，具体公式如式(22-36)所示：

$$\mathrm{LAI}=\frac{B+A\left(\ln\left[\dfrac{10^{0.1\sigma^0}-\alpha\cos\theta}{\sigma_G^0-\alpha\cos\theta}\right]\cos\theta/(-2\beta)\right)}{\ln\left[\dfrac{10^{0.1\sigma^0}-\alpha\cos\theta}{\sigma_G^0-\alpha\cos\theta}\right]\cos\theta/(-2\beta)+C} \tag{22-46}$$

式中：σ^0为SAR影像的后向散射系数；α为全封闭冠层的后向散射系数；β为单位冠层水分的衰减系数；σ_G^0为背景的后向散射系数；θ为雷达波束的入射角。

最后耦合遥感数据(MODIS和Sentinel-1的输出)和气象、土壤与农业数据，使用水稻产量估算系统(rice yield estimation system，Rice-YES)进行产量模拟。因为估产模型需要输入遥感反演的LAI，所以先对SAR反演的水稻面积图进行精度评价，评价指标为总体精度、生产者精度、用户角度和Kappa系数；LAI和水稻产量估计的准确性结合实测数据进行检验，评价指标为均方根误差和归一化均方根误差。研究结果表明，SAR数据提取的水稻面积图在2016年的春季和夏季分别具有90.7%和94.7%的总体精度。LAI实测数据与MODIS反演LAI具有较强的一致性，均方根误差在0.11～0.57。将MODIS和SAR数据应用到作物生长模型可以生成精度较高的单产估计值，并充分描述水稻产量的空间分布。研究区域越南红河三角洲地区2016年春夏季模拟结果RMSE分别为0.30和0.46t/hm^2，占总量的5%和8%。

Zhuo等[93]使用时序光学和SAR影像反演土壤水分，输入水云模型以提高冬小麦产量估算的准确性。SAR影像数据来自Sentinel-1卫星C波段数据，光学影像来自Sentinel-2多光谱仪观测，采集了3个时相的数据，覆盖冬小麦的3个主要生长阶段，拔节期、抽穗期和成熟期。研究选择的试验地区在中国河北衡水市的一个冬小麦种植区，并在冬小麦主要生长季节收集遥感和地面数据。研究主要使用4个数据集：WOFOST模型输入数据、多光谱遥感数据、SAR和实测数据(土壤水分和冬小麦产量)。WOFOST模型输入数据包括作物参数、土壤参数和气象数据。作物和土壤数据来自田间测量，气象数据有日最高最低温度、太阳辐射、风速、实际气压和降水量，数据来自中国气象局。反演土壤湿度的水云模型是基于微波遥感辐射传输理论构建的半经验模型，认为SAR后向散射是由土壤、植被和其相互散射构成的，具体公式如下：

$$\sigma_{\mathrm{pq}}^{0}=\sigma_{\mathrm{veg}}^{0}+\sigma_{\mathrm{soil}}^{0} \tag{22-47}$$

$$\sigma_{\mathrm{veg}}^{0}=A\cdot \mathrm{Veg}\cdot \cos\theta(1-\exp(-2B\cdot \mathrm{Veg}\cdot \sec\theta)) \tag{22-48}$$

$$\sigma_{\mathrm{soil}}^{0}=\sigma_{\mathrm{pq\_soil}}^{0}\cdot \exp(-2B\cdot \mathrm{Veg}\cdot \sec\theta) \tag{22-49}$$

式中：$\sigma_{\mathrm{veg}}^{0}$和$\sigma_{\mathrm{soil}}^{0}$为植被和土壤的后向散射；Veg 为作物相关参数，研究中使用多光谱数据反演的 NDVI 表示；θ为雷达入射角；$\sigma_{\mathrm{pq_soil}}^{0}$为土壤的初始后向散射，这里假设$\sigma_{\mathrm{pq_soil}}^{0}$与土壤水分线性相关，$\sigma_{\mathrm{pq_soil}}^{0}=C\cdot \mathrm{SM}+D$。

将上式整合，可以得到最终的土壤湿度估算公式，如式(22-50)所示：

$$\mathrm{SM}=\frac{\left[\dfrac{\sigma_{\mathrm{pq}}^{0}-A\cdot \mathrm{Veg}\cdot \cos\theta(-2B\cdot \mathrm{Veg}\cdot \sec\theta)}{\exp(-2B\cdot \mathrm{Veg}\cdot \sec\theta)}\right]-D}{C} \tag{22-50}$$

将从 Sentinel-2 多光谱数据反演得到的 NDVI 和 Sentinel-1 计算的后向散射系数和极化指标均输入水云模型中，以得到时序土壤湿度影像。为了提高作物估产模型的预测精度，使用集成卡尔曼滤波算法(ensemble kalman filter，EnKF)将遥感土壤水分耦合到 WOFOST 模型中。因为直接使用光学遥感和 SAR 数据反演的土壤水分仅是某几个时相的数据，需要通过集成卡尔曼滤波优化生成连续时序覆盖的土壤湿度数据。总的来说，土壤水分反演与地面实测结果一致，3 个时相的决定系数 R^2 分别为 0.45、0.53 和 0.49，RMSE 分别为 9.16%、7.43%和 8.53%。冬小麦的单产估产结果表明，与未进行数据同化的模型(R^2=0.21，RMSE=1330kg/hm^2)相比，使用遥感土壤水分同化能够改善模拟单产与实测数据的相关性(R^2=0.35，RMSE=934kg/hm^2)。研究结果证明了 Sentinel-1C 波段 SAR 数据和 Sentinel-2 多光谱遥感数据反演土壤水分同化到 WOFOST 模型的实用性，该模型可用于冬小麦单产估计，也可推广到其他类型的作物产量估算。

参 考 文 献

[1] Weiss M, Jacob F, Duveiller G. Remote sensing for agricultural applications: A meta-review. Remote Sensing of Environment, 2020, 236: 111402.

[2] Teluguntla P, Thenkabail P S, Oliphant A, et al. A 30-m landsat-derived cropland extent product of Australia and China using random forest machine learning algorithm on Google Earth Engine cloud computing platform. ISPRS Journal of Photogrammetry and Remote Sensing, 2018, 144: 325-340.

[3] Chen J G, Chen J, Liu H P, et al. Detection of cropland change using multi-harmonic based phenological trajectory similarity. Remote Sensing, 2018, 10(7): 1020.

[4] Zhang Y, Sui B, Shen H O, et al. Estimating temporal changes in soil pH in the black soil region of Northeast China using remote sensing. Computers and Electronics in Agriculture, 2018, 154: 204-212.

[5] Anand A, Krishnan P, Kantharajan G, et al. Assessing the water spread area available for fish culture and fish production potential in inland lentic waterbodies using remote sensing: A case study from Chhattisgarh State, India. Remote Sensing Applications: Society and Environment, 2020, 17: 100273.

[6] Rodríguez-Benito C V, Navarro G, Caballero I. Using copernicus Sentinel-2 and Sentinel-3 data to monitor harmful algal blooms in Southern Chile during the COVID-19 lockdown. Marine Pollution Bulletin, 2020, 161: 111722.

[7] 王庭刚. 基于 GF-2 的近海养殖区遥感监测及环境污染负荷评估. 杭州: 浙江大学, 2019.

[8] Ainley D G, LaRue M A, Stirling I, et al. Apparent decline of Weddell seal numbers along the Northern Victoria Land Coast. Marine Mammal Science, 2015, 31(4): 1338-1361.

[9] Fretwell P T, Staniland I J, Forcada J. Whales from space: Counting southern right whales by satellite. PLOS One, 2014, 9(2): e88655.

[10] Koh L P, Wich S A. Dawn of drone ecology: Low-cost autonomous aerial vehicles for conservation. Tropical Conservation Science, 2012, 5(2): 121-132.

[11] Rodríguez A, Negro J J, Mulero M, et al. The eye in the sky: Combined use of unmanned aerial systems and GPS data loggers for ecological research and conservation of small birds. PLOS One, 2012, 7(12): e50336.

[12] Liu C C, Chen Y H, Wen H L. Supporting the annual international black-faced spoonbill census with a low-cost unmanned aerial vehicle. Ecological Informatics, 2015, 30: 170-178.

[13] Vermeulen C, Lejeune P, Lisein J, et al. Unmanned aerial survey of elephants. PLOS One, 2013, 8(2): e54700.

[14] Watts A C, Perry J H, Smith S E, et al. Small unmanned aircraft systems for low-altitude aerial surveys. The Journal of Wildlife Management, 2010, 74(7): 1614-1619.

[15] de Queiroz T F, Baughman C, Baughman O, et al. Species distribution modeling for conservation of rare, edaphic endemic plants in White River Valley, Nevada. Natural Areas Journal, 2012, 32(2): 149-158.

[16] Sellars J D, Jolls C L. Habitat modeling for Amaranthus pumilus: An application of light detection and ranging (LIDAR) data. Journal of Coastal Research, 2007, 23(5): 1193-1202.

[17] Questad E J, Kellner J R, Kinney K, et al. Mapping habitat suitability for at-risk plant species and its implications for restoration and reintroduction. Ecological Applications, 2014, 24(2): 385-395.

[18] Witharana C, LaRue M A, Lynch H J. Benchmarking of data fusion algorithms in support of earth observation based Antarctic wildlife monitoring. ISPRS Journal of Photogrammetry and Remote Sensing, 2016, 113: 124-143.

[19] Hu J B, Wu X M, Dai M X. Estimating the population size of migrating Tibetan antelopes Pantholops hodgsonii with unmanned aerial vehicles. Oryx, 2020, 54(1): 101-109.

[20] Nielsen S E, Dennett J M, Bater C W. Landscape patterns of rare vascular plants in the lower athabasca region of Alberta, Canada. Forests, 2020, 11(6): 699.

[21] Xia N, Wang Y J, Xu H, et al. Demarcation of prime farmland protection areas around a metropolis based on high-resolution satellite imagery. Scientific Reports, 2016, 6(1): 1-11.

[22] 敖为赳, 陈一帆, 关涛, 等. GF-1 卫星数据在永久基本农田非粮化监测中的应用. 安徽农业科学,

2016, 44(18): 250-255.

[23] Su Y, Qian K, Lin L, et al. Identifying the driving forces of non-grain production expansion in rural China and its implications for policies on cultivated land protection. Land Use Policy, 2020, 92: 104435.

[24] 樊伟, 周甦芳, 沈建华. 卫星遥感海洋环境要素的渔场渔情分析应用. 海洋科学, 2005, 29(11): 67-72.

[25] Lan K W, Shimada T, Lee M A, et al. Using remote-sensing environmental and fishery data to map potential yellowfin tuna habitats in the tropical Pacific Ocean. Remote Sensing, 2017, 9(5): 444.

[26] 田浩, 刘阳, 田永军, 等. 以遥感夜间灯光数据为基础的西北太平洋秋刀鱼渔船识别. 水产学报, 2019, 43(11): 2359-2371.

[27] 王梦茵, 胡启伟. 基于遥感的南海北部夏季上升流对渔业资源的影响. 海南热带海洋学院学报, 2017, 24(2): 22-29.

[28] Ashmitha N M, Mohammed A J, Pazhanivelan S, et al. Estimation of cotton and maize crop area in Perambalur District of Tamil Nadu using multi-date SENTINEL-1A SAR data. International Archives of the Photogrammetry, Remote Sensing and Spatial Information Sciences, New Delhi, 2019, XLII-3/W6: 67-71.

[29] 邓帆, 王立辉, 高贤君, 等. 基于多时相遥感影像监测江汉平原油菜种植面积. 江苏农业科学, 2018, 46(14): 200-204.

[30] 林芳芳, 刘金福, 路春燕, 等. 基于遥感的福建闽侯丘陵区农作物种植面积空间抽样方法. 福建农林大学学报(自然科学版), 2017, 46(6): 678-684.

[31] Potgieter A B, Watson J, Eldridge M, et al. Determining crop growth dynamics in sorghum breeding trials through remote and proximal sensing technologies. 2018 IEEE International Geoscience and Remote Sensing Symposium, Valencia, 2018.

[32] 聂建博, 杨斌. 基于遥感技术的大范围农作物长势监测方法. 计算机仿真, 2020, 37(9): 386-389, 394.

[33] 苏伟, 朱德海, 苏鸣宇, 等. 基于时序 LAI 的地块尺度玉米长势监测方法. 资源科学, 2019, 41(3): 601-611.

[34] 陈水森, 柳钦火, 陈良富, 等. 粮食作物播种面积遥感监测研究进展. 农业工程学报, 2005, 21(6): 166-171.

[35] 吴炳方. 中国农情遥感速报系统. 遥感学报, 2004, (6): 481-497.

[36] 刘珊珊, 牛超杰, 边琳, 等. 基于 NDVI 的水稻产量遥感估测. 江苏农业科学, 2019, 47(3): 193-198.

[37] 朱婉雪, 李仕冀, 张旭博, 等. 基于无人机遥感植被指数优选的田块尺度冬小麦估产. 农业工程学报, 2018, 34(11): 78-86.

[38] 周亮, 慕号伟, 马海姣, 等. 基于卷积神经网络的中国北方冬小麦遥感估产. 农业工程学报, 2019, 35(15): 119-128.

[39] 李永梅, 张立根, 张学俭. 水稻叶片高光谱响应特征及氮素估算. 江苏农业科学, 2017, 45(23): 210-213.

[40] Song X, Feng W, He L, et al. Examining view angle effects on leaf N estimation in wheat using field reflectance spectroscopy. ISPRS Journal of Photogrammetric & Remote Sensing, 2016, 122: 57-67.

[41] 温新. 基于高光谱成像技术的苹果叶片叶绿素和氮素含量分布反演. 济南: 山东农业大学, 2019.
[42] 李露. 基于高光谱反射率数据的冬油菜氮养分诊断. 武汉: 华中农业大学, 2017.
[43] 张红涛, 田媛, 孙志勇, 等. 基于近红外高光谱图像分析的麦粒硬度分类研究. 河南农业科学, 2015, 44(4): 181-184.
[44] 李振海, 杨贵军, 王纪华, 等. 作物籽粒蛋白质含量遥感监测预报研究进展. 中国农业信息, 2018, 30(1): 46-54.
[45] Audebert N, Le Saux B, Lefèvre S. Beyond RGB:Very high resolution urban remote sensing with multimodal deep networks.ISPRS Journal of Photogrammetry and Remote Sensing, 2018, 140: 20-32.
[46] Zhong L H, Hu L, Zhou H.Deep learning based multi-temporal crop classification.Remote Sensing of Environment, 2019, 221: 430-443.
[47] Ji S P, Zhang C, Xu A J, et al. 3D convolutional neural networks for crop classification with multi-temporal remote sensing images. Remote Sensing, 2018, 10(1): 75.
[48] Kussul N, Lavreniuk M, Skakun S, et al. Deep learning classification of land cover and crop types using remote sensing data. IEEE Geoscience and Remote Sensing Letters, 2017, 14(5): 778-782.
[49] 邱鹏勋, 汪小钦, 茶明星, 等. 基于 TWDTW 的时间序列 GF-1 WFV 农作物分类. 中国农业科学, 2019, 52(17): 2951-2961.
[50] 赵红伟, 陈仲新, 姜浩, 等. 基于 Sentinel-1A 影像和一维 CNN 的中国南方生长季早期作物种类识别. 农业工程学报, 2020, 36(3): 169-177.
[51] 马艳敏, 郭春明, 李建平, 等. 卫星遥感技术在吉林旱涝灾害监测与评估中的应用. 干旱气象, 2019, 37(1): 159-165.
[52] 焦伟, 陈亚宁, 李稚. 西北干旱区植被净初级生产力的遥感估算及时空差异原因. 生态学杂志, 2017, 36(1): 181-189.
[53] Singha M, Dong J, Sarmah S, et al. Identifying floods and flood-affected paddy rice fields in Bangladesh based on Sentinel-1 imagery and Google Earth Engine. ISPRS Journal of Photogrammetry and Remote Sensing, 2020.
[54] 刘丹. 基于遥感的东北地区水稻延迟型冷害动态监测. 第34届中国气象学会年会 S4 重大气象干旱成因、物理机制、监测预测与影响, 郑州, 2017.
[55] 赵哲文. 陕甘宁三省(区)玉米低温冷害风险评估、遥感监测与损失评估研究. 杭州: 浙江大学, 2018.
[56] 黄文江, 师越, 董莹莹, 等. 作物病虫害遥感监测研究进展与展望. 智慧农业, 2019, 1(4): 1-11.
[57] 郭仲伟, 吴朝阳, 汪箫悦. 基于卫星遥感数据的森林病虫害监测与评价. 地理研究, 2019, 38(4): 831-843.
[58] 王利民, 刘佳, 邵杰, 等. 基于高光谱的春玉米大斑病害遥感监测指数选择. 农业工程学报, 2017, 33(5): 170-177.
[59] 袁琳, 包志炎, 田静华, 等. 基于连续小波分析的小麦病虫害光谱区分研究. 地理与地理信息科学, 2017, 33(1): 28-34, 2.
[60] Hunt Jr E R, Daughtry C S T. What good are unmanned aircraft systems for agricultural remote sensing and precision agriculture. International Journal of Remote Sensing, 2018, 39(15-16): 5345-5376.
[61] Khanal S, Fulton J, Shearer S. An overview of current and potential applications of thermal remote sensing in precision agriculture. Computers and Electronics in Agriculture, 2017, 139: 22-32.

[62] Chlingaryan A, Sukkarieh S, Whelan B. Machine learning approaches for crop yield prediction and nitrogen status estimation in precision agriculture: A review. Computers and Electronics in Agriculture, 2018, 151: 61-69.

[63] 刘焕军, 邱政超, 孟令华, 等. 黑土区田块尺度遥感精准管理分区. 遥感学报, 2017, (3).

[64] Chen Z X, Li F. Mapping plastic-mulched farmland with C-Band full polarization SAR remote sensing data. Remote Sensing, 2017, 9(12): 1264.

[65] 刘焕军, 武丹茜, 孟令华, 等. 基于 NDVI 时间序列数据的施肥方式遥感识别方法. 农业工程学报, 2019, 35(17): 162-168.

[66] 魏鹏飞, 徐新刚, 李中元, 等. 基于无人机多光谱影像的夏玉米叶片氮含量遥感估测. 农业工程学报, 2019, 35(8): 126-133, 335.

[67] 于丰华, 曹英丽, 许童羽, 等. 基于高光谱遥感处方图的寒地分蘖期水稻无人机精准施肥. 农业工程学报, 2020, 36(15): 103-110.

[68] 易珍言. 遥感技术在灌溉管理中的应用研究. 兰州: 兰州交通大学, 2014.

[69] Mendes W R, Araújo F M U, Dutta R, et al. Fuzzy control system for variable rate irrigation using remote sensing. Expert Systems with Applications, 2019, 124: 13-24.

[70] Morel J, Todoroff P, Bégué A, et al. Toward a satellite-based system of sugarcane yield estimation and forecasting in smallholder farming conditions: A case study on Reunion Island. Remote Sensing, 2014, 6(7): 6620-6635.

[71] Yao F M, Tang Y J, Wang P J, et al. Estimation of maize yield by using a process-based model and remote sensing data in the Northeast China Plain. Physics and Chemistry of the Earth, Parts A/B/C, 2015, 87: 142-152.

[72] Jin X L, Yang G J, Xu X G, et al. Combined multi-temporal optical and radar parameters for estimating LAI and biomass in winter wheat using HJ and RADARSAR-2 data. Remote Sensing, 2015, 7(10): 13251-13272.

[73] Huang J X, Ma H Y, Su W, et al. Jointly assimilating MODIS LAI and ET products into the SWAP model for winter wheat yield estimation. IEEE Journal of Selected Topics in Applied Earth Observations and Remote Sensing, 2015, 8(8): 4060-4071.

[74] Chakrabarti S, Bongiovanni T, Judge J, et al. Assimilation of SMOS soil moisture for quantifying drought impacts on crop yield in agricultural regions. IEEE Journal of Selected Topics in Applied Earth Observations and Remote Sensing, 2014, 7(9): 3867-3879.

[75] Kross A, McNairn H, Lapen D, et al. Assessment of RapidEye vegetation indices for estimation of leaf area index and biomass in corn and soybean crops. International Journal of Applied Earth Observation and Geoinformation, 2015, 34: 235-248.

[76] He L I, Chen Z X, Jiang Z W, et al. Comparative analysis of GF-1, HJ-1, and Landsat-8 data for estimating the leaf area index of winter wheat. Journal of Integrative Agriculture, 2017, 16(2): 266-285.

[77] Wei C W, Huang J F, Mansaray L R, et al. Estimation and mapping of winter oilseed rape LAI from high spatial resolution satellite data based on a hybrid method. Remote Sensing, 2017, 9(5): 488.

[78] Jin X L, Li Z H, Yang G J, et al. Winter wheat yield estimation based on multi-source medium resolution optical and radar imaging data and the AquaCrop model using the particle swarm optimization algorithm.

ISPRS Journal of Photogrammetry and Remote Sensing, 2017, 126: 24-37.

[79] Yuzugullu O, Erten E, Hajnsek I. Estimation of rice crop height from X-and C-band PolSAR by metamodel-based optimization. IEEE Journal of Selected Topics in Applied Earth Observations and Remote Sensing, 2016, 10(1): 194-204.

[80] Hosseini M, McNairn H. Using multi-polarization C-and L-band synthetic aperture radar to estimate biomass and soil moisture of wheat fields. International Journal of Applied Earth Observation and Geoinformation, 2017, 58: 50-64.

[81] Guillén-Climent M L, Zarco-Tejada P J, Berni J A J, et al. Mapping radiation interception in row-structured orchards using 3D simulation and high-resolution airborne imagery acquired from a UAV. Precision Agriculture, 2012, 13(4): 473-500.

[82] Verger A, Vigneau N, Chéron C, et al. Green area index from an unmanned aerial system over wheat and rapeseed crops. Remote Sensing of Environment, 2014, 152: 654-664.

[83] Díaz-Varela R A, De la Rosa R, León L, et al. High-resolution airborne UAV imagery to assess olive tree crown parameters using 3D photo reconstruction: Application in breeding trials. Remote Sensing, 2015, 7(4): 4213-4232.

[84] Jin X L, Liu S Y, Baret F, et al. Estimates of plant density of wheat crops at emergence from very low altitude UAV imagery. Remote Sensing of Environment, 2017, 198: 105-114.

[85] Clevers J G P W, Kooistra L, Van den Brande M M M. Using Sentinel-2 data for retrieving LAI and leaf and canopy chlorophyll content of a potato crop. Remote Sensing, 2017, 9(5): 405.

[86] Kumar P, Prasad R, Gupta D K, et al. Estimation of winter wheat crop growth parameters using time series Sentinel-1A SAR data. Geocarto International, 2018, 33(9): 942-956.

[87] Bendig J, Yu K, Aasen H, et al. Combining UAV-based plant height from crop surface models, visible, and near infrared vegetation indices for biomass monitoring in barley. International Journal of Applied Earth Observation and Geoinformation, 2015, 39: 79-87.

[88] Gnyp M L, Bareth G, Li F, et al. Development and implementation of a multiscale biomass model using hyperspectral vegetation indices for winter wheat in the North China Plain. International Journal of Applied Earth Observation and Geoinformation, 2014, 33: 232-242.

[89] 卢必慧, 于堃. 遥感信息与作物生长模型同化应用的研究进展. 江苏农业科学, 2018, 46(10): 9-13.

[90] Jin X L, Kumar L, Li Z H, et al. A review of data assimilation of remote sensing and crop models. European Journal of Agronomy, 2018, 92: 141-152.

[91] Zhou G X, Liu M, Liu X N, et al. Combination of crop growth model and radiation transfer model with remote sensing data assimilation for Fapar Estimation. 2018 IEEE International Geoscience and Remote Sensing Symposium, Valencia, 2018.

[92] Setiyono T D, Quicho E D, Gatti L, et al. Spatial rice yield estimation based on MODIS and Sentinel-1 SAR data and ORYZA crop growth model. Remote Sensing, 2018, 10(2): 293.

[93] Zhuo W, Huang J X, Li L, et al. Assimilating soil moisture retrieved from Sentinel-1 and Sentinel-2 data into WOFOST model to improve winter wheat yield estimation. Remote Sensing, 2019, 11(13): 1618.

第23章 遥感在水利方面的应用

水是一切生命的源泉，是人类生活和生产活动中必不可少的物质。水利即是人类为了生存和发展的需要，采取各种措施，对自然界的水和水域进行控制和调配，以防治水旱灾害，开发利用和保护水资源。作为水土流失最为严重的国家之一，我国的水利问题众多，洪灾旱灾发生范围广、频次高，水资源监测受限于复杂多样的地貌。1980年，水利部遥感技术应用中心的成立是我国的水利遥感建设开始的标志。根据中国科学院卫星地面站的统计数据，2005年的全国十大遥感数据用户中包括了长江水利委员会、黄河水利委员会和海河水利委员会等水利部门，可见当时遥感技术就已经在水利行业发挥了重要作用。在水利领域，遥感技术已被广泛应用于流域洪涝灾害和旱情的监测与评估、水资源开发与生态及环境监测评估、水土流失监测与评价、水环境监测以及国际河流动态监测等。

23.1 水资源的合理开发利用

水资源是指地球上具有一定数量和可用质量能从自然界获得补充并可资利用的水。我国是一个干旱缺水严重的国家，我国的人均水资源量只有2300m^3，仅为世界平均水平的1/4，是全球人均水资源最贫乏的国家之一。因此水资源的监测与保护对我国的经济发展人民生活具有极其重要的战略意义。本书将介绍遥感技术在流域综合规划、水资源调度、水资源保护及地下水资源开发方面的应用。

23.1.1 江河湖泊流域综合规划

流域综合规划，是以江河流域为范围，研究以水资源的合理开发和综合利用为中心的长远规划。遥感影像能对水域面积和涉水违法占用开展动态监测，为江河湖泊的信息化管理提供准确的基础资料，为各级水利部门进行流域岸线动态监管、定期开展水面变化监测和水利基本现代化进程考核等流域综合规划提供基础数据。

为了掌握近几十年武汉市湖泊的时空变化规律，马建威等[1]基于多源遥感数据，对1973～2015年武汉市的湖泊分布进行提取。为了保证不同时期湖泊提取结果的可比性，选择枯水期(每年10月～12月)的遥感数据，且遥感数据的时相尽量相近，采用的数据包括1984～2015年LandSat MSS、TM、OLI系列数据。该研究采用基于NDWI和面向对象分割相结合的水体提取，具体流程为：对于LandSat-1和LandSat-3数据，选择绿、红、近红外1、近红外2共4个波段进行波段组合，对于LandSat5、LandSat-7和LandSat-8，选择蓝、绿、红、近红外4个波段进行波段组合；根据光谱、形状等信息进行面向对象分割；以分割后的图像为基础，选择绿和近红外波段计算NDWI；根据影像内的湖泊水体特征，设置合理的阈值，进行湖泊水体的提取。对1973～2015年武汉市的湖泊分布的提取结果，结合武汉市气象资料和统计年鉴进行分析。实验结果表明，1973～2015年，武汉市年降水量呈现略增加的趋势，年平均气温则有一定的增加趋势；而在1990年之后，武汉市人口的增加、城镇的快速发展及房地产开发导致了大量的湖泊被侵占；气候变化和人类活动共同导致了武汉市的湖泊水域面积减少，其中人类活动是其变化的主要因素，采用多源、高分辨率卫星遥感技术，能够提高湖泊水域监测精度与频次，及时发现侵占湖泊水域面积的违法行为，为水资源的保护和合理规划提供科学依据。

张磊等[2]以内蒙古海勃湾水库为研究区域，采用2016年10月12日Landsat-8影像对库区水深进行反演。该研究首先使用声学多普勒流速剖面仪连续实测水深数据，将落在同一影像像元的水深数据的平均值及中值分别表征各像元的水深值。通过表征水深值与各波段组合的相关性选取水深反演因子，建立线性、二次、指数3种形式15组双波段模型与5组不同个数反演因子的多波段模型，使用未参与建模的检查点样本进行模型精度检验，通过检验结果进行模型比对。结果表明：Landsat-8中波段B4红色波段对该区域水深的响应最大，包含B4波段信息的波段组合与表征水深的相关性较高；多波段反演模型的反演精度最高，反演因子个数越多，对样本的解释程度越高，但对水深较浅或水深较深处反演效果较差；泥沙含量与靠近陆地对反演结果有明显影响，结合遥感周期短、成本低的特点，在一定程度上可以应用于实际。

湖底地形数据是湖泊流域规划与治理、湖区冲淤变化研究、水资源利用和生态环境保护的重要基础。隆院男等[3]提出基于遥感影像快速获取湖底地形数据的方法，利用湖泊淹没区域快速变化的特点获取湖底地形，首先利用水体指数，分离当日水体和湖区边界并转化为边界点；然后基于控制水文站点分布情况及当日水位数据，利用趋势面分析法及克里金插值法对当日湖区水面趋势进行模拟，将拟合的水面趋势与当日湖区边界点叠加，计算湖区边界点水位值，得到当日带有高程值的边界点，利用年内多日遥感影像可获取大量高程点，经过插值得到湖底地形。该研究以洞庭湖为研究对象，采用Landsat和MODIS系列遥感影像提取湖区边界，基于趋势面分析法和克里金插值法，反演湖区边界各点对应的水位，将带有水位信息的边界点作为高程点实现湖底地形反演。研究结果表明，克里金法的反演精度优于趋势面分析法，交叉验证的误差标准平均值在0.2m以内，水位样本点分布较多处，基于克里金法的地形反演绝对误差在1m以内，采用遥感影像和水位数据，结合边界提取和水位反演方法可以有效获取洞庭湖湖底地形，结果较可靠且操作周期短。

23.1.2 水资源调度及水量分配

目前我国较大规模的水资源调度及水量分配工程为南水北调工程。南水北调工程主要解决我国北方地区，尤其是黄淮海流域的水资源短缺问题。供水区域控制面积达145万km^2，约占中国陆地面积的15%。南水北调工程共有东线、中线和西线三条调水线路，通过三条调水线路与长江、黄河、淮河和海河四大江河的联系。南水北调中线工程、南水北调东线工程（一期）已经完工并向北方地区调水，西线工程尚处于规划阶段。遥感技术能够针对主要供水区水质遥感监测、工程沿线工业面源污染遥感监测，三线工程沿线及供水区和受水区的周边生态环境动态变化遥感监测等，为南水北调工程顺利进行提供科技支撑和服务。

王志杰等[4]以位于南水北调中线工程水源地的汉中市为研究对象，基于遥感和 GIS 技术，采用“压力—状态—响应”评价模型框架，利用空间主成分分析方法对汉中市生态脆弱性进行定量评价。该研究选取 10 个指标表征生态脆弱性，分为正向指标和逆向指标，正向指标表示指标值越大，生态脆弱性程度越高，逆向指标表示指标值越大，生态脆弱性程度越低，正向指标包括人口密度、坡度、海拔、地形起伏度、年均气温和年均降水，逆向指标包括 NDVI 和人均 GDP，土壤侵蚀强度和土地利用/覆被类型为定性指标，按照分等级赋值法对指标因子进行量化赋值，然后将评价指标体系中设定的人口密度、人均 GDP、年均降水量、年均气温、地形起伏度、土壤侵蚀强度、坡度、海拔、NDVI 和土地利用/覆被类型等因子进行空间主成分分析，构建汉中市生态脆弱性指数计算公式：

$$\mathrm{EVI} = 0.3396P_1 + 0.2762P_2 + 0.1199P_3 + 0.1052P_4 + 0.0675P_5 \tag{23-1}$$

式中：EVI 为生态脆弱性指数；P_1～P_5 分别为原始空间变量进行主成分提取的前 5 个主成分因子。

5 个主因子累计贡献率达到 90%以上。前 5 个主成分因子中原始变量的贡献反映了汉中市生态脆弱性特征驱动力：第 1 主成分中年均气温和年均降水量贡献最大；第 2 主成分中年均气温的贡献较大；第 3 主成分中人均 GDP 的贡献远大于其他指标；第 4 主成分中土壤侵蚀强度的贡献较大；第 5 主成分中海拔的贡献最大，即年均气温、年均降水、人均 GDP、土壤侵蚀强度和海拔等构成汉中市生态脆弱性形成的驱动因子。

结果表明，汉中市生态脆弱性指数标准化平均值为 5.21±1.41，整体处于中度偏高脆弱水平，汉中市作为南水北调中线水源地，其生态环境的质量直接决定着区域社会经济发展和调水工程的有效运行，确保汉中市社会经济与生态环境可持续发展，才能保障南水北调中线工程的水源安全及调水工程的长效安全运行。

丹江口水库是南水北调中线工程的水源地，其水量的动态变化研究，对指导水库水量管理有重要意义。殷杰[5]以丹江口水库为研究对象，提出水库水量估算方法，首先根据库底地形分布特征，将丹江口水库分成主库区、西库区、北库区三个部分，利用 NDVI 提取丹江口水库水体信息；丹江口水库主库区属于典型的湖泊型水库，将提取的主库区面状水域的边界处理成闭合的水域边界，水域边界线在垂直方向上投影到库区 DEM 上，得到沿库区 DEM 表面的交线，求取交线上所有栅格单元高程的平均值，作为闭合水域线围成水面的平均水位，与模拟水体底部的库底 DEM 叠加，形成封闭的几何体，计算该几何体所包容的最大体积即为主库区库容；西库区和北库区属于河道型水库，其上部与下部的水位落差较大，难以找到水位均一的平面去拟合实际的水库水面，在获取水域边界线与库区 DEM 交线后，将交线分割成长度为 150m 的线段，取线段中点，建立间距为 150m 的观测点序列，对观测点序列使用克里金插值法，得到西、北库区水域范围内水面的模拟高程表面，与模拟水体底部的库底 DEM 叠加，形成封闭的几何体，计算几何体所包容的最大体积即为西、北库区库容；为保证自流灌溉、航运通畅、发电等，水库设定了正常运行的最低水位，据官方发表数据显示，丹江口水库死水位是 140m，相应库容为低库容 76.5 亿 m^3，将主库区、西库区、北库区水量相加，得到水库的蓄水量。该研究分析丹江口水库水量的在 17 年间的动态变化过程，研究表明库容变化呈现出明显的季节性变化，南水北调中线一期工程通水后，丹江口水库库容呈逐步增加趋势，平均库容相比调水前增加 5.01 亿 m^3，对于水库水量动态监测，确保水库效益的可持续性发展具有重要意义。

地下水的过度开采在北京造成严重的地面沉降，自南水北调中线于 2014 年 12 月开始向北京输送水源以来，地下水短缺得到极大缓解。Lyu 等[6]分析南水北调工程对北京土地沉降时空演变的影响。该研究使用 Envisat ASAR(2004～2010)，Radarsat-2(2011～2014) 和哨兵一号 (2015～2017) 数据，使用永久散射体合成孔径雷达干涉测量方法(persistent scatterer interferometric synthetic aperture radar，PS-InSAR) 确定陆地表面位移率和时间序列位移并通过水准测量对地面沉降结果进行验证。实验结果表明，PS-InSAR 测量值与水准测量值结果非常吻合，R^2 大于 0.96，RMSE 小于 5.5mm/a。自南水北调工程通水开始，北京地区的用水情况得到缓解，地下水位下降速度降低，地面沉降情况得到缓解，同时严格的水管理和地面沉降控制有关的政府政策的实行，也有助于减少地下水的泵送，因此有助于控制地面沉降的发展。

23.1.3 水资源保护

水资源保护主要面临水污染和水资源短缺问题。遥感技术在水资源保护方面的应用主要集中在水质检测方面。主要水质参数包括 Chl-a、CDOM、Secchi 盘深度 (Secchi disk depth，SDD)、浊度、总悬浮沉积物 (total suspended solids，TSS)、水温 (WT)、总磷 (total phosphorus，TP)、总氮 (total nitrogen，TN)、溶解氧 (dissolved oxygen，DO)、生化需氧量 (biochemical oxygen demand，BOD) 和化学需氧量 (chemical oxygen demand，COD) 等。相较于传统实验室采样检测以点代面的方式，遥感手段能够大尺度、持续、及时分析出污染源及与污染物的迁移特性，主要包括物理方法，经验方法和半经验方法三种。

朱云芳等[7]利用 GF-1 卫星 WFV4 结合 BP 神经网络探究太湖叶绿素 a 浓度监测的可行性。该实验以太湖流域为研究对象，获取实时地面采样数据；利用原始波段及对数处理后的 4 个波段做组合后计算与叶绿素 a 浓度的 Person 相关系数，最终选择 b4/b3、b4/b2、b4/b1、b4/(b1+b2+b3) 作为 BP 神经网络的输入层建立神经网络模型。实验结果表明，BP 神经网络模型预测值与实测值之间的可决系数为 0.9680，均方根误差 RMSE 为 7.6068，平均相对误差为 6.75%，并将经过水体掩膜的 GF-1 WFV4 影像用于训练好的 BP 神经网络反演太湖叶绿素 a 浓度分布，验证了采用 BP 神经网络模型对 GF-1 WFV4 影像进行太湖叶绿素 a 浓度反演的可行性。

许芬等[8]以海南三亚赤田水库为例，开展基于“源-汇”景观的非点源污染风险遥感识别与评价分析。“源-汇”景观理论中，“源”景观类型对污染物产生促进作用，“汇”景观类型对污染物产生阻碍作用。首先利用随机森林算法从 GF-1 影像分类提取水源地不同类型景观分布信息，将流域内景观类型分为耕地、园地、居住用地、建设用地、水产养殖、有林地、草地、水体和未利用地；将遥感分类结果中对污染起推动作用的类型归为“源”，如耕地、园地等；将遥感分类结果中对污染起截留、阻碍作用的类型归为“汇”，如草地、有林地等；按照景观类型的面积及不同景观类型的污染权重计算出为总氮、总磷、氮磷总体的污染负荷：

$$\mathrm{LCI_N} = \sum_{i=1}^{n} W_{i\mathrm{N}} \cdot S_i - \sum_{j=1}^{n} W_{j\mathrm{N}} \cdot S_j \tag{23-2}$$

$$\mathrm{LCI_P} = \sum_{i=1}^{n} W_{i\mathrm{P}} \cdot S_i - \sum_{j=1}^{n} W_{j\mathrm{P}} \cdot S_j \tag{23-3}$$

$$\mathrm{LCP_{NP}} = \mathrm{LCP_N} - \mathrm{LCP_P} \tag{23-4}$$

式中：$\mathrm{LCP_N}$、$\mathrm{LCP_P}$、$\mathrm{LCP_{NP}}$ 分别为总氮、总磷、氮磷总体的污染负荷；i 为“源”景观的种类数；$W_{i\mathrm{N}}$、$W_{i\mathrm{P}}$ 分别为“源 i ”排放总氮、总磷的权重；S_i 为“源 i ”景观类型在单位子流域所占的面积比例；j 为“汇”景观的种类数；$W_{j\mathrm{N}}$、$W_{j\mathrm{P}}$ 分别为“汇 j ”排放总氮、总磷的权重系数；S_j 为“汇 j ”景观类型在单位子流域所占的面积比例。

结合景观空间“源-汇”污染负荷风险指数计算出的各个子流域的产污风险大小，将地形因子、距河道距离因子纳入非点源污染风险指数的计算，基于非点源污染风险评价指数，评价各子流域单元的非点源污染风险，公式如下：

$$\mathrm{NPPRI}_m = \mathrm{LCI}_{m\mathrm{NP}} \cdot \left(1 + \frac{\mathrm{Slope}_m}{\mathrm{Slope_{max}}}\right) \cdot \left(1 - \frac{\mathrm{Distance}_m}{\mathrm{Distance_{max}}}\right) \tag{23-5}$$

式中：$\mathrm{LCI}_{m\mathrm{NP}}$ 为子流域 m 的氮磷总体污染负荷；Slope_m 为子流域 m 的坡度；$\mathrm{Distance}_m$ 为子流域 m 的河道成本距离；NPPRI_m 表示第 m 个子流域的非点源污染风险指数。

非点源污染风险指数的大小代表污染风险的高低，以此来划分高污染风险区和低污染风险区。

实验结果表明：一方面，流域非点源污染风险总体较低，“汇”景观占主导作用的子流域占整个区域的 76.50%；污染风险呈现东高西低的特点，极高风险区主要分布于以居住用地、建设用地等“源”景观类型为主的流域东南部区域；另一方面，基于坡度因子的“源”“汇”景观污染负荷之比值大于 1，“源”景观在低坡度区域分布范围广，景观布局较合理。基于遥感与“源-汇”景观指数计算是一种快速、客观、有效的饮用水源地的非点源污染风险识别与评价方法。

Ghebreyesus 等[9]利用遥感数据调查阿拉伯联合酋长国（阿联酋）阿尔艾因流域储水变化的可行性。该实验研究该流域的扎克尔湖和湖边的废水处理厂排水量的相关性，利用 Landsat7 和 8 号卫星图像对湖区进行时序面积监测，使用 15m 分辨率 DEM 来确定不同日期的湖泊深度，通过将湖泊面积乘以从 DEM 获得的湖泊深度来计算扎克尔湖中的水量。此外利用重力恢复和气候实验（the gravity recovery and climate experiment，GRACE）图像估计整个流域的储水异常情况。实验结果表明，GRACE 异常值持续呈负值，研究区域内的水存储量从 2008 年开始显著下降，表明该地区的地下水资源在过去十年中被过度开采，与当地机构报告的用水量一致；扎克尔湖湖泊体积曲线与湖边的废水处理厂排水量曲线几乎相同，两条曲线的峰值存在大约 1 年的滞后期，表明从废水处理厂排放的水可能需要 1 年才能到达地下水位，并最终影响湖泊中的水量。该研究的结果证实了遥感数据在缺乏地面观测区域的水资源方面的可靠性。

23.1.4 地下水资源开发管理

我国地下水分布区域性差异显著。北方地区（15 个省、区）总面积约占全国面积的60%，地下水资源量约占全国地下水资源总量的 30%，但地下水开采资源约占全国地下水开采资源量的 49%。地下水是十分珍贵的自然资源，同时也是重要的战略物资,在保障城乡居民生活、支持经济社会可持续发展和维护生态平衡等方面都具有十分重要的作用。尤其是在地表水资源缺乏的地区，地下水更是具有不可替代的作用。地下水遥感监测的依据是地下水与地表水、植被、土壤水分和温度等遥感信息的相关性，通过分析遥感图像上与地下水有关的地表信息，可以了解地下水状况。

尹涛等[10]利用遥感对黄河三角洲地区植被生长旺盛期地下水埋深进行反演研究，采用一元和多元线性回归建模方法，确定反演指标，比较遥感指标反演法与地学和遥感相结合的 2 种反演模型。研究资料主要包括 4 部分：黄河三角洲地区 18 个地面观测站 2004～2007 年的观测数据；MODIS NDVI 合成产品、LST 合成产品及 TVDI；Landsat7 ETM+影像；90m 分辨率 DEM 高程数据。将对数计算后的 NDVI、指数运算后的夜晚 LST、指数运算后的夜晚 TVDI 作为地下水埋深反演的敏感遥感指标，记为记录集{A}，并将该数据集与地下水埋深进行多元线性回归分析构成遥感监测模型；归一化观测点距黄河的距离（H_1）和观测点周围水体密度（ρ）,而归一化观测点距海岸线的距离（H_2）和 DEM 作为地学要素法敏感指标，记为记录集{B}；综合运用地学要素分析法和遥感监测相结合的方法，将遥感指标{A}与地学要素指标{B}作为自变量与地下水埋深进行多元线性分析，并用其他年份的数据对模型的适用性进行检验。实验得出结论：仅用遥感指标建立的地下水埋深预测模型的决定系数 R^2 为 0.496，引入地学参数后模型 R^2 平均值增加到 0.791。遥感和地学指标相结合的方法可以更准确地反演植被生长旺盛期研究区的地下水埋深分布状况。

管文轲等[11]对塔里木河中游沙漠化地区地下水位遥感监测，探讨沙漠化地区地下水位的分布状况及其对沙漠植被的影响，为塔里木河流域生态环境保护提供科学依据。该研究表明塔里木河中游沙漠化地区光照强烈，在一定程度上可以忽略植被对反射率的影响，可以把像元反射率看成是纯土壤反射率，因此能通过土壤水分的遥感反演监测地下水位。该研究选取 2008 年 8 月的 MODIS 数据，地面实测数据是采集于同月份的 81 个样点，收集气象站 2008 年 6 月～8 月的气象数据，以及研究区内机井的经纬度、高程、静水位埋深及水位等数据。构建遥感数据反演土壤水分一元线性回归公式：

$$M = -0.2706B_7 + 0.1396 \tag{23-6}$$

式中：M 为土壤含水量；B_7 为 MODIS 第 7 波段的反射率。

在实地考察塔里木河中游区域的地下水位、土壤水分和其他辅助资料的基础上，通过建立土壤水分和地下水位的线性方程，提出在土壤中存在毛细管补给条件时，简便、有效的监测沙漠化地区地下水埋深的监测模型：

$$H = D + H_m = \frac{M_{\max}^2 - M_d^2}{M_{\max}^2 - M_{\min}^2} \tag{23-7}$$

式中：H 为地下水位埋深(m)；D 为监测土壤水分的有效深度；H_m 为从地下水-土壤接触面地下水能上升到毛细管的高度；$M_{\max}$、$M_{\min}$ 为土壤水分的最大值和最小值；M_d 为 d 深处土壤水分含量(%)。

该研究利用塔河中游沙漠化地区进行实地验证，模型反演地下水位和实测地下水位之间的相关系数为 0.8969，表明在较大范围且地下水埋深不大于 6m 的沙漠化地区，利用 MODIS 多波段遥感模型监测并评价地下水位埋深的空间分布是可行的。

Das 等[12]联合应用遥感技术和层次分析法划定西孟加拉邦的普如里亚地区的地下水潜力区。该研究使用印度政府提供的地质、坡度、线状密度、土壤、降雨等调查信息，结合 Landsat 8 影像获取的土地利用，土地覆盖构成地下水潜力影响因子，并通过分析层次过程(analytic hierarchy process，AHP)的对偶比较矩阵进行等级排序后计算出其归一化权重，将所有专题图层整合后，计算出地下水位指数，通过地理信息系统加权叠加模型编制地下水潜力图。

$$\begin{aligned} \mathrm{GWPI} = {} & (\mathrm{GE}_w \cdot \mathrm{GE}_{wi}) + (\mathrm{SL}_w \cdot \mathrm{SL}_{wi}) + (\mathrm{LD}_w \cdot \mathrm{LD}_{wi}) + (\mathrm{LU}_w \cdot \mathrm{LU}_{wi}) \\ & + (\mathrm{ST}_w \cdot \mathrm{ST}_{wi}) + (\mathrm{RF}_w \cdot \mathrm{RF}_{wi}) + (\mathrm{GF}_w \cdot \mathrm{GF}_{wi}) \end{aligned} \tag{23-8}$$

式中：GWPI 指地下水位指数；GE 代表地质；SL 代表坡度；LD 代表线状密度；LU 代表土地利用；ST 代表土壤质地；RF 代表降雨量；GF 代表地下水波动；下标 w 和 wi 分别指每个专题图的归一化权重和专题图的单个影像因子的归一化权重。

研究区被划分为三个不同的地下水潜力区(高、中、低)。整个普如里亚地区中，22.55%地区属于高潜力区，60.92%属于中度潜力区，16.53%属于低潜力区。将实验的地下水潜力区与地下水产量数据进行验证，14 个验证点中有 10 个点与预期地下水潜力等级吻合，有助于决策者制定有效的地下水研究区域规划。

23.2　水文水资源管理

水文与水资源管理系统研究水资源的分布、形成、演化，兼顾岩土工程和环境工程等，并将其应用于水信息的采集和处理；水资源的规划与开发、评价与管理，水利工程的勘察、设计、施工；流域生态建设、岸线保护的监测、评价和治理等。人工勘测水文资源易受到恶劣天气的影响，采集工作具有一定危险性，无法全天候观测，得到的数据也不够完善。使用遥感技术可以避免人工勘测的缺点，遥感技术使用不受地域限制，可以提高水文资源研究水平。本书将介绍遥感在水资源承载能力、水利设施及岸线管理、流域生态保护与修复及水利工程建设与运行管理等方面起到的重要作用。

23.2.1　水资源承载能力

水资源是自然资源的重要组成部分，其对经济社会发展的承载能力是衡量人地关系协调程度和区域可持续发展水平的重要标尺。水资源承载能力指的是某一地区的水资源，在一定社会历史和科学技术发展阶段，在不破坏社会和生态系统时，最大可承载(容纳)的农业、工业、城市规模和人口的能力，因此开展水资源承载力监测、管理、预警等研究，可以为有效调控区域水资源环境压力提供科技支撑。

高洁等[13]以西藏自治区为例，开展水土资源承载力监测预警研究。从西藏自治区水土资源利用现状出发，构建了由 1 个目标层、2 个指标层、4 个要素层、11 个监测预警指标组成的水土资源承载力监测预警指标体系，利用了多个统计数据、监测数据、MODIS 的 NDVI 合成产品 MODNDI1M 和草地范围数据。首先兼顾资源、环境和生态属性，构建包括水资源、水环境、生产性用地及生态用地在内的区域水土资源承载力监测预警指标体系，然后基于国际、国家、行业标准、规定或相关研究结果，设定不同指标的关键阈值，进而从高到低依次划分出红色、橙色、黄色三个预警等级。在此基础上选取 2005～2014 年作为研究时段，利用层次分析法和专家打分法确定指标权重，对构建的西藏自治区水土资源承载力监测预警指标体系进行实证分析。研究发现，水功能区水质达标率、人均粮食产量、人均耕地面积和草地退化程度等指标的变化对区域水土资源承载力影响较为明显；区域水土资源综合承载力 10 年间呈上升趋势，由橙色预警区间降至蓝色预警区间，西藏自治区水土资源承载状况有所好转。

刘晓等[14]利用 GRACE 卫星数据反演水量，采用生态服务评估方法计算各县市水资源承载水平与水资源承载力。水资源承载水平是在一定的技术和管理水平下，区域水资源系统承载的人类发展水平，而水资源承载力是水资源承载水平的稳定最大值，即一定的技术和管理水平下，区域水资源系统能稳定承载的人类最大发展水平，二者之间的区别在于水资源承载力是一个具有一定条件限定下的最值。该研究数据来源于 2003 年和 2010 年江西省统计年鉴、2010 年中国统计年鉴，以及 GRACE 卫星反演数据。采用 GRACE 卫星数据反演水量，计算 2010 年相对于 2003 年水资源量的年均变化及相对于 2003 年的年均水资源，计算 2010 年水资源量最高与最低时的水位差，得到的水资源量及水资源更新量；采用生态服务评估方法计算各县市水资源承载水平与水资源承载力。选取鄱阳湖区 11 个县市为研究区域，并对鄱阳湖区 2010 年水资源承载情况进行评价。

张铭[15]选取陕西省作为研究区域，将降水量与气温数据联合 GRACE 重力卫星数据和 GLDAS 水文模型反演并分析了陕西省陆地水储量、地表水储量以及地下水储量的时空变化。首先对 GRACE 重力卫星数据中存在的条带误差，使用滤波半径 300km 的扇形滤波结合去相关滤波保留有效信号同时去除误差；利用 GRACE 反演的陆地水储量和陆地水文模型 GLDAS-NOAH 数据反演的地表水储量，结合降水与气温数据，进行时间和空间变化的特征分析，将二者水储量差值与实测地下水等效水位高进行验证；使用主成分分析法分析陕西省水资源承载力，表明以人口数量、经济发展为代表的第一主成分，对水资源承载力产生压力；以水储量的变化为代表的第二主成分对水资源承载力呈正相关性；以水资源利用率为代表的第三主成分与陕西省年际地下水位数据经过数据标准化后，二者相关性较强，可以作为判断地下水位变化的参考指标，对于政府制定水资源管理条例以及控制开发利用地下水资源的尺度，有一定的参考意义。

23.2.2 水利设施及岸线管理

通过大规模水利基础设施建设，我国水利工程规模和数量目前位于世界前列，基本建成较为完善的江河防洪、农田灌溉、城乡供水等工程体系。随着经济社会发展，在水利设施建设及河湖水域岸线管理也出现一些新问题，如非法排污、设障、捕捞、养殖、采砂、采矿、围垦、侵占水域岸线等现象日益严重，导致河道干涸、湖泊萎缩，水环境状况恶化，河湖功能退化，水安全保障受到严峻挑战。利用遥感手段，能够及时了解水利设施和水域岸线的时空演变情况，为流域资源合理开发，水利设施合法建设提供理论依据和决策支持。

胡亚斌等[16]为研究连云港市长时间序列的海岸线演变特征，收集 1973～2017 年间覆盖连云港市的云覆盖量小于 3%且影像过境时的潮位较高的 Landsat MSS，TM 以及 ETM 系列影像和 GF-1 号 WFV 遥感影像，共 10 景，用于连云港市海岸线信息提取，同时收集了 4 景 SPOT5 用于几何校正。采用二次多项式和双线性内插法进行校正和重采样，基于 2003 年和 2004 年 4 期 SPOT 影像对覆盖连云港市 10 期 Landsat 系列和 GF-1 系列遥感影像进行几何校正。为进一步保证海岸线解译精度，该研究基于 Landsat 系列和 GF 系列卫星影像数据和构建的连云港市海岸线分类体系，先提取 2010 年连云港海岸线信息，并以此为基础对其他时相的进行修正。修正的原则为：①海岸线位置和类型属性不变，则保留原属性；②海岸线位置变化，而类型属性不变，则仅修正海岸线位置信息；③海岸线位置不变，而类型属性改变，则仅修改海岸线类型属性；④海岸线位置和类型属性都改变，则需同时修正海岸线的位置和类型属性。最终获取连云港市 1973 年、1981 年、1990 年、2000 年、2005 年、2009 年、2010 年、2015 年、2016 年和 2017 年等 10 期海岸线信息。实验结果表明，1973～2017 年连云港市海岸线长度整体呈现增长态势，自然岸线长度减少了 28.8km，年减少率为 0.65km/a。自然岸线减少的原因主要为养殖业发展、城市扩张建设和港口建设。

王常颖等[17]以 2013 年 10 月 20 日天津附近海岸带区域的资源三号卫星影像数据实现海岸线的高精度提取。首先采用 C4.5 决策树分类方法进行海岸带地物分类规则挖掘，实现基于规则的海水-陆地分类；再对海水与陆地分类结果进行基于密度的聚类方法进行后处理，实现噪声去除，其基本原理为：设置邻域半径，通过统计半径内异类样本点的数量来确定当前点是否为噪声点，若异类像素点的个数超过预设的阈值，则对当前噪声点进行修正，即高于阈值的海水像素点视为河道处，归为陆地类别，而低于阈值的海水像素点则保留为海水类别，实现河道区域海岸线的后处理。实验结果表明该研究提出的岸线提取方法能够消除河道区域对岸线提取的影响，除个别地物比较复杂的区域，平均提取精度优于 2 个像元，满足海域遥感技术规程中线状信息误差标准的要求。

桥梁水坝作为水利设施的重要组成部分，在民用上可以帮助地质灾害监测，在军事上可以快速发现临时桥梁，协助精确制导并且在打击后评估打击效果。朱然[18]以桥梁水坝以及河流的图像特征为基础，围绕可见光遥感图像中桥梁水坝的检测与特征提取开展研究。该研究首先通过检测图像中各个子区域灰度分布形态筛选存在河流的子图像；在研究遥感图像灰度分布特征的基础上，根据其统计直方图符合混合高斯模型，提出基于检验假设和参数估计的阈值分割方法；通过改变算子的几何结构改善对角点的检测，以均值距离函数合理地计算轮廓强度，以加权直方图改善对亮度不均匀图片从而改善轮廓检测算法；提出利用目标的几何与连通域特性快速实现定位，并利用目标与河岸线的关系，通过检测形似目标对河岸线轮廓的影响排除伪目标的方法，最终实现对桥梁和水坝目标的识别任务。

23.2.3 监督河湖水生态保护与修复

水生态保护和修复是通过一系列措施，将已经退化或损坏的水生态系统恢复、修复，使其基本达到原有水平或超过原有水平，并保持其长久稳定。水生态保护主要包括重点流域保护修复、地表水生态环境管理、水污染管理、重点工程水质保障等。

与地面监测相比，遥感获得的监测信息具有空间和时间上的相对连续性，且动态范围大，不仅有助于从区域层面把握流域水生态的特征，而且有利于及时、全面掌握水体环境问题的发生、发展与演变迁移过程，可节省大量人力、物力和时间。例如在水生态环境监测领域，遥感监测湖库的蓝藻水华空间分布及发生频次，可以实时快速发现水华暴发，分析评估水华高发区，为水华防控提供无可替代的技术支撑，利用遥感实时监测饮用水水源地保护区内的道路、高风险工业企业等，评估环境风险程度，为保障饮用水安全提供有效技术手段等。

朱泓等[19]基于遥感生态指数(remote sensing ecological index, RSEI)对滇中五湖流域的生态环境质量进行监测和评价。该研究数据主要包括1988年、1998年、2008年、2018年的Landsat TM和OLI-TIRS影像，时间在4月～5月，以及30m分辨率DEM数据。为减少外部因素影响，对影像进行辐射定标和大气校正，利用DEM数据提取湖泊流域边界，再利用边界对影像进行裁剪。由于研究区位于湖泊流域，水域面积占比大，水体会对试验结果造成影响，需要对水体进行单独提取并剔除，采用MNDWI去除水体，得到研究区影像。利用NDVI、缨帽变换获取的湿度指数(wetness)、干度指数(normalized difference soil index，NDSI)和LST分别代表绿度、湿度、干度、热度4个指标，将4个指标归一化后进行主成分分析。根据各指标对第一主成分的贡献度来赋予权重，得出生态遥感指数的初始值，并进行归一化，最终得到RSE即为生态遥感指数值，区间为[0,1]，值越接近1，说明生态环境质量越好。将RSEI以0.2为间隔分为5个等级并统计。实验结果表明，滇池、抚仙湖、阳宗海的生态环境质量持续变好，但近10年，杞麓湖和星云湖的生态环境质量明显变差，各湖泊生态环境质量变化与湖泊水质变化存在一致性。

物理结构完整性(physical structural integrality，PSI)是河岸带生态系统的基础特征。通过定量分析PSI的动态变化，可以有效评估河岸带生态修复效应。杨高等[20]以辽河干流河岸带为研究对象，选取植被覆盖率、河宽比和人工干扰程度等作为监测指标，利用遥感数据和地面实测方法分别评价2010年和2016年的PSI，将其作为评价指标对河岸带生态修复效果进行定量评估。研究结果表明，基于遥感的河岸带物理结构评价方法与地面实测的结果一致，河岸带生态修复前后的PSI平均值由63.47提升至72.07，处于亚健康状态的河岸减少了189.5km(97.1%)，研究结果在评估河岸带生态修复效应的同时指明下阶段治理工作的方向，为我国北方平原河流的生态修复评估提供科学参考，尤其对于缺少实测资料的修复工程具有重要的应用价值。

23.2.4　运行管理

水利工程是用于控制和调配自然界的地表水和地下水，达到除害兴利目的而修建的工程。水是人类生产和生活必不可少的宝贵资源，但其自然存在的状态并不完全符合人类的需要。只有修建水利工程，才能控制水流，防止洪涝灾害，并进行水量的调节和分配，以满足人民生活和生产对水资源的需要。水利工程需要修建坝、堤、溢洪道、水闸、进水口、渠道、渡漕、筏道、鱼道等不同类型的水工建筑物，以实现其目标。

遥感在水利工程建设中可以实现水利工程区域基础测绘、变形监测、水利规划与水环境治理等，能取代获取地形、地质、水文信息的传统人工测量手段，还结合 GPS、人工智能模拟技术实现工程区三维环境时空重建，为水利工程建设提供优质、高效、精准的数据服务。

了解水库开发占用现状，对制定统一的水库管理与保护规划，科学、合理、有序利用库区资源有很大的指导和参考意义。梁文广等[21]对江苏省 10 座典型大中型水库 2012～2016 年管理范围内开发占用开展动态监测，选取的典型水库分布较均衡，且库区占用典型，在全省大中型水库中具有较好的代表性。本研究所用的数据类型包括高分遥感影像、水库监测范围线、水位和行政区划数据。高分遥感影像数据包括研究区 2012～2016 年的 4 期高分遥感影像，水位数据为与遥感影像同期的水库水位数据，便于开展遥感判读与综合分析。首先以高分遥感卫星影像为基础，提取水库开发占用及年度变化，用目视解译、人工提取的方法，提取开发占用图斑；其他年度，利用当年高分影像和上一年度高分影像进行对比，提取年度变化区域。形成水库 2012 年开发占用数据，2013～2014 年，2014～2015 年和 2015～2016 年变化图斑数据；开展外业调查核实，将 2012～2016 年江苏全省水库开发占用初步监测成果分发到相应县级水利局，由各县级水利局负责外业调查核实；进行成果整理，对外业调查核实成果进行整理，剔除水域没有变化的区域，对开发占用及变化进行分类。该研究得出，基础设施、城乡居住、商业开发等减少明显，水利建设增加，农业生产逐年增加。通过高分遥感开展库区开发占用动态监测，能够快速、准确地掌握水库开发占用现状及变化情况，对于水库的监管是一种高效、先进的技术手段，可为水库的管理、保护、规划及法规的制定提供基础数据和技术手段支撑。

水利工程尤其是特大型水库的建设，均是由淹没、安置、迁建、设施配套等主体性工程所组成。邵景安等[22]研究三峡工程不同建设阶段土地利用变化，对比不同建设阶段三峡库区土地利用变化的特征与轨迹。据"三建委"对三峡工程建设的阶段部署，考虑到建设节点驱动土地利用变化的滞后，划分为：论证阶段、初期移民阶段、大江截流至一期移民结束、2003 年正式蓄水至二期移民结束和工程全面建成五个时期，每期覆盖三峡库区的遥感影像（TM/ETM）10 景（5 期共 45 景），在缺少 1995 年影像的区域使用由区（县）市国土局提供的 1994～1996 年土地利用现状图作为补充。以 1∶100000 地形图为参照，对五期全波段 TM/ETM 影像校准预处理，基于所要提取的不同地物和 TM/ETM 影像各波段对地物识别的特征指示，选择波段组合和多波段加减复合。依据所要提取的典型地物，建立针对特定地物特征的解译标志库。利用已有一年的矢量化土地利用图，参考国土和林业二调成果，用非监督分类和目视判别将该年土地利用图解译出来，再将相邻时段影像与此年的进行对比找出动态图斑，得到五期土地利用数据和四期动态图斑。实验结果表明，解译结果能够达到精度要求，可作为土地利用变化特征分析的基础数据源。研究结论有助于丰富对水利工程胁迫下土地利用的理解，为未来适应性土地利用调控政策的制定提供科学依据。

赵一恒等[23]提出一种新的监测桥梁形变的方法，利用遥感数据与 PS-In SAR 技术来监测桥梁的形变量。首先通过基于面向对象的影像提取方法，对 GF-2 的高分辨率遥感影像进行桥梁提取，将影像分割成由同质像元组成的影像对象，利用对象的光谱特征及空间特征进行分类提取，将影像分为陆地与河流两大类，在将陆地单独提取为一个面要素图层，同时对分类后的河流和陆地两大类别进行二值化处理，再经腐蚀膨胀开闭运算，从而得到连通的河流对象，再将河流单独提取为一个矢量图层；最后将河流与陆地两个矢量图层进行求交的空间运算获得桥梁面。利用 TerraSAR-X 数据，按照使总体相干性系数达到最优的策略，选取最优的干涉影像集；对选取的各个干涉影像对进行影像配准，生成干涉图和相干图，利用外部 DEM 与生成的干涉图进行差分处理，得到差分干涉图；根据实验区内形变场的形变特征和短时间序列影像集的干涉对组合策略，构建函数模型和随机模型，对模型的解算分时间维相位解缠和空间维相位解缠；提取桥梁形变结果，包括短时间序列上桥梁的稳定点目标的检测、点目标的沉降速率场、DEM 误差和大气误差、轨道误差估计等。实验结果表明，研究区域内大部分点保持稳定或有少量沉降，部分人工线状地物上也出现一些沉降较大的部分，并且绘制出画出大桥的沉降速率分布图，通过对形变量的量化分析，最终得出桥梁的安全级别。

23.3 水 土 保 持

中国是世界上水土流失最严重的国家之一。2020 年 9 月，水利部发布 2019 年中国水土保持公报，公报显示 2019 年，全国共有水土流失面积 271.08 万 km^2。其中，水力侵蚀面积 113.47 万 km^2，风力侵蚀面积 157.61 万 km^2。按侵蚀强度分，轻度、中度、强烈、极强烈、剧烈侵蚀面积分别为 170.55 万 km^2、46.36 万 km^2、20.46 万 km^2、15.97 万 km^2、17.74 万 km^2，分别占全国水土流失总面积的 62.92%、17.10%、 7.55%、 5.89%、6.54%。与 2018 年相比，全国水土流失面积减少了 2.61 万 km^2，减幅 0.95%，水土流失导致的土地退化严重、泥沙淤积、生态恶化以及水资源不能够有效利用等一系列的问题，使耕地减少，加剧了洪涝干旱等自然灾害的发生，导致生态环境的恶化，加剧了地区的贫困程度，对人类社会生存发展造成严重的威胁，因此必须要强化水土保持相关工作。遥感技术快速获取大范围的地表信息提取方面具有不可替代的优势，为水土保持遥感监测与评价奠定坚实的基础。

23.3.1 防治与监测预报

水土流失是指土壤在外力(如水力、风力、重力、人为活动等)的作用下，被分散、剥离、搬运和沉积的过程。鉴于水土流失属于动态变化过程，唯有动态监测，才能够掌握区域土壤侵蚀强度分布情况，遥感技术凭借其周期短、速度快、分辨率高等特点已成为监测水土流失最为重要的手段之一。遥感技术在水土流失动态监测中的应用主要是通过遥感数据获取区域下垫面的信息，如土地利用分布、植被覆盖情况、水土保持措施分布情况等，为水土流失的动态变化过程提供支撑。

针对林下水土流失缺乏有效判别方法的问题，徐涵秋等[24]提出一种遥感判别方法。该方法以植被覆盖度、植被健康度、土壤裸露度和坡度为判别因子，采用规则法来建立林下水土流失遥感判别模型。实验采用的主要数据为遥感影像，为使所建的林下水土流失判别模型更准确，特别对植被的反射光谱进行了现场实测，并采集了土壤样本，以测定土壤中的主要养分。在此基础上，确定出5个林下水土流失判别因子，并据此建立判别规则，构建林下水土流失判别模型。2014年10月15日的Landsat 8卫星影像作为遥感数据源，采用ASD FieldSpc®光谱仪在长汀现场实测了不同健康状态的马尾松林的光谱信息。确定林下水土流失区的判别因子为植被覆盖度、植被氮指数、植被黄叶因子、地表裸露度和坡度5个因子。将2014年长汀县Landsat 8影像依次反演出FVC、NRI、黄叶因子(Yellow)、裸土指数(normalized difference soil index，NDSI)和坡度(slope)专题影像，在此基础上，为每一个因子设置分离阈值，然后采用基于规则的逐层分离法建立模型，提取出林下水土流失区，阈值主要根据它们对应的野外林下水土流失样区的统计特征，并辅以适当的人工调试来设定。从Landsat 8影像中提取出长汀县的林下水土流失区，并于2015年11月进行实地精度验证，由长汀县水土保持局的技术人员根据历年的林下水土流失观测资料，在现场选择了52个点进行验证，结果表明模型判别精度为88.45%，Kappa系数为0.731。结果发现，长汀县有311.66km^{2}的林地发生不同程度的林下水土流失，其中有13.35%的土壤侵蚀强度达到中度。通过遥感方法识别出的林下水土流失区的空间分布位置可为该县今后深入治理水土流失提供目标靶区。

杨旺鑫等[25]选取丹江口库区及上游治理的38条小流域为研究对象，进行水土流失治理成效评价。以2007年与2010年ALOS遥感影像为信息源，根据原始遥感影像携带的校正参数对遥感影像进行大气校正、轨道校正和辐射校正；其次，对遥感影像进行几何校正，控制点选择在治理区中容易精确定位的特征点。把经过几何纠正的ALOS全色遥感影像和多光谱遥感影像进行融合处理，利用数字高程模型，加入高程信息，将融合影像纠正为正射投影影像。根据ALOS影像各波段的光谱效应、解译土地利用与植被覆盖度的监测要求，选取4、3、2三波段进行假彩色合成，将生成的影像与小流域边界图叠加，裁剪出小流域的图像。2011年长江流域水土保持监测中心站对丹江口库区及上游遥感监测小流域进行野外调查，建立了遥感影像解译标志。根据遥感影像判读解译的基础原理和野外调查所建立的解译标志，采用人工目视判读法在计算机上直接进行图斑勾绘和属性判定。解译完成后长江流域水土保持监测中心站对解译成果进行了野外复核，经复核本次解译的结果平均正确率为92.30%。地面坡度提取与分级，人工目视判读法解译得到每条小流域2007年和2010年两个断面年的土地利用类型图，利用ENVI遥感处理软件从ALOS影像上提取归一化植被指数NDVI，然后根据像元二分模型计算得到植被覆盖度。将坡度分级图、土地利用类型分级图和植被覆盖度等级图进行空间叠加分析，得到各条小流域2007年与2010年的土壤侵蚀强度分级图。把各条小流域分析结果汇总，利用 2007 年(治理前)、2010 年(治理后)坡度、地利用、植被覆盖度、土壤侵蚀的汇总结果来评价水土流失治理工程的总体成效。

李彦涛[26]应用遥感技术与通用 USLE 相结合，研究蓟县山区的土壤侵蚀。通用土壤流失方程是表示坡地土壤流失量与主要影响因子间定量关系的数学侵蚀模型，该方程同时考虑降水、土壤的可蚀性、地表植被覆盖情况、地形坡度坡长和水土保持措施五大因子。

该研究收集监测区 2010～2012 年的 TM 影像数据与 2012 年的 RapidEye 影像、基础地理信息、监测区雨量站逐日观测、下垫面土壤分布情况、水土保持规划、水土保持工程实施情况、区内社会经济情况数据，利用数据计算 NDVI 获取地表植被覆盖因子，最终计算其近 3 年的土壤侵蚀量，研究结果表明，蓟县山区属于轻度侵蚀级别，低于国家划定的北方土石山区中度侵蚀级别的标准，经多年的水土流失治理，该地的水土流失情况得以控制。

23.3.2 水利灌溉

为保证作物正常生长，获取高产稳产，必须供给作物以充足的水分。在自然条件下，往往因降水量不足或分布不均匀，不能满足作物对水分的要求，因此，必须人为地进行灌溉，以补天然降雨之不足。截至 2019 年 7 月，我国灌溉面积达到 11.1 亿亩(7400 万 hm^2)，居世界第一，其中耕地灌溉面积 10.2 亿亩(6800 万 hm^2)，占全国耕地总面积的 50.3%。

在灌区现代化管理中，遥感技术发挥的作用越来越重要。从灌区土地利用类型、作物种植结构、田间土壤水分、有效灌溉面积到实际灌溉面积的快速监测，遥感技术可为灌区管理提供有效的时空数据支撑和决策科学依据。

干旱区灌区大量引水灌溉造成灌溉地地下水位明显高于非灌溉地，进而导致地下水、盐从灌溉地向非灌溉地的迁移(内排水)及盐分在非灌溉地的积累(旱排)。为分析灌溉地与非灌溉地间的水、盐迁移，于兵等[27]建立基于遥感蒸散发的灌溉地-非灌溉地水、盐平衡模型，应用于内蒙古河套灌区中西部 4 县(旗、区)。采用混合双源遥感蒸散发 HTEM 模型以及 Terra 卫星搭载的 MODIS 遥感影像对灌区生长季内(4 月～10 月)不同土地利用类型的地表蒸散发量进行估算。HTEM 模型利用植被指数-地表温度梯形空间对植被和土壤的表面温度进行确定，并利用混合双源模式对有效净辐射进行组分间的分配，进而估算地表能量平衡中的各能量通量。将遥感蒸散发 HTEM 模型计算得到的生长季蒸散发量与冻融期蒸散发量相加得到灌区全年的分区地表蒸散发量。实验结合遥感蒸散发 HTEM 模型计算得到的植被生长期蒸散发对河套灌区的旱排作用进行分析，更为准确地确定了灌溉地和非灌溉地的水量平衡模型上边界，对内排水和旱排对于灌溉地土壤盐渍化控制具有重要作用，在灌区排水、排盐规划中应综合考虑排水工程系统与内排水、旱排的作用。

宋文龙等[28]利用遥感数据在对我国西北干旱半干旱区典型渠灌灌区开展灌溉面积遥感监测研究。研究区域是东雷二期抽黄灌区，灌区灌溉方式为抽取黄河水进行渠道引水漫灌。数据源为 2018 年 GF-1 号 16m 多光谱数据，使用 2018 年研究区云覆盖量低于 15%

的影像，并编译成由 92 个波段组成的数据集(共有 23 景数据，每景 4 个波段)，此数据集用于准确获取不同类别的时序光谱特征信息。对遥感数据进行辐射定标、几何校正、大气校正等预处理，并计算 NDVI 得到研究区各像元 NDVI 时间序列曲线，用于提取灌溉信息。针对高分辨率遥感影像，将光谱匹配方法应用于像元尺度，保证所有像元的时序光谱曲线参与匹配计算，减少聚类过程造成的误差，并引入 OTSU 自适应阈值算法自动确定灌溉面积提取阈值。首先进行光谱匹配，将样本光谱和待测光谱相似度进行量化。以实地采样获取的灌溉区域玉米和小麦的 NDVI 时间序列曲线分别作为端元光谱，利用上述衡量光谱相似度的指标计算研究区每个像元的光谱相似值(spectral similarity value，SSV)。同类型的光谱相似度越高，SSV 值越低；不同类型的光谱相似度越低，SSV 值越高。需要确定合理分割阈值，当 SSV 值小于该阈值时与端元光谱识别为同一类别。因此，引入 OTSU 自适应阈值算法计算 SSV 分割阈值来判断是否为小麦或玉米的灌溉区域，小于该阈值即为灌溉区域，从而识别研究区的灌溉面积空间分布情况。该方法能更有效识别小田块灌溉分布及建设用地信息，在作物种植强度及其灌溉面积分布方面更符合我国实际情况，可为干旱监测预警、灌溉面积监测、灌溉用水效益评估等提供技术保障。

韩宇平等[29]基于人民胜利渠灌区 2017 年的 Landsat8 卫星数据和 2012 年的 MODIS 卫星数据，探索不同水源的灌溉面积的遥感分类方法。该研究使用的 NDVI 时序数据是指不同时段的 NDVI 数据按时间先后顺序叠加而成的数据集，每个时间代表 1 个波段，在时间轴上每个波段的 NDVI 值就会形成 1 条 NDVI 时间序列曲线。研究认为，不同水源灌溉的作物 NDVI 时间变化曲线具有不同的特征。由于渠灌的灌溉水量多于井灌，渠灌作物的 NDVI 峰值更大，并且能在高值区保持更长时间；井灌的灌溉水量较少，井灌作物的 NDVI 峰值较小，NDVI 下降快；井灌区域的 NDVI 比渠灌区域增长得更早，NDVI 曲线的波动程度较小。该研究采用波谱角填图(spectral angle mapper，SAM)方法，灌区其他区域的光谱曲线和典型样本的光谱进行匹配和分类，将 0.4°定为最大向量夹角；采用 K-means 非监督分类方法比较灌区不同栅格的 NDVI 时间序列曲线特征进行分类，分类数量为 40，最大迭代次数为 15。实验结果表明：①非监督分类方法并不适用于灌区尺度的灌溉水源分类；②Landsat8 影像数据的空间分辨率较高，基于 NDVI 时序数据采用监督分类的分类效果较好，分类精度为 73.58%；③典型样本曲线在一定程度上影响分类的结果，获得典型样本曲线是采用 SAM 分类方法的重点，也是提高灌溉水源分类精度的关键。

23.4 水旱灾害的防治与监测预警

水灾与旱灾之间，不论在形成的原因上或是在治理措施上，都存在着相当密切的关系，受季风气候影响，中国的洪水和干旱灾害同时并存，既存在“水多”又存在“水少”的情况。水旱灾害监测是遥感水利应用开展最早的领域之一。水利部遥感技术应用中心自 20 世纪 80 年代开始开展防汛遥感试验，90 年代开展旱情遥感监测方法研究，本书将简要介绍遥感技术在洪灾、旱灾预警方面的应用。

23.4.1 洪水防治与监测预警

2019年全国大部降水偏多，总体呈现“南北多、中间少”。其中，6月～8月，南方地区多轮降雨过程集中且重叠，主雨带始终在广西、江西、湖南等地徘徊，导致广西、江西、湖南、贵州、四川5省(区)发生严重洪涝灾害，造成较重人员伤亡和严重直接经济损失。7月～8月，西北、东北等地出现持续性较强降雨，黑龙江、松花江等多条河流超警戒水位，农作物大面积受灾。江苏、安徽、湖北、河南、山东等长江以北至黄河流域多省汛期降雨量较常年同期明显偏少，洪涝灾情为近年同期低值水平。2018年我国水灾受灾面积395万hm^2，2019年我国水灾受灾面积668万hm^2，比上年增长273万hm^2，同比增长69.11%。

洪涝灾害的发生一般具有突发性特点, 要进行洪涝灾害的预警预报需要对洪涝灾害相关信息进行及时、准确、可靠的采集和反馈。在评价和分析洪水灾害风险时，遥感技术获取了大部分的数据信息，主要包括承灾体信息和孕灾环境信息两大类。其中，孕灾环境信息包括湖泊、水系、植被、地形、三角洲、冲积扇、河漫滩沼泽、旧河道、天然冲积堤等水体分布信息；铁路、公路、居民地、耕地、土地利用等为承灾体主要信息。通过对承灾体信息和孕灾因子的提前监测分析，可以有效减少人、财、物的损失。

彭建等[30]以深圳市茅洲河流域为例，基于土地用途转换及其在小范围内影响模型(conversion of land use and its effects at small region extent，CLUE-S)、土壤保护服务模型(soil conservation service，SCS)及等体积淹没算法等，对12种暴雨洪涝致灾-土地利用承灾情景下的城市暴雨洪涝灾害风险进行定量模拟。该研究对获取的Landsat系列遥感数据采用监督分类的方法将研究区解译分类为耕地、园地、林地、建设用地、水体、湿地、未利用地和草地等八种地类，并结合NDWI、NDVI、NDBI等对解译结果进行修正，从而获得1995年、2000年、2005年、2010年及2013年5期土地利用图作为土地利用变化模拟的基础数据，并利CLUE-S模型获得2011～2020年共计10年的研究区土地利用空间格局情景；基于各气象站点的概率密度曲线和超越概率曲线，确定十年遇、二十年遇、五十年遇和百年遇四种重现期情景下的暴雨致灾危险性，采用普通克里金插值方法获得研究区4种致灾危险性水平下的连续三日累积降水量空间分布；确定CLUE-S模型模拟的2013年土地利用空间分布为基期土地利用情景，2016年为近期土地利用情景，2020年为远期土地利用情景，4种暴雨致灾危险性情景与3期土地利用情景的交叉组合构成暴雨洪涝致灾、承灾的12种模拟情景，并使用SCS模型及等体积淹没算法等对12种暴雨洪涝致灾-土地利用承灾情景下的城市暴雨-入渗-产流-汇流-洪涝等过程进行模拟研究，结果表明，随着暴雨致灾危险性的增加，暴雨洪涝灾害高风险区面积呈现明显的增加趋势；而对于相同的暴雨致灾危险性情景，随着建设用地面积的增加，暴雨洪涝灾害中等风险和高风险区范围也呈现较为明显的增加趋势，二者呈现非线性协同变化关系。这表明尽管暴雨是区域暴雨洪涝灾害的主要致灾因子，以建设用地面积增加、生态用地面积减少为主要特征的城市土地利用变化，将引起地表径流量及淹没区面积和淹没水深增大；土地利用变化引起的暴雨洪涝灾害响应不容忽视。因此，在加强易涝区地下管网存蓄泄洪能力建设的同时，严格控制建设用地规模、优化土地利用空间格局，是增强城市暴雨洪涝灾害风险防范能力的重要景观途径。

Shahabi 等[31]利用装袋算法(bagging)和不同分类器集合的模型，提取洪涝灾害易发区。该研究以伊朗北部哈拉兹流域为研究对象，利用 Sentinel-1 传感器的数据确定洪水灾害区，选择 10 个条件因子(坡度、高程、曲率、水流强度、地形湿度、岩性、降雨、土地覆盖、河流密度和河流距离)，使用袋装分类器和 K-最近邻(K-nearest neighbor，KNN)粗分类器 Coarse KNN、余弦分类器 Cosine KNN、立方分类器 Cubic KNN 和加权基础分类器 Weighted KNN 的新集合模型，对伊朗北部哈拉兹流域的洪水易发性进行空间预报。Bagging 算法通过结合几个模型降低泛化误差，分别训练几个不同的模型，然后让所有模型表决测试样例的输出，以提高预测精度和一致性。实验结果表明，10 个条件因子中按重要性递减的顺序排列为河流距离(0.198)、坡度(0.186)，曲率(0.160)，河流密度(0.150)，高程(0.135)，地形湿度(0.124)，岩性(0.059)，降雨(0.053)，水流强度(0.043)和土地覆盖(0.002)。Bagging-Cubic-KNN 模型的洪水建模表现优于其他模型，它降低了训练数据集的过拟合和方差问题，提高 Cubic-KNN 模型的预测精度并由此生成洪水易发区，可广泛应用于洪水易发区的预测管理。

23.4.2 干旱防治与监测预警

干旱灾害主要发生在当地河水的枯水期，中国的枯水期在冬季和春季(华北和东北的春旱)，旱灾主要发生在冬季和春季。但长江中下游地区比较特殊因为 7、8 月份雨带已经北移，当地正值三伏天，降水稀少，因此该地 7、8 月份易患旱灾。2018 年我国旱灾受灾面积 771.2 万 hm^2，2019 年我国旱灾受灾面 783.8 万 hm^2，比上年增长 12.6 万 hm^2，同比增长 1.63%，表明干旱灾害在我国的普遍性和严重性。

遥感监测可以通过测量土壤表面反射或发射的电磁能量，探讨获取的信息与土壤湿度之间的关系，从而反演出地表土壤湿度，获得干旱时空上的变化状况同时长期动态监测。不同遥感手段对干旱预测的原理不同。在可见光与近红外波段，不同湿度的土壤具有不同的地表反照率，通常湿土的地表反照率比干土低，可以利用地表温度获得土壤热惯量，从而进行估测土壤湿度。微波遥感通常采用土壤介电特性进行表征，土壤的介电常数随土壤变化而变化，表现于遥感图像上将是灰度值和亮度温度的变化，综合利用不同波段的遥感探测方式，能够有效地进行干旱防治与监测预警。

吕凯等[32]以巢湖流域为研究区，利用 2013 年 6 月的 MODIS LST 数据和归一化植被指数数据，构建温度植被干旱指数(TVDI)进行干旱预测。TVDI 的定义为

$$\mathrm{TVDI} = \left[T_s - T_s(\min)\right] / \left[T_s(\max) - T_s(\min)\right] \tag{23-9}$$

$$T_s(\min) = a_1 + b_1 \cdot \mathrm{NDVI} \tag{23-10}$$

$$T_s(\max) = a_2 + b_2 \cdot \mathrm{NDVI} \tag{23-11}$$

式中：TVDI 为温度植被干旱指数；T_s 为某一植被指数对应的地表温度；$T_s(\min)$ 为某一植被指数对应的最低温度，即湿边；$T_s(\max)$ 为某一植被指数对应的最高温度，即干边；a_1、b_1、a_2、b_2 为干湿边的拟合系数。

NDVI 数据采用最大值合成方式进行时间序列上的合成，LST 影像分别取平均值和最大值进行时间序列上的合成，根据 NDVI-LST 二维空间，获取每个 NDVI 值对应的 LST 的最大和最小值，通过最小二乘法进行拟合，通过干、湿边计算每一个像元的 TVDI 值，利用降水指标来验证 TVDI 干旱预测结果，采用降水距平百分率作为干旱验证指标，探讨两种 LST 数据合成方式 TVDI 干旱预测精度的影响。实验结果表明：LST 平均值合成构建的干旱指数 TVDI 与降水距平百分率相关性在不同时间尺度上表现出现较大差异，上旬和中旬 TVDI 与降水距平百分率均不存在相关性，下旬和全月 TVDI 与降水距平百分率存在显著负相关性($p<0.01$)，相关系数分别为–0.31 和–0.34；LST 最大值合成构建的干旱指数 TVDI 与降水距平百分率在不同时间尺度上均存在显著负相关性($p<0.01$ 或 $p<0.05$)，上旬、中旬、下旬及全月相关系数分别为–0.29、–0.25、–0.31、–0.41，表明在月尺度上采用 LST 最大值合成方式构建 TVDI 指数对干旱预测效果更好。

由于气候变化，以往气象资料为基础的干旱预报的不确定性越来越大。农业干旱与粮食资源密切相关且由土壤湿度决定，因此通过提前几个月的干旱预测以便及时分配资源，减少作物损失。Park 等[33]提出一个在没有气象资料的情况下短期干旱的严重干旱区域预测(severe drought area prediction，SDAP)模型，该模型预测的是假设无降雨情况下的严重干旱地区，而不是干旱发生的概率预测。该研究以韩国西部的 12 个行政区为研究对象，获取该区域的 Landsat-8 影像和 SRTM 的 30m DEM，然后定义四类可以在短期干旱期间影响土壤水分的表面因子(即植被、地形、水和热因子)，计算土壤湿度指数(soil moisture index，SMI)：

$$\text{SMI}=\frac{T_{s\max}-T_s}{T_{s\max}-T_{s\min}} \tag{23-12}$$

式中：$T_{s\max}$ 为给定 NDVI 的最大地表温度观测值；$T_{s\min}$ 为给定 NDVI 的最小地表温度观测值。

利用四类表面因子对应的 15 个输入变量建立干旱函数 $f(x)$ 预测 SMI，利用随机森林方法训练模型，训练样本的 RMSE 为 0.052，MAE 为 0.039，R^2 为 0.91。实验结果表明，该研究提出的 SDAP 模型能够准确预测 SMI 的趋势，能够实现在没有降雨气象条件下的干旱预测。

土壤湿度亦称土壤含水率，能够用来表征干旱情况。薛峰等[34]采用基于能量辐射传输方程的地表参数反演模型(land parameter retrieving model，LPRM)反演地表土壤湿度从而服务于干旱预测研究。LPRM 模型是基于极地轨道被动微波资料的土壤湿度算法，利用双通道微波遥感数据来反演植被光学厚度以及土壤介电常数，并通过土壤介电常数求取土壤湿度。LPRM 土壤湿度反演算法是基于微波极化差异指数(microwave polarization difference index，MPDI)，微波极化指数的数值大小与土壤湿度和植被状况密切相关，公式如下：

$$\text{MDPI}=\frac{T_{b[V]}-T_{b[H]}}{T_{b[V]}+T_{b[H]}} \tag{23-13}$$

在有植被覆盖的地区，植被冠层上方的上行辐射可以与辐射亮温通过以下辐射传输方程建立联系：

$$T_{bp} = T_S e_{rp} \Gamma_p + (1-\omega_p) T_C (1-\Gamma_p) + (1-e_{rp})(1-\omega_p) T_C (1-\Gamma_p) \Gamma_p \tag{23-14}$$

式中：下标 p 为极化方式(水平极化或者垂直极化)；T_S 和 T_C 分别为土壤和林冠层的热力学温度；ω 为单次散射反照率；Γ 为林冠层透过率。

第一项是经植被层削弱的土壤上行辐射，第二项考虑植被层自身的上行辐射，第三项是植被的下行辐射经过土壤的向上反射后又再次被植被层削弱后的上行辐射。

该研究利用 LPRM 模型反演 2011 年 7 月 12 日～2014 年 7 月 31 日全球逐日土壤湿度资料，其空间分辨率为 0.25°×0.25°。研究结果获得研究时段内中国区域三年的平均土壤湿度空间分布，我国西北内陆地区是非常典型的干旱地区，土壤湿度较低，我国东北地区、长江中下游地区、华南地区较为湿润，土壤湿度较高，采用辐射传输模型反演的 FY-3B 土壤湿度能够比较准确地描述我国土壤湿度的时空变化特征，同时也为干旱的预测打下理论基础。

参考文献

[1] 马建威, 黄诗峰, 许宗男. 基于遥感的 1973-2015 年武汉市湖泊水域面积动态监测与分析研究. 水利学报, 2017, 48(8): 903-913.

[2] 张磊, 牟献友, 冀鸿兰, 等. 基于多波段遥感数据的库区水深反演研究. 水利学报, 2018, 49(5): 639-647.

[3] 隆院男, 闫世雄, 蒋昌波, 等. 基于多源遥感影像的洞庭湖地形提取方法. 地理学报, 2019, 74(7): 1467-1481.

[4] 王志杰, 苏嫄. 南水北调中线汉中市水源地生态脆弱性评价与特征分析. 生态学报, 2018, 38(2): 432-442.

[5] 殷杰. 丹江口水库水量时空动态变化及其影响研究. 武汉: 湖北大学, 2018.

[6] Lyu M, Ke Y H, Guo L, et al. Change in regional land subsidence in Beijing after south-to-north water diversion project observed using satellite radar interferometry. GIScience & Remote Sensing, 2020, 57(1): 140-156.

[7] 朱云芳, 朱利, 李家国, 等. 基于 GF-1 WFV 影像和 BP 神经网络的太湖叶绿素 a 反演. 环境科学学报, 2017, 37(1): 130-137.

[8] 许芬, 周小成, 孟庆岩, 等. 基于“源-汇”景观的饮用水源地非点源污染风险遥感识别与评价. 生态学报, 2020, 40(8): 2609-2620.

[9] Ghebreyesus D T, Temimi M, Fares A, et al. Remote Sensing Applications for Monitoring Water Resources in the UAE Using Lake Zakher as a Water Storage Gauge. Berlin: Springer, 2016.

[10] 尹涛, 王瑞燕, 杜文鹏, 等. 黄河三角洲地区植被生长旺盛期地下水埋深遥感反演. 灌溉排水学报, 2018, 37(2): 95-100.

[11] 管文轲, 霍艾迪, 吴天忠, 等. 塔里木河中游沙漠化地区地下水位遥感监测. 水土保持通报, 2017, 37(5): 245-249, 283.

[12] Das B, Pal S C, Malik S, et al. Modeling groundwater potential zones of Puruliya district,West Bengal, India using remote sensing and GIS techniques. Geology,Ecology, and Landscapes, 2019, 3(3): 223-237.
[13] 高洁, 刘玉洁, 封志明, 等. 西藏自治区水土资源承载力监测预警研究. 资源科学, 2018, 40(6): 1209-1221.
[14] 刘晓, 范琳琳, 王红瑞, 等. 基于 GRACE 反演水量和生态服务价值的鄱阳湖区水资源承载力评价. 南水北调与水利科技, 2014, 12(6): 12-17, 21.
[15] 张铭. 基于 GRACE 卫星数据对陕西省水储量变化的研究. 南昌: 东华理工大学, 2019.
[16] 胡亚斌, 任广波, 马毅, 等. 基于多时相 GF-1 和 Landsat 影像的连云港市 44 年海岸线遥感监测与演变分析. 海洋技术学报, 2019, 38(6): 9-16.
[17] 王常颖, 王志锐, 初佳兰, 等. 基于决策树与密度聚类的高分辨率影像海岸线提取方法. 海洋环境科学, 2017, 36(4): 590-595.
[18] 朱然. 大数据量复杂背景下桥梁水坝目标快速识别. 成都: 电子科技大学, 2015.
[19] 朱泓, 王金亮, 程峰, 等. 滇中湖泊流域生态环境质量监测与评价. 应用生态学报, 2020, 31(4): 1289-1297.
[20] 杨高, 李颖, 付波霖, 等. 基于遥感的河岸带生态修复效应定量评估——以辽河干流为例. 水利学报, 2018, 49(5): 608-618.
[21] 梁文广, 钱钧, 王轶虹, 等. 江苏省大中型水库开发占用遥感监测研究. 水利信息化, 2019, (1): 7-12.
[22] 邵景安, 张仕超, 魏朝富. 基于大型水利工程建设阶段的三峡库区土地利用变化遥感分析. 地理研究, 2013, 32(12): 2189-2203.
[23] 赵一恒, 王利东, 柳宇刚, 等. 基于遥感数据与 PS-InSAR 的城市桥梁形变量的监测研究. 建设科技, 2016, (4): 55-58.
[24] 徐涵秋, 张博博, 关华德. 南方红壤区林下水土流失的遥感判别——以福建省长汀县为例. 地理科学, 2017, (8): 147-153.
[25] 杨旺鑫, 王莉, 姜小三, 等. 丹江口库区及上游小流域水土流失治理成效评价. 土壤通报, 2016, 46(1): 210-216.
[26] 李彦涛. 通用土壤流失方程在蓟县山区水土流失监测中的应用. 海河水利, 2015, (6): 59-61, 67.
[27] 于兵, 蒋磊, 尚松浩. 基于遥感蒸散发的河套灌区旱排作用分析. 农业工程学报, 2016, 32(18): 1-8.
[28] 宋文龙, 李萌, 路京选, 等. 基于 GF-1 卫星数据监测灌区灌溉面积方法研究——以东雷二期抽黄灌区为例. 水利学报, 2019, 50(7): 854-863.
[29] 韩宇平, 冯吉, 陈莹, 等. 基于 NDVI 时序数据的不同水源灌溉面积分类研究——以人民胜利渠灌区为例. 灌溉排水学报, 2020, 39(2): 129-137.
[30] 彭建, 魏海, 武文欢, 等. 基于土地利用变化情景的城市暴雨洪涝灾害风险评估——以深圳市茅洲河流域为例. 生态学报, 2018, 38(11): 3741-3755.
[31] Shahabi H, Shirzadi A, Ghaderi K, et al. Flood detection and susceptibility mapping using Sentinel-1 remote sensing data and a machine learning approach: Hybrid intelligence of bagging ensemble based on k-nearest neighbor classifier. Remote Sensing, 2020, 12(2): 266.
[32] 吕凯, 吕成文, 乔天, 等. 地表温度合成方式对 TVDI 预测精度影响. 遥感信息, 2019, 34(2): 91-97.
[33] Park H, Kim K, Lee D K. Prediction of severe drought area based on random forest: Using satellite image

and topography data. Water, 2019, 11(4): 705.

[34] 薛峰, 王国杰. 基于 FY-3B 微波资料反演我国土壤湿度及对比分析. 第 35 届中国气象学会年会 S5 气候变暖背景下干旱灾害形成机制变化与监测预测及其影响评估, 合肥, 2018.

第24章 遥感在国防和国家安全方面的应用

国防是指国家为防备和抵抗侵略，制止武装颠覆，保卫国家的主权、统一、领土完整和安全所进行的军事活动，国防建设是国家为提高国防能力而进行的各方面的建设，主要包括武装力量建设，边防、海防、空防、人防以及战场建设，国防科技与国防工业建设，国防法规与动员体制建设，国防教育，以及与国防相关的交通运输、邮电、能源、水利、气象、航天等方面的建设。国防建设是国家安全的支柱和核心，也是国家安全的基础和保障。国家安全是指一个国家不受内部和外部的威胁、破坏而保持稳定有序的状态，主要包括国家独立、主权和领土完整以及人民生命、财产不被外来势力威胁和侵犯；国家执政制度不被颠覆；经济发展、民族和睦、社会安定不受威胁；国家秘密不被窃取；国家机关不被渗透等，涵盖政治、经济、文化、生态、科技、资源、信息、公共安全等多个方面。

信息是国防政策、国家安全和现代化战争的制高点，而遥感技术则是国防科学技术研究中获取战场信息的关键技术之一，遥感在国防和国家安全方面的应用主要指从远距离、高空乃至外层空间平台上，利用可见光、红外、微波等传感器，通过摄影、信息感应、传输和处理等手段，识别地面物体性质和运动状态的现代化技术体系。遥感技术已经在国防和国家安全方面得到了广泛应用，具体体现在军事侦察、导弹预警与武器制导、战场环境的模拟仿真与监测等方面。

24.1 军事侦察

遥感技术用于军事侦察，是目前最有效、最为安全，同时又是最可靠的侦察手段。按照国际惯例，距离地球表面100km以上的太空，不属于地面国家的领空范围，不必担心侦察卫星的活动被指控为侵略行为。因此，航天遥感技术作为现代军事侦察的重要手段，具有侦察范围广、不受地理条件限制、发现目标快等优点，能获取采用其他途径难以得到的军事情报。由于卫星遥感技术和光纤通信技术的发展，使一国境内的任何露天目标都能被其他国家侦察了如指掌；而卫星观测、远程理化分析及信息加工技术，又加强了截获军事情报及核查武器设施的能力，国家的军事主权和边界安全都面临无形侵袭的威胁。

人造地球卫星可见光成像地面分辨率高达0.1～0.3m；红外遥感技术有一定的识别伪装能力，可昼夜工作；多光谱遥感技术能识别某些类型的伪装；微波遥感技术对云雾、植被和地表有一定的穿透能力，可全天候作业。从侦察卫星拍摄的遥感照片上，能看清飞机和导弹发射架等军事装备和设施，能分辨坦克和战车的类型，能识别直径为0.1～0.3m的物体。同时，对作战区域全天候、全天时、全方位、高动态的航天遥感侦察，可以迅速、及时地获取多频段、多时相、高分辨率的遥感图像信息，从而了解敌方整体部署情况，监视、跟踪并预测敌方部队的未来行动，识别伪装目标，全面掌握打击目标的位置分布，引导精确攻击武器准确命中目标，并有效评估战场毁伤效果，进行海军监视等。

24.1.1　识别伪装目标

目标识别技术是指通过获取被测目标的形状、回波特性、辐射分布等信息分析判断被测目标的种类，该技术主要应用于军事侦察、战场中目标快速识别等领域。目标识别的方法主要有雷达定位、激光测距、视频监控以及光谱探测等，其优势特点各异。雷达定位可探测被测目标的位置，具有同时完成多目标探测的特点，但易受外界电磁干扰、且不具备分析识别被测目标种类特性的能力；激光测距技术具有很强的指向性，可快速完成被测目标的精确测距及定位，但受环境气候影响明显，且仅当采用扫描式激光遥测系统才能获取目标形状从而准确判断目标类型；视频监控是最常用的目标识别手段，通过对多组视频图像进行组合分析进而分析得到其外形、种类等信息；光谱探测技术是基于物体的光谱特性对物体进行识别，一般情况下，不同物体的光谱曲线之间是存在差异的，光谱识别技术通常是以光谱曲线的波长强度以及波长宽度作为物质的光谱特征对物质进行识别，从而揭露与背景环境不同的目标及其伪装。而偏振探测技术可以有效提高目标与背景之间的对比度，增加成像清晰度，而且目标的偏振特性与其特征参数(折射率、消光系数以及表面粗糙度、含水量等)有关，与自然背景相比，伪装目标的偏振特征非常显著，利用偏振探测技术与传统光谱遥感探测技术相结合，可以实现偏振遥感探测，通过偏振目标不同角度的折射率、消光系数、粗糙度和极化率等固有参数能够有效地识别出常规侦察手段所不能发现的伪装目标[1-3]。

苏志强[1]提出基于多角度偏振探测技术对目标进行定量识别的方法，以折射率、消光系数以及表面粗糙度作为目标识别依据进行定量反演，在实验室条件下对金属(研磨过的铝板和不锈钢)与电介质(石英玻璃和绿漆涂层)这两类典型目标进行测量，根据不同天顶角(0°、40°、90°、135°)处测出的偏振方向的光强求解出不同角度、不同波长的反射光的偏振度，利用测量数据对其进行了反演。对实验结果进行分析，发现反射光的偏振度与探测天顶角和反射光的波长有关：在相同的探测角度下，绿漆涂层、石英玻璃的偏振度明显高于铝板和不锈钢的偏振度，表明电介质的偏振度高于金属的偏振度，而人造目标特别是军事伪装目标一般都为玻璃、涂层等电介质表面，这为利用偏振特性进行军事伪装目标识别提供了理论依据；不同波段的偏振度有较大不同，其中，可见光近红外波段四种物质的偏振度较之短波红外波段变化剧烈，对波长变化更加敏感。

基于上述以偏振特性对目标固有参数进行反演的理论方法，研究又设计了一种新型多角度偏振探测仪器，并对仪器的探测角度、测量光谱范围、偏振测量精度以及仪器的信噪比、光谱分辨率、空间分辨率、幅宽等，通过对多角度偏振测量仪器的相关指标进行了分析。作者利用该偏振成像仪进行了外场实验，对复杂环境(包含道路、房屋、车辆等人造目标以及草地、树木等自然目标)进行成像，通过对融合后的强度、偏振度以及偏振角图像进行对比，发现偏振度图像对不同物质的边缘提取更为明显，由玻璃与彩钢组成的彩钢房，在强度图像下反射较强的彩钢板较亮，但是在偏振度图像下，由于玻璃是电介质，偏振度较大，在偏振度图像下较亮，具有强光弱化、弱光强化的效果；偏振角图像能够较好地表现出场景中不同区域的细节特征。文章利用平均灰度、平均梯度以及信息熵这三个参数对强度图像、偏振度图像和偏振角图像进行客观评价，结果表明融合后的偏振度图像与偏振角图像相比于强度图像包含了更多的场景的信息，平均灰度、平均梯度以及图像的信息熵的值相比于强度图像均有了一定的提高。研究表明偏振探测能够有效提高目标与背景之间的对比度，随着伪装、隐身技术的发展，传统的光谱探测容易对目标造成误判，致使在军事应用中无法准确识别隐身、伪装目标，而偏振光谱则可以有效避免光谱遥感的"同谱异物"现象，因此在军事领域中有重要的作用。

Goldstein[2]研究了铝基材上的油漆样品的极化特征，在分光偏振反射计中进行了十二个涂漆的铝板试验，这十二块铝板分别有着不同的颜色、反射率和表面粗糙度。作者在八个不同的入射角度下测量了十二个样本的极化率测量实验，详细分析了波长在0.9～1.0μm 波长范围内的数据，结果表明，随着入射角的增加，极化率也在增加；随着样品反射率的降低，极化率在增加，证明了不同油漆具有不同的偏振特性。Filippidis 等[3]利用许多基于知识的技术来自动检测30组热成像和多光谱图像中的地雷，计算了使用融合传感器和神经分类器得到的30张图像的平均错误警报率(false-alarm rates，FAR)。结果表明使用两个神经网络分类器对选定的多光谱波段的输入纹理和光谱特征进行分析，得出的FAR约为3%，仅使用偏振图像，获得的FAR为1.15%，将最佳分类器输出与偏振图像融合，得到的FAR低至0.023%，说明通过数据的融合使用，可以将偏振成像应用于浅层地表以及浅层水下的防步兵地雷和防车辆地雷的检测并取得良好结果。

丁娜等[4]研制了一套使用声光可调滤光器(acousto-optic tunable filter，AOTF)作为分光器件的多光谱成像系统，该系统能够在500～1000nm的光谱范围内成像。通过对AOTF的控制可以任意选择系统工作的光谱谱段，从而有目的地选择具有典型目标特性的不同波段的光谱波长，形成同一目标在不同波长下的不同图像。文章采用迷彩布、头盔以及自然花草进行多次目标特性识别实验，发现在550～590nm范围内，迷彩布和植物的反射率反差不大，较难区分目标与背景；在600～650nm范围内目标与背景的对比度有所提高；在650～730nm范围内目标与背景的对比度明显提高，尤其是在680nm，迷彩布的反射率很高，而植物背景的反射率较低，可以在背景中一眼识别出迷彩布；在740nm之后二者之间的对比度又逐渐变差。这与二者在不同波长处的灰度变化有关，从迷彩布与绿色植物的灰度变化曲线(图24-1)可以看出，迷彩布的灰度值总体上大于植物背景，尤其是在650～760nm波段，所以可以在这个波段内将其区分开来，文章利用680nm和640nm波长处图像进行相减融合，得到迷彩布的清晰轮廓并通过图像分割提取了迷彩布的图像。

24.1.2 军事目标探测

在现代化的信息战争中，目标探测技术犹如"战争之眼"，在对敌侦察和对己防护能力评估等战争攻防方面均具有十分重要的意义。对于军事侦测目标而言，其自身具有一定的反侦测特性，且目标所处的环境相对复杂，相较于普通目标，目标探测与识别的难度很大；同时，军事目标的实时性侦测需求又为目标探测技术提出了更高的要求。目标探测是判定图像中是否存在目标的过程，而遥感图像中高分辨率光谱正是地物本质的体

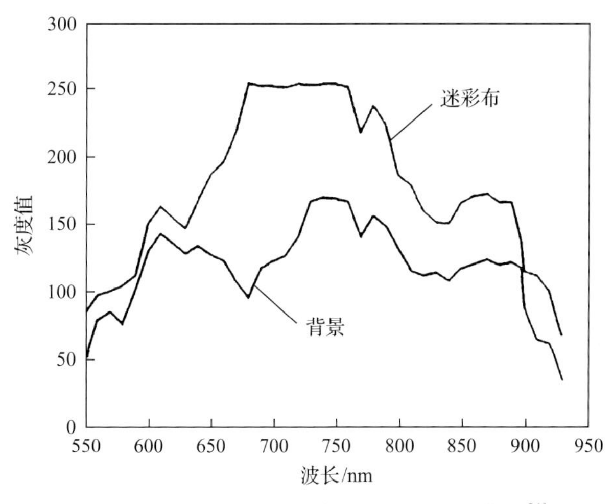

图 24-1　迷彩布与植物背景的灰度变化曲线[4]

现，具有诊断性，为探测和识别目标提供了丰富的信息源，可大大提升在目标探测和识别过程中提取解析目标信息的能力，从而准确、高效地对图像信息进行判读、理解。

阴影是遥感图像中普遍存在的一类现象，阴影区域反射光能量偏低，在高光谱图像中相应区域的光谱信号本身较弱，信噪比相对于非阴影区显著降低，使得判断图像中阴影内有无目标成为一个常见而棘手的问题。高英倩[5]从阴影对目标光谱影响机理的研究出发，提出阴影的深度受到遮挡物几何、太阳直射光、天空光等因素的影响，提出了阴影区目标探测的前提是要使信号与噪声处于可分离水平，并在低信噪比条件下对目标光谱信息进行挖掘。文章利用地面高光谱成像数据，分析了阴影的成因机理，针对草地、路面两种典型背景，利用已有的五种经典高光谱探测算法对目标进行探测，分析不同算法的探测精度，这五种算法分别是约束能量最小化算法(constrained energy minimization，CEM)、正交子空间投影(orthogonal subspace projection，OSP)算法、基于非结构化背景模型的自适应余弦估计(adaptive cosine estimator，ACE)算法和光谱角制图(spectral angle mapper，SAM)算法等光谱匹配类探测算法以及逐像元异常检测算法(Reed-X detector，RXD)、低概率目标探测器(low probability target detector，LPTD)等异常目标探测算法，不同算法对阴影和背景属性的敏感性实验结果表明对于光谱匹配探测算法而言，路面背景下的目标探测精度高于草地背景，其中 ACE 算法对背景和阴影的敏感性最低，探测效果最好，适应性最强，SAM 算法的效果最差；对于异常探测算法而言，RXD 算法的适用性较好，但是也难以达到探测阴影区目标的理想效果。

文章对阴影区域目标高光谱探测的影响因素进行了分析，主要包括光照条件(以光照度为表征指标)对先验光谱和图像中阴影区域光谱的影响这两方面。实验结果表明 SAM 算法对先验光谱变化的敏感性最低，而 ACE 算法对光照差变化的敏感性最低，探测效果稳定且精度较高，异常探测算法 RXD 算法对光照差和背景的改变均很敏感，对阴影区目标的探测效果随着光照差的增大而减小，同时当背景光谱与目标光谱接近时，其探测性能显著降低。文章建立了基于阴影去除的目标探测方法，通过高光谱图像的阴影检测，将图像分割为光照区、阴影区和半阴影区，在此基础上分别用 ACE、CEM、OSP、SAM、

RXD 算法进行目标探测，结果表明阴影去除后已知目标背景的 ACE 和 CEM 算法探测效率提升显著，进而针对迷彩伪装目标的多本征光谱特点，建立了基于数学形态学的多目标约束能量最小化算法(multiple-target cem，MTCEM)，对 CEM 算法进行改进，改进后算法的探测精度可达 0.9956，可以同时实现阴影区内多类探测目标的优异探测效果。最后文章分析了阴影区域内目标探测的空间尺度和光谱尺度，结果表明从空间尺度来说，在草地背景下探测目标需要占据 87%以上的像元丰度才能具有良好的探测效果；在路面背景下目标仅需占据 37%以上的像元丰度即可被检测。从光谱尺度而言，当光谱分辨率较高时目标探测效果较好，具体表现为草地背景下探测目标的光谱分辨率需高于 50nm，而在路面背景下当光谱分辨率低于 50nm 时，探测精度虽然直线下降，但是仍然可以探测出目标，说明当目标与背景差异较大时仅需要较少的特征就可以起到良好的探测效果。

刘代志[6]通过联合观测方式对侦测目标(选取导弹发射地、中心库和武器库三种目标作为侦测对象)的高光谱及微波散射特性进行室内外同步测量与数据获取，在不同观测条件下进行同步观测实验，建立地物目标的光谱特性与散射特性实验数据库及联合同步观测模型，揭示目标及伪装物与自然物在不同观测条件下的特性与变化规律及高光谱图像与 SAR 图像之间的相关关系。根据地物不同的光谱及散射特性，进行联合反演，并提出有效的高光谱和 SAR 图像协同利用与联合分析融合模型。通过分析 SAR 图像的“空间”特性信息以及高光谱图像的“光谱”特性信息，建立“空谱”为融合模型，运用恒虚警率、神经网络、模糊识别等模式判别方法，研究目标探测与识别算法，根据目标探测实验结果，进行真实目标的高光谱特性仿真和反侦察效果评估。

24.1.3 海面监视

海战场是现代战争的主要作战区域之一，且其态势瞬息万变，海上舰船是海上战场的重点目标，能否快速准确地识别海战场舰船的战术意图极大地关系到战争的成败，空间信息支援则是未来海上作战获取信息和传输信息的重要方式之一，可以帮助海战指挥员密切关注空间态势。海洋监视卫星是提供空间信息支援的重要手段之一，利用海洋监视卫星可以有效鉴别敌舰队形、航向和航速，准确确定其位置[7,8]，能探测水下潜航中的核潜艇，跟踪低空飞行的巡航导弹，为作战指挥提供海上目标的动态情报[9]，为武器系统提供超视距目标指示，也能为本国航船的安全航行提供海面状况和海洋特性等重要数据。

安彧[7]从海战场的指挥控制对海上舰船目标检测与识别的实际需求出发，对在高分辨率光学遥感图像中海上舰船目标检测与识别问题进行了研究。文章首先对海战场环境进行了分析，确定所研究的重点舰船目标为航空母舰、巡洋舰、驱逐舰和护卫舰，提出其在海上的空间位置主要分为靠岸、近岸、离岸这三种情况，靠岸目标容易出现漏检现象，近岸目标一般可以较好地检测出来，离岸舰船的目标提取相对容易，但是如果目标周围存在与目标大小相近的岛屿时，容易出现错检现象。文章将海战场的卫星遥感图像分为了光学遥感图像和 SAR 图像，可以在海面军事目标检测与识别、揭露伪装目标、环境监视与打击效果评估方面发挥重要的作用，当图像的分辨率不同时对舰船目标的检测识别效果也不同，当图像分辨率低于 4.5m 时，不适宜用于舰船目标的检测与识别，当图像分辨率为 4.5～1.2m 时，适用于舰船目标的检测，当图像分辨率优于 1.2m 时，可以用于舰船目标的识别。文章对遥感图像中舰船的目标特征进行了分析，包括舰船的表征尺寸、形状等物理性质的空间分布特征、通过频域及空域计算提取的不变矩特征等变换特征和尾迹及相关参数等运动特征。

基于 Google Earth 上获取的遥感影像，研究又提出了一种基于视觉显著性特征选择的舰船检测方法，首先选取了适于提取海上舰船目标的八个视觉显著性特征，根据这些特征属性建立两个模型计算特征显著图，构造了视觉显著性特征自适应选择器，通过计算不同特征显著图的视觉显著性特征权重，来选取具有最高显著度的五幅特征显著图来合成视觉显著性图像，最后提取视觉显著性图像中的显著区域即为目标区域，通过与 Achanta 等[8]、Itti 等[9]、Hou 等[10]、Zhai 等[11]的方法进行对比，表明此文的方法可以有效将目标从背景区域检测出来，计算得到的准确率为 0.925，召回率为 0.914，F 值为 91.95%，在几种方法中均为最大值，说明基于视觉显著性特征选择的舰船检测方法具有比较好的性能。此外，论文还创建了采用邻域法霍夫变换的图像轮廓简化方法对图像中的目标进行轮廓简化，简化后的轮廓曲线与原曲线具有较高的相似度，经简化轮廓曲线仍可以准确地提取目标图像的相关几何特征与形状特征，可以为舰船目标识别提供优质的识别信息。为了精确识别打击目标，论文提出了一种基于 Dezert-smarandache 理论(dezert-smarandache theory，DSmT)的海上舰船图像目标多特征信息融合识别方法。该方法首先选取适于舰船目标识别的特征信息，通过概率神经网络计算舰船目标各个特征(面积、长度、宽度、长宽比、舰艏形状、舰尾形状)在目标识别时的基本置信度分配，然后采用 PCR6 融合规则完成信息间的融合，最后根据设定的阈值输出融合识别结果，目标识别率可达 96.75%。

赵志[12]以自动识别系统(automatic identification system，AIS)辅助提高星载 SAR 图像舰船目标解译能力为研究出发点，对基于星载 SAR 与 AIS 综合的舰船目标监视关键技术进行了研究与探索。文章针对复杂海况条件下星载 SAR 图像舰船目标检测问题，提出了一种高分辨率星载 SAR 图像舰船目标自适应恒虚警率检测算法，通过星载 SAR 影像舰船目标提取、AIS 信息解码和星载 SAR 与 AIS 信息的时空校准，较好地解决了海面不均匀 SAR 图像舰船检测虚警率高的问题。文章在分析影响星载 SAR 与 AIS 数据关联主要因素的基础上，对基于位置特征信息的星载 SAR 与 AIS 数据关联方法分别从位置投影、位置预测和搜索匹配这三方面进行了改进，结果表明虽然基于位置特征信息的星载 SAR 与 AIS 数据关联的改进方法提高了数据关联的鲁棒性，但其关联能力有限，需要研究基于位置与属性特征信息融合的星载 SAR 与 AIS 数据关联方法来进一步提高二者数据关联的准确率。因此论文针对其不足之处提出了基于位置与属性特征信息融合的星载 SAR 与 AIS 数据关联算法，并利用新加坡东南部海域获取的 SAR 图像及对应 AIS 数据进行了实验，实验结果表明基于位置与属性特征信息融合的星载 SAR 与 AIS 数据关联优越性的同时，星载 SAR 图像舰船目标信息提取误差在很大程度上会直接影响到最终关联精度。所以论文提出了星载 SAR 与 AIS 信息舰船目标融合检测与识别模型和一种新的基于层次分析法的高分辨率星载 SAR 图像舰船目标分类算法，利用菲律宾马尼拉附近海域、新加坡东南部某海域和日本本州岛东南岸港市附近海域的 TerraSAR 图像与岸基 AIS 数据进行舰船目标融合识别实验，结果表明星载 SAR 与 AIS 信息舰船目标融合识别有效地提高了星载 SAR 图像舰船目标识别效率，可以获取更多更准确的舰船特征信息及其状态信息。以菲律宾马尼拉附近海域为例，海域范围的融合识别结果如图 24-2 所示，其融合识别率达到 85.7%。

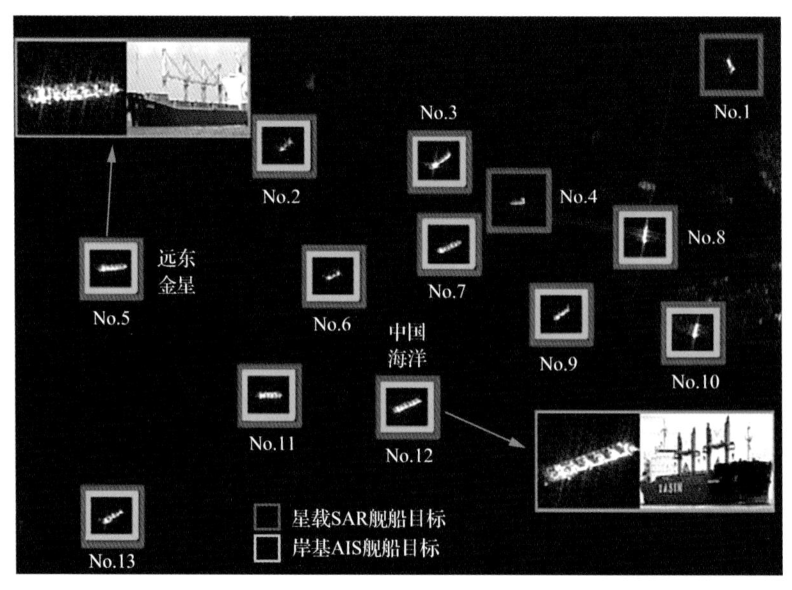

图 24-2　星载 SAR 与 AIS 信息舰船目标融合识别结果[12]

李海燕等[13]从信息化海战对空间态势的需求出发，建立了海战场空间态势模拟系统。该系统可以通过卫星平台运行轨道的计算与仿真，将不被人眼识别的空间态势清晰地展现出来，从二维、三维的角度为指挥人员提供海战场的空间态势；通过建立卫星探测覆盖模型、链路通信模型和卫星平台数据库，方便地进行卫星属性信息查询，从而辅导指挥人员进行卫星作战能力分析；允许在当前空间态势的基础上增删卫星类型和数量，便于指挥人员观察空间态势的变化情况，支持空间态势的导调干预。该系统采用"平台+组件"的体系结构，主要由卫星平台数据库(包括卫星装备数据和卫星轨道数据)、卫星平台仿真模型(包括卫星轨道机动模型、卫星探测覆盖模型和卫星链路通信模型)、空间态势显示(包括卫星飞行轨道、覆盖范围、链路关系、实体信息的实时显示)、空间态势分析(卫星分布、覆盖和链路分析)和想定数据管理(想定编辑和数据管理)等五个模块组成，能够提供系统级、组件级和数据级三个层次的服务模式。海战场空间态势模拟系统与海军作战模拟系统无缝链接，可以为海军作战模拟训练提供空间态势方面的信息支撑。

24.2　导弹预警与武器制导

导弹预警系统的最基本装备为陆基战略预警雷达，为反导系统提供详细的目标信息，缺点为探测距离只有数千公里，预警时间较短，通常只提供大约十分钟的预警时间，也就是说，从发现目标到反导拦截系统作出反应的时间只有 10min，这显然是不够的，要争取到更多的反应时间，就需要使用战略导弹预警卫星。无论什么样的弹道导弹，它在发射时都会有非常强烈的红外辐射信号，上升段也会有非常明显的热能通道。战略导弹预警卫星即可以根据这些特征，判定是否为弹道导弹，并进行跟踪，通过对数据的分析，可以推算目标型号等信息，进而判断其攻击的目标等。由于它可以在目标发射时就马上发出警报，将预警时间增加至少 10min，甚至可以增加 30min，同时提供相当准确的预警信息。战略导弹预警卫星提供预警信息，然后由陆基战略预警雷达进行接力，对目标进行进一步的跟踪与定位，为反导拦截系统实施提供信息，这将大大提高成功率。

随着遥感系统的小型化，把遥感技术和武器相结合以提高武器智能化水平与命中精度，已成为遥感技术发展的趋势之一。遥感技术既可用于战术导弹、炮弹和炸弹等武器的制导系统，也可用于战略导弹的制导系统。例如美国战略巡航导弹采用惯性加地形匹配制导技术，以地形轮廓线为匹配特征，用雷达(或激光)高度表为遥感传感器，把导弹在飞行过程中测得的实时地形图与弹上贮存的基准图相匹配形成制导指令，导弹命中精度(圆概率偏差)可达到 10m 量级。

24.2.1　探测战略弹道导弹

在目前情况下，卫星图像、红外图像以及雷达成像在探测、跟踪、识别、打击巡航导弹目标方面具有相当大的优势，借助于卫星图像可以在远距离发现目标，能够为防御系统提供比较充足的响应时间；借助于红外图像可以有效对付隐身巡航导弹和反辐射巡航导弹；雷达是在巡航导弹防御系统中使用最多的设备，空基雷达能够探测离防区比较远的巡航导弹，陆基雷达和海基雷达能够跟踪巡航导弹，并可协助武器系统瞄准来袭巡航导弹，尤其是雷达阵在巡航导弹防御中更是可以发挥重要作用。由于大量图像设备在巡航导弹防御系统中的使用，使得对这些设备采集到的图像信息进行准确、快速处理，及时为决策系统提供准确的来袭巡航导弹的飞行数据，成为提高整个防御系统性能的关键。

张根耀[14]针对巡航导弹的特点，研究了巡航导弹的防御技术以及基于动态图像分析的巡航导弹跟踪软件设计和算法实现，为研制区域级巡航导弹防御系统提供理论依据和技术支持。巡航导弹具有高命中率、高摧毁力、强突防能力、强生存能力、防区外发射、飞行和袭击速度快、巡航弹道机动灵活等特点，针对这些特点，可以合理地构建防御系统，在利用地、海基和空基两大体系构建反导系统时需要遵循一定的原则：建立自己的卫星导航系统、采集机动灵活有效的战术措施、提高防御系统火炮的发射率、发展“弹炮合一”的反巡航导弹武器系统、积极进行高能激光武器的研制、研制综合性干扰系统对巡航导弹实施综合性干扰、研制配备新型雷达以提高对巡航导弹的探测能力、以浮空器为依托提高雷达发现目标的视距。除了防御系统外，巡航导弹图像跟踪的硬件设备还应包括预警系统、通信及数据处理系统、反巡航导弹攻击系统等。在巡航导弹防御系统中，军事卫星遥感影像被广泛应用，在获取遥感影像后，需要对图像信息进行即时加工、处理和分析，提取出巡航导弹的各种参数数据，这些图像数据的处理过程包括遥感图像的辐射校正、大气校正、几何校正、遥感影像信息融合等增强处理、对于图像序列进行噪声滤除(线性、非线性滤波器)等。

巡航导弹的体积一般比较小，在远距离的情况下在图像中反映为点目标，且一般处于运动状态，但在相对短的时间内，巡航导弹的飞行轨迹可以认为是保持近似直线运动状态，据此特点，文章认为有些方法适用于远距离预警及跟踪系统拍摄的图像中对巡航导弹的检测，主要包括基于三维匹配滤波器的方法、基于投影变换和三维搜索相结合的方法、基于多级假设检验的方法、动态规划方法、基于高阶相关的方法、基于神经网络的检测方法等，这些方法各有千秋，不同的跟踪算法适用于目标不同的运动状态。当距离较远且目标面积较小，机动性不强时，通常采用滤波跟踪方法以提高跟踪精度，当距离较近且目标具有一定面积且帧间抖动较大时，一般采用窗口质心跟踪或匹配跟踪方法以体现跟踪的稳定性和精度。因此文章利用基于灰度质心的目标跟踪方法对巡航导弹进行探测与跟踪，并通过自适应的图像分割算法和修正目标窗口中心位置的递推算法来提高目标的形心估计精度。同时考虑到战场上某一区域内可能出现数枚巡航导弹的情况，需要对多个目标实施跟踪，基于此文章提出了两个运动目标交叉时的滤波跟踪方法，解决了多目标跟踪和运动目标被遮挡情况下的跟踪问题，仿真实验结果表明，预测点与实际点的绝对误差为 1.52 个像元，说明文章提出的基于图像序列的运动目标跟踪方法，在一定程度上可以实现对目标在短时间内被遮挡的继续跟踪。

24.2.2 探测核爆炸

核爆炸是通过冲击波、光辐射、早期核辐射、核电磁脉冲和放射性污染等效应对人体和物体起杀伤和破坏作用的，前四者都只在爆炸后几十秒钟的短时间内起作用，后者能持续几十天甚至更长时间，一旦发生核爆炸，对周边的建筑物、人类和其他生物都会产生极大的伤害，而核爆炸一般是由于核试验引起的，因此核试验的核查是非常重要的。卫星监测被公认为是空爆核试验核查以及战时核袭击侦察评估的最佳手段，在发现、监测、识别、定位和分析地下核试验中具有不可替代的独特作用，且使得事先阻止核爆炸试验成为可能，各种军事侦察和民用遥感卫星，能够在监测核设施的运行状态[15]、新场址识别、核事件预警、核爆炸精确定位[16-17]等方面发挥独特作用。

张全虎等[15]对卫星遥感技术在核设施和核爆监测方面的应用进行了深入分析，其中核设施的监测是指通过对遥感图像的分析，看是否存在浓缩铀的厂房和设施、钚生产堆和后处理厂，就可以判定该国是否在进行核武器研制，为进一步现场视察提供参考和证据。例如在 1987 年朝鲜建成了可以提取制造核武器的宁边核反应堆，此后美国在 20 世纪 90 年代初就通过遥感卫星影像研究了宁边核基地附近的车辆和人员的进出规律，怀疑朝鲜有用于制造核武器的设施。另外对核爆的监测也是不扩散核武器核查的一项重要内容，核试验分为大气层核试验、高空核试验、水面水下核试验以及地下核试验，后期从隐蔽性和安全性考虑，其形式多为地下核试验。地下核爆炸试验可以通过地震测量结合卫星遥感手段进行核查，对于 2006 年朝鲜的一次地下核试验，在其正式报道之前，美日等国就已经对此作出了预测，且掌握了其地点和威力，在这其中卫星遥感技术功不可没，并且在朝鲜宣布试爆成功后，美日等国搜集了大量核试验场地在核爆前后的卫星影像，对核爆前后当地的地表变化进行了分析，并结合地震波的遥测结果进行分析，从而判断此次朝鲜核试验的真实性。

据估计，1990 年 5 月 26 日～1996 年 7 月 29 日在我国西部的罗布泊试验场共进行了 11 次地下核爆炸试验，为了进行分析，Fisk[16]从美国国家数据中心监测研究中心和地震研究所联合研究机构数据管理中心获得了爆炸后的地震记录。文章结合对商业卫星 IKONOS 图像的分析，确定了两起爆炸的位置并将其作为主要事件。在通过主事件的传播时间残差(相对于 IASP91)校正传播时间后，根据主事件对其他事件进行定位。结果表明，1992 年 9 月 25 日和 1996 年 7 月 29 日核爆炸试验的地点估计值彼此相距约 100m，说明这两次核爆炸实验可能是在同一条隧道中进行的。论文中由遥感影像估计得到的爆炸位置与真实爆炸位置的误差在 1km 以内，表明利用卫星遥感技术监测、识别地下核爆炸试验具有可靠性。

严卫东等[17]为有效利用成像卫星监测地下核试验，对其卫星图像特征和遥感识别模式进行了归纳和总结，提出了地下核爆炸产生的遥感变化特征为：一般情况下，地下核爆炸都在一定程度上改变了爆心地面零点(地下爆心在地表的垂直投影点，ground zero，GZ)区域的地表结构和空间分布，这必然会使其反射光谱特性发生某些异常变化，而且这种光谱异常一般都具有连续性和常态性，为遥感卫星进行监测和识别核爆炸提供了基础。论文提出了一种基于区域图像相关比检测的地下核爆炸遥感监测技术，利用光谱信息丰富的 Landsat TM 影像，对地下核爆炸前后影像的相关性进行了分析。对于人烟稀少、干旱少雨的核试验场，如果没有大型核试验工程建设或者核爆炸事件，则邻近时相的影像的 R 值应非常接近于 1，此为利用遥感卫星影像进行地下核爆炸监测的主判据。次判据为山体崩塌、陷坑、地震等核爆炸遗迹，边界条件为光谱异常区域位于已知核试验场或具有地下核试验特征的可疑场地。此外，图像融合、主分量分析、差分合成孔径雷达干涉测量(D-In SAR)、高光谱技术以及 GIS 数据库等方法，对地下核试验、军控核查及防扩散等军事领域的监测也可以发挥重要作用。

24.2.3　导弹制导

导弹制导系统控制是导引战略导弹飞向目标的整套装置，它主要由测量装置、计算装置和姿态控制系统组成，其功用是测量导弹相对目标的运动参数，按预定规律加以计算处理形成制导指令，通过姿态控制系统控制导弹沿所要求的弹道稳定地飞行。导弹通常使用的制导术分为惯性制导、天文制导和图像匹配制导三种，其中惯性制导的核心是陀螺仪，分为平台式和捷联式，其中又以捷联式为主；天文制导是根据星象机测得的恒星坐标系中导弹与目标的相对位置来实现导弹制导；图像匹配制导是通过导弹上的目标图像与导弹上遥感传感器(如 SAR)观察到的图像作相关运算来实现导弹制导的。

袁亚军[18]研究了中段反导指控系统的能力需求、系统设计、仿真建模、仿真评估等内容。在进行中段反导指控需求分析(指挥决策、作战控制、通信保障三方面的能力需求)基础上，参考规范的体系结构建模方法，建立了中段反导指控系统正常模式和降级模式的体系结构视图，并系统地建立了各中段反导指控活动及相关实体和效能评估模型，进行了正常和降级模式下中段反导指控仿真分析。文章通过研究，设计了中段反导指控系统的运行逻辑、信息交互和作战时序，提出了正常和降级两种适应未来作战需求的中段反导指控模式，建立了预警探测、拦截决策规划、拦截效果评估三类指控活动仿真模型。中段反导指控中预警探测跟踪仿真模型，主要就是精密跟踪雷达的数据处理(利用卡尔曼滤波等方法生成初始航迹)，以及预警卫星、预警雷达和精密跟踪雷达的数据融合模型(将来自不同数据源、不同目标航迹的数据处理为唯一的一致性航迹)；在进行拦截效果评估时，需要利用拦截弹下传的遥测数据、地基精密跟踪雷达获取的目标数据，以及地基逆合成孔径成像雷达数据等多源数据进行信息融合。论文建立了来袭导弹、预警卫星、相控阵雷达、通信站、拦截弹等其他作战实体的相关数学仿真模型，主要包括反演来袭导弹弹道参数的轨道动力学模型，高轨预警卫星探测来袭导弹的概率模型，相控阵雷达的最大探测距离、目标检测概率、目标探测精度、目标识别概率等模型，为飞行中拦截弹传递目标数据的通信连通性模型，拦截弹飞行弹道模型等。为了对中段反导指控系统进行评估，文章从作战概念和流程出发，建立了基于马尔可夫链和排队论的指控效能评估模型，形成了较为完善的中段反导指控仿真模型体系。

24.3 模 拟 仿 真

近年来，随着信息科技对当代军事领域影响不断加深，虚拟战场环境的研究在军事领域显得越来越重要。战场环境仿真技术指的是依据仿真原理和虚拟现实技术，在战场环境数据(卫星遥感影像等)的基础上，建立可以满足作战和训练需要的、模型化的、多维的、可度量的战场环境的技术，可以为作战指挥、训练模拟、武器装备与实验、作战理论、部队作战能力、人与武器结合模式等重大问题的研究提供战场环境的技术保障。

24.3.1 战场环境仿真

战场环境模拟仿真技术分为两种形式：一是对战场环境的数据仿真描述，主要是指根据已有数据如 DEM、遥感影像数据等建构战场环境的时空数据模型[19-20]，供作战模拟或武器平台试验使用；二是指对战场环境的视觉仿真描述，用于展现原本可见(地形)或不可见(气压、电磁场等)客观环境[21,22]，以供指挥和决策控制以及效果评估使用。

张作宇等[20]提出基于逼真战场环境开展半实物仿真试验是对红外成像制导系统进行测试和评估的有效途径，其中地物背景战场环境红外图像实时生成技术是模拟真实战场环境红外特性的关键技术之一。论文从工程实用性出发，以卫星地图结合地形高程数据、文化矢量数据(道路、房屋等文化信息，可根据遥感影像手动制作)为数据源，对目标区域进行地形建模，通过导入遥感影像、地形数据、高程数据以及自定义三维模型和纹理数据等，并对地形参数进行设置，对矢量数据进行赋值与修正，提高生成地形的逼真程度。论文对目标区域进行红外辐射特性建模并生成目标地区的红外图像，提出了加快图像渲染速度和增强图像真实性的基于目标位置的模型优化方法：以距离目标距离为标准，在较远地区使用纹理信息进行建模，在中等距离地区，使用地形信息进行建模，在较近距离地区，同时使用地形信息和文化信息进行建模，在目标附近地区，先对建筑物进行独立建模，再利用地形信息和文化信息进行高逼真度建模。论文利用某岛屿部分区域的卫星遥感影像做了测试，结果表明，在商用图形工作站上渲染地物背景，图形工作站完全能够在 5ms 内完成红外图像生成工作，故采用该方法生成地物背景红外图像能够满足战场环境红外仿真系统图像生成要求，图像的逼真性会受到大气数据库的影响，如果能够获得目标区域实际的大气数据，将会使生成的红外图像的精度进一步提高。

如何运用由遥感影像获取机场、港口等军事要地的精确数据是战场态势信息系统研究的重点之一。谢卫[21]研究了矢量数据和栅格数据的匹配，动态地刷新和漫游大数据量的遥感图像数据以及解决战场地理环境信息与作战态势信息的融合与集成，特别是战场态势信息的获取、存储、管理等问题，对战场态势信息系统进行了分析和设计，对战场态势信息系统的地形数据和效率进行了设计优化，利用矢量地图和更精确、丰富的遥感图像进行联合开发。文章利用简化的运动方程对目标航迹进行仿真，研究并运用了空间数据配准方法实现矢量栅格数据匹配的一体化操作，对遥感影像采用金字塔算法进行存取，使得海量影像的漫游可以达到快速流畅平稳的要求，不会在图像漫游的过程中发生停顿或减速以及图像分辨率的突变等现象。为了使图像切换时的显示速度满足要求，对遥感影像进行分块和缓存处理，从而提高查询效率。为了满足战场态势系统对于目标位置的实时动态更新需求，采用动态显示技术来提高大数据量漫游以及多目标实时运动的更新效率。最后文章介绍了飞机和舰船目标的运动仿真，并实现了两个雷达系统探测目标以及自身数据特性的模拟仿真，在显示时可以实现目标的分层、分级显示控制，可以查看实体是否处于隐藏状态，从而区分敌我目标或海空目标等，此外还能够看到目标的历史运动轨迹，并可用目标颜色来区分敌、我、友。

电磁态势即是指在复杂电磁环境下，敌我双方用频设备配置及其电磁活动在“时域、频域”等多域空间中的变化状态和形式。王洁[22]立足于仿真实验中电磁态势可视化急需解决的通用性、真实性和直观性等问题。文章通过“集合理论”和“多层次描述方法”，分别从辐射源实体层、辐射源电磁效应层和辐射源实体效能层几个层面对电磁态势展开描述。从实体层来说，时域模型分别从辐射源的开关状态和工作时间进行仿真建模，频域模型分别针对导航设备、雷达电台、敌我识别设备和敌我干扰设备四种频率建立模型，空域模型主要考虑天线的辐射方向，能域模型是利用功率谱密度函数来描述的。对于电磁效应层，采用高级传播模型(advanced propagation model，APM)建立复杂电磁环境的电磁传播模型，APM 是射线光学和抛物线方程理论的混合模型，将传播区域划分为平坦地面、射线光学、抛物方程、扩展光学四个部分，在实际使用时根据需求选取不同的模型，从而克服了传统抛物方程模型计算量大的缺点；对于实体效能层的描述，文章将其分为雷达、通信、光电对抗三大类，利用不同的效能指标来描述不同的类别。

具有真实视觉效果的地形仿真是复杂电磁环境仿真的基础，因此文章利用 DEM 来构建三维地形以真实反映地区的地形，为了使地形数据来源稳定可靠且具有较高的精度，文章使用的数字高程数据为航天飞机雷达地形测绘使命(space shuttle radar topographic mapping mission，SRTM)90m 分辨率数字高程数据和 ASTER GDEM(先进星载热发射和反射辐射仪全球数字高程模型)提供的 30m 分辨率数字高程数据。利用多分辨率金字塔算法和细节层次技术(level of detail，LOD)实现地图的分层分级显示，最后通过系统坐标转换实现流畅的地形漫游、数据调度和可视化，并利用几何光学法对电磁波传播进行模拟从而展现出障碍遮挡下的雷达探测范围地形。此外，文章利用自回归滑动平均模型对战场的背景辐射进行了仿真，建立了面向服务的复杂电磁环境可视化系统，并在实际背景项目中得到了应用。

24.3.2 战场环境监测

在现如今的数字战争中，战场环境的变化对战场感知的真实性、作战指挥的稳定性以及作战行动的实效性都会有很大的影响，因此通过各种渠道获取大量的静态和动态的战场信息对于提高作战系统的整体作战能力有着举足轻重的作用。高分辨率遥感影像以及相关的遥感定位技术在信息化战争环境监测与信息获取中有着广泛的应用，包括导弹战场环境冲击与振动的监测[23]、军事阵地的动态监测[24]、战场电磁环境的监测[25-27]等，可以提高部队的作战效率。

许夙晖等[24]针对部队快速机动作战的军事要求，提出了基于高分辨率遥感影像的军用阵地动态监测方法。论文使用高分辨率遥感影像 IKNOS 和 Geo-Eye-1，在对遥感影像进行几何校正、辐射校正、配准、图像增强等预处理，对阵地的矢量数据进行处理的基础上，论文主要对建筑物、水面、植被造成的军事阵地的变化类型进行了监测与分析，利用光谱特征、形状因子对建筑物引起的阵地遮挡情况进行监测，利用 NDWI 对洪水引起的水面覆盖情况进行监测，利用 NDVI 对草地树木等绿色植物覆盖情况进行监测。文章借助面向对象的多尺度分割技术将阵地影像分割为同质对象，并提取各个对象的特征（几何特征、光谱特征、纹理特征三个方面）；结合监督分类和非监督分类的长处，使用基于一定先验知识的规则分类法对遥感影像进行地物识别，并对前后两个时相的遥感影像分类结果进行叠置，在此基础上定性和定量地输出阵地变化信息。对两幅遥感影像进行仿真实验，对于前时相的遥感影像，其总体分类精度为 91.4%，Kappa 系数为 0.8840，对于后时相遥感影像，其总体分类精度为 90.80%，Kappa 系数为 0.8689，对两幅影像进行叠置分析，进行阵地区域的变化监测，结果表明产生明显变化的图斑共有 5 个，均为建筑物，其变化总面积为 2779 m^2，实验结果与目视情况基本一致，说明利用基于对象影像分析方法具有较高的识别精度，能够有效监测军事阵地变化。

随着科学技术的迅速发展，电磁设备无论在军事领域还是在民用领域都得到了普遍应用，但是这些设备辐射的大量电磁能量可能会对战场环境产生“电磁污染”。基于此，吴家龙[25]探讨了能够实时监测战场环境中的“污染电磁”和“有用电磁”的电磁环境监测系统，该监测系统在易维护、易扩展、易使用、稳定可靠和安全控制的原则下，利用无线电和网络化监测技术构建了一个覆盖 V/U 波段、短波、卫星通信 L 波段的波段监测系统，可以实时监测部队及相关区域范围内的无线电信号，从而帮助评估军用电磁设备的环境适应性能力。该战场电磁环境监测系统具备频谱回放、频谱自适应显示、信号功率测量、信噪比估计、信号宽带自行设置、监测控制和干扰识别告警等功能，可以使战场指挥中心实时区分干扰或非法信号并实现预警探测。该电磁环境监测系统在 V/U 波段和短波波段主要可以实现的功能为实时观测本波段信道无线频率的使用情况，从中选择可用的频道进行通信，并通过对波段信道的占用情况，发现其中的干扰和非法占用情况等；在 L 波段主要可以实现的功能为通过监视卫星信标信号辅助卫星天线准确对星，通过实时监测卫星信道信号掌握卫星链路的质量以及系统工作状态，通过卫星信道的占用情况发现信号干扰和非法占用信道情况。该战场电磁环境监测系统可以帮助作战指挥、情报侦察、预警探测等信息化系统在复杂电磁环境中正常发挥其战斗效能。

24.3.3　系统与体系仿真

系统仿真是根据系统分析的目的，在分析系统各要素性质及其相互关系的基础上，建立能描述系统结构或行为过程的、且具有一定逻辑关系或数量关系的仿真模型，据此进行试验或定量分析，以获得正确决策所需的各种信息，通过仿真技术可以为一些复杂的随机问题提供信息，可以预测、分析和评价一些难以建立物理模型和数学模型的对象系统等[26,27]。例如利用数据仿真的方法可以从侦察范围、侦察周期等方面对电子侦察卫星的情报侦察能力进行分析[28]；通过卫星组网观测仿真系统平台提供组网卫星的详细轨道参数[29]；通过仿真计算不同类型卫星传感器的对地覆盖区域以及基于物理量和气象条件约束，利用层次分析法对光学卫星国土观测有效覆盖率进行评估[30,31]；利用仿真实验分析平台姿态误差对时间延迟积分电耦合元件相机成像几何质量的影响[32]等。

王国恩等[28]构建了电子侦察卫星的侦察模型，采用数据仿真的方法，从瞬时侦察覆盖范围、侦察覆盖区域、飞行周期、重复侦察周期、侦察有效时间等方面对电子侦察卫星的情报侦察能力进行分析，分析结果表明电子侦察卫星瞬时侦察覆盖范围远远大于舰艇、飞机上装载的侦察设备的覆盖范围，其瞬时侦察覆盖范围与卫星的高度成正比；电子侦察卫星侦察范围与星下点轨迹有关，通过计算星下点经纬度、侦察覆盖区域，分析目标是否在侦察区域以及重复观察区域等方面对卫星的侦察覆盖区域进行了全面的分析；电子侦察卫星的重访周期为 18 天，但是电子侦察卫星的重复侦察周期(卫星对同一地区或目标进行重复侦察所需时间)会随着侦察区域的不同而存在差异，电子侦察卫星的重复侦察周期不仅与卫星的重访周期有关，还与卫星的数量有关，重访周期越短、卫星数量越多，其重复侦察周期越短；电子侦察卫星的有效侦察时间是指电子侦察卫星对某一地区或目标进行侦察的时间，电子侦察卫星对目标侦察最大有效时间随卫星高度的增加而增大，有效侦察时间随目标位置距星下点轨迹的偏差角的增大而减小。在实际作战过程中，必须准确掌握电子侦察卫星瞬时侦察范围、侦察覆盖区域、重复侦察区域以及侦察时效特性等侦察要素，确保在有效的侦察时间内，在空域、时域、频域、能域上对准目标，才能完成对目标信号的截获，获取及时有效的情报信息，充分发挥电子侦察卫星的情报侦察的优势。

连雯卓[29]针对地球海域重要战略通道和战略支点的环境安全保障需求，设计完成了遥感卫星组网观测仿真系统平台。论文实现了海洋遥感卫星观测仿真系统平台具有卫星数据载入，SAR 卫星过境信息综合查询的功能，实现了卫星的二维星下点轨迹和特定传感器模式下覆盖区域在高德地图(Amap)上准确显示以及卫星三维空间信息观测动画和切换。该系统平台可以计算遥感卫星的轨道参数，利用常见的遥感卫星轨道类型、SAR 卫星的具体参数信息，时间系统和空间坐标系，遥感卫星轨道描述方程等天体轨道的理论基础，可以实现考虑地球旋转性和摄动影响下的星下点轨迹的计算，并对其不同的投影方式进行分析。该系统实现了调用 Amap 到仿真平台，实时动画显示二维观测卫星的单周期、多周期精确轨迹和覆盖域的可视化功能，根据天体轨道动力学的理论，完成对卫星星下点及其SAR传感器侧视成像特点下球面矩形覆盖模型的计算，并在Amap中给出其轨迹上任意一点的位置坐标以及卫星对该点访问的时间情况，设计完成了遥感卫星组网观测系统的过境预报、定点查询功能，使仿真平台得以对目标海域或地点的被查询卫星的位置实现当前时间、历史时间查询以及未来情况预测，并将所查询时间段内所有访问结果和任一时刻卫星的详细轨道参数信息在仿真平台中显示。最后在单颗卫星访问查询实现的基础上，拓展到多颗卫星联合组网观测，并对其覆盖效果进行分析，为组网观测决策提供依据。

巫兆聪等[32]分析了平台姿态误差对时间延迟积分电耦合元件相机(time delayed and integration charge-coupled device，TDICCD)成像参数的影响，包括在相机像移速度、偏流角和积分时间等方面产生的误差。文章提出卫星平台运动会引起姿态角和姿态角速度误差，从而造成像移速度产生偏差，在沿TDICCD方向上会引起推扫速度与像移速度失配、地面采样距离变化等影响，在垂直TDICCD方向会引起像元间距变化、影像行间错位等影响；而偏流角误差和积分时间误差会产生附加的非正常像移，使影像光生电荷与焦平面上的影像运动不同步，最终都会导致产生像点位移，使得影像在沿TDICCD和垂直TDICCD方向上产生像移，影响最终成像的几何质量。在此基础上，根据严密成像几何关系建立了沿TDICCD方向和垂直TDICCD方向的卫星平台姿态误差对像移的影响误差模型，并提出像移误差会引起内部角度和长度的几何畸变以及外部的像元分辨率误差和定位误差。论文通过仿真实验研究了不同姿态角和姿态角速度下单级积分时间内像移量的变化规律，并分析了姿态角误差对成像角度和长度畸变、像元分辨率和定位误差的影响规律，结果表明姿态角速度中，翻滚角速度主要对TDICCD方向的像移产生影响，而俯仰角速度主要对垂直于TDICCD方向的像移产生影响，影响量级为10^{-3}像元级，与姿态角速度误差相比，姿态角误差是产生TDICCD像移误差的主要因素；当翻滚角、俯仰角和偏航角的误差量级在0.01°时，相邻像元之间的角度畸变影响量在0.001°量级，长度畸变影响量在亚像元级，像元分辨率影响量在10^{-2}m量级，像元几何定位误差在10^{-1}m量级。通过不同姿态角对成像几何质量的影响分析提出偏航角是影响成像几何质量的主要因素，要提高TDICCD成像的几何质量，就需要提高偏航角的控制精度和测量精度。

参考文献

[1] 苏志强. 多角度偏振探测技术在地物目标识别中的应用研究. 北京: 中国科学院大学, 2015.

[2] Goldstein D H. Polarimetric characterization of federal standard paints. Proceedings of SPIE, 2000, 4133: 112-123.

[3] Filippidis A, Jain L C, Martin N M. Multisensor data fusion for surface land-mine detection. IEEE Transactions on Systems Man ＆ Cybernetics Part C, 2002, 30(1): 145-150.

[4] 丁娜, 高教波, 王军, 等. 利用AOTF多光谱成像系统实现伪装目标的识别. 应用光学, 2010, 31(1): 65-69.

[5] 高英倩. 阴影区目标的高光谱探测模型及空谱敏感性分析. 北京: 中国科学院大学(中国科学院遥感与数字地球研究所), 2017.

[6] 刘代志. 侦测目标的高光谱与 SAR 图像协同利用与联合分析识别. 国家安全地球物理专题研讨会, 西安, 2015.
[7] 安彧. 海战场舰船目标检测与识别研究. 哈尔滨: 哈尔滨工程大学, 2015.
[8] Achanta R, Hemami S, Estrada F, et al. Frequency-tuned salient region detection. IEEE International Conference on Computer Vision and Pattern Recognition, Miami, 2009.
[9] Itti L, Koch C, Niebur E. A model of saliency-based visual attention for rapid scene analysis. IEEE Transactions on Pattern Analysis and Machine Intelligence, 1998, 20(11): 1254-1259.
[10] Hou X D, Zhang L Q. Saliency detection: A spectral residual approach. IEEE International Conference on Computer Vision and Pattern Recognition, Minneapolis, 2007.
[11] Zhai Y, Shah M. Visual attention detection in video sequences using spatiotemporal cues. Proceedings of the 14th Annual ACM International Conference on Multimedia, Santa Barbara, 2006.
[12] 赵志. 基于星载 SAR 与 AIS 综合的舰船目标监视关键技术研究. 长沙: 国防科学技术大学, 2013.
[13] 李海燕, 王娟, 毛杰. 海战场空间态势模拟系统设计. 计算机与数字工程, 2019, 47(5): 1095-1099, 1216.
[14] 张根耀. 基于动态图像分析的巡航导弹跟踪软件与算法研究. 西安: 西北大学, 2003.
[15] 张全虎, 刘杰, 左广霞, 等. 卫星遥感技术在不扩散核武器核查方面的应用. 国家安全地球物理专题研讨会, 西安, 2011.
[16] Fisk M D. Accurate locations of nuclear explosions at the Lop Nor Test Site using alignment of seismogram and IKONOS satellite imagery. Bulletin of the Seismological Society of America, 2002, 92(8): 2911-2925.
[17] 严卫东, 赵亦工, 李真富, 等. 地下核爆炸卫星监测关键技术. 光电工程, 2009, 36(8): 67-74.
[18] 袁亚军. 中远程导弹防御指控系统设计与仿真评估研究. 哈尔滨: 哈尔滨工业大学, 2017.
[19] 李一. 基于 Unity3D 的虚拟战场环境研究与实现. 石家庄: 河北科技大学, 2018.
[20] 张作宇, 廖守亿, 于功健, 等. 地物背景战场环境红外图像实时生成技术. 红外技术, 2015, 37(8): 642-647.
[21] 谢卫. 基于 GIS 和 RS 的战场态势信息系统研究. 成都: 西南交通大学, 2010.
[22] 王洁. 面向服务的复杂电磁环境电磁态势可视化. 南京: 南京理工大学, 2015.
[23] 魏毓超, 冯玉光, 奚文骏. 基于环境监测的导弹战场冲击分析. 飞航导弹, 2015, (9): 51-55.
[24] 许夙晖, 慕晓冬, 柯冰, 等. 基于遥感影像的军事阵地动态监测技术研究. 遥感技术与应用, 2014, 29(3): 511-516.
[25] 吴家龙. 战场电磁环境监测系统功能设计及技术探讨. 电子质量, 2019, (10): 95-98.
[26] 蔺美青, 易传坤, 徐廷新. 部队实战化训练战场电磁环境构建. 国防科技, 2018, 39(5): 115-120.
[27] 曹星江. 战场电磁环境监测. 西安: 西安电子科技大学, 2014.
[28] 王国恩, 李仙茂. 电子侦察卫星的情报侦察能力分析. 航天电子对抗, 2016, 32(6): 44-48.
[29] 连雯卓. 海洋遥感卫星组网观测仿真系统设计. 呼和浩特: 内蒙古大学, 2019.
[30] 巫兆聪, 杨帆, 王楠, 等. 不同类型遥感传感器对地覆盖区域仿真与计算. 应用科学学报, 2015, 33(1): 1-8.
[31] 巫兆聪, 巫远, 张熠, 等. 附有物理量和气象条件约束的光学卫星国土观测有效覆盖率评估. 测绘

学报, 2016, 45(7): 841-849.

[32] 巫兆聪, 杨帆, 巫远, 等. 平台姿态误差对 TDICCD 相机成像几何质量的影响. 国防科技大学学报, 2017, 39(2): 101-106.

第25章 遥感新型应用

近年来商业航天蓬勃发展，给传统航天以及遥感领域带来了新的生机与活力。视频卫星与静态遥感卫星不同之处在于其可获得一段时间内兴趣目标的时序影像，可对全球热点区域和目标进行持续监测、获取动态信息，如森林火灾、城市车流等，具备对地面运动目标持续跟踪的能力，使得遥感信息的分析和解译从静态单景向动态时序转变。

夜光遥感是遥感领域发展活跃的一个分支，相比于传统的光学和雷达遥感卫星，夜光遥感是获取无云条件下地表发射的可见光－近红外电磁波信息，这些信息大部分由地表人类活动发出，其中最主要的是人类夜间灯光照明，同时也包括石油天然气燃烧、海上渔船、森林火灾以及火山爆发等来源，广泛应用于渔业及海上监管，城市规划、经济与发展状况评估，人道主义危机评估，光污染和环境评估等领域。

遥感技术可以以较低的边际成本，大规模地收集数据，以获得各种难以测量的指标。这些数据涉及夜间灯光、降雨量、风速、洪水、地形、森林覆盖率、作物选择、农业生产、城市发展、建筑类型、污染和鱼类丰度，可以为评估经济态势监测经济活动提供帮助。

随着对宇宙认识的逐步深入，深空探测任务对技术要求不断提高，探测手段越来越多样化，紫外遥感成为继可见光、红外遥感之后又一重要的探测手段。

25.1 视频卫星遥感

视频卫星是一种新型对地观测卫星，与传统的对地观测卫星相比，其最大的特点是可以对某一区域进行“凝视”观测，以“视频录像”的方式获得比传统卫星更多的动态信息，特别适于观测动态目标，分析其瞬时特性，可以实现动态目标跟踪、动态变化检测以及基于视频的三维模型构建等应用。运动目标跟踪是通过对卫星视频的处理对运动目标检测，确定动态变化目标的位置和变化矢量，对运动目标的行为进行预测和分析。动态变化检测是利用变化检测技术将每单帧的要素进行快速分类与影像分割，并进行快速处理提取变化信息，得到动态变化信息。三维模型自动构建是通过对卫星视频进行绝对定向和稳像处理，利用多视立体匹配提高匹配成功率生成稠密的同名像点匹配结果，通过影像的交会形成数字表面模型，形成的产品网格精度和高程中误差精度优于传统手段和方法。

25.1.1 目标跟踪检测

目标检测是指在图像中识别出固定类别的目标并定位其位置。遥感图像目标检测具有很高的军用和民用价值，可以被广泛应用于军事制导、目标跟踪、城市规划、灾害监测、自动驾驶等领域。由于遥感图像幅面较大、目标较小，且目标和背景相互杂糅、颜色差异不明显，因此对遥感图像目标检测的研究存在诸多困难。随着遥感领域的不断发展，视频卫星正逐渐发展成为一种新型对地观测模式。视频卫星通过对地表某一区域连续拍摄，可以获得该区域的高分辨率动态视频。相比于传统静态遥感影像，视频卫星为实时拍摄、跟踪地面动目标提供了可能。遥感视频卫星为遥感动态目标检测与跟踪提供了新的数据源，视频卫星数据目标检测的算法主要有背景差分法、帧间差分法和光流法等。

袁益琴等[1]研究基于卫星视频的运动目标检测与跟踪方法，提出一种背景差分与帧间差分相融合的方法(combined background subtraction with sfdlc method，BSSFDLC)并将其应用于卫星视频运动车辆的目标检测中。BSSFDLC 方法主要包含 4 步：①卫星视频图像预处理；②基于背景差分法进行运动车辆检测；③应用基于局部聚类分割的对称差分动目标检测算法(symmetric frame differencing object detection based on local clustering，SFDLC)获得运动目标变化共同区域；④将背景差分法提取的结果与 SFDLC 提取的运动变化区域相融合，提取出完整动态目标。研究数据选取 UrtheCast 公司拍摄的视频和 Skybox Imaging 公司拍摄的 2 个视频数据。第 1 个视频数据由 UrtheCast 公司 2013 年搭载在“国际空间站”的 Iris 相机拍摄成像，成像时间为 2015 年 6 月 16 日，成像区域为巴塞罗那区域，经纬度为 41°21′32″N、2°9′43″E，该数据为 4K 超高清全彩视频，视频时长为 42s，空间分辨率为 1.0m；第 2 个视频数据由 Skybox Imaging 公司 2013 年 11 月发射的 SkySat-1 卫星拍摄成像，成像时间为 2014 年 3 月 25 日，成像区域为拉斯维加斯城市中心商业区区域，经纬度为 36°10′30″N、115°8′11″S。该数据为 1080P 全高清黑白视频，视频时长为 90s，全色空间分辨率为 1.1m。对实验数据分别采用背景差分法、SFDLC 算法和 BSSFDLC 算法进行运动车辆检测，从而定性和定量评价 BSSFDLC 算法的目标检测效果。实验证明，研究提出的方法可以抑制移动背景边缘和残留噪声的干扰，提高动态背景和高噪声情况下的处理精度，提高检测的正确度和质量，同时保持较好的完整度。

Li 等[2]针对视频卫星，提出了一种结合光流和视频视觉显著性并结合图像配准的移动船舶检测方法。视频视觉注意是一些显著特征如光流、Gabor 特征、强度等的结果。提出的舰船检测模型主要包括三个阶段。首先，利用带角光流测量每一帧的运动，估计运动区域；其次，利用 Otsus 方法得到运动的候选位置信息，提取 Gabor 特征，用 Gabor 滤波器提取视频图像的纹理特征；再次，将具有上述候选位置、Gabor 特征和强度多个信道的显著性特征集成到一个四元数中；最后对四元数图像进行傅里叶变换归一化，得到相位谱，通过反傅里叶变换从相位谱中得到表示候选目标位置的显著性映射，获得舰船的位置。研究选择了 SkySat-1 视频卫星的仿真视频图像。图 25-1 (a) 和 (b) 给出了两帧具有典型海洋背景的无配准帧。在执行光学流和 Gabor 过滤器之后，视觉显著图构造使用四元数傅里叶变换，通过融合运动和强度信息，如图 25-1 (c) 所示，可以看出视觉特点可以显著检测出所有四艘移动船只，表明该模型可以在不需要图像配准的情况下有效地提取视频图像中的运动船舶。

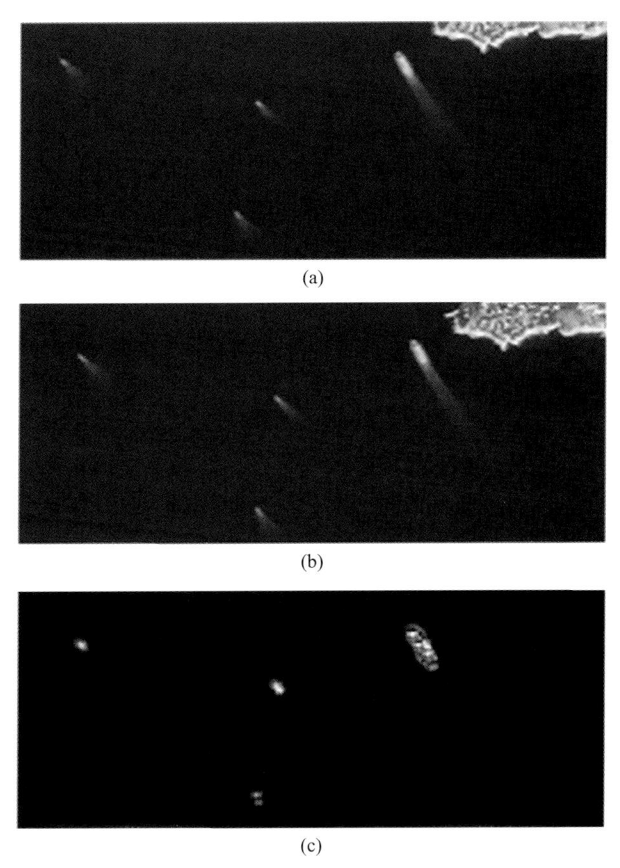

(a)

(b)

(c)

图 25-1　在没有图像对准的情况下两帧移动船舶检测结果[2]

赵旭辉[3]基于 SLAM 和视频目标检测技术对视频卫星的在轨实时处理进行研究，开发了一套适合于视频卫星的同时定位与地图构建(simultaneous localization and mapping，SLAM)系统以实现视频卫星对地面目标的实时定位与跟踪，为微纳卫星网在轨目标协同观测进行技术储备。研究重点从卫星视频大数据的快速特征提取与匹配、基于视觉的卫星位姿估计、视频卫星目标检测实时定位模型三个方面进行。研究采用珠海一号 OVS-1A/B 视频数据，设计了一种综合考虑效率与精度的特征提取算法与策略，为保证特征点分布尽可能均匀，采用高斯差分金字塔进行角点检测；为保证匹配效率，采用二进制描述子与暴力匹配算法进行匹配。从 SLAM 在视频卫星目标检测的应用角度出发，研究了以视觉影像匹配为基础，采用单应矩阵恢复视频卫星相对运动的方法。在帧间相对位姿确定的前提下，推导了将相对姿态转换为世界坐标系(如 WGS84)下真实姿态的方法。同时提出了一种利用星上姿轨测量数据恢复视觉里程计估计的运动绝对尺度方法。以视频动目标检测与定位为目标，研究了适合于在星上有限计算资源以及卫星视频动目标小、纹理少的情况下提取动目标的算法与流程。同时结合视觉里程计估计的相对位姿、卫星测量的姿轨数据，采用三角化原理和刚体坐标变换，推导了动目标像素坐标与真实世界坐标(如 WGS84)间的关系。

25.1.2 目标监视

目标监视要求卫星具备快速探测跟踪动态目标、对重点区域敏感目标连续 监视的能力。视频卫星作为一种新型对地观测卫星，与传统遥感卫星相比，可以对某一区域进行“凝视”观测，以“视频录像”方式实时获取动态信息，并实时传输至用户，特别适于监视动态目标，分析目标位置变化特性，例如在灾害监测时可以捕捉灾难运动变化的视频序列、交通监测、可疑物体监测、海洋资源监测等方面具有广泛的应用。视频遥感技术目标监视的方法主要可分成两类 DBT(detect before track)和 TBD(track before detect)，其中常见的 DBT 方法主要有，灰度形态学方法、小波分析法、基于像元分析的方法；TBD 方法有：动态规划法、多级假设检验法、高阶相关法、三维匹配滤波法、基于投影变换的检测方法。

夏鲁瑞等[4]针对海上移动目标的监视需求，分析实时检测系统的技术要求，提出了一种利用视频卫星图像实时检测海上目标的方法。首先输入标准 PAL 制式视频流，用视频采集卡将视频流解析分割为帧序列图像数据并输入内存中，对帧序列图像数据合成 AVI 或 MP4 格式的数字视频在本地存储，以备事后处理；然后对帧序列图像数据进行海陆分割，对帧序列图像进行目标粗检测；最后在粗检测基础上对帧序列图像进行目标精检测，计算输出目标行列位置。目标检测的作用是对输入的每一帧视频数据中的船只目标进行检测，并输出当前帧中每一个目标的像素坐标，其关键环节有三个：海陆分割、目标粗检测、目标精检测。其中，海陆分割的作用是排除陆地区域以及其他无关的画面(如噪声信号)对检测的干扰，采用了基于 SVM 的海陆自动分割算法。先使用已有的视频数据统计海面区域及非海面区域各自的特征，如颜色、纹理、方差及梯度等，通过训练学习得到海陆分割 SVM 模型，然后用此模型快速确定海面区域，并排除非海面区域信息对船只检测带来的干扰。目标粗检测的作用是快速获取所有潜在船只目标的位置，采取了自适应滤波算法，根据像素邻域块的统计特征来构建滤波器，对于不同亮度、对比度、纹理的局部图像区域将会构造出不同的具有针对性的滤波器对该区域进行检测；精检测的作用是在粗检测的基础上给出最终的检测结果，在粗检测得到的每个候选框中，采用机器学习领域的 AdaBoost 算法，使用分类器进一步分类，以确定当前候选框中是否确实包含船只目标。结果表明该方法能够实现海上目标的检测功能和实时检测系统的技术要求。

Qiao 等[5]提出了一种新的自动变化检测框架——基于光流的自适应阈值分割法(optical flow-based adaptive thresholding segmentation，OFATS)，并应用于自然灾害期间的目标运动变化。光流 FlowNet 是运动跟踪中应用最广泛的一种图像帧间像素位移矢量变化的表示。OFATS 的基本步骤是基于 FlowNet 2.0 的运动检测和基于自适应阈值选择准则的分割。对于运动检测，将从视频序列中提取的两帧输入到 FlowNet 2.0 中，计算水平方向和垂直方向的移动，并保留移动距离小数部分的位移。根据计算的位移大小，选择最优阈值进行迭代，过程中反复应用计算固定值的适应度值，进行迭代优化，最后计算类内和类间方差和适应度值。根据最优阈值，可以将位移结果分割为变化部分和不变部分。根据位移数据的分布情况，提出了两种优化阈值选择准则的策略：缩小迭代搜索范围和对每次迭代大于当前选择阈值的位移进行动态归一化。研究将 OFATS 应用于海啸和滑坡两个真实视频数据集的运动检测。实验数据为 WorldView 通过卫星图像捕获印度尼西亚海啸变化过程，另一个是摄像机捕获的滑坡过程。首先，使用不同输入参数的视频帧图像来验证所提方法的性能。其次，利用这两个数据集与现有的变化检测方法进行了比较，结果表明，研究方法能够获得较高的准确率，F1 值分别为 0.98 和 0.94。

Osorio 等[6]提出了基于图像的物理与统计检测模型(PSDM)，用于海岸线检测和海滩剖面构建。PSDM 是基于描述海岸线特征的六种不同算法的组合。研究数据为 Argus 视频站 C1 和 C2 相机提供的时间平均(10min)图像，该图像位于岬角末端海岸线 800m 处，横向平均像素分辨率为 0.5m，沿岸平均像素分辨率为 1.5m。为了验证 PSDM 和建立潮间带剖面的算法，进行了现场工作。现场工作在沿厄尔蓬塔长度的潮间带进行，共进行了 9 次实地调查：2003 年 9 月 24 日、2004 年 5 月 3 日、2004 年 6 月 2 日、2004 年 7 月 2 日、2004 年 8 月 1 日、2004 年 8 月 31 日、2004 年 9 月 8 日、2004 年 10 月 27 日、2004 年 12 月 13 日。首先进行了简化的边缘检测，在图像中寻找与物体边界基本一致的局部边缘不连续点，不连续通过像素强度从低到高的快速变化来表示的，并与理想的边界相关联。然后，研究了更具体的模型，如海岸线检测模型(用于检测海岸线)和霍夫变换和拉东变换应用(用于检测图像上的直线边界)。最后，通过将视频数据与传统方法(在研究区域进行了 9 次地形水深测量)测得的剖面进行对比，验证了用于构建海滩剖面的 PSDM 和潮间带程序，表明它在监测沿海问题和向辅助技术人员和海岸线管理人员提供数据方面显示了巨大的潜力。

25.1.3 三维重建

基于视频序列的目标重建越来越受到重视。根据采集的视频序列对目标进行三维重建，能够对目标区域进行立体空间结构分析和识别，从而完成目标三维影像处理。视频卫星影像立体匹配的目的是在视频帧之间得到较为稠密的同名点对应关系。目前，视频卫星影像的立体匹配主要有基于灰度和基于特征两种。基于灰度的立体匹配在主帧中以待匹配点为中心截取一个局部区域作为模板，在辅帧中找到与该模板尺寸相同且最相似的局部区域，并将该局部区域的中心点作为匹配结果。其中，对于窗口相似性的度量方法包括平方误差和、绝对误差和、归一化互相关系数等[7-9]。

王少威[10]利用卫星视频影像，在城市建筑高度提取方面，针对视频影像与传统立体像对的差异，采用视频稳像技术替代核线影像生成，再通过一定规律的旋转变换策略，得到了只存在水平方向上异向视差的校正影像，完成了立体匹配预处理工作。同时，针对卫星视频影像的特点，分析了稳像后不同帧之间的视差规律，通过实验分析得到了与帧数差有关的先验视差约束，为后续立体匹配研究提供了有效帮助。对立体匹配算法的研究，首先从匹配搜索的视差约束以及窗口策略两个角度进行了分析，然后采用先验视差约束以及线特征视差约束组成的双视差约束，再结合多窗口匹配策略，将传统立体匹配算法进行了改进，最后完成了卫星视频影像的区域立体匹配算法；研究还通过区域网平差，借助少量控制点数据，对卫星视频影像 RFM 模型进行补偿优化，利用补偿优化 RFM 模型对影像建筑区进行高度提取计算，得到了平均误差不低于 3m 的建筑高度提取精度，能满足后续三维重建的需要。

范江[11]基于吉林一号视频卫星数据，结合视频卫星成像的特点、遥感场景的复杂性以及 DSM 精度的要求，开展了基于视频卫星影像的 DSM 生成技术的相关研究。首先，着重分析了原始视频卫星影像的特性，同时结合立体匹配阶段对于视频卫星影像的基本要求，设计了视频卫星影像预处理方案。根据视频卫星成像基本原理以及视差统计结果发现原始视频卫星影像存在凝视观测目标区域在垂轨方向不对齐的问题，针对这个问题，对原始视频卫星影像进行基于分层筛选特征点的视频稳像处理，使得视频帧间在垂轨方向基本对齐，此外对原始视频卫星影像进行增强处理提高影像的质量，最终得到了满足立体匹配基本要求的校正影像。然后，通过对传统立体匹配算法进行分析，针对遥感影像纹理复杂，传统的基于灰度的立体匹配算法无法做到自适应地调整窗口尺寸，进而导致立体匹配中存在大量的误匹配点造成视差结果不够精确的问题，提出了一种基于梯度的窗口尺寸自适应立体匹配算法，此外，从理论上分析了误匹配点产生的原因，并结合视频卫星的特点，提出多视立体匹配校正策略对初次立体匹配结果进行校正，最终得到了更为精确的立体匹配视差结果。文章对视频卫星影像的高程解算也展开了研究。首先尝试从成像几何模型的角度出发，基于经验参数推导论证得出了利用几何模型方法解算影像中包含目标区域的高程信息不可行的结论，继而转到利用基于摄影测量的相关原理进行高程解算。具体来说，首先基于控制点数据利用区域网平差技术对影像的有理函数模型(rational function model, RFM)进行补偿优化，提高定位精度，然后利用空间前方交会技术实现目标区域的高程解算，根据解算的高程结果得到初步 DSM 数据，最后，结合视频帧序列的特性对高程解算的误差进行分析，提出多视高程融合策略，提升了最终生成的视频卫星影像 DSM 的质量。

易琳[12]提出了一种基于多目标约束立体视觉算法的抗干扰三维物体重建方法。提取视频序列不同图像中的目标特征点，加入形变约束分析方法，准确计算建模物体的形变，抵抗特征丢失带来的干扰，再利用立体视觉技术进行多目标三维重建。以采集的特征点为基础，对图像坐标进行变换，让图像坐标系的原点位于物体的形心处消除特征丢失造成的目标平移，计算测量矩阵，测量矩阵的秩不大于 3K，因此，K 对运动图像序列的形状和运动参数估计，具有十分重要的意义，能够准确计算物体在运动过程中的形变程度。利用立体视觉技术进行多目标三维重建，根据视频序列图像中的目标特征点，对目标进行立体恢复，从而进行多目标三维模型重建。用直角坐标系描述目标的立体空间位置，准确获取不同目标的轮廓和空间位置。研究实验中提取了视频序列中两张不同图像的目标特征点，利用立体视觉技术进行多目标三维重建，采用的摄像机内方位元素数据来自于基于直线特征的摄像机标定方法所获得的相机的内方位元素的结果。在实验基础上，基于 OpenGL 技术完成了待测物体的三维重建。实验结果表明，这种算法能够有效提高多目标三维重建的真实性，取得了令人满意的效果。

25.2 夜光遥感

夜光遥感应用主要围绕在微光/夜光状态下地表灯光要素和经济指标、人类活动强度、城市发展边界等因素的相关性进行研究，通过与光学影像、经济、人口等大数据融合可以得到不同类型专题应用成果。主要应用场景包括渔业及海上监管，城市规划、经济与发展状况评估，人道主义危机评估，光污染和环境评估支撑等方面。

25.2.1　海洋及渔业监管

与陆地上路灯、居民点和工业场所等多种光源不同，海洋夜间的灯光仅来自沿海城市、灯塔、捕鱼业和油气井火焰的辐射。在孟买、上海、亚历山大、迈阿密、纽约和伦敦等大型海港城市的沿海地区，海岸线被强烈的人造光覆盖。近年来，高功率 LED 灯在船舶和油气平台上的广泛应用增加了对海洋生态系统的潜在威胁。然而，光对整个海洋系统的压力仍然是未知的。了解全球海洋环境中夜间灯光的时空分布十分必要。夜间灯光遥感在渔业监管方面的应用包括：海洋生物的分布、迁徙和繁殖行为及随着季节的变化；探测破冰船、民用船只和其他在夜间作业的渔业船只等[13,14]。

Zhao 等[15]使用了从 2014～2016 年的 VIIRS 每月无云夜间图像，以探索海洋生态系统夜间光的空间分布。在这项研究中，只分析海洋系统中的夜间灯光，所以陆地上的灯光首先被移除。陆地和海洋边界数据从自然地球地图数据集(http://www.naturalearthdata.com/)检索，该数据集的海洋向量由区域的详细分类组成，如海洋、海湾。为了更好地描述夜晚的光线和各大洋之间的差异，把属于同一大洋的海洋合并起来。在使用 VIIRS 的 DNB 图像进行夜光分析之前，首先是消除 VIIRS DNB 图像中的背景噪声和负辐射值；然后控制高纬度地区的污染，可能是由极光活动和高度反射的冰雪造成的；采用形态连通的方法提取被点亮像素的连通区域，得到光聚集区域。利用一种改进的 EMD 方法——集成经验模态分解(ensemble empirical mode decomposition，EEMD)，通过在原始数据中加入高斯白噪声来解决模态混合问题，检测季节变化模式。研究的结果表明，夜晚的光分布是聚集的，主要集中在沿海和近海水域，全球 0.3%的海洋水域中发现了约 70%的光。从石油和天然气井的耀斑可能不会产生一个明显的季节性模式，虽然捕鱼灯可能显示一个季节性模式。五个最大的光聚集区域集中在亚洲的东部和东南部水域，几乎没有季节性波动。整个海洋系统的周期性光模式的周期约为 0.94 年，而在聚集区域的周期从 0.5～1.1 年不等。在前 100 个集聚区中，49%的区域季节性能量的比例低于 10%，而日本北部、朝鲜、印度尼西亚东部和阿根廷东部附近水域的区域则经历了较大的季节性变化。

黄海位于中国大陆和朝鲜半岛之间，是重要的渔业资源区域。同时，两国的专属经济区(EEZ)存在重叠，争议频繁发生。利用卫星遥感数据探测渔船夜灯已成为了解渔业资源动态、为国际渔业管理提供信息的重要途径。Chen 等[16]通过利用 VIIRS DNB 图像强大的弱光检测能力，提出了一种夜灯位置识别方法，考虑了黄海地缘政治复杂性的特点和光照强度的不规则性，可以有效地识别夜间船舶灯光。研究数据使用从美国国家海洋和大气管理局(NOAA)综合大型数据管理系统获取的 2016 年的每日 VIIRS DNB 夜光遥感影像。采用多阈值识别方法对单点组和质点组的 DNB 图像进行处理，能够准确地识别出两种背景下的光照点。将每个像素的辐射值与 3×3 邻域内 8 个像素的辐射值进行比较，并标记出最大的邻域。然后对标记像素进行分类，将孤立像素和其他像素加入到初始组中。对这个子集重复上述过程，直到没有识别出新的子集。当照明点具有较高的辐射强度，且两个或多个点之间距离较近时，每个照明点的辐射半径会重叠。第二种照明点在 DNB 图像上呈现为一个质量状的聚集区域。研究采用峰值中值指数(spike median index，SMI)来检测这类光照点的阈值，将辐射值大于或等于阈值的像素加入到初始组中。最后，设置经验阈值 0.3 去除阈值，输出为光照点。结果表明，渔船每月夜灯数量为 121673 个，能很好地反映季节变化。生成了 2016 年所有夜灯点的空间分布热点图，如图 25-2 所示，可以为了解黄海渔业活动提供参考。

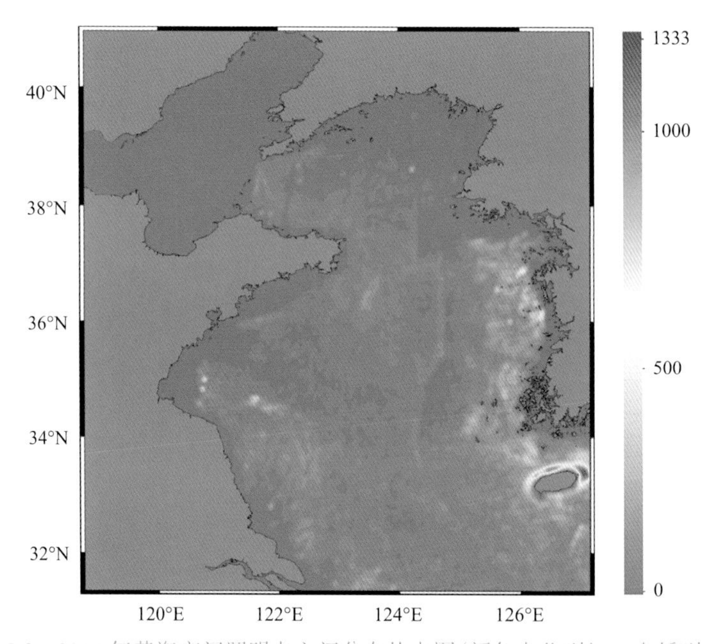

图 25-2 2016 年黄海夜间照明点空间分布热点图(颜色由蓝到红，由低到高)[16]

吴佳文等[17]基于 SNPP(suomi national polar-orbiting partnership)卫星的 VIIRS(visible infrared imaging radiometer suite)传感器获取的 2013 年 1 月～2017 年 12 月夜光遥感渔船数据，和 SST 与叶绿素 a 浓度(chlorophyll A concentration，Chla)数据，对东、黄海渔船时空分布及其变化特点进行了研究。结果表明：①遥感获取的渔船数据基本能够反映中国东、黄海捕捞活动和渔业资源时空分布变化的特点，如 2 月受天气和中国春节的影响，南、北渔场渔船分布范围大幅减少，8 月南渔场和 10 月北渔场受当年生渔业资源补充及近海索饵群体集聚的影响，渔船分布范围及数量均达到最大值；同时，渔船时空分布及重心变化也反映了黄海暖流、台湾暖流、沿岸流及长江冲淡水等对渔业资源时空分布的影响。②渔业政策实施的效果在夜光遥感渔船数据中有很好的体现，在禁渔期间，船次数有明显减少，但捕捞活动并没有完全消失，仍可能存在违法捕捞行为。③南渔场年船次总数呈下降趋势，南、北渔场渔船空间分布重心均呈西移趋势，可能与渔业资源量及空间分布变动等因素有关。受天气等因素影响，遥感数据可能存在一定问题，但研究结果表明，SNPP/VIIRS 夜光遥感数据仍可为中国近海灯光诱捕作业的监测提供有效的数据支持。

25.2.2 城市经济与发展状况评估

随着城市化进程的加快，餐馆、酒吧、剧院等场所的夜间活动创造了巨大的经济效益和社会效益。在过去的几十年里，DMSP/OLS 夜间灯光(nighttime light，NTL)数据被广泛用于分析经济发展、人口/人口密度模式、能源消耗和城市范围/增长/扩张。根据中国统计年鉴，城市路灯数量从 1996 年的 2765984 个增加到 2012 年的 20622200 个，表明城市照明建设有了很大的增长。随着全国性酒吧和餐馆的增多，夜间商业街已经成为一个品牌，吸引了许多城市和市中心的顾客。夜光遥感图像也用来对经济与发展状况进行评估，利用夜光遥感数据获得城市夜间经济(nighttime economy，NTE) 指数通常被用来进行城市规划、经济与发展状况评估。

Fu 等[18]提出了夜间光经济指数(the urban night light economy index，NLEI)，以考察 1992～2012 年中国城市和省级尺度的城市 NTE 水平及其与经济指标的关系。研究数据为 DMSP/OLS 时间序列数据，辅助数据包括由中国国家地理中心提供的中国东部(山东、江苏、安徽、浙江、福建和上海)，南部(广东、广西和海南)，中部(湖北、湖南、河南和江西)，北部(北京、天津、河北、山西和内蒙古)，西北部(宁夏、新疆、青海、陕西和甘肃)，西南部(四川、云南、贵州、西藏和重庆)，东北部(辽宁、吉林和黑龙江)的城市 1∶400000 比例尺的行政边界图；和来自中国科学院资源环境科学数据中心 1995 年、2000 年、2005 年、2010 年的中国土地利用/土地覆被数据，确定了耕地、林地、水域、草地、城市建设和农村住宅五种土地覆被类型，城市建设用地和农村住宅被用作确定阈值的辅助数据，以便从 1992～2012 年的 NTL 数据中提取建成区。27 个省会城市和 31 个省的经济统计数据来源于国家和地方统计年鉴(中国统计年鉴和中国城市统计年鉴)，研究选择与城镇化水平相关的 5 个统计指标包括人均 GDP，二、三产业 GDP 占比，非农人口占比，建成区面积占比和人口密度占比，以及用于评价城市的七个指标包括人均 GDP 水平，人均城市居民的文化娱乐消费水平，建筑面积的比例，人口密度，第三产业就业的比例，第三产业 GDP，第三产业占国内生产总值的百分比。NLEI 用于代表城市 NTE 水平，并与省会城市和省级城市化水平相关。首先提取 1992～2012 年的建成区，然后计算反映城市化水平的复合夜光指数(compounded night light index，CNLI)。然后，根据夜间总亮度与第三产业之间的幂函数关系，提出了夜间总亮度指数，并采用省级综合夜间经济水平指数进行了评价。最后，通过综合城市化水平指数(comprehensive urbanization level index，CUI)和 NLEI 分析了 NTE 与城市化水平之间的强相关性。结果表明，NLEI 与各项经济指标之间的相关性均具有统计学意义。研究发现，1992～2012 年，我国城市化水平和夜间经济水平均有较大提高。华东各省市的 NLEI 年增长率高于西南、西北各省市。基于城市化水平和夜间经济水平的象限图，我国东部大部分省会和省份处于高级协调模式，西部大部分省会和省份处于低级协调模式。

Wang 等[19]基于 VIIRS 夜间灯光数据中人类活动的综合信息，提出了一种混合模型来估计城市消费潜力。使用的夜间灯光数据为 2014～2016 年 VIIRS 月度夜间光照数据，NOAA 国家环境信息中心的官方网站(https://ngdc.noaa.gov/eog/viirs/index.html)。首先去除背景噪声的影响：①为降低背景噪声和异常光照的影响，取市中心的最大辐亮度值

125.8 作为上限阈值；②下限阈值是从非居住区获得的，该过程是通过将夜间灯光图像与从 Landsat8 数据集中提取的土地利用数据叠加而成的，取包含湖泊和河流的平均 DN 值 4.7 作为下限阈值。这样，将小于下限阈值或大于上限阈值的灯光值视为噪声，并将其值设置为 0。获取贵阳市的零售数据，包括 2015 年 1 月～2015 年 12 月贵阳市 5837 家零售店铺的位置信息和月度快消品(即服装、食品、饮料)销售情况，这些商店包括超级市场、连锁商店和杂货店研究的方法基于居民消费数据和 VIIRS 数据的 DN 值，建立了一个灵活的地理加权回归估计模型，以预测动态时间内其他城市区域可能的消费潜力。结果表明，研究的模型与传统回归模型相比具有更高的准确性，对于改善企业管理，增加利润有潜在的指导作用。

Chen 等[20]提出了一种利用 NPP-VIIRS NTL 复合数据估算都市地区房屋空置率(house vacancy rate，HVR)的方法。数据包括来自美国人口普查局的 CPS/HVS 提供的 2012 年大都市地区租房率和房主空置率的信息，以及可供入住的单元的统计数据；美国地质调查局的多分辨率土地特征(MRLC)联盟发布的 NLCD 2011 国家土地覆被成果，采用 16 类土地覆被分类方案，空间分辨率为 30m；由国家海洋和大气管理局国家地球物理数据中心提供的 2012 年空间分辨率为 15arcs(约 500m)的 NPP-VIIRS NTL 复合数据。研究首先对原始 NTL 合成数据进行校正，并对土地覆盖数据重新采样，以计算每个像素的城市面积比(UAR)，然后，区分非居住区域和混合区域，并去除非居住光源的光强度，将 NTL 复合数据与土地覆被信息相结合，提取城市化地区的光照强度。然后，估计非空位区域的光强值，并利用这些值计算相应区域的 HVR。研究选取了美国的 15 个大都市区域，并使用相应的统计数据对估算的 HVR 值进行验证。结果表明，推导的 HVR 值与统计数据之间有很强的相关性，在地图上对估算的 HVR 进行可视化，发现 HVR 的空间分布受自然条件和城市发展程度的影响。

25.2.3 人道主义危机评估

当今世界，由武装冲突导致的人道主义灾难是阻碍人类发展的重要因素之一。联合国报告表明，2017 年全球有 37 个国家共计 1.4 亿人需要人道主义援助。人道主义灾难不仅产生大量的难民，还直接导致大量人员伤亡。特别是近年来，不少中东国家发生了剧烈的社会变革，其中叙利亚、伊拉克、利比亚、也门等国家爆发了大规模内战，对当地经济造成了严重的破坏，仅叙利亚一国已经有约 50 万人死亡。虽然联合国和大量的非政府组织开展了人道主义灾难的评估工作，但是人道主义灾难地区往往存在安全局势恶化、信息和交通闭塞等问题，因此如何获取人道主义灾难的时空信息是一个难题。有研究表明，地震和海啸这样的重大自然灾害会导致基础设施和供电设施发生损毁，从而导致区域内的灯光剧烈减少，而灾后重建则会使灯光逐渐恢复，因此利用夜间灯光数据进行人道主义危机评估非常有效。

Li 等[21]在全球范围内开展了一项统计分析工作，研究战争对夜间灯光造成的影响。研究者在全球范围内选取了 159 个国家，分为战乱组与和平组，其中战乱组为 1991～2008 年期间内经历了严重的武装冲突的国家，和平组则为剩下的国家。研究发现战乱组中许多国家的夜间灯光经历了剧烈减少的过程，其中灯光剧烈减少的时间一般和战争爆发的时间较为吻合，而和平组的大部分国家的灯光稳定增长或稳定不变。总的来说，战争国家的灯光的波动较为剧烈，而和平国家的灯光则较为平稳。为了定量地揭示上述规律，研究者建立了一个灯光波动指数，并根据指数的大小将 159 个国家分为 5 个等级，等级越高代表灯光的波动程度越大。统计发现，随着灯光波动程度的增加，国家发生过战争的概率就越大。此外，研究者还根据这个指数计算了全球整体的灯光波动指数，发现灯光波动指数与当年内全球武装冲突的数量存在较好的正相关。这些发现表明，夜间灯光的波动可以用来反映武装冲突的爆发、演进和战后重建。这样的统计性研究不仅证实了武装冲突和灯光变化的经验关系，也为评估正在发生的武装冲突及人道主义灾难提供了有力依据。

Li 等[22]利用从国防气象卫星计划的业务线扫描系统获取的夜间灯光评估叙利亚内战对社会经济造成的影响。研究主要利用三类数据，包括行政边界、卫星观测的夜间灯光图像和人权组织的统计数据。其中，叙利亚的国际边界和省边界数据来自全球行政区(http://www.gadm.org)；卫星观测的夜间灯光图像是从美国海洋与大气管理局(NOAA)订购的一批 DMSP/OLS 夜光遥感月平均数据，这批数据从 2008 年 1 月持续到 2014 年 2 月，其中部分月份存在数据缺失的情况，共计有 38 个月的数据。每个 DMSP/OLS 图像都是用 2011 年 3 月的图像作为基础进行图像配准，配准后图像的几何误差小于 0.5 像素。为了改善时间序列 DMSP/OLS 图像的可比性，研究首先采用主成分分析的算法对时间序列 DMSP/OLS 图像进行去噪，然后结合选定的不变区域对时间序列图像进行几何纠正和相对辐射定标，最后利用质量改善后的时间序列 DMSP/OLS 图像计算叙利亚所有 14 个省份的夜间灯光总量的变化，结果表明，从 2011 年 3 月开始，叙利亚的夜间灯光持续下降，各省的每个月夜间灯光总和也呈现出一个锐减的趋势。另外，研究计算了 2011 年 3 月至 2014 年 2 月期间不同地区每个月夜间灯光总和比例的变化，结果表明，叙利亚分别失去了大约 74%和 73%的夜间灯光和照明区域，大多数省份失去了超过 60%的夜间灯光和照明区域。研究利用 2013 年 12 月获取的需求分析项目提供的每个省流离失所者统计数据，计算了流离失所者人数与每个月夜间灯光总和之间的相关性，得到相关系数 R^2=0.52，表明，夜间光照下降与叙利亚危机期间的流离失所者人数相关。这一发现支持了这样的假设，即多时相夜间灯光亮度是种群动态的代表，即夜间灯光变化可以反映叙利亚危机中的人道主义灾难。

Li 等[23]利用 2014 年中 6 个月的 S-NPP/VIIRS 月平均夜光遥感影像，分析了伊拉克北部 13 个城市的夜间灯光变化，伊拉克夜光图像如图 25-3 所示。夜间灯光数据来自美国国家海洋和大气管理局(NOAA)的国家地球物理数据中心(NGDC，http://ngdc.noaa.gov/eog/viirs/download_monthly.html)，这些产品的空间分辨率约为 1km，涵盖了 2014 年的 5 月、6 月、9 月、10 月、11 月和 12 月。作为石油大国，伊拉克夜间灯光主要有油田灯光和城市灯光两大来源，油田灯光来源于油井天然气的燃烧，城市灯光与安全状况和电力供应密切相关。为了分离这两种灯光数据，研究利用 2001 年分辨率为 500m 的中分辨率成像光谱仪(MODIS)获得的全球城市范围图，对获取的灯光数据进行掩膜处理。利用掩膜后的城市灯光数据，分析伊拉克每个省份的月城市灯光总的相对变化，结果显示，所有北部省份，包括安巴尔省、萨拉丁省、尼尼微省、迪霍克省、埃尔比勒省、塔明省、苏莱曼尼亚省和迪拉亚省，都经历了城市灯光水平的下降，其中涉及战乱的三个省份安巴尔省、萨拉丁省和尼尼微省，显示城市灯光急剧减少，分别损失了59%、50%和93%。与省份分析相比，选取安巴尔省、萨拉丁省和尼尼微省的13个城市，计算每个城市的城市照明变化，结果有10个城市的灯光损失量大幅减少了50%以上，有些城市几乎失去了所有的光，并表示城市夜间灯光分析相对省份夜间灯光分析提供了更多的细节。另外，为了分析这些涉及战乱城市照明水平的变化与叛乱事件的关系，研究利用从维基百科(http://en.wikipedia.org/wiki/List_of_cities_in_Iraq)和几个媒体网站，获得了13个城市在这段2014年5月～12月发生所有叛乱事件，以确定这段时间那里发生了什么？以及谁控制了这些城市？并利用Googel Earth获取叛乱事件发生的具体地理位置，以此来评估夜光灯光变化与叛乱事件的关系，达到对人道主义危机的评估。

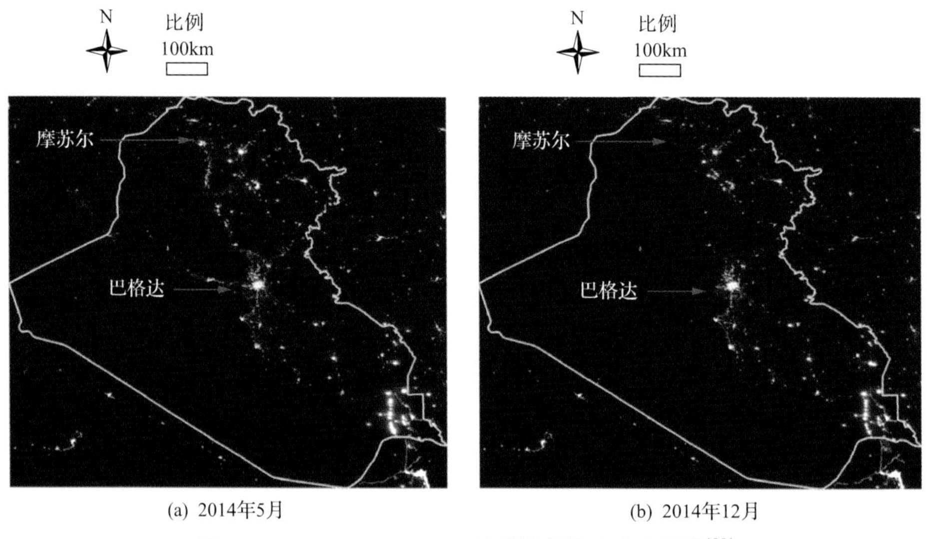

图25-3 Suomi NPP/VIIRS拍摄的伊拉克夜光图像[23]

25.2.4 光污染和环境评估

夜间人工照明已成为一种新型的污染，对生物构成了重要的人为环境压力。美国和以色列的科学家基于医学调查数据和夜光遥感影像，发现了光污染和乳腺癌的发病率存在显著相关性；另外有研究表明帕金森病与光污染有显著相关性，而卫星遥感影像则提供了在大范围研究这种关系的可能，通过夜光遥感影像和帕金森发病率数据，发现光污染和帕金森发病率存在显著相关。光污染不仅诱发人类多种疾病，同时也对动物习性造成了严重干扰。生态学家发现，夜间的人工灯光会影响海鸟和水生生物的行为模式，比如干扰海鸟的迁徙，增加了滨鸟的捕食时间，扰乱了海龟的方向判断和筑巢行为，甚至改变了温带海底无脊椎动物的群落组成，并直接威胁到全球珊瑚礁系统。

Aubrecht等[24]基于2003年DMSP/OLS年度夜间影像，利用灯光接近指数对全球珊瑚礁压力源进行了评估，发现不同地区的珊瑚礁受到不同光源类型的威胁。Kamrowski等[25]将调查的海龟种群数据与澳大利亚各地DMSP/OLS夜间数据相结合，评估了海龟暴露于光污染的程度和风险。Davies[26]研究表明，2012 年 35%的全球海洋保护区(marine protected areas，MPA)暴露在人工光照下，MPA 大部分受到人造光照射的地区包括大西洋西北部海岸和地中海，墨西哥湾和加勒比海，南美东部海岸和澳大利亚的沿海边界，总面积为 $60452km^2$。

Hu 等[28]研究了夜间人工光污染与佛罗里达海滩上的三种主要海龟(绿海龟、红海龟和棱皮龟)巢穴密度之间的潜在联系。海龟调查数据来自佛罗里达州范围内筑巢海滩调查计划。研究使用了新一代卫星传感器可见红外成像辐射仪套件(VIIRS)夜间年平均辐射复合图像数据。将光污染定义为人造光亮度大于 45 度以上自然天空亮度的 10%($>1.14\times10^{-11}Wm^{-2}sr^{-1}$)。研究拟合一个广义线性模型(generalized linear model，GLM)，一个特征向量空间滤波(eigenvectors spatial filtering，ESF)的广义线性模型(GLM)，以及一个广义估计方程(generalized estimating equations，GEE)方法评估每个物种巢密度与光污染的潜在相关性。三种模型均发现巢密度与光污染呈显著负相关，光污染越高，巢密度越低。两个空间扩展模型(GLM-ESF 和 GEE)表明，光污染对巢密度的影响从绿海龟到红海龟，再到棱皮龟。研究结果对制定海龟保育政策及条例有一定的指导意义，靠近海岸的熄灯条例和其他保护灯光的方法可以保护海龟和它们的巢穴。

Jiang 等[29]选取 1992～2012 年经过时间序列校正的 DMSP-OLS 夜间光图像，通过构建夜间灯光指数和热点分析来表征中国各个保护区(protected areas，Pas)的光污染趋势，并利用高分辨率卫星图像和统计数据确定了 Pas 光污染变化的原因。保护区数据集来自环境署世界养护监测中心的世界保护区数据库(World Database on Protected Areas，WDPA)，WDPA 是唯一包含来自世界各地 Pas 信息的完整数据库。为了表征每个 Pas 中的光污染趋势，采用了总夜间灯光(total night light，TNL)和夜间灯光平均值(night light mean，NLM)两个夜间灯光指标，TNL 代表了光污染的总体水平，它与人类活动和社会经济参数密切相关；NLM 表示光污染密度，被广泛地用于定量分析在像素和区域范围光污染密度。根据 TNL 指数和 NLM 指数，采用 Getis-Ord Gi*空间热点分析法和线性回归空间趋势分析法，将受光污染影响的 Pas 分为八类：下降趋势(DT)，稳定趋势(ST)，低密度低增长趋势(LL)，低密度高增长趋势(LH)，低密度的中等增长趋势(ML)，高密度的中等增长趋势(MH)，低密度的高增长趋势(HL)和高密度的高增长趋势(HH)。结果表明：①1992～2012 年，约 57.30%的 Pas 呈上升趋势，这些 Pas 主要分布在中国东部地区、中部地区和西部地区的一小部分地区。热点分析表明，TNL 和 NLM 的变化规律具有空间集聚特征；②将受光污染变化影响的 Pas 分为 8 类，其中趋势稳定的 Pas 占 41%，上升趋势高的 Pas 占 10%。低密度高增长趋势的 Pas 数量最少，仅为 1%；③影响 Pas 光污染变化的因素包括城市距离、矿产开发、旅游开发和居民迁移。最后，根据光污染侵蚀 Pas 的现状，提出了控制光污染、促进 Pas 可持续发展的对策。

Bennie 等[30]利用 1992～2012 年 NOAA DMSP/OLS 夜间灯光数据与遥感陆地覆盖产品(GLC2000)，评估全球 43 种生态系统类型夜间人工照明的近期变化。DMSP/OLS 图像使用中位数的分位数回归进行校准。生物群落类型来自世界野生动物基金会的世界陆地生态保护区，该数据是地球陆地生物多样性的生物地理区划，包含划分为 14 个不同生物群落的 867 个生态区。全球土地覆盖(GLC 2000)产品用于确定生物群落类型内的土地覆盖。研究采用 22 种土地覆盖类型，结合生物群落类型和土地覆盖类型定义了 43 种生态系统类型，将生态区域数据划分成八大类：(a)北方/苔原；(b)沙漠/灌丛带；(c)洪水淹没区；(d)红树林；(e)地中海；(f)山地系统；(g)温带；(h)热带/亚热带。将所有数据重新投影为贝尔曼等面积投影(behrmann equal-area projection)，利用土地覆盖类型对夜光图像和生态系统划分图进行掩膜处理。创建了头五年(1992～1996 年)和最后五年(2008～2012 年)的平均校准图像的变化检测。研究发现，地中海气候生态系统的光亮度增加最多，其次是温带生态系统；北方、苔原和山地系统的光亮度上升幅度最低；在干旱地区，光亮度主要在林区和农业区明显增加。受到人造光照射最多的全球生态系统是局部的和分散的，由于生态系统高度的多样性、地方性和稀缺性，往往具有特别重要的保护性。夜间遥感可以在确定自然生态系统受到光污染的程度方面发挥关键作用。

25.3 遥感经济

在遥感和计算机科学、工程、地理等相关领域发生了一场变革，公开获取分辨率不断提高的卫星图像，并利用算法从中提取有意义的社会科学信息已成为常规的操作。遥感技术可以以较低的边际成本，大规模地收集数据，以获得各种难以测量的指标。这些数据涉及夜间灯光、降雨量、风速、洪水、地形、森林覆盖率、作物选择、农业生产、城市发展、建筑类型、污染和鱼类丰度。在没有遥感的情况下，要精确测量这些变量可能会非常昂贵。比如在一些发生武装冲突或者跨国界的自然灾害地区，经济学家很少能以统一的方式收集数据，但卫星使这些数据的收集变为了可能；在研究城市地区时，卫星可以获得抗议、政治集会或购物高峰期等活动中的人群和汽车数量；在农业和资源经济学中，更高的光谱分辨率和不断完善的算法可以更自动地区分作物和非作物之间的生长情况；在环境经济学中，除颗粒物以外的污染物，如二氧化氮也可以远程检测；越来越精确的全球森林覆盖变化趋势也可以用于气候建模。本节介绍的遥感经济应用主要包括农业保险领域的应用，遥感衡量社会、环境与健康不平等，燃烧污染、$PM_{2.5}$ 和死亡，林业遥感的政治经济学等。

25.3.1 农业保险领域的应用

农业保险是近年来国家为保障农户利益而颁布的一项政策，在一定程度上增强了农民收入的稳定性，特别是在农业灾害频发的地区，减轻了灾害带来的经济损失。农业保险分为种植业保险、养殖业保险、农民财产保险、责任保险和人身保险。随着技术的发展，卫星遥感技术独特的优点可在农业保险的各个阶段进行应用。

2009 年由美国政府发起的，美国农业部风险管理机构(risk management agency，RMA)提供基于降雨和 NDVI 时间序列的牧场保险[31]，旨在保护农民免受草料产量下降的影响，因为赔偿金额是根据 NDVI 和降雨指数的组合偏离正常值而确定的。2013 年私营保险公司提供的基于指数的牲畜保险(index-based livestock insurance，IBLI)计划[32]，为肯尼亚牧民提供与干旱有关的牲畜死亡率保险，它使用了一种基于 MODIS 获得的季节和空间综合 NDVI 指数，并在统计学上与家庭水平的牲畜死亡率数据拟合，当累计得分的 NDVI 指数低于与预测牲畜死亡率 15%相对应的阈值时，就会得到赔偿。除了基于遥感植被指数(如 NDVI)的指数保险外，还有基于遥感降雨指数的保险。约翰逊描述，为肯尼亚和乌干达的 150000 多名农民提供的 Kilimo Salama 天气指数保险的主要组成部分的自动化气象站价格太昂贵，于是开始进行地球同步卫星的热红外观测数据，以及极地轨道卫星的主动和被动微波观测数据的卫星降雨估计[33]。除了提供针对和惠及单个家庭的小额保险产品，人们对中观和宏观水平的保险产品越来越感兴趣，目标是救济机构以及对财政支持受灾农民感兴趣的地区和国家政府。例如，在阿根廷和乌拉圭，根据跟踪草场生产力的 NDVI 指数[34]，进行了中度保险的可行性研究，旨在弥补牲畜的损失，实施中度保险后，政府将能够及时支付赔付，以在严重干旱的情况下支持畜牧业者维持畜群。

蒙继华等[35]以内蒙古库伦旗为研究区，通过 HJ-1CCD 和 MODIS 遥感数据进行作物面积提取、气象数据分析及干旱等级评估、作物长势监测、作物单产监测及产量评估 4 个方面的分析结果，对受灾情况进行总体评估，提供了一个关于卫星遥感技术在种植业保险方面的定损案例。种植面积监测是以 1∶100000 全国土地利用覆盖数据为基础，提取库伦旗的农田分布。利用农田空间分布、作物物候特性及其在不同阶段的光谱特征，基于时间序列遥感影像使用决策树分类算法对库伦旗的主要玉米种植范围进行提取。由于干旱严重程度与降水量紧密相关，降水量的多少对作物生长及光合作用、呼吸作用有重要影响。研究将 NOAA 气象网站数据与中国天气网获取的气象数据相结合，统计库伦旗 2015 年及过去 5 年平均月度与年度降水量，并以 15 天为周期，对比分析 2015 年与过去 5 年同一时间降水量的变化趋势。基于该旗气象数据的获取结果，评估选用连续无有效降水日数作为干旱等级评估的监测指标。连续无有效降水或积雪日数是表征农田和北方牧区草原水分补给状况的重要指标之一，适用范围为尚未建立墒情监测点的雨养农业区。作物长势是指作物生长的状况与趋势，作物产量的高低与作物生长过程中各个阶段的长势紧密相关。作物的外在表现总是具有独特的光谱特性，因此，作物的“苗情长势”可以通过光谱成分分析和植被指数间接得到证实，反映作物生长过程中植株的发育形势及产量丰欠程度。研究基于时间序列的 MODIS 数据 16 天合成的 NDVI 产品(MOD13)，构建作物生长过程，通过生长过程中年际间对比来评估作物生长状况。玉米单产的估算，基于时间序列的遥感数据、日值气象数据、DEM、经纬度数据，结合 CASA 光能利用率模型与 WOFOST 作物模型部分模块实现作物单产的快速、精准估算，使其具备一定的灾害胁迫模拟能力，以满足对旱情损失进行评估的要求。数据验证显示遥感评估结果与实际的损失程度较为一致。

吴波等[36]利用 Sentinel-2 数据以菏泽市单县玉米涝灾定损为例研究遥感技术在农业保险中的应用。2018 年 8 月 16 日台风“温比亚”在浙江省舟山海域登陆，台风路径于 8 月 19 日经过山东省境内，带来了强降雨。由于强降雨，山东省菏泽市单县受到了洪涝灾害，部分玉米受灾害影响，出现黄叶、干枯等现象，为了挽回损失，当地保险公司迅速启动了理赔勘察工作，到各乡镇调查玉米受灾情况。同时，为了能够快速定损赔偿，采用卫星遥感技术对此次灾情进行监测，并结合现场采样数据进行灾害分级。研究结合玉米的光谱特征、物候特征、纹理特征和几何特征，利用受灾前后影像数据和地面调查数据，基于专家知识进行分析，识别出玉米的种植分布，结合气象数据分析出玉米的受灾面积及分布。结合行政村矢量边界数据，获取每一个镇玉米受灾状况及面积。

Heidler 等[37]探索了通过遥感评估干旱保险索赔的可行性。研究数据来自 ESA Sentinel-2 时间序列卫星图像和来自欧洲气候评估和数据集(ECA&D)提供温度、降水等每日值；要学习的数据是 2017 年奥地利的农业保险损失数据，数据以表格形式表示，除其他功能外，还基于每个地段指定以下参数：地段几何形状，作物类型和损失状态。在这项研究中，总共分析了由专家进行的 91352 份干旱损失评估，其中 8898 份(9.7%)已确定包含实际的干旱损失。对于每个地段，提取 2017 年 3 月～8 月地段中包含的 Sentinel-2 像素作为该地段的测量值，目标是使用统计模型从数据中提取出是否有损失的二元决策。研究使用归一化植被指数(NDVI)、归一化差分水指数(NDWI)、绿叶指数(GLI)、叶绿素植被指数(CVI)这些已知与植被健康和/或水分含量相关的指标来丰富数据。探索了两种不同的训练分类器的方法，即设计卷积神经网络(CNN)以直接在时间序列上进行学习，以及使用非均匀离散傅里叶变换将数据转换为固定大小的表示形式，再使用梯度增强方法。结果表明，在这种情况下，第二种方法会产生更好的结果，因为与卷积神经网络方法相比，特征工程与梯度增强相结合，可以减少过度拟合的情况。与现有方法相比，提出的方法允许在大范围地理区域上使用高分辨率图像(Sentinel-2)的同时，还可以在每个地段级别上分析情况。

25.3.2 衡量社会环境与健康不平等

社会经济差异并不仅仅被理解为收入上的贫富差距。这一现象是收入之外的一系列复杂属性，如健康、环境正义、获得基础设施、教育、劳动或社会服务等。目前衡量社会经济差距的数据情况有些依赖于人为的空间单元，遥感技术对于城市结构要素提取、城市土地利用/土地覆盖类型获取、城市扩展检测与模拟以及城市三维测量等城市空间信息获取数据方面应用广泛。

Shifa 等[38]使用 2009 年肯尼亚人口普查数据探讨了肯尼亚的城市贫困和不平等现象，并估算首都和其他二级城市和城镇的多维贫困和不平等措施，根据平均贫困估计数比较不同城市中心的生活水平会掩盖城市中心内部的重大不平等现象。理解多维贫困中的这些空间不平等现象对于磨练反贫困政策的目标至关重要。Gibson 等[39]展示了国家水平上的 DMSP 夜间灯光与印尼 GDP 之间的关系。在城市部门，使用 DMSP 的照明与 GDP 之间的关系是使用 VIIRS 的两倍。空间不平等在很大程度上被 DMSP 数据低估了。

Suel 等[40]等使用深度学习与街景图衡量社会、环境与健康不平等。研究主要利用深度学习方法训练街景图像，得到收入、教育、失业、住房等标签的十分位数空间分布的结果。图像数据通过英国国家统计局(ONS)的邮政编码目录来选取，包括选定分配给伦敦行政区 33 个地方行政区的 181150 个邮政编码，以及分配给其他三个城市(西米德兰兹郡包括伯明翰，大曼彻斯特，西约克郡包括利兹)的 175883 个邮政编码。对于每个邮政编码，通过使用谷歌街景应用程序编程接口获取最近由谷歌拍摄的可用的全景图像；时间从 2008～2017 年。结果标签数据从三个公共来源《2011 年人口普查》《2015 年英国贫困指数》《2015 年伦敦当局家庭收入估算》获得关于人类幸福的多个维度的数据，包括收入、健康、教育、就业、犯罪、住房和生活环境。通过各项标签的空间分布情况来表示伦敦市“不平等”现象。然后通过可转移性分析，将目标城市 1%街景图像微调伦敦训练网络，通过调整后的网络来预测城市的不平等现象。研究使用了生活环境剥夺、平均收入、收入剥夺、入住率、住房和服务的障碍、教育程度、教育[技能和培训]剥夺、健康剥夺和残疾、自述健康、就业剥夺、失业率、犯罪剥夺 12 种结果，其中用于训练和测试网络的数据从政府统计数据中获得。

首先使用预先训练的卷积神经网络(CNN)进行特征提取，将 RGB 图像转换为 4096 维的代码，使用经过训练的 VGG16 网络，其中包含了来自 ImageNet 的 130 多万张图像。将街景图像作为网络的输入，其权值经过预先训练，每幅图像提取 fc6 层的 4096-D 输出，其中每个位置的特征描述由四个 4096-D 向量组成，对应于每个位置的四个图像。其次进行基于深度学习的十分位数赋值，使用了 VGG16 的预训练权重，并且只对全连接层的权重进行训练。在这个架构中的四个通道联合使用每个位置的所有四个图像。将来自不同渠道的信息汇总并输入到最后一层，应用 sigmoid 函数计算出 0 到 1 之间的单个连续值 p。在网络的所有层中都使用批处理规范化，输出层除外，其中 p 是计算得到的。通过对多个社会、经济和环境和健康结果进行面对面的比较分析，得出将深度学习应用于街道图像，可以更好地预测收入、生活环境的不平等，而犯罪、自我健康预测效果较差。原因在于街道图像可以识别生活环境的变化。例如：住房质量、污染(来源)和道路条件视觉元素与居住安全有关；低收入和高收入群体在住房、购物和车辆方面也具有较高的视觉相关性。相比犯罪、自我健康报告结果。犯罪现象可用“破窗理论”来解释，而破窗理论所带来的视觉迹象仅能感知犯罪，与高犯罪率无关。因为通过街道图像的训练可以表现群体的安全指标，但无法表现实际的犯罪率。

Taubenbock 等[41]研究从卫星数据得出定居模式反映欧洲的社会经济差异。研究依靠全球城市足迹(GUF)来获取整个欧洲大陆的定居点，分类算法基于 TerraSAR-X/TanDEM-X 数据，在具有复杂城区特征的高纹理区域检测高反射率值。在进行社会经济分析时，依据的数据来自欧盟统计局发布的官方地区年鉴，使用的指标包括国内生产总值(GDP)，失业率，和居民家庭人均收入。基于 GUF 分类研究识别集中的聚落结构，在采样距离为 1km 的网格上，得到沉降密度。随后，使用以下概念来绘制由高沉降密度定义的城市网络，首先，通过两个变量高沉降密度和大的连续高沉降密度区域在空间上识别节点作为城市锚点。其次，以居住密度作为成本表面层，沿着成本最低的路径评估已识别的城市节点之间的连通性。再次，对城市节点之间的连接程度进行分类。没有明显的沉降中断或持续降低到非常低密度的共轭线被划分为连接线。最后，使用区域增长的方法，在属于城市网络的城市节点周围绘制高居住密度区域。基于这种方法，将欧洲景观划分为两个不同的主题类别：①属于城市网络的区域：城市节点周围的高聚居密度区域，属于较大城市网络的一部分；②不属于城市网络的地区：这些地区基本上是欧洲的农村和/或低密度环境，或者，尽管相关的城市节点在空间上被识别出来，但它们周围各自的区域过于孤立，无法被归类为更大的城市网络的一部分。当两个数据集之间满足一定的空间一致性时，使用各自的社会经济变量进行各自的联合分析。系统地进行了 75%、50%、25% 和 10%空间一致性的分析。此外，研究还评估了这些阈值对结果和一般趋势的敏感性。

空间分析以分级、分层的形式进行。根据不同的空间实体和不同的空间一致性使用箱线图来描述欧洲地区之间的社会经济差异。结果表明，研究绘制城市网络区域地图的方法为欧洲不同的空间特征提供了另一种视角，这些具有增强空间住区网络的地区比其他地区具有社会经济优势。

25.3.3 燃烧污染大气污染和死亡

许多学科已经确定了接触污染和不良健康后果之间的关系。流行病学和公共卫生研究记录了与接触空气悬浮颗粒物(PM)有关的各种负面健康影响。除了对健康的直接影响外，经济学文献还证实，暴露在空气污染之下会对认知功能和劳动生产率产生负面影响，并增加大量的福利成本。

卫星遥感监测空气污染主要是对大气颗粒物 $PM_{2.5}$ 的监测，研究方法一是通过遥感影像反演 AOD(部分研究对 AOD 进行气象改正)后，建立 AOD 与实测 PM 浓度间的相关关系来进行区域 PM 浓度分析、预测、预报等工作。二是根据遥感图像计算各种指数，然后建立指数与 AOD 或地面实测颗粒物浓度间的关系。

印度尼西亚在 1997 年发生毁灭性森林火灾，造成了大面积的空气污染。Jayachandran 等[42]使用卫星数据获取了空气中的烟雾和灰尘数据，用来衡量污染的扩散范围，并估计这两个月的森林火灾导致的 16400 名婴儿和胎儿死亡。随着新技术的不断开发，其他污染物(如 CH_4)也可以进行测量。Jackson 等[43]记录了空气污染物与每年测量的犯罪率之间的相关性。虽然因果关系的识别很难用年度数据来证明，但他们报告称，空气污染与犯罪之间存在正相关。Herrnstadt 等[44]利用风的模式表明，空气污染短期增加了芝加哥和洛杉矶的暴力犯罪。

He 等[45]研究结合中国的数据估计了秸秆燃烧对空气污染和死亡率的影响，并试图量化中国最近在秸秆回收补贴方面所做的努力的潜在经济效益。研究数据收集了有关中国秸秆燃烧，空气污染和死亡率的详细信息。高分辨率卫星图像数据用于识别 2013～2015 年中国秸秆燃烧的确切位置。秸秆燃烧数据与从 1650 台地面监测仪收集的当地空气质量数据相关联。人口的死亡记录来自中国疾病预防控制中心的疾病监测点系统(DSPS)，其中包含有关同期县级性别、年龄段和死亡原因的信息。在县级匹配这些数据之后，研究估算秸秆焚烧如何影响空气污染和死亡率。结果表明，在县中心 50km 范围内发生 10 次秸秆大火，每月细颗粒物($PM_{2.5}$，直径＜2.5μm)将增加 4.79μg/m^3(或 7.62%)，死亡率提高了 1.56%；进一步估计每月 $PM_{2.5}$ 增加 10μg/m^3 可以导致死亡率增加 3.25%。异质性分析表明，秸秆焚烧污染主要增加心肺死亡率，对农村和贫困地区 40 岁以上的人有很大影响，但对年轻人没有统计学上的显著影响。该研究的主要关注点是秸秆燃烧可能通过空气污染以外的其他渠道影响人类健康。例如，地方政府可能会执行秸秆焚烧法规，这些法规是当地人口健康的内生因素。秸秆焚烧还可能给农民带来暂时的收入冲击，因为这种活动与收成有关。为了解决这些问题，研究采用了两种增强策略，在第一个增强策略中，研究使用非本地秸秆燃烧来检测本地空气污染，非本地农民的焚烧行为通常不受当地政府的控制。第二种策略探索了不同的风模式进行识别，研究将秸秆燃烧与上风和下风区分开，并利用上风和下风火之间的系数差异将污染效应与潜在收入效应区分开。事实是，上风和下风的稻草火对空气污染有不对称的影响，但对当地人的收入却有对称的影响。根据实验，研究评估了中国于 2016 年启动的秸秆回收政策，发现补贴秸秆回收有效地改善了空气质量，估计的健康益处可能会超过成本一个数量级。具体来说，使用差异(DiD)方法显示，相对于无补贴的省，该政策实施后，受补贴的省中的秸秆火灾数量急剧减少(每年减少 153 次)，并且这种变化降低了年平均 $PM_{2.5}$ 浓度为 4.33μg/m^3。这些估计表明，秸秆再利用政策每年可避免中国 18900 例过早死亡。Sheldon 等[46]提供了印度尼西亚森林燃烧对跨界健康影响的因果分析。研究利用卫星火灾数据来测量新加坡的空气质量变化。美国国家航空航天局(NASA)的火灾信息资源管理系统提供由卫星收集的全球火灾数据。研究收集 2010 年 1 月～2016 年 6 月印度尼西亚的火灾辐射功率(FRP)，单位为兆瓦特(MW)。由于研究的健康数据处于每周水平，因此使用每周的累计 FRP 作为火灾变量。有关空气质量的数据来自新加坡国家环境局，包括 2010 年 1 月～2016 年 6 月每天下午 4 点从北部、南部、东部、西部和中央空气质量监测站采集的污染标准指数(PSI)。PSI 是衡量空气质量的一个整体指标，它给予二氧化硫、颗粒物(PM_{10})、细颗粒物($PM_{2.5}$)、二氧化氮、一氧化碳和臭氧同等的权重。由于五个监测站的平均 PSI 与每个监测站的 PSI 有很强的相关性，研究利用五个监测站在一周内下午 4 点测得的平均 PSI 作为空气质量的衡量指标。新加坡将 PSI 指数在 50 以下列为空气质量良好，51～100 为中等，101～200 为不健康，201～300 为非常不健康，超过 300 为危险。2010 年 1 月～2016 年 6 月，新加坡的平均空气质量良好，下午 4 点的平均 PSI 为 39.3。然而，日空气质量的变化很大，PSI 最小值为 10.6，最大值为 258.0。研究从新加坡卫生部，获得了从 2010 年 1 月～2016 年 6 月的关于急性上呼吸道感染(ARTIs)、急性结膜炎(AC)、急性腹泻和水痘的多诊所就诊数据。新加坡的初级保健由私人全科医生诊所和政府综合诊所组成，公共综合诊所由政府提供 80%的补贴，并允许完全获得政府医疗保健。在研究的样本中，ARTIs 的平均每日最大(最小)门诊次数为 4241 次(1839 次)，AC 为 168 次(62 次)。研究从新加坡气象局获得天气变量，作为估计的控制因素。这些数据包括新加坡中心附近的牛顿气象站记录的日降雨量、平均气温、最高气温和最低气温、平均风速和最高风速。天气影响了印尼大火产生的烟雾向新加坡的扩散。天气也可能影响健康结果和多科就诊人次。由于多诊所数据每周报告一次，研究在分析中使用天气变量的每周平均值。从 2010～2016 年中期，印尼的火灾使新加坡的污染标准指数平均上升了 16%，这导致了超过 1.5%的急性呼吸道感染和急性结膜炎的增加，且随着时间的推移影响增加。现有的有关印尼大火对健康的影响的文献仅限于分析特定雾霾发作期间印度尼西亚或邻国的健康数据，或根据某种空气污染程度回归健康结果。这种方法有问题，因为空气污染可能是内生的，与由于政策变化和宏观经济趋势而产生的健康结果是同步变化的。国际谈判应考虑到新加坡以及受印尼大火影响的其他东南亚国家的健康和避免费用。

Burkhardt 等[47]评估了空气细颗粒物($PM_{2.5}$)暴露对美国 99%县的犯罪影响。首先，研究使用来自联邦调查局管理的统一犯罪报告项目(UCR)的犯罪活动数据。该数据集包含了 2006～2015 年间几乎覆盖美国所有人口的少数犯罪类别的月度犯罪统计数据。其次，研究将犯罪数据与网格化的每日污染($PM_{2.5}$)估算值(15km 分辨率)合并，这些数据涵盖了 2006～2015 年美国周边地区。研究的插值数据提供了 2006～2015 年期间全美每天

$PM_{2.5}$的网格估算(15km 网格)。第三个数据集包括从卫星图像获得的景观火灾烟雾数据。这些数据是由美国国家海洋和大气管理局(NOAA)的灾害测绘系统提供的。由野外和指定的火灾以及农业燃烧产生的烟雾数据作为观测到的 $PM_{2.5}$ 的外源变化的来源。研究数据还包括每月平均天气数据和郡县每年固定效应和月固定效应，以控制随时间变化的郡县特定不可观测因素和犯罪和污染的季节性变化。研究结果表明 $PM_{2.5}$ 的增加会提高暴力犯罪率，特别是袭击犯罪率，而且空气污染在美国各地的影响是相对相同的。研究结果对空气污染政策和未来的研究具有重要意义。例如，随着气候变化改变了干旱和野火发生的频率和严重程度，由火烟引起的 $PM_{2.5}$ 可能会增加。火灾烟雾的增加将通过更高的医疗保健费用，更低的劳动生产率以及可能增加的焦虑和心理压力而给社会带来巨大的成本。

25.3.4 林业遥感的政治经济学

森林是地球上生物多样性最丰富的环境，它们的消失伴随着物种的大规模灭绝，剥夺了后代与这种遗传多样性相关的价值。气候变化和生物多样性的双重关切已使砍伐森林，尤其是了解如何应对非法采伐，成为当前全球政策议程的重中之重[48]。卫星遥感技术在林业经济方面的研究主要包括森林制图，森林资源调查，森林动态监测，森林火灾监测和评估，森林病虫害监测等。

Cisneros[49]研究了促进印尼地区森林转变的政治和经济激励措施之间的相互作用。使用 2000～2016 年的地区级固定样本数据集，分析了遥感森林损失和森林火灾的变化以及土地使用许可的措施。首先，使用第一年(2000 年)建立初始条件，然后在剩余的 16 年(2001～2016 年)中生成一个地区小组，在 2016 年的 514 个地区中，主要分析 2000 年基本森林覆盖的 397 个地区(原始森林覆盖率至少为 40%)。研究目标是每个地区每年新伐林面积的大小，该数据来源于 Hansen 等人基于卫星观测的提供 2000～2016 年 30m 分辨率的年度文件数据库。在此基础上，将栅格中检测到的所有新的森林砍伐像素按年汇总为行政区域级别。此外，研究基于 MODIS 数据计算每个地区每月的火灾发生率，用更高频率的测量方法来补充每年森林砍伐动态的测量，并将火灾数据库与 Hansen 等人的数据相结合，区分原始森林地区和非森林地区的火灾。将这些结果与扩大油棕种植面积的经济激励措施以及在特殊时期的地方市长选举之前产生的政治激励措施联系起来。结果表明，在地方选举前一年，森林砍伐和森林大火大量增加。此外，油棕在驱动森林砍伐动态中起着至关重要的作用。棕榈油的全球市场价格变化与地理气候最适合种植油棕的地区的森林砍伐紧密相关，它们加剧了政治周期的重要性。因此，研究发现经济和政治动机相互促进的明确证据，这些动机相互促进，造成森林损失和油棕种植土地转化。

Van 等[50]研究了越南最南端 Ca Mau 省的 U Minh Ha 森林的火灾情况。这项研究使用 Landsat 8 卫星图像和比例尺为 1∶25000 覆盖研究区的地图数据，结合空间分析来识别火灾敏感区域，以应对 2016 年干旱季节与气候变化相关的干旱风险。研究基于火灾风险指数(fire risk index，FRI)模型，并根据遥感指标和 GIS 数据确定了研究区域的植被覆盖类型和密度、叶片湿度、地表温度、到居民区的距离、供水和消防设施等组成参数，利用 AHP 层次分析法和权重分配，生成了一张包含所有与火灾风险指数相对应的标准地图。为了确定权重，研究根据影响森林火灾风险的七个标准设置的访谈问卷，对当地护林员、自然资源与环境部官员和具有专业知识的人员进行了调查，根据因素对整个问题或单个子问题的优先级和影响程度，由低到高打分。每个像素的值乘以包含它的层的权重，然后将它添加到其他层的像素中。结果表明，火灾敏感度平均的区域占森林面积的近一半，分布在南部和西南部，高火敏感区可以忽略不计。研究结果对于规划保护森林资源免受气候变化引起的干旱风险的战略很有帮助。

Joshi 等[51]研究展示了一种检测森林覆盖动态变化的方法，包括退化、森林砍伐和演替。该分析包括次生林和退化林，因为该广义定义适用于检测土地的重复使用。研究使用的是 2007～2010 年 ALOS PALSAR 采集的两个旱季场景雷达图像，由于地形对图像投影和后向散射有显著影响，因此使用 90m 分辨率的航天飞机雷达地形任务数据集 SRTM 对场景进行地形校正和辐射测量校准。对雷达图像中固有的斑点，使用具有 3×3 像素窗口的增强 Lee 滤波对图像进行适度去斑，以保留纹理信息。然后将图像采样为 30m，以减少斑点，但可以检测小面积干扰并与基于 Landsat 的毁林数据集进行比较。为了减少与人为干扰无关的后向散射的剩余变异性，通过调整像素值，以 510m×510m 窗口的平均后向散射差为基准，将图像校准至基准年(2007 年)。将完好的森林分为原生树种和不受人类明显影响的生态过程，此外，为了不随意描述森林砍伐和退化，研究将森林扰动定义为既包括因森林砍伐造成的伐木影响，又包括由于退化造成的森林覆盖率的分散损失。通过测绘和分析各年间雷达后向散射的差异来研究森林干扰。以前曾报道后向散射的减少与冠层覆盖的减少相对应，而增加则取决于管理做法，并预期随着冠层覆盖的恢复(例如选择性砍伐后)而增加。在这里，研究将后向散射值的下降解释为森林的扰动，而后向散射值的恢复则解释为森林的演替动态。研究结果，在 Madre de Dios，雷达探测到的扰动区域(0.78%/年)本身比以前的光学毁林产品大两倍以上。干扰主要集中在没有分配土地用途的土地上，例如已用于次生和退化森林的农业或牧业土地，以及用于扩大原始森林的采矿特许权的土地。因此，特别要监测森林砍伐扩散模式和分配的土地利用区域中的退化，这对于预测和防止进一步的永久性森林砍伐至关重要，卫星雷达数据可以通过提供有关干扰的空间分布和动态的信息来使这种监视受益。

25.4 遥感深空探测

深空是相对于近地空间定义的。根据 2000 年发布的《中国的航天》白皮书，深空探测的含义是脱离地球引力场，进入太阳系空间以及宇宙空间所开展的探测活动。国内目前把对除地球之外的天体开展的探测活动称为深空探测。深空探测是当今世界上极具挑战性、创新性与带动性的航天活动之一，对于激发科学探索精神、推动人类科技进步与社会可持续发展，具有重大而深远的战略意义。截至现在，世界上一些国家已经实现了探测太阳系八大行星的目标，完成了两百多次月球以远的深空探测，并取得了很多实质性的进展。深空探测任务中探测目标远，因此深空探测具有时间长、航程远、环境未知多变等特点，基于以上特点，探测器的操作与控制和近地卫星有着很大的区别，传统的近地卫星导航方法不能在硬件和导航实时性满足深空探测导航的要求。

随着对宇宙认识的逐步深入，深空探测任务对技术要求不断提高，探测手段越来越多样化，紫外遥感成为继可见光、红外遥感之后又一重要的探测手段，遥感技术在月球岩石类填图、行星找矿，行星大气探测，太阳观测，类地行星环境探测等领域的发挥重要的应用。

25.4.1 月球岩石类填图

月球轨道器遥感观测是月球探测的主要手段，基于轨道器遥感影像的摄影测量制图是月球探测的基础性工作，为月球地形地貌构造分析、月球地质环境演化等科学研究提供关键信息，并为月球着陆探测工程任务中的着陆区评估与选择、着陆点定位、科学探测目标确定、巡视器导航定位等提供重要的数据信息支撑。遥感技术对月球岩石类填土的研究包括月球正射影像、LOLA 地形图、矿物丰度制作，月球背面地形探测分析，月球轨道器摄影测量制图，月球着陆器和其他月表设备(如激光角反射器)定位等[52-56]。

王梁等[57]对月球第谷撞击坑区域数字地质填图及地质地貌特征进行了研究。在填图过程中使用到的主要数据资料有 CE-1CCD 影像数据、IIM 数据，CE-2CCD 影像数据，美国 Clementime 探测获得的月壤成熟度数据(OMAT)，LRO 探测器 LOLA 激光高度计数据和美国 1∶1000000 月球地质图(第谷幅等)等。通过对第谷月坑影像资料的详细解读与深入分析，将月坑及周边物质由里向外划分为：陨石残体中央峰堆积区(CCCP)、中心堆积平原区(CCF)、弧形断块堆积带(CCW)、环形边界断裂带(CCS)、坑缘堆积带(CCRH)、辐射堆积及回落坠落坑带(CCRR)等；构造要素包括环形撞击坑、垮塌构造和坑底断裂等。撞击是太阳系内固体行星上主要的地形塑造作用，因此环形撞击坑是月球表面最常见的构造要素。垮塌构造位于月坑内壁部位，由重力垮塌作用形成，呈阶梯状，具有明显陡立的滑坡面和块状的滑坡体。断裂位于撞击坑底部，推测其是陨石撞击后底部物质反弹隆升或撞击产生熔融物质经过膨胀作用或撞击引发坑底月面以下岩浆活动冷凝结晶形成的，呈负地形，形状不规则，错综相交。研究根据上述综合分析，对第谷月坑区域进行地质填图，编制了第谷月坑区域地质图，如图 25-4 所示。

邹永廖等[58]研究以嫦娥一号卫星 1∶2500000 全月球影像图为基础，综合绕月探测工程的其他科学成果和国际月球探测的已有科学成果，编制嫦娥三号预选着陆区—月球虹湾及其周缘区域数字地质图和大地构造纲要图。主要研究内容包括：利用多源数据，开展月球岩石类型的识别，获得月球典型域主要岩石类型的分布；开展月球撞击坑的统计和分析，获得月球典型区域重大地质事件的相对年龄；开展月球构造类型的识别和分类，获得月球典型区域构造类型的属性数据，并进一步编制月球大地构造纲要图；开展月球物质成分、地层时代的划分，综合构造类型属性数据，建立月球地质图空间数据库，辅以地质图上需要表现的月球地理属性要素，编制月球典型区域的数字地质图；开展月球陨石专题研究和月球东海地区地质演化专题研究，结合月球地质图的研究，修正和建立月球起源与演化的概念性模型。所选择的典型区域面积实际达到 130km^2；典型区域覆盖月海、月陆等主要地质单元，地质内容丰富。月球地质图编图实际达到的比例尺为 1∶2500000；构造纲要编图实际达到的比例尺 1∶2500000。月球地质图中承载的地质内容

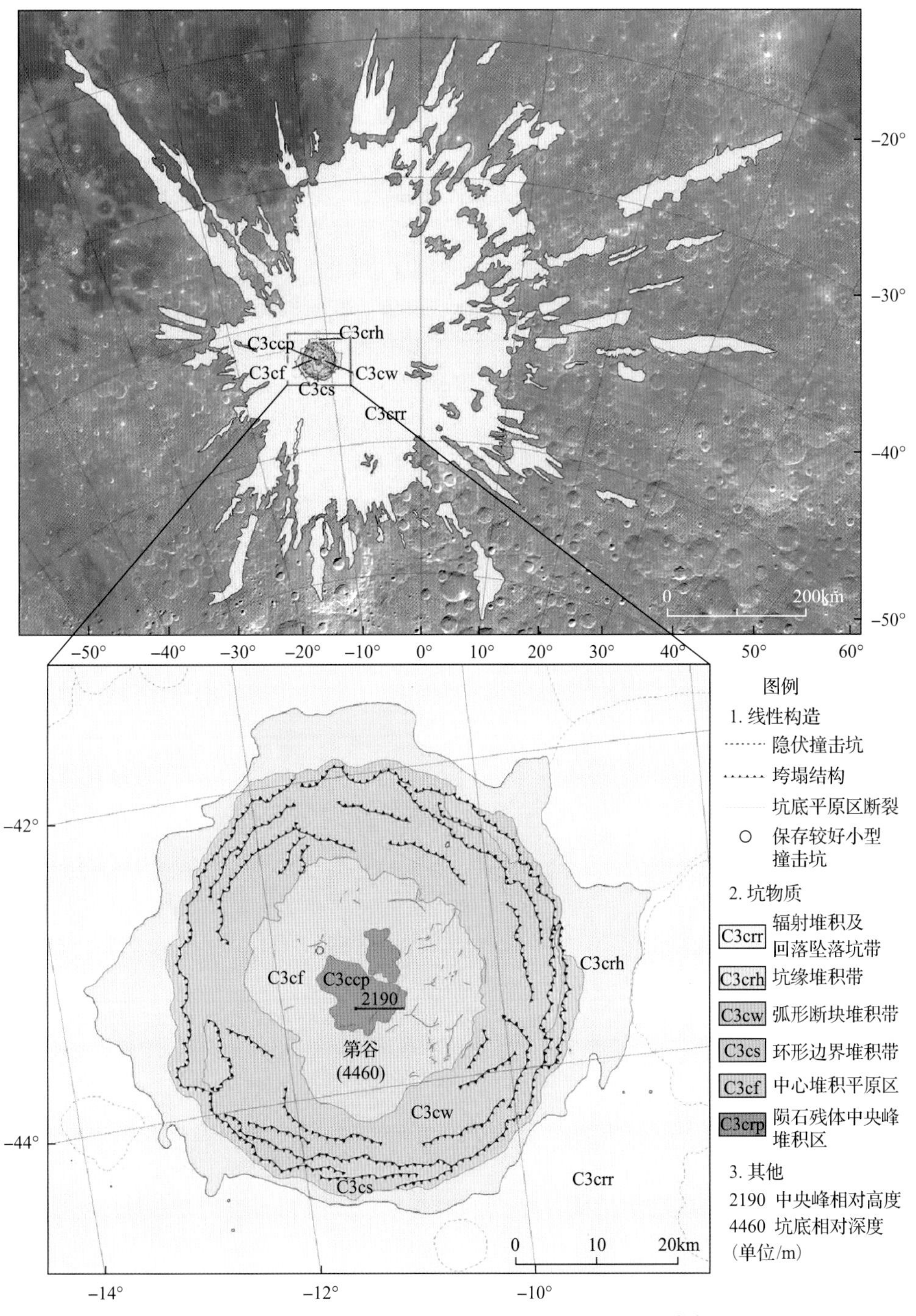

图 25-4　第谷月坑区域物质分布特征及地质填图[57]

包括地层时代、物质成分和构造类型。在月球陨石中发现极富 KREEP 的新岩石类型，提出月球岩浆洋固化年龄为 39.2 亿年，论证了月球东海盆地的倾斜撞击成因，对月球演化历史提供了新的认识。

丁孝忠等[59]应用中国首次月球探测工程所获得的嫦娥一号 CCD 影像数据、干涉成像光谱数据、数字高程模型(DEM)数据和数据分析处理结果等资料，开展了虹湾—雨海地区区域地质综合研究，通过对月球撞击坑及溅射堆积物分析，以及地层单元划分、构造单元划分、岩石类划分、年代学和月球演化历史的集成分析，依据月坑的形态特征、填充物的多少和保留的程度等，将月球撞击坑划分出 7 种类型 11 个亚类，并将月球撞击坑堆积物系统划分为 6 种类型 9 个堆积岩组。根据 TiO_2 的含量、分布及影像特征，将月海、月陆玄武岩划分为高钛玄武岩、中钛玄武岩和低钛玄武岩。应用地理信息系统，试点编制了 1∶2500000 月球典型地区——虹湾幅(LQ-4)地质图(图 25-5)，并建立了空间数据库，探索制定了月球数字地质图编制技术规范、流程和方法，为中国下一步应用嫦娥二号数据开展“全月球地质图”编制，以及未来其他天体的区域地质综合研究与地质编图工作奠定了基础。

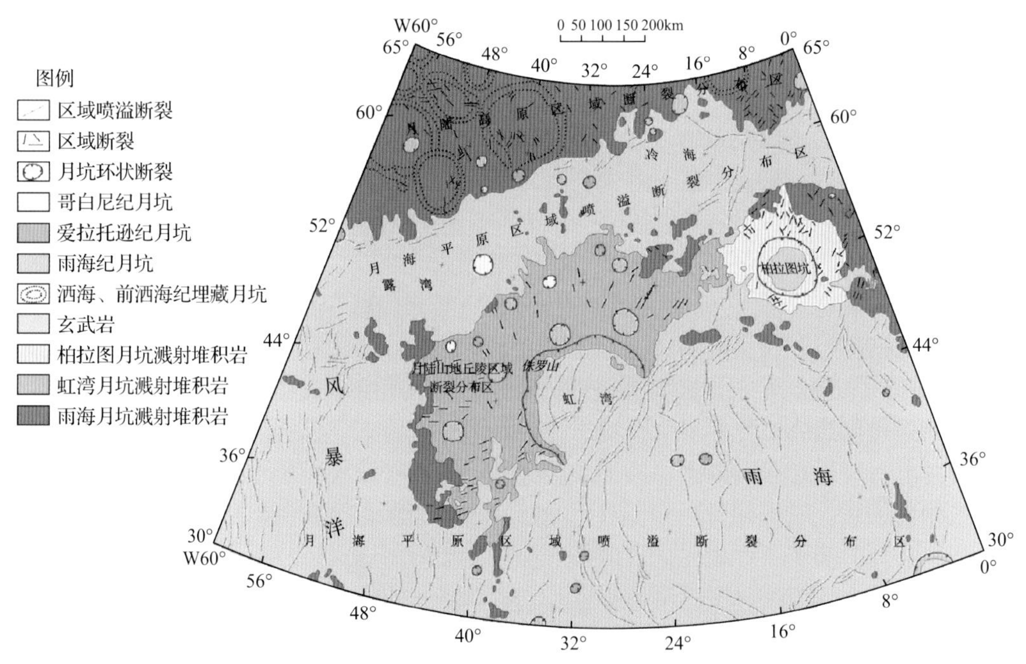

图 25-5 月球虹湾及邻区构造单元划分略图[59]

25.4.2 行星大气观测

太阳系行星中，包含大气的星球有地球、火星、木星、金星、天王星和海王星等。行星大气中含有各种气体成分包括氢、氦、碳、氮、氧、硫、氖等，通过研究行星的大气成分，大气垂直结构和大气动力学，可以为揭示太阳系行星的形成和演化过程提供帮助。目前，对行星大气的探测技术已经较为成熟并且应用广泛，通过对可见光、紫外、红外、微波及射电等波段的观测及数值模拟来揭示行星大气的信息。在进行大气痕量成分遥感时，主要利用红外波段对大气成分进行探测，这是由于绝大部分痕量气体在红外区域都有丰富的吸收线；在微波-亚毫米波波段内(300MHz～3THz)，行星大气成分都存在一定的吸收谱线，利用这些谱线特性，可以对行星大气进行遥感探测，反演大气温湿度廓线以及大气成分气体垂直廓线。

付佳等[60]针对探测地球中高层大气成分或者其他行星大气的需求，研究采用逐线积分方法计算行星大气的气体吸收系数。在逐线积分过程中，首先根据输入的大气参数以及 HIRTRAN 数据库中的光谱参数，选择合适的线形，计算单条谱线吸收截面和气体分子密度，从而计算出单一气体单条谱线的吸收系数。之后利用逐线积分法，计算单一气体的吸收系数。对于混合气体，总吸收系数为每种气体的吸收系数之和。在计算吸收系数时，为了在不影响计算精度的前提下，尽量提高计算速度，采用线形截断的方法，并将逐线积分方法计算得到的水汽吸收系数与通过 MPM 和 PWR 得出的水汽吸收系数进行分析比较，反向验证了逐线积分方法的可行性。然后，计算行星大气中各种气体在特定温度、压强、密度下的 1～3000GHz 范围内的吸收系数，并以臭氧为例分析气体在微波-亚毫米波波段的吸收特性。从模拟结果可以看出，在微波-亚毫米波段，气体存在多个吸收峰，可以选择合适的吸收频带对特定气体进行探测。在选择气体探测频带时，不仅要考虑该气体的明显吸收峰，还要考虑那些可能在该频段对该气体的探测产生干扰的其他气体的吸收。而且，当有多条光谱线可选的情况下，需要考虑是否可以与其他成分实现共同观测。

付佳[61]研究以水汽分子为例，定量分析了 HIRTRAN2012 数据库中给出的谱线强度和空气半展宽的不确定性带来的系统误差，发现在吸收峰所在的频率上，相对误差较小。而在大窗区频率，误差相对较大。最后，研究根据逐线积分方法计算行星大气光学厚度及透过率，并利用辐射传输方程，进行行星大气辐射亮温模拟。利用 1976 年美国标准大气廓线数据，进行了向上观测、天底观测、临边观测模式下的地球大气辐射亮温仿真；分析了地基微波-亚毫米波辐射计探测大气污染物 O_3、N_2O、CH_4、NO、CO 的可行性。在地球星载临边观测模式下，分析大气成分变化的敏感性，发现切向高度越低大气透过率越小。将 105～135GHz、180～210GHz、225～255GHz、630～660GHz 范围内的亮温与数据库中各气体分子谱线的跃迁频率和线强对比可以发现对应峰值起主要作用的气体分子。以 N_2O 气体为例，进行临边探测下地球大气成分变化敏感性分析，为地球大气临边探测系统的通道设计提供理论依据。最后，根据火星大气探测结果假设大气廓线信息，仿真了临边探测下火星大气的辐射亮温，为后续地球乃至行星大气成分探测模拟、频带的选择以及大气成分廓线反演提供模拟及理论依据。

刘鑫华[62]利用美国国家大气研究中心 NCAR 的大气环流模式（atmospheric general circulation model，CAM2），研究了不同地转速度和倾角对地球大气环流的影响。并将 CAM2 推广到行星大气数值模拟，初步对土卫六大气环流进行了模拟，进而研究了不同自转速度下土卫六大气环流的差异。基于地球大气环流模式 CAM2 发展了可移植行星大气环流模式 PGCM。通过模拟土卫六大气环流测试了 PGCM 模式的基本性能。并将 PGCM 模式结果与 LMD 模式结果进行比较。进而研究了地球转速下土卫六大气环流的特征，来研究旋转速度对土卫六大气环流产生的可能影响。PGCM 模式可以充分模拟土卫六大气环流的基本结构，例如赤道上空平流层超级旋转（约 108m/s）、垂直经圈环流、一些垂直廓线及近地面东风等等。土卫六自转速度的大小可以显著影响土卫六大气环流的动力结构。当自转速度变为地球自转速度之后，土卫六大气环流表现为，整层西风减弱，而近地面东风加强。不同旋转速度对于土卫六经向环流的影响主要体现在对流层。在地转速度下，土卫六对流层大气环流表现为，两半球分别为三圈环流；而在土卫六转速下对流层南北半球各仅有两个环流圈。12 日长在 5 倍地球日长到 50 倍地球日长范围内以及上层大气水平温度梯度要大于下层大气水平温度梯度，且下层大气水平温度梯度要很小，是土卫六存在西风塌陷的两个必要条件。

25.4.3 太阳观测

太阳是宇宙中离地球最近的恒星，也是地球的生命之源，太阳的电磁辐射以及太阳风与地球系统的相互作用，形成了地球磁层、电离层和中高层大气等不同的区域。太阳爆发现象是指发生在太阳大气中磁场的剧烈变化所引发的等离子体加热，加速和辐射增强的现象，主要爆发结构为太阳耀斑和日冕物质抛射(coronal mass ejection，CME)，前者可以在短时间内释放出大量的高能粒子与辐射，后者可抛射出巨量的磁化等离子体至行星际空间。二者是触发日地空间灾害性天气事件的主要驱动源头，深刻影响着地球上人类的生活和科技。太阳爆发所带来的电磁化的高能粒子团和增强的辐射，造成电离层状态的剧烈变化，对短波通信和导航有很大的影响。强烈的太阳爆发甚至会导致卫星轨道降低，缩短卫星寿命。科学家指出，近年来地震、火山爆发和海啸等都与太阳活动加剧有关。因此，对太阳进行深入全面的观测能更好地预警地球灾害，造福人类。

太阳观测从最早的探空火箭到现在的卫星仪器，众多的空基成像仪器，如太阳和日球层探测器(solar and heliospheric observatory，SOHO)，太阳过渡区与日冕探测器(transition region and coronal explorer，TRACE)，拉马第高能太阳光谱成像探测器(ramadi high energy solar spectral imaging detector，RttESSI)，日出卫星(Hinode)，日地关系天文台(solar terrestrial relations observatory，STEREO)和太阳动力学天文台(solar dynamics observatory，SDO)。

周振军[63]从分析观测资料出发，探讨日冕物质抛射初始阶段形态和触发机制，构建极紫外波段(extreme ultraviolet band，EUV)热力学图谱分析耀斑的辐射过程。研究首先构建极紫外热力学图谱分析耀斑的辐射过程，2010 年 NASA 发射了一颗专门用来观测太阳的卫星——太阳动力学天文台 SDO，上面搭载的极紫外成像仪(euv variability experiment，EVE)提供太阳活动的丰富的热力学过程，特别对于太阳耀斑，图 25-6 所示为太阳的双带耀斑多视角观测图，其中左上角为后环的轴向视角，后环就像个隧道；右上角为侧面视角，像一个桥拱的侧面；底部图为顶部视角。基于 EVE 的谱数据，构建了耀斑热力学图谱，该图谱能够显示当太阳活动(特别是耀斑活动时)，不同温度波段之间对于活动的系统性响应。对于耀斑来说，这种系统性响应为耀斑的加热和冷却过程。然后，研究基于 EVE/MEGS-A 的五年观测到的 M5.0+的耀斑，发现耀斑的 EUV 峰值一般处于 SXR 的峰值之后，滞后时间平均为 5min，耀斑的等级越高，往往其冷却率也越快。平均冷却率为$-0.004MKs^{-1}$，冷却率与峰值延迟时间存在着清晰的幂律分布特征，表明从软 X 射线波段到 EUV 波段，耀斑的辐射为冷却过程。

朱蓓[64]结合空间中多点卫星的遥感成像与地理观测数据，以具体的太阳高能粒子(SEP)事件为例，分析太阳爆发所产生的大型 SEP 事件在空间中的传播与分布特征，以

图 25-6　双带耀斑多视角观测图[63]

及 SEP 事件中高能粒子在太阳附近的释放与太阳活动所产生的其他物理现象之间的相关性。研究结合 STEREO 卫星与地球附近多颗卫星的就地观测，以 2012 年 7 月 23 日的超级太阳风暴所伴随的 SEP 事件为例，通过分析不同卫星观测到的太阳风等离子体与磁场特征比较高能粒子强度随时间的演化过程以及离子的元素丰富度、对比不同时间和空间的高能粒子能谱分布，研究激波加速的高能粒子在空间中的传播与分布特征。研究结果表明，激波加速的高能粒子在行星际空间的分布范围非常广，其分布范围与激波在空间的扩展范围相关；太阳爆发期间 STEREO B 观测到的 CME 与激波来自其他活动区爆发，影响着此次超级太阳风暴所产生的高能粒子的传播与分布；粒子能谱在时间与空间上的演化特征与激波的粒子加速效率及卫星相对于激波的位置等因素相关。

林佳本[65]以太阳耀斑和太阳磁场的高分辨观测方法为研究目标，通过对二者观测特征的分析，并结合智能化图像处理、自动控制等方法充分挖掘现有望远镜的观测潜力，以获取太阳耀斑和太阳磁场演化的高时/空分辨率观测资料，为即将到来的第二十四周峰年做好观测软件准备。研究结果表明，高分辨太阳耀斑观测方法研究，克服了常规太阳耀斑观测数据在太阳耀斑爆发时出现的溢出问题，通过对太阳耀斑观测特征的统计分析，完成了耀斑爆发识别和 CCD 曝光时间自动控制算法，使观测软件可以在探测器的能力范围之内最大限度地观测太阳耀斑的演化细节。在耀斑爆发模拟实验测试中，系统设计的耀斑爆发识别、CCD 曝光时间自动控制算法、高速数据循环存储等功能均工作良好。耀斑爆发识别算法已经编写入常规观测软件中进行测试。高分辨太阳磁场观测方法研究相关跟踪算法是提高磁场观测数据分辨率的有效方法之一，但是计算量大非常耗时。研究通过采用最新硬件并结合快速傅里叶算法和 ACML 图像处理函数库等方法优化运算程序，实现了具有实时相关跟踪功能的太阳磁场观测软件。该软件能够准确发现并消除图像间的错位，可以有效地提高磁场观测数据的空间分辨率。试验结果表明采用相关跟踪方法获得的磁场数据空间分辨率与常规方法相比有明显提高。

25.4.4 类地行星环境探测

类地行星是与地球相类似的行星，如水星、火星、金星。它们距离太阳近，体积和质量都较小，平均密度较大，表面温度较高，大小与地球差不多，也都是由岩石构成的。类地行星的探测对于寻找地外生命，解决未来人类的生存和延续具有深远的意义。火星一直以来都是最备受科学家关注的类地行星之一，对火星表面环境的探测主要利用热红外制图仪(infrared thermal mapper，IRTM)、热辐射光谱仪(thermal emission spectrometer，TES)、火星气候探测器(mars climate sounder，MCS)和亚毫米波天文卫星(submillimeter wave astronomy satellite，SWAS)等数据，得到火星表面亮温、热惯量、反照率等表面物理量和大气温度、云、灰尘和水冰气溶胶光学厚度以及水蒸气的柱丰度等大气物理量，以及这些量间的相互关系。

贾萌娜[66]对火星表面亮温的时空变化特征进行了分析。利用3个火星轨道器获取的热红外波段探测数据，分析了火星表面亮温在时间维上的年际和季节性变化规律，以及空间维上随地形和纬度的变化特征。研究结果表明：①5个火星年的表面亮温年际变化幅度均未超出轨道器热红外波段探测数据的精度范围。②火星南半球表面亮温的季节性变化幅度大，远日点时期表面亮温随季节的变化基本符合正弦规律且年际差异小，而近日点则有多处明显偏离正弦规律且年际差异较大；北半球表面亮温的季节性变化幅度远小于南半球，且季节特征不明显，受全球性尘暴影响而引起的夜间升温要大于夏季太阳辐射能增加引起的升温。③在同一时段，盆地、峡谷等低海拔地形的表面亮温较高，而山峰、高原、台地等高海拔地形的表面亮温一般较低；Olympus Mons地区的表面亮温与高程之间存在相关系数为–0.9072的负相关关系，线性拟合的结果表明该区域海拔每上升1km，表面亮温下降约1.4K。④表面亮温随纬度的变化总体上满足低纬度高于高纬度的规律，但受到地形等因素的影响，表面亮温最大值出现在偏离赤道的35°S位置，而赤道附近纬度的表面亮温最小值要小于临近稍高纬度位置的最小值；从赤道到两极同纬度表面亮温的差异逐渐减小。

Ody等[67]针对OMEGA高光谱数据，Viviano等[68]针对CRISM高光谱数据分别设计了一系列表征光谱特征的光谱指数用来判断特定火星上矿物存在与否，如光谱比值、光谱吸收深度等。光谱指数适用于判断与研究大范围内特定类型矿物的存在性，但是由于许多矿物具有相同的吸收特征，如层状硅酸盐与单水硫酸盐这两种含水矿物在1.9μm附近都具有吸收特征，因此单独使用光谱指数BD1900无法区分这两类矿物，还需要提取感兴趣区(如5×5窗口)的平均光谱，基于这两类矿物各自独特的诊断性光谱吸收特征，结合光谱匹配模型鉴定和判断具体矿物类别，如光谱特征拟合模型和光谱角填图模型等。此外，光谱指数只对特定波长位置处(通常为吸收峰位置)的光谱形状敏感，它们无法综合考虑光谱在整个波长范围内的谱形。因此，需要综合使用多个光谱指数或光谱特征进行矿物检测与判定以提高识别准确性，如利用专家系统。

杨懿等[69]用CRISM的VNIR(可见光至近红外)高光谱反射数据来探测火星表面含水

矿物及其演化。火星大气的组成中，CO_2 的体积比占 95.32%，是最主要组成成分。地面的反射光谱仪探测到大量在 2～4μm 范围内的吸收线是由 CO_2 造成的。为消除 CO_2 对光谱带的影响，研究用经典的火山大气扫描方法。即利用同时获取火星最高山奥林匹斯山(2000～3000m)山顶和山脚的光谱，利用 CRISM 团队建立的传输模型，对图像进行大气校正，CRISM 数据还需要进行光学校正。利用太阳入射角的余弦值进一步校正非正常光照误差，除此之外，去除尖峰噪声和条带噪声。在一系列的误差校正后，对图像进行地图投影，匹配其地理坐标。通过计算每个像元在相应光谱位置的吸收深度来实现光谱特征参数化。参数化后，每景数据在每个波段位置可以生成一个二维矩阵，该矩阵的元素为对应像元在相应波段上的吸收深度。然后，针对目标矿物的诊断光谱，选取相应矩阵做叠置分析，以获取目标矿物填图，同时提取在整个图像结果中呈正向的像素的综合光谱做进一步的光谱分析以便确认相应矿物。探测不同矿物需要不同的参数。对于铁镁质矿物选择的参数为：OLINDEX、LCPINDEX、HCPINDEX。对于黏土矿物选择参数 BD1900 并结合 2.3μm 处的光谱吸收带。对于碳酸盐类选择 BDCARB 以及 BD3000。多个光谱参数协同提取重要矿物的光谱曲线，然后根据高光谱数据的特征选择与提取并与实验室光谱匹配后可以确定矿物。在产品综合计算完成之后，主要应用遥感学手段，即基于高光谱数据库的光谱匹配技术加以辅助判断：光谱角填图(spectral angle mapper，SAM)以及光谱特征拟合(spectral feature fitting，SFF)。SAM 通过计算一个测量光谱与一个参考光谱之间的角度来确定二者之间的相似性。SFF 通过测量均方根拟合误差来衡量与波谱库的匹配程度，输入的最小值和最大值都用 RMS 拟合误差来表示。

参 考 文 献

[1] 袁益琴, 何国金, 王桂周, 等. 背景差分与帧间差分相融合的遥感卫星视频运动车辆检测方法. 中国科学院大学学报, 2018, 35(1): 50-58.

[2] Li H C, Man Y Y. Moving ship detection based on visual saliency for video satellite. 2016 IEEE International Geoscience and Remote Sensing Symposium (IGARSS), Beijing, 2016: 1248-1250.

[3] 赵旭辉. SLAM 技术在视频卫星处理中的应用研究. 武汉: 武汉大学, 2019.

[4] 夏鲁瑞, 李纪莲, 张占月. 基于视频卫星图像的海上目标实时检测方法. 光学与光电技术, 2018, 16(3): 35-39.

[5] Qiao H J, Wan X, Wan Y C, et al. A novel change detection method for natural disaster detection and segmentation from video sequence. Sensors, 2020, 20(18): 5076.

[6] Osorio A F, Medina R, Gonzalez M. An algorithm for the measurement of shoreline and intertidal beach profiles using video imagery: PSDM. Computers & Geosciences, 2012, 46: 196-207.

[7] 邱明劼. 城市遥感像对立体匹配及三维重建研究. 哈尔滨: 哈尔滨工业大学, 2015.

[8] 谢凡, 秦世引. 基于 SIFT 的单目移动机器人宽基线立体匹配. 仪器仪表学报, 2008, 11: 2247-2252.

[9] 赵霞, 袁家政. 一种基于区域和关键点特征相结合的双目视觉人体检测与定位方法. 北京联合大学学报(自然科学版), 2015, 29(3): 38-43.

[10] 王少威. 卫星视频影像建筑高度提取方法研究. 武汉: 华中科技大学, 2018.

[11] 范江. 基于视频卫星影像的 DSM 生成技术研究. 武汉:华中科技大学, 2019.

[12] 易琳. 基于单帧视频序列多目标约束的三维重建技术. 科技通报, 2013, 29(2): 200-202.

[13] Cozzolino E, Lasta C A, et al. Use of VIIRS DNB satellite images to detect jigger ships involved in the Illex argentinus fishery. Remote Sensing Applications Society & Environment, 2016, 4: 167-178.

[14] Liu Y, Saitoh S, Hirawake T. Detection of squid and pacific saury fishing vessels around Japan using VIIRS day/night band image. Proceedings of the Asia Pacific Advanced Network, 2015, 39: 28-39.

[15] Zhao X , Li D R, Li X , et al. Spatial and seasonal patterns of night-time lights in global ocean derived from VIIRS DNB images. International Journal of Remote Sensing, 2018, 39(22): 8151-8181.

[16] Chen G Y, Liu Y. Use of VIIRS DNB satellite images to detect nighttime fishing vessel lights in Yellow Sea. Proceedings of the 3rd International Conference on Computer Science and Application Engineering, 2019, 124: 1-5.

[17] 吴佳文, 官文江. 基于 SNPP/VIIRS 夜光遥感数据的东、黄海渔船时空分布及其变化特点. 中国水产科学, 2019, 26(2): 221-231.

[18] Fu H Y, Shao Z F, Fu P, et al. The dynamic analysis between urban nighttime economy and urbanization using the DMSP/OLS nighttime light data in China from 1992 to 2012. Remote Sensing, 2017, 9(5): 416-435.

[19] Wang L Y, Fan H, Wang Y K. Estimation of consumption potentiality using VIIRS night-time light data. PLOS One, 2018, 13(10): e206230.

[20] Chen Z Q, Yu B L, Hu Y J, et al. Estimating house vacancy rate in metropolitan areas using NPP-VIIRS nighttime light composite data. IEEE Journal of Selected Topics in Applied Earth Observations and Remote Sensing, 2017, 8(5): 1-10.

[21] Li X, Chen F R, Chen X L. Satellite-observed nighttime light variation as evidence for global armed conflicts. IEEE Journal of Selected Topics in Applied Earth Observations and Remote Sensing, 2013, 6(5): 2302-2315.

[22] Li X , Li D . Can night-time light images play a role in evaluating the Syrian crisis. International Journal of Remote Sensing, 2014, 35(18): 6648-6661.

[23] Li X , Zhang R , Huang C , et al. Detecting 2014 northern Iraq insurgency using night-time light imagery. International Journal of Remote Sensing, 2015, 36(13): 3446-3458.

[24] Aubrecht C, Elvidge C D, Longcore T, et al. A global inventory of coral reef stressors based on satellite observed nighttime lights. Geocarto International, 2008, 23(6): 467-479.

[25] Kamrowski R L, Limpus C, Moloney J, et al. Coastal light pollution and marine turtles: Assessing the magnitude of the problem. Endangered Species Research, 2012, 19(1): 85-98.

[26] Davies T W, Duffy J P, Bennie J, et al. Stemming the tide of light pollution encroaching into marine protected areas. Conservation Letters, 2016, 9(3): 164-171.

[27] Tamir R, Lerner A, Haspel C, et al. The spectral and spatial distribution of light pollution in the waters of the northern Gulf of Aqaba (Eilat). Scientific Reports, 2017, 7(1): 42329.

[28] Hu Z Y, Hu H D, Huang Y X. Association between nighttime artificial light pollution and sea turtle nest density along Florida coast: A geospatial study using VIIRS remote sensing data. Environmental Pollution, 2018, 239: 30-42.

[29] Jiang W, He G J, Leng W C, et al. Characterizing light pollution trends across protected areas in China using nighttime light remote sensing data. International Journal of Geo-Information, 2018, 7(7): 243-261.

[30] Bennie J, Duffy J P, Davies T W, et al. Global trends in exposure to light pollution in natural terrestrial ecosystems. Remote Sensing, 2015, 7(3): 2715-2730.

[31] Hellmuth M E, Osgood D E, Hess U, et al. Index insurance and climate risk: Prospects for development and disaster management. New York: International Research Institute for Climate and Society (IRI), Columbia University, 2019.

[32] Chantarat S, Mude A G, Barrett C B, et al. Designing index-based livestock insurance for managing asset risk in northern Kenya. Journal of Risk & Insurance, 2013, 80(1): 205-237.

[33] De Leeuw J, Vrieling A, Shee A, et al. The potential and uptake of remote sensing in insurance: A review. Remote Sensing, 2014, 6(11): 10888-10912.

[34] Bacchini R D, Miguez D F. Agricultural risk management using NDVI pasture index-based insurance for livestock producers in south west Buenos Aires province. Agricultural Finance Review, 2015, 75(1): 77-91.

[35] 蒙继华，付伟，徐晋，等. 遥感在种植业保险估损中的应用. 遥感技术与应用，2017, 32(2): 238-246.

[36] 吴波，杨娜，戴维序，等. 浅谈遥感技术在农业保险中的应用——以菏泽市单县玉米涝灾定损为例. 农村实用技术, 2020, 5: 37-39.

[37] Heidler K, Fietzke A. Remote sensing for assessing drought insurance claims in central Europe. 2019 IEEE International Geoscience and Remote Sensing Symposium, Yokohama, 2019.

[38] Shifa M, Leibbrandt M. Urban poverty and inequality in Kenya. Urban Forum, 2017, 28(4): 363-385.

[39] Gibson J, Olivia S, Boe-Gibson G. A test of DMPS and VIIRS night lights data for estimating GDP and spatial inequality for rural and urban areas. University of Waikato, 2019, 9: 1-18.

[40] Suel E, Polak J W, Bennett J E, et al. Measuring social, environmental and health inequalities using deep learning and street imagery. Scientific Reports, 2019, 9(1): 1-10.

[41] Taubenbock H, Dahle F, Geis C, et al. Europe's socio-economic disparities reflected in settlement patterns derived from satellite data. 2019 Joint Urban Remote Sensing Event (JURSE), Vannes, 2019: 1-4.

[42] Jayachandran S. Air quality and early-life mortality: Evidence from Indonesia's wildfires. Nber Working Papers, 2008, 44(4): 916-954.

[43] Jackson G, Lee, Julia J, et al. Polluted morality: Air pollution predicts criminal activity and unethical behavior. Psychological Science: A Journal of the American Psychological Society, 2018, 29(3): 340-355.

[44] Herrnstadt E, Heyes A, Muehlegger E, et al. Air Pollution as a Cause of Violent Crime: Evidence from Los Angeles and Chicago Manuscript in preparation, 2016: 1-56.

[45] He G J, Liu T, Zhou M G. Straw burning, PM2.5 and death: Evidence from China. SSRN Electronic Journal, 2019, 66: 1-64.

[46] Sheldon T L, Sankaran C. The impact of indonesian forest fires on Singaporean pollution and health.

American Economic Review, 2017, 107(5): 526-529.

[47] Burkhardt J, Bayham J, et al. The relationship between monthly air pollution and violent crime across the United States. Journal of Environmental Economics and Policy, 2019, 9(2): 1-18.

[48] Burgess R, Hansen M, Olken B, et al. The political economy of deforestation in the tropics. STICERD-Economic Organisation and Public Policy Discussion Papers Series, 2012, 127(4): 1707-1754.

[49] Cisneros E, Kis-Katos K, Nuryartono N. Palm oil and the politics of deforestation in Indonesia. Journal of Environmental Economics and Management, 2021, 108: 102453.

[50] Van T T, Tien T V, et al. Risk of climate change impacts on drought and forest fire based on spatial analysis and satellite data. Multidisciplinary Digital Publishing Institute Proceedings, 2018, 2(5): 189-196.

[51] Joshi N , Mitchard E T , Woo N , et al. Mapping dynamics of deforestation and forest degradation in tropical forests using radar satellite data. Environmental Research Letters, 2015, 10(3): 034014.

[52] Flahaut J, Blanchette-Guertin J F, Jilly C, et al. Identification and characterization of science-rich landing sites for lunar lander missions using integrated remote sensing observations. Advances in Space Research, 2012, 50(12): 1647-1665.

[53] 赵洋, 李飞, 吴波, 等. 嫦娥四号探测器着陆区精确选择与评价系统设计. 航天器工程, 2019,28(4): 22-30.

[54] 李飞, 张熇, 吴学英, 等. 月球背面地形对软着陆探测的影响分析. 深空探测学报, 2017, 4(2): 143-149.

[55] Wagner R V, Nelson D M, Plescia J B, et al. Coordinates of anthropogenic features on the Moon. Icarus International Journal of Solar System Studies, 2017, 283: 92-103.

[56] 邸凯昌, 刘斌, 辛鑫, 等. 月球轨道器影像摄影测量制图进展及应用. 测绘学报, 2019, 48(12): 1562-1574.

[57] 王梁, 丁孝忠, 韩同林, 等. 月球第谷撞击坑区域数字地质填图及地质地貌特征. 地学前缘, 2015, 22(2): 251-262.

[58] 邹永廖, 郑永春, 陈建平, 等. 月球数字地质图编制与月球演化模型综合研究. 科技资讯, 2016, 14(34): 249.

[59] 丁孝忠, 韩坤英, 韩同林, 等. 月球虹湾幅(LQ-4)地质图的编制. 地学前缘, 2012, 6: 19-31.

[60] 付佳, 王振占. 行星大气 1～3000GHz 微波-亚毫米波辐射模拟. 空间科学学报, 2017, 37(2): 192-201.

[61] 付佳. 行星大气微波-亚毫米波辐射传输模拟研究. 北京: 中国科学院国家空间科学中心, 2016.

[62] 刘鑫华. 行星大气数值模拟. 兰州: 兰州大学, 2008.

[63] 周振军. 日冕结构在爆发过程中的温度漂移及动力学演化. 合肥: 中国科学技术大学, 2017.

[64] 朱蓓. 基于多点遥感与就地观测的太阳高能粒子释放与分布研究. 北京: 中国科学院大学(中国科学院国家空间科学中心), 2018.

[65] 林佳本. 高分辨太阳观测方法的研究. 北京: 中国科学院国家天文台, 2009.

[66] 贾萌娜, 邸凯昌, 等. 火星表面亮温的时空变化特征分析. 遥感学报, 2016, 20(4): 632-642.

[67] Ody A , Poulet F , Langevin Y , et al. Global maps of anhydrous minerals at the surface of Mars from

OMEGA/MEx. Journal of Geophysical Research Planets, 2012, 117: 1-14.

[68] Viviano C E, Seelos F P, Murchie S L, et al. Revised CRISM spectral parameters and summary products based on the currently detected mineral diversity on Mars. Journal of Geophysical Research: Planets, 2014, 119(6): 1403-1431.

[69] 杨懿, 金双根, 薛岩松. 利用 CRISM 数据探测火星表面含水矿物及其演化. 深空探测学报, 2016, 3(2): 187-194.